Frick/Knöll/Neumann/Weinbrenner

Baukonstruktionslehre
Teil 1

Von Professor Dipl.-Ing. Dietrich Neumann
und Professor Ulrich Weinbrenner
Fachhochschule Darmstadt

31., neubearbeitete und erweiterte Auflage
Mit 758 Bildern, 109 Tabellen und 16 Beispielen

B. G. Teubner Stuttgart 1997

Die Deutsche Bibliothek – CIP-Einheitsaufnahme

Baukonstruktionslehre / Frick ... Von Dietrich Neumann und Ulrich Weinbrenner. – [Ausg. Frick/Knöll/Neumann/Weinbrenner]. – Stuttgart ... Teubner

Früher u.d.T.: Neumann, Friedrich: Baukonstruktionslehre

Teil 1. Mit 109 Tabellen und 16 Beispielen. – 31., neubearb. und erw. Aufl. – 1997

ISBN 3-519-25250-3

Printed in Germany
Gesamtherstellung: Graphische Betriebe Wilhelm Röck, Weinsberg
Einbandgestaltung: Peter Pfitz, Stuttgart

Vorwort

Im Juni 1909 erschien bei Teubner in Leipzig und Berlin die erste Auflage der Baukonstruktionslehre von Frick und Knöll als Leitfaden und als „Hilfsmittel für den Vortragsunterricht und die Wiederholungen“ im Baukonstruktionsunterricht der Königlichen Preußischen Baugewerkschulen. Aus dem Leitfaden wurde im Laufe der Jahre ein aus zwei Teilen bestehendes Standardwerk für Architekten und Ingenieure. Mit der 27. Auflage von Teil 1 und der 26. Auflage von Teil 2 haben die jetzigen Verfasser die weitere Bearbeitung übernommen. Dabei ist bis heute der „Frick-Knöll“ die mit Abstand am weitesten verbreitete Baukonstruktionslehre für Studierende und auch ein von vielen Fachleuten geschätztes Nachschlagewerk geblieben.

Nach wie vor wird von einer Baukonstruktionslehre erwartet, daß sie die wichtigsten Aufgabengebiete des Bauens erfaßt, die unterschiedlichen Konstruktionsprinzipien in den Bereichen des Rohbaues, Innenausbaues und teilweise auch des Technischen Ausbaues berücksichtigt und dabei die sich ständig weiterentwickelnden Herstellungsverfahren aufzeigt. Schließlich muß deutlich gemacht werden, daß alle Baukonstruktionen abhängig sind von statischen Bedingungen, bauphysikalischen Einflüssen, Baustoffeigenschaften, von den Baukosten und der Bauabwicklung sowie von behördlichen Bestimmungen und Normen.

Die Bearbeiter waren daher bestrebt, erneut das Gesamtwerk gründlich zu überarbeiten, zu aktualisieren und an einigen Stellen zu ergänzen, um den bautechnischen Weiterentwicklungen gerecht zu werden. Bei der dramatisch zunehmenden Informationsflut, nicht zuletzt bedingt durch die teilweise ausufernde europäische Normung, durch Zertifikationen, Güte- und Bauproduktrichtlinien, muß es verstärkt die Aufgabe einer Baukonstruktionslehre bleiben, die wesentlichen Zusammenhänge zwischen der Konstruktion und den vielen anderen Komplexen innerhalb des gesamten Baugefüges wie z. B. Standsicherheit, Materialverhalten und Verarbeitung, verständlich zu machen. Es muß dabei Ziel sein, Grundlagenwissen zu vermitteln und einen ausreichenden Überblick auch auf absehbare Entwicklungstendenzen zu geben, statt rezeptartig möglichst viele Konstruktionsmöglichkeiten aufzuzeigen.

Es war nicht zu vermeiden, daß der Umfang des Werkes trotz Straffung auf einigen Gebieten wieder zugenommen hat. So wurde in der jetzt vorliegenden 31. Auflage von Teil 1 des Werkes zunächst in einem neuen Abschnitt ein Überblick über die Regelwerke der nationalen, europäischen und internationalen Normung gegeben. Ebenso ist eine Zusammenfassung der wesentlichsten Bestimmungen für Bauprodukte des europäischen Marktes eingefügt worden.

Gründlich überarbeitet und neugeordnet wurde der Abschnitt über Fundamente.

Im Kapitel Beton und Stahlbeton war vor allem die im Rahmen der EU geänderte Normung für Zemente zu berücksichtigen.

Der wachsenden Bedeutung des Umganges mit historischer Bausubstanz wurde durch eine Erweiterung des Abschnittes über Fachwerkbau Rechnung getragen. Die Weiterentwicklung neuer Technologien veranlaßte die Neuaufnahme von Abschnitten über mehrschalige moderne Wandkonstruktionen und „Intelligente Fassaden“. Ebenso wurden die Weiterentwicklungen auf dem Gebiet der Betontechnologie und des Bauens mit Naturstein und mit Verbundblechen bei Außenwandbekleidungen aufgenommen.

Der bisherige Erfolg der „Baukonstruktionslehre“ dürfte unter anderem darin begründet sein, daß es kein anderes Werk gibt, in dem nicht nur der allgemeine Bereich der Baukonstruktion, sondern auch der raumbildende Innenausbau umfassend und ganzheitlich behandelt wird. Dies betrifft sowohl die traditionellen Techniken als auch den Trockenbau entsprechend seiner ständig zunehmenden Bedeutung als Fertigungsprinzip.

Das Kapitel Fußbodenkonstruktionen und Bodenbeläge wurde neu bearbeitet. Dabei wurden umweltfreundliche Bodenbeläge, Verlegetechniken und Oberflächenbehandlungen vertieft behandelt. Eingefügt wurde ein Abschnitt über Installationen auf Rohdecken innerhalb von schwimmendem Estrich. Die Weiterentwicklung von beheizbaren Bodenkonstruktionen führte zur Neufassung eines Abschnittes über Fußbodenheizungen.

Ebenfalls vollkommen neu bearbeitet und geordnet wurde das Kapitel über leichte Deckenbekleidungen und Unterdecken. Weiterentwicklungen auf dem Gebiet der Klimatechnik veranlaßten die Ergänzung durch einen Abschnitt über Kühldecken mit Konstruktionsbeispielen.

Schließlich wurde der ständig größeren Bedeutung des Bautenschutzes und der Bauphysik Rechnung getragen. Viele neuzeitliche Konstruktionen, aber auch viele Produkte der Bauindustrie können nur noch dann kritisch beurteilt werden, wenn bauphysikalische Grundregeln beachtet werden. Die Neufassung der Wärmeschutzverordnung bedingt tiefgreifende Änderungen für Planung und Bauausführung. Sie wurden in dem völlig überarbeiteten Abschnitt über Wärmedämmung und im gesamten Werk berücksichtigt.

Bei der Auswahl der Bildbeispiele blieben die Bearbeiter weiterhin bemüht, nur Konstruktionen zu erwähnen, die einen kritisch beobachteten Reifeprozeß aufweisen können.

Allen, die durch Bereitstellung von Informationen oder ihre Mitarbeit wertvolle Hilfe geleistet haben, danken wir. Unser besonderer Dank gilt Herrn Dipl.-Ing. Luley für die betontechnologische Beratung und Herrn Dipl.-Ing. E. Vogel, Normenausschuß Bauwesen im DIN, Herrn Prof. Dr. Ing. C. Großkopf für die Bearbeitung der Abschnitte über Schall- und Wärmeschutz, Herrn Prof. M. Gerner bei der Beratung für den Abschnitt Fachwerkbau sowie den Herren Prof. U. Hestermann und Prof. L. Rongen für ihre allgemeine Beratung zur Neubearbeitung.

Vor allem aber verdienen Frau Dipl.-Ing. Pia Döring, Herr Dipl.-Ing. Ingo Puls, Herr Dipl.-Ing. Michael Rommel, Frau cand. arch. Bianca Boehlck, Frau cand. arch. Martina Ißbrücker und Frau cand. arch. Clementine Michel für die zeichnerische und rechnergestützte Bearbeitung der zahlreichen neuen Abbildungen unseren herzlichen Dank.

Wir hoffen, daß sich auch diese Neuauflage wieder beim Studium und in der Baupraxis als brauchbare und zuverlässige Hilfe erweist.

Darmstadt, im Sommer 1997 D. Neumann U. Weinbrenner

Inhalt

Hinweise auf DIN-Normen in diesem Werk entsprechen dem Stand der Normung bei Abschluß des Manuskripts. Maßgebend sind die jeweils neuesten Ausgaben der Normblätter des DIN Deutsches Institut für Normung e.V. im Format A4, die durch den Beuth-Verlag GmbH, Berlin und Köln, zu beziehen sind. – Sinngemäß gilt das gleiche für alle in diesem Buch angezogenen amtlichen Richtlinien, Bestimmungen, Verordnungen usw.

1 Einführung und Grundbegriffe

1.1 Allgemeines

Bei der planerischen Lösung von Bauaufgaben besteht insbesondere zwischen gestalterischen, funktionellen, konstruktiven bauphysikalischen und baustoffspezifischen Aspekten eine enge gegenseitige Abhängigkeit. Im Planungsprozeß werden gleichzeitig komplexe Handlungsabläufe bei der Bauausführung vorherbestimmt.

Somit bildet jeder Planungsablauf eine Kette von Entscheidungen zwischen möglichen Alternativen, um eine optimale Gesamtlösung zu erreichen.

Dabei ist der planende Architekt bei größeren Bauaufgaben in der Regel auf die Mitwirkung spezialisierter Fachingenieure angewiesen.

Technische Ausstattungen wie Sanitär-, Heizungs-, Elektro-, Lüftungs- und Klimaanlagen, Fördereinrichtungen wie Aufzüge, Rolltreppen und insbesondere alle modernen Kommunikationseinrichtungen werden von Sonderfachleuten geplant und in das Gesamtkonzept des Architekten eingebracht.

Alle Planungen werden zunehmend beeinflußt durch ständige Weiterentwicklungen von Baustoffen oder durch ganz neue Baustoffe. Sie werden im Rahmen dieses Werkes nach Möglichkeit erwähnt, doch kann ihre Beurteilung nicht Gegenstand einer Baukonstruktionslehre sein.

Der immer differenzierteren, auch in den bauaufsichtlichen Bestimmungen vorausgesetzten Kenntnis bauphysikalischer Grundregeln muß dagegen ebenso Rechnung getragen werden wie dem Verständnis der wichtigsten Begriffe der Tragwerkslehre, weil nur so die Voraussetzungen für die richtige konstruktive Bearbeitung der einzelnen Bauteile gegeben sind.

1.2 Lasten und Beanspruchungen

In einem Bauwerk werden die Bauteile beansprucht durch

- **Eigengewicht,**
- **Verkehrslasten,** d. h. üblich ruhende Belastung durch die Nutzung des Bauwerkes z. B. durch den Aufenthalt von Menschen, von Möblierung, Maschinengewichten, Lagergut. Die rechnerisch anzunehmende Verkehrslast (DIN 1055) enthält je nach Nutzungsart des Bauwerkes bestimmte Sicherheitszuschläge.
- **Schneelast, Eislast,**
- **Winddruck und Windsog,**
- **dynamische Belastungen** (Erschütterungen durch Maschinenbetrieb, Verkehr, stoßartige Belastungen aus Betriebsabläufen, z. B. Beanspruchungen aus Anfahr- und Bremskräften von Fahrzeugen, Kranbahnen o. ä. sowie Erdbebenstöße, Schwingungsübertragungen),
- **thermische Beanspruchungen** infolge von Temperaturschwankungen oder von ungleichmäßiger Temperatureinwirkung (z. B. bei nur einseitiger Erwärmung),
- **Setzungen.** Durch falsch beurteilte Tragfähigkeit des Baugrundes, durch ungleichmäßige Belastungen u. a. können Spannungen innerhalb einzelner Bauteile oder des gesamten Bauwerkes entstehen (vgl. Abschn. 3, Bild **3**.1).

Diese Beanspruchungen müssen anhand der Planungsvorhaben und entsprechend den zugrunde zu legenden Bestimmungen (z. B. DIN 1055) ermittelt werden und bilden die Grundlage für den Standsicherheitsnachweis (statische Berechnung), s. Abschn. 1.5.

1.3 Grundbegriffe der Tragwerkslehre

Bauteile können stehen unter der Krafteinwirkung von

- **Zug.** Bauteile, die einer Zugbeanspruchung ausgesetzt werden (z. B. Spannseile), erfahren eine Zugspannung, die eine Längendehnung bewirkt. Diese ist innerhalb gewisser Grenzen abhängig von der einwirkenden Zugkraft, dem Querschnitt und der Länge des Bauteiles sowie von dem materialspezifischen Elastizitätsmodul für Zug (Verhältniszahl für Spannung : Dehnung; Bild **1**.1 a).
- **Druck.** Gedrückte Bauteile sind Druckspannungen ausgesetzt, die eine Stauchung bewirken. Diese ist von der einwirkenden Kraft, dem Querschnitt, der Bauteillänge und einem materialspezifischen Elastizitätsmodul für Druck abhängig (Bild **1**.1 b).

  Darüber hinaus führen große Bauteillängen bei Druck zu zusätzlichen Stabilitätsproblemen (s. Knicken).
- **Scheren.** Scherspannungen entstehen innerhalb eines belasteten Bauteiles, wenn Last und Gegendruck in derselben Querschnittsfläche wirken (vgl. Schere!) und zwei Bauteilschichten senkrecht zur Bauteilachse verschoben werden (Bild **1**.1 c).
- **Schub.** Schubspannungen entstehen in einem Bauteil, wenn Last und Gegendruck nicht in derselben Querschnittsfläche wirken und zwei Bauteilschichten gegeneinander verschoben werden.

  Im Gegensatz zum Abscheren entstehen Spannungen im Längsschnitt des Bauteiles, indem lamellenartig gedachte Bauteilschichten in Längsrichtung gegeneinander verschoben werden (Bild **1**.1 d).
- **Torsion** (Drillung, Verdrehung) entsteht, wenn ein Bauteilquerschnitt auf Drehung beansprucht und dabei das Kippen durch Festhalten der Bauteilendflächen verhindert wird. In den benachbarten Querschnitten werden Schubspannungen erzeugt (Bild **1**.1 e).

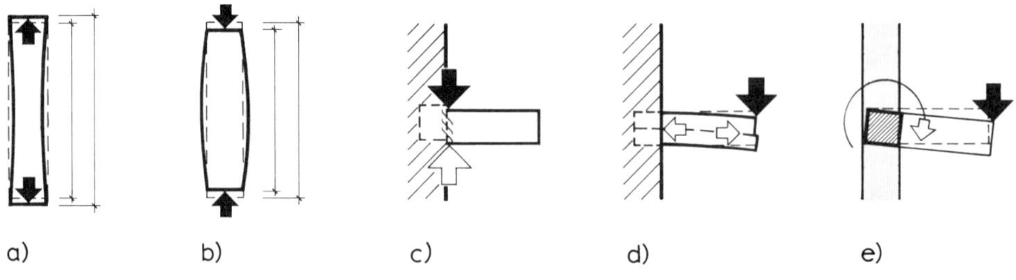

a) b) c) d) e)

1.1 Bauteil unter Krafteinwirkung von
a) Zug
b) Druck
c) Scheren (eingespannte Konsole)
d) Schub (eingespannte Konsole)
e) Torsion (eingespannter Balken mit Kragarmen zwischen Stützen)

Unter Einfluß äußerer Kräfte weisen Baustoffe spezifische Verhaltensformen auf:

- **Elastisches Verhalten.** Durch Belastungen und Krafteinwirkungen treten – innerhalb bestimmter Grenzen – keine dauernden Verformungen auf. Nach Entlastung „federt" der Bauteil in seine ursprüngliche Form zurück (Bild **1**.2 a).
- **Plastisches Verhalten.** Werden die Grenzwerte für das elastische Verhalten überschritten, jedoch Belastungen, die zur Zerstörung führen, noch nicht erreicht, treten bei allen Bauteilen dauernde Verformungen auf (z. B. „Verbiegen", Bild **1**.2 b).

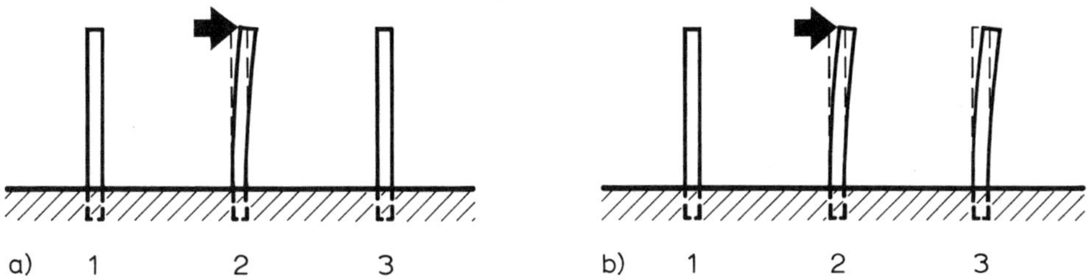

1.2 Materialverhalten
a) elastisch
b) plastisch
1 unbelastet
2 belastet
3 nach Belastung

— **Fließen** (Kriechen). Unter Langzeitbeanspruchung können Bauteile – auch abhängig von den einwirkenden Temperaturen – dauernde Formveränderungen erfahren, die aus strukturellen Veränderungen der beteiligten Baustoffe resultieren. Werden Bauteile aus derartigen Baustoffen (z. B. aus gewissen Kunststoffen, auch aus Stahl) schockartig belastet, können sie – insbesondere bei niedrigen Temperaturen – durch „Sprödbruch" zerstört werden.

Durch äußere Kräfte können Bauteile oder auch ganze Bauwerke verformt und in ihrer Standsicherheit beeinflußt werden. Als Auswirkungen kommen in Frage:

— **Kippen.** Ein Bauteil bzw. ein Bauwerk kippt infolge einer Krafteinwirkung (z. B. Winddruck), wenn das resultierende Kippmoment größer ist als das Standmoment (das Standmoment ist abhängig von Bauteil- bzw. Bauwerksgewicht und Bauteilbreite) (Bild 1.3).

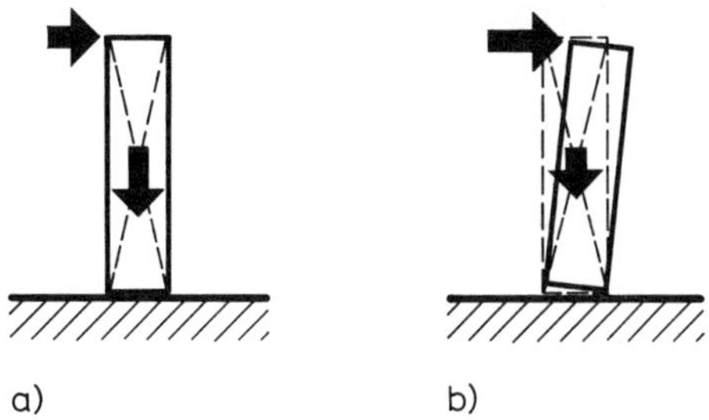

1.3
Kippen
a) Standmoment
b) Kippmoment (vgl. Bild 1.22)

— **Knicken und Beulen.** Schlanke, stabförmige Bauteile knicken aus, flächige Bauteile (z. B. Wände) beulen aus, wenn sie in Längsrichtung gedrückt werden.

Die Knicksicherheit wird beeinflußt von Länge und kleinster Breite des Bauteiles, von der Art des konstruktiven Anschlusses (freistehend, einseitig oder beidseitig eingespannt) und von der Art des Baustoffes. Kennzeichnende Größe ist die sog. Schlankheit bzw. der Schlankheitsgrad (Bild 1.4).

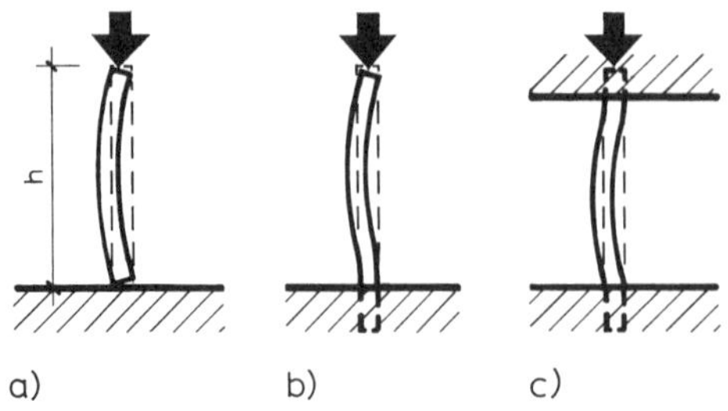

1.4
Knicken
a) freistehend („Pendelstütze")
b) einseitig eingespannt
c) beidseitig eingespannt

— **Biegen.** Ein punktuell gestützter Bauteil wird zwischen den Stützungspunkten durchgebogen, wenn er quer zur Längsachse durch Lasten beansprucht wird (Bild **1**.5).

— **Gleiten.** Ein Bauteil kann – insbesondere seitlich – verschoben werden, wenn die Verbindung zu anschließenden Bauteilen oder auch zum Baugrund nicht durch Reibung oder besondere konstruktive Maßnahmen gesichert ist (Bild **1**.6).

1.5 Biegen

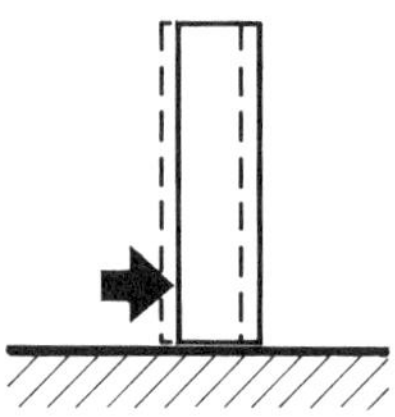

1.6 Gleiten

1.4 Tragelemente

Tragelemente bilden in den verschiedensten Kombinationen das konstruktive Gefüge eines Bauwerkes.

Einen Überblick über die wichtigsten Grundtypen von Tragelementen zeigt Bild **1**.7. Sie kommen innerhalb von Gesamtkonstruktionen in vielfachen Kombinationen untereinander vor.

Träger (Bild **1**.7 a) über einer Öffnung mit zwei Endauflagern werden als Einfeldträger bezeichnet. Wesentlich günstigere statische Abmessungen ergeben sich jedoch für Träger, wenn die „Durchlaufwirkung" über mehrere Felder bzw. Auflager hinweg ausgenützt wird (Bild **1**.8). Bei solchen Mehrfeldträgern wechseln positive Biegemomente in den Feldern mit negativen Biegemomenten über den Stützen. Je nach „Lastfall", d. h. Belastung mit durchlaufenden Streckenlasten (auch aus dem Eigengewicht) oder Teilbelastung in einzelnen Feldern, können sich bei Durchlaufträgern erhebliche Entlastungen für die benachbarten Felder ergeben. Konstruktiv muß das Verformungsverhalten solcher Träger berücksichtigt werden (vgl. hierzu auch Bilder **1**.10 und **1**.11).

In ähnlicher Weise kann die Durchlaufwirkung auch bei Deckenplatten ausgenützt werden. Durch mehrseitige Auflagerung ergeben sich weitere Möglichkeiten für günstigere statische Abmessungen (s. Abschn. 9.1.1).

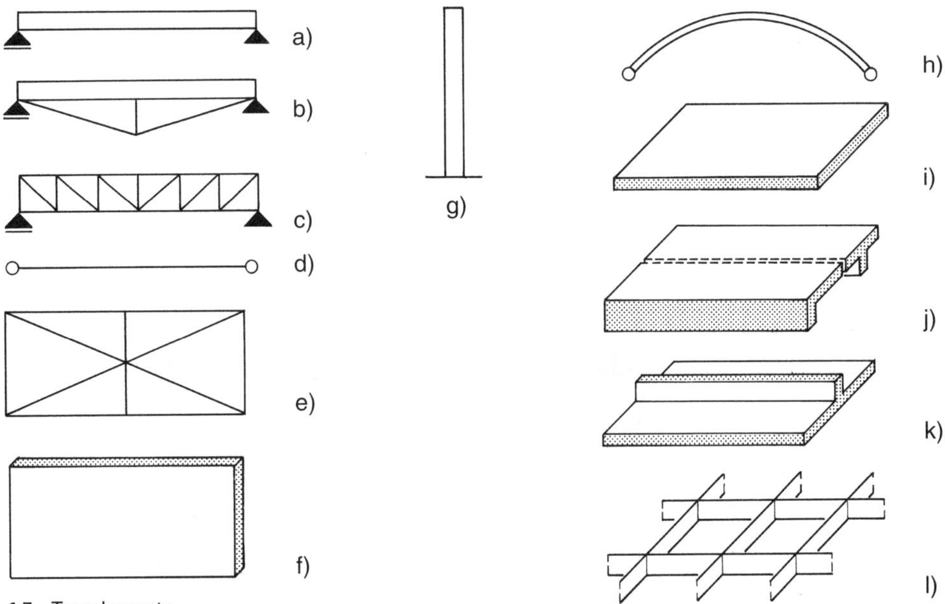

1.7 Tragelemente

a) Träger
b) unterspannter Träger
c) Fachwerkträger
d) Spannseil
e) Fachwerk (hier mit Diagonalverband)
f) Scheibe
g) Stütze, Pfosten
h) Bogen
i) Platte
j) Platte mit Unterzug (Randunterzug bzw. Feldunterzug)
k) Platte mit Überzug
l) Tragrost

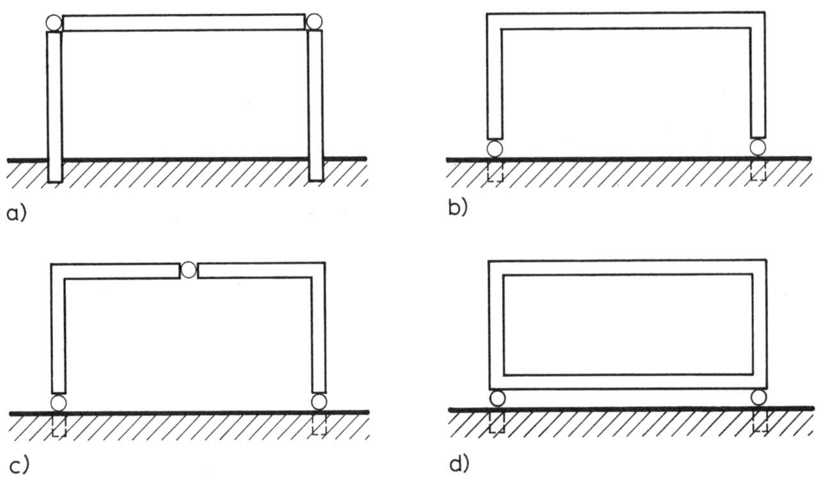

1.8 Rahmen

a) mit eingespannten Stützen, Ecken nicht biegesteif
b) mit biegesteifen Ecken
c) Dreigelenkrahmen mit biegesteifen Ecken
d) geschlossener Rahmen mit biegesteifen Ecken

In erweitertem Sinne können auch Rahmen als Tragelemente betrachtet werden. Sie bestehen aus stab- oder scheibenförmigen Bauteilen, die mit oder ohne Gelenke zusammengefügt sind. Im Baugrund können Rahmenstützen – ebenso wie in angrenzenden Bauwerksteilen – eingespannt oder gelenkig angeschlossen sein (Bild **1**.8).

In Rahmen werden Verformungen durch Beanspruchungen einzelner Teile über biegesteife Ecken auf die benachbarten Rahmenteile übertragen (Bilder **1**.9 bis **1**.11). Daraus resultieren selbst bei einfachen Systemen komplizierte Verformungen der Gesamtkonstruktion (Bild **1**.11). Dabei muß beachtet werden, daß in den schematischen Abbildungen lediglich die Verformungen in der Rahmenebene dargestellt sind. In der Regel müssen die Beeinflussungen aber auch im räumlichen Zusammenhang betrachtet werden.

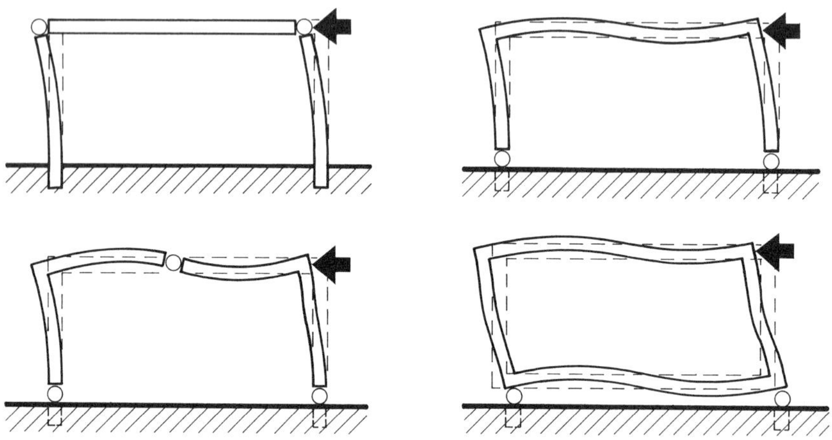

1.9 Rahmen
Verformungen bei horizontaler Beanspruchung

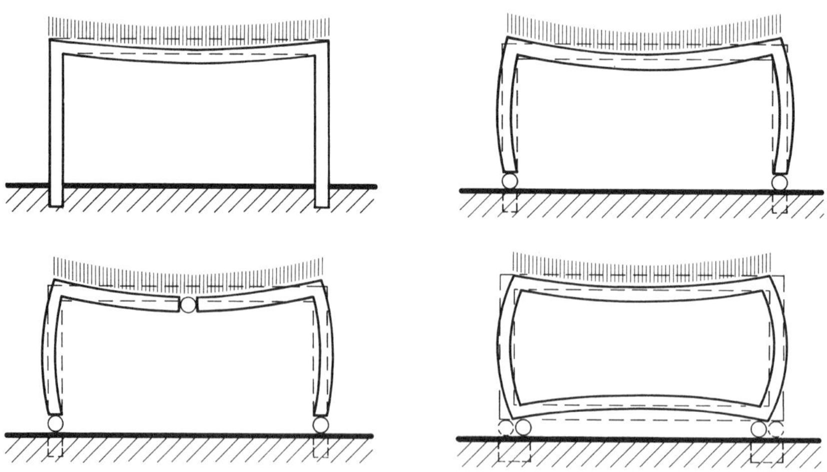

1.10 Rahmen
Verformungen bei vertikaler Beanspruchung

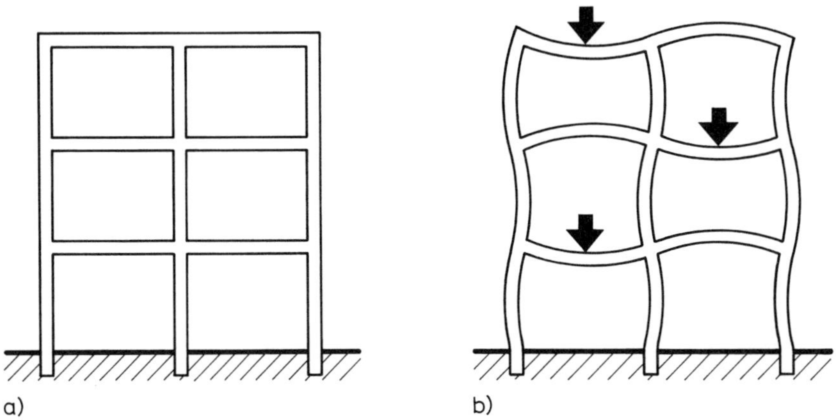

1.11 Bauwerk mit gitterartigem Rahmentragwerk
a) Planungszustand b) Verformung durch Beanspruchung einzelner Bauteile (schematisch)

Zur Berechnung von Rahmentragwerken sind zwar komplizierte Berechnungsverfahren nötig, doch können sich sehr wirtschaftliche bauliche Lösungen durch die Verbundwirkung der beteiligten Konstruktionselemente ergeben.

1.5 Tragwerksysteme

Hinsichtlich der Ausführungsart kann für Bauwerke kennzeichnend sein

- die überwiegende Verwendung bestimmter Baumaterialien (z. B. Ziegel, Holz, Stahlbeton, Stahl),
- die Herstellungsmethode (z.B. überwiegend handwerkliche Massivbauweise, Skelett- oder Fachwerkbauweise in örtlicher Herstellung oder aus vorgefertigten Bauteilen),
- sog. Fertigbauweise als Zusammenbau vorgefertigter Bauelemente,
- industrialisierte Bauweise mit komplexen „geschlossenen" Bausystemen.

Das Tragwerksystem kennzeichnet Bauwerke in der Regel am besten.

Es würde den Rahmen einer Baukonstruktionslehre sprengen, eine vollständige Übersicht über alle Tragwerksysteme zu versuchen.

Nachstehend wird daher nur ein genereller Überblick über Grundformen gegeben, und es muß im übrigen auf Spezialliteratur verwiesen werden.

Wandbauten (Bild **1**.12). Wandbauten bestehen aus einem Gefüge von vertikalen Wand- und horizontalen Deckenscheiben (s. Abschn. 1.6).

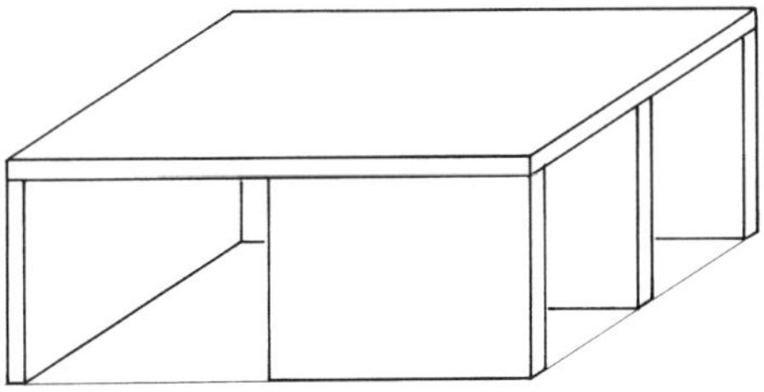

1.12 Wandbau

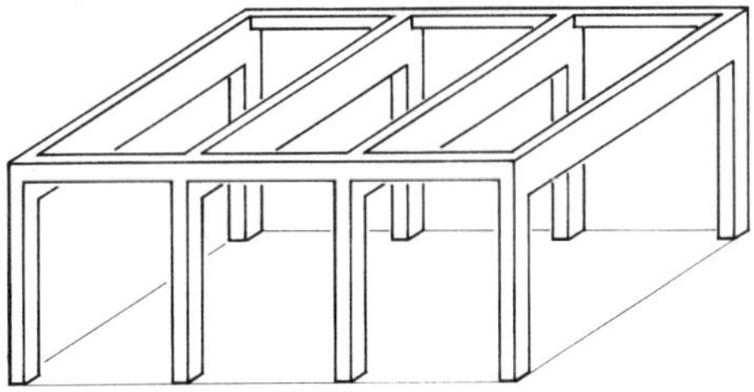

1.13 Skelettbau

Skelettbauten (Bild **1**.13). Das Traggerüst von Skelettbauten besteht überwiegend aus Stäben (Stützen und Trägern) oder aus Rahmen, die durch aussteifende Verbände oder Scheiben untereinander verbunden sind (vgl. Bild **1**.32).

Faltwerke (Bild **1**.14). Bauwerke oder Bauwerksteile (z. B. Überdachungen), bei denen ebene Flächen so zueinander angeordnet werden, daß der entstehende Bauteil zugleich scheiben- und plattenartig beansprucht wird, werden als Faltwerke bezeichnet.

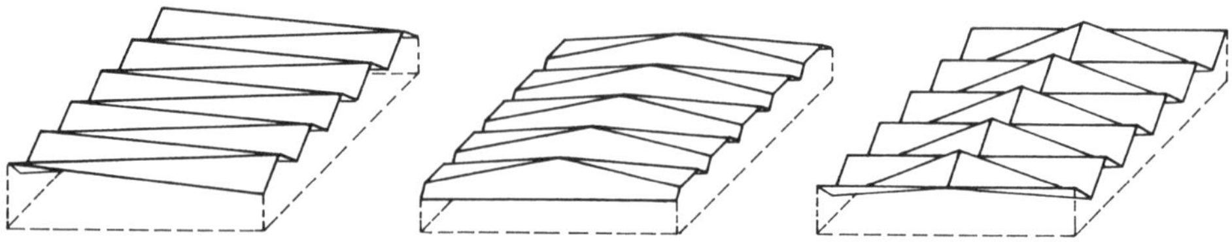

1.14 Formen von Faltwerken

Rosttragwerke (Bild **1**.15). Werden ebene, vertikal stehende Träger rasterartig so zusammengefaßt, daß sie überwiegend scheibenartig beansprucht werden, spricht man von Rosttragwerken (vgl. Teil 2 dieses Werkes).

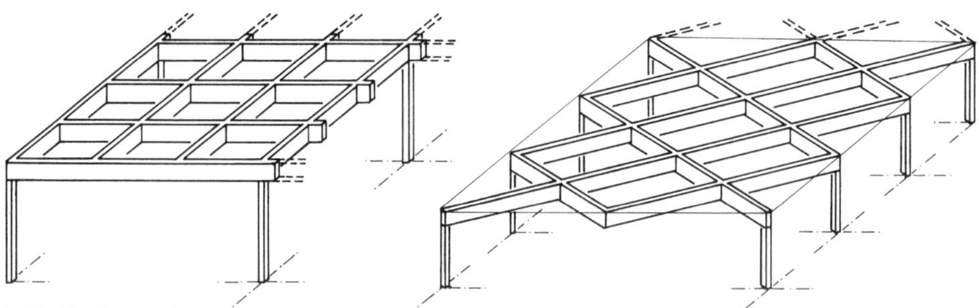

1.15 Rosttragwerke

Raumtragwerke (Bild **1**.16). Als Raumtragwerke bezeichnet man Konstruktionen aus räumlichen, meistens prismatischen Gittern, die aus miteinander in den Knotenpunkten verbundenen Stäben bestehen (vgl. Teil 2 dieses Werkes).

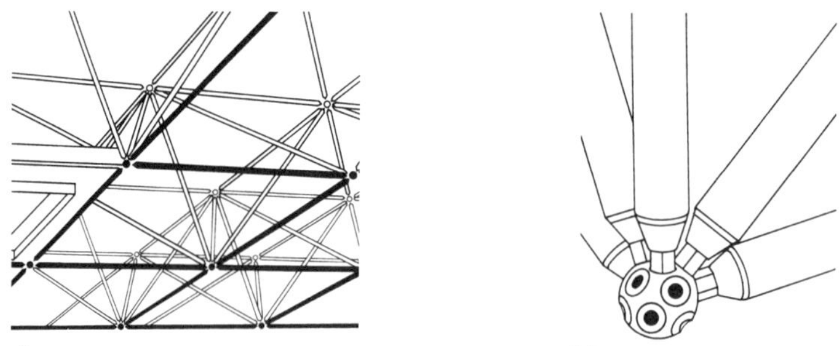

a) b)

1.16 Raumtragwerk (System MERO)

a) Untersicht einer Dachkonstruktion

b) typischer Knoten

Schalentragwerke (Bild **1**.17). Vergleichbar den historischen Gewölbekonstruktionen (s. Abschn. 9.4) werden moderne Tragwerke in vielfältiger Form auch aus dünnwandigen in sich gekrümmten Schalen gebildet. Stahlbetonkonstruktionen erlauben dabei eine Fülle der verschiedensten Gestaltungsmöglichkeiten, die meistens von Rotationsfiguren oder einfach- bzw. mehrfachgekrümmten Flächen ausgehen.

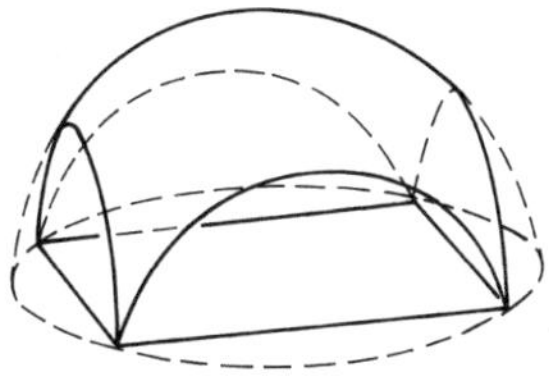

1.17 Schalentragwerke

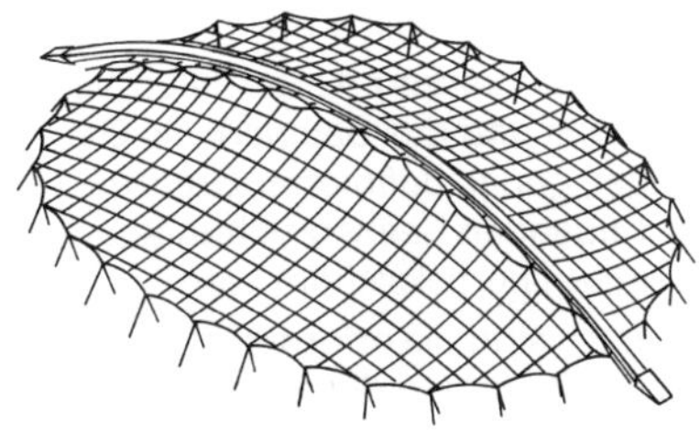

1.18 Seilnetztragwerk

Seilnetztragwerke sind gekennzeichnet durch zugbeanspruchte Tragseile, die – vielfach mit Vorspannung – an Widerlagern oder Stützen verankert sind. Aus der großen Zahl ausgeführter Beispiele ist in schematischer Darstellung in Bild **1**.18 die Überdachung der Eissporthalle im Olympiapark München (Arch. K. Ackermann u. Partner) gezeigt.

Membran-Tragwerke. Membranartige Hüllen aus modernen hochreißfesten Folien oder Chemiefasergeweben, die über rahmenartige Unterkonstruktionen gespannt werden, ermöglichen die Gestaltung leichter weitgespannter Überdachungen für Ausstellungs-, Lager-, Sportbauten u. ä. („Textiles Bauen").

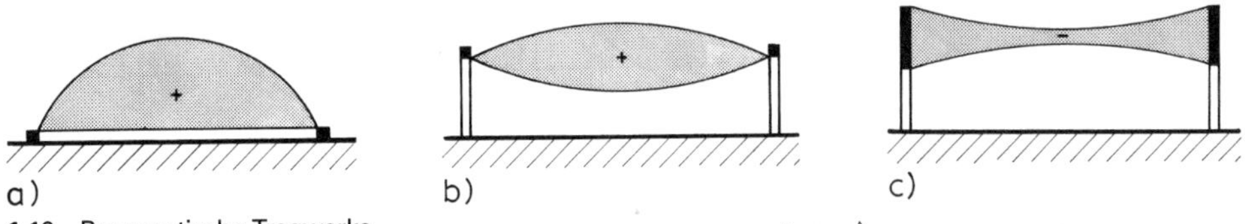

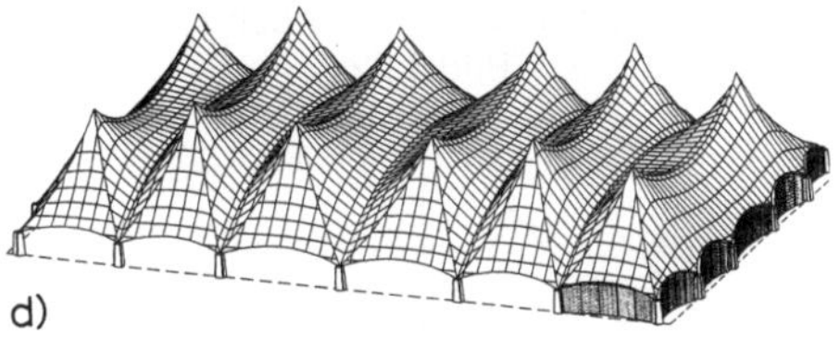

1.19 Pneumatische Tragwerke
a) Traglufthalle
b) Dachmembranen mit Überdruck
c) Dachmembranen mit Unterdruck
d) Textile Überdachung einer Präsentationshalle (Ing.-Büro Teschner, Füsing)

Interessante Konstruktionsmöglichkeiten ergeben sich mit pneumatischen Systemen: Der Luftüberdruck in einem geschlossenen Raum trägt die membranartige Raumhülle (sogenannte „Traglufthallen"). Kissenartige Dachflächen werden aus Doppelmembranen durch Luftüber- oder -unterdruck gebildet und als Überspannung von Räumen in ringartige Konstruktionen gehängt. Größere Spannweiten lassen sich im Zusammenhang mit tragenden Unterkonstruktionen aus zugbeanspruchten Spannseilen erzielen (Bild **1**.19).

Derartige Tragwerke kommen vorerst nur für einfache hallenartige Bauwerke, Tribünen oder Überdachungen in Frage, bei denen keine hohen Anforderungen hinsichtlich Wärme und Brandschutz gestellt werden müssen. Aus gestalterischen Gründen werden auch ganze Bauwerke überspannt.

1.6 Standsicherheit

Bauwerke müssen in statischer Hinsicht so errichtet und in ihren Einzelteilen dimensioniert werden, daß alle Eigengewichte, Lasten und Beanspruchungen (s. Abschn. 1.2) sicher über die Fundamente auf den Baugrund übertragen werden. Es dürfen keine unzulässigen Bewegungen (Setzungen, seitliche Verschiebungen, Abgleiten auf geneigten Bodenschichten) entstehen (s. Abschn. 4).

Dimensionierung. Unter allen vorauszusehenden Beanspruchungen dürfen die einzelnen Bauteile und das Bauwerk als Ganzes Verformungen oder Bewegungen nur innerhalb sehr enger, genau definierter Grenzen aufweisen. Dazu müssen alle auftretenden bzw. zu berücksichtigenden Beanspruchungen der einzelnen Bauteile erfaßt oder gemäß Vorschriften bzw. Normen berücksichtigt werden.

Danach sind die erforderlichen Dimensionen für die einzelnen Tragelemente (s. Abschn. 1.4) zu ermitteln und der Standsicherheitsnachweis für das gesamte Bauwerk zu führen.

Statische Wirksamkeit. Einen wesentlichen Einfluß auf die Standsicherheit eines Bauwerkes haben die in der Regel vorhandenen platten- oder scheibenförmigen Bauteile der Wand-, Decken- oder Dachflächen. Man unterscheidet hinsichtlich der statischen Wirksamkeit:

– Plattenwirkung (durchbiegend beansprucht) (Bild **1**.20) und
– Scheibenwirkung (aussteifend wirksam) (Bild **1**.21).

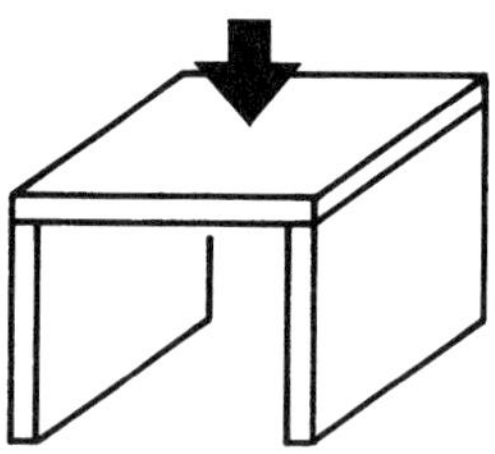

1.20 Plattenwirkung

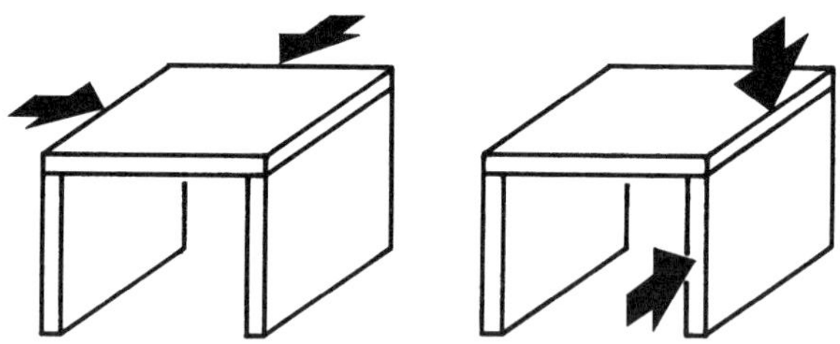

1.21 Scheibenwirkung

Freistehende Wände können horizontale oder größere vertikale Lasten aufnehmen, wenn sie nicht zu dünn und nicht zu hoch sind und in diesem Fall als „Schwerkraftmauern" wirksam werden können (Bild **1**.22).

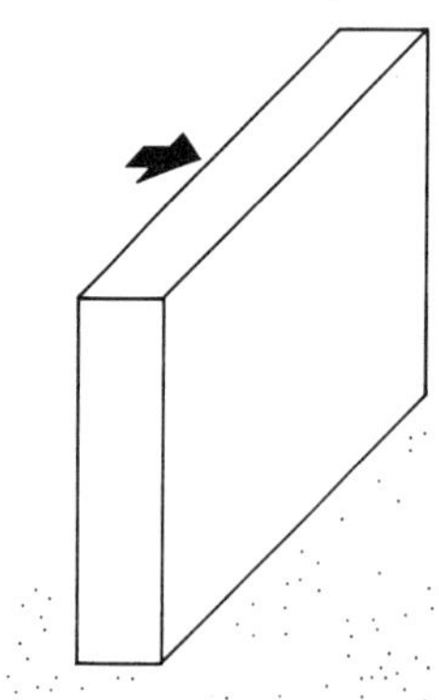

1.22 Schwerkraftmauer
Kippsicherheit = $\frac{\text{Standmoment}}{\text{Kippmoment}} \times \geqq 1{,}5$

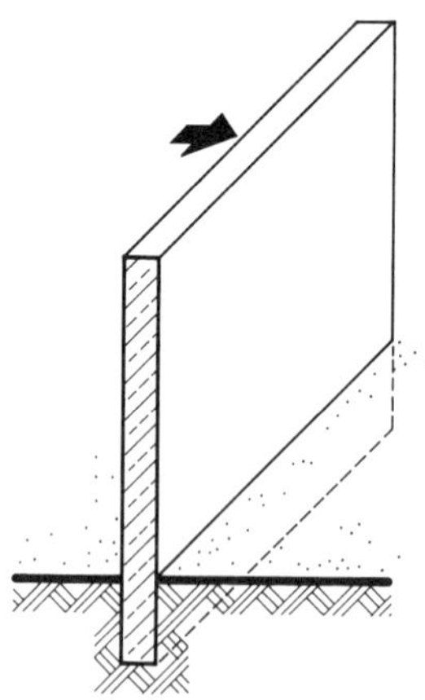

1.23 Eingespannte Stahlbetonwand

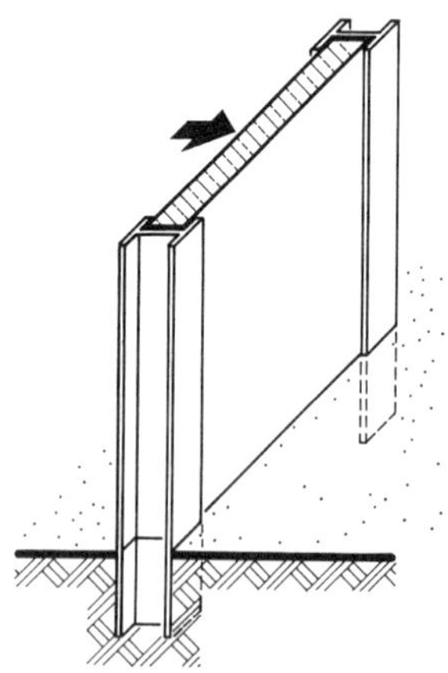

1.24 Mauer zwischen Stahlstützen

Einspannung. Wände mit ungünstigem Schlankheitsgrad können gegen Kippen durch Einspannen in Fundamente oder andere benachbarte Bauteile gesichert werden, wenn sie z. B. als Stahlbetonkonstruktion in der Lage sind, Biegzugbeanspruchungen standzuhalten (Bild **1**.23).

Gegen Kippen, Knicken oder Ausbeulen können Wände auch durch zusätzliche in oder von der Wandebene liegende Stahlbeton- oder Stahlstützen gesichert werden (Bild **1**.24).

Aussteifung. Für die Standsicherheit von Wänden, insbesondere hinsichtlich von Knick-, Beul- und Kippbeanspruchung, ist in der Regel neben der Dimensionierung die ausreichende Aussteifung von Bedeutung. Dabei wird das statische Zusammenwirken senkrecht gegeneinander gesetzter und fest miteinander verbundener Scheiben oder Platten ausgenützt (Bild **1**.25).

1.25 Aussteifung durch Wandscheiben
a) Ecken der ausgesteiften Wand können ausweichen
b) Ecken der aussteifenden Wände können ausweichen
c) Eine aussteifende Wandscheibe ist ebenfalls ausgesteift

Voraussetzung für die Wirksamkeit der Aussteifung ist, daß ausgesteifte und aussteifende Wandscheiben miteinander ausreichend konstruktiv (z. B. durch Mauerverband, Stahlbewehrung o. ä.) verbunden sind (Bild **1**.26).

Die Wirkung der Aussteifung ist im übrigen abhängig von

— Höhe der auszusteifenden Wand,
— Dicke der auszusteifenden Wand,
— Abstand der aussteifenden Wände untereinander,
— Länge der aussteifenden Wände,
— Dicke bzw. Gewicht der aussteifenden Wände (DIN 1053, s. a. Abschn. 6.2.1.1).

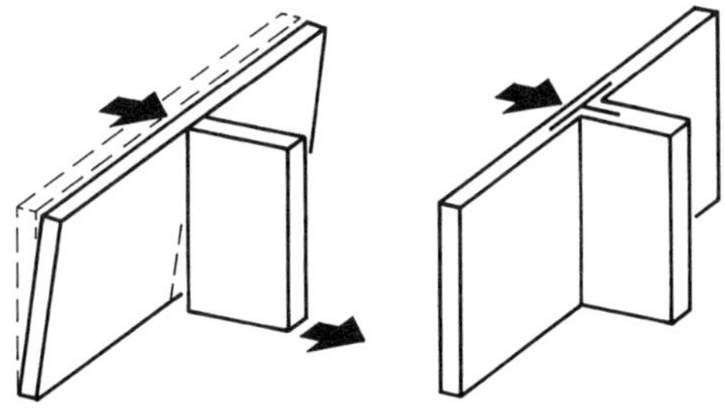

1.26 Verbund aussteifender Scheiben
a) nicht ausreichend verbundene aussteifende Wand wird verschoben (gleitet)
b) feste Verbindung zwischen aussteifenden Scheiben

Sind größere Abstände zwischen den aussteifenden Wänden nötig, werden horizontale Deckenscheiben zur Aussteifung herangezogen, wenn sie konstruktiv dazu geeignet sind (z. B. Stahlbetonplatten) und ausreichend mit den auszusteifenden Bauteilen verankert werden können (Bild **1**.27).

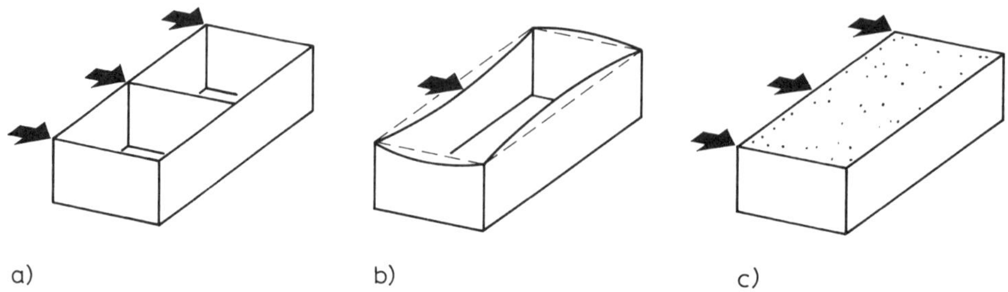

1.27 Zusammenwirken aussteifender Scheiben
a) Aussteifung durch Querwand ausreichend b) Aussteifung nicht ausreichend (Querwand fehlt)
c) Aussteifungsverbund mit Deckenplatte

In mehrgeschossigen Bauwerken kann auf diese Weise ein wabenartiges Gefüge aus sich gegenseitig aussteifenden Umfassungs- und Zwischenwänden und Deckenscheiben entstehen (Bild **1**.28).

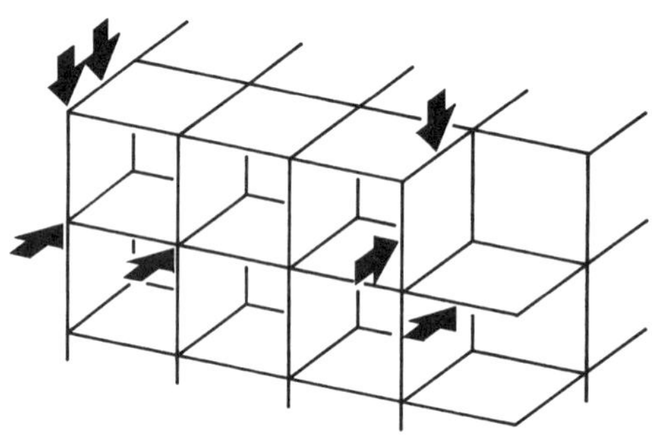

1.28
Wabenartiges Baugefüge („verschachtelte" Flächen bilden ein widerstandsfähiges Raumgefüge)

Als Grundrißtypen von Bauten mit tragenden Wänden haben sich entwickelt
— Bauwerke mit tragenden ausgesteiften Längswänden („Längswandbau")
— Bauwerke mit tragenden ausgesteiften Querwänden („Schotten- oder Querwandbau") (Bild **1**.29).

Die Wahl eines derartigen statischen Wandbausystems ist von entscheidender Wichtigkeit für die Nutzung und die Gestaltung eines Bauwerkes.

Während nichttragende Raumtrennwände oder Fassadenteile bei späteren andersartigen Nutzungsanforderungen an das Gebäude nachträglich mit relativ geringem Aufwand verändert oder beseitigt werden können, lassen sich tragende oder aussteifende Bauteile nicht oder nur unter großen technischen Schwierigkeiten umdimensionieren oder entfernen.

Ein Beispiel für die Gestaltungsmöglichkeiten mit einzelnen freistehenden Wandscheiben und Stützen, die in Zusammenhang mit der Deckenplatte ausgesteift werden, zeigt Bild **1**.30.

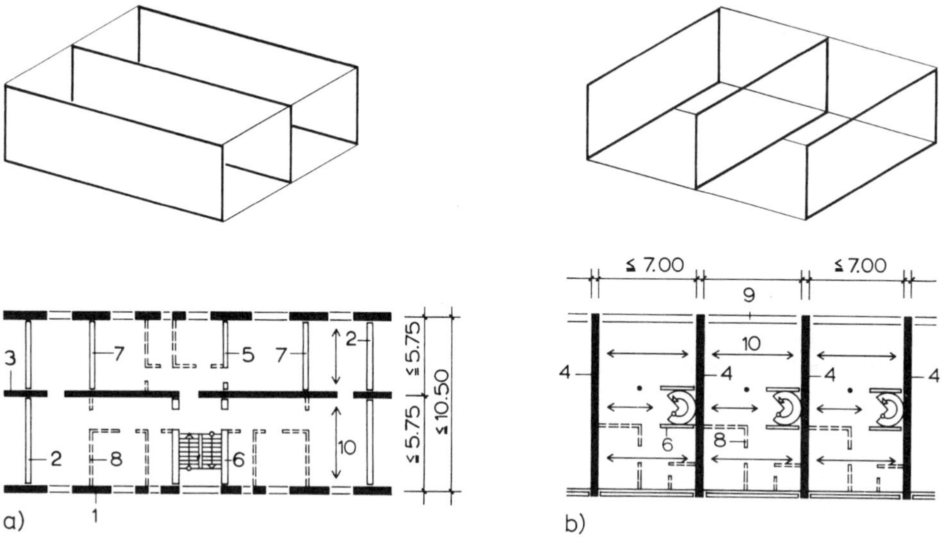

1.29 Anordnung tragender Wände (schematische Darstellungen und Grundrisse)
a) tragende Längswände, unbelastete Zwischenwände
b) tragende Querwände, unbelastete Außenwände

1 Umfassungswände
2 Brandwand
3 belastete Mittelwand
4 belastete Querwand
5 aussteifende Querwand
6 Treppenhauswand
7 Wohnungstrennwand
8 leichte Trennwand (nicht aussteifend)
9 nichttragende Außenwand
10 Spannrichtung der Decken

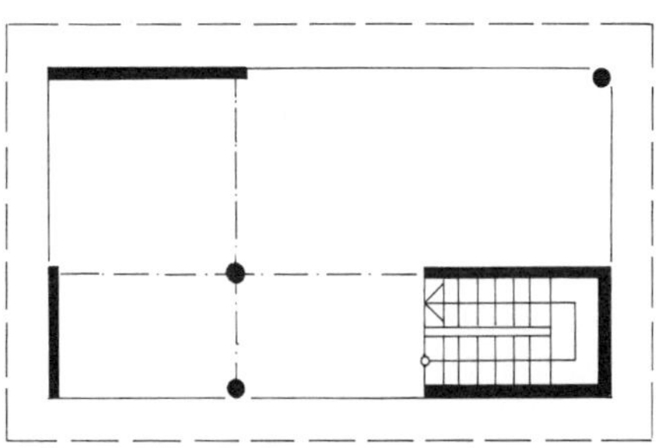

1.30 Aussteifung bei freier Grundrißgestaltung durch Wandscheiben

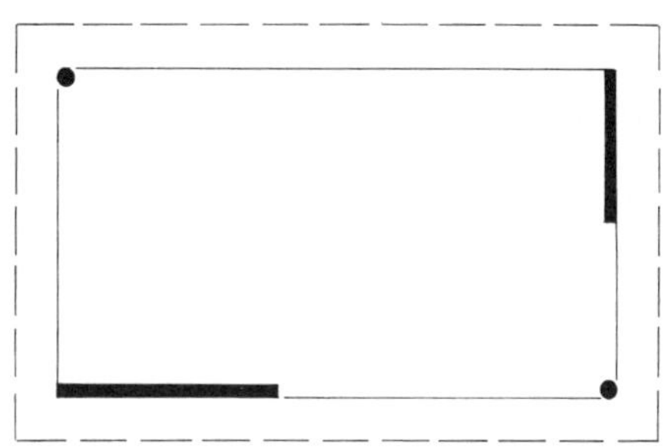

1.31 Ungünstige Anordnung von Aussteifungsscheiben

Bei der Anordnung der aussteifenden Scheiben muß beachtet werden, daß auch Momente („Verdrehungen") um die Senkrechte aufgenommen werden können. Bei einer Anordnung der aussteifenden Scheiben wie in Bild **1**.31 ist die Deckenplatte bei einer Beanspruchung in Drehrichtung um die Senkrechte verschieblich gelagert.

In Skelettbauten kann die Aussteifung der Rahmen oder Binder durch biegesteife Eckverbindungen und Einspannung (s. Bild **1**.8) erreicht werden. Die Binder untereinander können durch Wand- oder Deckenscheiben wie im Wandbau ausgesteift werden (Bild **1**.32 a). Meistens ist aber die Ausführung von Dreiecksverbänden durch zugbeanspruchte Stahlprofile oder -seile wirtschaftlicher (Bild **1**.32 b und **1**.7 c).

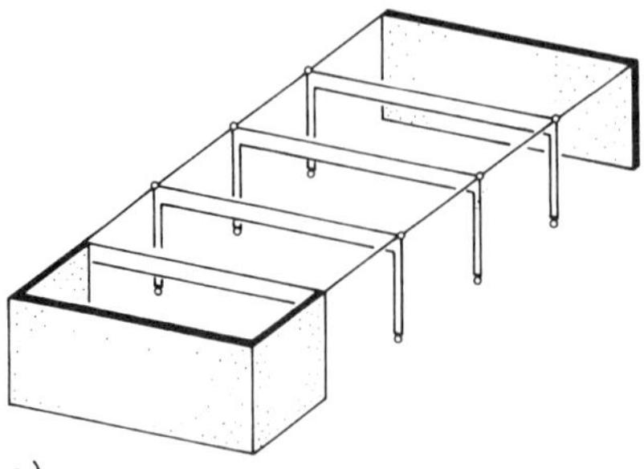

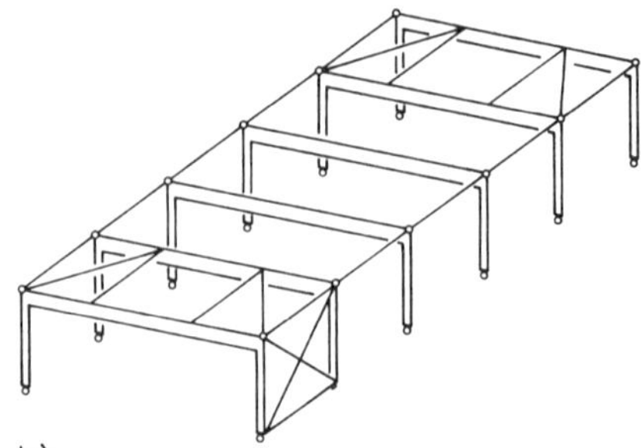

1.32 Aussteifung von Skelettkonstruktionen
a) Aussteifung durch Wandscheiben und durch Rahmen mit biegesteifen Ecken
b) Aussteifung durch Diagonalverbände und Rahmen mit biegesteifen Ecken

1.7 Normen

Norm	Ausgabe-Datum	Titel
DIN 1055-1	7.78	Lastannahme für Bauten; Lagerstoffe, Baustoffe und Bauteile, Eigenlasten und Reibungswinkel
DIN 1055-2	2.76	–; Bodenkenngröße, Wichte, Reibungswinkel, Kohäsion, Wandreibungswinkel
DIN 1055-3	6.71	–; Verkehrslasten
DIN 1055-4	8.86	–: Verkehrslasten, Windlasten bei nicht schwingungsanfälligen Bauwerken
DIN 1055-4/A1	6.87	–: Verkehrslasten, Berichtigungen
DIN 1055-5	6.75	–; Verkehrslasten, Schneelast und Eislast
DIN 4149-1	7.81	Bauten in deutschen Erdbebengebieten; Lastannahmen, Bemessung und Ausführung üblicher Hochbauten
DIN V 4150-1	9.75	Erschütterungen im Bauwesen; Grundsätze, Vorermittlung und Messung von Schwingungsgrößen
DIN 4150-2	12.92	–; Einwirkungen auf Menschen in Gebäuden
DIN 4150-3	5.86	–; Einwirkungen auf bauliche Anlagen

1.8 Literatur

[1] Ackermann, K.: Tragwerke in der konstruktiven Architektur. Stuttgart 1988
[2] Egger, H., Beck, H., Mandl, P.: Tragwerkselemente. Stuttgart 1996
[3] Führer, W., Ingendaaij, S., Stein, F.: Der Entwurf von Tragwerken. Köln 1995
[4] Heller, R., Savadori, M.: Tragwerk und Architektur. Braunschweig 1977
[5] Krauss, F., Führer, W.: Grundlagen der Tragwerkslehre. Köln 1995
[6] Mann, W.: Tragwerkslehre in Anschauungsmodellen. Stuttgart 1985
[7] Schmidt, P.: Schalentragwerke aus Spannbeton. IRB 1995

2 Normen, Maße, Maßtoleranzen

2.1 Allgemeines

Die gesetzliche Grundlage für das Bauen in Deutschland sind die Landesbauordnungen der einzelnen Bundesländer (LBO), die auf der Basis der Musterbauordnung (MBO) des Bundes erlassen wurden.

Für die Ausführung moderner Bauwerke ist das Zusammenwirken einer oft großen Anzahl verschiedener spezialisierter Unternehmen und Lieferanten erforderlich. Die unterschiedlichsten Bauteile und Bauteilgruppen müssen kombinierbar sein.

Mit dem Zusammenwachsen der Wirtschaftssysteme ist über den nationalen Rahmen hinaus die Festlegung von Qualitätsbegriffen und Ausführungskriterien unabdingbar. Maßsysteme und die Koordinierung von Maßen sowie produktions- oder ausführungsbedingte unvermeidliche Maßabweichungen werden daher zunehmend nicht nur innerhalb der einzelnen Staaten, sondern auch innerhalb Europas und international definiert.

2.2 Normen

2.2.1 Deutsche Normung

Wie auch auf anderen Wirtschaftsgebieten hat sich im Bauwesen in Übereinkunft der betroffenen Hersteller, des Handels, der Verarbeiter, der Verbraucher usw. seit mehr als 75 Jahren in demokratischer Selbstverwaltung die technische Normung entwickelt.

Der Träger der ständig entsprechend dem Stand der Technik weiterlaufenden Normungsarbeit in Deutschland ist als gemeinnütziger eingetragener Verein das DIN (Deutsches Institut für Normung e. V.). Es erarbeitet mit Beteiligung aller Betroffenen die deutschen DIN-Normen. Sie dienen (z. B. als Baustoffnormen) als Verständigungsgrundlage und für den „Regelfall" als Empfehlung für eine einwandfreie technische Ausführung von Bauleistungen (Ausführungsnormen). Wichtige Ausführungsnormen für das Bauwesen sind zusammengefaßt in der „Verdingungsordnung für Bauleistungen" (VOB) mit den Teilen A, B und C.

In den DIN-Normen kann zum Zeitpunkt ihres Erscheinens der gebräuchliche jedoch juristisch nicht definierte Begriff der „Anerkannten Regeln der Baukunst" beschrieben werden.

Zustandekommen und Bezeichnungen von Normen

E DIN Grundsätzlich darf jedermann einen Normungsantrag stellen. Nach Prüfung durch spezielle Normungsausschüsse kann daraus ein Normentwurf erarbeitet werden, der als Entwurf („Gelbdruck") der Öffentlichkeit zur Stellungnahme vorgelegt wird (E DIN ...).

DIN Nach Klärung von Einsprüchen, der Einarbeitung von Änderungsvorschlägen und schließlicher Übereinkunft der Betroffenen kann eine neue Norm als DIN ... in das allgemeine Normenwerk aufgenommen werden.

DIN V Eine „Vornorm" (DIN V ...) ist in Ausnahmefällen das Ergebnis einer Normungsarbeit, die z. B. wegen bestimmter Vorbehalte zum Inhalt vorerst nicht als Norm herausgegeben werden kann. Sie gilt nicht als eingeführter Teil des Deutschen Normenwerkes.

DIN-Bbl. DIN-Normen können durch „Beiblätter" ergänzt werden, in denen Erläuterungen, Beispiele, Anwendungshilfsmittel usw. enthalten sind (DIN ..., Bbl. ...).

DIN EN Europäische Norm, die in das Deutsche Normenwerk übernommen ist (s. Abschn. 2.2.2).

Zur Arbeitserleichterung gibt es ferner „Übersichtsnormen", in denen unter einer eigenen DIN-Nummer verschiedene einschlägige DIN-Normen (ohne Änderungen oder Zusätze) zusammengefaßt sind.

Normen sind keine absolut bindenden Bestimmungen, und ihre Anwendung ist grundsätzlich freigestellt. Bei Streitigkeiten werden sie jedoch weitgehend als Beurteilungsmaßstab herangezogen. Denjenigen, der eine Abweichung von einer Norm zu vertreten hat, trifft in solch einem Fall in besonderem Maße die Beweislastpflicht.

Bestimmte Normen werden von den Behörden als Technische Baubestimmungen „bauaufsichtlich eingeführt". In diesem Fall sind sie verbindlich und gelten als „Allgemein anerkannte Regel der Technik".

Beachtet muß andrerseits werden, daß für die Ausführung einer Bauleistung oder eines Bauwerkes die genaue Erfüllung bestimmter, für den „Regelfall" entwickelter Normen nicht allein ein einwandfreies Ergebnis garantieren kann. Sowohl Planer als auch Bauausführende haben in eigener Verantwortung zu überprüfen, ob im Einzelfall sogar Abweichungen von Festsetzungen der Normen geboten sein können.

2.2.2 Europäische Normung

Als gemeinsame europäische Normungsinstitution wurde das Europäische Komitee für Normung (CEN) mit Sitz in Brüssel gegründet. Seine Mitglieder sind die nationalen Normungsorganisationen der EU- und EFTA-Staaten. Die Normungsorganisationen der diesen Verbänden noch nicht angegliederten mittel- und osteuropäischen Staaten werden vom CEN anerkannt und haben Beobachterstatus. Deutsches Mitglied im CEN ist das DIN (Deutsches Institut für Normung e. V.).

Aufgabe des CEN ist es, die bestehenden nationalen Normungen zu harmonisieren und langfristig ein europäisches Normenwerk zu schaffen. Die bereits geschaffenen Europäischen Normen (EN) sind das Ergebnis recht komplizierter Beratungs- und Beschlußvorgänge, auf die hier nicht besonders eingegangen werden kann.

Entsprechend den unterschiedlichen geographischen, klimatischen und lebensgewohnheitlichen Bedingungen sowie unterschiedlichen Schutzniveaus in den einzelnen Mitgliederländern können europäische Normen verschiedene Anforderungsstufen oder -klassen enthalten.

Bei der europäischen Normung wurden von der Europäischen Kommission verschiedene Kategorien festgelegt:

A-Normen betreffen Entwurf, Bemessung und Ausführung von Bauwerken oder Bauteilen (Lastannahmen, Bemessungen, Berechnungs- und Planungsvorschriften). Hierzu zählen die sogenannten „Eurocodes" (s. u.).

B-Normen legen Produkteigenschaften fest.

B_h-Normen („horizontale Normen") sind zwischen A- und B-Normen eingestuft. Sie gelten für ganze Produktfamilien und regeln z. B. Meßverfahren oder bestimmte Produkteigenschaften.

EN-Normen. Ähnlich wie bei den deutschen Normen wird bei der europäischen Normung nach dem Bearbeitungsstand unterschieden:

prEN Europäischer Norm-Entwurf

EN Europäische Norm

prENV Europäischer Vornorm-Entwurf

ENV Europäische Vornorm

Europäische Normen (EN) müssen nach bestimmten Fristen von den CEN-Mitgliedern in die nationale Normung übernommen werden. Sie erscheinen im Deutschen Normenwerk unter

DIN EN mit derselben Zählnummer, die auch die Europäische Norm hat (z. B. EN 196-4 = DIN EN 196-4).

Europäische Vornormen (ENV) können für maximal 3 Jahre probeweise angewendet werden. Ihre Verbindlichkeit entspricht dann der Verbindlichkeit der DIN-Normen.

Eurocodes (EC). Entsprechend der Kategorie der A-Normen werden vom CEN zunächst neun Eurocodes mit jeweils mehreren Teilen erarbeitet: Für die Definition allgemeiner Einwirkungen, den Entwurf, die Berechnung und die Bemessung von Bauwerken aus

— Beton, Stahl, Verbundbauweisen, Holz, Mauerwerk, Aluminium sowie für

— Geotechnik, Gründungen und für Bauten in Erdbebengebieten.

Für den Bereich Stahlbau ist z. B. der Eurocode 3 – Teil 1–1 erschienen: „Bemessung von Konstruktionen von Stahlbauten; Allgemeine Bemessungsregeln, Bemessungsregeln für den Hochbau"; dieser ist als DIN V ENV 1993–1–1 in das Deutsche Normenwerk übernommen worden. Für diesen Eurocode sind z. Z. noch weitere Teile über Feuerwiderstand sowie für spezielle Bauten in Arbeit.

2.2.3 Internationale Normung

ISO-Normen. Mit Sitz in Genf wurde die Internationale Organisation für Standardisierung (ISO) gegründet mit dem Ziel, die Normung weltweit zu fördern und um dadurch weltweit die wirtschaftliche Zusammenarbeit und den Austausch von Waren und Dienstleistungen zu erleichtern. In dieser Organisation arbeiten die nationalen Normungsgremien zusammen. Deutsches Mitglied in der ISO ist das DIN (Deutsches Institut für Normung e. V.) Von der ISO wurden seither auf vielen Gebieten zahlreiche Normen und Normentwürfe erarbeitet. Diese Internationalen Normen sind teilweise in das Deutsche Normenwerk übernommen worden (DIN ISO ...).

Mit dem Ziel einer weltweiten internationalen Qualitätssicherung wurde die Reihe der ISO-Normen 9000–9004 geschaffen. Während in DIN ISO 9000 allgemeine Anwendungsrichtlinien enthalten sind, werden in den folgenden Normen als Voraussetzung für eine „Zertifizierung" (d. h. für den Nachweis eines Qualitätssicherungssystemes) die folgenden QS-Nachweisstufen festgelegt:

— DIN ISO 9001 Entwicklung, Konstruktion, Fertigung, Montage, Service: Qualitätsanforderungen in allen Phasen,

— DIN ISO 9002 Fertigung, Montage: Qualitätsanforderungen während der Herstellung,

— DIN ISO 9003 Endprüfung: Qualitätsanforderungen durch Prüfung im Endzustand, ferner in

— DIN ISO 9004 Leitfäden für Qualitätssicherungssysteme.

Für die weltweite Vereinheitlichung auf dem Gebiet der Elektrotechnik arbeitet die Internationale Elektrotechnische Kommission (IEC) mit Sitz in Genf.

Die **Zertifizierung** wird durch anerkannte akkreditierte Stellen zuerkannt. In Deutschland ist hierfür der Deutsche Akkreditierungsrat (DAR) in Berlin im Auftrag von Bund, Ländern und Wirtschaft als Dachverband zuständig. Mit dem Zertifikat wird einem Unternehmen oder einem Teilbereich eines Unternehmens auf Grund einer vertraglichen Regelung die „Qualitätsfähigkeit" bestätigt.

Mit der Zertifizierung wird allerdings nichts über die tatsächliche Qualität eines Produktes ausgesagt, sondern lediglich bestätigt, daß eine Verpflichtung zur Einhaltung bestimmter betriebseigener Qualitätsansprüche besteht.[1)]

---

1) Eine Zertifizierung ist bei Nachweis eines nach DIN EN ISO 9000 vorhandenen Qualitätsmanagement-Systems (QMS) auch für Architektur- und Ingenieurbüros möglich

2.2.4 Bauprodukte

Der nationalen Umsetzung der EU-Bauproduktrichtlinie (1988) dient das Bauproduktengesetz (BauPG v. 10. 8. 1992/27. 4. 1993). Es regelt den freien Warenverkehr mit Bauprodukten innerhalb der Europäischen Union durch Abbau von Handelshemmnissen infolge unterschiedlicher technischer Vorschriften, Normen, Zulassungen usw.

Produkte, die mit den „harmonisierten" europäischen Normen bzw. Zulassungen übereinstimmen und damit einem geregelten Mindestsicherheitsstandard entsprechen, werden durch das „Europäische Konformitätszeichen" (CE) kenntlich gemacht. Das CE-Zeichen wird auf längere Sicht Gütekennzeichen wie das VDE- oder GS-Zeichen ersetzen.

Nach § 4 des BauPG ist es (vorbehaltlich möglicher Ausnahmen und Befreiungen) nur dann gestattet, ein Bauprodukt in den Verkehr zu bringen, wenn es mit dem CE-Zeichen gekennzeichnet ist.

Die Umsetzung des noch wenig bekannten Gesetzes wird zwar noch einige Zeit in Anspruch nehmen, doch sind bereits jetzt die Auswirkungen auf die Verdingungsordnung (VOB) sowie AGB-Klauseln zu beachten [7].

Bauregellisten

Unterschieden werden geregelte, nicht geregelte und sonstige Bauprodukte, die in Bauregellisten aufgeführt sind.

Die Bauregelliste A Teil 1 enthält für geregelte Produkte in tabellarischen Aufstellungen die technischen Regeln, die erforderlichen Übereinstimmungs- und ggf. Verwendbarkeitsnachweise, die zur Erfüllung der bauaufsichtlichen Anforderungen nötig sind (Technische Baubestimmungen).

Übereinstimmungs- und Verwendbarkeitsnachweise können sein: Übereinstimmungserklärungen des Herstellers (ggf. nach vorheriger Prüfung des Bauproduktes durch eine anerkannte Prüfstelle), Übereinstimmungszertifikat einer anerkannten Prüfstelle, die allgemeine bauaufsichtliche Zulassung oder einbauaufsichtliches Prüfzeugnis.

In Teil 2 der Bauregelliste A werden nicht geregelte Bauprodukte aufgeführt.

- Geregelte Produkte sind Bauprodukte, für die in einer Bauregelliste die technischen Regeln bekannt gemacht sind (z. B. DIN-Normen, VDE- bzw. VDI-Regelungen u. a.) und die davon nicht wesentlich abweichen. Die veröffentlichten Regeln gelten dabei als „Allgemein anerkannte Regeln der Technik". Für Bauprodukte, die diesen Regeln entsprechen, gilt die Verwendbarkeit als nachgewiesen.
- Nicht geregelte Produkte sind Bauprodukte, für die es keine allgemein anerkannten Regeln gibt bzw. die von den bekanntgegebenen Regeln der Bauregelliste erheblich abweichen. Für diese Produkte muß die Verwendbarkeit entsprechend den Bauordnungen der Länder nachgewiesen werden. Dies geschieht durch Prüfung und allgemeine bauaufsichtliche Zulassung (Deutsches Institut für Bautechnik, Berlin) oder durch eine Zustimmung im Einzelfall (Oberste Bauaufsichtsbehörde des jeweiligen Bundeslandes).

In die Bauregelliste B werden Produkte aufgenommen, die Europäischen Normen (EN) entsprechen.

Die Liste C enthält Produkte, für die es weder Technische Baubestimmungen noch allgemein anerkannte Regeln der Technik gibt und die bauaufsichtlich von untergeordneter Bedeutung sind.

Bei der Verwendung aller Bauprodukte trifft im übrigen den Hersteller und ggf. auch den Teilehersteller das Produkthaftungs-Gesetz. Kann der Hersteller nicht festgestellt werden, kann auch der Lieferant haftbar gemacht werden.

2.3 Maßordnung nach DIN 4172

Seit langer Zeit bildeten die Abmessungen von Ziegeln als einem der ältesten Baumaterialien die Grundlage für die Vereinheitlichung von Baumaßen.

Das Breitenmaß von Ziegeln betrug überall entsprechend dem Greifmaß der Hand regional unterschiedlich etwa 10 bis 15 cm. Somit ergaben sich unter der Berücksichtigung der erforderlichen Mörtelfugen beim Vermauern ungeteilter Steine bestimmte Maßsprünge für die Abmessungen von Wanddicken, Pfeilerbreiten, Maueröffnungen usw.

Nach Einführung des metrischen Systems fand der Vorschlag, das „Achtelmeter" (am) = 12,5 cm zur Grundlage einheitlicher Ziegelmaße zu machen, rasche Verbreitung und führte zu einer der frühesten Normen im Bauwesen, der „Maßordnung im Hochbau", DIN 4172.

Sie ist immer noch Pflichtnorm für den mit öffentlichen Mitteln geförderten Wohnungsbau und somit die Grundlage für die Abmessungen einzelner Bauteile, Bauelemente und ganzer Gebäude mit der Absicht, zur Rationalisierung der Bauausführung entscheidend beizutragen.

Die Maßverhältnisse von Ziegeln, Kalksandsteinen o. ä. künstlichen Bausteinen (s. Abschn. 6.2.2) unter Berücksichtigung der erforderlichen Mörtelfugen zeigt Bild **2**.1.

2.1
Maßverhältnisse beim Vollstein Mz nach DIN 105 und KS nach DIN 106

f_1 = Lagerfuge
f_2 = Stoßfuge
l = Länge
b = Breite
h = Steinhöhe
s = Schichthöhe

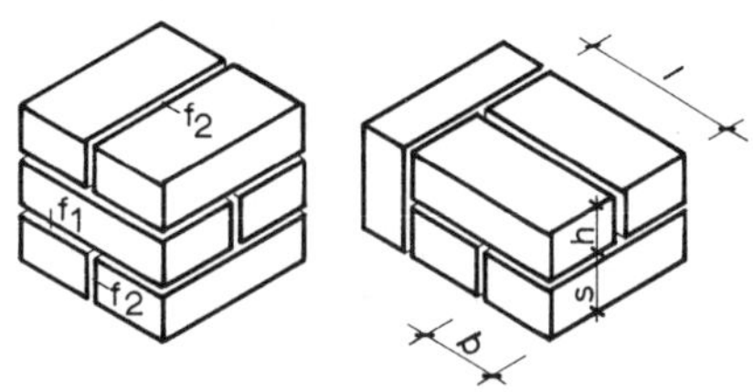

Dementsprechend sind als Nennmaße festgelegt:

— Länge bzw. Breite: 115, 175, 240, 300, 365, 490 mm
— Höhe: 52 (DF, „Dünnformat"), 71 (NF, „Normalformat"), 113, 238 mm

Diese Maße sind wie folgt errechnet:

Beispiel		Baurichtmaß –	Fuge =	Nennmaß
	Steinlänge	25 cm	1 cm	24 cm
	Steinbreite	25/2 cm	1 cm	11,5 cm
	Steinhöhe (NF)	25/3 cm	1,23 cm	7,1 cm (12 Schichten je m)
	Steinhöhe (DF)	25/4 cm	1,05 cm	5,2 cm (16 Schichten je m)

Die gegenseitige Abhängigkeit der Höhenmaße zeigt Bild **2**.2

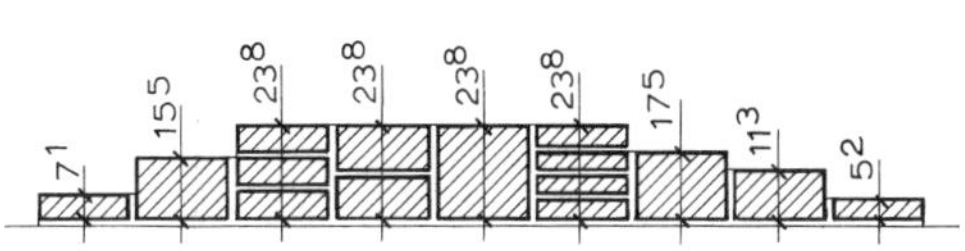

2.2
Gegenseitige Abhängigkeit der Ziegelhöhenmaße. Auf 1 m Höhe gehen 16 Schichten DF oder 12 Schichten NF

Tabelle **2**.3 Dickenmaße gemauerter Wände

cm	Steinlänge Mauerstein NF (DIN 105, 106, 398)	Achtelmeter (am)
11,5	½ Stein dicke Wand	1 er Wand
17,5	–	1½er Wand
24	1 Stein dicke Wand	2 er Wand
30	–	2½er Wand
36,5	1½ Stein dicke Wand	3 er Wand

Mauerdicken können ausgedrückt werden in Steinlängen oder Achtelmeter (am) (Tabelle **2**.3 und Bild **2**.4).

Tabelle **2.4** Wanddicken

Wanddicken mit Verwendung des Mauerziegels DF DIN 105 mit den Abmessungen 240×115×52

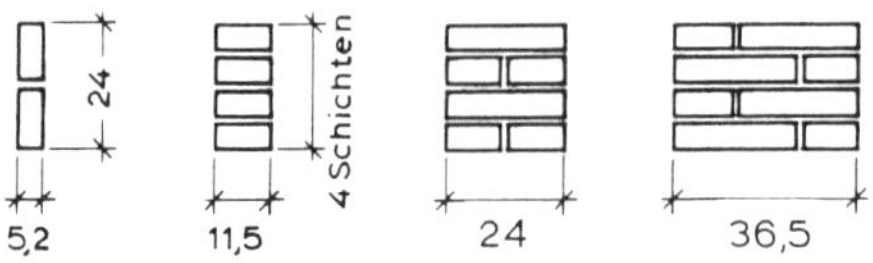

Wanddicken mit Verwendung des Mauerziegels NF DIN 105 mit den Abmessungen 240×115×71

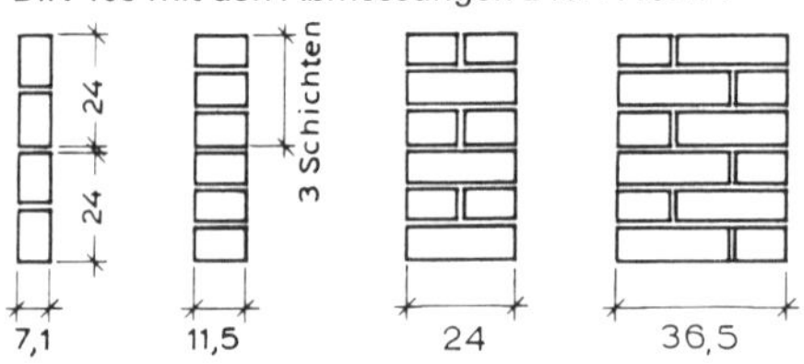

Vollmauerwerk 30 cm und 36,5 cm dick aus Mauersteinen NF DIN 105

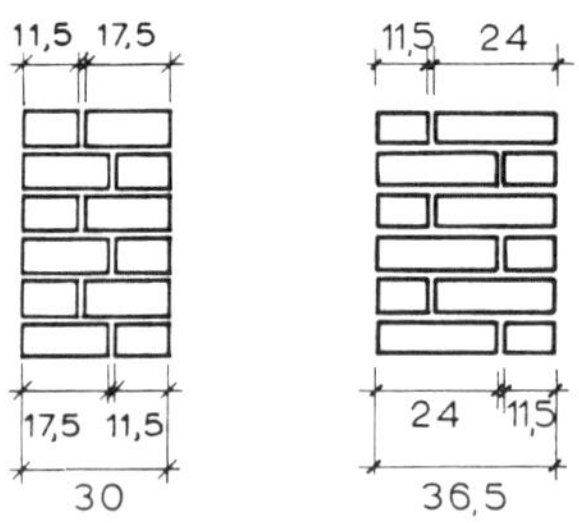

Tabelle **2.5** Maße in cm nach DIN 4172

Bau-Gesamtmaße Wanddicken, Pfeiler *(A)*	Bau-Vorsprünge freie Mauerenden *(P)*	Raum-Innenmaße Öffnungen *(Ö)*
11,5	12,5	13,5
24	25	26
36,5	37,5	38,5
49	50	51
61,5	62,5	63,5
74	75	76
86,5	87,5	88,5
99	100	101
111,5	112,5	113,5
124	125	126
⋮	⋮	⋮

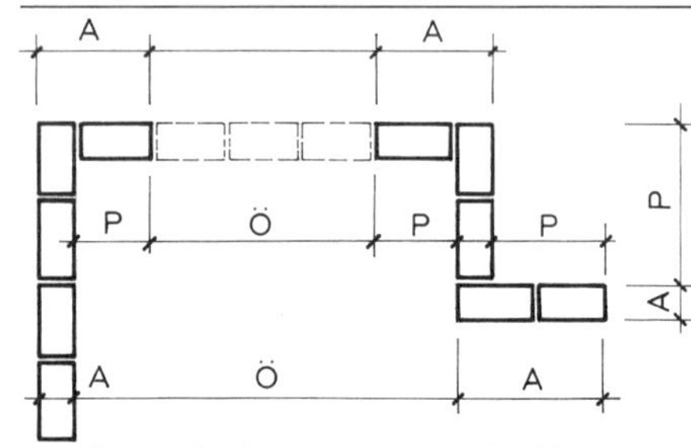

2.6 Bauwerksabmessungen nach DIN 4172
Bauteil $A = n \cdot 12{,}5 - 1$
Rohbaumaß in cm (Wanddicken, Pfeiler, Außenmaße) Bauteil $Ö = n \cdot 12{,}5 + 1$
Rohbaumaß in cm (Öffnungen, Wandnischen, Rauminnenmaße) Bauteil $P = n \cdot 12{,}5$
Rohbaumaß in cm
(Pfeilervorlagen, freie Mauerenden)

Beim Vermaßen von Bauwerken nach DIN 4172 muß bei den Einzelmaßen jeweils das Maß von 1 cm für die Stoßfugen zwischen den Steinen berücksichtigt werden.

Es ergeben sich dabei für Baugesamtmaße, Pfeiler und Wanddicken (*A*), für Bauvorsprünge und freie Mauerenden (*P*) und für Rauminnenmaße und Öffnungen (*Ö*) die in Tabelle **2.5** aufgeführten typischen Maßreihen.

Ein schematisiertes Beispiel für Bauwerksabmessungen zeigt Bild **2.6**.

2.4 Modulordnung

Für Bauwerke, bei denen die handwerkliche Bauausführung, z. B. von Maurerarbeiten, eine untergeordnete Bedeutung hat, ist eine Maßkoordination auf der Basis des Dezimalsystems sinnvoll.

Seit langem wird daher auch auf internationalen Ebenen eine entsprechende Normung angestrebt. Zahlreiche Ansätze zur Klärung von Grundbegriffen, Anwendungsgrundlagen, zeichnerischer Darstellung usw. wurden gemacht, doch stehen verbindliche Festlegungen noch aus, obwohl sie im Hinblick auf den europäischen Gemeinsamen Markt sicher dringend erforderlich wären.

In der „Modulordnung im Bauwesen", DIN 18 000, werden als Hilfsmittel zur Abstimmung von Maßen rechtwinklig im Raum aufeinanderstehende Bezugsebenen als Koordinationssysteme festgelegt (Bild **2**.7). Sie haben in der Regel untereinander Abstände („Koordinationsmaße") von einem Vielfachen des Grundmoduls M = 100 mm.

Neben dem Grundmodul M gibt es als ausgewählte Vielfache davon die Multimoduln

3 M = 300 mm
6 M = 600 mm
12 M = 1200 mm

Als Ergänzungsmaße für notwendige Maße, die kleiner sind als M, sind ferner festgelegt: 25, 50 und 75 mm. Damit soll jeweils auf volle M-Werte ergänzt werden.

Die Koordinationsmaße sollen aus den Moduln bzw. Multimoduln in begrenzten Folgen mit Vorzugszahlen gebildet werden:

1, 2, 3 bis 30 × M
1, 2, 3 bis 30 × 3 M
1, 2, 3 bis 30 × 6 M
1, 2, 3 bis 30 × 12 M

Die daraus resultierenden Vorzugsmaße zeigt Tabelle **2**.8.

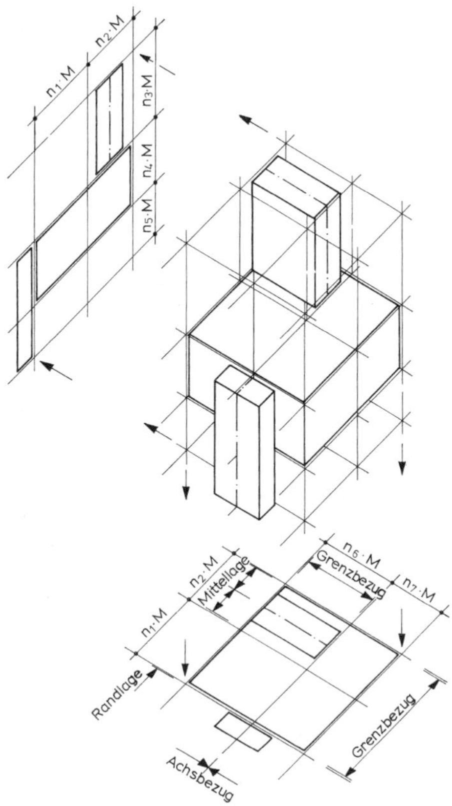

2.7 Bezugsarten im Koordinationssystem

Koordinationsräume. In Weiterführung der in Planungen vielfach üblichen Grundriß-Koordinationsraster werden durch die Regelungen der DIN 18 000 dreidimensionale Koordinationsräume gebildet.

Dabei können das ganze Bauwerk, Bauteile oder Räume maßlich in verschiedener Weise auf die Koordinationsebenen bezogen sein (vgl. Bild **2**.7), mit

- Grenzbezug. Koordinationsebenen bilden die Begrenzung von Bauwerken oder Bauteilen (Bild **2**.9).
- Achsenbezug. Die Bauteile liegen mittig in einer Koordinationsebene (Bild **2**.10).
- Randlage. Eine Koordinationsebene bildet eine Begrenzung (Bild **2**.11).
- Mittellage. Eine Bauteil- oder Bauwerksachse liegt in der Mitte zwischen zwei Koordinationsebenen (Bild **2**.12).

Dabei können sich Kombinationen verschiedener Bezugsarten ergeben (Bild **2**.13).

Wenn sich in Ausnahmefällen Abmessungen ergeben, die nicht modularen Maßen entsprechen, müssen nichtmodulare Bereiche gebildet werden, an die mit Randbezug (s. Bild **2**.9 und **2**.11) angeschlossen wird (Bild **2**.14). Wenn in solchen Fällen allein wirtschaftliche Überlegungen im Vordergrund stehen, sollte beachtet werden, daß vielfach nicht nur der durch Mindestabmessungen gegebene Aufwand maßgeblich ist, sondern auch rationelle Fertigung und Montage. Eine Stütze 26cm/26cm, die statisch ausreichen würde, kann sich als teurer erweisen als eine an sich unnötig dicke Stütze 3 M/3 M, die aber infolge ihrer Einordnung in das Maßsystem ein Maximum an rationeller Produktion zuläßt. Auch spätere Austauschbarkeit kann wichtig sein.

Tabelle **2**.8 Vorzugszahlen

Vielfache der Multimoduln			Vielfache des Grundmoduls M
12 M	6 M		3 M
			1 M
			2 M
		3 M	3 M
			4 M
			5 M
	6 M	6 M	6 M
			7 M
			8 M
		9 M	9 M
			10 M
			11 M
12 M	12 M	12 M	12 M
			13 M
			14 M
		15 M	15 M
			16 M
			17 M
	18 M	18 M	18 M
			19 M
			20 M
		21 M	21 M
			22 M
			23 M
24 M	24 M	24 M	24 M
			25 M
			26 M
		27 M	27 M
			28 M
			29 M
	30 M	30 M	30 M
		33 M	
36 M	36 M	36 M	
		39 M	
	42 M	42 M	
		45 M	
48 M	48 M	48 M	
		51 M	
	54 M	54 M	
		57 M	
60 M	60 M	60 M	
	66 M		
72 M	72 M		
	78 M		
84 M	84 M		
	90 M		
96 M	96 M		
	102 M		
108 M	108 M		
	114 M		
120 M	120 M		
132 M			
144 M			
156 M			
168 M			
180 M			Diagonalen:
usw.			Verdopplungsfolgen

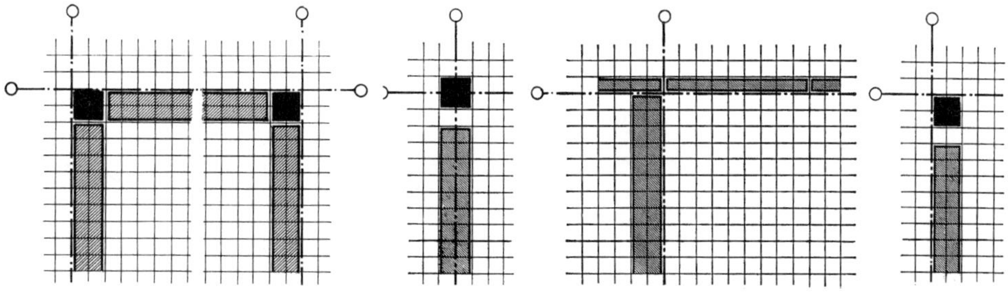

2.9 Grenzbezug **2.10** Achsenbezug **2.11** Randlage

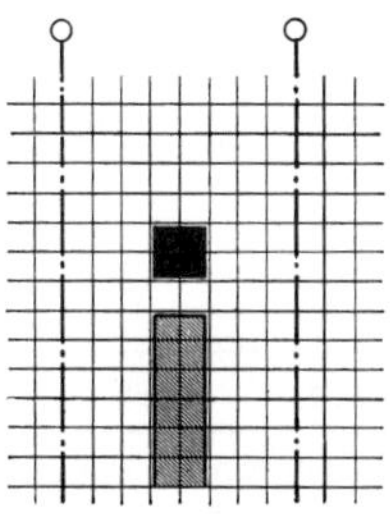

2.12 Mittellage

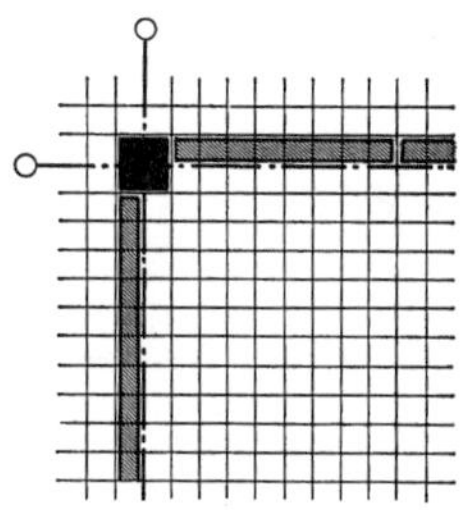

2.13 Achsenbezug und Randlage

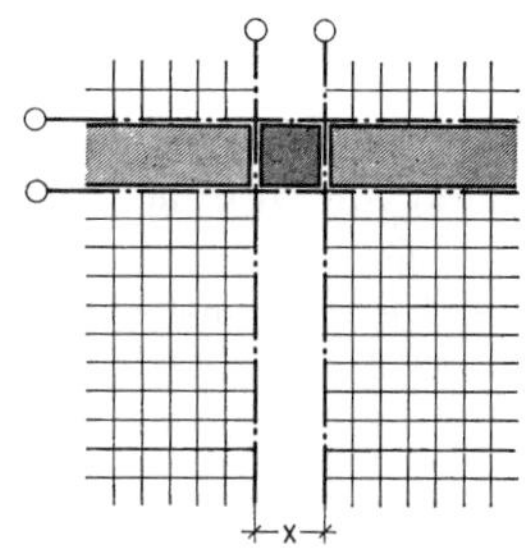

2.14 Nichtmodularer Bereich (x)

2.5 Maßtoleranzen

Geringfügige Abweichungen von den bei der Planung festgelegten Längen-, Höhen- usw. sowie von Winkelmaßen müssen ebenso wie kleinere Unebenheiten nicht unbedingt Einschränkungen für die Funktion oder Gestaltung von Bauteilen oder ganzen Bauwerken bedeuten.

Bei den meisten heute üblichen Baumethoden werden gewisse Maßabweichungen daher vielfach in Kauf genommen, weil erhöhte Anforderungen an die Maßgenauigkeit in der Regel mit erheblich höherem technischem Mehraufwand und damit auch höheren Herstellungskosten verbunden wären.

In welchem Umfang derartige Abweichungen von den Sollmaßen akzeptiert werden können, bedarf der vorherigen Definition. Es sind daher in DIN 18 201 sowie 18 202 und 18 203 Grundsätze und Toleranzmaße für Bauwerke und Bauteile festgelegt.

In den Normen wird jedoch festgehalten, daß die vorgesehenen Toleranzen für die im Rahmen üblicher Sorgfalt zu erreichende Genauigkeit gelten, wenn nichts anderes vereinbart wird. Eine Überprüfung von Maßen soll nur im Falle von Streitigkeiten erfolgen, etwa um festzustellen, ob für einen Folgeunternehmer die Vorleistungen anderer am Bau Beteiligter ausreichend genau sind.

Für durchzuführende Prüfungen sollen bereits vor der Bauausführung erforderliche Bezugspunkte festgelegt werden. Weil in der Normung zeit- und lastabhängige Verformungen von Bauteilen (z. B. Durchbiegungen) nicht erfaßt sind, müssen Prüfungen so früh wie möglich erfolgen. Wenn erforderlich, muß festgelegt werden, in welchem Umfang etwa vorhandene Ungenauigkeiten bei nachfolgenden Arbeiten auszugleichen sind. Die in der Normung verwendeten Begriffe für Maße zeigt Bild **2.15**.

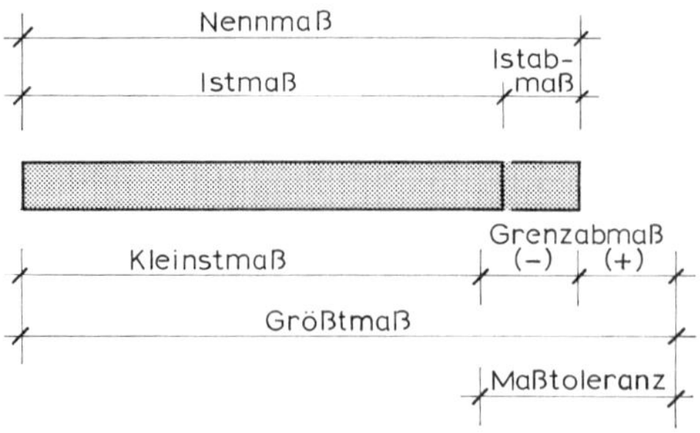

2.15 Maßtoleranzen, Begriffe

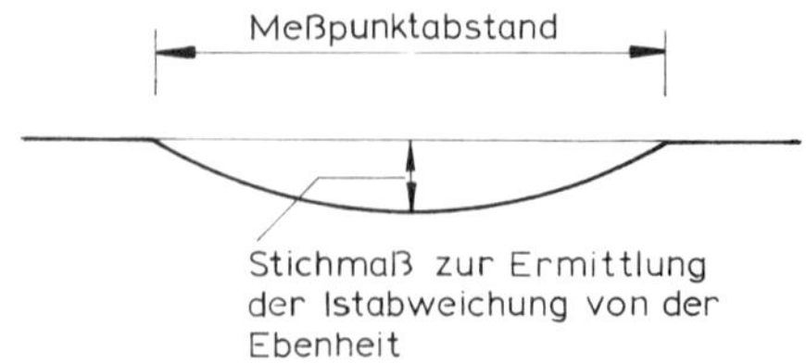

2.16 Stichmaß

Grenzabmaße werden gebildet aus der Differenz zwischen Größtmaß und Nennmaß oder Kleinstmaß und Nennmaß.

Stichmaß ist ein Hilfsmaß zur Ermittlung der Ebenheit zwischen Meßpunkten oder zur Ermittlung von Winkelabweichungen (Bild **2**.16).

Tabelle **2**.17 Grenzabmaße (DIN 18 202 Tab. 1)

Spalte	1	2	3	4	5	6
		Grenzabmaße in mm bei Nennmaßen in m				
Zeile	Bezug	bis 3	über 3 bis 6	über 6 bis 15	über 15 bis 30	über 30
1	Maße im Grundriß, z. B. Längen, Breiten, Achs- und Rastermaße	±12	±16	±20	±24	±30
2	Maße im Aufriß, z. B. Geschoßhöhen, Podesthöhen, Abstände von Aufstandsflächen und Konsolen	±16	±16	±20	±30	±30
3	Lichte Maße im Grundriß, z. B. Maße zwischen Stützen, Pfeilern usw.	±16	±20	±24	±30	–
4	Lichte Maße im Aufriß, z. B. unter Decken und Unterzügen	±20	±20	±30	–	–
5	Öffnungen, z. B. für Fenster, Türen, Einbauelemente	±12	±16	–	–	–
6	Öffnungen wie vor, jedoch mit oberflächenfertigen Leibungen	±10	±12	–	–	–

Durch Ausnutzen der Grenzabmaße der Tabelle **2**.17 dürfen die Grenzwerte für Stichmaße der Tabelle **2**.18 nicht überschritten werden.

Tabelle **2**.18 Winkeltoleranzen (DIN 18 202 Tab. 2)

Spalte	1	2	3	4	5	6	7
		Stichmaße als Grenzwerte in mm bei Nennmaßen in m					
Zeile	Bezug	bis 1	von 1 bis 3	über 3 bis 6	über 6 bis 15	über 15 bis 30	über 30
1	Vertikale, horizontale und geneigte Flächen	6	8	12	16	20	30

Durch Ausnutzen der Grenzwerte für Stichmaße der Tabelle **2**.18 dürfen die Grenzabmaße der Tabelle **2**.17 nicht überschritten werden.

Tabelle 2.19 Ebenheitstoleranzen (DIN 18 202 Tab. 3)

Spalte	1	2	3	4	5	6
Zeile	Bezug	Stichmaße als Grenzmaße in mm bei Meßpunktabständen in m bis				
		0,1	1	4	10	15
1	Nichtflächenfertige Oberseiten von Decken, Unterbeton und Unterböden	10	15	20	25	30
2	Nichtflächenfertige Oberseiten von Decken, Unterbeton und Unterböden mit erhöhten Anforderungen, z. B. zur Aufnahme von schwimmenden Estrichen, Industrieböden, Fliesen- und Plattenbelägen, Verbundestrichen Fertige Oberflächen für untergeordnete Zwecke, z. B. in Lagerräumen, Kellern	5	8	12	15	20
3	Flächenfertige Böden, z. B. Estriche als Nutzestriche, Estriche zur Aufnahme von Bodenbelägen Bodenbeläge, Fliesenbeläge, gespachtelte und geklebte Beläge	2	4	10	12	15
4	Flächenfertige Böden mit erhöhten Anforderungen, z. B. mit selbstverlaufenden Spachtelmassen	1	3	9	12	15
5	Nichtflächenfertige Wände und Unterseiten von Rohdecken	5	10	15	25	30
6	Flächenfertige Wände und Unterseiten von Decken, z. B. geputzte Wände, Wandbekleidungen, untergehängte Decken	3	5	10	20	25
7	Wie Zeile 6, jedoch mit erhöhten Anforderungen	2	3	8	15	20

Toleranzen. Die zulässigen Toleranzen für Maßabweichungen sind in DIN 18 202 festgelegt und können den Tabellen entnommen werden. Sie gelten baustoffunabhängig für die Ausführung von Bauwerken.

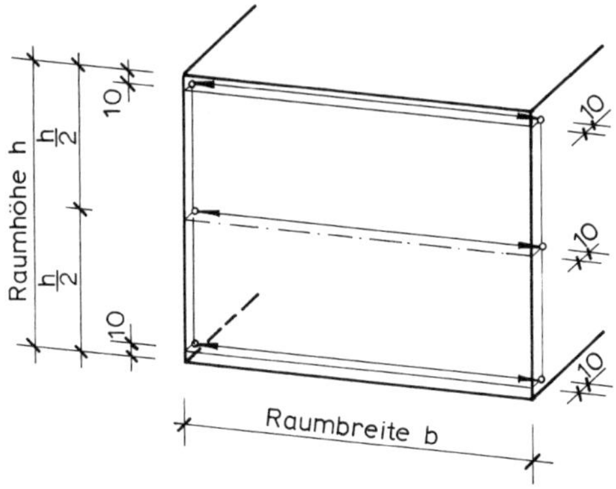

2.20 Prüfung einer Raumbreite in einem rechtwinkligen Raum, Lage der 6 Meßpunkte und 3 Meßstrecken

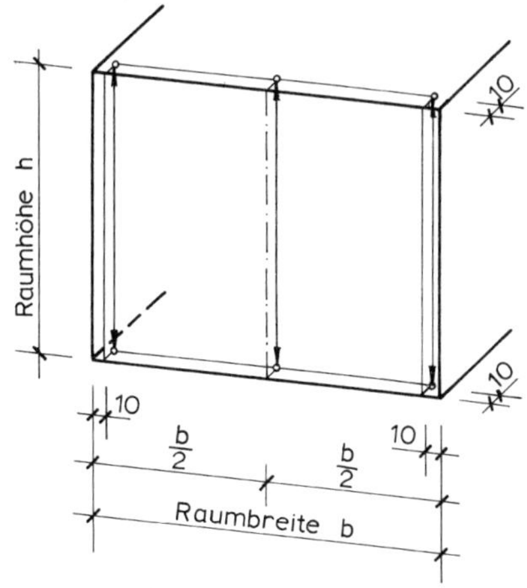

2.21 Prüfung einer Raumhöhe, Lage der 6 Meßpunkte und 3 Meßstrecken

Bei der Anwendung der Tabellen ist insbesondere zu beachten:

— Bauwerksmaße, d. h. Außen-, Raum- und Achsmaße werden an markanten Stellen genommen wie z. B. Gebäudeecken, Achsschnittpunkten, Deckenkanten, Unterzügen o. ä.
— Lichte Maße sind jeweils in 10 cm Abstand von Ecken und in Raummitte zu nehmen. Bei der Prüfung von Winkeln ist von den gleichen Meßpunkten auszugehen (Bild **2**.20 und **2**.21).

2.6 Normen

Norm	Ausgabe-Datum	Titel
DIN 4172	7.55	Maßordnung im Hochbau
DIN 18000	5.84	Modulordnung im Bauwesen
DIN 18201	12.84	Toleranzen im Bauwesen; Begriffe, Grundsätze, Anwendung, Prüfung
DIN 18202	5.86	–; Bauwerke
DIN 18203-1	2.85	–; Vorgefertigte Teile aus Beton, Stahlbeton und Spannbeton
DIN 18203-2	5.86	–;Vorgefertigte Teile aus Stahl
DIN 18203-3	8.84	–; Bauteile aus Holz und Holzwerkstoffen

2.7 Literatur

[1] Arlt, J. u. Kiehl, P.: Bauplanung mit DIN-Normen. Stuttgart/Leipzig 1995
[2] Braun, G., Haderer, H.: Maßgerechtes Bauen; Toleranzen im Hochbau. Köln 1987
[3] DIN Deutsches Institut für Normung e. V.: Europäische Normung. Berlin 1995
[4] –: Führer durch die Baunormung 1996. Berlin 1996
[5] –: Verzeichnis zurückgezogener Normen. Berlin 1993
[6] Hallermann/Wagner: Maßanlegen und Maßkontrolle am Bau. Schriftenreihe der Rationalisierungsgemeinschaft „Bauwesen" Nr. 21 1983
[7] Meyer, H. G.: Anmerkungen zur Bauregelliste A und Liste C. In Tür-Tor-Report 5. 96
[8] Schmeel, G.: Bauproduktengesetz. In: ARGE Baurecht, 3. 96
[9] Schlapka, Tiltmann, Helm: Maßtoleranzen im Hochbau – Kontrolle der Bauausführung. Augsburg 1996
[10] Zentralverband des Deutschen Baugewerbes e. V. Bonn: Merkblatt Toleranzen im Hochbau nach DIN 18 201 und 18 202, 1988

3 Baugrund und Erdarbeiten

3.1 Baugrund

Teil der Planungsarbeiten für ein Bauwerk ist die genaue Erkundung aller für die Bauausführung wichtigen Verhältnisse auf dem Baugelände:

Aufwuchs

In der Regel ist vorab zu klären, welcher Teil des vorhandenen Aufwuchses, insbesondere Bäume, auf Grund der in den meisten Bundesländern bestehenden Gesetze bzw. Vorschriften zu erhalten und während der Baumaßnahmen zu schützen sind.

Hindernisse

Zur Ausführungsvorbereitung gehört die Erkundung von – oft verborgenen – Hindernissen aller Art wie

- Grundwasserverhältnisse
- Grundleitungen, Kabel u. ä.
- überschüttete Reste früherer Bauwerke
- eventuell zu erwartende archäologische Befunde usw.

In weiterem Sinne können Rechte Dritter (z. B. Geh- oder Wegerechte auf dem Baugrundstück), besondere Bedingungen für Zu- und Abfahrt (es können z. B. Baustelleneinfahrten an stark befahrenen Verkehrsstraßen nicht erlaubt sein) u. a. m. zu den Hindernissen für die Bauausführung zählen.

Benachbarte Bauwerke

Sind die Baumaßnahmen in unmittelbarer Nähe bestehender Bauwerke auszuführen, ist deren Gründungsart und -tiefe zu ermitteln. Zum Ausschluß möglicher späterer Streitigkeiten ist vor dem Beginn der eigenen Baumaßnahmen der vorhandene bauliche Zustand zu dokumentieren.

Altlasten

Besteht der Verdacht daß der Baugrund durch Altlasten kontaminiert ist, müssen Art und Umfang der Belastung festgestellt werden. Dabei versteht man unter Altlasten ganz allgemein Gefährdungen, die infolge von Ablagerungen in der Vergangenheit eine Beeinträchtigung des Gemeinwohls bedeuten können.

Für Art und Umfang der Entsorgungspflicht bestehen noch keine einheitlichen Rechtsvorschriften. In jedem Fall muß mit den zuständigen Behörden geklärt werden, ob und wie eine Reinigung von belastetem Baugrund an Ort und Stelle zugelassen wird (z. B. Bodenwaschverfahren, thermische Behandlung, mikrobielle Behandlung), oder es ist der Verbleib und ggf. die erforderliche Entsorgung von abzufahrendem Aushubmaterial festzulegen. Mit Schadstoffen verunreinigter Aushub kann dabei als Abfall, besonders überwachungsbedürftiger Abfall oder sogar als Sonderabfall eingestuft werden.

Auch wenn Aushub mit Bauschutt vermengt ist, kann u. U. auf der Grundlage von Landesvorschriften oder Kommunalsatzungen für den Umweltschutz eine besondere Entsorgung verlangt werden, selbst wenn keine konkrete Gefahr im Einzelfall nachzuweisen ist.

Baugrunduntersuchung

Nur in recht seltenen Fällen können bei bekanntem gleichmäßigem Schichtenaufbau des Bodens oder aus Erfahrungen auf unmittelbar benachbarten Baustellen Rückschlüsse auf die gegebenen Baugrundverhältnisse gezogen werden. Insbesondere in früheren Stromtälern und vergleichbaren Gebieten wechseln Bodenarten und Schichthöhen so sehr, daß auch für kleinere Bauvorhaben, besonders aber für Bauwerke mit großen Bodenbelastungen oder großen Gründungstiefen eine genaue Untersuchung der vorhandenen Baugrundverhältnisse durch Sachverständige geboten ist.

Da bei größeren Bauvorhaben die Eigenschaften des Baugrundes die gesamte Gestaltung der Baukörper und ihrer Grundrisse erheblich beeinflussen können, sollte eine Baugrunduntersuchung am Anfang aller Planungen stehen. Das Gutachten des Sachverständigen enthält in der Regel

- Beschreibungen der Bodenarten und des Schichtenaufbaues im Baugrund, insbesondere auch in den Bereichen unterhalb der unmittelbaren Gründungsebenen,
- Hinweise zur Belastbarkeit des Baugrundes,
- Beurteilung evtl. Grundbruchgefahr
- Einschätzung von Risiken für benachbarte Bauwerke,
- Grundwasserverhältnisse und Grundwasserqualität.

Es dient als Entscheidungsgrundlage

- bei schwierigen Baugrundverhältnissen für die Grundrißgestaltung,
- für die Wahl der geeigneten Gründungen und ihre Dimensionierung,
- für nötige Sicherungsmaßnahmen beim Aushub der Baugrube,
- sowie als Ausschreibungs- und Abrechnungsgrundlage.

Die Durchführung von Bodenuntersuchungen wird in DIN 4094 erläutert. Sie kann erfolgen durch

- Schürfung (Probenentnahme aus Schürfgruben, geeignet nur für Untersuchungen bis etwa 3 m Tiefe),
- Sondierung (Einrammen oder Einpressen genormter Sondierstangen), am häufigsten jedoch durch
- Bohrungen (Entnahme von Bodenproben mit Spiralbohrern oder durch Kernbohrungen) und ferner für sehr großflächige Bauvorhaben durch geophysikalische Untersuchungen.

Die Abstände und die Lage der einzelnen Untersuchungspunkte hängen ab von den gegebenen Baugrundverhältnissen und der beabsichtigten Bauwerksplanung.

Die Untersuchungen richten sich auf die angetroffenen Bodenarten mit Korngrößen, Wassergehalt, Zusammenpreßbarkeit, Scherfestigkeit usw.

Es werden nach DIN 1054 zunächst unterschieden:

- gewachsener Boden (Lockergestein, durch einen abgeklungenen erdgeschichtlichen Vorgang entstanden),
- Fels (Festgestein, nach Lagerungszustand sowie Kornstruktur und -eigenschaften (DIN 4022) unterscheidbar) und
- geschütteter Boden (durch Aufschütten – verdichtet oder unverdichtet – oder durch Aufspülen entstanden).

Beim gewachsenen Boden werden 3 Hauptgruppen unterschieden (DIN 1054 Abschn. 2):

- Nichtbindige Böden. Dazu gehören Sand, Kies, Steine und ihre Mischungen. Die einzelnen Körner sind hier nicht miteinander verkittet. Die Belastbarkeit dieser Böden wächst mit der Korngröße, der Lagerungsdichte und mit der Tiefe, in der die Schicht liegt.
- Bindige Böden. Das sind Tone, Schluffe und Lehme. Ihr Korngerüst ist durch Ton mehr oder weniger verkittet. Die Tragfähigkeit bindiger Böden sinkt mit zunehmender Feuchtigkeit. Bindige Böden sind, falls sie nicht tief genug liegen, besonders frostgefährdet.

Ein Boden mit weniger als 15% Bestandteilen unter 0,06 mm wird im Sinne der DIN 1054 als nichtbindiger Boden bezeichnet.

Sind in einem Bodengemisch mehr als 15% Bestandteile unter 0,06 mm Korngröße enthalten, liegt ein bindiger Boden vor, weil ab etwa dieser Grenze angenommen werden muß, daß der Feinanteil nicht mehr nur die Hohlräume der gröberen Körnung ausfüllt, sondern sich bereits an der Lastübertragung beteiligt. Zu den bindigen Böden zählen im Sinne dieser Norm auch die gemischtkörnigen Böden.

- Organische Böden wie Torf und Mudden sowie ihre Abarten, z. B. tonige Mudde, schwach feinsandiger Torf o. ä. (s. DIN 4022-1).

Für die Einordnung und Kennzeichnung der Korngrößen gibt Tabelle **3**.1 einen Überblick.

Tabelle **3**.1 Korngrößenbereiche (DIN 4022, Tab. 1)

Bereich/Benennung		Kurzzeichen	Korngrößenbereich in mm
Grobkornbereich (Siebkorn)	Blöcke	Y	über 200
	Steine	X	über 63 bis 200
	Kieskorn	G	über 2 bis 63
	Grobkies	gG	über 20 bis 63
	Mittelkies	mG	über 6,3 bis 20
	Feinkies	fg	über 2,0 bis 6,3
	Sandkorn	S	über 0,06 bis 2,0
	Grobsand	gS	über 0,6 bis 2,0
	Mittelsand	mS	über 0,2 bis 0,6
	Feinsand	fS	über 0,06 bis 0,2
Feinkornbereich (Schlämmkorn)	Schluffkorn	U	über 0,002 bis 0,06
	Grobschluff	gU	über 0,02 bis 0,06
	Mittelschluff	mU	über 0,006 bis 0,02
	Feinschluff	fU	über 0,002 bis 0,006
	Tonkorn (Feinstes)	T	unter 0,002

Zu den wichtigen Aussagen eines Bodengutachtens gehört die Beurteilung des Baugrundes hinsichtlich der Gefahr von „Grundbruch".

Die Belastung des Baugrundes durch den Druck der Gründungskörper breitet sich im allgemeinen unter einem Druckverteilungswinkel von etwa 45° so im Baugrund aus, daß die Beanspruchung in den tieferen Schichten abnimmt. Dabei entstehen jedoch auch seitliche Druckbeanspruchungen im Untergrund. Bei Messungen können unter der Gründungsfläche etwa kreisförmig verlaufende Linien gleichen Druckes festgestellt werden.

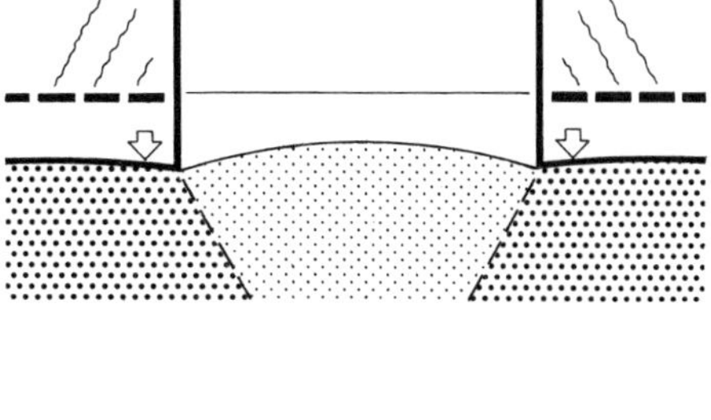

3.2
Grundbruch in einer Baugrube

Infolge dieser auch seitlichen Druckbeanspruchung kann es – besonders bei plastischem, bindigem Baugrund – zu einem Verdrängen und Ausweichen des der Gründungsfläche benachbarten Erdreiches führen.

Wenn durch Baugrubenaushub eine erhebliche Entlastung plastischer Bodenbereiche bewirkt wird, kann für benachbarte Bauwerke akute Einsturzgefahr entstehen (Bild **3**.2).

Durch einzelstehende hoch belastete Bauwerksteile kann es auch innerhalb von Baugruben zu Grundbruch kommen (Bild **3**.3).

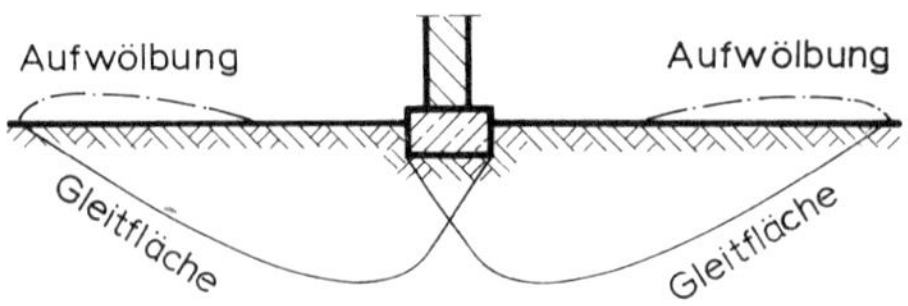

3.3 Grundbruch unter mittig belasteten Fundamenten [9]

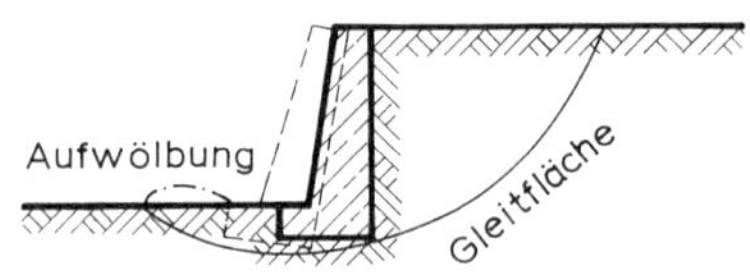

3.4 Geländebruch [9]

Ähnliche Gefahren können durch „Geländebruch" entstehen, wenn Bauwerke (z. B. Stützmauern) zusammen mit Erdmassen ausweichen, die auf Gleitflächen rutschen (Bild **3**.4).

In solchen Fällen müssen auf Grund des Bodengutachtens geeignete Sicherungsmaßnahmen getroffen werden. Am einfachsten kann u. U. ein abschnittsweises Ausführen der Erdbewegungen sein. Meistens werden die benachbarten Bauwerke jedoch durch Absteifungen, durch Spund- oder Schlitzwände oder durch Unterfangungen zu sichern sein (s. Abschn. 3.4). Es kann auch eine Bodenverfestigung durch Injektion von Bindemitteln, Vermörtelung oder Chemikalien in Frage kommen.

Benachbarte Bauwerke sind in der Regel durch Absteifungen zu sichern (s. Abschn. 10 in Teil 2 des Werkes).

Zur Sicherung benachbarter Bauwerke kann bei großen Bauvorhaben mit mehreren Untergeschossen die sogenannte Deckelbauweise angewendet werden. Dabei werden die zunächst hergestellten Decken und Wände der oberen Untergeschosse als Aussteifungsscheiben ausgenutzt. Die weiteren Tiefgeschosse werden erst anschließend unterhalb dieses „Deckels" nach unten vorgetrieben.

Im übrigen muß in diesem Rahmen für das umfangreiche Sondergebiet der Bodenuntersuchungen, Bodenmechanik, Bodenverfestigung usw. auf Spezialliteratur verwiesen werden [9].

Grundwasser. Bestandteil von Bodenuntersuchungen ist in der Regel auch die Feststellung von Grundwasserstand und -qualität.

Man unterscheidet

— freies Grundwasser (nicht unter Druck stehend),

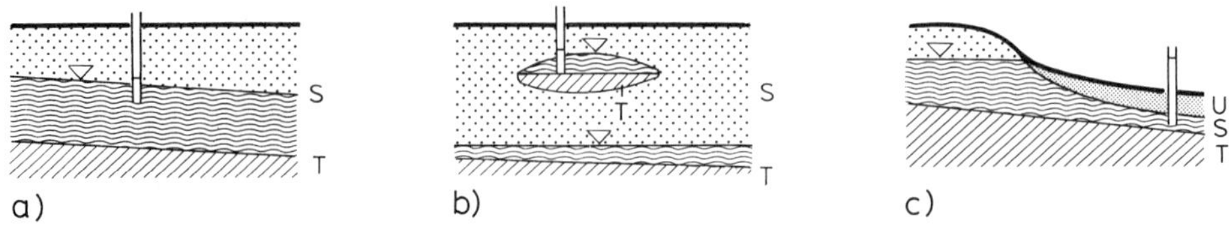

3.5 Grundwasserarten [9]

a) freies Grundwasser
b) schwebendes Grundwasser
c) artesisches Grundwasser

S nicht bindiger Boden, z. B. Sand
T bindiger Boden, z. B. Ton
U wasserundurchlässige Bodenschicht

— schwebendes Grundwasser (in Ansammlungen auf wasserundurchlässigen Bodenschichten),

— gespanntes (artesisches) Grundwasser (unter Überdruck stehend, Bild **3**.5).

Untersucht werden muß, ob Grundwasser, das mit Bauwerksteilen in Berührung kommen kann, betonschädigende Bestandteile hat, z. B. Kohlensäure („aggressives Wasser"). Es müssen in diesem Falle u. U. Spezialzemente verwendet werden und die Betonüberdeckungen der Bewehrungsstähle erhöht werden (s. Abschn. 5.5.2).

Reichen Bauwerke oder Bauwerksteile (z. B. Fundamente) in den Grundwasserbereich, sind besondere Vorkehrungen für die Gründung (s. Abschn. 4) und Abdichtungen gegen drückendes Wasser nötig (s. Abschn. 15.4.6). Bis zur Fertigstellung und vollen Wirksamkeit der Abdichtungen und zur Sicherung von abgedichteten Teilbauwerken gegen Auftrieb ist eine ständige Grundwasserhaltung bzw. -absenkung erforderlich (s. Abschn. 3.6).

3.2 Erdaushub

Im allgemeinen werden vor Beginn der Erdarbeiten die Begrenzungslinien jedes Bauprojektes anhand des in der Baugenehmigung enthaltenen Lageplanes durch das zuständige Katasteramt oder durch öffentlich bestellte Vermessungsingenieure „abgesteckt". Zur Sicherung der Absteckungspunkte wird vor Beginn der Arbeiten ein „Schnurgerüst" aufgestellt. Dazu sind bei freistehenden Bauten entsprechend der Anzahl der Absteckungspunkte je drei Rundholzpfähle in sicherem Abstand von der späteren Oberkante der Baugrubenböschung einzugraben und durch genau waagrecht angenagelte Bohlen zu verbinden (eingegraben müssen die Pfähle auf Brett- oder Steinunterlagen ruhen). Die Oberkante dieser Bohlen liegt nach Möglichkeit auf der 0,00-Meter-Marke der für das Bauwerk geltenden Planungshöhen (z. B. „OKFFB-EG" = Oberkante fertiger Fußboden Erdgeschoß) oder Oberkante Rohdecke Erdgeschoß („OKR-EG"). Über das Schnurgerüst werden die Fluchtschnüre so ausgespannt, daß durch Lote die Absteckungspunkte durch Kerben o. ä. auf das Schnurgerüst übertragen werden können (Bild **3**.6).

Bei Baugruben an stark geneigten Hängen erreichen die talseitigen Schnurgerüste unter Umständen große Höhen. In diesen Fällen müssen die Schnurgerüste in verschiedenen Höhen gestaffelt angeordnet werden.

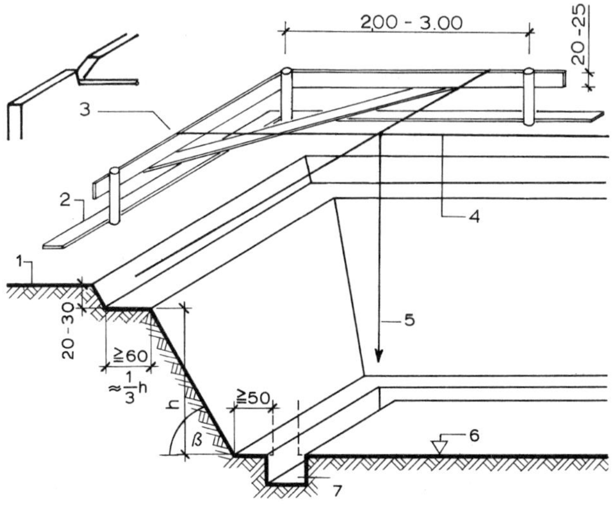

3.6
Schnitt durch Baugrube mit Schnurgerüst

1 Mutterboden
2 Brett für genaues Messen
3 Schnurkerbe
4 Fluchtschnur
5 Lot
6 Baugrubensohle
7 Fundamentgraben

Innerhalb der Baustelle werden unter Einsatz von Nivelliergeräten, Theodoliten oder Lasergeräten Festpunkte und Rasternetze mit geringsten Maßtoleranzen (± 2,5 mm) vermessen, insbesondere überall dort, wo maßgenaue Fertigteile verwendet werden sollen.

Für die Abrechnung von Erdarbeiten ist die Boden- bzw. Felsklassifizierung gemäß DIN 18 300 zu berücksichtigen.

Boden- und Felsklassen nach DIN 18 300

Klasse 1

Oberboden (Mutterboden). Oberboden ist die oberste Schicht des Bodens, die neben anorganischen Stoffen, z. B. Kies-, Sand-, Schluff- und Tongemische, auch Humus und Bodenlebewesen enthält.

Klasse 2

Fließende Bodenarten. Bodenarten, die von flüssiger bis breiiger Beschaffenheit sind und die das Wasser schwer abgeben.

Klasse 3

Leicht lösbare Bodenarten. Nichtbindige bis schwachbindige Sande, Kiese und Sand-Kies-Gemische mit bis zu 15 Gewichts-% Beimengungen an Schluff und Ton (Korngröße kleiner als 0,06 mm) und mit höchstens 30 Gewichts-% Steinen von über 63 mm Korngröße bis zu 0,01 m^3 Rauminhalt[1]).

Organische Bodenarten mit geringem Wassergehalt (z. B. feste Torfe).

Klasse 4

Mittelschwer lösbare Bodenarten. Gemische von Sand, Kies, Schluff und Ton mit einem Anteil von mehr als 15 Gewichts-% Korngröße kleiner als 0,06 mm.

Bindige Bodenarten von leichter bis mittlerer Plastizität, die je nach Wassergehalt weich bis fest sind und die höchstens 30 Gewichts-% Steine von über 63 mm Korngröße bis zu 0,01 m^3 Rauminhalt[1]) enthalten.

Klasse 5

Schwer lösbare Bodenarten. Bodenarten nach den Klassen 3 und 4, jedoch mit mehr als 30 Gewichts-% Steinen von über 63 mm Korngröße bis zu 0,01 m^3 Rauminhalt[1]).

Nichtbindige und bindige Bodenarten mit höchstens 30 Gewichts-% Steinen von über 0,01 m^3 bis 0,1 m^3 Rauminhalt[1]).

Ausgeprägte plastische Tone, die je nach Wassergehalt weich bis fest sind.

Klasse 6

Leicht lösbarer Fels und vergleichbare Bodenarten. Felsarten, die einen inneren, mineralisch gebundenen Zusammenhalt haben, jedoch stark klüftig, brüchig, bröckelig, schiefrig, weich oder verwittert sind, sowie vergleichbare verfestigte nichtbindige und bindige Bodenarten.

Nichtbindige und bindige Bodenarten mit mehr als 30 Gewichts-% Steinen von über 0,01 m^3 bis 0,1 m^3 Rauminhalt[1]).

Klasse 7

Schwer lösbarer Fels. Felsarten, die einen inneren, mineralisch gebundenen Zusammenhalt und hohe Gefügestigkeit haben und die nur wenig klüftig oder verwittert sind.

Festgelagerter, unverwitterter Tonschiefer, Nagelfluhschichten, Schlackenhalden der Hüttenwerke und dergleichen.

Steine von über 0,1 m^3 Rauminhalt[1]).

[1]) 0,01 m^3 Rauminhalt entspricht einer Kugel mit einem Durchmesser von etwa 0,30 m.
0,1 m^3 Rauminhalt entspricht einer Kugel mit einem Durchmesser von etwa 0,60 m.

Auch als Grundlage für die spätere Abrechnung der Leistungen sind möglichst gemeinsam mit dem Auftragnehmer vor Beginn der Arbeiten alle örtlichen Verhältnisse festzustellen wie

- Aufwuchs (insbesondere Bäume und Pflanzflächen, die geschützt werden müssen),
- benachbarte Bauwerke (Gründungshöhen, evtl. bereits vorhandene Bauschäden),
- Geländehöhen,
- Höhen gemäß Bodenuntersuchung voraussichtlich anzutreffende Bodenschichten.

Vor Beginn der Arbeiten muß der Baustellen-Einrichtungsplan vorliegen, in dem insbesondere festzulegen ist:

- Zufahrt zur Baustelle (ggf. Berücksichtigung des fließenden Verkehrs u. U. durch Umleitung, Signalregelung, auch Reinigungsplatz für Baustellenfahrzeuge),
- Lage der Baustellen-Versorgungsanschlüsse,
- Lage von Unterkunfts-, Bauleitungs- und Lagergebäuden,
- Lagerplätze für Baumaterial und Zwischenlagerung von Aushubmaterial,
- Anordnung von Fördergeräten (z. B. Kranbahnen) und Förderwagen innerhalb der Baustelle,
- zu schützende vorhandene Bauwerke, Bäume, Pflanzflächen, Grund- und Oberleitungen u. ä., ggf. mit einzuhaltenden Frei- und Abstandsflächen.

Wenn die Standsicherheit von Baugrubenböschungen oder -wänden durch vorhandene bauliche Anlagen oder Baustelleneinrichtungen beeinflußt wird, muß ein besonderer Standsicherheitsnachweis geführt werden.

Vor Beginn der Bauarbeiten muß das Baugelände so weit erschlossen sein, daß Straßen für Bautransporte benutzt werden können.

Nach Entfernen des Aufwuchses wird zunächst der wertvolle Mutterboden sorgfältig abgeschoben und zur späteren Verwendung für Grünflächen in länglichen Haufen (Mieten) aufgesetzt, die trapezförmige Querschnitte haben und 1,00 bis 1,20 m hoch sind. Diese Mieten sollen locker und luftig aufgeschüttet sein und sind ggf. feucht zu halten. Auf keinen Fall soll Mutterboden in nassem Zustand oder bei starkem Regen gefördert werden.[1])

Im allgemeinen werden für den Baugrubenaushub je nach Baustellengröße und erforderlichen Förderwegen Ladefahrzeuge (Bild **3**.7) oder Bagger (Bild **3**.8) eingesetzt.

Auf jeden Fall muß dabei vermieden werden, daß die Baugrubensohle im Bereich der Gründungsflächen durch Maschineneinsatz bei den Aushubarbeiten, durch die nachfolgenden Arbeiten oder durch Ausspülen oder Auffrieren aufgelockert wird. So werden Baugruben in der Regel nicht bis zur Gründungssohle maschinell ausgehoben, sondern eine Schutzschicht von 10 bis 15 cm belassen. Diese wird von Hand unmittelbar vor Beginn der Gründungsarbeiten entfernt. Etwa aufgelockerter, nicht bindiger Boden kann durch sorgfältiges Einrütten evtl. wieder verdichtet werden. Aufgelockerter bindiger Boden muß jedoch entfernt und durch Magerbeton ersetzt werden. Jede Störung der Gründungssohle führt, besonders bei Arbeiten auf bindigem Boden, zu erheblichen späteren Setzungsschäden.

Baugruben in bindigem Baugrund sollten mit leichtem Gefälle angelegt und mit einer 10 bis 20 cm dicken Sand- oder Kiesschicht als Sauberkeits- und Filterschicht versehen werden, um Auflockerungen durch Niederschlagwasser zu mindern.

Außerdem ist streng darauf zu achten, daß fertige Gründungssohlen nicht während der Arbeiten als Laufwege benutzt werden.

---

[1]) Baugesetzbuch 1986, § 202: Mutterboden, der bei der Einrichtung und Änderung baulicher Anlagen sowie bei wesentlichen anderen Veränderungen der Erdoberfläche ausgehoben wird, ist in nutzbarem Zustand zu halten und vor Vernichtung oder Vergeudung zu schützen.

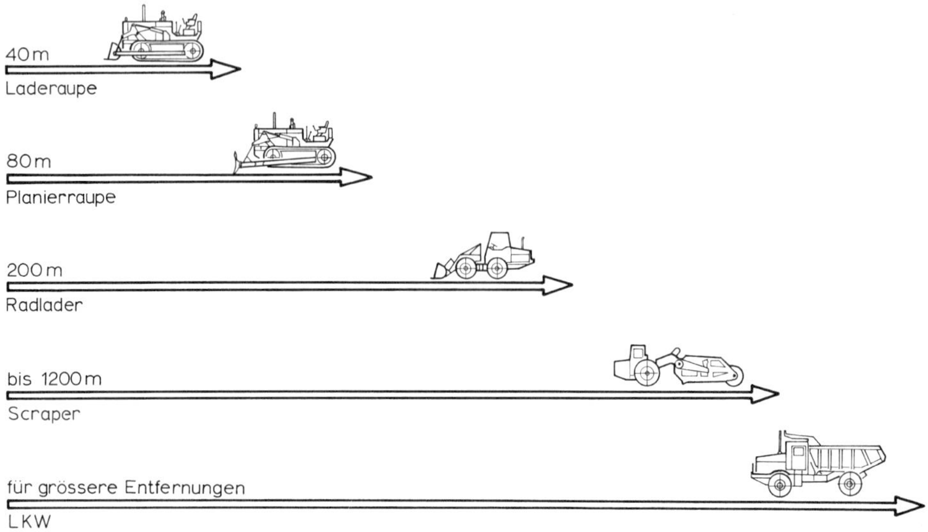

3.7 Ladefahrzeuge und ihre Einsatzwege

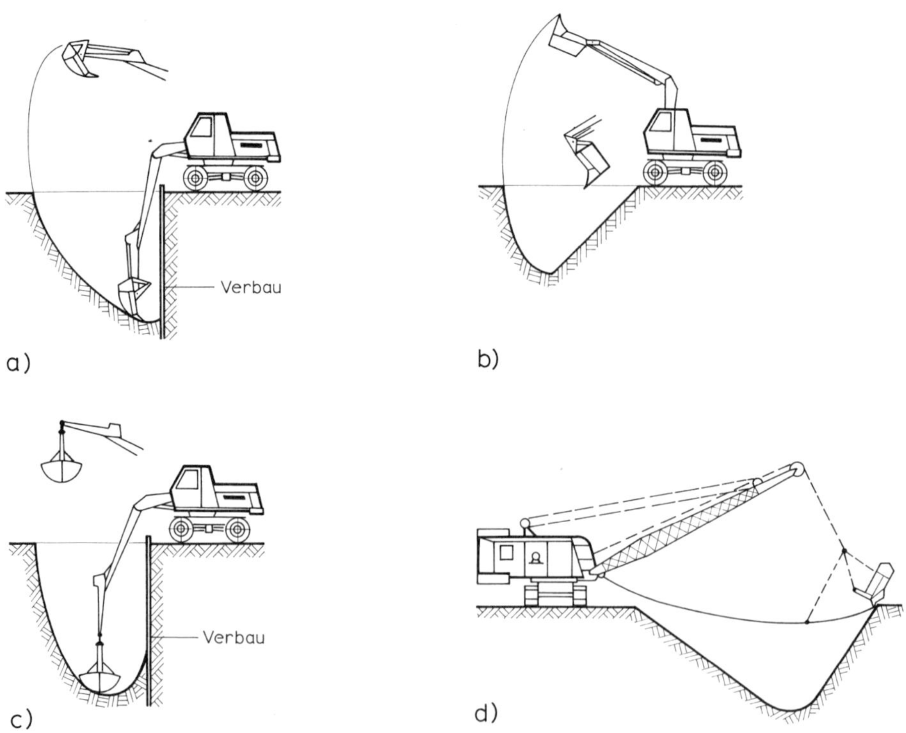

3.8 Bagger
a) Tieflöffel, b) Hochlöffel, c) Greifer, d) Dragline

3.3 Nicht verbaute Baugruben

Die Baugrube kann nach DIN 4124 in gewachsenen standfesten Böden bei Aushubtiefen bis 1,25 m (bzw. 1,75 m) ohne Böschungen ausgeführt werden, wenn die anschließende Geländeoberfläche bei nichtbindigen Böden[1]) nicht mehr als 1 : 10 bzw. bei bindigen Böden nicht mehr als 1 : 2 geneigt ist. In mindestens steifen bindigen Böden[2]) sowie bei Fels darf bis 1,75 m Tiefe ohne Abböschung ausgehoben werden, wenn oberhalb von 1,25 m der Baugrubenrand unter 45° abgeböscht wird (Bild **3**.9).

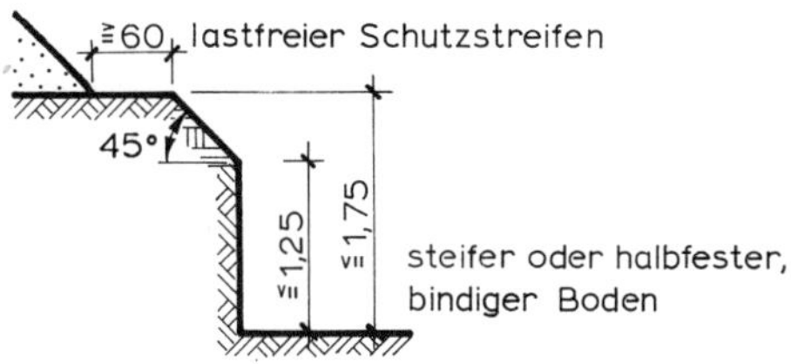

3.9 Baugrube ohne Verbau mit abgeböschten Kanten in standfestem gewachsenem Boden (DIN 4124)

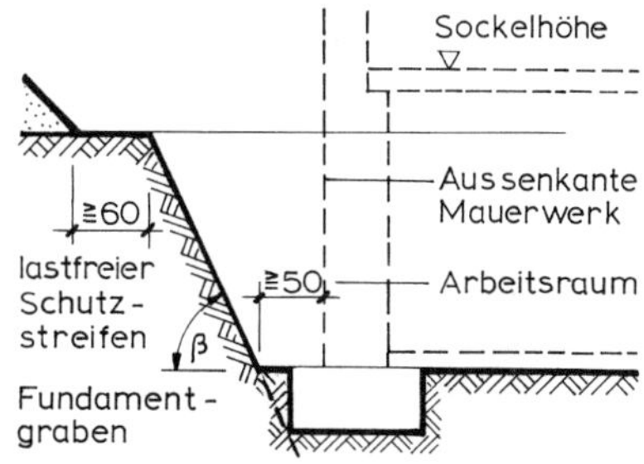

3.10 Schnitt durch abgeböschte Baugrube und Fundamentgraben

In der Regel werden Baugruben jedoch mit Böschungen ausgeführt. Die Böschungsneigung richtet sich nach den Bodeneigenschaften und der Baugrubentiefe bzw. Böschungshöhe, nach der Zeit, für die die Baugrube offenzuhalten ist (Witterungseinflüsse auf die Böschungsoberfläche!) sowie nach den Belastungen und Erschütterungen innerhalb und in der Nähe der Baugrube (Bild **3**.10).

Im allgemeinen kann mit folgenden Böschungswinkeln β gerechnet werden:

a) nichtbindiger oder weicher bindiger Boden — β höchstens 45°
b) steifer oder halbfester bindiger Boden — β höchstens 60°
c) Fels — β höchstens 80°

Geringere Wandhöhen oder Böschungswinkel von Baugruben müssen vorgesehen werden, wenn besondere Verhältnisse wie z. B. Störungen des Bodengefüges, Auftreten von Schichtenwasser, Erschütterungen, Frost, starke Niederschläge u. ä. die Standsicherheit gefährden.

Insbesondere bei leichten, nichtbindigen Böden können nicht verbaute Böschungen auch bei richtig angelegten Böschungswinkeln durch die Einwirkungen von Oberflächenwasser, Frost oder Austrocknung ihre Standfestigkeit verlieren. Durch das Anlegen von Wasserableitungen an den oberen Böschungsrändern und durch Abdeckungen mit Schutzfolien, durch das Aufbringen von Zementmilch, dünnen Betonschichten o. ä. ist entsprechende Vorsorge zu treffen.

---

[1]) Nichtbindiger Boden (DIN 1054): Gewichtsanteil der Bestandteile mit Korngrößen $<$0,06 mm $<$15%.

[2]) DIN 4022:

Weicher Boden: Läßt sich leicht kneten.
Steifer Boden: Läßt sich schwer kneten, aber in der Hand zu 3 mm dicken Röllchen ausrollen, ohne zu reißen oder zu zerbröckeln.
Halbfester Boden: Bröckelt beim Versuch, ihn auszurollen, läßt sich schwer wieder zu einem Klumpen formen.

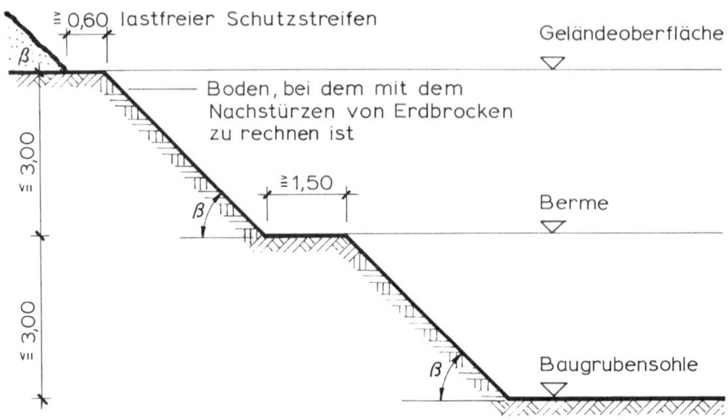

3.11 Baugrubenböschung mit Berme

Muß bei tiefen Baugruben mit dem Nachrutschen einzelner Erdschollen, von Steinen o. ä. gerechnet werden, ist die Baugrubenböschung staffelförmig mit „Bermen" auszuführen (Bild **3.11**).

Im übrigen muß bei Böschungen regelmäßig überprüft werden, ob sich einzelne größere Steine, Felsbrocken o. ä. nicht nach starkem Regen, bei Tauwetter oder nach längeren Arbeitsunterbrechungen lösen können.

3.4 Verbaute Baugruben und Gräben

Wenn wegen fehlender Standfestigkeit des Erdreichs oder aus Platzmangel Abböschungen von Baugruben nicht möglich sind, muß mit V e r b a u gearbeitet werden.

Waagerechter Verbau. Mit dem Aushub fortschreitend, spätestens ab 1,25 m Tiefe, werden Bohlen von >5 cm Dicke eingebracht und mit Verbauträgern, Brusthölzern und Steifen gesichert (Bild **3.12**).

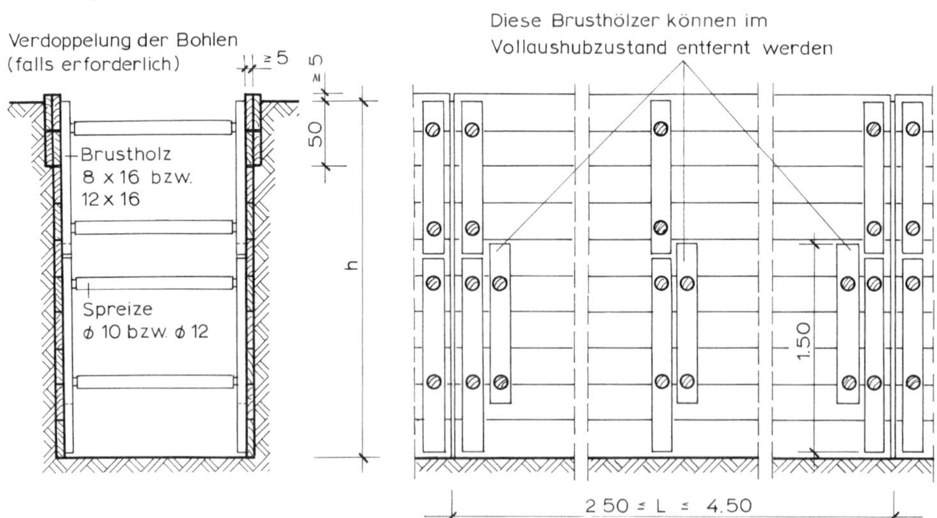

3.12 Waagerechter Normverbau für Gräben (DIN 4124), ohne Darstellung der Befestigungsmittel

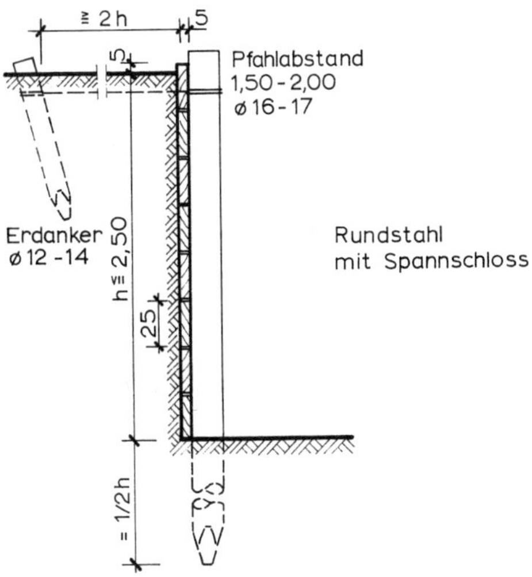

3.13 Verbau einer Baugrube; Abfangung durch rückwärts verankerte Pfähle, waagerechte Verschalung

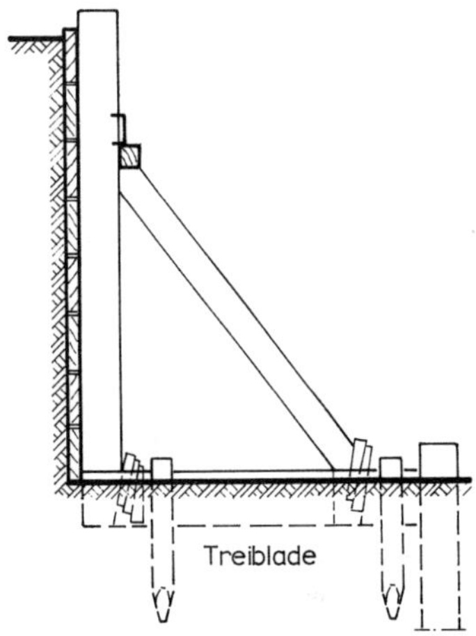

3.14 Schrägabsteifung mit Treiblade

Für kleinere Baugruben kann ein waagerechter Verbau mit Erdankern – unter Nachweis der Standsicherheit – wie in Bild **3**.13 ausgeführt werden. Die frühere Ausführung mit „Treiblade" und Schrägabsteifung (Bild **3**.14) ist aufwendig und erfordert einen erheblich breiteren Arbeitsraum (s. Abschn. 3.5).

Senkrechter Verbau. Steht der Boden nicht mindestens auf Bohlenbreite und muß deshalb sofort abgefangen werden, sind die Verbaubohlen senkrecht einzutreiben. Auch für Baugruben mit komplizierten oder gekrümmten Grundrißformen kann ein Verbau mit senkrecht gestellten Verbaubohlen zweckmäßiger sein (Bild **3**.15).

Für längere grabenartige Baugruben werden komplette Verbauelemente aus Stahltafeln und Spreizen eingesetzt.

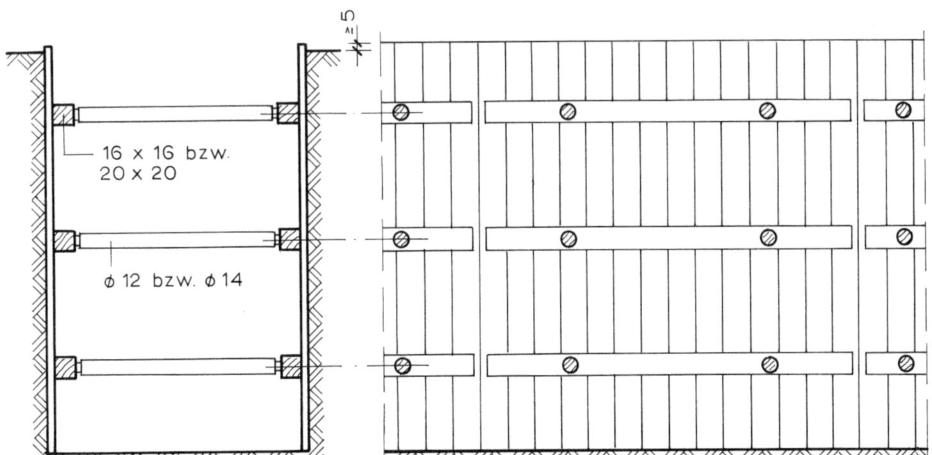

3.15 Senkrechter Normverbau mit Verbauteilen aus Holz (DIN 4124), ohne Darstellung der Befestigungsmittel

Trägerbohlenwände. Wenn bei sehr tiefen oder stark beanspruchten Baugrubenwänden ein Verbau erforderlich ist, werden Bohlen, Kant- oder Rundhölzer zwischen eingerammte Stahlprofile eingeschoben und verkeilt („Berliner Verbau", Bild **3**.16).

Spundwände. Für besonders hohe Beanspruchungen, insbesondere auch im Zusammenhang mit Wasserhaltungsmaßnahmen (Abschn. 3.6), kommen für den Verbau Stahl-Spundwände in Frage. Sie bestehen aus eingerammten Stahlprofilen (Bild **3**.17).

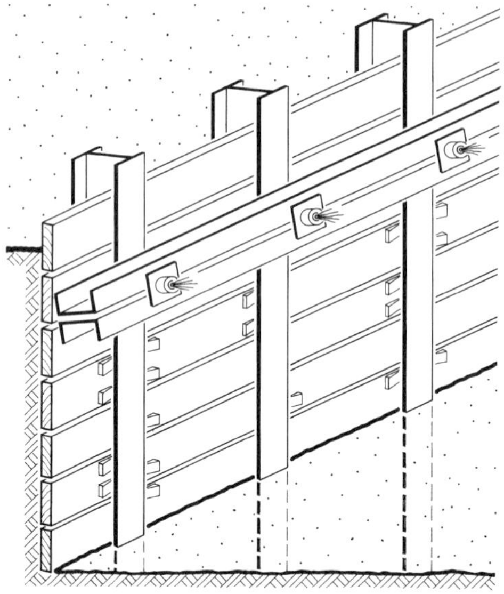

3.16 Trägerbohlenwand – „Berliner Verbau" (durch Erdanker gesichert, vgl. Bild **3**.19)

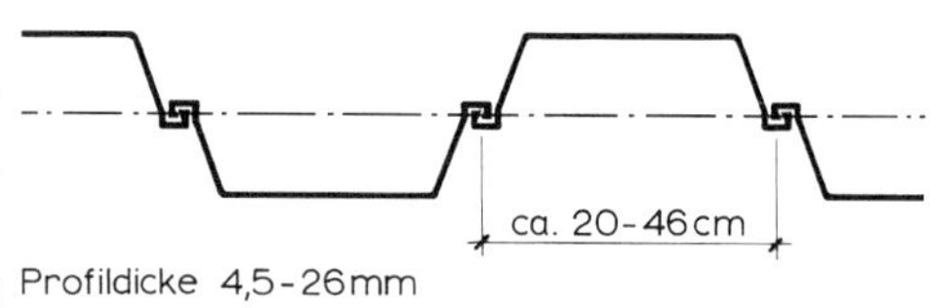

3.17 Stahl-Spundwand (Draufsicht)

Massive Verbauarten. Als schwerer Baugrubenverbau und oft gleichzeitig als späterer Bauwerksbestandteil (z. B. als Teil der Gründung, vgl. Abschn. 4.3) werden S t a h l b e t o n - B o h r p f ä h l e von ca. 40 bis 100 cm Durchmesser in fortlaufenden Wänden im „Tangential"- oder „Sekantensystem" ausgeführt (Bild **3**.18).

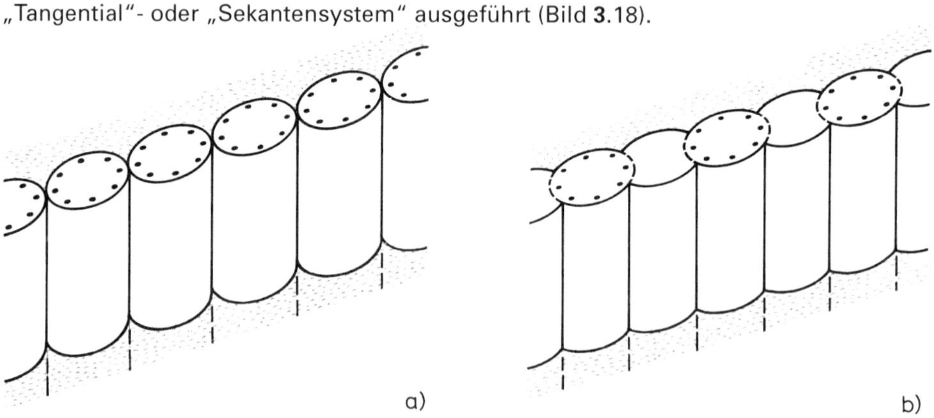

3.18 Verbau mit Stahlbeton-Bohrpfählen (Schlitzwände)

a) Tangentialsystem (bewehrte Stahlbetonpfähle)

b) Sekantensystem (Wechsel von vorgetriebenen bewehrten Stahlbetonpfählen mit unbewehrten Pfählen)

Schlitzwände sind tiefreichende Wände im Untergrund, für die zunächst mit Spezialbaggern in Wandbreite Schlitze ausgehoben werden. Sie werden durch Stützflüssigkeiten am Einsturz gehindert. Stützflüssigkeiten sind gallertartige Suspensionen, die durch hydrostatischen Druck dem Erddruck und ggf. auch dem Grundwasserdruck entgegenwirken (auch „Bentonit", s. Abschn. 15.4.6.5). Sie können durch entsprechende Mischungen auf verschiedene Bodenverhältnisse eingestellt werden. Beim Betonieren von Fundamenten oder Wänden werden sie durch den spezifisch schwereren Beton verdrängt und fortlaufend abgesaugt. Gebrauchte Stützflüssigkeit kann aufgearbeitet und wiederverwendet werden.

Standsicherung

Hochbeanspruchter Verbau in tiefen Baugruben wird gegen Abkippen infolge Erddruck bzw. Belastungen von benachbarten Bauwerken, Baustelleneinrichtungen, Verkehr usw. durch rückwärtige Erdanker-Reihen (ggf. in mehreren Reihen übereinander) mit entsprechendem Standsicherheitsnachweis gesichert (Bild **3**.19).

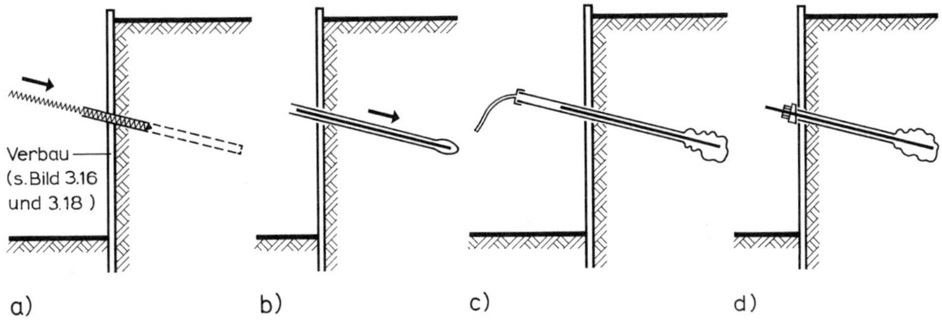

3.19 Sicherung eines Baugrubenverbaus durch Erdanker
a) Herstellen der Bohrlöcher
b) Einführen der Spannstähle
c) Verpressen mit Beton
d) Setzen der Ankerköpfe und Spannen der Anker

Selbstverständlich ist die Ausführung rückwärtiger Erdanker u. ä. in benachbarten Grundstücken nur im Einvernehmen mit deren Eigentümern möglich.

Der Verbau von Baugruben und Gräbern darf erst ausgebaut werden, wenn das Bauwerk den entstehenden Erddruck aufnehmen kann. Dabei müssen Bodeneinstürze und Sackungen vermieden werden. Gleichzeitig mit dem abschnittsweisen Abbau des Verbaues ist die Baugrube zu verfüllen und der Aushubraum zu verdichten. Kann der Verbau nicht gefahrlos entfernt werden, verbleibt er an der Einbaustelle. Massiver Verbau verbleibt in der Regel an der Einbaustelle.

3.5 Arbeitsraum

Zwischen Bauwerk und Baugrubenwand bzw. -böschung ist für die Ausführung von z. B. Schalungs-, Drän- und Abdichtungsarbeiten ein Arbeitsraum vorzusehen. Die Breite des Arbeitsraumes muß an allen Stellen mindestens 50 cm betragen, gemessen zwischen dem Fuß der Baugrubenböschung und der Außenflucht des Bauwerkes bzw. der Außenflucht von Einschalungen von Stahlbetonkonstruktionen. Auch in Baugruben mit Verbau muß an allen Stellen eine lichte Breite des Arbeitsraumes von mindestens 50 cm gewährleistet sein (Bild **3**.20).

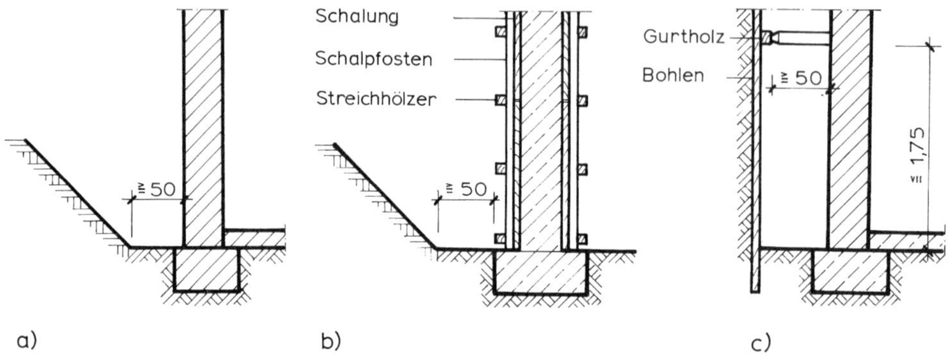

3.20 Arbeitsraum

Nach Abschluß der erforderlichen Arbeiten und wenn die erstellten Bauwerke Erddruck aufnehmen können, ist der Arbeitsraum zu verfüllen. Geeignetes Bodenmaterial ist in Schichten von etwa 50 cm aufzufüllen und sorgfältig mit geeignetem Gerät zu verdichten. Dabei dürfen keine Schäden an den erstellten Bauwerken entstehen. Dazu gehört, daß beim Verdichten keine unzulässigen Beanspruchungen ausgeübt werden und daß vor dem Verfüllen alle Fremdkörper entfernt werden, die zur Beschädigung von Abdichtungen führen können oder die später zu Setzungen im Verfüllraum führen müssen (Schutz von Abdichtungen s. Abschn. 15.3.7).

3.6 Wasserhaltung

Offene Wasserhaltung

Einsickerndes Wasser muß aus der Baugrube abgeleitet oder herausgepumpt werden. Zu diesem Zweck wird nahe der tiefsten Stelle der Baugrube ein Schacht (Pumpensumpf) angelegt, dessen Boden etwa 1,00 m unter der tiefsten Fundamentsohle liegen muß. Das Wasser ist dem Schacht durch Drainleitungen oder offene Gräben zuzuführen, die jedoch die Bauarbeiten in der Baugrube nicht behindern dürfen. Es wird abgepumpt und in Gräben oder Rohrleitungen nach tiefer gelegenen Wasserläufen („Vorfluter") abgeleitet (offene Wasserhaltung, Bild **3**.21).

Bei stärkerem Wasserandrang, insbesondere in Gefällelagen und in der Nähe von Gewässern, ist außerdem die Baugrube durch Erdwälle aus fettem Lehm, Fangdämme oder Holz- bzw. Stahlspundwände zu umschließen.

Grundwasserabsenkung

Liegt der höchste Grundwasserstand mehr als etwa 30 cm über der Baugrubensohle, ist in der Regel eine Grundwasserabsenkung erforderlich. Durch die bei Grundwasserabsenkungen meistens unvermeidliche Ausschwemmung von Feinsand aus dem Untergrund können an benachbarten Bauwerken besonders bei bindigen Böden u. U. erhebliche Setzungsschäden ausgelöst werden. Vor der Ausführung muß daher geprüft werden, ob zusätzliche Maßnahmen (z. B. chemische Injektionen zur Bodenverfestigung) nötig sind. Zu beachten ist auch, daß benachbarter Aufwuchs nötigenfalls während der Arbeiten zu bewässern ist.

In nichtbindigen Böden werden Saugrohre („Lanzen") bis in die wasserführende Schicht eingespült. Sie werden mit flexiblen durchsichtigen Schlauchleitungen über eine Ringleitung an die Pumpenanlage angeschlossen (Bild **3**.22).

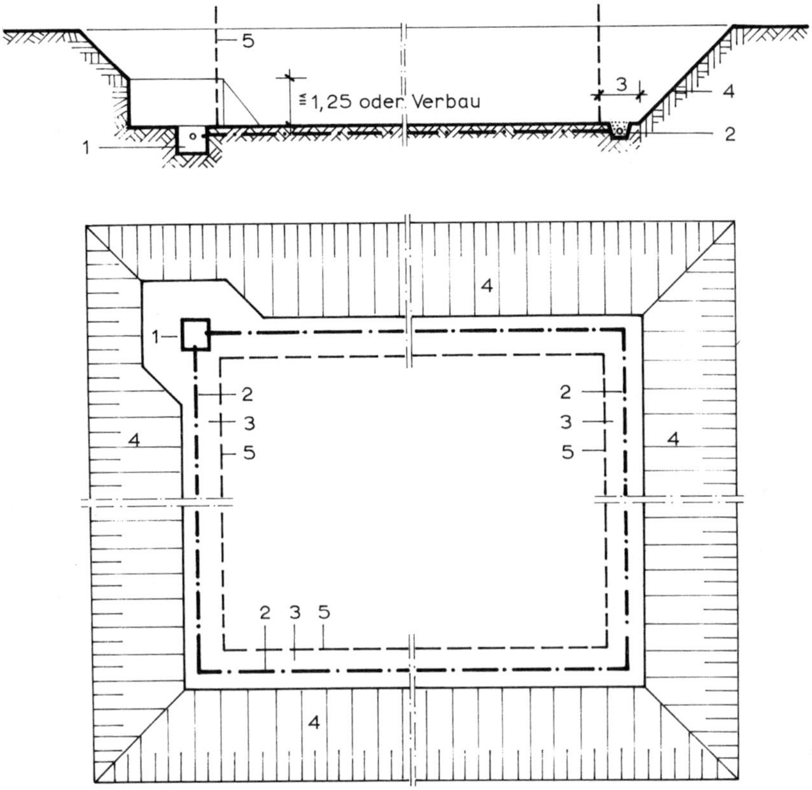

3.21 Offene Wasserhaltung (Profil und schematischer Grundriß einer Baugrube)

1 Pumpensumpf
2 Dränage in Kiesbett
3 Arbeitsraum
4 Baugrubenböschung
5 Bauwerksrand

Bei sehr starkem Wasserandrang können Saugbrunnen erforderlich werden. Dazu werden Bohrlöcher hergestellt und geschlitzte Filterrohre eingeführt. Nach dem Einbau der Saugrohre wird mit Perlkies verfüllt, um das Zuschlämmen der Ansaugstellen durch Feinsand zu vermindern (Bild **3**.23). Je nach Wasseranfall (kontrollierbar an den durchsichtigen Saugleitungen) werden an die Ringleitung entweder zusätzliche Sauglanzen bzw. Saugbrunnen angeschlossen oder entbehrliche Saugstellen durch Schieber stillgelegt.

In der geschilderten Weise sind Grundwasserabsenkungen bis etwa 4 m Tiefe möglich. Bei tieferen Baugruben müssen die Pumpen staffelförmig höhenversetzt werden.

Die Grundwasserhaltung muß ununterbrochen in Betrieb bleiben, bis die erforderlichen Abdichtungen voll wirksam werden und die fertiggestellten Bauwerksteile nicht mehr durch Auftrieb gefährdet werden können. Es müssen daher automatisch zuschaltende Reservepumpen vorgesehen werden. Weil die Pumpenanlage auch nachts in Betrieb bleiben muß, sind ggf. besonders geräuscharme oder geräuschgeschützte Anlagen erforderlich. Durch ständige Überwachung der Baustelle muß sofortige Abhilfe bei Betriebsstörungen gewährleistet sein.

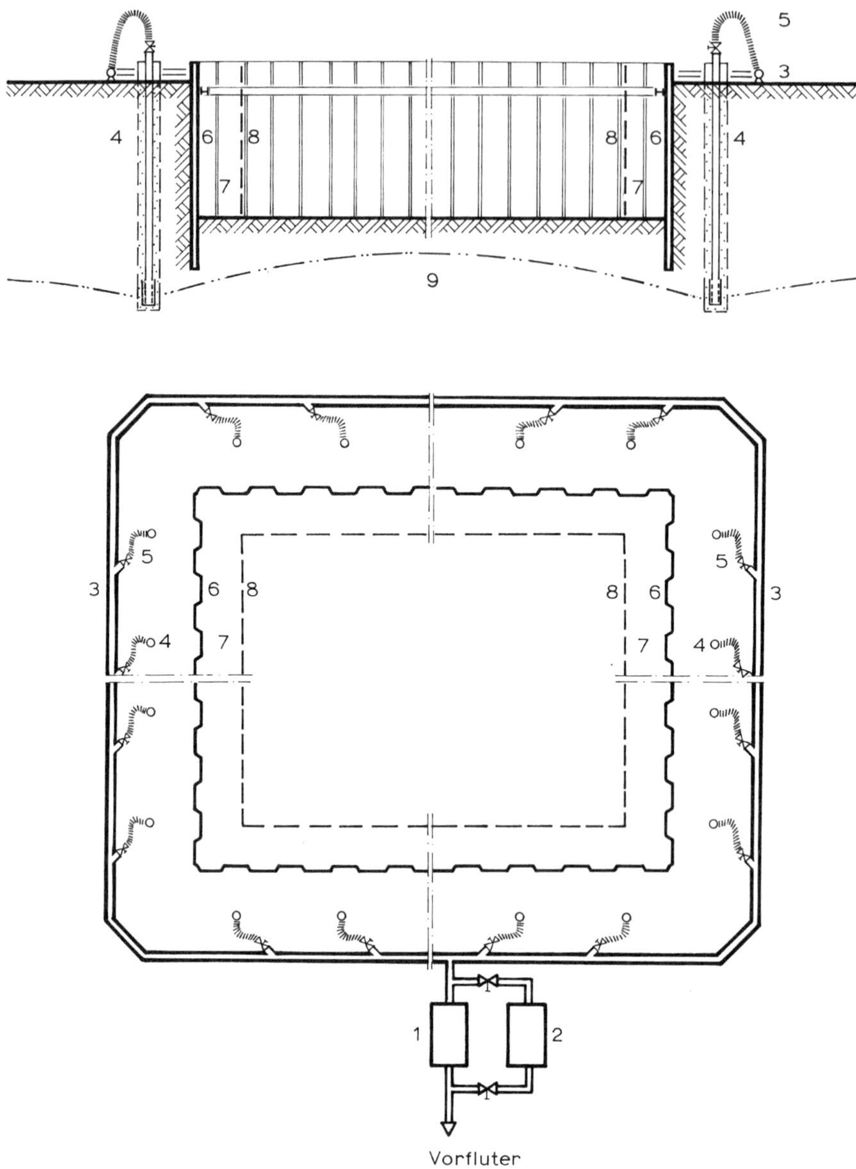

3.22 Grundwasserabsenkung (Profil und schematischer Grundriß einer Baugrube)

1 Pumpe mit Sandfang
2 Reservepumpe
3 Ringleitung mit Absperrschiebern
4 Saugrohre („Brunnen") s. Bild **3**.23
5 Durchsichtiger Anschlußschlauch (Sichtkontrolle!)
6 Baugrubenverbau (Spundwand)
7 Arbeitsraum
8 Bauwerksrand
9 Absenkungskurve; schematisierter, ungefährer Verlauf

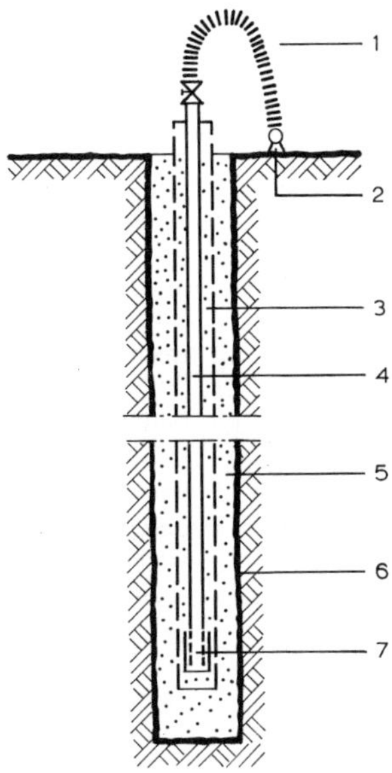

3.23
Rohrfilterbrunnen (schematisch)

1 Durchsichtiger Anschlußschlauch (Sichtkontrolle)
2 Ringleitung zu den Pumpen
3 Schlitzrohr
4 Saugrohr
5 Kiesverfüllung
6 Bohrloch
7 Saugkopf

Bei der Planung von größeren Projekten mit Grundwasserabdichtungen sollen Vorkehrungen für den Ausfall der Absenkungsanlagen oder gegen ungewöhnliche Witterungsereignisse getroffen werden.

Wenn durch eingeplante Zuflußöffnungen eine rasche Notüberflutung möglich ist, kann die Zerstörung noch nicht belastbarer Abdichtungen das Aufschwimmen noch nicht voll belasteter Bauwerksteile, verbunden mit in der Regel nicht reparierbaren Verkantungen, meistens verhindert werden.

Bei umfangreichen Grundwasserabsenkungen, besonders wenn sich diese über längere Zeiträume erstrecken, muß mit Auswirkungen auf unmittelbar benachbarte Bauwerke und auf den Aufwuchs in der Umgebung gerechnet werden. Vor Beginn sollte daher der vorhandene Zustand genau dokumentiert werden und Einvernehmen mit allen Betroffenen hergestellt werden.

3.7 Normen

Norm	Ausgabe-Datum	Titel
DIN 1054	11.76	Baugrund; zulässige Belastung des Baugrunds
DIN 1054 Bbl	11.76	–; –; Erläuterungen
DIN 1055-2	2.76	Lastannahmen; Bodenwerte, Berechnungsgewichte, Winkel der inneren Reibung, Kohäsion
DIN 4019-1	4.79	Baugrund; Setzungsberechnungen bei lotrechter, mittiger Belastung
DIN 4019-2	2.81	–; Setzungsberechnungen bei schräg und bei außermittig wirkender Belastung
DIN 4021	10.90	Baugrund; Erkundung durch Schürfe und Bohrungen sowie Entnahme von Proben

Fortsetzung s. nächste Seite

Normen, Fortsetzung

Norm	Ausgabe-Datum	Titel
DIN 4022-1	9.87	Baugrund und Grundwasser; Benennen und Beschreiben von Bodenarten und Fels, Schichtenverzeichnis für Untersuchungen und Bohrungen ohne durchgehende Gewinnung von gekernten Proben
DIN 4022-2	3.81	Baugrund und Grundwasser; Benennen und Beschreiben von Boden und Fels, Schichtenverzeichnis für Bohrungen im Fels (Festgestein)
DIN 4022-3	5.82	–; Benennen und Beschreiben von Boden und Fels, Schichtenverzeichnis für Bohrungen mit durchgehender Gewinnung von gekernten Proben im Boden (Lockerstein)
DIN 4084	7.81	Baugrund; Gelände- und Böschungsbruchberechnungen
DIN 4084 Bbl 1	7.81	–; Gelände- und Böschungsbruchberechnungen; Erläuterungen
DIN 4094	12.90	Baugrund; Erkundung durch Sondierungen
DIN 4094 Bbl 1	12.90	Baugrund; Erkundung durch Sondierungen; Anwendungshilfen, Erklärungen
DIN 4107	1.78	–; Setzungsbeobachtungen an entstehenden und fertigen Bauwerken
DIN 4123	5.72	Gebäudesicherung im Bereich von Ausschachtungen, Gründungen und Unterfangungen
DIN 4124	8.81	Baugruben und Gräben; Böschungen, Arbeitsraumbreiten, Verbau
DIN 4125	11.90	Verpreßanker; Kurzzeitanker und Daueranker, Bemessung, Ausführung und Prüfung
DIN 4126	8.86	Ortbeton-Schlitzwände; Konstruktion und Ausführung
DIN 18126	9.89	Baugrund; Versuche und Versuchsgeräte, Bestimmung der Dichte nichtbindiger Böden bei lockerster und dichtester Lagerung
DIN 18130-1	11.89	Baugrund, Versuche und Versuchsgeräte; Bestimmung des Wasserdurchlässigkeitsbeiwerts; Laborversuche
DIN 18196	10.88	Erd- u. Grundbau; Bodenklassifikation für bautechnische Zwecke
DIN 18300	06.96	VOB Teil C: Landschaftsbauarbeiten
DIN 18301	06.96	–; Bohrarbeiten
DIN 18303	9.88	–; Verbauarbeiten
DIN 18304	12.92	–; Rammarbeiten
DIN 18305	12.94	–; Wasserhaltungsarbeiten
DIN 18320	12.92	–; Landschaftsbauarbeiten

3.8 Literatur

[1] Deutsche Ges. für Erd- und Grundbau: Empfehlungen des Arbeitskreises „Baugruben", Berlin 1988
[2] Fritsch, H.: Böschungs- u. Hangsicherung durch Verankerungen. IRB 1987
[3] Fritsch, H.: Grabenverbau. IRB 1988
[4] Grasshoff, H., Siedek, P., Floß, R.: Handbuch Erd- und Grundbau, Düsseldorf 1979/82
[5] Hoffmann/Kremer: Zahlentafeln für den Baubetrieb. Abschnitt Boden, Baugrube, Verbau. Stuttgart, 1996
[6] Kinze, W., Franke, D.: Grundbau. Wiesbaden 1983
[7] Metzger, E.: Rechtsfragen der Beseitigung von Erdaushub und Bauschutt. DAB 4/95
[8] Pietzsch, W., Rosenheinrich, G.: Erdbau. Düsseldorf 1993
[9] Schloz, T.: Grundwasserabsenkung im Grundbau. IRB 1993
[10] Schnell, W.: Verfahrenstechnik zur Sicherung von Baugruben. Stuttgart, 1995
[11] Simmer, K.: Grundbau. Stuttgart 1992/1994
[12] Smoltczyk, U.: Grundbau-Taschenbuch. Berlin 1992/96
[13] Teige, M.: Gelände- und Böschungsbruch. IRB 1986
[14] Weiß, F., Winter, K.: Schlitzwände als Trag- und Dichtungswände, Wiesbaden 1985

4 Fundamente

4.1 Allgemeines

Die Standsicherheit von Bauwerken ist weitgehend abhängig von der sicheren Übertragung aller Lasten auf den Baugrund. In der Regel reicht dessen Belastbarkeit nicht aus, um Gebäudelasten direkt auf die Gründungsflächen zu übertragen. Insbesondere Wand- und Stützenlasten müssen über verbreiternde Fundamente so in den Untergrund abgeleitet werden, daß die zulässigen Baugrundbeanspruchungen nicht überschritten werden. Andernfalls können Bauwerke durch unzulässig große Setzungen, durch Kippen, Gleiten oder Grundbruch gefährdet werden (vgl. DIN 1054, Abschn. 2.3).

Setzungen treten praktisch immer auf, da fast jeder Baugrund durch die Auflast des Bauwerkes mehr oder weniger zusammengedrückt wird. Die statische Berechnung und die dar-

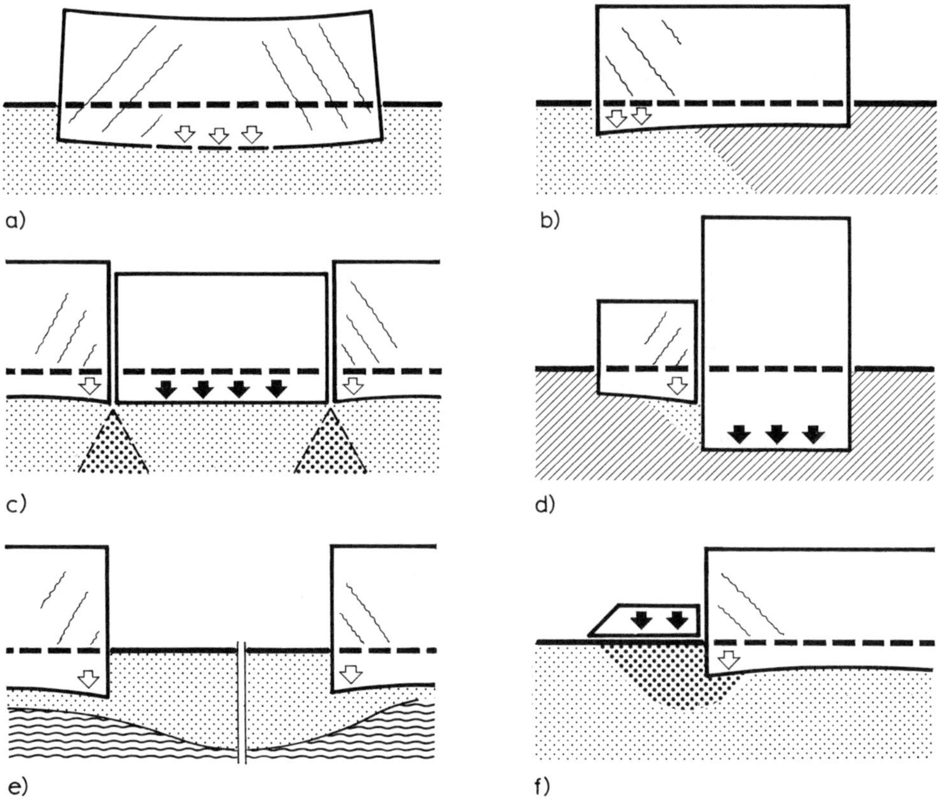

4.1 Ursachen für Setzungsrisse
a) Gebäude zu lang, Gründungsmängel
b) ungleichmäßige Gründungsverhältnisse
c) nachträgliche Belastung der Gründungssohle vorhandener Bauwerke durch Drucküberlagerung
d) ungleiche Gründungstiefen, sehr unterschiedliche Baugrundbelastungen, evtl. auch Setzungen in aufgefüllten Bereichen (Arbeitsräume!)
e) Grundwasserabsenkung oder Austrocknen bindiger Bodenschichten
f) Belastung durch nachträgliche Auflasten (Aufschüttung, Anbauten)

aufhin vorgenommene Dimensionierung der Fundamente müssen gewährleisten, daß diese Setzungen gleichmäßig und nur in solchen Größenordnungen erfolgen, daß keine Schäden für das Bauwerk (z.B. Rißbildung) entstehen. Die Gefahr von unregelmäßigen Setzungen besteht besonders bei unterschiedlichen Gründungstiefen innerhalb eines Gebäudes oder gegenüber benachbarten Bauwerken, bei sehr unterschiedlichen Bodenverhältnissen innerhalb des Gründungsbereiches und bei stark schwankenden Grundwasserverhältnissen (Bild **4**.1).

Bei ausgedehnten Bauwerken, insbesondere mit zusammengesetzten Grundrißformen, sehr unterschiedlichen Gebäudelasten oder Gründungstiefen sind Setzrisse allein durch ausreichende Gründung nicht mit Sicherheit zu vermeiden. Derartige Gebäude sind mit durchlaufenden senkrechten Fugen so zu unterteilen, daß voneinander unabhängige schadensfreie Setzungen der einzelnen Gebäudeteile möglich sind.

Gleiten auf nicht horizontal gelagerten Bodenschichten kann eine andere Gefährdung von Gründungen bedeuten. Die Gefahr des Gleitens besteht insbesondere, wenn wasserführende mit bindigen Schichten wechseln.

4.2 Flächengründungen (Fundamente)

4.2.1 Allgemeines

Unter Flächen- oder Flachgründung wird die flächenförmige Abtragung der Bauwerkslasten auf die Gründungsflächen durch Fundamente verstanden. Unterschieden werden Streifenfundamente für aufgehende tragende Wandbauteile, Einzelfundamente für Stützen oder Pfeiler sowie Plattenfundamente für vollständige Bauwerke. Plattenfundamente können bei Gebäudeteilen, die dem Grundwasser ausgesetzt sind, auch Bestandteil druckwasserhaltender „Wannen" sein (Abschn. 15.4.6).

Voraussetzung für die Ausführung von Flachgründungen ist, daß die Fundamentsohlen unter allen zu erwartenden Witterungsbedingungen frostfrei bleiben. Die Mindesttiefe dafür darf nach DIN 1054 in Zonen mit relativ mildem Klima 0,80 m nicht unterschreiten. In besonders frostgefährdeten Gegenden kann sie bis 1,50 m betragen.

Die frostfreie Tiefe muß an jeder Stelle der Fundamente gewährleistet sein, z.B. auch bei Abtreppungen in Hanglagen, bei Schächten, Kelleraußentreppen usw.

Unfertige Bauten werden oft durch Frost stark geschädigt, weil die Kellerwände bis zum Fundament freiliegen und die dann ungehindert im bindigen Baugrund sich bildenden Eislinsen oder -bänder die Wandfundamente und Kellerfußböden u.U. um mehrere Zentimeter emporheben. Bei Wintereinbruch ist daher der Abstand zwischen Baugrubenböschung und Kellerwand zu verfüllen. Kellertür- und -fensteröffnungen und größere Öffnungen in der Kellerdecke sind zu verschließen. Schmelz- und Grundwasseransammlungen im und am Gebäude sind zu verhindern.

Flächengründungen können nur auf Gründungsflächen mit ausreichender Belastbarkeit hergestellt werden. Sie sollten so bemessen werden, daß zumindest innerhalb gleicher Gründungsebenen etwa gleiche Bodenpressungen entstehen.

Die entstehenden Druckbeanspruchungen des Baugrundes breiten sich unterhalb der Gründungsflächen unter einem Druckverteilungswinkel aus, der abhängig von der Beschaffenheit des Baugrundes ist. Dabei nimmt die Bodenpressung unter Gründungskörpern innerhalb des Baugrundes mit der Tiefe ab. Das kann mit Hilfe sogenannter „Druckzwiebeln" bildlich annähernd veranschaulicht werden (Bild **4**.2).

Bei der Bemessung muß ggf. die Überlagerung der Druckausbreitung verschiedener Fundamente berücksichtigt werden (Bild **4**.3).

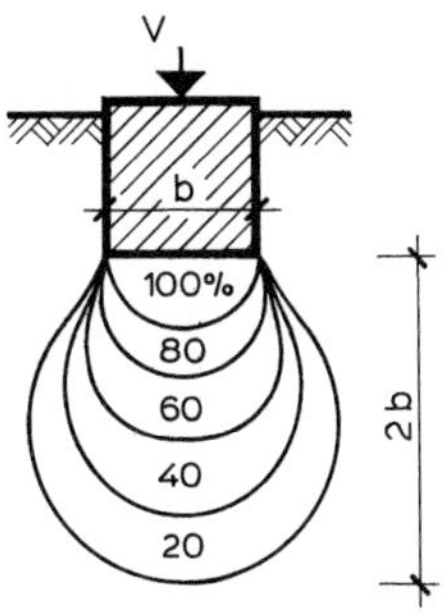

4.2 Abbau der Bodenpressung unter einem Einzelfundament

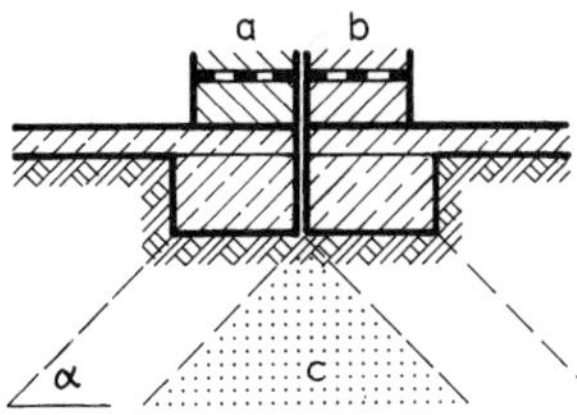

4.3 Überschneiden der Druckausbreitung
a vorhandenes Bauwerk
b später errichtetes Bauwerk
c Zone nachträglich erhöhter Bodenpressung; u. U. muß bei c die Bodentragfähigkeit durch Verdichten oder Verfestigen verbessert werden
α Druckverteilungswinkel

Ist der Baugrund beim Baugrubenaushub und auf Grund örtlicher Erfahrungen nach Bodenart, Lagerungsdichte, Schichtenaufbau und Belastbarkeit sowie der höchste anzunehmende Grundwasserstand zuverlässig zu beurteilen, können in einfachen Fällen („Regelfällen") die Werte für die zulässige Bodenpressung zur Dimensionierung der Fundamente den Tabellen aus DIN 1054, Abschn. 4.2, entnommen werden.

Regelfälle liegen vor, wenn es sich um Streifen- und Einzelfundamente mit begrenzten und häufig vorkommenden Abmessungen einerseits und um häufig vorkommende typische Bodenarten andererseits handelt.

Tabelle **4**.4 Nichtbindiger Baugrund und setzungsempfindliches Bauwerk nach DIN 1054

Kleinste Einbindetiefe des Fundaments	Zulässige Bodenpressung in kN/m² bei Streifenfundamenten mit Breiten *b* bzw. *b′* von					
in m	0,5 m	1 m	1,5 m	2 m	2,5 m	3 m
0,5	200	300	330	280	250	220
1	270	370	360	310	270	240
1,5	340	440	390	340	290	260
2	400	500	420	360	310	280
bei Bauwerken mit Gründungstiefen *t* ab 0,3 m und mit Fundamentbreiten *b* ab 0,3 m	150					

Tabelle **4**.5 Nichtbindiger Baugrund und setzungsunempfindliches Bauwerk nach DIN 1054

Kleinste Einbindetiefe des Fundaments	Zulässige Bodenpressung in kN/m² bei Streifenfundamenten mit Breiten *b* bzw. *b′* von			
in m	0,5 m	1 m	1,5 m	2 m
0,5	200	300	400	500
1	270	370	470	570
1,5	340	440	540	640
2	400	500	600	700
bei Bauwerken mit Gründungstiefen *t* ab 0,3 m und mit Fundamentbreiten *b* ab 0,3 m	150			

Die Werte der Tabellen 1 bis 6 der DIN 1054 beziehen sich auf Flächenverhältnisse, die mindestens bis in eine Tiefe unter der Gründungssohle annähernd gleichmäßig sind, die der zweifachen Fundamentbreite entspricht.

Ferner darf das Fundament nicht überwiegend oder regelmäßig dynamisch beansprucht werden.

Für nichtbindige Böden gelten die Tabellen 1 (setzungsempfindliche Bauwerke) und 2 (setzungsunempfindliche Bauwerke) der DIN 1054 (Tabellen **4**.4 und **4**.5).
Für bindige Böden gelten je nach der Kornzusammensetzung die Tabellen 3 (Schluff), 4 (gemischtkörniger Boden), 5 (toniger Schluff) und 6 (Ton), wobei sich die zulässigen Bodenpressungen innerhalb der Tabellen entsprechend der vorhandenen Bodenkonsistenz staffeln.

Die Werte der Tabellen gelten nur für Fundamente mit lotrechter Belastung. Herabsetzungen und Erhöhungen der Tabellenwerte sind unter bestimmten Voraussetzungen zulässig bzw. erforderlich; s. DIN 1054 Abschn. 4.2ff.

Voraussetzung für die Anwendung der Tabellen ist, daß der Baugrund gegen Auswaschen oder Verringerung seiner Lagerungsdichte durch strömendes Wasser gesichert ist. Bindige Böden sind außerdem während der Bauzeit gegen Aufweichen und Auffrieren zu schützen.

Ähnliche Wirkungen wie strömendes Wasser haben stetige Änderungen des Grundwasserspiegels. Auch führt Verminderung des Porenwassers bindiger Böden unter dem Druck des Bauwerks u.U. zu erheblichen, langdauernden Setzungen.

Außerdem muß der höchste Grundwasserspiegel in einer Tiefe unter der Gründungssohle liegen, die bei nichtbindigem Baugrund mindestens gleich der einfachen Fundamentbreite ist. Bei bindigen Böden wird der Einfluß des Grundwasserspiegels auf die zulässige Bodenpressung nicht berücksichtigt (Bild **4**.6).

Kann für die Dimensionierung der Fundamente nicht von „Regelfällen" ausgegangen werden, muß die zulässige Bodenpressung durch eine Bodenuntersuchung mit Gründungsgutachten festgelegt werden.

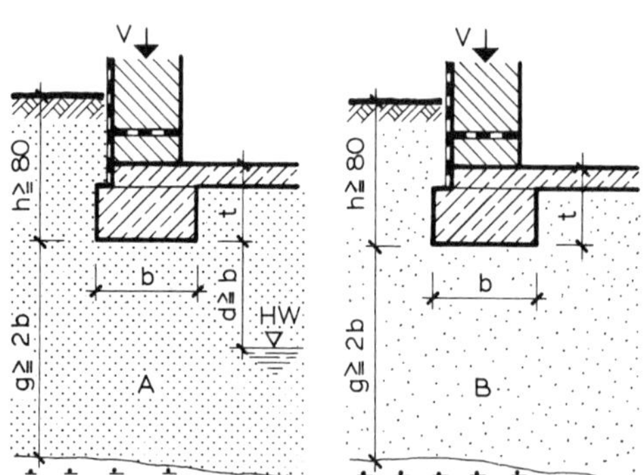

4.6
Baugrundverhältnisse in „Regelfällen" nach DIN 1054 Abschn. 4.2

a) nichtbindiger Baugrund (zu DIN 1054 Tab. 1 und 2)
b) bindiger Boden (zu DIN 1054 Tab. 3 bis 6)
A nichtbindiger, mindestens mitteldicht gelagerter Baugrund
B bindiger Boden von steifem, halbfestem oder festem Zustand[1])
V lotrechte Lasten
HW höchster Grundwasserspiegel
b Fundamentbreite
t Einbindetiefe
h Gründungstiefe
d Abstand zwischen Gründungssohle und höchstem Grundwasserspiegel
g Mindesthöhe des als gleichmäßig erkannten Baugrundes
Sl Schlick

[1]) Steif ist ein Boden, der sich schwer kneten, aber in der Hand zu 3 mm dicken Röllchen ausrollen läßt, ohne zu reißen oder zu zerbröckeln.

Halbfest ist ein Boden, der beim Versuch, ihn zu 3 mm dicken Röllchen auszurollen, zwar bröckelt und reißt, aber noch feucht genug ist, um ihn erneut zu einem Klumpen formen zu können.

Fest (hart) ist ein Boden, der ausgetrocknet ist und dann meist heller aussieht. Er läßt sich nicht mehr kneten, sondern nur zerbrechen. Ein nochmaliges Zusammenballen der Einzelteile ist nicht mehr möglich.

4.2.2 Streifen- und Einzelfundamente

Unterschieden werden

- Streifenfundamente zur Aufnahme von linienartig einwirkenden Lasten aus Mauern oder engen Pfeiler- oder Stützenreihen,
- Einzelfundamente für einzelne Stützen oder schwere Einzellasten wie Schornsteine, Maschinen u.ä.; Stützen oder Pfeiler mit unregelmäßigem Querschnitt müssen mit ihrer Schwerachse im Schwerpunkt der Fundamentfläche stehen.

In älteren Gebäuden sind noch anzutreffen:

- Fundamente aus Feld- und Bruchsteinen. Es sind möglichst große, lagerhafte Steine mit gut ausgezwickten Fugen in hydraulischem Kalk- oder Zementmörtel sorgfältig vermauert. Verhältnis Höhe zur einseitigen Ausladung 2:1, mind. 1,5:1.
- Fundamente aus frostbeständigen Mauerziegeln oder Mauersteinen. Sie sind ≧ 5 Schichten hoch und sorgfältig im Kreuzverband mit vollen Fugen in hydraulischem Kalk- oder Zementmörtel hergestellt. Die unterste Schicht ist in einem Mörtelbett verlegt.

Heute üblich sind

- Fundamente aus Kiesbeton (B 5 bis B 25), Druckfestigkeit 5 bzw. 25 N/mm², Mindestzementgehalt 100 kg/m³ bei Verwendung in frostfreier Tiefe.

Die erforderliche Fundamenthöhe h ergibt sich aus der errechneten Fundamentbreite b, dem Überstand a über die Wanddicke d und dem Druckverteilungswinkel α nach dem Ansatz $h \geqq n \times a$ (n-Werte aus DIN 1054 Tab. 17).

Bei unbewehrten Fundamenten kann α mit 50 bis 60° angenommen werden. Als erforderliche Fundamenthöhe ergibt sich somit $h = a \times \tan \alpha$ (Bild **4**.7).

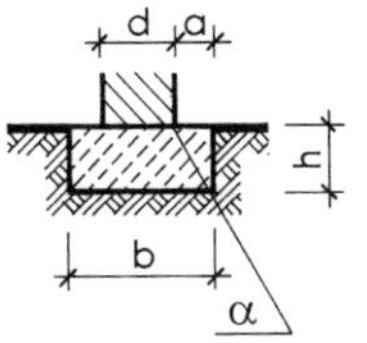

4.7 Fundamenthöhe bei Betonfundamenten

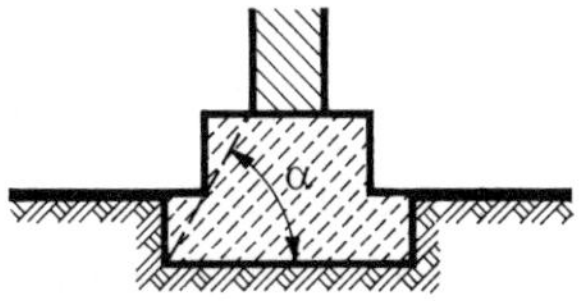

4.8 Abgetrepptes Fundament aus Stampfbeton

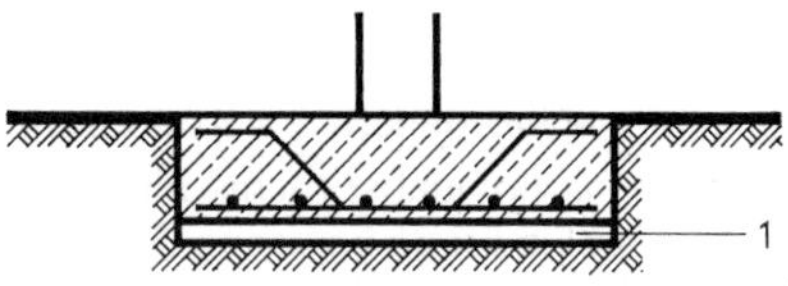

4.9 Fundament aus Stahlbeton als Streifen- oder Einzelfundament

Dabei kann sich für hohe Belastungen z.B. unter Stützen eine so große Fundamentbreite ergeben, daß zur Betoneinsparung eine Abtreppung der Fundamente möglich ist (Bild **4**.8). Wegen des Schalungsaufwandes ist in der Regel in solchen Fällen jedoch die Ausführung als Stahlbetonfundamente wirtschaftlicher (Bild **4**.9).

Gegenüber Fundamenten ohne Bewehrung können Stahlbetonfundamente in der Regel mit geringerem Querschnitt ausgeführt werden. Sie sind trotz des Stahlbedarfes durch Einsparungen bei den Aushubarbeiten und durch geringeren Betonverbrauch meistens wirtschaftlicher.

Nach Möglichkeit werden die Stahlbetonfundamente so bemessen, daß sie nur mit einer unteren Bewehrungslage ausgeführt werden können. Bei hohen Belastungen ist jedoch eine mehrlagige Bewehrung mit Schubsicherungen nicht zu vermeiden (vgl. Bild **4**.9).

Bei großen Belastungen und bei schlechten oder stark unterschiedlichen Baugrundverhältnissen stellen Stahlbetonfundamente die Regelausführung dar.

Stahlbetonfundamente sind auch unerläßlich bei stark wechselnden Belastungen (z.B. Aufeinanderfolge hochbelasteter Pfeiler mit größeren Maueröffnungen).

Wenn Stützenlasten (z.B. unmittelbar an Grundstücksgrenzen) nicht mittig auf die Fundamente abgetragen werden können, entsteht aus der Exzentrizität zwischen den Resultierenden von Belastung und Bodenpressung ein Moment. Eine Verkantung der Gründungen kann bei Stahlbetonkonstruktionen durch biegesteifen Verbund zwischen Stütze bzw. Wand und Fundament ausgeschlossen werden (Bild **4**.10a). Gemauerte Wände müssen in derartigen Fällen auf entsprechend bewehrten biegesteifen Bodenplatten gegründet werden (Bild **4**.10b).

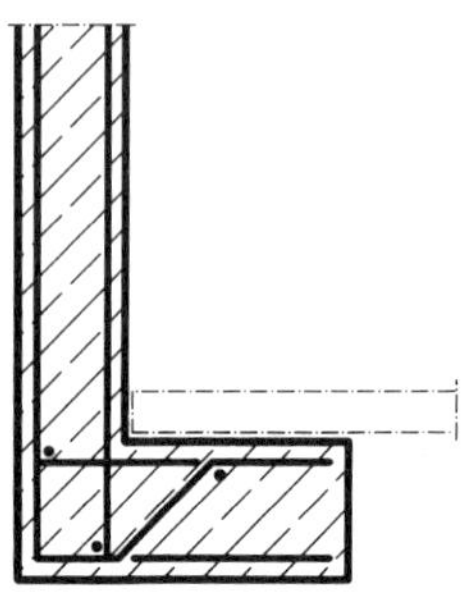

a)

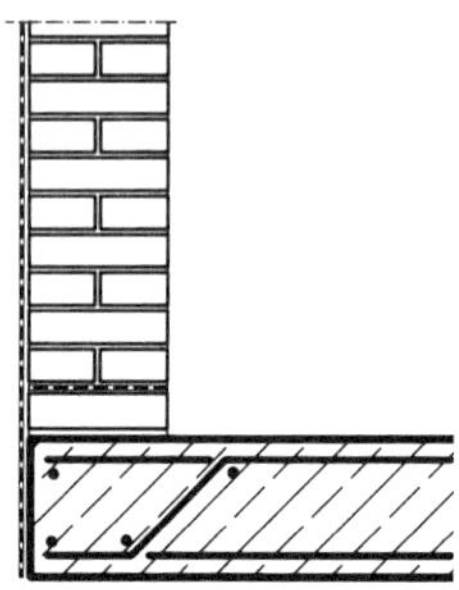

b)

4.10
Fundamente mit exzentrischer Belastung
a) Stahlbetonwand oder -stütze (Winkelfundament)
b) Mauer auf Stahlbetonplatte

Um eine korrekte Lage der erforderlichen Bewehrungen sicherzustellen, ist in der Regel eine Sauberkeitsschicht von mindestens 5 cm Dicke aus Beton B 5 bis B 10 auf das Feinplanum der Fundamentgräben bzw. -gruben einzubringen. Neuerdings werden auch Kunststoff-Noppenplatten als Sauberkeitsschicht eingesetzt.

Sind die senkrechten Fundamentbegrenzungen nicht ausreichend standfest, müssen Einschalungen vorgesehen werden (s. Abschn. 5.4, Bild **5**.24 und **5**.25).

Für gleichartig beanspruchte Einzelfundamente von Stützen können Fertigteile („Köcherfundamente") in Frage kommen (Bild **4**.11).

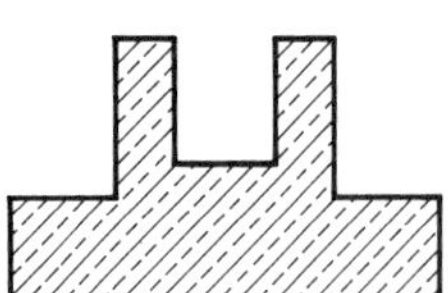

a)

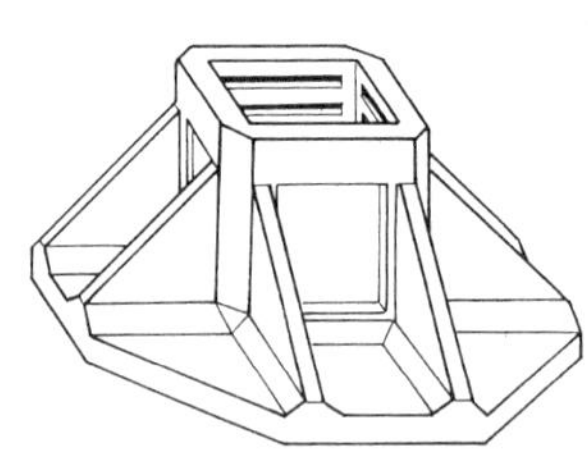

b)

4.11
Köcherfundamente
a) Ausführung in Ortbeton (Schnitt)
b) Fertigteil-Köcherfundament

4.2.3 Plattenfundamente

Plattenfundamente (Fundamentplatten) sind bei komplizierten Grundrissen bzw. bei sehr unterschiedlichen Bauwerkslasten oft wirtschaftlicher als zahlreiche dicht nebeneinander oder sogar in unterschiedlichen Höhenlagen herzustellende einzelne Fundamente.

Darüber hinaus kann bei schlechtem Baugrund durch eine biegesteife Fundamentplatte die Gründungsfläche wesentlich vergrößert und damit die Baugrundbelastung vermindert werden. Eine solche Platte kann außerdem ungleichmäßige Setzungen verhindern.

Das Plattenfundament stellt die neue Form der sog. Grundgewölbe dar, die man noch unter alten Gebäuden findet. (Sie sind nach unten gewölbt, stützen sich gegen die unteren Teile der Kellermauern und übertragen so die Lasten auf die gesamte überbaute Bodenfläche.)

Dementsprechend ist die Bewehrung der Plattenfundamente zur Aufnahme des nach oben wirkenden Erddrucks umgekehrt wie eine Deckenbewehrung bzw. als Doppelbewehrung anzuordnen, um sowohl positive als auch negative Biegemomente aufnehmen zu können.

Bei sehr großflächigen Räumen mit großen Spannweiten zwischen den Kellerwänden werden Plattenfundamente durch Rippen verstärkt. Oft sind aber dickere Platten wirtschaftlicher. Unter stark belasteten Stützen wird das Plattenfundament wie eine umgekehrte Pilzdecke ausgebildet (Bild **4**.12).

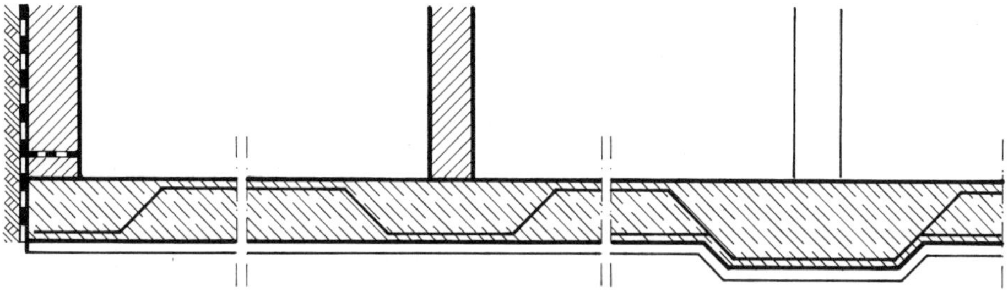

4.12 Plattenfundament (Schnitt mit Lage der Hauptbewehrung)

Fundamentplatten sind in vielen Fällen Bestandteil von „Wannen" zur Abdichtung gegen drückendes Wasser, entweder als wasserundurchlässiger Bauteil („weiße Wanne", s. Abschn. 15.4.6.2) oder als ebene Abdichtungsbasis für geklebte Abdichtungen („schwarze Wannen", s. Abschn. 15.4.6.3).

Plattenfundamente werden – wie Stahlbeton-Sockelfundamente – nicht unmittelbar auf dem Baugrund betoniert. Die Baugrund-Oberfläche ist, um Verschmutzungen des Stahlbetons zu verhindern und das ordnungsgemäße Verlegen der Bewehrungen zu ermöglichen, zunächst mit einer ≧ 5 cm dicken Betonschicht (Sauberkeitsschicht) abzudecken.

4.3 Tiefgründungen

Liegen tragfähige Bodenschichten in so großer Tiefe, daß sie bei den vorgesehenen Gebäudetiefen mit Flächengründungen nicht erreichbar sind, wird die Gebäudelast mit Pfählen durch die nicht tragfähigen Bereiche hindurch auf den Untergrund abgetragen.

Alte Gebäude stehen seit Jahrhunderten noch heute auf gerammten Holzpfahlgründungen. Sie bestehen aus bis etwa 20 m langen Laub- oder Nadelholzstämmen. Diese verfaulen nicht, wenn sie ständig unter Wasser stehen. Bei der in vielen Gebieten zu beobachtenden Absenkung des Grundwasserspiegels sind die Hölzer äußerst gefährdet, und die Standfestigkeit der alten Gebäude muß durch aufwendige moderne Maßnahmen gesichert werden.

Tiefgründungen werden daher heute fast nur noch mit Pfählen aus Stahlbeton hergestellt.

Pfahlgründungen übertragen die Gebäudelasten durch ein Zusammenwirken von Spitzendruck und Mantelreibung auf den Untergrund (Bild **4**.13). Abhängig von den örtlichen Verhältnissen für den Einbau sind unterschiedliche Verfahren zur Einbringung der Pfähle entwickelt worden.

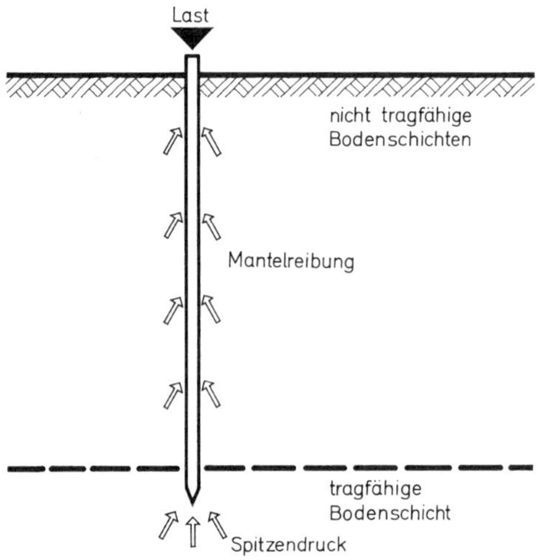

4.13
Tragwirkung von Pfahlgründungen

Rammpfähle werden heute meistens aus Spannbeton hergestellt als quadratische Massivpfähle (ca. 30/30 cm, bis etwa 25 m Länge) oder als Hohlpfähle mit bis zu 1,00 m Durchmesser und mit Längen von über 50 m. Sie werden wegen der unvermeidlichen Erschütterungen beim Einrammen heute überwiegend zur Gründung von Brückenpfeilern oder bei ähnlichen Bauaufgaben eingesetzt.

Bohrpfähle aus Stahlbeton werden mit Durchmessern von etwa 30 bis 100 cm nach verschiedenen Verfahren hergestellt. Sie unterscheiden sich durch den jeweils erzielbaren Anteil von Spitzendruck und Mantelreibung. Die Lastenübertragung wird verbessert durch Verbreiterungen des Pfahlfußes (Spitzendruck) und durch möglichst rauhe Flanken der Pfähle (Mantelreibung). Das wird erreicht durch Einpressen des Betons (Preßwirkung durch das Eigengewicht des Betons, durch Stampfen, Rütteln und auch durch Preßluft).

Herstellung, Dimensionierung, Belastbarkeit, Abstände, Einbindung in den Baugrund usw. werden für Bohrpfähle in DIN 4014 festgelegt.

Bei der Herstellung von Bohrpfählen, die in größere Tiefen reichen, muß die Standfestigkeit der Bohrlochflanken durch Einpressen, Einbohren oder seltener auch durch Einrammen von Mantelrohren gesichert werden. Für schwere Bohrgeräte bilden auch sehr schwere Bodenarten oder Felsbrocken kein Hindernis. Fortlaufend wird dabei mit Spezialgreifern das Erdreich innerhalb der Bohrlöcher ausgebaggert. Nach Erreichen der Gründungsebene wird der Pfahlfuß eingestampft oder eingepreßt und die Bewehrung eingebracht. Daran anschließend wird abschnittsweise betoniert. Gleichzeitig wird das Mantelrohr, meistens unter Drehungen, herausgezogen. Dabei wird das anstehende Erdreich aufgerauht, so daß der Beton eindringen kann und eine zur Verbesserung der Mantelreibung gewünschte unregelmäßige rauhe Oberfläche des Pfahles entsteht (Bild **4**.14).

Dringt Grundwasser in die Bohrlöcher ein, wird mit Hilfe verdrängender Stützflüssigkeiten gearbeitet (vgl. Abschn. 3.4).

Die fertiggestellten Ramm- oder Bohrpfähle werden schließlich in Reihen oder einzelnen Bündeln mit dicken Stahlbetonüberzügen oder -platten zusammengefaßt. Die Bewehrungen

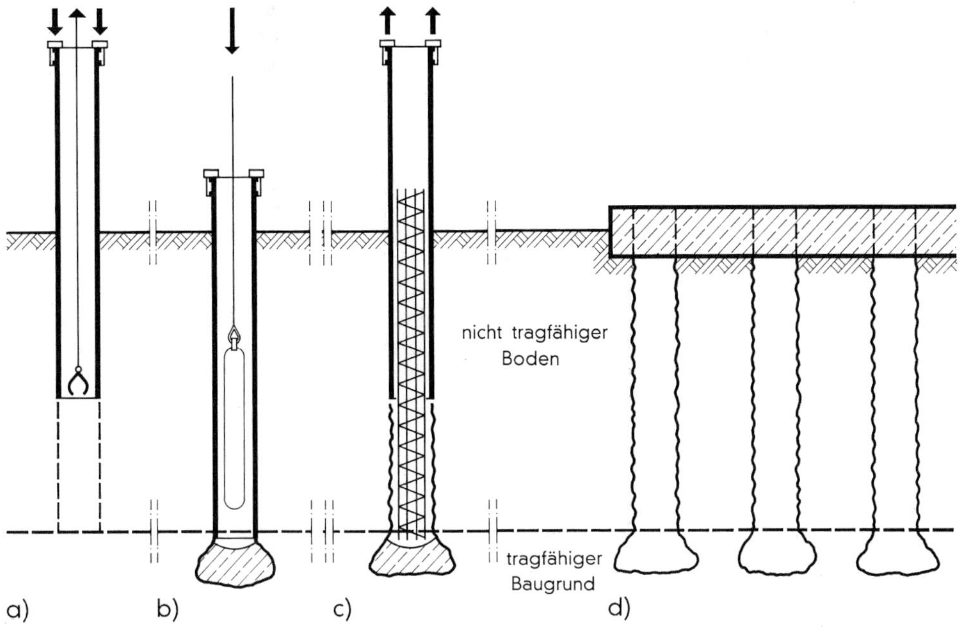

4.14 Herstellung von Bohrpfählen

a) Bohren bzw. Eintreiben der Mantelrohre, Ausbaggern
b) Einstampfen des Pfahlfußes
c) Einbringung der Bewehrung, Betonieren, Ziehen der Mantelrohre
d) durch Stahlbetonplatte oder -rost zusammengefaßte Bohrpfähle (Pfahlrost)

der Pfähle und der verbindenden Platten werden dabei so miteinander verbunden, daß „Pfahlroste" als Gründungsbasis entstehen.

Für hohe Gründungslasten können anstelle von Pfahlbündeln auch Großbohrpfähle mit Durchmessern bis etwa 2,50 m hergestellt werden, die mit den früheren „Brunnengründungen" vergleichbar sind.

Auch Bohrpfahlreihen von schwerem Baugrubenverbau können für Tiefgründungen herangezogen werden (vgl. Abschn. 3.4).

4.4 Unterfangen von Fundamenten

Wenn unmittelbar neben einem vorhandenen Bauwerk ein Neubau errichtet wird, dessen Fundamentsohle tiefer liegt als die des bestehenden Gebäudes, muß das alte Fundament vertieft (unterfangen) werden, bevor der Neubau beginnt.

Unterfangungsarbeiten müssen – ebenso wie die Ausschachtungs- und Gründungsarbeiten – sorgfältig vorbereitet werden, um den Neubau zu sichern und das vorhandene Nachbargebäude nicht durch Setzungen oder Grundbruch zu gefährden. Die Unfallverhütungsvorschriften der Bauberufsgenossenschaften müssen genau befolgt werden. Die örtlichen Verhältnisse (Art und Lage der Bodenschichten, Art und Tiefe der benachbarten Fundamente, Horizontalkräfte, Grundwasserstand) sind sorgfältig zu erkunden. Die Erkundungsergebnisse sowie die geplanten Arbeiten und deren zeitlicher Ablauf werden zeichnerisch festgelegt.

Grundbruch (s. Abschn. 3.1). Die Grundbruchsicherheit ist nachzuweisen
- bei nicht zuverlässigem bindigem Baugrund,
- wenn größere Horizontalkräfte zu berücksichtigen sind,
- bei einem Grundwasserstand von weniger als 1,00 m unter der Gründungssohle,
- bei Belastungen von Streifenfundamenten mit mehr als 200 kN/m und
- wenn Grundwasserabsenkung erforderlich ist (s. Abschn. 3.6).

Es ist zu berücksichtigen, daß nach Errichtung eines Neubaus durch Überschneiden der Druckausbreitung der Baugrund auch unter vorhandenen Fundamenten zusammengedrückt wird (Bild **4**.3). Eine beim Neubau etwa vorgenommene Grundwasserabsenkung kann zu Setzungen der vorhandenen Gebäudeteile führen (vgl. Bild **4**.1 e).

In den meisten Fällen dürften Unterfangungsarbeiten von benachbarten, also anderen Eigentümern gehörenden Grundstücken aus auszuführen sein. Es müssen dazu alle juristisch relevanten Fragen bereits vor der Planung geklärt werden. Vor Beginn der Arbeiten ist vor allem die Regelung möglicher Bauschäden vertraglich festzulegen. Dazu sollten etwa schon vorhandene Bauschäden vor Beginn der Arbeiten in geeigneter Form dokumentiert werden.

Die Unterfangung muß so bemessen sein, daß sie auch auftretende Horizontalkräfte aus dem unterfangenen Gebäude und dem Erdreich aufnehmen kann.

In einfachen Fällen kann nach folgenden Richtlinien verfahren werden:

1. Die Wände, die unterfangen werden sollen, sind vorher abzustützen (s. Teil 2 dieses Werkes, Abschn. 10). Dabei ist der Strebendruck auf die aussteifenden Querwände und die Decken des vorhandenen Gebäudes zu übertragen.
2. Grundsätzlich darf vorhandenes Bauwerk nicht in ganzer Länge oder Breite bis zu einer Fundamentkante freigeschachtet werden. Neue Fundamente unmittelbar neben einem Nachbargebäude oder Fundamentunterfangungen sind a b s c h n i t t w e i s e herzustellen. Zur Wahrung der Grundbruchsicherheit muß längs der vorhandenen Außenwand ein Erdkörper (Berme) von ≧ 2,00 m Breite stehenbleiben, dessen OK nicht tiefer als OK Kellerfußboden liegen darf und dessen Höhe über Fundamentsohle ≧ 0,50 m betragen muß (Bild **4**.15).

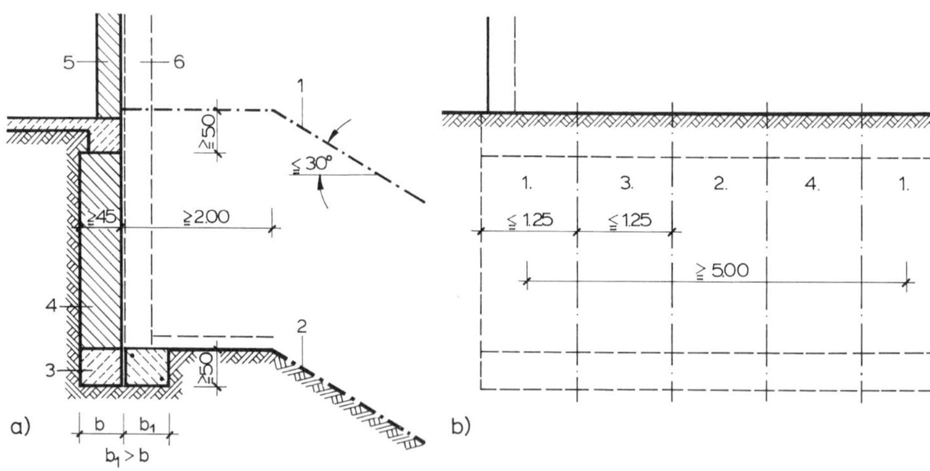

4.15 Unterfangen einer Brandwand

a) Schnitt b) Ansicht mit Unterfangungsabschnitte und Reihenfolge

1 Bodenaushubgrenze vor Unterfangung
2 Bodenaushubgrenze nach Unterfangung
3 neues Fundament
4 Unterfangungsmauerwerk (Einbau vgl. Bild **4**.16)
5 vorhandene Brandwand
6 Lage der neuen Wand

3. Die Länge von Unterfangungsabschnitten darf 1,25 m nicht überschreiten. Der Achsabstand der Abschnitte soll höchstens 5,00 m betragen.
4. Falls es besondere örtliche Verhältnisse erfordern, sind auch die rechtwinklig an die Brand- oder Giebelwand anschließenden Außen- und Innenwände bis ≦ 2,50 m Länge zu unterfangen oder in anderer Weise gegen nachträgliches Setzen zu sichern. Wandöffnungen im Bereich der Gebäudeecken sind für die Dauer der Unterfangungsarbeiten auszusteifen.
5. Ausschachtungen von ≧ 1,25 m Tiefe für die einzelnen Unterfangungsabschnitte müssen verbaut (ausgesteift) werden, um jede Einsturzgefahr zu vermeiden (Bild **4**.16).

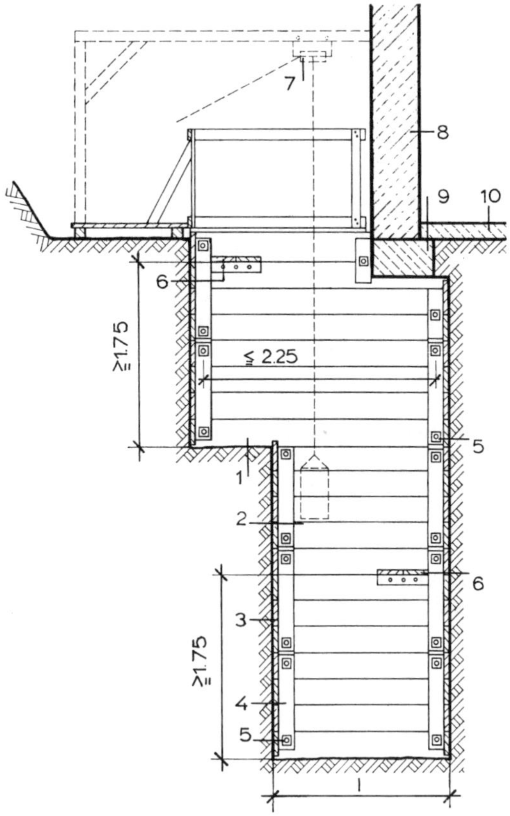

4.16
Schacht für die Vorbereitung der Unterfangung (waagerechter Verbau)
1 Vorschacht (Erweiterung des Hauptschachtes zur Erleichterung des Personen- und Baustofftransports)
2 Hauptschacht (Breite ≦ 1,25, Länge *L* hängt von neuer Fundamentbreite ab)
3 waagerechter Verbau (Bohlendicke 5 cm)
4 Brustholz 8/16; 1,00 m lang
5 Spindelspreizen
6 Arbeitspritsche, zugleich Schutzdach
7 Laufkatzenaufzug
8 vorhandene Brandwand
9 vorhandenes Fundament
10 vorhandene Bodenplatte

6. Gemauerte Unterfangungen sind in handwerksgerechtem Mauerverband zu errichten. Um Setzungen soweit wie möglich zu vermindern, sind dünne Lagerfugen und schnellbindender Zementmörtel zu verwenden. Die Fuge zwischen alter Fundamentsohle und Unterfangung ist mit großflächigen Stahlkeilen zu verkeilen und mit Zementmörtel auszupressen. Hohlräume zwischen Unterfangung und anstehendem Boden sind mit Magerbeton voll auszustampfen.

   Umfangreichere Unterfangungen werden besser und wirtschaftlicher aus Beton hergestellt (schneller und raumsparender Materialtransport durch Schüttrohre, guter Anschluß an das anstehende Erdreich). Die Verwendung maschineller Rüttelgeräte ist hier wegen der Gefahr der Schwingungsübertragung nicht zulässig.

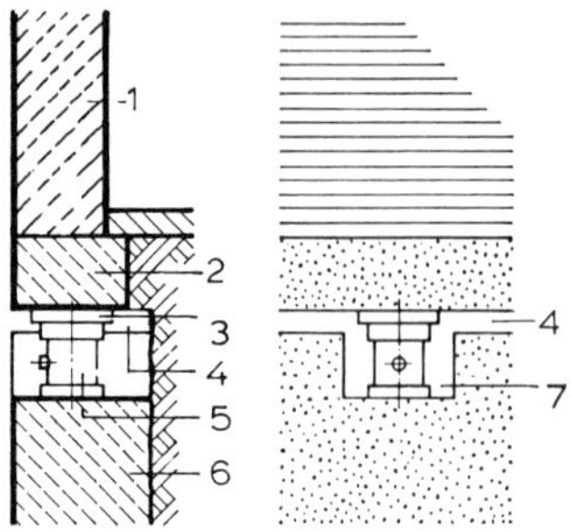

4.17
Vorbelastung der neu hergestellten Unterfangung
a) Schnitt
b) Ansicht
1 vorhandene Brandwand
2 vorhandenes Fundament
3 Bleiplatte zur Druckverteilung
4 offene Restfuge (10 cm breit)
5 Öldruckpresse
6 Unterfangung
7 vorläufig offengehaltene Nische für Öldruckpresse

Vor dem Schließen der Anschlußfuge werden die neuen Fundamente mit Hilfe von hydraulischen Pressen vorbelastet. Nach Festlegen der Druckkolben wird die Fuge mit Beton ausgepreßt. Die Pressen werden nach Erhärten des Fugenbetons ausgebaut (Bild **4**.17).

7. Das neue Fundament mit normaler Ringverankerung ist abschnittweise gleichzeitig mit dem Fundament der Unterfangung auszuführen. Die Unterkanten der Fundamente müssen auf gleicher Höhe liegen. Die Enden von Ringankern der einzelnen Abschnitte sind zunächst hochzubiegen. Die Überdeckungslänge soll ca. 50 cm betragen.
8. Ist eine Längsbewehrung des neuen Fundamentes erforderlich, so wird zunächst in gleicher Höhe mit dem Fundament der Unterfangung abschnittweise ein unbewehrtes Fundament hergestellt, nach Erhärten wird darauf in ganzer Länge das Stahlbetonfundament betoniert.
9. Bei Unterfangungsarbeiten im Winter sind Mauerwerk und (bei bindigen Böden) Baugrubensohle vor Wasser und Frost zu schützen (sturmsichere Abdeckung mit Planen, Ableitung des Wassers, Abdeckung).
10. Die Absteifungen vorhandener Gebäude bzw. Bauwerksteile dürfen erst entfernt werden, wenn die ausgeführten Unterfangungen ihre volle Tragfähigkeit haben.

Unterfangungsarbeiten sollten nur von dafür spezialisierten erfahrenen Fachfirmen und bei guten Witterungsverhältnissen ausgeführt werden. Sie bedürfen der besonders intensiven Überwachung und Dokumentation durch die örtliche Bauleitung.

4.5 Fundamenterder

Die in fast allen Gebäuden in großer Zahl vorhandenen metallischen Heizungs-, Sanitär- und Elektroinstallationsleitungen können sich durch Verschleppen elektrischer Spannungen untereinander beeinflussen. Um in derartigen Fällen Schutz gegen gefährliche Berührungsspannungen zu erzielen, wird in der Regel in betonierte Gebäudefundamente ein Fundamenterder nach VDE-Vorschrift eingelegt. An ihn werden über eine Potentialausgleichsschiene alle metallisch leitenden Systeme angeschlossen, so daß ein Potentialausgleich erzielt wird. Fundamenterder bestehen aus Bandstahl 30 x 3,5 oder 26 x 4 mm und sind durch den umhüllenden Beton ohne zusätzliche Maßnahmen vor Rost geschützt (Bild **4**.18 a bis c).

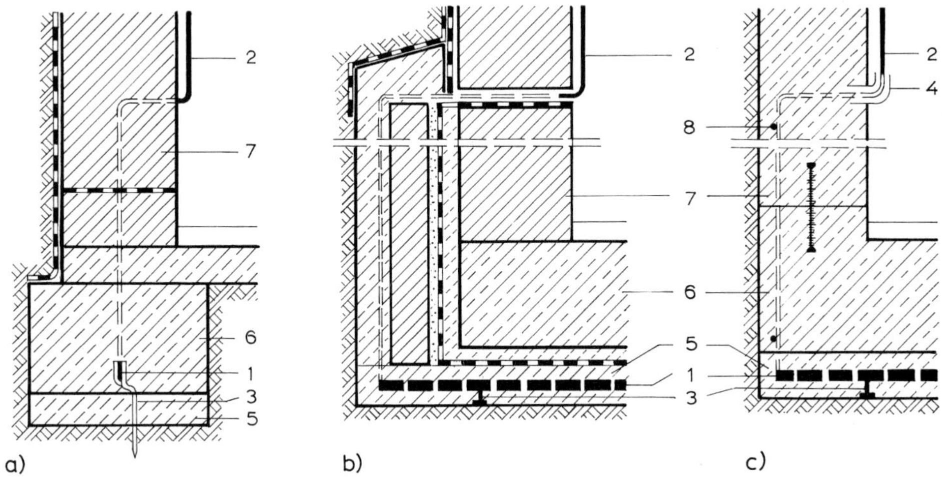

4.18 Fundamenterder
a) Ausführung bei Mauerwerk auf Streifenfundament
b) Ausführung bei geklebter Abdichtung gegen drückendes Wasser
c) Ausführung bei Abdichtung gegen drückendes Wasser mit wasserundurchlässigem Beton
1 Fundamenterder; feuerverzinkter Bandstahl 30/3,5 mm, hochkant auf Abstandhaltern
2 Anschluß-„Fahne" mit Verbinderklemme, freies Ende > 1,00 m, oder angeschlossen an Potentialausgleichschiene
3 Abstandhalter
4 flexibles Überrohr bei Stahlbetonwänden
5 Sauberkeitsschicht
6 Streifenfundament bzw. Fundamentplatte
7 Außenwand
8 Verbindung mit Bewehrung

4.6 Normen [1)]

Norm	Ausgabe-Datum	Titel
DIN 1054	11.76	Baugrund; zul. Belastung des Baugrunds
DIN 1054 Bbl	11.76	–; –; Erläuterungen
DIN 4014	03.90	Bohrpfähle; Herstellung, Bemessung und Tragverhalten
DIN 4017-1	08.79	Baugrund; Grundbruchberechnungen von lotrecht mittig belasteten Flachgründungen, Richtlinien
DIN 4017-2	08.79	–; Grundbruchberechnungen von außenmittig und schräg belasteten Flachgründungen; Empfehlungen
DIN 4018	09.74	Flachgründungen; Richtlinien für die Berechnung
DIN 4022-1	09.87	Baugrund und Grundwasser; Benennen und Beschreiben von Boden und Fels, Schichtenverzeichnis für Bohrungen ohne durchgehende Gewinnung von gekernten Proben im Boden und im Fels
DIN 4022-2	03.81	Baugrund und Grundwasser; Benennen und Beschreiben von Boden und Fels; Schichtenverzeichnis für Bohrungen im Fels (Festgestein)
DIN 4022-3	05.82	Baugrund und Grundwasser; Benennen und Beschreiben von Boden und Fels; Schichtenverzeichnis für Bohrungen mit durchgehender Gewinnung von gekernten Proben im Boden (Lockergestein)
DIN 4123	05.72	Gebäudesicherung im Bereich von Ausschachtungen, Gründungen und Unterfangungen
DIN 4124	08.81	Baugruben und Gräben; Böschungen, Arbeitsraumbreiten, Verbau

1) s. a. Abschn. 3.7

4.7 Literatur

[1] Dehne, E.: Flächengründungen. Wiesbaden–Berlin 1982
[2] Grassnick, A., Holzapfel, W.: Der schadenfreie Hochbau. Köln–Braunsfeld 1994
[3] Schmidt, H. H.: Grundlagen der Geotechnik. Stuttgart 1996.
[4] Schmitt, H.: Hochbaukonstruktion. Düsseldorf 1996
[5] Schnell, W.: Verfahrenstechnik der Pfahlgründungen. Stuttgart 1996.
[6] Simmer, K.: Grundbau Teil 1: 19. Aufl. Stuttgart 1994. Teil 2: 17. Aufl. Stuttgart 1992
[7] Stiegler, J. W.: Baugrundlehre für Ingenieure. Düsseldorf 1994

5 Beton- und Stahlbetonbau

5.1 Allgemeines

5.1.1 Allgemeine Eigenschaften des Betons

Der Beton- und Stahlbetonbau ist ein ausgedehntes Sondergebiet des Bauwesens. Es kann hier nur in einem Rahmen behandelt werden, wie er der Anwendung bei einfacheren Bauvorhaben des Hochbaues entspricht.

Für die Herstellung von Beton besteht neben der weiterhin gültigen deutschen DIN 1045 die europäische Vornorm ENV 206. Weitere Normen betreffen die Bemessung und Güteüberwachung. Die Normen sind Ergebnisse der Betonforschung und bilden die Grundlage für die bauaufsichtlichen Bestimmungen, die im Beton- und Stahlbetonbau zu beachten sind.

Mit der Schaffung des europäischen Binnenmarktes werden zunehmend neben den nationalen Normungen insbesondere europäische Baustoffnormen erarbeitet.

Die auf diese grundlegenden Normen bezogenen deutschen Baustoffnormen (z.B. DIN 1164: Zemente) werden fortlaufend im Hinblick auf die Anforderungen der europäischen Normung entsprechend überarbeitet.

Beton ist ein Gemisch aus Zement als Bindemittel sowie natürlichen oder künstlichen, dichten oder porigen mineralischen Stoffen, die ungebrochen oder gebrochen sein können (DIN 4226) und Wasser. Er erhärtet an der Luft und auch unter Wasser. Seine Biegezug-, Zug- und Scherfestigkeit nach dem Abbinden, die wie bei allen natürlichen und künstlichen Steinen gering ist, kann durch eine Stahlbewehrung bedeutend erhöht werden.

Stahlbeton ist wegen seiner großen Festigkeit, seiner Widerstandsfähigkeit gegen Erschütterungen und seiner Feuerbeständigkeit besonders für die Ausführungen von tragenden Bauteilen wie Stützen, Unterzügen, Decken und Treppen und sowohl für einheitliche Konstruktionssysteme (Stahlbetonskelettbau) als auch für die Herstellung vorgefertigter oder an der Baustelle betonierter Wände geeignet. Die leichte Formbarkeit gestattet die Ausführung nahezu beliebig gestalteter Bauteile, sofern die erforderliche Einschalung wirtschaftlich herzustellen ist und konstruktiv ausreichende Abmessungen gewährleistet werden können.

Im Stahlbeton werden die in den Bauteilen auftretenden Druckspannungen vom Beton, die Zug- und Schubspannungen von der Bewehrung aufgenommen, deren Lage innerhalb des Betonkörpers und deren Abmessungen durch statische Berechnung festgelegt wird. Das Zusammenwirken von Stahl und Beton zur Aufnahme der Schnittgrößen (s. DIN 1045 Abschn. 15) wird dadurch ermöglicht, daß die Wärmedehnzahlen beider Stoffe fast gleich sind, der Beton fest am Stahl haftet und eine Rostbildung bei sachgemäßer Umhüllung des Stahls mit vorschriftsmäßig gemischtem Beton nicht eintritt.

Spannbeton ist durch eine künstliche Vorspannung der Bewehrungsstähle gekennzeichnet. Die Bauteile erhalten unter Belastung im gesamten Querschnitt praktisch nur Druckspannung. Damit sind Querschnittsverringerungen möglich, und es kann an Eigengewicht der Bauteile gespart werden.

Für das umfangreiche Sondergebiet des Spannbetons muß auf Spezialliteratur verwiesen werden.

Bindemittel für Beton ist Zement nach DIN 1164 (s. Abschn. 5.2.1). Für Stahlbeton im Bauwesen kommen außer Zementen nach DIN 1164 nur bauaufsichtlich zugelassene sonstige Zemente als Bindemittel in Frage. Andere Betonarten (z. B. Kalkbeton) müssen in diesem

Zusammenhang außer Betracht bleiben. Im nachfolgenden Abschnitt wird unter Beton daher allgemein nur Zementbeton verstanden.

Die Betonforschung liefert sichere Grundlagen für die zweckdienliche und wirtschaftliche Herstellung und Verwendung des Betons. Die Kenntnis der Zusammenhänge zwischen Betonaufbau und -eigenschaften in Verbindung mit der durch Rüttelgeräte möglichen, fast vollkommenen Frischbetonverdichtung erlauben die Herstellung von Beton ganz bestimmter Druckfestigkeit, Wasserundurchlässigkeit, Frostbeständigkeit und Widerstandsfähigkeit gegen chemische Angriffe (Abschn. 5.1.6).

Von Einfluß auf die Eigenschaften des Betons sind:

— Art und Festigkeitsklasse des Zements
— Art, Kornform und Oberflächenbeschaffenheit der Zuschläge
— Kornzusammensetzung der Zuschläge
— Eigenfestigkeit und Rohdichte der Zuschläge
— Gewichtsverhältnis von Wassergehalt zu Zementgehalt (Wasserzementwert w/z)
— Durchmischung
— Konsistenz
— Art und Intensität der Verdichtung
— Temperatur der Betonbestandteile bzw. der Umgebung
— Nachbehandlung des Betons
— Erhärtungsalter
— Betonzusätze

Daraus wird deutlich, daß mit der bloßen Angabe des Mischungsverhältnisses von Zement und Zuschlägen die „Güte" eines Betons keineswegs eindeutig bestimmt wird. Ein Beton ist gut, wenn er den besonderen Ansprüchen, die im Einzelfall an ihn gestellt werden, in vollem Umfange genügt. Güte im landläufigen Sinne ist hier nicht immer gleichbedeutend mit hoher Druckfestigkeit. Häufig sind geringes Schwindmaß oder z.B. hohe Wärmedämmfähigkeit eines Betons ebenso wichtig oder sogar wichtiger.

5.1.2 Herstellung

Beton kann planmäßig mit genau vorherbestimmten konstruktiven und bauphysikalischen Eigenschaften hergestellt werden.

Bei der Herstellung von Beton wird unterschieden nach

Ort der Herstellung

— **Baustellenbeton** (Beton, dessen Bestandteile auf der Baustelle zugegeben und gemischt werden; s. auch DIN 1045 Abschn. 2 und 5). Als Baustellenbeton gilt auch solcher Beton, der von bis zu 5 km entfernten Baustellen des gleichen Unternehmens herantransportiert wird,
— **Transportbeton** (Beton, dessen Bestandteile außerhalb der Baustelle zugemessen werden und der in Fahrzeugen an der Baustelle in einbaufertigem Zustand übergeben wird),

Ort des Einbringens

— **Ortbeton** (Beton, der als Frischbeton in der Regel auf der Baustelle in seine endgültige Lage gebracht wird und dort erhärtet).
— **Betonfertigteile, Betonwaren, Betonwerkstein.**

Umgebungsbedingungen

— Beton für Innenbauteile
— Beton für Bauteile mit Zugang der Außenluft
— Beton für Außenbauteile

Verarbeitungsart

Schüttbeton ist die am meisten verwendete Betonart und wird für fast alle an der Baustelle hergestellten Betonteile verwendet.

Fließbeton wird unter Zusatz von flüssigen Betonverflüssigern hergestellt, die nachträglich dem fertigen Frischbeton ohne Zugabe weiterer Stoffe – insbesondere ohne weiteres Zugabewasser – zugemischt werden. Fließbeton kann mit wesentlich geringerem Verdichtungsaufwand als normaler Schüttbeton und mit Hilfe von Pumpen eingebaut werden.

Vakuumbeton setzt man zur wirtschaftlichen Herstellung monolithischer Betonböden und -decken ein. Dabei wird der auf die Schalung gebrachte frische Beton verdichtet und besonders höhengenau abgezogen. Mit Hilfe von speziellen Filtermatten wird durch Vakuumwirkung dem Beton Überschußwasser entzogen. Der Beton wird dabei derart oberflächenverdichtet, daß durch anschließendes maschinelles Abscheiben oder Glätten völlig ebene und sehr verschleißfeste Oberflächen entstehen.

Schleuderbeton wird zur Herstellung von Rohren verwendet.

Stampfbeton wird erdfeucht oder steif für Fundamente und ähnliche Bauteile eingebaut.

Spritzbeton wird zur Verstärkung vorhandener Betonkonstruktionen, im Kanalbau u.ä. eingesetzt.

Konsistenz

Die Verarbeitungsbedingungen am Bau bestimmen die Wahl der Frischbetonkonsistenz nach der folgenden Tafel über die Konsistenzbereiche des Frischbetons. Die Konsistenz ist abhängig vom Wassergehalt des Frischbetons. Der Wassergehalt (Wasserzementwert) beeinflußt den erforderlichen Zementanteil und damit die Betonfestigkeit (und mittelbar auch die Kosten).

Bei Frischbeton werden vier Konsistenzbereiche unterschieden (Tabelle **5**.1).

Tabelle **5**.1 Konsistenzbereiche des Frischbetons

Konsistenzbereiche Bedeutung	 Kurzzeichen	Ausbreitmaß a [1)] in cm	Verdichtungsmaß v [2)]
steif	KS	–	$\geqq$ 1,20
plastisch	KP	35 bis 41	1,10 bis 1,08
weich	KR	42 bis 48	1,07 bis 1,02
fließfähig	KF	49 bis 50	–

1) Auf einen waagerechten Ausbreittisch (70/70 cm) wird frischer Beton in einen aufgesetzten genormten Meßbehälter gefüllt. Nach Abheben des Bechers werden 2 Durchmesser des ausgebreiteten Beton parallel zu den Tischkanten gemessen und gemittelt: $a = (a_1 + a_2)/2$

2) Ein genormter Meßbehälter ($b/l/h$ = 20/20/40 cm) wird mit losem frischem Beton gefüllt. Der Beton wird verdichtet, und das Verdichtungsmaß wird festgestellt mit v = 40/h.

Die Konsistenz des Betons muß den Gegebenheiten an der Baustelle angepaßt sein. Für Ortbeton der Gruppe B I ist vorzugsweise die Konsistenz KR (weich) einzusetzen. Fließbeton (KF) muß entsprechend den gesonderten „Richtlinien für Beton mit Fließmitteln" hergestellt werden.

— Nach DIN 1045 Abschn. 7.4.3.4 ist die Konsistenz … während des Betonierens laufend nach dem Augenschein zu überwachen. Erweist es sich, daß der Beton mit der gewählten Konsistenz für einzelne schwierige Betonierabschnitte nicht ausreichend verarbeitbar ist, müssen Wassergehalt und Zementanteil im gleichen Gewichtsverhältnis vergrößert werden (Abschn. 6.5.6.3) oder Zusatzmittel eingesetzt werden. Die Konsistenz des Beton B I muß bei der Eignungsprüfung an der oberen Grenze des gewählten Konsistenzbereichs (obere Grenze des Ausbreitmaßes) liegen (Abschn. 7.4.2.2).

Die Regelkonsistenz kann in den meisten Fällen mit a = 42 bis 48 cm gegeben sein.

Wasserzementwert

Als Wasserzementwert wird das Verhältnis des Wassergehalts w zum Zementgewicht z im Beton bezeichnet. Der Wasserzementwert ist besonders wichtig für die Güte, vor allem auch für das Schwindverhalten von Beton. Er wird mit w/z oder ω bezeichnet. Soll der Wassergehalt erhöht werden, so muß der Zementanteil im gleichen Gewichtsverhältnis vergrößert werden (Abschn. 5.3).

Mehlkorngehalt

Der Beton muß eine bestimmte Menge an Mehlkorn enthalten, damit er gut verarbeitbar ist und ein geschlossenes Gefüge erhält. Der Mehlkorngehalt setzt sich zusammen aus dem Zement, dem im Betonzuschlag enthaltenen Kornanteil 0 bis 0,125 mm und gegebenenfalls dem Betonzusatzstoff. Ein ausreichender Mehlkorngehalt ist besonders wichtig bei Beton, der über längere Strecken oder in Rohrleitungen gefördert wird, bei Beton für dünnwandige, eng bewehrte Bauteile und bei wasserundurchlässigem Beton. DIN 1045 Abschn. 6.5.4 enthält tabellarische Angaben über den höchstzulässigen Mehlkorngehalt ($\leqq$ 0,125 mm) sowie Mehlkorn- und Feinstsandgehalt ($\leqq$ 0,250 mm).

5.1.3 Betongruppen

Die Einteilung in die Gruppen Beton B I und B II ermöglicht es u.a., aus Gründen der Wirtschaftlichkeit die Anforderungen abzustufen, denen die Baustellen zur Betonherstellung zu genügen haben.

Beton der Gruppe I kann unter üblichen Baustellenbedingungen hergestellt werden („Rezeptbeton" mit bestimmtem Mindestzementgehalt; s. Abschn. 5.3). Man unterscheidet:

— Beton B I mit Mindestzementgehalt (Tab. **5**.19) ohne Eignungsprüfung und

— Beton B I mit Eignungsprüfung. Eine Eignungsprüfung ist immer erforderlich, wenn Betonzusatzmittel oder -zusatzstoffe verwendet werden (s. Abschn. 5.3).

Beton der Gruppe II (nur mit Eignungsprüfung) ist unter besonderen Anforderungen an die Ausstattung der Baustelle mit Führungskräften, Geräten und Einrichtungen zur Eigen- bzw. Fremdüberwachung der Betonherstellung herzustellen (s. DIN 1045 Abschn. 5.2 und 7). Eine „B II-Baustelle" – auf der Beton der Festigkeitsklasse B 35 und höher hergestellt und verwendet werden darf – ist z.B. u.a. mit einer Betonprüfstelle E (ständige Betonprüfstelle für die Eigenüberwachung von Beton II ...) rechtlich und räumlich so zu verbinden, daß eine enge Zusammenarbeit zwischen Baustelle und Betonprüfstelle möglich ist.

5.1.4 Festigkeit

Entsprechend den unterschiedlichen statischen Anforderungen an die aus Beton bzw. Stahlbeton hergestellten Bauteile werden Festigkeitsklassen für Beton festgelegt (Tabelle **5**.2).

Überprüft wird die Festigkeit von Beton durch Abdrücken von Probewürfeln mit 20 cm Kantenlänge. Dazu werden beim Betonieren aus verschiedenen Mischerfüllungen bzw. Transportbetonlieferungen jeweils 3 Proben entnommen, in genormte Stahlschalungen gefüllt und verdichtet. Die Prüfung erfolgt in der Regel nach 28 Tagen, d.h. nach Erreichen der rechnerischen Endfestigkeit des Betons (β_{W28}).

Festigkeitsklassen nach DIN 1045

B 5 z.B. bedeutet, daß die Güteprüfung bei jedem der drei Würfel einer Serie für die Druckfestigkeit β_{WN} als Mindestwert 5 N/mm² ergeben hat. Der Mindestwert für die mittlere Druckfestigkeit jeder Würfelserie β_{WS} („Serienfestigkeit") liegt höher, und zwar um 3 N/mm² bei B 5, im übrigen um 5 N/mm² (s. DIN 1045 Tab. 1).

Tabelle **5.2** Festigkeitsklassen des Betons

a) DIN 1045 Tab. 1

Betongruppe	Betonfestigkeitsklasse	Nennfestigkeit β_{WN} in N/mm²	Serienfestigkeit β_{WS} in N/mm²	Anwendung
Beton B I	B 5	15	18	nur für unbewehrten Beton
	B 10	10	15	
	B 15	15	20	für unbewehrten und bewehrten Beton
	B 25	25	30	
Beton B II	B 35	35	40	
	B 45	45	50	
	B 55	55	60	

Nach den Richtlinien des Deutschen Ausschusses für Stahlbeton (DAfStb), Ausgabe August 1995, ist in Ergänzung zu DIN 1045 Hochfester Beton in den Festigkeitsklassen B 65 bis B 115 zugelassen. Hochfester Beton ist in jedem Fall als bewehrter Beton II, Konsistenzklasse KF oder KR herzustellen.

b) Hochfester Beton (Ergänzung DIN 1045; DAfStb. / 8.95)

Beton B II	B 65	65	70	nur für bewehrten Beton
	B 75	75	80	
	B 85	85	90	
	B 95	95	100	
	B 105	105	*)	
	B 115	115	*)	

*) Für den Verwendungszweck im Einzelfall festzulegen

Beton der Festigkeitsklassen B 5 und 10 darf nicht für Stahlbeton verwendet werden.

Beton für Außenbauteile muß mindestens der Festigkeitsklasse B 25 entsprechen. Beton B 55 ist für werkmäßige Herstellung von Fertigteilen vorgesehen.

Künftige Festigkeitsklassen nach DIN V ENV 206:

C 12/15, C 16/20, **C 20/25**, C 25/30, **C 30/37**, C 35/45, **C 40/50**, C 45/55, **C 50/60**.

Die fett gedruckten Festigkeitsklassen sind bevorzugt zu verwenden. Definitionen und Prüfungsverfahren nach ISO 2736.

5.1.5 Rohdichte

Die Rohdichte ist u.a. abhängig von Art, Korngröße und Kornzusammensetzung der Zuschläge, die in der Regel aus natürlichem oder künstlichem, dichtem oder porigem Gestein bestehen.

Normalbeton und Schwerbeton haben ein geschlossenes, möglichst dichtes Gefüge. Zuschläge sind in der Hauptsache Sand, Kies, Schotter; für Schwerbeton (Anwendung z.B. im Reaktorbau) Schwerspat, Magnetit, Stahlschrott.

Leichtbeton. Normalbeton weist mit 2,1 W/mK bis 2,8 W/mK sehr ungünstige Wärmeleitzahlen auf. Für Bauteile, die für sich allein oder im Zusammenhang mit anderen Materialien Anforderungen an den Wärmeschutz genügen müssen, wird daher Leichtbeton verwendet. Leichtbeton hat ein poriges Gefüge durch Zuschläge aus Naturbims, Hüttenbims, Lava- oder porigen Hochofenschlacken, Blähton, Blähschiefer, Vermiculit (Blähglimmer), Perlit (Blähpechstein), Ziegelsplitt u.a.

Stahlleichtbeton ist bewehrter Leichtbeton mit geschlossenem Gefüge, der ganz oder teilweise unter Verwendung von leichten Zuschlägen, z.B. von Blähton oder Blähschiefer oder auch Blähglimmer und geblähtem Obsidian hergestellt wird. Die Druckfestigkeit des Leichtbetons muß wenigstens der der Festigkeitsklasse LB 15 entsprechen. Die Rohdichte muß (nach 28 Tagen) zwischen 1,2 t/m³ und 2,0 t/m³ bei Wärmeleitzahlen zwischen 0,6 W/mK und 1,2 W/mK liegen (s. Abschn. 5.1.7).

5.1.6 Beton mit besonderen Eigenschaften

Die Anforderungen an Beton mit besonderen Eigenschaften sind in DIN 1045 Abschn. 5.6.7 festgelegt (Tab. **5**.4).

Wasserundurchlässiger Beton wird für Bauteile verwendet, die nichtdrückendem oder drückendem Wasser ausgesetzt sind (s. Abschn. 15.4.6.2). Als wasserundurchlässig wird ein Beton bezeichnet, in den Druckwasser bei der Prüfung nach DIN 1048 höchstens 5 cm tief eindringt. (In der Regel beträgt die Eindringtiefe ca. 20 mm.)

Dem Entstehen größerer Schwindrisse und damit dem Eindringen von drückendem Wasser ist durch zusätzliche „Schwindbewehrungen" vorzubeugen.

Zur Herstellung von wasserundurchlässigem Beton eignen sich alle Normzemente nach DIN 1164. Der für die Wasserundurchlässigkeit notwendige Dichtigkeitsgrad des Betons wird mit rasch erhärtenden Zementen schneller erreicht. Somit können die in der Regel für wasserdurchlässige Bauteile erforderlichen Wasserhaltungsarbeiten verkürzt werden. Für Beton, der dem Angriff von Wasser mit mehr als 400 mg Sulfat pro Liter ausgesetzt wird, ist Zement mit hohem Sulfatwiderstand (HS) nach DIN 1164 zu verwenden.

Wasserundurchlässiger Beton wird meistens mit Festigkeitsklassen ab B 35 hergestellt. Aber auch Beton B I mit der Festigkeitsklasse B 25 kann wasserundurchlässig ausgeführt werden. Der Zementgehalt muß in diesem Fall mindestens betragen:

— 370 kg/m³ bei Zuschlägen mit Größtkorn 16 mm,

— 350 kg/m³ bei Zuschlägen mit Größtkorn 32 mm.

Die Sieblinie des Zuschlaggemisches (s. Abschn. 5.2.2) soll möglichst stetig verlaufen und zwischen den Regelsieblinien A und B, am besten dicht unterhalb der Sieblinie B. Im übrigen müssen die Zuschläge DIN 4226 entsprechen und insbesondere frei von schädlichen Bestandteilen wie Lehm, Ton und humusartigen Beimischungen gehalten werden.

Die Geschmeidigkeit und die gewünschten besonderen Eigenschaften des wasserundurchlässigen Betons werden stark durch den Mehlkorngehalt beeinflußt (Tabelle **5**.3).

Tabelle **5**.3 Höchstzulässiger Mehlkorngehalt sowie höchstzulässiger Mehlkorn- und Feinstsandgehalt für Beton mit einem Größtkorn des Zuschlaggemisches von 16 mm bis 63 mm (DIN 1045 Abschn. 6.5.4)[1]

Zementgehalt in kg/m³	Höchstzulässiger Gehalt in kg/m³ an Mehlkorn bei einer Prüfkorngröße von 0,125 mm	Mehlkorn und Feinstsand 0,250 mm
≤ 300	350	450
350	400	500

[1]) Die Begrenzung gilt für Beton mit hohem Frostwiderstand, hohem Frost- und Tausalzwiderstand, hohem Verschleißwiderstand und für Beton von Außenbauteilen

Bei wasserundurchlässigem Beton, der als Beton II, also mit Eignungsprüfung hergestellt wird, ist der Wasserzementwert begrenzt. Bei Bauteilen mit Dicken von etwa 10 bis 40 cm darf der Wasserzementwert 0,60 und bei dickeren Bauteilen 0,70 nicht überschreiten. Zur Berücksichtigung der unvermeidlichen Streuungen der Mischungen bei der Bauausführung ist es empfehlenswert, den Wasserzementwert um 0,05 niedriger anzusetzen.

Zusatzmittel können Hilfen bei der Herstellung von wasserundurchlässigem Beton sein. Sie sind jedoch nicht in der Lage, Fehler in der Betonzusammensetzung oder -verarbeitung auszugleichen. Bei der Zugabe von Zusatzmitteln, z.B. Betonverflüssiger (BV) oder Dichtungsmittel (DM), muß der Beton genauso sorgfältig zusammengesetzt, eingebracht, verdichtet oder nachbehandelt werden wie ohne Zusatzmittel.

Tabelle **5.4** Anforderungen an Beton mit besonderen Eigenschaften (DIN 1045, Abschn. 6.5.7)

Betoneigenschaft, Angriffsgrad	Herstellung als	Sieblinienbereich	Mindestzementgehalt in kg/m³	Wasser-Zement-Wert[1]	Zusätzliche Anforderungen
Wasserundurchlässigkeit	B I	A 16/B 16 A 32/B 32	370 350	– –	Wassereindringtiefe $e_w \leqq 50$ mm
	B II[2]	–	–	$d \leqq 40$ cm; w/z $\leqq 0{,}60$	
		–	–	$d > 40$ cm; w/z $\leqq 0{,}70$	
hoher Frostwiderstand	B I	A 16/B 16 A 32/B 32	370 350	– –	Zuschläge eF DIN 4226 frostbeständig; $e_w \leqq 50$ mm
	B II	–	–	w/z $\leqq 0{,}60$	
		–	–	bei massigen Bauteilen w/z $\leqq 0{,}70$	Zuschläge eFT DIN 4226 frostbeständig; $e_w \leqq 50$ mm; mittlerer LP-Gehalt[3] bei 8 mm Größtkorn[4] $\geqq 5{,}5$ Vol.-% 16 mm Größtkorn[4] $\geqq 4{,}5$ Vol.-% 32 mm Größtkorn[4] $\geqq 4{,}0$ Vol.-% 63 mm Größtkorn[4] $\geqq 3{,}5$ Vol.-%
hoher Frost- und Tausalzwiderstand	zweckmäßig B II	–	–	w/z $\leqq 0{,}5$	
hoher Verschleißwiderstand	B II	nahe A oder B/U	($\leqq 350$ bei Zuschlag 0/32)	–	Beton $\geqq$ B 35; Zuschlag bis 4 mm Quarz o.ä., $>$ 4 mm mit hohem Verschleißwiderstand
hoher Widerstand gegen chemischen Angriff: schwach[5]	B I	A 16/B 16 A 32/B 32	400 350	– –	Wassereindringtiefe $e_w \leqq 50$ mm
	B II	–	–	w/z $\leqq 0{,}60$	
stark[5]	B II	–	–	w/z $\leqq 0{,}50$	Wassereindringtiefe $e_w \leqq 30$ mm
sehr stark[5]	B II	–	–	w/z $\leqq 0{,}50$	Wassereindringtiefe $e_w \leqq 30$ mm und Schutz des Betons, s. Abschn. 5.6.5

1) Zur Berücksichtigung der Streuung bei der Bauausführung ist bei der Eignungsprüfung der w/z-Wert um etwa 0,05 niedriger einzustellen.
2) Unter bestimmten Bedingungen auch als B I zulässig.
3) Luftporen; bei Betonwaren aus sehr steifem Beton nicht erforderlich.
4) Zur Berücksichtigung der Streuungen bei der Bauausführung ist bei der Eignungsprüfung der LP-Gehalt um 0,5 Vol.-% höher einzustellen. Einzelwerte dürfen den mittleren LP-Gehalt um höchstens 0,5 Vol.-% unterschreiten.
5) Angriffsgrade definiert in DIN 4030

Beim Betonieren ist besonders sorgfältig darauf zu achten, daß sich der Beton nicht entmischt. Bei größeren Fallhöhen sind Fallrohre zu verwenden, die dicht über der Einbaustelle enden. Die Schichthöhen des Frischbetons sollen 50 cm nicht überschreiten.

Um wasserundurchlässigen Beton zu erhalten, ist eine sorgfältige Nachbehandlung erforderlich. Die Vernachlässigung der Nachbehandlung stellt die Güte des Betons in Frage, auch wenn alle anderen Regeln der Betontechnologie befolgt werden. Deshalb ist der junge Beton unbedingt mindestens 7 Tage feucht zu halten oder durch Aufsprühen eines Nachbehandlungsfilms zu schützen sowie gegen Wärme und Kälte durch Abdeckungen zu schützen (vgl. Abschn. 5.3.2).

Beton mit hohem Frost- und Tausalz-Widerstand wird als wasserundurchlässiger Beton mit einem möglichst niedrigen Wasserzementwert (0,5) und mit Zuschlägen für erhöhten Widerstand gegen Frost und Taumittel (eFT) hergestellt.

Durch Zugabe eines luftporenbildenden Betonzusatzmittels (LP) ist außerdem sicherzustellen, daß der in DIN 1045 Tabelle 5 angegebene Luftgehalt im Frischbeton eingehalten wird.

Beton mit hohem Verschleißwiderstand wird benötigt für Bauteile, die starkem und schwerem Verkehr ausgesetzt sind oder durch rutschendes Schüttgut, strömendes Wasser u.ä. stark beansprucht werden.

Derartige Bauteile müssen aus Beton B II hergestellt werden und mindestens die Festigkeitsklasse B 35 aufweisen. Der Zementgehalt soll dabei 350 kg/m^3 bei 32 mm Größtkorn des Zuschlages nicht überschreiten. Die Zuschläge müssen aus Gesteinen mit hohem Abnutzungswiderstand bestehen, wobei der Zuschlagsanteil mit 4 mm Korngröße überwiegend aus Quarzsand bestehen muß. Ferner können Hartstoffe wie z.B. besondere Schlacken, Metallspäne, Stahlfasern, Elektrokorund, Siliziumkarbid beigemischt werden. Beim Einbau ist möglichst steifer Beton zu verwenden, der sorgfältig nachbehandelt werden muß.

Beton mit hohem Widerstand gegen chemische Angriffe z.B. durch angreifendes („aggressives") Grundwasser, Abwasser oder Abgase wird in der Regel als wasserundurchlässiger Beton mit niedrigem Wasserzementwert hergestellt, der sorgfältig verdichtet und nachbehandelt wird.

Außerdem kann je nach Beanspruchung Spezialzemente wie z.B. Zement mit hohem Sulfatwiderstand (HS), mit niedrigem wirksamem Alkaligehalt (NA) (s. Abschn. 5.2.1) verwendet werden. Außerdem können bei sehr starken Beanspruchungen nach DIN 4030 Schutzüberzüge in Frage kommen (s. Abschn. 5.6.5).

Beton für hohe Gebrauchstemperatur bis 250°C. Dieser Beton findet fast ausschließlich Verwendung im Industriebau.

Er ist mit Zuschlägen herzustellen, die eine Wärmedehnung möglichst nahe der des Zementsteins haben, wie beispielsweise Hochofenschlacke, bestimmte dichte Kalksteine und Basalt. Der Beton muß besonders sorgfältig nachbehandelt werden (s. Abschn. 5.3.2). Erst nach dem Austrocknen des Betons sollte die erste Erhitzung möglichst langsam erfolgen. Bei kurzfristigen oder ständig einwirkenden Temperaturen über 80°C sind die Besonderheiten der DIN 1045 in bezug auf die Rechenwerte für die Druckfestigkeit und den E-Modul zu beachten.

5.1.7 Leichtbeton

Leichtbeton ist ein Beton mit erheblich besseren Wärmedämmeigenschaften als Normalbeton. Er wird besonders dort eingesetzt, wo ein zusätzlicher Wärmeschutz technisch oder aus gestalterischen Gründen schwierig angebracht werden kann (z.B. bei auskragenden Bauteilen im Zusammenhang mit Sichtbeton, Stützen in Außenwänden, durchbindenden Unterzügen u.ä.). Die Gefahr, daß Wärmebrücken entstehen, kann auf diese Weise abgemildert werden.

Leichtbeton wird in den Festigkeitsklassen LB 8 bis LB 55 unter Verwendung von Leichtzuschlägen nach DIN 4226-2 (Leichtsande, Blähton, Blähschiefer u.a.) hergestellt (Tab. **5**.5 und **5**.6). Die Wärmeleitfähigkeit von Leichtbeton (Tab. **5**.7) ist abhängig insbesondere von den Zuschlägen (s. Abschn. 5.2.2).

Man unterscheidet Leichtbeton mit haufwerksporigem und mit geschlossenem Gefüge. Unter besonderen Vorsichtsmaßnahmen kann auch haufwerksporiger Leichtbeton Stahleinlagen enthalten (DIN 4232). Für tragende Bauteile wird jedoch im allgemeinen nur Leichtbeton mit geschlossenem Gefüge (DIN 4219) verwendet („konstruktiver Leichtbeton").

Tabelle **5**.5 Festigkeitsklassen und Anwendung von Leichtbeton (DIN 4219)

Betongruppe	Festigkeitsklasse des Leichtbetons	Nennfestigkeit β_{WN} in N/mm²	Serienfestigkeit β_{WS} in N/mm²	Anwendung	
Leichtbeton B I[1]	LB 8	8	11	für unbewehrte Bauteile und bewehrte Wände	nur bei vorwiegend ruhenden Lasten
	LB 10	10	13		
	LB 15	15	18	unbewehrter Leichtbeton und Stahlleichtbeton	
	LB 25[2]	25	29	unbewehrter Leichtbeton, Stahlleichtbeton und Spannleichtbeton	auch bei nicht vorwiegend ruhenden Lasten
Leichtbeton B II	LB 35	35	39		
	LB 45	45	49		
	LB 55[3]	55	59		

[1]) stets mit Eignungsprüfung
[2]) LB 25 für Spannleichtbeton ist unter den Bedingungen für B II herzustellen und zu überwachen.
[3]) Zustimmung im Einzelfall oder Zulassung entsprechend den bauaufsichtlichen Vorschriften erforderlich.

Tabelle **5**.6 Festigkeitsklassen und Trockenrohdichte von Leichtbeton

Festigkeitsklasse	Trockenrohdichte ϱ_d mit Natursand in kg/dm³	Trockenrohdichte ϱ_d mit Leichtsand in kg/dm³
LB 8	–	ab etwa 0,95
LB 10	ab etwa 1,35	ab etwa 1,15
LB 15	ab etwa 1,45	ab etwa 1,25
LB 25	ab etwa 1,55	ab etwa 1,35
LB 35	ab etwa 1,65	ab etwa 1,45
LB 45	ab etwa 1,70	ab etwa 1,55
LB 55	ab etwa 1,75	–

Tabelle **5**.7 Wärmeleitfähigkeit von Leichtbeton[1])

Zuschlagart	Leichtzuschlag mit oder ohne Natursand, zugelassen für Beton B I und B II		Blähton oder Blähschiefer ohne Natursand, nur zugelassen für Beton B II	
Rohdichteklasse	Trockenrohdichte ϱ_d in kg/dm³	Wärmeleitfähigkeit λ in W/m K	Trockenrohdichte ϱ_d in kg/dm³	Wärmeleitfähigkeit λ in W/m K
1,0	bis 1,0	0,47	bis 0,9 bis 1,0	0,35 0,38
1,2	bis 1,2	0,59	bis 1,1 bis 1,2	0,44 0,50
1,4	bis 1,4	0,72	bis 1,3 bis 1,4	0,56 0,62
1,6	bis 1,6	0,87	bis 1,5 bis 1,6	0,67 0,73
1,8	bis 1,8	0,99	–	–
2,0	bis 2,0	1,16	–	–

[1]) zum Vergleich: Normalbeton hat die Wärmeleitfähigkeit $\lambda = 2{,}1$ W/m • K

Anders als in europäischen Nachbarländern wird Hochfester Konstruktions-Leichtbeton in Deutschland noch wenig angewendet. In der geplanten europäischen Normung (prEN V 206, 7.95) ist dafür die Festigkeitsklasse LC 80/88 mit Rohdichtklassen von LC 1,0 bis LC 2,0 vorgesehen (entsprechend LB 90, Rohdichtklasse ≥ 1,8, nach DIN 4219.

Mit Hochfestem Konstruktions-Leichtbeton lassen sich erhebliche Gewichtseinsparungen gegenüber Ausführungen mit Normalbeton erzielen, und es eröffnen sich damit enorme Möglichkeiten für die Gestaltung von Bauwerken.

5.2 Baustoffe

5.2.1 Zement

Für Beton und Stahlbeton dürfen nur genormte Zemente verwendet werden. Nachdem die Arbeiten an einer europäischen Norm zu einem vorläufigen Abschluß mit der Vornorm EN V 197-1 kamen, wurde dieser die deutsche Normung für Zemente durch eine Überarbeitung von DIN 1164 angepaßt. Die Änderungen betreffen die genormten Zementarten, die Bezeichnung der Zemente, die Festlegung neuer Festigkeitsklassen, einige Anforderungen an Zemente mit Sondereigenschaften sowie die Einführung eines neuen Sackgewichtes (nur noch 25 kg).

Tabelle 5.8 Zementarten und Zusammensetzung Massenanteile in Prozent[1])

Zement-art	Benennung	Kurzzeichen	Hauptbestandteile						Neben-bestand-teile[2])
			Portland-zement-klinker K	Hütten-sand S	Natür-liches Puzzolan P	Kiesel-säure-reiche Flugasche V	Gebrann-ter Öl-schiefer T	Kalkstein L	
CEM I	Portlandzement	CEM I	95 bis 100	–	–	–	–	–	0 bis 5
CEM II	Portlandhütten-zement	CEM II/A-S	80 bis 94	6 bis 20	–	–	–	–	0 bis 5
		CEM II/B-S	65 bis 79	21 bis 35	–	–	–	–	0 bis 5
	Portlandpuzzolan-zement	CEM II/A-P	80 bis 94	–	6 bis 20	–	–	–	0 bis 5
		CEM II/B-P	65 bis 79	–	21 bis 35	–	–	–	0 bis 5
	Portlandflugasche-zement	CEM II/A-V	80 bis 94	–	–	6 bis 20	–	–	0 bis 5
	Portlandöl-schieferzement	CEM II/A-T	80 bis 94	–	–	–	6 bis 20	–	0 bis 5
		CEM II/B-T	65 bis 79	–	–	–	21 bis 35	–	0 bis 5
	Portlandkalkstein-zement	CEM II/A-L	80 bis 94	–	–	–	–	6 bis 20	0 bis 5
	Portlandflugasche-hüttenzement	CEM II/B-SV	65 bis 79	10 bis 20	–	10 bis 20	–	–	0 bis 5
CEM III	Hochofenzement	CEM III/A	35 bis 64	36 bis 65	–	–	–	–	0 bis 5
		CEM III/B	20 bis 34	66 bis 80	–	–	–	–	0 bis 5

1) Die in der Tabelle angegebenen Werte beziehen sich auf die aufgeführten Haupt- und Nebenbestandteile des Zements ohne Calciumsulfat und Zementzusatzmittel.

2) Nebenbestandteile können Füller sein oder ein oder mehrere Hauptbestandteile, soweit sie nicht Hauptbestandteile des Zements sind.

Genormt sind nunmehr in DIN 1164

- Portlandzement CEM I
- Portlandkompositzement CEM II
- Hochofenzement CEM III

Den Hauptbestandteil der Portlandzemente bilden Portlandzementklinker (K). Portlandkompositzemente sind aus verschiedenen Bestandteilen zusammengesetzt, die mit besonderen Kennbuchstaben verdeutlicht werden. Sie werden je nach Anteil an Portlandzementklinker in den Gruppen A und B unterschieden (Tabelle **5**.8).

Bei den Zementen wird in Abhängigkeit von der 28-Tage-Druckfestigkeit zwischen den Festigkeitsklassen 32,5, 42,5 und 52,5 unterschieden.

Diese drei Klassen werden nach ihrer Anfangsfestigkeit nochmals unterteilt in

- üblich erhärtende (ohne Kennbuchstaben), und
- schnell härtende Zemente (Kennbuchstabe R).

Somit ergeben sich sechs Festigkeitsklassen, die bei den Verpackungen durch verschiedene Farben und Aufdrucke gekennzeichnet werden (Tabelle **5**.9).

Tabelle **5**.9 Festigkeitsklassen und Kennfarben von Zement nach DIN 1164[1)]

Festigkeitsklasse	Druckfestigkeit in N/mm²				Kennfarbe	Farbe des Aufdrucks
	Anfangsfestigkeit		Normfestigkeit			
	2 Tage	7 Tage	28 Tage			
32,5	–	≥ 16	≥ 32,5	≤ 52,5	hellbraun	schwarz
32,5 R	≥ 10	–				rot
42,5	≥ 10	–	≥ 42,5	≤ 62,5	grün	schwarz
42,5 R	≥ 20	–				rot
52,5	≥ 20	–	≥ 52,5	–	rot	schwarz
52,5 R	≥ 30	–				weiß

1) Gegenüberstellung neuer und alter Festigkeitsklassen der Zemente

neu	alt (DIN 1164-1, 3.1990)
32,5	Z 35 L
32,5 R	Z 35 F
42,5	Z 45 L
42,5 R	Z 45 F
52,5	Z 55 L
52,5 R	Z 55

Ferner sind Zemente mit besonderen Eigenschaften genormt, für die zusätzliche Kennbuchstaben festgelegt sind (DIN 1164 Abschn. 4):

- Zement mit **n**iedriger Hydratations**w**ärme NW
- Zement mit **h**ohem **S**ulfatwiderstand HS
- Zement mit **n**iedrigem wirksamem **A**lkaligehalt NA

NW-Zemente (mit niedriger Hydratationswärme) sind besonders für massige Bauteile geeignet.

HS-Zemente (mit hohem Sulfatwiderstand) sind bei einem Sulfatangriff des Grundwassers über 600 mg/l erforderlich.

NA-Zemente (mit niedrigem wirksamem Alkaligehalt) werden bei Verarbeitung von Zuschlägen mit alkaliempfindlichen Bestandteilen verwendet, die in einigen Bereichen Norddeutschlands vorkommen.

Für die normgerechte Kennzeichnung von Zementen mit Hilfe der Kurzbezeichnungen werden zwei Beispiele genannt:

Portlandzement (CEM I) der Festigkeitsklasse 42,5 mit hoher Anfangsfestigkeit (R):

Portlandzement DIN 1164 - CEM I 42,5 R

Portlandhüttenzement mit 6% bis 20% Hüttensand (CEM II/A - S) der Festigkeitsklasse 32,5 mit üblicher Anfangsfestigkeit:

Portlandhüttenzement DIN 1164 - CEM II/A-S 32,5.

Der Zement ist in sauberen Transportbehältern zu liefern, die Kennfarben tragen und ebenso wie die Lieferscheine mit Angaben über Zementart, Festigkeitsklasse, Zusatzbezeichnung, Lieferwerk, Gewicht und Übereinstimmungszeichen versehen sind (Bild **5**.10).

VDZ

Zement Forschungs institut

DIN 1164

überwacht

Überwachung Verein
Deutscher Zementwerke e.V.

5.10
Übereinstimmungszeichen für Zement

5.2.2 Betonzuschlag

Beton-Zuschläge (nicht zu verwechseln mit Beton-Zusätzen nach DIN 1045 Abschn. 5.3) sind meistens körnige, in der Regel mineralische Stoffe, die durch den Zementleim (Zement-Wasser-Gemisch) zu dem künstlichen Konglomerat Beton zusammengekittet werden, nachdem der Zementleim zu Zementstein erhärtet ist.

Betonzuschlag (für Normalbeton) muß DIN 4226 entsprechen. In DIN 4226-1 und -2 sind die Zuschlaggemische und Korngruppen sowie die Kornzusammensetzung für jede Korngruppe (in Gewichts-%) tabellarisch zusammengestellt.

Es werden unterschieden:

— **Zuschläge aus natürlichem Gestein**. Hierzu rechnen ungebrochene und gebrochene dichte Zuschläge aus Gruben, Flüssen, Seen und Steinbrüchen.

— **Künstlich hergestellte Zuschläge**. Hierzu rechnen die künstlich hergestellten gebrochenen und ungebrochenen dichten Zuschläge, wie kristalline Hochofenstückschlacke und ungemahlener Hüttensand nach DIN 4301 sowie Schmelzkammergranulat mit 4 mm Größtkorn.

— **Gesteinsmehl**. Gesteinsmehl ist ein weitgehend inerter mehlfeiner Stoff aus natürlichem oder künstlichem mineralischem Gestein.

Die Zuschläge müssen eine dem jeweiligen Verwendungszweck des Betons entsprechende Kornfestigkeit haben, dürfen nicht (z.B. durch bestimmte chemische Eigenschaften) die Erhärtung des Zements behindern oder den Korrosionsschutz der Bewehrung beeinträchtigen und müssen (z.B. durch Kornform und Oberflächenbeschaffenheit des Korns) eine einwandfreie Haftung zwischen Zuschlag und Zementstein gewährleisten (Tab. **5**.11, s. auch DIN 4226 Abschn. 7).

Der Betonzuschlag ist nach Begriff, Bezeichnung, Anforderungen usw. genormt.

So behandeln

- DIN 4226-1 den Zuschlag mit dichtem Gefüge,
- DIN 4226-2 den Zuschlag mit porigem Gefüge,
- DIN 1045 Abschn. 6.2 u.a. die zweckmäßigste Kornzusammensetzung des Betonzuschlags (Sieblinien).

Die Zuschläge werden unterschieden nach Stoffart (natürliches Gestein, künstlich hergestellte Zuschläge, Gesteinsmehl, s. Tab. **5**.11) und Korngruppen (s. Tab. **5**.12). Die Kornzusammensetzung des Betonzuschlags wird durch Sieblinien gekennzeichnet (Bild **5**.13).

Tabelle **5**.11 Zuschläge

für Beton der Rohdichte	natürliche Zuschläge natürlich gekörnt	mechanisch zerkleinert	künstliche Zuschläge
0,3 bis 1,6 (2,0) t/m³ (Leichtbeton)	sehr feine Natursande Naturbims porige Lapilli (Lavagestein)	gebrochene porige Lavaschlacke gebrochene Tuffe Sägemehl Sägespäne Holzwolle	granulierte Hochofenschlacke geschäumte Hochofenschlacke (Hüttenbims) Sinterbims porige Kesselschlacke Ziegelsplitt Blähton, Blähschiefer Blähglimmer (Vermiculit) Blähpechstein (Perlit)
2,0 bis 2,8 t/m³ (Normalbeton)	Flußsand Flußkies Grubenstand Grubenkies	Brechsand Splitt Schotter aus gesunden Natursteinen	Hochofenschlacken Klinkerbruch künstl. Korund Siliziumkarbid
≧2,8 t/m³ (Schwerbeton)	Schwerspat Magnetit	gebrochener Schwerspat Magnetit	Stahlschrott, Stahlspäne Stahlfeilspäne, Stahlfasern Glasfasern

Betonzuschlag mit dichtem Gefüge ist nach DIN 4226-1 ein Gemenge (Haufwerk) von ungebrochenen und/oder gebrochenen Körnern aus natürlichen und/oder künstlichen mineralischen Stoffen. Er besteht aus etwa gleich oder verschieden großen Körnern mit dichtem Gefüge. Die entsprechend veränderte Begriffsbestimmung gilt für Betonzuschlag mit porigem Gefüge (Leichtzuschlag) gemäß DIN 4226-2. Sie erstreckt sich auch auf Blähton und Blähschiefer, jedoch nicht auf Zuschläge für Betone und Mörtel, die nur der Wärmedämmung dienen (z.B. auf Blähglimmer = Vermiculit oder Blähpechstein = Perlit).

Tabelle **5**.12 Zusätzliche Bezeichnung des Zuschlags nach DIN 4226

Zuschlag mit Kleinstkorn in mm	Größtkorn in mm	zusätzliche Bezeichnung für ungebrochenen Zuschlag		gebrochenen Zuschlag	
–	0,25	Feinst-	Sand	Feinst-	Brechsand
–	1	Fein-	Sand	Fein-	Brechsand
1	4	Grob-	Sand	Grob-	Brechsand
4	32	Kies		Splitt	
32	63	Grobkies		Schotter	

Ein Gemenge von Sand und Kies (bzw. Splitt) wird als Kiessand (bzw. Splitt-Sand-Gemisch) bezeichnet.
Eine Korngruppe umfaßt Korngrößen zwischen zwei Prüfkorngrößen; sie wird durch diese Prüfkorngrößen bezeichnet, z.B. Korngruppe 2/8 mm.
Ein Zuschlaggemisch ist ein Gemenge aus mehreren Korngruppen. Es wird durch eine untere und eine obere Prüfkorngröße bezeichnet.
Die untere bzw. obere Prüfkorngröße einer Korngruppe oder eines Zuschlaggemisches wird Kleinstkorn bzw. Größtkorn genannt.
Durch die Prüfkorngrößen ist ein Betonzuschlag im allgemeinen hinreichend bezeichnet. Die Bezeichnung kann durch Angaben über Stoffart oder -bearbeitung ergänzt werden.

Hinsichtlich der Anforderungen an die Zuschläge werden nach DIN 4226-1, Abschn. 7 unterschieden

— Regelanforderungen,
— Erhöhte Anforderungen (Widerstand gegen Frost und Taumittel, Kornform u.a.),
— Verminderte Anforderungen.

Für Leichtbetone werden die Zuschläge nach folgenden Gesichtspunkten gewählt:

1. Hochwärmedämmende, statisch nicht genutzte Leichtbetone (Isolierbetone) mit Rohdichten und Festigkeiten an der untersten Grenze der bekannten Gesamtbereiche erhalten meist grobkörnige Zuschläge mit hoher Eigenporosität, deren Eigenfestigkeit ohne Bedeutung ist, z.B. Sägemehl, Kork, Blähkork, Hartschaumgranulat, Perlit, Vermiculit o.ä.
   Zuschläge für Poren- und Schaumbeton sind Feinsande, feinkörnige Bimszumischungen usw.

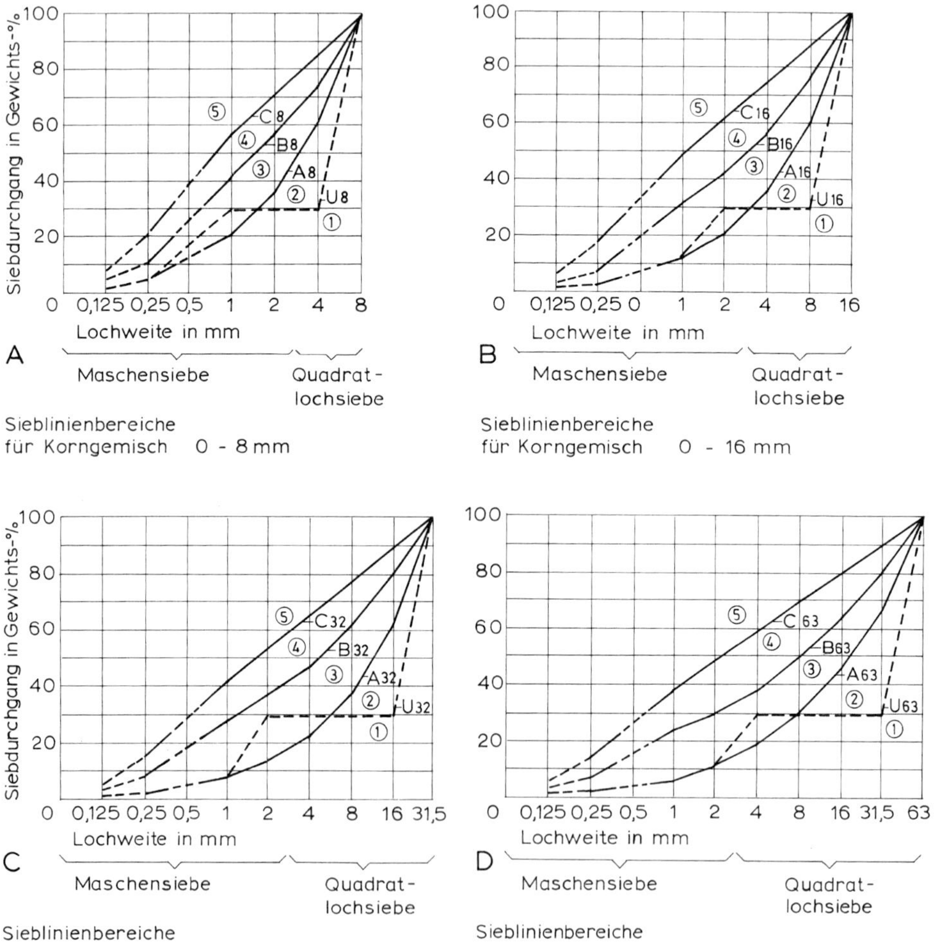

5.13 Sieblinien nach DIN 1045 Abschn. 6.2

2. Wärmedämmende Leichtbetone für Mauern, Wände und Decken des Hochbaues bei niederen und mittleren Rohdichten und entsprechenden mittleren statisch genutzten Festigkeiten erhalten als Zuschläge Blähton, Blähschiefer, Bims, Lavagestein, Schlacken, Hüttenbims und alle hochporösen und leichten anorganischen Zuschläge mit offener oder geschlossener Oberfläche.
3. Konstruktions-Leichtbetone, d.h. Stahlleichtbetone mit Rohdichten an der oberen Grenze und Festigkeiten, die weit in den Bereich der Normalbetone hineinreichen, erhalten als Zuschläge vorzugsweise Blähton oder Blähschiefer, deren Porigkeit Kornform und Korngröße vorausbestimmbar und deren Rohdichte und Schüttdichte beliebig festgelegt werden können (im übrigen s. DIN 4232).

Die Kornzusammensetzung der Zuschläge beeinflußt den Wasseranspruch, die Verdichtungswilligkeit des Frischbetons und die Festigkeit des erhärteten Betons.

Im allgemeinen soll das Zuschlaggemisch möglichst grobkörnig und hohlraumarm sein. Das Größtkorn muß jedoch ein einwandfreies Einbringen und Verarbeiten des Betons (insbesondere bei engliegender Bewehrung und geringer Bodendeckung) zulassen. Seine Nenngröße darf $^1/_3$ der kleinsten Bauteilabmessung nicht überschreiten.

Die Zusammensetzung einzelner Korngruppen und des Betonzuschlags wird durch Siebversuche mit Prüfsieben (Maschensieben bzw. Quadratlochsieben) ermittelt.

Stetige Sieblinien von Korngemischen sollen zwischen den Sieblinien A und C der Bilder I bis IV verlaufen. Dabei kennzeichnet der Bereich zwischen den Sieblinien A und B günstige, der Bereich zwischen B und C noch brauchbare Korngemische.

Unstetige Sieblinien (Ausfallkörnungen), d.h. solche von Zuschlaggemischen, denen einzelne Korngruppen fehlen, sollen zwischen der unteren Grenzsieblinie U und der Sieblinie C der Bilder **5**.13 A bis D verlaufen.

5.2.3 Zugabewasser (DIN 1045 Abschn. 6.4)

Als Zugabewasser ist das in der Natur vorkommende Wasser geeignet, soweit es nicht Bestandteile enthält, die das Erhärten oder andere Eigenschaften des Betons ungünstig beeinflussen oder den Korrosionsschutz der Bewehrung beeinträchtigen, wie z.B. Verunreinigungen durch Industrieabwässer. Im Zweifelsfalle ist eine Untersuchung über die Eignung zur Betonherstellung nötig. Normales Leitungswasser ist immer geeignet.

5.2.4 Betonstahl (DIN 1045 Abschn. 6.6 und 7.5 sowie DIN 488-1 bis -7)

Betonstabstahl

Betonstahl wird für die Bewehrung, d.h. für die Stahleinlagen, benötigt, die in dem Verbundbaustoff Stahlbeton zusammen mit dem Beton die Aufnahme der Schnittgrößen (DIN 1045 Abschn. 15) bewirken.

Durchmesser, Form, Festigkeitseigenschaften und Kennzeichnung von Betonstahl müssen DIN 488-1 bis -7 entsprechen. Die dort geforderten Eigenschaften sind in DIN 488-1 zusammengefaßt (Tabelle **5**.14).

Nach DIN 488 ist die Bezeichnung für Betonstahl wie folgt zu bilden:

- Benennung (Betonstabstahl, Betonstahlmatte, Bewehrungsdraht),
- DIN-Hauptnummer (DIN 488),
- Kurzname oder Werkstoffnummer für die Betonstahlsorte,
- Nenndurchmesser bei Betonstabstahl und Bewehrungsdraht bzw. kennzeichnende Nennmaße bei Betonstahlmatten.

Beispiele für die Normbezeichnung (s. auch DIN 488-2 und DIN 488-4):

a) Bezeichnung von geripptem Betonstabstahl der Sorte B St 500 S mit einem Nenndurchmesser von d_s = 20 mm:

Betonstabstahl DIN 488 – B St 500 S – 20

oder **Betonstabstahl DIN 488 – 1.0438 – 20**

b) Bezeichnung von glattem Bewehrungsdraht der Sorte B St 500 G mit einem Nenndurchmesser von d_s = 6 mm:

Bewehrungsdraht DIN 488 – B St 500 G – 6

oder **Bewehrungsdraht DIN 488 – 1.0464 – 6**

Tabelle **5**.14 Sorteneinteilung und Eigenschaften der Betonstähle (Auszug aus Tab. 1 DIN 488-1)

Betonstahlsorte		BSt 420 S	BSt 500 S	BSt 500 M	Wert p in %
Kurzname		BSt 420 S	BSt 500 S	BSt 500 M	
Kurzzeichen[1]		III S	IV S	IV M	
Werkstoffnummer		1.0428	1.0438	1.0466	
Erzeugnisform		Betonstabstahl	Betonstabstahl	Betonstahlmatte	
Nenndurchmesser d_s	in mm	6 bis 28	6 bis 28	4 bis 12	–

[1]) Für Zeichnungen und statische Berechnungen.

Bei jeder Lieferung von Betonstahl ist zu prüfen, ob der Stahl das in DIN 488-1 festgelegte Kennzeichen der Stahlgruppe und das Werkkennzeichen trägt (Bild **5**.15). Ist das nicht der Fall, so darf der Stahl nicht verwendet werden (DIN 1045 Abschn. 7.5).

Betonstahlmatten

Die Verlegung von Betonstahl läßt sich durch die Verwendung von Betonstahlmatten (DIN 488-4) erheblich rationalisieren.[1])

Geschweißte Betonstahlmatten B St 500 M (Kurzzeichen IV M) bestehen aus kaltgewalztem geripptem Betonstahl und haben quadratische („Q-Matten") oder rechteckige („R-Matten") Maschen mit Maschenweiten von 50 bis 300 mm und Stabdicken von 4 bis 12 mm. Die Stäbe sind an allen Kreuzungsstellen durch Widerstandspunktschweißung verbunden.

Die Längs- bzw. Querstäbe sind entweder Einfachstäbe oder Doppelstäbe, bestehend aus zwei dicht nebeneinander liegenden Stäben von gleichem Durchmesser. Betonstahlmatten dürfen nur in einer Richtung Doppelstäbe haben.

Betonstahlmatten dürfen Zonen mit verringerten Stahlquerschnitten (z.B. dünnere Stäbe, Einfach- statt Doppelstäben) aufweisen.

Unterschieden werden:

— N: Nichtstatische Gewebe mit $\varnothing < 4{,}0$ mm (glatte Stäbe $\varnothing$ 2,5 bis 3 mm)

— Q: Quadratische Gewebe } mit $\varnothing \geqq 4{,}0$ mm

— R: Rechteckige Gewebe }

Geliefert werden:

1. Lagermatten mit vom Hersteller festgelegtem standardisiertem Mattenaufbau für bestimmte bevorzugte Maße (Tab. **5**.16),
2. Listenmatten mit einem Mattenaufbau, der vom Besteller im Rahmen der DIN-Bezeichnungen festgelegt wird,
3. Zeichnungsmatten, die bei der Bestellung durch Zeichnungen und normgerechte Bezeichnungen beschrieben werden.

[1]) Baustahlgewebe® ist ein geschütztes Warenzeichen der Bau-Stahlgewebe GmbH.

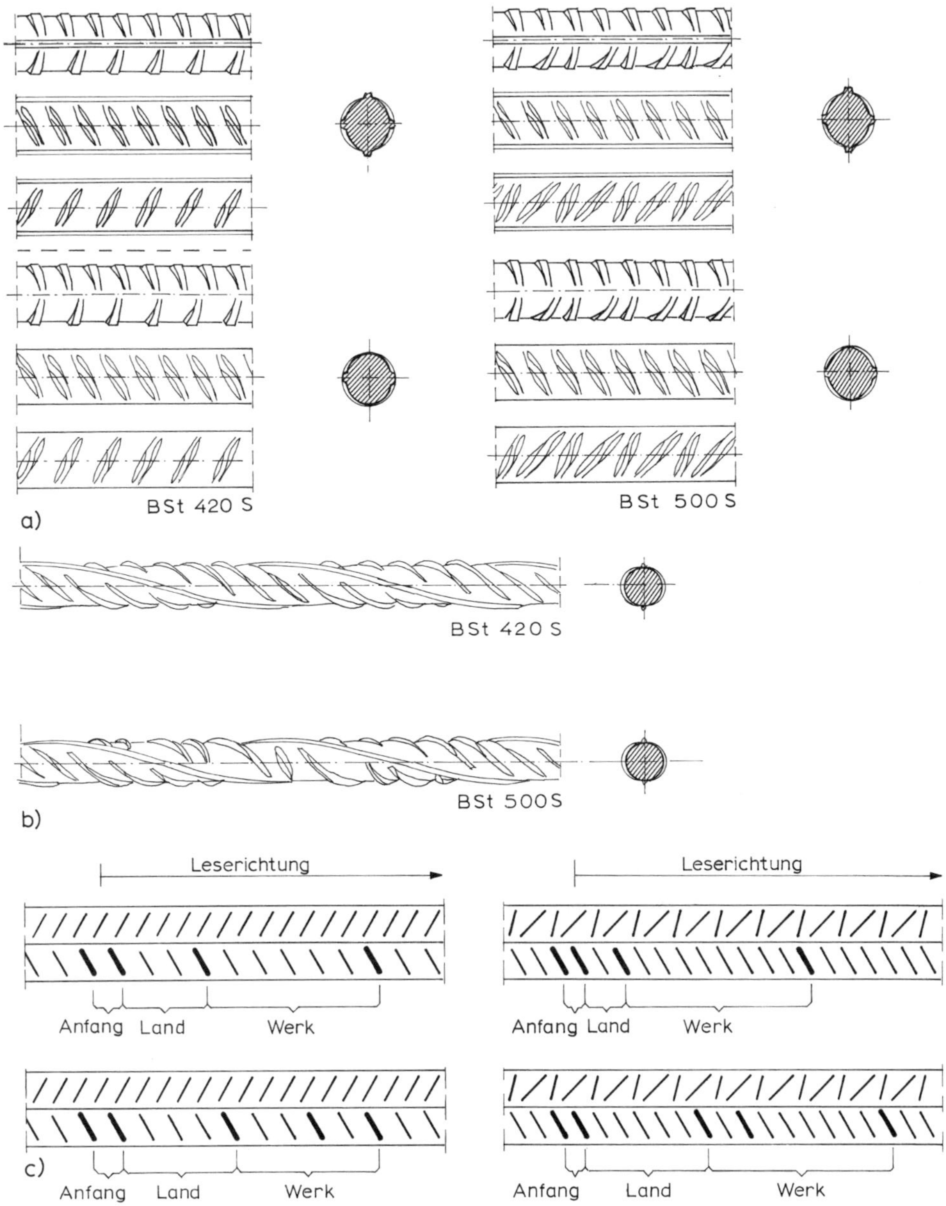

5.15 Kennzeichnung von Betonstahl (Stabstahl) DIN 488
a) Nicht verwundener Betonstahl mit und ohne Längsrippe
b) Kalt verwundener Betonstahl
c) Werkkennzeichen für Stabstahl

Beispiele:

oben links	Land Nr. 2; Werk Nr. 5
oben rechts	Land Nr. 1 (Deutschland); Werk Nr. 8
unten links	Land Nr. 3 (Frankreich); Werk Nr. 21
unten rechts	Land Nr. 5; Werk Nr. 16

Tabelle **5.16** BAUSTAHLGEWEBE®-Lagermatten[1]

Länge/ Breite in m	Rand- ein- spa- rung	Matten- bezeich- nung	Mattenaufbau in Längs-/Querrichtung Stabab- stände in mm	Stabdurchmesser Innen- bereich in mm	Rand- bereich in mm	Anzahl der Längs- randstäbe links = rechts	Quer- schnitte längs/ quer in cm²/m	Gewichte je Matte in kg	je m² in kg
5,00 2,15	ohne	Q 131	150 150	5,0 5,0			1,31 1,31	22,5	2,09
	ohne	Q 188	150 150	6,0 6,0			1,88 1,88	32,4	3,01
	mit	Q 221	150 150	6,5 6,5	5,0	4	2,21 2,21	33,7	3,14
	mit	Q 257	150 150	7,0 7,0	5,0	4	2,57 2,57	38,2	3,55
	mit	Q 377	150 150	6,0d 8,5	6,0	4	3,77 3,78	56,0	5,21
6,00 2,15	mit	Q 513	150 100	7,0d 8,0	7,0	4	5,13 5,03	90,0	6,97
5,00 2,15	ohne	R 131	150 250	5,0 4,0			1,31 0,50	15,8	1,47
	ohne	R 188	150 250	6,0 4,0			1,88 0,50	20,9	1,95
	mit	R 221	150 250	6,5 4,0	5,0	2	2,21 0,50	21,6	2,01
	mit	R 257	150 250	7,0 4,5	5,0	2	2,57 0,64	25,1	2,33
	mit	R 317	150 250	5,5d 4,5	5,5	2	3,17 0,64	29,7	2,76
	mit	R 377	150 250	6,0d 5,0	6,0	2	3,77 0,78	35,5	3,30
	mit	R 443	150 250	6,5d 5,5	6,5	2	4,43 0,95	41,8	3,89
	mit	R 513	150 250	7,0d 6,0	7,0	2	5,13 1,13	58,6	4,54
	mit	R 589	150 250	7,5d 6,5	7,5	2	5,89 1,33	67,5	5,24
6,00 2,15	mit	K 664	100 250	6,5d 6,5	6,5	4	6,64 1,33	69,6	5,39
	mit	K 770	100 250	7,0d 7,0	7,0	4	7,70 1,54	80,8	6,27
	mit	K 884	100 250	7,5d 7,5	7,5	4	8,84 1,77	92,9	7,20
5,00 2,15	ohne	N 94	75 75	3,0 3,0			0,94 0,94	15,9	1,48
	ohne	N 141	50 50	3,0 3,0			1,41 1,41	23,7	2,20

Der Gewichtsermittlung der Lagermatten liegen folgende Überstände zugrunde:

Q-Matte: Überstände längs: 100/100 mm Überstände quer: 25/25 mm
R-Matte: Überstände längs: 125/125 mm Überstände quer: 25/25 mm
K-Matte: Überstände längs: 125/125 mm Überstände quer: 25/25 mm

[1] Baustahlgewebe® ist ein geschütztes Warenzeichen der Bau-Stahlgewebe GmbH.

Besonders wirtschaftlich ist die Verwendung von Randsparmatten mit Doppelstäben für die Bewehrung von Stahlbetonplatten. Die Doppelstäbe werden nur im inneren Bereich der Matte und in Längsrichtung der Matten angeordnet. Man unterscheidet

— R-Matten mit 2 Einfachstäben,

— Q-Matten mit 4 Einfachstäben an jedem Längsrand.

Für die Anwendung von geschweißten Betonstahlmatten gilt DIN 1045 Abschn. 18. Die Matten dürfen als statische Bewehrung nur bei Stahlbetonbauteilen mit vorwiegend ruhender Belastung verwendet werden (s. DIN 1055-3).

Gekennzeichnet sind die Stäbe von Betonstahlmatten B St 500 M (IV M) durch sichelförmige Schrägrippen (Bild **5**.17). Sie müssen außerdem witterungsbeständige Anhänger mit der Nummer des Herstellerwerkes und der Mattenbezeichnung haben.

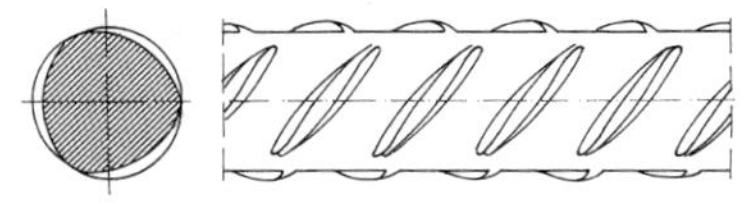

5.17
Kennzeichnung von Betonstahlmatten BSt 500 (IV M)

Stahlfasern

Zunehmend wird auch im Hochbau werkgemischter Stahlfaserbeton für Fundamente, Bodenplatten und Kellerwände verwendet. Er ist besonders geeignet, die Rißsicherheit bei derartigen Bauteilen zu verbessern. Es ist möglich, durch Stahlfaserbeton konstruktiv bewehrten Stahlbeton zu ersetzen. Dabei können die kostenintensive Verlegung von Stahlmatten oder Rundstahl und auch die Ausführung von Sauberkeitsschichten entfallen (vgl. Abschn. 4.2).

5.2.5 Zusatzmittel

Um die Eigenschaften des Frisch- oder Festbetons zu beeinflussen, können flüssige oder pulverförmige Zusatzmittel in geringen Mengen entsprechend den Herstellerangaben beigefügt werden. Alle Betonzusatzmittel müssen ein amtliches Prüfzeichen haben.

Bei Zugabe mehrerer Zusatzmittel dürfen diese nicht derselben Wirkungsgruppe angehören (ausgenommen Nachdosierung von Fließmitteln FM). Die Höchstmenge bei Zugabe eines Zusatzmittels ist begrenzt auf 50 ml/kg Zement (bzw. 15 l/m³ Beton bei 300 kg Zement/m³). Bei flüssigen Zusatzmitteln muß deren Menge bei der Bestimmung des w/z-Wertes berücksichtigt werden, wenn sie über 2,5 l/m³ verdichteten Betons liegt. Einen Überblick über zugelassene Betonzusatzmittel zeigt Tabelle **5**.18.

Tabelle **5**.18 Betonzusatzmittel

Mittel	Kurzzeichen	Farbkennzeichen
Betonverflüssiger	BV	gelb
Fließmittel	FM	grau
Luftporenbildner	LP	blau
Dichtungsmittel	DM	braun
Verzögerer [1]	VZ	rot
Beschleuniger	BE	grün
Einpreßhilfen	EH	weiß
Stabilisierer	ST	violett

[1] Bei einer um mind. 3 Std. verlängerten Verarbeitbarkeitszeit „Vorl. Richtlinie für Beton mit verlängerter Verarbeitbarkeitszeit" des DAfStb [14] beachten.

5.2.6 Betonzusatzstoffe

Betonzusatzstoffe werden dem Frischbeton in größeren Mengen zugegeben, um bestimmte Eigenschaften zu beeinflussen (z.B. Pigmente zur Herstellung farbiger Betonteile). Diese Stoffe müssen den einschlägigen Normen entsprechen oder ein amtliches Prüfzeichen haben.

Die größte baupraktische Bedeutung unter den Betonzusatzstoffen hat die Flugasche. Ihre Zugabemenge kann im Rahmen bestimmter, vom Institut für Bautechnik (1984) festgelegter Anwendungsbedingungen teilweise auf den Mindestzementgehalt (und den Wasserzementwert) angerechnet werden.

5.3 Allgemeine Bedingungen für die Herstellung von Beton

Im Rahmen dieses Werkes kann nur ein kurzer, vereinfachender Überblick mit Hinweisen auf Grundsätze der Betontechnologie gegeben werden. Es muß berücksichtigt werden, daß in Wirklichkeit für die Zusammensetzung von Beton einer bestimmten Festigkeitsklasse recht komplizierte Zusammenhänge zwischen Zuschlag, Zementgehalt und dem Wasserzementwert (w/z-Wert) bestehen.

Zur Herstellung von Beton einer bestimmten Festigkeitsklasse oder von Beton mit besonderen Eigenschaften sind insbesondere die Bedingungen zu erfüllen, die u.a. in DIN 1045 Abschn. 6.5ff. ausgeführt sind. Da im Bauwesen der Beton hauptsächlich der Aufnahme von Beton-Druckspannungen dient, wird die Betonherstellung in den meisten Fällen in erster Linie auf eine bestimmte Druckfestigkeit hin angelegt, und demgemäß wird die Güte des Betons durch die Druckfestigkeit gekennzeichnet (s. Tab. **5**.1 und **5**.4).

Beton muß so viel Zement enthalten, daß die geforderte Druckfestigkeit und im Stahlbeton ein ausreichender Schutz der Stahlbewehrung vor Korrosion erreicht werden können.

Der Mindestzementgehalt ist abhängig von der Sieblinie des Zuschlagmaterials, der Festigkeitsklasse des verwendeten Zementes und der vorgesehenen Verarbeitungskonsistenz des Betons.

Beton wird entweder auf Grund einer Eignungsprüfung zusammengesetzt oder als „Rezeptbeton" hergestellt.

Beton B I (B 5 bis B 25) ohne Eignungsprüfung

(vgl. Abschn. 5.1.2) muß nach den Anforderungen der Tabelle **5**.19 hergestellt werden.

Der Zementgehalt darf verringert werden

— bei Zement der Festigkeitsklasse CEM 42,5 um max. 10%

— bei Größtkorn des Zuschlags von 63 mm um max. 10%

jedoch bei Stahlbeton in keinem Falle unter 240 kg/m^3.

Beton B I mit Eignungsprüfung

Die Werte der Tabelle **5**.19 gelten nicht, wenn an den Beton besondere Anforderungen gestellt oder wenn gebrochene Zuschläge, Betonzusätze, Zuschläge mit verminderten Anforderungen oder Ausfallkörnungen verwendet werden. In solchen Fällen ist eine Eignungsprüfung erforderlich.

Als Rezeptbeton (ohne Eignungsprüfung) dürfen jedoch hergestellt werden

— Wasserundurchlässiger Beton

— Beton mit hohem Widerstand gegen schwachen chemischen Angriff

— Beton mit hohem Frostwiderstand.

Tabelle 5.19 Mindestzementgehalte für Beton B I ohne Eignungsprüfung

Zement: Festigkeitsklasse CEM I 32,5 – Zuschlag: Größtkorn 32 mm

Festigkeitsklasse des Betons	Sieblinienbereich des Zuschlags	Mindestzementgehalt in kg je m^3 verdichteten Betons für Konsistenzbereich KS	KP	KR
B 5	A/B	140	160	–
	B/C	160	180	–
B 10	A/B	190	210	230
	B/C	210	230	260
B 15*)	A/B	240	270	300
	B/C	270	300	330
B 25 allgemein	A/B	280	310	340
	B/C	310	340	380
B 25 für Außenbauteile	A/B	300	320	350
	B/C	320	350	380

(grau unterlegt) nur für unbewehrten Beton

*) Stahlbeton B 15 darf nicht für Außenbauteile verwendet werden.

Der Zementgehalt muß vergrößert werden
bei Größtkorn des Zuschlags von 16 mm um 10% von 8 mm um 20%

Es darf verringert werden
bei Zement der Festigkeitsklasse 42,5, 42,5 R um höchstens 10%
bei Größtkorn des Zuschlags von 63 mm um höchstens 10%
bei Stahlbeton allgemein jedoch nicht unter 240 kg/m^3
bei Außenbauteilen jedoch nicht unter 300 kg/m^3, bei Verwendung von CEM 42.5 nicht unter 270 kg/m^3.

Beton B II

Für die Herstellung von Beton B II sind nach DIN 1045 größere Freiheiten für die Zusammensetzungen gegeben, doch ist in jedem Fall eine Eignungsprüfung erforderlich.

Bei der Eignungsprüfung muß die mittlere Druckfestigkeit für Baustellenbeton die Werte der Tabelle **5**.20 erreichen.

Eignungsprüfung. Mit Hilfe der Eignungsprüfung wird vor Verwendung des Betons festgestellt, welche Zusammensetzung der Beton haben muß, damit er mit den in Aussicht genommenen Ausgangsstoffen und der vorgesehenen Konsistenz unter den Verhältnissen der betreffenden Baustelle zuverlässig verarbeitet werden kann und die geforderten Eigenschaften (z.B. auch den Luftporengehalt bei Verwendung luftporenbildender Zusatzstoffe gem. DIN 1045 Abschn. 2.1.3.6) sicher erreicht. Für Beton der Betongruppe B II und für Beton mit besonderen Eigenschaften ist außerdem festzustellen, mit welchem Wasserzementwert der Beton hergestellt werden muß.

Die Verantwortung dafür, ebenso wie für die Durchführung und Auswertung der vorgeschriebenen Prüfungen trägt der Bauleiter des ausführenden Unternehmens. Die Durchführung der Prüfung sowie Herstellung und Lagerung der Probekörper richten sich nach DIN 1048. Durchzuführen sind außerdem:

— Die **Güteprüfung** (DIN 1045 Abschn. 7.4.3), die dem Nachweis dient, daß der für den Einbau hergestellte Beton die geforderten Eigenschaften erreicht. Zu diesem Zweck sind in vorgeschriebenen Zeitabständen aus den Mischerfüllungen Betonproben für die Probekörper und für die Prüfung der Konsistenz zu entnehmen, ferner ist bei Beton B I die Zementzugabe je m^3 verdichteten Betons festzustellen, bei Beton B II ist außerdem der w/z-Wert für jede verwendete Betonsorte zu ermitteln.

  Die Ergebnisse der Druckfestigkeitsprüfung der Probekörper liegen in der Regel 28 Tage, bei Anwendung eines Umrechnungsverfahrens gemäß DIN 1045 Abschn. 7.4.3.5.3 schon 7 Tage nach der Probeentnahme vor. Versuchskörpergröße, Versuchskörpergestalt, Versuchsanordnung und Belastungsgeschwindigkeit sind für das Untersuchungsergebnis von Bedeutung.

— Die **Erhärtungsprüfung**, die einen Anhalt gibt über die Festigkeit, die der Beton zu einem bestimmten Zeitpunkt im Bauwerk besitzt. Sie gibt auch Aufschluß über die Ausschalfristen. Die Erhärtung kann nach DIN 1048 an Probekörpern oder zerstörungsfrei ermittelt werden (s. DIN 1045 Abschn. 7.4.4 u. 5).

Tabelle 5.20 Betonfestigkeitsklassen – Anwendung, Anforderungen bei Eignungs- und Güteprüfung

Betongruppe	Betonfestigkeitsklasse	Nennfestigkeit β_{WN} in [N/mm²]	Serienfestigkeit β_{WS} in [N/mm²]	Anwendung	Erforderliche Druckfestigkeit bei der Eignungsprüfung in [N/mm²]	Erforderliche Konsistenzmaße *a* oder *v* bei der Eignungsprüfung[3]
Beton B I	B 5	5,0	8,0	nur für unwehrten Boden	≥ 11	KS: v = 1,24 bis 1,20
	B 10	10	15		≥ 20	KP: a = 39 bis 41 cm (v = 1,12 bis 1,08)[2]
	B 15	15	20	für unbewehrten und bewehrten Beton	≥ 25	KR: a = 46 bis 48 cm (v = 1,04 bis 1,02)[2]
	B 25	25	30		≥ 35	KF: a = 56 bis 60 cm
Beton B II	B 35	35	40		35 + Vorhaltemaß[1]	Von der Baustelle verlangte Konsistenz + Vorhaltemaß
	B 45	45	50		45 + Vorhaltemaß[1]	
	B 55	55	60		55 + Vorhaltemaß[1]	

[1]) Vorhaltemaß nach Erfahrung, andernfalls mindestens 10 N/mm² zweckmäßig
[2]) für Beton mit gebrochenem Zuschlag
[3]) vgl. Fußnote S. 73

5.3.1 Befördern von Beton zur Baustelle und zur Einbaustelle (DIN 1045 Abschn. 9.4 und 10.1)

Beton wird heute außer bei Großbaustellen meistens als Transportbeton zur Verwendungsstelle angeliefert. Er ist in den Spezialfahrzeugen vor schädlichen Witterungs- und Temperatureinflüssen zu schützen. Bei heißem Wetter darf z.B. die Frischbetontemperatur in der Regel nicht höher als 30° sein. Beton der Konsistenzklassen KP, KR oder KF darf nur in Fahrzeugen mit Rührwerk befördert werden und ist vor dem Entladen nochmals gleichmäßig durchzumischen. Die möglichen Transport- bzw. Entladezeiten richten sich nach der Zugabe von Verzögerungsmitteln (VZ) und der Außentemperatur.

Beim Fördern auf der Baustelle muß sichergestellt sein, daß sich der Beton nicht entmischt. Er muß z.B. durch Fallrohre zusammengehalten werden, die beim Einfüllen in die Schalungen erst kurz vor der Einbaustelle enden.

5.3.2 Verarbeiten des Betons (DIN 1045 Abschn. 10.2)

Beton ist sofort nach der Anlieferung zu verarbeiten, ehe er versteift oder seine Zusammensetzung ändert.

Die Bewehrungsstäbe sind dicht mit Beton zu umhüllen. Bewehrungen, Schalungen usw. späterer Betonierabschnitte dürfen nicht durch erhärteten Beton verkrustet sein.

Verdichten. Nach dem Einfüllen in die Schalungen ist der Beton (je nach Konsistenz sorgfältig durch Rütteln, Stochern, Stampfen, Klopfen an der Schalung usw. zu verdichten. Besonders an den Ecken und längs der Schalung muß eine sorgfältige Verdichtung gewährleistet werden.

Beton der Konsistenz KS, KP u. KR (s. Abschn. 5.1.2) ist in der Regel durch Rütteln zu verdichten. Dabei ist DIN 4235 zu beachten. Für das Eintauchen von Innenrüttlern müssen in den Bewehrungslagen Rüttellücken (DIN 1045 Abschn. 3.2.1) eingeplant werden. Besonders bei dichtliegenden oberen Bewehrungen an Stützen oder an Kreuzungen von Unterzügen kann es sonst zu erheblichen Schwierigkeiten kommen.

Oberflächenrüttler sind so langsam fortzubewegen, daß der Beton unter ihnen weich und die Betonoberfläche hinter ihnen geschlossen ist. Unter kräftig wirkenden Oberflächenrüttlern soll die Schicht nach dem Verdichten höchstens 20 cm dick sein. Bei Schalungsrüttlern ist die beschränkte Einwirkungstiefe zu beachten, die auch von der Ausbildung der Schalung abhängt.

Fließfähig eingebrachter Beton der Konsistenzklasse KF ist vor allem durch Stochern zu entlüften.

Beton des Konsistenzbereiches KS kann durch Stampfen in Lagen von ca. 15 cm Dicke verdichtet werden, bis der Beton weich wird und eine geschlossene Oberfläche erhält. Die einzelnen Schichten sollen dabei möglichst rechtwinklig zu der im Bauwerk auftretenden Druckrichtung verlaufen und in Druckrichtung gestampft werden. Wo dies nicht möglich ist, muß die Konsistenz mindestens KP entsprechen, damit gleichlaufend zur Druckrichtung keine Stampffugen entstehen.

Arbeitsfugen. Für größere Betonbauwerke werden in der Regel Betonierabschnitte mit Arbeitsfugen (s. Abschn. 5.6.2) vorgesehen. Andernfalls darf das Betonieren an Arbeitsabschnitten nur so lange unterbrochen werden, daß der zuletzt eingebrachte Beton noch nicht erstarrt ist und eine gute und gleichmäßige Verbindung möglich ist (Rüttelflaschen müssen noch in die bereits betonierte verdichtete Schicht eindringen können).

Nachbehandlung. Neben der Druckfestigkeit ist die Güte der Betonoberfläche entscheidend für die Gesamtqualität von Betonkonstruktionen. Durch Nachbehandlung des Betons soll daher ein dichtes Oberflächengefüge erreicht werden, das mit hohem Diffusionswiderstand gegen CO_2 und SO_2 den Abbau der Alkalität im Bereich der Stahleinlagen möglichst lange verhindert (s. Abschn. 5.6.5). Auch das Schwinden des jungen Betons wird verzögert, wenn er ausreichend lange feucht gehalten wird. Die Nachbehandlung kann erfolgen durch

— Belassen in der Schalung und Feuchthalten von Holzschalungen

— Abdecken mit Folien

— Aufbringen wasserhaltender Abdeckungen

— Aufbringen flüssiger Nachbehandlungsmittel

— kontinuierliches Besprühen mit Wasser.

Die Dauer der Nachbehandlung richtet sich nach den Umgebungsbedingungen. Bei Temperaturen über 10°C reichen etwa 5 Tage, doch ist diese Frist bei tieferen Temperaturen zu verdoppeln. Während der Nachbehandlungszeit sollte keine Betonoberfläche unter 0°C abkühlen.

In den „Richtlinien zur Nachbehandlung von Beton" werden im übrigen genaue Festlegungen in Abhängigkeit von der Festigkeitsentwicklung des Betons (je nach Zementfestigkeitsklasse, w/z-Wert und Umgebungsbedingungen) getroffen [16].

5.3.3 Betonieren bei Frost (DIN 1045 Abschn. 11.1 und 11.2)

Bei kühler Witterung und bei Frost ist der Beton wegen der Erhärtungsverzögerung und der Möglichkeit der bleibenden Beeinträchtigung der Betoneigenschaften mit einer bestimmten Mindesttemperatur einzubringen. Der eingebrachte Beton ist eine gewisse Zeit gegen Wärmeverluste, Durchfrieren und Austrocknen zu schützen:

— Bei Lufttemperaturen zwischen + 5°C und – 3°C darf die Temperatur des Betons beim Einbringen + 5°C nicht unterschreiten. Sie darf + 10°C nicht unterschreiten, wenn der Zementgehalt im Beton kleiner ist als 240 kg/m^3, wenn Zemente niedriger Hydratationswärme oder wenn Mischbinder verwendet werden.

— Bei Lufttemperaturen unter − 3°C muß die Betontemperatur beim Einbringen mind. + 10°C betragen und anschließend wenigstens 3 Tage auf mind. + 10°C gehalten werden. Andernfalls ist der Beton so lange gegen Wärmeverluste, Durchfrieren und Austrocknen zu schützen, bis eine ausreichende Festigkeit erreicht ist.
— Wird auf Winterbaustellen der Beton mit erwärmtem Zugabewasser hergestellt, darf die Frischbetontemperatur + 30°C nicht überschreiten. An gefrorene Betonteile darf nicht anbetoniert werden.

Die im Einzelfall erforderlichen Schutzmaßnahmen hängen in erster Linie von den Witterungsbedingungen, den Ausgangsstoffen und der Zusammensetzung des Betons sowie von der Art und den Abmessungen der Bauteile und der Schalung ab.

5.4 Schalungen

5.4.1 Allgemeines

Die Schalungstechnik ist wegen der immer stärker werdenden Differenzierung der gestalterischen Anforderungen an Stahlbetonbauteile und wegen der gleichzeitig notwendigen äußersten Rationalisierung zu einem bautechnischen Spezialgebiet geworden. Die Wahl des Schalungssystems (Schalhaut und Tragkonstruktion) hängt von technischen und wirtschaftlichen Forderungen ab. Die optimale Leistung eines Schalsystems wird ermittelt, wenn außer Lebensdauer, Arbeitsaufwand einschließlich Wartung, Wiederverwendungsmöglichkeiten und Einsatzhäufigkeit innerhalb eines bestimmten Betriebes die Wirkungen der Schalung auf die Qualität des Betons (z.B. Maßgenauigkeit, Oberflächenstruktur) mit beachtet werden. Schalungen müssen wie ein Bauwerk von erfahrenen Fachleuten geplant und konstruiert werden. Im Rahmen dieses Abschnittes können daher nur die wichtigsten Grundsätze des Schalungsbaues behandelt werden (s. auch DIN 1045 Abschn. 12 und DIN 4420).

Schalungen bestehen aus der
— Tragekonstruktion (Schalungsgerüst) und der
— Schalhaut, die die Form und Oberflächenbeschaffenheit des Betonteils bestimmt (Nadelholzbretter oder -tafeln, kunstharzbeschichtete Sperrholz- oder Vollholztafeln (s. DIN 18215), gehärtete Holzfaserplatten, Stahlbleche oder Kunststoffplatten).

Schalhaut

Für Betonflächen und damit in der Regel auch für die Ausbildung der Schalungshaut sind in DIN 18217 Begriffsbestimmungen gegeben. Man unterscheidet
— Betonflächen ohne besondere Anforderungen. Hierbei bleibt die Art der Herstellung – auch die Wahl der Schalungshaut – dem Auftragnehmer überlassen. Ausbesserungen der fertigen Betonoberfläche sind zulässig.
— Betonflächen mit Anforderungen an das Aussehen („Sichtbeton"). Bei dieser Ausführungsart können die Oberflächen durch eine besondere strukturierte Schalungshaut gestaltet werden (z.B. Schalungsbretter bestimmter Abmessungen oder Oberflächenbeschaffenheit, in die Schalung eingelegte Strukturmatrizen aus Kunststoffen, Rohrmatten o.ä. sowie durch Einfärben mit Pigmenten oder durch Verwendung farbiger Ausgangsstoffe).

  Die Betonoberflächen können außerdem durch Waschen, Spalten, Spitzen, Stocken, Scharrieren, Sandstrahlen, Absäuern, Schleifen, Flammstrahlen u.a.m. zusätzlich bearbeitet werden. Ferner kann eine nachträgliche Behandlung durch Fluatieren, Polieren, Versiegeln und Beschichten erfolgen. (Die Betondeckung der Bewehrungen ist gegenüber den Mindestanforderungen nach DIN 1045 insbesondere bei zusätzlich behandelten Betonoberflächen zu erhöhen, vgl. Abschn. 5.5.2.)

Im übrigen sind gegebenenfalls auch für Fugenanordnungen, erforderliche Schalungsstöße, Arbeitsabschnitte, Ankerstellen und ähnliche Dinge Festlegungen zu treffen, wenn besondere Anforderungen an das Aussehen oder die technischen Anforderungen der Betonoberflächen gestellt werden. Dazu gehören z.B. Angaben über die Ausführung der Eckprofilierung von Bauteilen (Abrundungen, Fasen), von erforderlichen Wasserrillen usw. (Bild **5**.21).

Wenn zur Ausführung von Abtropfrillen Leisten oder Profile in die Schalung eingelegt werden (Bild **5**.21d und e), ist auf die verbleibende ausreichende Betonüberdeckung der Bewehrungen besonders zu achten.

— Betonflächen mit technischen Anforderungen. Wenn Betonflächen bestimmte technische Funktionen erfüllen müssen oder in besonderer Weise Nachfolgebauwerken dienen, sind die Anforderungen in speziellen Leistungsbeschreibungen festzulegen.

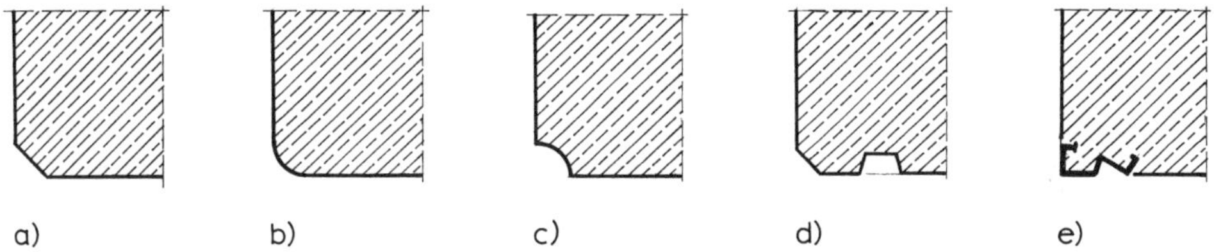

5.21 Eckprofilierungen

a) gefast b) gerundet c) Hohlkehle d) Wasserrille geschalt mit Trapez-Holzleiste e) Wasserrille mit Stahlprofil (Protektor)

Schalungsgerüste

Schalungen müssen dicht, maßgenau, frei von Durchbiegungen, standsicher und vor allem für die Belastungen durch den Frischbeton ausreichend dimensioniert sein.

Die auftretenden Kräfte (Schüttgeschwindigkeit, Art der Verdichtung) müssen sicher in den Baugrund abgeleitet werden. Hierauf ist besonders zu achten, wenn sich die Rüstungen und Schalungen auf andere Bauteile stützen, z.B. auf Zwischendecken oder bei Aufstockungen oder Umbauten. Die Stützenlasten sind sachgemäß auf den Erdboden zu verteilen. Bei nicht tragfähigem oder gefrorenem Untergrund sind besondere Maßnahmen zu treffen. Die Stützen müssen eine sichere und unverrückbare Unterlage erhalten (z.B. Kanthölzer oder Bohlen, nicht jedoch lose Ziegel oder Steine). Schrägstützen sind gegen Gleiten zu sichern.

Verschiebungen in fertigen Einschalungen durch grobe Erschütterungen, z.B. beim Absetzen von Material mit Kran oder durch plötzliches Entleeren von Betonbehältern beim Betonieren müssen unbedingt vermieden werden.

Schalungen und Lehrgerüste müssen leicht, gefahrlos und ohne Erschütterungen entfernt werden können. Dazu dienen Keile, Schraubspindeln oder andere Ausrüstvorrichtungen. Vor dem Einbringen des Betons sind die Schalungen zu reinigen und anzunässen. Hierzu sind Reinigungsöffnungen bei Schalungen von Säulen und Wänden am Fuß anzuordnen. Vor und während des Betonierens sind die Schalungen und ihre Unterlagen sorgfältig nachzuprüfen.

Baustoffe dürfen auf Schalungen nicht in unzulässiger Menge gestapelt werden.

Bei eingeschossigen Schalungsgerüsten gewöhnlicher Hochbauten, bei denen sämtliche Lasten durch lotrechte Stiele unmittelbar übertragen werden, braucht die Standsicherheit nicht besonders nachgewiesen zu werden, solange die Gerüsthöhe nicht mehr als 5 m beträgt.

Bei allen anderen Schalungs- und Lehrgerüsten ist eine Festigkeitsberechnung aufzustellen.

Für die Bemessungen sind die jeweils gültigen amtlichen Vorschriften anzuwenden.

Als lotrechte Kräfte für die Bemessungen der Schalungen und Rüstungen kommen in Betracht:

- das Eigengewicht der Schalung und Rüstung
- das Gewicht des eingebrachten frischen Betons, wobei die Anhäufung an einzelnen Stellen berücksichtigt werden muß
- das Gewicht von Fördergerät
- der Einfluß von Stößen, z. B. beim Ausschütten des Betons, und
- das Gewicht der Arbeiter.

Als waagerechte Kräfte sind außer der Windlast gegebenenfalls auch Seilzug, Schub aus Schrägstützen und dgl. zu beachten. Zur Berücksichtigung der Kräfte, die aus unvermeidlichen Schrägstellungen der Stützen usw. entstehen, sind entsprechende Versteifungen und Anschlüsse zu bemessen. Bei seitlichen Schalungen ist zu beachten, daß weicher und vor allem flüssiger Beton, im übrigen aber jeder Beton, der durch Innenrüttler verdichtet wird, bei größerer Schütthöhe einen hohen seitlichen Druck ausübt. Nachweis der Standsicherheit s. DIN 1045 Abschn. 3.3, 12.1 und DIN 4420 (Gerüste) sowie DIN 18218 Frischbetondruck auf lotrechte Schalungen.

Grundsätzlich ist zu beachten:

- **Versteifungen** sind unter Berücksichtigung der Biegefestigkeit der Schalhaut so zu bemessen, daß sie alle beim Betonieren auftretenden Belastungen aufnehmen und auf die Abstützungen und Verspannungen übertragen können (Stützen, Gurte usw. in Form von Holzbauteilen oder heute meistens Konstruktionen aus Vollwand- oder Fachwerkträgern, ausziehbaren Schalungsträgern und -stützen).
- **Abstützungen** müssen die Standfestigkeit der Schalelemente sichern und die auftretenden Kräfte in den Untergrund bzw. auf andere Bauteile ableiten (Spreizen, Schrägstützen, Streben, Verschwertungen, Konsolen mit Spindeln usw., s. Bild **5**.22).
- **Verspannungen** haben den auftretenden Schalungs-Innendruck aufzunehmen. Schraubenartig profilierte Spannstähle mit Spannmuttern oder -schlössern sichern die Schalwände. Aufgeschobene Kunststoffhülsen dienen als Abstandhalter und ermöglichen beim Ausschalen das Herausziehen der Spannstähle (Bild **5**.23).

  Bei Sichtbeton dürfen Verspannungen die später sichtbaren Oberflächen nicht durchdringen und müssen in der Regel außerhalb dieser Schalungsflächen angeordnet werden.

  Besondere Verspannungen sind für wasserundurchlässige Bauteile erforderlich (s. Abschn. 15.4.7).

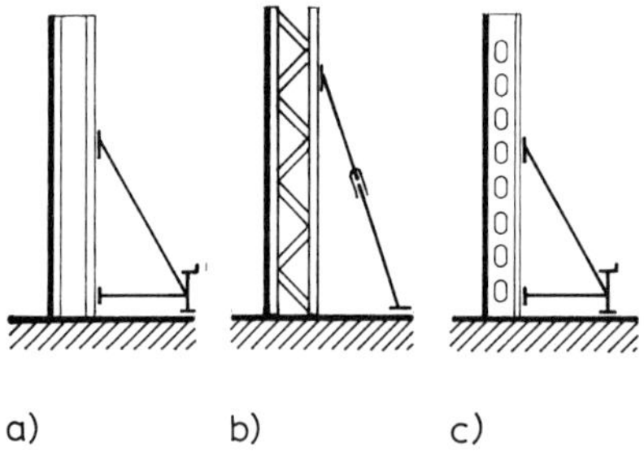

5.22
Schematische Darstellung von Schalungssystemen
a) Schalungshaut mit Vollwandträger, Spindelabstützung
b) Schalungshaut mit Gitterträgern, Schrägstütze
c) Schalungselement komplett mit Schalhaut

Als **Aussteifungen** der Schalungs- und Lehrgerüste in Längs- und Querrichtung sind im allgemeinen Dreiecksverbände anzuordnen, deren Stäbe so zu führen sind, daß die Stützen möglichst wenig auf Biegung beansprucht werden. Dreieckverbände können in Stützenfeldern entbehrt werden, die durch Zangen oder ähnliche Vorkehrungen unverschieblich gegen benachbarte ausgesteifte Felder oder gegen standfestes Mauerwerk festgelegt werden.

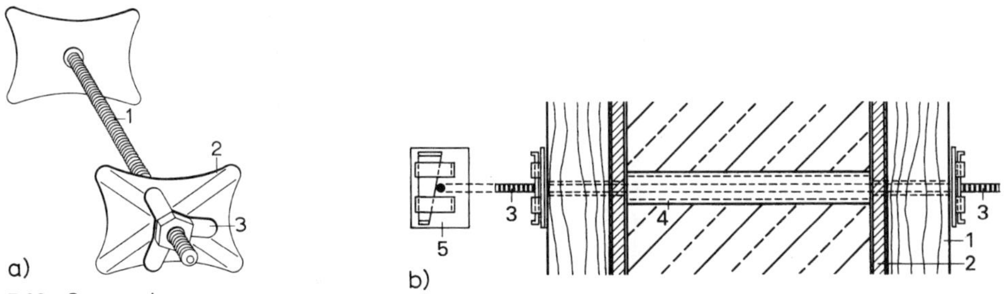

5.23 Spannanker
a) System Dywidag
1 Spannstahl
2 Druckplatte
3 Spannmutter

b) Spannanker mit Keilverschluß
1 Kantholz 10/10 cm, durchbohrt
2 Schalplatte
3 Spannstahl
4 Abstandshülse
5 Spannanker mit Keil (Draufsicht)

Schalungsstützen. Moderne Schalungsstützen mit Justier- und Absenkvorrichtungen sind im Zusammenhang mit Bild **5**.36 gezeigt.

Wenn als Schalungsstützen Hölzer verwendet werden, sind geringere Zopfdicken als 7 cm unzulässig. Wenn nötig, sind die Knicklängen durch doppelte Kreuzstreben nach zwei zueinander senkrechten Richtungen oder durch waagerechte Zangen zu vermindern. Die Stützen sind im Stockwerkbau und in mehrgeschossigen Rüstungen so anzuordnen, daß die Last der oberen Stützen unmittelbar auf die darunterstehenden übertragen wird.

Bei den Schalungen müssen beim Ausschalen einige Hilfsstützen stehenbleiben können, ohne daß daran und an den darüberliegenden Schalbrettern gerührt zu werden braucht. Die Hilfsstützen sollen in den einzelnen Stockwerken möglichst genau übereinanderstehen.

Aussparungen im Beton für Installation u.ä. lassen sich bei kleineren Abmessungen leicht herstellen, indem entsprechend geformte Hartschaumblöcke im Inneren der Schalung befestigt und ihre Reste nach dem Ausschalen ausgeschnitten werden. Große Aussparungen werden ähnlich wie Deckenränder eingeschalt.

5.4.2 Schalung von Fundamenten und Wänden

Nur bei kleinen Bauaufgaben kann die konventionelle Bretterschalung noch wirtschaftlich sein. Dafür werden parallel besäumte, vollkantige Bretter gleicher oder verschiedener Breite von 24 bis 30 mm Dicke verwendet. Wirtschaftlich ist die Verwendung gleich breiter Bretter von 10,5 cm Breite und 24 mm Dicke (Nordische Schalung), die als Schalbretter, Laschen, Knaggen, Gurt-, Bogen-, Drängbretter, Schwerter usw. benutzt werden können.

Für größere Bauten werden heute fast ausschließlich vorgefertigte Schalungen oder Teilelemente verwendet (s. Bild **5**.27, **5**.28 und **5**.36).

Wenn Fundamente nicht gegen Erdreich betoniert werden, besteht die Schalung meistens aus fertigen Platten, die geschwertet und abgesteift oder sonst gegen Ausweichen gesichert werden (Bild **5**.24).

Die waagerechte Aussteifung der Platten erfolgt durch Gurthölzer 10/10.

Die auf Biegung beanspruchten Gurthölzer werden entweder durch Rödelung zusammengehalten oder durch Steifen abgestützt. Gerödelt wird mit geglühtem Stahldraht von ∅ 3,1 oder 4,2 mm in Abständen von ca. 80 cm, heute jedoch fast nur noch mit Spannstahl und Kunststoff-Abstandhaltern (Bild **5**.23).

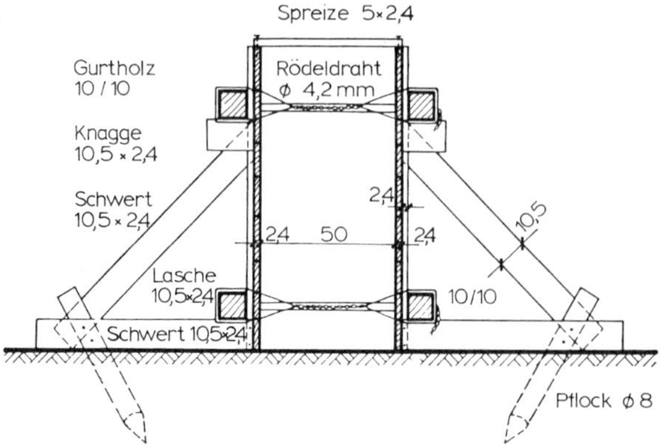

5.24
Fundamentschalung aus fertigen Platten (Laschenabstand 60 bis 70 cm). Verspannung mit Drahtrödelung oder Abstandhaltern und Spannankern (Bild **5**.23)

Da an die Qualität der Außenflächen von Fundamenten in der Regel keine besonderen Ansprüche gestellt werden, können auch vereinfachte Schalungen z.B. mit Hilfe verstärkter frei stehender Kunststoffelemente ausgeführt werden (Bild **5**.25). Wenn neben Fundamenten Dränagen verlegt werden, sind Schalkörper mit Hohlprofilen für die äußeren Schalflächen oft eine wirtschaftliche Lösung (Bild **15**.21 c).

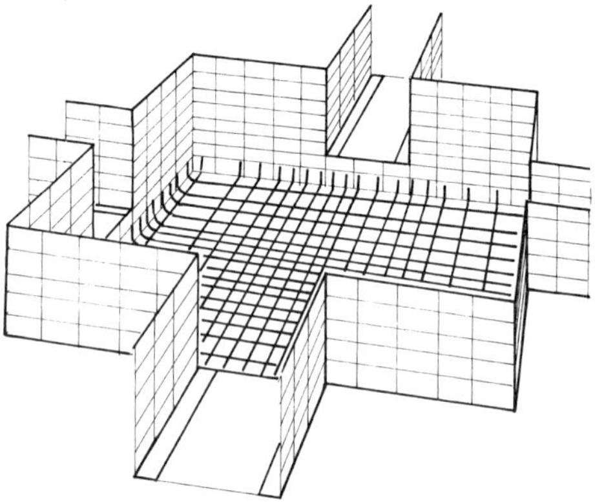

5.25
Kunststoff-Fundamentschalung (pecafil)

Schalungen für Wände in herkömmlicher Ausführung können aus waagerechten Schalbrettern oder Schaltafeln bestehen, die gegen senkrecht gestellte Kanthölzer (Schalter) genagelt werden. Die je nach Beanspruchung im Abstand von 40 bis 60 cm stehenden senkrechten Kanthölzer werden dabei gegen auf den Betonboden geschlossene Drängbretter oder einbetonierte Bau- oder Profilstahlwiderlager gesetzt. Die Gurthölzer werden in der Regel durch Spannanker (Bild **5**.23) in Verbindung mit Kunststoff-Abstandhaltern verspannt. An den Ecken muß die Wandschalung außen und innen besonders gesichert werden. Wenn aufeinandergelagerte Gurthölzer entsprechend weit überstehen, kann die Sicherung durch aufgenagelte Drängbretter erfolgen (Bild **5**.26).

Wandschalungen werden heute jedoch fast durchweg aus vorgefertigten, industriell hergestellten Schalungselementen gebaut. Sie bestehen aus großformatigen kunstharzbeschichteten Schaltafeln mit dahinterliegenden Aussteifungskonstruktionen aus Metall oder Holz. Die Systeme sind fast immer so durchgebildet, daß damit auch schwierige Schalungsauf-

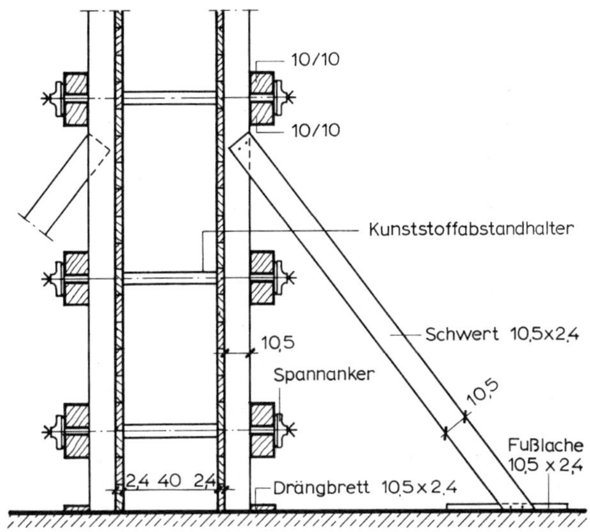

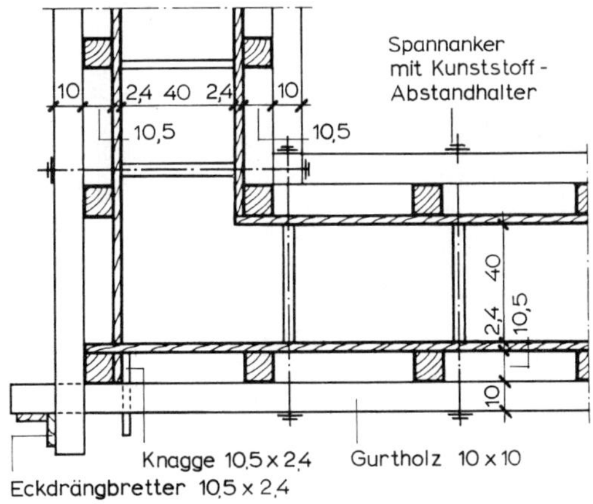

5.26
Konventionelle Wandschalung mit Brettern oder Schalttafeln
a) Schnitt
b) Grundriß

gaben wirtschaftlich bewältigt werden können. Fast alle derartigen Systeme sind kombinierbar mit den notwendigen Arbeits- oder Schutzgerüsten. Als Beispiel aus der großen Zahl derartiger Schalungssysteme ist in Bild **5**.27 der Aufbau einer Wand-Leichtschalung gezeigt.

Bei derartigen Schalungssystemen werden die Innenecken mit Hilfe besonderer Formelemente geschalt. Außenecken können durch Übereinanderschieben der Elemente gebildet werden. Für notwendige Maßausgleiche werden besondere Differenzstücke verwendet (Bild **5**.28).

Stahlbetonwände mit Wärmeschutz können bei geringeren Abmessungen vorteilhaft im Verbund mit „verlorenen" Schalungen aus Schaumstoffelementen betoniert werden (Bild **5**.29, s. auch Abschn. 6.4.4).

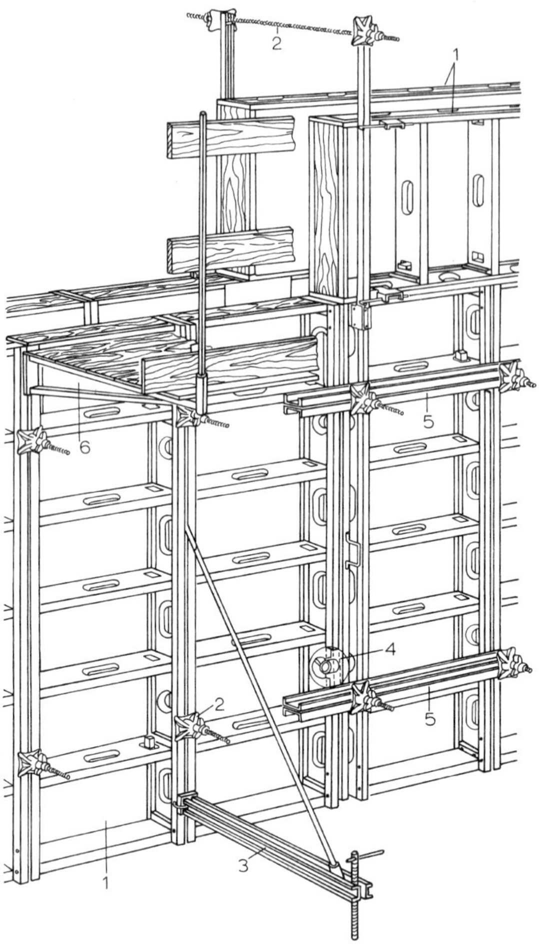

5.27
Wandschalungssystem (Hünnebeck)
1 Schalelement, bestehend aus beschichteter Schalplatte, Rand- und Feldaussteifung aus verzinkten Spezial-Blechprofilen
2 Spannanker (vgl. Bild **5**.23)
3 justierbare Kippsicherung
4 Stoßverbindung der Schalelemente
5 zusätzliches Richt- bzw. Aussteifungsprofil
6 Auslegerkonsole für Arbeitsgerüst

Müssen bei durchlaufend geschalten Stahlbetonwänden Vorkehrungen für den Anschluß angrenzender Stahlbetonwände getroffen werden, ist statt arbeitsaufwendiger besonderer Einschalarbeiten die Verwendung von zargenartigen Anschlußprofilen zur Regel geworden. Sie werden in praktisch allen in Frage kommenden Breiten für die anzuschließenden Bauteile geliefert und in die durchlaufenden Bauteile mit einbetoniert. Anschlußstähle entsprechend statischer Berechnung können abgebogen durchgesteckt und später nach Entfernen der Schutzabdeckungen wieder zurückgebogen werden (Bild **5**.30 a).

Bei großen Durchmessern der Bewehrungsstähle, z.B. für den Anschluß von durchlaufenden Decken- oder Unterzugbewehrungen sind Schraubverbindungen möglich (Bild **5**.30 b).

Müssen gleichartige Schalungen für mehrere Geschosse übereinander erstellt werden, können kostensparende Schalungen eingesetzt werden, die horizontal verfahren oder auf Klettergerüsten entsprechend dem Bautakt übereinander aufgebaut werden (Bild **5**.31). Für Hochhäuser und ähnliche Bauaufgaben gibt es für Innen- und Außenschalungen derartige Gerüste mit Selbstklettertechnik.

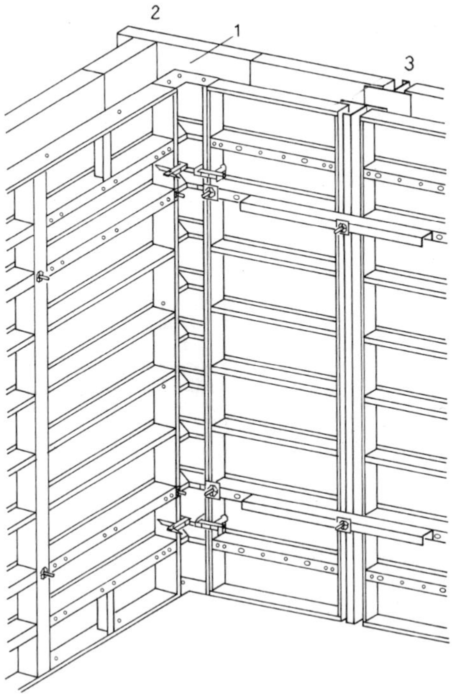

5.28 Eckausbildung und Maßanpassung mit Schalelementen

1 Innenecke mit Spezialteil
2 Elementstoß an Außenecke
3 Ausgleichselement

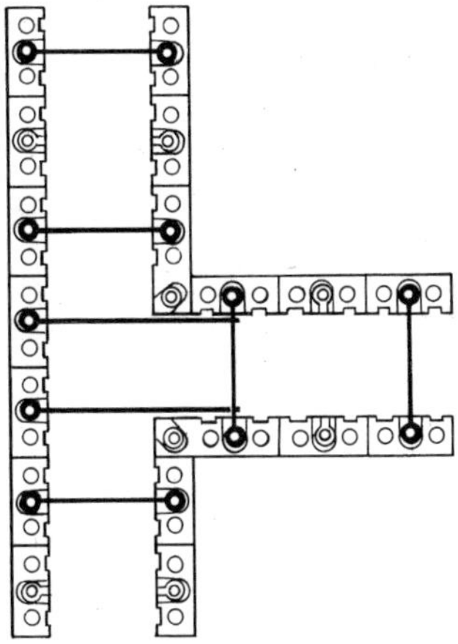

5.29 Verlorene Schalung aus Schaumstoff-Elementen

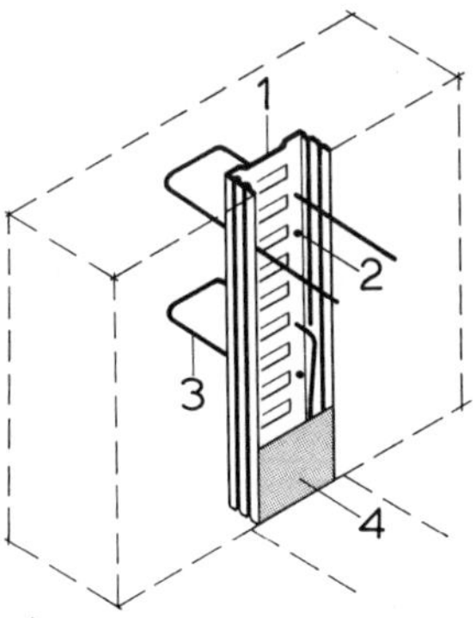

a)

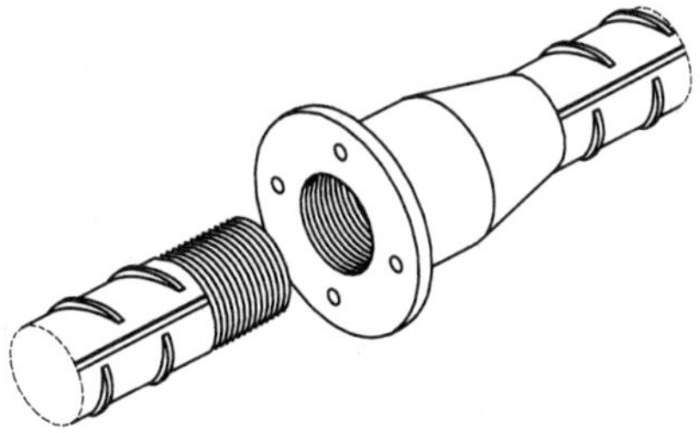

b)

5.30 Bewehrungsanschlüsse (HALFEN)

a) Anschlußprofil

1 gesicktes Stahlgehäuse-Profil
2 Nagellöcher
3 Rückbiege-Anschlußstahl, heruntergebogen
4 Profilabdeckung aus Holzfaserplatte

b) Schraubanschluß

5.31
Fahrschalung auf Klettergerüst (System PERI)

a) Wandschalung ohne Gerüst. Vorlaufanker für die spätere Anhängung des Gerüstes werden im ersten Wandabschnitt gleich mit eingebaut.
b) Kletterfahrgerüst angehängt. Wandschalungselement auf dem Kletterfahrgerüst montiert. Schalungshöhe X ist beliebig (in der Regel bis max. 6,50 m).
c) Klettergerüst mit angehängter Nacharbeitsbühne für beliebige Höhe der Schalungsabschnitte.

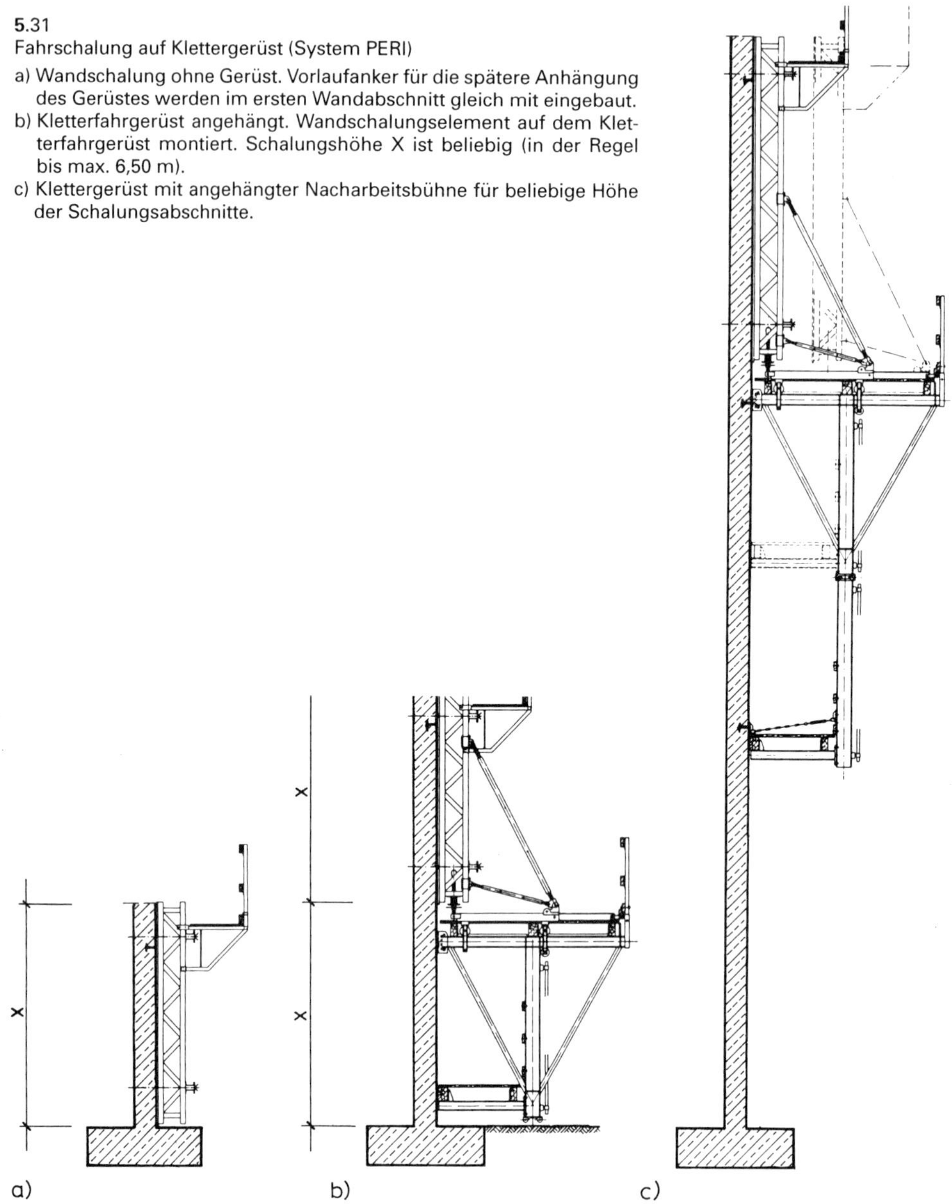

5.4.3 Schalung von Stützen

Die Schalungskästen für Stahlbetonstützen werden bei konventioneller Ausführung aus 4 Platten zusammengesetzt, von denen 2 die gleiche Breite wie die Betonstützen haben (zwischenliegende Platten). Die beiden anderen Platten sind um 2 Brettdicken breiter (überstehende Platten; s. Querschnitt Bild **5**.32). Die Platten werden aus 24 mm dicken, senkrecht gestellten Brettern zusammengesetzt, die durch aufgenagelte Brettlaschen verbunden werden. Die Mittellaschen werden in 70 bis 80 cm Abstand angeordnet. Der Zusammenschluß der Platten kann durch Brettkränze bewirkt werden. Der Abstand der Brettkränze, der im oberen Teil des Schalkastens 60 bis 70 cm beträgt, muß nach dem Stützenfuß wegen des zunehmenden Beton-Innendruckes geringer werden (vgl. Abschn. 5.4.1). An Stelle der Brettkränze werden meistens jedoch heute verstellbare Stahlzwingen verwendet.

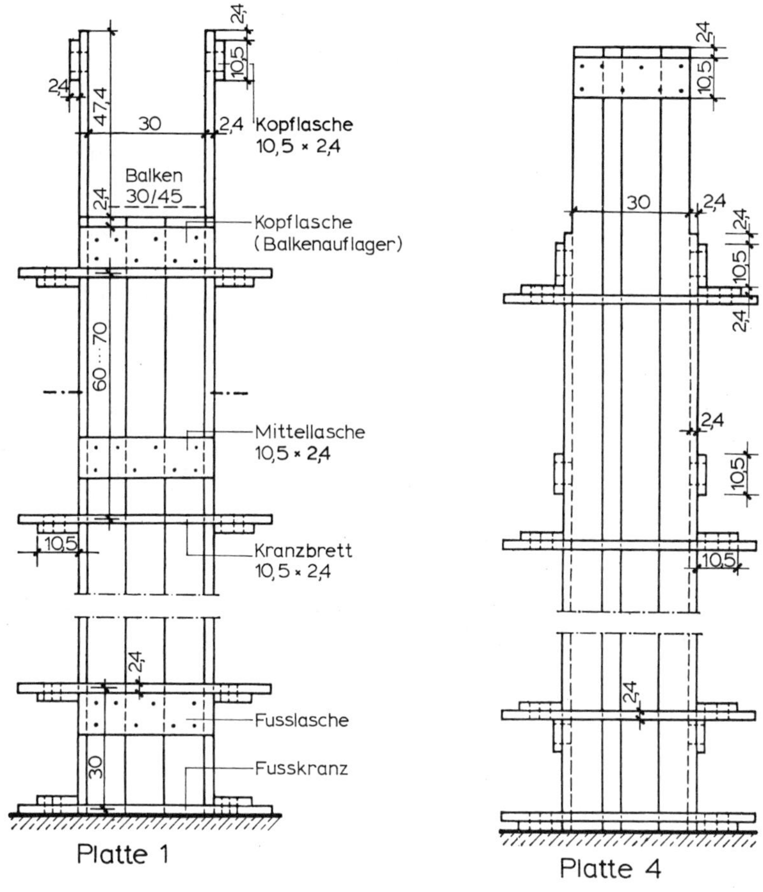

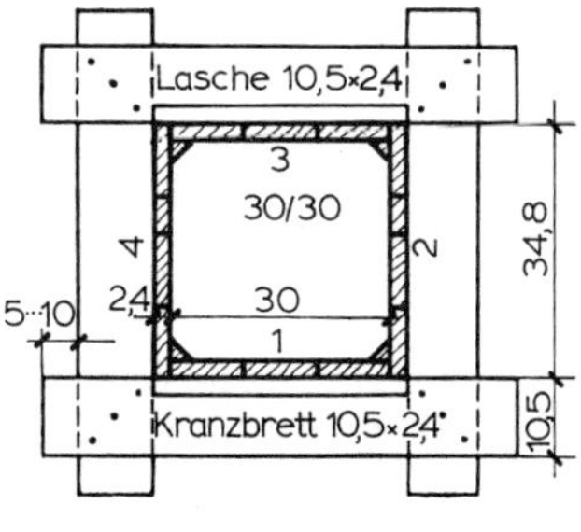

5.32
Stützenschalung, handwerkliche Ausführung

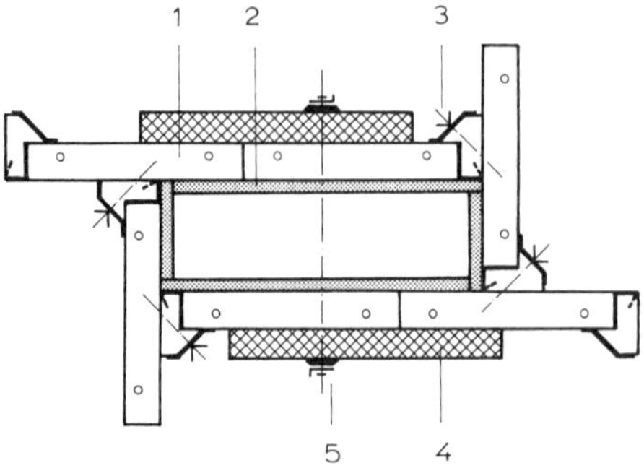

5.33
Stützenschalung (doka)
1 Schalungsträgerelement
2 Schalhaut
3 Verschraubung
4 Klemmschiene
5 Spannanker
(nur bei flachen Querschnitten erforderlich)

Stützenschalungen werden heute in der Regel mit entsprechenden Sonderteilen der verschiedenen Wandschalungssysteme ausgeführt. Eine speziell für Stützenschalung entwickelte moderne Schalungskonstruktion zeigt Bild **5**.33. Sie besteht aus 75 cm breiten und zu verschiedenen Höhen kombinierbaren Schalungselementen. Diese können mit Eckverschraubungen für die verschiedensten Stützenquerschnitte zusammengefügt werden.

Die Ecken des Stützenquerschnittes sollen durch Einfügen von Dreikantleisten in die Ecken der Stützenschalung gebrochen werden. Dadurch werden Kantenrisse und Beschädigungen der Ecken beim Ausschalen verhindert.

Bei Rundstützen wird die Schalung aus schmalen Brettern zusammengesetzt und durch Holzkränze (Normenbogen) in Form gehalten. Die Sicherung gegen den Betondruck geschieht durch Rundstahlringe.

Ferner werden Schalungen aus Leichtmetallelementen oder aus spiralenförmigen Stahlbändern verwendet, mit deren Hilfe das Einschalen von Rundstützen verschiedener Durchmesser möglich ist. Die Schalungsspiralen werden beim Ausschalen abgewickelt und können im allgemeinen nicht wiederverwendet werden.

Rundstützen können auch sehr vorteilhaft mit völlig glatter Oberfläche hergestellt werden, wenn Faserzement-Druckrohre als verlorene Schalung verwendet werden.

Auch handelsübliche Kunststoff-Abflußrohre werden als Schalung für Rundstützen verwendet.

Am Fuß der Schalung von Stützen und Wänden, am Ansatz von Auskragungen und an der Unterseite von tiefen Balkenschalungen sind Reinigungsöffnungen anzuordnen, die kurz vor dem Betonieren zu schließen sind.

5.4.4 Schalung von Balken und Decken

Die Schalungskästen für Stahlbetonbalken bestehen aus dem Balkenboden und den beiden Seitenplatten. Bei Anschluß an Stützen wird die Balkenschalung stets in die Stützenschalung geführt. Balkenboden und Seitenplatten werden aus 24 mm dicken Brettern zusammengesetzt und durch aufgenagelte Brettlaschen verbunden (Bild **5**.34).

Der Schalungsboden wird bei konventioneller Ausführung auf die Kopfhölzer aufgelegt, die durch ausziehbare Stahlrohr-Schalungsstützen abgestützt werden. Diese werden meistens zweireihig angeordnet, um ein leichteres Justieren der Schalung auch in der Querrichtung zu ermöglichen. Zur Diagonalaussteifung werden einhängbare und ausziehbare Stahlrohrelemente verwendet. Auf Beton brauchen die Stützen keine besondere Unterlage. Muß die Einschalung auf Erdreich abgestützt werden, werden die Stützen auf Baubohlen im Sandbett gestellt.

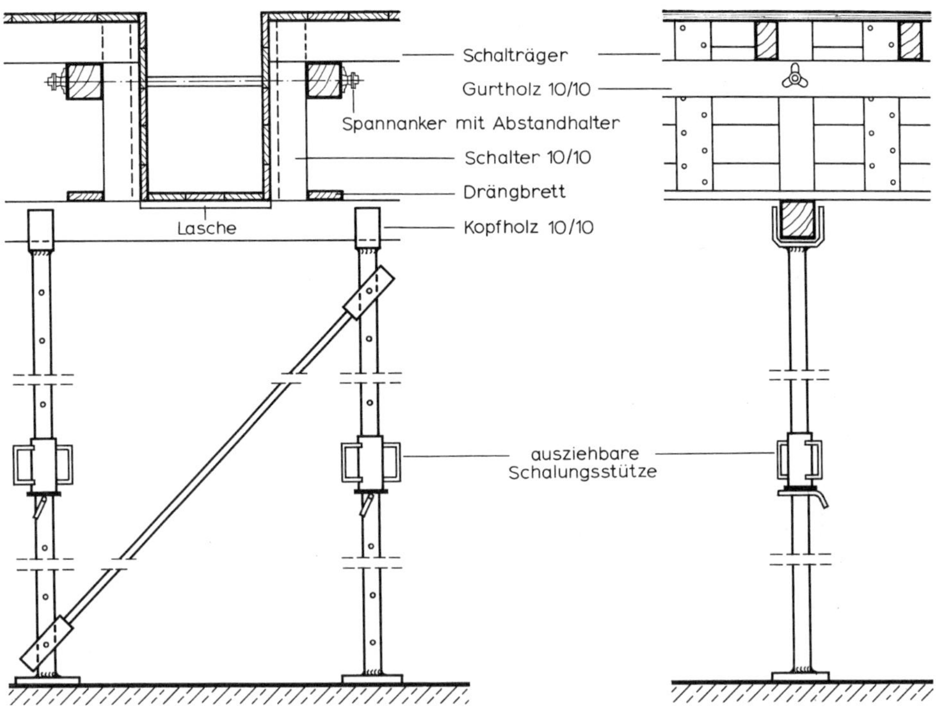

5.34 Unterzugschalung

Die Seitenplatten werden gegen den Balkenboden genagelt und am Fuß durch auf die Kopfhölzer genagelte Drängbretter gegen Verschieben gesichert. Im übrigen wird die Querverspannung durch Gurthölzer mit Spannankern und Abstandhaltern gebildet (s. Bild **5**.23). Bei größeren Balkenquerschnitten werden die Gurthölzer doppelt gelegt, um das Durchbohren für die Spannanker zu vermeiden (vgl. Bild **5**.34).

Schließt ein Nebenbalken an einen Hauptbalken an, so ist die Schalung des Nebenbalkens in die des Hauptbalkens zu führen.

Bei Balken mit Voute ist die Seitenplatte im Voutenteil so zu verbreitern, daß sie das Voutendrängbrett, die Voutenlasche und den Voutenboden voll aufnehmen kann. Wegen des erhöhten Schalungsaufwandes werden jedoch bei der statischen Dimensionierung Vouten möglichst vermieden. Wirtschaftlicher ist es, die erhöhten Beanspruchungen der Balken an den Auflagern durch breitere Profile oder durch stärkere Bewehrungen aufzunehmen.

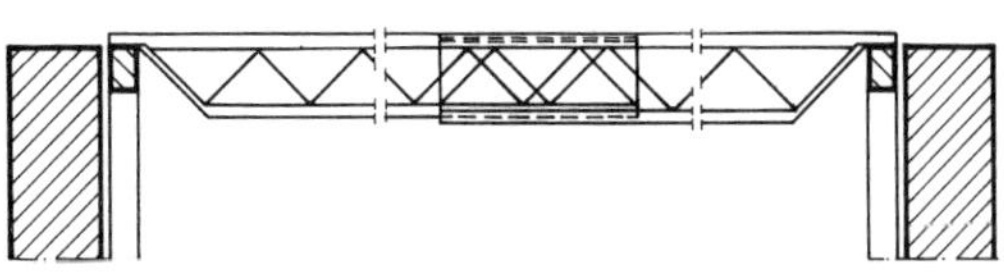

5.35 Ausziehbare Schalungsträger

Deckenschalungen können auf Kanthölzern, wie in Bild **5**.34 gezeigt, aufliegen. Bei den üblichen Spannweiten örtlich betonierter Vollbetondecken ist die Verwendung von ausziehbaren Schalungsträgern wirtschaftlicher, die je nach Deckengewicht in Abständen von 50 bis 70 cm verlegt werden (Bild **5**.35). Auf den Schalungsträgern werden vorgefertigte Schalplatten (kunstharzbeschichtete Spanplatten) verlegt. Für Restflächen der Deckenfelder werden übliche Schalungsbretter verwendet.

Statt derartiger konventioneller, überwiegend zimmermannsmäßig auszuführender Deckenschalungen werden heute zur Rationalisierung die verschiedensten industriell vorgefertigten Schalungselemente eingesetzt. Dazu gehören Unterkonstruktionen aus dicht liegenden Gitterträgern aus Holz (vgl. Bild **5**.22 b).

Moderne Deckenschalungssysteme bestehen aus weitgehend selbsttragenden leichten Schalungspaneelen, die sich auf baukastenmäßig kombinierbare Längsträger auflegen. Die Stützen sind leicht durch Ratschenarretierungen in der Höhe justierbar. Bei dem in Bild **5**.36 gezeigten System können die Träger mit Hilfe der gelenkartig anschließenden Stützen verlegt werden. Die Plattenauflager in den Stützenköpfen sind absenkbar, so daß bereits nach kurzer Zeit die Paneele ausgeschalt und weiterverwendet werden können, während die Längsträger und Stützen als Sparschalung solange verbleiben, bis der Beton die für das vollständige Ausschalen erforderliche Festigkeit erreicht hat (s. Tab. **5**.41).

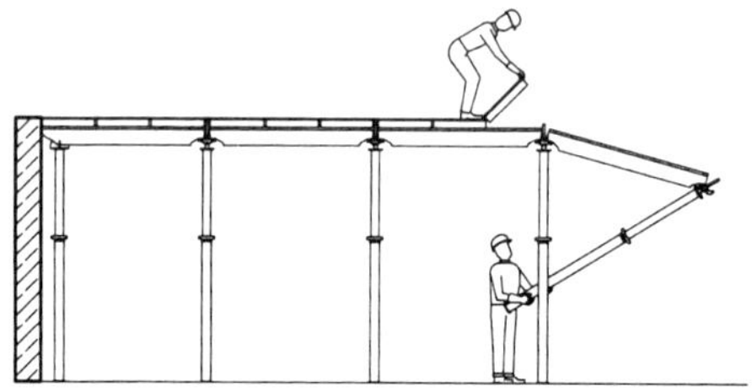
a)

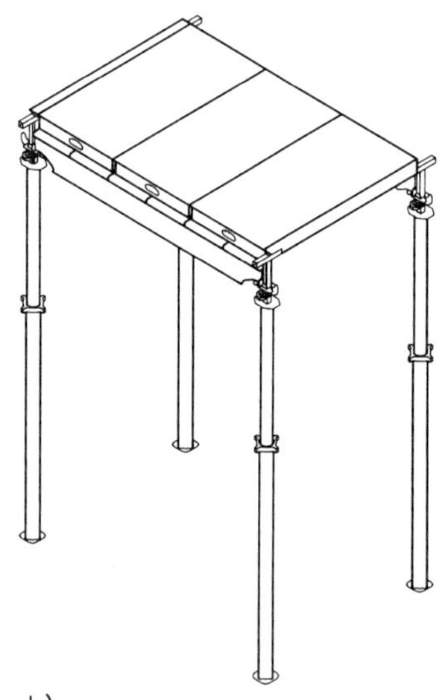
b)

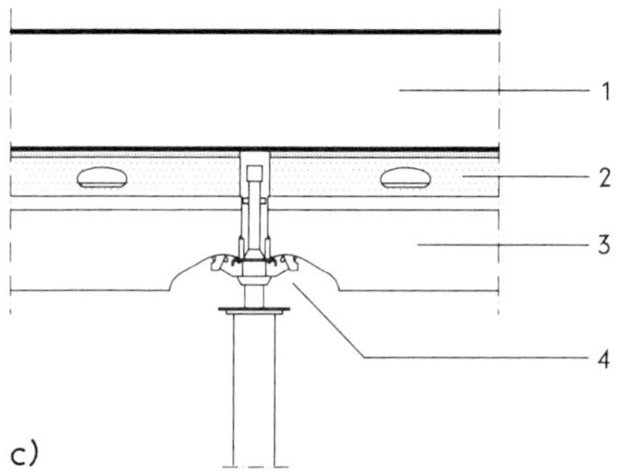

c)

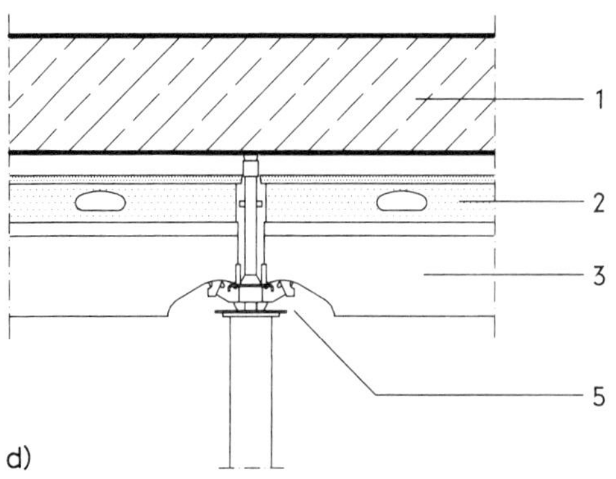

d)

5.36 Modernes Deckenschalungssystem PERI (Skydeck)

a) Aufstellen der Stützen und Längsträger
b) Deckenschalung (Ausschnitt)
c) eingeschalte Decke (Schnittausschnitt)
d) eingeschalte Decke (Stützenkopf abgesenkt, Schalungspaneele und Längsträger können ausgeschalt werden).

1 Stahlbeton
2 Schalungspaneel
3 Längsträger
4 Stützenkopf
5 Stützenkopf abgesenkt

Es werden ständig weitere Schalsysteme entwickelt in dem Bestreben, die für das Einschalen aufgewandte Arbeitszeit und Materialverluste herabzusetzen. Verbesserungen richten sich auf einfache, robuste Verbindungen der Schalelemente untereinander, unkompliziertes Anpassen an vorgegebene Baumaße mit möglichst wenig Zusatz- oder Paßstücken, auf rationellen Auf- und Abbau, rasche Wiederverwendbarkeit (Reinigung) u.a.m.

Schalungsfachleute können durch geschickten Einsatz der vorhandenen Grundelemente entscheidend zur wirtschaftlichen Lösung von Bauaufgaben beitragen.

Für größere oder am Bau sich öfter wiederholende gleichartige Deckenflächen werden Schalungen z.B. zu großen, komplett umsetzbaren Elementen zusammengesetzt (Bild **5**.37).

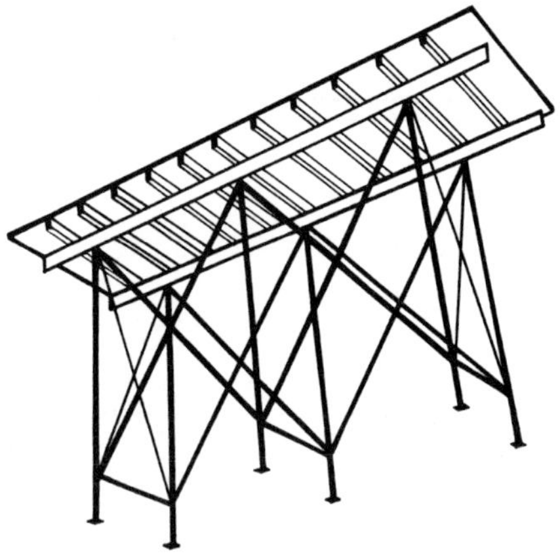

5.37
Schaltisch

Als Beispiele aus der Fülle der möglichen Schalungslösungen seien hier nur Raumschalungen (Bild **5**.38) für Industrie und Wohnungsbau und verfahrbare Deckenschalungen für Schottenbauweisen (Bild **5**.39) erwähnt.

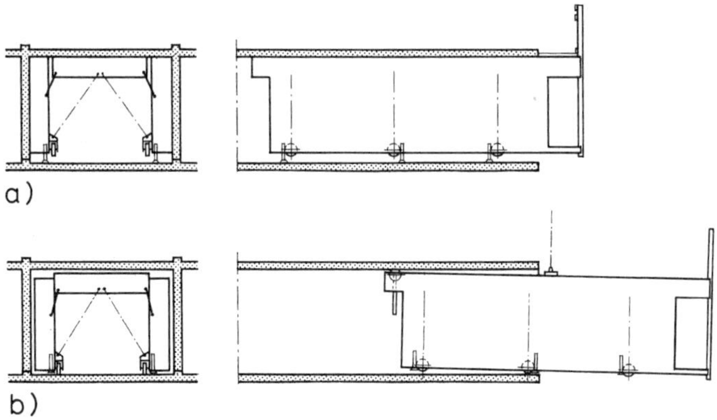

5.38
Raumschalung („Tunnelschalung")
Prinzipskizze
a) Quer- und Längsschnitt: eingeschalter Zustand. Schalungswagen mit Spindeln gegen Decke bzw. Wand gespannt.
b) Schalungswagen abgesenkt. Wandschalungen eingezogen. Ausfahren des Schalungswagens.

Der Aufwand für Schalungen kann auch durch Einsatz ganz oder teilweise vorgefertigter Bauteile gesenkt werden.

Lediglich mit „Sparschalung" (Einzelunterstützungen durch Gurte oder Stützen) kann gearbeitet werden, wenn dünne, vorgefertigte Stahlbetonplatten verwendet werden, die bereits die Zugbewehrung enthalten und lediglich einen Aufbeton bis zur vollen Deckenstärke erfordern. Diese Plattenelemente ersetzen die Schalung und bilden damit in gewissem Sinn eine „verlorene Schalung" (Bild **5**.40).

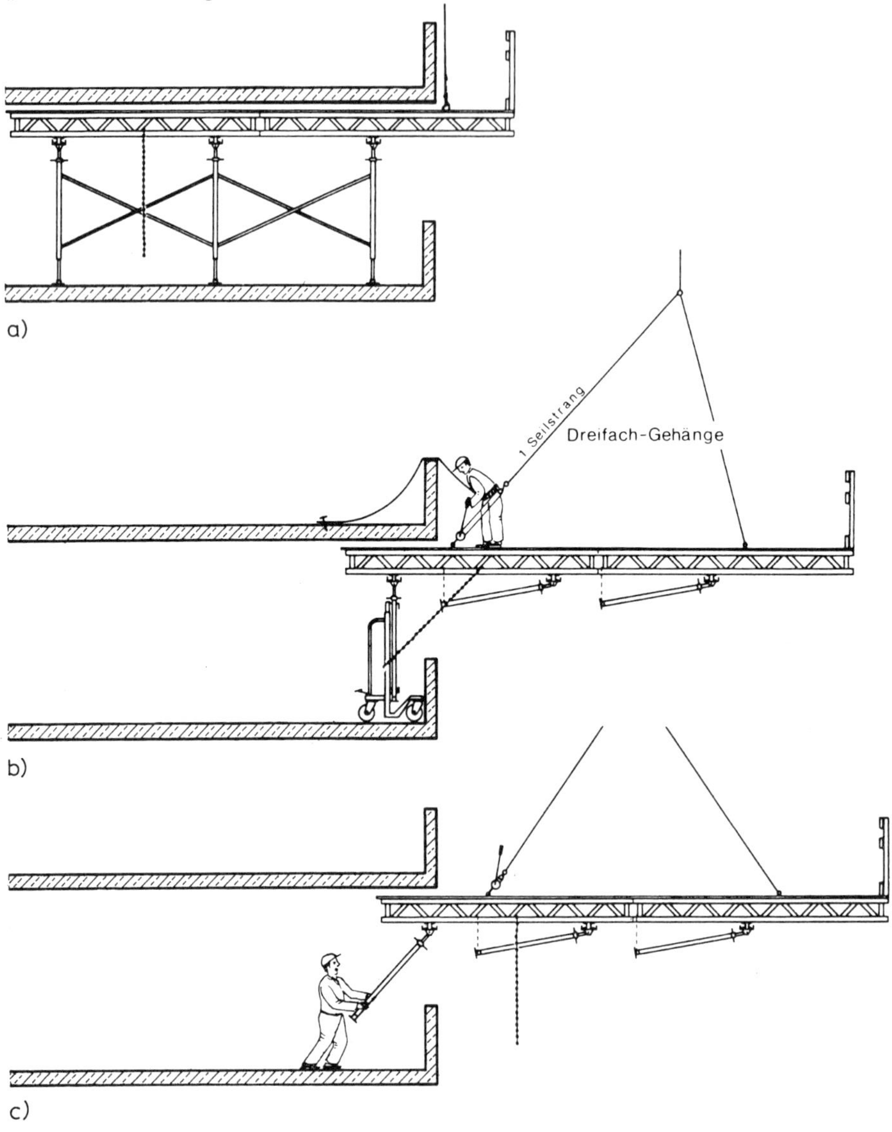

5.39 Schaltisch mit rollbarer Schnellabsenkung im Einsatz für Schottenbauweise (System PERI) Arbeitsablauf (Ausschalen und Umsetzen des Schaltisches):

a) Deckentisch absenken, vorderes Kranseil einhängen.

b) Hub- und Fahrgerät am letzten Rahmen befestigen und sichern. Sicherungskette anlegen. Diagonalkreuze demontieren. Tisch ausfahren, dabei gleichzeitig Füße hochklappen und anhängen. Unteres Kranseil einhängen und die hinteren Seilenden durch Kettenzug oder ähnliches Gerät verkürzen, bis der Tisch waagerecht hängt.

c) Hub- und Fahrgerät wegnehmen. Letzten Rahmen hochklappen und den Tisch über die Brüstung ausfahren.

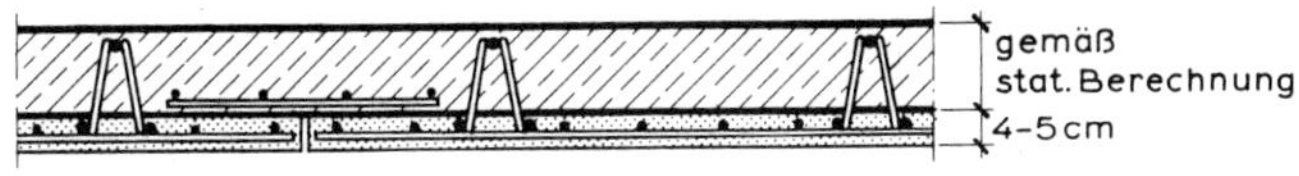

a)

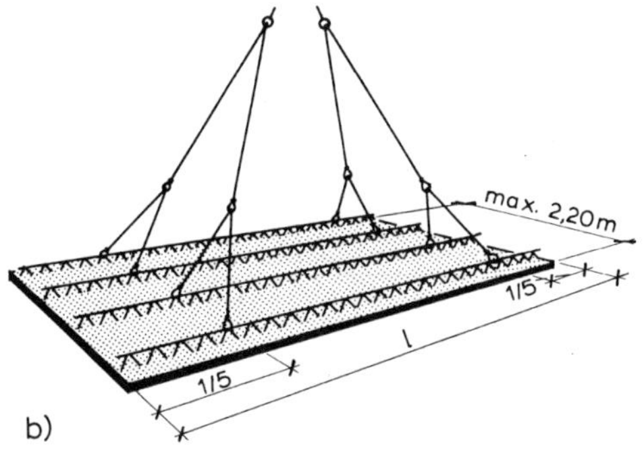

b)

5.40
Plattendecke (Kaiser-OMNIA)
a) Schnitt, fertiger Zustand der Decke
b) Unterplatte Verlegung durch Kran

5.4.5 Ausrüsten und Ausschalen

Ein Bauteil darf erst dann ausgerüstet oder ausgeschalt werden, wenn der Beton ausreichend erhärtet (s. DIN 1045 Abschn. 7.4.4 und 12.3), bei Frost nicht etwa nur hartgefroren ist und wenn der Bauleiter des Unternehmens das Ausrüsten und Ausschalen angeordnet hat. Der Bauleiter darf das Ausrüsten oder Ausschalen nur anordnen, wenn er sich von der ausreichenden Festigkeit des Betons überzeugt hat.

Als ausreichend erhärtet gilt der Beton, wenn der Bauteil eine solche Festigkeit erreicht hat, daß er alle zur Zeit des Ausrüstens oder Ausschalens angreifenden Lasten mit der vorgeschriebenen Sicherheit (DIN 1045 Abschn. 17.2.2) aufnehmen kann.

Besondere Vorsicht ist geboten bei Bauteilen, die schon nach dem Ausrüsten nahezu die volle rechnungsmäßige Last tragen (z.B. bei Dächern oder bei Geschoßdecken, die durch noch nicht erhärtete obere Decken belastet sind).

Das gleiche gilt für Beton, der nach dem Einbringen niedrigen Temperaturen ausgesetzt war.

War die Temperatur des Betons seit seinem Einbringen stets mindestens + 5°C, so können für das Ausschalen und Ausrüsten im allgemeinen die Fristen der Tab. **5**.41 (DIN 1045) als Anhaltswerte angesehen werden. (Andere Fristen können notwendig bzw. angemessen sein, wenn die nach DIN 1045 Abschn. 7.4.4 ermittelte Festigkeit des Betons noch gering ist.) Die Fristen der Spalten 3 und 4 dieser Tabelle gelten – bezogen auf das Einbringen des Ortbetons – als Anhaltswerte auch für Montagestützen unter Stahlbetonfertigteilen –, wenn diese Fertigteile durch Ortbeton ergänzt werden und die Tragfähigkeit der so zusammengesetzten Bauteile von der Festigkeitsentwicklung des Ortbetons abhängig ist (s. z.B. DIN 1045 Abschn. 19.4 und 19.7.6).

Die Ausschalfristen sind gegenüber der Tab. **5**.41 zu vergrößern, u.U. zu verdoppeln, wenn die Betontemperatur in der Erhärtungszeit überwiegend unter + 5°C lag. Tritt während des Erhärtens Frost ein, so sind die Ausschal- und Ausrüstfristen für ungeschützten Beton mindestens um die Dauer des Frostes zu verlängern (s. DIN 1045 Abschn. 11).

Für eine Verlängerung der Fristen kann außerdem das Bestreben bestimmend sein, die Bildung von Rissen – vor allem bei Bauteilen mit sehr verschiedener Querschnittsdicke oder Temperatur – zu vermindern oder zu vermeiden oder die Kriechverformungen zu vermindern, z.B. auch infolge verzögerter Festigkeitsentwicklung.

Tabelle **5**.41 Ausschalfristen (Anhaltswerte) nach DIN 1045 Tab. 8 / DIN 1164

1	2	3	4
Zementfestigkeitsklasse	für die seitliche Schalung von Balken und für die Schalung von Wänden und Stützen in Tagen	für die Schalung von Deckenplatten in Tagen	für die Rüstung (Stützung) von Balken, Rahmen und weitgespannten Platten in Tagen
CEM 32,5	3	8	20
CEM 32,5 R und CEM 42,5	2	5	10
CEM 42,5 R und CEM 52,5	1	3	6

Bei Verwendung von Gleit- oder Kletterschalungen kann in der Regel von kürzeren Fristen, als in der Tab. **5**.41 angegeben, ausgegangen werden.

Stützen, Pfeiler und Wände sollen vor den von ihnen gestützten Balken und Platten ausgeschalt werden. Rüstungen, Schalungsstützen und frei tragende Deckenschalungen (Schalungsträger) sind vorsichtig durch Lösen der Ausrüstvorrichtungen abzusenken. Es ist unzulässig, diese ruckartig wegzuschlagen oder abzuzwängen. Erschütterungen sind zu vermeiden.

Um die Durchbiegungen infolge von Kriechen und Schwinden klein zu halten, sollen Hilfsstützen möglichst lange stehenbleiben oder sofort nach dem Ausschalen gestellt werden. Die Hilfsstützen sollen in den einzelnen Stockwerken übereinander stehen (bei Platten und Balken mit Stützweiten von 3 bis ca. 8 m genügen Hilfsstützen in der Mitte der Stützweite).

Läßt sich eine Benutzung von Bauteilen, namentlich von Decken, kurz nach dem Ausschalen nicht vermeiden, so ist besondere Vorsicht geboten. Keineswegs dürfen auf frisch hergestellten Decken Lasten abgeworfen, abgekippt oder in unzulässiger Menge gestapelt werden.

5.5 Bewehrungen

5.5.1 Allgemeines

Nahezu ausschließlich wird Stahlbeton mit Bewehrungen aus Rundstahl nach DIN 488 (s. Abschn. 5.2.4) hergestellt.

Betonstabstahl und Betonstahlmatten werden in der Regel in der normalen Walzqualität geliefert und eingebaut. Nur in Fällen, wo mit großer Korrosionsgefährdung gerechnet werden muß, sind Bewehrungen mit Feuerverzinkung oder Kunststoffbeschichtung einzusetzen.

Die Abmessungen der Bauteile und ihre Bewehrung sind in der Regel vom Statiker durch Zeichnungen eindeutig und übersichtlich in den Schalungs- und Bewehrungsplänen darzustellen. Die Zeichnungen müssen mit den Ergebnissen der statischen Berechnung übereinstimmen und alle für die Ausführung der Bauteile und für die Prüfung der Berechnung erforderlichen Maße enthalten.

Insbesondere sind anzugeben (s. DIN 1045 Abschn. 3.2):

- Festigkeitsklasse des Betons,
- die Stahlsorten (s. auch DIN 488-1),
- Zahl, Durchmesser, Form und Lage der Bewehrungsstäbe und Baustellenschweißungen,
- die Betondeckung der Stahleinlagen (auch der Bügel) und die Unterstützungen der oberen Bewehrung,
- die Mindestdurchmesser der Biegerollen (s. DIN 1045 Abschn. 18 Bewehrungsrichtlinien).

Jeder tragende Stahlbetonbauteil (Position der statischen Berechnung) wird in der Regel gesondert gezeichnet (M 1:20), so daß Schnittlänge, Biegelänge, Stabform und alle Teillängen abgelesen werden können.

Alle einzubauenden Stahleinlagen werden in der Stahlliste zusammengefaßt. Nach ihr werden die Stähle abgelängt und gebogen. Ferner werden mit ihrer Hilfe Verschnitt und Gesamtgewicht, nach Güte und Durchmesser getrennt, für die Abrechnung ermittelt.

In letzter Zeit werden auch Versuche mit Bewehrungen aus Formstahl – dabei teilweise auch in Verbindung mit Rundstahl – gemacht, weil dadurch eine erhebliche Senkung der Kosten für die Verlegung der Bewehrung und auch der Schalungskosten erreichbar würde (Bild **5**.42).

In diesem Zusammenhang sind auch die Stahl-Beton-Verbundbauweisen zu erwähnen wie Verbundstützen (s. Abschn. 7.4.2, Bild **7**.32 und **7**.33) und Verbunddecken (Bild **7**.34).

Ungelöst ist bisher, wie der Brandschutz von Stahlbetonbauteilen mit Profilstahlbewehrung zu bewerten ist [20].

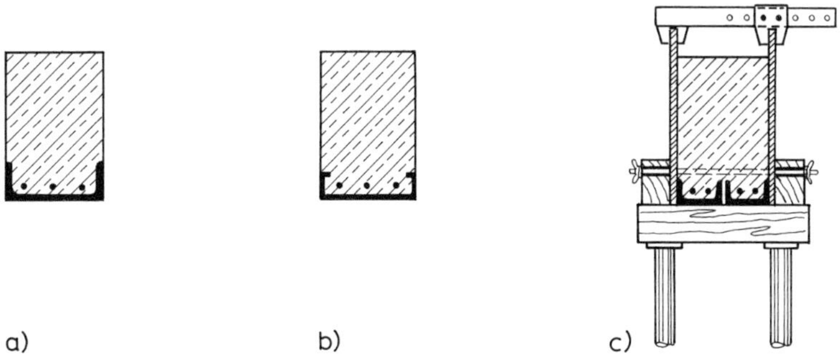

5.42 Formstahlbewehrter Stahlbeton
a) Bewehrung mit [-Stahl und Stabstahl
b) Bewehrung mit C-Profil und Stabstahl
c) Schalungsrationalisierung in Verbindung mit Formstahlbewehrung

5.5.2 Betondeckung (DIN 1045 Abschn. 13.2)

Der Verbund zwischen Bewehrung und Beton ist durch eine ausreichend dicke, dichte Betondeckung zu sichern. Sie muß in der Lage sein, den Stahl dauerhaft gegen Korrosion zu schützen.

Die Betondeckung jedes Bewehrungsstabes, also auch der Bügel, muß nach allen Seiten entsprechend DIN 1045 die Werte der Tabelle **5**.43 haben, soweit nicht nach DIN 1045 Abschn. 13.2.2 noch größere Maße oder nach Abschnitt 13.3 andere Maßnahmen in Betracht kommen.

Tabelle **5**.43 Maße der Betondeckung in cm, bezogen auf die Umweltbedingungen (Korrosionsschutz) und die Sicherung des Verbundes (DIN 1045 Tab. 10)

1	2	3	4
Umweltbedingungen	Stabdurchmesser d_s in mm	Mindestmaße für ≥ B 25 min *c* in cm	Nennmaße für ≥ B 25 nom *c* in cm
Bauteile in geschlossenen Räumen, z.B. in Wohnungen (einschließlich Küche, Bad und Waschküche), Büroräumen, Schulen, Krankenhäusern, Verkaufsstätten – soweit nicht im folgenden etwas anderes gesagt ist. Bauteile, die ständig trocken sind.	bis 12 14, 16 20 25 28	1,0 1,5 2,0 2,5 3,0	2,0 2,5 3,0 3,5 4,0
Bauteile, zu denen die Außenluft häufig oder ständig Zugang hat, z.B. offene Hallen und Garagen. Bauteile, die ständig unter Wasser oder im Boden verbleiben, soweit nicht Zeile 3 oder Zeile 4 oder andere Gründe maßgebend sind. Dächer mit einer wasserdichten Dachhaut für die Seite, auf der die Dachhaut liegt.	bis 20 25 28	2,0 2,5 3,0	3,0 3,5 4,0
Bauteile im Freien. Bauteile in geschlossenen Räumen mit oft auftretender, sehr hoher Luftfeuchte bei üblicher Raumtemperatur, z.B. in gewerblichen Küchen, Bädern, Wäschereien, Feuchträumen von Hallenbädern, Viehställen. Bauteile, die wechselnder Durchfeuchtung ausge setzt sind, z.B. durch häufige starke Tauwasserbildung oder in der Wasserwechselzone. Bauteile, die „schwachem" chemischem Angriff nach DIN 4030 ausgesetzt sind.	bis 25 28	2,5 3,0	3,5 4,0
Bauteile, die besonders korrosionsfördernden Einflüssen auf Stahl oder Beton ausgesetzt sind, z.B. durch häufige Einwirkung angreifender Gase oder Tausalze (Sprühnebel- oder Spritzwasserbereich) oder durch „starken" chemischen Angriff nach DIN 4030 (s. auch Abschnitt 13.3).	bis 28	4,0	5,0

Das Nennmaß nom *c* ist auf den Bewehrungszeichnungen anzugeben, bei der Ermittlung der Maße der Biegeformen zu beachten und bei der Auswahl der Abstandhalter (s. Bild **5**.45) zugrunde zu legen. Es enthält ein „Vorhaltemaß" Δc von – in der Regel – 1 cm.

Das Mindestmaß min *c* (nom $c =$ min $c + \Delta c$) gilt für die Überdeckung im fertigen Bauteil und stellt also ein Kriterium für nachträgliche Kontrollen dar (Bild **5**.45) [7].

Schichten aus natürlichen oder künstlichen Steinen, Holz oder haufwerkporigem Beton dürfen nicht auf die Betondeckung angerechnet werden.

Bei Beton mit einem Größtkorn des Zuschlags von mehr als 32 mm sind die Betondeckungsmaße um 5 mm zu vergrößern.

Eine Vergrößerung der Betondeckung ist auch aus anderen Gründen notwendig:

— Brandschutz nach DIN 4102

— bei besonders dicken Bauteilen

— bei Betonflächen aus Waschbeton

— bei Flächen, die gesandstrahlt, steinmetzmäßig bearbeitet oder durch

— Verschleiß stark abgenutzt werden.

Dabei ist im Einzelfall die Tiefenwirkung der Bearbeitung und die durch sie verursachte Gefügestörung zu berücksichtigen.

Eine Fülle von Betonschäden muß immer wieder auf nicht ausreichende Betondeckung zurückgeführt werden. Die Einhaltung der Mindestmaße für die Betonüberdeckung ist daher durch Abstandhalter, die für nom *c* dimensioniert sein müssen (Bild **5**.44), sicherzustellen und an der Baustelle genau zu überwachen.

Ist durch Fehler beim Einschalen oder Betonieren die erforderliche Betondeckung nicht erreicht, müssen nachträgliche Schutzmaßnahmen getroffen werden, um die Korrosion der Bewehrungen und damit auch längerfristig schwere sonstige Schäden an den betroffenen Bauteilen zu verhindern. In Frage kommen Kratzspachtelungen mit speziellen Spachtelmassen, die eine porenfreie Oberflächenversiegelung bewirken oder Beschichtungen mit flexiblen Dichtungsschlämmen oder Spritzmörtel [32].

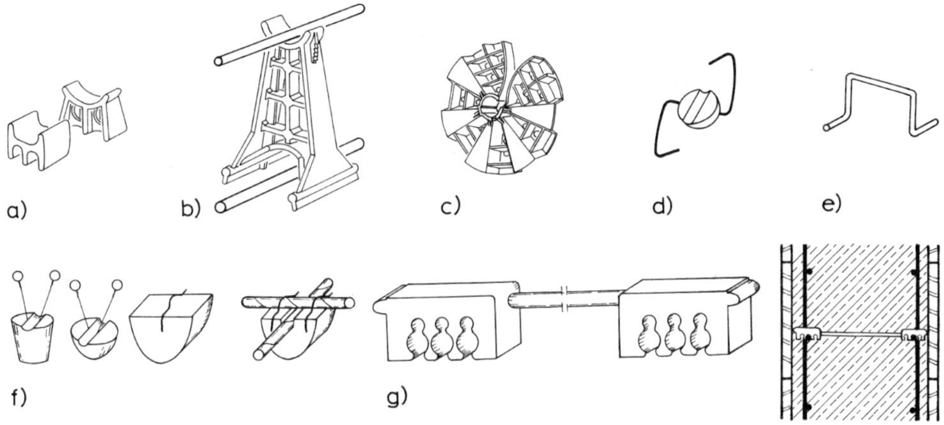

5.44 Abstandhalter

a) Kunststoff-Abstandhalter für untere Bewehrung von Platten
b) Kunststoff-Abstandhalter für zwei Bewehrungslagen
c) Kunststoff-Abstandhalter für Bewehrungen aller Art
d) Beton- oder Kunststoff-Abstandhalter mit Drahtbügeln
e) Aus Bewehrungsstahl gebogener Abstandhalter für hochliegende Eisen
f) Betonabstandhalter mit Rödeldraht bzw. Stahlklemme
g) Stahlstab mit Kunststoffummantelung als Abstandhalter für Betonwände mit Doppelbewehrung, ersetzt gleichzeitig S-Haken; drei wählbare Betondeckungen (20, 30, 40 mm)

Für eine ausreichende Betondeckung ist neben der Einhaltung des Abstandes *c* zwischen Bewehrung und Schalung auch der erforderliche Mindestabstand *a* zwischen den einzelnen Bewehrungsstäben sicherzustellen (Bild **5**.45). Er beträgt 2 cm für Stabdurchmesser bis 20 mm, 2,5 cm für Stabdurchmesser von 25 mm und 3 cm für Stabdurchmesser von 28 mm.

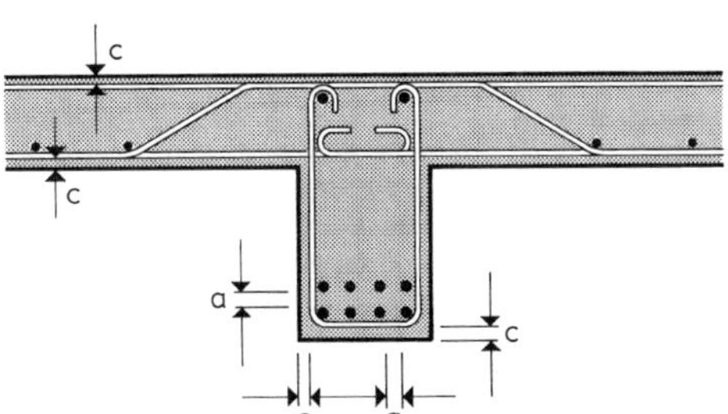

5.45
Betondeckung (c) und Stababstand (a)

5.6 Bauliche Einzelheiten

5.6.1 Wärmedämmung

Bei Außenbauteilen aus Stahlbeton und bei Stahlbetonteilen, die in Außenflächen einbinden, ist wegen der schlechten Wärmedämmeigenschaften von Normalbeton (s. Abschn. 5.1.5) eine zusätzliche Wärmedämmung erforderlich. Diese dient dem Wärmeschutz des Bauwerkes, muß Wärmebrücken verhindern und ist meistens auch erforderlich, um temperaturbedingte Maßänderungen von Stahlbetonbauteilen zu begrenzen.

Bei Stahlbetonbauteilen, deren Sichtflächen durch Putz oder Bekleidungen gestaltet werden, sind anbetonierte Wärmedämmungen meistens die rationellste Ausführungsmöglichkeit. Dabei werden Holzwolle-Leichtbauplatten, Mehrschicht-Leichtbauplatten oder Hartschaumplatten in die Schalung eingelegt und mit einbetoniert. Der Verbund der Platten mit dem Beton wird durch Kunststoffanker und auch durch die Verbindung mit den rauhen Oberflächen der Platten bewirkt.

Bei erdberührten Bauteilen (z.B. Kelleraußenwänden) müssen feuchtigkeitsbeständige extrudierte PS-Hartschaumplatten oder Schaumglas-Platten verwendet werden („Perimeterdämmung").

Bei Stahlbetonbauteilen mit Außenflächen aus Sichtbeton muß eine mehrschichtige Konstruktion mit innenliegender Wärmedämmung gewählt werden. In diesen Fällen muß ggf. die Minderung der Wärmedämmung infolge durchbindender Anker und ggf. der mögliche Tauwasserausfall berücksichtigt werden (s. Abschn. 15.1).

5.6.2 Arbeits- und Dehnfugen

Arbeitsfugen. Nicht immer können Bauwerksteile in einem Arbeitsgang durchlaufend betoniert werden. Dann müssen Arbeitsfugen im Einvernehmen mit dem Statiker in den Arbeitsvorgang eingeplant werden. Sie sind so auszubilden, daß alle auftretenden Beanspruchungen aufgenommen werden können. Arbeitsabschnitte und damit die Lage der Arbeitsfugen sollten so geplant werden, daß der Schalungsauf- und -abbau und das Einbringen des Betons erleichtert werden (Stoß von Bewehrungen s. Abschn. 5.4).

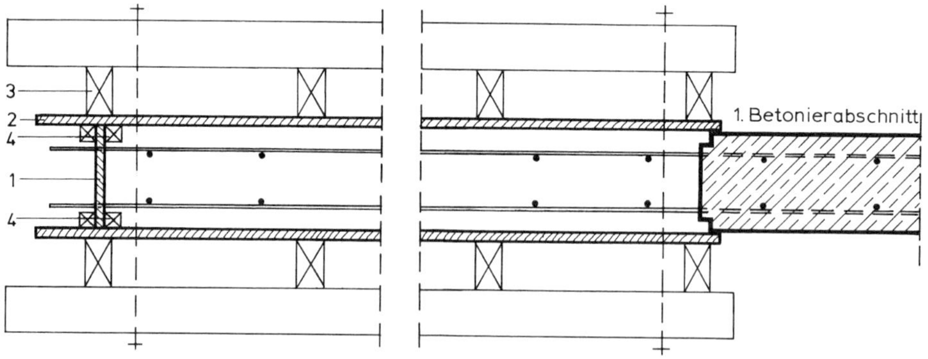

5.46 Arbeitsfuge in einer Betonwand, Einschalung für 2. Betonierabschnitt
1 Abstellung (Ende des 2. Betonierabschnittes), Anschlußeisen durchgesteckt
2 Schalwand
3 Schalungskonstruktion
4 Fugenleiste für Anschluß des 3. Betonierabschnittes

Die Schalung des jeweils folgenden Betonierabschnittes soll an der Arbeitsfuge an den bereits betonierten Betonteil mit möglichst knapper Überdeckung und gut angepreßt anschließen. Dann ist die Gefahr geringer, daß frischer Beton zwischen Anschlußschalung und vorhandenen Bauteil quillt (Bild **5**.46).

In den Arbeitsfugen muß für einen ausreichend festen und dichten Zusammenschluß der Betonschichten gesorgt werden. Verunreinigungen, Zementschlamm und nicht einwandfreier Beton sind vor dem Weiterbetonieren zu entfernen. Trockener älterer Beton ist vor dem Anbetonieren mehrere Tage lang feucht zu halten, um das Schwindgefälle zwischen jungen und altem Beton gering zu halten und um weitgehend zu verhindern, daß dem jungen Beton Wasser entzogen wird. Zum Zeitpunkt des Anbetonierens muß die Oberfläche des älteren Betons jedoch etwas abgetrocknet sein, damit sich der Zementleim des neu eingebrachten Betons mit dem älteren Beton gut verbinden kann.

Arbeitsfugen bleiben in den Betonflächen immer sichtbar, und an diesen Stellen treten meistens auch Schwindrisse auf. Es ist daher ratsam, die Lage der Arbeitsfugen durch genau auf der Trennlinie in der Schalung angebrachte Profilleisten als Scheinfugen (Bild **5**.48) zu markieren und damit gleichzeitig auch die besten Voraussetzungen für später etwa erforderliches Nacharbeiten oder Nachdichten zu schaffen.

Arbeitsfugen in wasserundurchlässigen Bauteilen sind wie sonstige Dehn- oder Bewegungsfugen jedoch mit Hilfe von Dichtungsbändern auszuführen (s. Abschn. 15.4.7).

Dehnfugen. Je großflächiger monolithische Wandbauteile aus Stahlbeton sind, um so mehr machen sich Verformungen – im ungünstigsten Falle in Gestalt von Rissen – bemerkbar, und zwar unter dem Einfluß von Temperaturänderungen, Kriechen und Schwinden sowie von Bewegungen, die in der Konstruktion bei Auftreten von veränderlichen statischen oder dynamischen Belastungen entstehen. Verformungen durch Setzungen und Temperatureinflüsse, Kriechen und Schwinden lassen sich voraussehen und in ihrem Umfang abschätzen oder berechnen. Um regellose Risse im Bauwerk zu vermeiden, werden unterteilende, durchgehende Dehnfugen angeordnet. Der Abstand der Fugen ist von den speziellen Verhältnissen am Bauwerk abhängig.

Bewegungsfugen. Wenn nicht schon durch notwendige Setzfugen (s. Abschn. 4.1 Bild **4**.1) eine ausreichende Unterteilung erfolgt, sollten großformatige Betonteile in Abständen von höchstens 10 m durch Fugen unterteilt werden. Sind die Bauteile der Sonneneinstrahlung oder Frost besonders ausgesetzt, sind die Fugenabstände so zu verringern, daß Einzelflächen von 4 bis 6 m^2 entstehen. Die Abmessungen von Fugen und -dichtungen sind Tabelle **5**.47 (DIN 18540-3) zu entnehmen.

Tabelle **5**.47 Abmessungen der Fugenabdichtung (DIN 18540-3)

vorhandener Fugenabstand in m	erforderliche Mindestfugenbreite *b* in mm	Dicke der Fugendichtungsmasse	
		t_F [1)]	zul. Abweichung
bis 2,0	10	8	± 2
bis 3,5	15	10	± 2
bis 5,0	20	12	± 2
bis 6,5	25	15	± 3
bis 8,0	30	15	± 3

1) Die Werte gelten für den Endzustand, dabei ist auch der Volumenschwund der Fugendichtungsmasse zu berücksichtigen.

Konstruktionsfugen ergeben sich, wenn verschiedene Bauteile aneinanderstoßen, z.B. Fertigteile aus Stahlbeton, Wandbauteile und tragendes Skelett, Stützen und Fassadenelemente. Derartige Fugen können gleichzeitig auch Dehn- oder Setzfugen sein und sind wie diese konstruktiv auszubilden und ggf. zu dichten.

Fugenabschlüsse. Fugen in Betonbauteilen sollten möglichst immer so geplant werden, daß keine zusätzlichen Dichtungsmaßnahmen nötig sind. Es ist zu bedenken, daß alle Dichtungen – z.B. mit Fugendichtungsmassen – nicht nur sehr kostenaufwendig sind, sondern auch mit größter und an der Baustelle oft nicht überall erreichbarer Sorgfalt hergestellt werden müssen. Darüber hinaus müssen derartige Fugendichtungen einer ständigen Kontrolle unterliegen und wegen der meistens auf Dauer nicht zu beurteilenden Alterungsbeständigkeit u.U. öfter erneuert werden.

Fugen, an die keine besonderen Anforderungen gestellt werden, können offenbleiben. Durch entsprechende Profilierung ist ggf. für die Ableitung von Schlagregen zu sorgen (Bild **5**.49).

Ist eine Fugenabdichtung unvermeidbar, werden die Fugen, besonders in Außenwandflächen, durch dauerplastische und dauerelastische Dichtungsmassen (Thiocol, Acrylharze, Silicon-Kautschuk, Polyurethan) geschlossen. Die Ausführung von derartigen Fugen sollte nur durch erfahrene Spezialfirmen erfolgen. Dabei werden in der Regel die Fugen zunächst durch Schaumstoffstreifen ausgestopft, die Fugenflanken mit einem Voranstrich (Primer) als Haftgrund behandelt und mit der Ein- oder Zweikomponenten-Fugenmasse ausgespritzt. Die Fugenoberfläche wird – abhängig von der verwendeten Fugenmasse – geglättet. Es sollte besonders darauf geachtet werden, daß die angrenzenden Bauteile nicht durch – meist zunächst nicht sichtbare – Voranstrich- oder Dichtungsreste verschmutzt werden (Bild **5**.50).

Innen können die Fugen durch Kunststoffklemmprofile abgedeckt werden (Bild **5**.51). Wenn größere Bewegungen in den Fugen zu erwarten sind, müssen derartige Klemmprofile zusätzlich eingeklebt werden.

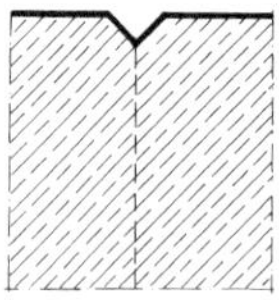

5.48 Scheinfuge

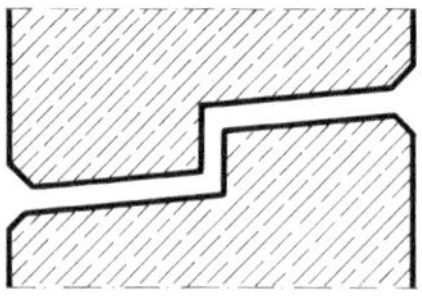

5.49 Offene Fuge bei hinterlüfteten Fassadenelementen (senkrechter Schnitt)

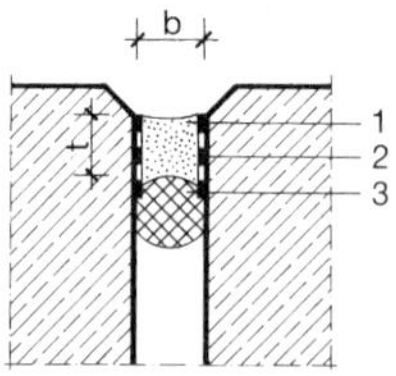

5.50 Fugendichtung zwischen großformatigen Betonteilen
1 Fugendichtungsmasse
2 Voranstrich („Primer")
3 Hinterfüllung (Schaumstoffband)
b Fugenbreite
t Fugentiefe
(vgl. Tab. **5**.47)

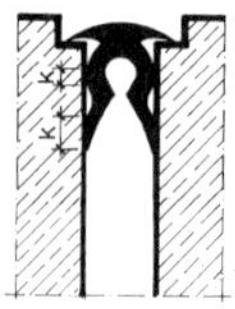

5.51 Fuge mit Kunststoff-Klemmprofil
k = Klebeflächen

5.6.3 Befestigungsvorrichtungen an Betonbauteilen [1)]

An Betonkonstruktionen können andere Bauteile (z.B. Installationen, Ausbauelemente wie abgehängte Decken, Fenster, Außenwandbekleidungen usw.) vielfach mit Hilfe von Dübelungen befestigt werden.

1) s. auch Abschn. 13.3.1

Für weniger beanspruchte Verbindungen werden handelsübliche Kunststoffdübel ohne besonderen statischen Nachweis verwendet.

Für den Anschluß von gemauerten Zwischenwänden werden in die Stahlbetonbauteile am besten Ankerschienen einbetoniert (vgl. Bild **6**.49).

Für Befestigungen schwerer Bauteile kommen Schwerlastdübel aus Metall in Frage, die je nach Belastungsfähigkeit in Dimensionen von M6 bis M20 als Spreizdübel in verschiedenen Bauarten auf dem Markt sind. Es gibt sie als selbstbohrende Dübel oder sie werden in präzise ausgeführte Bohrungen in die Stahlbetonbauteile eingesetzt (Bild **5**.52). Die zu befestigenden Bauteile werden mit Drehmomentschlüsseln montiert.

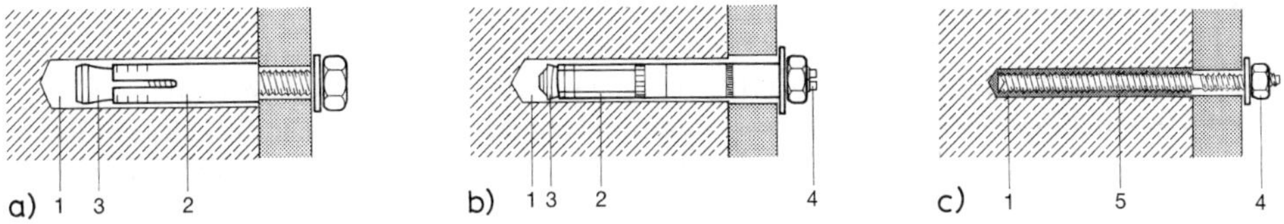

5.52 Schwerlastdübel (fischer), gezeichnet im Zustand vor der Spreizung

a) Schwerlastdübel, b) Hochleistungsanker,
c) Reaktionsanker

1 genaue Bohrung in < B 25
2 Spreizkörper
3 Konus
4 Gewindebolzen mit Mutter
5 Reaktionsmasse, in Bohrloch eingepreßt; Dübelbolzen eingedreht und nach vorgegebener Reaktionszeit belastbar

Schwerlastdübel für tragende Konstruktionen oder für Bereiche, in denen beim Versagen der Dübelung Gefahren für die Nutzer bzw. die Allgemeinheit entstehen würden, müssen bauaufsichtlich zugelassen sein.

Müssen schwere Lasten von Betonbauteilen aufgenommen werden oder sollen im Montagebau Betonbauteile untereinander verbunden werden, müssen entsprechende Befestigungsvorrichtungen geplant und ggf. bereits beim Betonieren mit eingebaut werden. Für derartige Zwecke stellen Ankerschienen heute in den meisten Fällen die rationellste Lösung dar. Sie sind in vielfältigen Abmessungen mit verschiedener Tragkraft auf dem Markt

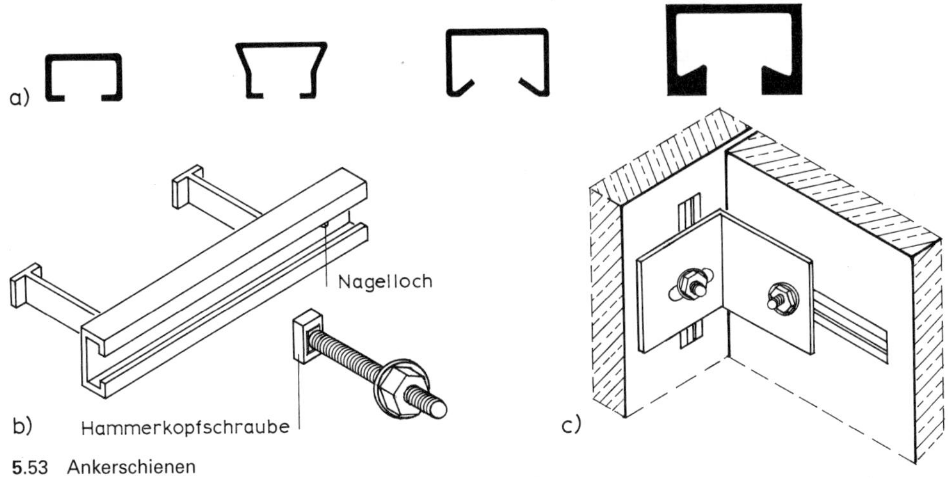

5.53 Ankerschienen

a) verschiedene Querschnittsformen von Ankerschienen (HALFENEISEN®)
b) Ankerschiene mit I-Ankern (schematische Darstellung)
c) Verbindung von Stahlbetonfertigteilen mit Winkel und Ankerschienen

und werden in durchlaufenden Strängen oder in Abschnitten für einzelne Befestigungspunkte verwendet.

Ankerschienen werden in der Regel auf der Schalung der Betonteile fixiert und unterhalb der Bewehrungseisen mit einbetoniert. Herausziehbare Schaumstoff-Füllungen verhindern das Eindringen von Beton in die Schienen. Der Einbau schwerer Ankerschienenprofile muß im Zusammenhang mit der Lage der Bewehrungseisen besonders geplant werden.

Montagen an Ankerschienen werden mit „Hammerkopf"-Schrauben ausgeführt (Bild **5**.53).

5.6.4 Oberflächengestaltung

Die Oberfläche von Betonbauteilen können als „Sichtbeton" gestaltet werden.

Für die Herstellung gibt es z.Z. noch keine verbindlichen Festlegungen. In DIN 18331 (Beton- und Stahlbetonarbeiten), DIN 18333 (Betonwerksteinarbeiten) und DIN 18500 (Betonwerkstein, Anforderungen, Prüfungen, Überwachung) wird bewußt Spielraum für die Ausführung von Sichtbeton („Betonflächen mit Anforderungen an das Aussehen" – DIN 18217, vgl. Abschn. 5.4.1) gelassen.

Man unterscheidet:

- **Oberflächen ohne nachträgliche Bearbeitung** (Gestaltung durch Schalungsabdruck, ggf. durch Verwendung besonderer Schalungsmatrizen, Färbung, geringfügige Bearbeitung des ausgeschalten Frischbetons, z.B. Beseitigung kleinerer Grate und Unebenheiten, scharfes Abfegen),
- **Oberflächen mit nachträglicher Bearbeitung** des frisch ausgeschalten Betons **durch Auswaschen** („Waschbeton"),
- **Oberflächen mit nachträglicher Bearbeitung** erhärteter Betonoberflächen **mit Steinmetz-Techniken** (Spitzen, Stocken, vgl. Abschn. 6.3.2),
- **Nachbearbeitung** durch Sandstrahlen, Schleifen, Polieren.

Grundbedingung für die Ausführung einwandfreier Sichtbetonflächen ist eine besonders sorgfältig hergestellte überall (z.B. an Schalungsstößen, Ankern, Arbeitsfugen) dichte Schalung.

Darüber hinaus müssen die folgenden Voraussetzungen gegeben sein:

- Verwendung von Beton mindestens der Festigkeitsklasse B 25 mit einem Mindest-Zementgehalt von 300 kg/m^3,
- möglichst genaue Einhaltung eines Wasserzementwertes von w/z = 0,55 und gleichbleibender ausreichend weicher Konsistenz des Bereiches KR (vgl. Abschn. 5.1.5),
- Verwendung von Zuschlägen mit nichtsaugendem Korn, ausreichendem Anteil von Sand- und Mehlkorn und gleichbleibender Zusammensetzung (gleicher Herkunftsort, einheitliche Lieferung),
- ausreichende Mischzeiten, Vorkehrungen gegen Entmischung bei Verarbeitung,
- sorgfältige und gleichmäßige Verdichtung,
- Ausschalfristen, die für nachbearbeitete Flächen eine möglichst gleichmäßige Erhärtung berücksichtigen,
- sorgfältige Nachbehandlung des frischen Betons (Schutz vor Wärme, Kälte, Regen, Schnee, Wind und Verschmutzung); Fremdwasser, hohe Luftfeuchtigkeit, stark wechselnde Temperaturen begünstigen das Entstehen von Ausblühungen,
- Verwendung nur bauaufsichtlich zugelassener Zusatzmittel und erprobter Trennmittel (z.B. Schalöle).

Vor der Ausführung sollten die gewünschten Oberflächenstrukturen des Sichtbetons am besten durch größere Musterstücke geklärt werden. Die Ausführung der Schalungen (Brettschalung, Schaltafeln, beschichtete Schalplatten, Schalungsmatrizen und ggf. besondere, strukturbildende Schalungseinlagen wie z.B. Rohrgewebe, Kunststofformstücke), Fugenschnitte, Kantenausbildungen und auch Arbeitsabschnitte sind in den Schalungsplänen genau festzulegen.

Waschbetonoberflächen werden mit Zuschlägen ausgesuchter Körnungen in Verbindung mit Abbindeverzögerern hergestellt. Der ausgeschalte Frischbeton wird bei reichlicher Wasserzuführung vorsichtig durch Bürsten von der äußeren Mörtel- und Zementmilchschicht befreit, mit stark verdünnter Salzsäure abgesäuert und sorgfältig mit Wasser nachgewaschen.

Die steinmetzmäßige Bearbeitung (z.B. „Stocken" oder „Spitzen", s. Abschn. 6.3.2) von Stahlbetonflächen ist nur möglich, wenn die vorgeschriebene Überdeckung der Stahleinlagen – auch der Bügel – nach der Bearbeitung mit Sicherheit vorhanden ist. Dazu sind die Überdeckungsmaße entsprechend zu vergrößern. Vor der steinmetzmäßigen Bearbeitung muß der Beton 4 bis 6 Wochen alt sein.

Feingliedrige Bauteile, wie schlanke Betonpfeiler, schmale Gesimse oder Fensterumrahmungen, lassen sich durch Abschleifen oder Sandstrahlgebläse bzw. Stahlbürsten bearbeiten.

5.6.5 Oberflächenschutz

Einwandfrei hergestellter Beton ist zwar weitgehend witterungsbeständig, wird jedoch auf Dauer durch die heute fast überall als Verschmutzung in der Luft vorhandenen freien Säuren, insbesondere Salz- und Schwefelsäure aus Rauch- oder Industrieabgasen angegriffen. Auch Tausalze, Brandgase und pflanzliche und tierische Fette und Öle sind betonschädigend. Ungeschützte Betonoberflächen werden außerdem durch Schmutzablagerungen meistens rasch unansehnlich. In feinen Rissen und auf rauhen Stellen der Oberfläche siedeln sich mit der Zeit auch Moose, Flechten o.ä. an, deren Ausscheidungen den Beton zersetzen können.

Betonschädigend sind vor allem aber die durch „Karbonatisierung" ausgelösten Korrosionsvorgänge an den in der Nähe der Oberfläche liegenden Bewehrungen.

Beim Abbinden des Zementes durch Hydratationsvorgänge ist frischer Beton zunächst stark alkalisch mit pH-Werten von 12 bis 13. Dadurch ist der Betonstahl wirksam gegen Korrosion geschützt, solange ein pH-Wert von 10 nicht unterschritten wird. Aus der Umgebungsluft eindringendes gasförmiges oder in Niederschlagwasser gelöstes Kohlendioxid (CO_2) und Schwefeldioxid (SO_2) gehen mit dem im Beton enthaltenen Calciumhydroxid Verbindungen ein, die die Alkalität abbauen und schließlich neutralisieren. (Da diese Umsetzungen hauptsächlich durch Kohlensäure – Karbonat – bewirkt werden, hat man den Vorgang als „Karbonatisierung" bezeichnet.)

Dieser Prozeß setzt sich mit der Zeit immer weiter in das Betoninnere fort und kann schließlich auch den Bereich der Stahlbewehrungen erreichen – insbesondere, wenn die gewählten Stahlüberdeckungen (s. Abschn. 5.5.2) zu gering sind oder Ausführungsfehler vorliegen. Bei pH-Werten unter 9 kommt es zur Rostbildung an den Bewehrungsstählen. Die damit verbundenen Volumenvergrößerungen führen zu Absprengungen und fortschreitenden Schäden bis zu kritischen Einschränkungen der Tragfähigkeit konstruktiver Stahlbetonteile.

Betonoberflächen sollten daher in exponierten Lagen einen alkalibeständigen Oberflächenschutz erhalten. Verwendet werden:

— **Imprägnierungen.** Sie schützen die Betonoberflächen durch Hydrophobierung (Wasserabweisung). Dünnflüssige Silikonharzlösungen dringen dabei in die Oberfläche ein, ohne einen Film zu bilden und ohne die Wasserdampfdiffusion zu behindern. Die natürliche Betonfarbe bleibt erhalten.

— **Unpigmentierte Beschichtungen**. Methylacrylatlösungen bewirken je nach Verdünnung transparente, mattglänzende wasserabweisende Oberflächen.

— **Betonlasuren**. Wasserdampfdurchlässige, jedoch wasserabweisende schwach pigmentierte Beschichtungsstoffe (Silikatlasuren oder Disperionslasuren) bilden betonfarbene oder je nach gestalterischen Absichten farbige Oberflächen. Dadurch können auch Farbabweichungen oder Ausbesserungen in Sichtbetonflächen überdeckt werden.

— **Deckende Farbbeschichtungen**. Stark pigmentierte farbige Beschichtungen werden auf der Basis verschiedener Bindemittel nach speziellen Verarbeitungsrichtlinien der Hersteller ausgeführt.

— **Schutzüberzüge**. Bei erdberührten Bauteilen, besonders bei Beanspruchung durch aggressives Wasser gemäß DIN 4030, sind Anstriche oder Beschichtungen auf Bitumen- oder Reaktionsharzbasis vorzusehen. Schutzüberzüge müssen durch geeignete Bindemittelkombinationen und ggf. in Verbindung mit Verstärkungen durch Mineral- oder Kunststoffvliese oder -gewebe in der Lage sein, unvermeidliche kleinere Verformungen oder feine Risse der Betonflächen ohne Schaden zu überbrücken.

Schutzüberzüge gegen starke Beanspruchungen werden auf die sauberen, trockenen und evtl. durch Sandstrahlen aufgerauhten Betonflächen in der Regel mehrlagig durch Streichen, Rollen, Spritzen oder Spachteln aufgetragen. Dabei müssen die behandelten Flächen bis zum Abschluß der Arbeiten und bis zum Aushärten gegen Niederschläge, Kondenswasser, Wind, Sonneneinstrahlung, Frost und Verunreinigungen geschützt werden. Die für die verschiedenen Materialien von den Herstellern vorgeschriebenen Mindesttemperaturen für die Verarbeitung dürfen nicht unterschritten werden. Die Schichtdicken betragen – abhängig von evtl. zu berücksichtigenden mechanischen Beanspruchungen – 0,2 bis 3,0 mm.

Wenig beanspruchte Fugen in den Betonflächen oder Risse können mit Hilfe von Zwischenlagen überbrückt werden (Bild **5**.54). Im übrigen müssen Schutzüberzüge in Fugen so weit hineingezogen werden, daß die später auszuführende Fugendichtung (vgl. Bild **5**.50) vollflächig angeschlossen werden kann (Bild **5**.55). Obere Abschlüsse in senkrechten Flächen sollten, insbesondere bei größeren Schichtdicken, eine Verwahrung erhalten mit einem Abschlußprofil, um ein Ablösen des Schutzüberzuges zu verhindern.

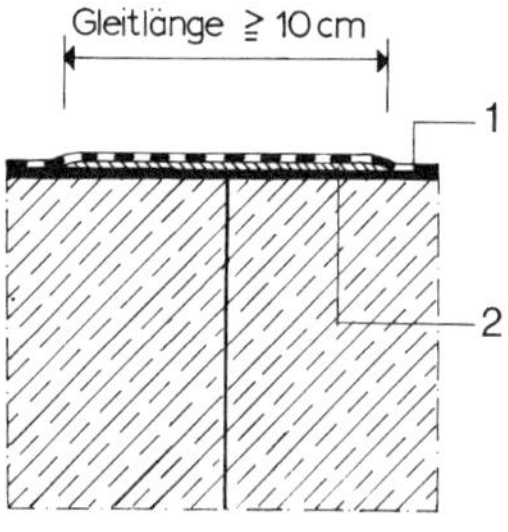

5.54 Schutzüberzüge: Überbrückung von Fugen und Rissen
1 Schutzüberzug
2 Zwischenlage (z.B. Streifen aus PVC- oder PE-Folie

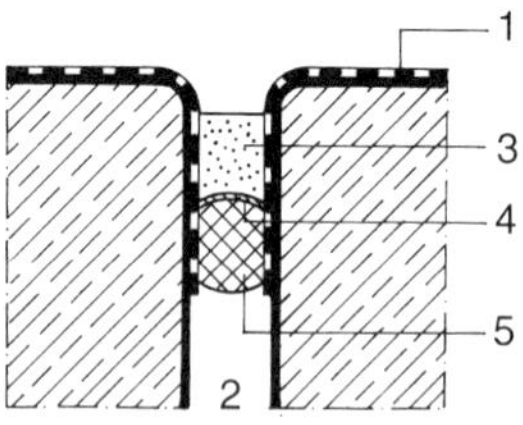

5.55 Schutzüberzüge: Abdichtung einer Baufuge
1 Schutzüberzug
2 Fugenabmessungen vgl. Tab. 5.47
3 Fugendichtungsmasse
4 Trennlage (z.B. PE-Folie)
5 Hinterfüllung (Schaumstoffband)

5.6.6 Betoninstandsetzung

Besonders bei Stahlbetonbauteilen, die der Witterung oder sonstigen besonderen Beanspruchungen ausgesetzt sind, kann es bei Nichtbeachtung der in den vorangegangenen Abschnitten beschriebenen Herstellungsanforderungen wie z.B. genaue Einhaltung des w/z-Wertes (s. Abschn. 5.1.3), ausreichende und gleichmäßige Verdichtung (s. Abschn. 5.3.2), genügende Betonüberdeckung der Armierungen (Abschn. 5.5.2) vor allem in Verbindung mit Karbonatisierungsvorgängen (s. Abschn. 5.6.5) zu Rißbildungen, Korrosion des Bewehrungsstahls und Rostaufbrüchen mit Absprengungen von Oberflächenteilen kommen.

Dadurch kann unter Umständen die Standsicherheit tragender Bauteile gefährdet werden. Erkennbare Schäden müssen daher so bald wie möglich grundlegend saniert werden, und an noch nicht geschädigten Bauteilen sind vorbeugende Oberflächenbehandlungen vorzunehmen (s. Abschn. 5.6.5).

Bei der Sanierung sind zunächst durch Abstemmen alle losen Betonteile zu entfernen, und die korrodierten Betonstahlteile sind freizulegen. Durch Sandstrahlen oder andere Verfahren (DIN 55928-4) ist der Stahl restlos (ggf. auch an den Rückseiten!) zu entrosten.

Sofort anschließend wird voll deckend ein Korrosionsschutz aufgetragen, der heute vorwiegend aus 2-Komponenten-Epoxidharzen besteht (Verarbeitung bei mindestens 10°C Außentemperatur!). Dabei sind die angrenzenden Betonflächen abzudecken und möglichst nicht zu überstreichen. Ein zweiter Anstrich, möglichst in Kontrastfärbung, ist nach guter Austrocknung innerhalb 24 Stunden aufzutragen. In die noch nicht abgebundene oberste Korrosionsschutzschicht kann zur besseren Haftung des späteren Sanierungsaufbaues Quarzsand eingestreut werden.

Auf die Ausbruchstellen wird anschließend eine Haftbrücke aufgetragen (Haftschlämme nach Werksangaben hergestellt aus Zement, Quarz und Kunststoffdispersionen oder spezielle fertige Haftmittel). Dann werden die Schadstellen mit hydraulisch abbindendem sorgfältig nach Herstellerangaben gemischtem Reparaturmörtel ausgespachtelt.

Die fertigen Flächen erhalten abschließend eine kälteelastische und rißüberbrückende Oberflächenbeschichtung (vgl. auch Abschn. 5.6.5).

5.6.7 Änderungen an Stahlbetonbauteilen

Nachträgliche Veränderungen an Bauteilen aus Beton oder Stahlbeton sind mit konventionellen Mitteln gar nicht oder nur sehr schwierig auszuführen.

Etwa erforderliche nachträgliche Aussparungen an fertigen Bauteilen (z.B. für das Hindurchführen von Installationen durch Unterzüge o.ä.) können je nach statischen Verhältnissen mit Kernbohrungen bei Durchmessern bis etwa 60 cm hergestellt werden. Dabei ist selbstverständlich Vorsorge dafür zu treffen, daß keine wichtigen Bewehrungseinlagen durchtrennt werden.

Größere Öffnungen in Stahlbetondecken oder -wänden lassen sich durch naß ausgeführte Trennschnitte mit Spezialsägen herstellen. An den Eckpunkten werden dabei meistens zunächst kleinere Kernbohrungen ausgeführt. Die herauszuschneidenden Teile müssen durch Aufhängungen o.ä. gegen Herausfallen gesichert werden, und es muß für das Auffangen und Ableiten des anfallenden Bohrschlammes gesorgt werden.

Massige Bauteile können durch thermische Betonverflüssigung mit „Pulverlanzen" durchstoßen werden.

Der Kostenaufwand ist in jedem Fall beträchtlich.

5.7 Normen

Norm	Ausgabe-Datum	Titel
DIN 488-1	09.84	Betonstahl; Sorten, Eigenschaften, Kennzeichen
DIN 488-2	06.86	–; Betonstabstahl; Maße und Gewichte
DIN 488-3	06.86	–; Betonstabstahl, Prüfungen
DIN 488-4	06.86	–; Betonstahlmatten und Bewehrungsdraht; Aufbau, Maße und Gewichte
DIN 488-5	06.86	–; Betonstahlmatten und Bewehrungsdraht; Prüfungen
DIN 488-6	06.86	–; Überwachung (Güteüberwachung)
DIN 488-7	06.86	–; Nachweis der Schweißeignung von Betonstabstahl; Durchführung und Bewertung der Prüfungen
DIN 1045	07.88	Beton- und Stahlbetonbau; Bemessung und Ausführung
	08.95	Ergänzung: DAfStb.-Richtlinien für Hochfesten Beton
DIN 1048-1	06.91	Prüfverfahren für Beton; Frischbeton
DIN 1048-2	06.91	–; Festbeton in Bauwerken und Bauteilen
DIN 1048-4	06.91	–; Bestimmung der Druckfestigkeit von Festbeton in Bauwerken und Bauteilen; Anwendung von Bezugsgeraden und Auswertung mit besonderen Verfahren
DIN 1048-5	06.91	–; Festbeton, gesondert hergestellter Probekörper
DIN 1055-1	07.78	Lastannahmen für Bauten; Lagerstoffe, Baustoffe und Bauteile
DIN 1055-3	06.71	–; Verkehrslasten
DIN 1055-5	06.75	–; Verkehrslasten, Schneelast und Eislast
DIN 1060-1	03.95	Baukalk; Begriffe, Anforderungen, Lieferung, Überwachung
DIN 1084-1	12.78	Überwachung (Güteüberwachung im Beton- und Stahlbetonbau; Beton B II auf Baustellen)
DIN 1084-2	12.78	–; Güteüberwachung im Beton- und Stahlbetonbau; Fertigteile
DIN 1084-3	12.78	–; Güteüberwachung im Beton- und Stahlbetonbau; Transportbeton
DIN 1164-1	10.94	Portland-, Eisenportland-, Hochofen- und Traßzement; Begriffe, Bestandteile, Anforderungen, Lieferung
DIN 1164-2	03.90	–; Überwachung (Güteüberwachung)
DIN 1164-8	11.78	–; Bestimmung der Hydratationswärme mit dem Lösungskalorimeter
DIN 1164-31	03.90	–; Bestimmung des Hüttensandanteils von Eisenportland- und Hochofenzement und des Traßanteils von Traßzement
DIN 4030-1	06.91	Beurteilung betonangreifender Wässer, Böden und Gase –; Grundlagen und Grenzwerte
DIN 4099-1	11.85	Schweißen von Betonstahl; Anforderungen, Prüfung
DIN 4219-1	12.79	Leichtbeton und Stahlleichtbeton mit geschlossenem Gefüge; Anforderungen an den Beton, Herstellung und Überwachung
DIN 4219-2	12.79	–; Bemessung und Ausführung
DIN 4226-1	04.83	Zuschlag für Beton; Zuschlag mit dichtem Gefüge, Begriffe, Bezeichnungen, Anforderungen und Güteüberwachung
DIN 4226-2	04.83	–; Zuschlag mit porigem Gefüge (Leichtzuschlag), Begriffe, Bezeichnung, Anforderungen und Überwachung
DIN 4226-3	04.83	–; Prüfung von Zuschlag mit dichtem oder porigem Gefüge
DIN 4226-4	04.83	Zuschlag für Beton; Überwachung
DIN 4232	09.87	Wände aus Leichtbeton mit haufwerksporigem Gefüge; Ausführung und Bemessung
DIN 4235	12.78	Verdichten von Beton durch Rütteln
DIN 18215	12.73	Schalungsplatten aus Holz für Beton- und Stahlbetonbauten
DIN 18216	12.86	Schalungsanker für Betonschalungen; Anforderungen, Prüfung, Verwendung
DIN 18217	12.81	Betonflächen und Schalungshaut; Begriffe und Anforderungen
DIN 18218	09.80	Frischbetondruck auf lotrechte Schalungen

Fortsetzung s. nächste Seite

Normen, Fortsetzung

Norm	Ausgabe-Datum	Titel
DIN 18331	06.96	VOB Teil C; Beton- und Stahlbetonarbeiten
DIN 18333	06.96	–; Betonwerksteinarbeiten
DIN 18500	04.91	–; Betonwerkstein; Anforderungen, Prüfung, Überwachung
DIN 18540	02.95	Abdichten von Außenwandfugen im Hochbau mit Fugendichtstoffen
DIN 18541-1	11.92	Fugenbänder aus thermoplastischen Kunststoffen zur Abdichtung von Fugen in Beton; Begriffe, Formen, Maße
DIN 18541-2	11.92	–; Anforderungen, Prüfung, Überwachung
DIN 55928	05.91	Korrosionsschutz von Stahlbauten durch Beschichtungen und Überzüge
DIN V ENV 206	10.90	Beton; Eigenschaften, Herstellung, Verarbeitung und Gütenachweis
DIN V ENV 1992-1	06.92	Eurocode 2; Planung von Stahlbeton- und Spannbetontragwerken; Teil 1: Grundlagen und Anwendungsregeln für den Hochbau; Deutsche Fassung ENV 1992-1-1:1991
DIN V ENV 1992-1-3	12.94	Eurocode 2: Planung von Stahlbeton- und Spannbetontragwerken – Teil 1-3: Allgemeine Regeln; Bauteile und Tragwerke aus Fertigteilen; Deutsche Fassung ENV 1992-1-3:1994
DIN V ENV 1992-1-4	12.94	Eurocode 2: Planung von Stahlbeton- und Spannbetontragwerken – Teil 1-4: Allgemeine Regeln; Leichtbeton mit geschlossenem Gefüge; Deutsche Fassung ENV 1992-1-4:1994
DIN V ENV 1992-1-5	12.94	Eurocode 2: Planung von Stahlbeton- und Spannbetontragwerken – Teil 1-5: Allgemeine Regeln; Tragwerke mit Spanngliedern ohne Verbund; Deutsche Fassung ENV 1992-1-5:1994
DIN V ENV 1992-1-6	12.94	Eurocode 2: Planung von Stahlbeton- und Spannbetontragwerken – Teil 1-6: Allgemeine Regeln; Tragwerke aus unbewehrtem Beton; Deutsche Fassung ENV 1992-1-6:1994

5.8 Literatur

[1] Arbeitskreis Anwendungstechnik Fugenband: Tricosal-Fugenband für Bauwerksfugen. Illertissen 1984

[2] Bayer, E., Kampen, R., Moritz, H.: Beton-Praxis. Düsseldorf 1995

[3] Bayer, E., Klose: Beton, Prüfung nach Norm. Düsseldorf 1994

[4] Brandt, J. u.a.: Fassaden, Konstruktion und Gestaltung mit Betonfertigteilen. Düsseldorf 1988 Bundesverband der Deutschen Zementindustrie e.V.

[5] –: Beton, Herstellung nach Norm. Düsseldorf 1995

[6] –: Beton, Prüfung nach Norm. Düsseldorf 1994

[7] –: Zement-Merkblatt Verlegen der Bewehrung. Köln 1988

[8] –: Zement-Merkblatt Arbeitsfugen. Köln 1995

[9] –: Zement-Merkblatt Ausblühungen – Entstehung und Beseitigung. Köln 1995

[10] –: Zement-Merkblatt Betone mit besonderen Eigenschaften. Köln 1987

[11] Bundesverband der Deutschen Zementindustrie: Beton Atlas 1995

[12] Bundesverband der Natursteinindustrie: Brechsand-Handbuch

[13] Cziesielski, E.: Fuge und Beton – ein schwieriges Pärchen. In: bausubstanz 1/88

[14] Deutscher Ausschuß für Stahlbeton: Richtlinie für Beton mit verlängerter Verarbeitbarkeitszeit. Berlin 1995

[15] –: Richtlinie: Fließmittel und für Fließbeton. Berlin 1995

[16] –: Richtlinie zur Nachbehandlung von Beton. Berlin 1984

[17] Deutscher Betonverein e.V.: Beton-Handbuch, Wiesbaden 1995

[18] –: Merkblatt Betondeckung. Wiesbaden 1991
[19] –: Merkblatt Abstandhalter. Wiesbaden 1987
[20] Droese, S., Kordina, K.: Formstahlbewehrter Stahlbeton. In: beton 11/88
[21] Edelmann, A.: Nachbehandlung von Beton. In: beton 11/88
[22] Eligehausen, R., Fuchs, W., Reuter, M.: Moderne Befestigungstechnik im Bauwesen. In: DAB 3/88
[23] Fehlhaber, J.: Beton und Farbe. In: DAB 10/88
[24] Grube, H.: Beschichtungen auf Beton. In: beton 12/91
[25] Hart, H.-J.: Handbuch Betonsanierung. Berlin 1993
[26] Härig, S., Günther, K., Klausen, D.: Technologie der Baustoffe. Heidelberg 1994
[27] Kordina, K., Meyer-Ottens, C.: Beton-Brandschutz-Handbuch. Düsseldorf 1981
[28] Lamprecht, H. u.a.: Betonoberflächen, Gestaltung und Herstellung. Grafenau 1984
[29] Lamprecht, O., Metzner, R.: Merkblatt Sichtbeton. Düsseldorf 1989
[30] Lohmeyer, G.: Stahlbetonbau. Stuttgart 1994
[31] –; Weiße Wannen einfach und sicher. Düsseldorf 1995
[32] Ruffert, G.: Instandsetzung von Stahlbeton. In: beton 7/89
[33] Schmincke, P.: Sichtbeton – gewußt wie. In: beton 7/90
[34] Schorn, H.: Beton mit Kunststoffen und andere Instandsetzungsstoffe. Berlin 1991
[35] Verein Deutscher Zementwerke: Zementtaschenbuch 1984
[36] Weber, R., Tegelaar: Guter Beton. Düsseldorf 1995

6 Wände

6.1 Allgemeines

Wände werden heute immer noch – ähnlich wie seit Jahrtausenden – aus mehr oder weniger kleinformatigen vorgefertigten künstlichen Steinen oder aus Natursteinen zu Mauern zusammengefügt. Vergleichbar dem uralten Lehmbau entstehen heute im Betonbau aus ungeformten Rohstoffen fugenlose Wände. Außerdem werden Wände in Kombination verschiedener Materialien hergestellt (Beton, künstliche Steine, Holz, Metall, Glas, Kunststoffe usw., ggf. in Verbindung insbesondere mit Wärmedämmstoffen).

Innerhalb eines Baugefüges (s. Abschn. 1) können Wände tragend oder aussteifend für die Standfestigkeit eines Bauwerkes erforderlich sein, als nichttragende Trennwände lediglich der Raumunterteilung dienen oder als Ausfachungen zwischen tragenden Elementen z. B. von Skelettbauten dienen.

Unterschiede werden daher in statischer Hinsicht:

— **tragende Wände** (überwiegend auf Druck beanspruchte scheibenartige Bauteile zur Aufnahme vertikaler und horizontaler Lasten)

— **aussteifende Wände** (scheibenartige Bauteile zur Aussteifung von Gebäuden oder zur Knickaussteifung von tragenden Wänden. Sie gelten stets auch als tragende Wände)

— **nichttragende Wände** (scheibenartige Bauteile, die überwiegend durch Eigenlasten beansprucht werden und zur Sicherung der Standfestigkeit eines Bauwerkes nicht herangezogen werden)

Darüber hinaus müssen Wände oft besondere Anforderungen erfüllt wie:

— Wärmeschutz (Wärmedämmung und Wärmespeicherung, s. Abschn. 6.2.1.2 und 15.3),

— Schallschutz (s. Abschn. 6.2.1.3 und 15.4),

— Brandschutz (s. Abschn. 6.2.1.4 und 15.5,

— Schlagregenschutz (s. Abschn. 6.2.1.5),

— Schutz gegen drückendes und nichtdrückendes Wasser, z. B. bei Kellerwänden (s. Abschn. 15.4).

Bei der Auswahl der geeigneten Baustoffe oder Baustoffkombination ist weiterhin zu berücksichtigen:

— Oberflächengestaltung,

— Dampfdurchlässigkeit,

— Gewicht,

— Herstellungs- bzw. Montagemöglichkeiten,

— Kosten.

Die traditionelle Ausführung von Mauerwerk mit Ziegeln und sonstigen Mauersteinen wird ständig ergänzt durch neu entwickelte Materialien, durch neue und größere Steinformate, durch verbesserte Qualitäten (z.B. Wärmedämm- und Schalldämmeigenschaften), durch die Optimierung der Steinformen (z.B. Nut-Feder-Stoßfugen) und optimale Maßhaltigkeit (dadurch Möglichkeit für die Ausführung von mörtelfreiem Mauerwerk), durch neue Mörtel (Dünnbett- und Klebemörtel, wärmedämmende Mörtel) sowie durch die Entwicklung neuer Arbeitshilfsmittel (Transport- und Versetzhilfen, Mörtelauftragsgeräte, Grifföffnungen u.ä. bei den Steinen).

Herkömmliche Bauarten, insbesondere der Mauerwerksbau, erfüllten mehr oder weniger alle an eine Wand zu stellende Anforderungen problemlos. Nachdem spezielle Materialien für nahezu jede Einzelanforderung verfügbar sind, ist bei der Kombination von Baustoffen oft unterschiedlichster Eigenschaften die Kenntnis und konstruktive Beherrschung der damit auftretenden bauphysikalischen Probleme unabdingbar.

6.2 Mauerwerk aus künstlichen Steinen

6.2.1 Allgemeines

6.2.1.1 Standsicherheit

Die Standsicherheit von Wänden ist je nach Bauart und statischer Beanspruchung nachzuweisen.

Neuere Forschungsergebnisse haben zu verfeinerten Berechnungsverfahren für Mauerwerk geführt. Dabei wird die gegenseitige Beeinflussung von Wänden und Decken hinsichtlich ihrer Verformung und des Zusammenwirkens bei der Standsicherheit stärker als bisher berücksichtigt.

So wird jetzt z.B. davon ausgegangen, daß zwischen gemauerten tragenden Wänden und Stahlbetondecken am Auflager praktisch eine biegesteife Eckverbindung entsteht. Auch sind für die Standsicherheitsnachweise hinsichtlich Knicken, Schub und Zug/Biegzug bei Mauerwerk differenziertere Erkenntnisse berücksichtigt.

In Verbindung mit hochfesten Baustoffen (Mauersteine der Festigkeitsklassen 36, 48 und 60, s. Abschn. 6.2.2) und der Verwendung von Mauermörtel der Mörtelgruppe III (s. Abschn. 6.2.2.3) ergeben sich dabei auch bei geringen Mauerdicken konstruktive Möglichkeiten, wie sie früher nur dem Bauen mit Stahlbeton vorbehalten blieben. Unterschieden wird in DIN 1053

— Rezeptmauerwerk (RM)
— Mauerwerk nach Eignungsprüfung (EM)

DIN 1053-1 enthält vereinfachte Verfahren für den Standsicherheitsnachweis.

Tabelle **6**.1 Voraussetzungen für die Anwendung des vereinfachten Verfahrens für den Standsicherheitsnachweis (DIN 1053-1, Tab. 1)

Bauteil	Voraussetzungen Wanddicke d in mm	 lichte Geschoßhöhe h_s	 Nutzlast p in kN/m²
Innenwände	≧ 115 < 240	≦ 2,75 m	≦ 5
	≧ 240	–	
einschalige Außenwände	≧ 175[1] < 240	≦ 2,75 m	
	≧ 240	≦ 12 · d	
Tragschale zweischaliger Außenwände und zweischalige Haustrennwände	≧ 115[2] < 175[2]	≦ 2,75 m	≦ 3[3]
	≧ 175 < 240		≦ 5
	≧ 240	≦ 12 · d	

[1]) Bei eingeschossigen Garagen und vergleichbaren Bauwerken, die nicht zum dauernden Aufenthalt von Menschen vorgesehen sind, auch d ≧ 115 mm zulässig.

[2]) Geschoßanzahl maximal zwei Vollgeschosse zuzüglich ausgebautes Dachgeschoß; aussteifende Querwände im Abstand ≦ 4,50 m bzw. Randabstand von einer Öffnung ≦ 2,0 m.

[3]) Einschließlich Zuschlag für nichttragende innere Trennwände.

Als Gebäudehöhe darf bei geneigten Dächern das Mittel von First- und Traufhöhe gelten.

Sie dürfen angewendet werden für Bauwerke

- mit Höhen bis 20 m über Gelände,
- mit Deckenstützweiten bis 6 m,
- mit Verkehrslasten bis 5 kN/m^2 und
- wenn die Bedingungen der Tabelle **6**.1 (DIN 1053 Tab. 1) eingehalten sind.

Tragende Wände dürfen bei entsprechendem Nachweis selbst bei nur zweiseitiger Auflagerung eine Mindestdicke von nur 11,5 cm haben, sofern sie nicht durch Schlitze oder Aussparungen geschwächt sind oder nicht zusätzliche Anforderungen z.B. für Schall- oder Brandschutz bestehen.

Das bedeutet, daß auch Trennwände weitgehend als Tragwände herangezogen werden können. Dadurch werden die Deckenspannweiten reduziert und die Bedingungen für die Gebäudeaussteifung verbessert.

Tragende Wände. Alle Wände, die mehr als ihre Eigenlast aus einem Geschoß zu tragen haben, gelten als Tragwände. Nur wenn die gewählte Wanddicke offensichtlich ausreichend ist, darf auf einen Nachweis der erforderlichen Wanddicke verzichtet werden.

Tragende Wände sind in der Regel unmittelbar auf Fundamenten zu gründen.

Innerhalb eines Geschosses sollen nur einheitliche Stein- und Mörtelarten verwendet werden.

Kelleraußenwände dürfen ohne Nachweis hinsichtlich Erddruck errichtet werden, wenn die folgenden Bedingungen erfüllt sind:

- lichte Höhe des Kellers höchstens 2,60 m,
- Wanddicke der Kelleraußenwand mindestens 24 cm,
- im Einflußbereich des Erddruckes dürfen keine Verkehrslasten von mehr als 5 kN/m^2 vorhanden sein,
- die Geländeoberfläche darf nicht ansteigen,
- die Anschütthöhe h_e ist nicht höher als h_s (vgl. Tab. **6**.2),
- die Auflast N_0 der Kelleraußenwand liegt innerhalb folgender Grenzen.

$$\max N_0 \geqq N_0 \geqq \min N_0 \qquad \text{mit} \qquad \max N_0 = 45 \cdot d \cdot \sigma_0$$

bzw. innerhalb der Werte von Tab. **6**.2.

Tabelle **6**.2 minN_0 für Kelleräußenwände ohne rechnerischen Nachweis (DIN 1053-1, Tab. 8)

Wand dicke d	minN_0 bei einer Höhe der Anschüttung h_e			
	1,0 m in kN/m	1,5 m in kN/m	2,0 m in kN/m	2,5 m in kN/m
240	6	20	45	75
300	3	15	30	50
365	0	10	25	40
490	0	5	15	30

Zwischenwerte sind geradlinig zu interpolieren.

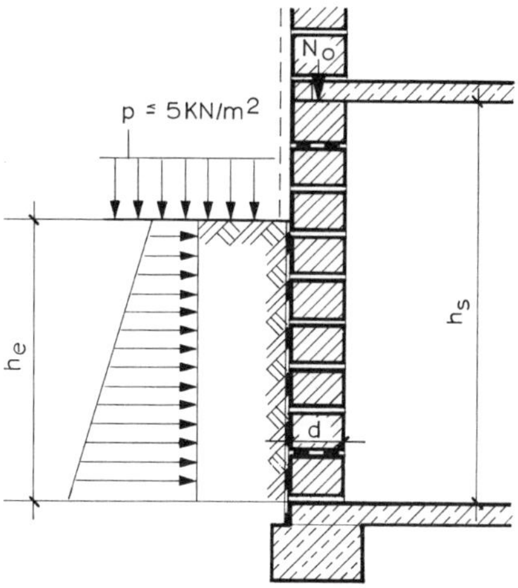

Tragende Pfeiler müssen eine Mindestabmessung von 11,6 x 36,5 cm bzw. 17,5 x 24 cm haben.

Aussteifende Wände. Von größter Bedeutung sind die Aufgaben, die Wände für die Standfestigkeit im gesamten Baugefüge zu übernehmen haben. Sie müssen ebenso wie alle vertikalen Lasten (Eigengewichte, Verkehrs- und Nutzlasten, Schneelast usw.) auch alle horizontalen Beanspruchungen auf das Bauwerk (z. B. Windlasten, Lasten aus Schrägstellungen usw.) sicher auf den Baugrund übertragen.

Das wird erreicht durch das Zusammenwirken unverschieblich gehaltener Wand- und Deckenscheiben (Bild **6**.3) oder auch durch Ringbalken oder Rahmen (vgl. Abschn. 1.6).

Wenn die Geschoßdecken als steife Scheiben ausgebildet sind oder statisch berechnete Ringbalken vorhanden sind, bzw. wenn ein Bauwerk „offensichtlich genügend lange aussteifende Wände in ausreichender Zahl aufweist, die ohne größere Schwächungen oder Versprünge bis auf die Fundamente geführt sind" (DIN 1053-1, Abschn. 6.4), darf auf einen besonderen Nachweis der räumlichen Steifigkeit verzichtet werden.

Was als „offensichtlich ausreichend" anzusehen ist, wird nicht näher definiert, so daß der Planer und Ingenieur in eigener Verantwortung entscheiden müssen.

Im übrigen muß ein statischer Nachweis entweder nach dem vereinfachten Verfahren von DIN 1053-1 Abschn. 6 oder – in schwierigeren Fällen bzw. zur bestmöglichen Ausnutzung des Mauerwerkes – nach dem genaueren Verfahren für Mauerwerk nach Eignungsprüfung nach DIN 1053-2 Abschn. 7 geführt werden.

Aussteifende Wände müssen mindestens eine wirksame Länge von $^1/_5$ der lichten Geschoßhöhe h_s und eine Dicke von $^1/_3$ der Dicke der auszusteifenden Wand, mindestens jedoch 11,5 cm haben (Bild **6**.4).

Sie müssen unverschieblich und rechtwinklig zur ausgesteiften Wand gehalten sein. Bei einseitig angeordneten Aussteifungswänden müssen diese gleichzeitig mit der auszusteifenden Wand im Verband hochgeführt werden, oder es muß durch andere Maßnahmen (z. B. Maueranker, Anschlußprofile u. ä.) eine zug- und druckfeste Verbindung gesichert sein.

Als statisch gleichwertige Maßnahme ist bei Kalksandsteinmauerwerk die „Stumpfstoßtechnik" zugelassen, wenn die Wände als zweiseitig gehalten nachgewiesen sind. Eine Verzahnung kann also entfallen, doch sind Stumpfstöße aus wärme- und schallschutztechnischen Gründen zu vermörteln. Es wird jedoch empfohlen, die Anschlüsse mit Flachstahlankern auszuführen [15].

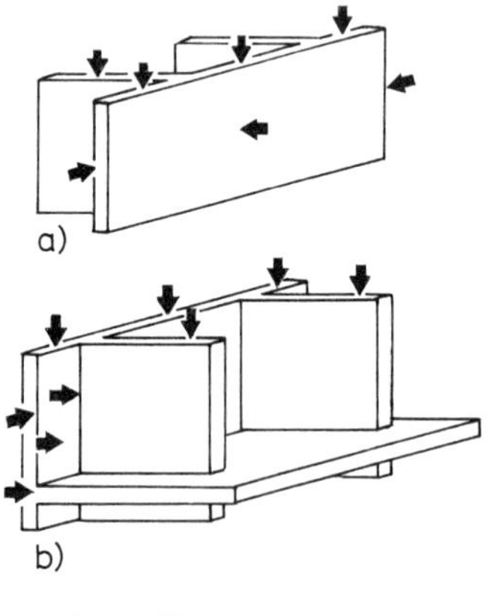

6.3 Aussteifung
a) Aussteifung einer Wand durch Querwände
b) Aussteifung durch Querwände und Deckenscheibe

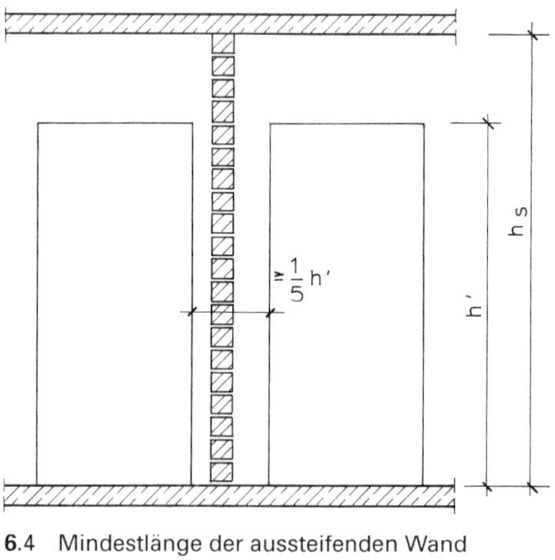

6.4 Mindestlänge der aussteifenden Wand

Je nach Anzahl der rechtwinklig zur Wandebene gehaltenen Ränder werden zwei-, drei- und vierseitig gehaltene oder frei stehende Wände unterschieden. Für drei- und vierseitig gehaltene Wände können abgeminderte Knicklängen in Rechnung gestellt werden, wenn Horizontallasten nur durch Wind bestehen. Für freistehende Wände muß immer ein Standsicherheitsnachweis geführt werden.

Umfassungswände müssen mit den Decken zugfest verbunden werden. Wenn Massivdecken mindestens bis zur halben Wanddicke aufliegen, müssen keine besonderen Maßnahmen zur Verbindung getroffen werden. Holzbalkendecken müssen durch Anker mit Splinten (s. Abschn. 9.3.3.2) im Abstand von 2 m (ausnahmsweise = 4 m) verbunden werden. Giebelwände müssen an den Dachstühlen verankert werden, wenn sie nicht durch Querwände, Pfeilervorlagen o. ä. genügend ausgesteift sind.

Aussteifungspfeiler. Wenn bei langen tragenden Wänden keine aussteifenden Querwände möglich sind, können Aussteifungspfeiler aus Stahlbeton oder Stahlprofilen vorgesehen werden. Dabei ist in der Regel ein statischer Nachweis erforderlich. Darüber hinaus ist die Problematik zu beachten, die sich aus dem Nebeneinander der verschiedenen Baustoffe ergeben kann, und es ist ggf. außerdem auf ausreichende zusätzliche Schall- und Wärmeschutzmaßnahmen zu achten (Bild **6**.5).

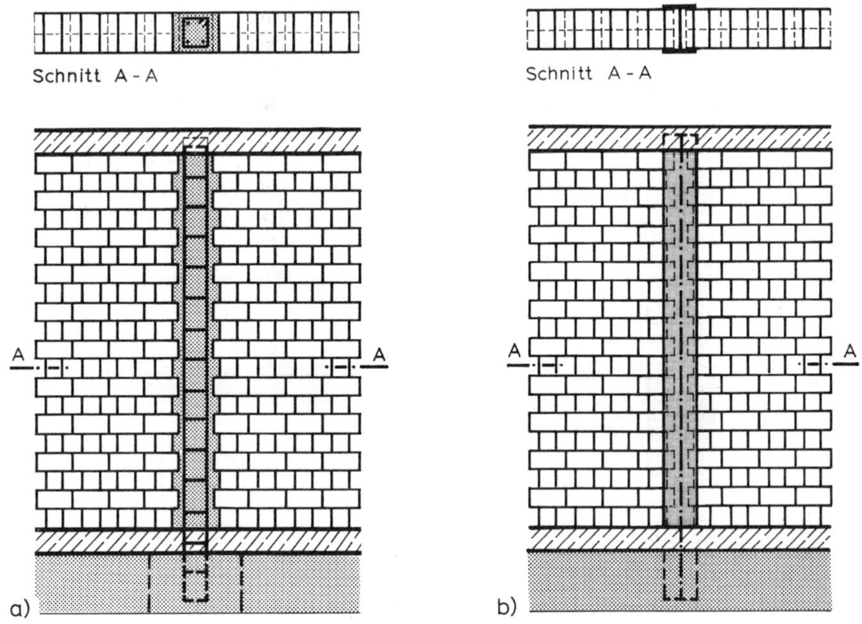

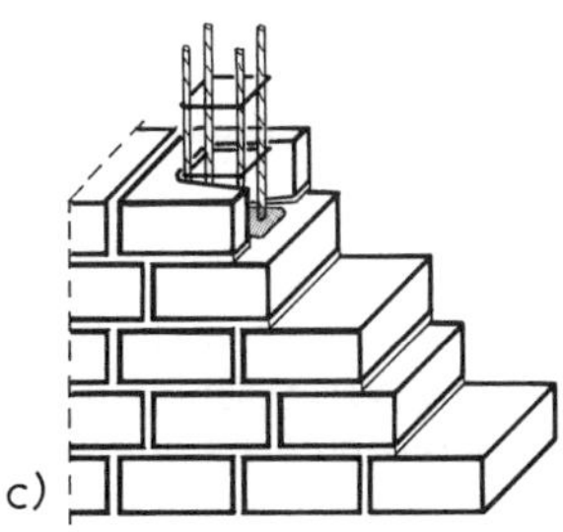

6.5 Aussteifung durch Pfeiler
a) Stahlbetonpfeiler
b) Stahlprofil
c) Aussteifungsstütze, betoniert mit Hilfe von Kalksandstein-Schalen (KS U) in Sichtmauerwerk

Ringanker und Ringbalken. In alle Außenwände und in die Querwände, die als vertikale Scheiben der Abtragung horizontaler Lasten (z. B. Wind) dienen, sind unmittelbar unterhalb der Geschoßdecken Ringanker zu legen bei Bauten

— mit mehr als 2 Vollgeschossen oder > 18,00 m Länge,
— bei Wänden, in denen die Summe der Öffnungsbreiten 60 % der Mauerlänge übersteigt (bzw. 40 %, wenn die Fensterbreiten größer sind als $^2/_3$ der Geschoßhöhe).

Die Ringanker können mit Massivdecken (s. Abschn. 9) oder Fensterstürzen aus Stahlbeton vereinigt werden. Sie sollen ≧ 15 cm hoch und oben und unten mit mindestens 2 durchlaufenden Rundstählen bewehrt sein, die eine Zugkraft von ≧ 30 kN aufnehmen.

Sie wirken wie ein Zugband für einen gedachten Druckbogen in der Deckenplatte und müssen alle Außenwände und durchgehenden Querwände zusammenhalten (Bild **6**.6 a). Einige Ausführungsmöglichkeiten für Ringanker zeigt Bild **6**.6 b bis e.

Wenn Decken ohne Scheibenwirkung verwendet werden (z. B. Holzbalkendecken) oder wenn Stahlbetondecken mit Gleitlagern auf den tragenden Wänden aufliegen (s. Abschn. 9.1.2), muß die Aussteifung durch Ringbalken sichergestellt werden (Bild **6**.6 f).

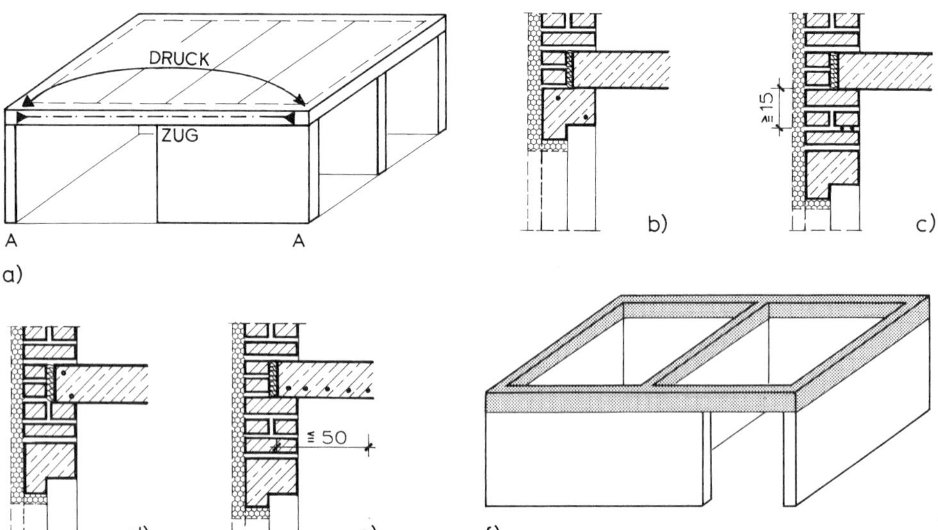

6.6 Ringanker und Ringbalken
a) Ringankerprinzip, dargestellt für die Bauwerksseite A–A
b) Ringanker in Verbindung mit dem Fenstersturz unter der Decke
c) Ringanker zwischen Decke und Fenstersturz. Bewehrtes Ziegelmauerwerk, die Bewehrung – mind. 2 durchlaufende Rundstäbe – muß eine Zugkraft von ≧ 30 kN aufnehmen)
d) Ringanker in Deckenhöhe
e) Parallel zu Ringankern liegende durchlaufende Bewehrungen dürfen in einem Streifen von ≦ 50 cm als Ringanker-Bewehrung angerechnet werden.
f) Ringbalken

Ringanker oder -balken in Außenwänden werden – ebenso wie Deckenränder – vielfach immer noch mit einem Wärmeschutz aus anbetonierten Holzwolleleichtbauplatten ausgeführt. (Für den erforderlichen Außenputz müssen diese Flächen mit Putzträgern überspannt werden.)

Eine derartige Ausführung ist jedoch problematisch. Die hinter dem Außenputz liegenden Wärmedämmungen bewirken meistens einen Wärmestau bei Sonneneinstrahlung. Dadurch und durch unvermeidliche Verformungen der Decken an den Auflagerrändern (s. Abschn. 9.1) sind Rißbildungen fast immer die Folge. Es sollten daher stets Ausführungen wie in Bild **6.**6 b bis e vorgezogen werden.

Bewehrtes Mauerwerk

Im Gegensatz zu der häufigen Anwendung im benachbarten Ausland konnte sich bewehrtes Mauerwerk in Deutschland noch nicht in größerem Maße durchsetzen. Die Bewehrung von Mauerwerk erhöht nicht nur die Tragfähigkeit, sondern verbessert auch in erheblichem Maß die Rißsicherheit. So können z. B. beim Anschluß nichttragender Fensterbrüstungen an angrenzendes Pfeilermauerwerk die auftretenden Zugspannungen durch Bewehrungen aufgenommen werden. Bei nichttragenden gemauerten Innenwänden können durch Bewehrungen in den unteren Lagerfugen Horizontalrisse infolge von Deckenverformungen („Stützgewölbeeffekt") verhindert werden. Auch aufwendige Ringankerausführungen lassen sich in vielen Fällen durch bewehrtes Mauerwerk ersetzen.

Durch die Vergrößerung der Zugfestigkeit werden darüber hinaus die Anwendungsmöglichkeiten für Mauerwerk erheblich ausgeweitet. Bewehrungen aus Rundstahl oder aus vorgefertigten gitterartigen Bewehrungen werden bei horizontalen Biegebeanspruchungen von Platten oder über Maueröffnungen in die Lagerfugen des Mauerwerkes eingelegt. Bei vertikalen Beanspruchungen ist die Ausführung von bewehrtem Mauerwerk mit Hilfe von speziellen Hohlkammersteinen möglich. In die Hohlkammern werden vorgefertigte Bewehrungskörbe eingestellt und mit Beton vergossen.

Schlitze und Aussparungen. In tragenden oder aussteifenden Wänden sind Schlitze und Aussparungen für Installationen nur dann zulässig, wenn dadurch die Standfestigkeit nicht beeinträchtigt wird. Schlitze und Aussparungen müssen entweder im Verband gemauert oder nachträglich gefräst werden. Das nachträgliche Stemmen ist nicht zulässig!

Tabelle **6.**7 Ohne Nachweis zulässige Schlitze und Aussparungen in tragenden Wänden (DIN 1053-1, Tab. 10).

Wanddicke	horizontale und schräge Schlitze [1] nachträglich hergestellt		vertikale Schlitze und Aussparungen nachträglich hergestellt			vertikale Schlitze und Aussparungen in gemauertem Verband			
	Schlitzlänge								
	unbeschränkt	≤ 1,25 m lang [2]		Einzelschlitzbreite [5]	Abstand der Schlitze und Aussparungen von	Breite [5]	Restwanddicke	Mindestabstand der Schlitze und Aussparungen	
	Tiefe [3]		Tiefe	Tiefe [4]				von Öffnungen	untereinander
≥ 115	–	–	≤ 10	≤ 100		–	–	≥ 2fache	
≥ 175	0	≤ 25	≤ 30	≤ 100		≤ 260	≥ 115	Schlitz-	≥ Schlitzbreite
≥ 240	≤ 15	≤ 25	≤ 30	≤ 150	≥ 115	≤ 385	≥ 115	breite	
≥ 300	≤ 20	≤ 30	≤ 30	≤ 200		≤ 385	≥ 175	bzw.	
≥ 365	≤ 20	≤ 30	≤ 30	≤ 200		≤ 385	≥ 240	≥ 365	

1) Horizontale und schräge Schlitze sind nur zulässig in einem Bereich ≤ 0,4 m ober- oder unterhalb der Rohdecke sowie jeweils an einer Wandseite. Sie sind nicht zulässig bei Langlochziegeln.

2) Mindestabstand in Längsrichtung von Öffnungen ≥ 490 mm, vom nächsten Horizontalschlitz zweifache Schlitzlänge.

3) Die Tiefe darf um 10 mm erhöht werden, wenn Werkzeuge verwendet werden, mit denen die Tiefe genau eingehalten werden kann. Bei Verwendung solcher Werkzeuge dürfen auch in Wänden ≥ 240 mm gegenüberliegende Schlitze mit jeweils 10 mm Tiefe ausgeführt werden.

4) Schlitze, die bis maximal 1 m über den Fußboden reichen, dürfen bei Wanddicken ≥ 240 mm bis 80 mm Tiefe und 120 mm Breite ausgeführt werden.

5) Die Gesamtbreite von Schlitzen nach Spalte 5 und Spalte 7 darf je 2 m Wandlänge die Maße in Spalte 7 nicht überschreiten. Bei geringeren Wandlängen als 2 m sind die Werte in Spalte 7 proportional zur Wandlänge zu verringern.

Ohne besonderen Standsicherheitsnachweis für die Wände dürfen Schlitze und Aussparungen gemäß Tab. **6**.7 (DIN 1053, Tab. 10) ausgeführt werden.

Ohne statischen Nachweis sind danach nur Schlitze bis höchstens 4 cm Tiefe zugelassen, die nur für Kabel oder Rohre von geringem Querschnitt in Betracht kommen.

Das bedeutet, daß sämtliche größere Schlitze und Aussparungen von vornherein bei der Planung festgelegt und bei der statischen Berechnung berücksichtigt werden müssen!

Schlitze und Aussparungen schwächen Wände jedoch nicht nur in ihrem Tragverhalten. Sie sind immer auch Schwachstellen hinsichtlich des Schall- und Wärmeschutzes. Es sollten daher auch aus diesen Gründen möglichst „Vorwand-Installationen" bevorzugt werden. Alle Rohrleitungen usw. werden dabei – ggf. vormontiert oder in kompletten Einbauelementen – vor den Wänden oder in Installationsschächten eingebaut. Beim Innenausbau werden die Installationen ausgemauert, erhalten eine Vormauerung oder Ausmauerung, oder sie werden verkleidet (Bild **6**.8).

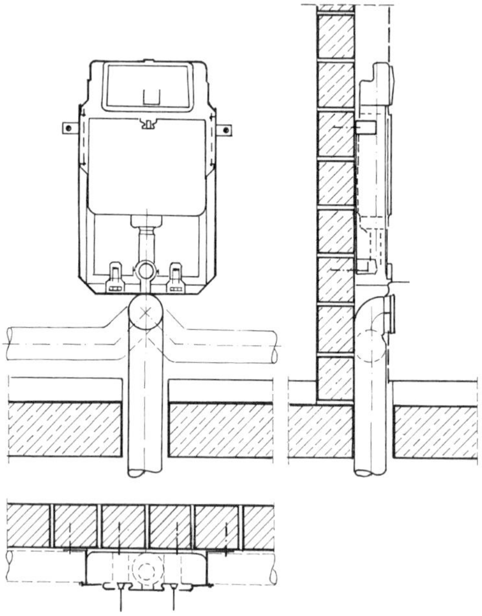

6.8
WC-Vorwandinstallation mit KOMBIFIX-Montagerahmen zur nachträglichen Ausmauerung oder Vormauerung (Geberit)

In Außenwänden sind nach DIN 1986 Schlitze nur dann zulässig, wenn mindestens 24 cm Wanddicke verbleiben und außerdem der Wärmeschutz nach DIN 4108 gewährleistet bleibt. Im übrigen müssen Installationsleitungen und somit etwa erforderliche Schlitze jeweils an den Außenseiten der Wände von Aufenthaltsräumen ausgeführt werden (DIN 4109).

Nichttragende Wände. Nichttragende innere Trennwände, die der Raumaufteilung dienen und die keinen statischen Beanspruchungen innerhalb des konstruktiven Baugefüges unterliegen, sind nach DIN 4103 auszuführen (s. Abschn. 6.8 und Abschn. 15.7).

Heizkörpernischen sind als nichttragende Bestandteile tragender Wände zu betrachten. Ihre besondere Problematik wird in Abschn. 6.2.5 behandelt.

In Ausfachungen von Fachwerk-, Skelett- und Schottenbauweisen müssen nichttragende Wände die auf ihre Fläche wirkenden Lasten (insbes. Eigengewicht, Windlasten) auf tragende Bauteile abtragen.

Nichttragende Wände, die durch Anker, Versatz, Verzahnung o. ä. gehalten sind, in Normalmörtel MG IIa (s. Abschn. 6.2.2.3) ausgeführt sind und den Bedingungen der Tabelle **6**.9 entsprechen, dürfen ohne statischen Nachweis ausgeführt werden.

Tabelle **6**.9 Größte zulässige Werte der Ausfachungsfläche von nichttragenden Außenwänden ohne rechnerischen Nachweis (DIN 1053-1, Tab. 9)
(ε kennzeichnet das Verhältnis der größeren zur kleineren Seite der Ausfachungsfläche)

Wanddicke d	Größte zulässige Werte [1] der Ausfachungsfläche bei einer Höhe über Gelände von					
	0 bis 8 m		8 bis 20 m		20 bis 100 m	
	$\varepsilon = 1{,}0$ in m²	$\varepsilon \geqq 2{,}0$ in m²	$\varepsilon = 1{,}0$ in m²	$\varepsilon \geqq 2{,}0$ in m²	$\varepsilon = 1{,}0$ in m²	$\varepsilon \geqq 2{,}0$ in m²
115 [2]	12	8	8	5	6	4
175	20	14	13	9	9	6
240	36	25	23	16	16	12
$\geqq$ 300	50	33	35	23	25	17

1) Bei Seitenverhältnissen $1{,}0 < \varepsilon < 2{,}0$ dürfen die größten zulässigen Werte der Ausfachungsflächen geradlinig interpoliert werden.
2) Bei Verwendung von Steinen der Festigkeitsklassen $\geqq$ 12 dürfen die Werte dieser Zeit um 1/3 vergrößert werden.

6.2.1.2 Wärmeschutz

Neben Decken und Dachflächen bilden die Außenwände einen wesentlichen Bestandteil der gesamten Umfassungsflächen von Räumen. Sie müssen daher auch den in DIN 4108 und den Wärmeschutzverordnungen festgelegten sehr weitgehenden Forderungen an den winterlichen und sommerlichen Wärmeschutz genügen (Anforderungen und Berechnungsverfahren s. Abschn. 15.5 f).

Wärmeschutzmaßnahmen richten sich auf den Wärmedurchgang (Wärmeverluste im Winter, Aufheizung im Sommer) und die Wärmespeicherung (Ausgleich von Temperaturschwankungen infolge der unterschiedlichen Tag- und Nachttemperaturen beim Heizungsbetrieb im Winter und von Tag- und Nacht-Außentemperaturen im Sommer).

Insbesondere im Zusammenhang mit dem Ausgleich von Luftfeuchtigkeit durch Bauteile hindurch (Wasserdampfdiffusion) ergeben sich dabei bauphysikalische Probleme, die zu den verschiedensten konstruktiven Lösungen für Wandbauarten geführt haben.

Man unterscheidet hinsichtlich der Wärmedämmung:

— einschalige Wände, auch mit zusätzlichem Wärmeschutz (Bild **6**.10 a bis c),

— zweischalige Wände ohne Luftschicht (Bild **10** e),

— zweischalige Wände mit Luftschicht (Bild **6**.10 d, f).

Das Bestreben nach immer größerer Energieeinsparung schließt neben ständig erhöhten Anforderungen an die Wärmedämmung von Bauteilen auch immer mehr die Ausnutzung der eingestrahlten Sonnenenergie ein. Diese konnte bisher nur über Fensterflächen nutzbar gemacht werden. Bei hochgedämmten Fassaden lassen sich selbst bei starker Sonneneinstrahlung jedoch keine Wärmegewinne erzielen.

Es werden daher neuerdings Versuche mit transparenten Wärmedämmungen gemacht. Dabei werden luftgefüllte Waben- bzw. Kapillarplatten aus lichtdurchlässigen

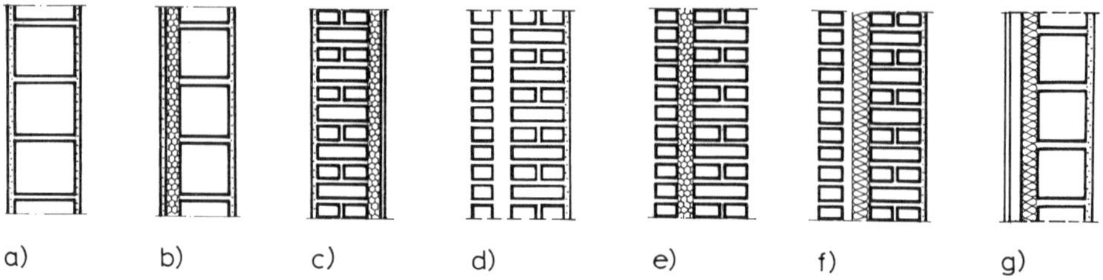

6.10 Außenwandkonstruktionen (Außenseite links)

a) einschalige Wand aus großformatigen wärmedämmenden Steinen, beidseitig geputzt
b) einschalige Wand aus großformatigen Bauteilen mit außenliegender Wärmedämmung, beidseitig geputzt
c) einschaliges Mauerwerk aus kleinformatigen Bausteinen mit innenliegender Wärmedämmung, beidseitig geputzt (Ausführung nur in Sonderfällen!)
d) zweischaliges Mauerwerk mit Luftschicht
e) zweischaliges Mauerwerk mit Kerndämmung
f) zweischaliges Mauerwerk mit Luftschicht und Wärmedämmung
g) Mauerwerk mit Wärmedämmung und hinterlüfteter „Vorhangfassade" (Wetterschutzschale)

Kunststoffen (PC und PMMA) in Dicken von 5 bis 12 cm und Schüttungen aus Aerogelen auf der Basis von Wasserglas verwendet. Bei unverschatteten Flächen lassen sich damit in Versuchsanordnungen Wärmegewinne von 70 bis 120 kWh/m² erzielen.

Transparente Wärmedämmungen müssen vorerst einen außenliegenden transparenten Witterungsschutz erhalten und können nur in Verbindung mit Verschattungseinrichtungen oder Hinterlüftungen eingebaut werden, damit außerhalb der Heizperioden die Überhitzung der dahinter liegenden Räume verhindert werden kann.

Mit transparenten Wärmedämmungen sind eine Reihe von Demonstrationsobjekten ausgeführt. Die weitere Entwicklung auf diesem hochinteressanten Gebiet muß noch abgewartet werden.

Die Entscheidung, welche Wandbauart anzuwenden ist, hängt von konstruktiven Anforderungen (z. B. notwendige Belastbarkeit), gestalterischen Absichten (z. B. Wahl von Verblend- oder Sichtmauerwerk oder Innen- und Außenputz) insbesondere aber vielfach von der Überlegung ab, wie mit möglichst geringem Aufwand optimaler Wärmeschutz erreicht werden kann (niedrige Material- und Herstellungskosten, geringer Unterhaltungsaufwand, nicht zu große Wanddicken, die eine Verringerung der Nutzflächen bedeuten).

Neben der Auswahl der geeigneten Wandbauart ist – besonders bei allen einschaligen Wänden ohne zusätzliche Wärmedämmung – bei der Planung und Ausführung sorgfältig darauf zu achten, daß keine „Wärmebrücken" entstehen, d. h. daß keine Stellen an den Außenwänden vorhanden sind, an denen der Wärmedurchgang größer ist als in den normalen Wandflächen.

Wärmebrücken können entstehen durch

- Verwendung von Mauersteinen mit unterschiedlichen Wärmedämmeigenschaften („Mischmauerwerk"),
- einbindende oder durchlaufende Bauteile wie z. B. Deckenauflager, Kragplatten, Stürze o. ä. ohne ausreichenden zusätzlichen Wärmeschutz,
- Beeinträchtigung des Wärmeschutzes durch Wandaussparungen, Schlitze o. ä.,
- formbedingte („geometrische") Wärmebrücken

Geometrische Wärmebrücken entstehen, wenn in den Außenecken der Außenwände kleinen erwärmten Flächen auf der Innenseite größere äußere Abkühlungsflächen gegenüberstehen. Durch den damit gegebenen „Kühlrippeneffekt" können bei einschaligen, nicht zusätzlich wärmegedämmten Wänden die Innenecken derart abkühlen, daß es bei ungünstigen Belüftungsverhältnissen (z. B. auch durch dicht anschließende Möblierungen) zur Kondensatbildung mit allen Folgeerscheinungen kommen kann (Bild **6**.11).

Nach DIN 4108-2 Ziff. 5.4 Ausg. 1981[1]) sind zwar Ecken von Außenbauteilen mit gleichartigem Wandaufbau nicht als Wärmebrücken zu behandeln. Andererseits wird verlangt, daß bei Wärmebrücken Dämmungen so vorgesehen werden müssen, „daß an der inneren Oberfläche der Bauteile keine wesentlich niedrigeren Temperaturen auftreten als an der ungestörten Wandfläche".

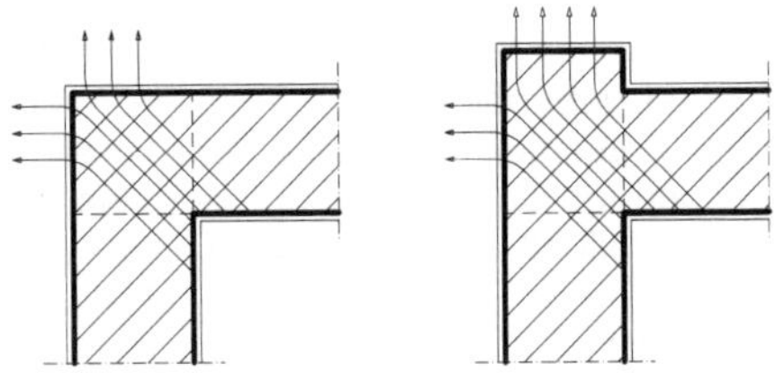

a) b)

6.11 Geometrische Wärmebrücke an Außenwandecke
a) Wärmeströmung
b) Verstärkte Wärmeströmung (Kühlrippeneffekt) durch Wandvorsprung

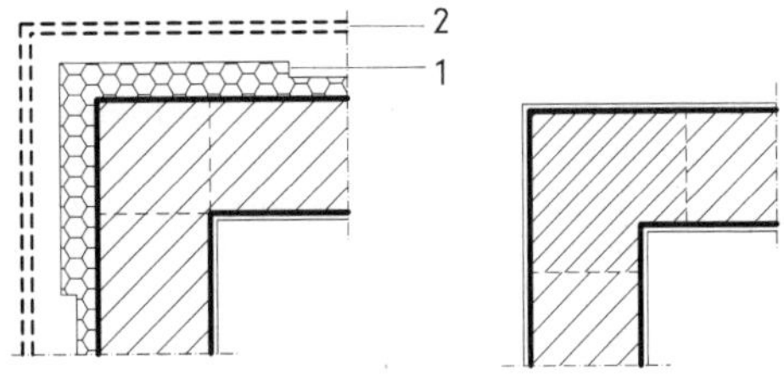

a) b)

6.12 Wärmedämmung an Außenecken
a) Zusätzliche Wärmedämmung der Ecke in Verbindung mit Fassadenbekleidungen
b) Wärmedämmung durch Mauerwerk mit höheren Wärmedämmeigenschaften

Bei Mauerwerk war bisher eine Dämmung von Außenecken allenfalls bei besonders hohen Anforderungen oder Beanspruchungen üblich.

Eine zusätzliche Wärmedämmung außen (Bild **6**.12 a) ist nur in Verbindung mit zweischaligem Mauerwerk oder bei zusätzlichen Fassadenbekleidungen anwendbar. Bei einschaligem Mauerwerk kann eine Verbesserung erreicht werden, wenn in den Eckbereichen Steine aus dem gleichen Material wie im angrenzenden Mauerwerk jedoch mit höheren Wärmedämmeigenschaften verwendet werden (Bild **6**.12 b).

Wärmebrücken ergeben sich auch am Fußpunkt hochgedämmter Außenwände. Sie können durch den Einbau von Dämmelementen oder hochbelastbaren Dämmstoffstreifen (z. B. aus Schaumglas) vermieden werden (Bild **6**.13).

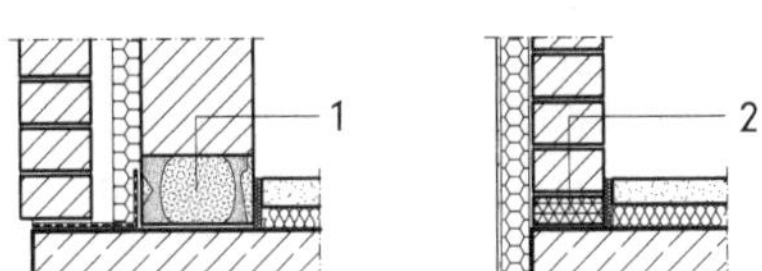

a) b)

6.13 Wärmedämmung am Mauerfuß
a) Wärmedämmelement Schöck Isomur®)
b) Streifen aus Foamglas® Perinsul

Einschalige Wände (s. Abschn. 6.2.3) aus herkömmlichen Baustoffen wie Ziegel oder Kalksandstein erfordern bei Außenwänden ohne zusätzliche Wärmedämmschichten im Hinblick auf die hohen Anforderungen der DIN 4108 bzw. der Wärmeschutzverordnung (s. Abschn. 15.5) unvertretbar große Wanddicken, die zwar bauphysikalisch problemlos, aber in der Regel zu teuer in der Herstellung sowie durch ihren Flächenbedarf sind.

[1]) z. Z. in Neubearbeitung

Sie werden daher fast nur noch aus Steinen mit sehr guten Wärmedämm-Eigenschaften hergestellt (z. B. porosierte Leichtziegel, Porenbeton, Leichtbeton-Hohlblocksteinen, Bild **6**.10 a) oder aus Hohlblocksteinen mit integrierter Wärmedämmung. Sie müssen unter Verwendung von Wärmedämm-Mörtel hergestellt werden, da sonst die Fugen Wärmebrücken darstellen, die sich nicht nur ungünstig auf den Gesamt-Wärmedurchlaßwiderstand der Wand auswirken, sondern sich auch später durch Verfärbungen in den Wandflächen abzeichnen.

Porenbetonmauerwerk wird am besten mit Klebemörtel hergestellt.

Einschalige Wände mit zusätzlicher Wärmedämmung, die aus Steinen mit relativ schlechten Wärmedämm-Eigenschaften lediglich nach statisch-konstruktiven Anforderungen geplant werden und eine zusätzlich außen aufgebrachte Wärmedämmung (Hartschaum oder Mineralwolle mit zement- oder kunstharzgebundenen Dünn-Putzen, sog. „Thermohaut") erhalten, stellen nach vergleichenden Untersuchungen eine sehr kostengünstige Lösung dar. Dabei wirkt sich auch die relativ geringe Gesamt-Wanddicke (etwa 30 cm) im Hinblick auf den insgesamt umbauten Raum vorteilhaft aus (Bild **6**.10 b). Die Ausführung des Außenputzes hierbei erfordert große Erfahrung, damit einerseits eine auf Dauer rissefrei bleibende schlagregensichere Außenfläche erreicht wird, die jedoch andererseits nicht die Wasserdampfdiffusion in gefährlichem Maß behindern darf. Bei den auf dem Markt befindlichen „geschlossenen Systemen" sind alle Materialien unter genauer Definition der Gewährleistung aufeinander abgestimmt sind (s. Teil 2 dieses Werkes).

Zu beachten ist, daß diese Bauart recht empfindlich hinsichtlich mechanischer Beschädigungen ist. Außerdem können zusätzlich aufgebrachte weiche Schalen die Schallschutzeigenschaften des Mauerwerks ungünstig beeinflussen.

Von innen aufgebrachte Wärmedämmungen stellen eine nur für besondere Fälle empfehlenswerte Lösung dar wie z. B. für Versammlungsräume (Wärmespeicherwirkung der Wände meistens nicht erforderlich) oder für nachträgliche Verbesserungen des Wärmeschutzes, wenn das Aufbringen einer zusätzlichen Wärmedämmung von außen nicht möglich ist (s. Abschn. 8 in Teil 2 d. Werkes). In diesem Fall sollte jedoch unbedingt die Problematik der Wasserdampfdiffusion beachtet werden (s. Abschn. 15.5.6) (Bild **6**.10 c).

Zweischaliges Mauerwerk (s. Abschn. 6.2.3.3) besteht aus der innen liegenden tragenden Wand und der äußeren nicht belasteten Schale, die in erster Linie als Wetterschutz dient.

Bei Außenwänden, die nicht allzu stark dem Schlagregen ausgesetzt sind, wird die Wärmedämmung ohne Luftschicht als „Kerndämmung" zwischen den Schalen eingebaut. Sie besteht aus einer losen Hyperlite-Schüttung, Hartschaumplatten oder speziellen, wasserabweisenden („hydrophobierten") Mineralwolleplatten. Derartige Wandkonstruktionen kommen auch in Frage, wenn Außenwände beidseitig als Sichtmauerwerk ausgeführt werden sollen (Bild **6**.10 e).

Bessere Voraussetzungen für den Schlagregenschutz und die Ableitung von diffundierendem Wasserdampf bietet zweischaliges Mauerwerk mit Luftschicht, das in den regenreichen nordwesteuropäischen Gebieten die traditionelle Wandbauweise bildete (Bild **6**.10 d).

Daraus abgeleitet wurde das zweischalige Mauerwerk mit Luftschicht und Wärmedämmung. Auf die innenliegende tragende Wand wird außen die aus Hartschaum- oder Mineralwolleplatten bestehende Wärmedämmung aufgebracht. Zwischen dieser und der äußeren Schale verbleibt ein etwa 4 bis 6 cm breiter hinterlüfteter Abstand. In dieser Luftschicht kann diffundierender Wasserdampf ebenso wie etwa an der Rückseite der Wetterschutzschale austretendes Niederschlagwasser ohne Durchnässung der Wärmedämmung abgeleitet werden. Bei dieser Wandkonstruktion sind die Aufgaben der einzelnen Bauteilschichten unter optimalen bauphysikalischen Voraussetzungen klar abgesetzt. Dem steht als Nachteil gegenüber der relativ hohe Herstellungsaufwand und die erforderliche Gesamtdicke der Wand von 45 bis 49 cm (Bild **6**.10 f).

Die Außenschalen werden bei zweischaligem Mauerwerk mit Luftschicht in der Regel aus Sichtmauerwerk hergestellt.

Nach dem gleichen Bauprinzip kann die äußere Wetterschutzschale auch durch vorgehängte Leichtkonstruktionen (z. B. aus Metall- oder Faserzementplatten, vgl. Abschn. 8) gebildet werden (Bild **6**.10 g).

6.2.1.3 Schallschutz [1])

Schallschutzmaßnahmen müssen getroffen werden gegen die Übertragung von Außenlärm, von Geräuschen aus eigenen und fremden Wohn- und Arbeitsbereichen sowie gegen die Schallübertragung aus Treppenhäusern, von Aufzugsanlagen oder von besonderen Schallquellen wie Gewerbebetrieben, Diskotheken usw.

Anforderungen und notwendige Nachweise sind in Einzelerlassen der Bauaufsichtsbehörden und in DIN 4109 und 18 005 enthalten.

Besondere Bestimmungen gelten dabei für den Schallschutz von Geschoßhäusern mit Wohn- und Arbeitsräumen, für Einfamilien-, Doppel- und Reihenhäuser, für Schulen u. ä., für Krankenhäuser, Sanatorien, Beherbergungsstätten, ferner für Gewerbebetriebe, Gaststätten sowie für Technische Räume.

Schallschutzmaßnahmen im Hinblick auf Wände richten sich in erster Linie auf die Dämmung von Luftschall.

Dabei sind zu unterscheiden:

— Außenwände

— trennende Außenwände (Haustrennwände)

— trennende Innenwände (Wohnungstrennwände, Treppenhauswände, Wände von Aufzugsschächten u. ä.)

Hinsichtlich der Konstruktion unterscheidet man:

— einschalig biegesteife Trennwände,

— zweischalige Trennwände aus zwei biegesteifen Schalen mit durchgehender Gebäudefuge,

— zweischalige Trennwände mit einer biegesteifen und einer biegeweichen Schale,

— dreischalige Wände mit einer biegesteifen und zwei beidseitig angeordneten biegeweichen Schalen (Bild **6**.17).

Die bei einschaligen Wänden erreichbare Dämmung gegen Luftschall ist in erster Linie abhängig von ihrer flächenbezogenen Masse bzw. ihrem Flächengewicht (kg/m^2) sowie von den Eigenschaften der flankierenden Bauteile. Voraussetzung ist dabei, daß Undichtigkeiten ausgeschlossen (vollfugiges Mauern, Putz) und Schwachstellen (z. B. Wandschlitze, Nischen) vermieden werden (s. DIN 4109, Bbl. 1, Tab. 1).

Die Schalldämmeigenschaft einer Wand ist darüber hinaus von ihrer Steifigkeit abhängig. Als „steife" Wände gelten z. B. Vollziegel- oder Kalksandsteinwände, als „biegeweich" sind Wandkonstruktionen aus dünnen Schalen (z. B. Gipskarton) auf Rahmen oder Ständern zu betrachten.

Zweischalige Wände können bei gleichem Flächengewicht die Schalldämmung erheblich verbessern unter der Voraussetzung, daß der Abstand der Schalen ausreichend groß ist, im Hohlraum Schallschluckmaterialien vorgesehen werden und feste Verbindungen zwischen den Schalen vermieden sind. Trennfugen (z. B. zwischen Haustrennwänden) müssen unbedingt vollständig durchgehen. Etwa durchlaufende Decken verschlechtern die Schalldämmung erheblich!

---

[1]) s. auch Abschn. 15.6 sowie Abschn. 10.3.3

Haustrennwände werden in der Regel mit nebeneinanderstehenden einschaligen biegesteifen Trennwänden mit durchgehender Fuge ausgeführt (Bild **6**.14 a und d). Sind die Außenwände zweischalig ausgeführt, muß die Trennfuge auch durch die Außenschale hindurch geführt werden (Bild **6**.14 b und c).

Die Fugenbreite bei Haustrennwänden ist abhängig von der flächenbezogenen Masse der Trennschalen.

— Bei einer flächenbezogenen Masse von mindestens 100 kg/m^2 (ggf. einschl. Putz) muß die Fugenbreite mindestens 5 cm betragen,

— bei einer flächenbezogenen Masse von mindestens 150 kg/m^2 (ggf. einschl. Putz) muß die Fugenbreite mindestens 3 cm, besser jedoch 5 cm betragen.

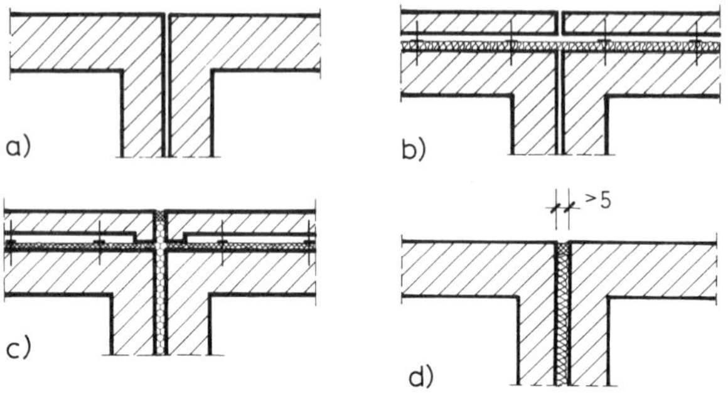

6.14
Fugen in Haustrennwänden
a) einschalige Wände, offene Fuge
b) zweischalige Außenwände, Außenschalen stumpf gestoßen
c) zweischalige Außenwände, Außenschalen elastisch angeschlossen, Stoßfugen jeweils mit elastischer Fugendichtung
d) einschalige Außenwände, Trennwände ≧ 150 kg/m^2, Fuge ≧ 3 cm breit, außen mit Dämmstreifen und Fugenprofil geschlossen.

Der Fugenhohlraum ist mit dicht gestoßenen, vollflächig verlegten speziellen Trennwandplatten auszufüllen.

Bei Ortbetonbauweisen müssen die Dämmplatten so eingebaut werden, daß keine Schallbrücken (s. Bild **6**.15 b) entstehen können. In jedem Fall sollten nicht brennbare Dämmplatten verwendet werden.

Nur bei einer flächenbezogenen Masse von mindestens 200 kg/m^2 darf auf eingelegte Dämmschichten verzichtet werden. Der Hohlraum muß in diesem Fall zur Verhinderung von Schallbrücken aber mit Hilfe von Füllkörpern hergestellt werden, die nachträglich wieder ausgebaut werden müssen.

Trotz des hohen Aufwandes wird vielfach der geplante Schallschutz von Haustrennwänden bedingt durch Ausführungsfehler nicht erreicht.

Häufige Schadensursachen sind:

— Der Abstand zwischen den Trennwänden ist zu gering (Luftschallübertragung ist auch ohne Berührung zwischen den Trennwänden möglich!),

— Schallbrücken durch Ausführungsfehler (überquellender Mörtel, fehlerhaft verlegte, zu steife oder zu dünne Trennplatten, Bild **6**.15 b, Punkt A),

— Deckenränder können durch zu steife Trennschichten oder durch Betonierfehler Schallbrücken bilden (Bild **6**.15 b, Punkt B).

Trennwände. Beim Schallschutz von Trennwänden muß beachtet werden, daß die Schallübertragung nicht nur direkt durch die Wandflächen möglich ist, sondern auch indirekt durch „Flankenübertragung" (Bild **6**.16, s. Abschn. 15.6.3.3). Es müssen daher bei der Planung und Ausführung auch die flankierenden Bauteile berücksichtigt werden.
Als Maßnahme gegen Flankenübertragung kommen in Betracht:

— einschalige, schwere und biegesteife flankierende Wände,

— zweischalige flankierende Wände (eine biegesteife und eine biegeweiche Schale, Bild **6**.17),

— Massivdecken mit biegeweichen Schalen (abgehängte Decken), s. Abschn. 8 und 9, sowie mit schwimmendem Estrich.

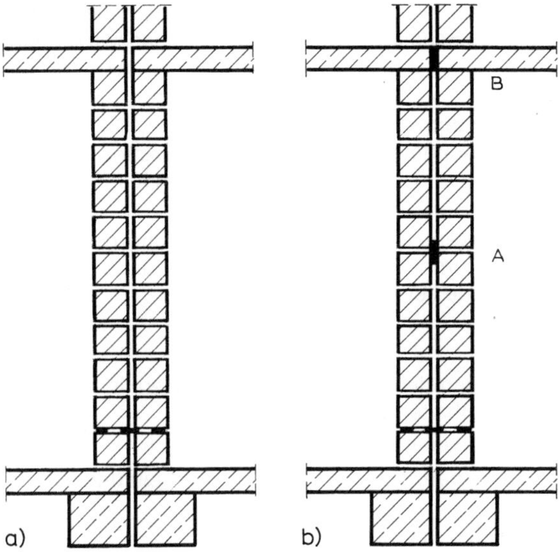

6.15 Schnitte durch Gebäudetrennfuge (Trennschicht nicht eingezeichnet)

a) Schnitt – einwandfreie Ausführung – (schallschutztechnisch ist auch ein durchlaufendes Fundament unter den Gebäudetrennwänden möglich)

b) Schnitt durch Gebäudetrennfuge mit Schallbrücken
A Schallbrücke durch Verbindung der Wände in der Fuge
B Schallbrücke durch Verbindungen der Deckenränder

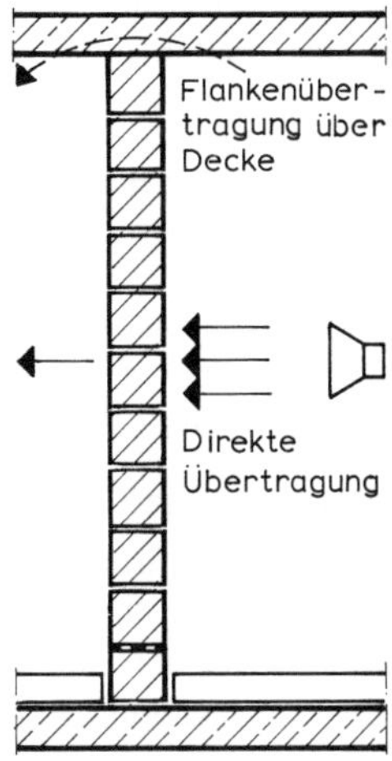

6.16 Schallübertragung (Flankenübertragung nicht nur über die Decke, sondern auch seitlich über durchlaufende flankierende Wände möglich)

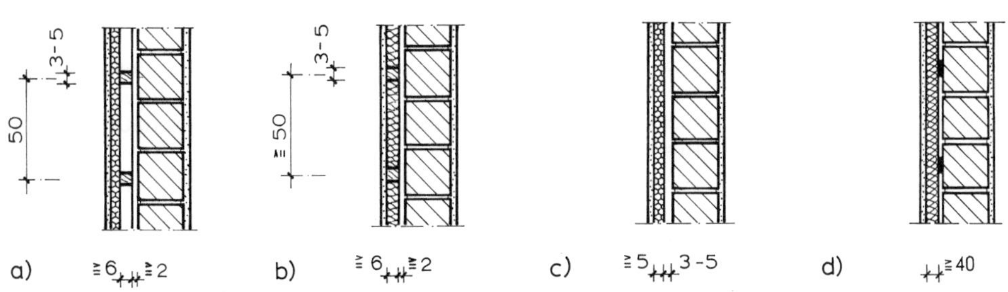

6.17 Biegesteife schwere Wände mit biegeweichen Vorsatzschalen (Beispiel aus Beibl. 1 DIN 4109, Tab 7)

a) Vorsatzschale aus Holzwolle-Leichtbauplatten (DIN 1101) $d \geq 25$ mm auf Holzstielen mit Abstand ≥ 20 mm vor schwerer Schale freistehend

b) Vorsatzschale aus Gipskartonplatten (12,5 oder 15 mm dick, nach DIN 18180) oder Spanplatten (10 bis 16 mm dick, DIN 68763) mit Hohlraumausfüllung aus Faserdämmatten oder -platten

c) Vorsatzschale aus Holzwolle-Leichtbauplatten (50 mm dick, DIN 1101) verputzt, freistehend mit Abstand von 30 bis 50 mm vor schwerer Schale

d) Vorsatzschale aus Gipskartonplatten nach DIN 18180, Dicke 12,5 mm oder 15 mm, und Faserdämmplatten (DIN 18165-1), Ausführung nach DIN 18181, an schwerer Schale streifen- oder punktförmig angesetzt

Verkleidungen biegesteifer Wände mit steifen Schalen – insbesondere, wenn diese beidseitig aufgebracht werden – verschlechtern die Schalldämmung durch Resonanzwirkungen.

Vor allem aber sollten bereits in der Grundrißgestaltung günstige Bedingungen für den Schallschutz geschaffen werden. Dazu zählt insbesondere die geeignete Anordnung geräuscherzeugender Einrichtungen oder Räume wie z. B. Sanitärräume in Wohnungen, Aufzüge o. ä. innerhalb des Grundrisses, insbesondere dann, wenn „erhöhte Anforderungen an den Schallschutz innerhalb eigener Wohn- und Arbeitsbereiche" (DIN 4109, Bbl. 2) zu berücksichtigen sind.

Grundsätzlich kann gesagt werden, daß schwere Trennwände in Verbindung mit ausreichendem Schutz gegen Flankenübertragung immer die besseren Voraussetzungen für ausreichenden Schallschutz bieten als mehrschalige Leichtkonstruktionen.

6.2.1.4 Brandschutz [1]

Wände müssen fast immer auch Anforderungen des Brandschutzes genügen. In den Bauordnungen der Länder sind Bestimmungen enthalten insbesondere für

— Trennwände zwischen Häusern bzw. Bauwerken und zwischen Wohnungen,
— Trenn- und Umfassungswände von Heizräumen, Treppenhäusern, Aufzügen und andere mehr,
— Wände im Bereich von Ein- und Ausgängen und von Rettungswegen.

Diese Wände sind im allgemeinen in feuerbeständiger Ausführung (entsprechend DIN 4102 Feuerwiderstandsklasse F 60 oder F 90) herzustellen.

Die Anforderungen an Wände aus der Sicht des Brandschutzes sind in DIN 4102 festgelegt. Es werden in DIN 4102-4 unterschieden:

— nichttragende Wände,
— tragende und aussteifende Wände,
— nicht raumabschließende Wände,
— raumabschließende Wände.

Für diese Wandarten sind Feuerwiderstandsklassen festgelegt. Entsprechende Ausführungsarten mit Mindestdicken und ggf. -breiten können den Aufstellungen in DIN 4102-4 entnommen werden.

Davon abweichende Ausführungen müssen durch besondere Prüfungen zugelassen werden.

Besondere Anforderungen werden an Brandwände gestellt. Sie müssen ausgedehnte bauliche Anlagen in Brandabschnitte von höchstens 40 m unterteilen. Als Brandwände müssen alle Wände auf Grundstücksgrenzen errichtet werden, ebenso zwischen Räumen oder Bauwerken mit besonderer Brandgefährdung.

Brandwände müssen der Feuerwiderstandsklasse F 90 entsprechen. Sie dürfen keine Öffnungen – ausnahmsweise nur mit Türen der Feuerwiderstandsklasse T 90 – enthalten, müssen mindestens 30 cm über die Dachflächen hochgeführt werden und dürfen keine brennbaren Bauteile enthalten oder sich auf solchen abstützen. Brennbare Bauteile dürfen nicht in Brandwände einbinden oder sie durchstoßen (z. B. Dachpfetten, Dachlatten).

6.2.1.5 Schlagregenschutz

Durch Kapillarwirkung und infolge Wind-Staudruck kann bei Regen Feuchtigkeit in Außenwände eindringen.

Insbesondere Außenwände von Gebäuden, die dem dauernden Aufenthalt von Menschen dienen, müssen ausreichend gegen Schlagregen gesichert sein.

---

[1] s. auch Abschn. 15.7

Außenwände aus nicht frostwiderstandsfähigen Steinen müssen einen Außenputz erhalten und mindestens 24 cm dick sein, sofern sich nicht ohnehin wegen des erforderlichen Wärmeschutzes größere Wanddicken ergeben.

Sichtmauerwerk muß mindestens 31 cm dick sein. Eine 2 cm dicke „Regenbremse" (s. Bild **6**.46), bestehend aus einer senkrechten, versetzt durchlaufenden hohlraumfreien Mörtelfuge, kann nur bei völlig einwandfreier Ausführung, die aber in der Praxis nur schwer erreicht wird, Schlagregenschutz bewirken.

Die Außenfugen sind mit Fugenglattstrich auszuführen oder 15 mm tief sauber auszukratzen und anschließend handwerksgerecht zu verfugen (DIN 1053, Abschn. 8.4).

Im übrigen sind in DIN 4108-3, Abschn. 4[1]) für den Schlagregenschutz die Beanspruchungsgruppen I bis III festgelegt mit Mindestanforderungen an die Ausführung von Außenwänden.[2])

- **Beanspruchungsgruppe I** (geringe Beanspruchung)[3])
  Außenputz ohne besondere Anforderungen an Schlagregenschutz oder
  einschaliges Sichtmauerwerk ≧ 31 cm dick.
- **Beanspruchungsgruppe II** (mittlere Beanspruchung)[4])
  wasserhemmender Außenputz oder
  einschaliges Sichtmauerwerk ≧ 37,5 cm dick oder
  angemörtelte Bekleidungen nach DIN 18515.
- **Beanspruchungsgruppe III** (starke Beanspruchung)[5])
  wasserabweisender Putz oder
  zweischaliges Verblendmauerwerk mit Luftschicht oder
  zweischaliges Verblendmauerwerk ohne Luftschicht mit Vormauersteinen oder
  angemauerte oder angemörtelte Bekleidung mit Unterputz und wasserabweisendem Fugenmörtel oder
  gefügedichte Beton-Außenschalen.

Fugen müssen durch konstruktive Maßnahmen (z. B. Hinterschneidung) oder Fugendichtungsmassen gegen Schlagregen abgedichtet sein.

6.2.2 Baustoffe

Für gemauerte Wände stehen klein-, mittel- und großformatige Mauersteine in vielfältigen Formen und Abmessungen zur Verfügung.

Die bisher handelsüblichen Ziegel und Mauersteine sind genormt. Es werden jedoch ständig neue Produkte entwickelt, für die teilweise keine Normung besteht bzw. möglich ist. Derartige Mauersteine müssen dann jedoch eine bauaufsichtliche Zulassung haben, die in der Regel Festlegungen für die Verarbeitung enthalten.

---

1) z. Z. in Neubearbeitung

2) Putze s. Abschn. 8 in Teil 2 dieses Werkes

3) Im allgemeinen Gebiete mit Jahresniederschlagsmengen unter 600 mm sowie besonders windgeschützte Lagen auch in Gebieten mit größeren Niederschlagsmengen.

4) Im allgemeinen Gebiete mit Jahresniederschlagsmengen von 600 bis 800 mm sowie windgeschützte Lagen auch in Gebieten mit größeren Niederschlagsmengen. Hochhäuser und Häuser in exponierter Lage in Gebieten, die auf Grund der regionalen Regen- und Windverhältnisse einer geringen Schlagregenbeanspruchung zuzuordnen wären.

5) Im allgemeinen Gebiete mit Jahresniederschlagsmengen über 800 mm sowie windreiche Gebiete auch mit geringeren Niederschlagsmengen (z. B. Küstengebiete, Mittel- und Hochgebirgslagen, Alpenvorland). Hochhäuser und Häuser in exponierter Lage in Gebieten, die auf Grund der regionalen Regen- und Windverhältnisse einer mittleren Schlagregenbeanspruchung zuzuordnen wären.

Je nachdem, ob Außen- oder Innenwände hergestellt werden sollen, erfolgt die Auswahl der Steinarten und -qualitäten zunächst nach den Kriterien von

- Belastung (Druckfestigkeit)
- Wärmeschutz
- Schallschutz
- Brandschutz
- Schlagregenschutz
- Frostbeständigkeit

(vgl. Abschn. 6.2.1).

Die Wahl der Steinformate wird durch gestalterische, arbeitstechnische und wirtschaftliche Überlegungen bestimmt. Kleinformatige Mauersteine kommen insbesondere für schwierig herzustellende Bauteile wie Pfeiler, Stürze, Bögen und für Wände mit komplizierten Grundrißformen in Frage. Auch wenn Bauteile aus gestalterischen Gründen unverputzt oder ohne Wandbekleidungen als „Sichtmauerwerk“ (s. Abschn. 6.2.6.1) hergestellt werden, sind kleinformatige Steine oft bevorzugt. Großformatige Mauersteine sind in erster Linie zur Rationalisierung der Arbeitsabläufe gedacht und für einfache, großflächige Innen- und Außenwände besonders wirtschaftlich.

Die Abmessungen der Bausteine ergeben sich auf Grund der Oktameter-Teilung der Maßordnung DIN 4172 (s. Abschn. 2.2).

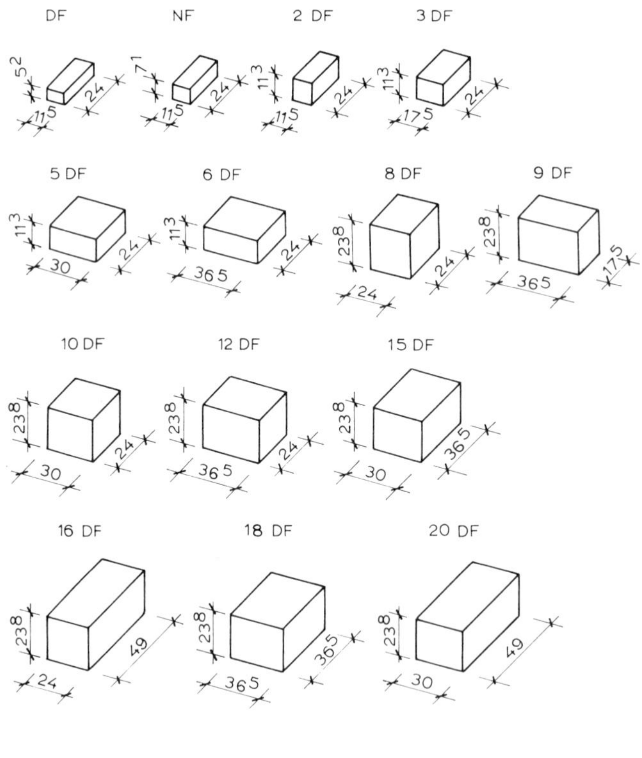

Format-Kurzzeichen	Maße *l*	*b*	*h*
1 DF (Dünnformat)	240	115	52
NF (Normalformat)	240	115	71
2 DF	240	115	113
3 DF	240	175	113
4 DF	240	240	113
5 DF	240	300	113
6 DF	240	365	113
8 DF	240	240	238
10 DF	240	300	238
12 DF	240	365	238
15 DF	365	300	238
18 DF	365	365	238
16 DF	490	240	238
20 DF	490	300	238

6.18 Steinformate und Kurzbezeichnungen

Steinformate werden gekennzeichnet mit einem Vielfachen von

DF (Dünnformat) 52 mm Steinhöhe; 4 Steinschichten einschl. Lagerfugen ergeben 250 mm oder

NF (Normalformat) 71 mm Steinhöhe; 3 Steinschichten einschl. Lagerfugen ergeben 250 mm.
(Gegenseitige Abhängigkeit der Höhenmaße s. Bild **2**.2.)

Die Nennmaße von Mauersteinen betragen danach z. B.:

— Länge bzw. Breite: 115, 145, 175, 240, 300, 365, 490 mm

— Höhe: 52, 71, 113, 238 mm

Beispiele für die Kennzeichnung und Steinformate gibt Bild **6**.18.

6.2.2.1 Gebrannte Mauersteine (Mauerziegel)

Allgemeines. Ziegel gehören zu den ältesten, vorgefertigten Wandbauelementen. Sie sind handlich, haben hohe Druckfestigkeiten und haben sehr vorteilhafte Eigenschaften hinsichtlich Wasserdampfdiffusion bzw. Feuchtigkeitsaufnahme und -abgabe.

Ihre Verwendung läßt zahlreiche Wand- und Bauformen zu. Geringe Verformungen können sich über zahllose Fugen gleichmäßig verteilen und wirken daher in der Regel nicht als Risse, die die Festigkeit und Dauerhaftigkeit des Mauerwerks gefährden.

Ziegel werden aus Lehm, Ton oder tonigen Massen geformt und gebrannt. Ihre Abmessungen und Eigenschaften sind in DIN 105 festgelegt.

Ziegel müssen frei sein von schädlichen, insbesondere treibenden Einschlüssen (z. B. Kalk) und Salzen (z. B. Natrium-, Kalium-, Magnesiumsulfat), die zu Ausblühungen und langfristig auch zur Zerstörung von Putzen oder der Ziegel selbst führen können.

Ziegelarten (DIN 105-1)

Vollziegel (Mz) sind die älteste kleinformatige Ziegelart. Als Vollziegel gelten auch Ziegel, die in ihrem Querschnitt durch Lochung um bis zu 15 % gemindert sind.

Lochziegel (HLz) werden hergestellt, um das Gewicht der gebrannten Vollziegel und damit den Arbeitsaufwand beim Vermauern zu vermindern und die Wärmedämmfähigkeit der Ziegel zu steigern. Je nach der Stellung der Lochachse zur Lagerfuge unterscheidet man in Hochloch- und Langlochziegel (Bild **6**.19).
Hochlochziegel sind senkrecht zu ihrer Lagerfläche gelochte Ziegel. Sie dürfen mit Lochungen nach den Typen A bis C (Bild **6**.19 c) ausgeführt werden:

— Typ A: > 13 Löcher/100 cm^2, Form des Lochquerschnittes beliebig, jed. < 2,5 cm^2

— Typ B: > 5 Löcher/100 cm^2, Form des Lochquerschnittes beliebig, jed. < 6 cm^2 bzw. < 1,5 cm breit oder < 2 cm ∅

— Typ C: Gesamt-Lochquerschnitt ≦ 50 %, Einzellochquerschnitt ≦ 16 cm^2, Ziegel 5seitig geschlossen, obere Abdeckung ≧ 5 mm dick.

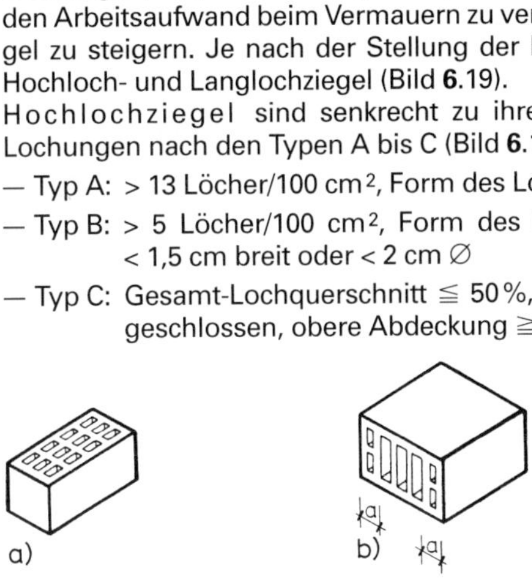

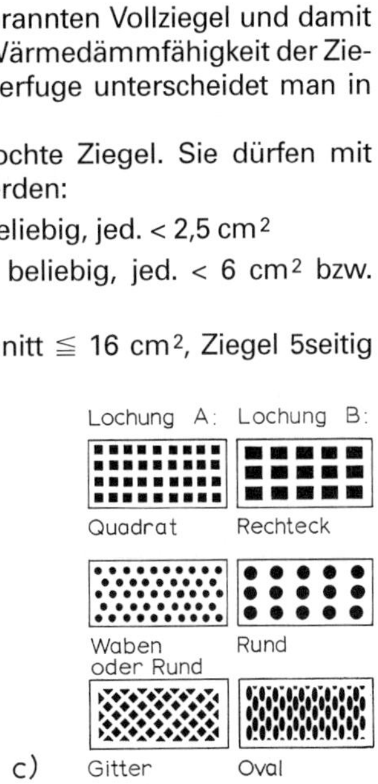

6.19 Lochziegel
a) Hochlochziegel (Lochung senkrecht zur Lagerfuge)
b) Langlochziegel (Lochung gleichlaufend zur Lagerfuge)
c) Lochungsarten

Vormauerziegel (VHLz, VMz) für unverputzte Außenwände und Klinker müssen frostbeständig sein. Ihre Oberfläche darf strukturiert sein.

Klinker (KHLz, KMz) sind Ziegel, die bis zur Sinterung der Oberfläche gebrannt werden, um die Wasseraufnahme in Außenwänden herabzusetzen (< 7 %). Ihre Frostbeständigkeit muß durch Prüfung nachgewiesen sein, und sie müssen mindestens der Druckfestigkeitsklasse 28 (s. Tab. **6**.20) entsprechen. Die Oberfläche darf strukturiert sein.

In allen Vollsteinarten werden ferner Formsteine für besondere Anwendungsarten und Ziermauerwerk hergestellt.

Mauertafelziegel (ohne Kurzzeichen) sind Langlochziegel für die Herstellung von Mauertafeln (DIN 1053-4).

Handformziegel (ohne Kurzzeichen) haben eine unregelmäßig strukturierte Oberfläche und dürfen geringfügig von der Quaderform abweichen.

Leichthochlochziegel (HLz, DIN 105-2) sind Ziegel aus Ton, die mit Rohdichten bis höchstens 1,0 kg/dm^3 in den Festigkeitsklassen 4, 6, 8 und 12 meistens unter Zusatz von Porenbildnern (z. B. Polystyrol, Holzspäne) gebrannt werden. Sie sind wegen ihrer gegenüber normalen Ziegeln wesentlich besseren Wärmedämm-Eigenschaften besonders für Außenwände geeignet. Sie werden hergestellt als

- Leichthochlochziegel (Lochung Typ A, B, C, W elliptisch oder wabenförmig, Bild **6**.19 c) und Formleichtziegel.

  Sie werden heute fast ausschließlich mit paßgenauen Nut-Feder-Stoßfugenverzahnungen zum Versetzen mit mörtelfreien Stoßfugen hergestellt. (Die verbreitete Bezeichnung „Poroton" für Leichthochlochziegel ist ein geschützter Fabrikatname.)
- Leichthochloch-Planziegel mit plangeschliffenen Lagerflächen zur Vermauerung mit Dünnbettmörtel.

Leichthochlochziegel werden vermauert mit Leichtmauermörtel (Rohdichte 0,7 bis 1,0 kg/dm^3, Druckfestigkeit 5,0 N/mm^2).

Zur Verbesserung der Schallschutzeigenschaft sind ferner auch Leichthochloch-Schallschutzziegel zugelassen, bei denen senkrechte Einfüllkanäle mit besonderem Gießmörtel zu verfüllen sind.

Leichtlanglochziegel und -ziegelplatten (LLz, LLp, DIN 105-5) werden vorwiegend zur Herstellung tragender und nichttragender Innenwände verwendet. Sie werden zur wirtschaftlicheren Anwendung in großen Formaten hergestellt (Leichtlangloch-Ziegelplatten haben eine Dicke von 40 bis 115 mm und Längen bis zu 1000 mm).

Hochfeste Ziegel und Klinker (HLz, Mz, KMz, KHLz, DIN 105-3) werden für hochbeanspruchte Mauerteile (z. B. Pfeiler) in Innen- und Außenmauerwerk verwendet. Sie werden in Druckfestigkeitsklassen 28, 36, 48 und 60 hergestellt. Die Abmessungen entsprechen denen von Vollziegeln, jedoch dürfen Vormauerziegel und Klinker, die für nichttragende Verblendschalen nicht im Verband mit dem übrigen Mauerwerk ausgeführt werden, abweichende Werkmaße haben.

Keramikklinker (KHK, KK, DIN 105-4) werden aus hochwertigen Tonen als Voll- oder Hochlochklinker vorwiegend für Fassadenmauerwerk hergestellt. Sie weisen eine besonders hohe Widerstandsfähigkeit gegen aggressive Stoffe und mechanische Beanspruchungen auf. Ihre Wasseraufnahme muß bei < 6 % liegen. An die Oberflächenbeschaffenheit der Sichtflächen werden besonders hohe Anforderungen hinsichtlich Rißfreiheit gestellt.

Eine Zusammenstellung der gebräuchlichsten Lieferformen der verschiedenen Ziegelarten enthält Tabelle **6**.20.

Tabelle 6.20 Ziegel DIN 105: Kurzbezeichnungen, Druckfestigkeitsklassen, Rohdichteklassen und gebräuchlichste Formate

Ziegelart	Kurzbezeichnung	Druckfestigkeitsklasse	Rohdichteklassen	Formatkurzzeichen
Vollziegel Vormauervollziegel DIN 105-1	Mz VMz	12 20 28	1,8 2,0	DF NF 2 DF 3 DF
Hochlochklinker DIN 105-1	KHLz	28	≧ 1,9	DF NF
Vollklinker DIN 105-1	KMz	28	≧ 1,9	DF NF
Hochlochziegel DIN 105-1	HLzA oder HLzB	6 8 12 20 28	1,2 1,4 1,6 1,8	NF 2 DF 3 DF 5 DF 8 DF 10 DF 12 DF 12 DF
Vormauerhochlochziegel DIN 105-1	VHLz	12 20 28	1,4 1,6 1,8	DF NF 2 DF 3 DF

Ziegelart	Kurzbezeichnung	Druckfestigkeitsklasse	Rohdichteklassen	Formatkurzzeichen
Leicht hochlochziegel DIN 105-2	HLz oder HLzW	4 6 8 12 20	0,7 0,8 1,0	NF 2 DF 3 DF 5 DF 7,5 DF 10 DF 12 DF 16 DF 20 DF 24 DF
Hochfeste Ziegel und hochfeste Klinker DIN 105-3				
Hochlandziegel	HLz	36 48 60	1,2 1,4 1,6 1,8 2,0 2,2	DF NF 2 DF 3 DF 4 DF 5 DF
Vollziegel	Mz			
Hochlochklinker	KHLz			
Vollklinker	KMz			
Keramikklinker nach DIN 105				
Keramik-Hochlochklinker	KHK	60	1,4 1,6 1,8 2,0 2,2	DF NF 2 DF
Vollklinker	KK			

Bezeichnung. Ziegel sind in der Reihenfolge DIN-Hauptnummer, Ziegelart (Kurzzeichen), Druckfestigkeitsklasse, Rohdichteklasse und Format-Kurzzeichen zu bezeichnen.

Bezeichnungsbeispiel. Bezeichnung eines Vollziegels (Mz) der Druckfestigkeitsklasse 12, der Rohdichteklasse 1,8, der Länge l = 240 mm, der Breite b = 115 mm und der Höhe h = 113 mm (2 DF):

Ziegel DIN 105 Mz 12–1,8–2 DF

Für Leichthochlochziegel nach DIN 105-2 gilt: Leichthochlochziegel sind in der Reihenfolge DIN-Hauptnummer, Ziegelart (Kurzzeichen), Druckfestigkeitsklasse, Rohdichteklasse und Format-Kurzzeichen zu bezeichnen. Bei Ziegeln W ohne Mörteltasche ist die vorgesehene Wanddicke hinter dem Format-Kurzzeichen anzufügen (z. B. Wanddicke = 300 mm (300)).

Bezeichnungsbeispiel. Bezeichnung eines Leichthochlochziegels (HLz) ohne Mörteltasche, mit der Lochung W, der Druckfestigkeitsklasse 6, der Rohdichteklasse 0,7, der Länge l = 240 mm, der Breite b = 300 mm und der Höhe h = 238 mm (10 DF) für eine Wanddicke von 300 mm (300):

Ziegel DIN 105 – HLzW6–0,7–10 DF (300)

6.2.2.2 Ungebrannte Mauersteine

Kalksandsteine (DIN 106) werden aus Kalk und Quarzsand hergestellt und unter Dampfdruck gehärtet. Sie zeichnen sich gegenüber gebrannten Steinen durch besonders gute Maßhaltigkeit aus und sind daher für Sichtmauerwerk (s. Abschn. 6.2.6.1) gut geeignet.

Steinbezeichnungen

KS	Vollstein, Blockstein (ohne Nut-Feder-System)
KS L	Lochstein, Hohlblockstein (ohne Nut-Feder-System)
KS-R	Voll- und Blockstein für Normalmörtel
KS L-R	Loch- und Hohlblockstein für Normalmörtel
KS-R(P)	Voll- und Blockstein für Dünnbettmörtel
KS L-R(P)	Loch- und Hohlblockstein für Dünnbettmörtel
KS-P	Bauplatte für Dünnbettmörtel mit umlaufendem Nut-Feder-System
KS-PE	Planelemente für Dünnbettmörtel mit Nut-Feder-System
KS-Quadro	Element für Dünnbettmörtel mit Nut-Feder-System
R	Stein mit Nut-Feder-System
P	Planstein und Bauplatte für Dünnbettmörtel

Kalksandstein-Planelemente bzw. Planblocksteine dürfen auch mit Dünnbettmörtel vermauert werden. Einen Überblick über einige Lieferformen, Festigkeits- und Rohdichteklassen sowie Maße und Verwendungsmöglichkeiten gibt Tabelle **6**.21.

Tabelle **6**.21 Kalksandsteine DIN 106, Kurzbezeichnungen, Druckfestigkeitsklassen, Rohdichteklassen und gebräuchlichste Formate

	Kurz-bezeich-nung	Druck festig-keits-klasse	Roh-dichte-klassen	Format-kurz-zeichen		Kurz-bezeich-nung	Druck-festig-keits-klasse	Roh-dichte-klassen	Format-kurz-zeichen
KS-Voll-steine und Blocksteine	KS	12 20 28	1,8 2,0	DF NF 2 DF 3 DF 5 DF 10 DF	KS L-R Hohlblock-steine und Planblock-steine	KS L-R KS L P (P)	6 12 20	1,2 1,4 1,6	8 DF 10 DF 12 DF 15 DF 16 DF
KS-Loch- und Hohlblock-steine	KS L	6 12 20 28	1,2 1,4 1,6	2 DF 3 DF 5 DF 10 DF 12 DF	KS Yali-Wärme-dämm-blöcke	KS Yali	4 6	0,7 0,8	12 DF 15 DF
KS-Block-steine (Schallschutz-blöcke), auch als Planblöcke	KS-R KS-R(P)	12 20 28	1,8 2,0	5 DF 8 DF 9 DF 10 DF 12 DF 14 DF 16 DF	KS-Bau-platten[1]	KS-P7	–	2,0	[2]

[1]) für nichttragende Trennwände, $d = 70$ mm
[2]) Abmessungen 70/498/248 mm

Außerdem werden KS-Vormauersteine, KS-Verblender und KS-Verblender für Innenwände hergestellt.

KS Vb	Verblender
KS Vb L	Verblender als Lochstein
KS Vm	Vormauerstein
KS Vm L	Vormauerstein aus Lochstein

KS iS als Innensicht- und Industriesichtsteine ohne Anforderung an Frostbeständigkeit

KS iSL als Innensicht- und Industriesichtlochsteine ohne Anforderung an Frostbeständigkeit

KS-Design KS iS mit abgefasten Kanten

Insbesondere für die Ausführung von Sichtmauerwerk stehen außerdem zahlreiche Formsteine für Stürze, Ringbalken, Deckenauflager, Schlitze usw. und auch Elektroinstallationssteine zur Verfügung (Bild **6**.22 d bis f).

Einzelne Werke stellen außerdem Kalksandstein-Hohlblöcke in den Druckfestigkeitsklassen 4 und 6 in den Rohdichteklassen 0,7 und 0,8 kg/dm^3 sowie Platten für leichte Trennwände her, die sehr gute Wärmedämmeigenschaften haben („Yali"-Blöcke, Bild **6**.22 g).

Bezeichnungsbeispiel. Bezeichnung eines Kalksandstein-Hohlblocksteines KS L mit Nut-Feder-System der Druckfestigkeitsklasse 12, Rohdichteklasse 1,2 mit der Länge l = 248 mm, der Breite b = 240 mm und der Höhe h = 238 mm (8 DF) für die Wanddicke 240 mm:

Kalksandstein DIN 106 KS L -R–12–1,2–8 DF (240)

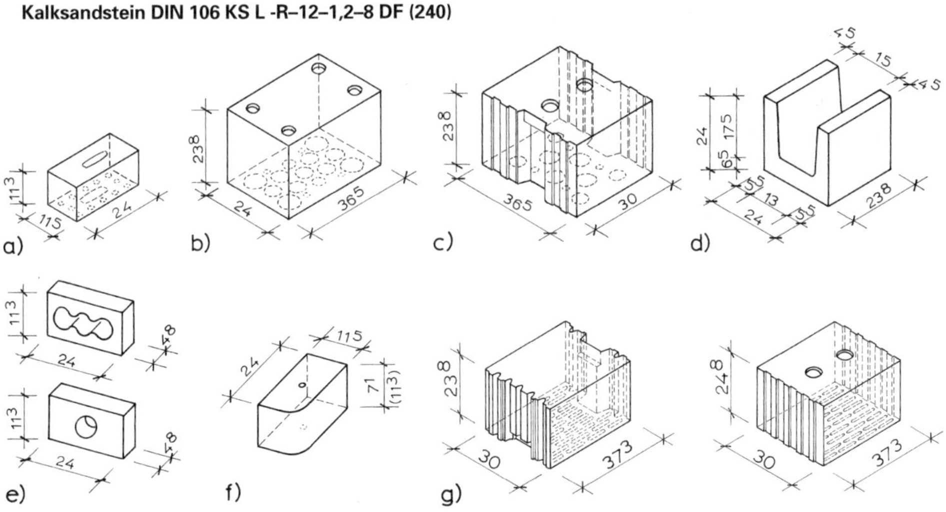

6.22 KS-Steine und KS-Formsteine (Beispiele)
a) KS L-Lochstein 2 DF
b) KS-Blockstein mit Grifflöchern 16 DF
c) KS L-R Ratioblock mit mörtelfreier Verzahnung 15 DF
d) KS-U-Schale für Stürze und Schlitze
e) Installationssteine für Elektro-Schalterdosen o. ä.
f) Radius-Eckstein
g) Yali-Blöcke

Mauersteine aus Leichtbeton (Tab. **6**.23) sind Steine aus porigen, mineralischen Zuschlägen und hydraulischen Bindemitteln. Als porige Zuschläge werden u. a. dabei verwendet: Naturbims, Hüttenbims (geschäumte Hochofenschlacke), Ziegelsplitt, Tuff, Blähton. Beträgt der Anteil eines bestimmten Zuschlages > 75 % oder bei Naturbims 100 %, können die Steine nach den betreffenden Zuschlägen benannt werden, z. B. Ziegelsplitt-Vollsteine usw.

Auf dem Markt sind:

Vollsteine aus Leichtbeton V (DIN 18 152): Mauersteine mit einer Höhe bis 115 mm ohne Luftkammern, mit und ohne Griffschlitz.

— Rohdichteklassen: 0,6 bis 1,8/dm^3,

— Druckfestigkeitsklassen: 2,0 bis 12,0 N/mm^2,

— Bezeichnung: V 2, V 4, V 6, V 8, V 12,
— Kennzeichnung: Ohne oder mit 1, 2 bzw. 3 Nuten bzw. grüne, blaue, rote, schwarze Farbstreifen.

Vollblöcke aus Leichtbeton Vbl-SW (DIN 18 152): Mauersteine mit bis 11 mm breiten Schlitzen, Höhe 238 mm. Anzahl der Schlitzreihen 2 bis 7 je nach Steinbreite. Schlitzfläche max. 10 % der Steinflächen.
— Rohdichteklassen: 0,5 bis 0,8 kg/dm^3,
— Druckfestigkeitsklassen: 2, 4, 6 N/mm^2,
— Kennzeichnung: Wie bei Vollsteinen,
— Bezeichnungen: Vbl 2 – Vbl 6.

Hohlblocksteine aus Leichtbeton Hbl (DIN 18 151): Mauersteine mit Luftkammern senkrecht zur Lagerfuge als Einkammer (1 K)-, 2 K-, 3 K- usw. bis zu 6K-Steine.
— Rohdichteklassen: 0,5 bis 1,4 kg/dm^3,
— Druckfestigkeitsklassen: 2,0 bis 8,0 N/mm^2,
— Bezeichnung: Hbl 2, Hbl 4, Hbl 6, Hbl 8,
— Kennzeichnung: s. Vollsteine.

Mauersteine aus Beton Hbn (DIN 18 153) werden hergestellt aus haufwerksporigem oder gefügedichtem Beton unter Verwendung von Zuschlägen mit dichtem Gefüge (DIN 4226-1). Bei Hohlblocksteinen Abmessungen und Luftkammern wie bei Hbl (Tab. **6**.23 und Bild **6**.24).

Tabelle **6**.23 Betonsteine

Steinart	Kurzbezeichnung	Druckfestigkeitsklasse	Rohdichteklassen	Formatkurzbezeichnung
Leichtbeton-Vollsteine	V	2 4 6 8 12	0,5 0,6 0,7 0,8 0,9 1,0 1,2 1,4	DF, NF, 1,7 DF [1]), 2, 3, 3,1 DF, 4, 5,6, 6,8 DF [3]), 8, 10 DF
Leichtbeton-Vollblöcke DIN 18 152	Vbl-SW	2 4 6	0,5 0,6 0,7 0,8	12 DF 16 DF 20 DF
Leichtbeton-Hohlblöcke DIN 18 151 (als 1- bis 6-Kammerblöcke)	Hbl Hbl	2 4 6 8	0,5 0,6 0,7 0,8 0,9 1,0 1,2 1,4	8, 9, 10, 12, 15, 16, 18, 20 DF

Steinart	Kurzbezeichnung	Druckfestigkeitsklasse	Rohdichteklassen	Formatkurzbezeichnung
Mauersteine aus Beton-(Normalbeton-) Hohlblöcke (als 1- bis 6-Kammerblöcke)	Hbn	2 bis 12	0,9 1,0 1,2 1,4 1,6 1,8 2,0 2,2	8, 9, 10 12, 15, 16, 18, 20 DF
Vollblöcke	Vbn	4 bis 28		Vorzugsmaße nach DIN 18 153, und örtliche Sondermaße
Vollsteine	Vn	4 bis 28		
Vormauersteine	Vm	6 bis 48		
Vormauerblöcke	Vmb	6 bis 48		

1) 240/115/95 mm
2) 300/145/113 mm
3) 490/240/95 mm
örtlich auch Sondermaße möglich

Bezeichnungsbeispiel: z. B. Hohlblockstein mit 3-Kammer-Reihen, Steinrohdichte 0,8 kg/dm^3), Nennfestigkeit 2 N/mm^2), Länge 495 mm x Breite 300 mm x Höhe 238 mm, DIN 18 151:
Hohlblock DIN 18 151–3K Hbl 2–0,8–20 DF–300

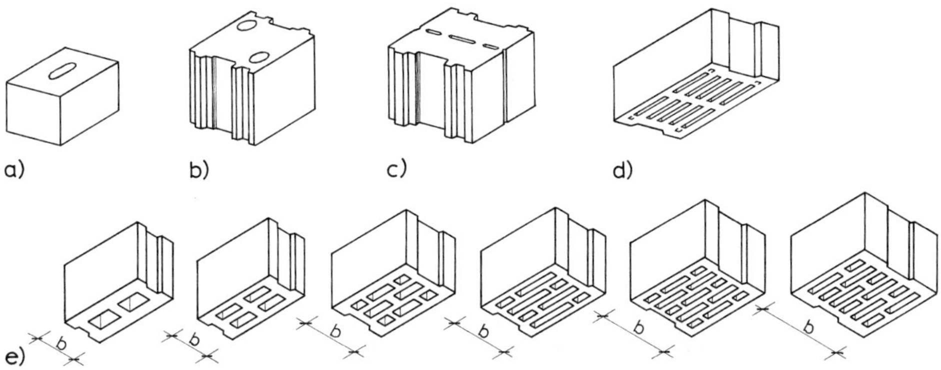

6.24 Vollblöcke DIN 18 151, Hohlblöcke und Sondersteine
a) Vollblock, mit Griffloch, b) Vollblock mit Grifflöchern, NF-Stoß, c) Vollblock, teilbar, NF-Stoß, d) Vollblock, geschlitzt, e) Hohlblocksteine DIN 18 151 und 18 153

1-Kammer-Hohlblockstein b = 17,5 cm
2-Kammer-Hohlblockstein b = 17,5, 24, 30 cm
3-Kammer-Hohlblockstein b = 24 cm
4-Kammer-Hohlblockstein b = 25, 30, 36,5 cm
5-Kammer-Hohlblockstein b = 30, 36,5 cm
6-Kammer-Hohlblockstein b = 36,5, 49 cm

— Rohdichteklassen: 0,9 bis 2,0 kg/dm^3,
— Druckfestigkeitsklassen: 2,0 bis 12 N/mm^2,
— Bezeichnung: Hbn 2, Hbn 4, Hbn 6 und Hbn 12,
— Kennzeichnung: s. Vollsteine.

Nicht genormte, jedoch bauaufsichtlich zugelassene Mauersteine aus Leicht- oder Normalbeton werden hergestellt als Formsteine verschiedener Art (z. B. T-Steine, Anschlagsteine, Installationssteine) sowie als Hohlblocksteine aus Leichtbeton mit Zwischenschichten oder Einlagen aus Schaumstoff.

Porenbeton-Blocksteine und -Plansteine P, PP, Ppl, PPpl (DIN 4165 und 4166/A2), Wandbausteine aus dampfgehärtetem Porenbeton (Tab. 6.25), hergestellt auch mit NF-Stoßfugen und Grifftasche.

Tabelle **6.25** Porenbetonsteine DIN 4165 und 4166

	Festigkeitsklasse	Rohdichteklasse	Kennzeichnung
	PPW 2	0,35	grün
	PPW 2	0,4	grün
	PPW 2	0,45	grün
	PPW 2	0,5	grün
Planblock	PPW 4	0,5	blau
Großblock	PPW 4	0,55	blau
	PPW 4	0,6	blau
	PPW 4	0,65	blau
	PPW 6	0,7	rot
	PP 6	0,8	rot
	P 3,3	0,5	Produktionsdaten sind an die
	P 3,3	0,6	Stirnseiten der jeweiligen
Wandelemente	P 4,4	0,6	Fertigteile eingestempelt.
	P 4,4	0,7	

Bezeichnungsbeispiel: Porenbeton-Planstein DIN 4165–PP2–0,5–499 x 300 x 249

Hüttensteine (DIN 398) sind Mauersteine aus granulierter Hochofenschlacke mit Kalk, Schlackenmehl, Zement o. ä. als Bindemittel. Die geformten Steine werden an der Luft oder unter Dampf oder in kohlensäurehaltigen Abgasen gehärtet. Unterschieden werden:

— Hüttenvollsteine (HSV), ohne Lochung oder Querschnitt durch oben gedeckte Lochung senkrecht zur Lagerfläche bis 25 % gemindert,

mit Rohdichten von 2,60 bis 1,80 kg/dm^3 und mit Nennfestigkeiten von 6 bis 28 N/mm^2,

— Hüttenlochsteine (HSL), in der Regel fünfseitig geschlossene Mauersteine mit Lochungen senkrecht zur Lagerfläche,

mit Rohdichten von 1,60 und 1,40 kg/dm^3 und mit Nennfestigkeiten von 6 und 12 N/mm^2.

Die großen Formate (3 DF oder 2¼ NF) müssen Grifföffnungen haben.

Hüttensteine mit den Nennfestigkeiten 12 und 20 N/mm^2 müssen frostbeständig sein, wenn sie als Vormauersteine (VHSV) verwendet werden sollen.

6.2.2.3 Mauermörtel

Mauermörtel ist ein Gemisch aus Sand, Bindemittel und Wasser, ggf. auch mit Zusatzstoffen und Zusatzmitteln. Er hat die Aufgabe, die Mauersteine miteinander zu verbinden, dabei Maßungleichheiten der Steine und Unebenheiten der Steinlagerflächen auszugleichen und damit eine gleichmäßige Druckübertragung zu ermöglichen. Es wird unterschieden:

— Normalmörtel (NM)

— Leichtmörtel (LM) und

— Dünnbettmörtel (DM).

Darüber hinaus wird zwischen Baustellenmörtel und Werkmörtel unterschieden. Werkmörtel gibt es in den Lieferformen Werk-Trockenmörtel, Werk-Vormörtel, Werk-Frischmörtel sowie Mehrkammer-Silomörtel.

Normalmörtel sind baustellengefertigt oder Werkmörtel und werden in die Mörtelgruppen I, II, II a, III und III a eingeteilt. Die Zusammensetzung ergibt sich für die Mörtelgruppen I bis III ohne besonderen Nachweis nach Tabelle **6**.26.

Tabelle **6**.26 Mörtelzusammensetzung, Mischungsverhältnis für Normalmörtel in Raumteilen DIN 1053, Tab. A.1)

	Mörtelgruppe	Luftkalk und Wasserkalk		hydraulischer Kalk	hochhydraulischer Kalk, Putz- und Mauerbinder	Zement	Sand[1]) aus natürlichem Gestein
		Kalkteig	Kalkhydrat				
1	I	1	–	–	–	–	4
2	I	–	1	–	–	–	3
3	I	–	–	1	–	–	3
4	I	–	–	–	1	–	4,5
5	II	1,5	–	–	–	1	8
6	II	–	2	–	–	1	8
7	II	–	–	2	–	1	8
8	II	–	–	–	1	–	3
9	II a	–	1	–	–	1	6
10	II a	–	–	–	2	1	8
11	III	–	–	–	–	1	4
12	III a[2])	–	–	–	–	1	4

[1]) Die Werte des Sandanteils beziehen sich auf den lagerfeuchten Zustand.

[2]) mit Eignungsprüfung (s. DIN 1053 Abschn. A.3.1)

Für die Mörtelgruppe III a und bei Abweichungen von der vorgegebenen Zusammensetzung ist eine Eignungsprüfung erforderlich. Sie ist auch dann durchzuführen, wenn auf der Baustelle Zusatzmittel (z. B. sog. „Mischöle") zugegeben werden.

Für die Anwendung von Normalmörtel gelten Einschränkungen:

— Mörtelgruppe I:

  Nicht zugelassen für Gewölbe und Kellermauerwerk, bei mehr als 2 Vollgeschossen, bei Wanddicken unter 24 cm,

  bei Vermauerung in Außenschalen von 2schaligem Mauerwerk.

— Mörtelgruppe II und II a:

  Nicht zugelassen für Gewölbe

— Mörtelgruppe III und III a:

  Nicht zugelassen für Außenschalen von 2schaligem Mauerwerk (ausgenommen für nachträgliches Verfugen).

Die Zusammensetzung und Konsistenz des Mörtels muß vollfugiges Vermauern möglich machen. Bei Nässe und niedrigen Temperaturen ist Mörtel mindestens der Gruppe II zu verwenden. An der Baustelle muß sichergestellt sein, daß unterschiedliche Mörtelarten nicht verwechselt werden können.

Als Zusatz*stoffe* kommen Baukalk (DIN 1060-1), Gesteinsmehl (DIN 4226-1), Traß (DIN 51 043), geeignete Pigmente (z. B. nach DIN 53 237) sowie Betonzusatzstoffe mit Prüfzeichen in Frage. Geprüfte Zusatz*mittel* dienen der Beeinflussung der Mörteleigenschaften (z. B. Verflüssiger, Dichtungsmittel, Erstarrungsbeschleuniger oder -verzögerer, Luftporenbildner usw.). Die Verwendung von Zusatzmitteln stellt in jedem Falle eine Abweichung von Tabelle **6**.26 dar und macht somit die Durchführung einer Eignungsprüfung erforderlich.

Anforderungen an Normalmörtel enthält Tabelle **6**.27. Neben der Druckfestigkeit wird auch die Haftscherfestigkeit aufgeführt, die ein Maß für das Verbundverhalten zwischen Stein und Mörtel darstellt. Bei der Eignungsprüfung wird die Druckfestigkeit des Mauermörtels auch zwischen den Steinen geprüft.

Tabelle **6**.27 Anforderungen an Normalmörtel (DIN 1053, Tab. A.2)

Mörtelgruppe	Mindestdruckfestigkeit 1) im Alter von 28 Tagen Mittelwert		Mindesthaftscherfestigkeit im Alter von 28 Tagen 4) Mittelwert
	bei Eignungsprüfung 2) 3) in N/mm²	Bei Güteprüfung in N/mm²	bei Eignungsprüfung N/mm²
I	–	–	–
II	3,5	2,5	0,10
II a	7	5	0,20
III	14	10	0,25
III a	25	20	0,30

1) Mittelwert der Druckfestigkeit von sechs Proben (aus drei Prismen). Die Einzelwerte dürfen nicht mehr als 10 % vom arithmetischen Mittel abweichen.

2) Zusätzlich ist die Druckfestigkeit des Mörtels in der Fuge zu prüfen. Diese Prüfung wird z. Z. nach der „Vorläufigen Richtlinie zur Erfänzung der Eignungsprüfung von Mauermörtel; Druckfestigkeit in der Lagerfuge; Anforderungen, Prüfung" durchgeführt. Die dort festgelegten Anforderungen sind zu erfüllen.

3) Richtwert bei Werkmörtel.

Leichtmörtel. Je nach verwendetem Steinformat beträgt der Fugenanteil von Mauerwerk flächenmäßig 7 bis 15%. Die Verwendung von Leichtmörtel kann daher je nach Materialkombination zu einer erheblichen Verbesserung der Gesamt-Wärmedämmung von Mauerwerk führen.

Leichtmörtel nach DIN 1053 wird in 2 Gruppen eingeteilt:

— LM 21 (Rechenwert der Wärmeleitfähigkeit 0,21 W/(m · K)

— LM 36 (Rechenwert der Wärmeleitfähigkeit 0,36 W/(m · K)

Für diese Mörtelgruppen enthält DIN 1053 Angaben über die Zusammensetzung und die Anforderungen. Für abweichende Mörtelgruppen ist eine bauaufsichtliche Zulassung erforderlich. Leichtmörtel ist stets als Werkmörtel herzustellen.

Leichtmörtel ist nicht zugelassen für Gewölbe und der Witterung ausgesetztes Sichtmauerwerk.

Dünnbettmörtel dient zum Vermauern spezieller, besonders maßhaltiger Steine (z. B. Porenbeton-Planblöcke Ppl) für Fugendicken von 1 bis 3 mm. Dünnbettmörtel – meistens nach Mörtelgruppe III – sind ausschließlich als Werk-Trockenmörtel herzustellen. Anforderungen und Angaben zur Zusammensetzung sind in DIN 1053 enthalten.

Dünnbettmörtel ist nicht zugelassen für Gewölbe und für Steine mit Maßabweichungen von mehr als 1 mm.

Bindemittel. Es dürfen nur Bindemittel nach DIN 1060-1 (Baukalk), DIN 1164-1 (Zement) sowie DIN 4211 (Putz- und Mauerbinder) verwendet werden. Andere Bindemittel dürfen nur verwendet werden, wenn sie zur Herstellung von Mauermörtel bauaufsichtlich zugelassen sind.

Alle Bindemittel müssen vor Feuchtigkeit geschützt gelagert werden. Da die Bindefähigkeit auch in geschlossenen Räumen nachlassen kann, sollten Lagerbestände in 4 bis 6 Wochen aufgearbeitet werden. Länger gelagerte Bindemittel sollten vor der Verwendung auf ihre Festigkeitseigenschaft geprüft werden.

Kalk. Kalk (allgemeiner Begriff für verschiedene Formen von Calcium- und Magnesiumoxid bzw. -hydroxid) wird nach DIN 1060[1]) unterschieden in

— Baukalk (Bindemittel mit Hauptbestandteilen von Calciumoxid (CaO) und -hydroxid ($Ca(OH)_2$) und geringen Anteilen von Magnesium-, Silicium-, Aluminium- und Eisenverbindungen).

— Luftkalke (vorwiegend Calciumoxid (CaO) und -hydroxid ($Ca(OH)_2$)), die unter der Einwirkung von atmosphärischem Kohlenstoffdioxid langsam an der Luft erhärten,

— ungelöschte Kalke (vorwiegend Calcium- und Magnesiumoxid) sind durch Brennen hergestellt. Sie reagieren bei Berührung mit Wasser exotherm. Lieferung als Stückkalk und in verschiedenen Körnungen gemahlen.

— Branntkalke (ungelöschte Kalke, vorwiegend aus Calciumoxid),

— Dolomitkalke (ungelöschte Kalke, vorwiegend aus Calciumoxid und Magnesiumoxid),

— gelöschte Kalke (vorwiegend Calcium- und auch Magnesiumoxid, entstanden durch gesteuertes Löschen von Branntkalk) als Pulver oder Teig,

— Kalkhydrate (gelöschte Kalke, vorwiegend aus Calciumhydroxid ($Ca(OH)_2$),

— Dolomitkalkhydrate und halb bzw. vollständig gelöschte Dolomitkalke (vorwiegend Calciumhydroxid, Magnesiumhydroxid und Magnesiumoxid), ferner

— Muschelkalke, Carbidkalke und Kalkteige.

[1]) Europäische Norm: DIN EN 459

Hydraulische Kalke erstarren und erhärten unter Wasser. Ihre Festigkeitsanforderungen und sonstigen physikalischen Eigenschaften sind in DIN 1060 Abschn. 4.5 festgelegt.

Die verschiedenen Baukalkarten werden nach ihrem CaO- + MgO-Anteil oder bei hydraulischen Kalken nach ihrer Druckfestigkeit klassifiziert (Tabelle **6**.28).

Baukalke sind bei der Lieferung mit der Benennung der Baukalkart, der DIN-Hauptnummer und dem Kurzzeichen der Baukalkart zu kennzeichnen.

Beispiel Hydraulischer Kalk 5 (HL 5)
Hydraulischer Kalk DIN 1060 – HL 5

Tabelle **6**.28 Baukalkarten nach DIN 1060

	Benennung	Kurzzeichen
1	Weißkalk 90	CL 90
2	Weißkalk 80	CL 80
3	Weißkalk 70	CL 70
4	Dolomitkalk 85	DL 85
5	Dolomitkalk 80	DL 80
6	Hydraulischer Kalk 2	HL 2
7	Hydraulischer Kalk 3,5	HL 3,5
8	Hydraulischer Kalk 5	HL 5

Die hydraulischen Kalke kommen fast nur pulverförmig, gelöscht oder ungelöscht, in Säcken auf die Baustelle. Sie unterscheiden sich durch ihre Normenmindestfestigkeiten, die bei Mörtelprüfkörpern nach DIN 1060 betragen:

— für Wasserkalk nach 28 Tagen

— für hydraulischen Kalk nach 28 Tagen

— für hochhydraulischen Kalk und Romankalk nach 28 Tagen

Kalkmörtel wird entweder von Hand oder maschinell gemischt. Er muß frisch verwendet werden. Im übrigen sind die Verarbeitungsvorschriften des Lieferwerks (z. B. über Einsumpfdauer oder Mörtelliegezeit; DIN 1060) zu beachten.

Zemente der verschiedenen Festigkeitsklassen (s. Abschn. 5.2.1, Festigkeitsklassen der Normenzemente s. Tab. **5**.9) sind nach DIN 1164 genormt unter den Bezeichnungen:

— Portlandzement (CEM I)

— Portlandkompositzement (CEM II)

— Hochofenzement (CEM III)

Ferner wird besonders für Altbausanierungen Traßzement verwendet. Mörtel mit Traßzement ist besonders geschmeidig bei der Verarbeitung und hat eine höhere Elastizität als Zementmörtel.

Sand für die Herstellung von Mauermörtel nach DIN 1053-1 soll gemischtkörnig sein und darf keine Bestandteile enthalten, die zu Schäden an Mörtel oder Mauerwerk führen. Als schädlich gelten größere Mengen abschlämmbarer Bestandteile, sofern es sich dabei um Ton oder Stoffe organischen Ursprungs (z. B. pflanzliche, humusartige oder Kohlen-, insbesondere Braunkohleanteile) handelt.

Sand, der DIN 4226-1 entspricht, erfüllt diese Anforderungen stets.

Besondere Anforderungen gelten für Leichtzuschlag, dessen Verwendung jedoch ohnehin auf Werkmörtel beschränkt ist.

Güteprüfung. Heute wird Mauermörtel fast ausschließlich als Werkmörtel hergestellt. Werkmörtel unterliegt der Überwachung nach DIN 18557, und dies muß aus dem Lieferschein hervorgehen.

Nicht überwachte Werkmörtel dürfen gemäß DIN 1053-1 nicht verwendet werden. Die Überwachung schließt die Eignungsprüfung vor der Mörtelherstellung, die Eigenüberwachung während der Mörtelherstellung und die regelmäßige Fremdüberwachung durch unabhängige, staatlich anerkannte Stellen ein. Baustellenmörtel unterliegt keiner geregelten Überwachung, jedoch sind bei Abweichungen von Zusammensetzungen nach Tabelle **6**.26, bei Verwendung von Zusatzmitteln und für die Mörtelgruppe III a stets Eignungsprüfungen durchzuführen.

Während der Bauausführung ist bei allen Mörteln der Gruppe III a an jeweils 3 Prismen aus 3 verschiedenen Mischungen je Geschoß (mindestens aber je 10 m³ Mörtel) die Mörteldruckfestigkeit nach DIN 18555-3 nachzuweisen. Sie muß dabei die Anforderungen der Tabelle **6**.26, Spalte 3, erfüllen.

Bei Gebäuden mit mehr als 6 gemauerten Vollgeschossen ist die geschoßweise Prüfung (mindestens aber je 20 m³ Mörtel) auch bei Normalmörtel der Gruppen II, II a und III sowie bei Leicht- und Dünnbettmörtel durchzuführen. Bei den obersten 3 Geschossen darf darauf verzichtet werden.

6.2.3 Ausführung von gemauerten Wänden

6.2.3.1 Allgemeines

Arbeitsvorgänge. Mauerwerk aus künstlichen Steinen ist lot-, flucht- und waagerecht herzustellen. Die Ecken werden genau nach dem Lot angelegt und die Schichten nach einer dazwischen gespannten Schnur ausgeführt. Damit gleiche Schichtenhöhen erzielt werden, sind Hochmaßlatten zu verwenden.

Besonders zeitraubende Arbeiten sind das Aufmauern der Mauerecken und das der Fenster- und Türanschläge infolge der damit verbundenen erheblichen Lotarbeit. Durch Anwendung von Ecklehren und Fensterlehren können diese Arbeiten vereinfacht werden. Zunehmend werden, wie in den Nachbarländern bereits lange üblich, zur Rationalisierung auch der Maurerarbeiten Fenster und Türzargen bereits im Rohbau mit eingebaut.

Das Mauerwerk ist überall möglichst gleichzeitig hochzuführen, damit ungleiches Setzen vermieden wird. Die Steine sollen möglichst ebenflächig und maßgenau sein, damit die Lagerfugen gleichmäßig dünn (10 bis 12 mm) gehalten und die Steine über die ganze Fläche gleichmäßig belastet werden können. Dicke Fugen steigern infolge der Querdehnung des Mörtels, die größer ist als die des Mauersteines, die Spannungen, die bei Belastung quer zur Kraftrichtung – durch Stauchung – im Mauerwerk auftreten. Die Mauersteine werden bei Überbeanspruchung nicht durch die Druckkräfte zermalmt, sondern unter der Wirkung der Zugspannungen bei der Stauchung aufgerissen. Im bis zum Bruch belasteten Mauerwerk treten die Risse immer über den Stoßfugen auf. Daher ist die Stoßfugenbreite auf 1 cm zu beschränken.

Vermörtelte Stoßfugen können durch Herandrücken des einzelnen Steines an die Nachbarsteine oder durch Anstreichen von Mörtel an den zu vermauernden Stein gefüllt werden.

Bei Lochsteinen ist durch richtige Wahl der Mörtelsteife zu bewirken, daß der Mörtel nicht tief in die Löcher der Mauersteine eindringt. Bei langen, geraden Mauerabschnitten, insbesondere wenn Steine mit unvermörtelten Nut-Feder-Stoßfugen verwendet werden, kann das Auftragen des Mörtels mit Hilfe von Mörtelschlitten rationalisiert werden.

Beim Vermauern müssen die Mauersteine sauber sein und besonders bei heißem Wetter gut angenäßt werden, da sie sonst die Mörtelfeuchtigkeit aufsaugen und dem Mörtel das zum Abbinden erforderliche Wasser entziehen würden. Bei hochbelastetem Mauerwerk schlanker Pfeiler und von Wänden $\leqq$ 11,5 cm ist es sicherer, wenig saugfähige Mauersteine zu verwenden, um zu vermeiden, daß durch ungleichmäßigen Mörtelwasserentzug in den Außenzonen und den „Wackeleffekt" beim Aufmauern (Bild **6**.29) die Fugen abgewälzt und die Tragfähigkeit des Mauerwerks schon bei zentrischer und noch mehr bei exzentrischer Belastung herabgesetzt wird.

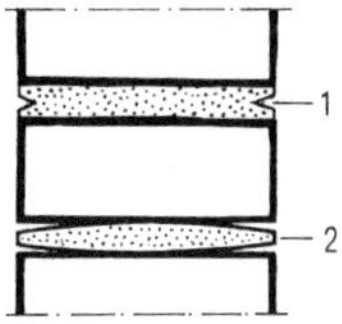

6.29
Verminderung der Standsicherheit von dünnen Wänden aus stark saugenden Steinen
1 durch Wasserverlust bei Berührung mit stark saugenden Steinen (Spaltbildung)
2 Verlust an Plastizität, bei Wackelbewegungen während des Aufmauerns wird die Mörtelfuge abgewälzt

Für Außenwände aus Leichtziegeln oder anderen besonders gut wärmedämmenden Mauersteinen sind möglichst Leichtmauermörtel zu verwenden. Sie bestehen aus genormten Bindemitteln und Blähton-Zuschlägen und ermöglichen Druckfestigkeiten bis zu den Anforderungen für die Mörtelgruppe II a.

Witterungseinflüsse. Bei Regenwetter sind nicht fertiggestellte Mauerabschnitte bei Arbeitsunterbrechungen durch Folien oder Bitumenbahnen gegen Durchnässung zu schützen. Bei Frost ist ab –3° Celsius das Mauern einzustellen. Die unvollendeten Mauern sind mit Folien o. ä. und Ziegelsteinen abzudecken und die äußeren Maueröffnungen durch Verbretterung zu schließen. Werden die Mauerarbeiten wieder fortgesetzt, so sind Schichten, die unter Frost gelitten haben, zu entfernen.

Oft läßt sich das Bauen im Winter nicht vermeiden. Es muß, angefangen bei der Wahl der Baustoffe und Bauweisen bis zur Baustelleneinrichtung, schon beim Entwurf auf das sorgfältigste vorbereitet werden, damit die durch Beheizen der Baustelle, Anwärmen der Baustoffe usw. entstehende Kosten auf ein Mindestmaß beschränkt bleiben und Bauschäden verhindert werden.

Folgende Maßnahmen werden empfohlen:

1. bei kühlem Tageswetter (+5° bis 0 °C) und leichtem Nachtfrost (bis –3 °C):
   vor Wind, Regen und Schnee geschützte Lagerung der Baustoffe,
2. bei vorübergehendem leichtem Tagesfrost (bis –3 °C) zusätzlich zu 1.:
   Schutz des frischen Ziegelmauerwerks bei Nacht durch Abdecken mit Planen, Säcken oder ähnlichem, Erwärmen des Anmachwassers für den Mörtel,
3. bei anhaltendem Frost (bis – 10 °C) zusätzlich zu 2.:
   Erwärmen des Sandes und der Ziegel,
4. bei anhaltend strengem Frost zusätzlich zu 3.:
   Abschirmen des Bauwerks oder -teils gegen die Außentemperatur durch Schutzbauten und Beheizen des Arbeitsraumes.

Maße und Formate. Die Abmessungen der Mauersteine bzw. -ziegel und die sich daraus ergebenden Wanddicken sowie Raum-, Öffnungs-, Pfeilermaße usw. sind in der „Maßordnung" DIN 4172 festgelegt (s. Abschn. 2.2).

Steinformate (s. auch Abschn. 6.2.2). Bei der Herstellung von Mauern werden verwendet:

kleinformatige Mauersteine

L *B* *H* in cm	nach DIN
24 x 11,5 x 5,2	105, 106 (DF-Dünnformat)
24 x 11,5 x 7,1	105, 106, 398 (NF-Normalformat)
24 x 11,5 x 11,3	105, 106 (1 1/2 NF oder 2 DF)
24 x 11,5 x 11,5	18 152

mittelformatige Mauersteine (Einhandsteine mit Griffschlitz)

24 x 17,5 x 11,3	105, 106 (3 DF)
11,5 x 24 x 17,5	18 152

großformatige Mauersteine (Vollsteine, geschlitzte Vollblöcke, Hohlblocksteine, Hochlochsteine)

— für Wanddicken von 17,5, 24, 30 und 36,5 cm — 105, 106, 4165

— in verschiedenen Höhen, meistens von 23,8 cm — 18151, 18152, 18153

Die Anwendung der Kleinformate (Bild **6**.30) ermöglicht eine große Variabilität der Längenmaße. Der hohe Fugenanteil des Mauerwerks erleichtert Maßkorrekturen, vermindert jedoch die Wärmedämmfähigkeit der Wand. Die Verwendung der Mittelformate (Hochlochziegel, Gitterziegel) vermindert den Arbeitsaufwand, erfordert jedoch starke Bindung der Längenmaße an die Maßordnung. In noch höherem Grade gilt das für Großformate; ungeschickte Maßabweichungen oder -korrekturen verringern hier die Güte des Mauerwerks. Die mit den Großformaten verbundenen Vorteile der Arbeitsrationalisierung werden aufgehoben, wenn an den Steinen Trennschnitte vorgenommen werden müssen.

Die Verwendung von mehreren verschiedenen Steinformaten in derselben Wand oder von vorgefertigten Eck- oder Anschlagsteinen bedeutet immer eine Erschwerung des Arbeitsablaufs (getrenntes Anliefern, Vorrathalten, Stapeln usw.).

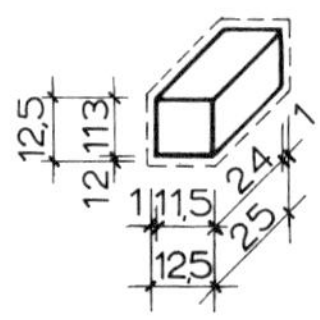

a) der gebräuchlichste kleinformatige Stein einschließlich Stoß- und Lagerfuge 25,0 x 12,5 x 12,5 cm oder 2 x 1 x 1 am

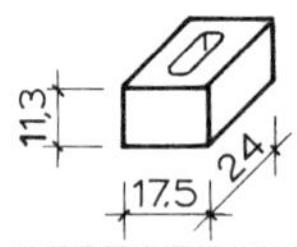

b) der gebräuchlichste mittelformatige Stein (mit Griffschlitz) einschließlich Stoß- und Lagerfuge 25,0 x 18,75 x 12,5 oder 2 x 1 $^1/_2$ x 1 am

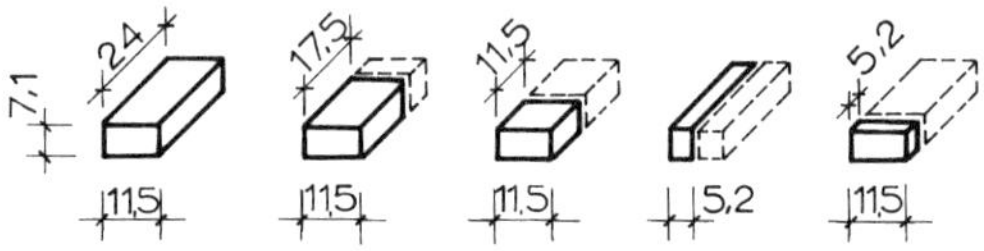

c) der Mauerziegel NF und seine Teilstücke

6.30 Kleinformatige Steine

Bei Wänden aus Klein- oder Mittelformaten kann auf besondere Eck- und Anschlagsteine verzichtet werden. Ab 30 cm Wanddicke ist die Verwendung zweier verschiedener Formate nebeneinander (24 x 11,5 x 11,3 und 24 x 17,5 x 11,3) trotz der oben angedeuteten Nachteile üblich.

In Außenwänden dürfen verschiedene Steinmaterialien („Mischmauerwerk") nicht verwendet werden. Die unterschiedlichen Wärmedämmeigenschaften der Steine führen zu unterschiedlicher Feuchtigkeitsaufnahme des Mauerwerks, damit zu Putzverfärbung und langfristig zu Bauschäden.

Mauerverbände. Unter Mauerverband versteht man die Art, wie die Steine schichtweise im Mauerwerk zusammengefügt und miteinander verzahnt werden, damit die auf dem Mauerwerk aufruhenden Lasten gleichmäßig auf die ganze Grundfläche der Mauer verteilt werden und der Mauerkörper rissefrei bleibt, d. h. seine Standsicherheit, Tragfähigkeit und sein Widerstand gegen die Witterung den Vorschriften genügen.

Nach der Art, Mauerziegel in einer Schicht aneinanderzureihen, werden Läuferschicht, Binderschicht sowie Grenadierschicht unterschieden. Die Rollschicht kann als Sonderform einer Binderschicht betrachtet werden (Bild **6**.31). Läuferschicht ist die Schicht,

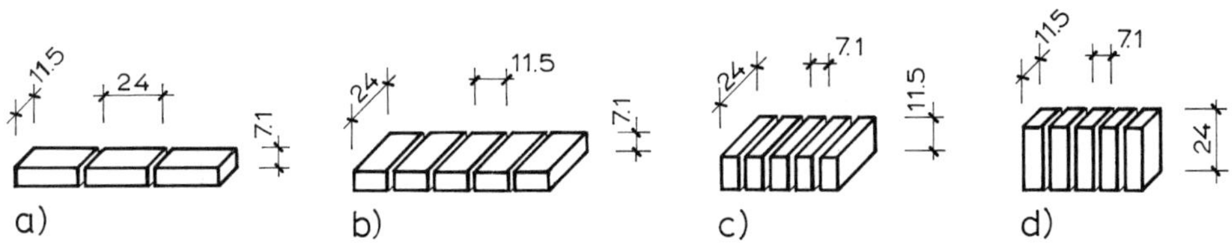

6.31 Benennung der Schichten
a) Läuferschicht, b) Binderschicht, c) Rollschicht, d) Grenadierschicht

in der die Mauerziegel mit der Langseite in der Mauerflucht liegen; in der Binderschicht sind von der Mauerflucht her die Köpfe der Binder zu sehen, die in die Wand einbinden.

Die Schichten ein und derselben Wand sind in der Regel gleich hoch. Schließen Wände aus Steinen verschiedener genormter Steinhöhen aneinander an, so lassen sich die Wände miteinander auf vielfältige Art verzahnen (Bild **6**.32). Daher brauchen Verbandsregeln sich nur auf Wände gleicher Schichthöhe zu beziehen.

Man unterscheidet:

— Zwischenverbände (Verbände in Mauermitte),

— Endverbände (Verbände an rechtwinklig begrenzten Mauerenden aller Art),

— Pfeilerverbände

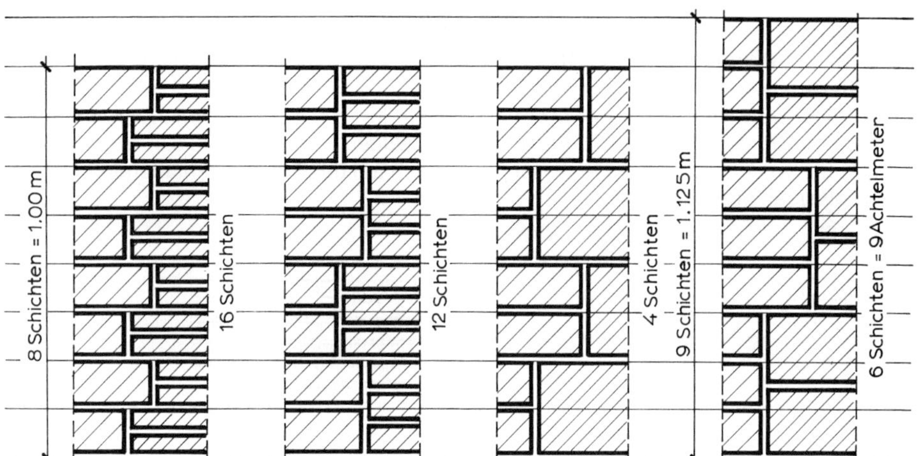

6.32 Mauerstöße von Wänden mit verschiedenen Steinformaten und Schichthöhen
(1 am = 1 Achtelmeter; *ü* = Überbindemaß)

Schichthöhen							
1 am	½ am	1 am	½ am	1 am	2 am	1 am	1 ½ am
Steinhöhen							
11,3 cm	5,2 cm	11,3 cm	7,1 cm	11,3 cm	23,8 cm	11,3 cm	17,5 cm
Tiefe der Verzahnung							
	$ü_1$ = ½ am		$ü_1$ = ½ am		$ü_2$ = 1 am		$ü_2$ = 1 am

Übliche Mauerverbände sind

- Läuferverband (auch mittiger Verband genannt) für Wände bis 17,5 cm Dicke, Vormauerschalen oder Wände aus großformatigen Steinen (Bild **6**.33),
- Blockverband (Bild **6**.34).
- Kreuzverband (Bild **6**.35).

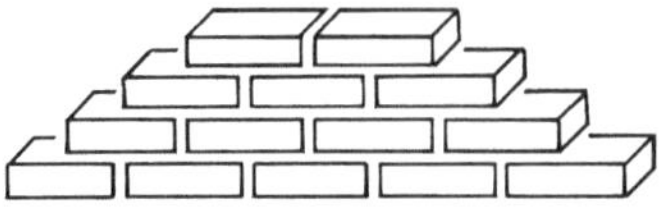

6.33 Längsverband

6.34 Blockverband

6.35 Kreuzverband

Bei gebogenen Wänden wird der Binderverband angewendet, in dem jede Schicht Binderschicht ist.

Zierverbände. Sichtmauerwerk wird vielfach wieder in mittelalterlichen Zierverbänden hergestellt (Beispiele in Bild **6**.36 a bis c), ferner im „Wilden Verband" (Bild **6**.36 d). In 36,5 cm dickem Mauerwerk können sich bei diesen Verbänden auf den Innenseiten übereinander liegende Stoßfugen ergeben.

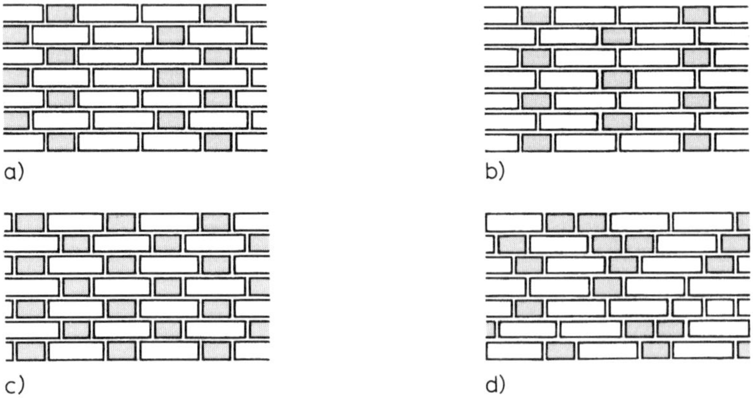

6.36 Zierverbände
a) Märkischer Verband, b) Flämischer Verband, c) Gotischer Verband, d) „Wilder" Verband

Für alle Verbände gelten folgende Grundregeln:

1. Jede Schicht muß genau waagerecht liegen und soll waagerecht durch sämtliche Mauern eines Gebäudes durchgehen.
2. Die Stoßfugen unmittelbar aufeinanderfolgender Schichten dürfen sich nicht decken. Das Überbindemaß *ü* wird nach DIN 1053-1 auf die Steinhöhe bezogen und beträgt mindestens 4,5 cm. Es gibt an, wie weit die Stoßfuge einer einbindenden oder durchbindenden Wand von der Innenecke (bei Ecke, Kreuzung, Stoß) entfernt liegt, und legt so den Verband fest (Bild **6**.37).

   Von einer Innenecke darf in jeder Schicht nur eine Stoßfuge ausgehen. Ihre Richtung wechselt in jeder Schicht.

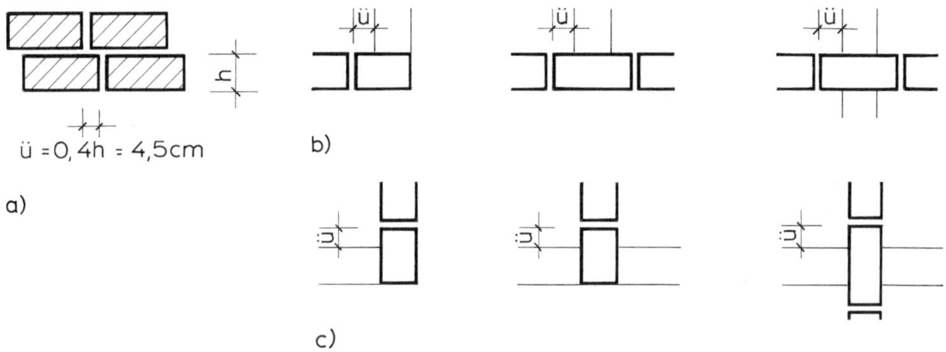

6.37 Überbindemaß
a) bezogen auf die Steinhöhe *h*
b) Grundrisse von Ecken, einbindender und durchbindender Wand, 1. Schicht
c) 2. Schicht

3. Es dürfen sich keine übereinanderliegenden Fugen ergeben, die im Wandinneren parallel zur Wand verlaufen. Sie sind gefährlich, weil bei Belastung die Stauchung quer zu Wand erfolgt (Aufreißen in Schalen); zudem sind diese Fugen nach Lage, Anzahl und Zustand am fertigen Mauerwerk nicht zu erkennen.
4. Es sind möglichst viele ganze Steine zu verwenden. Dadurch wird der Fugenanteil (Wärmebrücken) vermindert, das Überbindemaß (Verzahnung) meist vergrößert und so die Mauerwerksfestigkeit erhöht.

Zwischenverbände für die üblichen Wanddicken zeigt Tabelle **6**.38.

Verbände für das Mauerende, die Mauerecke und den Mauerstoß sind in einigen Regelbeispielen dargestellt (Tab. **6**.39).

Pfeiler sind wie kurze Wände, große Pfeiler mit Vorlagen wie rechtwinklige Mauerkreuzungen aufzufassen und dementsprechend in ihrem Verband zu behandeln (Tab. **6**.40).

Bei der spitzen Mauerecke geht die äußere Läuferreihe der einen Mauer bis zur Ecke durch. Die andere Mauer wird als Binderschicht bis an diese Läuferreihe geführt. Der Läuferdreiviertelstein an der Spitze muß so geschnitten werden, daß seine äußere Langseite um $^1/_4$ Stein länger ist als die abgeschrägte Schmalseite (Bild **6**.41).

Bei der stumpfen Mauerecke richtet sich der Verband nach der Größe des Eckwinkels. Bei Winkeln über 135° (Achteckwinkel) verläuft eine Fuge von der äußeren oder inneren Ecke senkrecht zur Binderschicht und schließt diese ab (Bild **6**.42 und **6**.43).

Tabelle **6**.38 Verbände in Mauermitten (Zwischenverbände); Überbindungsmaße in Achtelmeter (am)

Wanddicke	**aus den Kleinformaten** 24 x 11,5 x 5,2 cm 24 x 11,5 x 7,1 cm 24 x 11,5 x 11,3 cm	**aus dem Mittelformat** 24 x 17,5 x 11,3 cm (unter Zuhilfenahme des Kleinformats 24 x 11,5 x 11,3 cm)
11,5 cm	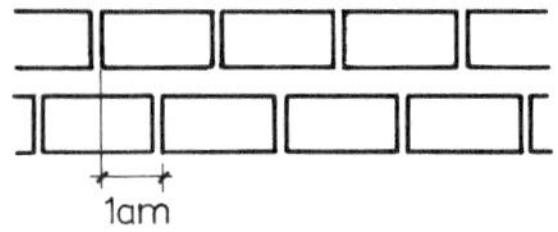	
17,5 cm	nicht üblich	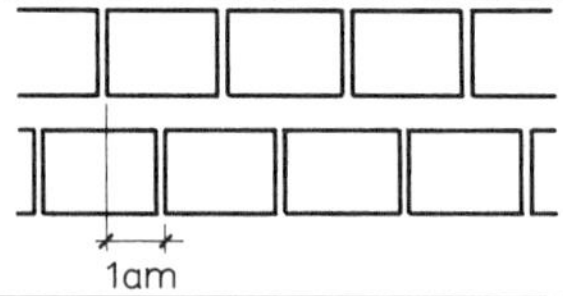
24 cm	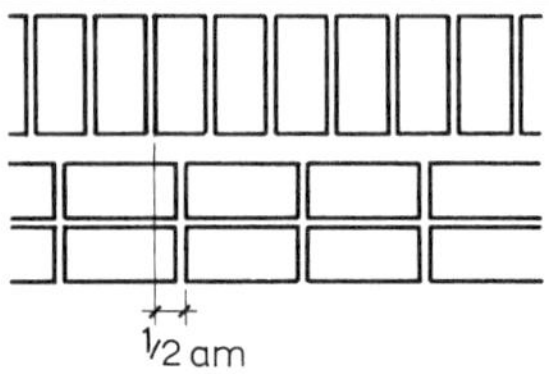	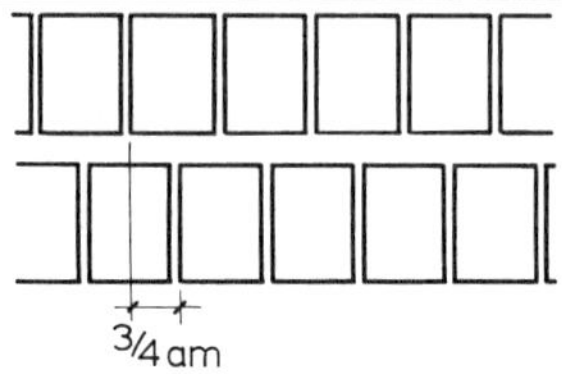
30 cm	nicht üblich	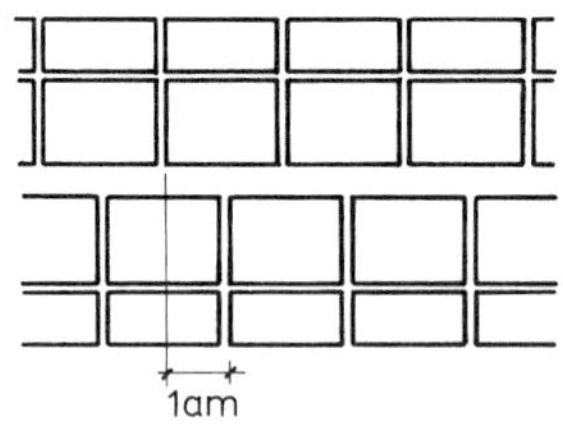
36,5 cm	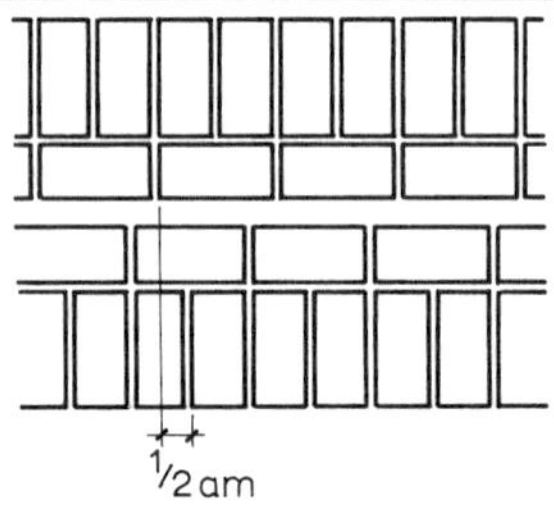	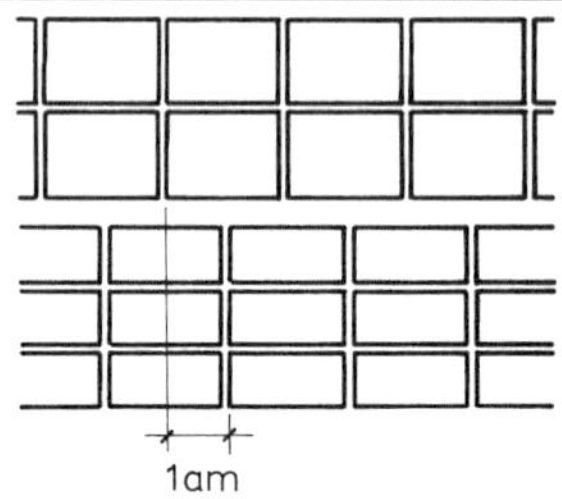
49 cm	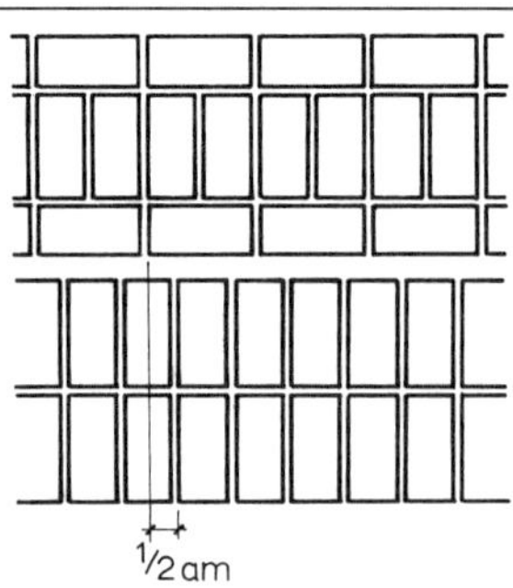	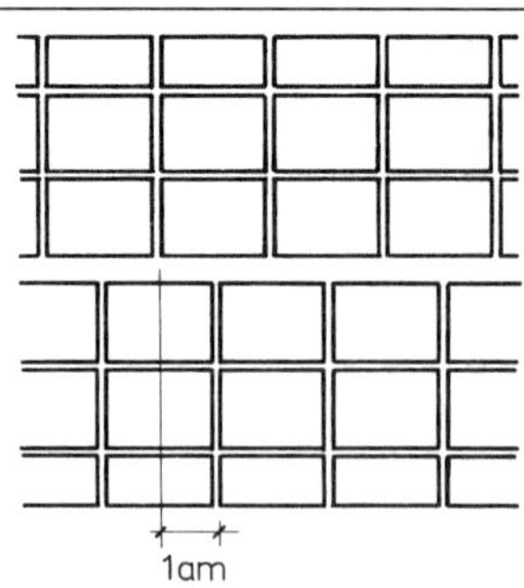

Tabelle **6**.39 Verbände

Kleinformat		Mittelformat	
a) Mauerenden			
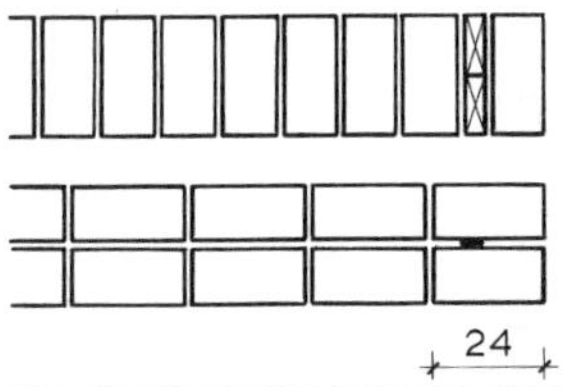	24 cm	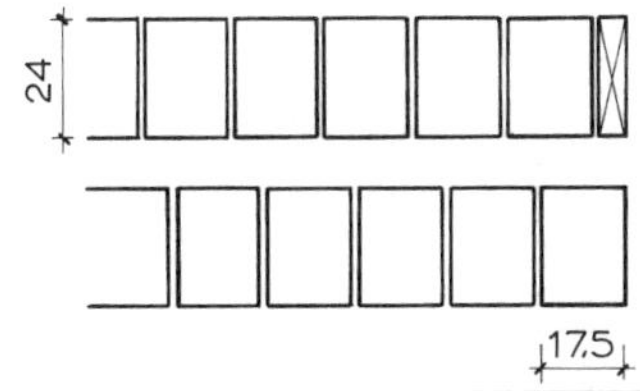	24 cm
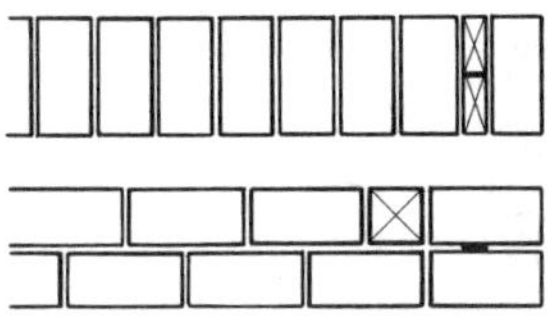	24 cm für Außenwand	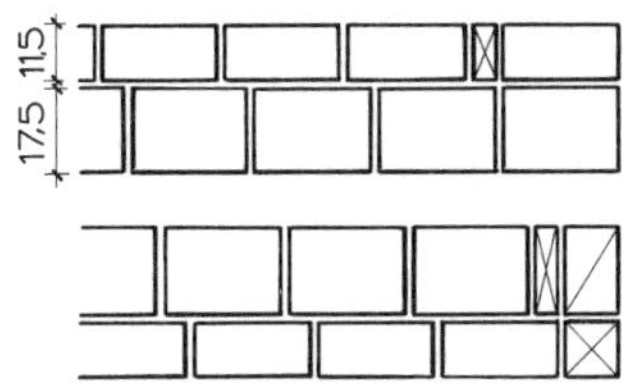	30 cm für Außenwand
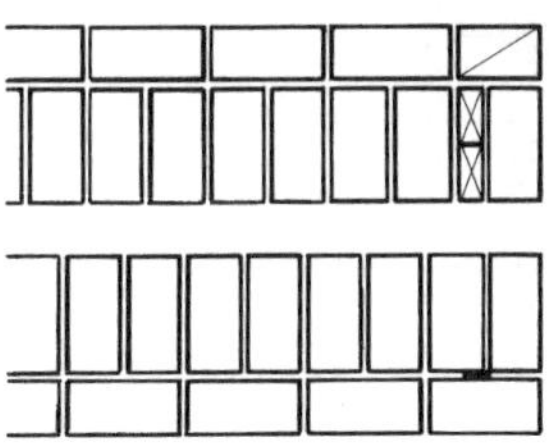	36,5 cm	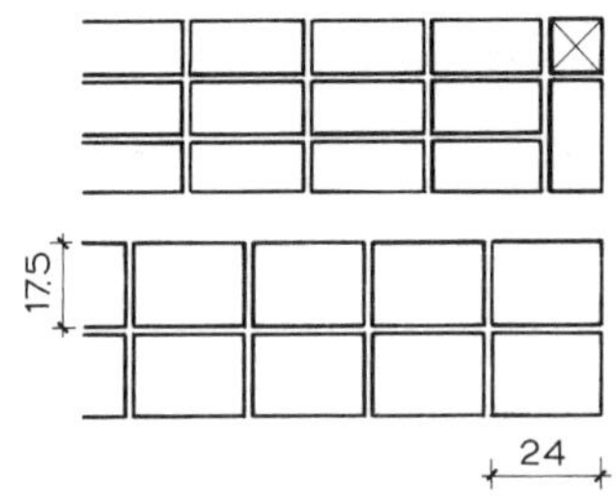	36,5 cm

b) Mauerecke mit Fensteranschlag und Mauerstoß mit Mauerende

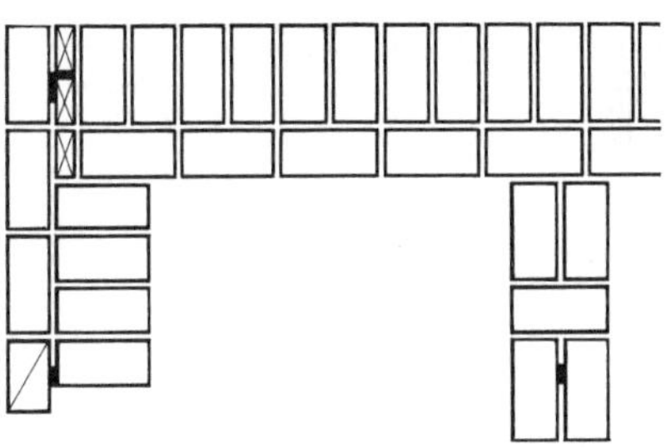

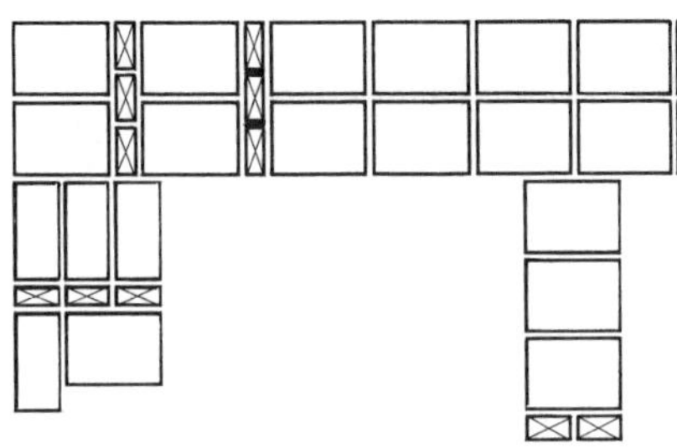

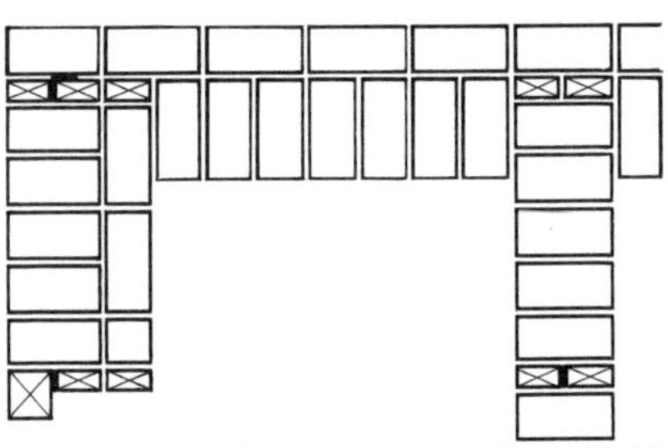

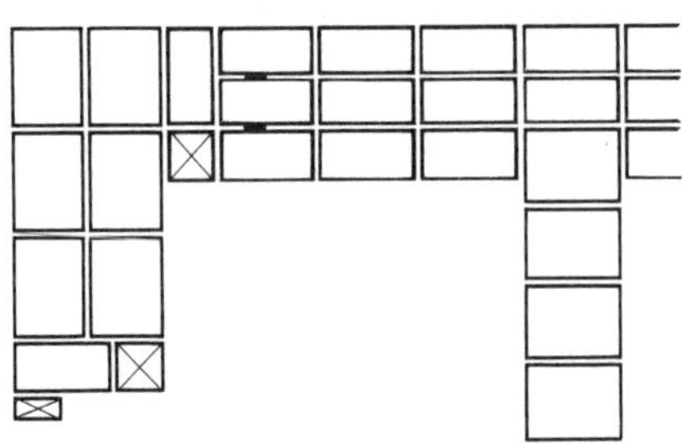

Tabelle **6**.40 Pfeilerverbände

kleinformatige Steine	klein- und mittelformatige Steine
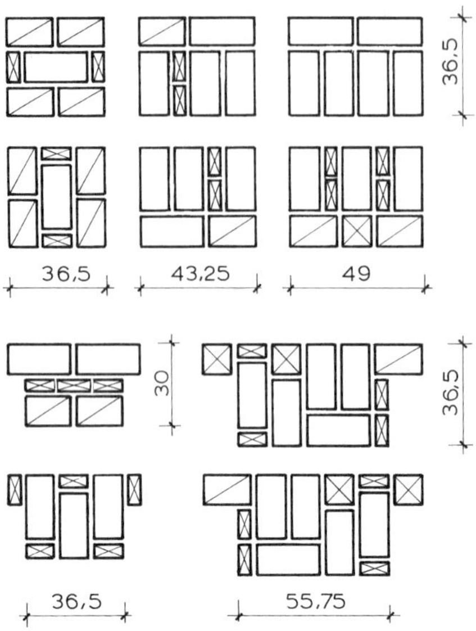	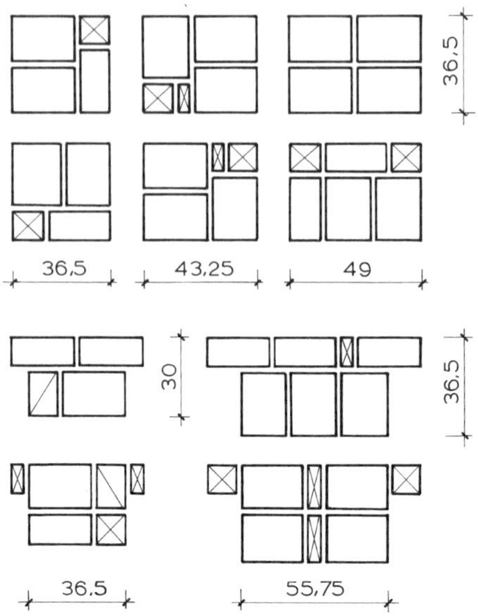

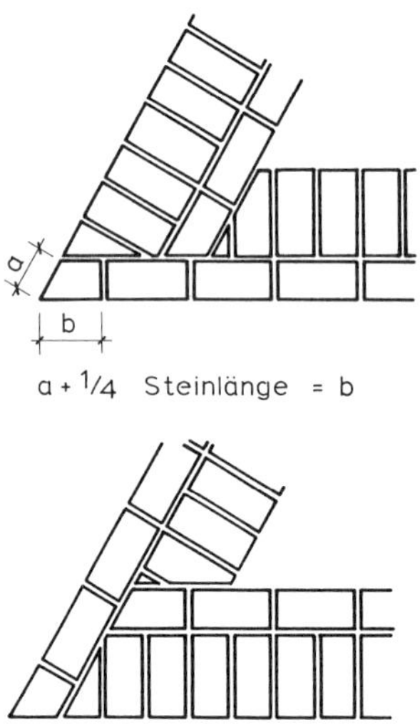

6.41 Spitzwinklige Mauerecke

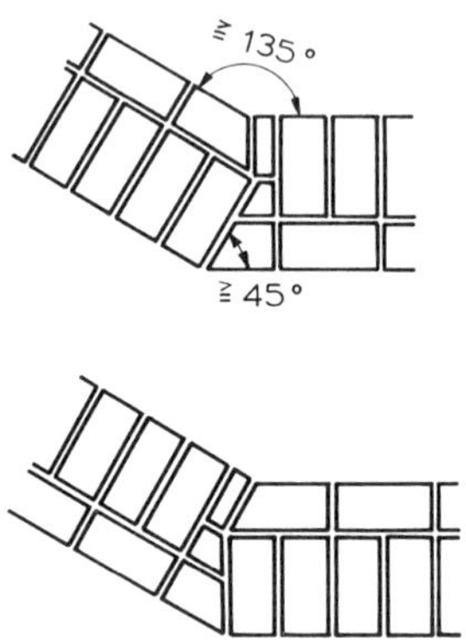

6.42 Stumpfwinklige Mauerecke

Fugenteilung geht in der Binderschicht von der äußeren Ecke aus (keine geschnittenen Sichtflächen)

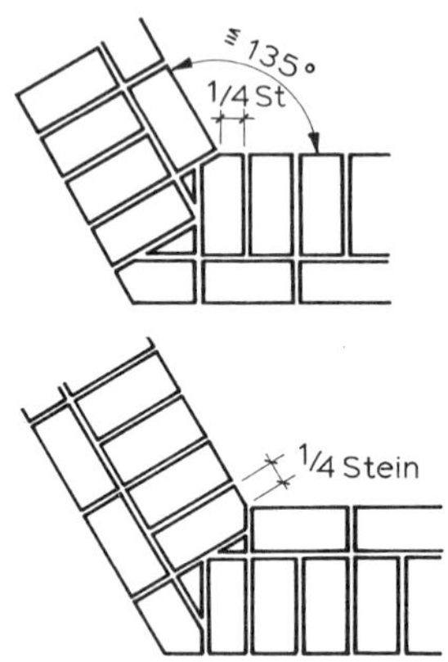

6.43 Stumpfwinklige Mauerecke

Fugenteilung geht in der Binderschicht von der inneren Ecke aus (Sichtflächen teilweise geschnitten bzw. Formsteine erforderlich)

Mauerverzahnungen und *Mauerschlitze* (s. Abschn. 6.2.1) müssen für anzuschließende Wände bzw. für Rohrleitungen im Verband berücksichtigt werden oder als durchgehende genau *senkrechte Schlitze* ausgespart werden. In Schlitzen anschließende Wände müssen sich bei Setzungen bewegen können.

Lochverzahnungen sind ¼ Stein tiefe Aussparungen in jeder zweiten Schicht. Sie sind so breit, wie das anschließende Mauerwerk dick ist.

6.2.3.2 Einschaliges Mauerwerk

Einschaliges Mauerwerk aus klein- und mittelformatigen Steinen kommt in Frage für tragende und dem Schall- oder Brandschutz dienende Innenwände, insbesondere für solche mit komplizierten Grundrissen, sowie für Pfeilermauerwerk.

Für Außenwände ist wegen der meistens erforderlichen größeren Wanddicken einschaliges Mauerwerk – auch in Verbindung mit zusätzlichen Wärmedämmungen (vgl. Bild **6**.11) in der Regel aus großformatigen Steinen vorherrschend.

Wände aus großformatigen Steinen gehören zu den wirtschaftlichsten Wandbauarten. Großformat und geringes Gewicht (Zweihandsteine) verringern den Arbeitszeitaufwand, wenn schnelles, bequemes Umrüsten für die Arbeitsgerüste gewährleistet ist.

Großformatige Steine werden hergestellt als:

- Großblockziegel, auch als Hochloch-Leichtblocks (s. Tabelle **6**.20)
- Kalksandstein-Hohlblocksteine (s. Tabelle **6**.21 und Bild **6**.22)
- Leichtbeton-Hohlblocksteine (s. Tabelle **6**.23, Bild **6**.24) und auch als zweischalige Steine mit innenliegender Wärmedämmung aus Schaumstoff
- Vollsteine oder Vollblöcke aus Leichtbeton (s. Tabelle **6**.24).
- Porenbeton-Großblocksteine und Porenbeton-Plansteine (s. Tabelle **6**.25)

Großformatige Steine werden mit Normalmörtel (NM) oder Leichtmörtel (LM), Planblöcke (besonders maßhaltige großformatige Steine) mit Dünnbettmörtel (DM) vermauert (vgl. Abschn. 6.2.2.3).

Die Stoßfugen können voll vermörtelt (Bild **6**.44 a) oder mit verfüllten Stoßfugentaschen (Bild **6**.44 b) ausgeführt werden.

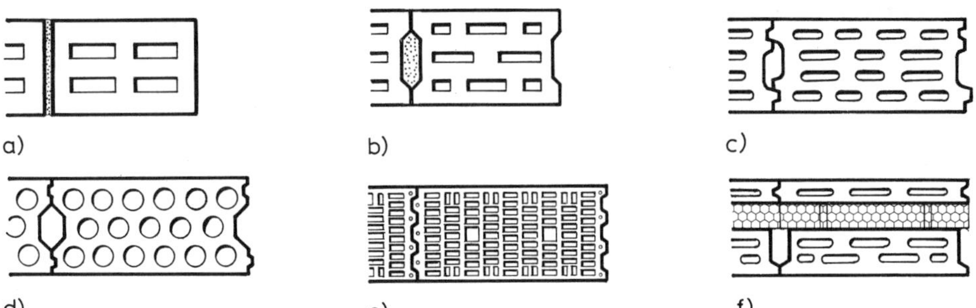

6.44 Großformatige Steine
a) Hochlochziegel, porosiert, Stoßfuge voll vermörtelt
b) Hohlblocksteine aus Leichtbeton (2-Kammerstein, vermörtelte Stoßfuge)
c) Hohlblocksteine aus Leichtbeton (3-Kammersteine, verfüllte Mörteltasche)
d) Hohlblocksteine aus Leichtbeton (HLB) mit Nut-Feder-Stoßfuge
e) Kalksandstein Planblock mit Nut-Feder-Stoßfuge
f) Leichthochlochziegel mit Stoßfugenverzahnung
g) Leichtbetonstein mit integrierter Wärmedämmung (Gisoton)

Da eine wirklich einwandfreie Verfüllung der Stoßfugen bzw. der Stoßfugentaschen an der Baustelle schwer zu gewährleisten ist, haben fast alle Hohlblocksteintypen an den Stirnseiten Nut-Feder-Profile, so daß ohne Zwischenvermörtelung gearbeitet werden kann (Bild **6**.44 c bis f). Die Wärmedämmung wird durch verfeinerte Gestaltung der Hohlräume ständig verbessert.

Eine weitere Verbesserung der Wärmedämmung ist möglich mit „integrierter Wärmedämmung", bei der Schaumstoffschichten bereits bei der Fertigung in die Leichtbetonsteine eingearbeitet oder nachträglich eingesteckt werden (Bild **6**.44 f). Mauerwerk aus derartigen Steinen entspricht praktisch zweischaligem Mauerwerk mit Kerndämmung (vgl. Abschn. 6.2.3.3).

Bei Mauerwerk aus großformatigen Steinen stellen die Fugen innerhalb des Wandgefüges immer wärmetechnische Schwachstellen dar. Die Außenwände sollten daher mit Leichtmörtel (LM) oder bei Planblocksteinen mit Dünnbettmörtel (DM) oder neuerdings sogar trocken aufgemauert werden.

Für die großformatigen Steine gelten Verbandsregeln, die von denen für kleine und mittelformatige Mauersteine abweichen. Die DIN 18 151 unterscheidet mittigen und schleppenden Verband. Beim mittigen Verband sind die Stoßfugen um ½ Steinlänge (Bild **6**.45 a), beim schleppenden Verband sind sie um ⅓ Steinlänge gegeneinander versetzt (Bild **6**.45 b).

Anschlagsteine lassen sich einsparen, wenn die Fenster- und Türrahmen statt in einen gemauerten Anschlag in die beigeputzte Nut der anschlaglosen Maueröffnungen gesetzt werden.

Alle Leichtbeton-Steine, die aus porigen Stoffen hergestellt werden, müssen vor dem Vermauern gut getrocknet sein und werden vor dem Vermauern nicht angenäßt. Bei Arbeitsunterbrechungen sind die nicht fertiggestellten Mauern sorgfältig abzudecken, denn in den Poren eingeschlossenes Wasser verdunstet sehr langsam und vermindert die Wärmedämmfähigkeit der Steine ganz beträchtlich. Bei Frost besteht für ungenügend getrocknete Steine die Gefahr der Zerstörung.

Einschalige Außenwände aus nicht frostwiderstandsfähigen Steinen müssen einen Außenputz oder einen anderen Witterungsschutz erhalten.

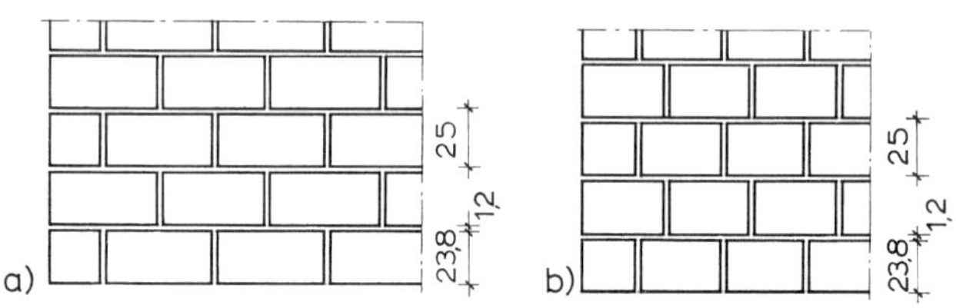

6.45 Mauerverband bei großformatigen Steinen
a) mittiger Verband, Steinlänge 49 cm
b) schleppender Verband, Steinlänge 36,5 cm

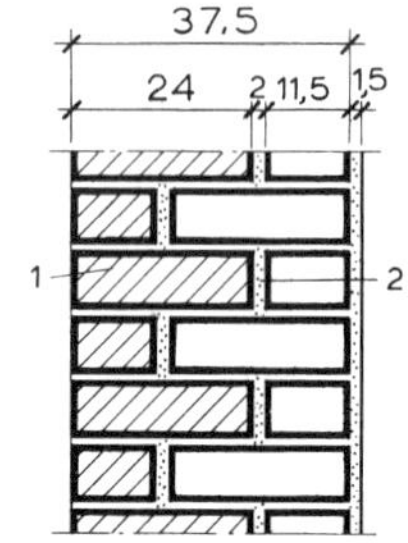

6.46 Schlagregensicherung bei einschaligem Mauerwerk
1 Verblendmauerwerk, frostbeständig
2 Schalenfuge 2 cm („Regenbremse")

Sichtmauerwerk als einschaliges Außenmauerwerk besteht aus einer äußeren Schale aus frostbeständigen – meistens kleinformatigen – Vormauersteinen oder Klinkern mit einer Hintermauerung aus anderem Steinmaterial.

Beide Schalen müssen im Verband hochgemauert werden. Die Verblendung gehört zum tragenden Querschnitt. Für die zulässige Beanspruchung ist die jeweils kleinste Steinfestigkeitsklasse maßgebend.

Zur Sicherung gegen Schlagregen (s. Abschn. 6.2.1.5) muß einschaliges Sichtmauerwerk für Außenwände in jeder Mauerschicht mindestens zwei hintereinander liegende Steinreihen aufweisen. Die Stoßfuge dieser Steinreihen muß mindestens 2 cm breit sein und hohlraumfrei mit besonderem Dichtungsmörtel verfüllt oder besser schichtenweise mit flüssigem Dichtungsmörtel vergossen werden (Bild **6**.46).
Die Wanddicke derartiger Mörtel weicht somit von den Abmessungen gemäß DIN 4172 ab, und es ergeben sich Wände von 37,5 oder 50 cm Dicke.

Die Fugen der Sichtflächen sind sachgemäß zu verfugen (s. Abschn. 6.2.6.2).

Mit einschaligem Sichtmauerwerk lassen sich für Außenwände die Anforderungen an den Wärmeschutz kaum erfüllen. Sichtmauerwerk wird daher heute fast ausschließlich als zweischaliges Mauerwerk ausgeführt (s. Abschn. 6.2.3.3).

6.2.3.3 Zweischaliges Mauerwerk für Außenwände

Allgemeines

Zweischaliges Mauerwerk für Außenwände besteht aus der inneren tragenden Wand und einer äußeren mindestens 9 cm dicken Wand (bei der Ausführung aus Mauerwerk) als „Wetterschirm" gegen Schlagregen (s. Abschn. 6.2.1.5).

Nach DIN 1053-1 wird bei Außenmauerwerk unterschieden zweischaliges Mauerwerk

— mit Putzschicht
— mit Kerndämmung
— mit Luftschicht
— mit Luftschicht und Wärmedämmung.

Für die Außenschale sind ausblühungsfreie, frostfeste Vormauersteine als Vollsteine zu verwenden. Lochsteine sind wegen der möglichen stärkeren Durchfeuchtung – insbesondere bei Ausführungsfehlern bei der Verfugung von Sichtmauerwerk – weniger geeignet.

Die werkgerechte Ausführung von zweischaligem Mauerwerk ist aufwendig und erfordert sehr sorgfältige handwerkliche Arbeit. Sie stellt aber besonders bei starker Witterungsbeanspruchung eine sehr gute Lösung besonders für Sichtmauerwerk dar und ermöglicht außerdem einen optimalen Wärmeschutz.

Die Mauerschalen sind durch Drahtanker aus nichtrostendem Stahl nach DIN 17 440 (Bild **6**.47) miteinander zu verbinden. Dabei darf der vertikale Abstand der Anker höchstens 50 cm und der horizontale Abstand höchstens 75 cm betragen. Die Mindestanzahl der Anker ist Tabelle **6**.48 zu entnehmen. An allen freien Mauerrändern (an Gebäudeecken, Öffnungen, entlang von Fugen an den oberen Abschlüssen usw.) sind zusätzlich 3 Anker je m Randlänge anzuordnen.

Eine Verankerungsmöglichkeit bei Innenschalen aus Stahlbeton mit Hilfe von rostsicheren Stahlankern in Verbindung mit senkrecht einbetonierten Ankerschienen zeigt Bild **6**.49.

Außenschalen von weniger als 11,5 cm Dicke dürfen nicht höher als 20 m über Gelände geführt werden und müssen in Höhenabständen von etwa 6 m abgefangen werden. Giebeldreiecke bis zu 4 m Höhe dürfen bei Gebäuden mit bis zu 2 Vollgeschossen ohne zusätzliche Abfangung ausgeführt werden.

Die Außenschalen sind durch vertikale Dehnfugen (Abstand bei Ziegeln $\leqq$ 10 m, bei Kalksandstein $\leqq$ 8 m) zu unterteilen. Der Abstand richtet sich nach der Beanspruchung (z. B. Erwärmung durch Sonneneinstrahlung, auch abhängig von der Materialfarbe). Die freie Beweglichkeit der gebildeten Wandabschnitte muß in vertikaler Richtung und in horizontaler Richtung insbesondere auch an den Bauwerksecken sowie an Öffnungen möglich sein (vgl. Bild **6**.54). Die thermisch stärker belastete Vormauerschale soll sich dabei frei über angrenzende Schalen bzw. andere Bauteile hinweg ausdehnen können (vgl. Bild **6**.54 c: Die

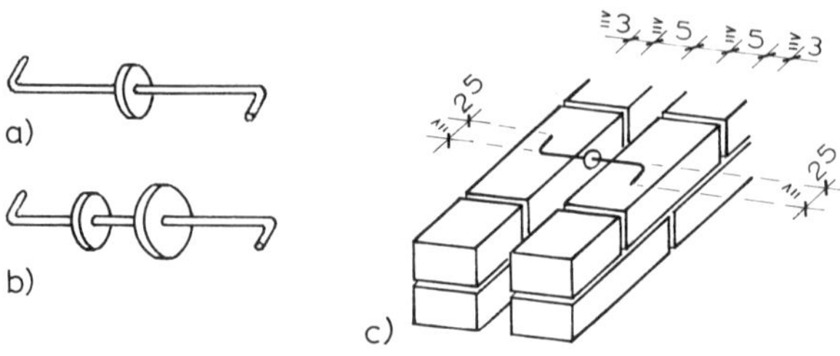

6.47 Drahtanker für zweischaliges Mauerwerk für Außenwände
a) Stahldrahtanker mit Kunststoff-Tropfscheibe
b) mit zusätzlicher Klemmplatte für Wärmedämmung
c) Abmessungen

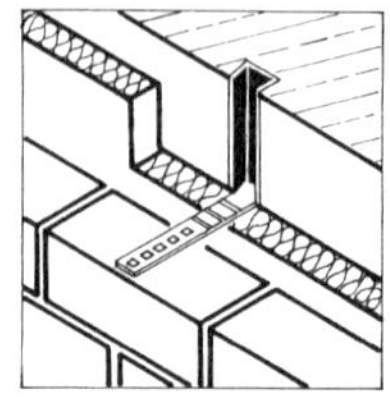

6.49 Verankerung mit Anschlußankern in Ankerschiene

Tabelle **6**.48 Mindestanzahl und Durchmesser von Drahtankern je m² Wandfläche

	Drahtanker Mindestanzahl	Drahtanker Durchmesser
mindestens, sofern nicht Zeilen 2 und 3 maßgebend	5	3
Wandbereich höher als 12 m über Gelände oder Abstand der Mauerwerksschalen über 70 bis 120 mm	5	4
Abstand der Mauerwerksschalen über 120 bis 150 mm	7 oder 5	4 5

im Grundriß senkrecht dargestellte Außenschale = Südseite des Bauwerkes). Die Fugen sind am besten durch Compribänder o.ä. zu verschließen. Dauerelastische Fugen haben nur begrenzte Haltbarkeit. An Berührungspunkten wie z. B. Fensterlaibungen sind die Schalen durch eine wasserundurchlässige Sperrschicht zu trennen.

Außenschalen aus 11,5 cm dickem Mauerwerk sollen in Höhenabständen von 12 m abgefangen werden. Während die Außenschale an ihrer Unterseite in der Regel in ihrer ganzen Länge auf Sockelvorsprüngen aufliegt, sind für Zwischenabfangungen Konsolanker üblich, die am besten mit Ankerschienen an den Deckenrändern befestigt werden (Bild **6**.55).

Die Außenflächen sind mit wasserabweisendem, nicht ausblutendem Mörtel zu vermauern (Zugabe von Traß oder wasserabweisenden Zusätzen). Außerdem kann je nach Material der Außenschalen eine wasserabweisende diffusionsoffene Imprägnierung zweckmäßig sein.

Sichtmauerwerk ist am besten sofort beim Aufmauern „frisch in frisch" zu verfugen (vgl. Abschn. 6.2.6).

Zweischalige Außenwände mit Putzschicht

Bei regional üblichem zweischaligem Mauerwerk mit Putzschicht ist auf der Außenseite der Innenschale eine Putzschicht aufzutragen. Die Außenschale ist davor möglichst dicht, höchstens mit 2 cm Abstand aufzuführen (Bild **6**.50). An den unteren Rändern sind Entwässerungsöffnungen wie bei zweischaligem Mauerwerk mit Luftschicht (vgl. Bild **6**.53) auszuführen. Obere Entlüftungsöffnungen sind nicht nötig.

Die äußere Schale wird in der Regel mit kleinformatigen frostfesten Steinen ausgeführt, während die tragende Innenschale aus großformatigen Steinen mit guten Wärmedämmeigenschaften besteht.

Zweischalige Außenwände mit Kerndämmung

Zweischaliges Mauerwerk mit Kerndämmung wird mit mindestens 11,5 cm dicken Außenschalen aus frostbeständigen Steinen mit einem lichten Abstand von höchstens 15 cm vor der tragenden Innenschale ausgeführt (Bild **6**.51).

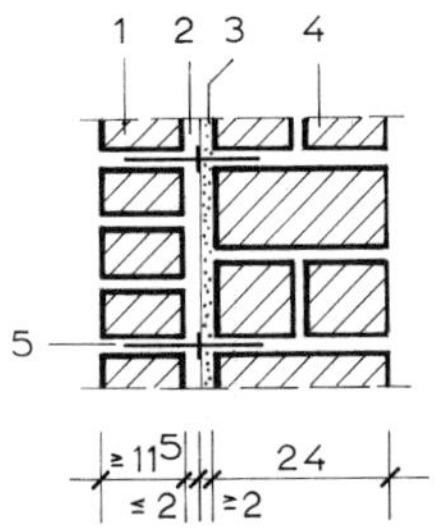

6.50 Zweischalige Außenwand mit Putzschicht

1 äußere Schale (frostfeste Vormauersteine)
2 Zwischenraum > 2 cm
3 Putz
4 tragendes Mauerwerk
5 Drahtanker

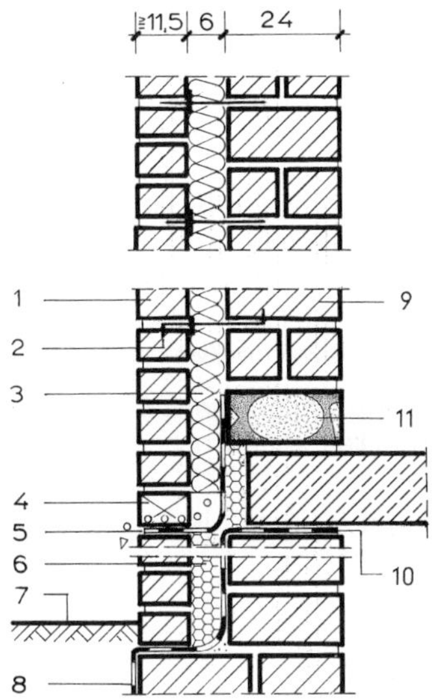

6.51 Zweischalige Außenwand mit Kerndämmung

1 Verblendschale
2 Drahtanker mit Krallenplatte
3 Kerndämmung wasserabweisend
4 offene Stoßfugen als Notentwässerung
5 Abdichtung mind. 30 cm oder OK-Gelände (Spritzwasserschutz und Ableitung von Kondensat und eingedrungenem Schlagregenwasser)
6 Wärmedämmung
7 OK-Gelände
8 Außenwandabdichtung
9 tragendes Mauerwerk
10 waagerechte Abdichtung
11 Mauerfußdämmung (vgl. Bild 6.13)

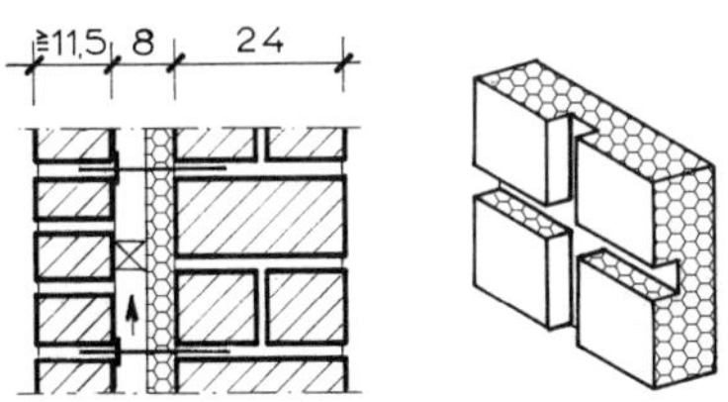

6.52 Zweischalige Außenwand mit Kerndämmung, Kerndämmung aus Schaumstoffplatten mit vertikalen und horizontalen Lüftungsschlitzen (Schnitt durch senkr. Lüftungskanal)

Der Zwischenraum wird voll mit Wärmedämmstoffen ausgefüllt, die gegen vorübergehende Durchfeuchtung durch Schlagregen oder Kondensatbildung unempfindlich sein müssen und rasch wieder austrocknen. Die Materialien müssen für den speziellen Verwendungszweck genormt bzw. bauaufsichtlich zugelassen sein. Verwendet werden Platten, Matten, Granulate und Ortschäume wie z. B.

— Polystyrol-Hartschaum, schwer entflammbar,

— Mineralwolle, schwer entflammbar, wasserabweisend,

— Blähperlite-Schüttungen.

Eine verbesserte Austrocknung der Außenschale kann erreicht werden durch Kerndämmplatten mit zusätzlichen Luftschichten oder mit zusätzlichen Luftschichtplatten, mit denen eine begrenzte Hinterlüftung erreicht wird (Bild **6**.52).

Im Fußpunktbereich müssen je 20 m² Fassadenfläche Entwässerungsöffnungen mit mindestens 5000 mm² Querschnitt vorgesehen werden (Bild **6**.51).

Zweischalige Außenwände mit Luftschicht

Zweischaliges Mauerwerk mit Luftschicht für Außenwände erfordert gegenüber Mauerwerk mit Kerndämmung arbeitsmäßig nur wenig Mehraufwand. Die zwischen Innen- und Außenschale liegende Luftschicht hat zwar keine unmittelbare Wärmeschutzwirkung, da in ihr Luft ständig zirkuliert, doch kann in den Hohlraum etwa eingedrungenes Regen- oder Kondenswasser problemlos abfließen oder abtrocknen.

Zweischaliges Mauerwerk ohne zusätzliche Wärmedämmung (Bild **6**.53) ist nur in Verbindung mit sehr gut dämmenden inneren Tragwänden (z. B. aus Porenbeton) wirtschaftlich herzustellen. Es ist daher meist nur noch als traditionelle Mauerwerksform in den regen- und windreichen nordwesteuropäischen Gebieten anzutreffen.

Die Luftschicht muß mindestens 6 cm und darf höchstens 11,5 cm dick sein und darf nicht durch Mörtelbrücken unterbrochen sein.

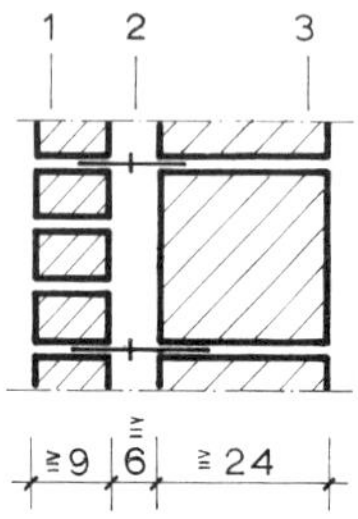

6.53
Zweischalige Außenwand mit Luftschicht
1 Verblendschale 11,5 cm
2 Luftschicht
3 wärmedämmerndes, tragendes Mauerwerk (z. B. Porenbeton)

Die Luftschicht muß an allen oberen Abschlüssen (d. h. auch den Oberkanten von Fensterbrüstungen u. ä.) und an den unteren Auflagerungen – auch an den Zwischenauflagerungen bei Abfangungen (Bild **6**.55) – Ent- bzw. Belüftungsöffnungen – am besten durch offene Stoßfugen – von insgesamt mindestens 7500 mm^2 je 20 m^2 Fassadenfläche erhalten.

Die unteren Öffnungen dienen gleichzeitig der Abführung von etwa eingedrungenem Schlagregenwasser und Kondensat. An Sockeln müssen Öffnungen mindestens 10 cm über dem Geländeanschnitt liegen.

Zweischalige Außenwände mit Luftschicht und Wärmedämmung

Zweischaliges Mauerwerk mit Luftschicht und Wärmedämmung bietet den Vorteil, daß alle Arten von Mauerwerk oder Stahlbeton die tragende Wand bilden können, Wärmebrücken praktisch nirgends möglich sind und die Wärmedämmung optimal den Erfordernissen angepaßt werden kann.

Es hat sich auch unter extremen Bedingungen bewährt. Sein Nachteil ist allein – abgesehen von den hohen Herstellungskosten – in dem durch die großen Wanddicken bedingten Grundflächenbedarf (Einschränkung der Nutzflächen) zu sehen (Bild **6**.54).

Der lichte Abstand zwischen den Mauerwerksschalen darf höchstens 11,5 cm sein. Zwischen Wärmedämmung und Außenschale muß an allen Stellen eine mindestens 4 cm dicke Luftschicht vorhanden sein. Wärmedämmplatten sind dicht gestoßen zu verlegen und in geeigneter Weise zu befestigen (z. B. durch Klemmplatten auf den Drahtankern, s. Bild **6**.47 b, durch Tellerdübel o. ä.).

Dämm-Matten neigen zu nachträglichem Aufquellen und sollten für Wärmedämmung von zweischaligen Außenwänden mit Luftschicht nicht verwendet werden.

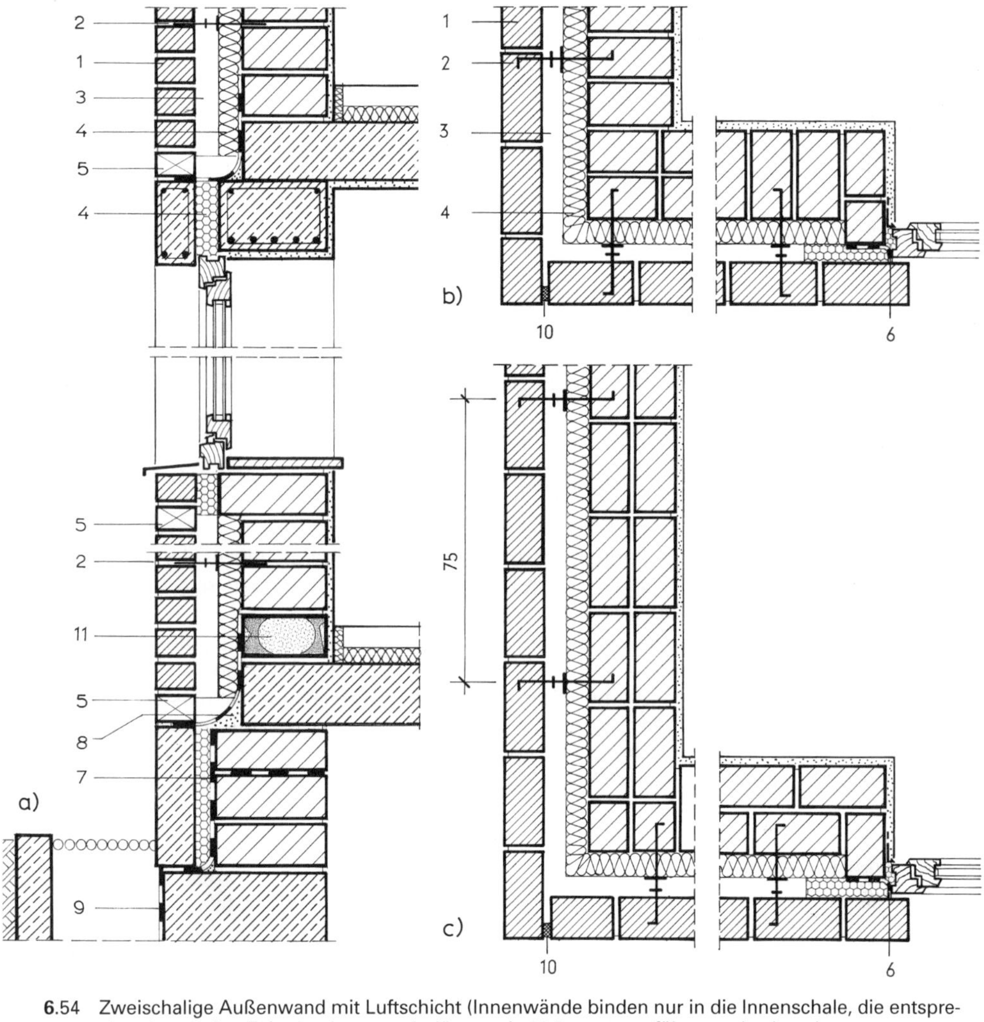

6.54 Zweischalige Außenwand mit Luftschicht (Innenwände binden nur in die Innenschale, die entsprechend statischer Erfordernissen auch dünner als 11,5 cm ausgeführt werden kann)

a) Schnitt
b) Grundriß 1. Schicht
c) Grundriß 2. Schicht
1 Verblendschale (> 9 cm)
2 Drahtanker mit Tropf- und Klemmscheibe
3 Luftschicht
4 Wärmedämmung
5 offene Stoßfugen (7500 m2/20 m^2 Wandfläche)
6 Abdichtung (Anschluß an Fenster)
7 Abdichtung
8 Mörtelkehle
9 senkrechte Abdichtung DIN 18 195
10 durchlaufende senkrechte Fuge mit dauerelastischer Abdichtung
11 Mauerfußdämmung

Abfangungen und Öffnungen

Wie bereits einleitend ausgeführt, müssen die Außenschalen von zweischaligem Mauerwerk bei Höhen über 12 m abgefangen werden.

Die Ausführung mit Hilfe spezieller Konsolen zeigt Bild **6.**55 a. Wegen der unvermeidlichen Wärmebrückenprobleme sind auskragende Stahlbeton-Deckenränder als Auflager für die Außenschalen ungeeignet. Wenn aus gestalterischen Gründen jedoch Deckenränder als Fas-

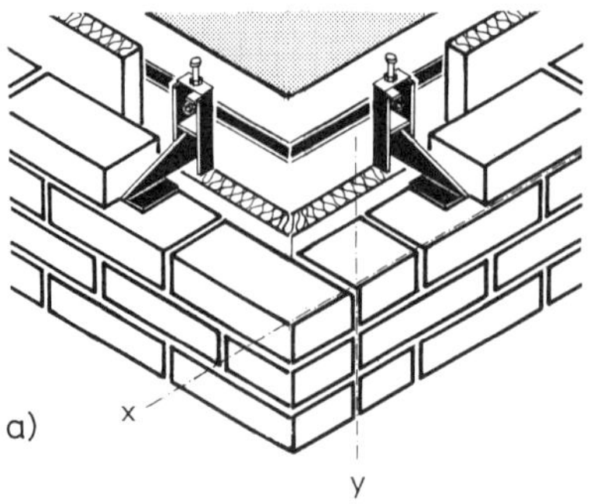

6.55
Abfangkonsolen
a) Konsolanker (Typ Halfeneisen) an Ankerschienen
b) Abfangung mit Stahlbetonkonsole, thermisch von der Decke getrennt (SCHOECK-Konsolelement)
c) Abfangung mit einer Grenadier- bzw. Rollschicht, aufgehängt mit Konsolanker
d) Abfangung mit eingemörtelten Konsolen und L-Profil
x = Setzfuge
y = Dehnfuge

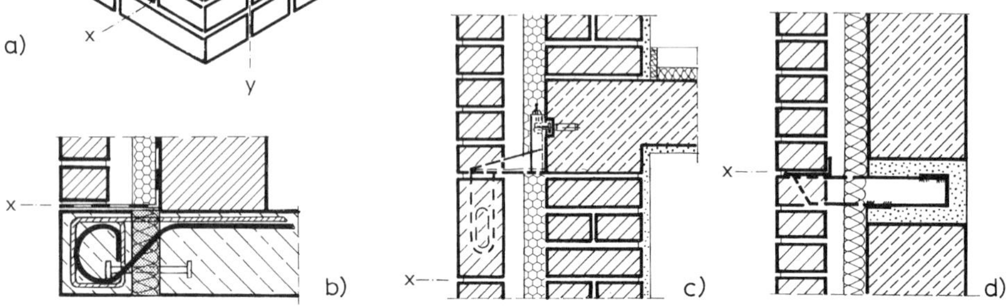

sadengliederung dienen sollen, können thermisch getrennte Fertigteil-Konsolen die Abfangung bilden (Bild **6**.55 b). Die waagerechten Fugen an den Abfangungen sind mit Compriband oder dauerelastisch abzudichten.

Ähnlich wie Abfangungen werden auch Öffnungen über Fenstern o. ä. ausgeführt. Bei kleineren Öffnungen werden Konsolanker in Verbindung mit Fertigteilstürzen verwendet (Bild **6**.55 c). Für größere Öffnungen kommen Sturzausbildungen mit Hilfe von Profilstahlauflagen in Verbindung mit eingemörtelten Konsolen in Frage (Bild **6**.55 d). Im übrigen können in Sichtmauerwerk Stürze mit Schalungssteinen, in Form von scheitrechten oder Rundbögen, mit Stahlbetonfertigteilen usw. oder als bewehrtes Mauerwerk ausgeführt werden (vgl. Abschn. 6.2.4).

6.2.4 Maueröffnungen

6.2.4.1 Allgemeines

Maueröffnungen für Fenster, Türen und größere Wandaussparungen z. B. für Lüftungskanäle werden durch S t ü r z e überdeckt, die aus Stahlbeton, Stahlbetonfertigteilen, Profilstahlträgern oder aus gemauerten Bögen bestehen können.

Bei der Dimensionierung von Stürzen unter Wänden muß nach DIN 1053-1, Abschn. 8.5.3 nur das Gewicht desjenigen Wandteiles berücksichtigt werden, der durch ein gleichseitiges Dreieck über dem Sturz umschlossen wird, weil die darüber liegenden Wandteile sich gewölbeartig abstützen (Bild **6**.56).

Gleichmäßig verteilte Deckenlasten oberhalb des Belastungsdreiecks bleiben bei der Bemessung der Träger unberücksichtigt. Deckenlasten, die innerhalb des Belastungsdreiecks als gleichmäßig verteilte Last auf das Mauerwerk wirken (z. B. bei Deckenplatten und Balkendecken mit Balkenabständen $\leqq$ 1,25 mm), sind nur auf der Strecke, in der sie innerhalb des Dreiecks liegen, einzusetzen. Die Dimensionierung kann – insbesondere bei kleineren Öffnungen – überschläglich ermittelt werden. Meistens werden Stürze jedoch zusätzlich durch Deckenauflager, oft auch durch Sturz- bzw. Unterzugauflager zusätzlich belastet, und ihre Dimensionierung ist durch Berechnung nachzuweisen.

Ö f f n u n g s m a ß e von Fenstern sind unter Berücksichtigung von DIN 4172 zu planen. Öffnungen für Türen sind genormt nach DIN 18 100 (Tab. **6**.57).

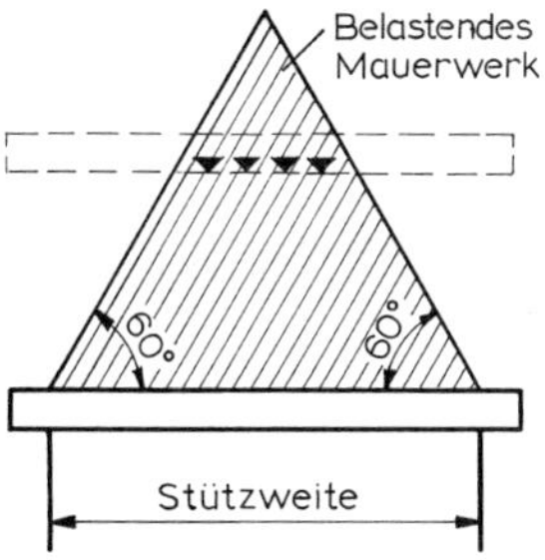

6.56 Wandlast über Wandöffnungen (Gewölbewirkung, DIN 1053-1, Abschn. 8.5.3)

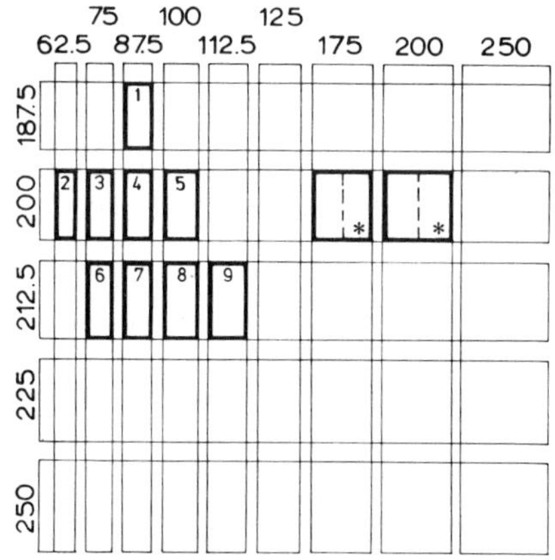

6.57 Maße für Wandöffnungen (auf der Grundlage von DIN 4172)
Dick umrandet: Vorzugsgrößen

Für die mit einer Ziffer gekennzeichneten Größen werden in DIN 18 101 genaue Maße für Zargen und Türblätter angegeben; die Zahl ist gleich der Zeilennummer in Tabelle 1 der DIN 18 101. In DIN 18 111-1 sind für diese Größen Stahlzargen genormt, allerdings nur für gefälzte Türblätter.
* Wandöffnungen dieser Vorzugsgrößen sind im Regelfall zweiflügelig.

Sind in Ausnahmefällen andere Größen erforderlich, so sollen deren Baurichtmaße ganzzahlige Vielfache von 125 mm sein, siehe DIN 4172.

6.2.4.2 Stürze aus Stahlbeton

Für kleinere Öffnungen in nichttragenden Zwischenwänden werden in der jeweiligen Mauerbreite hergestellte vorgefertigte Stahlbetonstürze verwendet. Einen besseren Putzgrund bieten vorgefertigte Ziegelstürze. Sie bestehen aus profilierten Sonderziegeln, die aneinandergereiht zusammen mit dem Vergußbeton und der Bewehrung den biegesteifen Zuggurt des Sturzes bilden. Er erlangt im Zusammenwirken mit der Übermauerung aus Ziegeln bzw. mit dem Beton des Deckenauflagers oder Ringbalkens als „Druckzone" die volle Tragfähigkeit. Fertigteilstürze können eine schlaffe oder vorgespannte Bewehrung haben. Sie sind als Einfeldträger für Stützweiten bis 3,00 m zugelassen (Bild **6**.58).

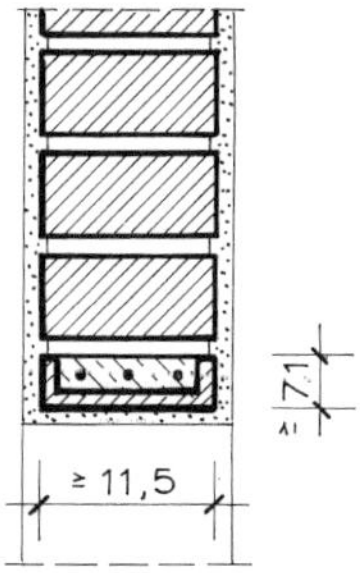

6.58 Vorgefertigter Ziegelsturz mit schlaffer Bewehrung. Mauerwerk über dem Zuggurt bildet die Druckzone des Sturzes

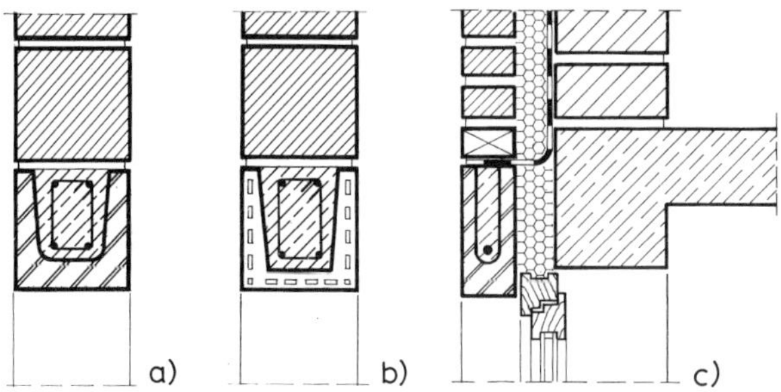

6.59 Schalungssteine für Stürze
a) Türsturz mit KS-U-Schalen
b) Leichtziegel-U-Schalen
c) Fenstersturz mit KS-U-Schalen

Für Sichtmauerwerk aus Ziegeln und Kalksandsteinen gibt es den jeweiligen Steinformaten bzw. Schichthöhen entsprechende Schalensteine, aus denen Stürze vorgefertigt werden können oder die für örtlich betonierte Stahlbetonstürze als verlorene Schalung verwendet werden (Bild **6**.59).

Für Sichtmauerwerk kommen ferner vorgefertigte oder örtlich hergestellte Stürze aus bewehrtem Mauerwerk (Bild **6**.60) oder aus Stahlprofilen in Frage (Bild **6**.61).

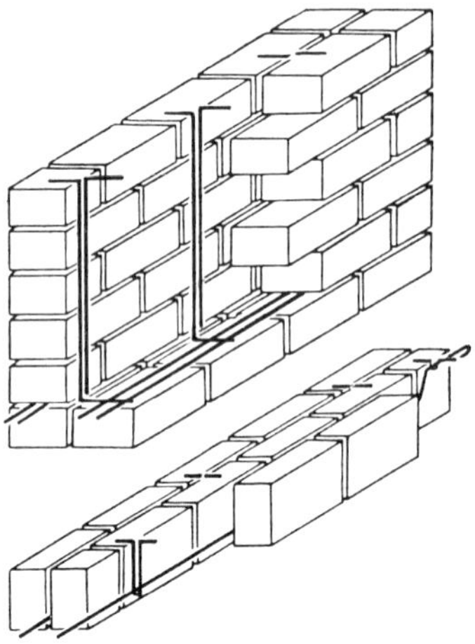

6.60 Bewehrte Mauerziegelstürze (s. a. DIN 1053-3)

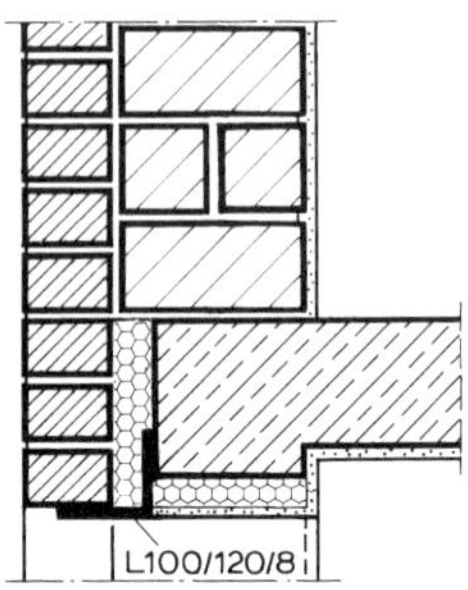

6.61 Verblendmauerwerk auf Stahlwinkel

Wird bei Sichtmauerwerk aus formalen Gründen als Sturz eine Grenadierschicht (s. Bild **6**.31 d) gewünscht, werden vorgefertigte Sturzbalken verwendet, oder die Steine werden mit Hilfe von Winkelkonsolen und durchgesteckten Halteeisen gesichert. Eine tragende Funktion haben derartige Stürze jedoch nicht (Bild **6**.62).

In Verbindung mit Stahlbetondecken oder bei besonderer statischer Beanspruchung bilden Stahlbetonstürze die Regelausführung. Falls sie nicht aus Fertigteilen bestehen, sind sie in ihren Höhenlagen von den Mauerwerksschichten unabhängig.

Die in Bild **6**.63 in Verbindung mit einer geputzten Fassade gezeigte Ausführung ist immer noch häufig anzutreffen, stellt jedoch eine recht bedenkliche Lösung dar. Hier ist der in das

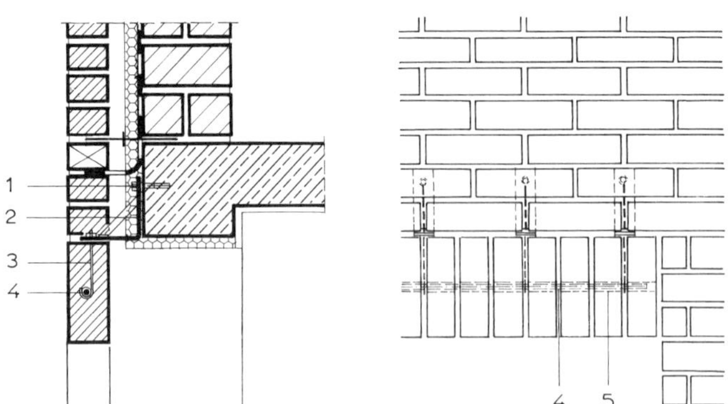

6.62
Fenstersturz, Abfangung einer Grenadierschicht
1 Sicherheitsdübel
2 Winkelkonsole (HARDO)
3 V4A-Anker 6 mm
4 Trageisen (V4A-Stange ∅ 10 mm)
5 durchgehende Bohrung oder Griffloch

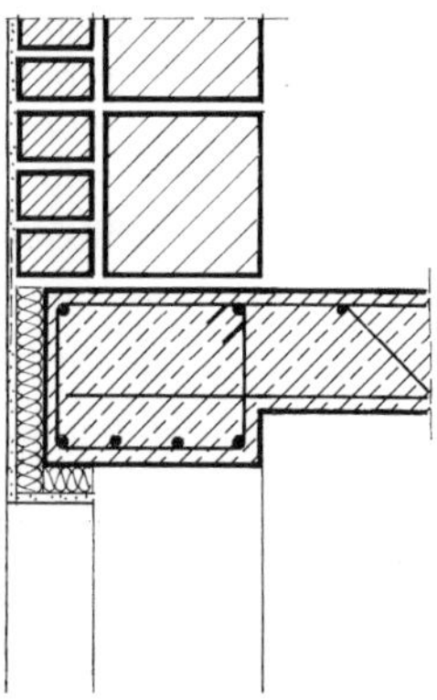

6.63 Bedenkliche Ausführung: Stahlbetonsturz mit anbetonierter Wärmedämmung (nur bedingt geeignet)

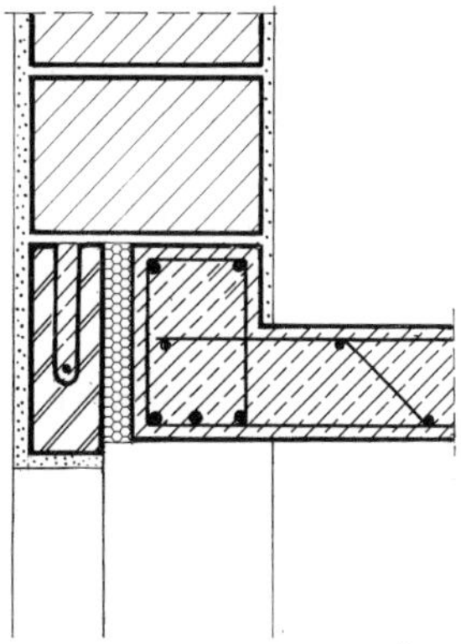

6.64 Stahlbetonsturz als Überzug, Wärmedämmung rückseitig am Fertigteil (vgl. auch Bild 6.55 a)

Mauerwerk einbindende Stahlbetonsturz zur Wärmedämmung mit Holzwolleleichtbauplatten o. ä. ummantelt. Abgesehen von der Verringerung des statisch wirksamen Sturzquerschnittes kommt es bei dieser Ausführung aus verschiedenen Ursachen trotz Überspannung der Leichtbauplatten mit Putzträgern zu Rißbildungen im Außenputz (Wärmestau vor der Dämmung, unterschiedliche Materialeigenschaften, zu rasches Abbinden des frischen Außenputzes). Auf Dauer kommt es außerdem fast immer zu farblichen Markierungen.

Besser, allerdings auch aufwendiger ist eine Lösung wie in Bild **6**.64 gezeigt. Ein Sturzfertigteil bildet hier beim Betonieren für den Deckenrand mit Wärmedämmung eine „verlorene Schalung". Wegen der geringeren statisch wirksamen Breite des Sturzes muß dieser ggf. bei hoher Belastung als Überzug ausgebildet werden. Diese Ausführung ist auch dann geeignet, wenn die Stürze bzw. Deckenränder in den Fassaden als „Sichtbeton" ein gestalterisches Element bilden sollen (vgl. auch Bild **6**.54 a).

6.2.4.3 Gemauerte Stürze und Bögen

Bei Altbausanierungen und mit der Wiederentdeckung alter Bauformen und alter Gestaltungsmittel werden in Verbindung mit Sichtmauerwerk zunehmend wieder auch gemauerte Bögen als Stürze für nicht zu große Spannweiten ausgeführt (Bild **6**.65).

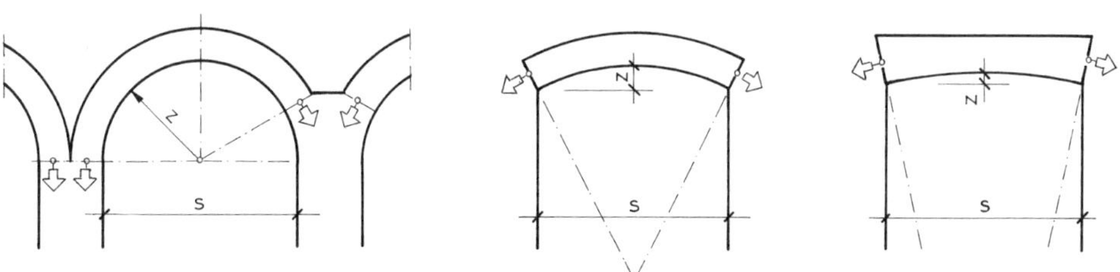

a) b) c)

6.65 Mauerbögen (schematische Darstellung)

a) Rundbögen
rechts: mit ausgekragtem Widerlager über schmalem Pfeiler (richtig)
links: keilartig wirkende Auflast über dem Pfeiler verschiebt u. U. die Auflager (falsch)

b) Segmentbogen
s Spannweite, *z* Stichhöhe ($^1/_{20}$ bis $^1/_{15}$ *s*), *M* Bogenmittelpunkt

c) scheitrechter Bogen
Stichhöhe $z = {}^1/_{50}\ s$ (bei $s \leqq$ ca. 1,25 = 1 bis 2 cm)

Mauerbögen wirken als Ganzes oder in ihren Teilen wie Keile, die die darauf ruhenden Lasten auf die jede Maueröffnung seitlich begrenzenden Pfeiler oder Mauern übertragen. Zwischen der Oberkante von Mauerbögen und dem Deckenauflager sind zur besseren Lastverteilung einige durchlaufende Mauerschichten nötig. Bei Stahlbetondecken kann der tragende Sturz über gemauerten Maueröffnungen u. U. durch Verstärkung der Bewehrung am Plattenrand gebildet werden.

Bezeichnungen

Widerlager (Widerlagermauern) sind die Mauerstücke, zwischen die sich der Bogen spannt.

Kämpferpunkte sind die Punkte, in denen der Bogen am Widerlager beginnt.

Kämpferlinie nennt man die Verbindungslinie der zu demselben Widerlager gehörenden Kämpferpunkte.

Spannweite ist die lichte waagerechte Entfernung der Widerlager voneinander.

Scheitel heißt der höchste Punkt des Bogens.

Stich- oder Pfeilhöhe nennt man den Höhenunterschied zwischen Kämpfer- und Scheitelpunkt.

Leibung ist die untere Fläche des Bogens bzw. die innere Wandung der Maueröffnung.

Rücken heißt die obere Fläche des Bogens.

Stirn oder Haupt nennt man die Ansichtsfläche des Bogens.

Gewände heißen die seitlichen Begrenzungen der ganzen Maueröffnung.

Dicke des Bogens ist der Abstand zwischen Leibung und Rücken.

Achse des Bogens ist die Verbindung der Mittelpunkte der äußeren Bogenlinien.

Tiefe des Bogens ist die Abmessung in Richtung der Achse; sie entspricht im allgemeinen der betreffenden Mauerdicke.

Schlußstein heißt der Wölbstein im Scheitel.

Lagerfugen sind die Fugen zwischen den Wölbschichten; sie laufen nach der Tiefe des Bogens.

Stoßfugen heißen die Fugen zwischen den Steinen derselben Schicht.

Hintermauerung nennt man das Mauerwerk über dem Bogen bis zur Rückenhöhe.

Als Breite und Höhe einer Öffnung gelten immer die Lichtmaße der Maueröffnung (Bild **6**.66).

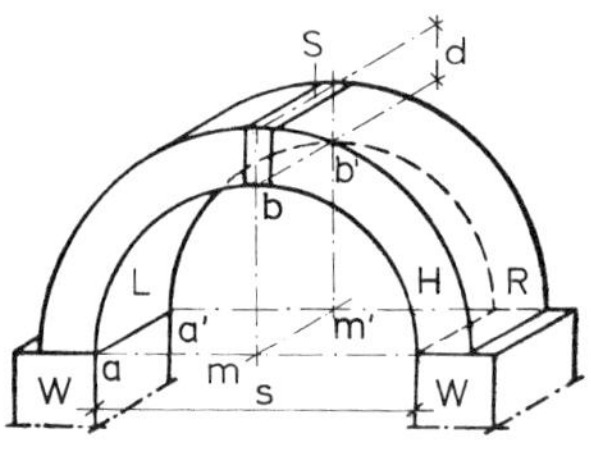

6.66
Benennung der Bogenteile

s	Spannweite	W	Widerlager
m–m'	Achse	L	Leibung
a–a'	Kämpferlinie	R	Rücken
b–b'	Scheitellinie	H	Stirn oder Haupt
m–b	Stich- oder Pfeilhöhe	S	Schlußstein
d	Bogendicke		

Rundbögen

Bögen werden meistens aus gewöhnlichen Mauerziegeln mit keilförmigen Lagerfugen ausgeführt. Dabei darf die Fugendicke an der Leibung nicht kleiner als ½ cm, am Rücken nicht größer als 2 cm werden (Bild **6**.67 rechts). Für stark gekrümmte Bögen sind spezielle Keilsteine erforderlich (Bild **6**.67 links). Bei Normalsteinen werden die Lagerfugen an der Rück-

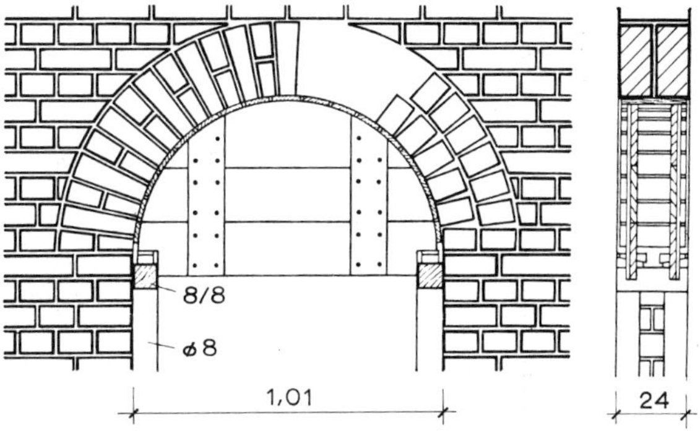

6.67
Halbkreisbogen mit Einrüstung
Linke Seite mit Keilsteinen, rechte mit voneinander unabhängigen Binderschichten eingewölbt; hier sind die Keilfugen zu dick!

seite um so breiter, je dicker der Bogen ist. Man wölbt daher dicke Bögen auch in einzelnen, übereinanderliegenden Ringen ein (Bild **6**.67 rechts), im Bildbeispiel ist für diese Wölbart der Bogendurchmesser zu klein, die Fugen klaffen zu weit auseinander).

Mauerbögen erhalten stets eine ungerade Anzahl von Bogensteinen, so daß im Scheitel keine Fuge, sondern ein Schlußstein liegt. Die Lagerfugen müssen senkrecht zur Bogenleibung und durch die ganze Tiefe des Bogens verlaufen. Die Fugenlinien sind an der Stirn des Bogens nach dem Bogenmittelpunkt gerichtet. Die Stoßfugen zweier nebeneinanderliegender Schichten dürfen nicht zusammenfallen.

Der Verband der Mauerbögen ist im allgemeinen nach den Regeln für den Pfeilerverband zu bilden.

Die Bogendicke großer, stark belasteter Überwölbungen von Maueröffnungen ist durch statische Untersuchung zu bestimmen. Für geringere Belastungen können Erfahrungswerte benutzt werden.

Die Widerlager für Rundbögen liegen i. allg. waagerecht in Kämpferhöhe.

Scheitrechte Bögen (Flachbögen)

Scheitrechte Bögen und Flachbögen (Segmentbögen) erhalten schräge Widerlager, die nach dem Bogenmittelpunkt gerichtet sind (Bild **6**.65 b und **6**.68). Nach diesem Punkt laufen auch die Lagerfugen. Als Stützweiten für scheitrechte Bögen können für 24 cm dicke Wände ≦ 80 cm, für 36,5 cm dicke Wände ≦ 120 cm als Anhalt angenommen werden.

bessere Lagen des Kämpferpunktes

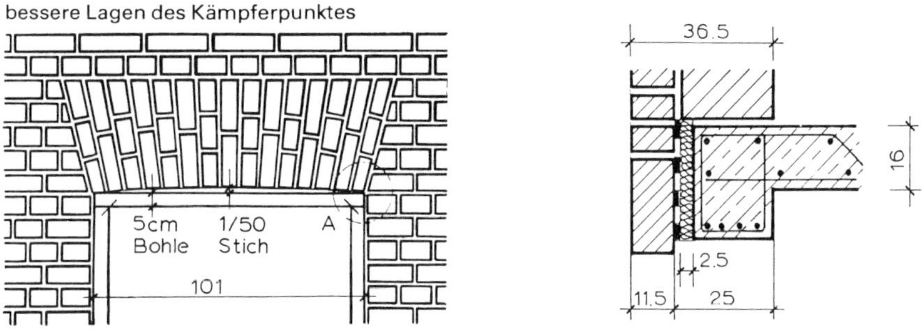

a) b)

6.68 Scheitrechter Bogen
a) Einrüstung, Widerlager
b) scheitrechter Bogen vor tragendem Stahlbetonsturz

Der Bogenrücken sollte immer in einer Lagerfuge enden, um dünne Ausgleichsschichten über den scheitrechten Bögen oder unschöne Zwickel über dem Widerlager zu vermeiden.

Die Einwölbung der Mauerbögen erfolgt auf einer Einrüstung mit Lehr- bzw. Wölbscheiben, meistens mit einer Überhöhung („Stich") von $^1/_{50}$ der Öffnungsbreite (Bild **6**.68 a). Können gemauerte scheitrechte Bögen oder Rundbögen die ermittelten Auflasten nicht aufnehmen, werden sie als bewehrtes Mauerwerk ausgeführt, oder es werden Stahlbeton-Entlastungsstürze vorgesehen, die hinter dem Sichtmauerwerk liegen (Bild **6**.68 b).

Wegen des hohen Arbeitsaufwandes werden gemauerte Stürze heute in vielen Fällen als Fertigteile hergestellt und komplett auf die vorbereiteten Widerlager gesetzt.

6.2.4.4 Stürze bei Rolladeneinbau

Im Zusammenhang mit Stürzen über Fenstern oder Fenstertüren muß vielfach der Einbau von Rolläden oder Rollgittern (s. Abschn. 5 in Teil 2 dieses Werkes) berücksichtigt werden.

Die Rolladen oder Rollgitter erfordern Einbaukästen, die früher meistens in Verbindung mit den tragenden Stahlbetonstürzen in den Außenwänden vorgesehen wurden. An der Außenseite ist bei örtlich hergestellten Rolladenkästen eine „Rolladenschürze" erforderlich. Sie kann mit Hilfe vorgefertigter Sturzelemente gebildet werden (Bilder **6**.69 und **6**.62).

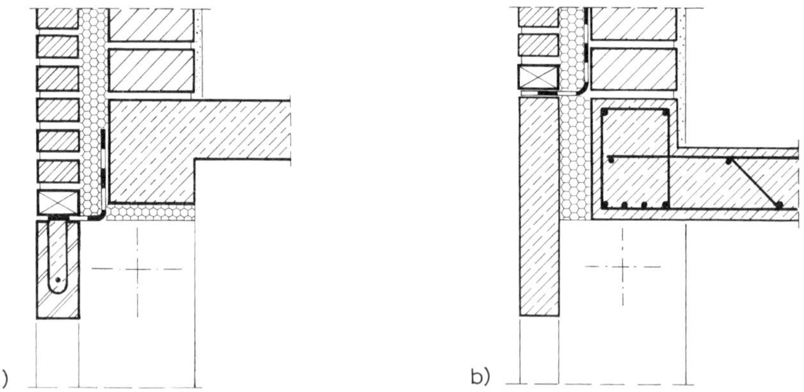

6.69 Rolladenschürzen
a) Ausführung im Zusammenhang mit zweischaliger Außenwand mit Kerndämmung (KS-U-Schale)
b) Betonfertigteil in Verbindung mit Stahlbetonüberzug

Je nach Höhe der Öffnungen und abhängig von der Profilart der Rolladen bzw. der Gitterart sind dabei mindestens 20 cm Ballendurchmesser zu berücksichtigen.

Je nach Zugänglichkeit müssen innen oder außen Montageöffnungen von mindestens 8 cm Breite über die ganze Länge des Rolladens vorgesehen werden. An der Wandinnenseite können die erforderlichen Rolladenkästen daher nur bei Außenwanddicken ab 30 cm flächenbündig eingebaut werden. In jedem Fall ist mit dem Einbau von Rolladen eine erhebliche Schwächung des Wandquerschnittes verbunden.

Bei breiten Öffnungen und den somit aus statischen Gründen erforderlichen größeren Sturzhöhen ergibt sich bei Fenstertüren mit Öffnungshöhen von 2,13^5 oder 2,26 m bei üblichen Geschoßhöhen von etwa 2,75 m nur eine verfügbare Sturzhöhe von etwa 25 cm.

In solchen Fällen werden Stahlbetonstürze durch Profilstahlträger ersetzt, oder die Fensterstürze werden – wenn möglich – als Überzug ausgebildet (Bild **6**.69 b). Es können auch tragende Rolladenkästen eingeplant werden (Bild **6**.70).

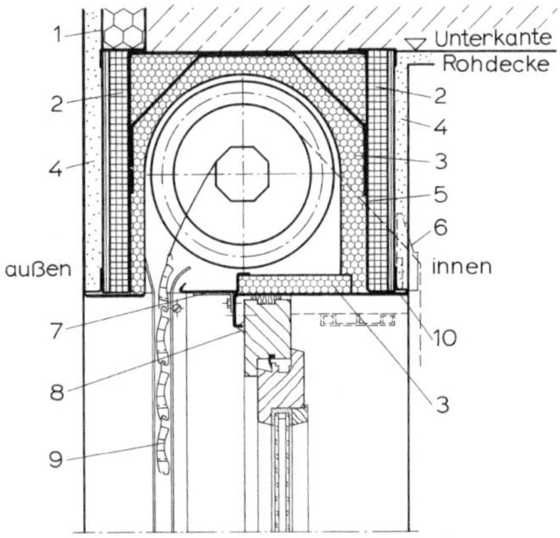

6.70

Tragender Rolladenkasten (STUROKA)

1 Betondecke mit Wärmedämmung am Rand
2 Wärmedämmung mit Putzträger
3 Wärmedämmung innen, Styropor – hart, schwer entflammbar
4 Putz
5 tragender Stahlmantel, verzinkt
6 Gurtleiter
7 Montageklappe
8 Fensteranschlagprofil mit Dichtung
9 Kunststoffrolladen
10 Putzabzugleiste

Örtlich hergestellte Rolladenaussparungen sind immer Schwachstellen im Wandgefüge (unterschiedliche Materialeigenschaften, Rißgefahr an den Anschlußstellen), besonders jedoch für den Wärmeschutz von Außenwänden. Dieser muß nach DIN 4108-2 an allen Stellen, ausdrücklich auch an Rolladenkästen (bei diesen auch an Montageklappen o.ä.), gewährleistet sein. Insbesondere in Verbindung mit den noch weitergehenden Anforderungen der Wärmeschutzverordnung ist das bei örtlich hergestellten Rolladenkästen in Wandaussparungen nur schwer zu erreichen. Es werden daher besser wärmegedämmte Fertigteile für die Aufnahme der Rolladen verwendet. Auch bei diesen bilden innenliegende Montageöffnungen Schwachstellen für den Wärmeschutz, besonders jedoch hinsichtlich des Schallschutzes gegen Außenlärm.

Nach DIN 4109 Abschn. 5.4 müssen auch bei Rolladenkästen die Anforderungen an Außenwände bzw. an Fenster erfüllt werden (Bild **6**.71 a).

Wenn Wartungsarbeiten von außen ohne Schwierigkeiten ausführbar sind, sollten daher Rolladenkästen mit außenliegenden Montageöffnungen vorgezogen werden (Bild **6**.71 b).

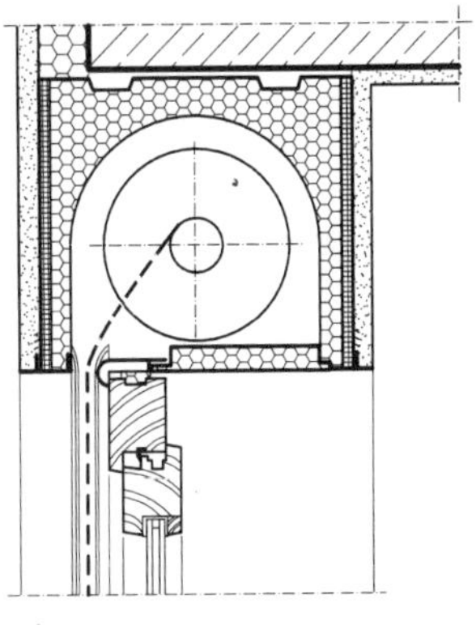

a)

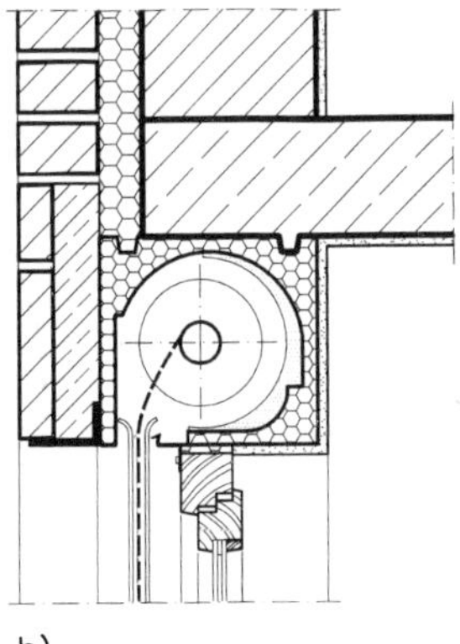

b)

6.71 a) Vorgefertigter Rolladenkasten mit Montageöffnung innen
b) Vorgefertigter Rolladenkasten mit Montageöffnung außen (rekord®)

Wenn die gestalterischen Konsequenzen berücksichtigt werden können, lassen sich die geschilderten technischen und bauphysikalischen Schwierigkeiten am besten mit Rolladen vermeiden, die vor der Fensterebene eingebaut werden (Bild **6**.72).

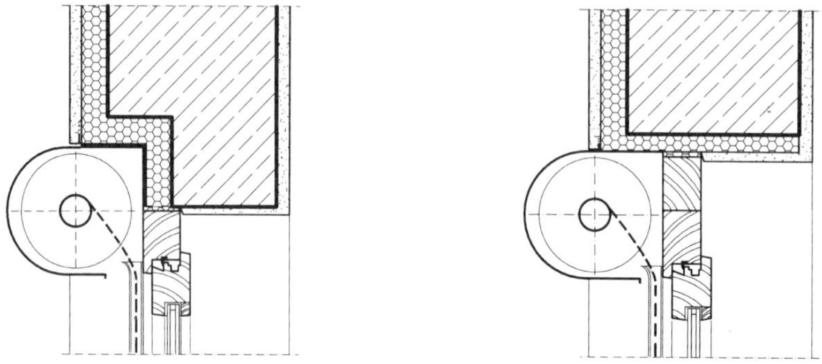

6.72 Außenliegender Rolladenkasten (rondo®)
a) in Sturzaussparung
b) oberer Fensterrahmen verlängert

Bei nachträglichem Einbau können bei dem in Bild **6**.72 b gezeigten Rolladentyp der Rolladenkasten auch außen oberhalb des Sturzes und die Führungsschienen außen seitlich neben der Fensteröffnung montiert werden, wenn die verfügbare Blendrahmenbreite des Fensters zu gering ist.

6.2.5 Heizkörpernischen[1])

Unterhalb von Fenstern werden die Heizkörper heiztechnisch am günstigsten vorgesehen. Damit diese vor den Innenwandflächen keinen oder möglichst wenig Raum beanspruchen, werden in vielen Fällen Heizkörpernischen – in der Regel über die gesamte Fensterbreite – vorgesehen.

Heizkörpernischen schwächen die Außenwand und unterbrechen zusätzlich zur Fensteröffnung das statische Gefüge der Wand. Insbesondere, wenn hochbelastete Pfeiler an die Heizkörpernische angrenzen, kommt es leicht zu Rißbildungen. Das Mauerwerk von Heizkörpernischen sollte daher nicht nachträglich, sondern immer gleichzeitig mit der Außenwand und aus dem gleichen Material hochgemauert werden.

Um der unterschiedlichen Verformung von Brüstungsmauerwerk und angrenzenden Pfeilern entgegenzuwirken, sollten in die letzte Lagerfuge der Fensterbrüstungen zwei Rundstähle ∅ 8 eingelegt werden, die 50 cm in die Pfeiler einbinden.

Heizkörpernischen erfordern sorgfältig ausgeführten zusätzlichen Wärmeschutz, da sie sonst als Wärmebrücken wirken und einen erheblichen Teil der vom Heizkörper abgestrahlten Wärme nach außen ableiten. Die immer noch sehr verbreitete Ausführung einer

[1]) vgl. auch Abschn. 5 (Fensterbrüstungen) in Teil 2 dieses Werkes

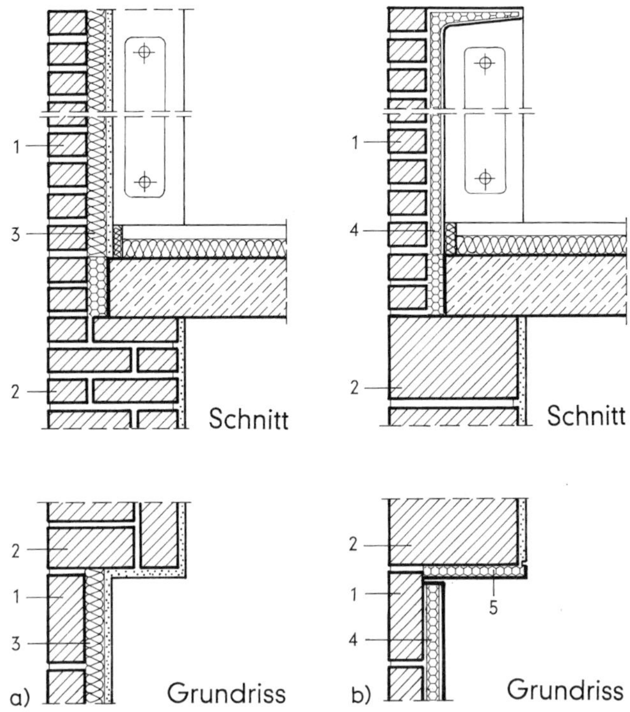

6.73
Heizkörpernischen
a) mit unzulänglicher (!) Wärmedämmung
b) mit vorgefertigtem Wärmedämm-Element und Leibungsdämmung (Kragkonsole erleichtert die Verlegung der inneren Fensterbank, behindert aber den Warmluftstrom zum Fenster
1 Brüstungsmauerwerk
2 tragende Außenwand
3 Wärmedämmung
4 vorgefertigtes Wärmedämm-Element
5 Leibungsdämmung

nur rückseitigen Wärmedämmung mit Holzwolle-Leichtbauplatten oder Gipskarton-Schaumstoffplatten (Bild **6**.73 a) genügt allenfalls den Mindestanforderungen an den Wärmeschutz. Vernachlässigt wird dabei die Wärmeübertragung über die Leibungsflanken der Nische. Die Wärmedämmung von Heizkörpernischen ist konsequenterweise immer durch eine Leibungsdämmung zu ergänzen. Die Ausführung wird erleichtert durch die Verwendung vorgefertigter Dämm-Elemente aus Gipskartonverbundplatten mit raumseitiger Alu-Kaschierung (Bild **6**.73 b).
Die Wanddicke der Heizkörpernische sollte wegen der Aufhängung der Heizkörper mindestens 11,5 cm sein. Berücksichtigt man den Platzbedarf der Wärmedämmung, ergeben sich bei den üblichen Abmessungen der Außenmauern lediglich Nischen, in denen nur flache Heizkörper flächenbündig mit der inneren Wandflucht montiert werden können. Wenn größere Heizkörper ohnehin in den Raum überstehen, sollte bei der Planung überlegt werden, ob nicht völlig auf Heizkörpernischen verzichtet werden kann, weil diese immer nicht nur einen Mehraufwand, sondern auch eine Komplizierung des Bauablaufes bedeuten.

6.2.6 Oberflächenbehandlung von Mauerwerk aus künstlichen Steinen[1])

Mauerwerk in Normalausführung wird in der Regel außen und innen verputzt (Putz s. Abschn. 8 in Teil 2 dieses Werkes). Besondere Gestaltungsmöglichkeiten ergeben sich für gemauerte Wände mit der Ausführung als Sichtmauerwerk.

1) Außenwandbekleidungen s. Abschn. 8

6.2.6.1 Sichtmauerwerk

Sichtmauerwerk setzt eine sorgfältige Planung bereits bei der Grundrißgestaltung unter konsequenter Anwendung der Maßordnung (s. Abschn. 2.2) voraus. Aber auch bei der Festlegung aller Höhenmaße eines Bauwerkes müssen die Steinformate mit den dazugehörigen Lagerfugen berücksichtigt werden.

Besonders, wenn durch die Anwendung der typischen handwerklichen Techniken für die Ausführung von Stürzen und Zwischenschichten (Bild **6**.31, und Abschn. 6.2.4), von Zierverbänden (s. Bild **6**.34 bis **6**.36) und von Formsteinen die gestalterischen Möglichkeiten bei Sichtmauerwerk ausgenützt werden sollen, sind für alle wichtigen Bauwerksteile genaue Wandabwicklungen zu zeichnen.

6.2.6.2 Verfugung

Selbst einschaliges Mauerwerk bedarf, wie die Ziegelrohbauten z. B. der norddeutschen Tiefebene zeigen, keiner besonderen Schutzschicht gegen die Witterung, wenn die Außenwände mind. 36,5 cm dick sind und frostbeständige, vollfugig vermauerte Vormauersteine verwendet werden. Sie sind für Ziegelsichtmauerwerk besser als Klinker, die infolge ihrer dichten Struktur die Wärmedämmfähigkeit der Wand einschränken und die Dampfdiffusion behindern.

Ebenso ist Sichtmauerwerk aus frostbeständigen Kalksandsteinen weit verbreitet.

Einschaliges Außenmauerwerk als Sichtmauerwerk wird einwandfrei schlagregendicht erst durch Ausführung einer „Regenbremse". Bei einschaligem Sichtmauerwerk, das mindestens 30, am besten 37,5 cm dick auszuführen ist, werden die parallel zur Wand laufenden senkrechten Stoßfugen 2 cm dick angelegt und schichtenweise sorgfältig mit flüssigem Mörtel (evtl. mit Dichtungszusatz) verfüllt (Bild **6**.46). Verarbeitungsfehler sind jedoch eher zu vermeiden, wenn das Mauerwerk als zweischalige „Außenwand mit Putzschicht", d. h. mit durchgehender senkrechter Dichtungsfuge ausgeführt wird (s. Bild **6**.50 und Abschn. 6.2.3.3).

Am besten ist es, wenn das Mauerwerk sofort beim Hochmauern vollfugig mit dem Mauermörtel verfugt wird. Beim Mauern ausquellender Mörtel wird dabei kurz nach dem Anziehen mit einem Holzspan, einem Stück Wasserschlauch, noch besser mit einem Fugeisen, über das ein Stück Wasserschlauch gezogen ist, bei gleichzeitigem Andrücken lediglich glattgestrichen („Fugenglattstrich"). Dabei erfolgt keine Bindemittelanreicherung an der Mörteloberfläche, die später zur Rißbildung des Fugenmörtels führen kann und außerdem die Wasserdampfdurchlässigkeit der Fuge verringert (Bild **6**.74).

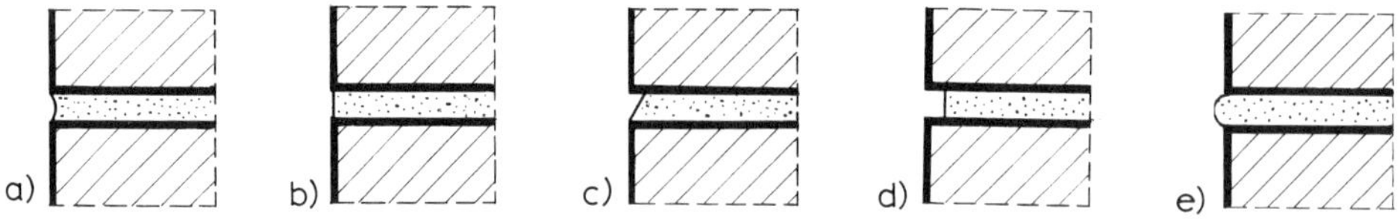

6.74 Beispiele für Fugenausführung
a) und b) richtig, c) möglich, d) und e) falsch

Auf keinen Fall sollten vor- oder zurückspringende Verfugungen (Bild **6**.74 d und e) ausgeführt werden, weil sie Anlaß zu erhöhter Durchfeuchtung der Fassade sind.

Soll ausnahmsweise erst nachträglich verfugt werden, müssen die Fugen beim Hochmauern etwa 1,5 cm tief mit einem Holzspan ausgekratzt werden. Vor dem Verfugen sind die Mauerflächen trocken mit der Bürste zu reinigen, zu waschen und nötigenfalls mit 6%iger

Essigsäure abzusäuern und mit Wasser nachzuspülen. Auf das Absäuern (das zu Ausblühungen führen kann, falls vorher und nachher nicht gründlich gewaschen und gespült wird) kann verzichtet werden, wenn beim Mauern Verschmutzungen der Sichtflächen sorgfältig vermieden und frische Mörtelspritzer vor dem Erhärten mit Wasser abgewaschen werden.

Es ist auch vielfach üblich, Sichtmauerwerk aus Ziegeln, das nachträglich verfugt werden soll, beim Aufmauern durch eine Lehmschlämme zu schützen, die nach der Fertigstellung abgewaschen wird.

Der Fugenmörtel soll möglichst dieselbe Zusammensetzung wie der verwendete Mauermörtel haben. Für das Ausfugen der üblichen Vormauerziegel eignet sich im übrigen ein Mörtel der Gruppe II mit einem Anteil von 20 bis 25 % Feinkorn ≤ 0,2 mm. Guter Fugenmörtel besteht aus 1 Raumteil Kalkhydrat (oder Portlandzement), 1 Raumteil Traß und 5 Raumteilen Sand 0 bis 2 mm.

Traß quillt im Mörtel bei Zutritt von Feuchtigkeit und sperrt dadurch die Kapillaren, d. h. „dichtet" den Fugenmörtel. Reiner Zementmörtel würde hier in höherem Maße schwinden und ausbröckeln.

In Zementmörtel vermauertes Klinkermauerwerk wird mit Mörtel der Mörtelgruppe III (Zementmörtel 1 : 2) ausgefugt. Verwendet werden soll hier Sand der Körnung 0 bis 3 mm mit einem Anteil von 70 Gew.-% der Korngruppe 0 bis 1 mm.

6.2.6.3 Anstriche und Imprägnierungen

Neben ihrer ästhetischen Wirkung können Anstriche und Imprägnierungen von Mauerwerk die Feuchtigkeitsaufnahme durch Schlagregen und stärkere Verschmutzung mildern. Das Mauerwerk muß zum Anstrich frei von Ausblühungen, trocken und rissefrei sein und ggf. bei Pilz- und Algenbefall entsprechend vorbehandelt werden.

Neben hoher Haftfestigkeit, Alterungs- und UV-Beständigkeit sowie Alkali-Beständigkeit müssen Anstriche aller Art zwar eine möglichst geringe Wasserdurchlässigkeit aufweisen, dürfen jedoch die Wasserdampfdiffusion nicht behindern.

Für farblose Imprägnierungen kommen Silikonharz-Imprägnierungen (z. Z. noch nicht genormt) sowie Kieselsäure-Imprägnierungen in Frage.

Für deckende Anstriche werden Silikatfarben, Dispersionsfarben, Polymerisatfarben und Farben auf Silikonbasis verwendet.

Die Ausführung sollte nur durch erfahrene Fachfirmen erfolgen. Bei allen Anstrichsystemen sollen nur Mittel desselben Herstellers verwendet werden. In jedem Fall ist zu bedenken, daß Mängel und Ausführungsfehler von Sichtmauerwerk durch eine nachträgliche Oberflächenbehandlung kaum überdeckt werden können.

6.2.7 Trockenmauerwerk

Die Herstellung künstlicher Steine hat einen so hohen Qualitätsstandard erreicht, daß für Mauerwerk mit Dünnbettmörtel Höhentoleranzen von 1 mm einhaltbar sind. Diese Toleranz ist auch für Trockenmauerwerk ausreichend. Zur weiteren Rationalisierung des Mauerwerkbaues konnten daher vom Institut für Bautechnik, Berlin, Zulassungen herausgegeben bzw. verlängert werden. Danach sind Gebäude aus Trockenmauerwerk mit bis zu 3 Geschossen (bzw. bis 10 m über Gelände) mit lichten Geschoßhöhen bis 2,75 m zugelassen, wenn die Wände durch Deckenscheiben belastet und gehalten sind. Es sind jedoch besondere Statische Nachweise hinsichtlich Knicklängen, Verbänden usw. erforderlich. Die Winddichtigkeit ist durch beidseitigen Putz (vorerst nur bewehrter Putz empfohlen) sicherzustellen.

Die Entwicklung auf diesem Gebiet ist noch nicht abgeschlossen.

6.2.8 Normen

Norm	Ausgabe-Datum	Titel
DIN 105-1	8.89	Mauerziegel; Vollziegel und Hochlochziegel
DIN 105-2	8.89	–; Leichthochlochziegel
DIN 105-3	5.84	–; Hochfeste Ziegel und hochfeste Klinker
DIN 105-4	5.84	–; Keramikklinker
DIN 105-5	5.84	–; Leichtlanglochziegel und Leichtlangloch-Ziegelplatten
DIN 106-1	9.80	Kalksandsteine; Vollsteine, Lochsteine, Blocksteine, Hohlblocksteine
DIN 106-1/A1	9.89	–; Änderungen
DIN 106-2	11.80	–; Vormauersteine und Verblender
DIN 398	6.76	Hüttensteine; Voll- und Lochsteine
DIN 1 053-1	11.96	Mauerwerk; Berechnung und Ausführung
DIN 1 053-2	11.96	–; Mauerwerkfestigkeitsklassen aufgrund von Eignungsprüfungen
DIN 1 053-3	2.90	–; Bewehrtes Mauerwerk; Berechnung und Ausführung
DIN 1 053-4	9.78	–; Bauten aus Ziegelfertigbauteilen
DIN 1 060-1	3.95	Baukalk; Definitionen, Anforderungen, Überwachung
DIN 1 164-1	10.94	Zement; Zusammensetzung, Anforderungen
DIN 1 164-2	11.96	–; Übereinstimmungsnachweis
DIN 1 168-1	1.86	Baugipse; Begriff, Sorten und Verwendung, Lieferung und Kennzeichnung
DIN 1 168-2	7.75	–; Anforderung, Prüfung, Überwachung
DIN 4 165	11.96	Porenbeton-Blocksteine und Porenbeton-Plansteine
DIN 4 166	12.86	Gasbeton-Bauplatten und Gasbeton-Planbauplatten
E DIN 4 166/A2	2.94	–; Änderungen
DIN 4 172	7.55	Maßordnung im Hochbau
DIN 4 208	3.84	Anhydritbinder
DIN 4 211	3.95	Putz- und Mauerbinder; Anforderungen, Überwachung
DIN 4 226-1	4.83	Zuschlag für Beton; Zuschlag mit dichtem Gefüge, Begriffe, Bezeichnung, Anforderungen
DIN 4 226-2	4.83	–; Zuschlag mit porigem Gefüge (Leichtzuschlag), Begriffe, Bezeichnung, Anforderungen
DIN 4 226-3	4.83	–; Prüfung von Zuschlag mit dichtem oder porigem Gefüge
DIN 18 100	10.83	Türen; Wandöffnungen für Türen, Maße entsprechend DIN 4172
DIN 18 111-1	1.85	Türzargen; Stahlzargen; Standardzargen für gefälzte Türen
DIN 18 148	10.75	Hohlwandplatten aus Leichtbeton
DIN 18 151	9.87	Hohlblöcke aus Leichtbeton
DIN 18 152	4.87	Vollsteine und Vollblöcke aus Leichtbeton
DIN 18 153	9.89	Mauersteine aus Beton (Normalbeton)
DIN 18 157-1	7.79	Ausführung keramischer Bekleidungen im Dünnbettverfahren; Hydraulisch erhärtende Dünnbettmörtel
DIN 18 162	8.76	Wandbauplatten aus Leichtbeton, unbewehrt
DIN 18 216	12.86	Schalungsanker für Betonschalungen; Anforderungen, Prüfung, Verwendung
DIN 18 330	6.96	VOB, Teil C: Allg. Techn. Vertragsbedingungen für Bauleistungen; Mauerarbeiten
DIN 18 515-1	4.93	Außenwandbekleidungen; Angemörtelte Fliesen oder Platten; Grundsätze für Planung und Ausführung
DIN 18 515-2	4.93	–; Anmauerung auf Aufstandsflächen; Grundsätze für Planung und Ausführung

Fortsetzung s. nächste Seite

Normen, Fortsetzung

Norm	Ausgabe-Datum	Titel
DIN 18516-1	1.90	Außenwandbekleidungen, hinterlüftet; Anforderungen; Prüfgrundsätze
DIN 18516-3	1.90	–, –; Naturwerkstein; Anforderungen, Bemessung
DIN 18555-1	9.82	Prüfung von Mörtel mit mineralischen Bindemitteln; Allgemeines; Probeentnahme, Prüfmörtel
DIN 18555-2	9.82	–; Frischmörtel mit dichten Zuschlägen; Bestimmung der Konsistenz der Rohdichte und des Luftgehalts
DIN 18555-3	9.82	–; Festmörtel; Bestimmung der Biegezugfestigkeit, Druckfestigkeit und Rohdichte
DIN 18555-4, -5	3.89	–; weitere Prüfnormen
DIN 18555-6 bis -8	11.87	–; weitere Prüfnormen
DIN 18557	5.82	Werkmörtel; Herstellung, Überwachung und Lieferung
DIN 51043	8.79	Traß, Anforderungen, Prüfung

6.3 Wände aus natürlichen Steinen

6.3.1 Allgemeines

Mauerwerk aus natürlichen Steinen ergibt bei richtiger Auswahl und werkgerechter Behandlung Mauerflächen von großer Beständigkeit und Schönheit. Die richtige Auswahl wird erleichtert, wenn an älteren, ausgeführten Bauten festgestellt werden kann, wie sich die Steine hinsichtlich ihrer Wetter- und Farbbeständigkeit bewährt haben. Dabei sind nicht nur Steinart und Herkunftsort, sondern auch die Lage im Steinbruch mit in Betracht zu ziehen (s. a. DIN 52100).

Die wichtigsten natürlichen Bausteine sind

— aus der Gruppe der Sedimentgesteine: Kalkstein und Sandstein,

— aus der Gruppe der magmatischen Gesteine: Granit, Porphyr, vulkanische Tuffsteine, Basaltlava und – im Wasserbau – Basalt.

Die Eigenschaften der natürlichen Bausteine

— Rohdichte, Dichtigkeitsgrad, Härte, Wasseraufnahme, Wasserabgabe, Frostbeständigkeit, Druck-, Schlagfestigkeit und Abnutzbarkeit werden nach DIN 52100 bis 52108 geprüft.

Die Rohdichte der natürlichen Bausteine liegt zwischen 2 und 3 kg /dm^3. Die Druckfestigkeit hängt von den Mineralien und dem Gefüge sowie dem Bindemittel ab. Wegen der geringen Zugfestigkeit ist Beanspruchung auf Biegung unzulässig (Entlastungsbögen!). Das Gefüge kann kristallin, körnig, dicht, porphyrisch schiefrig, porös sein. Auch Härte und Wetterbeständigkeit hängen von den Mineralien und dem Gefüge sowie dem Bindemittel ab. Die Härte bedingt die Bearbeitbarkeit, Abnutzbarkeit und Polierfähigkeit. Nur Steine von dichtem, gleichmäßigem Gefüge und großer Härte können poliert werden, z. B. Granit, Basalt, Porphyr, Kalkstein, Marmor.

Nicht polierbar sind: Sandsteine, Trachyt, Tuffe. Die Feuerbeständigkeit wird erhöht durch einen großen Gehalt an Quarz, Ton und Glimmer, verringert durch das Vorhandensein von kohlensaurem Kalk und Feldspat. Günstiges Brandverhalten zeigen nur tonige Sandsteine, Trachyte und Glimmerschiefer.

Natursteine haben im allgemeinen infolge ihrer Dichte eine geringe Wärmedämmfähigkeit. Ein zusätzlicher Wärmeschutz ist daher gemäß DIN 4108 erforderlich. Wie jede andere Art von Mauerwerk ist auch Natursteinmauerwerk gegen aufsteigende und von oben eindringende Feuchtigkeit zu schützen. Gegen in der Luft und im Wasser enthaltene Säuren sowie gegen Moose und Flechten helfen verschiedene Steinschutzmittel (farblose Dichtungs- und Härtungsanstriche). Die Anstrichstoffe sind entweder Lösungen bzw. Emulsionen von Wachs, Ceresin, Paraffin und anderen wachsartigen Stoffen oder Fluate (wasserlösliche Kieselfluor-Metallsalze), die gleichzeitig Oberflächenhärtung bewirken.

Natursteinmauerwerk ist vor ständiger Durchfeuchtung zu schützen. Wo Steine und Steinfugen den Niederschlägen besonders ausgesetzt sind, muß das Wasser auf kürzestem Wege abgeleitet werden. Weiche, porige Steine werden mit Zink- oder Edelstahlblech abgedeckt. Wichtig ist auch die Wahl des Fugenmörtels, der grundsätzlich so dicht sein soll wie das jeweils verwendete Steinmaterial. Feinkörnige Sande (Korngröße $\leqq$ 1 mm) mit Quarzmehlzusatz ergeben dichte raumbeständige Mörtel. Kalkauswaschungen werden durch Dichtungsmittel (Fluate) vermieden.

Für die zulässigen Beanspruchungen des Werksteinmauerwerks ist DIN 1053-1 Abschn. 12 maßgebend. Belastete Wände mit Dicken < 24 cm sind nicht zulässig.

6.3.2 Gewinnung und Bearbeitung der natürlichen Bausteine

Mit Brechstange und Keilen oder auch durch Sprengung stehengebliebener Pfeiler werden die Steine im Bruch gelöst. Die Stücke werden entweder maschinell (Steinsäge, Preßluftgerät) oder durch Spaltkeile und Bossierhammer (bei weichen oder mittelharten Steinen) oder mit dem Zweispitz (bei härteren Steinen) in eine rechteckig-prismatische Form gebracht, wobei in jeder Richtung ein „Bruchzoll" von etwa 5 cm zugegeben wird, der bei weiterer Bearbeitung abfällt. Da die meisten Gesteine in bruchfeuchtem Zustand weicher sind als nach längerer Einwirkung der Luftkohlensäure (insbesondere die Süßwassertuffe), werden sie in der Regel sofort im Steinbruch nach einem genauen Schichtenplan bearbeitet, dem eine Werkzeichnung im Maßstab 1:20 zugrunde liegt. Alle Steine werden nach der Bearbeitung in Übereinstimmung mit der Zeichnung benummert.

Der rohe Steinblock wird „aufgebänkt" (wobei zum Schutz der Kanten Stroh- oder Hanfseile unterlegt werden), danach wird mit einem Schlageisen ein Randschlag (Bild **6**.75) von 2 bis 3 cm Breite hergestellt.

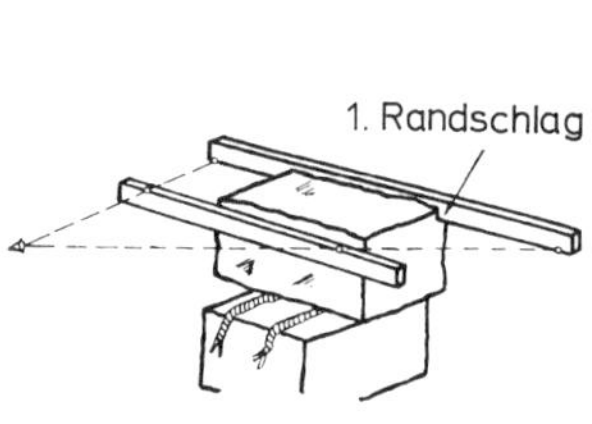

6.75
„Versehen" des aufgebänkten Steins, d. h. Feststellung der Lage des zweiten Randschlags

Dann folgt der dazu parallele Randschlag, wobei durch „Versehen" über zwei Richtscheite der zweite Randschlag in die Ebene des ersten gebracht wird. Der dritte und vierte Randschlag wird in derselben Weise hergestellt. Der zwischen den Randschlägen verbleibende rauhe Teil wird „Bossen" genannt, der entweder als solcher stehenbleibt oder bis zur gleichen Ebene mit den Randschlägen weggeschlagen und geebnet wird. Auf diese Weise werden alle übrigen Steinflächen hergestellt, wobei mit einem Stahlwinkel geprüft wird, ob die zusammenstoßenden Flächen rechtwinklig zueinander stehen.

Die Oberflächenbehandlung des „Hauptes" (sichtbar bleibende Steinfläche) hängt von den gestalterischen Absichten und von der Härte des Gesteins ab. Je härter der Stein, desto rauher kann seine Oberfläche bleiben.

Es gibt folgende Bearbeitungsarten:

— spaltrauh,	— gestockt,	— aufgeschlagen,	— beflammt,
— bossiert,	— gebeilt,	— gesägt,	— gefräst,
— gespitzt,	— gezahnt,	— abgerieben,	— geschliffen,
— gekrönelt,	— geriffelt,	— gesandet,	— poliert.
— geflächt,	— scharriert,	— geschurt,	

Harte Steine werden entweder bossiert (Oberfläche bleibt roh stehen), gespitzt (stark aufgerauht) oder mit Stockhammer gestockt (gleichmäßig grobkörnige Oberfläche).

Weiche Steine werden nach dem Spritzen gekrönelt (mit dem Kröneleisen behandelt, regelmäßig körnige Fläche) oder scharriert (feine parallele, senkrecht oder waagerecht verlaufende Riffelung). Eine wirkungsvolle Oberfläche ergibt sich auch, wenn die Fläche mit einem Zahnhammer aufgeschlagen wird. Ganz glatte Steinoberflächen entstehen durch Schleifen. Dazu wird ein Schleifpulver (Sandsteinpulver, Schmirgel) unter stetiger Wasserzuführung mittels filz- oder lederbenagelter Holzscheiben auf dem Stein verrieben. Harte Steine, wie Granit, Marmor u. a., können poliert werden.

Außer von Hand werden die Steine auch mit Steinsägen, Hobel-, Schleif- und Poliermaschinen bearbeitet. Durch Sägen werden insbesondere die dünnen Platten für Wandbekleidungen hergestellt.

Farb- und Strukturschwankungen durch das naturgegebene Vorkommen innerhalb des gleichen Farbtons und der gleichen Gesteinsstruktur sind zulässig.

6.3.3 Mauerwerksarten und Steinverbände

Allgemeines. Richtlinien für die handwerksgerechte Verarbeitung natürlicher Steine und für die Herstellung von Mauerwerk aus natürlichen Steinen enthalten DIN 1053 und DIN 18332. Die lagerhaften Steine sind im Mauerwerk auf ihr natürliches Lager (Lagerfugen rechtwinklig zum Kraftangriff) zu verlegen. Das Verhältnis der Steinhöhe zur Steinlänge darf $1/1$ bis $1/5$ betragen. Im ganzen Querschnitt ist auf handwerksgerechten Verband zu achten. Stoßfugen dürfen nicht durch mehr als 2 Schichten gehen. In den Ansichts- und Rückflächen dürfen nirgends mehr als 3 Fugen zusammenstoßen. Entweder müssen Läufer- und Binderschichten regelmäßig miteinander abwechseln, oder es muß in jeder Schicht auf 2 Läufer mindestens 1 Binder kommen. Jeder Binder muß etwa um das $1\frac{1}{2}$fache der Schichthöhe, mindestens aber 30 cm tief einbinden. Die Tiefe (Dicke) der Läufer muß mindestens gleich der Schichthöhe sein. Stoßfugen müssen sich bei Schichtenmauerwerk um mindestens 10 cm, bei Quadermauerwerk um mindestens 15 cm überdecken.

Lassen sich Zwischenräume im Inneren des Mauerwerks nicht vermeiden, so sind sie mit geeigneten, allseits von Mörtel umhüllten Steinstücken so auszuzwickeln, daß keine Mörtelnester entstehen. Für Mauerwerk unter der Erde sind hydraulischer Kalkmörtel oder Kalkzementmörtel, über Gelände Kalkzementmörtel zu verwenden.

Zementmörtel ist im allgemeinen ungeeignet.

Sichtflächen sind nachträglich zu verfugen; sind Flächen der Witterung ausgesetzt, muß die Verfugung voll und wasserdicht sein. Die Ausfugungstiefe ist gleich der Fugendicke (s. auch Abschnitt 6.2.6.2).

Trockenmauerwerk. Beim Trockenmauerwerk sind Bruchsteine ohne Mörtel unter geringer Bearbeitung in richtigem Verband so aneinanderzufügen, daß möglichst enge Fugen und keine Hohlräume verbleiben. In die Hohlräume müssen kleinere Steine so eingekeilt werden, daß Spannung zwischen den Mauersteinen entsteht.

Trockenmauern werden als Schwergewichtsmauern (z.B. als niedrige Stützmauern) verwendet. Als Raumgewicht ist im Standsicherheitsnachweis die Hälfte der Rohdichte des verwendeten Steines anzunehmen.

Findlingsmauerwerk. Für Findlingsmauerwerk werden unbearbeitete Feldsteine verwendet. Die rundliche Form der Steine ergibt sehr unregelmäßige Fugen, die sorgfältig zu füllen und mit Steinstücken auszuwickeln sind. Altes Feldsteinmauerwerk ist häufig geputzt. Um den Mauerwerksverband zu sichern, führt man die Ecken aus regelmäßiger geformten Steinen aus und gleicht die durch Binder zusammengehaltenen Schichten in Absätzen von etwa 1,00 m waagerecht ab (Bild **6**.76 a).

Bruchsteinmauerwerk. Die in den Steinbrüchen gewonnenen 15 bis 30 cm hohen Bruchsteine werden nur wenig oder gar nicht in den Lagerflächen bearbeitet. Es werden Steine verschiedener Größe in lagerhaften Schichten zusammengesetzt. Die unregelmäßigen Fugen sind sorgfältig mit Mörtel auszufüllen und, falls erforderlich, mit kleinen Steinstückchen auszuwickeln. Bruchsteinmauerwerk ist in seiner ganzen Dicke und in Absätzen von höchstens 1,50 m Entfernung rechtwinklig zur Kraftrichtung auszugleichen (Bild **6**.76 b). Mindestwanddicke ca. 50 cm.

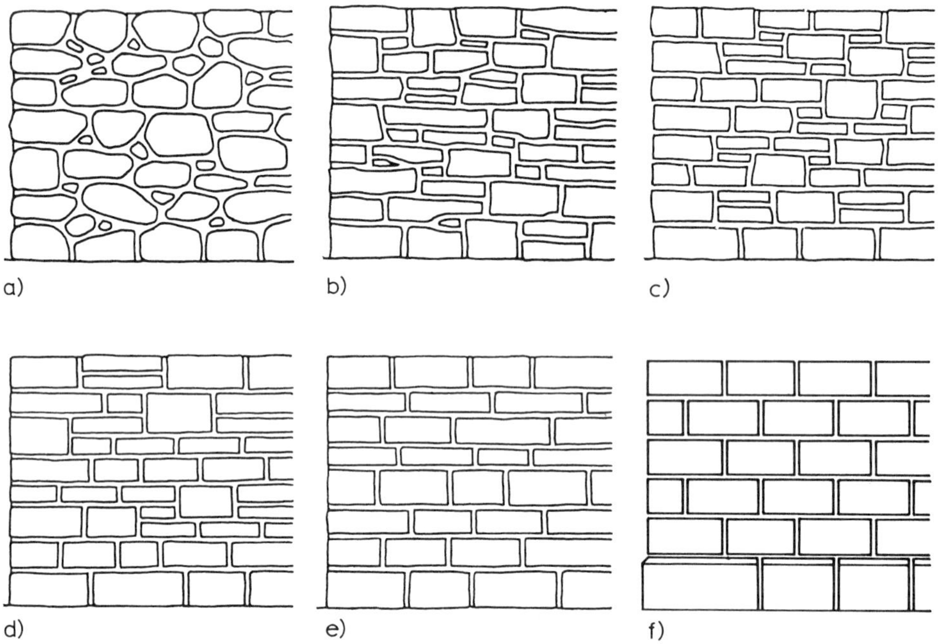

6.76 Natursteinmauerwerk

a) Findlingsmauerwerk
b) Bruchsteinmauerwerk
c) hammerrechtes Schichtenmauerwerk
d) unregelmäßiges Schichtenmauerwerk
e) regelmäßiges Schichtenmauerwerk
f) Quadermauerwerk

Hammerrechtes Schichtenmauerwerk. Die Steine der Sichtfläche erhalten auf mindestens 12 cm Tiefe bearbeitete Lager- und Stoßfugen, die ungefähr rechtwinklig zueinander stehen. Die Schichthöhe darf innerhalb einer Schicht und in den verschiedenen Schichten wechseln; jedoch ist auch hier das Mauerwerk in seiner ganzen Dicke alle 1,50 m rechtwinklig zur Kraftrichtung auszugleichen (Bild **6**.76 c).

Unregelmäßiges Schichtenmauerwerk. Die Steine der Sichtfläche erhalten auf mindestens 15 cm Tiefe bearbeitete Lager- und Stoßfugen, die zueinander und zur Oberfläche senkrecht stehen. Die Fugen der Sichtflächen dürfen nicht breiter als 3 cm sein. Die Schichthöhe darf innerhalb einer Schicht und in den verschiedenen Schichten in mäßigen Grenzen wechseln; jedoch ist das Mauerwerk in seiner ganzen Dicke alle 1,50 m rechtwinklig zur Kraftrichtung auszugleichen (Bild **6**.76 d).

In Bild **6**.77 sind richtige und falsche Fugenbilder gegenübergestellt.

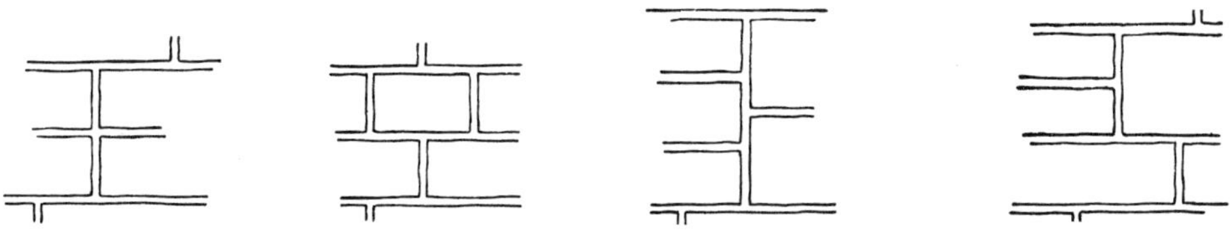

falsch
Kreuzfuge ist unzulässig

richtig
die Stoßfugen müssen versetzt sein

unschön
Stoßfugen über 3 Schichten wirken als Trennung

richtig
neben einen hohen Stein können 2 flache Steine gesetzt werden

6.77 Fugenbildung

Regelmäßiges Schichtenmauerwerk. Die Steine sind wie bei unregelmäßigem Schichtenmauerwerk zu bearbeiten. Innerhalb der Schicht darf aber die Steinhöhe nicht wechseln; jede Schicht ist rechtwinklig zur Kraftrichtung auszugleichen (Bild **6**.76 e). Lagerfuge 10 bis 15 mm, Stoßfuge 8 bis 12 mm.

Quadermauerwerk. Die Steine sind genau nach den angegebenen Maßen zu bearbeiten. Die Fugenweite soll 3 cm nicht überschreiten. Lager- und Stoßfugen müssen in ganzer Tiefe bearbeitet werden. Bei engen Fugen der Sichtfläche sind die Steine so zu verlegen, daß die Fugen später sicher und voll mit Mörtel ausgegossen werden können; unmittelbare Berührung der Quader ist unzulässig. Versetzen der Quader ohne Mörtel verlangt ebengeschliffene Lagerflächen (Bild **6**.76 f).

Mischmauerwerk. Es besteht aus der mittragenden Natursteinverblendung in Form von regelmäßigem Schichten- oder Quadermauerwerk und der Hintermauerung aus Beton oder Ziegelmauerwerk. Verblendung und Hintermauerung sind durch einbindende Verblendung (≧ 30 % Bindersteine) zu verbinden. Die Verblendung kann bei verblendeten Betonwänden, wie beim vollen Quadermauerwerk, aus Läufer- und Binderschichten oder mit abwechselnden Läufern und Bindern in jeder Schicht gebildet werden.

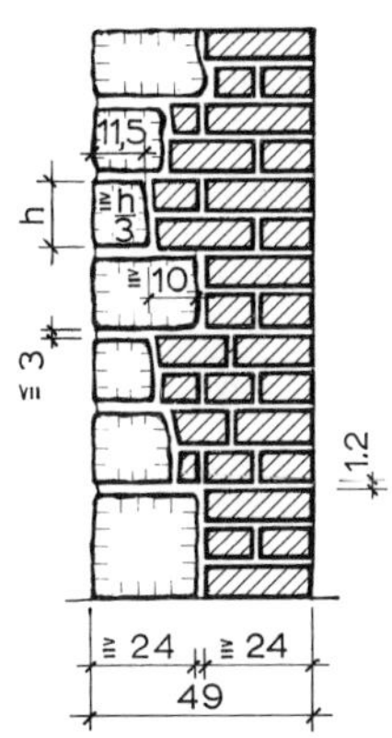

6.78
Schnitt durch Mischmauerwerk (Verblendung aus regelmäßigem Schichtenmauerwerk). Die Verblendung trägt mit, daher ist jede dritte Schicht Binderschicht. Ziegelhintermauerung ≧ 24 cm.

Bei Hintermauerung aus künstlichen Steinen muß mindestens jede dritte Schicht eine Binderschicht sein. Die Binder müssen mindestens 24 cm tief (dick) sein und mindestens 10 cm tief in die Hintermauerung eingreifen (Bild **6**.78). Mittragende Verblendplatten müssen mindestens 11,5 cm dick sein (Höhe kleiner als dreifache Dicke).

Pfeiler. Pfeiler und Säulen (kleinste Dicke größer als $^1/_{10}$ der Höhe) müssen als Quadermauerwerk ausgebildet werden. – Ist ihre kleinste Dicke kleiner als $^1/_{14}$ der Höhe, dann sind sie ohne Stoßfugen zu errichten.

6.3.4 Ausführung von Werksteinmauerwerk (DIN 18 332)

6.3.4.1 Mörtel

Mörtel für Natursteinmauerwerk, für das Versetzen von Werkstücken, für Verankerungen usw. ist grundsätzlich nach den Bestimmungen von DIN 1053 zu verwenden (vgl. Abschn. 6.2.2.3). Wegen der Materialeigenschaften der verschiedenen Natursteine sind jedoch besondere Richtlinien zu beachten [8].

Grundsätzlich können Werkfrisch- oder -trockenmörtel verwendet werden. Insbesondere aber, wenn sie Zusatzmittel enthalten, sind wegen der möglichen Einflüsse auf Naturwerksteine (z. B. Verfärbungen, Ausblühungen usw.) die Verarbeitungshinweise der Hersteller genauestens zu beachten. Die Baustoffindustrie liefert auch spezielle – meistens Traßzusätze enthaltende – Spezialmörtel für Natursteinarbeiten.

Traß ist fein gemahlenes Gestein vulkanischen Ursprunges, das gemeinsam mit Kalk oder Zement erhärtet und dabei in starkem Maß Kalk bindet. Das Mörtelgefüge wird dichter, und die Gefahr von Kalkausblühungen und -aussinterungen und von Verfärbungen wird gemindert. Traß – nicht zu verwechseln mit Traßzement – ist ein Mörtelzusatzstoff und kein selbständiges Bindemittel!

Zu unterscheiden sind Naturwerksteinarbeiten im Außenbereich und im Innenbereich.

Empfohlene Mörtelzusammensetzungen enthält die Tabelle **6**.79.

Es sollen möglichst weiche, langsam erhärtende traßhaltige Kalk- oder Traß-Zement-Kalk-Mörtel verwendet werden, die weniger fest sind als die Werksteine.

Besonders zu beachten ist, daß vor allem eine Reihe von Marmorarten besonders empfindlich gegen Verfärbungen durch Kalk sind. Dem Mörtel darf daher in keinem Fall Kalk zugefügt werden. Für Innenarbeiten gibt es für derartige Fälle spezielle Traß- und Schnellzemente.

Verfugungen sollten sofort mit dem Mauermörtel ausgeführt werden. Bei Restaurierungen müssen Fugen tief ausgeräumt und gesäubert werden. Nach gutem Anfeuchten sind Fugenmörtel mit erhöhtem Wasserrückhaltevermögen (z. B. Traß-Zement-Kalkhydrat-Kombinationen oder spezielle Werkmörtel) einzubringen.

Für Ankermörtel ist Portlandzement CEM I 52,5 R oder CEM I 42,5 R bzw. Werkmörtel mit besonderer Zulassung zu verwenden.

Schnellzemente dürfen nur verwendet werden, wenn sie nicht korrosionsfördernd und für diesen Zweck ausdrücklich zugelassen sind.

Der Mörtel ist bis zur Erhärtung sorgfältig gegen Wasserentzug aber auch gegen Fremdwasser zu schützen (Abhängen mit Folien, die aber nicht in Kontakt zu den Werksteinen stehen dürfen).

Tabelle **6**.79

a) Mörtel für Naturwerksteinarbeiten im Außenbereich

Anwendungsbereiche und Mischungsverhältnisse in Raumteilen für auf der Baustelle gemischte Mörtel

Anwendungsfall	Mörtel-gruppe	Bindemittel Traßzement	Kalkhydrat	Traß-Kalk, hydr. Kalk	Zuschlag in mm
Versetzen von Werkstücken, Mauerwerk	II	1	2 1	3	8 (0/4)
Versetzen von Werkstücken, Mauerwerk, Ausfugen	II a	1 1	1 2	 1	6 (0/4) 8 2,5*)
Mauerwerk im Sonderfall	III	1			4 (0/4)
sehr breite Fugen im Sonderfall		1			4 bis 5 (0/8)
Bodenbeläge, Treppenbeläge	III	1	kein Kalk!		3 (0/4)
Anmörteln Wandbeläge		1	kein Kalk!		4 bis 5 (0/4)
Spritzbewurf vor Anmörteln		1	kein Kalk!		2 bis 3 (0/4)
Unterputz vor Anmörteln		1	kein Kalk!		3 bis 4 (0/4)
Haufwerkporiger Mörtel für Hinterfüllung und Drainagen		1	kein Kalk!		1 (0/1) + 3 (4/8)
Fugmörtel für Beläge		1	kein Kalk!	(0/2)	2 bis 3
Ankermörtel		1	Portlandzement		3 (0/4)

b) Mörtel für Natursteinarbeiten im Innenbereich

Anwendungsbereiche und Mischungsverhältnisse in Raumteilen für auf der Baustelle gemischte Mörtel zur Verlegung im normalen Mörtelbett Naturwerksteinarbeiten innen.

Anwendungsfall	Mörtel-gruppe	Bindemittel Traßzement	Kalkhydrat	Traß-Kalk, hydr. Kalk	Zuschlag in mm
Bodenbeläge, Treppenbeläge normale Beanspruchung	III	1	kein Kalk!		4 (0/4)
Bodenbeläge, Treppenbeläge verstärkte Beanspruchung, z. B. öffentlicher Bereich	III	1	kein Kalk!		3 (0/4)
Fugmörtel für Beläge		1	kein Kalk!		2 bis 3 (0/2)

*) Eignungsprüfung erforderlich

6.3.4.2 Verbindungsteile

Die Quaderverblendung nach Bild **6**.78 bedarf außer den Mörtelfugen keiner weiteren Verbindung untereinander und mit der Hintermauerung. In besonderen Fällen können die Steine gegen Verschieben durch folgende Hilfsmittel gesichert werden:

- **Klammern** zum Verbinden nebeneinanderliegender Steine bestehen aus nichtrostendem 5 bis 7 mm dickem Flachstahl. Die abgebogenen und aufgehauenen Enden der etwa 20 cm langen Klammer greifen in schwalbenschwanzförmige Dübellöcher ein. Die Klammer muß bündig mit der oberen Steinfläche liegen (Bild **6**.80 a).
- **Dübel** zum Verbinden übereinanderliegender Steine größerer Höhe und geringer Standfläche, z. B. Fenstergewändesteine, sind etwa 8 cm lang und bestehen aus 20 bis 25 mm dickem Quadratstahl, dessen Kanten widerhakenartig aufgehauen sind (Bild **6**.80 b).
- **Gabelanker** zur Verbindung dicker Platten mit der Hintermauerung werden aus 5 bis 7 mm dickem Flachstahl gefertigt (Bild **6**.81), am Ende aufgebogen oder mit besonderem, durchgestecktem Splint versehen.

a)
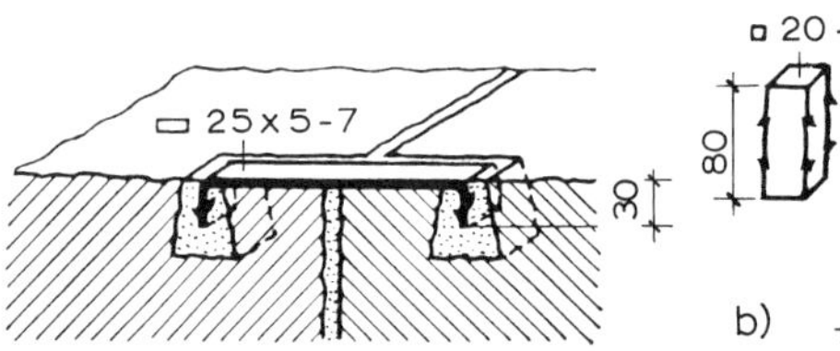

6.80 Verbinden der Steine durch
a) nichtrostende Stahlklammern
b) Stahldübel

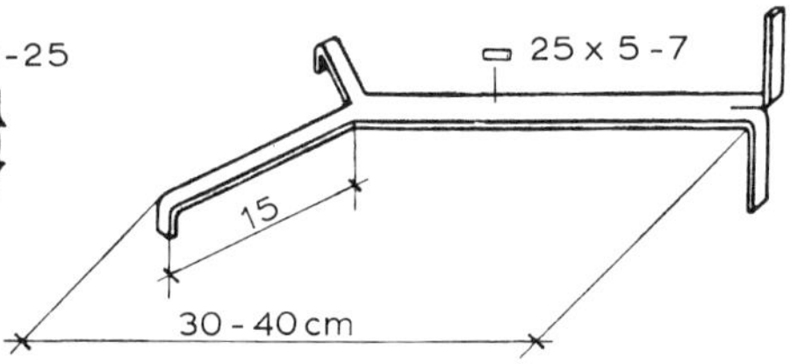

6.81 Gabelanker

Ferner können Verankerungsbauteile in Frage kommen, wie sie für Natursteinbekleidungen verwendet werden (vgl. Abschn. 8.4.2).

Die Stahlteile werden in den Steinen durch Vergießen der Dübellöcher mit Zementmörtel oder hydraulischem Kalkmörtel befestigt. In sehr altem Mauerwerk findet man auch Bleiverguß.

Grundsätzlich ist ein Kippen auskragender Werkstücke allein dadurch zu verhindern, daß ihr Schwerpunkt weit genug innerhalb der Auflagerfläche liegt.

6.3.4.3 Hebezeug

Versetzt werden die Steine nach Schichtplänen, die vom Steinmetzen ausgearbeitet und vom Architekten und Statiker überprüft werden. Die Pläne zeigen Steinschnitt, Verankerung, Entlastung, Vermörtelung, Verfugung, Maße und Versetznummern. Die Steine müssen vorsichtig befördert und versetzt werden, damit die Steinkanten nicht beschädigt werden; u. U. sind Strohseile, Schaumstoff oder Brettstücke zum Schutz vorzusehen.

Zum traditionellen Befestigen an der Aufzugskette bzw. dem Drahtseil dienten folgende Geräte:

- **Das Kranztau** wird kreuzweise um kleinere und stark gegliederte Steine gelegt und oben verknotet. Vorher sind die Kanten und vorspringenden Teile mit Strohbauschen zu umwickeln.
- **Der Wolf** (Bild **6**.82) ist ein dreiteiliger, durch einen Vorsteckbolzen zusammengehaltener Stahlkern mit übergeschobenem Bügel, der in ein trapezförmiges, in die Oberseite des Steines eingearbeitetes Dübelloch eingreift. Er ist nur bei genügend hartem Steinmaterial verwendbar, bei dem ein Ausbrechen nicht zu befürchten ist. Das Dübelloch muß über dem Schwerpunkt des Steines liegen.

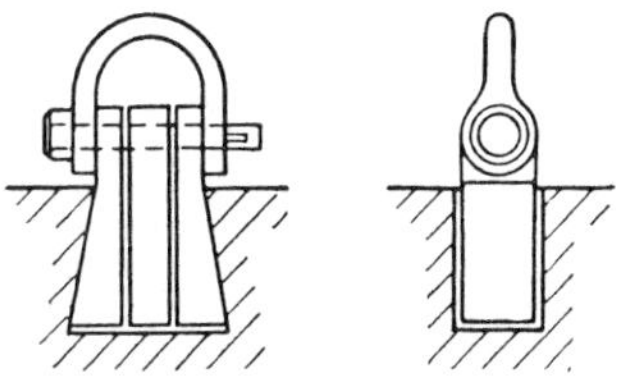

6.82 Wolf

6.83 Greifschere

— **Die Greifschere** (Bild **6**.83) faßt den Stein von beiden Seiten an vertieften Stellen.

Vor dem Niederlassen des Steines werden auf die Ecken, etwa 2 cm von den Außenkanten entfernt, kleine Plättchen aus Hartgummi, Blei oder Schiefer (Pläner) in Fugendicke (4 bis 5 mm) aufgelegt. Der Stein wird langsam gesenkt, mit der Wasserwaage probeweise in seine richtige Lage gebracht und nochmals hochgehoben. Dann wird das angenäßte Lager mit einem feinsandigen hydraulischen Kalkmörtel überzogen und der Stein endgültig in das volle Mörtelbett gesetzt. Die Stoßfugen, die sich nach hinten meist etwas erweitern, werden außen zugestrichen und von oben mit dünnflüssigem hydraulischem Kalkmörtel vergossen.

6.3.5 Maueröffnungen[1])

Überwölbungen von Öffnungen mit Werksteinen bei nicht tragendem Natursteinmauerwerk werden insbesondere in der Denkmalpflege noch angewandt. Sie bestehen aus einzelnen, keilförmig bearbeiteten Bogensteinen (Bild **6**.84). Die Wölbung wird durch einen Schlußstein

6.84
Werksteinbogen mit abgetrepptem Gewölberücken in Werksteinmauer

im Scheitel geschlossen. Spitzwinklige Ecken können leicht abgedrückt werden. Deshalb erhalten die Wölbsteine Fünfecksform, die auch am besten den Anschluß der Werksteinschichten an den Gewölberücken ermöglicht. Dabei müssen die Maßverhältnisse zwischen Mauerwerksschichten und Wölbsteinen richtig ausgewogen werden. Der kleinste Wölbstein darf nicht kleiner als einer der verwendeten Quadersteine, der größte nicht zu massiv im Verhältnis zum gesamten Gewölbe sein.

Gewände. Fenster- und Türöffnungen im Mauerwerk werden mit einem einfachen Werksteinsturz abgedeckt, der durch einen Entlastungsbogen über einer Hohlfuge entlastet werden muß (Bild **6**.85). Unter Werksteinsohlbänken oder Türschwellen muß unterhalb der Fen-

[1]) s. auch Abschn. 6.2.4.3

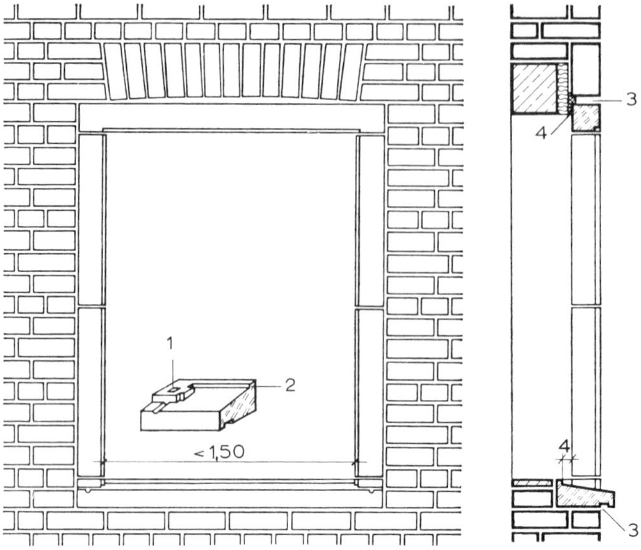

6.85
Fensteröffnung mit Werksteinumrahmung (Gewände). Die Fenstersohlbank liegt unter der Fensteröffnung hohl. Die Wassernase ist nicht verkröpft. Der Zwischenraum zwischen Werksteinsturz und Entlastungsbogen ist erst nach Fertigstellung des Rohbaues auszumauern.
1 Dübelloch
2 Anschlag für Fensterrahmen
3 Hohlfuge
4 dauerplastische Dichtung

ster- oder Türöffnung die Fuge ebenfalls offengehalten werden, damit der Werkstein beim Setzen des Mauerwerks durch den Mauerdruck nicht abgeschert wird (Bild **6**.85).

Naturstein-Fenstergewände in geputztem Mauerwerk sollten nicht mit durchlaufender Fuge so an der gemauerten Leibung anschließen, daß diese Fuge gleichzeitig auch Putzanschlußfuge ist. Die Gewände sollten eine Putzanschlußfase erhalten, damit der Außenputz – am besten mit Hilfe von Putzanschlußprofilen – über die Fuge hinweggezogen werden kann (Bild **6**.86).

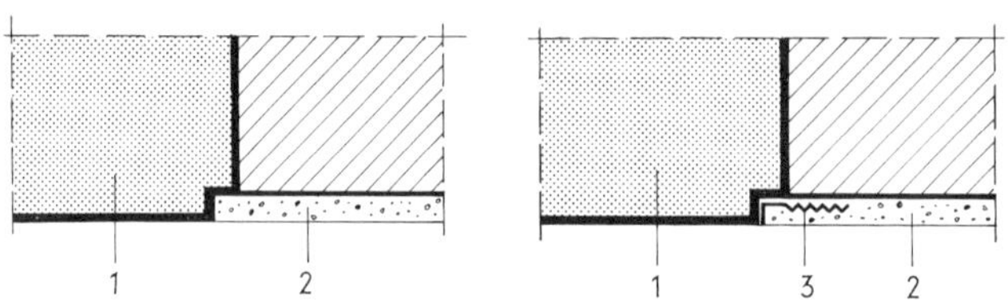

6.86
Putzanschluß bei Natursteingewänden
1 Natursteingewände (waagerechter Schnitt
2 Außenputz
3 Putzanschlußprofil

6.3.6 Normen

Norm	Ausgabe-Datum	Titel
DIN 1053-1	11.96	Mauerwerk; Berechnung und Ausführung
DIN 18332	6.96	VOB Teil C: Allg. Techn. Vertragsbedingungen für Bauleistungen; Naturwerksteinarbeiten
DIN 18333	6.96	–; Betonwerksteinarbeiten; Allgemeine Technische Vorschriften
DIN 18516-3	1.90	Außenwandbekleidungen, hinterlüftet; Naturwerkstein; Anforderungen, Bemessung
DIN 51043	8.79	Traß; Anforderung, Prüfung

6.4 Wände aus Beton (Betonbau s. Abschn. 5)

6.4.1 Allgemeines

Wände werden aus Stahlbeton ausgeführt, wenn hohe Belastungen oder andere statische Beanspruchungen es erforderlich machen (z. B. aussteifende Wandscheiben, Wandscheiben über großen Öffnungen, Wände, die besonders dem Erd- oder Wasserdruck ausgesetzt sind usw.).

Wirtschaftlich sind Wände aus örtlich hergestelltem Stahlbeton, wenn moderne Schalungssysteme verwendet werden (s. Abschn. 5.4.2). Alle Nacharbeiten an Betonmauern (z. B. Stemmarbeiten) sind durch sorgfältige Planung auszuschließen. Öffnungen und Aussparungen für Installationen o. ä. sind durch besondere Schalungen oder an der entsprechenden Stelle einbetonierte Schaumstoffblöcke zu berücksichtigen.

Werden Wände aus Stahlbeton innerhalb eines Bauwerkes im Zusammenhang mit gemauerten Wänden ausgeführt, berücksichtigt man möglichst die vom Mauerwerk vorgegebenen Wanddicken (z. B. 24, 30, 36,5 cm). Im übrigen werden Stahlbetonwände entsprechend den statischen Anforderungen nach DIN 1045 dimensioniert.

Ohne zusätzliche Bekleidungen oder ohne Wärmedämmung kommen Wände aus Normalbeton (s. Abschn. 5.1.5) im Hochbau nur als tragende oder aussteifende Innenwände in Frage, als Kelleraußenwände für Räume, die keinen Wärmeschutz erfordern oder im Zusammenhang mit Abdichtungen gegen drückendes Wasser ausgeführt aus wasserundurchlässigem Beton (s. Abschn. 14.4.6.2).

6.4.2 Einschalige Wände aus Beton

Stahlbeton-Außenwände aus Normalbeton können nur mit zusätzlichem Wärmeschutz ausgeführt werden. Die herstellungstechnisch einfachste Ausführungsart dafür stellt das Anbetonieren von Holzwolle-Leichtbauplatten (mit und ohne Schaumstoffkern) dar. Die Wärmedämmplatten werden dicht gestoßen in die Schalung eingestellt und verbinden sich mit dem eingebrachten Beton allein durch Materialhaftung, bei größeren Flächen zusätzlich durch eingesteckte Kunststoff- oder verzinkte Blech- bzw. Drahtanker. Wärmedämmplatten aus Schaumstoff können auch nachträglich auf die Betonflächen aufgeklebt und zusätzlich mit gedübelten Klemmplatten auch mechanisch befestigt werden. Die Oberflächen wärmegedämmter Stahlbetonwände erhalten Außenwandbekleidungen (s. Abschn. 8) oder werden mit Putzträgergeweben überspannt und verputzt (s. Teil 2 dieses Werkes, Abschn. 8). Werden Wärmedämmungen ausnahmsweise innen angebracht, muß der relativ hohe Wasserdampfdiffusionswiderstand von Beton beachtet werden, d. h. es kann eine Dampfsperre auf der warmen Wandseite erforderlich werden.

Leichtbetonwände und -pfeiler. Als einschalige Außenwände können Wände aus Leichtbeton mit ausreichenden Wärmedämm-Eigenschaften nur mit unwirtschaftlich großen Wanddicken hergestellt werden (s. Abschn. 5.1.7). Die Ausführung komplizierter Bauteilformen in Stahlleichtbeton ist jedoch möglich, um Wärmebrücken einzuschränken, die sich bei Normalbeton als Sichtbeton nicht vermeiden ließen.

Mindestwanddicken sind 25 cm für Außenwände, 20 cm für tragende Innenwände bzw. 15 cm für ausgesteifte, tragende Innenwände aus LB 10 bei Geschoßhöhen $\leqq$ 3,50 m und 12 cm für aussteifende, nichttragende Innenwände (s. a. DIN 4232).

In tragenden Leichtbetonwänden, die $\leqq$ 15 cm dick sind, sind Schlitze jeder Art unzulässig. Bei mehr als 15 cm Dicke sind Querschnittschwächungen durch waagerechte oder schräge Schlitze beim Standsicherheitsnachweis zu berücksichtigen.

Tür- und Fensterstürze in Leichtbetonwänden dürfen in Gebäuden und Deckenlasten bis zu 2,75 kN/m^2 und bis zu einer Lichtweite von $\leqq$ 1,50 m aus Leichtbeton mit porigem Gefüge gebildet werden. Sie werden konstruktiv mit Rippenstahl 2 x ∅ 14 mm bewehrt und gleichzeitig mit der anschließenden Wand betoniert. Bei Belastung durch eine Decke müssen sie mindestens 40 cm, sonst mindestens 30 cm hoch sein. Besteht zwischen Sturz und Massivdecke ein vollkommener Verbund (z. B. durch Bügel), so wird die Sturzhöhe bis Oberkante Decke gemessen, Stürze über Öffnungen mit Lichtweiten von mehr als 1,50 m oder mit Einzellast belastete Stürze dürfen nicht aus Leichtbeton hergestellt werden.

Um Setzungsschäden zu verhindern, sollen unmittelbar unterhalb von Fensteröffnungen 2 Stahlstäbe ∅ 10 mm als Bewehrung eingelegt werden, wobei je ein Stab 0,50 m und 1,00 m seitlich über die Fensteröffnung hinausragt.

Kelleraußenwände aus Stahlbeton können im Bereich der Erdanschüttung eine außen liegende Wärmedämmung aus extrudierten Polystyrol-Hartschaumplatten (z. B. Roofmate, Styrodur) erhalten, die vollflächig dicht gestoßen aufgeklebt werden.

Derartige Schaumstoffplatten müssen nicht gegen Erdfeuchtigkeit zusätzlich geschützt werden (sog. „Perimeterdämmung"). Im Sockelbereich können fest aufgeklebte bzw. angedübelte Dämmungen mit Trägermaterial überspannt und verputzt werden. Auch die Verlegung von keramischem Material in Dünnbettmörtel ist möglich.

6.4.3 Zweischalige Wände aus Beton

Insbesondere bei großformatigen Fertigteilen für Außenwände verwendet man Verbundplatten, bestehend aus einer 8 bis 12 cm dicken Außenschale, einer Kerndämmung aus Schaumstoffplatten und der tragenden Innenschale („Sandwich"-Element, s. Abschn. 6.7.2.3). Auch an der Baustelle können derartige Wände hergestellt werden. Die nicht tragende Außenschale, kombiniert mit der bereits anbetonierten Wärmedämmung bildet als Fertigteil eine „verlorene Schalung", gegen die die tragenden Innenwände betoniert (ggf. auch gemauert) werden.

Stahlbetonwände mit zusätzlicher Wärmedämmung können im übrigen als tragende Innenschale auch Bestandteil von zweischaligen Wänden mit Luftschicht und Wärmedämmung sein (s. Abschn. 6.2.3.3). Die äußere Schale besteht aus Mauerwerk, einer Wandbekleidung oder einer Vorhangwand (Abschn. 6.7.4). Für die Verankerung der Außenschale und ggf. der Wärmedämmungen sind dabei Ankerschienen in die Innenschalen mit einzubetonieren.

6.4.4 Mantelbauweisen

Mehrschalige Betonwände können auch in Mantelbauweise hergestellt werden. Bei dieser zunächst für kleinere Bauwerke entwickelten Bauart werden Schalungselemente aus Stahlbeton (s. Abschn. 6.7.2.3), Holzspanbeton oder Schaumstoff, die in ähnlichen Abmessungen wie andere großformatige Bausteine und mit allen nötigen Formteilen hergestellt werden, lose – ohne vermörtelte Lagerfugen – meist mit Nut-Feder-Anschlüssen aufgebaut und abschnittsweise mit Beton verfüllt (Bild **6**.87 a bis c).

Auch für großformatige Bauteile wie geschoßhohe Wände bis 8,50 m Länge sowie für Decken, Treppenläufe usw. sind zur Rationalisierung der Einschalarbeiten und zur gleichzeitigen Verbesserung der Wärmedämmeigenschaften Mantelbauweisen entwickelt worden (z. B. Duo-Massiv). Durch Abstandhalter bzw. Halteanker verbundene polymergebundene Holzwerkstoffplatten bilden dabei verlorene Schalungen. Die inneren Oberflächen sind anstrichfertig. Erforderliche Bewehrungen werden werkseitig eingebaut. Derartige Bauteile weisen gute Schalldämmaße auf und erreichen die Feuerwiderstandsklasse F 90. Bei Verwendung zementgebundener Schalungsplatten und somit nicht brennbaren Oberflächen können Feuerwiderstandsklassen bis zu F 180 erreicht werden (s. Abschn. 15.7).

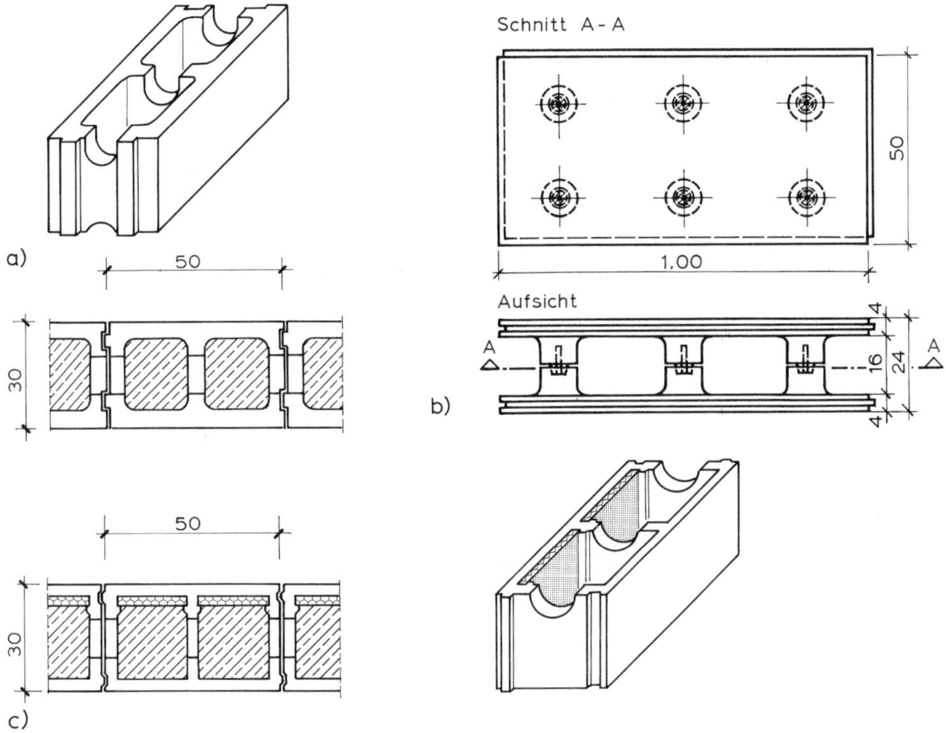

6.87 Mantelbauweisen

a) Betonwand mit Schalungssteinen aus Holzspanbeton; Wandgefüge (Schema), Stoßfuge (unvermörtelt) und Riegelstein (Schema)
b) Schalungselemente aus Hartschaumstoff
c) Schalungsstein aus Leichtbeton mit „integrierter" Wärmedämmung (GISOTON)

6.4.5 Normen (s. auch Abschn. 5.7)

Norm	Ausgabe-Datum	Titel
DIN 1045	7.88	Beton und Stahlbeton; Bemessung und Ausführung
DIN 1048-1 bis -4	6.91	Prüfverfahren für Beton
DIN 1084-1 bis -3	12.78	Überwachung (Güteüberwachung) im Beton- und Stahlbetonbau
DIN 4219-1	12.79	Leichtbeton und Stahlleichtbeton mit geschlossenem Gefüge; Anforderungen an den Beton, Herstellung und Überwachung
DIN 4219-2	12.79	–; Bemessung und Ausführung
DIN 4226-1 bis -3	4.83	Zuschlag für Beton
DIN 4232	9.87	Wände aus Leichtbeton mit haufwerksporigem Gefüge; Bemessung und Ausführung
DIN 18331	6.96	VOB Teil C, Beton- und Stahlbetonarbeiten

6.5 Wände aus Lehm[1])

Der Lehmbau zählt zu den ältesten Bauarten. Seine Anwendung beschränkte sich in Europa jedoch nur auf kleinere Wohn- und Wirtschaftsgebäude in ländlichen Gegenden. In den regenarmen Gebieten Afrikas werden aber heute noch eindrucksvolle Bauwerke auch von erheblicher Höhe angetroffen. Es ist möglich, daß der Lehmbau dort noch lange wegen der billigen, brennstofffreien Gewinnung des Baustoffes eine wichtige Rolle spielt.

Neuerdings werden Lehmbautechniken nicht nur für Restaurierungen wiederbelebt. Im Zusammenhang mit der Suche nach „alternativen" Bauweisen sind auch in letzter Zeit einige Versuchsbauten auf der Grundlage der 1974 zurückgezogenen DIN 18951 bzw. der ebenfalls zurückgezogenen Vornormen DIN 18952 bis 18957 mit Ausnahmegenehmigungen in verschiedenen Lehmbauweisen errichtet worden.

Lehm ist als Baustoff in weitem Umfang überall verfügbar und gegebenenfalls auch wiederverwendbar. Lehmwände haben sehr gute Schallschutzeigenschaften und ein ähnliches Wärmespeichervermögen wie Vollziegelwände. Sie nehmen schnell und erheblich mehr Feuchtigkeit auf und geben sie relativ schnell wieder ab, so daß gleichmäßige Luftfeuchtigkeitsverhältnisse in Lehmbauten herrschen. Als Nachteil steht demgegenüber, daß Lehm je nach Verarbeitungsweise beim Austrocknen bis zu 12% schwindet und sehr nässe- und frostempfindlich ist.

Die Verarbeitung erfordert große Erfahrung, die heute bei uns aber weitgehend verlorengegangen ist. Die ausgeführten Versuchsbauten bestätigten auch, daß alle Lehmbauarten nur bei sehr starker Rationalisierung einigermaßen wirtschaftlich ausgeführt werden können, da der Lohnkostenanteil außerordentlich hoch ist. Man unterscheidet:

— Lehmziegelbau (ungebrannte Lehmziegel, sog. „Grünlinge")
— Stampflehmbau (in Schalung eingebrachter aufgearbeiteter Lehm),
— Lehmstrangbauweise (in Strangpressen auf der Baustelle geformte Stränge, die zu Innenwänden geschichtet werden).

Herkömmlicher Strohlehm ist wegen seines Schwundverhaltens beim Austrocknen schwierig zu verarbeiten. Es werden daher neuerdings insbesondere für Sanierungsmaßnahmen von Fachwerkbauten in noch kleinen Mengen Strohlehm-Leichtelemente mit verbessertem Schwundverhalten (Rohdichten von 650 kg/m^3 und 850 kg/m^3) nach genauen Dosierungen industriell hergestellt (Formate 16/24/30 und 12/24/30 cm).

Massivwände lassen sich aus Holzlehm herstellen. Dabei werden Holzspäne oder Holzschnitzel gemischt (ca. $^1/_3$ Lehm und $^2/_3$ Holzfasern) und ähnlich Beton in Schalungen eingebracht und verdichtet.

Weil alle traditionellen Lehmbauweisen sehr empfindlich gegen Nässe und hohe Luftfeuchtigkeit sind, wurden wasserfeste und damit auch quell- und frostfeste Lehmbauelemente entwickelt („Teranig").

Lehmbauteile werden mit Lehm- oder Kalkmörtel vermauert. Zur Verarbeitung in Mörtelmaschinen sind spezielle feine Lehmpulver entwickelt worden.

Lehmwandflächen können außen und innen durch einen Kalkputz geschützt werden. Zwischen Lehm und Kalk ist keine chemische Verbindung möglich. Daher müssen die Flächen gut aufgerauht werden, oder es muß durch Lochungen eine mechanisch wirksame Verbindung zur Putzfläche geschaffen werden.

Ob sich aus dem Lehmbau neue Tendenzen für Wandbauarten entwickeln, bleibt vorerst abzuwarten.

---

[1]) s. auch Abschn. 6.6.3 und 6.6.4

6.6 Fachwerkwände[1])

6.6.1 Allgemeines

Fachwerkbauten genießen als hervorragende Beispiele handwerklicher Baukunst und als städtebauliche Akzente wieder hohe Wertschätzung. Viele Fachwerkgebäude, die früher als Scheunen, Speicher oder sonstige Zweckbauten dienten, werden immer häufiger umgebaut und als Wohn- und Geschäftshäuser genutzt.

Die Kenntnis von Grundbegriffen des Fachwerkbaues erscheint daher angesichts der zahlreichen Restaurierungs- und Sanierungsaufgaben wieder sehr wichtig.

Fachwerkkonstruktionen liegen in der Regel auf gemauerten Fundamentsockeln oder auf massiven Untergeschossen auf, deren sorgfältige Ausführung und ggf. Sanierung Sicherung gegen aufsteigende Feuchtigkeit bieten mußte.

Die Konstruktionshölzer einfacher Fachwerkbauten bestehen meistens aus Nadelholz. Für aufwendige und repräsentative Gebäude wurde Eichenholz verwendet.

Die Bauhölzer wurden je nach Anforderungen sehr sorgfältig ausgesucht und vor dem Einbau u. U. mehrere Jahre abgelagert. Gegen Bewitterung und Schlagregen wurde es nach Möglichkeit konstruktiv geschützt, z. B. durch weite Dachüberstände. Nadelholz, das bei geringem Nährstoffgehalt im Winter gefällt wird, und bei dem durch Flößen ein weiterer Entzug von Nährstoffen bewirkt wird, bot recht guten Schutz gegen tierische Schädlinge.

Bei Reparaturen ist immer die gleiche Holzart wie im bisherigen Bestand zu wählen. Es sollte möglichst Holz aus abgetragenen alten Gebäuden verwendet werden. Für neue Hölzer (ausgenommen Eichenholz) ist meistens chemischer Holzschutz unentbehrlich (s. Teil 2 des Werkes, Abschn. 1).

6.6.2 Bestandteile des Fachwerkes

Die Bezeichnungen für die wichtigsten Bestandteile einer Fachwerkwand zeigt Bild **6**.88.

Schwelle. Die Schwelle bildet die untere Begrenzung der Fachwerkwand (a in Bild **6**.88). Sie liegt auf der Kernseite und wird meistens in der ganzen Länge durch Mauerwerk unterstützt.

Gelegentlich kommen in alten Bauten auch Schwellen mit „Aufklotzung" vor, d. h. die Schwelle liegt auf Abstandsklötzen, so daß zur Sicherung gegen aufsteigende oder stauende Feuchtigkeit eine Luftschicht zum tragenden Mauerwerk entsteht.

Bei Erneuerungen im Schwellenbereich ist meistens auch eine vorherige Sanierung des darunterliegenden Auflagers und das Einbringen einer Abdichtung gegen aufsteigende Feuchtigkeit erforderlich. Dazu ist die Mauerschicht unterhalb der Schwellen zu entfernen, abschnittsweise eine Abdichtung gegen aufsteigende Feuchtigkeit einzubauen und neu zu untermauern (vgl. Abschn. 15.4.4).

An der fast unvermeidlichen Fuge zwischen Abdichtung und Schwelle kann sich leicht fäulnisbildende Feuchtigkeit anreichern. Günstiger ist es deshalb, wenn die Abdichtungsbahn so eingebaut werden kann, daß zwischen neuer Abdichtung und Schwellen noch eine Mauerschicht folgt und dann die Übergangsfuge zum Fachwerk sorgfältig mit Mörtel ausgestopft wird.

---

[1]) Baustoff Holz und Holzschutz s. Teil 2 dieses Werkes

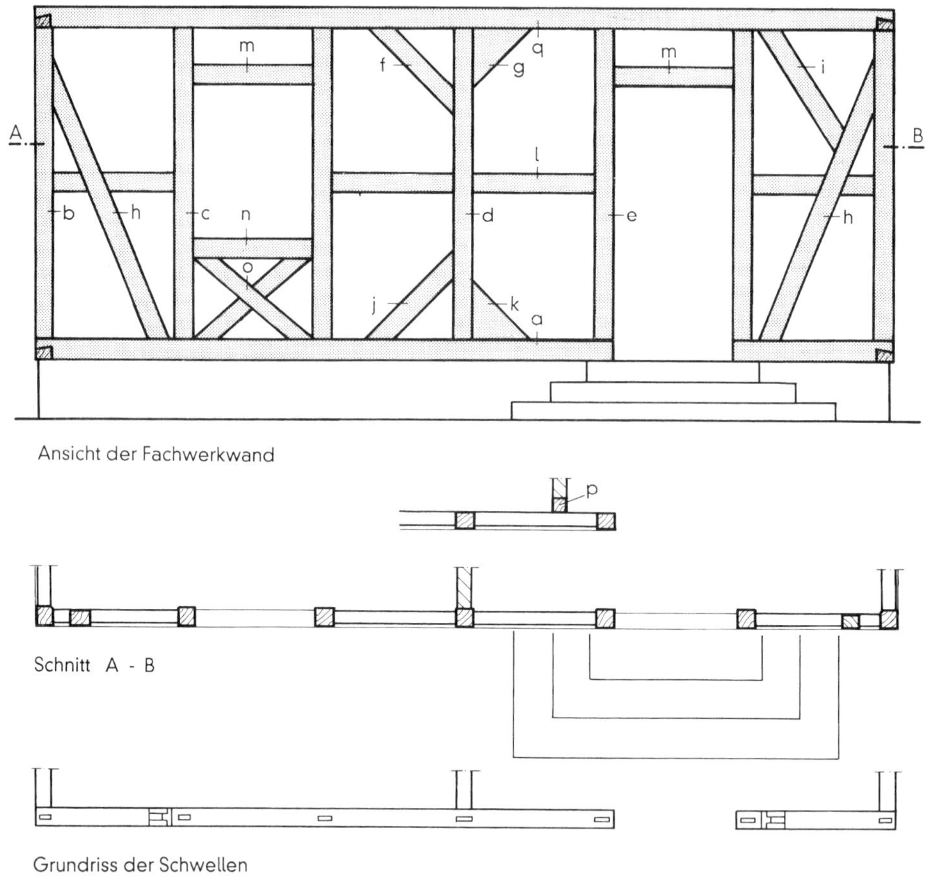

6.88 Fachwerkwand, Bezeichnungen

a Schwelle
b Eckständer (-pfosten)
c Fensterständer
d Ständer (Stiehl)
e Türständer
f Kopfband
g Kopfwinkelholz (auch bogenförmig)
h Strebe
i Gegenstrebe
j Fußband
k Fußwinkelholz (auch bogenförmig)
l Riegel (Fachriegel)
m Sturzriegel
n Brüstungsriegel
o Andreaskreuz
p Klappstiel
q Rähm

Falls längere Schwellhölzer aus mehreren Teilen zusammengesetzt werden müssen, verwendet man folgende Holzverbindungen:

— das gerade Blatt (Bild **6**.89 a);
— das schräge Blatt (Bild **6**.89 b);
— das schräge Hakenblatt (Bild **6**.90 a) kann auch ohne Nägel oder Verbolzen Zugspannungen aufnehmen, wenn es Auflast trägt und unterstützt ist;
— das schräge Hakenblatt mit Keil (Bild **6**.90 b). Es ist eine brauchbare Verbindung der Verlängerung waagerecht liegender Hölzer. Durch das Antreiben der Keile wird die Verbindung bei trockenem Holz vollkommen fest.

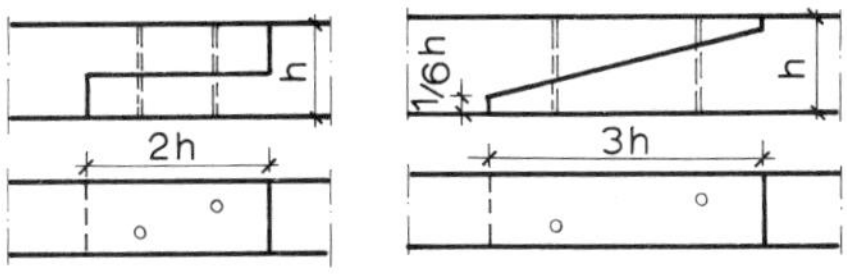

a) b)

6.89 Blatt

a) gerades Blatt
b) schräges Blatt

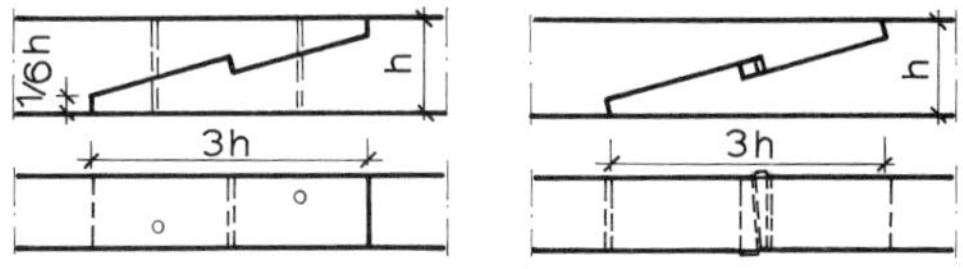

c) d)

6.90 Hakenblatt

a) schräges Hakenblatt
b) schräges Hakenblatt mit Keil

Insbesondere für Reparaturverbindungen kommen weiter in Frage [12]
- stehendes gerades Blatt (Bild **6**.91),
- eingeschnittener Stoß mit Einsatzstück (Bild **6**.92 a),
- eingeschnittener Stoß mit Hakenplatte und Keilen (Bild **6**.92 b).

Notwendige Stoßverbindungen sollten möglichst ohne Stahlverwendung mit den früher üblichen Holznägeln gesichert werden.

Die Schwellhölzer der verschiedenen Wände eines Fachwerkgebäudes liegen in der gleichen Höhe und werden an den Ecken oder Wandanschlüssen durch Überblattungen verbunden. Dabei sind folgende Fälle möglich:

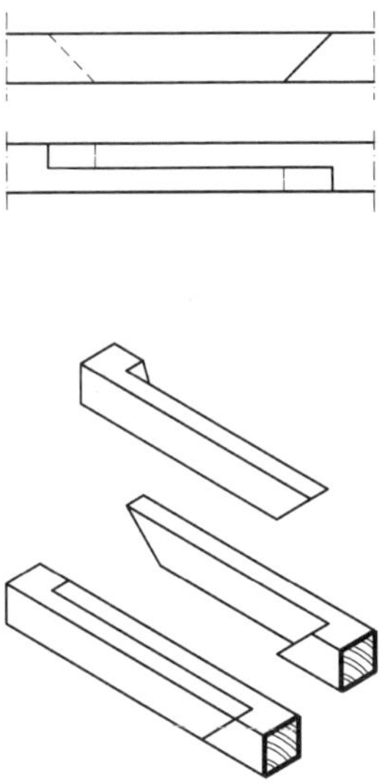

6.91 Stehendes gerades Blatt, in zwei Richtungen schräg angeschnitten

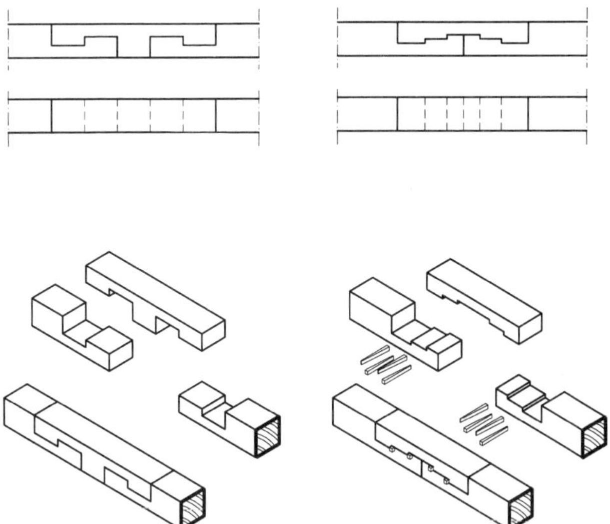

a) b)

6.92 Reparaturstoß

a) mit verlängertem Einsatzstück
b) gerader eingeschnittener Stoß mit eingesetztem doppeltem Haken und Keilen

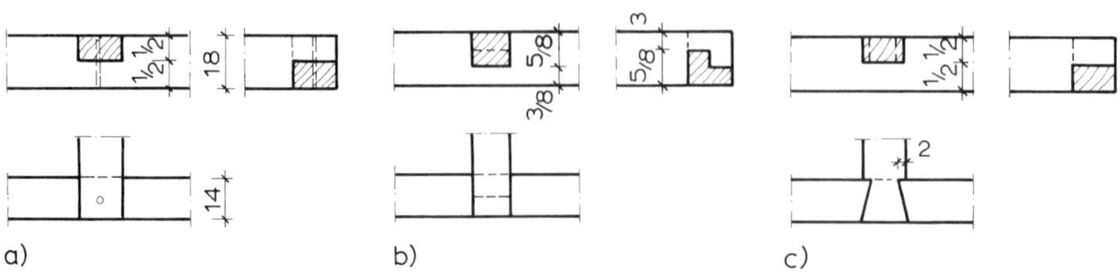

6.93 Überblattung
a) Einfache Überblattung
b) Hakenförmige Überblattung
c) Schwalbenschwanzförmige Überblattung

Stößt ein Schwellholz gegen ein durchgehendes anderes Schwellholz, wird entweder eine einfache Überblattung (Bild **6**.93 a) oder besser eine hakenförmige (Bild **6**.93 b) oder eine schwalbenschwanzförmige Überblattung (Bild **6**.93 c) angewandt. Die beiden letztgenannten Verbindungen machen auch ohne Nägel oder Bolzen ein Verschieben der Hölzer in waagerechter Richtung unmöglich.

Bilden beide Schwellhölzer eine Ecke, dann werden sie entweder durch Ecküberblattung mit schrägem Schnitt (Bild **6**.94 a) oder haken- und schwalbenschwanzförmige Ecküberblattung (Bild **6**.94 b) verbunden.

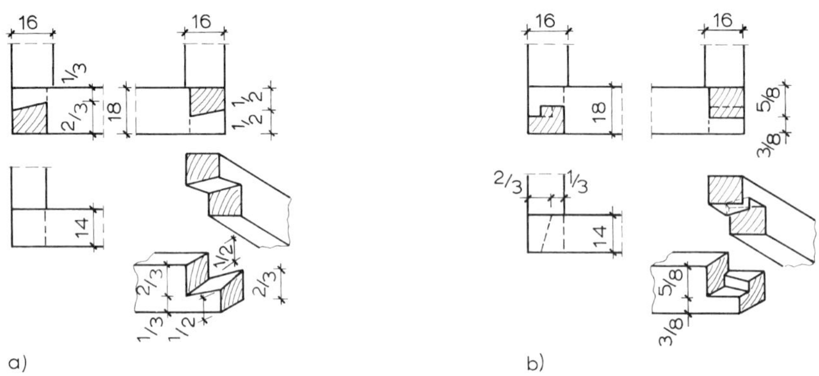

6.94 Ecküberblattung
a) mit schrägem Schnitt
b) Haken- und schwalbenschwanzförmige Ecküberblattung

Stiele oder Ständer. Die Stiele oder Ständer stehen auf der Schwelle in Abständen von 0,60 bis 1,00 m. Bei der Aufteilung ist Rücksicht auf Fenster- und Türöffnungen, die seitlich durch Stiele begrenzt werden müssen, zu nehmen. An den Stellen, wo Zwischenwände an die Außen- oder Mittelwände treffen, sind Bundstiele (d in Bild **6**.88) anzuordnen. Ergäbe ein solcher Bundstiel eine unregelmäßige Teilung in der Außenwand, so wird ein Klappstiel (p in Bild **6**.88) verwendet.

Bei stark belasteten mehrgeschossigen Wänden (z. B. Speichern) werden die Binder- und Eckständer häufig als Doppelstiele (verdübelt und verbolzt) angeordnet und mit versetzten Stößen durch die ganze Höhe des Gebäudes geführt.

Z w i s c h e n s t i e l e (Fensterstiele, c in Bild **6**.88) werden mit der Schwelle und mit dem Rähm durch den e i n f a c h e n Z a p f e n (Bild **6**.95) verbunden. Die Breite des Zapfens ist gleich der Holzbreite, die Dicke ist gleich 1/3 der Holzdicke, die Höhe 6 bis 7 cm. Die Zapfenverbindung wird durch einen Holznagel gesichert.

E c k s t i e l e u n d T ü r s t i e l e (b und e in Bild **6**.88), die am Ende des Schwell- und Rähmholzes stehen, erhalten den g e ä c h s e l t e n Z a p f e n (Bild **6**.96). Seine Breite beträgt nur 2/3 der Holzbreite. Dadurch ergeben sich auch an den Enden von Schwelle und Rähm verdeckte Zapfenlöcher.

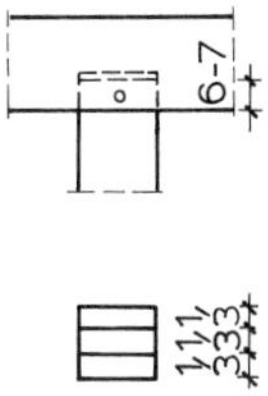

6.95 Der einfache Zapfen

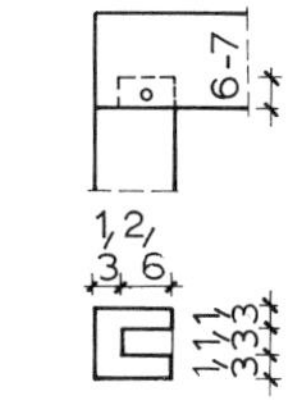

6.96 Der geächselte Zapfen

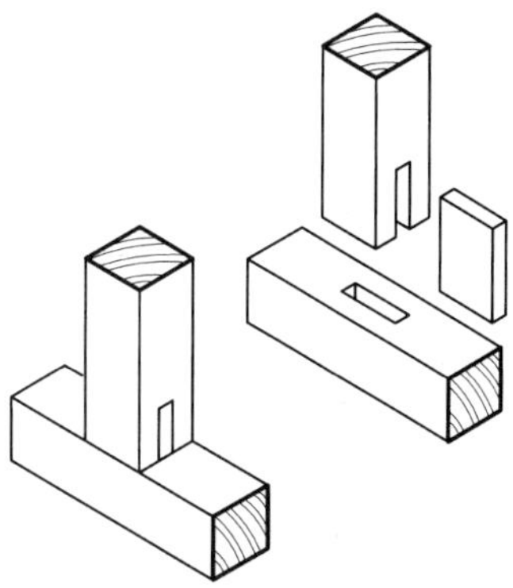

6.97 Der falsche Zapfen [14]

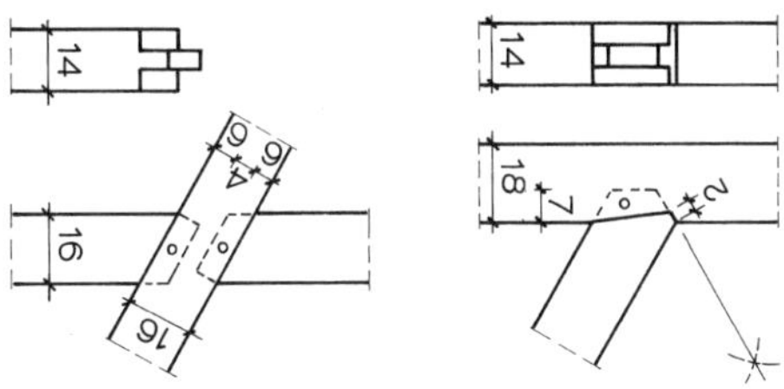

6.98 Schräger Zapfen mit Versatz
a) Schwellenanschluß
b) Riegelanschlüsse

Müssen bei Reparaturen neue Stiele eingefügt werden, wird an einem Ende ein „Falscher Zapfen" vorgesehen (Bild **6**.97).

Streben. Die Streben (h in Bild **6**.88) steifen die Wand in der Längsrichtung aus. Man ordnet sie entweder zwischen Schwelle und Rähm oder besser zwischen Schwelle und Stiel an (h in Bild **6**.88). Die Verbindung der Streben mit Schwelle und Rähm erfolgt durch den schrägen Zapfen mit Versatz (Bild **6**.98). Der Versatz ist 2 bis 3 cm tief und hat den Zweck, auch Horizontalkräfte in die Schwelle abzutragen.

Kopfbänder, Kopfwinkelhölzer. Kopfbänder (f in Bild **6**.88) und Kopfwinkelhölzer (g in Bild **6**.88) wirken bei der Horizontalaussteifung des Wandverbandes mit. Kopfbänder verkürzen bei breiten Gefachen auch die Stützweite des Rähms. Kopfwinkelhölzer sind oft durch Schnitzereien besonders dekorativ gestaltet.

Fußbänder und Fußwinkelhölzer. Fußbänder (j in Bild **6**.88) und Fußwinkelhölzer (k in Bild **6**.88) wirken ähnlich wie Kopfbänder und Kopfwinkelhölzer. Auch Fußwinkelhölzer werden oft als Schmuckelement eingesetzt.

Riegel. Die Riegel teilen die Felder zwischen den Stielen und Streben in kleinere „Fache" und vermindern die Knicklänge der Stiele.

Die Zwischenriegel (l in Bild **6**.88) werden mit den Stielen durch den einfachen Zapfen verbunden. Treffen zwei Riegel in derselben Höhe an den Stiel, so soll zwischen den Zapfenlöchern noch 3 bis 4 cm Holz stehenbleiben.

Zur Verbindung der Riegel mit den Streben dient der schräge Zapfen (Bild **6**.98). Tür- und Fensterriegel (m, n in Bild **6**.88) bilden den oberen Abschluß der Tür- und Fensteröffnungen; sie werden mit den Stielen durch geraden Zapfen mit einfachem Versatz verbunden (Bild **6**.99). Beim Brüstungsriegel (n in Bild **6**.88), dem unteren Abschluß der Fensteröffnung, wird der Versatz nach oben angeordnet, damit keine fallende Fuge in der unteren Fensterecke entsteht (Bild **6**.100).

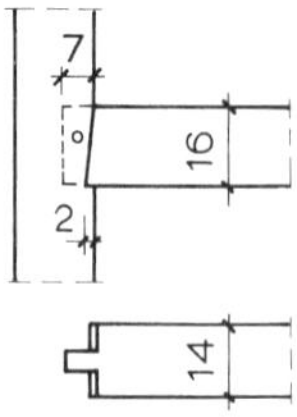

6.99 Sturzriegel

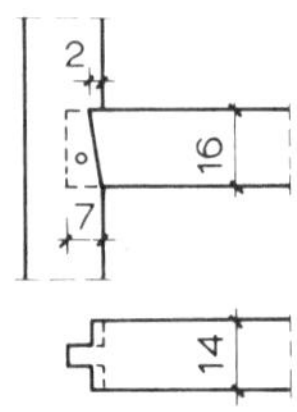

6.100 Brüstungsriegel

Bei Sanierungen oder Umbauten werden neue Riegel auf einer Seite mit „Schleifzapfen" (Bild **6**.101 a) oder mit geradem Blatt über das aufgestemmte Zapfenloch eingesetzt (Bild **6**.99 b).

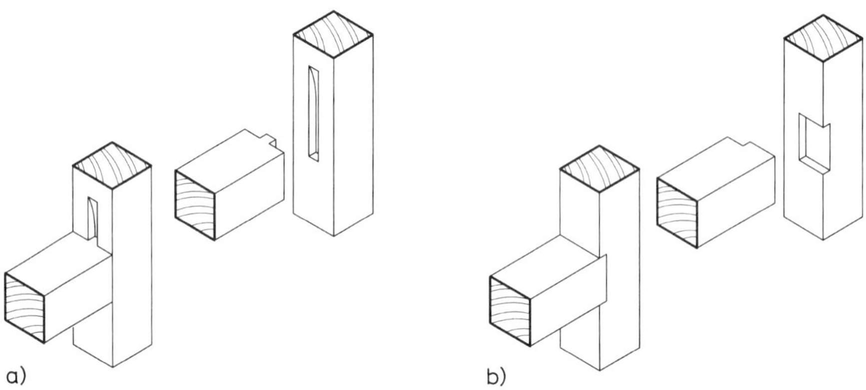
a) b)

6.101 a) Schleifzapfen [14]
b) gerades Blatt über Zapfenloch [14]

Rähm. Das Rähm (q in Bild **6**.88) bildet die obere Begrenzung der Wand und trägt die Balkenlage. Zusammenstoßende oder eine Ecke bildende Rähme werden wie die Schwellhölzer verbunden.

Holzdicken

Innere Wände (Wanddicke 12 cm)

— Stiele, Rähm	12/12 bis 12/14 cm
— Riegel, Schwelle	12/16 cm
— Streben	12/14 bis 12/16 cm

Äußere Wände. Gute Maßverhältnisse in den Ansichtsflächen der Fachwerkwände werden durch möglichst breite Hölzer erreicht. Brauchbare Holzquerschnitte sind bei:

Rohbauausführung der Fache (Wanddicke 12 cm)

— Stiele, Streben und Riegel	12/16 bis 12/18 cm
— Schwellen und Rähme	12/18 bis 14/20 cm

geputzten Fachen (Wanddicke 14 cm)

— Stiele, Streben und Riegel	14/16 bis 14/18 cm
— Schwellen und Rähme	14/19 bis 14/20 cm

Die dickeren Eckstiele müssen ausgewinkelt (ausgekehlt) werden.

Balkenlagen[1]. Die Balkenlagen für Fachwerkgebäude können auf zwei Arten angeordnet werden:

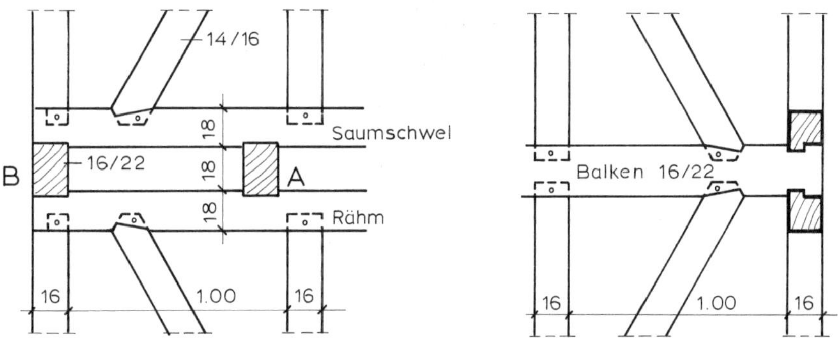

6.102 Balkenlage für Fachwerkwände

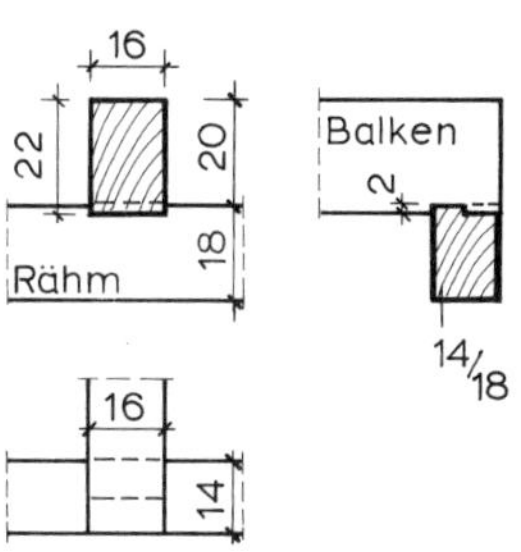

6.103 Einfache Verkämmung

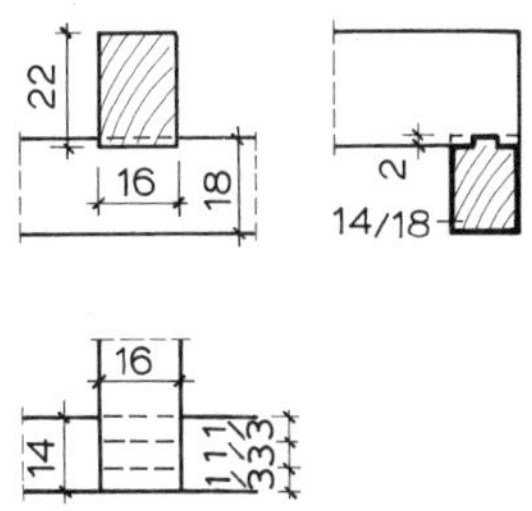

6.104 Doppelte Verkämmung

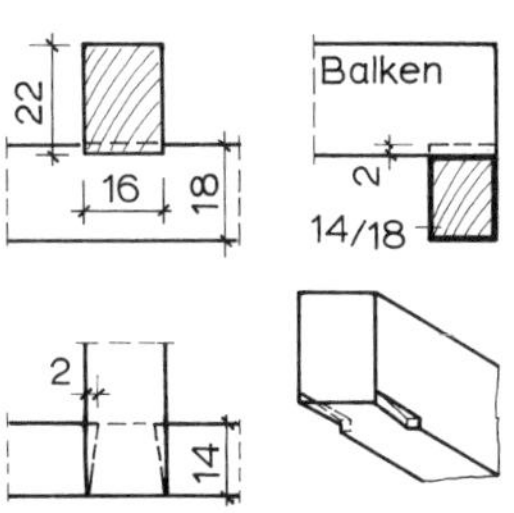

6.105 Schwalbenschwanzförmige Verkämmung

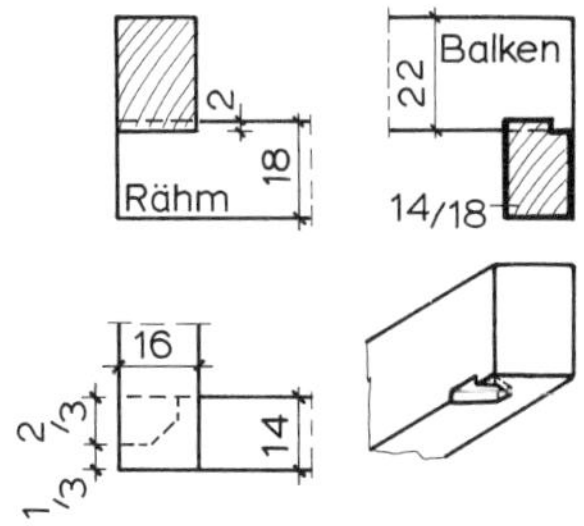

6.106 Eckverkämmung

[1] Holzbalkendecken s. Abschn. 9.3

1. Nur zwei gegenüberliegende Seiten des Gebäudes sollen Balkenköpfe zeigen (Bild **6**.102). Die balkentragenden Wände werden oben durch Rähme abgeschlossen. Darauf sind die Balken verkämmt. Der letzte Balken liegt in der Seitenwand und bildet dort das Rähm für die neue Wand und die Schwelle des nächsten Geschosses.

— Die Verkämmungen ergeben eine 2 cm tiefe Überschneidung der Hölzer. Für den Punkt A in Bild **6**.102 kommen in Betracht: Der einfache Kamm (Bild **6**.103), der doppelte Kamm (Bild **6**.104) oder die schwalbenschwanzförmige Verkämmung (Bild **6**.105). In Punkt B in Bild **6**.102 wird die Eckverkämmung (Bild **6**.106) angeordnet.

2. Alle Seiten des Gebäudes sollen Balkenköpfe zeigen (Bild **6**.107). Alle Seiten des Gebäudes müssen hierzu Rähme und Saumschwellen haben. Nach den Giebelseiten sind Stichgebälke auszuführen. Auf die Ecke kommt ein Diagonal-Stichbalken. Die Verbindung der Stichbalken mit dem Hauptbalken geschieht durch den Brustzapfen oder durch das schwalbenschwanzförmige Blatt mit Brüstung (Bild **6**.108).

Bei mehrgeschossigen Fachwerkgebäuden können die oberen Wände gegen die unteren mehr oder weniger weit vorgekragt werden. Die Zwischenräume zwischen Rähm und Saumschwelle können durch Bretter oder durch Füllhölzer ausgefüllt werden.

Die Ausmauerung wird in den Fachen durch Mörtel gehalten, der einerseits am Mauerstein haftet, andererseits in eine seitliche Nut des Stiels eingreift (Bild **6**.109 c).

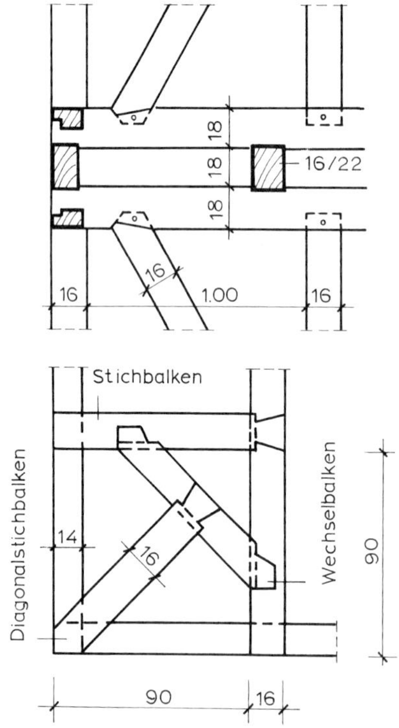

6.107 Balkenlage für Fachwerkwände

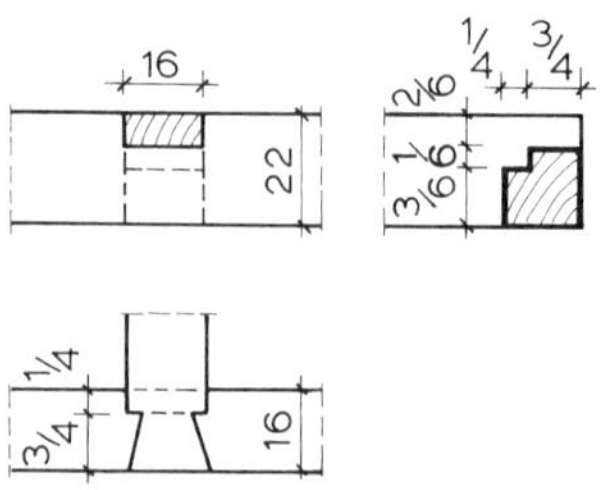

6.108 Schwalbenschwanzförmiges Blatt mit Brüstung

6.6.3 Ausfachung

Zwischen den tragenden Hölzern des Fachwerkes liegen die Ausfachungen („Gefache"). Sie bestanden ursprünglich aus Flechtwerk („Gewundenes" – daraus das Wort Wand) oder aus Wickelstakung (vgl. Bild **9**.57, Abschn. 6.3) mit dickem Lehmbewurf, der mit Häcksel oder Kälberhaaren (magern und verankern), Tierblut oder Schmiedezunder (Volumenvergrößerung infolge Oxydation) aufbereitet, so gut wie rissefrei blieb und der Ziegelwand in bezug auf Wärme- und Schalldämmung nicht nachstand.

Wegen der besseren Wetterbeständigkeit wurden die Gefache auch mit verfugtem Ziegelmauerwerk ausgemauert. Werden bei äußeren Fachwerkwänden die ausgemauerten Fache verputzt, so liegt der Putz stets bündig mit der Außenfläche des Fachwerks, und die Ausmauerung ist entsprechend zurückgesetzt (Bild **6**.109 a und c). Bleiben die Fache unverputzt, so wird außen bündig mit den Holzflächen ausgemauert (Bild **6**.109 b).

Als Halt für die Ausmauerung können Dreikantleisten mit Schraubnägeln in die Gefache genagelt werden (Bild **6**.109 d).

Die Ausmauerung wird in den Fachen durch Mörtel gehalten, der einerseits am Mauerstein haftet, anderersiets in eine seitliche Nut des Stiels eingreift (Bild **6**.111 c und d).

Bei der Wiederherstellung von gemauerten Ausfachungen sollten möglichst kleinformatige, gut wärmedämmende Steine mit Mörtel der Mörtelgruppe 2 verwendet werden. Porenbetonsteine sind nur bei völlig trockenem Einbau für Ausfachungen geeignet, weil sie aufgenommenes Wasser nur sehr langsam wieder abgeben.

Sowohl das Fachwerk als auch die Ausfachung schwinden und dehnen sich bei Wärme und Feuchtigkeit unterschiedlich, so daß Risse in den Anschlußfugen unvermeidlich sind. Fachwerkaußenwände können daher im Sinne von DIN 4108 nicht als schlagregendicht gelten. Dennoch ergeben sich bei Fachwerkbauten mit gepflegtem Bauzustand nur selten Feuchtigkeitsschäden, weil eingedrungene Feuchtigkeit insbesondere von Lehmausfachungen vorübergehend aufgenommen wird und bei Sonneneinstrahlung wieder abtrocknet. Voraussetzung ist jedoch, daß diffusionsoffene und kapillar transportfähige Baustoffe (z. B. Kalkputze und -anstrich) verwendet werden. Wasserdichte Putze oder Anstriche dürfen also keinesfalls verwendet werden.

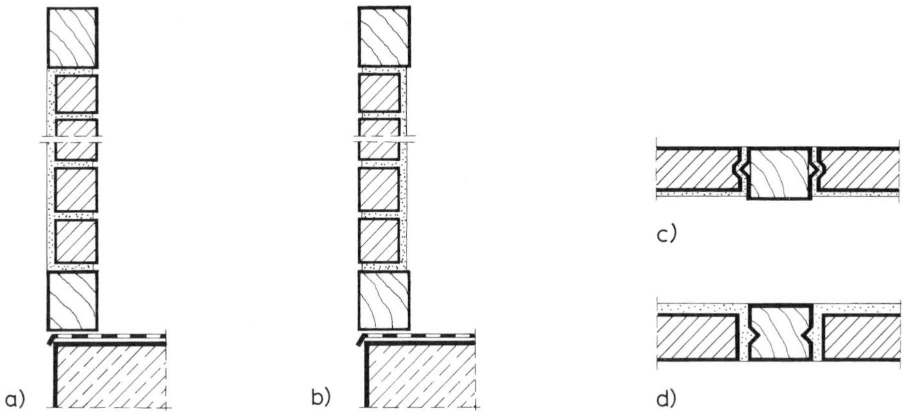

6.109 Ausmauerung der Fachwerkwände (Darstellung ohne Wärmeschutz)

a) Ausfachung geputzt
b) Ausfachung als Sichtenmauerwerk
c) seitlicher Anschluß mit Nut
d) seitlicher Anschluß mit Dreikantleisten

Sehr starken klimatischen Beanspruchungen können Fachwerkaußenwände auch bei handwerklich einwandfreier Ausführung auf Dauer nicht standhalten. Deshalb weisen alte Fachwerkkonstruktionen an exponierten Wandteilen oder bei insgesamt ungünstigen Umgebungsverhältnissen einen Wetterschutz durch Verschieferung, Verschindelung oder vollflächigen Verputz auf. In vielen Fällen kann es daher kritisch sein, Fachwerk aus gestalterischen Gründen durch Entfernen eines derartigen Fassadenschutzes freizulegen (Putz auf Fachwerkwänden s. Teil 2 des Werkes).

6.6.4 Wärmeschutz

Der Wärmeschutz üblicher Fachwerk-Außenwände reicht im Hinblick auf die Forderungen der Wärmeschutzverordnung (vgl. Abschn. 15.5) nicht aus.

Nur in Ausnahmefällen kann ein Wärmeschutznachweis unter Berücksichtigung der gesamten Hüllflächen zu ausreichenden Ergebnissen führen, d. h. nur wenn der Wärmeschutz von Decken, Fußböden und Fenstern optimal ist.

Nur bei vollständiger Erneuerung von Fachwerkwänden sind die Bestimmungen der Wärmeschutzverordnung bzw. von DIN 4103 einzuhalten. Bei der denkmalpflegerischen Instandsetzung von Fachwerkbauten, – insbesondere, wenn nur Ausfachungen erneuert werden, – sind durch ministerielle Erlasse (Hessen und Nordrhein-Westfalen) ausdrücklich Ausnahmen zugelassen.

Für die Dimensionierung der Wärmedämmung von Lehmausfachungen sind keine einschlägigen Bestimmungen vorhanden. Es können jedoch etwa folgende Werte zugrunde gelegt werden:

- Leichtlehm (ca. 800 kg/m^3) 0,23 W/mK
- Strohlehm (ca. 1200 kg/m^3) 0,47 W/mK
- Massivlehm (ca. 1800 kg/m^3) 0,93 W/mK

Grundsätzlich ist bei der Dimensionierung des Wärmeschutzes zu beachten, daß nicht allein die Wärmedämmwerte zu betrachten sind, sondern gleichzeitig die Taupunktgrenze und die anfallende Tauwassermengen zu ermitteln sind. (Diese darf auf keinen Fall Werte über 1 kg Tauwasser/m^2 ergeben.)

Sind Ausfachungen aus Lehm mit Stakung vorhanden und ihre Erhaltung möglich, wird in der Fachliteratur [12] in der Regel folgendes Vorgehen empfohlen:

- Abtragen der Lehmausfachung außen um etwa 25 mm,
- Überspannen der Gefache mit Putzträgern (z. B. Rippenstreckmetall), die jedoch nur an den Stakhölzern, nicht am Fachwerk, befestigt werden dürfen,
- Spritzwurf und Putzauftrag, mit zweilagigem mineralischem Putz (z. B. aus Kalk-Traßmörtel). Es können auch Wärmedämmputze verwendet werden.
- Anschlußfugen zum Fachwerk sind durch Kellenschnitt von 10 mm Tiefe zu bilden. Eine Fugenabdichtung zwischen den Putzflächen in den Gefachen und dem Balkenwerk mit dauerelastischen Dichtungsmassen ist nicht nur wenig haltbar, sondern auch in ihrer Auswirkung äußerst nachteilig für das Austrocknen eingedrungener Feuchtigkeit.

In vielen Fällen ist im Zusammenhang mit der Sanierung von Fachwerkbauten eine Verbesserung der Wärmedämmung unumgänglich. Dafür gibt es verschiedene Möglichkeiten.

Wenn die Verringerung der Raum-Grundflächen in Kauf genommen werden kann, wird eine Innenschale aus Strohlehmsteinen, Blähtonsteinen oder Leichtziegeln auf Lastverteilungsbalken oder dem Sockel mit 2 cm Abstand ausgeführt. Dabei dürfen auf keinen Fall eine offene Fuge oder Hohlräume zwischen Fachwerk und neu aufgeführten Wänden verbleiben. Als vorteilhaft wird die Ausführung einer Regenbremse wie bei zweischaligem Mauerwerk mit

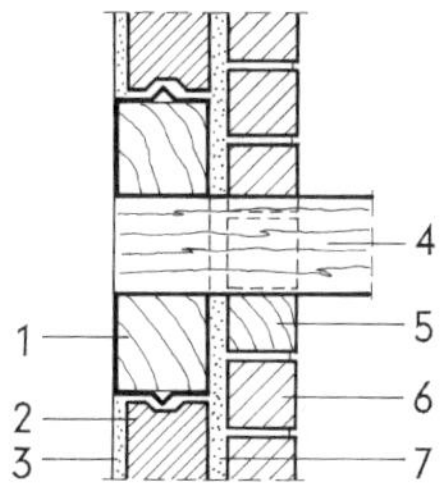

6.110
Fachwerkwand mit Regenbremse und Hintermauerung (Schema)
1 Fachwerkriegel (Fachwerkfläche innen mit Papier überspannt)
2 Ausmauerung
3 Kalkputz
4 Deckenbalken
5 Auflagerriegel
6 Hintermauerung
7 Regenbremse

Putzschicht empfohlen. Um die Übertragung von Bewegungen zwischen Fachwerk und Innenschale zu verhindern, wird das Fachwerk mit einer Trennlage (Papier, Ölpapier, nicht aber aus Folien oder ähnlichem dampfsperrendem Material!) überspannt und die Fuge lagenweise beim Aufmauern mit flüssigem Traßmörtel ausgegossen (Bild **6**.110).

Kann die vorhandene historische Ausfachung nicht erhalten oder ausgebessert werden, müssen die Gefache neu mit Strohlehmsteinen, porosierten Leichtziegeln, Blähtonsteinen o. ä. neu ausgemauert werden (Porenbetonsteine sind nur bedingt für Ausfachungen geeignet, weil sie aufgenommenes Wasser nur langsam abgeben).

Auf der Innenseite wird eine zusätzliche Wärmedämmung aufgebracht. Dafür gibt es verschiedene Möglichkeiten. In jedem Fall sollten dabei nicht nur der Wärmeschutz, sondern auch die Tauwasserverhältnisse bauphysikalisch nachgewiesen werden.

Besonders in Verbindung mit evtl. teilweise erhaltenen Ausfachungen in traditioneller Lehmtechnik kann der zusätzliche Wärmeschutz durch eine entsprechend dimensionierte Schicht von mineralischem Leichtlehm erreicht werden. Dieser wird zwischen Gefachen aus aufgeschraubten Kanthölzern eingebracht und mit einem Kalkputz (ggf. in Verbindung mit einem Putzträger) abgedeckt (Bild **6**.111 a).

Bei der in Bild **6**.111 b dargestellten Möglichkeit wird der zusätzliche Wärmeschutz durch mineralischen Dämmputz erreicht [12].

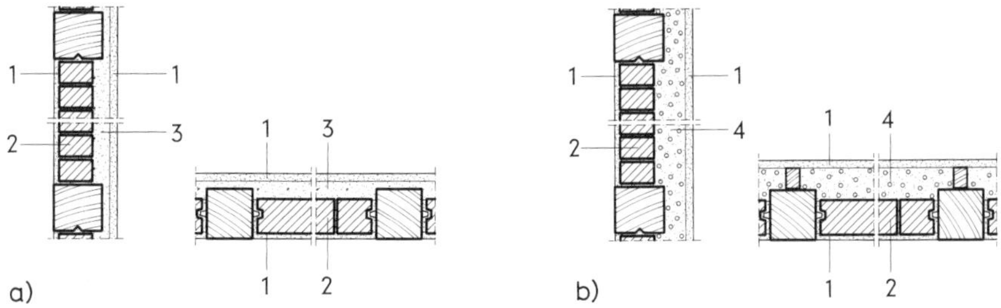

6.111 Fachwerkausfachung mit zusätzlicher Wärmedämmung
a) Ausführung mit Leichtlehm-Innendämmung [12]
b) Ausführung mit Dämmputz innen [12]

1 Kalkputz
2 porosierte Leichtziegel
3 Mineralischer Dämmputz
4 Mineralischer Leichtlehm

Eine Ausführungsmöglichkeit für eine zusätzliche Innendämmung mit einem Spezialmaterial aus Kork, Kieselgur, Stroh usw. (CELLCO®) ist in Bild **6**.112 gezeigt. Das in plastischem, knetbarem Zustand oder in Plattenform gelieferte Material ähnelt den historischen Lehmbaustoffen und kann in Dicken von 3 bis 10 cm eingebaut werden (Wärmeleitzahl 0,080 W/(mK) λ_R).

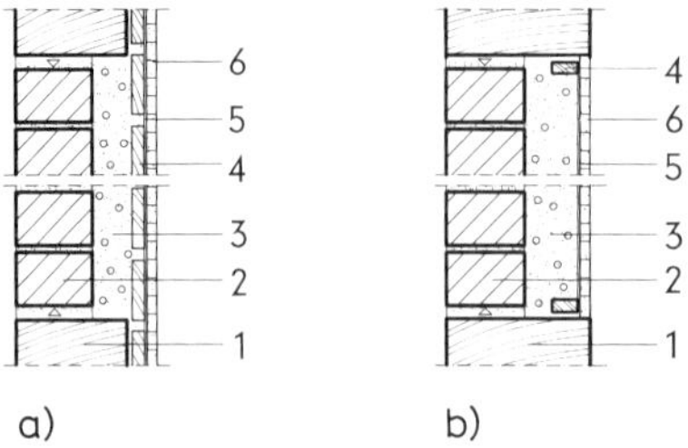

6.112 Fachwerksanierung mit Spezial-Baustoff (CELLCO®)
a) Fachwerk innen verdeckt
b) Fachwerk innen sichtbar
1 Fachwerkriegel
2 Sichtmauerwerk, vollfugig gemauert
3 CELLCO-Wärmeschutz
4 Lattung
5 Putzträger
6 Kalk-Traß Innenputz

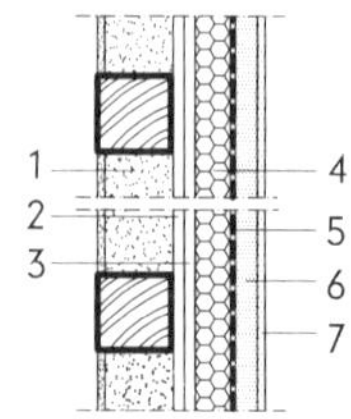

6.113 Ausfachung mit wärmedämmendem Mörtel [12]
1 Wärmedämmender Gefachmörtel mit Außenputz
2 Rauhspundschalung
3 Holzfaserplatte (Pavatex)
4 Dämmung
5 Dampfsperre
6 Holzspanplatte
7 Gipskartonplatte

Zur Neu-Ausfachung sind spezielle wärmedämmende Spritzputzsysteme auf dem Markt. Sie erfüllen die Anforderungen von DIN 4102 Baustoffklasse A 1 (nicht brennbar), und die Gesamtkonstruktion hat gute Schalldämmeigenschaften (Bild **6**.113).

In Bädern oder ähnlichen Feuchträumen sind raumseitig Dampfsperren einzubauen und ein Dampfdruckausgleich durch ausreichende Lüftung zu gewährleisten.

6.6.5 Schallschutz

Bei bestehenden Fachwerkbauten ist die Gewährleistung des erforderlichen Luft- und Trittschallschutzes meistens recht problematisch.

Trittschallschutz mit schwimmenden Estrichen auf Zement- oder Anhydritbasis ist auf den in der Regel vorhandenen Holzbalkendecken meistens aus Gewichtsgründen und wegen der oft sehr begrenzten Geschoßhöhen nicht möglich. Wegen seiner geringeren Einbauhöhe und auch wegen seiner Elastizität kann schwimmender Asphaltestrich in Frage kommen. In vielen Fällen dürfte jedoch eine Trockenbauweise mit schwimmend, ggf. auf einer Ausgleichsschüttung verlegten Spanplatten, Gipsfaserplatten o. ä. die beste Lösung sein (vgl. Abschn. 9).

Der **Luftschallschutz** der Außen- und Wohnungstrennwände kann nur durch biegeweiche Schalen vor den Wänden verbessert werden. Um dabei Schallnebenwege (Flankenübertragung) zu vermeiden, sind in der Regel auch biegeweiche Schalen unter den Geschoßdecken erforderlich, allein schon wegen der meistens aber ohnehin kaum ausreichenden Geschoßhöhen problematisch (vgl. Abschn. 15.6).

Es müssen bei historischen Fachwerkbauten daher beim Schallschutz – ebenso wie beim Brandschutz – Kompromisse in Kauf genommen werden, die jeweils im Einzelfall mit Nutzern, Bauaufsichtsbehörden und ausführenden Firmen abzustimmen sind.

6.6.6 Oberflächenbehandlung

Wenn Fachwerkhölzer farbig behandelt werden sollen, dürfen keinesfalls dampfsperrende bzw. dampfdichte Lacke oder Anstriche verwendet werden. Für die Gefache haben sich dampfdurchlässige Mineralfarbstoffe gut bewährt.

Von erheblicher Bedeutung ist die Erhaltung eines mittleren Feuchtigkeitszustandes in den Innenräumen. Er muß insbesondere durch ausreichende Lüftung sichergestellt werden. Der Einbau dicht schließender moderner Fenster in Fachwerkbauten ist immer problematisch. Am besten erfüllen Doppel- bzw. Kastenfenster die Anforderungen des Wärme- und Schallschutzes (s. Abschn. 5 in Teil 2 dieses Werkes).

6.7 Wände im Montagebau

6.7.1 Allgemeines

Ziel des Montagebaues ist es, transportable Bauelemente unter Beachtung der Maßnormen und bestimmter Rastermaße (Moduln) in Werkstätten oder Fabriken bis in die Einzelheiten vorzufertigen und sie auf der Baustelle innerhalb kurzer Zeit zusammenzusetzen. Damit soll erreicht werden, daß die Hauptarbeit nicht auf den von der Witterung oder sonstigen hinderlichen Umständen abhängigen Baustellen, sondern in gedeckten, zweckmäßig eingerichteten Arbeitsräumen und in genau aufeinander abgestimmten, mechanischen Arbeitsgängen durchgeführt wird. Auf diese Weise lassen sich Verluste an Zeit, Arbeitskraft und Baustoffen auf das geringstmöglichste Maß beschränken. Andererseits muß oft ein hoher Transportaufwand in Kauf genommen werden.

Die Baukosten der Montagebauten konnten gegenüber örtlich hergestellten Bauten gesenkt werden, doch wurden auch dort durch Teilvorfertigung, verbesserte Schaltechniken, Rationalisierung von Mauerarbeiten usw. erhebliche Kostenreduzierungen erreicht.

Großformatige massive Wandelemente für den Montagebau spielten eine große Rolle im Geschoßwohnungsbau besonders bei völlig neu angelegten Wohngebieten. Technische Mängel in der Ausführung, oft große Defizite in der architektonischen Gestaltung, insbesondere aber neue soziologische und städtebauliche Konzepte haben zu einer weitgehenden Abkehr vom Wohnungsbau mit großformatigen Bauteilen geführt.

Nach wie vor behalten vorgefertigte großformatige Wandbauteile aber überall dort ihre Bedeutung, wo z. B. kurze Ausführungsfristen an der Baustelle oder beengte Baustellenverhältnisse im Vordergrund stehen.

Die im Montagebau herstellbaren Wände lassen sich grob gliedern in:

— Wände aus selbsttragenden Scheiben (Platten und Tafeln aus Holz, Stahlbeton usw.) (Bild **6**.114),

— Wände, die im Zusammenhang mit Skelettkonstruktionen (s. Abschn. 7) eingebaut werden (Bild **6**.115).

Werden vorgefertigte Wände und andere Bauteile nicht nur verwendet, um bestimmte konstruktive Einzelaufgaben innerhalb eines Projektes zu lösen, sondern im Rahmen kompletter, in der Regel vorgefertigter, Bausysteme verwendet, ist der Begriff „Elementiertes Bauen" gebräuchlich. Montagebauweisen und elementiertes Bauen lassen sich jedoch nicht eindeutig voneinander abgrenzen, so daß sich die Ausführungen des Abschn. 6.7 und auch 9 (Vorgefertigte Geschoßdecken) mit dem Inhalt des Abschn. 7 berühren.

Die großformatigen, vorgefertigten selbsttragenden Wandbauteile gliedern sich in geschoßhohe selbsttragende schmale Tafeln (Bild **6**.114 a und b) und geschoßhohe selbsttragende raumbreite Platten (Bild **6**.114 c).

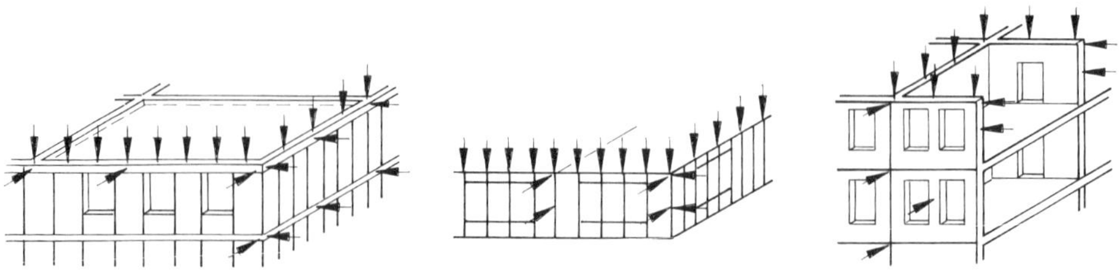
a) b) c)

6.114 Anwendung und statische Beanspruchung von Montagewänden
a) Wände aus stehenden Wandelementen, geschoßhoch, 50 bis 100 cm breit, 20 bis 30 cm dick, Ringanker in Deckenhöhe. Durch Fugenverguß und Ringanker werden die Elemente zu geschoßhohen und -breiten Platten zusammengeschlossen, die – untereinander ausgesteift – zusammen mit den Deckenschalen Vertikal- und Horizontalkräfte aufnehmen
b) geschoßhohe Wände aus gerahmten Tafeln, Wandelementen geschoßhoch, 0,80 bis 1,25 m breit. Verwendung innen und außen, für Balken- und Rippendecken geeignet; die Deckenlasten ruhen auf den vertikalen Tafelstößen. Die durch die Füllung ausgesteiften Tafeln der Außen- und Innenwände nehmen die Querkräfte auf
c) Raumgroße, deckentragende Platten aus Stahlbeton, mehrschichtig. Höhe 2,60 bis 4,00 m, Breite 6,00 bis 7,00 m, Gewicht 6,0 bis 7,0 t. Verwendung innen und außen, statische Beanspruchung wie a)

Nichttragende vorgefertigte Wände werden als Außenwandelemente bei wabenartigen Tragwerksstrukturen („Schottenbauweise") oder im Zusammenhang mit Skelettkonstruktionen eingesetzt (Bild **6**.115).

Baustellenuntersuchungen haben zwar für Wände aus liegenden und stehenden Tafeln im Vergleich zu anderen, wärmetechnisch gleichwertigen Wandkonstruktionen besonders günstige Werte bezüglich des Gesamtarbeitsaufwandes ergeben, der geringe Arbeitsaufwand allein ist jedoch kein Maßstab für die Vorteile, die eine Wandkonstruktion bietet, da die

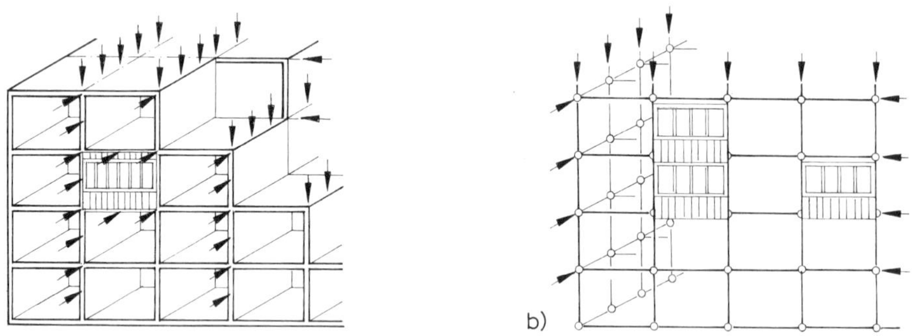
a) b)

6.115 Nichttragende vorgefertigte Wände
a) Zellenwerk aus tragenden Querwänden (Schotten) mit eingesetzten, nicht deckentragenden Außenwandelementen. Tragende Querwandelemente geschoßhoch, meist raumtief, Längsaussteifung durch Deckenscheiben, Treppenhauswände und längsgerichtete Trennwände
b) Stahl- oder Stahlbetongerippe mit außen vorgehängten Wandelementen. Wandelemente geschoßhoch, Breite 1,00 bis 3,00 m. Horizontalkräfte werden durch Rahmen und Deckenscheiben aufgenommen

Wandbaukosten nur einen Teil der Gesamtbaukosten ausmachen und außerdem der optimale Wert einer Wand neben den Herstellungskosten von vielerlei Eigenschaften bestimmt wird, wie:

- Festigkeit
- Sicherheit gegen Nässe, Schall und Wärmeverluste
- Dauerhaftigkeit
- kurze Bauzeit (Montage)
- geringe oder gar keine Baufeuchtigkeit
- geringe Baustoffmasse, (Raum-, Stoff- und Transportersparnis)
- Maßgenauigkeit
- Aussehen usw.

Einige der geforderten Eigenschaften wirken einander entgegen, z. B. Schalldämmfähigkeit und geringe Masse, wasserdichte Außenhaut und Möglichkeit der Dampfdiffusion u. ä.

Nur sehr sorgfältige Planung und genaue Arbeitsdurchführung ermöglichen es, das beste Gesamtergebnis zu erreichen.

Tafeln, die den hohen Ansprüchen genügen sollen, die z. B. im Wohnungsbau gestellt werden, müssen alle Eigenschaften einer guten Massivwand haben, aber außerdem transportabel und montierbar sein. Sie dürfen bei hinreichender Luftschall- und Wärmedämmung nicht zu schwer sein und müssen vor und nach dem Einbau, trotz ihrer Größe, maßgenau und an allen Stößen vollkommen dicht sein. Obwohl möglichst bis in die Einzelheiten des inneren Ausbaus vorgefertigt, sollen sie nicht nur transportsicher, sondern auch nicht zu transportempfindlich sein.

Tafelabmessungen werden vom Baustoff (Gewicht und Festigkeit) sowie vom Entwurfsrastermaß (Bild **6**.116) bestimmt. Die Tafelhöhe ist gleichzeitig Geschoßhöhe.

Die Beschränkung auf wenige, aber abwandlungsfähige Tafeltypen und -größen (große Serien, gleichartige Montage, einfache Lagerhaltung) bei großem Spielraum für die architektonische Gestaltung sind ebenso erforderlich wie eine für die gesamte Planung konsequente Anwendung der Maß- bzw. Modulordnung (vgl. Abschn. 2).

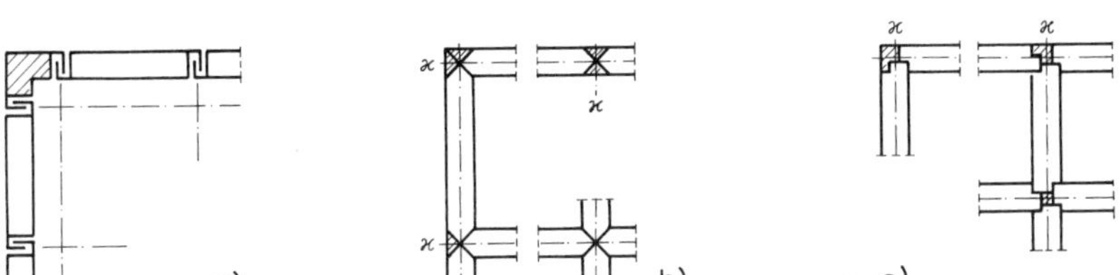

6.116 Einfluß der Tafelstöße und -kreuzungen auf die Einordnung in Rastersysteme (vgl. Bild **2**.9 bis **2**.13)
a) Raster neben Elementachse, weil Eckglied bei mehrschaligen Wandelementen besonders groß bemessen ist
b) Rasterachse deckt sich mit Wandelementachse bei einschaligen Tafeln (x = kleine Füllglieder mit hoher Wärmedämmfähigkeit)
c) ähnlich b mit rechtwinklig gebrochenen Stoßfugen

Tafelverbindungen werden auf zahllose Arten durch Fugenverguß, Dübel, Schrauben, Haken, Klammern, Nutfedern usw. hergestellt. Die Wahl der Verbindung hängt vom Tafelbaustoff (Festigkeit, Maßgenauigkeit, Wärmedämmung, Schwindmaß) sowie vom Wandaufbau ab (einschalig, mehrschalig, hohl, gerahmt usw.).

Außenwandtafeln sind meistens mehrschalig oder -schichtig (außen Wetterschutz, im Inneren Wärmedämmung, an der Innenfläche oft fertiger Untergrund für Anstrich oder Tapete).

Durch Dampfsperren ist zu vermeiden, daß Wasserdampf im Wandinneren kondensiert und zu Bauschäden und Wärmeverlusten führt.

Innenwandflächen sollen nagelbar sein und Dübel, Schrauben usw. für das Anbringen von Raumausstattungsgegenständen sowie Installationsleitungen aufnehmen können. Gefordert werden weiterhin dichte Fugen (gegen Schmutz und Ungeziefer), möglichst hohes Wärmespeichervermögen und Luftschalldämmfähigkeit. Die Schalldämmung kann durch doppelschalige Wände aus Tafeln verschiedener Biegesteifigkeit erreicht werden.

Fugendichtungen erfordern besondere Sorgfalt. Anzustreben sind konstruktive Lösungen wie z. B. Nut- und Federverbindungen. Für die Dichtung von Fugen, in denen Dehn- und Schwindbewegungen ausgeglichen werden sollen, sind Fugenprofile, vorkomprimierte Dichtungsbänder oder Dichtungsmassen zu verwenden, die hinreichend fest an den Fugenflanken haften und bei Dehnung nicht reißen (s. Abschn. 5.6.2, Bilder **5**.48 bis **5**.51).

Die für Transport und Montage erforderliche Kantenfestigkeit sowie die Knickfestigkeit können durch Einfassen der Tafeln mit Holz- oder Metallrahmen verbessert werden. Tafelrahmen aus Metall oder Schwerbeton liegen im Innern der Fuge, oder sie müssen durch Falzungen und wärmedämmende Kunststoffpolster unterbrochen werden, damit sie keine Wärmebrücken bilden.

Tafelauflager werden in der Regel von Fundamentplatten aus Beton oder die Rohdecken gebildet. Die Tafeln werden bei den meisten Systemen in U-förmige Metallschienen eingeschoben, die auf den Deckenrändern verankert werden. Die Dichtung der Lagerfuge muß der Stoßfugendichtung den einzelnen Tafeln entsprechen.

Bei der Verbindung zwischen Wand- und Deckentafeln aus Beton wird wie in Bild **6**.124 und **6**.130 gezeigt verfahren.

6.7.2 Vorgefertigte tragende Wandelemente

Flachbauten werden seit langer Zeit aus etwa meterbreiten, geschoßhohen Tafeln zusammengesetzt, die wärmedämmend und so fest sind, daß sie ohne Aussteifung durch Stützen leichte Decken- oder Dachlasten aufnehmen können. Balken- oder Rippendecken können dabei auf die steifen Vertikalkantenstöße der Tafeln aufgelagert werden (Bild **6**.113c). Aus Tafeln (Schalen, Flächen) zusammengefügte Wände bieten allgemein die Vorteile der Serienherstellung, der Anpassungsfähigkeit an vielerlei Grundrißformen und der trockenen, schnellen Montage der bis zum Ausbau vorgefertigten Wandelemente.

6.7.2.1 Wandkonstruktionen aus Holz [1)]

Holztafelbau

Wandelemente aus Holz werden für Außen- und Innenwände als geschoßhohe Tafeln von 1,00 bis 1,25 m Breite hergestellt (vgl. Bild **6**.114 b). Die Tafeln bestehen aus Latten- oder Kantholzrahmen, die beidseitig Bekleidungen tragen. Dabei werden für Innenflächen Spanplatten, Sperrholz oder Gipskartonplatten verwendet und für die Außenflächen Faserzementplatten beschichtete Spanplatten oder Spanplatten mit Dünnschicht-Kunstharzputzen. Außenputz wird hier möglichst vermieden, um die Vorteile der trockenen Montage uneingeschränkt wahrzunehmen.

Die Rahmen können sichtbar bleiben (Bild **6**.117 a), werden aber meistens durch die Bekleidungen überdeckt (Bild **6**.117 b und c). Die Tafeln werden untereinander durch Bolzenschlösser, Dollen oder Federn verbunden und direkt auf den Decken bzw. oder Gebäude-

[1)] Fachwerk s. Abschn. 6.6

sockeln oder auf Fußschwellen verankert. Die Tafelstöße werden durch Profilleisten abgedeckt oder – bei nachträglich montierten Bekleidungen mit Hilfe von Dichtungsbändern verbunden (Bild **6**.118). Die Hohlräume der Tafeln werden mit Wärmedämmstoffen ausgefüllt. Dabei unterscheidet man nicht hinterlüftete (Bild **6**.117 a und b) und hinterlüftete Wandkonstruktionen (Bild **6**.117 c). Bei nicht hinterlüfteten Elementen können stehende Luftschichten als zusätzliche Wärmedämmung wirksam werden. Hinterlüftete Wandelemente sind durch die Vorsatzschale vorteilhaft im Hinblick auf sommerlichen Wärmeschutz.

Bei entsprechender Dimensionierung kann die Wärmedämmung von Wandbauelementen aus Holz allen Anforderungen gerecht werden. Nachteilig bleibt die schlechte Wärmespeicherungsfähigkeit der Wandelemente.

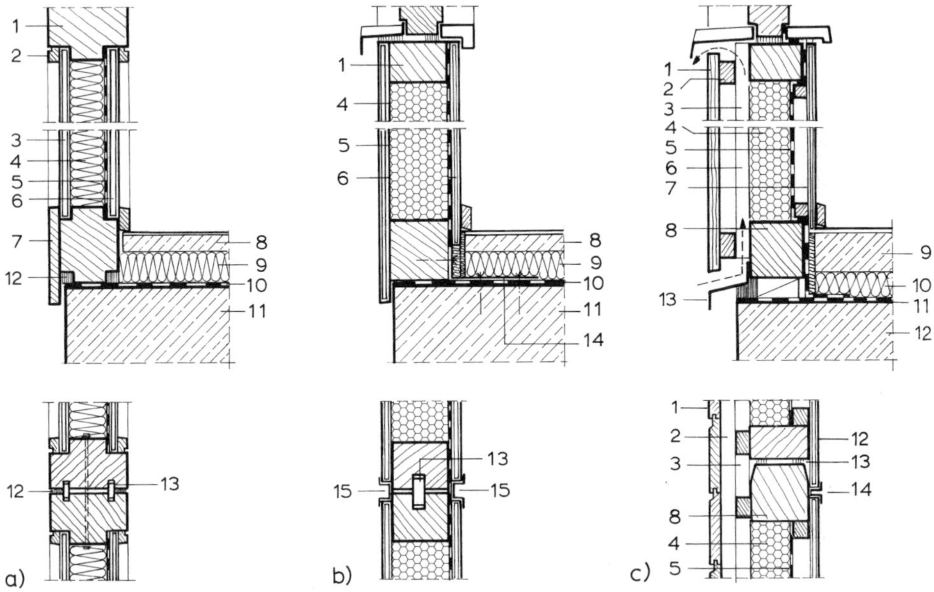

6.117 Holztafelkonstruktionen (Schnitt, Tafelstoß, Grundriß)

a) nicht hinterlüftet, Rahmenwerk sichtbar

1 Rahmen
2 Deckleiste
3 Füllung (z. B. glasierte Faserzementtafel)
4 Wärmedämmung
5 Dampfsperre
6 Füllung innen (z. B. Gipskartonplatte)
7 Abdeckleiste
8 Zementestrich
9 Wärmedämmung
10 Abdichtung gegen aufsteigende Feuchtigkeit
11 Stahlbetondecke oder -sockel
12 Dichtung
13 Nut-Feder-Verbindung
14 Haltewinkel
15 Abdeckprofil

b) nicht hinterlüftet, Rahmenwerk verdeckt

c) hinterlüftet

1 senkrechte Profilbretter
2 Traglattung
3 Konterlattung
4 Wärmedämmung
5 Dampfsperre
6 Luftraum
7 Gipskartonplatte
8 Rahmen
9 Zementestrich
10 Wärmedämmung
11 Abdichtung gegen aufsteigende Feuchtigkeit
12 Stahlbetondecke oder -sockel
13 Dichtung
14 Abdeckprofil

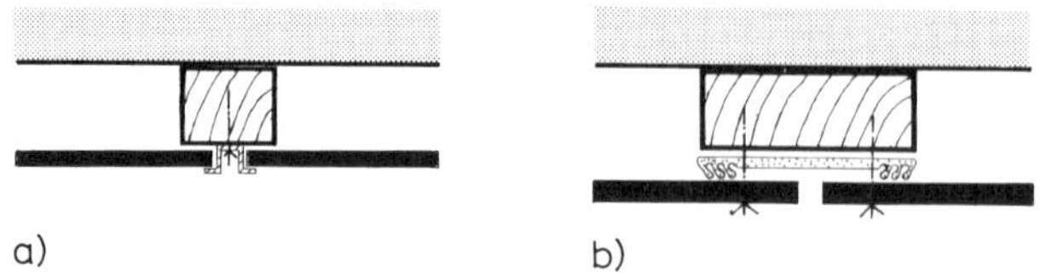

6.118
Tafelstöße (Grundrisse)
a) Stoß mit Abdeckprofil
b) Stoß mit Dichtungsband

Bei vielen Holztafelbauweisen bestehen auch die Decken und Fußböden aus vorgefertigten Tafeln. Die unter sich gleich großen Wandtafeln sind ihrem Verwendungszweck entsprechend als geschlossene Wandtafeln, als Fenstertafeln oder als Türtafeln ausgebildet. Leicht können in diesen Tafeln schon in der Werkstatt Leerrohre für Verkabelungen oder vorgefertigte Versorgungsleitungen untergebracht werden.

Alle der Witterung oder der Feuchtigkeit ausgesetzten Teile von Holz-Skelettkonstruktionen müssen Holzschutzanstriche nach DIN 68800 erhalten. Hinsichtlich des Brandschutzes sind alle einschlägigen Bestimmungen von DIN 4102 zu beachten. Als konstruktive Maßnahmen kommen schaumbildende Anstriche oder Bekleidungen mit Brandschutzplatten in Frage.

Holzständerbau

Der Holzständerbau (auch Holzrippenbau) wurde in den Vereinigten Staaten und in Kanada entwickelt. Er ist gekennzeichnet durch enggestellte Stützenreihen mit Horizontalaussteifungen durch Diagonalverbände. Bei den „Platform"-Konstruktionen liegen – ähnlich dem historischen Fachwerkbau – geschoßhohe Ständerreihen auf den Deckenelementen bzw. -balken auf (Bild **6**.119 a).

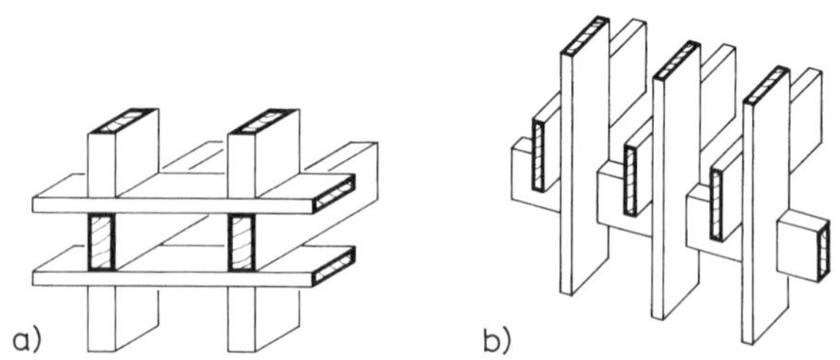

6.119
a) „Platform"-Konstruktion
b) „Balloon"

Bei der „Balloon"-Bauweise laufen die Ständerreihen in der Regel über zwei Geschosse. Die Deckenbalken liegen auf Zwischenrahmen auf (Bild **6**.119 b). Ein Beispiel unter Anwendung des Balloon-Prinzips ist in Bild **6**.120 gezeigt.

Holzrahmenbau

Die Weiterentwicklung des Ständerbaues führte zum Holzrahmenbau. Hierbei werden Bauwerke mit bis zu 2 Geschossen aus teilweise oder komplett vorgefertigten geschoßhohen tragenden Wand- und Deckentafeln zusammengefügt. Diese interessante Möglichkeit des Wandbaues mit Holz wird zunehmend auch bei uns angewendet.

Der Vorteil der Holzrahmenbauweise liegt in der Möglichkeit zur fast vollständigen Vorfertigung großer, einfach montierbarer Elemente von relativ geringem Gewicht, deren Abmessungen nur durch die Transportmöglichkeit begrenzt werden (Bild **6**.121).

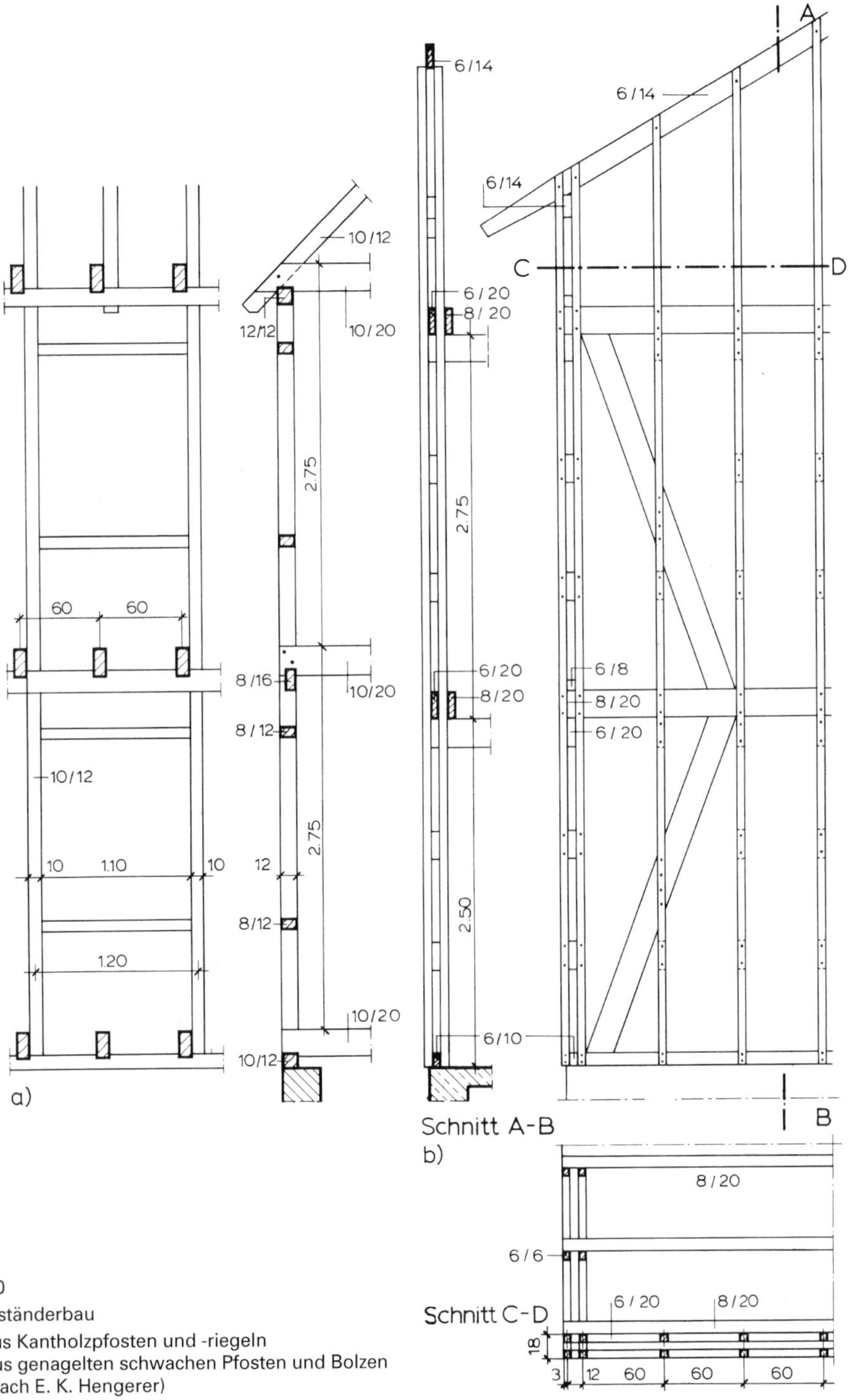

6.120
Holzständerbau
a) aus Kantholzpfosten und -riegeln
b) aus genagelten schwachen Pfosten und Bolzen (nach E. K. Hengerer)

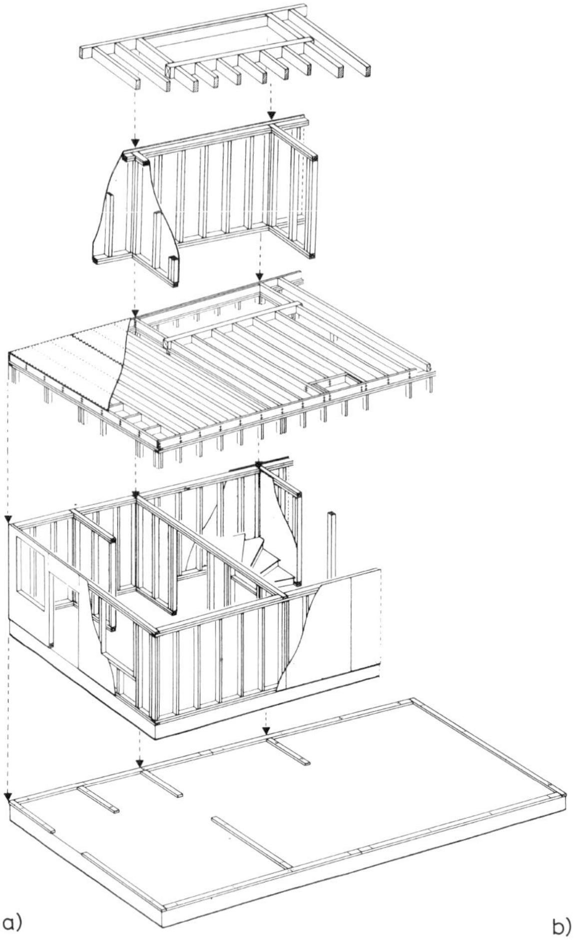

a)

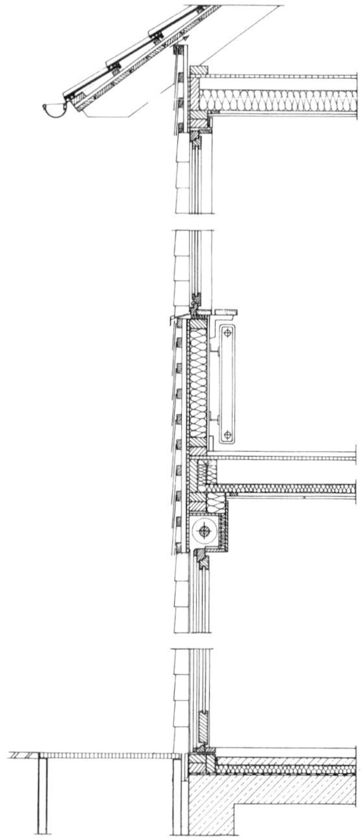

b)

6.121 Holzrahmenbau [4]
a) Übersicht
b) Schnitt

6.7.2.2 Porenbetonelemente

Porenbetonelemente werden als raumhohe Tafeln von 62,5 cm Breite oder in Raumbreite (bis etwa 6,00 m) – auch mit eingearbeiteten Fenster- und Türöffnungen – hergestellt.

In Verbindung mit entsprechenden Porenbeton-Dach- und Deckenelementen ergeben sie komplette Montagesysteme für Gebäude mit bis zu 3 Vollgeschossen. Die Tafeln haben entweder nur eine leichte Transportbewehrung oder auch Zugbewehrungen nach statischer Berechnung, so daß Horizontalkräfte (Winddruck, Erddruck) aufgenommen werden können.

Die Tafeln werden auf Fundamenten oder Deckenrändern in ein Mörtelbett (MG III) gesetzt und im übrigen an den Stößen stumpf oder mit Nut-Feder-Rändern durch Klebe- oder Dünnbettmörtel verbunden.

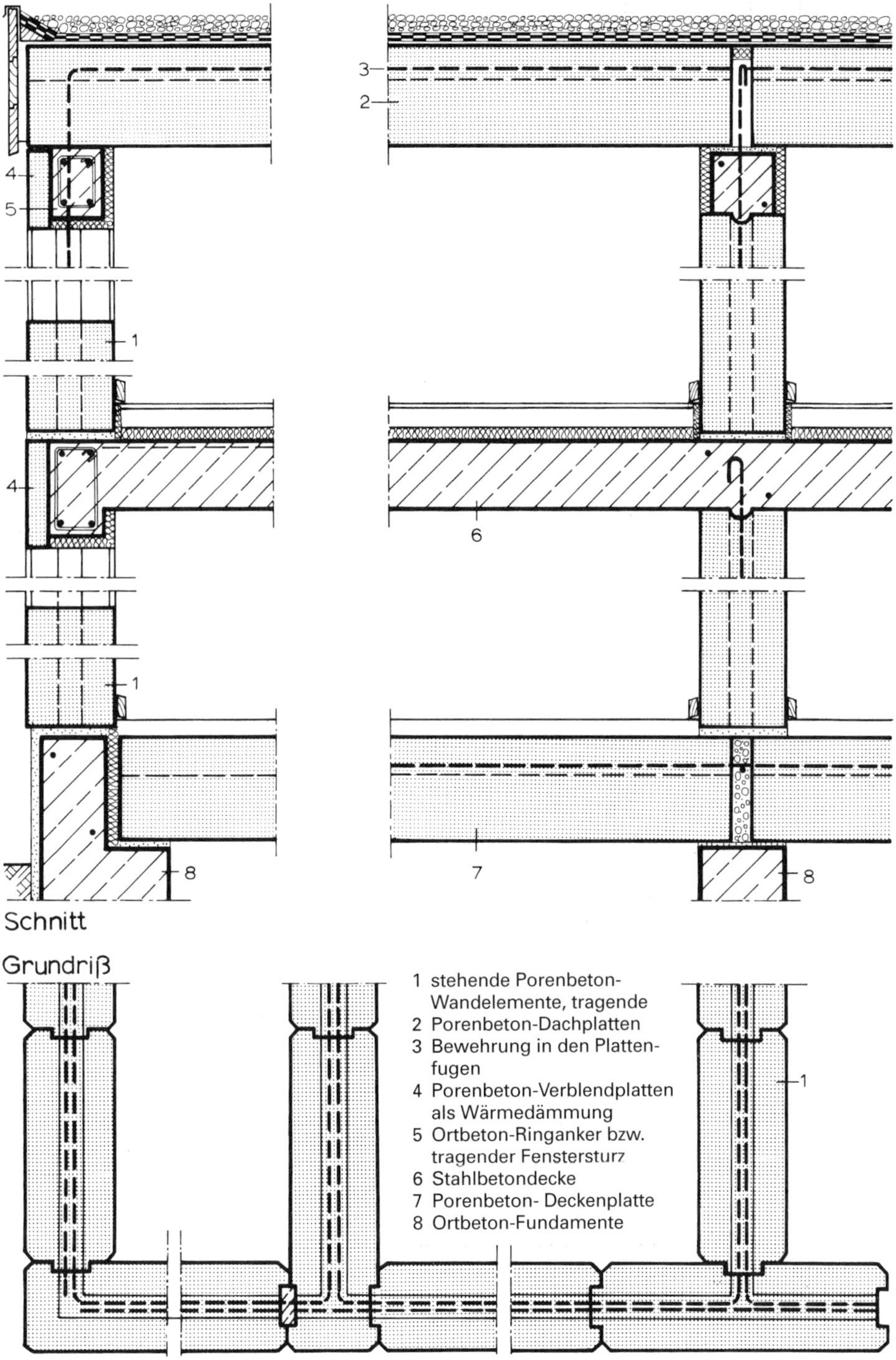

6.122 Tragende Porenbeton-Wandelemente (YTONG)

Gebäudeecken werden mit Stahlankern gesichert. An den Deckenrändern werden Ringanker nach statischer Berechnung ausgeführt (Bild **6**.122).

Die Außenflächen können in herkömmlicher Weise geputzt werden oder Dünnbettputze bzw. Anstriche erhalten, die jedoch nicht die Wasserdampfdiffusion behindern dürfen.

6.7.2.3 Stahlbetonelemente[1])

Stahlbeton-Fertigelemente kommen in einfacher Form für den Bau von Kellerwänden in Frage. Schmale, raumhohe Elemente sind wegen ihres hohen Gewichtes und der damit verbundenen Transportprobleme meistens gegenüber örtlich mit modernen Schaltungstechniken hergestellten Betonwänden unwirtschaftlich. Dagegen können – auch mit leichtem Hebezeug versetzbare – zweischalige Wandelemente vorteilhaft sein. Sie werden nach dem Einbau mit Beton verfüllt und sind eigentlich als „verlorene Schalung" zu betrachten (Bild **6**.123).

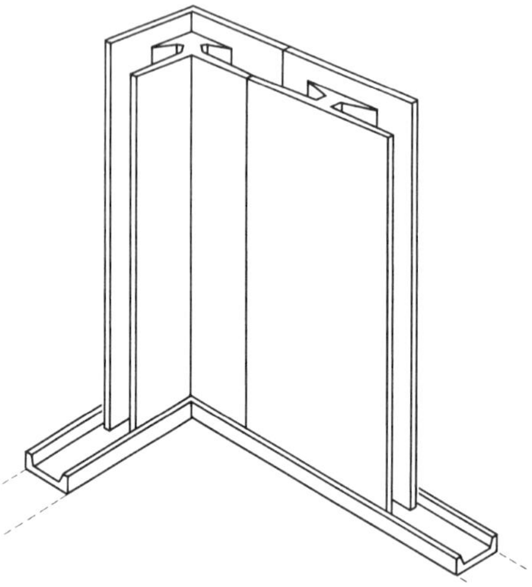

6.123
Zweischalige Schwerbetonwandelemente (BHN)

Geschoßhohe, raumbreite Stahlbeton-Wandelemente werden als tragende Platten aus Normal- oder Leichtbeton hergestellt. Sie werden vor der Montage oft bis in alle Einzelheiten (Fenster, Türen, Installation, Putz, Verglasung) vorgefertigt. Die Anfertigung erfolgt in hochmechanisierten Werken, wo mit größter Genauigkeit und Sparsamkeit sorgfältig ausgewählte Baustoffe von gleichbleibender Güte verarbeitet werden. Durch große Serien und die damit verbundene straffe Rationalisierung bei Fertigung und Montage können Kosten gesenkt werden. Voraussetzungen für das Erreichen dieses Zieles sind frühzeitige Planung, Zusammenarbeit erfahrener Fachleute auf dem Gebiet des Entwurfs, der Fertigung und des Baustellenbetriebes und günstige Transportbedingungen (Entfernung 50 bis 100 km).

Durch die Abkehr vom vielgeschossigen Massenwohnungsbau und durch den Trend zu immer stärker differenzierter architektonischer Gestaltung der Fassaden ist trotz der vorhandenen technischen Möglichkeiten auf diesem Gebiet der Einsatz großformatiger *tragender* Außenwandelemente heute in erster Linie dort gegeben, wo lediglich rasche Montage an der Baustelle wichtig ist. Dazu gehören Außen- und Innenwände, wenn der Einsatz der erforderlichen schweren Hebezeuge dafür wirtschaftlich bleibt.

[1]) s. auch Abschn. 6.7.3.5

Außenwandplatten werden zweischalig mit dazwischenliegender Dämmschicht („Sandwichplatten") hergestellt. Die äußere Betonschale bildet den Wetterschutz, die innere trägt die Deckenlast. Die Maßgenauigkeit wird durch die Fertigung in Metallformen erreicht und durch Dampfhärtung (Verhindern des Schwindens nach Einbau) (Bild **6**.124).

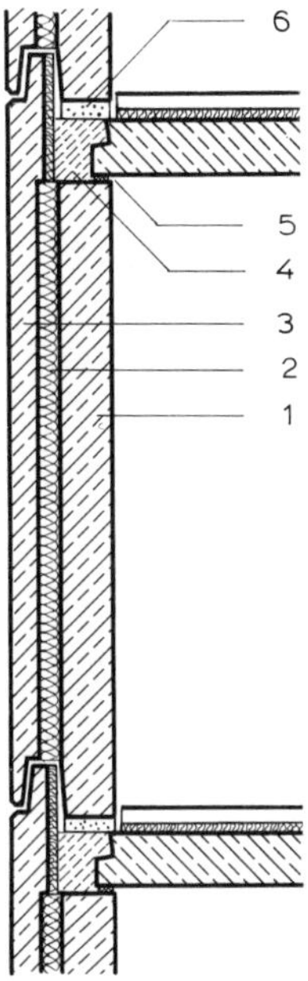

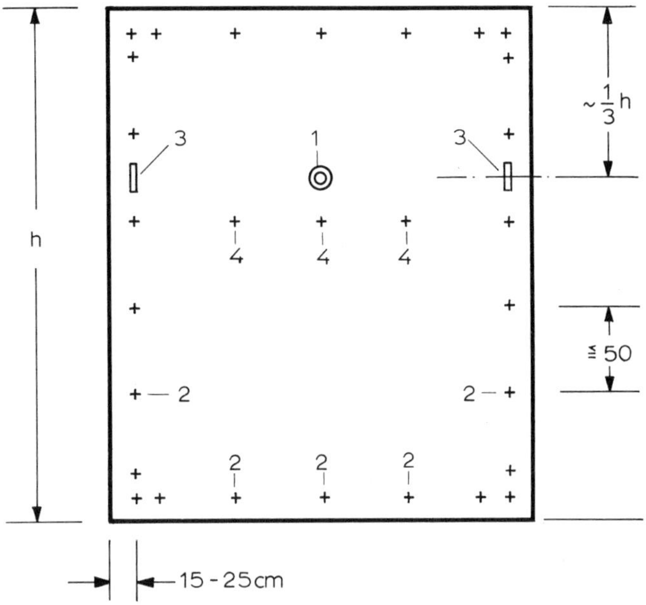

6.124 Geschoßhohes Stahlbeton-Außenwandelement (Sandwich-Fassadenplatten)
1 tragende Scheibe
2 Wärmedämmung (Dampfsperre nur in Sonderfällen)
3 Vorsatzschale
4 Vergußbeton
5 Auflagerscheibe PVC
6 Unterstopfmörtel

6.125 Verankerungen in Sandwichplatten
1 Zentralanker
2 Randanker („Nadeln")
3 Zentrieranker
4 Zusatznadelreihe bei Höhen über 2,50 m

Äußere und innere Schale müssen miteinander verankert werden. Die Verankerung muß einerseits eine sichere Verbindung der Schalen gewährleisten, andererseits aber auch thermische Bewegungen der Außenschale sowie Schwindbewegungen zulassen. Daher werden in Tafelmitte starre Zentralanker und an den Rändern flexible, korrosionsfeste Stahldrahtanker („Nadeln") eingebaut (Bild **6**.125).

Die Außenschale ist mindestens 7 cm dick und kann an der Oberfläche durch Schalungsmatrizen, Nachbehandlungen oder mit Waschbeton- o.ä. Vorsätzen gestaltet werden (vgl. Abschn. 5.6).

Die Plattenaufteilung ist in erster Linie von den gestalterischen Absichten abhängig. Die Elementbreite sollte aber möglichst auf etwa 4 m begrenzt werden.

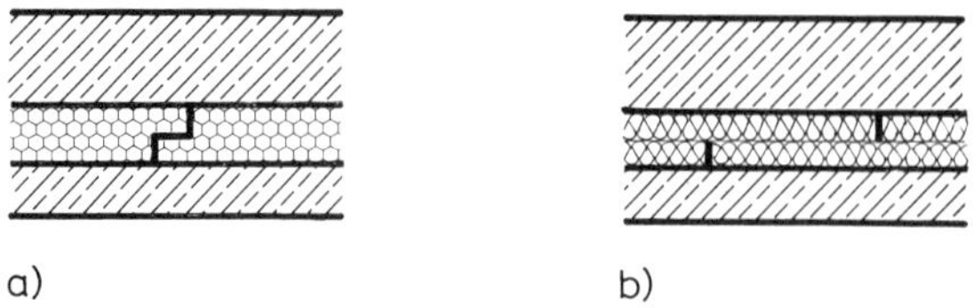

6.126
Stöße der Wärmedämmung von Sandwich-Elementen
a) Stufenfalz
b) Stöße versetzt

Die Wärmedämmung besteht im allgemeinen aus schwer entflammbaren oder nicht brennbaren Schaumstoffen bzw. Mineralwolleplatten. Wärmebrücken müssen durch Stufenfalze der Wärmedämmplatten oder durch mehrschichtige Anordnung verhindert werden (Bild **6**.126).

Ecken werden meistens mit Hilfe von Sonderformteilen ausgebildet (Bild **6**.127 und **6**.128).

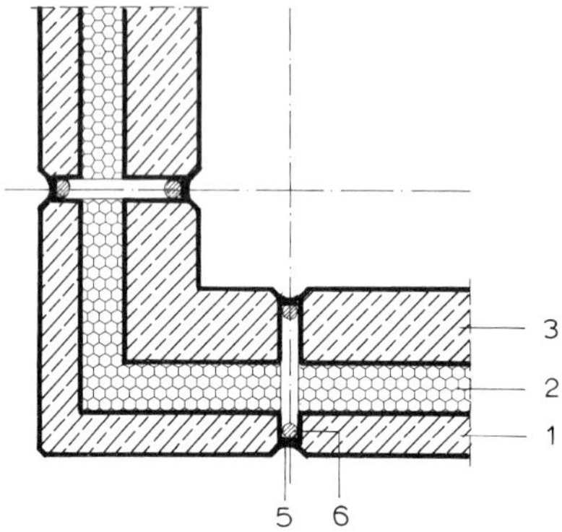

6.127 Außenwandecken ohne Stütze
1 Vorsatzschale
2 Wärmedämmung
3 innere Schale

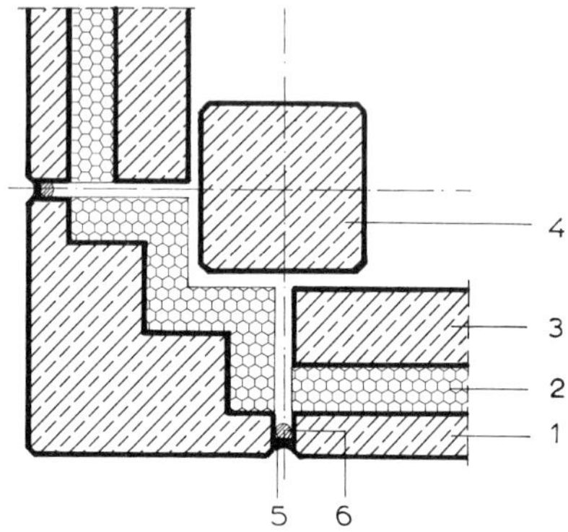

6.128 Außenwandecken mit Stütze
4 Stütze des Stahlbetonskeletts
5 Fugenabdichtung
6 Fugenhinterfüllung

Fugen. Entscheidend für die Güte der gesamten Wand, insbesondere der Außenschale, ist die Ausbildung der Horizontal- und Vertikalfugen. Sie werden mit eingelegten Dichtungsbändern (Bild **6**.129 a), Profilsystemen (Bild **6**.129 b) oder als abgedichtete Fugen (Bild **6**.129 c) ausgeführt.

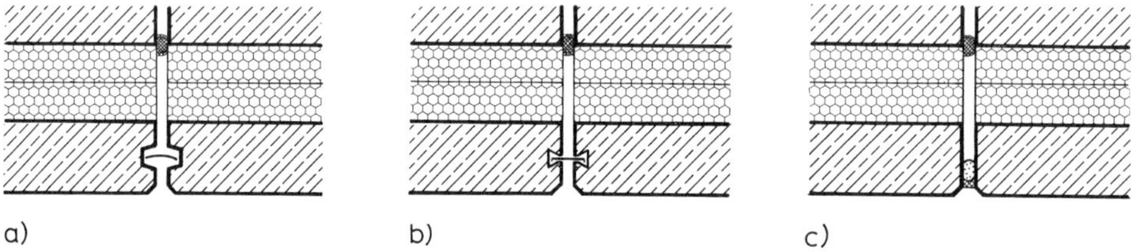

6.129 Fugenausbildung
a) Dichtungsband in Stahlbetonnut
b) Fugenprofile mit Dichtungsband
c) dauerelastische Abdichtung (s. auch Bild **5**.50)

Durchfeuchtungsschäden und Wärmeverluste an den Plattenfugen können vermieden werden, wenn den physikalischen Grundsätzen auf einfache Weise durch die Fugenform Rechnung getragen wird. Um eine sichere Ableitung von Schlagregenwasser auch an den Fugenkreuzungen zu gewährleisten, werden z. B. die senkrechten Fugenebenen in diesen Bereichen gegeneinander versetzt (Bild **6**.130 a).

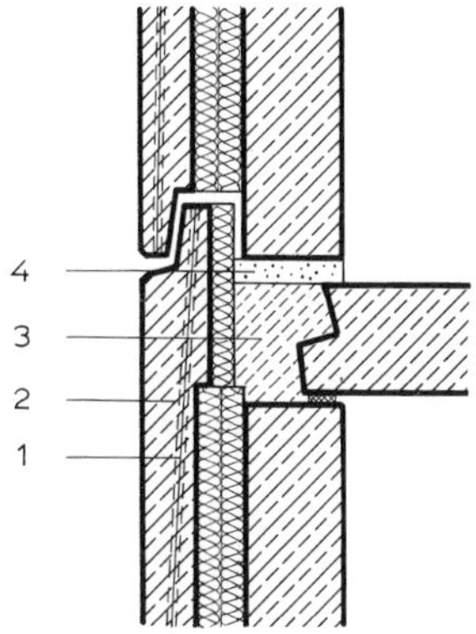

6.130 Hinterlüftete Horizontalfuge einer Sandwich-Wand

1 seitliche Fugenzunge
2 Fugendichtungsprofil
3 Vergußbeton
4 Unterstopfmörtel

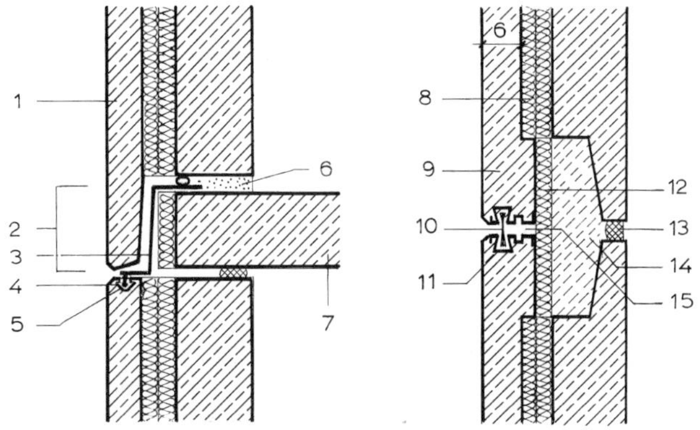

6.131 Prinzip der druckausgleichenden Vertikalfuge bei mehrschichtigen Beton-Außenwandplatten[1]) (Schnitt und Grundriß)

1 Außenschale
2 Schwellenhöhe $h \geqq 6$ cm
3 den Kreuzungspunkt überdeckendes Kunststoffprofil
4 Steckbefestigung des Kunststoffprofils
5 einbetoniertes PVC-Profil
6 Windsperre (Mörtel) im Wandinnern durch Dichtungsband angeschlossen
7 Stahlbetondecke
8 Wärmedämmung (zweilagig)
9 verdickte Außenschale
10 Regensperre (Polychloropren)
11 Vertikalfugenprofil aus PVC
12 vor dem Ortbetonverguß einzubringende Wärmedämmung
13 Dichtungsmasse
14 Ortbeton
15 Druckausgleichsraum

[1]) nach Unterlagen der Eurofit GmbH, Berlin

Die Horizontalfuge kann auch durch eine mindestens 6 cm hohe „Schwelle" geschützt werden, deren Höhe sich aus dem Staudruck des Windes herleitet. Die Windsperre bilden der Ortbetonverguß oder Dichtungsbänder (Bild **6**.131). Die Vertikalfuge erhält hier eine Regensperre aus einem Kunststoffprofil, hinter dem der vertikale Druckausgleichsraum liegt, aus dem etwa eingedrungenes Wasser in der Horizontalfuge nach außen abfließen kann (Bild **6**.129 a und b).

Fugen, die ausschließlich mit Dichtstoffen gesichert werden, sind besonders schadensanfällig, weil Verarbeitungsfehler zunächst schwer erkennbar sind. Dies gilt insbesondere, wenn versucht wird, mit der Fugendichtung Montagefehler (ungleiche Fugenbreiten) oder Herstellungsfehler an den Wandelementen auszugleichen. Besonders in den neuen Bundesländern sind umfangreiche Instandsetzungsarbeiten an den Fugen von Plattenbauten erforderlich geworden. Hierfür muß auf Spezialliteratur verwiesen werden.

Beim Beton-Großplattenbau ist es keine ideale Lösung, wenn bei der Montage Ortbeton verwendet werden muß. Besser ist der statisch wirksame Verbund der trocken versetzten Platten durch Spannkeile (mögliche Demontage, bessere Wärmedämmung, geringeres Transportgewicht).

Raumgroße lasttragende Innenwandplatten werden aus einschaligem Normal- oder Stahlleichtbeton hergestellt. Sie enthalten meistens Kanäle für Versorgungsleitungen aller Art.

Schornsteine und Müllschächte werden ebenfalls in geschoßhohen Elementen hergestellt (s. Abschn. 3 in Teil 2 dieses Werkes).

6.7.3 Vorgefertigte nichttragende Wandelemente

6.7.3.1 Allgemeines

Nichttragende Außenwandtafeln, die in zahlreichen Variationen verwendet werden, und zwar aus Holz-, Stahl- oder Aluminiumrahmen, mit Blech, Faserzement, kunststoffbeschichteten Sperrholz-, Spanholz- oder Faserholzplatten o. ä. beplankt und innen mit Wärmedämmstoffen gefüllt bzw. ausgeschäumt, lassen sich mit höchster Maßgenauigkeit in Serie herstellen und miteinander oder auch mit den Tragsystemen verbinden. Die Fertigung umfaßt oft auch Fenster oder Türen als Teil des Wandelements. Spezialtransportgerät kann Transportschäden vermeiden helfen.

Außenwände von Gebäuden mit Stahl- oder Stahlbetongerippen (s. Bild **6**.114) oder tragenden Querwänden (Zellenwerk, „Schotten") werden durch leichte, vorgefertigte Wandelemente gebildet, die entweder als Ausfachung zwischen die Tragkonstruktion (Bild **6**.132 a und b) gesetzt und davor aufgehängt werden (Bild **6**.132 c und d).

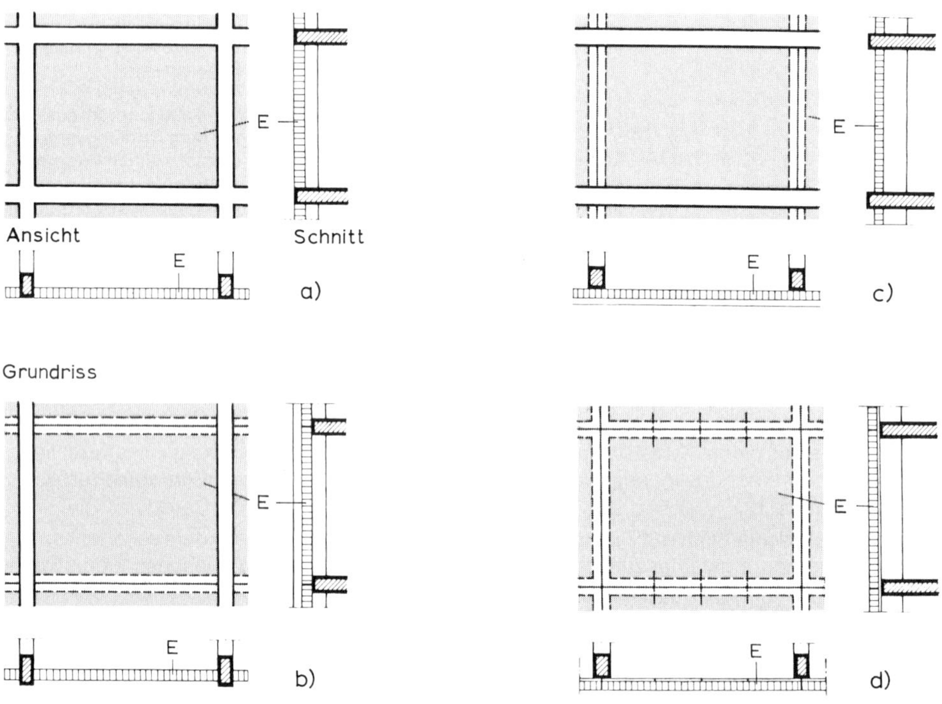

6.132 Anordnung vorgefertigter Außenwandelemente (Prinzipskizzen)

a) Außenwandelemente *E* zwischen Deckenplatten und Stützen gehängt oder auf Deckenplatte aufgesetzt

b) Außenwandelement *E* vor Deckenplatten, hinter Stützenvorderfläche (Elemente sind an der Decke beliebig oft aufgehängt oder auf ihr abgestützt)

c) Außenwandelement *E* vor Stützen, hinter Deckenstirnflächen (Elemente sind auf die Deckenplatten aufgesetzt)

d) Außenwandelemente *E* vor Stützen, und vor Deckenplatten (Elemente sind an den Decken- und Stützenstirnflächen befestigt)

Ausfachungen werden zwischen Deckenplatten oder Stützen so montiert, daß das Skelett des Bauwerkes ganz oder teilweise sichtbar bleibt (Bild **6**.132 a bis c). Problematisch ist dabei die Einhaltung enger Maßtoleranzen bei der Ausführung des tragenden Skeletts, das Verhindern von Wärmebrücken in der Fassade und die Abdichtung zwischen den Ausfachungselementen und dem Skelett. Es ist deshalb meistens einfacher, vorgefertigte Wandelemente v o r die Tragkonstruktion zu hängen (vgl. auch Abschn. 6.7.4).

6.7.3.2 Leichtelemente

Leichte hallenartige Gebäude ohne Wärmeschutz können einfache Montagewände aus Faserzement- (Bild **6**.133), Stahl- oder Aluminium-Profilplatten erhalten, die mit Hilfe von Riegeln oder freistehend vor den Skelettkonstruktionen montiert werden (Bild **6**.134).

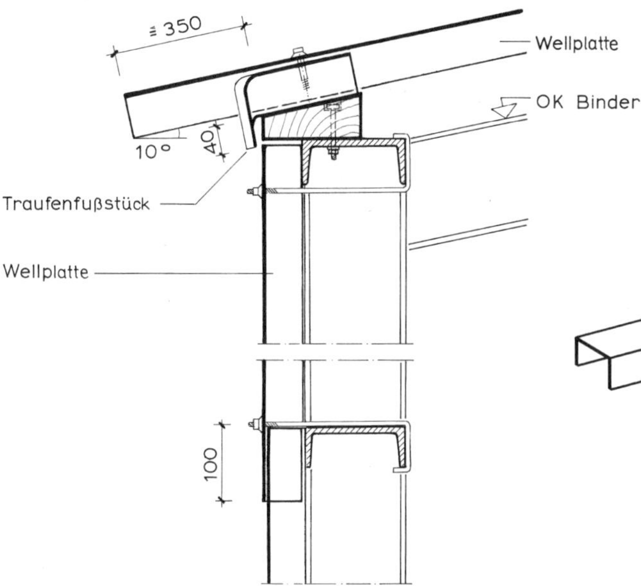

6.133 Wand aus Well-Faserzement-Platten

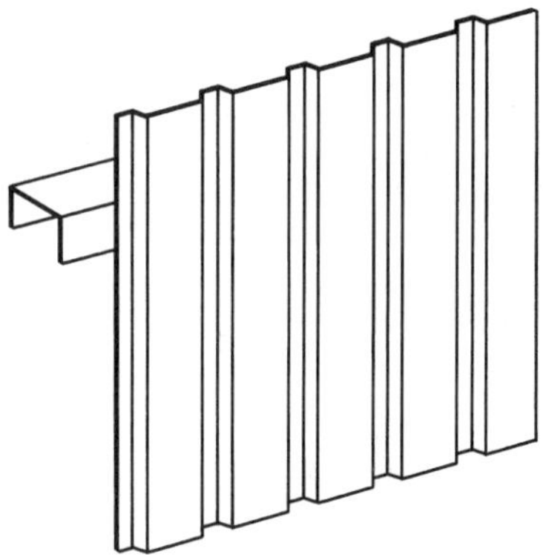

6.134 Wand aus Stahlblech-Trapezprofilen

6.7.3.3 Metallelemente mit Wärmedämmung

Für Hallen- und für Lagerbauten mit Skelettkonstruktionen, bei denen keine Wärmes p e i c h e r u n g der Wände erforderlich ist, stellen Metallprofilplatten mit Wärmedämmung sehr wirtschaftliche Lösungen dar.

Wenn an die Innenflächen keine Anforderungen – auch hinsichtlich mechanischer Beschädigungen – gestellt werden müssen, können steife Wärmedämmplatten (z. B. extrudierte PS-Hartschaumplatten) zwischen den Riegeln montiert werden (Bild **6**.135 a). Werden nichtbrennbare Dämmplatten verwendet, die zwischen zwei Blechschalen angeordnet sind, können derartige leichte Außenwände Feuerwiderstandsklassen bis zu W 90 erreichen (Bild **6**.135 b).

Insbesondere im Industriebau werden für derartige Wandkonstruktionen vorgefertigte Elemente aus beschichteten Stahl- oder Aluminiumprofilen mit Schaumstoffkern verwendet. Sie sind besonders im Hinblick auf den Montageaufwand sehr wirtschaftlich und können bei baulichen Veränderungen leicht abgenommen und wiederverwendet werden (Bild **6**.136).

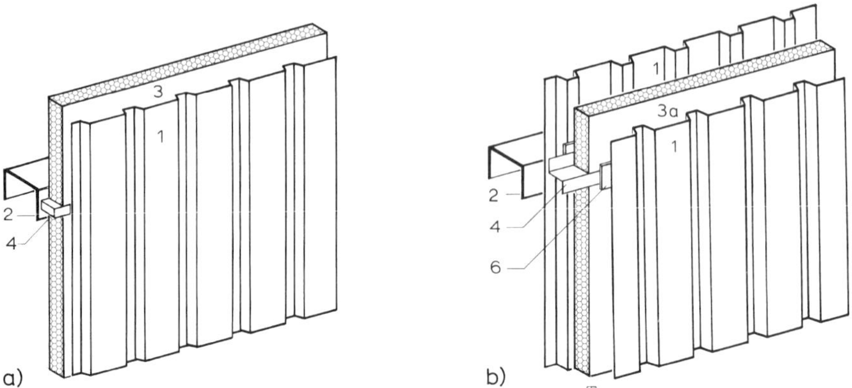

6.135 Stahlblech-Trapezprofilwände (HOESCH)
a) zweischalig mit Wärmedämmung
b) zweischalig, Feuerwiderstandsklasse W 90

1 Trapezprofil
2 Unterkonstruktion
3 Wärmedämmschicht
a Wärmedämmschicht (nicht brennbar)
4 Z-Profil
5 Mauerwerk oder Beton
6 Silikatstreifen 10 x 100 mm

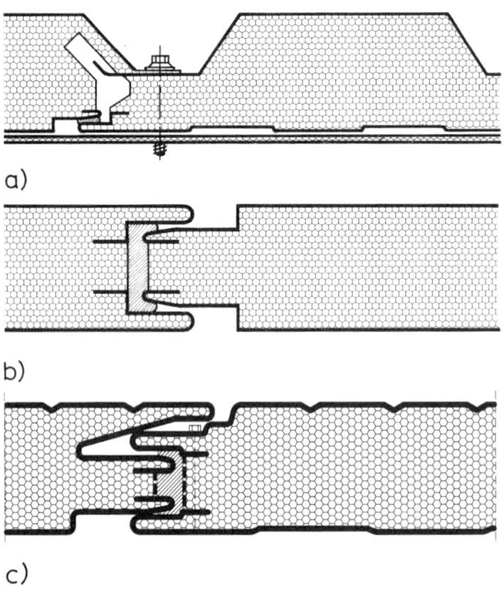

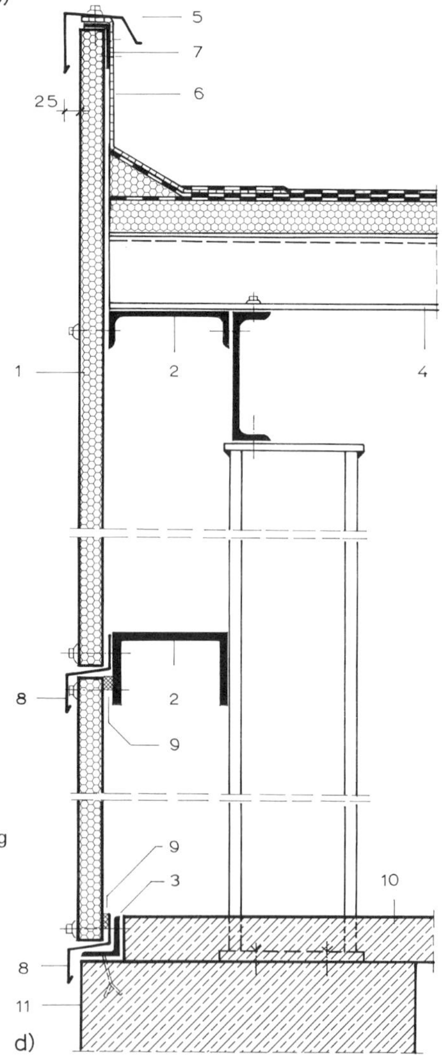

6.136 Montagewände aus Stahlblech
a) wärmegedämmte Trapezprofilbleche
b) Sandwich-Platten (HOESCH-Isowand)
c) Sandwich-Element mit verdeckter Befestigung (Fischer Isotherm plus N)
d) Schnitt

1 HOESCH-Isowand
2 Wandriegel
3 Fußriegel
4 Trapezblech (Dachaufbau s. Teil 2 dieses Werkes)
5 Attikakappe
6 Kunststoffdachbahn
7 Haltewinkel
8 Horizontalverwahrung
9 Dichtungsband
10 Verbundestrich
11 Betonsockel

Wenn an den Innenseiten glatte Wandflächen ohne Riegel erforderlich sind, stellen Stahlkassettenwände eine gute Lösung dar. Während die Außenschale bei ihnen vertikal gespannte Trapezprofile aufweist, wird die Innenschale aus Kassettenprofilen gebildet, die horizontal von Stütze zu Stütze gespannt werden. Mit entsprechender Kassettentiefe kann jede erforderliche Wärmedämmschicht eingebaut werden. Werden die innenliegenden Kas-

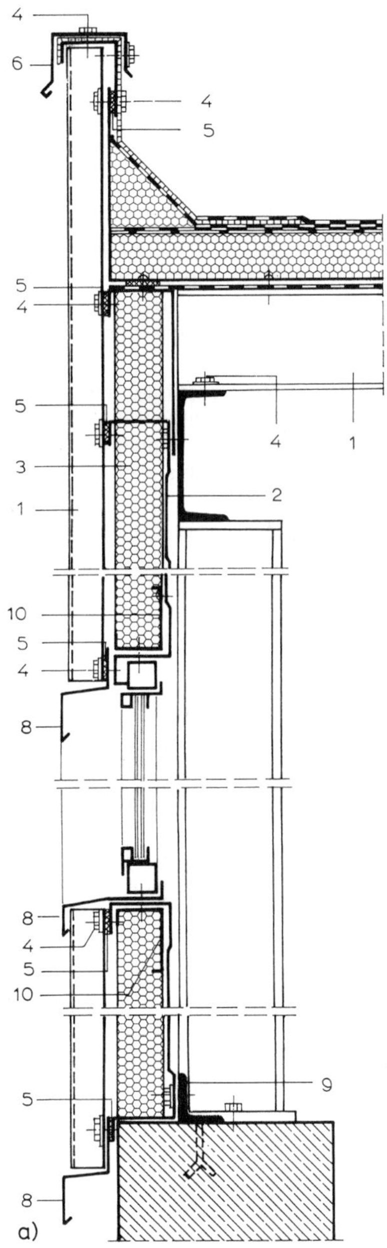

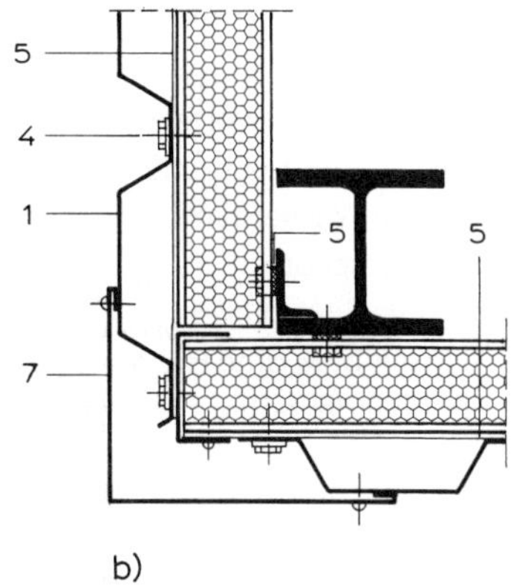

6.137

Stahlkassettenwände [9]

a) Schnitt, b) Grundriß, Ecke

1 Stahltrapezprofil (Dachaufbau s. Teil 2 dieses Werkes)
2 Stahlkassette
3 Wärmedämmung
4 Edelstahlschraube mit U-Scheibe und Neoprene-Dichtung
5 Dichtungsband
6 Attika-Kappe
7 Eckprofil
8 Tropfprofil
9 Fußwinkel
10 Verstärkungsriegel

setten aus Lochblechen gebildet, lassen sich erhebliche Schallschluckwerte in Verbindung mit geeigneten Wärmedämmstoffen erreichen (Bild **6**.137).

Berücksichtigt werden muß, daß Metallkonstruktionen gegen mechanische Beschädigungen empfindlich sind, und nur mit recht hohem Aufwand können sie Anforderungen hinsichtlich Schallschutz erfüllen.

6.7.3.4 Poren- und Leichtbetonelemente

Porenbetonelemente bieten als nichttragende Wände bei größeren Wanddicken gegenüber Stahlprofilwänden folgende Vorteile:

— gute Wärmedämm- und -speichereigenschaften
— unproblematische Wasserdampfdiffusion
— relativ guter Schallschutz
— guter Brandschutz
— Unempfindlichkeit bzw. gute Reparaturmöglichkeit bei mechanischen Beschädigungen.

Dem steht gegenüber der höhere Montageaufwand, die erforderliche laufende Unterhaltung durch Anstriche, die eingeschränkte Wiederverwendbarkeit bei baulichen Änderungen. Das höhere Eigengewicht der Elemente erfordert entsprechend bemessene Unterkonstruktionen.

Für nichttragende Wände werden 62,5 cm breite, geschoßhohe Porenbetonelemente vor den Riegeln von Skeletten stehend eingebaut oder liegend. Bei liegendem Einbau sind Elementlängen bis zu 7,50 m Länge möglich. Die Verbindung mit dem Skelett erfolgt in der Regel mit Halteankern, die in Ankerschienen eingehängt oder an Stahlskeletten angeschweißt werden (Bild **6**.138 b).

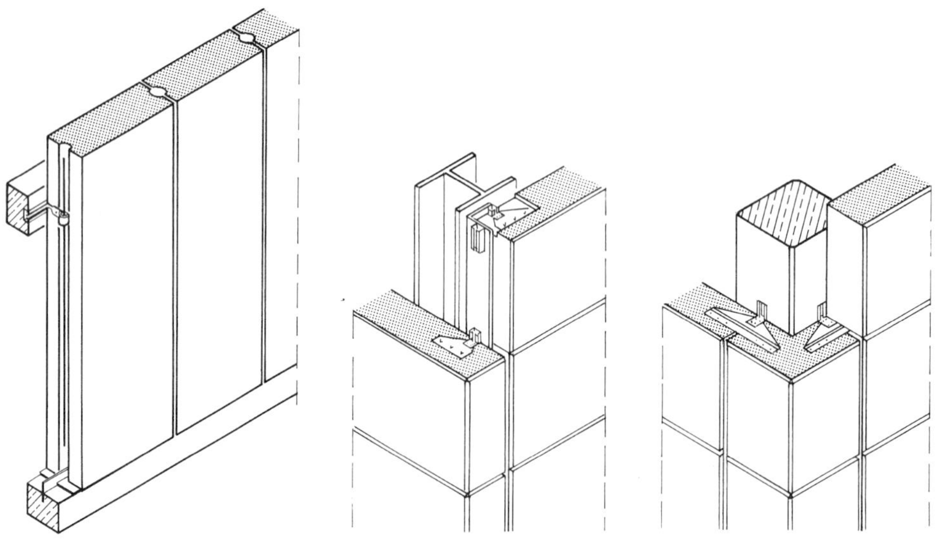

a) b) c)

6.138 Stahlskelett mit Porenbetondielen
a) stehende Montage vor Stahlbetonriegel
b) liegende Montage
c) liegende Montage mit Eckelement

Die Stoßverbindungen und Oberflächenbehandlung usw. werden wie bei tragenden Porenbetonelementen ausgeführt (s. Abschn. 6.7.2.2).

6.7.3.5 Stahlbeton-Fassadenelemente

Für Stahlbetonskelettbauten mit hohen Anforderungen an Wärme- und Schallschutz kann eine Kombination von Ausfachungswänden mit zusätzlichem Wärmeschutz und vorgehängten Stahlbeton-Außenwandelementen in Frage kommen. Diese werden mit Schwerlastankern an den Stahlbetonstützen oder -riegeln oder an den Deckenrändern der Skelettkonstruktion aufgehängt und justiert (Bild **6**.139). Je nach Abstand zwischen Außenwandelement und Wärmedämmung liegt damit eine zweischalige Außenwand mit Kerndämmung oder eine hinterlüftete Außenwand vor (vgl. Abschn. 6.2.3.3).

Bei einer anderen Montageart werden die Stahlbeton-Außenwandelemente mit bereits rückseitig aufgeklebter oder anbetonierter Wärmedämmung mit kurzen angeformten Nocken auf die Deckenränder aufgesetzt. Mit Winkellaschen werden die Konsolnocken auf einbetonierten Ankerschienen verschraubt. Nur im oberen Bereich werden sie mit Schwerlastankern gegen Abkippen gesichert. Anschließend werden die Skelettfelder von der Innenseite her ausgemauert, so daß eine zweischalige Wand mit Kerndämmung entsteht (Bild **6**.140, vgl. Abschn. 6.2.3.3).

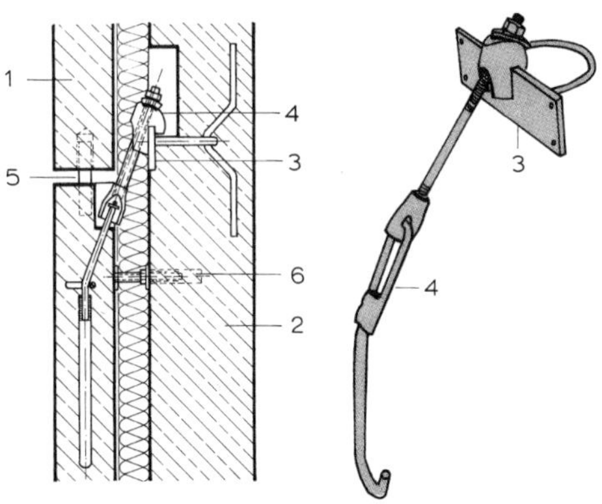

6.139 Fassadenplattenanker (deha)
1 Fassadenplatte
2 Stahlbetonskelett
3 einbetonierte Ankerplatte
4 Fassadenplattenanker
5 Justierstift
6 Abstandhalter

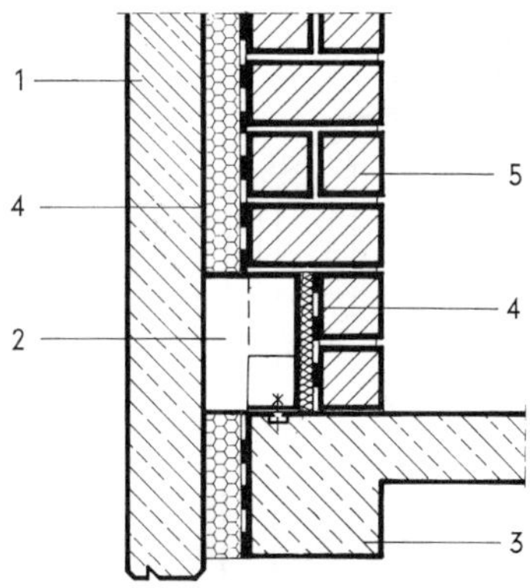

6.140 Aufgesetzte Stahlbeton-Fassadenplatte
1 Fassadenplatte
2 Aufstandnocken mit seitlichem Sicherungswinkel auf Ankerschiene
3 Stahlbetonriegel (bzw. Sturz)
4 Wärmedämmung mit raumseitiger Dampfsperre
5 Hintermauerung

Hinterlüftete Konstruktionen sind bei dieser Bauweise auch möglich, wenn die Wärmedämmung mit Hilfe von wabenartigen Kunststoff-Abstandhaltern an die Fertigteile anbetoniert wird.

Die Fugen der Elemente werden wie bei den tragenden Stahlbetonwänden ausgeführt (s. Bild **6**.129).

Die außerordentlich verfeinerten Schalungstechniken erlauben die Herstellung von gestalterisch und formtechnisch sehr anspruchsvollen Fassadenteilen. Die in den Bildern **6**.141 und **6**.142 gezeigten Beispiele sollen die dabei gegebenen Möglichkeiten andeuten.

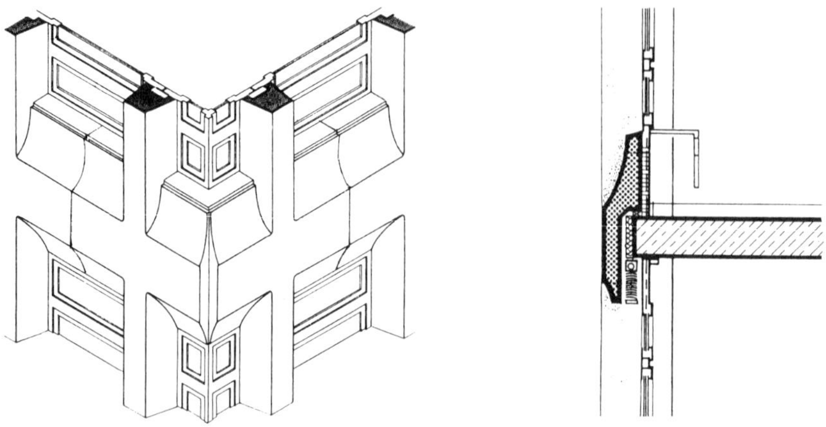

6.141 Großformatige Stahlbeton-Fassadenelemente (Arch.: Danzeisen, Voser, Forrer)

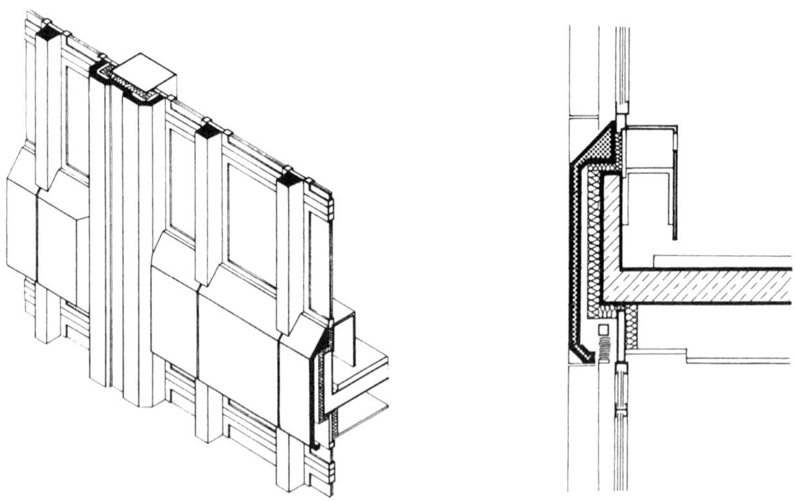

6.142 Kleinformatige Stahlbeton-Fassadenelemente (Arch.: Danzeisen, Voser, Forrer)

6.7.4 Vorhangwände

Eine Sonderform vorgefertigter Außenwände stellen die hauptsächlich für Verwaltungsgebäude o.ä. verwendeten leichten „Vorhangwände" („curtainwall") dar, die als Metall-Verbundelemente kombiniert mit Fenstern und Brüstungen bei Skelettbauten verwendet werden. Neben der Möglichkeit rascher Montage und ggf. später leichter Veränderung ist damit eine Vergrößerung der Nutzflächen gegeben. Außerdem wird eine erhebliche Verminderung der auf Stützen, Deckenränder und Fundamente wirkenden Lasten erreicht.

Vorhangwände werden an Geschoßdecken oder an den Stahl- oder Stahlbeton-Skelettstützen mit schon bei der Planung festgelegten, justierbaren, leicht zugänglichen, korrosionsgeschützten Winkeln, Konsolen oder Ankerschrauben befestigt. Die einzelnen Elemente sind an ihren Kanten miteinander verbunden und bilden beliebig große, ununterbrochene Wandflächen. Das dahinterliegende tragende Skelett tritt nicht unmittelbar in Erscheinung, kann aber durch die Anordnung von Konstruktionsteilen der Vorhangwände (Pfosten, Sprossen) in seiner Lage angedeutet werden. Verwendet werden

- Tafeln mit Außenhaut aus gepreßten Blechen oder Kunststoffen
- mechanisch verbundene, mehrschichtige Tafeln mit oder ohne aussteifende Unterkonstruktion
- Betontafeln mit verschiedenartigem Aufbau.

Es werden Konstruktionen mit sichtbaren oder verdeckten Sprossen bzw. Tragkonstruktionen unterschieden (Bilder **6**.143 und **6**.144).

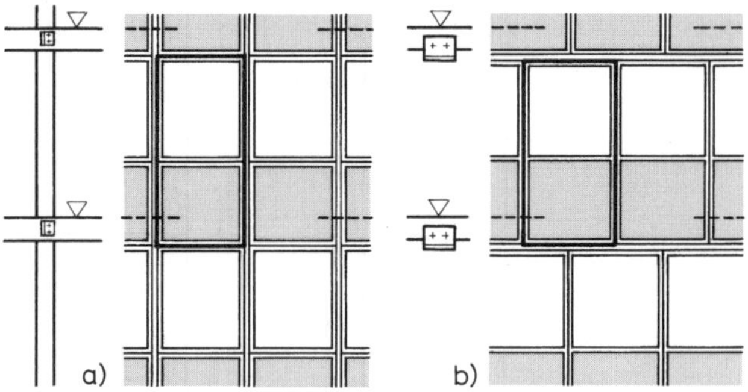

6.143 Vorhangwände mit sichtbaren Sprossen
a) vertikalgespannt
b) horizontalgespannt

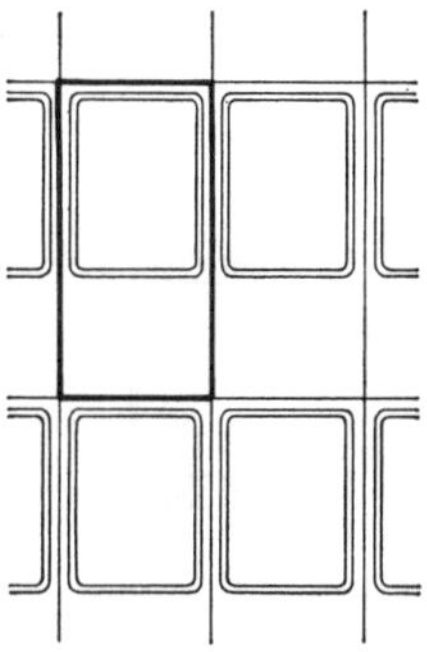

6.144 Vorhangwand Tragekonstruktion verdeckt

Sie bestehen aus einem System senkrechter und waagrechter Sprossen, die an den tragenden Teilen des Bauwerks (vor allem den Deckenplatten) befestigt sind. Das Sprossenwerk trägt die flächenbildenden Platten oder Tafeln einschließlich der Fenster.

Bei der Planung muß festgelegt werden:

- Art der Montage (z. B. aus Einzelbestandteilen oder aus vorgefertigten Rahmen). Daraus ergeben sich Art und Umfang der Arbeitsvorgänge in der Werkstatt und am Bau.
- Spannrichtung (vertikal oder horizontal). Hieraus ergibt sich, wie die Befestigung am Skelett angeordnet und ausgebildet sein muß und wie die Sprossen zu bemessen sind (Bild **6**.143 a und b).
- Fugenausbildung zwischen den Sprossen (Sprossenform), Sprossenrahmen sowie den Sprossen und Füllungen (einschließlich Fensterrahmen).

Die Wandelemente werden statisch nur durch Eigengewicht und Windlasten beansprucht, sie müssen jedoch auch dem Transport und der Montage standhalten.

Bei hohen Gebäuden führt die Windlast zu beachtlichen Durchbiegungen der vorgehängten Elemente. Dabei müssen u n t e r s c h i e d l i c h e Durchbiegungen nebeneinander liegender Wandelemente vermieden werden, damit keine Undichtigkeiten an den einzelnen Fugen entstehen. Verminderte Durchbiegungen sind durch engere Stützweiten oder durch Verstärkung der Fugenkonstruktion erreichbar.

Außerordentlich wichtig ist bei der Planung die Berücksichtigung temperaturbedingter Längenänderungen und Verformungen der Fassadenteile. Sowohl die Fassadenelemente als auch die Aufhängekonstruktionen müssen sich kontrolliert in allen Richtungen dehnen können, ohne daß Lockerungen in der Aufhängung und des Gesamtgefüges oder Undichtigkeiten möglich werden. Dies wird in der Regel durch ausreichend dimensionierte Schiebefugen erreicht, seltener auch durch federnde Verbindungen.

Bild **6**.145 zeigt schematisch den Querschnitt durch ein zusammengesetztes Leichtmetallprofil mit senkrecht zur Pfostenachse verschieblicher Fuge.

Für Vertikalbewegungen werden in hohle Sprossen- oder Pfostenstöße Paßstücke als Führungsglieder eingesetzt (Bild **6**.146a). Am Vertikalstoß können Verbindungen durch Gleitschienen mit Langlochverbindungen hergestellt werden (Bild **6**.146b).

An allen Gleitstellen der Elemente und der Unterkonstruktion muß durch Kunststoff-Einlagen o.ä. dafür gesorgt werden, daß bei Bewegungen (z.B. Längenänderungen bei Sonneneinstrahlung) keine Geräusche entstehen können.

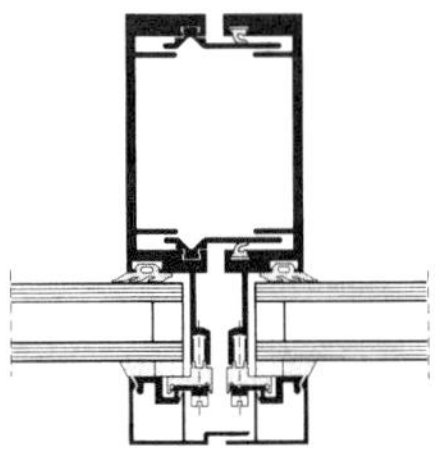

6.145 Verschiebliche Fuge im Pfosten einer Sprossenkonstruktion (Querschnitt, FWB)

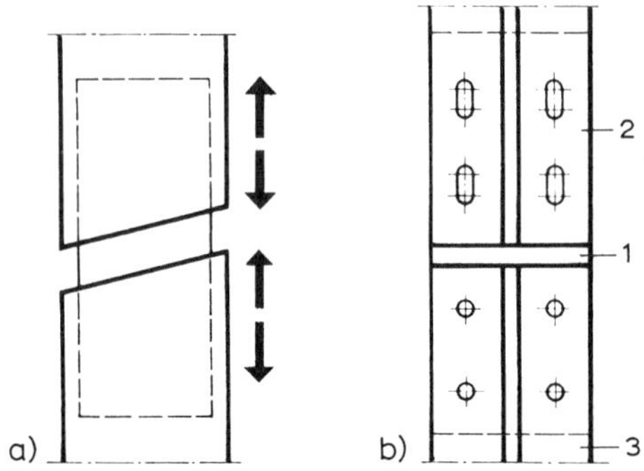

6.146 Senkrechter Pfostenstoß
a) mit Paßstück als Führung (der obere Pfostenteil hängt über dem unteren; Seitenansicht)
b) Pfostenstoß mit Langlochverbindung
1 Dehnungsbereich (Lasche)
2 Langlochverbindung
3 Pfosten

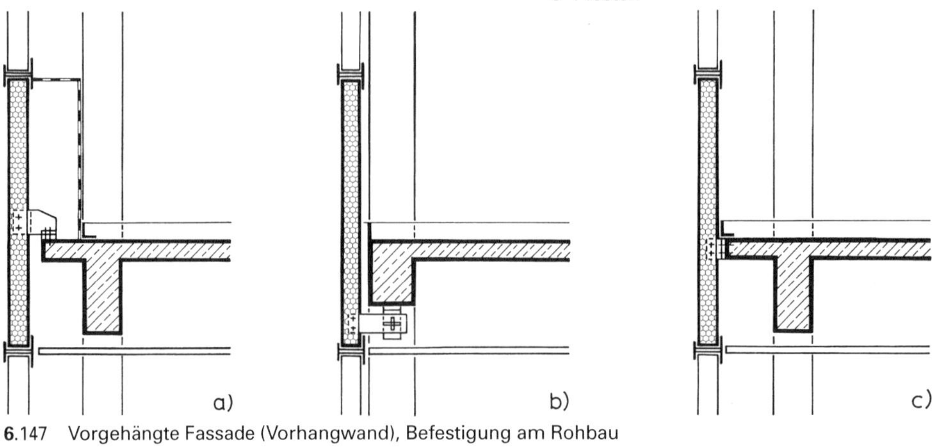

6.147 Vorgehängte Fassade (Vorhangwand), Befestigung am Rohbau
a) Befestigung auf der Deckenoberkante
b) Befestigung unter einem Sturz oder Unterzug
c) Befestigung an der Vorderkante der Geschoßdecke

Bei stark beanspruchten Fassaden (z. B. bei Hochhäusern) wird vielfach die Dimensionierung und Detaillierung der Fassaden vor der Ausführung durch Beregnungs-, Windkanal- u. a. Versuche getestet.

Am Rohbau werden die Fassadenelemente bzw. die Unterkonstruktionen auf den Rohdecken, unter Stürzen oder Unterzügen oder an den Stirnseiten der Decken befestigt (Bild **6**.147).

Den unvermeidlichen horizontalen und vertikalen Maßabweichungen des Rohbaues wird bei allen Befestigungssystemen durch entsprechende Justiermöglichkeiten Rechnung getragen (Bild **6**.148). Zu beachten ist, daß durch V e r d r e h u n g e n bei der Montage infolge von Rohbautoleranzen Torsionszwängungen der Konstruktionsteile entstehen können, die auf Dauer zu Schäden führen. Eine Befestigungskonstruktion, die auch Verdrehungen ausgleicht, zeigt Bild **6**.149.

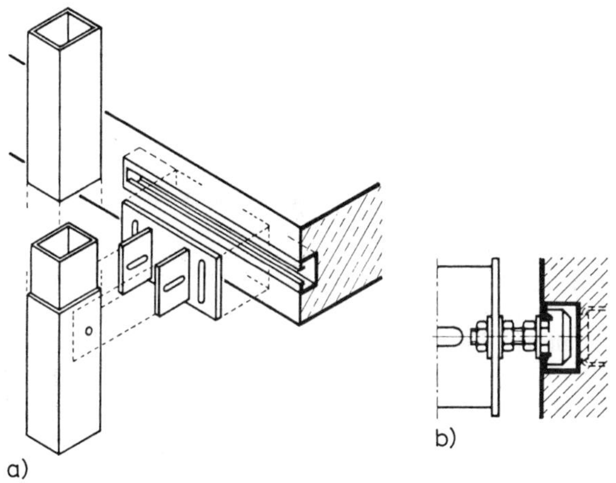

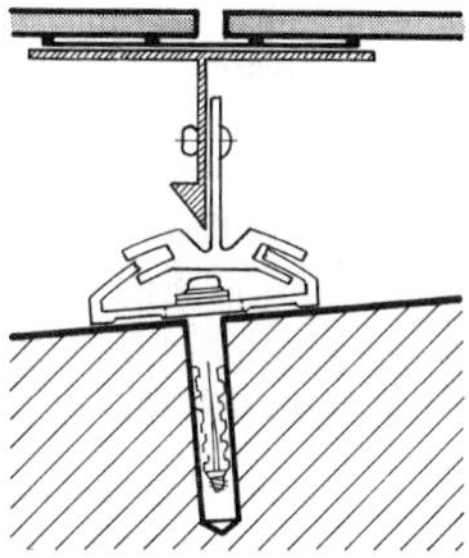

6.148 In jeder Richtung justierbarer Pfostenanschluß an Deckenvorderkante durch Ankerschiene und Winkel mit Langlöcher
a) Schema
b) Schnitt durch Ankerschiene

6.149 Unterkonstruktion zum Ausgleich von Verdrehungen (Protektor Alu 005)

Der Wärmeschutz von Vorhangwänden muß wie für Außenwände berücksichtigt werden. Ein- oder zweischalige Konstruktionen sind möglich.

Bei einschaligen Konstruktionen sind Witterungsschutz (Blech-, Glas-, Kunststoffplatten), Wärmedämmschicht und innere Dampfsperre zu einer mehrschichtigen Tafel zusammengefaßt und fugendicht in den Sprossenrahmen eingesetzt bzw. – bei Tafelkonstruktionen – fugendicht mit den übrigen Tafeln verbunden.

Hinterlüftung auf der Außenseite liegender dampfsperrender Schichten ist nicht erforderlich, wenn die Wärmedämmung dampfundurchlässig und mit diesen Schichten dicht verbunden ist – z. B. aufgegossenes Schaumglas (Foamglas) – oder wenn die Wärmedämmung auf der warmen Seite eine sichere Dampfsperre trägt.

Andernfalls müssen dampfdichte Bekleidungen (Glas, Metall, Keramikplatten, dichte Kunststoffe), hinter denen sich Wasserdampf niederschlagen könnte, hinterlüftet werden. Sie werden mit Abstand vor die Wärmedämmschicht gelegt und bilden mit dieser eine zweischalige Wand (Bild **6**.150). Das in den Luftraum zwischen Wetterschutz und Wärmeschutz anfallende Tauwasser muß nach außen abgeleitet werden.

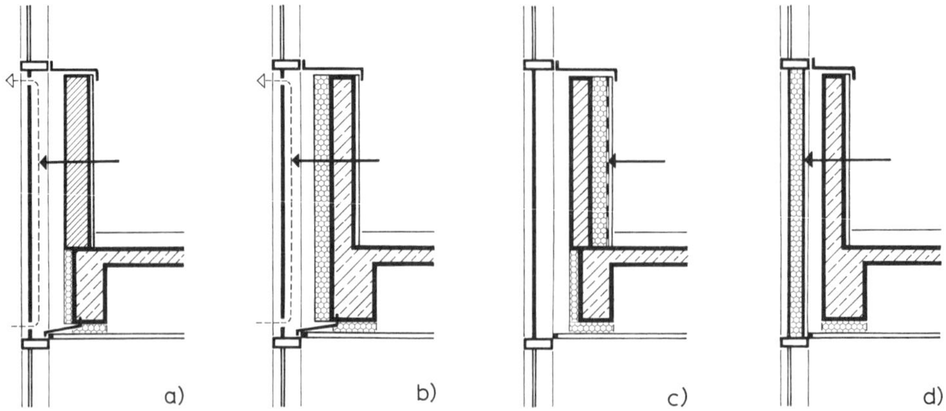

6.150 Brüstungen hinter Vorhangwänden

a) gemauerte Brüstung mit ausreichender Wärmedämmfähigkeit. Hinterlüftete Außenhaut als Wetterschutz
b) Stahlbetonbrüstung mit außenliegender Wärmedämmung und hinterlüfteter Außenhaut als Wetterschutz
c) Wärmedämmung auf der Raumseite der Brüstung mit Dampfsperre
d) Brüstung als Brandschutz ohne Wärmedämmung. Wärmedämmschicht innerhalb der Vorhangwand

An Sprossen müssen Wärmedämmung und Dampfsperre ununterbrochen durchlaufen. Das ist mit Hilfe thermisch getrennter Sprossenprofile zu erreichen (Bild **6**.151).

Die tragenden Sprossen können in vielfältigen Formen ausgeführt werden. Bei dem in Bild **6**.152 gezeigten Beispiel ist der statisch erforderliche große Querschnitt aus gestalterischen Gründen und zur Verbesserung des Lichteinfallswinkels zur Raumseite hin verjüngt.

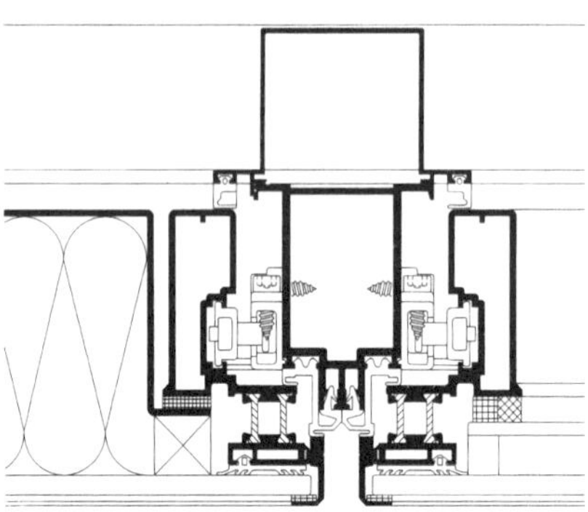

6.151 Fassadensprosse für verglaste Felder oder Felder mit Paneelen („Modulfassade" Systherm® 52)

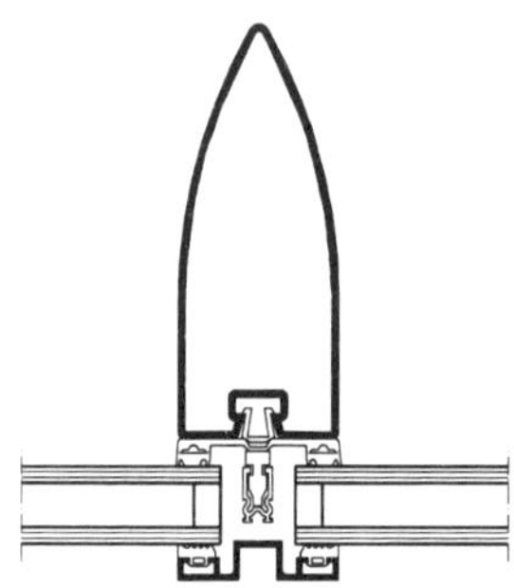

6.152 Tragende Sprossen

Schallschutz. Mit ihrem relativ niedrigen Eigengewicht haben Vorhangwände eine wesentlich geringere Luftschalldämmung als konventionelle Außenwände. Um den Anforderungen von DIN 4109 Abschn. 5 und Beiblatt 2 sowie DIN 18005 (Schallschutz im Städtebau) zu genügen, ist – insbesondere für Leichtkonstruktionen – in der Regel der Nachweis des ausreichenden Schallschutzes durch spezielle bauakustische Eignungsprüfungen erforderlich. Schallschutzmaßnahmen an vorgehängten Wänden müssen sich auf folgende Bereiche erstrecken:

— Schalldämmung gegen Lärm von außen.

— Schallübertragung auf Nebenwegen. Eine Schallübertragung zwischen verschiedenen Geschossen und innerhalb eines Geschosses zwischen verschiedenen Räumen kann durch die Fuge zwischen Geschoßdecke und Vorhangwand, zwischen Zwischenwand und Vorhangwand und zwischen massiver Brüstung und Vorhangwand erfolgen. Es muß daher auf abdichtende Anschlüsse mit biegeweichen Materialien, die auch bei den unvermeidbaren Bewegungen der Vorhangwand auf Dauer wirksam bleiben, geachtet werden (Bild **6**.153 und **6**.154).

— Maßnahmen gegen Geräuschquellen innerhalb der Vorhangwände.

Durch geeignete Kunststoff- oder Gummizwischenlagen (Bild **6**.155), auch durch Ausschäumen von Hohlräumen (Bild **6**.156), müssen Geräusche verhindert werden, die bei Temperaturschwankungen und Winddruck in beweglich miteinander verbundenen Teilen der Wandkonstruktion entstehen können (Knacken, Quietschen, Klappern).

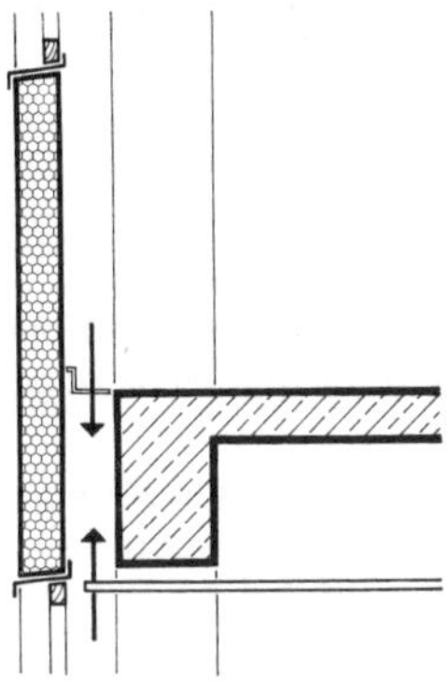

6.153 Schallbrücken zwischen Geschossen

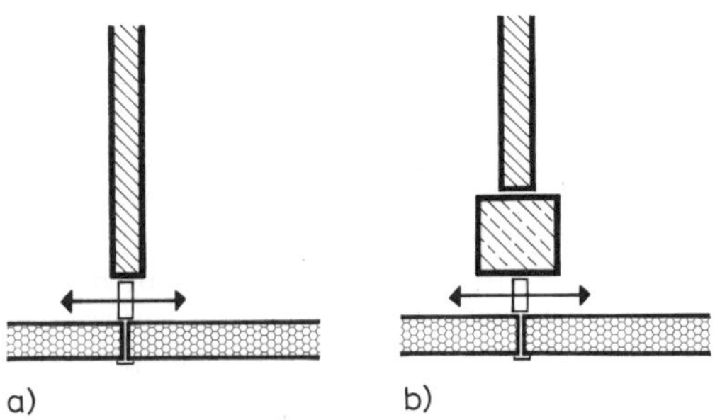

6.154 Schallbrücken zwischen Räumen
a) Wandanschluß
b) Stützenanschluß

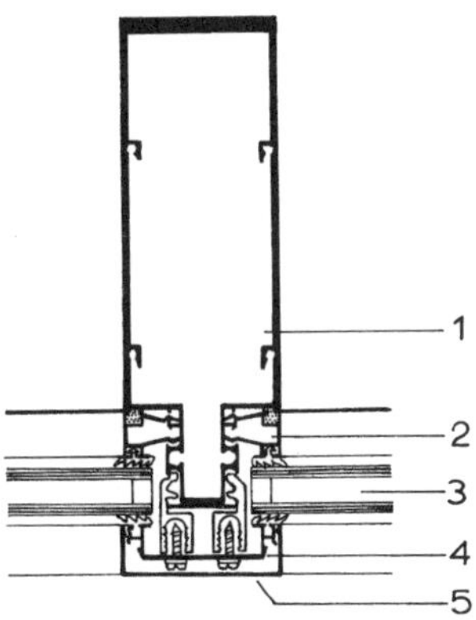

6.155 Sprossenprofil mit Dichtungsprofilen. Verglasung (WICONA)
1 Sprosse
2 Glashalteleiste
3 Isolierglas (oder Brüstungselement) in Dichtungsprofilen
4 Klemmprofil
5 Deckkappe

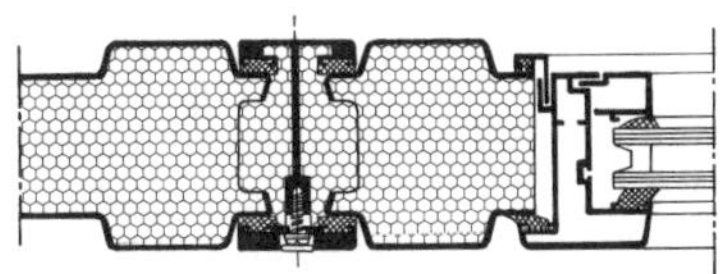

6.156 Ausgeschäumte Plattenelemente (WERTAL F 85)

Brandschutz. Die Brandschutzbestimmungen für Außenwände (DIN 4102, Hochhaus-Richtlinien u. a.) erfordern im Zusammenhang mit Vorhangfassaden mindestens 90 cm hohe Brüstungen aus feuerbeständigen Baustoffen und an den Fensterstürzen Feuerschutzschürzen.

Bei Sprossenkonstruktionen muß beachtet werden, daß Aluminium unter den in DIN 4102 aufgestellten Bedingungen schmelzen würde. Plattenteile von Vorhangwänden müssen daher direkt oder durch Stahlprofile mit dem tragenden Skelett verbunden sein. Aluminium-Profile können dann nur der Fugenabdeckung und Dichtung zwischen den einzelnen Elementen dienen.

Bei Stahlbetonskeletten können Brüstungen auch eine statische Funktion als Längsträger haben. Innenliegende Brüstungen werden in diesen Fällen meistens wärmedämmend ausgeführt, so daß die vorgehängte Außenwand nur den Wetterschutz übernimmt. Dabei sind die gleichen Regeln wie für mehrschichtige Außenwände hinsichtlich Tauwasserbildung zu beachten:

- Bei einschichtigen Wänden muß Feuchtigkeit an der Außenseite abgeführt werden können,
- bei mehrschichtigen Wänden sollen Baustoffe mit hohem Wasserdampfdiffusionswiderstand an der Raumseite liegen. Es muß raumseitig eine Dampfsperre vorgesehen oder für eine einwandfreie Hinterlüftung zwischen Brüstungselementen und Vorhangsfassade gesorgt werden.

Haben innenliegende Brüstungen lediglich statische oder Brandschutzaufgaben, muß die Vorhangfassade wärmedämmend nach den bereits erläuterten Regeln für mehrschichtige Bauteile konstruiert sein (Bild **6**.150 d).

Weiterhin können Sonnenschutzeinrichtungen und ggf. auch Vorrichtungen zur Fassadenreinigung bei der Planung der Außenwandkonstruktion zu berücksichtigen sein. Neben der Verwendung von Spezialverglasungen werden heute weiterhin außenliegende Jalousettenanlagen, starre oder bewegliche Lamellenkonstruktionen u. ä. (vgl. Abschn. 6.7.5). als wirksamer Sonnenschutz vorgesehen. Sie sind jedoch an Fassaden mit hoher Windbelastung (z. B. Hochhäuser) problematisch. Einen interessanten Lösungsversuch mit Hilfe einer senkrecht verfahrbaren Lamellenkonstruktion zeigt Bild **6**.157.

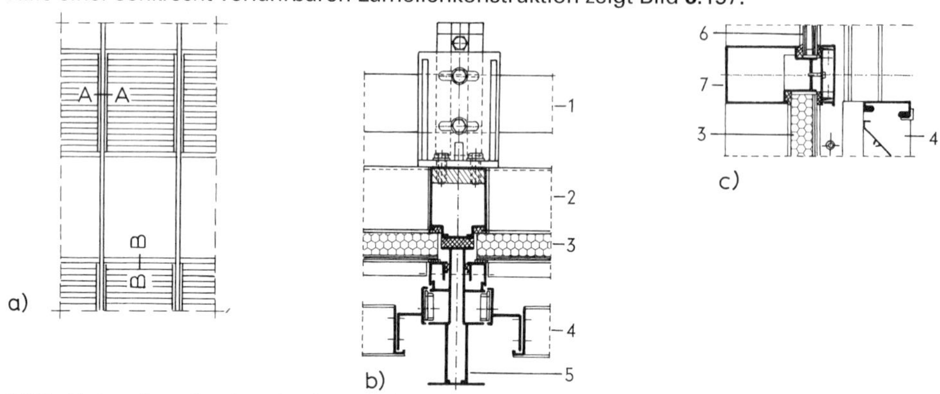

6.157 Vorhangfassade mit senkrechten, verfahrbaren Sonnenschutzlamellen (Postscheckamt Essen)
a) Ansicht
b) Horizontalschnitt A–A durch den Pfosten mit justierbarer Befestigung, Brüstungselementen und den davorliegenden Rahmen der Sonnenschutzanlage
c) Vertikalschnitt B–B durch den Riegel, davor der obere Rahmen der Sonnenschutzanlage

1 justierbare Aufhängung
2 Tragprofil innen
3 Brüstungselement
4 verfahrbare Sonnenschutzlamellen
5 Tragprofil außen mit Fahrschiene für Fassadenreinigungskorb
6 Isolierverglasung
7 waagerechte Sprosse

6.7.5 Mehrschalige Fassaden

Die Entwicklung moderner Fassaden führte zu immer dünneren Außenwandelementen mit fast vollständig auf bestimmte Teilaufgaben spezialisierten Bauteilschichten. Im Vergleich zu der „Multifunktionalität" herkömmlicher massiver Außenwände ist damit trotz des hohen technischen Aufwandes eine wesentlich geringere Anpassungsfähigkeit verbunden gegenüber wechselnden Beanspruchungen am Tage oder in der Nacht, im Sommer oder im Winter. Die Ansprüche an eine moderne Fassade widersprechen sich dabei vielfach:

— die gewünschte Feingliederung und Transparenz von leichten Vorhangfassaden steht im Gegensatz zu Anforderungen des Schallschutzes,
— im Sommer soll Schutz gegen Sonneneinstrahlung gegeben sein, um die u. U. erforderliche Kühllast zu mindern. Dagegen ist im Winter eine Aufheizung durch Sonneneinstrahlung zur Verbesserung der Energiebilanz durchaus wünschenswert.
— durch sommerliche Sonneneinstrahlung aufgeheizte Räume sollen nachts gut auskühlen, dagegen soll im Winter die Wärmeabgabe möglichst verhindert werden usw.

Sehr energieaufwendige Klimatisierungsanlagen in Verbindung mit umfangreichen Sonnenschutzeinrichtungen sind in vielen Fällen bis heute die Konsequenz geblieben.

Hochtechnisierte, insbesondere vollklimatisierte Bauten stoßen jedoch immer häufiger auf emotionale Widerstände, weil in ihnen die individuellen Bedürfnisse und Wünsche der Benutzer nicht immer ausreichend berücksichtigt werden können und auch Gesundheitsschäden nicht auszuschließen sind. In Gebäuden mit Klimaanlagen sind in der Regel die Fenster als Lüftungs- bzw. richtiger als Abluftfenster ausgebildet. Bei ihnen dient der luftdurchströmte Zwischenraum zwischen dem äußeren fest verglasten Fenster und dem raumseitigen nur zum Putzen öffenbaren Fenster der Abluftführung sowie meistens zur witterungsgeschützten Anbringung von Sonnenschutzeinrichtungen (Bild **6**.158).

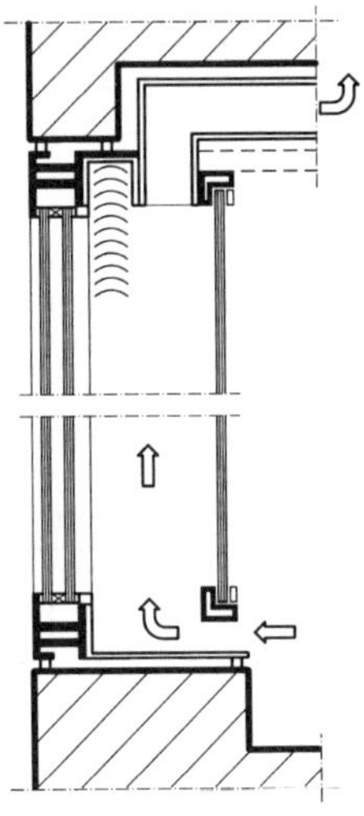

6.158
Abluftfenster (Schema) [22] [39]
1 Festverglasung
2 Putzflügel
3 Lüflungsraum
4 Sonnenschutz
5 Abluft-Absaugung

„Zweite-Haut-Fassaden". Wenn auf eine Vollklimatisierung verzichtet wird und die Fenster öffenbar sein sollen, muß bei innerstädtischen Gebäuden für die geregelte Zufuhr möglichst sauberer Frischluft und für Schutz gegen übermäßigen Außenlärm gesorgt werden.

Legt man vor die Außenfenster in einigem Abstand eine zweite transparente Schale, entsteht eine korridorartige Pufferzone. Aus ihr kann über Zuluftöffnungen Frischluft über geöffnete Fenster in die Räume geleitet werden. Außerdem können innerhalb dieser Zone die gegen

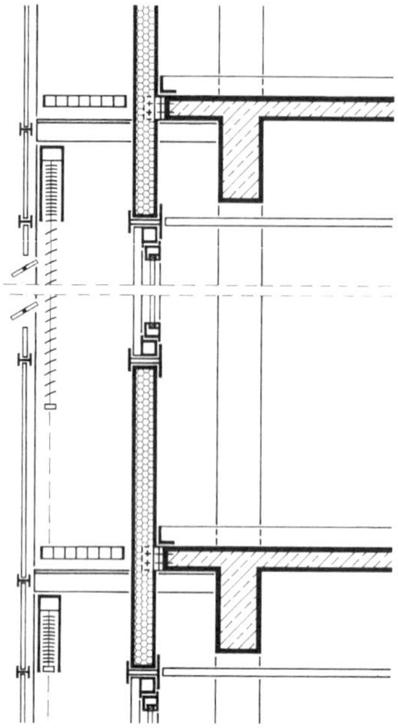

6.159 Zweischalige Fassade (schematisch)

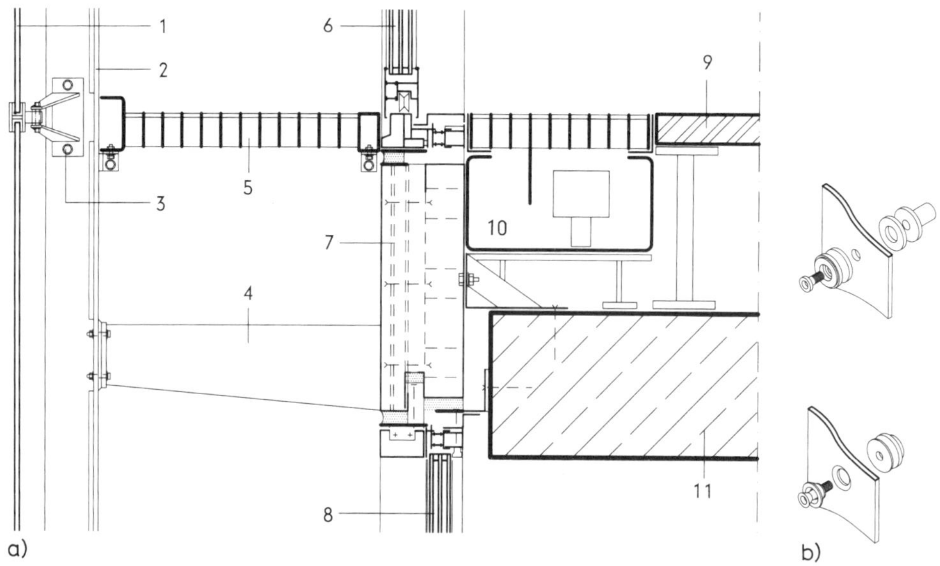

6.160 Zweischalige Fassade
a) Details Fassadensteg (Telecom PTT Lausanne, [23])

1 Glasscheibe
2 Vertikaler T-Profil-Träger
3 Flansch zur Scheibenhalterung
4 Konsole
5 Gitterrost
6 Dreischeibenfassade mit Schiebetüren
7 Aluminiumkassetten
8 Festverglasung
9 Installationsdecke
10 Konvektor mit Abdeckung
11 Stahlbetondecke

b) Glashaltenung für Außenschale
1 System Pilkinton Planar (Flachglas AG), 2 System Gartner, Gundelfingen

Sturm und andere Witterungseinflüsse empfindlichen Sonnenschutzeinrichtungen sowie Laufstege zur Wartung der gesamten Fassade untergebracht werden (Bild **6**.159).

Diese Entwicklung führte zu vollständigen Doppelfassaden, den sogenannten „Zweite-Haut-Fassaden". Die äußere Schale besteht in den meisten Fällen aus einer punktförmig gehaltenen Einscheibenverglasung und nur bei besonderen Anforderungen aus Mehrscheiben-Isolierglas (vgl. „structural glazing", Abschn. 8.5). Details eines Ausführungsbeispieles sind in Bild **6**.160 gezeigt.

Damit die Erwärmung der Luft innerhalb des Fassadenraumes und die damit verbundene Kaminwirkung nicht zu stark wird, um Schallübertragungen von Geschoß zu Geschoß einzuschränken, sowie aus Gründen des Brandschutzes (Feuerüberschlagwege s. Abschn. 15.7) werden derartige Doppelfassaden in der Regel in Abschnitten nur von Geschoßhöhe ausgeführt.

Die Hinterlüftung wird über permanent geöffnete oder regelbare Luftöffnungen gesteuert. Die Form, Größe und strömungstechnische Ausführung der Öffnungen ist entscheidend für die Hinterlüftung des Fassadenraumes, für die Belüftung der dahinter liegenden Räume und auch für die Sicherung gegen das Eindringen von Wasser, Schnee, Vögeln, Insekten, und sie darf schließlich nicht zu besonderer Verschmutzung der gesamten Fassade beitragen. Einige ausgeführte Beispiele zeigen die Bilder **6**.161 bis **6**.163 [39].

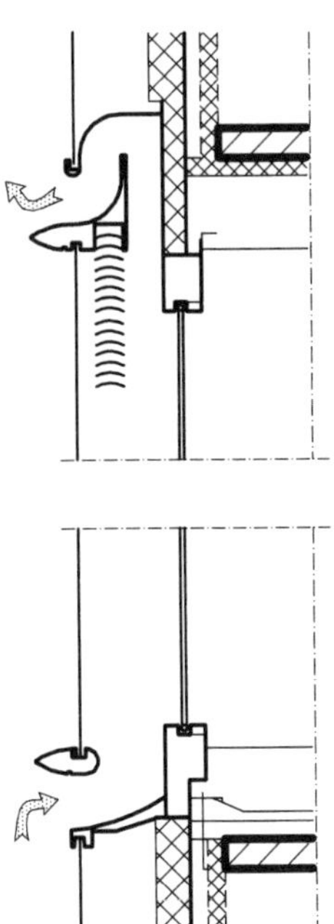

6.161 Zweischalige Fassade mit großen, permanent geöffneten Querschnitten mit geringem Strömungswiderstand [39]

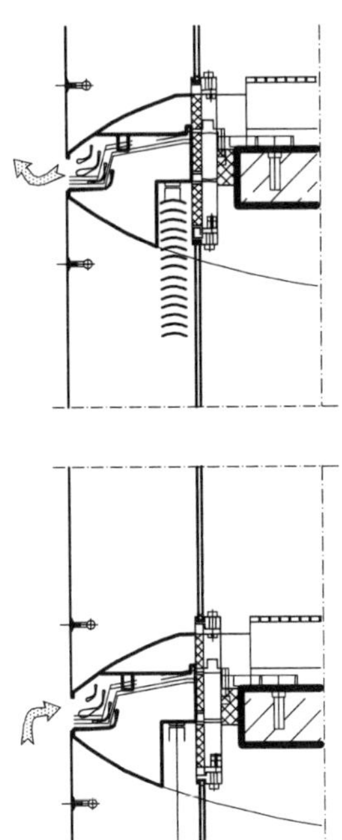

6.162 Zweischalige Fassade mit kleinformatigen, permanent geöffneten Querschnitten mit größem Strömungswiderstand [39]

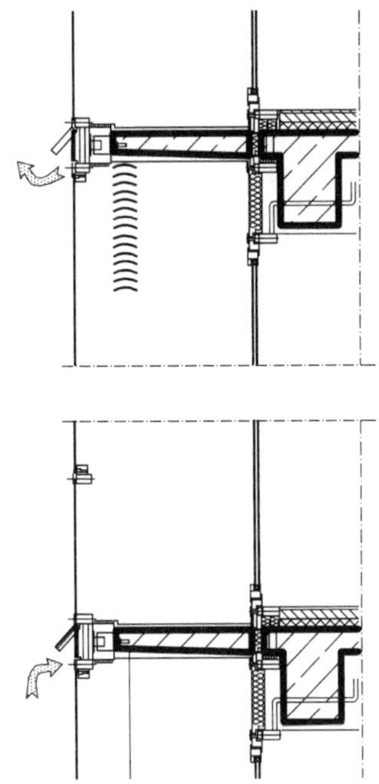

6.163 Zweischalige Fassade mit verschließbaren Luftöffnungen mit geringem Strömungswiderstand [39]

Intelligente Fassaden. Unter dem Druck der allgemeinen Bestrebungen zur Energieeinsparung und zu möglichst umweltverträglichen „ökologischen" Bauweisen sind zwei völlig konträre Entwicklungen in Gang gekommen:

Einerseits wird die Rückbesinnung auf fast archaische Bautechniken wie z. B. Lehmbau propagiert, andrerseits werden Baustoffe mit teilweise veränderbaren bauphysikalischen Eigenschaften, anpassungsfähige, selbststeuernde Bausysteme für Fassaden oder sogar völlig neue Gebäudekonzeptionen mit sehr niedrigen Energiehaushalten gefordert und entwickelt.

Die Außenwand ist bei diesen Konzepten nicht mehr allein konstruktiver Bestandteil des statischen Gefüges und hat nicht mehr nur Witterungsschutz zu gewährleisten, sondern wird zu einem integrierten Bestandteil des Technischen Ausbaues bzw. der Gebäudetechnik.

Weil diese neuartigen Bauweisen nicht mehr statisch im einmal geplanten und ausgeführten Zustand beharren, sondern ihre Eigenschaften durch Reagieren auf wechselnde Umweltbedingungen selbsttätig ändern können, sind dafür die Bezeichnungen „Intelligente Fassade" bzw. „Intelligente Architektur" gebräuchlich geworden.

Intelligente Fassaden können daher vom Architekten nur in engem Zusammenwirken mit Fachingenieuren, insbesondere mit Spezialisten für Heizungs-, Lüftungs- und Klimatechnik geplant werden. Sie werden in vielen Fällen zunächst in Ausschnitten als Prototypen gebaut und in Klimakammern, Windkanälen usw. vor der Gesamtausführung eingehend erprobt.

Kennzeichnend für viele „Intelligente" Fassadenkonstruktionen ist ein doppelschaliger Außenwandaufbau wie bei den Zweite-Haut-Fassaden. Ihnen gegenüber ist nicht nur die Steuerung der Luftströme verfeinert, sondern auch mit den innerhalb des Fassadenschachtes liegenden starren oder gesteuerten Sonnenschutzeinrichtungen sowie Lichtreflektoren

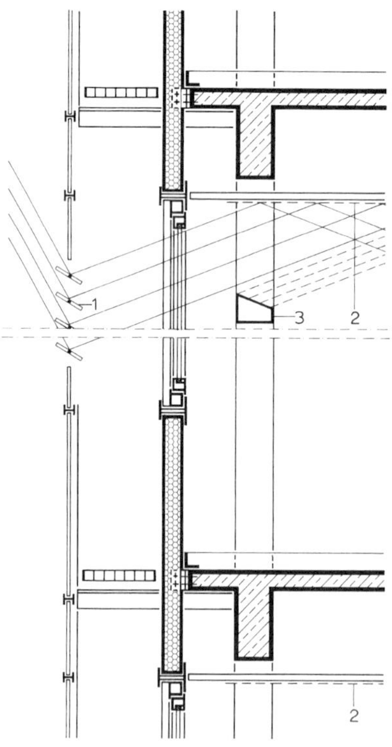

6.164
Zweischalige Fassade mit Tageslichtsteuerung („Intelligente Fassade")

1 gesteuerte Lamellen
2 reflektierende Decke
3 Leuchtkörper

bzw. Lichtlenksystemen kombiniert. Darüber hinaus kann Sonneneinstrahlung, die von gesteuerten Spiegelscheiben, Jalousetten o. ä. reflektiert wird, ggf. über Prismenssysteme oder Reflektionsflächen an den Decken als blendfreies Tageslicht in die Räume geleitet werden. Dieser Effekt kann durch Fenstergläser mit veränderlichen, gesteuerten optischen Eigenschaften ergänzt werden. Nur bei besonderen Anforderungen bzw. bei Dunkelheit werden künstliche Lichtquellen eingesetzt (Bild **6**.164).

Die zur Selbststeuerung der Fassaden benötigte Energie wird vielfach über Fotovoltaik-Einrichtungen gewonnen. Diese können Teil der gesteuerten Sonnenschutzeinrichtungen sein. Die Entwicklung der Intelligenten Fassaden wird fortgesetzt mit der „Intelligenten Architektur": Gebäudeplanungen werden als komplexe Aufgaben unter Einschluß aller Energieprobleme betrachtet. Für „Intelligente Gebäude" gibt es bereits zahlreiche ausgeführte Beispiele und die verschiedenartigsten Lösungsansätze.

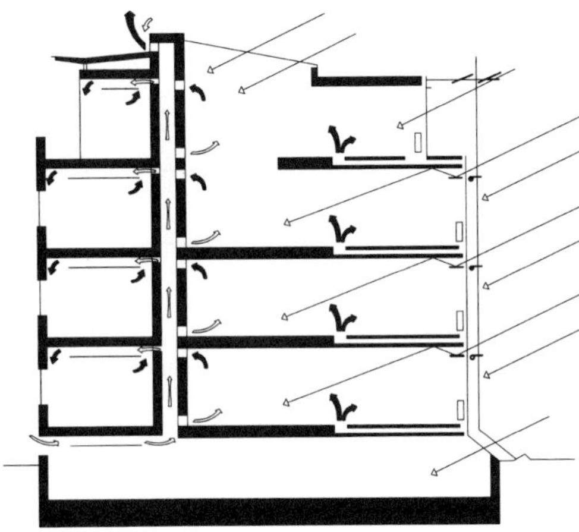

a)

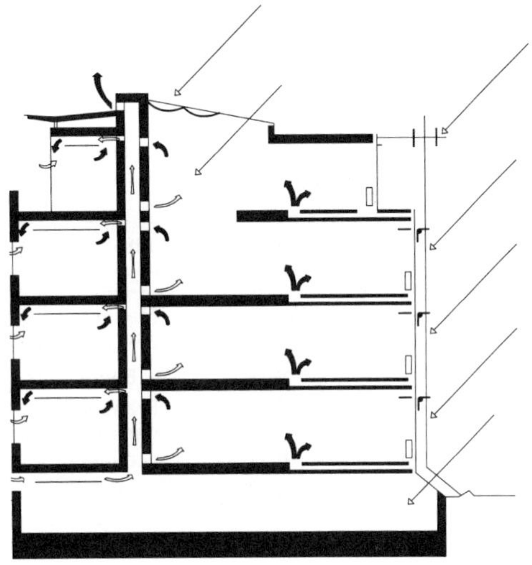

b)

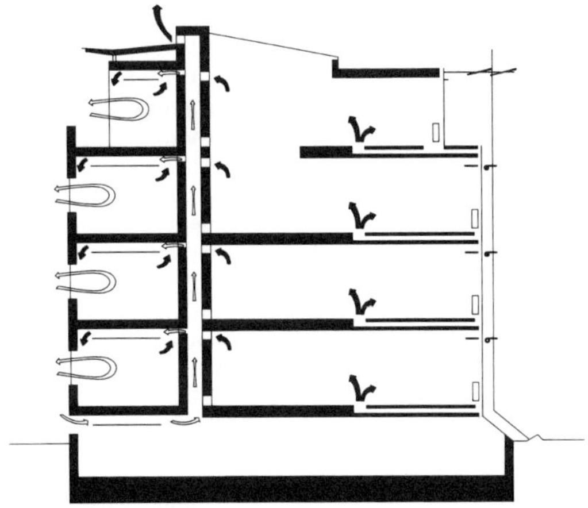

c)

6.165
Niedrigenergie-Bürogebäude [44]
Schematische Darstellung der Betriebszustände

a) Wintertag
b) Sommertag
c) Sommernacht

Unter Ausnutzung mehrschaliger Fassaden werden bei ihnen je nach Tages- bzw. Jahreszeitanforderungen Luftströmungen durch massive Hohldecken und Schächte geleitet, die als Wärmepuffer dienen (Bild **6**.165). Auch massive Wandteile werden zur Speicherung von eingestrahlter Sonnenenergie ausgenutzt. Auf diese Weise kann Energie gespeichert werden, die auch zur Unterstützung der Luftumwälzung ausnutzbar ist. Im Sommer wird die Tageswärme in der Gebäudemasse zunächst gespeichert und über Nacht wieder abgeführt.

Im Winter kann der Luftraum in Doppelfassaden zusätzlichen Wärmeschutz bieten, wenn die Luftströmungen unterbunden werden.

Die erforderliche Befeuchtung der zugeführten Frischluft läßt sich weitgehend durch künstliche Wasserflächen erreichen, die den Ansaugeinrichtungen vorgelagert werden.

In derartigen Intelligenten Gebäuden kann nicht nur auf besondere Kühl- bzw. Klimatisierungsinstallationen verzichtet werden, sondern es sind erhebliche Energieeinsparungen möglich durch geschickte Ausnutzung der natürlichen Energiequellen.

Eine weitergehende Behandlung dieses völlig neuartigen Aspektes des Gestaltens (z. B. auch durch Einsatz von veränderbaren Farben, von Werbemitteln usw.) und Konstruierens kann nicht Aufgabe einer Baukonstruktionslehre sein, und es muß für dieses Gebiet auf Spezialliteratur verwiesen werden.

6.7.6 Normen

Norm	Ausgabe-Datum	Titel
DIN 1053-1	11.96	Mauerwerk; Berechnung und Ausführung
DIN 1053-2	11.96	–; Mauerwerksfestigkeitsklassen aufgrund von Eignungsprüfungen
DIN 1053-4	9.78	–; Bauten aus Ziegelfertigbauteilen
DIN 4102-1	5.81	Brandverhalten von Baustoffen und Bauteilen; Begriffe, Anforderungen und Prüfungen
DIN 4102-2	9.77	–; Bauteile; Begriffe, Anforderungen und Prüfungen
DIN 4102-3	9.77	–; Brandwände und nichttragende Außenwände; Begriffe, Anforderungen und Prüfungen
DIN 4102-4	3.94	–; Zusammenstellung und Anwendung klassifizierter Baustoffe, Bauteile und Sonderbauteile
DIN 4102-5	9.89	–; Feuerschutzabschlüsse; Abschlüsse in Fahrschachtwänden und gegen Feuer widerstandsfähige Verglasungen; Begriffe, Anforderungen und Prüfungen
DIN 4102-6	9.77	–; Lüftungsleitungen; Begriffe, Anforderungen und Prüfungen
DIN 4102-7	3.87	–; Bedachungen; Begriffe, Anforderungen und Prüfungen
DIN 4108-1	8.81	Wärmeschutz im Hochbau; Größen und Einheiten
DIN 4108-2[1]	8.81	–; Wärmedämmung und Wärmespeicherung; Anforderungen und Hinweise für Planung und Ausführung
DIN 4108-3[1]	8.81	–; Klimabedingter Feuchteschutz; Anforderungen und Hinweise für Planung und Ausführung
DIN 4108-4[1]	11.91	–; Wärme- und feuchteschutztechnische Kennwerte
DIN 4108-5	8.81	–; Berechnungsverfahren
DIN V 4108-6	4.95	Wärmeschutz im Hochbau – Teil 6: Berechnung des Jahresheizwärmebedarfs von Gebäuden
E DIN 4108-20	7.95	Wärmeschutz im Hochbau – Teil 20: Thermisches Verhalten von Gebäuden; Sommerliche Raumtemperaturen bei Gebäuden ohne Anlagentechnik; Allgemeine Kriterien und Berechnungsalgorithmen (Vorschlag für eine Europäische Norm)
E DIN 4108-21	11.95	Wärmeschutz im Hochbau – Teil 21: Außenwände von Gebäuden; Luftdurchlässigkeit; Prüfverfahren (Vorschlag f. e. Europ. Norm)

[1]) z. Z. in Neubearbeitung (E 11.95)

Normen, Fortsetzung

Norm	Ausgabe-Datum	Titel
DIN 4 109	11.89	Schallschutz im Hochbau, Anforderungen, Nachweise
DIN 4 109 Bbl 1	11.89	–; Ausführungsbeispiele und Rechenverfahren
DIN 4 109 Bbl 2	11.89	–; Hinweise für Planung und Ausführung; Vorschläge für einen erhöhten Schallschutz; Empfehlungen für den Schallschutz im eigenen Wohn- und Arbeitsbereich
DIN 18 202	5.86	Toleranzen im Hochbau; Bauwerke
DIN 18 203-1	2.85	Toleranzen im Hochbau; Vorgefertigte Teile aus Beton; Stahlbeton und Spannbeton
DIN 18 203-2	5.86	–; Vorgefertigte Teile aus Stahl
DIN 18 500	3.90	Betonwerksteine; Anforderungen, Prüfung, Überwachung
DIN 18 540	2.95	Abdichten von Außenwandfugen im Hochbau mit Fugendichtungsmassen; konstruktive Ausbildung der Fugen
DIN 18 545-1	2.92	Abdichten von Verglasungen mit Dichtstoffen; Anforderungen an Glasfalze
DIN 18 545-2	3.95	–; Dichtstoffe; Bezeichnung, Anforderungen und Prüfung
DIN 18 545-3	2.92	–; Verglasungssysteme

6.8 Nichttragende innere Trennwände

6.8.1 Allgemeines

Nichttragende innere Trennwände sind nach DIN 4103 Bauteile, die im Inneren eines Bauwerkes lediglich der Unterteilung von Räumen dienen und nicht bei der Lastabtragung und Aussteifung des Gebäudes mitwirken.

Trennwände erhalten ihre Standsicherheit erst durch die Verbindung mit angrenzenden tragenden Bauteilen. Man unterscheidet:

— Fest eingebaute Trennwände

— umsetzbare Trennwände (s. Abschn. 13)

— bewegliche Trennwände (z. B. Schiebe- und Faltwände, s. Abschn. 7 in Teil 2 dieses Werkes).

Die Trennwände müssen so ausgebildet sein, daß sie ruhende (statische) Belastungen aufnehmen und auf tragende Bauteile wie Decken oder andere Wände ableiten können.

Sie müssen außerdem stoßartigen Belastungen widerstehen können, die beim Gebrauch üblicherweise auftreten können (z. B. Anprall von Menschen, Druck von Menschenmassen).

Ruhende Belastungen sind:

— Eigengewicht einschl. Putz oder Wandbekleidungen,

— leichte Konsollasten (0,4 kN/m, vertikale Wirkungslinie in ≦ 30 cm Wandabstand; ausgenommen bei Glastrennwänden u. ä.).

Bei stoßartigen Belastungen wird nach DIN 4103-1, Abschn. 4.3 unterschieden zwischen „weichem Stoß" und „hartem Stoß". Die Erfüllung der hierfür gegebenen Anforderungen sind durch genormte Versuchsverfahren für die jeweiligen Wandbauten nachzuweisen.

Die anzusetzenden Stoßenergien dienen der Sicherheit von Personen. Dabei darf die Wand nicht durchbohrt oder vom Gebäude losgetrennt werden. Dennoch herabfallende Bruchstücke dürfen Menschen nicht ernsthaft verletzen. Die mögliche Formänderung von angrenzenden Bauteilen (z. B. Durchbiegung von Decken, Längenänderung massiver Flachdachplatten u. ä.) muß durch entsprechende konstruktive Ausbildung der Trennwände berücksichtigt werden. So sind gemauerte Zwischenwände nicht gegen die darüberliegenden Decken zu vermörteln, sondern z. B. durch Schaumstoffstreifen zu trennen. An abgehängte Decken und Deckenbekleidungen können leichte Trennwände angeschlossen werden, wenn die aus der Beanspruchung der Trennwände resultierenden Horizontalkräfte sicher in die tragenden Bauteile abgeleitet werden können (s. Abschn. 12). Vorerst sind die dafür notwendigen Konstruktionen dem Ermessen der Hersteller von leichten Trennwänden überlassen, doch muß der Nachweis geführt werden, daß die Anforderungen der DIN 4103-1 erfüllt werden.

Befestigungsmittel, Baustoffe und Bauteile müssen den gültigen Normen entsprechen, oder ihre Eignung muß nachgewiesen werden.

Für die Anforderungen an Trennwände sind in DIN 4103-1 zwei Beanspruchungsbereiche festgelegt:

— **Einbaubereich 1**. Bereiche mit geringen Menschenansammlungen wie z. B. in Wohnungen, Büro-, Hotel- und Krankenhausräumen u. ä. einschließlich der dazugehörigen Flure,

— **Einbaubereich 2**. Bereiche mit größeren Menschenansammlungen wie z. B. in größeren Versammlungsräumen, Schulen, Hörsälen, Ausstellungs- und Verkaufsräumen u. ä. Zum Einbaubereich 2 zählen auch Trennwände zwischen Räumen mit Höhenunterschieden der Fußböden $\geqq$1,00 m.

Nach DIN 1 055-3 ist es zulässig, leichte Trennwände ohne Wandträger oder besondere Verstärkungsstreifen auf die Geschoßdecken zu stellen, falls der Einfluß ihres Gewichtes bei der Deckenberechnung in Form von Zuschlägen zur Verkehrslast berücksichtigt wird (s. auch Abschn. 9.1). Der Zuschlag beträgt

— 0,75 kN je m^2 bei Wandgewichten $\leqq$ 100 kg/m^2 einschließlich Putz,

— 1,25 kN je m^2 bei Wandgewichten $\geqq$ 100 $\leqq$ 150 kg/m^2 einschließlich Putz.

Bei Verkehrslasten von $\geqq$ 5,00 kN/m^2 erübrigt sich ein Zuschlag.

Bei Trennwänden muß sichergestellt werden, daß sie bei Bauwerksverformungen nicht unbeabsichtigt belastet werden, denn – abgesehen von Schäden an den Trennwänden selbst – können sonst erhebliche nachteilige Folgen für das gesamte statische Baugefüge durch derartige dann „tragende" Wände entstehen.

Die Ausführung von geeigneten elastischen Deckenanschlüssen zeigt Bild **6**.166.

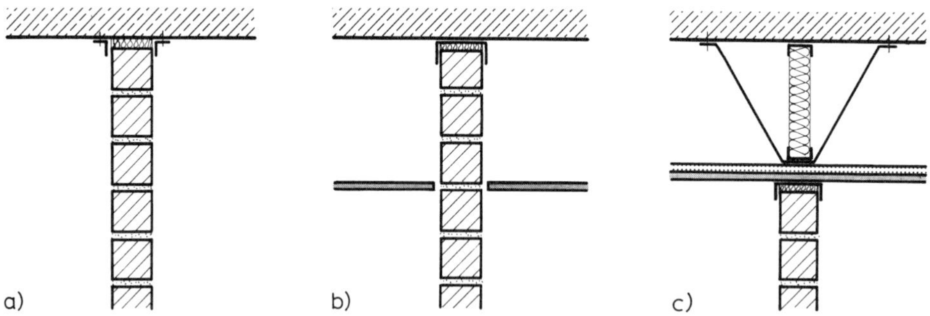

6.166 Anschlüsse von nichttragenden Trennwänden an Decken

a) Anschluß mit Metallwinkeln
b) Anschluß mit Metall-U-Profil
c) Anschluß an abgehängte schalldämmende Decke

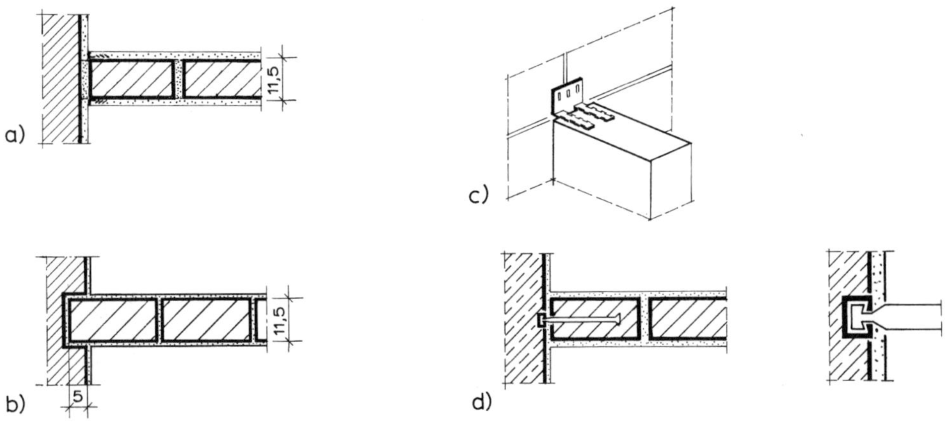

6.167 Nichttragende gemauerte Wände: Anschluß an tragende Wände
a) Stumpfstoß
b) Anschluß in Wandaussparung
c) Anschluß mit Ankerlaschen
d) Anschluß mit Ankerschiene/-anker

Nichttragende Trennwände müssen – abhängig von Materialart, Wanddicke, Wandhöhe und Wandlänge – ausgesteift werden.

Die Aussteifung kann – wie bei tragenden Wänden – durch einbindende Verzahnung oder Ankerlaschenverbindung mit anderen Trennwänden, durch Ankerschienen oder durch Einbinden in Wandaussparungen erfolgen (Bild **6**.167).

Der Anschluß der Wände muß hier – ebenso wie beim Anschluß an tragende Wände – so ausgeführt werden, daß keine Kraftübertragung und keine Beeinflussung durch Formänderungen des Bauwerks möglich ist. Im Wohnungsbau ist es bei den dort vorhandenen meistens kleineren Abmessungen der Wände üblich, diese im Verband auch mit den tragenden Wänden auszuführen.

Durch ausreichende Dimensionierung der Decken ist dafür zu sorgen, daß es nicht infolge von Durchbiegungen zu Schäden an Zwischenwänden kommt. Bei größeren Verformungen der Decken kann innerhalb der Zwischenwände ein „Stützgewölbe-Effekt" wirksam werden. Die Folge sind Horizontalabrisse in den unteren Lagerfugen (Bild **6**.168). Wenn derartige Verformungen nicht ausgeschlossen werden können, sollten die unteren Schichten von gemauerten Zwischenwänden als bewehrtes Mauerwerk ausgeführt werden (vgl. Abschn. 6.2.2.1, bewehrtes Mauerwerk).

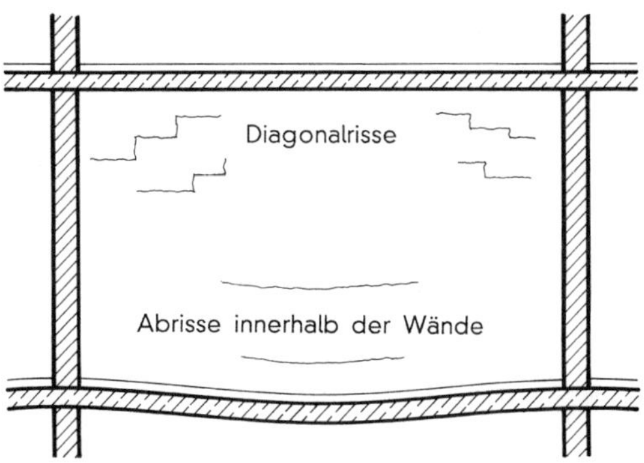

6.168
Schadensbild an Zwischenwänden bei zu großen Deckendurchbiegungen

6.8.2 Einschalige nichttragende Trennwände

6.8.2.1 Allgemeines

Einschalige nichttragende Trennwände können in Wanddicken von 5 bis ≦ 24 cm aus verschiedenen Materialien im Verband aufgemauert werden. Als Baustoffe kommen in Frage:

— Ziegel (DIN 105)
— Kalksandsteine (DIN 106)
— Porenbeton (DIN 4165 und 4166)
— Leichtbeton (DIN 18 148 und 18 162)
— Gipsplatten (DIN 18 163)
— Glasbausteine (DIN 4242, 4243, 18 175).

Schallschutz. Ausreichenden Schallschutz können einschalige Trennwände in der Regel nicht ohne zusätzliche Maßnahmen bieten. Im Beiblatt 1 zu DIN 4109 werden für einschalige biegesteife Wände verschiedene Konstruktionsvorschläge für biegeweiche Vorsatzschalen gemacht (Bild **6**.169). Unterschieden werden Konstruktionen ohne oder federnde Verbindung der Schalen und Konstruktionen mit fest verbundenen Schalen. Die erreichbare Verbesserung hängt vom Flächengewicht der biegesteifen Wand und der Ausbildung der flankierenden Bauteile ab (vgl. Abschn. 6.2.1.3 und 14.6). Rechenwerte sind in Tabelle **6**.170 enthalten.

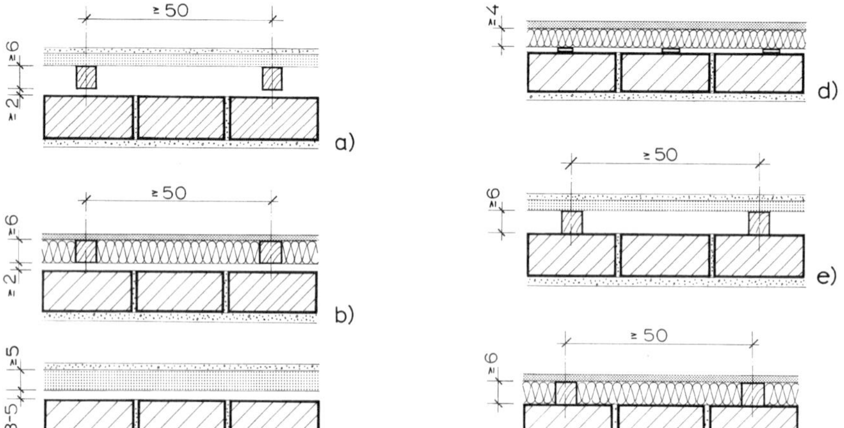

6.169 Biegesteife Wände mit biegeweichen Versatzschalen. Die Konstruktionen a bis d verbessern das bewertete Schalldämm-Maß um mindestens 15 dB, die Konstruktionen e und f um mindestens 10 dB.

a) Vorsatzschale aus Holzwolle-Leichtbauplatten > 25 mm, verputzt, Holzständer, freistehend
b) Vorsatzschale aus Gipskartonplatten 12,5 oder 15 mm dick oder aus Spanplatten 10 bis 16 mm dick, Hohlraumfüllung zwischen den Holzständern oder C-Profilen aus Stahlblech, freistehend
c) Vorsatzschale aus Holzwolle-Leichtbauplatten > 50 mm, verputzt, freistehend
d) Vorsatzschale aus Gipskartonplatten 12,5 oder 15 mm dick und Faserdämmplatten, streifen- oder punktförmig angesetzt
e) Vorsatzschale aus Holzwolle-Leichtbauplatten > 25 mm, verputzt, Ständer an schwerer Schale befestigt
f) Vorsatzschale aus Gipskartonplatten, 12,5 oder 15 mm dick oder aus Spanplatten 10 bis 16 mm dick, mit Hohlraumfüllung aus Faserdämmstoffen, Ständer an schwerer Schale befestigt

Tabelle **6**.170 Bewertetes Schalldämm-Maß $R'_{w,R}$ von einschaligen, biegesteifen Wänden mit einer biegeweichen Vorsatzschale nach Bild **6**.169 (Rechenwerte)

Spalte	1	2
Zeile	Flächenbezogene Masse der Massivwand in kg/m²	$R'_{w,R}$ [1)] [2)] in dB
1	100	49
2	150	49
3	200	50
4	250	52
5	275	53
6	300	54
7	350	55
8	400	56
9	450	57
10	500	58

[1)] Gültig für flankierende Bauteile mit einer mittleren flächenbezogenen Masse $m'_{L.\,Mittel}$ von etwa 300 kg/m². Weitere Bedingungen für die Gültigkeit der Tabelle 8 s. DIN 4109 Bbl. 1 Abschn. 3.1.

[2)] Bei Wandausführungen nach Bild **6**.169 e und f sind diese Werte um 1 dB abzumindern.

Brandschutz. Hinsichtlich des Brandschutzes können einschalige Trennwände auch in einfachen Ausführungen die Anforderungen der Feuerwiderstandsklasse F 30 (W 30) – „feuerhemmend" – erfüllen. Gemauerte Trennwände erreichen – insbesondere mit beidseitigem Putz – bereits ab 11,5 cm Wanddicke die Feuerwiderstandsklasse F 90 (W 90) – „feuerbeständig". Auch mit mehrschaligen Trennwänden können sehr hohe Brandschutzanforderungen gewährleistet werden (DIN 4102-4, Abschn. 4). Neben der Wanddicke, die für die einzelnen Bauarten tabellarisch festgelegt ist, ist die Ausbildung von Fugen und insbesondere von Anschlüssen an andere Bauteile dabei von ausschlaggebender Bedeutung (s. Abschn. 15.7).

Ausführungsbestimmungen für leichte Trennwände der verschiedenen Bauarten sind in DIN 4103, 4242 und 18 183 enthalten.

6.8.2.2 Gemauerte nichttragende Wände

Gemauerte Trennwände können für Wanddicken von 11,5 cm in herkömmlicher Art aus kleinformatigen Ziegeln oder Kalksandsteinen aufgemauert werden. Wesentlich rationeller ist jedoch die Herstellung aus Bauplatten von 25 bis 50 cm Höhe, 50 bis 100 cm Länge für Wanddicken von 5 bis 17,5 cm.

Zur Erleichterung der Bemessung ist von der Deutschen Gesellschaft für Mauerwerksbau e.V. ein Merkblatt mit „Grenzabmessungen" herausgegeben.

Unterschiedlich werden Trennwände die dreiseitig (ein freier, vertikaler Rand) oder vierseitig gehalten sind (Tabellen **6**.171 bis **6**.173).

Bei der Anwendung der Tabellen, die für Wände ohne Auflast gelten, muß sichergestellt sein, daß durch die Verformung angrenzender Bauteile, d. h. in der Regel der Decken, keine Belastungen erfolgen. Für Tabelle **6**.173 dürfen infolge starrer Anschlüsse lediglich geringfügige Auflasten entstehen.

Zur weiteren Rationalisierung können geschoßhohe Elemente aus Porenbeton eingesetzt werden (Bild **6**.174).

Tabelle **6**.171 Grenzabmessungen für dreiseitig gehaltene Wände (oberer Rand ist frei) ohne Auflast bei Verwendung von Ziegeln oder Leichtbetonsteinen[4]

d	max. Wandlänge in m (Tabellenwert) im Einbaubereich I (oben) und II (unten) bei einer Wandhöhe in m						
in cm	2,0	2,25	2,50	3,0	3,50	4,0	4,5
5,0	3,0	3,5	4,0	5,0	6,0	–	–
	1,5	2,0	2,5	–	–	–	–
6,0	5,0	5,5	6,0	7,0	8,0	9,0	–
	2,5	2,5	3,0	3,5	4,0	–	–
7,0	7,0	7,5	8,0	9,0	10,0	10,0	10,0
	3,5	3,5	4,0	4,5	5,0	6,0	7,0
9,0	8,0	8,0	9,0	10,0	10,0	12,0	12,0
	4,0	4,0	5,0	6,0	7,0	8,0	9,0
10,0	10,0	10,0	10,0	12,0	12,0	12,0	12,0
	5,0	5,0	6,0	7,0	8,0	9,0	10,0
11,5	8,0	9,0	10,0	10,0	12,0	12,0	12,0
	6,0	6,0	7,0	8,0	9,.0	10,0	10,0
12,0	8,0	9,0	10,0	12,0	12,0	12,0	12,0
	6,0	6,0	7,0	8,0	9,0	10,0	10,0
17,5	keine Längenbegrenzung						
	8,0	9,0	10,0	12,0	12,0	12,0	12,0

Tabelle **6**.172 Grenzabmessungen für vierseitig[1] gehaltene Wände ohne Auflast bei Verwendung von Ziegeln oder Leichtbetonsteinen[4]

d	max. Wandlänge in m (Tabellenwert) im Einbaubereich I (oben) und II (unten) bei einer Wandhöhe in m				
in cm	2,5	3,0	3,5	4,0	4,5
5,0	3,0	3,5	4,0	–	–
	1,5	2,0	2,5	–	–
6,0	4,0	4,5	5,0	5,5	–
	2,5	3,0	3,5	–	–
7,0	5,0	5,5	6,0	6,5	7,0
	3,0	3,5	4,0	4,5	5,0
9,0	6,0	6,5	7,0	7,5	8,0
	3,5	4,0	4,5	5,0	5,5
10,0	7,0	7,5	8,0	8,5	9,0
	5,0	5,5	6,0	6,5	7,0
11,5	10,0	10,0	10,0	10,0	10,0
	6,0	6,5	7,0	7,5	8,0
12,0	12,0	12,0	12,0	12,0	12,0
	6,0	6,5	7,0	7,5	8,0
17,5	keine Längenbegrenzung				
	12,0	12,0	12,0	12,0	12,0

Tabelle **6**.173 Grenzabmessungen für vierseitig[1] gehaltene Wände ohne Auflast bei Verwendung von Ziegeln oder Leichtbetonsteinen[5]

d	max. Wandlänge in m (Tabellenwert) im Einbaubereich I (oben) und II (unten) bei einer Wandhöhe in m				
in cm	2,5	3,0	3,5	4,0	4,5
5,0	5,5	6,0	6,5	–	–
	2,5	3,0	3,5	–	–
6,0	6,0	6,5	7,0	–	–
	4,0	4,5	5,0	–	–
7,0	8,0	8,5	9,0	9,5	–
	5,5	6,0	6,5	7,0	7,5
9,0	12,0	12,0	12,0	12,0	12,0
	7,0	7,5	8,0	8,5	9,0
10,0	12,0	12,0	12,0	12,0	12,0
	8,0	8,5	9,0	9,5	10,0
11,5	keine Längenbegrenzung				
		12,0	12,0	12,0	12,0
12,0	keine Längenbegrenzung				
				12,0	12,0
17,5	keine Längenbegrenzung				

[1]) Bei dreiseitiger Halterung (ein freier, vertikaler Rand) sind die max. Wandlängen zu halbieren.

[2]) Bei Verwendung von Porenbeton-Blocksteinen und Kalksandsteinen mit Normalmörtel sind die max. Wandlängen zu halbieren. Dies gilt nicht bei Verwendung von Dünnbettmörteln oder Mörteln der Gruppe III. Bei Verwendung der Mörtelgruppe III sind die Steine vorzunässen.

[3]) Bei Verwendung von Porenbeton-Blocksteinen mit Normalmörtel und Wanddicken < 10 cm sind die max. Wandlängen zu halbieren. Dies gilt auch für 10 cm dicke Wände der genannten Steinarten und Normalmörtel im Einbaubereich II. Die Einschränkungen sind nicht erforderlich bei Verwendung von Dünnbettmörteln oder Mörteln der Gruppe III. Bei Verwendung der Mörtelgruppe III sind die Steine vorzunässen.

[4]) Bei Verwendung von Steinen aus Porenbeton und Kalksandsteinen mit Normalmörteln sind die max. Wandlängen wie folgt zu reduzieren:
a) bei 5, 6 und 7 cm dicken Wänden auf 40%
b) bei 9 und 10 cm dicken Wänden auf 50%
c) bei 11,5 und 12 cm dicken Wänden im Einbaubereich II auf 50% (keine Abminderung im Einbaubereich I)
Die Reduzierung der Wandlängen ist nicht erforderlich bei Verwendung von Dünnbettmörteln oder Mörteln der Gruppe III. Bei Verwendung der Mörtelgruppe III sind die Steine vorzunässen.

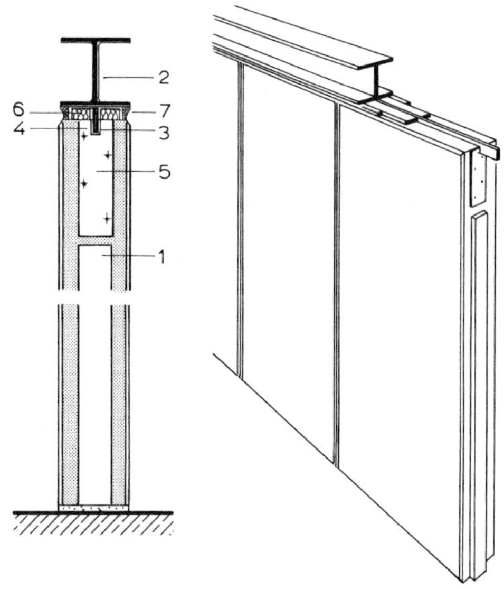

6.174

Trennwand aus geschoßhohen Porenbeton-Elementen, Anschluß an Stahlträger (HEBEL)

1 Porenbeton-Wandplatten
2 Stahlkonstruktion
3 Flachstahl, bauseits angeschweißt 30/6,5 mm
4 Stirnnut
5 Nagellasche mit Bohrungen, Ø 9 mm
6 Hinterfüllmaterial, z. B. Mineralwolle
7 Fugendichtungsmasse, plasto-elastisch

6.8.2.3 Leichte Trennwände aus Gipsbauplatten

Leichte Trennwände aus Gipsbauplatten sind genormt nach DIN 4103-2. Sie werden – beginnend auf einer Ausgleichs-Mörtelschicht – im Verband aufgesetzt, mit Gipsmörtel verbunden

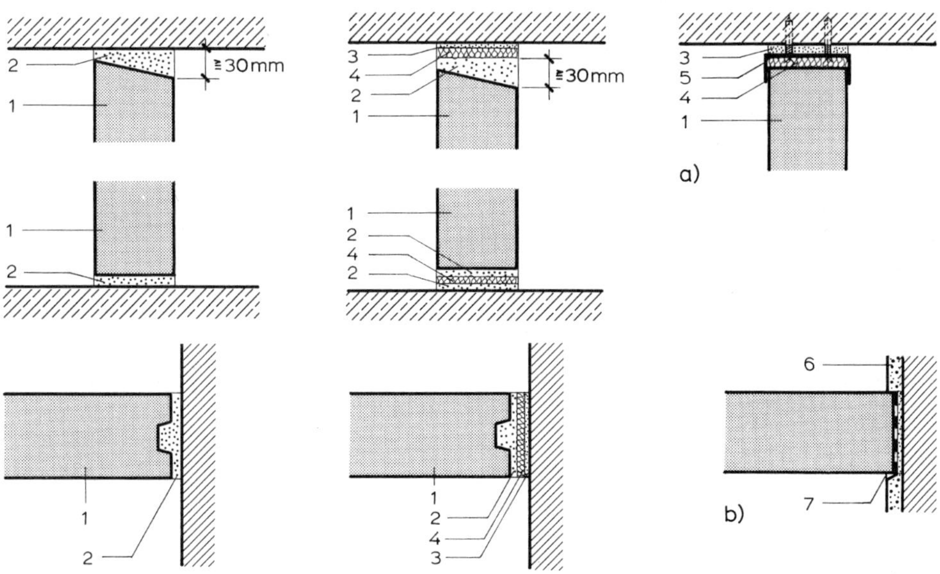

6.175 Anschlüsse von Trennwänden aus Gipsbauplatten

a) Schnitte mit starrem, elastischem oder gleitenden Decken- und mit Bodenanschluß
b) Grundrisse mit Wohnanschluß

1 Gipsbauplatte
2 Gipsmörtel
3 Fugengips
4 Mineralwolle-, Bitumenfilz- oder Korkstreifen
5 U-Profil
6 Wandputz
7 Kellenschnitt oder Putzanschlußprofil

und mit Fugengips gespachtelt. Danach kann unmittelbar die Endbehandlung z. B. durch Tapezieren oder Anstrich erfolgen.

Grundsätzlich sind Trennwände aus Gips mit elastischen Anschlüssen an benachbarte Bauteile anzuschließen. Durch lückenlos verlegte wandbreite elastische Bitumenfilz-, Preßkork- oder Mineralwollestreifen wird die Übertragung von Körperschall verhindert. Sind z. B. bei großen Spannweiten größere Deckendurchbiegungen zu erwarten, sind gleitende Anschlüsse mit Anschlußprofilen vorzusehen (Bild **6**.175).

Die planebenen Oberflächen sorgfältig hergestellter Wände aus Gipsbauplatten erfordern lediglich eine Spachtelung. Danach können Anstriche oder Tapezierarbeiten ausgeführt werden.

Für Sanitärräume o. ä. werden Gipsbauplatten mit Imprägnierungen gegen Feuchtigkeit verwendet.

Tabelle **6**.176 Zulässige Wandhöhe *h* für Wände, die mindestens oben und unten angeschlossen sind, eine beliebige Wandlänge *l* besitzen und g r o ß e Ö f f n u n g e n (z. B. Türöffnungen) aufweisen dürfen

Einbaubereich nach DIN 4103-1	Zulässige Wandhöhe h[1)] [mm] für Plattenarten[2)] bei Plattendicken von 60 mm PW, GW, SW	80 mm PW, GW, SW	100 mm PW, GW, SW
1	3500	4500	700
2	nur mit Nachweis möglich	2750 3500	5000

[1)] Für Wände über 5000 mm Höhe, an die Anforderungen nach DIN 4102-4 gestellt werden, ist ein entsprechender Nachweis zu führen – dieser Nachweis ist durch Prüfungen am Institut für Baustoffe, Massivbau und Brandschutz, Braunschweig, erbracht.

[2)] Nach DIN 18 163 werden folgende Plattenarten unterschieden:
Porengips-Wandbauplatte PW mit einer Rohdichte über 0,6 bis 0,7 kg/dm³
Gips-Wandbauplatte GW mit einer Rohdichte über 7,0 bis 0,9 kg/dm³
Gips-Wandbauplatte SW mit einer Rohdichte über 0,9 kg/dm³

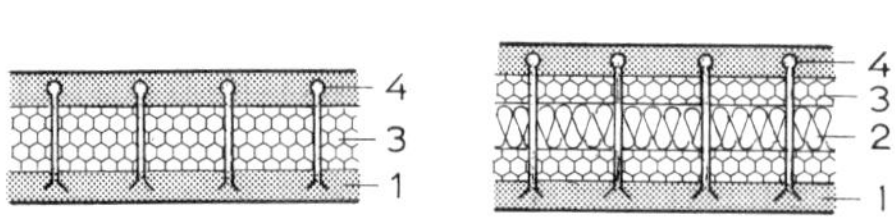

6.178 Mehrschalige Gips-Trennwandelemente (ATONA, Firma Grohmann)

1 Gipsplatten
2 Mineralfaserkern
3 Hartschaum
4 Kunststoff-Verbinder

Tabelle **6**.177 Zulässige Wandlänge *l* in Abhängigkeit von der Wandhöhe *h* bei Wänden, die keine großen Öffnungen aufweisen und vierseitig angeschlossen sind

Einbaubereich nach DIN 4103-1	Höhe h[1)] in mm	Zulässige Wandlänge *l* [mm] für Plattenarten[2)] bei Plattendicken von und der Plattenart[2)] nach DIN 18 163: 60 mm PW, GW, SW	80 mm PW	80 mm GW, SW	100 mm PW, GW, SW
1	3000				
	3500	Wandlänge beliebig			
	4000	8000			
	4500				
	5000		12 500		
	5500		13 750		
	6000	nur mit Nachweis möglich			
	6500				
	7000				
2	3000	4500	6000	Wandlänge beliebig	
	3500		7000		
	4000		8000	10 000	
	4500	nur mit Nachweis möglich			
	5000				
	5500				16 500

Aussparungen für Installationen dürfen nur durch Fräsen hergestellt werden.

Nur bei vernachlässigbar geringen zu erwartenden Zwängungskräften kann der Anschluß starr an benachbarte Bauteile ausgebildet werden.

Alle Einbau- und Befestigungsteile müssen sorgfältig gegen Korrosion geschützt sein.

Die zulässigen Wandlängen in Abhängigkeit von Plattendicke und Wandhöhe sind den Tabellen **6**.176 und **6**.177 zu entnehmen.

Das Gewicht einschaliger Gipswände kann durch Verwendung von Platten mit porigem Gefüge verringert werden. Die Wärme- und Schalldämm-Eigenschaften werden verbessert durch Mehrschichtplatten (Bild **6**.178).

6.8.2.4 Glasbausteinwände

Glasbausteine (DIN 18 175) sind Hohlglaskörper, die aus zwei gepreßten Teilen verschmolzen werden. Der Zwischenraum ist luftdicht abgeschlossen. Die Sichtflächen können eben und durchsichtig, aber auch profiliert und ornamentiert sein.

Glasbausteine werden nach DIN 4242 für Lichtwände und Raumteiler, Lichtbänder usw. verwendet. Wände aus Glasbausteinen bieten neben relativ guter Wärmedämmung (k = 2,9 bis 3,2 W/m²K) und Schalldämmung (bewertetes Schalldämmaß R_w ca. 40 dB) die Möglichkeit, lichtdurchlässige Wände herzustellen, die gegen mechanische Beanspruchungen weniger empfindlich als übliche Verglasungen sind. Sie können mit der Feuerwiderstandsklasse G 60 und als Doppelwand sogar mit G 120 ausgeführt werden (vgl. Abschn. 15.7).

Glasbausteinwände können mit Steinen 190 x 190 x 80 mm als durchschußhemmend nach DIN 52290-2 ausgeführt werden (Beanspruchungsart bis zu C 3).

Einen Überblick über die verfügbaren wichtigsten Formate von Glasbausteinen gibt Tabelle **6**.179).

Öffnungsmaße, Fugen- und erforderliche Randbreiten können nach Bild **6**.180 ermittelt werden.

Tabelle **6**.179 Glasbausteine: Maße, Gewichte, Druckfestigkeitsklassen

Länge l ± 2 mm	Breite b ± 2 mm	Höhe h ± 2 mm	Gewicht kg min.	Druckfestigkeiten MN/m² Mittelwert min.	Einzelwert min.
115	115	80	1,0	7,5	6,0
190	190	80	2,2	7,5	6,0
240	115	80	1,8	6,0	4,8
240	240	80	3,5	7,5	6,0
300	300	100	6,7	7,5	6,0

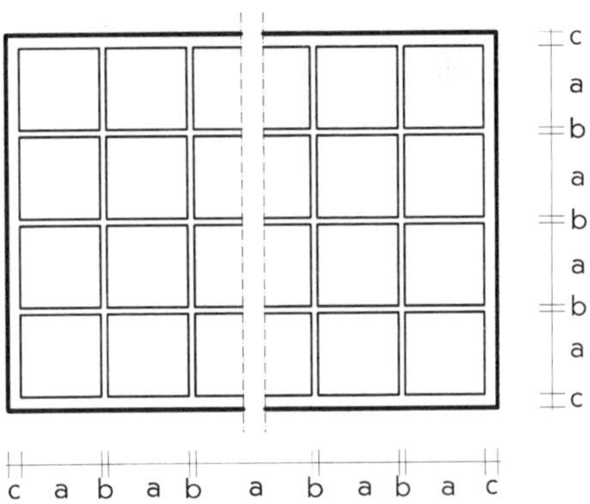

6.180 Ermittlung der erforderlichen Öffnungsmaße für Flächen aus Glasbausteinen

a = Kantenlänge der Steine
b = Fugenbreite (12 bis 30 mm)
c = Randstreifen (min. 50 mm, max. 100 mm)

Glasbausteine dürfen außer ihrem Eigengewicht keine lotrechten Lasten aufnehmen und müssen frei von Belastungen und Zwängungen durch Bauteilverformungen oder temperaturbedingte Längenänderungen sein. Es müssen daher insbesondere bei Glasbausteinen in Fassaden seitliche und obere Dehnfugen und unten Gleitfugen vorgesehen werden. Diese werden am besten mit Hilfe korrosionsgeschützter Stahl- oder Leichtmetall-Profile gebildet, in die Faserdämmplatten eingelegt werden (Bild **6**.181).

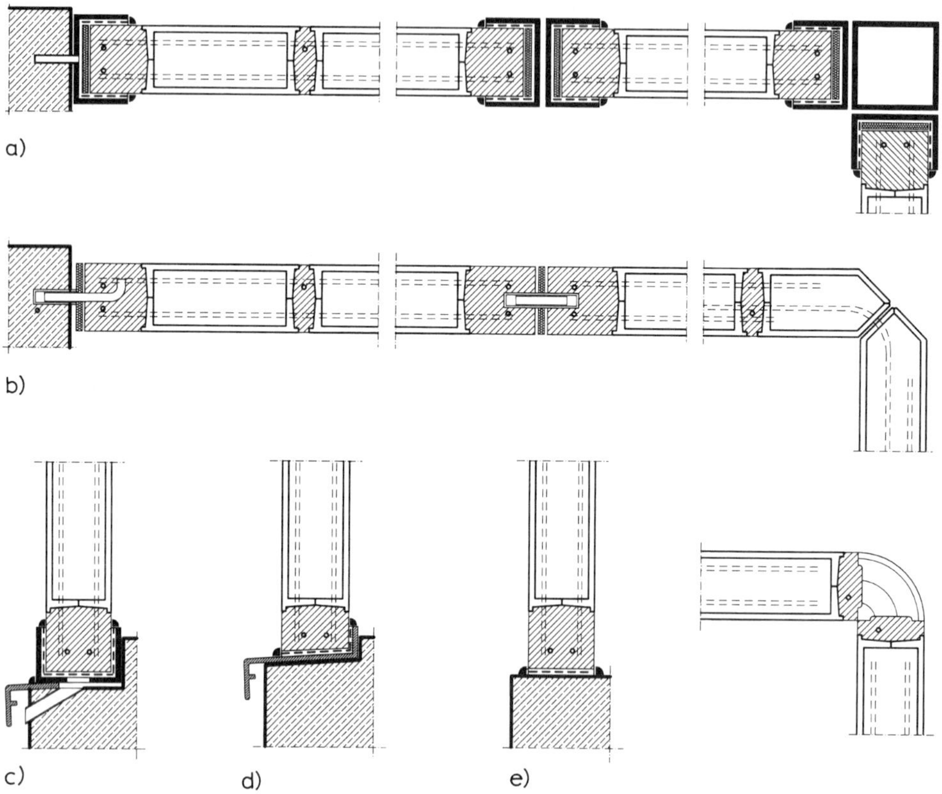

6.181 Wände aus Glasbausteinen; Konstruktionsdetails (Grundrisse)
a) Wandanschluß, Trennfuge und Ecke mit LM-U-Profilen
b) Wandanschluß und Trennfugenausbildung ohne U-Profile, Ecken mit Formsteinen
c) Bodenanschluß mit U-Profilen
d) Bodenanschluß mit Fensterbank
e) Bodenanschluß ohne U-Profile

Glasbausteinflächen in Fassaden dürfen ohne besonderen statischen Nachweis ausgeführt werden, bei Aufmauerung

– ohne Verband (mit durchgehenden Fugen): Bei Seitenlängen < 1,50 m, Wanddicke > 80 mm, Windlast < 0,8 kN/m²,

– im Verband: Wenn die kleinere Seite der Fläche < 1,50 m, die größere Seite < 6,00 m ist.

In allen anderen Fällen ist die Bemessung und Bewehrung nach DIN 4242 Abschn. 4 bzw. nach ENV 1992 Abschn. 4 durchzuführen.

Bei Wänden, die in der Regel ohne Knicksicherheitsnachweis erstellt werden können, ergibt sich bei einem gegebenen seitlichen Abstand der Auflager und einer Mindestwanddicke von 80 mm die maximale Höhe wie folgt:

gegebene Breite (m)	1,00	2,00	3,00	4,00	5,00	6,00
maximale Höhe (m)	8,00	7,00	6,00	5,00	4,00	3,00

Glasbausteine werden mit feuchtem, fast trockenem Zement- oder Leichtmörtel vermauert und anschließend verfugt. Der Fugenabstand beträgt in der Regel 12 mm, maximal 30 mm (z. B. bei starken Stahleinlagen).

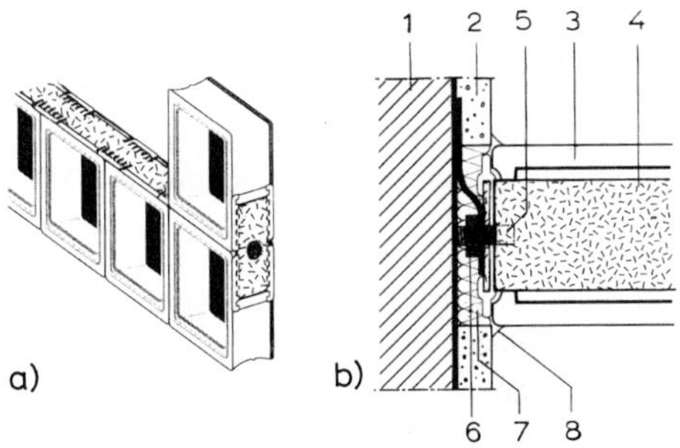

6.182
Aufbau von Glasbausteinen mit Spezial-Profilen (STECKfix)
a) räumliche Darstellung
b) Wandanschluß Schnitt
1 Mauerwerk
2 Putz
3 Glasstein
4 Armierungsstahl, verzinkt
5 eingeschweißter Bolzen MB
6 Mutter- oder Gewindehülse, verzinkt
7 Hinterfüllmaterial
8 Versiegelung

Zur Rationalisierung sind neuerdings Trockenbauverfahren auf dem Markt. Die Steine werden dabei zwischen verzinkten Flacheisen versetzt, die in die Lagerfugen eingelegt werden. Auf diese werden spezielle Kunststoff-Clips aufgeklemmt, die die Steine halten. Die nur 3 mm dicken Fugen werden mit einer Silikon-Spezialversiegelung kraftschlüssig gedichtet (Bild **6**.182). Für Rahmenkonstruktionen gibt es Leichtmetallprofile mit Höhen- und Seitenausgleich und für Außenwände mit thermischer Trennung (Bild **6**.183).

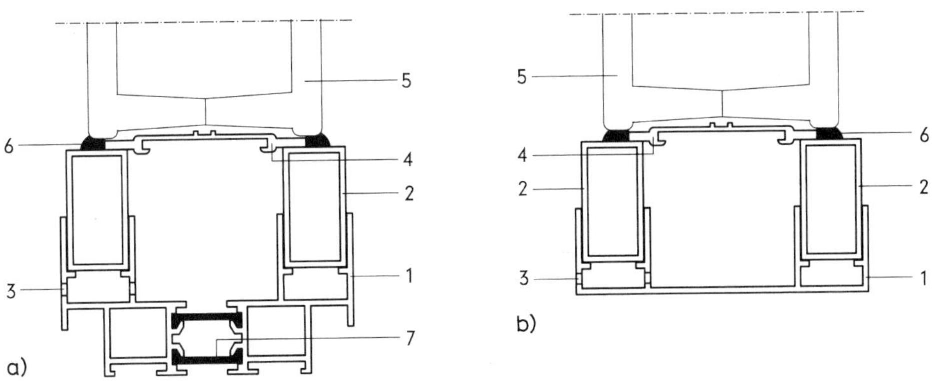

6.183 Rahmenprofile für Giasbausteine (STECKfix®)
a) Nommalprofil
b) Profil mit themmischer Trennung

1 Rahmenprofil
2 Ausgleichprofil (20 bis 100 mm breit)
3 Entwässerung und Belüftung (nach vorn oder unten)
4 Combi-Clip
5 Glasstein
6 Versiegelung
7 Wämmedämmsteg

6.8.3 Mehrschalige nichttragende Trennwände

6.8.3.1 Allgemeines

Überall dort, wo einschalige nichttragende Trennwände aus Gewichtsgründen nicht in Frage kommen, wo leichte Demontage möglich sein soll oder bei nachträglichen Einbauten werden mehrschalige Trennwandkonstruktionen bevorzugt.

Die tragenden Gerüste bestehen aus Stielen bzw. Ständern oder aus fachwerkartigen Rahmenkonstruktionen. Sie werden bekleidet mit Spanplatten, Profilbrettern, Paneelen, Gipskarton- oder -faserplatten, Faserzementplatten, Blechen usw. Derartige Wände können nur bedingt als umsetzbar gelten, da nur bei besonderen Vorkehrungen die Bekleidungen nach einem Abbau ohne Beschädigungen bleiben und wieder verwendet werden können (Umsetzbare Trennwände s. Abschn. 14). Sie gewinnen jedoch ständig zunehmende Bedeutung im Rahmen der Bestrebungen, zur Rationalisierung des Bauablaufes alle Innenausbauten in Trockenbauweisen auszuführen. Mit ganz oder teilweise vorgefertigten Trennwandelementen in Verbindung mit „Trockenputz" (Wandbekleidungen aus Gipskartonplatten) können z. B. Putzarbeiten vermieden werden, die neben dem erforderlichen Zeitaufwand und allen unvermeidbaren Verschmutzungen auch einen erheblichen Nässeeintrag in die Baustelle bedeuten.

Schallschutz. Für die Gewährleistung ausreichenden Schallschutzes sind nicht allein die Eigenschaften der Wände maßgeblich. Es müssen vor allem Maßnahmen gegen Schallübertragung über angrenzende Bauwerksteile (Flankenübertragung) getroffen werden (s. Abschn. 6.1.3). Insbesondere, wenn Trennwandkonstruktionen auf schwimmendem Estrich errichtet werden, kann die Schallübertragung auch bei Trennfugen im Estrich erfolgen. Günstiger sind in diesem Fall Verbundestriche, wenn der Schallschutz der Decken auf andere Weise gewährleistet werden kann (s. Abschn. 10).

Die Schalldämmung des oberen Anschlusses von leichten Trennwänden an Geschoßdecken ist schwierig, wenn unter der Decke Installationen hängen oder keine ebenen, geschlossenen Deckenuntersichten (z. B. bei Stahlbetonrippendecken, Stahlleichtdecken mit Trapezblechen) vorhanden sind. In derartigen Fällen muß eine schalldämmende, abgehängte Unterdecke vorgesehen werden, die über die Trennwände hinwegläuft, wobei die Trennwandskelette nur punktweise mit der Rohdecke verankert werden (s. Abschn. 12.3.3).

Brandschutzanforderungen können mit mehrschaligen Trennwandkonstruktionen bei Beachtung der in DIN 4102-4 Abschn. 4.9 festgelegten Anforderungen in vollem Umfang erfüllt werden, insbesondere, wenn statt Gipskartonplatten Feuerschutz-Spezialplatten verwendet werden (z. B. Fireboard-Platten, Fa. Knauf). In Bild **6**.194 ist eine Konstruktion gezeigt, die sogar in Verbindung mit einer verglasten Fläche die Anforderungen der Feuerwiderstandsklasse F 90 erreicht.

6.8.3.2 Trennwände mit Unterkonstruktionen in Holzbauart

Unterkonstruktionen in Holzbauart können nach DIN 4103-4 ausgeführt werden. Die Unterkonstruktion besteht aus Vollholz, besser jedoch aus verleimtem Holz oder aus Flachpreßplatten (DIN 68763 bzw. 68000-2, Emissionsklasse E der Formaldehyd-Richtlinien).

Die erforderlichen Mindestquerschnitte für die Stiele – Abstand 62,5 cm – sind in Abhängigkeit von Einbaubereich und Wandhöhe in Tabelle **6**.184 (DIN 4103-4) vorgeschlagen.

Bei einer Ausführung nach Bild **6**.185 können leichte Trennwände in Holzbauart lediglich für eine einfache Raumunterteilung dienen. Sie werden bei Längen bis zu 5 m mit Holzschrauben ≧ 6 mm an die benachbarten Bauteile angedübelt. Leichte Konsollasten können – ausgenommen bei Bretterschalungen – bei geeigneten Befestigungsmitteln an jeder Stelle angeschlossen werden.

Tabelle **6**.184 Erforderliche Mindestquerschnitte *b/h* für Holzstiele oder -rippen bei einem Achsabstand a = 625 mm in Abhängigkeit von Einbaubereich, Wandhöhe und Wandkonstruktion

	Einbaubereich nach DIN 4103-1					
	1			2		
Wandhöhe *H*	2600	3100	4100	2600	3100	4100
Wandkonstruktion	Mindestquerschnitte *b/h*					
Beliebige Bekleidung[1]	60/60		60/80	60/80		
Beidseitige Beplankung aus Holzwerkstoffen[2] oder Gipsbauplatten[3], mechanisch verbunden[4]	40/40	40/60	40/80	40/60	40/60	40/80
Beidseitige Beplankung aus Holzwerkstoffen, geleimt[5]	30/40	30/60	30/80	30/40	30/60	30/80
Einseitige Beplankung aus Holzwerkstoffen[5] oder Gipsbauplatten, mechanisch verbunden	40/60		60/50	60/60		

[1] Z. B. Bretterschalung
[2] Genormte Holzwerkstoffe und mineralisch gebundene Flachpreßplatten
[3] Gipsbauplatten DIN 18 180 und Gipsfaserplatten
[4] Nägel, Klammern, Schrauben; $e > 80\ d < 200\ d$
[5] Wände mit einseitiger, aufgeleimter Beplankung aus Holzwerkstoffplatten können wegen der zu erwartenden, klimatisch bedingten Formänderungen (Aufwölben der Wände) allgemein nicht empfohlen werden.

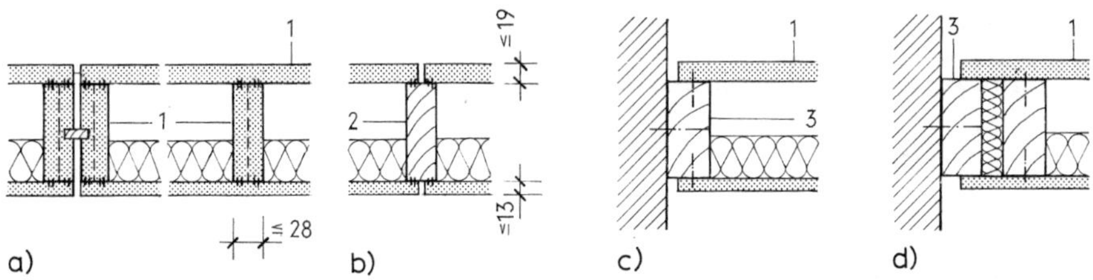

6.185 Trennwand mit Unterkonstruktion in Holzbauart
Grundrisse:
a) Element-Stoß
b) Planenstoß
c) Wandanschluß fest
d) Wandanschluß gleitend
1 Flachpreßplatten
2 Vollholzprofil
3 Wandanschlußprofil, Vollholz

Ähnlich den in Abschnitt 6.8.3.3 behandelten Trennwänden mit Unterkonstruktionen aus Metallprofilen können auch in Holzbauart Trennwände hergestellt werden, die erhöhte Schalldämm-Anforderungen erfüllen. Einige Beispiele dafür zeigt Bild **6**.185. Mit derartigen Konstruktionen können bewehrte Schalldämm-Maße $R'_{w,R}$ von 38 bis 49 dB (vgl. Abschn. 15.6) erreicht werden.

Die Ausführung der Bekleidungen in unterschiedlicher Dicke kann die Schalldämm-Eigenschaften verbessern.

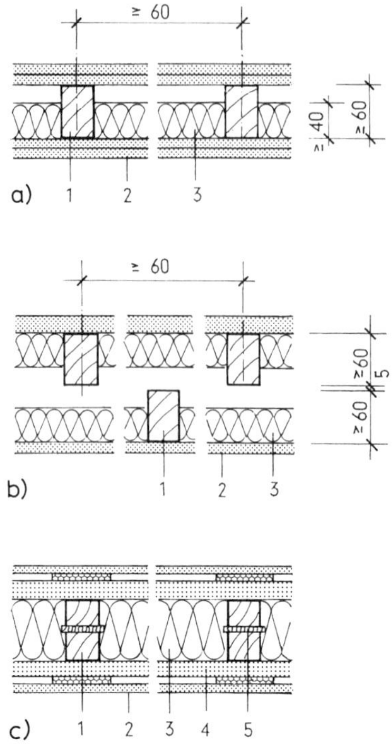

6.186
Trennwand mit Unterkonstruktion in Holzbauart: schalldämmende Ausführungen

a) einfache Unterkonstruktion mit doppellagiger Beplankung aus Gipskartonplatten und Mineralwolle-Einlage
b) zweischalige Unterkonstruktion mit einfacher Beplankung aus Gipskartonplatten und doppelter Mineralwolle-Einlage
c) zweischalige Unterkonstruktion mit Beplankung aus Gipskartonplatten. mit Wabenplatten, auf Leichtbauplatten geklebt

1 Holzprofil
2 Gipskartonplatte, Gipsfaserplatte
3 Mineralwolle
4 Leichtbauplatte
5 Distanzstreifen (z. B. selbstklebender Filzstreifen)

6.8.3.3 Trennwände mit Unterkonstruktionen aus Metallprofilen

Trennwände mit Unterkonstruktionen aus Metallprofilen werden im Innenausbau am häufigsten verwendet. Derartige Trennwände mit Beplankungen aus Gipskartonplatten sind in DIN 18 183 genormt.

Unterschieden werden Einfachständerwände (Bild **6**.187), Doppelständerwände (Bild **6**.188 und **6**.189) und freistehende Vorsatzschalen (Bild **6**.190).

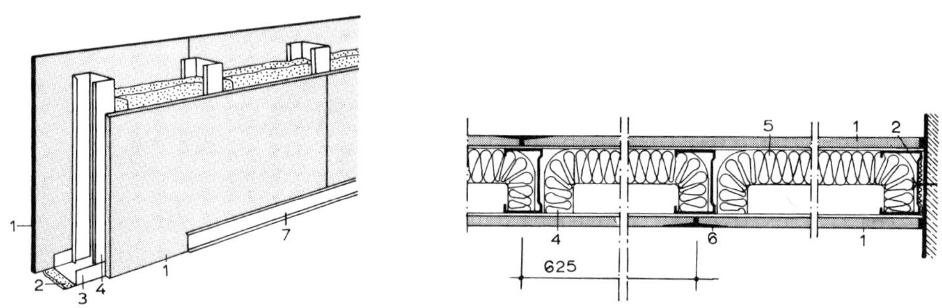

6.187 Montagewand (nach Unterlagen der Fa. Rigips)

1 Plattendicke 12,5 mm
2 Anschlußdichtung
3 U-Profil-Schwelle
4 C-Profil-Ständer
5 Mineralfaser, Dicke mind. 40 mm
6 Fugenverspachtelung
7 Fußleiste

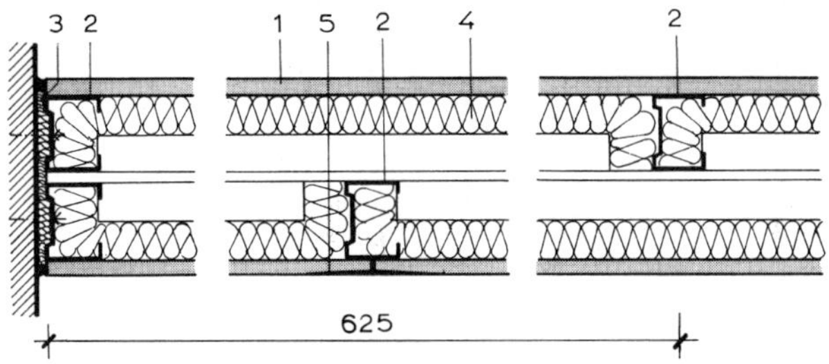

6.188
Doppelte Fachwerkwand mit C-Profilen (waagerechter Schnitt)
1 Gipskartonplatten, $d \geq 12{,}5$ mm
2 C-Profil-Ständer
3 Anschlußdichtung
4 Mineralfasermatte
5 Fugenverspachtelung (Fugen versetzt)

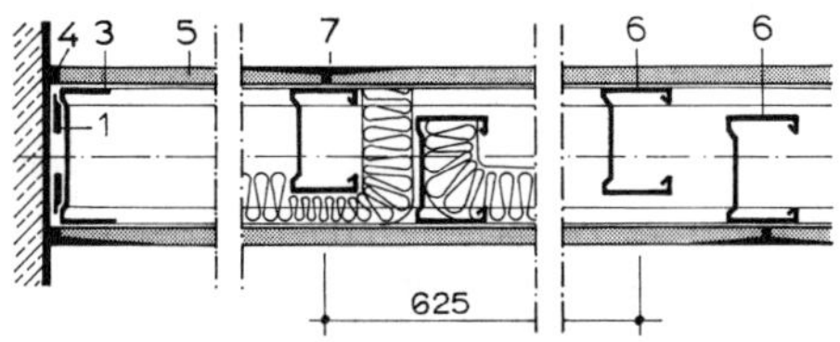

6.189
Doppelte Ständerwand mit C-Profilen (waagerechter Schnitt)
1 Quetschdichtung
2 Mineralwolle 50 mm
3 Wandanschlußprofil, 1teilig
4 Anschlußdichtung, dauerelastisch
5 Gipskartonplatte 12,5 mm
6 C-Profil-Ständer in versetzter Anordnung
7 Fugenspachtelung

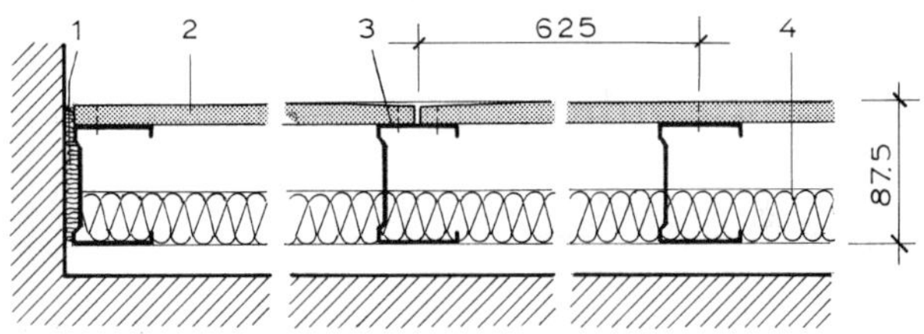

6.190
Freistehende Vorsatzschale (DIN 18 183)
1 Anschlußdichtung
2 Gipskarton-Bauplatte
3 C-Wandprofil CW
4 Mineralfaser-Dämmstoff

Die Unterkonstruktionen bestehen aus verzinkten Stahlblechprofilen. UW-Profile sind für Decken- und Bodenanschlüsse, CW-Profile für die Ständer vorgesehen. Die Hohlräume werden mit speziellen Mineralfaser-Dämmstoffplatten ausgefüllt.

Wenn an den Montagewänden größere Konsollasten berücksichtigt werden müssen, kommen verstärkte Konstruktionen mit versetzt angeordneten oder verstärkten Ständern in Frage (Bild **6**.189). Im übrigen dürfen an jeder Stelle von Ständerwänden nach DIN 18 183 Konsollasten (z. B. aus Regalen oder Wandschränken) angebracht werden, wenn 0,4 kN/m Wandlänge nicht überschritten werden bzw. 0,7 kN/m bei Beplankungen mit $d > 18$ mm. Größere Konsollasten, z. B. für Waschtische und für andere Sanitärobjekte oder für schwere Bücherregale sind über besondere Traversen einzuleiten, und Doppelständerwände sind in den Ständerreihen durch Laschen zugfest zu verbinden (Bild **6**.191).

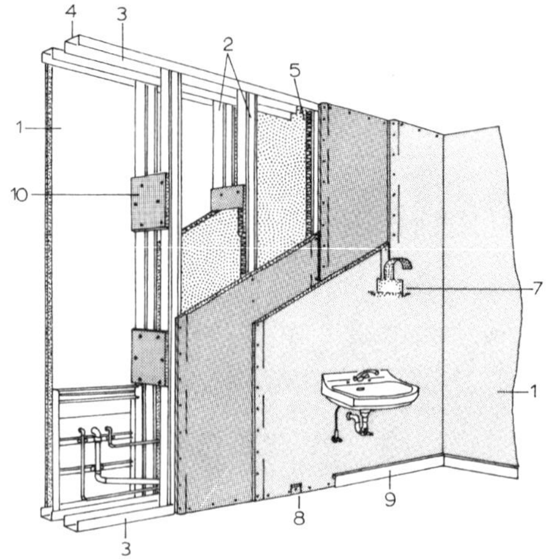

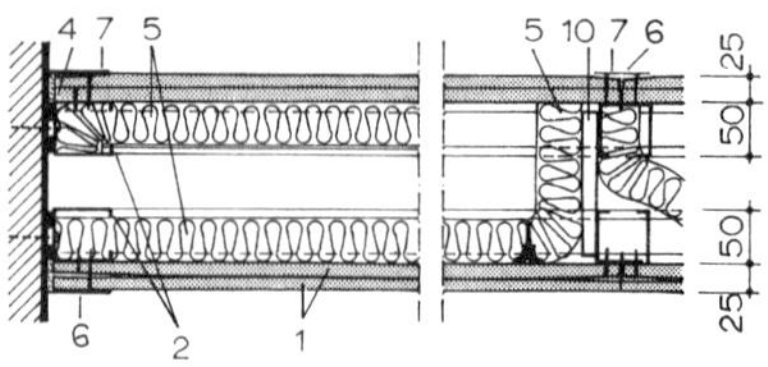

6.191
Vorgefertigte leichte Trennwand als Installationswand (nach Unterlagen der Firma Knauf)
1 Gipskarton-Platten, 12,5 mm (äußere Platte ggf. als spez. Feuchtraumplatte)
2 C-Ständerprofil
3 U-Randprofil
4 Anschlußdichtung
5 Mineralfaserplatte, 40 mm
6 selbstschneidende Schraube
7 Fugendeckstreifen
8 Sockelklipp
9 Sockelprofil
10 Gipskartonstreifen

Doppelständerwände bieten sehr gute Schalldämmeigenschaften, wenn beide Schalen einwandfrei voneinander getrennt sind. Dabei ist die versetzte Anordnung der Ständer möglich (Bild **6**.188) oder gegenüberstehende Ständer werden durch federnde Zwischenlagen voneinander getrennt (Bild **6**.192).

Eine weitere Verbesserung des Schallschutzes ist möglich durch Doppellage von Gipskartonplatten unterschiedlicher Dicke, die entweder direkt oder mit Zwischenlagen aus Federschienen aufeinander geklebt werden (Bild **6**.193).

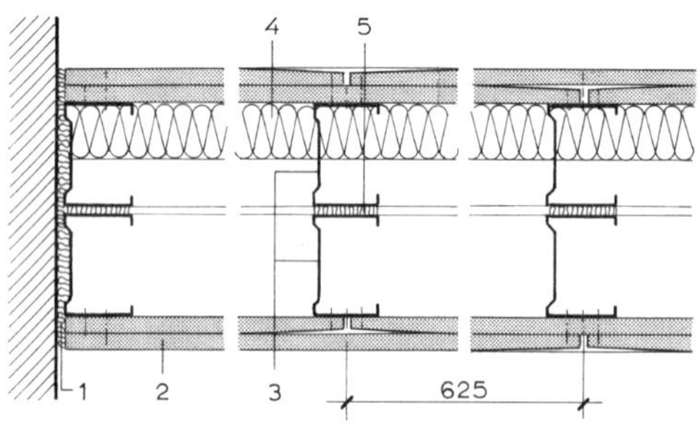

6.192 Doppelständerwand mit doppelter Beplankung (DIN 18 183)
1 Anschlußdichtung
2 Gipskarton-Bauplatte, 2lagig
3 C-Wandporofil CW
4 Mineralfaserplatte
5 Distanzstreifen (z. B. selbstklebender Filzstreifen)

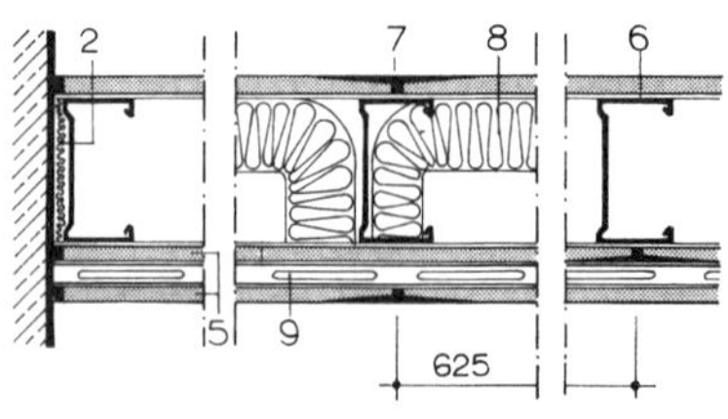

6.193 Zweischalige leichte Trennwand (nach Unterlagen der Firma Richter-System)
1 Anschlußdichtung mit 30 mm Mineralfasermatte
2 12,5 mm Gipskartonplatten
3 Ständer aus verz. Stahlblech-C-Profilen
4 Befestigung der Beplankung mit selbstschneidenden Schrauben, Verspachtelung gem. DIN 18 181
5 40 mm Mineralfaserfilz
6 Federschiene

Eine Montagewand, die den Brandschutzanforderungen der Feuerwiderstandsklasse F 90 entspricht, zeigt Bild **6**.194.

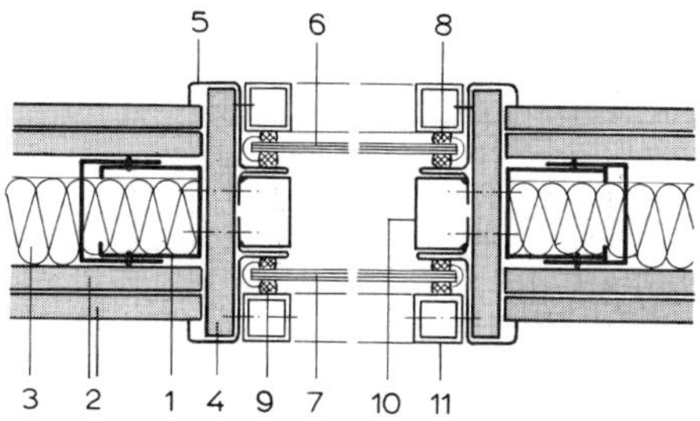

6.194
Trennwand F 90 mit verglaster Fläche (Gyproc)
1 Ständer, Stahlblech verzinkt 50 x 50 x 0,7 mm
2 Gipskarton-Bauplatten F (GFK) 12,5 mm dick, 2lagig, nicht brennbar
3 Mineralfaser-Dämmplatten, 40 mm
4 Gipskarton-Bauplattenstreifen F (GFK) 15 mm dick, 120 mm breit
5 Zargenprofilrahmen
6 PYRAN-Glasscheibe, ca. 6,5 mm dick
7 Float-Glasscheibe, 6 mm dick
8 „Fiberfrax"-Dichtung, umlaufend
9 Dichtungsband, umlaufend
10 U-förmige Profile, Stahlblech
11 Rechteck-Stahlrohrrahmen, 25 x 25 x 2 mm

Beim Anschluß an benachbarte Bauteile sind die zu erwartenden Verformungen zu berücksichtigen.

Müssen größere Durchbiegungen von Decken angenommen werden, sind die Anschlüsse gleitend auszuführen (vgl. Bild **6**.185 d).

Montagewände mit Unterkonstruktionen aus Metall sind bei Demontagen bedingt wiederverwendbar, wenn die Beplankung aus Holzspanplatten besteht (Bild **6**.195; Umsetzbare Trennwände s. Abschn. 14).

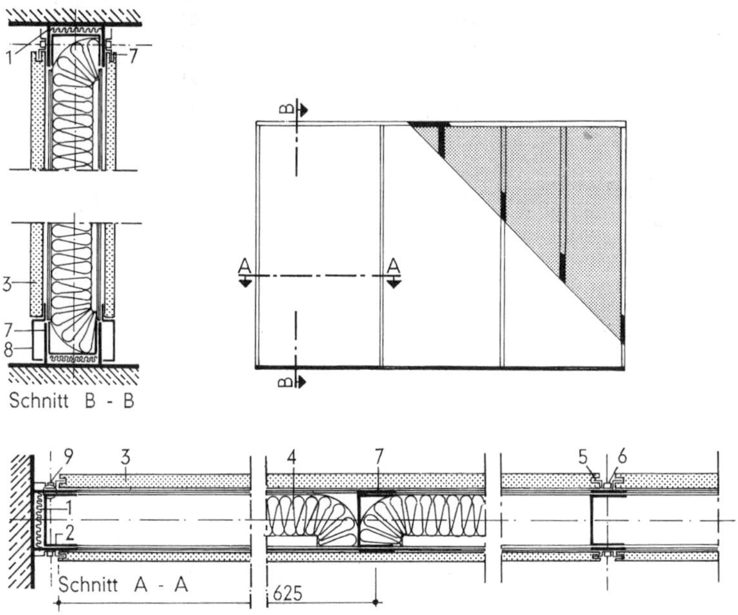

6.195 Montagewand, Beplankung mit Holzspanplatten (nach Unterlagen der Firma Richter-System)

1 Anschlußabdichtung mit 30 mm Mineralfaserfilz
2 Ständer sowie Wand- und Fußboden- und Deckenanschluß mit sendz. verz. Stahlblech-U-Profilen 40 x 74 x 40/0,63 mm
3 Holzspanplatten 13 mm
4 Mineralfaserfilz 50 mm dick
5 Hutprofil
6 Kederprofil
7 selbstklebender Filz, 3 mm dick
8 Sockelprofil
9 Befestigung mit Hutprofil und selbstschneidenden Schrauben auf dem Ständerprofil (2)

6.8.4 Normen

Norm	Ausgabe-Datum	Titel
DIN 105-1	8.89	Mauerziegel; Vollziegel und Hohllochziegel
DIN 105-2	8.89	–; Leichthochlochziegel
DIN 105-3	5.84	–; Hochfeste Ziegel und hochfeste Klinker
DIN 105-4	5.84	–; Keramikklinker
DIN 106-1	9.80	Kalksandsteine, Vollsteine, Lochsteine, Hohlblocksteine
E DIN 106-1/A 1	9.89	–; Vollsteine, Lochsteine, Blocksteine, Hohlblocksteine
DIN 106-2	11.80	–; Vormauersteine und Verblender
DIN 278	9.78	Tonhohlplatten (Hourdis) und Hohlziegel; statisch beansprucht
DIN 1 052-1	4.88	Holzbauwerke Berechnung und Ausführung
DIN 1 052-1/A 1	10.96	–; Änderungen
DIN 1 052 -2	4.88	–; Mechanische Verbindungen
DIN 1 052 -2/A 1	10.96	–; Änderungen
DIN 1 052 -3	4.88	–; Holzhäuser in Tafelbauart
DIN 1 055-3	6.71	Lastannahmen für Bauten; Verkehrslasten
DIN 1 060-1	3.95	Baukalk; Definitionen, Anforderung, Überwachung
DIN 1 101	11.89	Holzwolle-Leichtbauplatten und Mehrschicht-Leichtbauplatten als Dämmstoffe für das Bauwesen; Anforderungen, Prüfung
DIN 1 102	11.89	Holzwolle-Leichtbauplatten und Mehrschicht-Leichtbauplatten nach DIN 1101 als Dämmstoffe für das Bauwesen; Verwendung, Verarbeitung
DIN 4 103-1	7.84	Nichttragende innere Trennwände; Anforderungen, Nachweise
DIN 4 103-2	12.85	–; Trennwände aus Gips-Wandbauplatten
DIN 4 103-4	11.88	–; Unterkonstruktion in Holzbauart
DIN 4 165	11.96	Porenbeton-Blocksteine und Porenbeton-Planbausteine
DIN 4 166	12.86	Gasbeton-Bauplatten und Gasbeton-Planbauplatten
E DIN 4 166/A 2	2.94	–; –; Änderungen
DIN 4 242	1.79	Glasbaustein-Wände; Ausführung und Bemessung
DIN 18 148	10.75	Hohlwandplatten aus Leichtbeton
DIN 18 151	9.87	Hohlblöcke aus Leichtbeton
DIN 18 152	4.87	Vollsteine und Vollblöcke aus Leichtbeton
DIN 18 153	9.89	Mauersteine aus Beton (Normalbeton)
DIN 18 162	8.76	Wandbauplatten aus Leichtbeton; unbewehrt
DIN 18 163	6.78	Wandbauplatten aus Gips; Eigenschaften, Anforderungen, Prüfungen
DIN 18 164-1	8.92	Schaumkunststoffe als Dämmstoffe für das Bauwesen; Dämmstoffe für die Wärmedämmung
DIN 18 164-2	3.91	Dämmstoffe für die Trittschalldämmung
DIN 18 165-1	7.91	Faserdämmstoffe für das Bauwesen; Dämmstoffe für die Wärmedämmung
DIN 18 165-2	3.87	–; Dämmstoffe für die Trittschalldämmung
DIN 18 175	5.77	Glasbausteine; Maße, Anforderungen, Prüfung
DIN 18 180	9.89	Gipskartonplatten; Arten, Anforderungen, Prüfung
DIN 18 181	9.90	Gipskartonplatten im Hochbau; Richtlinien für die Verarbeitung –; Grundlagen für die Verarbeitung
DIN 18 183	11.88	Montagewände aus Gipskartonplatten; Ausführung von Metallständerwänden

Fortsetzung s. nächste Seite

Normen, Fortsetzung

Norm	Ausgabe-Datum	Titel
DIN 18184	6.91	Gipskarton-Verbundplatten mit Polystyrol- oder Polyurethan-Hartschaum als Dämmstoff
DIN 18350	6.96	VOB Teil C: Putz- und Stuckarbeiten
DIN 68705-2	7.81	Sperrholz; für allgemeine Zwecke
DIN 68705-3	12.81	–; Bau-Furniersperrholz
DIN 68705-4	12.81	–; Bau-Stabsperrholz, Bau-Stäbchensperrholz
DIN 68750	4.58	Holzfaserplatten; Gütebedingungen
DIN 68751	11.87	Kunststoffbeschichtete dekorative Holzfaserplatten; Begriff, Anforderungen
DIN 68763	9.90	Spanplatten; Flachpreßplatten für das Bauwesen; Begriffe, Eigenschaften, Prüfung, Überwachung
DIN 68764-1	9.73	–; Strangpreßplatten für das Bauwesen; Begriffe, Eigenschaften, Prüfung, Überwachung
DIN 68764-2	9.74	–; Strangpreßplatten für das Bauwesen; beplankte Strangpreßplatten für die Tafelbauart
DIN 68765	11.87	–; Kunststoffbeschichtete dekorative Flachpreßplatten; Begriff, Anforderungen
DIN V ENV 197-1	12.92	Zement; Zusammensetzung, Anforderungen und Konformitätskriterien; Teil 1: Allgemein gebräuchlicher Zement
DIN V ENV 413-1	3.95	Putz- und Mauerbinder – Teil 1: Anforderungen
DIN EN 413-2	3.95	Putz- und Mauerbinder – Teil 2: Prüfverfahren
DIN V ENV 459-1	3.95	Baukalk – Teil 1: Definitionen, Anforderungen und Konformitätskriterien
DIN EN 459-2	3.95	Baukalk – Teil 2: Prüfverfahren

6.9 Literatur

[1] Belz, Gösele, Jenisch, Pohl, Reichert: Mauerwerk-Atlas, München 1984

[2] Brechner u. a.: Kalksandstein. Planung, Konstruktion, Ausführung. Hrsg. Kalksandstein Information GmbH, Hannover 1989

[3] Brandt, J., Moritz, M.: Bauphysik nach Maß. Düsseldorf 1995

[4] Bund Deutscher Zimmermeister: Holzrahmenbau mehrgeschossig. Karlsruhe 1996

[5] Bundesverband der Leichtbauplattenindustrie e.V.: Leichtbauplattenfibel. München 1985

[6] Compagno, A.: Intelligente Glasfassaden. Artemis 1995

[7] Dahms, K.: Große Tafeln – große Fugen – große Schäden. In: bausubstanz 4/1991

[8] Deutscher Naturwerkstein-Verband e.V.: Bautechnische Information Naturstein, Würzburg 1996

[9] Deutscher Stahlbau-Verband: Stahlbau-Arbeitshilfen für Architekten und Ingenieure, Merkblätter. Köln 1990–1996

[10] Deutsches Zentrum für Handwerk und Denkmalspflege: Katalog der Fachwerkausfachungen, Fulda 1996

[11] –: Reparaturverbindungen für Holzkonstruktionen. Fulda 1996

[12] Gerner, M.: Fachwerk; Entwicklung, Gefüge, Instandsetzung. Stuttgart 1994

[13] –: Farbiges Fachwerk. Stuttgart 1983

[14] Gerner, M.: Handwerkliche Holzverbindungen der Zimmerer. Stuttgart 1992

[15] Hebel Handbücher für den Wohnungsbau und Industriebau. Emmering–Fürstenfeldbruck 1985

[16] Hart, F.; Henn, W.; Sonntag, H.: Stahlbauatlas. München 1990

[17] Informationsdienst Holz: Holzbauhandbuch 1996

[18] Kalksandstein-Informationsreihen. Hrsg. vom Bundesverband Kalksandsteinindustrie e.V. Hannover-Herrenhausen

[19] Klöckner, K.: Alte Fachwerkbauten. München 1990

[20] –: Der Blockbau. München 1982

[21] Kräntzer, K.R.: Betonfertigteile für den Mauerwerksbau. 2. Aufl. Köln 1980

[22] Kroner, W.M.: Intelligente Konstruktionen für anpassungsfähige Fassaden. In: AIT 4/95

[23] Luscher, A.: Energiegeladen. In: AIT 3/1996

[24] Mauerwerk Atlas, Bonn 1996

[25] Mauerwerk Kalender 1996, Berlin 1995

[26] Mehling, G.: Naturstein-Lexikon, München 1986

[27] Mitteilungen des Instituts für Bauforschung e.V. Hannover

[28] Minck, G.: Neue Lehmbautechniken. In: Arconis 1/96

[29] Pohl, Schneider, Wormuth, Ohler, Schubert: Mauerwerksbau. Düsseldorf 1990

[30] Reichel, W.: YTONG-Handbuch. Wiesbaden und Berlin 1987

[31] Reichert, H.: Konstruktiver Mauerwerksbau. Bildkommentar zur DIN 1053. Köln 1990

[32] Ruske, W.: Holzhäuser im Detail. Kissingen 1990

[33] Schild, E. u.a.: Bauschadenverhütung im Wohnungsbau – Schwachstellen – Bd. 2: Außenwände und Öffnungsanschlüsse. Wiesbaden und Berlin 1990

[34] Schmitt, H., Heene, A.: Hochbaukonstruktion. Düsseldorf 1996

[35] Schumacher, F.: Das Wesen des neuzeitlichen Backsteinbaues. München 1920/1985

[36] Schulze, J.: Normengerechte Fachwerksanierung? In: das bauzentrum 7/1995

[37] –: Fachwerkzerstörung durch Modernisierung? In: DAB 5/1991

[38] –: Regenschutz von historischen Fachwerkbauten. In: das bauzentrum 7/1994

[39] Schwab, A.: Neue Konzepte mehrschaliger Glasfassaden. In: DAB 3/1996

[40] Simon, C.: Intelligente Fassaden. In: Der Architekt 3/96

[41] Sobon, J., Schroeder, R.: Fachwerkkonstruktionen. Düsseldorf 1990

[42] Weber, H.: Porenbeton-Handbuch. Wiesbaden 1991

[43] Wendehorst: Bautechnische Zahlentafeln. 27. Aufl. Stuttgart 1996

[44] Wonner, M., Bubeck, S.: Energiewandler, Niedrigenergie-Bürogebäude in Karlsruhe. In: AIT 3/1996

[45] Zementmerkblätter. Hrsg. vom Fachverband Zemente e.V., Köln

[46] Ziegelbauberatung: Ziegel. Technische Informationsreihe. Hrsg. vom Bundesverband der deutschen Ziegelindustrie e.V. Bonn

[47] Zimmermann, G.: Bauschäden-Sammlung. Stuttgart 1990

7 Skelettbau

7.1 Allgemeines

Im Industriebau und bei Verwaltungs- und Geschäftsbauten sind in der Regel weiträumige Nutzflächen zu planen, die den oft rasch wechselnden funktionellen Anforderungen leicht angepaßt und auch ohne großen Aufwand mit Erweiterungen ergänzt werden können. Tragende Wände innerhalb der Geschoßflächen und als Außenwände würden dieser Forderung entgegenstehen.

Bei ebenerdigen und ebenso bei mehrgeschossigen Gebäuden müssen daher die auftretenden Lasten auf möglichst wenige Stellen konzentriert werden. Die Konsequenz daraus führt zum System der Skelettbauweise.

Die Hauptelemente von Skelettkonstruktionen sind Stützen und Träger, auf denen die Dachflächen oder Geschoßdecken aufgelagert sind. In den Anschlußstellen (Knoten) sind je nach statischen Anforderungen gelenkige oder steife Verbindungen zu schaffen.

Während beim Massivbau die raumabschließenden Scheiben der tragenden Wände das Tragwerk bilden, ist beim Skelettbau das Tragwerk (das Skelett) konstruktiv und funktionell klar von den Elementen der Außenhülle und des Innenausbaues getrennt. Alle Lasten werden durch das Skelett abgetragen, während die Wände lediglich nichttragende Raumabschlüsse sind.

Der wesentlichste Vorteil von Skelettbauten besteht darin, daß die Flächenaufteilung innerhalb der Geschoßflächen bei eingeschossigen Bauten nahezu uneingeschränkt möglich ist und bei Geschoßbauten lediglich durch die erforderlichen Stützen eingeschränkt wird. Spätere Änderungen der Raumaufteilung sind – insbesondere, wenn bereits entsprechende Vorkehrungen eingeplant wurden – leicht nachträglich ausführbar.

Die Standfestigkeit des Skeletts muß durch Aussteifung mit Wandscheiben oder Diagonalverbänden, durch Rahmen mit biegesteifen Eckverbänden oder durch Einspannung gewährleistet werden.

Aus der großen Zahl der in Frage kommenden vielfältig variierbaren Möglichkeiten für die Aussteifung hallenartiger eingeschossiger Bauwerke zeigt Bild **7**.1 drei typische Beispiele.

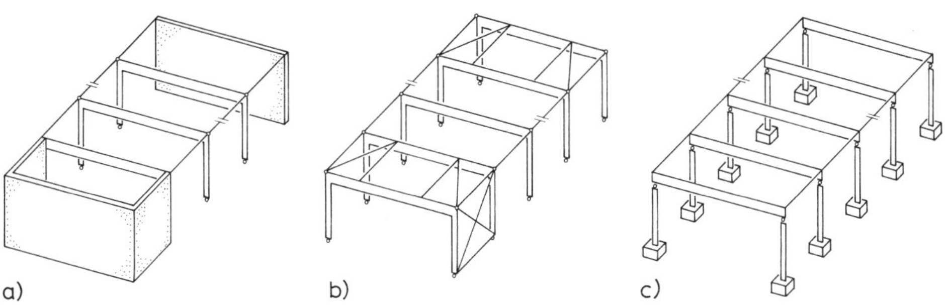

7.1 Aussteifung von Skelettkonstruktionen

a) durch Wandscheiben und durch Rahmen mit biegesteifen Ecken
b) durch Diagonalverbände und Rahmen mit biegesteifen Ecken
c) durch Einspannung der Stützen

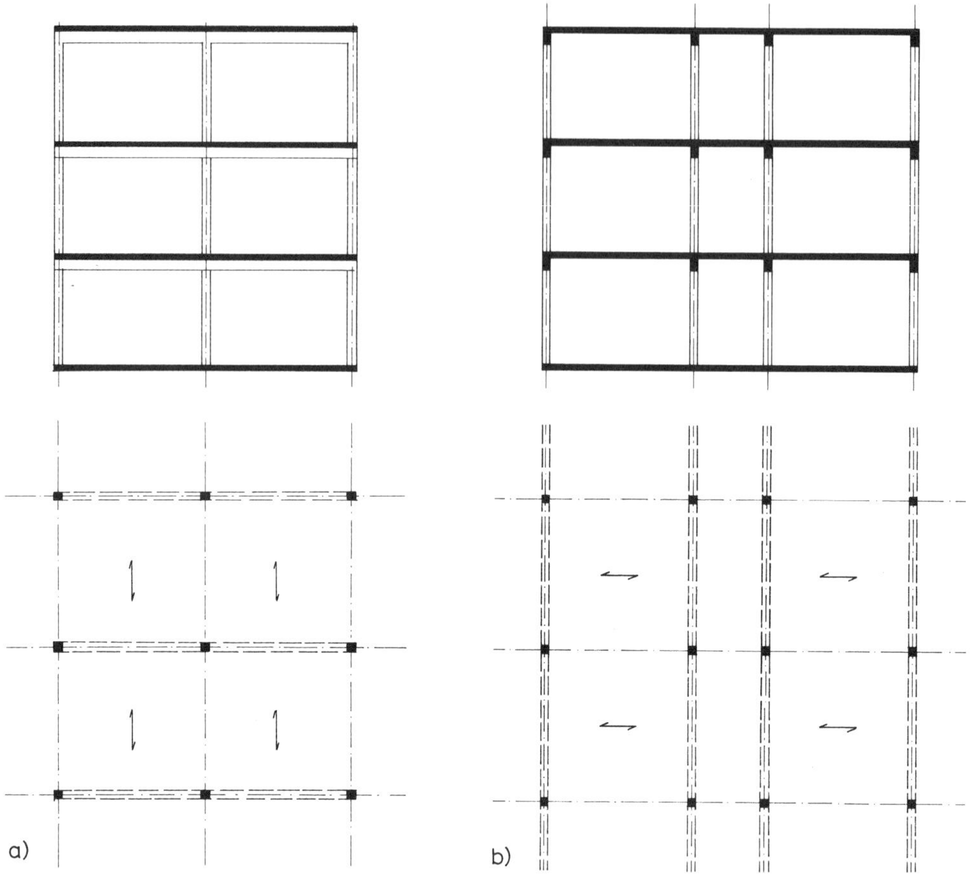

7.2 Skelettsysteme
a) Querunterzüge (Rahmen)
b) Längsunterzüge
c) aussteifender Gebäudekern, Decken außen auf Pendelstützen, s. S. 263
d) Rahmen mit Pendelstützen, s. S. 263

Bei Geschoßbauten bilden Stützen und Unterzüge in der Regel im Zusammenwirken mit den Decken ausgesteifte Systeme.

Als wirtschaftlicher Stützenabstand ergibt sich aus konstruktiver Sicht ein Maß von etwa 7 m (s. Abschn. 7.2).

Zur Optimierung der Nutzung können sich natürlich andere Abstände als erforderlich erweisen. Für die Nutzung ist vor allem die richtige Planung der Hauptrichtung von erforderlichen Unterzügen ausschlaggebend, insbesondere dann, wenn Flurzonen o.ä. berücksichtigt werden müssen (Bild **7.2**b).

Die Räume zwischen den Unterzügen werden in der Regel zur Unterbringung von Installationen genützt (Be- und Entlüftungskanäle, Einbauleuchten usw.). Aussparungen in den Unterzügen sind zwar möglich, doch wird man selbstverständlich immer versuchen, die

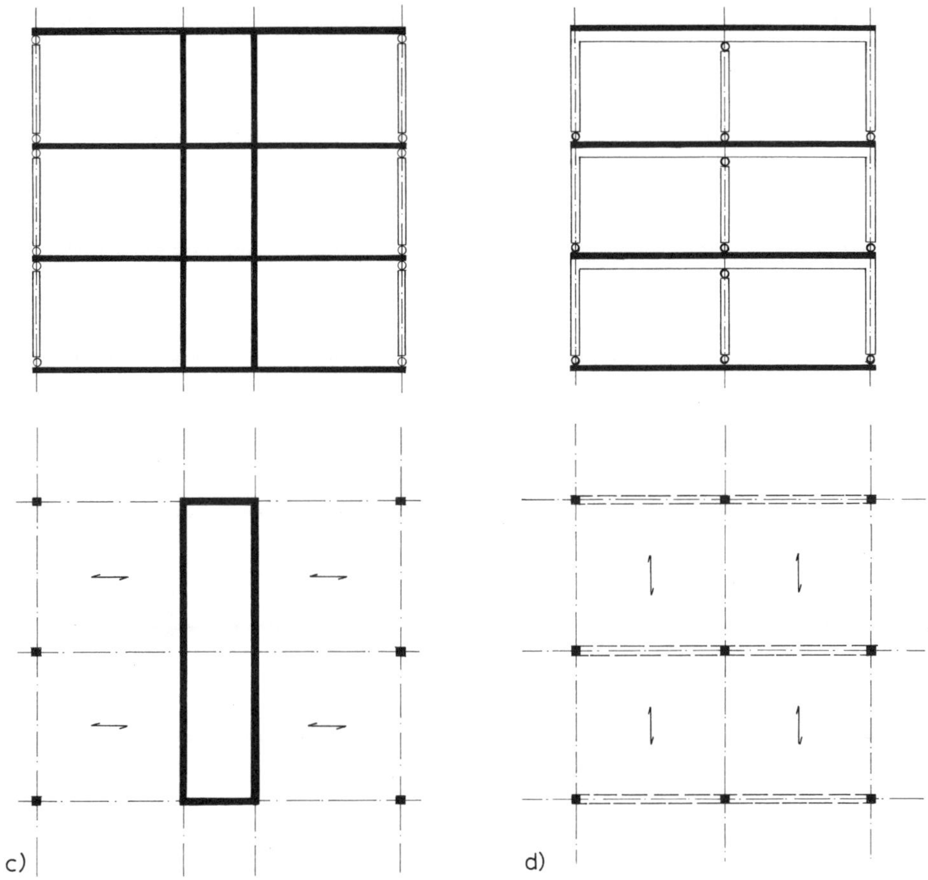

7.2 Skelettsysteme, Fortsetzung

Hauptrichtung der Unterzüge (quer oder längs zur Gebäudehauptrichtung) in Abhängigkeit von den wichtigsten oder umfangreichsten Installationssträngen festzulegen.

Unterschieden werden Skelettsysteme mit Querunterzügen (Bild **7**.2a) und Längsunterzügen (Bild **7**.2b). Ihre Aussteifung erfolgt nach den in Bild **7**.1 gezeigten Grundsätzen in der Regel unter Mitwirkung der Decken. Dabei werden biegesteife Verbindungen zwischen den einzelnen Bauelementen gebildet, und die Aussteifung wird durch Wandscheiben oder Verbände ergänzt. Die Aussteifung von Geschoß-Skelettbauten kann aber auch durch Gebäudekerne (z.B. geschlossene Treppenhäuser, Aufzugsschächte o.ä.) bewirkt werden. Die Decken können aus derartigen Gebäudekernen auskragen und mit ihren Außenrändern auf meistens sehr wirtschaftlich zu dimensionierenden Pendelstützen aufliegen (Bild **7**.2c).

Eine andere konstruktive Möglichkeit wird durch Geschoßrahmen gegeben, die durch innenliegende Pendelstützen ergänzt sein können (Bild **7**.2d).

Wird für die Nutzung des Gebäudes völlige Unabhängigkeit von konstruktiv bedingten Einschränkungen verlangt (z.B. bei Laborbauten) müssen – statisch weniger wirtschaftliche –

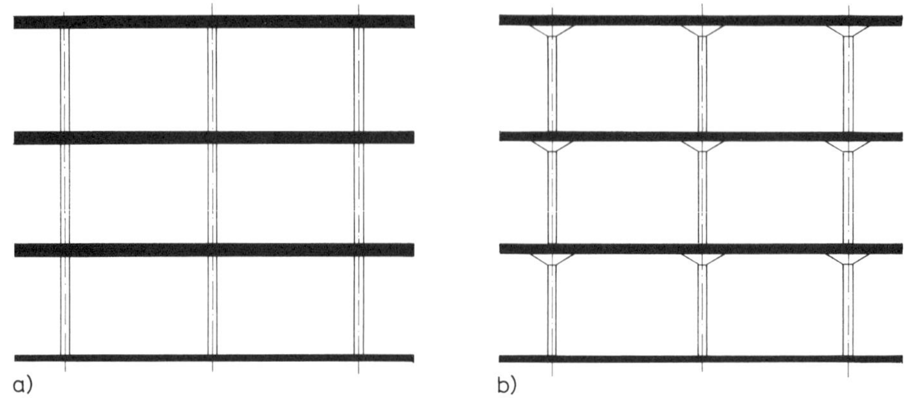

7.3 Unterzugfreie Decken
a) Unterzüge in Decke integriert, b) Pilzdecke

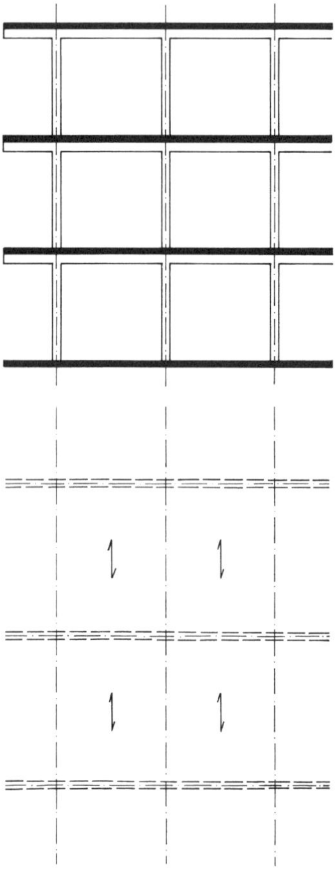

7.4 Skelettrahmen mit Kranträgern

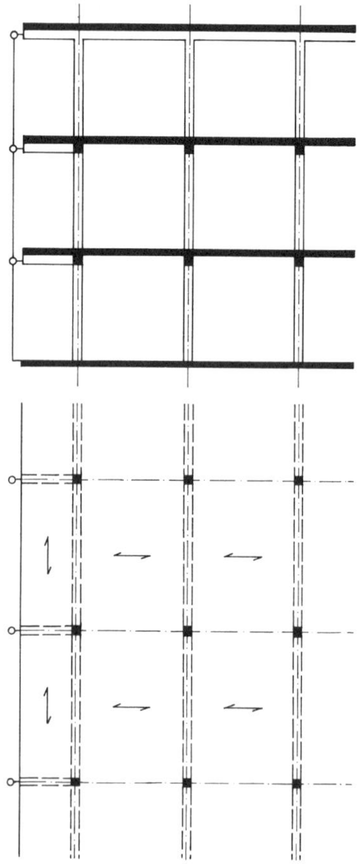

7.5 Hängekonstruktion (Fassade und äußere Deckenfelder werden am Außenrand mit Zugbändern am oberen Kragträger aufgehängt)

unterzugfreie Konstruktionen gewählt werden (Bild **7**.3). Die steifen Knotenanschlüsse zwischen Decke und Stützen können bei Stahlbetonkonstruktionen innerhalb dicker Deckenplatten liegen. Im Stützenbereich sind besonders dichte Bewehrungslagen, spezielle Stahlformteile oder aber Deckenverstärkungen erforderlich (sog. „Pilzdecken", s. Bild **7**.3 b).

Vielfach sind Stützen im Fassadenbereich nicht erwünscht, um z.B. überall gleichartige Trennwandelemente anschließen zu können, oder aus funktionalen und formalen Gründen soll das Erdgeschoß ohne Stützen am Gebäudeaußenrand ausgeführt werden.

Dann können Unterzüge zur Außenwand hin auskragen. Dabei sind jedoch hohe Querschnitte erforderlich, um das Durchhängen der Unterzugenden und damit verbundene Probleme am Fassadenanschluß auszuschließen (Bild **7**.4). Bei Hängekonstruktionen (Bild **7**.5) können die Lasten der Randfelder und die Eigengewichte der Fassaden auf den Gebäudekern übertragen werden.

In der Regel werden die Deckenuntersichten bei allen derartigen Systemen durch Unterdecken („abgehängte Decken") gebildet (s. Abschn. 12).

Die Außenwände von variabel nutzbaren Skelettbauten sind meistens gekennzeichnet von durchlaufenden Fensterbändern. Die Breite der einzelnen Fensteröffnungen ist dabei abgestimmt auf die Nutzungs-Grundeinheiten. Der Anschluß von Trennwänden soll danach an jeder Fensterachse möglich sein. Derartigen Anforderungen werden vorgefertigte Fassadensysteme, insbesondere „Vorhangwände" am besten gerecht (Abschn. 6.7.4 und 6.7.5).

Die inneren Trennwände werden vielfach als versetzbare Trennwände (s. Abschn. 13), durchweg aber als leichte Trennwände (s. Abschn. 6.8) ausgeführt.

7.2 Planung und Maßkoordination

Stützenraster. Für die Anordnung der Stützen innerhalb der Geschoßflächen ist neben statischen Überlegungen vor allem die Planung der vorherbestimmbaren Arbeitsabläufe, die Berücksichtigung erforderlicher Arbeitsplatzgrundeinheiten mit Varianten, von Maschinenstellplätzen, Lagereinheiten usw. grundlegend (für Bürogebäude hat sich z.B. ein Vielfaches von 1,20 bis 1,25 m als geeignet erwiesen).

Es wird dann festgestellt, wie weit solche Grundeinheiten untereinander addier- und kombinierbar sind. Derartige Planungen führen in der Regel zu einem Nutzungsraster. In Übereinstimmung mit diesem wird das Konstruktionsraster entwickelt, das zwar häufig Quadrate oder Rechtecke bildet, aus gestalterischen Gründen aber auch anderen geometrischen Systemen folgen kann.

Gleichzeitig sind selbstverständlich alle Aspekte einer wirtschaftlichen Bauausführung zu beachten. Bei vielfach geforderten allzu großen Stützenabständen müssen die gewonnenen Vorteile für die flexible Nutzung der Flächen durch zwangsläufig große Dimensionen von Unterzügen und Trägern und damit unwirtschaftliche Geschoßhöhen erkauft werden.

Für die Erstellung von so komplizierten, viele Halbfabrikate umfassenden komplexen Gebilde, wie sie Skelettbauten darstellen, sind neben den Stoff-, Güte-, Prüf- und Sicherheitsnormen auch besondere Planungsnormen unentbehrlich. Dadurch können Bauelemente aufeinander abgestimmt und die Anzahl notwendiger Bauteilgrößen verringert werden. Die Planung auf Grund der immer noch im Hochbau grundlegenden „Maßordnung" DIN 4172 ist für Skelettbauten meistens nicht optimal. Es werden statt dessen spezifische normenähnliche Festlegungen für den Einzelfall getroffen, oder die Planung basiert auf der „Modulordnung" DIN 18000 (s. Abschn. 2).

Die Vervielfachung der zugrunde gelegten Planungsgrundeinheiten („Module") führt zu einem Nutzungsraster. Dieser ist dann mit den konstruktiven Elementen und deren Konstruktionsraster zu koordinieren.

Für ein Verwaltungsgebäude bedeutet das z.B., daß alle Elemente des Ausbaues wie umsetzbare Trennwände, abgehängte Decken- und Beleuchtungselemente, Installationen aller Art bis hin zu Belüftungs- der Klimaanlagen mit allen Einzelheiten der Gebäudekonstruktion wie z.B. auch mit den erforderlichen Fassadenelementen aufeinander abzustimmen sind.

Die Wahl des Stützenrasters wird im Rahmen der für eine wirtschaftliche Bauausführung zu berücksichtigenden Vorgaben auf die ermittelten Planungsgrundeinheiten vorgenommen.

Wenn sich Konstruktions- und Ausbauraster ganz oder teilweise decken, sind für Zwischenwände und andere Ausbauelemente besondere Anpassungsteile an Stützen- und Fassadenanschlüssen erforderlich (Bild **7**.6a). Daher werden bei den meisten Planungen Konstruktions- und Ausbauraster gegeneinander verschoben (Bild **7**.6b). Auf diese Weise erübrigen sich kostenaufwendige Anschlußstücke für die Wandelemente. Außerdem werden dabei weniger Nutzungseinheiten (bzw. -rasterfelder) durch Stützen beeinträchtigt (Bild **7**.6c).

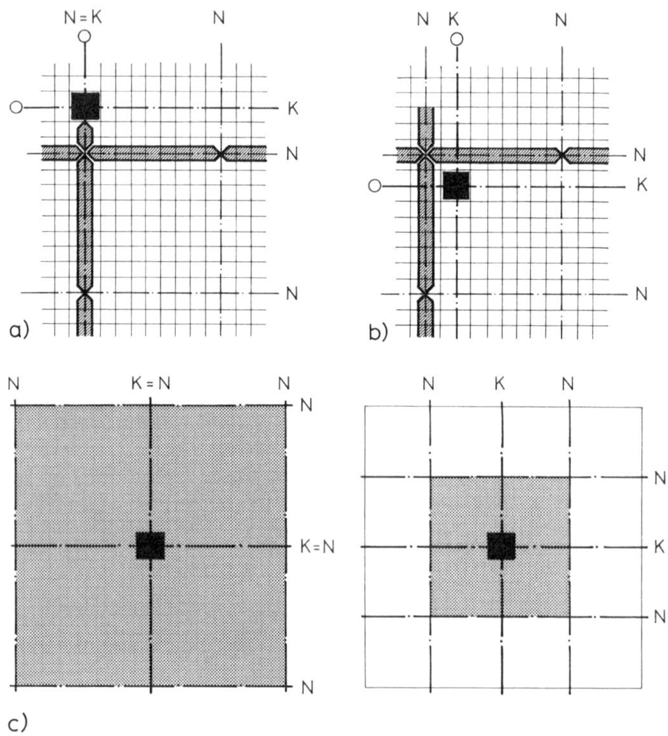

7.6

Koordination von Ausbau-(Nutzungs-)raster N und Konstruktionsraster K

a) Ausbau- und Konstruktionsraster decken sich teilweise. Anpassungsteile im Ausbau erforderlich, z.B. für Trennwandelemente

b) Ausbau- und Konstruktionsraster gegeneinander versetzt. Keine Anpassungselemente bei Trennwandelementen

c) Bei deckungsgleichem Konstruktions- und Nutzungsraster haben an der Stütze **vier** Nutzungsrastereinheiten eingeschränkte Flächenmaße. Sind Konstruktions- und Nutzungsraster gegeneinander versetzt, wird nur **eine** Nutzungsrastereinheit durch die Stützenstellen beeinträchtigt

Ein Problem, das für jede Wandkonstruktion eine besondere Lösung erfordert, sind die Gebäudeecken. Von Bedeutung ist dabei die Lage der Wandachse zum Planungsraster bzw. zu den Koordinationsebenen (Bild **7**.7a und b). Außerdem besteht konstruktiv ein Unterschied zwischen Innenecken und Außenecken (Bild **7**.7c).

Das Problem der Innen- und Außenecke wird bei der schematischen Darstellung mehrschichtiger Außenwandelemente mit verschiedenen Schichtdicken und Schichtbaustoffen in Bild **7**.7d deutlich. Bei der hier angedeuteten Fugenteilung wird je ein Innen- und Außeneckelement benötigt.

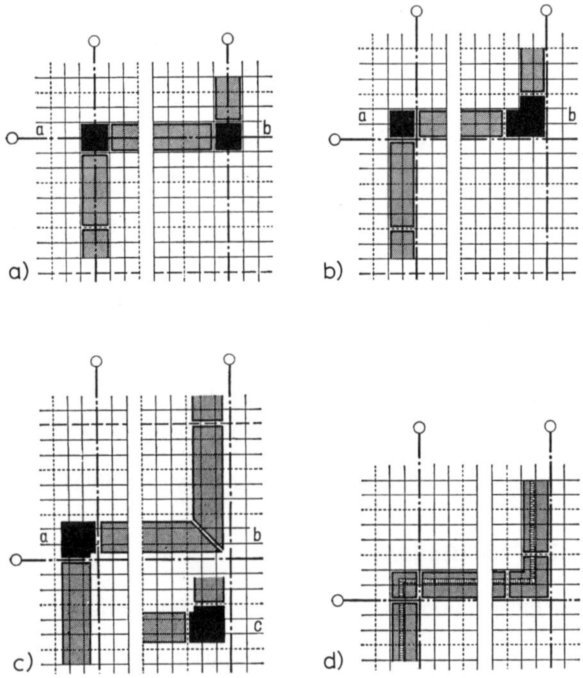

7.7
Eckausbildungen

a) Wandachse und Planungsraster decken sich. Eckelemente bei Außenecke (a) und Innenecke (b) haben gleiche Außenmaße. Wandelemente ungleich breit
b) Wandelemente liegen an Koordinationsebene (Randlage bzw. Grenzbezug). Zwei verschiedene Eckelemente für Außen- und Innenecke erforderlich. Wandelemente gleich breit
c) Wandelemente liegen neben der Koordinationsebene (Randlage bzw. Grenzbezug). Gleich große Eckelemente (a und c) möglich, ebenso gleich breite Wandelemente. Für Lösung b sind rechte und linke Wandelemente nötig (transportempfindliche Ecke)
d) Wandecke bei verschiedenen Schichtdicken in den Elementen

Geschoßhöhen. In ähnlicher Weise wie bei der horizontalen Maßkoordination für den Grundriß wird bei der Planung der Geschoßhöhen und aller Höhenabmessungen des Gebäudes vorgegangen. Neben den funktionellen Anforderungen, bauaufsichtlichen, sicherheitstechnischen usw. Anforderungen haben hier die notwendigen Installationseinrichtungen, – insbesondere Lüftungs- und Klimaanlagen mit ihren meistens recht großen Querschnitten –, den größten Einfluß. Diese Installationen werden normalerweise unterhalb der tragenden Decken zwischen den in der Regel vorhandenen Unterzügen vorgesehen und raumseitig durch Unterdecken (s. Abschn. 12) abgeschlossen. Die insgesamt nötigen Querschnitte – insbesondere, wenn auch trotz sorgfältiger Planung Kreuzungen über- bzw. untereinanderliegender Leitungen nicht vermieden werden können – bestimmen in der Hauptsache die erforderlichen Geschoßhöhen (Richtung von Unterzügen s. Abschn. 7.1).

7.3 Holzskelettbau[1])

7.3.1 Allgemeines

Aus dem auf alte Handwerkskunst zurückgehenden Holzfachwerkbau (s. Abschn. 6.6) hat sich der Holzskelettbau entwickelt. Beim Holzskelettbau gehen die Stiele oder Stützen durch zwei Geschosse hindurch. Dadurch werden die Nachteile vermieden, die sich durch das Schwinden des Holzes beim Fachwerkbau alter Art in der Höhe der Balkenanlagen ergeben (quer zur Faser schwindet Holz erheblich, in Längsrichtung kaum!).

1) Dachtragsysteme s. Teil 2 des Werkes

Im weiteren Sinne können Bauten mit weitgespannten Holzkonstruktionen zum Holzskelettbau gezählt werden. Soweit eine Behandlung den Rahmen dieses Werkes nicht sprengt, sind dazu Ausführungen in Teil 2 des Werkes enthalten.

7.3.2 Baustoff Holz, Holzschutz

Neben vollkantigem üblichem Bauholz werden für Holzskelettbauten insbesondere für große Querschnitte vor allem Brettschichtträger verwendet (Baustoff Holz; Brettschichtträger und Holzschutz s. Abschn. 1 in Teil 2 dieses Werkes).

7.3.3 Brandschutz

Wegen der einschränkenden Bestimmungen für den baulichen Brandschutz können tragende Bauteile aus brennbaren Baustoffen und somit alle tragenden Holzkonstruktionen praktisch nur in Gebäuden mit bis zu zwei Vollgeschossen wirtschaftlich angewendet werden. Für höhere Gebäude würden insbesondere die Stützen wegen der in DIN 4102 (s. Abschn. 15.7) geforderten Mindestabmessungen unwirtschaftlich.

7.3.4 Bauteilanschlüsse

Die Einspannungen von Holzstützen in Fundamente oder Sockel ist auch in Kombination mit Stahlprofilen insbesondere in bezug auf den einwandfreien dauerhaften Fäulnisschutz problematisch. Die Aussteifung von Holzskelettbauwerken wird daher in der Regel mit Diagonalverbänden (z.B. mit Flachstahlbändern oder Drahtseilverspannungen), Dreiecksverbänden (z.B. durch Kopfbänder, vgl. Abschn. 1.2 in Band 2 dieses Werkes) oder im Zusammenhang mit gemauerten oder betonierten Wandscheiben (vgl. Bild **7**.1) ausgeführt.

Die Knotenpunkte von Holzskelettkonstruktionen (d.h. die Anschlüsse zwischen Stützen und Trägern) können auf verschiedene Weise gebildet werden.

Man unterscheidet:

- Tragelemente in m e h r e r e n Ebenen: Stützen mit Doppelträgern (Bild **7**.8a) und Träger mit Doppelstützen (Bild **7**.8b),
- Tragelemente in e i n e r Ebene (Bild **7**.8c).

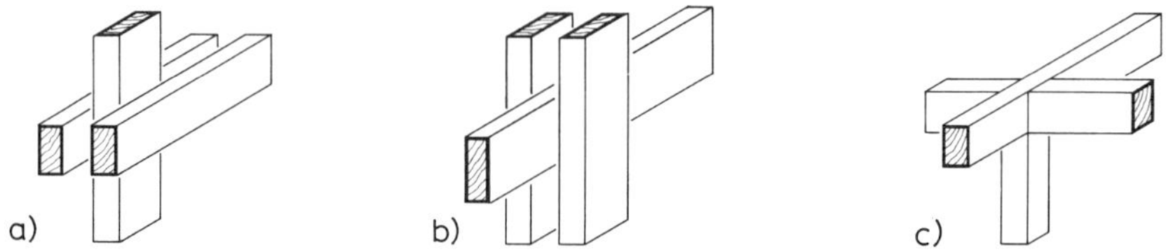

7.8 Knoten bei Holzskeletten
a) Stütze mit doppelter Trägerlage, b) Doppelstütze, c) Aufliegende Träger in einer Ebene

Deckenbalken werden statisch als Durchlaufträger über zwei oder drei Felder ausgeführt (Bild **7**.9). Die Auflagerträger (Riegel) können sehr wirtschaftlich dimensioniert werden, wenn die Deckenbalken mit wechselnden Spannrichtungen verlegt werden, so daß die Riegelbelastungen jeweils nur aus einem Feld wirksam werden (Bild **7**.10, konstruktive Einzelheiten von Holzbalkendecken s. Abschn. 9.3).

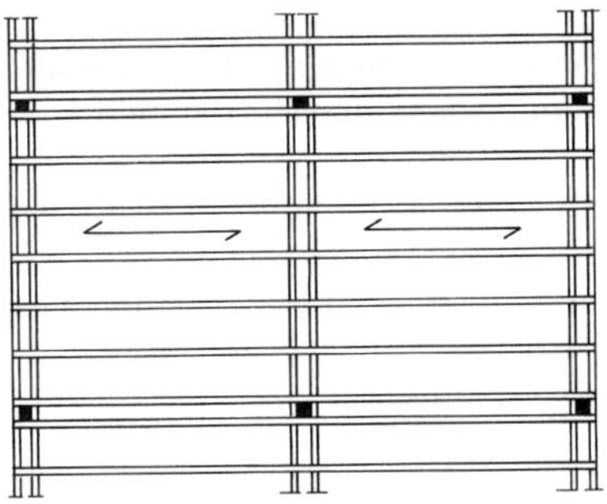

7.9 Durchlaufbalken über 2 oder 3 Felder

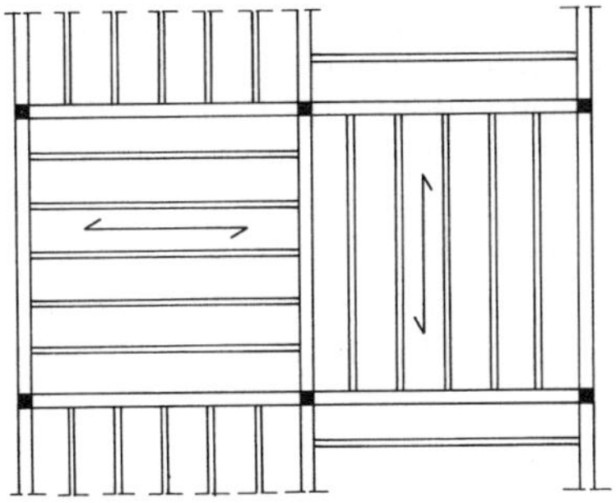

7.10 Einfeldbalken mit wechselnden Spannrichtungen

Im Holzskelettbau wird auf herkömmliche handwerksgerechte Holzverbindungen verzichtet, weil sie teilweise rechnerisch schwer zu erfassen sind, vor allem aber einen hohen Arbeitszeitaufwand erfordern. Die Hölzer werden stumpf abgeschnitten und mit Bolzen – meistens in Verbindung mit Dübelplatten – miteinander verbunden (Bild 7.11 und 7.12). Die Montage wird dabei erleichtert, wenn Stahlwinkel oder -konsolen verwendet werden (Bild 7.13).

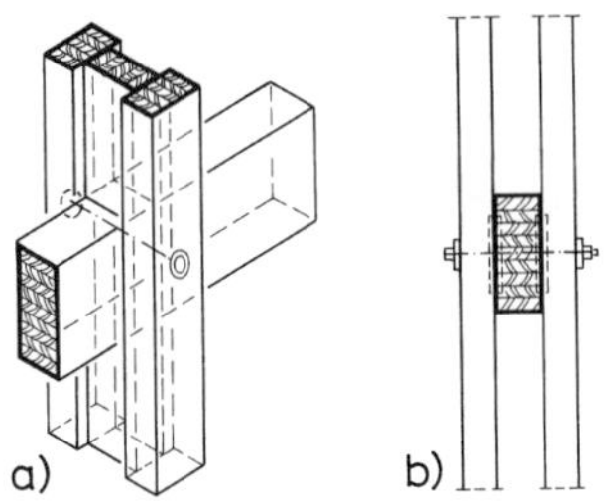

7.11 Anschluß von Tragelementen mit Bolzen und Dübelplatte
a) isometrische Darstellung
b) Schnitt

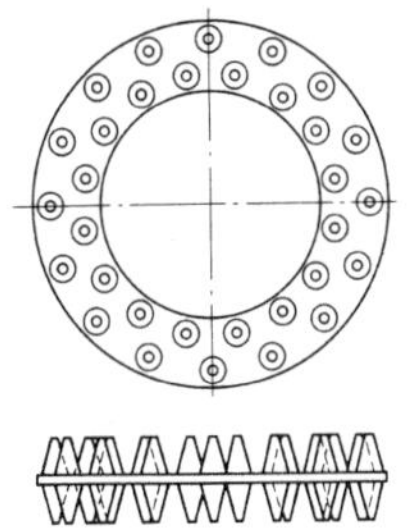

7.12 Einpreßdübel (Geka-Dübel, Karl Georg, Groß-Umstadt/Hessen)

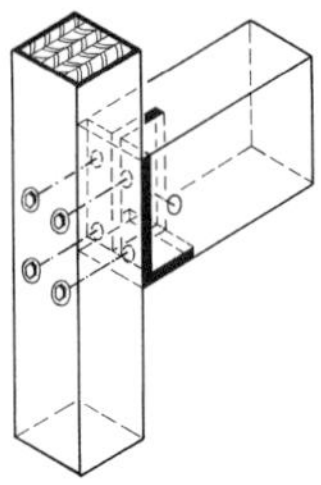

7.13 Anschluß durch angeschraubte Stahlwinkel mit einer eingeschweißten Lasche

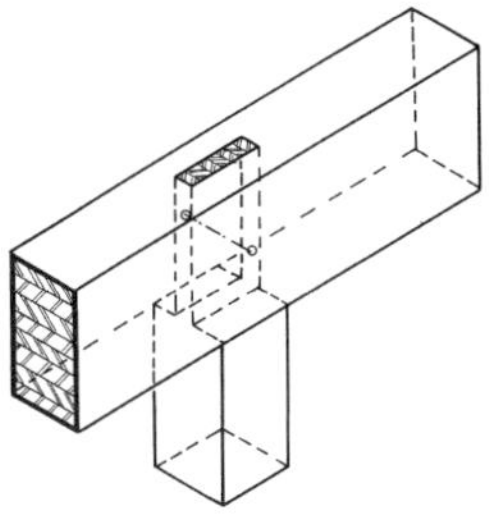

7.14 Stützenanschluß: Schlitz und Zapfenverbindung

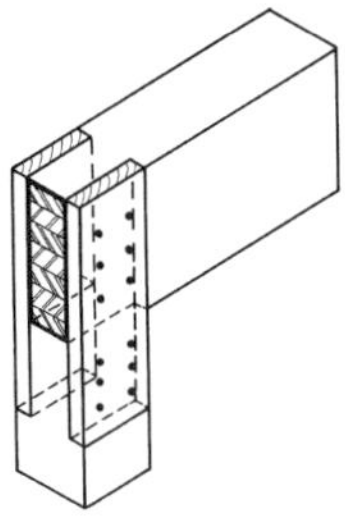

7.15 Eckverbindung an Stütze: Sperrholz- oder Vollholzlasche eingelassen und genagelt

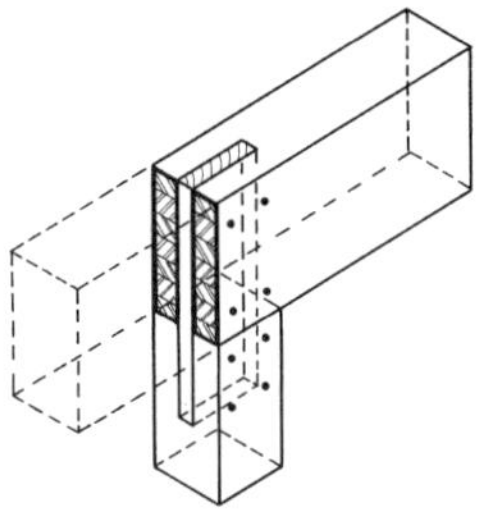

7.16 Stützenanschluß: Lasche aus Sperrholzplatte (ggf. zusätzl. Bolzen) eingeschlitzt und genagelt

In einer Ebene anzuschließende Hölzer werden mit Schlitz-Zapfenverbindung (Bild **7**.14), besser aber mit weiterentwickelten Zimmermanntechniken verbunden wie mit Laschen aus Sperrholzplatten (Bild **7**.15), Knaggen (Bild **7**.18), durchlaufend über Gabelstützen (Bild **7**.19) oder mit verleimten Steckdübeln (Bild **7**.20).

Gestalterisch und konstruktiv elegante Anschlüsse lassen sich mit Stahldübeln herstellen (Bild **7**.17 und **7**.21).

Besonders schnelle Montagen können – auch in mehreren Ebenen – mit Hakenplatten ausgeführt werden (Bild **7**.22).

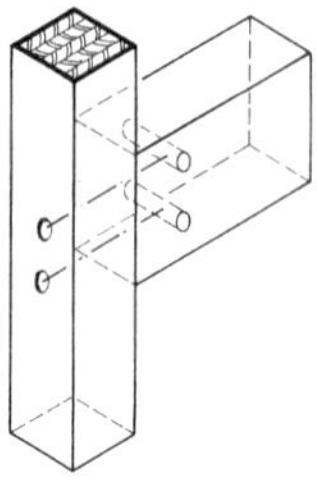

7.17 Anschluß durch Stabdübel

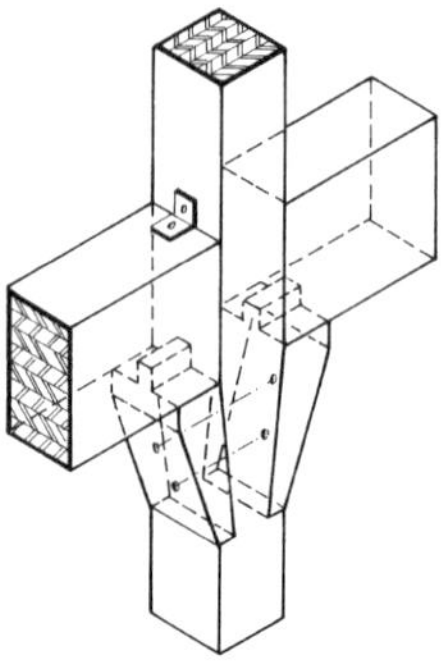

7.18 Stützenanschluß mit Knaggen

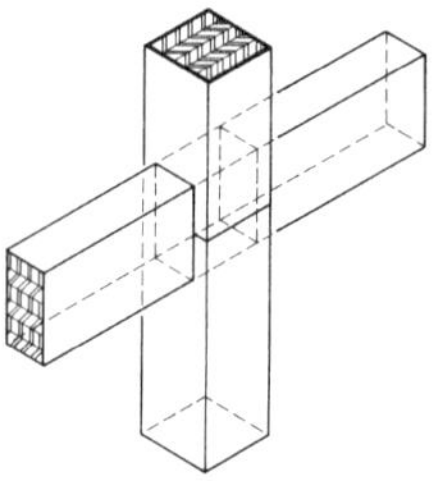

7.19 Gabelstütze

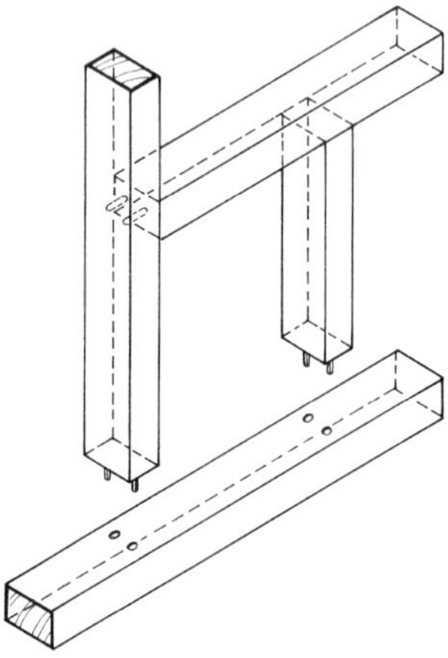

7.20 Anschluß mit Steckdübeln (HSK-TEC)

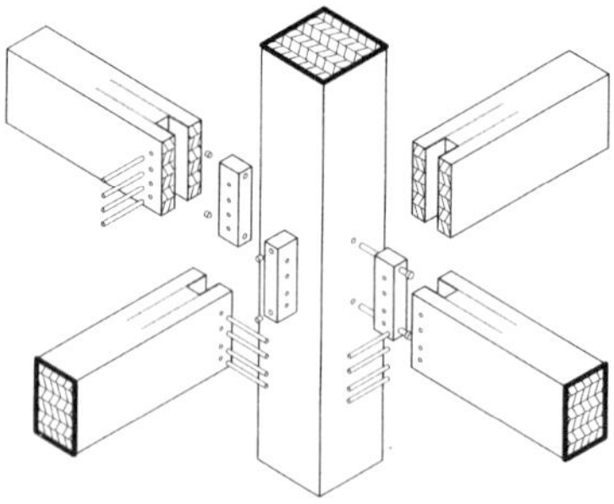

7.21 Anschluß mit Stabdübelsystem (BSB)

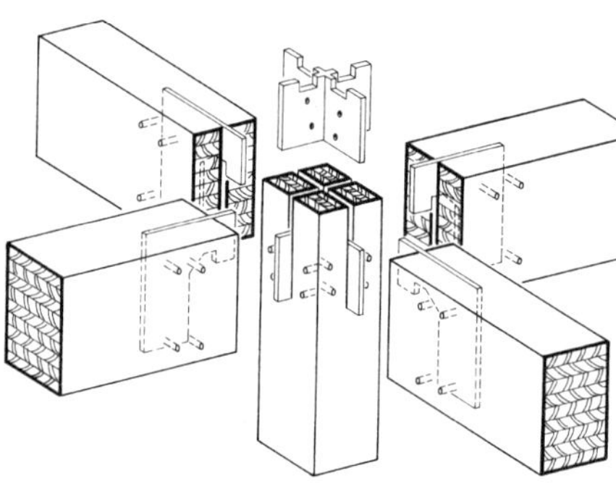

7.22 Anschlüsse mit Hakenplatten (System Bulldog)

Wo gestalterische Forderungen nicht wichtig sind, können die Anschlüsse sehr wirtschaftlich mit den vielen Formen handelsüblichen Stahlblechverbindern ausgeführt werden (Bild **7**.23).

Die erforderlichen Anschluß-Formteile können jedoch auch entsprechend statischen und gestalterischen Anforderungen auf individuelle Weise gestaltet werden (Bild **7**.24).

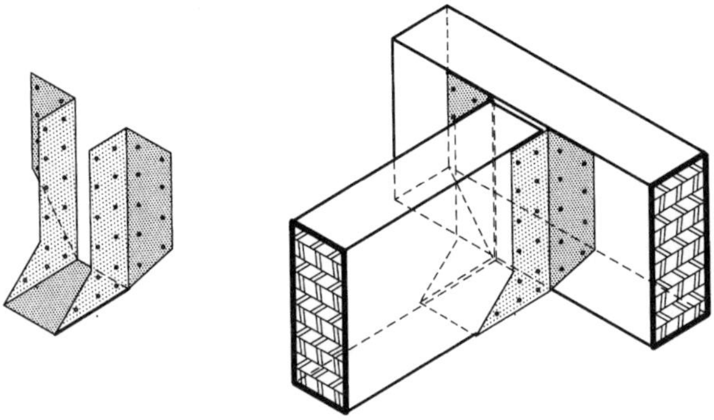

7.23 Anschluß mit genagelten Stahlblechlaschen

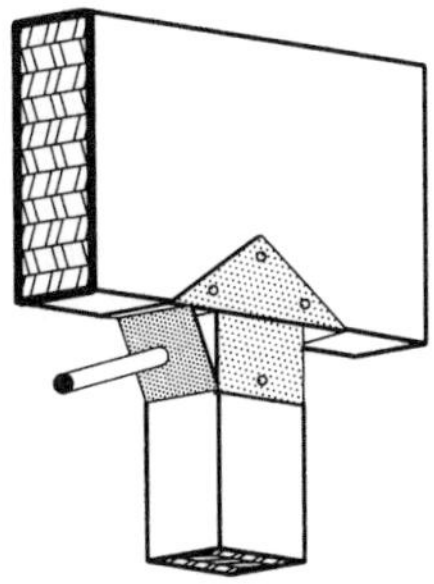

7.24 Stützen- und Diagonalverband-Anschluß mit geschweißtem Stahlblechformteil

7.3.5 Konstruktionselemente

Stützen werden im Innenbereich stumpf auf Betonplatten oder Fundamente gestellt und mit Laschen angeschlossen (Bild **7**.25). Im Außenbereich muß je nach Beanspruchung als Schutz gegen Fäulnis durch aufsteigende Feuchtigkeit und Spritzwasser ein ausreichender Abstand gegen die Bodenflächen verbleiben (Bild **7**.26).

Einige Beispiele für Stützenfußpunkt-Konstruktionen zeigt Bild **7**.27.

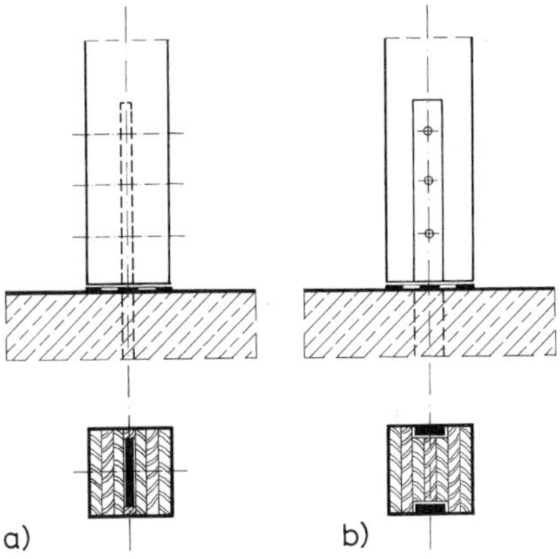

7.25 Stützenfuß, Anschluß im Innenbereich
a) Anschluß mit eingeschlitzter Stahllasche
b) Anschluß mit aufgeschraubten Stahllaschen

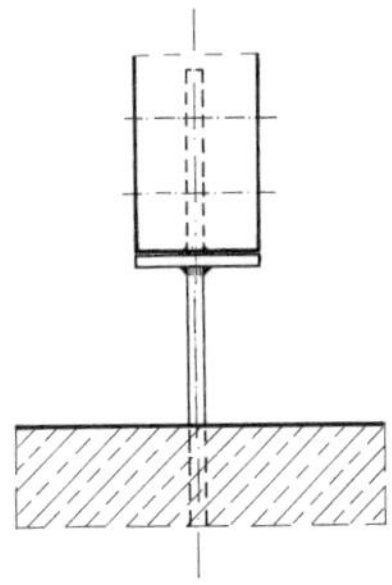

7.26 Stützenfuß: Anschluß im Außenbereich – Spritzwasserschutz durch Holzabstand > 15 cm (Ausführungen s. Bild **7**.27)

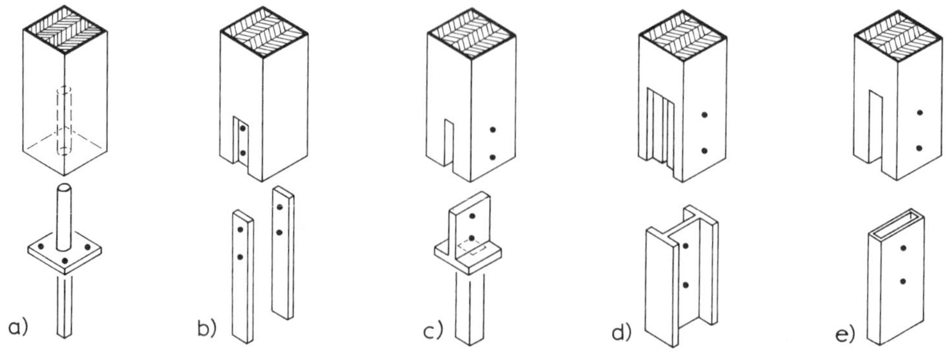

7.27 Stützenfuß im Außenbereich – Beispiele
a) Rund- oder Vierkantstahl mit eingeschweißter Fußplatte
b) seitlich angeschraubte Stahllaschen
c) eingeschlitztes Stabprofil mit angeschweißten Fußplatten
d) eingeschlitzter bzw. eingestemmter Profilstahl
e) eingeschlitztes Vierkant-Rohrprofil

Wände in Holzskelettkonstruktionen können aus Mauerwerk bestehen. Im Innenbereich sollte man die Mauerdicken mit den Stützenabmessungen abstimmen. Gemauerte Außenwände, die wegen des erforderlichen Wärme- und Schallschutzes dicker sein müssen, werden am besten unabhängig von der Skelettkonstruktion ausgeführt und können je nach gestalterischer Absicht sowohl auf der Innen- wie auch der Außenseite der Außenstützen angeordnet werden. Erforderliche Stützenanschlüsse werden am besten mit aufquellenden Schaumstoff-Fugenbändern abgedichtet („Compriband" o. ä.).

Bei mehrschaligen vorgefertigten Wandelementen (s. Abschn. 6.7.2.1) bestehen verschiedene Anschlußmöglichkeiten wie in Bild **7**.28 gezeigt.

In jedem Fall müssen beim Anschluß von Wänden an die Stützen von Holzskelettkonstruktionen neben üblichen Maßtoleranzen und Formänderungen, infolge Belastung, vor allem auch die durch Feuchtigkeitsschwankungen bedingten Verformungen und Ausdehnungen der Hölzer berücksichtigt werden. Die Verwendung von Brettschichtholz (s. Abschn. 1 in Teil 2) ist unter diesen Aspekten in jedem Fall vorteilhafter.

Wandanschlüsse können ausgeführt werden wie folgt:

— Wandelemente stumpf zwischen den Stützen (Bild **7**.28a),
— Wandelemente mit einfacher Überfälzung zwischen den Stützen (Bild **7**.28b),
— Wandelemente mit doppelter Überfälzung zwischen den Stützen (Bild **7**.28c) (s. Abschn. 5.7.3).

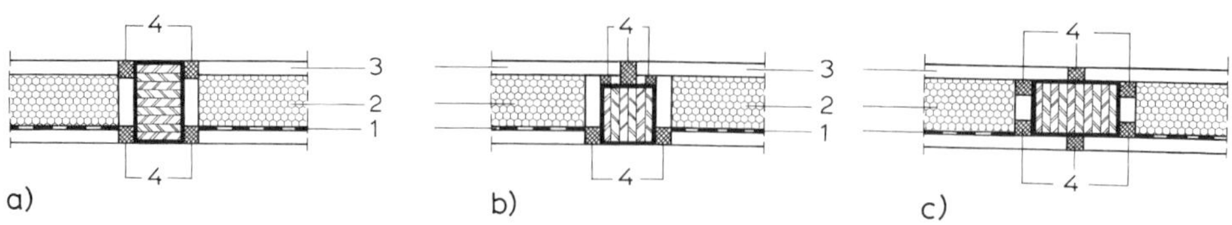

7.28 Anschlüsse vorgefertigter Wandelemente an Stützen (schematisch)
a) Wandanschluß stumpf zwischen Stützen
b) Wandanschluß mit einfacher Überfälzung
c) Wandanschluß mit doppelter Überfälzung
1 Dampfsperre 2 Wärmedämmung 3 Außenschale 4 Dichtungen bzw. Deckprofile

7.3.6 Konstruktionsbeispiele

Holzskelettkonstruktionen sind in letzter Zeit häufig ausgeführt worden, und in der speziellen Fachliteratur werden viele Beispiele ausführlich dargestellt. Im Rahmen dieses Werkes können aus der großen Zahl möglicher Anwendungsformen nachfolgend nur zwei Systembeispiele gezeigt werden (Bilder **7**.29 und **7**.30) [12], [13].

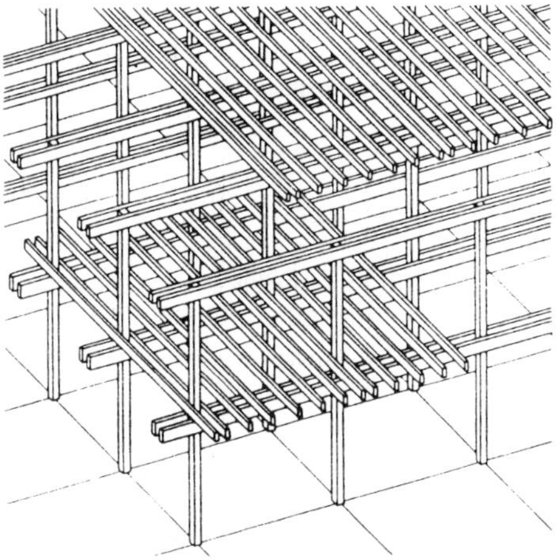

7.29 Holzskelettsystem mit einfachen Stützen und doppelter Trägerlage (Detail s. Bild **7**.10a)

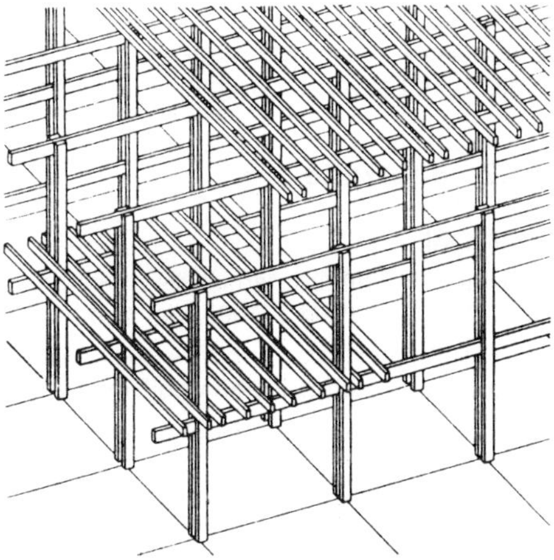

7.30 Holzskelettsystem mit Doppelstützen und einfacher Trägerlage (Detail s. Bild **7**.10b)

Für Bauwerke mit bis zu 2 Vollgeschossen stellt die Holzrahmenbauweise eine interessante Alternative zum reinen Skelettbau dar. Hier werden vorgefertigte Wand- und Deckentafeln als tragende oder nichttragende Elemente zusammengefügt (s. Abschn. 6.7.2.1).

7.3.7 Holzschutz

Alle der Witterung oder der Feuchtigkeit ausgesetzte Teile von Holz-Skelettkonstruktionen müssen Holzschutzanstriche nach DIN 68800 erhalten (s. Abschn. 1.2 in Teil 2 d. Werkes). Hinsichtlich des Brandschutzes sind alle einschlägigen Bestimmungen von DIN 4102 zu beachten. Als konstruktive Maßnahmen kommen schaumbildende Anstriche oder Bekleidungen mit Brandschutzplatten in Frage (s. Abschn. 15.7).

7.4 Stahlskelettbau

7.4.1 Allgemeines

Stahlskelettkonstruktionen haben besonders die folgenden Vorteile:

- Alle tragenden und weitgehend auch alle raumbildenden bzw. -abschließenden Bauteile können werkstattmäßig vorgefertigt und an der Baustelle in kurzer Zeit montiert werden,
- bei relativ geringen Eigengewichten und Querschnitten der tragenden Teile können große Spannweiten erreicht werden,
- wegen der im Stahlbau sehr geringen Toleranzen ist das Einpassen anderer maßgenauer Bauteile möglich und damit eine weitgehend „trockene Bauweise", d.h. keine oder nur sehr geringfügige Verwendung von Beton und Putz,
- konstruktive Teile können leicht verändert, auch nachträglich verstärkt oder ggf. auch demontiert werden.

Dem steht als Nachteil gegenüber, daß bei mehrgeschossigen Bauten erhebliche Aufwendungen für den Brandschutz aller tragenden Bauteile vorgeschrieben sind. Hinzu kommen die Aufwendungen für einen dauernden Korrosionsschutz.

Stahlskelette bestehen aus senkrechten Stützen- und waagerechten Trägerprofilen. Die Knotenpunkte werden vergleichbar den für den Holzskelettbau gezeigten Grundsätzen ausgeführt (vgl. Bilder **7**.8, **7**.13 und **7**.39 f.).

Die horizontale Aussteifung erfolgt durch Deckenplatten oder liegende Fachwerksverbände. Vertikal kann das tragende Stahlgerippe ausgesteift werden durch biegesteife, unverschiebbare Eckverbindungen, Dreieckverbände oder Wandscheiben (vgl. Bild **7**.1).

7.4.2 Baustoffe

Profilstahl

Baustahl für Stahlbauten ist als Stabstahl, Formstahl oder für Hohlprofile in den Qualitäten St 37-2, St 52-3 (DIN 17100) oder den hochfesten Stahlsorten StE 460 und StE 690 genormt.

Für Stahlbauten kommen in erster Linie I-Profilstähle, L-, U-, T- sowie Rohrprofile der verschiedensten Lieferformen und Dimensionen in Frage (Überblick s. Tabelle **7**.31).

Tabelle **7**.31 Stahlprofile

Profile		Kurzbezeichnungen	
I	Warmgewalzte schmale I-Träger (I-Reihe)	I	80 bis 600
I	Warmgewalzte mittelbreite I-Träger (IPE-Reihe)	IPE	80 bis 600
I	Warmgewalzte breite I-Träger (HEAA-, HEA-/IPBl, HEB-/IPB-Reihe)	HE HE-A HE-B	100 bis 1000 AA 100 bis 1000 100 bis 1000
I	Warmgewalzte breite I-Träger (HEM-/IPB$_V$-Reihe)	HE-M	100 bis 1000
[	Warmgewalzter rundkantiger [-Stahl	U	30 bis 400
L	Warmgewalzter gleichschenkliger rundkantiger Winkel-Stahl	L	20 bis 200
L	Warmgewalzter ungleichschenkliger rundkantiger Stahl	L	30 bis 200
T	Warmgewalzter rundkantiger hochstegiger T-Stahl	T	20 bis 140
○	Nahtlose Stahlrohre	D	51 bis 1016
□	Quadratische Hohlprofile		40 bis 260
▯	Rechteckige Hohlprofile		50 bis 260
■ ● ▬	ferner: Vierkant-Stahl, Rundstahl, Flach-, Wulstflach- und Breitflachstahl u.a.		

Verbundbauweisen

Ferner kommen Verbundträger, -stützen und -decken in Betracht. Dabei werden Stahlprofile mit Betonbauteilen schubfest verbunden und auf diese Weise die günstigen Eigenschaften des Stahles hinsichtlich der Zugfestigkeit mit der Druckfestigkeit des Betons kombiniert.

Verbundstützen bestehen aus ummantelten oder mit Beton gefüllten Profilen. Der Beton kann eine schlaffe Bewehrung haben.

Betonummantelte Stützen mit einer Betondeckung von 50 mm für das Stahlprofil und 35 mm für die mitwirkende Bewehrung erfüllen die Anforderungen für die Feuerwiderstandsklasse F90.

Ausbetonierte Stützen sind wesentlich tragfähiger als die entsprechenden Hohlprofile. Bei sogenannten kammergefüllten Profilen werden lediglich die Profilkammern ausbetoniert, während Flansche und Kanten sichtbar bleiben. Sie werden insbesondere als Unterzüge und Deckenträger verwendet (Bild **7**.32).

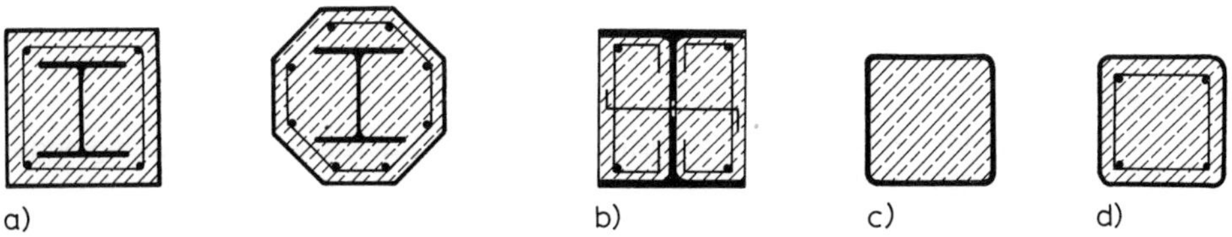

7.32 Verbundstützen
a) einbetonierte Stahlprofile
b) Walz- oder Schweißprofile mit Kammerbeton
c) ausbetoniertes Hohlprofil
d) ausbetoniertes Hohlprofil mit Zusatzbewehrung für den Brandfall

Verbundträger bestehen aus Stahlprofilen, die durch Kopfbolzen schubfest mit den aufliegenden Stahlbetondecken verbunden sind, so daß die Deckenplatte als Druckplatte und der Träger überwiegend auf Zug beansprucht wird. Der so entstandene Bauteil kann mit den „Plattenbalken" (s. Abschn. 9) des Stahlbetonbaues verglichen werden (Bild **7**.33).

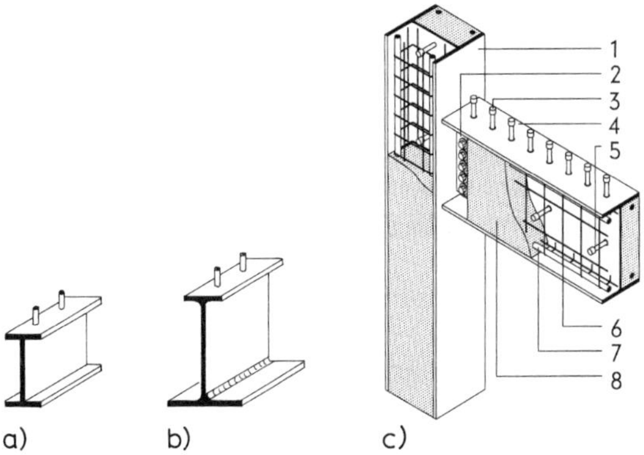

7.33
Verbundträger
a) Walzträger mit Kopfbolzen
b) geschweißter Träger mit Kopfbolzen (Verbundanker s. Bild **7**.54)
c) Stützenanschluß bei Verbundprofilen
1 Stütze
2 Steglaschenanschluß
3 Kopfbolzendübel für Trägerverbund
4 Deckenträger
5 Kopfbolzendübel für Profilverbund
6 Bügelbewehrung
7 Längsstabbewehrung
8 Kammerbeton

Verbunddecken (s. auch Abschn. 9.2.4) werden aus Stahlprofildecken („Holorib") gebildet, deren Aufbeton durch aufgeschweißte Kopfbolzen mit Unterzug- bzw. Trägerflanschen schubfest verbunden ist. Dabei nehmen die Profilbleche die Zugbeanspruchungen und der Aufbeton die Druckbeanspruchung auf (Bild **7**.34).

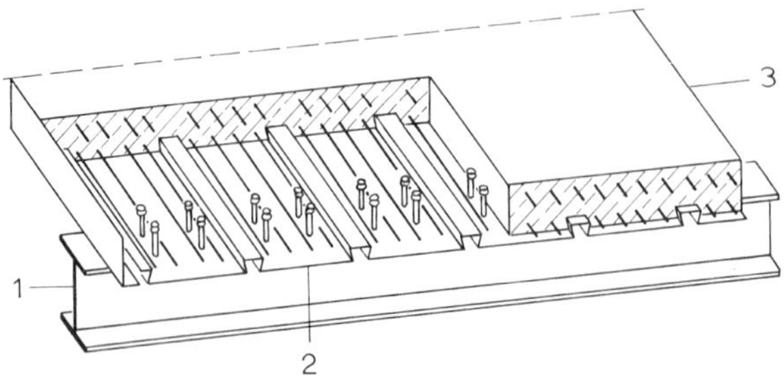

7.34
Verbunddecke [1]
1 Unterzug oder Nebenträger mit Kopfbolzendübeln
2 Holorib-Profilblech mit schwalbenschwanzförmigen Sicken (geeignet für Abhängungen)
3 bewehrter Aufbeton als Druckgurt

Stahlseile

Als hochfeste Zugglieder kommen im Stahlskelettbau auch Stahlseile mit werkseitig angeformten Verbindungselementen in Frage.

7.4.3 Korrosionsschutz

Für Stahlkonstruktionen, die der Witterung ausgesetzt sind, können wetterfeste nicht rostende, hochfeste Sonderstähle (WT-Stähle, Handelsname z.B. „Cor-Ten"-Stahl sowie Chrom-Nickelstähle, Chrom-Nickel-Molybdän-Stähle, Handelsname z.B. Nirosta, V2A) verwendet werden.

Auf der Oberfläche von WT Stahl bildet sich unter normalen Witterungsbedingungen eine rostähnliche Schutzschicht aus, die jedoch den Stahl nach 3 bis 4 Jahren vor weiterer Korrosion schützt. Es ist aber zu beachten, daß diese Schutzschicht zunächst vom Regen abgewaschen wird und zur Verschmutzung angrenzender Baustoffe führen kann. WT-Stahl bekommt mit der Zeit eine dunkelbraune Färbung und bedarf keiner weiteren Unterhaltung.

Im übrigen müssen alle Stahlbauteile, die aus üblichen Stahlsorten (DIN 17100) hergestellt sind, durch Schutzanstriche oder Feuerverzinkung nach DIN 55928 gegen Rost geschützt werden.

Voraussetzung für einen dauerhaften Korrosionsschutz ist die Beachtung folgender **Grundregeln**:

— Die Konstruktionen sollen möglichst wenig Zerklüftungen aufweisen und an allen Teilen gut zugänglich sein, damit Anstriche einwandfrei aufgebracht, überwacht und erneuert werden können.
— Profilflächen sollen untereinander oder gegenüber Wandflächen einen Mindestabstand von 120 mm haben.
— Spalten und Zwischenräume an Anschlußstellen sollen verschlossen werden oder >10 mm breit sein.
— Kanten sind abzurunden und bei hoher Beanspruchung evtl. zusätzlich zu behandeln.
— Durch geneigte Flächen oder Entwässerungsöffnungen ist im Freien dafür zu sorgen, daß sich keine Schmutz- und Wasseransammlungen bilden.
— Hohlräume müssen entweder einen ausreichenden Korrosionsschutz erhalten und gut belüftet bleiben, oder sie müssen luftdicht abgeschlossen werden.

— Durch entsprechende konstruktive Maßnahmen ist Tauwasserbildung an Stahlteilen möglichst zu unterbinden.
— Bei Verbindungen von Metallen mit unterschiedlichem elektrischem Potential besteht unter dem Einfluß von Feuchtigkeit die Gefahr von Kontaktkorrosion. Es müssen daher isolierende Zwischenlager vorgesehen werden. Verbindungsteile wie Schrauben u.ä. müssen entsprechende Hülsen erhalten.

Der Korrosionsschutz kann bestehen aus:

— Beschichtungen (Anstrichen), 1- bis 4fach aufgetragen,
— Überzügen aus metallischen Schichten (im Stahlbau bevorzugt Feuerverzinkung),
— Korrosionsschutz-Systemen, die eine Kombination aus Beschichtungen und Überzügen bilden.

Rostumwandler und Roststabilisatoren sind nicht zulässig.

Vor der Ausführung sind die Stahlteile gründlich von Verschmutzungen (insbesondere Fett und Öl, Farbresten), Rost und Walzzunder zu reinigen. Dabei sind die geeigneten Verfahren (mechanische Reinigung, Flammstrahlen, chemisch-physikalische Verfahren) gemäß DIN 53210 bzw. 55928-4 abhängig von der Stahlsorte, dem Rostgrad und der Art der beabsichtigten Beschichtung zu wählen.

Beschichtungen

Korrosionsschutzbeschichtungen bestehen aus Pigmenten, Füllstoffen und Bindemitteln. Pigmente dienen durch unterschiedliche Einfärbung der Kontrolle der Anzahl aufgebrachter Schichten, der Dickenkontrolle, dem Schutz gegen mechanische Beschädigungen, der Passivierung und Neutralisation der Oberflächen u.a. Füllstoffe schützen insbesondere die Bindemittel vor Lichteinwirkung. Als Füllstoffe sind Aluminiumpulver, Zinkstaub, Eisen, Titan und Zinkoxid u.a. gebräuchlich. Bleimennige und Zinkchromat sind nicht mehr zulässig. Als Bindemittel werden Leinöl, Alkyd-, Silikon- und Epoxidharze, Chlorkautschuk, Polyurethan sowie bituminöse Stoffe verwendet.

Korrosionsschutzbeschichtungen werden mit dem Pinsel oder durch Spritzen mit 2 Grundanstrichen und 2 Deckanstrichen aufgetragen.

Die Beschichtungsdicke beträgt bei Pinselauftrag 20 bis 60 µm und bei Spritzauftrag 5 bis 15 µm. Die Gesamtdicke soll nicht unter 130 µm liegen und kann bei besonderer Beanspruchung bis auf 220 µm gesteigert werden.

Einen Überblick über die Beschichtungsarten und die erforderlichen Schichtdicken gibt Tabelle **7**.35.

Tabelle **7**.35 Korrosionsschutz, Schichtdicken und Aufgaben [8]

Anzahl der Schichten	Beschichtung Überzug	Sollschichtdicke je Schicht in µm	Aufgaben
1	Fertigungsbeschichtung (FB)	15 bis 25	Schutz der Stahlbauteile während Lagerung, Fertigung und innerbetrieblichem Transport
1 bis 2	Grundbeschichtung (GB)	40 normal 80 DICK	Schutz der Stahloberfläche gegen Korrosion
1 bis 2	Deckbeschichtung (DB)	40 normal 80 DICK	Schutz der Grundbeschichtung bzw. in besonderen Fällen der Feuerverzinkung vor aggressiven Stoffen
1	Feuerverzinkung (Stückverzinkung)	50 bis 85 (360 bis 610 g/m^2)	Schutz der Stahloberfläche vor Korrosion

Bemerkung: normal = normale Beschichtungsstoffe, DICK = dickschichtige Beschichtungsstoffe

Feuerverzinkung ist eine Korrosionsschutzmethode, die angewendet werden kann, wenn kleinere und feingliederige Konstruktionen insgesamt oder Einzelteile geschützt werden sollen, die lediglich durch Verschraubung oder Nietung zusammengefügt werden. Dabei werden die zu schützenden Teile nach der Reinigung in Zinkbädern bei 450° beschichtet. Die Schichtdicke ist nach DIN 50976 abhängig von der Materialdicke der zu schützenden Teile und beträgt 50 bis 70 µm. Aus technischen Gründen können die Werkstücke dabei nur Längen bis etwa 15 m haben, oder es muß möglich sein, sie mehrfach zu tauchen.

Es ist zu beachten, daß nicht alle Stahlsorten für Feuerverzinkung geeignet sind und daß durch die Verzinkung u.U. Verformungen möglich sind, wenn die Konstruktionen Verspannungen aufweisen. Nacharbeiten an feuerverzinkten Teilen müssen vermieden werden. Wenn sie unumgänglich sind, müssen die beschädigten Stellen der Verzinkung durch Spritzverzinkung oder Zinkanstriche sorgfältig ausgebessert werden.

7.4.4 **Brandschutz** (s. auch Abschn. 15.7)

Stahlbauteile brennen zwar nicht, verformen sich aber unter Brandeinwirkung und verlieren schließlich – oft schlagartig – ihre Tragfähigkeit. Sie müssen daher entsprechend den verschiedenen Vorschriften und Richtlinien der Landesbauordnungen je nach der Brandgefährdung der Gebäude (vgl. dazu DIN 18230) nach DIN 4102 Brandschutz erhalten.

Wenn aus gestalterischen Gründen Stahlkonstruktionen sichtbar bleiben sollen, kommen als Beschichtung aufgetragene „Dämmschichtbildner" in Frage, die vielfache Farbgebungen ermöglichen und Bestandteil des Korrosionsschutzes sein können. Sie entfalten ihre Schutzwirkung erst im Brandfall. Allerdings lassen sich mit derartigen Beschichtungen keine sehr hohen Brandschutzanforderungen erreichen.

Für höhere Anforderungen, insbesondere in mehrgeschossigen Gebäuden, werden genormte oder geprüfte Brandschutzbekleidungen verwendet, die bestehen können aus:

- Betonummantelungen aus Stahlbeton DIN 1045,
- Putze in verschiedenen Zusammensetzungen, auch mit Zusätzen von Mineralfasern Vermiculite u.a.,
- Ummantelungen mit Gipskarton- und speziellen Brandschutzplatten.

7.4.5 Verbindungstechnik

Nietverbindung. Kraftschlüssige Verbindungen durch Nietung (Bild **7**.36) ist heute nur noch in Ausnahmefällen anzutreffen. Hoher Arbeitsaufwand macht sie unwirtschaftlich, und die unvermeidliche große Lärmentwicklung bei der Ausführung kann kaum noch hingenommen werden.

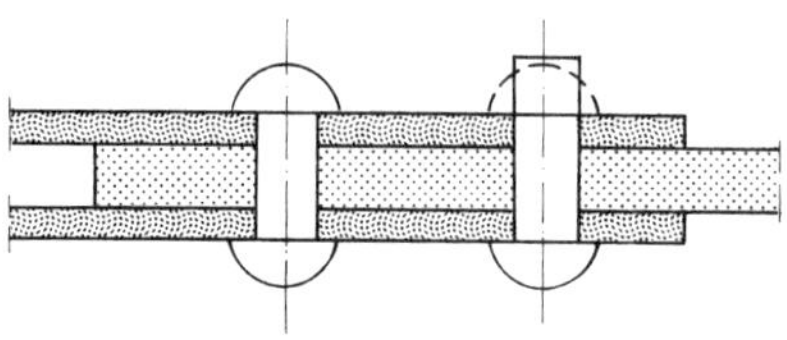

7.36
Nietverbindung
links: fertige Nietverbindung
rechts: Niet vor dem Stauchen

Schraubverbindung. Moderne, äußerst maßgenaue Bearbeitungsverfahren haben im Stahlbau die Verwendung hoch belastbarer Schraubverbindungen ermöglicht. Die Verbindung von großen Werkstücken z.B. von Trägern und Stützen oder von ganzen Bauteilgruppen erlauben eine rasche und problemlose Montage an der Baustelle ebenso wie spätere Änderungen oder Demontagen.

Bei den zu verwendenden Schrauben werden unterschieden:

- Rohe Schrauben R (unbearbeitet, mit Lochspiel in den Bohrlöchern)
- Paßschrauben P (nachbearbeitet, ohne oder mit sehr geringem Lochspiel)
- Hochfeste Schrauben HR (spezielle Materialqualität, geeignet für Vorspannung)
- Hochfeste Paßschrauben HP (spezielle Materialqualität, nachbearbeitet, geeignet für Vorspannung)

Bei den Verbindungsarten werden unterschieden:

Verbindungen mit Scher-/Lochleibungswirkung. Die Schrauben werden dabei senkrecht zu ihrer Achse beansprucht (Bild **7**.37).

- SL-Verbindung Bauteile mit vorwiegend ruhender Belastung (Standard-Verbindung im Hochbau)
- SLP-Verbindung Bauteile mit ruhender und teilweise nicht ruhender Belastung, nur mit Paßschrauben herzustellen.

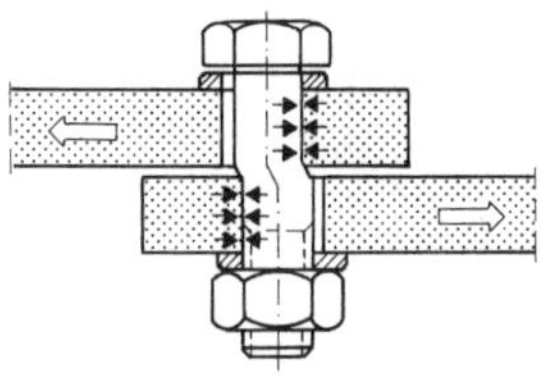

7.37 Schraubverbindung SL/SLP [3]
(Scher-/Lochleibungsbeanspruchung)

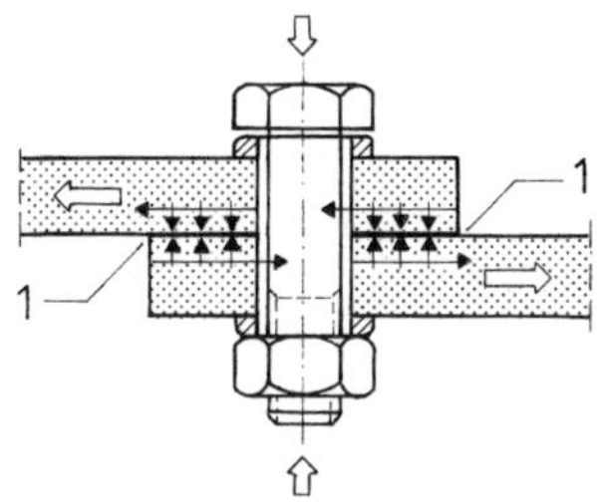

7.38 Schraubverbindung GV/GVP [3]
(gleitfeste Verbindung)
1 vorbehandelte Flächen

Gleitfeste Verbindungen. Bei diesen hochbelastbaren Verbindungen werden Kräfte senkrecht zur Schraubenachse und außerdem durch Reibung in den Kontaktflächen der miteinander verbundenen Konstruktionsteile übertragen. Die Kontaktflächen müssen vor dem Zusammenbau durch Sandstrahlen o.ä. vorbehandelt werden (Bild **7**.38).

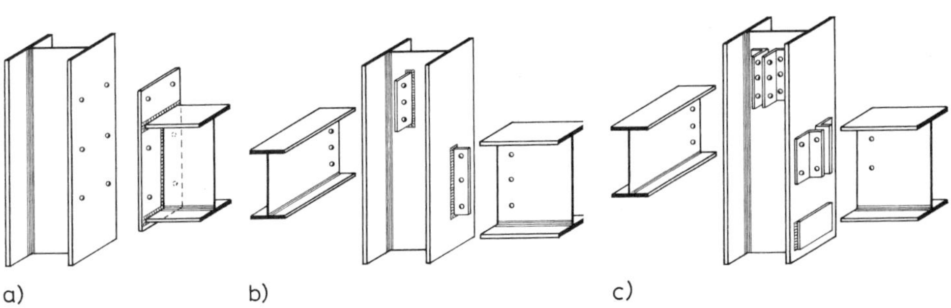

7.39 Trägeranschlüsse an Profilstahlstützen
a) Anschluß mit aufgeschweißter Kopfplatte
b) Anschluß mit angeschweißten Laschen
c) Anschluß mit geschweißten oder angeschraubten Doppelwinkeln und Aufstandskonsole

Unterschieden werden:

- GV-Verbindung — Bauteile mit vorwiegend ruhender und
- GVP-Verbindung — nicht vorwiegend ruhender Belastung (GVP-Verbindungen nur mit Paßschrauben)

Einige Konstruktionsbeispiele mit Verschraubungen an typischen Knotenpunkten von Stahlskeletten zeigen die Bilder **7**.39 bis **7**.44.

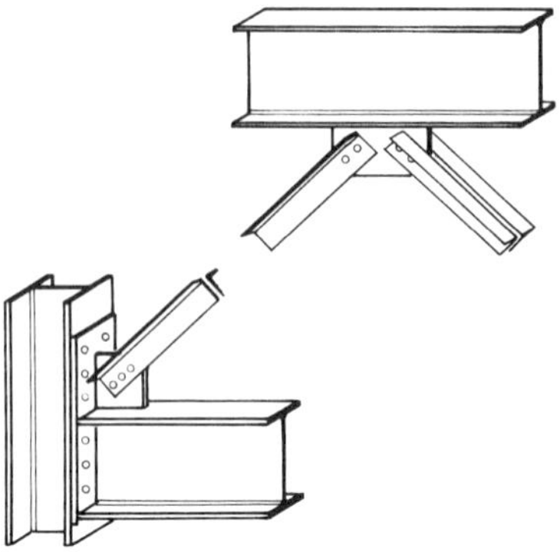

7.40 Knotenausbildungen für aussteifende Diagonalverbände

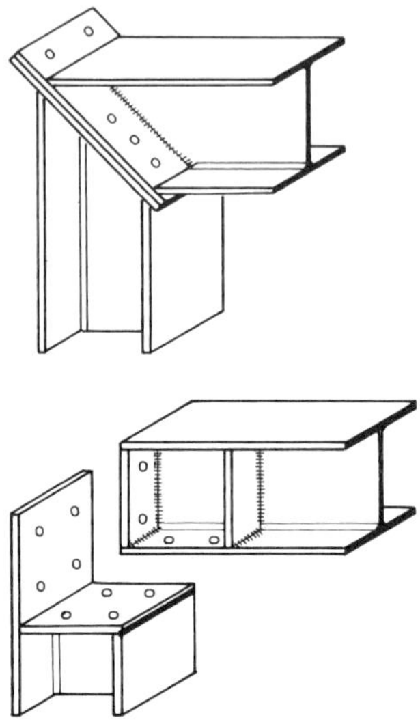

7.41 Geschraubte biegesteife Trägeranschlüsse an Rahmenecken

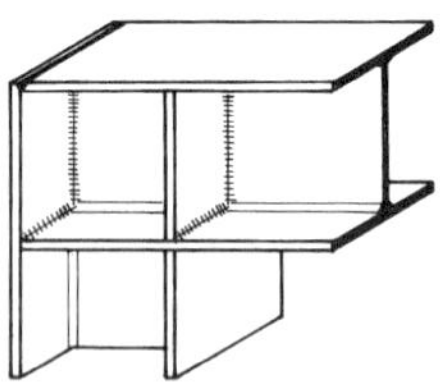

7.42 Biegesteife Trägeranschlüsse an Rahmenecken

geschraubte Anschlüsse
geschweißter Anschluß

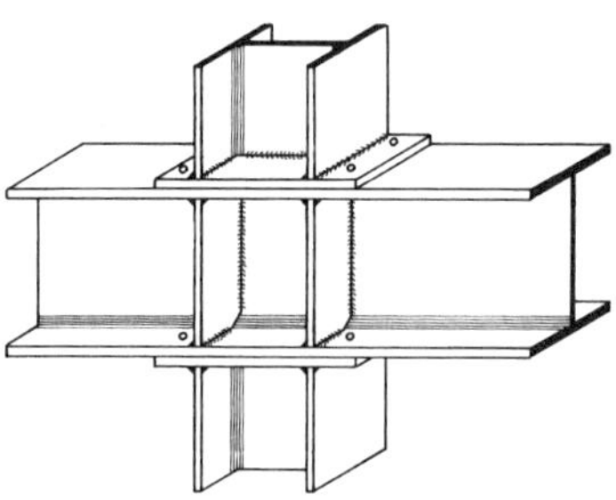

7.43 Stütze-/Träger-Anschluß: Träger durchlaufend

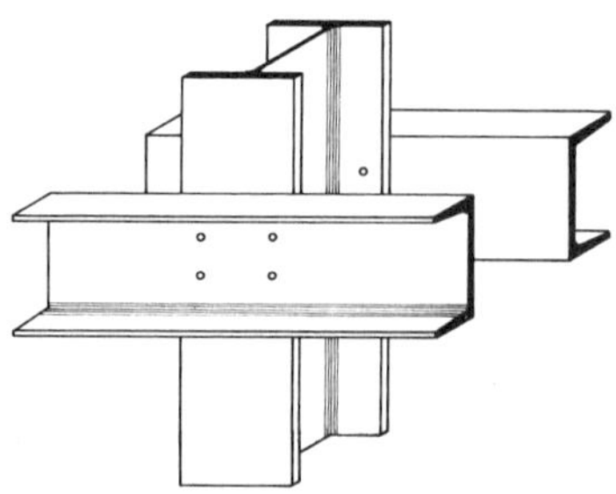

7.44 Stütze-/Träger-Anschluß: Stütze durchlaufend; Doppelträger

Schweißverbindung. Bauteilgruppen aus Stahl werden werkstattmäßig in der Regel durch Schweißverbindungen zusammengefügt. Dafür kommen handgeführte oder automatisierte Schweißungen in Frage, die als elektrische Lichtbogenschweißung oder als Gasschmelz- („Autogen"-)Schweißungen möglich sind.

Gegenüber Verschraubungen sind Schweißverbindungen vor allem bei rohrförmigen Konstruktionsteilen vorteilhaft. Sie sparen Gewicht an den Verbindungsstellen, und sie erlauben auch eine anspruchsvollere Gestaltung der Stahlkonstruktionen.

Bei feingliedrigen Bauteilen muß durch fachgerechte Ausführung die Verformungsgefahr infolge der starken Erhitzung an den Schweißstellen – am besten durch Anwendung der Lichtbogenschweißung – ausgeschlossen werden.

Bei Schweißarbeiten an der Baustelle ist die nicht unerhebliche Brandgefährdung zu beachten.

Schweißverbindungen werden abhängig vom gewählten Schweißverfahren, Dicke und Materialart der zu verbindenden Bauteile und den zu berücksichtigenden konstruktiven Beanspruchungen in verschiedenen Nahtformen ausgeführt. Einen Überblick über die wichtigsten Schweißnähte gibt Tabelle **7**.45 [8].

Als Beispiel für die zahlreichen Möglichkeiten von Schweißverbindungen kann die in Bild **7**.42 gezeigte biegesteife Rahmenecke gelten.

Natürlich gibt es auch viele Kombinationen von geschweißten mit verschraubten Verbindungen (s. Bilder **7**.39a und b, **7**.40, **7**.41, **7**.44).

Tabelle **7**.45 Schweißnahtformen DIN 1912-5

Benennung	Darstellung	Symbol	Benennung	Darstellung	Symbol
Bördelnaht (Die Bördel werden ganz niedergeschmolzen.)	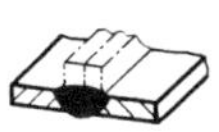		HY-Naht	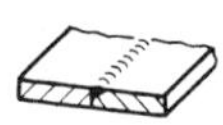	
I-Naht			U-Naht		
V-Naht			HU-Naht (Jot-Naht)		
HV-Naht			Gegennaht (Gegenlage)		
Y-Naht	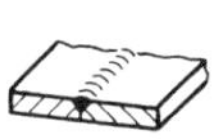		Kehlnaht		

7.4.6 Konstruktionselemente

Stützen bestehen in der Regel aus I- und IPE-Walzprofilen, Breitflanschträgern der HE-(IPB)-Reihen, Rechteck- oder Rundrohrprofilen sowie kastenförmig verschweißten Hohlprofilen (Tab. **7**.31) oder werden als Verbundstützen ausgebildet (Bild **7**.32).

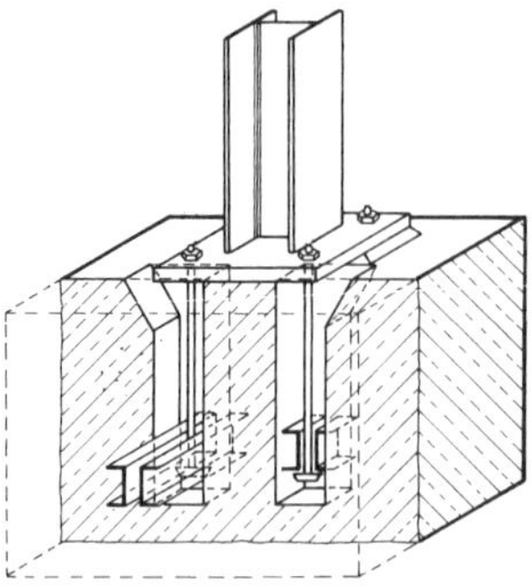

7.46 Stützenfuß und Fundamentverbindung für eingespannte Stahlstützen

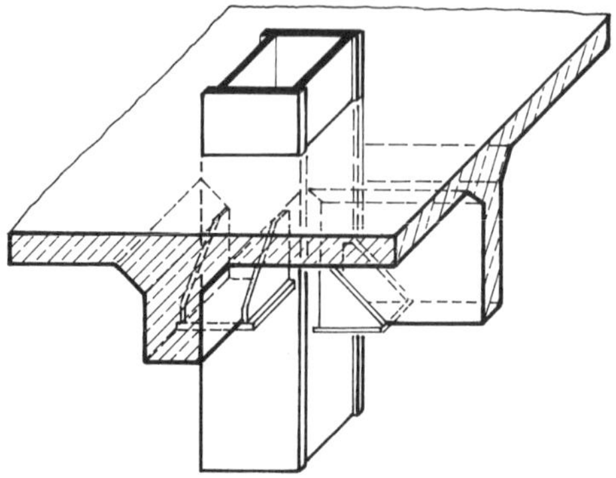

7.47 Stahlstütze mit Auflagerung von Stahlbetonrippendecke

Auf den Fundamenten stehen Stützen mit Fußplatten auf, die bei leichten Pendelstützen mit Anker- oder Dübelschrauben befestigt werden. Schwere oder eingespannte Stützen (vgl. Bild **7**.1c) werden auf den Fundamenten in Verbindung mit Ankerschienen eingebaut (Bild **7**.46).

Anschlüsse von Trägern werden an Profilstahlstützen in der Regel mit Schraubverbindungen hergestellt (Bild **7**.39). Einen Anschluß von Stahlbetonkonstruktionen aus Ortbeton oder Fertigteilen mit Hilfe angeschweißter Konsolen zeigt Bild **7**.47.

In mehrgeschossigen Gebäuden können Stützen jeweils durch die Trägerlasten unterbrochen und mit Fuß- bzw. Kopfplatten angeschlossen werden (Bild **7**.43), oder sie laufen zwischen Doppelträgern hindurch (Bild **7**.44).

Träger in Stahlskeletten bestehen aus schweren Walzprofilen (Bild **7**.48a), aus Wabenträgern (Bild **7**.48b; hohe, in der Mitte sägezahnartig aufgetrennte Profile, die dann wieder mit wabenförmigen Aussparungen maschinell verschweißt werden) oder aus Kombinationen verschiedener Profile (Bild **7**.48c). Hohe Träger können zur Gewichtseinsparung entsprechend statischem Nachweis Aussparungen erhalten.

Aussparungen für unvermeidliche Installationsdurchlässe können in Trägern mit großen Steghöhen bei kleineren Abmessungen im Bereich der Mittellinie – bei entsprechendem statischem Nachweis – ohne besondere Vorkehrungen ausgeführt werden. Für größere Durchbrüche werden besondere Verstärkungen eingeschweißt (Bild **7**.49).

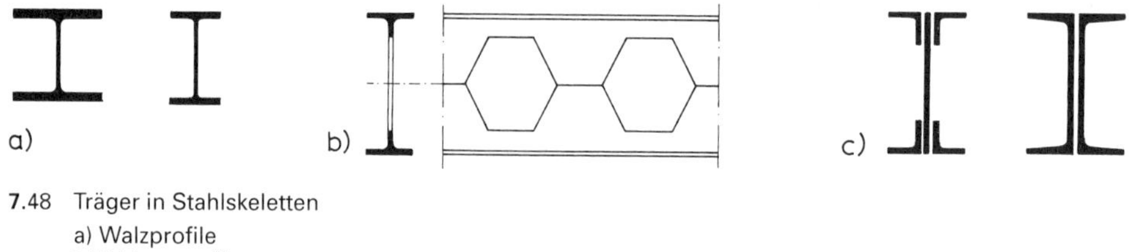

7.48 Träger in Stahlskeletten
a) Walzprofile
b) Wabenprofil
c) zusammengesetzte Profile

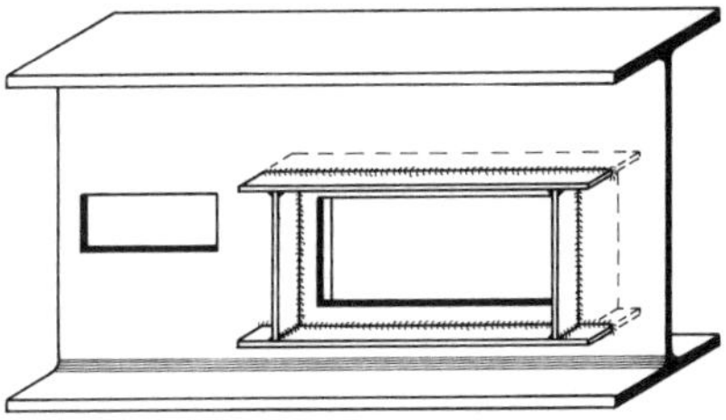

7.49 Durchbrüche in Stahlträgern

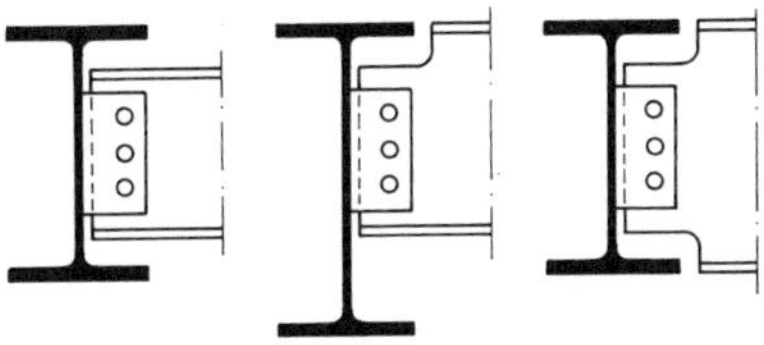

7.50 Steganschluß von Trägern

Trägerkreuzungen haben Anschlüsse, die – in Abhängigkeit von den statischen Erfordernissen – auch mit den sonstigen planerischen Anforderungen (z. B. Berücksichtigung von Installationsführung quer zu Trägerlagen) abgestimmt werden. Sie können mittig, an der Oberkante bündig oder beidseitig bündig liegen (Bild 7.50).

Decken können ohne besondere Verbindung auf die Skelettrahmen oder -träger aufgelegt werden. Sie liegen direkt auf den Skelettrahmen (Bild 7.51 a) oder auf einer weiteren Sekundär-Trägerlage (Bild 7.51 b).

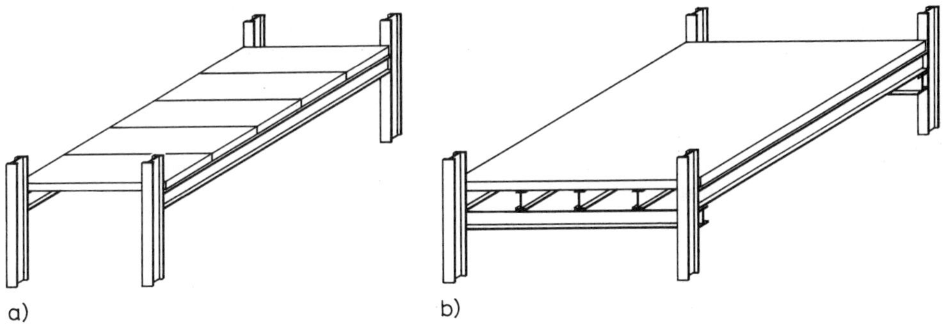

7.51 Deckenauflagerung bei Stahlgerippen
a) Deckentragwerk mit einer Trägerlage
b) Deckentragwerk mit zwei Trägerlagen

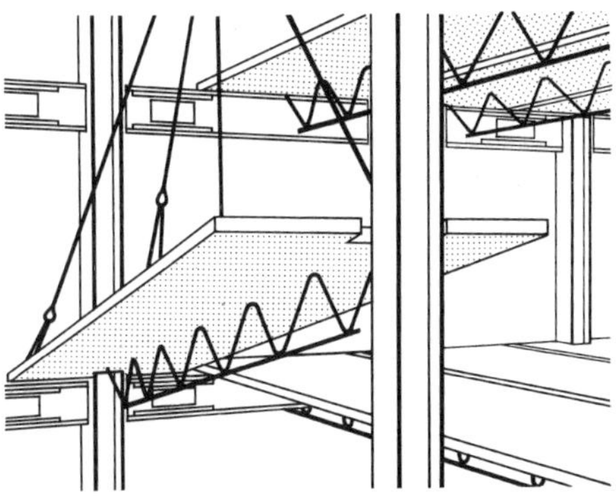

7.52 RHEINSTAHL-Geschoßbausystem

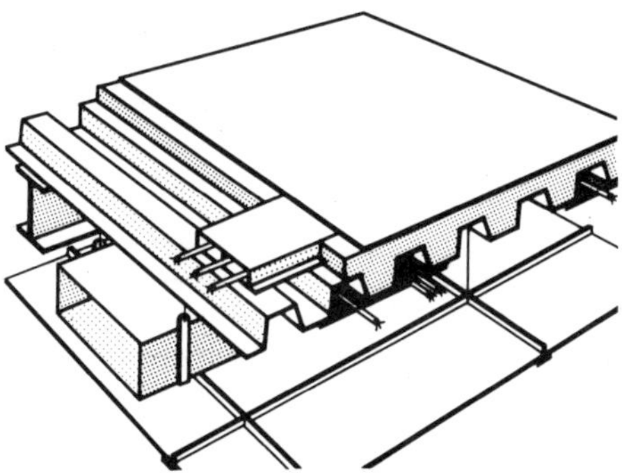

7.53 Trapezblechdecke mit Installationssystem

Neben Ortbetonplatten werden vielfach Stahlbeton-Fertigdecken eingebaut. Sie können als einfache (vorgespannte) Platten ausgebildet sein oder als Kombination von Betonplatten mit einbetonierten oder hochfest verschraubten Fachwerkträgern (Bild **7**.52). Ferner können Trapezblechdecken ohne Aufbeton oder mit Aufbeton als Verbunddecken verwendet werden (Bild **7**.53 und **7**.54, s. auch Bild **7**.34).

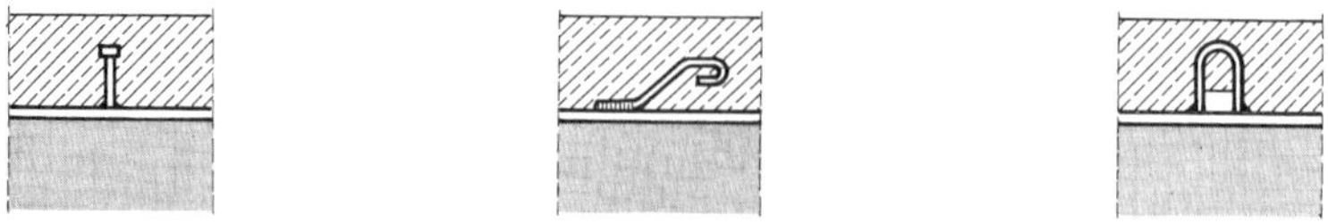

a) b) c)

7.54 Verbundmittel für schubfeste Deckenanschlüsse
a) Kopfbolzen
b) Verbundanker
c) Verbundbügel

Verbunddecken entstehen, wenn zwischen Deckenplatte und Träger eine schubfeste Verbindung hergestellt wird. Die Deckenplatte ergänzt in diesem Falle den druckbeanspruchten Obergurt des Trägers ähnlich wie in einer Stahlbeton-Plattenbalkendecke (s. Abschn. 9). Auf diese Weise lassen sich für das gesamte Tragwerk günstigere Dimensionierungen erreichen. Als Verbundmittel werden auf die Trägerobergurte Kopfbolzen, Verbundanker oder Verbundbügel aufgeschweißt (Bild **7**.54).

Bei zweilagigen Konstruktionen ergeben sich Deckenhohlräume, die insbesondere zusammen mit Wabenträgern gut zur Unterbringung von Installationen genutzt werden können (Bild **7**.55).

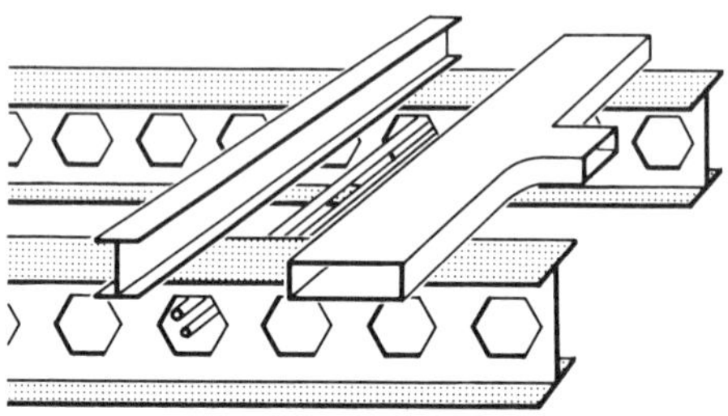

7.55
Doppelte Trägerlagen mit Installationen

Außenwände von Stahlskelettkonstruktionen können bei Einfachbauten aus einer Ausmauerung bestehen (Bild **7**.56). Wegen der besseren Wärmedämmung werden jedoch heute meistens Porenbeton-Wandelemente in Dicken von 15 bis 24 cm und Längen bis zu 6 m liegend oder stehend vor dem Stahlskelett montiert (Bild **7**.57).

Auch Trapezbleche mit oder ohne Wärmedämmung und vorgefertigte Aluminium- oder Stahlblech-Wandbauteile haben sich bewährt (s. Abschn. 6.7, Bilder **6**.133 bis **6**.137). Im übrigen sind – besonders für Geschoßbauten – Vorhangfassaden die Regel (s. Abschn. 6.7.4).

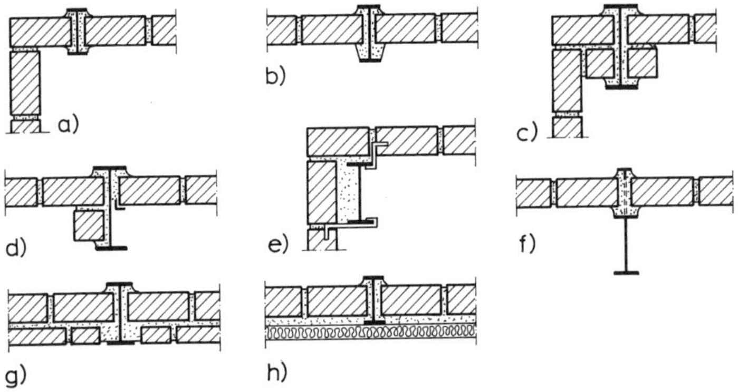

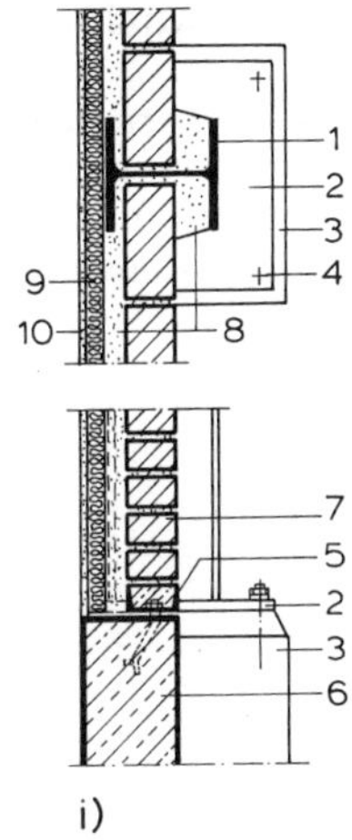

7.56 Ausfachung von Skeletten aus Walzprofilen mit nicht wärmegedämmtem Mauerwerk. Überall ist reiner dichter Zementmörtel zu verwenden

a) Anschluß von 11,5 cm dicker Ziegelausfachung an IPE 160 (Ecklösung)
b) Ausfachung von IPE 200 mit 11,5 cm dicker Ziegelwand
c) Anschluß an IPE 300 mit Ecklösung
d) links: Wandanschluß wie c, rechts: Anschluß mit angeschweißtem Winkelprofil
e) Stütze vor der Wand. Verankerung mit Drahtklammern
f) Anschluß an dreiseitig freistehende Stütze durch angeschweißtes I-Profil 50/5 (Variante zu e)
g) Ausfachung einer Hallenwand; Flansch liegt an Innenseite bündig (Tauwasser!)
h) Ausfachung der Außenwand einer gut belüfteten Halle. Innenseitige Dämmplattenbekleidung deckt Stützenflansch
i) Stahlfachwerk mit wärmegedämmter Ziegelausfachung (Grundriß und Schnitt)

1 Stahlstütze IPB
2 Fußplatte
3 Stützensockel
4 Ankerschraube
5 Wandschwelle [120 und Stütze verschweißt
6 Wandsockel
7 Ziegelausfachung
8 Zementmörtel
9 Wärmedämmung
10 Putz

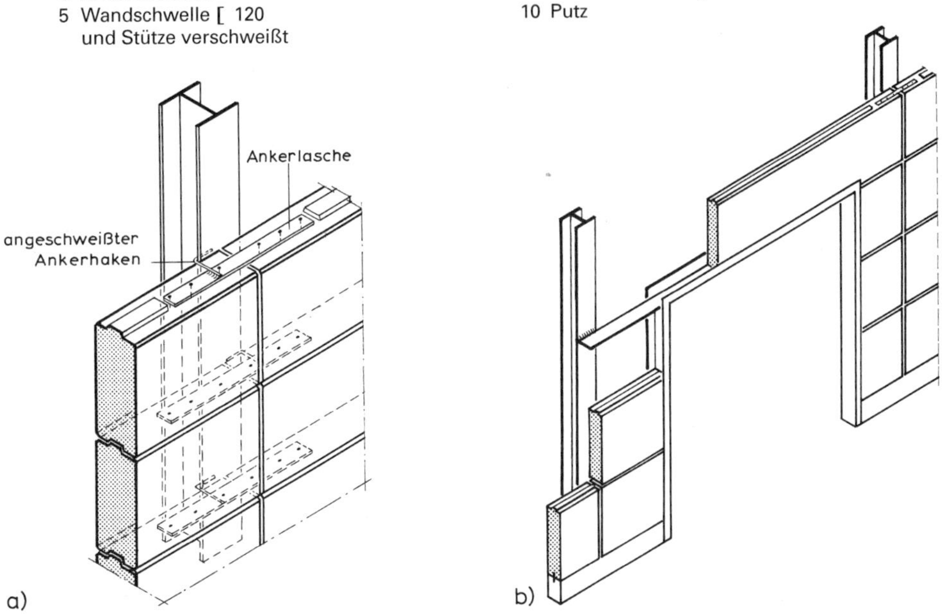

7.57 Stahlskelett mit Porenbetondielen
a) liegende Montage vor Stahlskelett, b) Toröffnung

7.4.7 Ausführungsbeispiel

Um die wesentlichen Prinzipien des Stahlskelettbaues zu zeigen, wurden überwiegend Konstruktionen gezeigt, die auf den bereits klassischen Kombinationen von Standardprofilen beruhen. Für die vielfältigen Möglichkeiten des Konstruierens mit Stahl kann die in Bild **7**.58 gezeigte Konstruktion aus Rohrprofilen als Beispiel dienen [3].

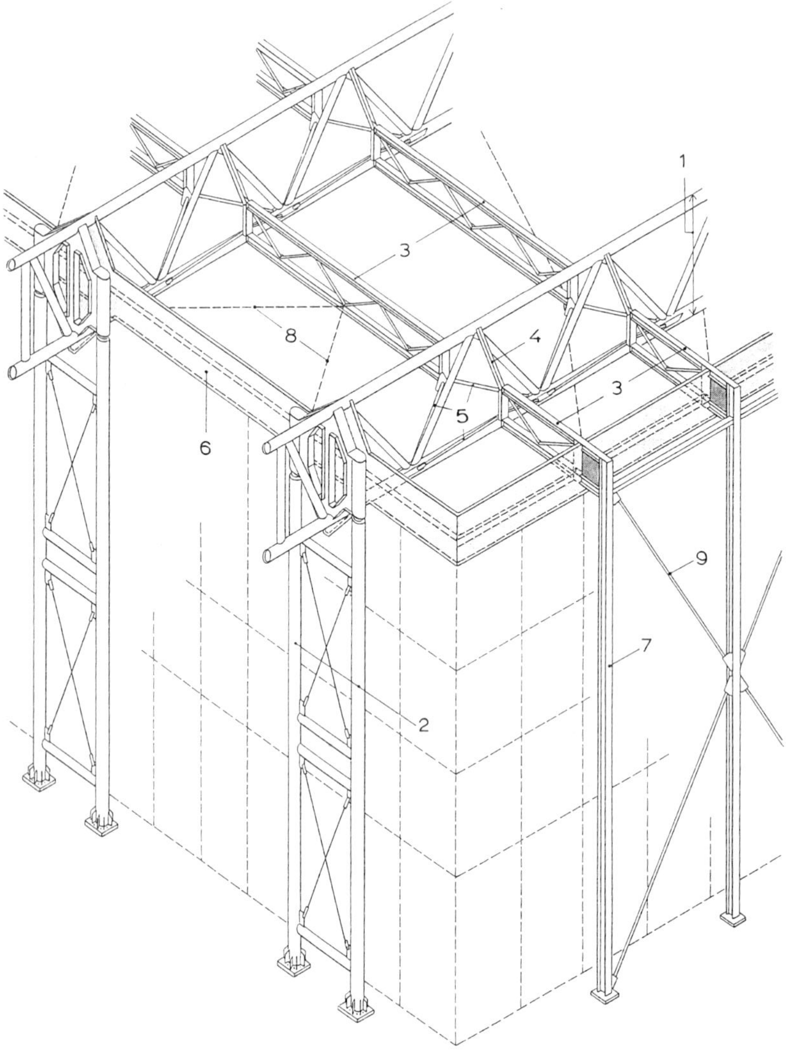

7.58 Stahltragwerk aus zusammengesetzten Rohrprofilen – isometrische Darstellung – (Sporthalle der Universität Bremen, Architekten: Planungsgemeinschaft medium, Hamburg) [3]

1 Gitterträger als Überzug aus Rohrprofilen
2 Gitterstütze aus Rohrprofilen
3 Nebenüberzüge
4 räumliche Diagonalverbände
5 Oberlicht
6 Randträger und Gesims
7 Profilstützen
8 liegende Verbände
9 Diagonalverband

7.5 Stahlbetonskelettbau

7.5.1 Allgemeines

Ein großer Teil aller Skelettbauten mit geringer Geschoßzahl wird in Stahlbetonbauweise ausgeführt. Moderne Schaltechniken ermöglichen eine wirtschaftliche Herstellung in allen erforderlichen Abmessungen, auch von Sonderformen, selbst für kleinere Bauwerke in Ortbetonbauweise (vgl. Abschn. 5.1 und 1.4 in Teil 2 d. Werkes).

Stahlbetonskelette aus Ortbeton bilden monolithische Konstruktionen mit in der Regel biegesteifen Knoten. Günstig auf die Dimensionierung der Bauteile kann sich dabei die Durchlaufwirkung von Stützen, Trägern und Decken erweisen.

Nachteilig sind Ortbetonskelette wegen des hohen Arbeitsaufwandes an der Baustelle und wegen des durch die Ausschalfristen (s. Abschn. 5.4.5) bedingten zusätzlichen Zeitbedarfes. Hinzu kommt, daß Stahlbetontragwerke in Ortbetonausführung überhaupt nicht oder nur mit hohem Aufwand nachträglich geändert, verstärkt oder demontiert werden können, wie vielfach im Industriebau erforderlich.

Industrie-, Verwaltungs- und Schulbauten werden vielfach in vorgefertigten Bausystemen ausgeführt, bei denen tragendes Skelett, Decken, Innen- und Außenwände bzw. Fassaden so geplant sind, daß sie baukastenartig eingesetzt werden können. Diese Systeme bestehen meistens aus Stützen mit Auflagerkonsolen, auf die Unterzüge oder weitgespannte Deckenelemente aufgelegt werden.

Die Aussteifung vorgefertigter Stahlbetonskelett-Konstruktionen erfolgt in vielen Fällen durch Einspannung der Stützen in Köcherfundamenten (s. Bild **7**.59), ferner durch massive Deckenscheiben oder durch – oft auch aus Stahlbeton vorgefertigte – Wandscheiben.

Bei Berücksichtigung der nötigen Stahlüberdeckung ist praktisch keine laufende Unterhaltung erforderlich.

7.5.2 Brandschutz

Bauteile aus Stahlbeton sind bei den aus statischen Gründen ohnedies erforderlichen Abmessungen bereits ausreichend feuerwiderstandsfähig. Bei Betonüberdeckungen der Stahlbewehrungen von 25 mm wird z.B. bei Stahlbetonmassivdecken aus Normalbeton bereits in statisch ungünstigen Fällen die Feuerwiderstandsklasse F60 erreicht. Bei größerer Stahlüberdeckung sind selbst hochfeuerbeständige Ausführungen (F180) ohne weiteres möglich (im übrigen s. Abschn. 15.7).

7.5.3 Baustoff Beton

Die Zusammensetzung, Herstellung und Verarbeitung des Baustoffes Beton sind ausführlich behandelt in Abschn. 5.

7.5.4 Bauteile

Es liegt nahe, die Details vorgefertigter Bauteile für Stahlbetonskelettbauten zur Kostensenkung zu standardisieren, denn viele Bauaufgaben lassen sich wirtschaftlicher selbst dann durchführen, wenn im Einzelfall auf Minimalabmessungen verzichtet wird und andererseits auf ein baukastenartiges System von Bauteilen zurückgegriffen werden kann. Einige wichtige Details, wie sie vom Bundesverband der Deutschen Beton- und Fertigteilindustrie vorgeschlagen werden, zeigen die nachfolgenden Bilder [9].

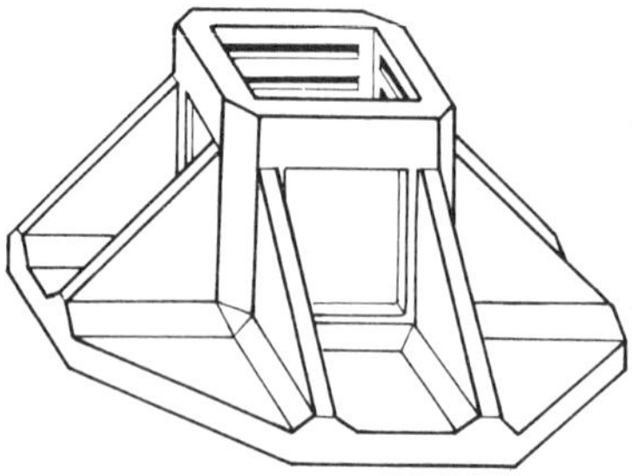

7.59 Köcherfundament als Fertigteil

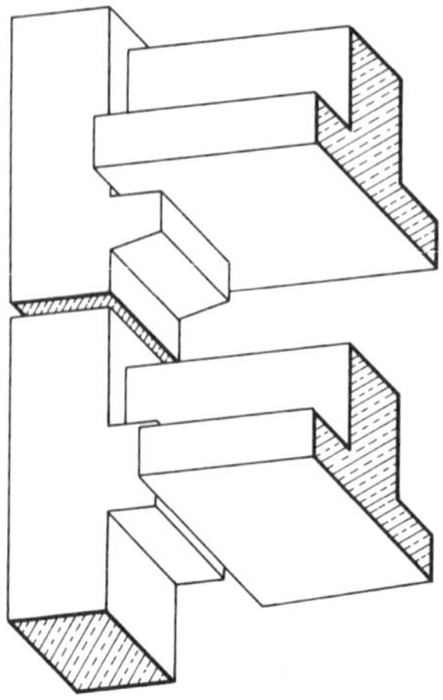

7.60 Auflagerkonsolen für Unterzüge

Stützenfundamente können als vorgefertigte „Köcherfundamente" mit dem Kran auf die vorbereitete Sauberkeitsschicht aufgesetzt werden. Die Stützen werden eingesetzt und mit Ortbeton vergossen (Bild 7.59).

Stützen eignen sich weniger für eine Standardisierung, weil – z.B. auch für verschiedene Geschoßzahlen und für Eck- und Endfeldlösungen – zu viele Typen zu entwickeln wären. Sinnvoll ist es aber, die Anschluß- und Auflagerpunkte zu standardisieren.

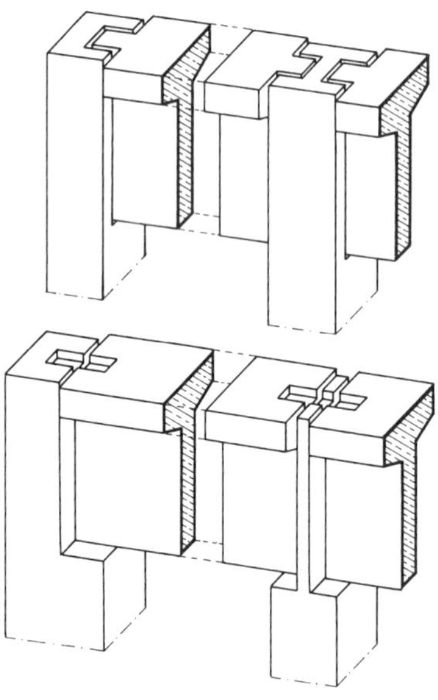

7.61 Auflager von Bindern

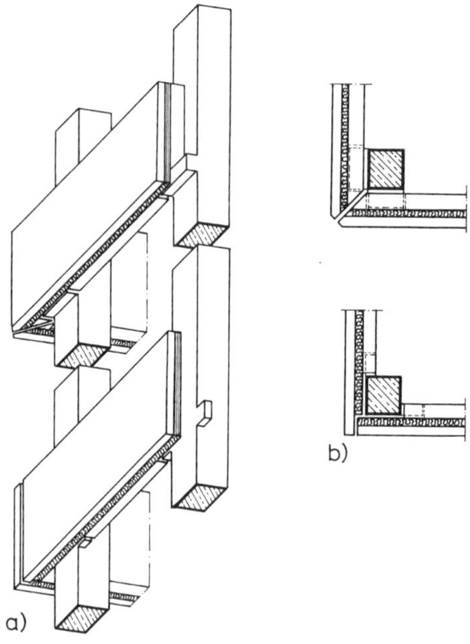

7.62 Auflagerung von Fassadenelementen
a) räumliche Darstellung
b) Eckausbildungen, Grundrisse

Auflagerkonsolen für Unterzüge und Riegel zeigt Bild **7**.60. Der Anschluß von Bindern am Stützenkopf zur Ausbildung von Rahmen ist in Bild **7**.61 dargestellt. Fassaden- bzw. Brüstungselemente werden wie in Bild **7**.62 aufgelagert.

Unterzüge, Träger und Balken. Unterzüge und Träger werden entweder im Zusammenhang mit den Decken in Ortbeton ausgeführt, oder es werden Fertigteile mit standardisierten Querschnitten eingesetzt, die in Maßsprüngen je nach statischen Erfordernissen und in Längen je nach Bedarf hergestellt werden (Bild **7**.63).

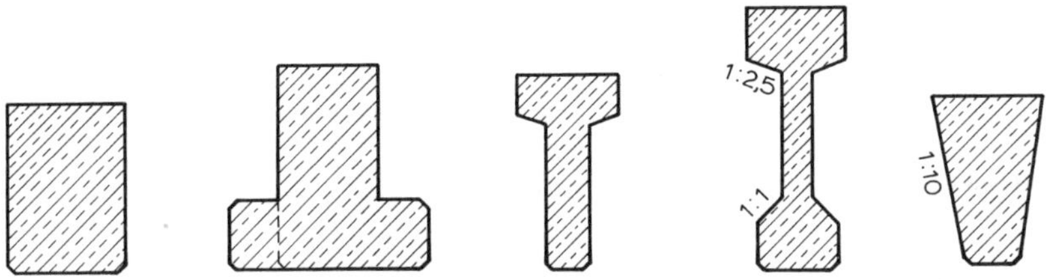

7.63 Standardisierte Querschnitte von Stahlbetonfertigteilen
a) Unterzüge und Riegel (*b* 200 bis 600 mm, *h* 400 bis 800 mm)
b) Unterzüge als T- oder L-Profile (*b* 300 bis 600 mm, *h* 500 bis 1000 mm)
c) Binder, T-Profil (*h* 600 bis 1800 mm)
d) Binder, I-Profil (h (d_0) 900, 1200, 1500 mm)
e) Balken, Trapezprofil (*h* 800 bis 1600 mm)

Der Anschluß an die Stützen mit Konsolen oder in Aussparungen der Stützen ist aus den Bildern **7**.60 und **7**.61 ersichtlich.

Decken. In Ortbeton-Skelettbauten werden Decken im Zusammenhang mit den Unterzügen als Stahlbeton-Massivplatten oder bei großen Spannweiten bzw. großen Belastungen als Plattenbalken- oder Rippendecken ausgeführt (s. Abschn. 9). Auch Verbunddecken in Verbindung mit vorgefertigten Betonschalen oder Trapezblechen (Bild **7**.34 und **7**.53) sind möglich.

Für Decken mit großen Spannweiten werden vielfach bei 2- bis 3geschossigen Bauten aus Stahlbetonfertigteilen die in Bild **7**.64 gezeigten TT-Platten eingesetzt. Sie können mit entsprechender statischer Dimensionierung in großen Längen vorgefertigt werden. Die Abmessungen sind vor allem abhängig von den gegebenen Möglichkeiten beim Straßentransport und von den an der Baustelle einsetzbaren Hebegeräten.

Werden mit Rücksicht auf umfangreiche Installationen, z.B. bei Laborbauten u.ä. unterzugfreie Decken benötigt, können entsprechend dimensionierte Plattendecken oder Pilzkopfdecken (Bild **7**.3) in Frage kommen. Derartige Decken sind jedoch wegen ihres hohen

7.64 Auflagerung von TT-Deckenplatten

Gewichtes bzw. wegen des zusätzlichen Schalungsaufwandes unwirtschaftlich in der Herstellung. Sie werden daher immer mehr durch moderne Flachdecken-Konstruktionen verdrängt. Bei diesen sind die im Stützenbereich als Sicherung gegen Durchstanzen nötigen, in dünnen Decken konstruktiv aber nicht unterzubringenden Schubbewehrungen, ersetzt durch Dübelleisten. Sie bestehen aus sternförmig an die Stützen anschließenden Flachstahl-Grundleisten mit aufgeschweißten Kopfbolzendübeln (vgl. Bild **7**.33). Sie werden nach entsprechender statischer Berechnung für die jeweilige Verwendungsart speziell angefertigt.

In vorgefertigten Bausystemen oder bei großen Spannweiten werden – insbesondere, wenn die Gesamt-Konstruktionshöhen weniger ausschlaggebend sind, – großformatige vorgefertigte Deckenelemente mit TT- oder U-Profil auf die Unterzüge aufgelegt (Bild **7**.64).

7.5.5 Spezialverbindungen für Stahlbetonfertigteile

Wie bereits ausgeführt, besteht ein wesentlicher Nachteil von Stahlbetonkonstruktionen darin, daß sie – selbst bei vorgefertigten Systemen – praktisch nicht zerstörungsfrei demontierbar sind. Eine Lösung dieses Problems kann die Herstellung von Verbindungen in ähnlicher Form wie bei Stahlbauten ermöglichen. Bei derartigen „stahlbaumäßigen Verbindungen" werden in die miteinander zu verbindenden Stahlbetonfertigteile Stahllaschen o.ä. mit genau aufeinander abgestimmten Bolzen- oder Dübellöchern einbetoniert. Auf diese Weise können z.B. Stützenanschlüsse (Bild **7**.65 und **7**.66) oder Anschlüsse, die Querkräfte und bedingt auch Biegemomente aufnehmen können, ausgebildet werden (Bild **7**.67).

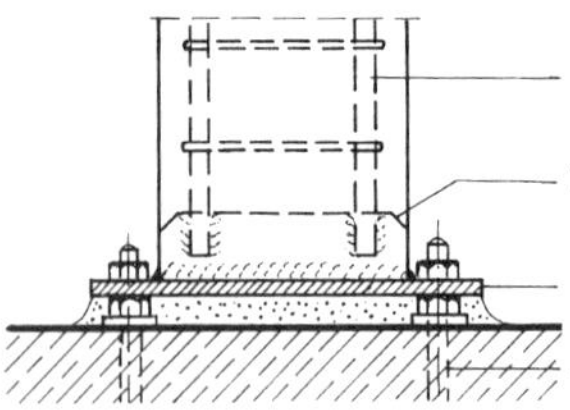

7.65 Momentsteifer Stützenanschluß mit Fußplatte

1 Stützenbewehrung
2 Stegplatten, mit Stützenbewehrung und Fußplatte verschweißt
3 Fußplatte
4 Ankerschrauben (Anschluß vgl. Bild **7**.46)

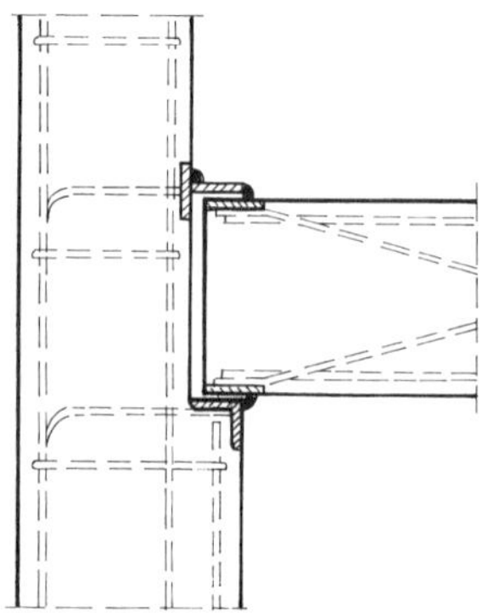

7.67 Momentsteifer Knotenpunkt: Übertragung der Kräfte über zusammengeschweißte Stahlplatten

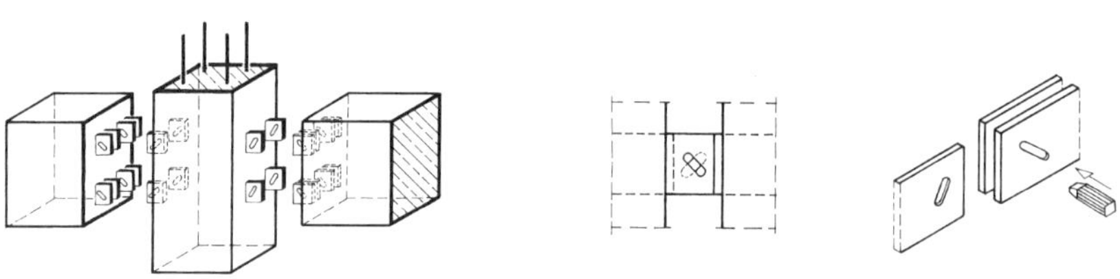

7.66 Balken-/Stützenverbindung mit verdübelten Stahlplatten („Messerverbindung")

7.5.6 Fugen, Maßtoleranzen

Je nach Bauteilgröße müssen wegen der unvermeidlichen Maßabweichungen bei der Fertigung und zur Erleichterung der Montage Fugen eingeplant werden. Richtwerte für Fugenbreiten nach DIN 18540 sind in Tabelle **7**.68 angegeben.

Tabelle **7**.68 Richtwerte für die Fugenbreite nach DIN 18540

Fugenabstand in m	bis 2	über 2 bis 4	über 4 bis 6	über 6 bis 8
Sollfugenbreite in mm	15	20	25	30

7.5.7 Ausführungsbeispiel

Stahlbetonskelettkonstruktionen sind in den verschiedensten technischen und gestalterischen Formen ausführbar (s. z. B. Bild **1**.142 in Teil 2 des Werkes). Der Versuch, einen Überblick darüber zu geben, würde den Rahmen dieses Werkes sprengen, und es muß auf Spezialliteratur verwiesen werden.

Für vorgefertigte Stahlbeton-Skelettbausysteme ist in Bild **7**.69 ein Beispiel gezeigt.

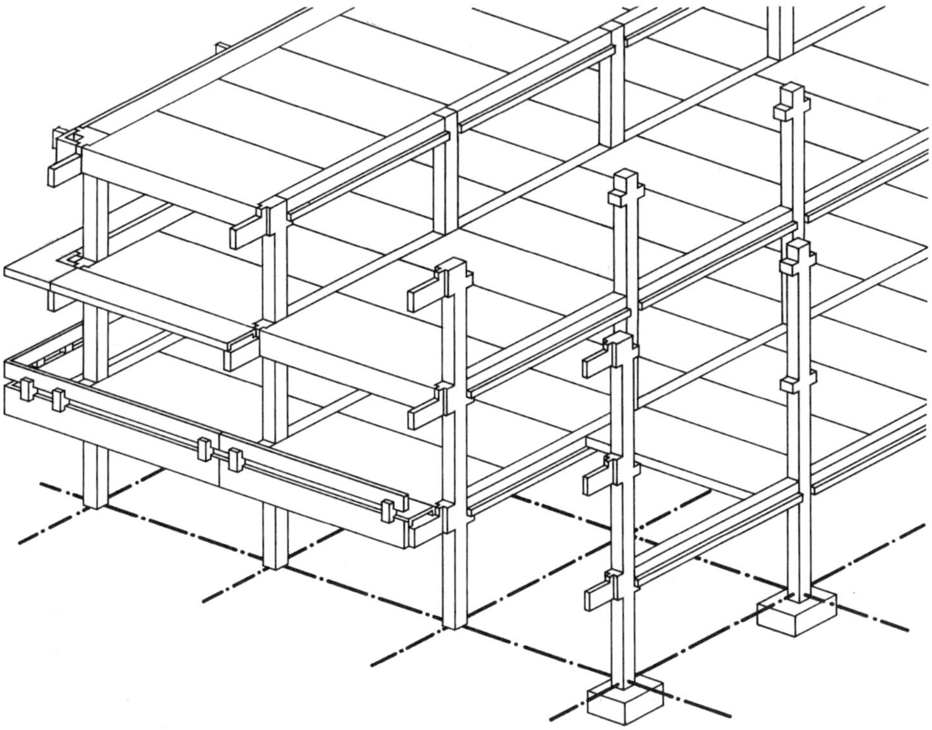

7.69 Stahlbetonskelettbau (System HOCHTIEF), Übersichtsskizze

7.6 Normen[1])

Norm	Ausgabe-Datum	Titel
DIN 1052-1	4.88	Holzbauwerke; Berechnung und Ausführung
DIN 1052-1/A1	10.96	–; Änderung
DIN 1052-2	4.88	–; Mechanische Verbindungen
DIN 1052-2/A1	10.96	–; Änderung
DIN 1052-3	4.88	–; Holzhäuser in Tafelbauart; Berechnung und Ausführung
DIN 1052-3/A1	10.96	–; Änderung
DIN 4172	7.55	Maßordnung im Hochbau
DIN 18000	5.84	Modulordnung im Bauwesen
DIN 18201	4.97	Toleranzen im Bauwesen; Begriffe, Grundsätze, Anwendung, Prüfung
DIN 18202	4.97	Toleranzen im Hochbau; Bauwerke
DIN 18203-1	4.97	Toleranzen im Hochbau; Vorgefertigte Teile aus Beton; Stahlbeton und Spannbeton
DIN 18203-2	5.86	–; Vorgefertigte Teile aus Stahl
DIN 18203-3	8.84	–; Bauteile aus Holz und Holzwerkstoffen
DIN 18330	6.96	VOB Verdingungsordnung für Bauleistungen; Teil C: Allgemeine Technische Vertragsbedingungen für Bauleistungen (ATV); Mauerarbeiten
DIN 18331	6.96	–; Beton- und Stahlbetonarbeiten
DIN 18332	6.96	–; Naturwerksteinarbeiten
DIN 18333	6.96	–; Betonwerksteinarbeiten
DIN 18334	6.96	–; Zimmer- und Holzbauarbeiten
DIN 18335	6.96	–; Stahlbauarbeiten
DIN 18540	2.95	Abdichten von Außenwandfugen im Hochbau mit Fugendichtstoffen
DIN 18800-1 bis -4	11.90	Stahlbauten; Bemessung und Konstruktion
	7.95	–; Anpassungsrichtlinien
DIN 18801	9.83	Stahlhochbau, Bemessung, Konstruktion, Herstellung
DIN 18806-1	3.84	Verbundkonstruktion; Verbundstützen
DIN 18807-1	6.87	Trapezprofile im Hochbau; Stahltrapezprofile; Allgemeine Anforderungen, Ermittlung der Trägheitswerte durch Berechnung
DIN 18807-2	6.87	–; Stahltrapezprofile; Durchführung und Auswertung von Tragfähigkeitsversuchen
DIN 18807-3	6.87	–; Stahltrapezprofile; Festigkeitsnachweis und konstruktive Ausbildung
DIN 18807-6	9.95	Trapezprofile im Hochbau: Aluminium-Trapezprofile und ihre Verbindungen; Ermittlung der Tragfähigkeitswerte durch Berechnung
DIN 18807-7	9.95	Aluminium-Trapezprofile und ihre Verbindungen; Ermittlung der Tragfähigkeitswerte durch Versuche
DIN 18807-8	9.95	Aluminium-Trapezprofile und ihre Verbindungen; Nachweise der Tragsicherheit und Gebrauchstauglichkeit
E DIN 18807-9	2.95	Aluminium-Trapezprofile und ihre Verbindungen; Anwendung und Konstruktion
DIN 18808	10.84	Stahlbauten; Tragwerke aus Holzprofilen unter vorwiegend ruhender Beanspruchung
DIN 50976	5.89	Korrosionsschutz; Feuerverzinken von Einzelteilen (Stückverzinken); Anforderungen und Prüfung

[1]) Normen Stahlbetonbau s. Abschn. 5.7

Normen, Fortsetzung

Norm	Ausgabe-Datum	Titel
DIN 55928-1 bis -9	11.76 bis 7.84	Korrosionsschutz von Stahlbauten sowie Beiblätter
DIN 68120	8.68	Holzprofile; Grundformen
DIN 68140	10.71	Holzverbindungen; Keilzinkenverbindungen als Längsverbindung
DIN 68365	11.57	Bauholz für Zimmerarbeiten; Gütebedingungen
DIN 68705-2	7.81	Sperrholz; Sperrholz für allgemeine Zwecke
DIN 68705-3	12.81	–; Bau-Furniersperrholz
DIN 68800-1	5.74	Holzschutz im Hochbau; Allgemeines
DIN 68800-2	5.96	–; Vorbeugende bauliche Maßnahmen
DIN 68800-3	4.90	–; Vorbeugender chemischer Schutz von Vollholz
DIN 68800-4	11.92	–; Bekämpfungsmaßnahmen gegen Pilz- und Insektenbefall
DIN 68800-5	5.78	–; Vorbeugender chemischer Schutz von Holzwerkstoffen
E DIN 68800-5	1.90	
DIN V ENV 1992-1-1	6.92	Eurocode 2: Planung von Stahlbeton- und Spannbetontragwerken; Teil 1: Grundlagen und Anwendungsregeln für den Hochbau; Deutsche Fassung ENV 1992-1-1: 1991
DIN V ENV 1992-1-3	12.94	Eurocode 2: Planung von Stahlbeton- und Spannbetontragwerken – Teil 1-3: Allgemeine Regeln; Bauteile und Tragwerke aus Fertigteilen; Deutsche Fassung ENV 1992-1-3: 1994
DIN V ENV 1992-1-4	12.94	Eurocode 2: Planung von Stahlbeton- und Spannbetontragwerken – Teil 1-4: Allgemeine Regeln; Leichtbeton mit geschlossenem Gefüge; Deutsche Fassung ENV 1992-1-4: 1994
DIN V ENV 1992-1-5	12.94	Eurocode 2: Planung von Stahlbeton- und Spannbetontragwerken – Teil 1-5: Allgemeine Regeln; Tragwerke mit Spanngliedern ohne Verbund; Deutsche Fassung ENV 1992-1-5: 1994
DIN V ENV 1992-1-6	12.94	Eurocode 2: Planung von Stahlbeton- und Spannbetontragwerken – Teil 1-6: Allgemeine Regeln; Tragwerke aus unbewehrtem Beton; Deutsche Fassung ENV 1992-1-6: 1994
DIN V ENV 1993	4.93	Eurocode 3: Bemessung und Konstruktion von Stahlbauten; Teil 1: Allgemeine Bemessungsregeln, Bemessungsregeln für den Hochbau; Deutsche Fassung ENV 1993-1-1: 1992
DIN V ENV 1994	2.94	Eurocode 4: Bemessung und Konstruktion von Verbundtragwerken aus Stahl und Beton; Teil 1-1: Allgemeine Bemessungsregeln, Bemessungsregeln für den Hochbau; Deutsche Fassung ENV 1994-1-1: 1992
DIN V ENV 1995	6.94	Eurocode 5: Entwurf, Berechnung und Bemessung von Holzbauwerken; Teil 1-1: Allgemeine Bemessungsregeln, Bemessungsregeln für den Hochbau; Deutsche Fassung ENV 1995-1-1: 1993
DIN EN ISO 8503-1 bis -3	8.95	Vorbereitung von Stahloberflächen vor dem Auftragen von Beschichtungsstoffen
E ISO 12944-1-6	2.95	Beschichtungsstoffe – Korrosionsschutz von Stahlbauten durch Beschichtungssysteme
DASt 104	2.94	Richtlinie zur Anwendung von DIN V ENV 1994-1-1 – Eurocode 4: Bemessung und Konstruktion von Verbundwerken aus Stahl und Beton – Teil 1-1: Allgemeine Bemessungsregeln, Bemessungsregeln für den Hochbau

7.7 Literatur

[1] Ackermann, K.: Industriebau. Stuttgart 1990

[2] –: Tragwerke in der konstruktiven Architektur. Stuttgart 1988

[3] Beratungsstelle für Stahlverwendung: Stahl und Form, Informationsschriften. Düsseldorf

[4] Bindseil, P.: Stahlbetonfertigteile. Düsseldorf 1990

[5] Bode, H.: Verbundbau. Düsseldorf 1987

[6] Brandt, J., Rösel, W., Schwerm, D., Stöffler, J.: Beton-Fertigteile im Industrie-Hallenbau. Düsseldorf 1993

[7] Bund Deutscher Zimmermeister: Holzrahmenbau. Karlsruhe 1986

[8] Deutscher Stahlbauverband: Stahlbau-Arbeitshilfen. Köln

[9] Fachvereinigung Betonfertigteilbau: Fertigteilbau-Forum. Wiesbaden

[10] Führer, W., Ingendaaji, S., Stein, F.: Der Entwurf von Tragwerken. Köln 1984

[11] Gerkan, v., M.: Tragwerke – Gestalt durch Konstruktion. Köln 1989

[12] Götz, K.H., Hoor, D., Möhler, K., Natterer, J.: Holzbauatlas. München 1990

[13] Informationsdienst Holz: Berichte, Merk- und Informationsblätter. Düsseldorf

[14] Grimm, F.: Stahlbau im Detail. Augsburg 1995

[15] Informationszentrum RAUM und BAU der Frauenhofer-Gesellschaft, Stuttgart: Holztafelbau. 1985

[16] –: Holzskelettkonstruktionen für größere Bauten. 1985

[17] –: Brettschichtkonstruktionen im Hochbau. 1984

[18] Kahlmeyer, E.: Stahlbau. Düsseldorf 1990

[19] Kolb, J.: Systembau mit Holz. Zürich 1995

[20] –: Bausysteme im Holzbau. In: Bauhandwerk 5/95

[21] Maaß, G.: Stahltrapezprofile. Düsseldorf 1990

[22] Mund, H.: Das Eckproblem im Skelettbau. München 1972

[23] Natterer, J., Herzog, T., Volz, M.: Holzbauatlas Zwei. München 1991

[24] Pracht, K.: Holzbausysteme. Köln 1978

[25] Ruske, W.: Holzskelettbau. Stuttgart 1981

[26] Schulze, H.: Holzbau. Stuttgart 1996

[27] Walraven, J.: Verbindungen im Betonfertigteilbau unter Berücksichtigung „stahlbaumäßiger" Ausführung. In: Betonwerk + Fertigteil-Technik 20/88

[28] Werner, G., Steck, G.: Holzbau, Teil 1. Düsseldorf 1991

8 Außenwandbekleidungen

8.1 Allgemeines

Außenwandbekleidungen aus den verschiedensten Materialien sind ein bevorzugtes Gestaltungsmittel und dienen außerdem als dauerhafter Schutz der Außenflächen gegen Witterungseinflüsse, insbesondere gegen Schlagregen. Die Anforderungen an den Schlagregenschutz sind in DIN 4108-3 festgelegt (s. Abschn. 6.2.1.5).

Danach wird gefordert für

Beanspruchungsgruppe II (mittlere Beanspruchung) u.a.

— angemörtelte Bekleidung nach DIN 18515,

Beanspruchungsgruppe III (starke Beanspruchung) u.a.

— angemörtelte Bekleidung mit Unterputz und wasserabweisendem Fugenmörtel sowie

— zweischalige Wandkonstruktionen mit Hinterlüftung. Diese sind gleichzusetzen hinterlüfteten Außenwandbekleidungen nach DIN 18516.

Versetzpläne. Für Bekleidungen aus Naturwerkstein-, Betonwerkstein- und Keramikplatten $> 0{,}1\ m^2$ müssen in jedem Fall Versetzpläne angefertigt werden, aus denen hervorgehen

1. Untergrund (Verankerungsgrund): Art (Steinfestigkeit, Mörtelart, Betongüte) und Dicke,
2. Bekleidung: Stoffe und Abmessungen der Einzelteile,
3. Befestigungsmittel: Art, Anzahl und Anordnung,
4. Fugen: Art der Bauwerksfugen (Gebäudetrennfugen, Dehnungsfugen in der Bekleidung, Setzfugen) und bei den Plattenfugen: Art der Fugenausbildung (Mörtelfugen, mit Dichtmassen geschlossene Fugen, offene Fugen).

Bei Frostgefahr (Temperaturen unter +5° Celsius) dürfen Versetz- und Bekleidungsarbeiten mit Mörtel nicht ausgeführt werden.

8.2 Baustoffe

Für angemörtelte Außenwandbekleidungen (DIN 18515) kommen als Baustoffe in Frage

— Keramische Wandfliesen (DIN EN 176, wenn frostbeständig, auch DIN EN 177 und DIN EN 178),

— Keramische Spaltplatten (DIN E 121, wenn frostbeständig, auch DIN EN 186 und DIN EN 187),

— Spaltziegelplatten,

— Naturwerksteinplatten (DIN 18516-3)

ferner

— Zement (DIN 1164), vorzugsweise Traßzement und Zuschläge mit dichtem Gefüge (DIN 4226),

— Mörtel (DIN 18515-1, s. Tab. **8**.3),

— Hydraulisch erhärtende Dünnbettmörtel (DIN 18156-2),

— Baustahlgitter und Traganker aus nichtrostendem Stahl (DIN 17441),

— Wärmedämmstoffe in wasserabweisenden und feuchtigkeitsbeständigen Lieferformen,

— Fugendichtstoffe (DIN 18540).

Für hinterlüftete Außenwandkonstruktionen (DIN 18516) kommen als Bekleidungsmaterialien in Frage

— Natursteinplatten,
— keramische kleinformatige Platten in Verbindung mit Stahlbeton,
— keramische großformatige Platten,
— Glasplatten,
— Metallbleche,
— Verbundplatten aus Leichtmetall und Kunststoffen (z.B. „Alucobond"),
— Faserzementplatten,
— Holz,
— Einscheibensicherheitsglas (Structural Glazing s. Abschn. 8.5).

8.3 Angemörtelte und angemauerte Außenwandbekleidungen

Unterschieden werden angemörtelte (DIN 18515-1) und auf Aufstandsflächen angemauerte Außenwandbekleidungen (DIN 18515-2).

8.3.1 Angemörtelte Außenwandbekleidungen

Für angemörtelte Bekleidungen gelten als Maßbegrenzung bei den verwendeten Platten:

— Fläche $< 0{,}12\ m^2$,
— Seitenlänge $< 0{,}40$ m,
— Dicke $< 0{,}015$ m (geriffelte Platten $< 0{,}02$ m).

Keramische Wandfliesen und Spaltplatten können farbige, glasierte oder unglasierte Sichtflächen haben. Keramisches Material hat zwar einen wesentlich höheren Wasserdampfdiffusions-Widerstandsfaktor ($\mu = 200$ bis 300 einschl. Fugenanteil) als Mauerwerk ($\mu = 15$ für Kalksandstein) oder Beton ($\mu = 70$ bis 150), doch muß bei der Beurteilung die unterschiedliche Materialdicke berücksichtigt werden. Danach sind unter Berücksichtigung des hohen Fugenanteils kleinformatiger keramischer Außenwandbekleidungen meistens keine kritischen Wasserdampfkonzentrationen gegeben. Bei Außenwänden von Feuchträumen oder sonstigen stark beheizten Räumen sollten jedoch Dampfsperren eingebaut werden.

In jedem Fall müssen bei der Ausführung, je nach verwendeten Materialien, die bauphysikalischen Grundregeln für den Aufbau mehrschichtiger Außenwände beachtet werden (s. Abschn. 6.2.3.3).

Vorbehandlung des Untergrundes. Zu unterscheiden ist bei der Herstellung von Außenwandbekleidung:

— unmittelbares Ansetzen auf ausreichend festen, in Material und Struktur gleichmäßigen Flächen wie Mauerwerk und Beton (z.B. auf Mauerwerk DIN 1053-1 und -2, Steine der Festigkeitsklasse 12, MG II oder Stahlbeton) und
— Herstellen von Ansetzflächen auf nicht ausreichend tragfesten Untergründen wie Mischmauerwerk oder außenliegenden Wärmedämmungen.

Auf derartigen Flächen ist ein Unterputz mit Bewehrung und Verankerung erforderlich.

Angemörtelte Wandbekleidungen sind möglichst erst dann auszuführen, wenn sich der Untergrund hinreichend gesetzt hat und Schwindvorgänge von Betonteilen abgeklungen sind. Die zu bekleidenden Flächen müssen geschlossen und frei von Rissen, offenen Fugen, Gerüstlöchern oder von ähnlichen Hohlräumen sein. Die Ansetzflächen müssen auch frei von Staub, Ausblühungen, Verunreinigungen und von Schalungstrennmitteln sein. Wenn eine Instandsetzung nicht möglich ist, muß ein bewehrter, verankerter Unterputz aufgebracht werden (s.u.).

Spritzbewurf. Nach der Überprüfung der Ebenheit, von Winkeln und der Lotrechten erhalten die Ansetzflächen einen Spritzbewurf aus reinem Zementmörtel (1 RT Zement +2 bis 3 RT scharfer, gewaschener Sand).

Unterputz. Bei größeren Unebenheiten ist ein Unterputz von mindestens 1 mm und höchstens 25 mm Dicke aus reinem Zementmörtel (1 RT Zement + 3 bis 4 RT scharfer, gewaschener Sand) mit möglichst rauher Oberfläche aufzutragen.

Bei Schlagregensicherung, entsprechend der Beanspruchungsgruppe III, ist ein Unterputz von mindestens 20 mm Dicke vorzusehen.

Bewehrter Unterputz. Besteht der Untergrund aus verschiedenen, unterschiedlichen Baustoffen, aus Baustoffen geringer Festigkeit (z.B. Porenbeton, Wärmedämmschichten o.ä.), aus sehr glattem Material (z.B. Betonflächen) oder müssen größere Unebenheiten und Maßabweichungen des Rohbaues mit Putzdicken von mehr als 25 mm ausgeglichen werden, muß ein Unterputz mit Bewehrung aus Betonstahlmatten 50/50/3 mm ausgeführt werden, die mit mindestens 5 Flachstahlankern/m² zu sichern sind (Bild **8**.1). Wegen der zunehmenden Gefährdung von Fassadenflächen durch chemische Beanspruchungen ist für die Bewehrung und für die Anker nichtrostender Stahl zu verwenden.

Die Anker für bewehrten Putz dürfen am Auflagerpunkt eine Querkraft von nicht mehr als 1,0 kN aufzunehmen haben. Die Eigenlasten der Außenwandbekleidung müssen durch mindestens 3 Reihen Traganker aufgenommen werden, die in Streifen von ca. 1,50 m Höhe in der Mitte der Putzfelder liegen sollen. Die Abstände der Anker sind Tabelle **8**.2 zu entnehmen.

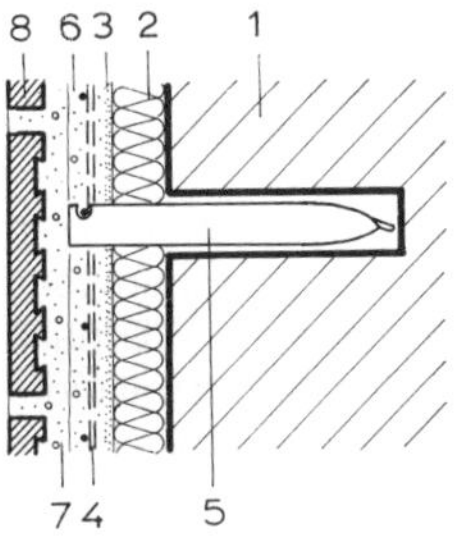

8.1 Angemörtelte Spaltplattenbekleidungen mit Verankerung
1 Mauerwerk
2 Wärmedämmung
3 Spritzbewurf
4 Baustahlmatte (z.B. N141)
5 biegesteifer Anker aus nichtrostendem Stahl, in Mörtel eingesetzt
6 Unterputz
7 Ansetzmörtel (bzw. Dünnbett)
8 Spaltplatte

Tabelle **8**.2 Zulässige maximale Ankerabstände für bewehrten Unterputz (DIN 18515 Tab. 2)

Gebäudehöhe	Staudruck	*a* in m Dünnbett		*a* in m Dickbett	
		Normalbereich	Randbereich	Normalbereich	Randbereich
in m	in kN/m²				
0 bis 8	0,5	0,90	0,60	0,80	0,60
9 bis 25[1)]		0,70	0,50	0,70	0,45

1) Für die Höhen über 25 m ist ein gesonderter statischer Nachweis erforderlich mit der Begrenzung des Schrägzuges bei geradliniger Interaktion für zulF_z = 0,7 kN, zulF_Q = 1,0 kN (vgl. z.B. DIN 18516-1, Bild 4)

Ansetzen der Bekleidungen im Dickbett. Arbeitsvorgang: Die vorgespritzte Fläche ist örtlich anzunässen. Auf die vorgenäßten und mit Bindemittel eingeschlämmten Rückseiten der Platten wird Traßzementmörtel bzw. hochhydraulischer Kalkmörtel in plastischer Konsistenz etwa 15 bis 20 mm dick aufgegeben. Die Platten werden schrägliegend herangeführt, angedrückt und durch leichtes Richten in Flucht und Lot angesetzt. Entstandene Mörtelhohlräume sind durch schräges Abstreichen an den Plattenoberkanten auszufüllen (Mörtel s. Tab. **8**.3).

Tabelle **8**.3 Mörtelzusammensetzung (DIN 18515)

Mörtel für	Mischungs-verhältnis Zement : Sand in Raumteilen	Körnung des Zuschlag-stoffes
Spritzbewurf	1:2 bis 1:3	0 bis 4
Unterputz bewehrt und unbewehrt	1:3 bis 1:4	0 bis 4
Dickbett	1:4 bis 1:5	0 bis 4
Verfugen [1] [2] [3]	1:2 bis 1:3	0 bis 2 [4]

1) Es sollten Werktrockenmörtel, die vom Hersteller als geeignet ausgewiesen werden, verwendet werden

2) Bei starker Schlagregenbeanspruchung müssen wasserabweisende Fugenmörtel verwendet werden

3) Zuschlag mit dichtem Gefüge und erhöhtem Widerstand gegen Frost nach DIN 4226-1

4) Das Größtkorn des verwendeten Sandes darf 2 mm nicht überschreiten. Zur Verbesserung des Mehlkorngehaltes 0 bis 0,25 mm kann gegebenenfalls dem Sand ein Zusatz von Gesteinsmehl, z. B. Quarzmehl, Traß, zugegeben werden

Ansetzen der Bekleidung im Dünnbett. Im Dünnbettverfahren sind Bekleidungen in der Regel auf einem Unterputz aufzubringen. Die Ausführung nach DIN 18157 unterscheidet drei Verlegeverfahren:

— „Floating-Verfahren": Der Dünnbettmörtel wird mit einem Kammspachtel oder der Zahnkelle auf die Wand aufgetragen,

— „Buttering-Verfahren": Der Dünnbettmörtel wird auf die Rückseite des Bekleidungsmaterials aufgetragen.

Bei beiden Verfahren sind aber Hohlräume zwischen Ansetzfläche und Bekleidungsmaterial fast unvermeidlich. In der Praxis bewährt und in DIN 18515 vorgeschrieben ist die Kombination beider Mörtelauftragsverfahren im

— „kombinierten Floating-Buttering"-Verfahren.

Die Schichtdicke des Dünnbettmörtels soll nach dem Ansetzen mindestens 3 mm betragen.

Ansetzflächen auf Wärmedämmungen. Auf außenliegenden Wärmedämmschichten ist in jedem Fall ein bewehrter Unterputz (nichtrostende Stahlmatten 50/50 mm Maschenweite mit Ankern) erforderlich. Die Wärmedämmungen müssen dem Anwedungstyp WD nach DIN 18164 bzw. 18165 entsprechen. Faserdämmstoffe müssen vor dem Putzauftrag mit einer kunststoffvergüteten Zementschlämme vorbehandelt werden. Alle Wärmedämmungen müssen mit Tellerdübeln gesichert sein (Bild **8**.4).

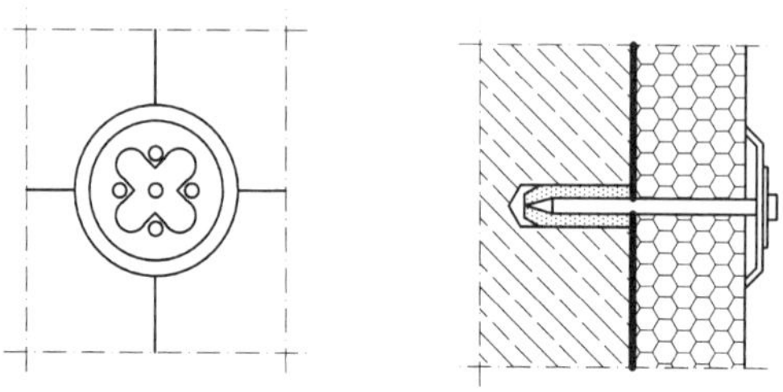

8.4
Tellerdübel (Dämmplattenhalter)

Fugen. Die Fugenbreiten des Bekleidungsmaterials sind formatabhängig (ATV DIN 18352). Als Richtwerte können angenommen werden:

Keramische Fliesen	3 bis 8 mm
Keramische Spaltplatten	4 bis 10 mm
Spaltziegelplatten	10 bis 12 mm

Die Fugen werden am besten nach dem Ansetzen des Materials und noch vor dem Aushärten des Verlegemörtels ausgekratzt und durch Einschlämmen oder mit dem Fugeisen mit Zementmörtel verfugt. Bei starker Schlagregenbeanspruchung ist wasserabweisender Mörtel zu verwenden (Mörtelzusammensetzung s. Tabelle **8**.3).

Bewegungs- und Trennfugen. Infolge der unterschiedlichen Materialeigenschaften der Beläge und der Unterkonstruktion können durch wechselnde Temperaturen und durch Feuchtigkeitsveränderungen bedingte Quell- und Schwindvorgänge zu Spannungen und damit zu Rißbildungen und Absprengungen führen. Es müssen daher zusätzlich zu den etwa im Bauwerk bereits vorhandenen Trennfugen Dehnungsfugen vorgesehen werden, die bis auf den Untergrund durchgehen (Bild **8**.5a). Im Bauwerk vorhandene Fugen müssen selbstverständlich durch die Außenwandbekleidung hindurch fortgesetzt sein (Bild **8**.5b). Abstand und Anordnung der Dehnfugen sind von örtlichen Verhältnissen abhängig, jedoch sollte mindestens in Höhe jeder Geschoßdecke eine horizontale Dehnfuge und weitere Fugen im Bereich von Brüstungen, Außen- und Innendecken vorgesehen werden. Fugen sollen 10 mm breit und in Abständen von mindestens 3 m, höchstens 6 m angeordnet sein. Sie werden mit gut haftenden elastischen Dichtmassen geschlossen (vgl. Abschn. 5.6.2).

Zur Verbesserung des Standvermögens der Fugenfüllung, ihres Haft- und Dehnungsverhaltens sowie zur Vermeidung der Verfärbung angrenzender Baustoffe kann ein Voranstrich der seitlichen Fugenflanken erforderlich werden.

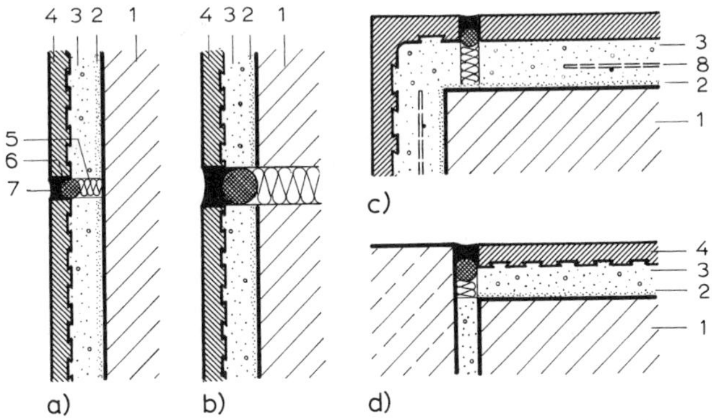

8.5
Fugen in keramischen Außenwandbekleidungen (Grundrisse)
a) Dehnungsfuge
b) Bauwerksfuge
c) Dehnungsfuge an Bauwerksecke
d) Anschlußfuge zwischen Beton und keramischer Bekleidung

1 Mauerwerk
2 Spritzbewurf
3 Ansetzmörtel (ggf. mit Betonstahlmatte)
4 Spaltplatten
5 Fugenfüllung
6 Hinterfüllstoff
7 elastische Dichtungsmasse
8 Bewehrung (nichtrostende Betonstahlmatte)

Der zu wählende Abstand von Dehnungsfugen ist in besonderem Maß abhängig von den zu erwartenden Temperaturschwankungen an den Oberflächen von Fassaden. Je nach Klimazone sind die maximalen Außentemperaturen zwischen −10°C im Winter und +20°C im Sommer anzunehmen, doch können je nach Sonneneinfallwinkel, Oberflächenstruktur, insbesondere aber auch Farbe der Wandbekleidungen wesentlich höhere Oberflächentemperaturen auftreten.

Sie können auf Südfassaden bei hellen Flächen bis zu 60 °C und auf dunklen Flächen bis zu 85 °C betragen. Bei dunklen Fassadenfarben sollten daher besonders enge Fugenabstände gewählt werden. An den Bauwerksecken ist eine Lage der Fuge so zu wählen, daß sich die temperaturmäßig am stärksten belastete Fläche ohne Zwängung ausdehnen kann (Bild **8**.5c). Fugen sind auch an Übergängen zu anderen, nicht bekleideten Bauteilen vorzusehen (Bild **8**.5d).

8.3.2 Angemauerte Außenwandbekleidungen

Für Außenwandbekleidungen, die mit Dicken von 55 bis 90 mm Dicke auf Aufstandsflächen von Wandflächen aufgemauert werden, sind Ausführungsgrundsätze in DIN 18515-2 festgelegt (für dickere Aufmauerungen gilt DIN 1053-1 und -2).

Aufstandsflächen können z.B. Fundamentvorsprünge, Stahlkonsolen oder vorspringende Deckenränder sein (thermisch getrennt von den rückwärtigen Deckenteilen). Als Baustoffe kommen keramische Werkstoffe mit Anforderungen wie an Vormauerziegel oder Klinker (DIN 105-1) oder Kalksandsteinverblender (DIN 106-2), Betonwerkstein (DIN 18153) oder Naturwerkstein (DIN 18516) in Frage.

Die Außenwandbekleidungen dürfen nur durch Eigen- und Windlasten beansprucht werden. (Abfangungen über Fenster- und Türöffnungen, Bewegungs- und Trennfugen und Abdichtungen vgl. Abschn. 6.2.3.3). Je m^2 sind mindestens 5 Drahtanker, Durchmesser > 3 mm aus nichtrostendem Stahl erforderlich.

Auf den sauberen Ansetzflächen ist ein Spritzbewurf sowie ein 15 mm dicker nicht geglätteter Unterputz aufzubringen. Das Bekleidungsmaterial ist vollfugig mit mindestens 15 mm und höchstens 25 mm Abstand vor dem Unterputz aufzumauern und zu verfugen. Der verbleibende Spalt ist schichtweise dicht mit Mörtel zu verfüllen.

8.4 Hinterlüftete Außenwandbekleidungen

8.4.1 Allgemeines

Eine unmittelbar auf die Außenwand gesetzte Bekleidung (einschalige Konstruktion) ist immer gewagt, weil die gebotene Sorgfalt bei Herstellung meist nicht ausreichend zu überwachen ist und auch die örtlichen Verhältnisse (Sonneneinstrahlung, Wind, Veränderung der Raumnutzung usw.), die Intensität der Wärmedehnungen, der Dampfdiffusion, der Setzungen, des Schwindens und Kriechens, des Quellens und Schrumpfens oft nur unzulänglich beurteilt werden können.

Diese Risiken werden vermieden, wenn hinterlüftete Konstruktionen gewählt werden. Dafür stehen neben keramischen Materialien vor allem Natur- und Betonwerkstein, Metalle, Holz, eine Reihe von Kunststoffen und Glas zur Verfügung (s. Abschn. 8.2).

Hinterlüftete Außenwandbekleidungen sind nach DIN 18516 auszuführen. (Diese Norm bezieht sich jedoch nicht auf Metallbekleidungen in handwerklicher Ausführung, Verbretterungen und Bekleidungen mit Faserzementplatten).

Allgemein wird festgelegt:

- Es sind mindestens 20 mm tiefe Lüftungsspalte vorzusehen (örtlich darf die Spalttiefe bei Wandunebenheiten und bedingt durch die Unterkonstruktion bis auf 5 mm reduziert sein).
- Die Mindestquerschnitte der Be- und Entlüftungsöffnungen müssen 50 cm^2 pro m Wandlänge betragen.
- Die Bekleidungsflächen sind konstruktiv in Flächen von etwa 50 m^2 zu unterteilen (ca. 2 Geschosse in der Höhe, ca. 8 m in der Breite).
- Unterkonstruktionen müssen zur Vermeidung von Zwängungen in alle Richtungen verschieb- und verdrehbar sein.
- Im Regelfall sind für Temperatureinflüsse als Grenzfall −20° bzw. +80 °C anzunehmen.
- Die Möglichkeit von Geräuschentwicklung durch Wind- und Temperaturbeanspruchung ist bei der Planung zu beachten.
- Beim Wärme-, Feuchte- und Brandschutz ist das mögliche Zusammenwirken von Außenwänden und Außenwandbekleidung zu berücksichtigen.

– Randabstände von Befestigungen müssen mindestens 10 mm betragen.
– Alle Teile, die nach Fertigstellung nicht für Wartung oder Überwachung zugänglich sind, müssen auf Dauer korrosionsgeschützt sein (DIN 18516-1, Abschn. 6.2).
  Dabei muß sichergestellt sein, daß schädigende Einflüsse der verwendeten Baustoffe untereinander, z.B. durch Kontakt- oder Spaltkorrosion nicht möglich sind.
– Für hinterlüftete Außenwandbekleidungen müssen geeignete Wartungseinrichtungen, mindestens aber Verankerungseinrichtungen für später erforderliche Einrüstungen vorgesehen werden.
– Standsicherheitsnachweise nach DIN 18516-1 Abschn. 5 bzw. 7 sind zu führen.

8.4.2 Naturwerksteinbekleidungen

Für hinterlüftete Naturstein-Außenwandbekleidungen werden gesägte Platten von etwa 30 bis 100 cm Breite und 50 bis 150 cm Höhe (*b* : *h* ca. 1:2) verwendet. Ihre Dicke richtet sich nach der Größe und der Bruchfestigkeit und ist nach den Bemessungsverfahren des Deutschen Natursteinverbandes hinsichtlich Ankerdornbelastung, Biege- und Ausbruchfestigkeit am Ankerdornloch zu bestimmen. Sie beträgt bei Plattenneigungen von $\alpha = 0°$ bis $60° \geqq 40$ mm, bei $\alpha > 60°$ bis $90° \geqq 30$ mm [5].

Anker

Die Bekleidungsplatten werden in der Regel durch 4 Anker gehalten. Trageanker leiten das Eigengewicht der Bekleidung und Windlasten in den Untergrund. Halteanker sichern die Bekleidungsplatten gegen Abkippen und Winddruck bzw. -sog.

Die Verbindung zu den Platten wird durch Ankerdorne, durch Verschraubung (Schraubanker) oder Profilstege hergestellt (Bild **8**.6).

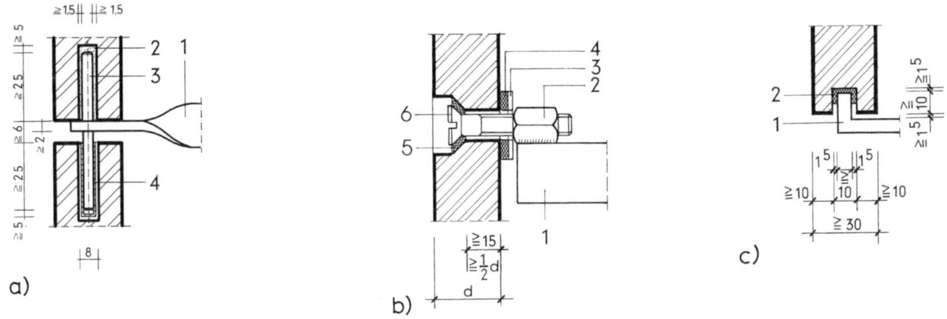

8.6 Trageanker für hinterlüftete Plattenbekleidung mit offenen Fugen (je Platte > 2 Traganker)

a) Vertikalschnitt / b) Horizontalschnitt

1 Trageanker
2 Ankerdorn Ø 5 mm, Länge 60 mm
3 Werksteinplatte
4 Gleithülse

b) Schraubanker; Trag- und Halteanker

1 Ankersteg
2 angeschweißte Mutter
3 Unterlegscheibe aus nichtrostendem Stahl
4 Unterlegscheibe aus EPDM
5 Trichterscheibe aus EPDM
6 Schraube aus nichtrostendem Stahl

c) Verankerung der Platten über Profilstege

1 Profilsteg
2 Profilband EPDM

Anker mit Dornen. In vorgebohrte Ankerlöcher der Platten greifen Ankerdorne ein. Der Regelabstand der Ankerlöcher von der Plattenecke beträgt das 2,5-fache der Plattendicke. Bei Platten von 3 mm sitzen die Ankerlöcher mittig, bei dickeren Platten dürfen sie auch außermittig angeordnet werden. Die Dornlöcher haben in der Regel einen Durchmesser von 10 mm und greifen mindestens 25 mm in die Platte ein. Zum Ausgleich von Temperaturbewegungen sind in die Ankerlöcher der einen Plattenkante Gleithülsen aus Polyacetal (POM) einzukleben. Zwischen Anker und Plattenrand muß ein Bewegungsspiel von 2 mm vorhanden sein (Bild **8**.6a).

Schraubanker. Anstelle von Dornen dürfen Natursteinplatten auch mit Schrauben an entsprechenden Ankern befestigt werden.

Für Traganker sind Schrauben > M 10, für Halteanker Schrauben > M 8 aus Stählen nach DIN 267, Stahlgruppe A4, vorzusehen (Bild **8**.6b).

Profilstege. An der Unterseite genutete Platten können auf Profilstege aufgelagert werden. Die Nut muß 3 mm breiter als der Profilsteg sein, und es müssen beidseitig 10 mm Stein-Restdicke verbleiben. Die Auflagelänge muß mit einem Profilband aus EPDM überzogen sein (Bild **8**.6c).

Alle Anker müssen aus nichtrostendem Stahl (nach DIN 17440) bestehen. Druckverteilungsplatten müssen mit den Ankern unlöslich verbunden (z.B. verschweißt) sein.

Für alle Verankerungen ist ein statischer Nachweis nach DIN 18515-3 Abschn. 5 zu führen.

Befestigung im Untergrund

Für die Befestigung der Anker im Untergrund gibt es verschiedene Möglichkeiten.

Mörtelanker stellen immer noch eine bewährte traditionelle Bauweise zur Befestigung von Natur- oder Betonwerkstein dar. Die Anker werden dabei mit ihren gewellten, gedrehten oder geschlitzten Enden im Untergrund einzementiert. In Bild **8**.7 sind verschiedene Ausführungsformen für Trag- und Halteanker gezeigt. Der Querschnitt der Ankerstege war bisher meistens rechteckig, doch haben sich runde und rohrförmige Ankerquerschnitte bewährt, weil bei ihnen weniger Sonderformen nötig sind. Trageanker haben an der Unterseite Druckverteilungsplatten.

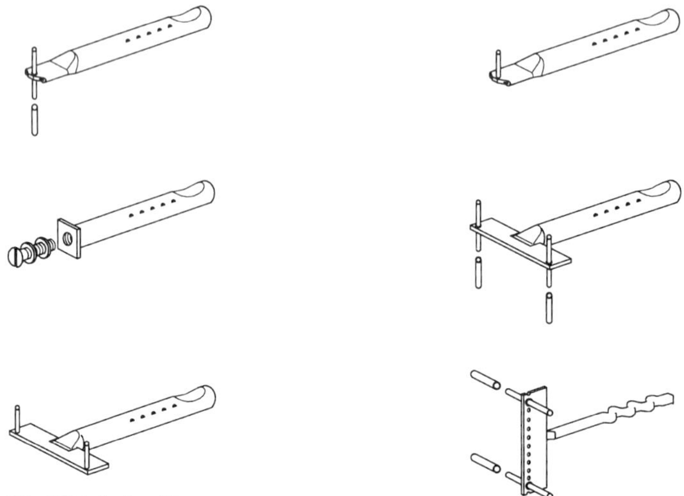

8.7 Mörtelanker [5]
Verschiedene Ausführungen für Traganker und für Halteanker

Die Anker sind in tragfähigen Untergründen in entsprechende Bohrlöcher einzumörteln. Die Einbindtiefe ist nachzuweisen und beträgt mindestens 80 mm bis 150 mm.

Die Aussparungen müssen mindestens 5 mm tiefer als die rechnerische Einbindtiefe sein und sind unterschnitten oder gewellt herzustellen. Der Bohrlochdurchmesser für die Anker darf 50 mm nicht überschreiten. Die Einbindtiefe muß mindestens das 2-fache des Bohrlochdurchmessers betragen.

Ankerabstände in Betonbauteilen > 120 mm Dicke müssen > 320 mm voneinander entfernt sein (s. DIN 18516-3, Abschn. 5.3.7).

Für die Befestigung ist Mörtel der Gruppe III nach DIN 1053-1, mit Zement nach DIN 1164 zu verwenden.

Die Verwendung korrosionsfördernder, insbesondere chloridhaltiger Zusätze ist unzulässig.

Die Anker dürfen je nach Neigung der Bekleidung frühestens 3 Tage, bei tiefen Temperaturen u.U. erst 14 Tage nach Einbau belastet werden.

Für hängende Bekleidungen sind konische „Überkopfbohrlöcher" mit gesondertem Nachweis der Auszugsfestigkeit herzustellen.

Beim Befestigen von Ankern an tragenden Bauteilen dürfen deren Querschnitte nicht unzulässig geschwächt werden. Unbelastetes Mauerwerk, z.B. bei Brüstungen, ist vor Anbringung von Trageankern für Plattenbekleidungen gegen Kippen zu sichern.

Anschraubanker. Mit Anschraubankern können Werksteinplatten auf Beton, Stahlbeton oder Stahlkonstruktionen durch Schraubverbindungen montiert werden. Schraubverbindungen können hergestellt werden mit Hilfe von Dübeln, Hammerkopfschrauben in Ankerschienen, Sechskant- oder Selbstbohrschrauben auf geeigneten Unterkonstruktionen, Mörtelankern mit Gewinde (Bild **8**.8).

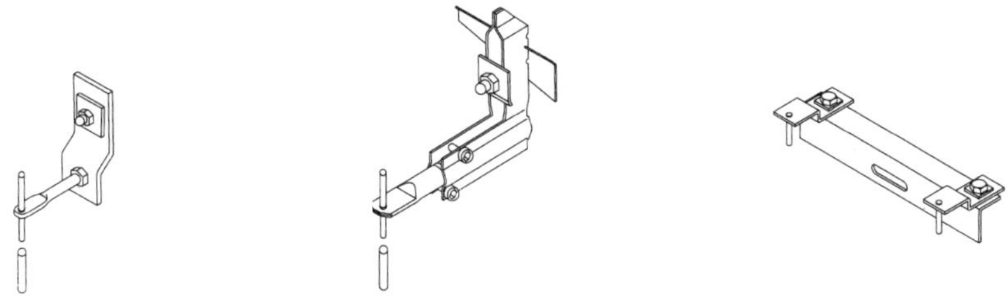

a) b) c)

8.8 Anschraubanker [5]
a) direkte Befestigung auf Untergrund
b) Einzelanker an Tragschiene
c) Doppelanker an Tragprofil

Anschweißanker. Auf einbetonierte oder angeschraubte Ankerplatten können Trag- oder Halteanker aufgeschweißt werden. Derartige Verbindungen eignen sich besonders für Eckausführungen oder sonstige komplizierte Bekleidungsformen an Brüstungen, Unterzügen usw. sowie an dünnwandigen bzw. hochbelasteten Bauteilen. Die Schweißarbeiten an den nichtrostenden Stählen der Befestigungsteile dürfen nur von zugelassenen Fachbetrieben ausgeführt werden (Bild **8**.9).

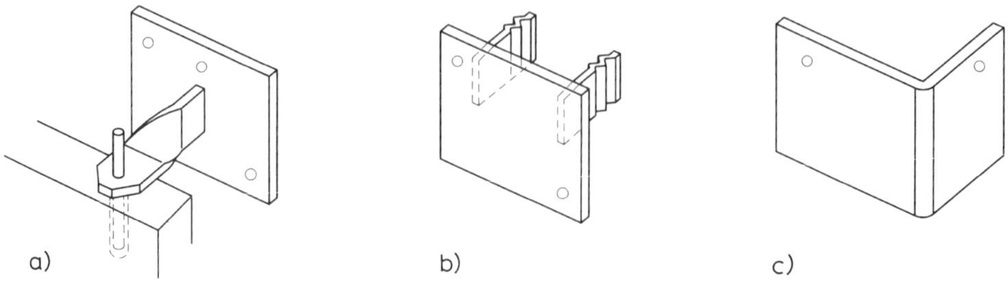

8.9 Anschweißanker [5]
a) Traganker für waagerechte Fuge
b) Ankerplatte zum Einbetonieren
c) Eckankerplatte zum Anschrauben

Verbindungsteile. Zur Verankerung von Werksteinplatten untereinander und für Sonderfälle sind die verschiedenartigsten Spezialanker und Verbindungsteile verfügbar.

Eckplatten von Fassadenbekleidungen werden untereinander verdübelt und durch Scherdorn-Klammern aus nichtrostendem Stahl oder durch Knotenbleche gesichert (Bild **8**.10 a und b). Bei geringen Überständen können die Eckplatten von der Rückseite her miteinander durch Winkelverschraubungen verbunden und gemeinsam auf der Unterkonstruktion montiert werden (Bild **8**.10 c)

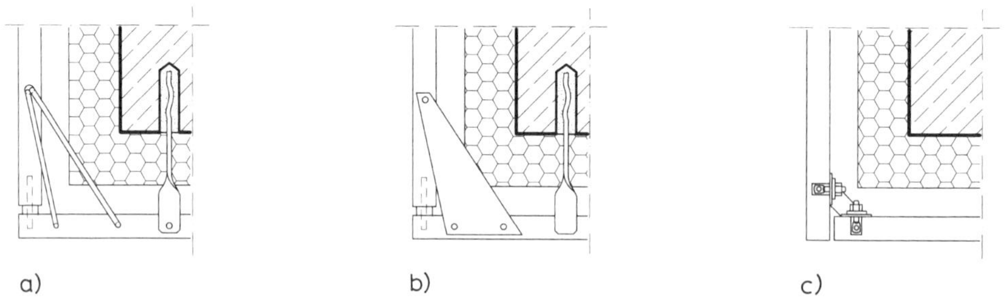

8.10 Eckverbinder [5]
a) Verbindung mit Scherdorn-Klammern
b) Knotenblechverbinder
c) Winkelverschraubung

Montagesysteme. Die traditionelle Montage von Natursteinbekleidungen mit einzeln eingesetzten Ankern ist sehr arbeitsaufwendig. Die Montagezeiten lassen sich durch Verwendung von Hängeschienensystemen verkürzen, die punktweise an der tragenden Wand befestigt und ausgerichtet werden und an denen Tag- und Halteanker verschraubt werden (Bild **8**.11).

Als „integrierte Fassadensysteme" können derartige Konstruktionen gleichzeitig auch auf Fensteranschlüsse und sonstige Fassadenelemente vorgerichtet werden. Dabei werden die Fenster usw. bereits mit allen Anschlußprofilen, Abdichtungen usw. vorab eingebaut und danach die Fassadenplatten unter Einhaltung engster Maßtoleranzen in die vorbereitete Unterkonstruktion eingehängt.

Alle derartigen Verankerungen sind nur mit korrosionsgeschützten Bauteilen, entsprechend der Zulassung für nicht rostende Stähle auszuführen. Sie müssen im übrigen bauaufsichtlich zugelassen sein.

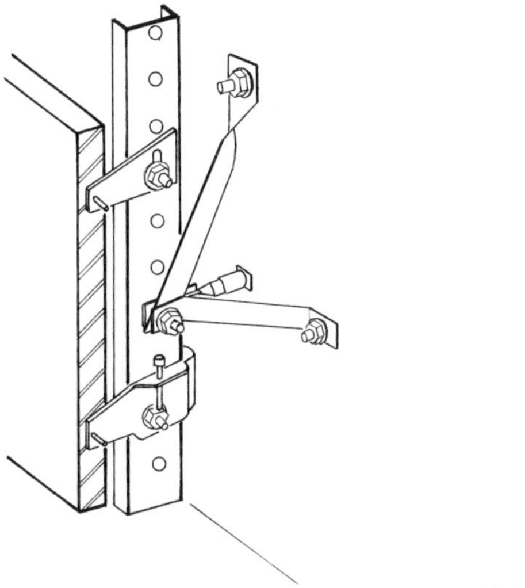

8.11 Hängeschienensystem für Natursteinbekleidungen (Halfeneisen)

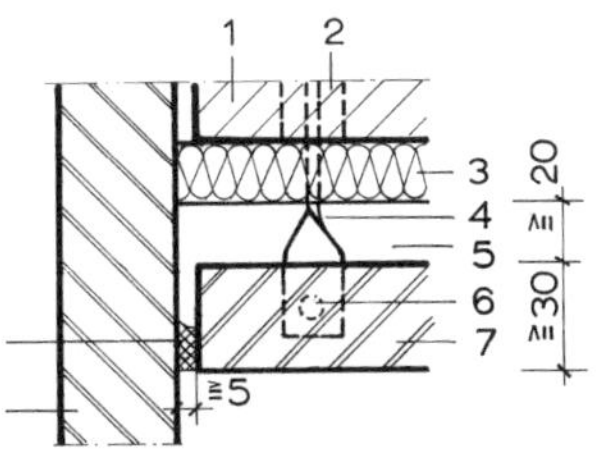

8.12 Horizontalschnitt durch Anschlußfuge zwischen hinterlüfteter Plattenbekleidung und einem Türgewände

1 Außenwand
2 Druckverteilungsplatte
3 Wärmedämmung
4 Anker
5 Hinterlüftung
6 Ankerdorn
7 Natursteinbekleidung mit allseits offenen Fugen
8 Dichtung
9 Naturstein-Türgewände

Besondere Fassadenteile. Fenster, Türen, Beleuchtungs- und Reklamekonstruktionen sowie Gerüste u.ä. dürfen nicht an der Bekleidung verankert werden. Solche Teile sind im Untergrund zu befestigen und an etwaigen Berührungsstellen von der Bekleidung durch mind. 5 mm breite, ebenso tief mit Dichtmasse und bis zum Verankerungsgrund mit elastischen Füllmassen gefüllte Anschlußfugen zu trennen. Fenster- und Türrahmen sind an den Untergrund wasser- und winddicht anzuschließen (Bild **8**.12).

Besondere Auflager. Werkstücke für Sohlbänke, Fenstergewände, Gesimse, Sockel o.ä. Teile müssen unabhängig von der Fassadenbekleidung auf tragfähigen Auflagern versetzt und gegen etwaigen Schub, Stoß, Druck und gegen Drehung verankert werden.

Wärmedämmungen. Die für das Bauwerk nötigen Wärmedämmungen sind in der Regel bereits vor der Ausführung von hinterlüfteten Fassadenbekleidungen angebracht. Mineralwolledämmungen sind vor dem Bohren der erforderlichen Aussparungen für die Befestigung der Anker sorgfältig auf etwa 150 x 150 mm auszuschneiden. Aussparungen in Schaumstoffen werden am besten mit Kernbohrern hergestellt. Nach dem Einbau der Anker sind die ausgeschnittenen Teile der Wärmedämmung sorgfältig wieder einzupassen.

Im Sockelbereich sind bei hinterlüfteten Fassadenbekleidungen die erforderlichen Wärmedämmungen bis mindestens 15 cm über Geländeoberkante mit Schaumkunststoffen nach DIN 18164-1 (z.B. geschlossenporige extrudierte Polystyrolplatten) oder aus Schaumglas (DIN 18174) auszuführen. Die Unterkanten der Sockelplatten werden auf übergreifende winkelförmige Trage- bzw. Haltegürtel gesetzt.

Fugen. Unter Berücksichtigung der Stegdicke der Anker und einer Bewegungstoleranz von 2 mm ergibt sich bei Naturwerksteinbekleidungen eine Fugenbreite von 8 bis 10 mm.

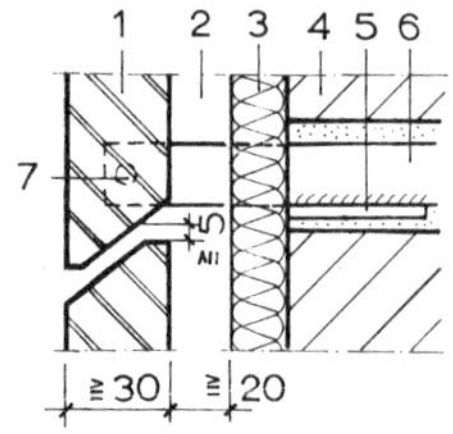

8.13
Vertikalschnitt durch eine offene horizontale Fuge
1 Bekleidung
2 Hinterlüftung
3 Wärmedämmung
4 Außenwand
5 Druckverteilungsplatte
6 Anker
7 Ankerdorn

Bei Fassaden mit Naturwerksteinbekleidungen muß der Schlagregenschutz gemäß DIN 4108-3 beachtet werden, d.h. dieser muß auch im Bereich der Fugen und Anschlüsse sichergestellt sein. Konstruktive Maßnahmen können z.B. Hinterschneidungen (Bild **8**.13) oder die Verwendung feuchtigkeitsunempfindlicher Wärmedämmungen (z.B. mit Vlieskaschierung) sein. Wenn starke Schlagregenbeanspruchung nach Beanspruchungsgruppe III zu gewährleisten ist, müssen die Fugen mit geeigneten Dichtstoffen (DIN 18540-1) geschlossen werden.

Bei besonderer Schlagregenbeanspruchung und der damit verbundenen Ableitung von Niederschlagwasser auch an der Rückseite der Bekleidung muß die Ausführung des erforderlichen Hinterlüftungsraumes besonders sorgfältig überwacht werden. Dabei sind Rohbauungenauigkeiten, Dickentoleranzen, das eventuelle Aufquellen von Wärmedämmungen und der Platzbedarf von Unterkonstruktionen und damit mögliche Behinderungen des Wasserablaufes zu berücksichtigen.

Anschlußfugen (DIN 18515 Abschn. 6.4) sind dort vorzusehen, wo die Bekleidung an andere Baustoffe (z.B. Metallrahmen) anschließt oder wo sie zwischen tragenden Bauteilen (Gesimsen, Decken) Druckspannungen ausgesetzt werden könnte. Anschlußfugen sind mind. 10 mm breit. Sie können mit elastischen Dichtungen geschlossen werden.

Ecken mit genau fluchtenden Plattenrändern (Bild **8**.14a) sind schwierig herzustellen. Ebenso erfordert die Eckausbildung nach Bild **8**.14b eine sehr hohe Ausführungsgenauigkeit. Günstiger sind Ausführungen wie in Bild **8**.14c und d gezeigt.

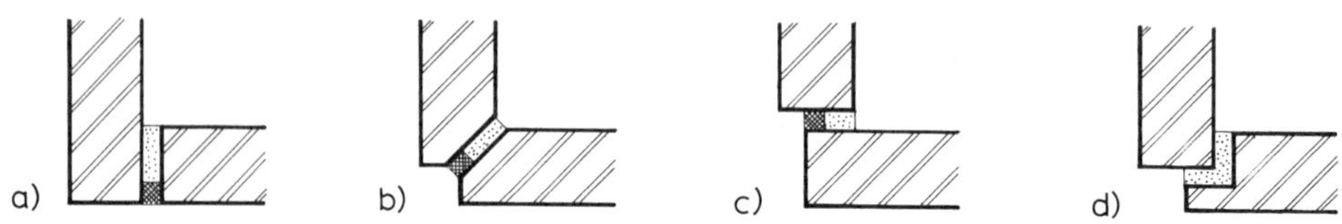

8.14 Eckausbildung (Grundrisse)
a) fluchtende Platten, b) Platten mit Schrägschnitt, c) versetzter Plattenstoß, d) versetzter Plattenstoß mit Nut

Sockel- und Pfeilerbekleidungen (ausgenommen Beton-Werksteinplatten) werden wegen der Gefahr einer Beschädigung durch Stoß oder Schlag meist hintermörtelt. Der Hinterfüllmörtel soll möglichst porös (z.B. als Einkorn-Mörtel) ausgeführt werden, und zwar als Kalkzementmörtel der Gruppe II nach DIN 1053-1 oder Traßzementmörtel im gleichen Mischungsverhältnis, bei Jurakalkstein nur Kalkmörtel (Gruppe I) oder Traßkalkmörtel.

Mit Mörtel zu verfüllende Fugen müssen mindestens 4 mm breit sein. Die Plattenkanten sind vorher von Staub zu befreien, damit der Fugenmörtel gut haftet.

Der Fugenmörtel soll geschmeidig und so verarbeitbar sein, daß damit ein guter Fugenschluß erzielt wird.

Mischungsverhältnis: 1 RT Bindemittel + 2 bis 5 RT Sand.

Bindemittel: Traßzement, Traßkalk, Portlandzement mit Zusatz von Traß (1 : 1), Kalkhydrat mit Zusatz von Traß (1 : 1).

Sand: Möglichst gewaschener, rundkörniger Natursand, frei von schädlichen Beimengungen, empfohlenes Größtkorn 1/3 der Fugenbreite.

8.4.3 Bekleidungen mit keramischen Platten

Auch kleinformatige keramische Platten können zu hinterlüfteten Fassadenbekleidungen aus vorgefertigten Fassadenelementen verwendet werden. Sie werden hergestellt, indem die Platten in Raster, die der Fugenteilung entsprechen, eingelegt werden und einen rückseitigen Stahlbetonauftrag erhalten, so daß Platten von mindestens 7 cm Dicke und von etwa maximal 4 m² Fläche entstehen. Diese werden nach ähnlichen Techniken wie Natursteinbekleidungen (s. Abschn. 8.4.2) an den Fassaden montiert (Bild **8**.15).

Derartige Wandbekleidungen haben den Nachteil des recht hohen Gewichtes. Ähnliche Elemente lassen sich in leichter Ausführung herstellen, wenn Polymerbeton verwendet wird (Bestandteile: gereinigter und getrockneter Quarzsand, Korngröße 0 bis 8 mm, Acrylharz-Reaktionsgemisch als Bindemittel). In die etwa 30 mm dicken Polymerbetonplatten (max. 1,00 x 2,00 m) werden Gewindebuchsen eingegossen, die nichtrostende Stahlanker aufnehmen. Die keramischen Platten werden werkseitig im Dünnbettverfahren auf die Polymerbetonplatten aufgebracht und verfugt (Bild **8**.16). Die Montage erfolgt am besten mit Hängeschienensystemen (Bild **8**.9).

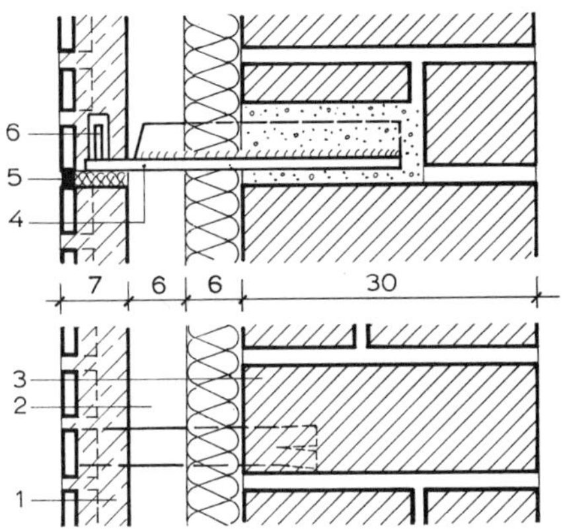

8.15 Fassadenbekleidung aus hinterlüfteten, vorgefertigten Wandelementen mit Spaltplatten
1 Wandelement, bewehrt, > 7 cm dick
2 Luftschicht mit Belüftungsöffnungen in Höhe Kellerdecke, unterhalb Dachtraufe
3 Außenwand mit Wärmedämmung
4 Traganker mit Druckverteilungsplatte und Ankerdorn
5 Fuge (vgl. Bild **8**.4)
6 Halteanker in Vertikalfuge

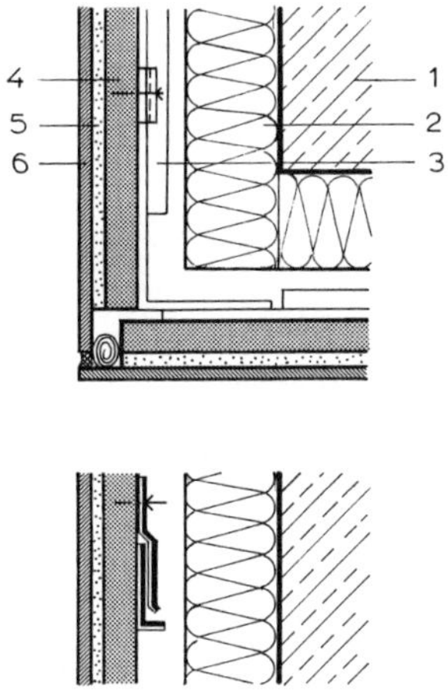

8.16 Kleinformatige keramische Platten in Verbindung mit Polymerbeton-Elementen
1 tragende Wand
2 Wärmedämmung
3 Halteschiene für Aufhängung
4 Polymerbetonplatte
5 Spezial-Klebermörtel
6 feinkeramische Platten

Großformatige hochfeste Keramikplatten können auf Leichtmetall-Unterkonstruktionen sehr dekorative leichte Fassadenbekleidungen bilden (Bild **8**.17).

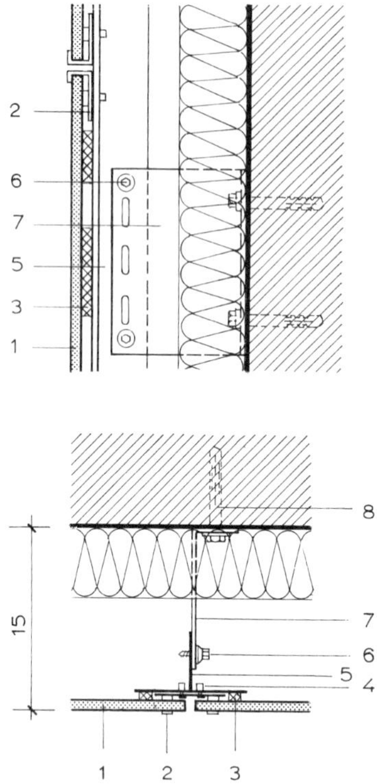

8.17 Hinterlüftete Fassadenbekleidung mit großformatigen Keramikplatten (Buchtal Ker-Aion)

1 Platte
2 Doppelkammer
3 Silcoferm-Band
4 Edelstahl-Blindniet
5 Trägerprofil
6 rostfreier Bohrbefestiger
7 Wandwinkel
8 Dübel

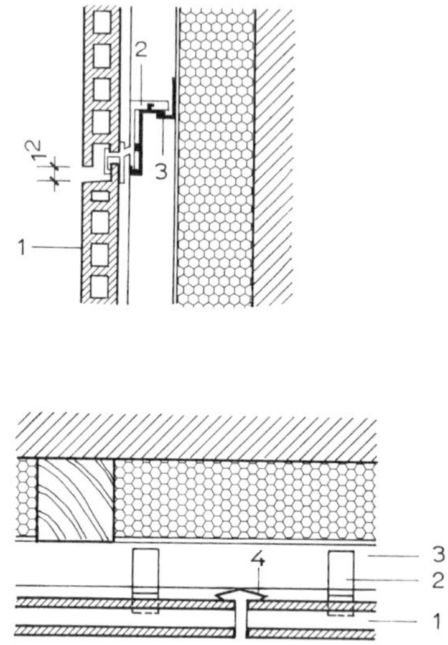

8.18 Hinterlüftete Fassadenbekleidung mit Ziegelplatten (Architekten T. Herzog und M. Volz)

1 Langloch-Ziegelplatte
2 LM-Halteprofil
3 Montagewinkel
4 Dichtungsprofil

Ein Beispiel für eine hinterlüftete Fassadenbekleidung aus Ziegelplatten ist in Bild **8**.18 gezeigt.

Auch vollständig vorgefertigte Außenwandelemente mit hinterlüfteten Außenschalen aus keramischen Spaltplatten sind auf dem Markt (Bild **8**.19).

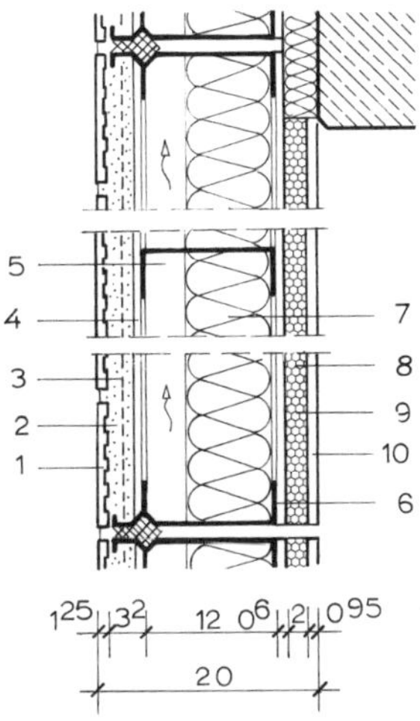

a)

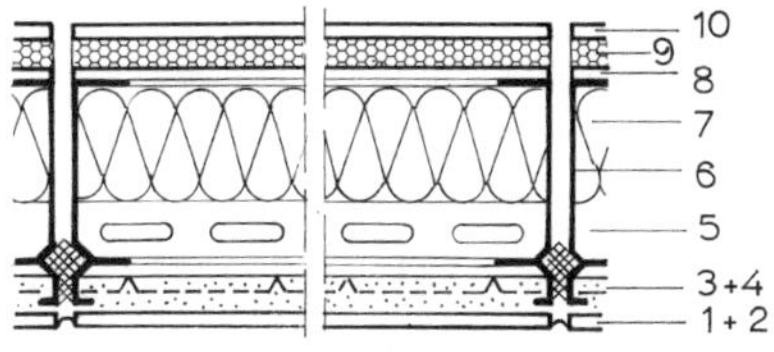

b)

8.19 Keramikwand (Wendker-Gail)
a) Senkrechter Schnitt
b) Waagerechter Schnitt
1 Keramik-Spaltplatte
2 Unterputz und Dünnbettmörtel
3 rostfreie Bewehrung
4 Trägerplatte
5 Hinterlüftungsraum
6 Stahl-Trägerrahmen
7 Wärmedämmung
8 Schalldämmplatte
9 thermische Trennung
10 Innenwand-Bauplatte

8.4.4 Faserzementplatten-Bekleidungen[1])

Für hinterlüftete Außenwandbekleidungen werden vorwiegend ebene Faserzementtafeln verwendet. Sie werden in verschiedenen Formaten und Dicken hergestellt mit glatter Oberfläche

- hellgrau (naturfarben, aus Herstellung mit grauem Zement),
- durchgefärbt,
- mit Oberflächen aus eingebrannten Silikatfarben,
- mit glasurähnlichen farbigen Oberflächen,
- weiß (aus Herstellung mit Weiß-Zement),

ferner mit granulierten und strukturierten, auch gefärbten Oberflächen.

Kleinformatige Faserzement-Fassadenplatten (< 0,4 m^2, z.B. 60 x 30 cm) sind werkseitig gelocht und werden auf aufgedübelter einfacher Lattung – vor außenseitiger Wärmedämmung auch auf Lattung mit Konterlattung – in Vertikaldeckung (Bild **8**.20a), Stülpdeckung (Bild **8**.20b) oder waagerechter Deckung (Bild **8**.20c) mit verzinkten Schieferstiften oder plattenfarbigen Spezialnägeln befestigt. Eine Montagemöglichkeit der Platten mit Edelstahlklammern, die auch in den jeweiligen Plattenfarben verfügbar sind, zeigt Bild **8**.20d. Bei Vertikaldeckung und Stülpdeckung werden die Stoßfugen mit Fugenbändern hinterlegt, ein- und ausspringende Ecken sowie Anschlüsse an Fenster usw. werden mit Kunststoffprofilen (vgl. Bild **8**.21) ausgebildet.

Unterkonstruktionen aus Holz müssen vor der Montage mit Holzschutzmitteln nach DIN 68800-3 behandelt sein. Konterlatten werden auf dem Mauerwerk nur mit amtlich zugelassenen Dübeln o.ä. befestigt. Die Traglatten müssen auf den Konterlatten an jedem Kreuzungspunkt mit 2 Schraubstiften oder Schrauben diagonal befestigt werden. Alle Befestigungsmittel müssen rostfrei sein.

---

[1]) Früher: Asbestzement-Baustoffe; Zur Problematik von Asbestzement-Baustoffen s. Abschn. 1.5.5 in Teil 2 des Werkes.

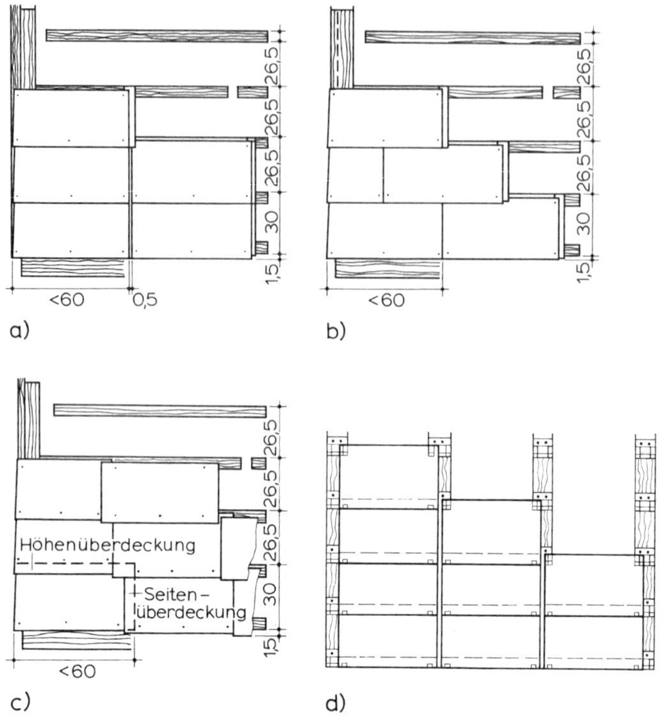

8.20
Kleinformatige Faserzementtafeln auf waagerechter Lattung
a) Vertikaldeckung,
b) Stülpdeckung,
c) waagerechte Deckung,
d) Deckung mit Edelstahl-Montageklammern

Großformatige Faserzement-Fassadentafeln (z.B. Weiß-Eternit, Plattengrößen bis 1250 x 3380 mm, -Dicken 5 bis 20 mm) eignen sich für die Ausführung großflächiger hinterlüfteter Fassadenbekleidungen.

Sie können mit von außen sichtbaren Schrauben oder Nieten auf angedübelten Faserzementstreifen (Bild **8**.21a), auf justierbaren Leichtmetallunterkonstruktionen (Bild **8**.21b und c), von der Rückseite auf Leichtmetallschienen angedübelt (Bild **8**.21c und **8**.22) oder auch

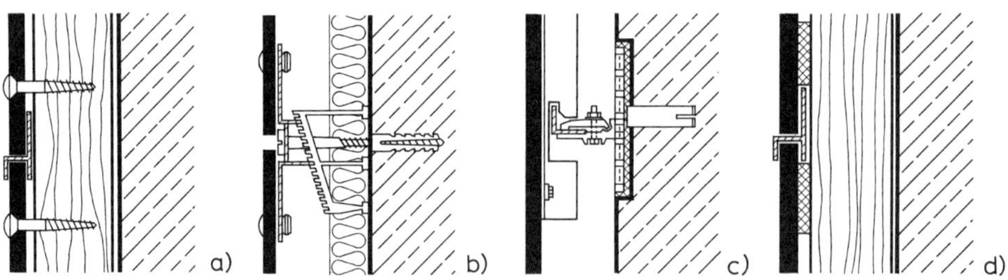

8.21 Unterkonstruktionen für hinterlüftete Wandbekleidungen mit Faserzementplatten
a) sichtbare Befestigung mit Holzschrauben auf Unterkonstruktion aus Holz
b) sichtbare Befestigung mit Nieten auf angedübelter Unterkonstruktion aus Leichtmetall mit Justiermöglichkeit
c) unsichtbare Befestigung mit Spezialdübeln (ETERNIT) auf der Rückseite (Mindestdicke der Tafeln 12 mm). Unterkonstruktion mit justierbarem Leichtmetall-Schienensystem
d) Verklebung mit Bostik-Pad-Verfahren, zugelassen für max. 2geschossige Gebäude

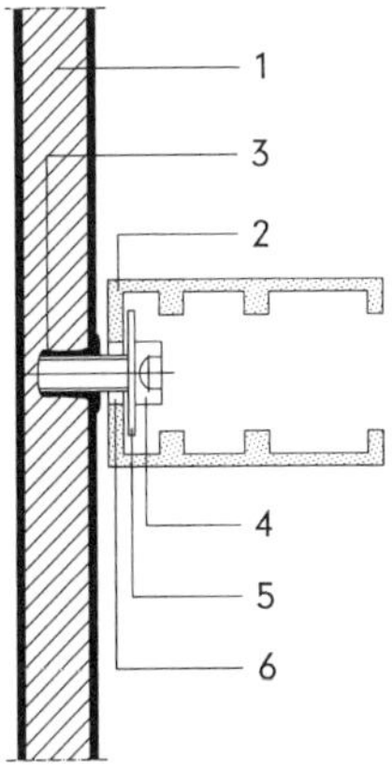

8.22
Hinterschnittdübel

1 Faserzementplatte 12 mm
2 Platten-Tragprofil
3 Hinterschnittdübel
4 Schraube
5 Scheibe
6 Federring

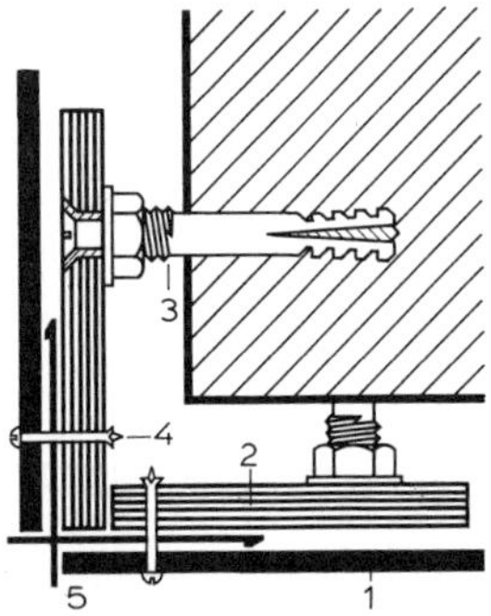

8.23
Hinterlüftete Wandbekleidung aus Faserzementplatten, Montage auf angedübelten Faserzementstreifen (Horizontalschnitt durch Gebäudeecke)

1 Faserzement-Fassadenplatte
2 Faserzement-Montagestreifen
3 Abstanddübel, System Fischer
4 Holzschraube in Spreizpatrone
5 Kunststoff-Eckprofil

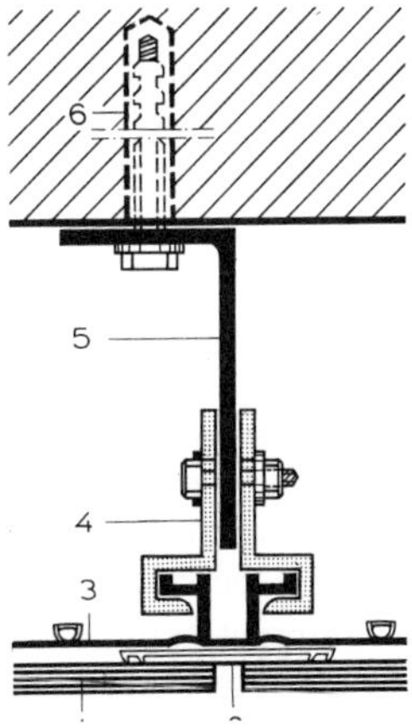

8.24
Unterkonstruktion aus Leichtmetall (System Protektor Alu 002), Horizontalschnitt

1 Faserzement-Fassadenplatten
2 Kunststoff-Stoßdichtung
3 Leichtmetall-Tragschiene
4 justierbares Halteprofil, verschraubt
5 Haltewinkel, verzinkt
6 Tragdübel

durch Verkleben montiert werden (Bild **8**.21d). Stoßfugen können offen bleiben oder werden mit Fugenbändern hinterlegt (Bild **8**.24). In horizontalen Fugen sollten die Platten nach hinten so abgeschrägt werden, daß es durch ablaufendes Regenwasser zu Schmutzablagerungen nur an der Rückseite kommt.

Anschlüsse an benachbarte Bauteile werden mit offenen Fugen oder mit Leichtmetallschienen gestaltet.

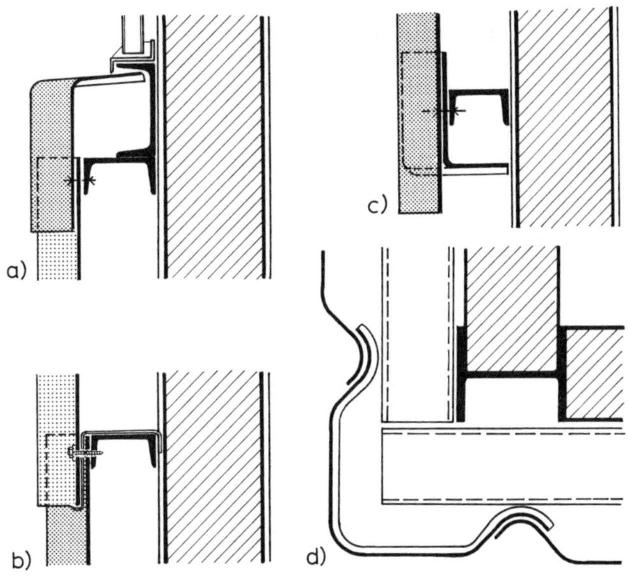

8.25
Außenwandbekleidung mit Faserzement-Wellplatten vor ausgemauertem Stahlskelett

a) Brüstungsabdeckung mit Formteil
b) Element-Stoß
c) unterer Abschluß mit Formteil
d) Ecke mit Formteil (Grundriß) bei großformatigen Elementen

Vornehmlich im Industriebau werden auch Faserzementplatten mit Well- oder Trapezprofil verwendet. Sie dienen entweder als einfacher Wetterschutz vor leichten Skelettbauten (Bild **6**.133) oder werden als Außenwandbekleidung vor tragenden Wänden bzw. Skeletten auf Stahl-Unterkonstruktionen montiert (Bild **8**.25).

8.4.5 Metallbekleidungen

Bei Außenwandbekleidungen aus Metall ist zu unterscheiden zwischen Konstruktionen, die ausgeführt werden aus

- Kupfer-, Zink- oder Blei-Blechen, seltener auch aus Aluminiumblechen, die in handwerklichen Techniken auf Holzunterkonstruktionen ausgeführt werden und
- Formteil-Außenwandbekleidungen aus Leichtmetall oder Stahl, montiert auf Metall-Unterkonstruktionen (Vorhangwände s. Abschn. 6.7.4).

Da Metall-Außenwandbekleidungen praktisch völlig dampfdicht sind, muß durch einwandfrei funktionierende Hinterlüftung jede Tauwasserbildung sowohl im Wandbereich als auch an der Unterkonstruktion vermieden werden.

Als Erfahrungsformel für den Querschnitt der Lüftungsöffnungen gilt:

- Zuluftöffnungen = $^1/_{1000}$ der Wandfläche,
- Abluftöffnungen = $^1/_{800}$ der Wandfläche (d.h. die Abluftöffnungen sollen etwa 20% größer sein als die Zuluftöffnungen).

Dabei ist unbehinderter Luftwechsel vorausgesetzt. Der Luftraum darf also nicht durch die Tragkonstruktion o.ä. eingeengt sein. Bei funktionsbedingten überdurchschnittlichen Wasserdampfbeanspruchungen sollte auf eine raumseitige Dampfsperre nicht verzichtet werden.

Für die Unterkonstruktionen müssen insbesondere die Brandschutzanforderngen bereits bei der Planung mit den Bauaufsichtsbehörden abgestimmt werden. Dabei sollte beachtet werden, daß Aluminium-Konstruktionen nicht unbedingt als „nicht brennbare Baustoffe" (d.h. nicht in jedem Falle in Baustoffklasse A, DIN 4102 eingereiht) gelten.

Außenwandbekleidungen aus Blechen in handwerklichen Ausführungstechniken werden in der Regel auf einer Unterkonstruktion mit Rauhspund-Vollschalung ausgeführt, seltener auf Baufurniersperrholz oder mineralisch gebundenen Spanplatten (Holzspanplatten sind für Nagelungen und Schraubungen wenig geeignet). Alle Holzteile müssen vor dem Einbau mit Holzschutzmitteln nach DIN 68800-1 vorbehandelt werden und ggf. außerdem mit schaumbildenden Brandschutzanstrichen.

Zwischen Metall und Unterkonstruktion wird im allgemeinen eine Trennschicht – am besten aus einer Lage Bitumen-Glasvlies-Dachbahnen (DIN 52143), leicht besandet oder talkumiert – verlegt, die einerseits die Metallbleche gegen Einflüsse der Holzschutzmittel schützen soll, andererseits auch während der Bauzeit als vorübergehender Wetterschutz der Unterkonstruktion vorteilhaft ist. Eine direke Berührung der Metallbahnen mit Beton, Mörtel und Steinen ist auf jeden Fall zu verhindern.[1)]

Außenwandbekleidungen aus Blechen werden ähnlich wie Dachdeckungen in den traditionellen Techniken ausgeführt. Für größere Flächen werden dabei vorgefertigte Blechbahnen

[1)] Neuere Untersuchungen und Erfahrungen im Ausland haben ergeben, daß eine Trennlage aus den genannten Gründen nicht unbedingt erforderlich ist. So sind z.B. in Frankreich Trennlagen seit jeher nicht üblich. Lediglich zum Schutz der Unterkonstruktion werden armierte Folien verlegt, die entsprechend dem Montagefortschritt der Metallbekleidungen wieder abgenommen werden [15].

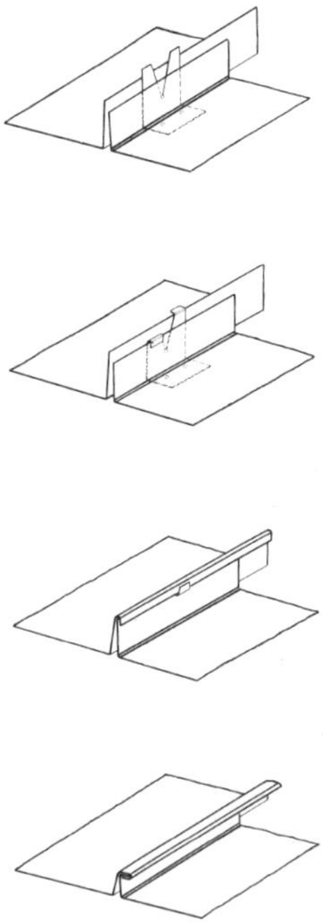

8.26 Doppelstehfalz, Herstellungsablauf bei handwerklicher Ausführung [15]

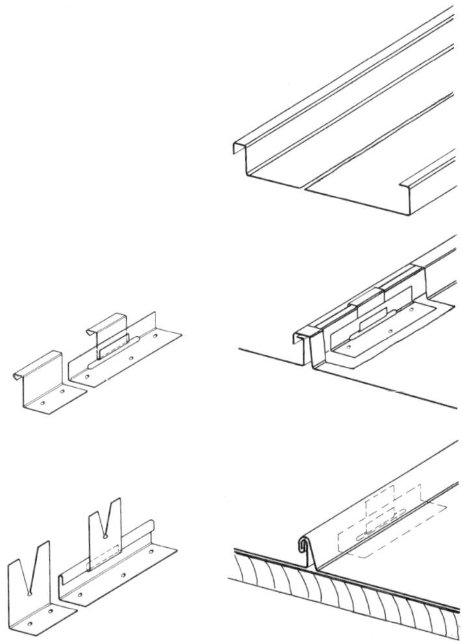

8.27 Doppelstehfalz, Herstellungsablauf bei Verlegung mit RHEINZINK-PROFIMAT-FALZOMAT [15]

(„Schare") verwendet, die an Ort und Stelle maschinell verfalzt werden (s. Teil 2 dieses Werkes).

Die Arbeitsgänge bei der Ausführung einer Doppelstehfalz-Bekleidung sind in Bild **8**.26 gezeigt. Bild **8**.27 zeigt den Herstellungsablauf, wenn vorgefertigte Schare verwendet werden, die maschinell verfalzt werden. Die Technik der Leistendeckung ist in Bild **8**.28 dargestellt.

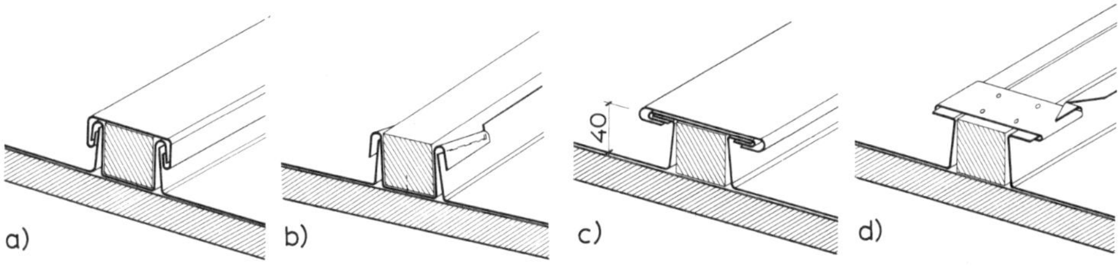

8.28 Leistendeckungen [15]

a) „Deutsche Ausführung"
b) Fixierung gegen Abrutschen der Scharen beim Deutschen Leistensystem
c) „Belgische Ausführung"
d) Fixierung gegen Abrutschen der Scharen beim Belgischen Leistensystem

In diesen Ausführungsarten lassen sich sehr viele Gestaltungsabsichten für Außenwandbekleidungen – auch im Zusammenhang mit entsprechenden Dacheindeckungen – für Vor- und Rücksprünge konstruktiv einwandfrei lösen. Ein Beispiel zeigt Bild **8**.29.

Können Zu- und Abluftschlitze für die Hinterlüftung nicht nach dem in Bild **8**.29 geeigneten Prinzip gelöst werden, sind kleine Entlüftungsgauben (Bild **8**.30) in die Schare einzuarbeiten bzw. aufzusetzen.

Verwendet werden für Fassadenbekleidungen außerdem Well- und Trapezprofile, die in bis zu 10 m langen, etwa 0,60 m breiten verzinkten oder kunststoffbeschichteten Stahlblechtafeln oder aus lackiertem oder kunststoffbeschichteten Aluminium hergestellt werden.

Derartige Wandbekleidungen werden durch Aufklemmen auf Halteprofile mit Unterkonstruktionen montiert (Bild **8**.31).

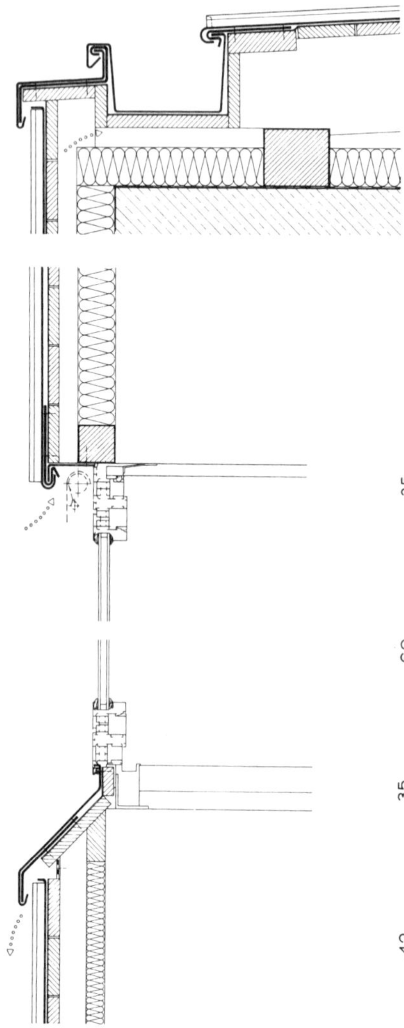

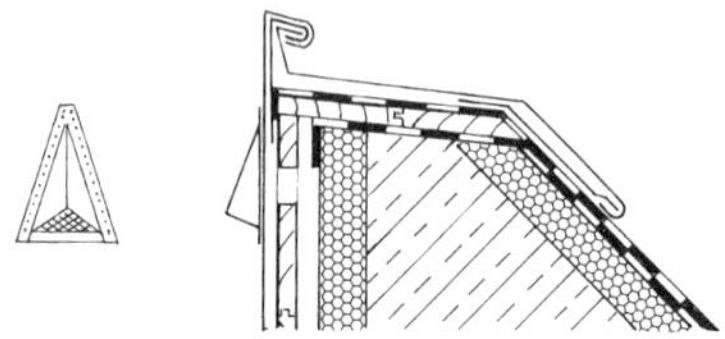

8.30 Be- und Entlüftungsgaube

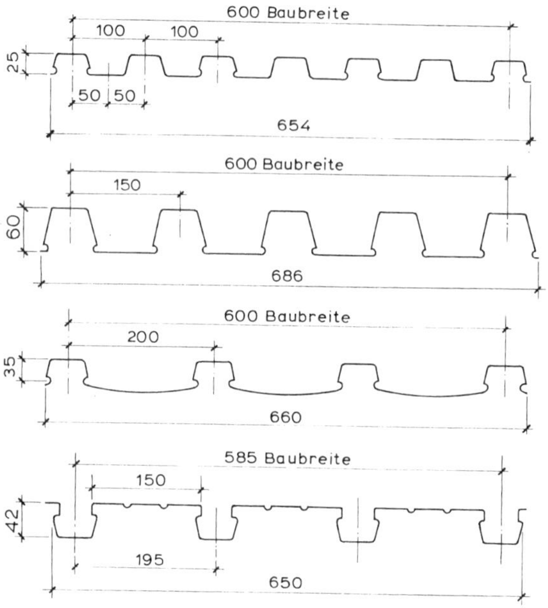

8.29 Hinterlüftete Außenwand-Metallbekleidung [15]

8.31 Klemmprofile für Außenwandbekleidungen

Formteil-Außenwandbekleidungen werden mit kassettenähnlichen Elementen aus eloxiertem oder farbbeschichtetem Leichtmetall, aus emailliertem Stahlblech oder aus Edelstahl hergestellt. Sie sind in großer Vielfalt in Grundprofilen verfügbar oder werden mit den unterschiedlichsten Produktionsverfahren entsprechend den gestalterischen Absichten der Architekten individuell geformt (Bild **8**.32). Für die vielfältigen Möglichkeiten der Herstellung von

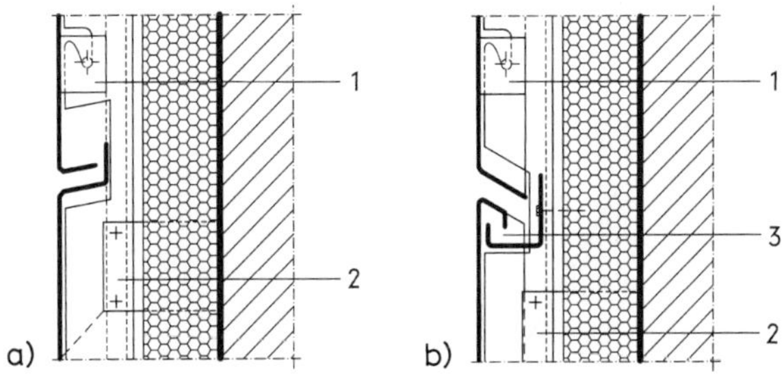

8.32
Fassadenbekleidung aus Stahlblechprofilen
a) waagerechte offene Stoßfuge
b) waagerechte Stoßfuge mit Innenentwässerung
1 Aufhängung
2 Unterkonstruktion
3 Regenwasser-Fangrille

Spezialteilen für Ecken oder Bauteilanschlüsse zeigt Bild **8**.33 Beispiele. Eine Fassade, die aus ebenflächigen Elementen in Verbindung mit der dahinterliegenden Fensterfront eines Gebäudes montiert wird, ist in Bild **8**.34 im Schnitt dargestellt. Eine Fassadenbekleidung aus gepreßten geschoßhohen Elementen zeigt Bild **8**.35.

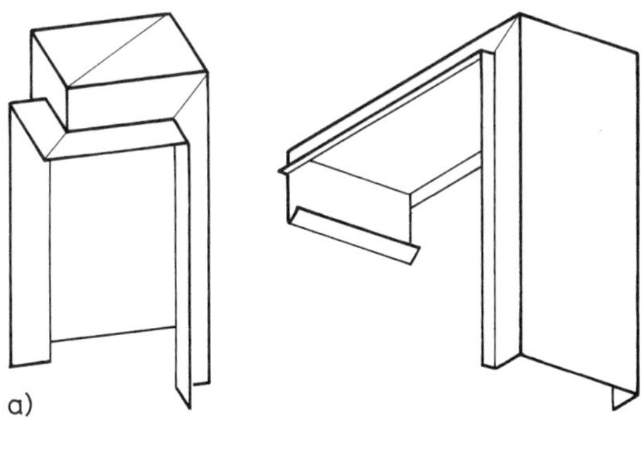

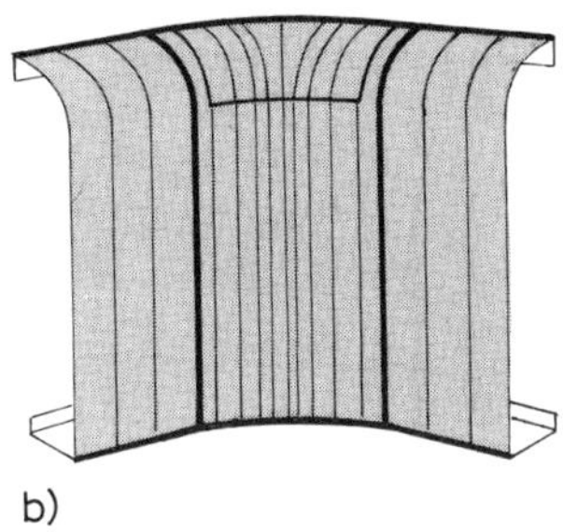

8.33 Formteil-Außenwandbekleidungen
a) Beispiele für die Herstellungsmöglichkeiten ebenflächiger Elementteile
b) Brüstungselemente mit Rundformen

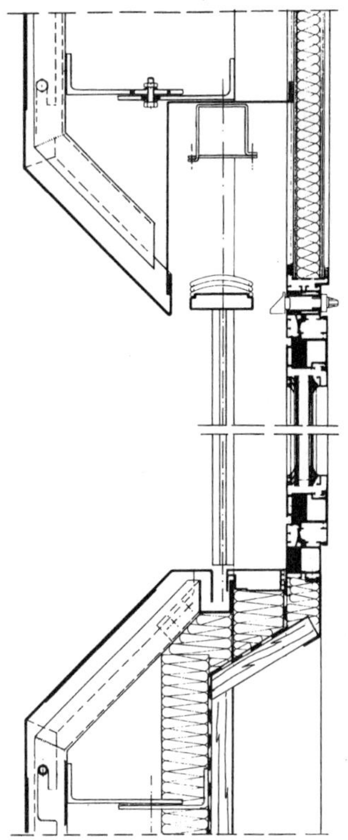

8.34 Fassadenbekleidung mit Aluminium-Formteilen

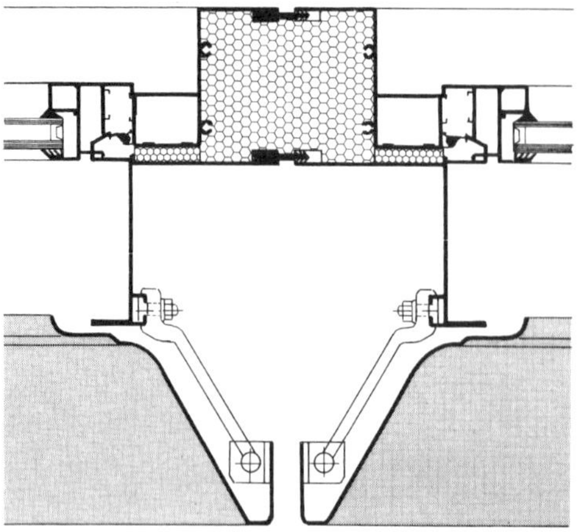

a)

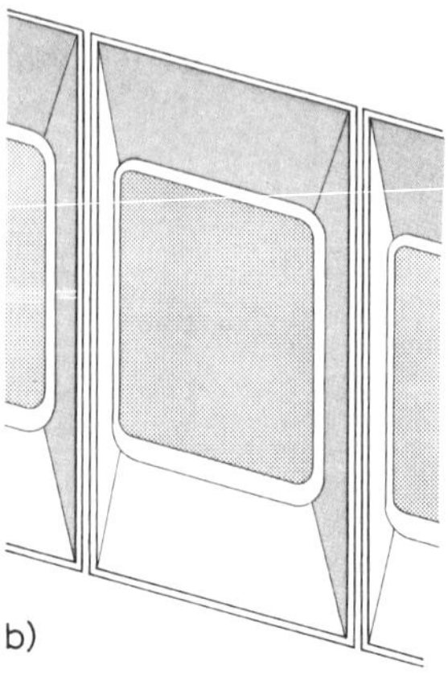

b)

8.35 Fensterfassaden-Element
a) Schnitt (Grundriß), b) räumliche Darstellung

Für die Montage an den Fassaden dienen Unterkonstruktionen, die in jeder Richtung zum Ausgleich von Rohbauungenauigkeiten justierbar sind. Die einzelnen Elemente werden in die Sprossenraster so eingehängt, daß Windbelastungen aufgenommen und temperaturbedingte Längenänderungen problemlos möglich sind. Durch kunststoffummantelte Befestigungsteile o.ä. wird bewirkt, daß bei Bewegungen zwischen den Elementen und in der Unterkonstruktion keine Geräusche entstehen (Bild **8**.36).

Für dekorative, auch gegen mechanische Beschädigungen sehr widerstandsfähige Wandbekleidungen kommen ferner Aluminium-Gußplatten mit verschiedenartigster Oberflächengestaltung in Frage. Sie werden mit Hilfe von Konstruktionen, ähnlich wie in Bild **8**.21b gezeigt, montiert.

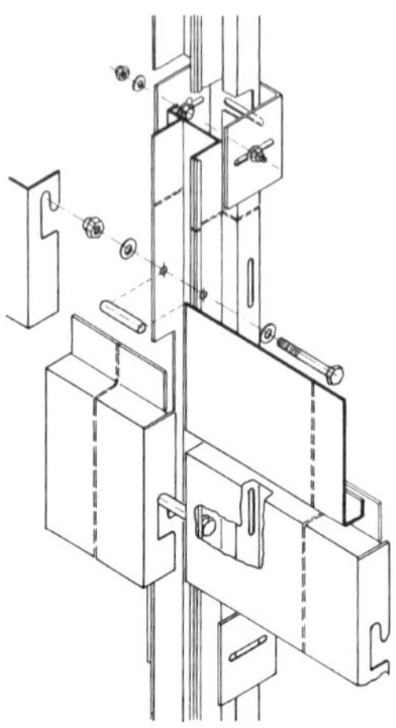

8.36 Montage von Bekleidungselementen auf Sprossenunterkonstruktion (SCHÜCO)

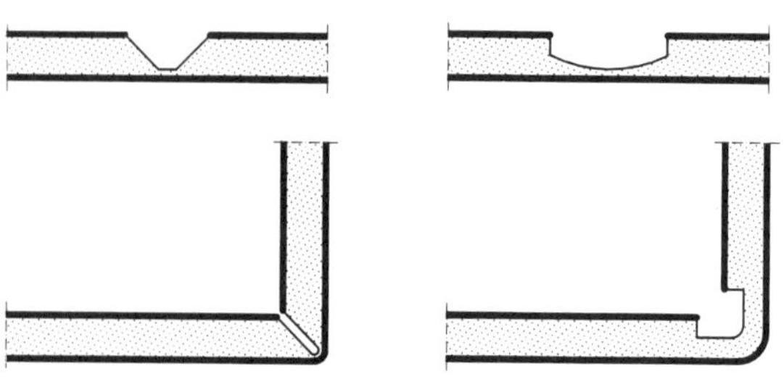

a) b)

8.37 Aluminium-Verbundtafeln („alucoband") Fräsungen für Abkantungen

Verbundbleche können in vielfachen Anwendungsformen für hinterlüftete Fassadenbekleidungen verwendet werden. Die 3 bis 6 mm dicken Verbundbleche bestehen z.B. aus einseitig einbrennlackierten oder eloxierten 0,5 mm dicken Aluminiumtafeln mit einem Kern aus Kunststoff oder mineralischem Material. Die Verbundplatten werden mit größter Oberflächenplanheit in Breiten ab 1000 mm und in Längen bis 8000 mm geliefert („alucobond"). Je nach Ausführung ist das Material nach DIN 4102 als „normalentflammbar" (B 2) oder „nicht brennbar" (A 2) eingestuft (s. Abschn. 15.9.4). Die Platten können werkseitig gebogen werden ($r = 10 \times d$), rund gewalzt und an Stößen durch Heißluftschweißung verbunden werden. Abkantungen sind mit Hilfe rückseitiger Fräsungen möglich (Bild **8**.37).

Ebene Verbundplatten werden in den festgelegten Zuschnittmaßen auf Unterkonstruktionen (vgl. Bild **8**.17 und **8**.36) geschraubt, genietet oder mit Klemmverbindung durch Profilleisten befestigt (Bild **8**.38).

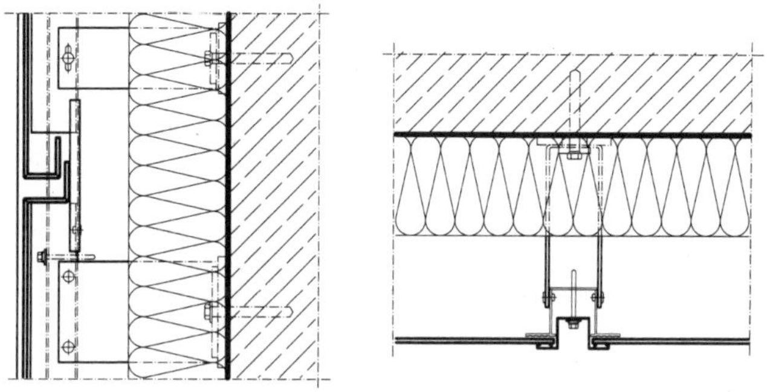

8.38
Ebene Aluminium-Verbundtafeln, auf Unterkonstruktion genietet

Aus formgestanzten und abgekanteten Platten können kassettenartige Fassadenelemente in den vielfältigsten Formen hergestellt und in Sprossen-Unterkonstruktionen eingehängt werden (Bild **8**.39).

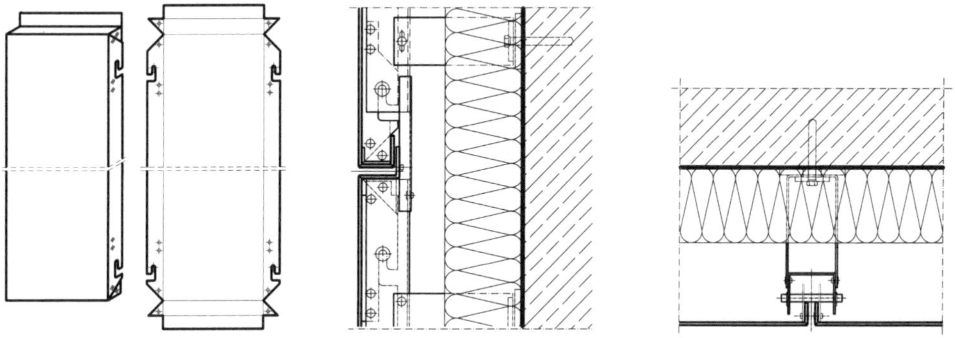

a) b) c)

8.39 Kassetten aus Aluminium-Verbundtafeln („alucoband")

a) Stanzform und Kassette (schematisches Beispiel)
b) Vertikalschnitt
c) Horizontalschnitt

8.4.6 Holzbekleidungen

Allgemeines

Holzbekleidungen auf Außenwänden werden oft als Gestaltungsmittel oder teilweise auch im Zusammenhang mit nachträglich aufgebrachten zusätzlichen Wärmedämmungen verwendet.

Außenflächen mit Holzbekleidungen sollten durch Dachüberstände möglichst gegen Schlagregen geschützt sein. In jedem Fall muß dafür gesorgt werden, daß Niederschlagwasser gut abgeleitet wird und insbesondere von den unteren Bretträndern frei abtropft, ohne Gelegenheit zu finden, sich in Fugen hineinzuziehen. Bei horizontalen Schalungen sind Nute daher selbstverständlich stets nach unten anzuordnen, bei senkrechten Schalungen von der Wetterseite abgewendet. Gehobelte Bretter trocknen schneller ab als sägerauhe. Von senkrecht eingebauten Schalbrettern läuft Niederschlagwasser rascher ab als von waagerecht angeordneten Brettern. Es ist jedoch zu bedenken, daß bei waagerecht angeordneten Bekleidungen die bei mangelhafter Pflege zuerst faulenden unteren Teilflächen problemlos ausgewechselt werden können.

Alle Holzverschalungen außen und auch innen müssen hinterlüftet werden, weil sich die Schalbretter sonst wegen der unterschiedlichen Feuchtigkeitsverhältnisse an Vorder- bzw. Rückseite verziehen.

Für eine zuverlässige Hinterlüftung soll zwischen Bekleidung und dahinterliegender Wand ein durchgehender Hohlraum von 2 cm (bei dahinterliegender Wärmedämmung besser von mindestens 4 cm bzw. 50 cm^2/m Wandlänge) vorhanden sein. Er bleibt am unteren und oberen Rand am besten durchgehend offen und wird nur durch Lochgitter gegen das Eindringen von Insekten und Vögeln geschlossen (verbleibender Mindestquerschnitt der Öffnungen 2‰ der Wandfläche).

Die Bekleidungsflächen sollen möglichst winddicht ausgeführt werden. Das Einströmen warmer Außenluft in die Hohlräume kann sonst zu Durchfeuchtungen und Fäulnisschäden führen, die jedoch nichts mit Dampfdiffusionsvorgängen der gesamten Wandkonstruktion zu tun haben.

Vor der Montage sind alle Teile der Unterkonstruktion durch Tauchimprägnierung oder Anstrich mit Holzschutzmitteln gegen tierische oder pflanzliche Schädlinge zu schützen (DIN 68800-3). Die Bekleidungsbretter werden – vor der Montage auch von der Rückseite – am besten mit lasierenden Holzschutzanstrichen behandelt.

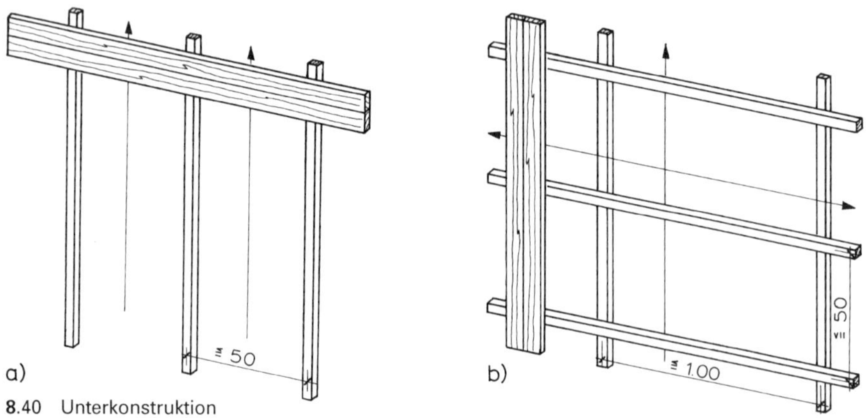

8.40 Unterkonstruktion
a) für horizontale Brettbekleidungen
b) mit Konterlattung für vertikale Brettbekleidungen

Unterkonstruktionen

Waagerechte Schalungen werden auf senkrechter Lattung verlegt, die auf dem Untergrund aufgedübelt wird (Bild **8**.40).

Bei senkrechter Schalung ist eine Konterlattung nötig, bei der zunächst eine senkrechte Lattung auf dem Untergrund aufliegt und eine darüberliegende Querlattung zur Befestigung der Schalung dient (Bild **8**.40b). Werden gleichzeitig Wärmedämmungen eingebaut, wählt man die senkrechte Lattung entsprechend der Dicke der Wärmedämmung.

Wenn für eine derartige doppellagige Konterlattung nicht genügend Platz vorhanden ist, dienen waagerechte Lattenstücke als Schalungsauflager, die seitlich so gegeneinander versetzt sind, daß in jeder Höhe je m Wandbreite $\geqq 25\ m^2$ Lüftungsöffnungen zwischen den Lattenstücken vorhanden sind, d.h. bei 2 cm Lattendicke müssen die Auflagerlatten auf $\geqq 12{,}5$ cm Länge je Meter Wandbreite unterbrochen werden (Bild **8**.41).

Statt einer Konterlattung, die für das Ausgleichen von Rohbautoleranzen sehr vorteilhaft ist, können auch horizontale Unterlattungen mit Ausklinkungen verwendet werden (Bild **8**.42).

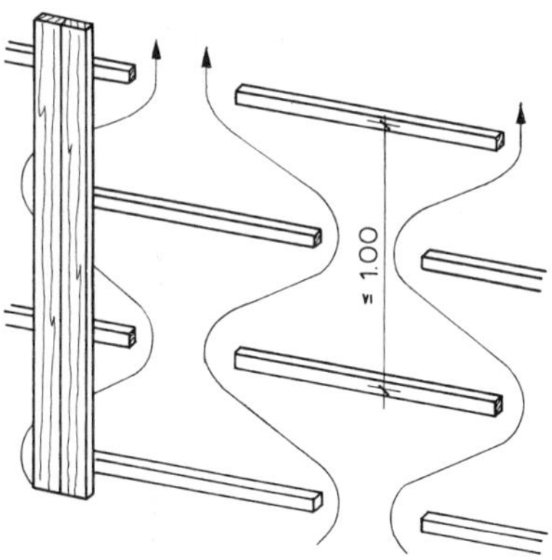

8.41 Einfache Unterkonstruktion aus versetzten Latten

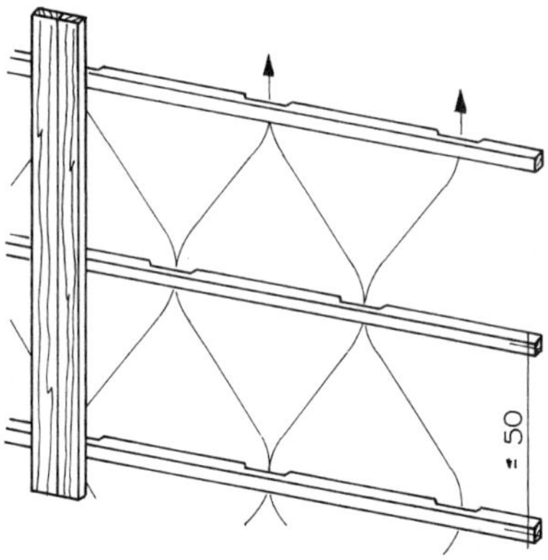

8.42 Unterkonstruktion mit ausgestemmten Lüftungsschlitzen

Bei der Montage der Unterkonstruktion an den Außenwandflächen sind insbesondere die Bestimmungen hinsichtlich Windlasten nach DIN 1055-4 zu beachten. Im übrigen sind die allgemeinen Anforderungen an Unterkonstruktionen für Außenwandbekleidungen in DIN 18516-1 zusammengefaßt.

Während die Befestigung auf den Wandflächen im allgemeinen durch Dübelung erfolgt, sind bei Konterlattungen die Latten untereinander mit mindestens 2 korrosionsgeschützten Schrauben oder Schraubnägeln an den Kreuzungspunkten zu verbinden.

Abstandsbügel können bei der Montage das Ausrichten der Konstruktion sehr erleichtern (Bild **8**.43). Meistens werden Unebenheiten jedoch durch Hinterlegen mit Sperrholzplättchen oder mit Keilen ausgeglichen (Bild **8**.44).

Geeignet sind Stülpschalungen, bei denen sich die Bretter mit voller Holzdicke überdecken (Bild **8**.45a und b), und Schalungen aus handelsüblichen Profilbrettern (Bild **8**.45c).

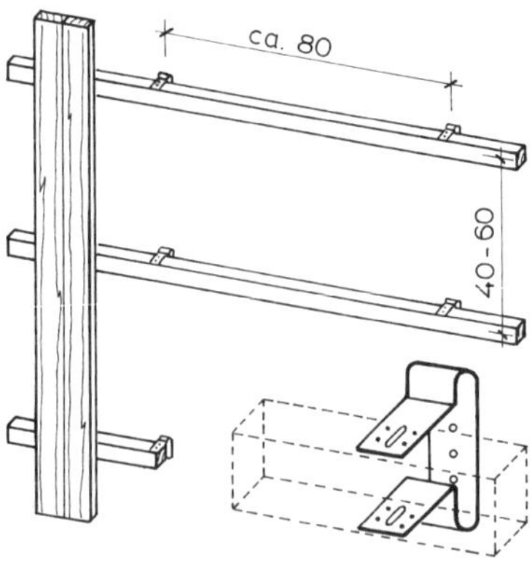

8.43 Montage von Unterkonstruktionen mit verzinkten Abstandsbügeln

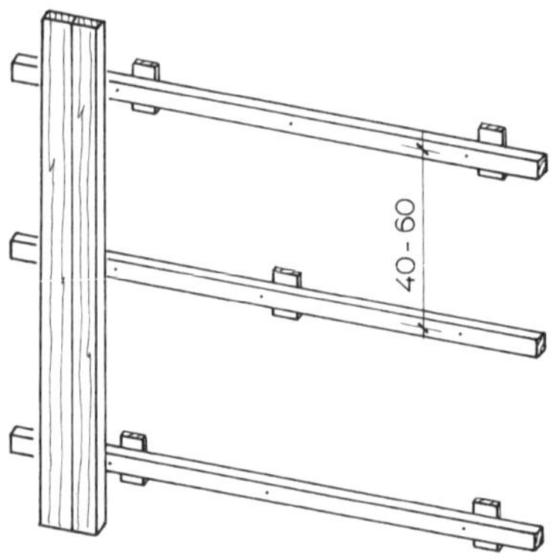

8.44 Ausrichten von Unterkonstruktionen mit Sperrholzplättchen oder Keilen (ein Annageln oder -leimen an die Lattung verhindert ein evtl. Loslösen der Plättchen oder Keile)

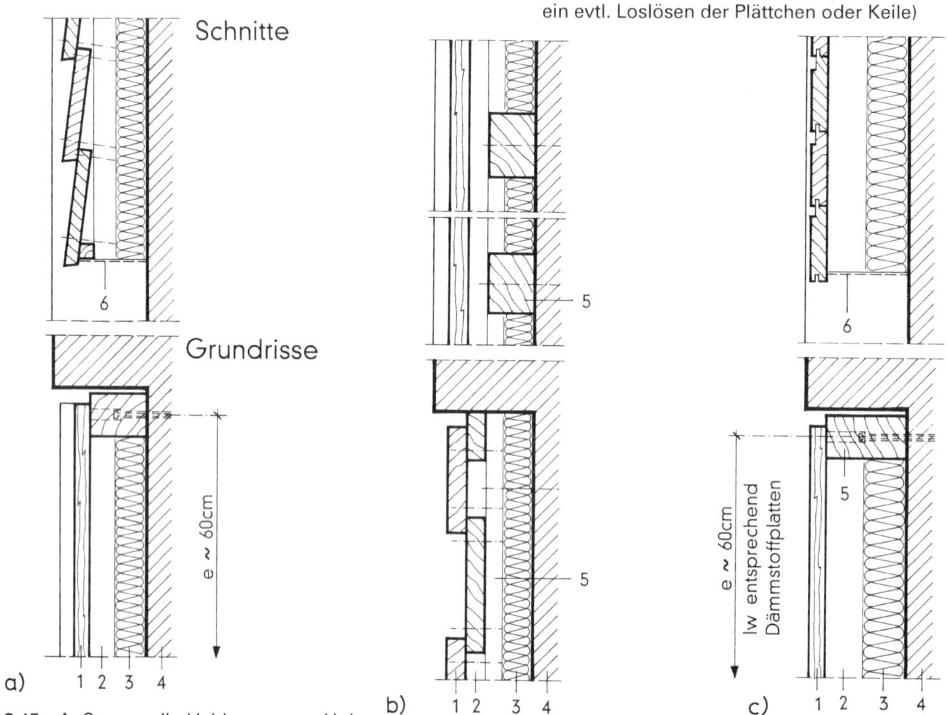

8.45 Außenwandbekleidungen aus Holz

a) waagerechte Stülpschalung
1 Holzbekleidung
2 Hinterlüftung
3 Wärmedämmung
4 Mauerwerk
5 Unterkonstruktion: Lattung im Abstand von 60 bis 70 cm
6 Insektengitter

b) senkrechte Leistenschalung (auch „Boden-Deckelschalung")
1 Holzbekleidung
2 Hinterlüftung
3 Wärmedämmung
4 Mauerwerk
5 Unterkonstruktion: Lattung im Abstand von 60 bis 70 cm

c) waagerechte Profilbretter mit Wärmedämmung
1 Holzbekleidung
2 Hinterlüftung
3 Wärmedämmung
4 Mauerwerk
5 Unterkonstruktion: Lattung im Abstand von 60 bis 70 cm
6 Insektengitter

Bekleidungsflächen

Bei Leistenschalungen werden die Bekleidungsbretter mit Überdeckungen von 12% der Brettbreite mit korrosionsgeschützten Schrauben oder Nägeln auf der Unterkonstruktion befestigt (Bild **8**.46a).

Offene Befestigungen mit verzinkten Nägeln oder Schrauben, aber auch mit Messingschrauben, können (besonders bei bestimmten Holzarten wie z.B. Red Cedar) zu Verfärbungen führen. In solchen Fällen müssen Edelstahlnägel oder -schrauben verwendet werden, wenn die Flächen nicht mit Farblasuren behandelt werden.

Profilbretter werden entweder in den Nuten verdeckt genagelt (Bild **8**.46b) oder besser mit Hilfe von Montageklammern befestigt (Bild **8**.46c und d). Das herkömmliche Nageln wird dabei meistens durch den Einsatz von Kompressornaglern oder Tackern ersetzt.

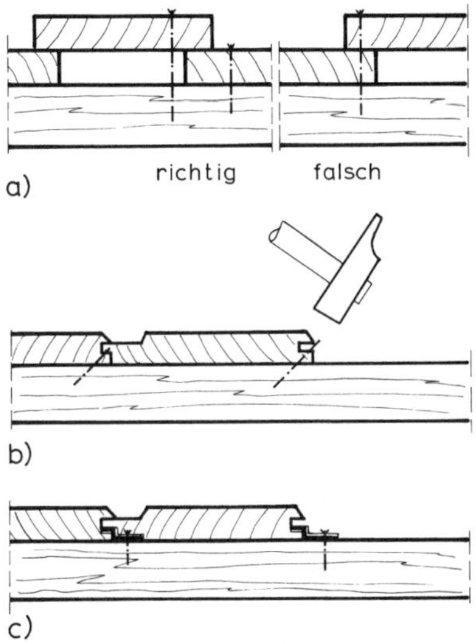

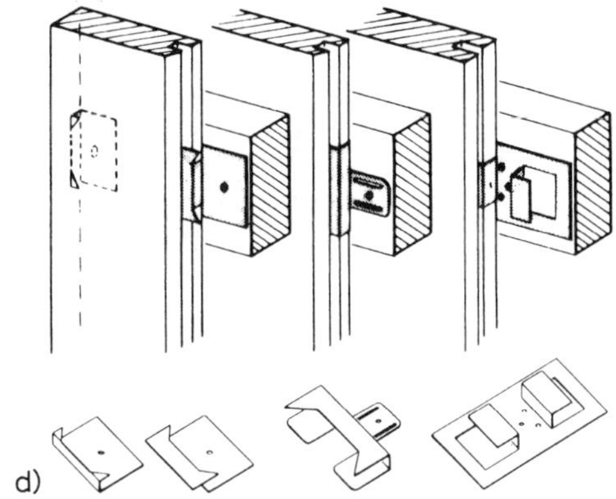

8.46 Befestigung von Profilbrettern
a) Stülpschalung, geschraubt
b) Profilbretter, verdeckt genagelt
c) Profilbretter mit Montageklammern befestigt
d) Montageklammern

Bei größeren Bekleidungsflächen sind Brettstöße unvermeidlich. Stumpfe, in der Fläche liegende Hirnholzstöße sollten – auch bei horizontalen Brettanordnungen – vermieden wer-

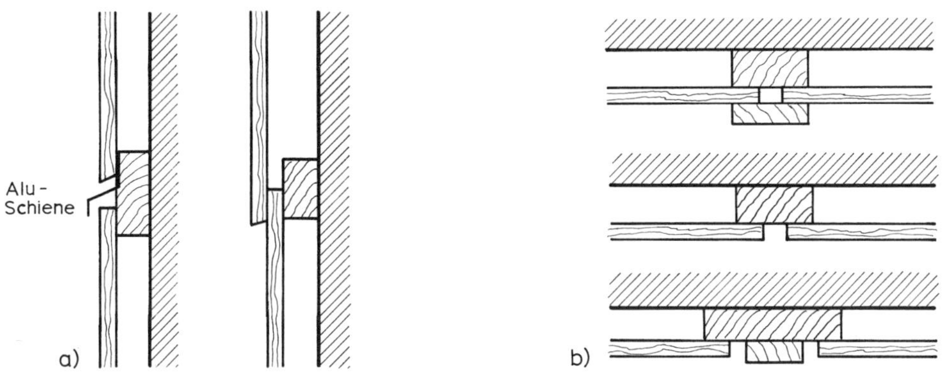

8.47 Stoßausbildungen
a) bei vertikaler Schalung (senkrechter Schnitt)
b) bei horizontaler Schalung (waagerechter Schnitt)

den. Bewährt haben sich bewußt breit ausgebildete mit der gesamten Fassadengestaltung abgestimmte Fugen, bei denen später auch eine einwandfreie Nachbehandlung der Hirnholzflächen möglich bleibt (Bild **8**.47).

Möglichkeiten für Eckausbildungen zeigen Bild **8**.48.

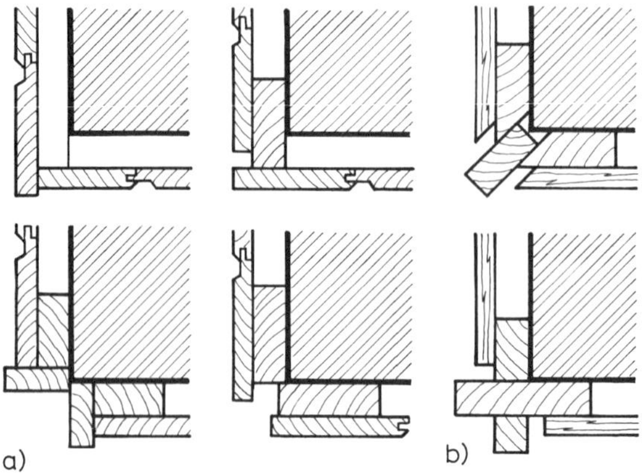

8.48
Eckausbildungen
a) bei senkrechter Bekleidung
b) bei horizontaler Bekleidung

Regional werden anstelle von Bretterschalungen zur Fassadengestaltung Holzschindeln, vorwiegend aus einheimischen oder amerikanischen Nadelhölzern, verwendet.

Lieferformen sind: Keilförmig gespalten oder gesägt, gleichmäßig dick gespalten oder gesägt oder Zierformen mit verschiedenen Abrundungen am Schindelfuß und verschiedenen Oberflächenstrukturen. Die Vorzugslängen betragen für Außenwandbekleidungen 200 bis 400 mm, die Breite ist verschieden ab etwa 70 mm.

Die Schindeln werden in Doppeldeckung auf Latten und Unterkonstruktionen mit verzinkten Nägeln oder Edelstahlnägeln (unbedingt zu empfehlen bei Schindeln aus ausländischen Nadelhölzern und aus Eiche wegen der sonst unvermeidlichen Verfärbungen) befestigt (Bild **8**.49). Eine dreilagige Deckung ist nur bei extremen Beanspruchungen erforderlich (vgl. hierzu auch Abschn. 1.5.6 in Teil 2 dieses Werkes) [1].

Für die Unterkonstruktionen gelten die gleichen Anforderungen wie für Holzschalungen. Es wird jedoch empfohlen, den Mindestquerschnitt für die Hinterlüftung mit mindestens 150 cm²/m Wandlänge zu wählen.

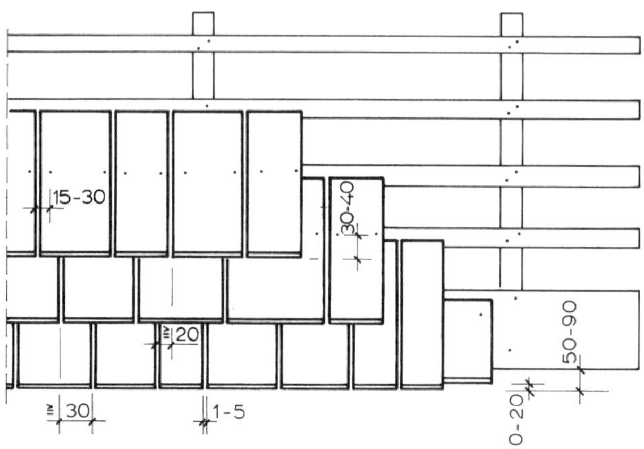

8.49
Außenwandbekleidung mit Holzschindeln (Beginn bei der Verlegung mit kürzeren Schindeln. Bei gleichlangen Schindeln ist die Anhebung der Fußkante erforderlich, z.B. durch Ersetzen eines Keilbretts.)

Bauwerksecken sollten bei Wandbekleidungen mit Holzschindeln in Anlehnung an die in Bild **8**.48b gezeigten Beispiele ausgeführt werden, keinesfalls aber mit Hilfe von Kunststoff- oder Metall-Eckprofilen (vgl. Bild **8**.21).

8.5 Fassadenbekleidungen aus Glas

Fassadenbekleidungen aus Einscheiben-Sicherheitsglas können nach DIN 18516-4 mit Hinterlüftung in ähnlichen Techniken wie mit anderen Materialien ausgeführt werden.

Aus Gläsern mit verschiedenen Oberflächen (z.B. mit verspiegelten Gläsern) können dabei besonders gestalterische Effekte erzielt werden. Die Scheibendicke muß mindestens 6 mm betragen, ist aber in jedem Fall statisch nachzuweisen. Die Scheiben dürfen erst nach einer speziellen Heißlagerungsprüfung eingebaut werden. Vorgeschrieben ist weiter, daß die Scheiben linienförmig oder punktförmig gelagert bzw. befestigt sein können, jedoch in ihrer gesamten Dicke von der Halterung umfaßt sein müssen. Es kommen dafür entweder durchlaufende Halteprofile in Frage, oder die Scheiben werden in den Eckbereichen gehalten. Die einzelnen Scheiben werden dabei durch Klemmkonstruktionen gehalten, oder durch entsprechende Bohrungen hindurch mit der Unterkonstruktion verschraubt.

Im Ausland wurden seit vielen Jahren Glasfassaden gebaut, bei denen die Scheiben unmittelbar auf Unterkonstruktionen aufgeklebt werden. Nachdem entsprechende bauaufsichtliche Zulassungen vorliegen, können derartige, gestalterisch viel elegantere Glasfassaden auch in Deutschland nach diesem Prinzip („structural glazing") ausgeführt werden mit der Einschränkung, daß ab 20 m Höhe die Scheiben zusätzlich durch Klemmrosetten, Verschraubungen o.ä. mechanisch gehalten sein müssen.

Möglich wurde diese Konstruktionstechnik durch die Entwicklung spezieller Silikon-Klebemassen, die nicht nur die Fassaden abdichten, sondern auch die auf die Scheiben einwirkenden Druck- und Sogkräfte – auch unter schwierigsten klimatischen Bedingungen, insbesondere auch bei UV-Bestrahlung, – dauernd sicher aufnehmen (daher auch die Bezeichnung „Silikon-Verglasung").

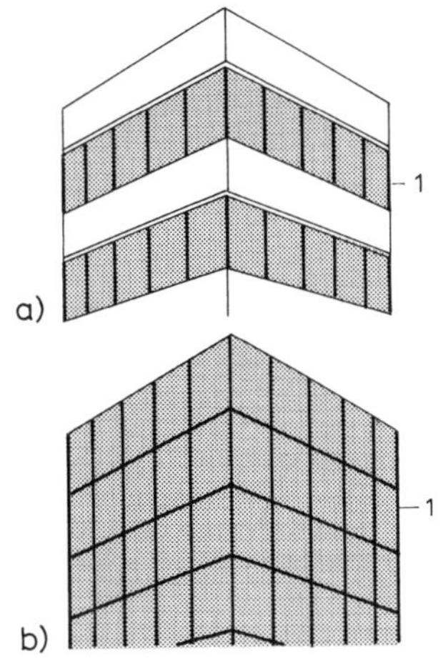

8.50 „structural glazing"
a) zweiseitig
b) vierseitig
1 Klebeverbindung

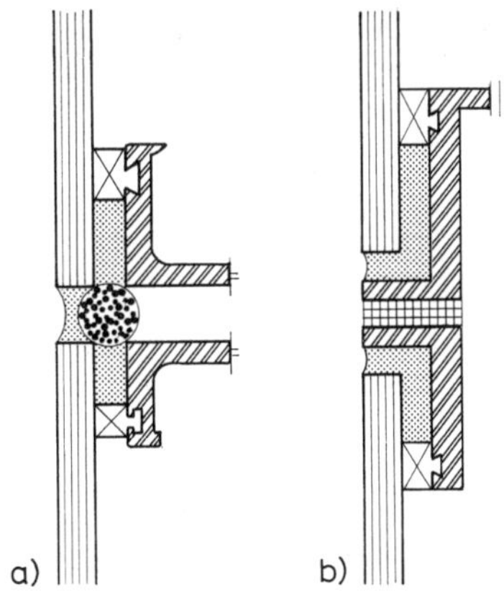

8.51 Lastabtragung
a) Scheibenverklebung ohne zusätzliche Lastabtragung
b) zusätzliche Lastabtragung auf Profilkante

Bei „zweiseitigem structural glazing" werden nur die vertikalen Glasränder durch die Verklebung gehalten, während die Ober- und Unterkanten in konventionellen Profilen ruhen (Bild **8**.50). Beim „vierseitigen structural glazing" werden die Scheiben allseitig durch die Verklebung gehalten. Dabei werden die Scheiben sowohl mit als auch ohne Gewichtsabtragung auf Metallprofile verklebt (Bild **8**.51).

Die Fachwelt, insbesondere die Genehmigungsbehörden, standen bei uns diesen Konstruktionen lange skeptisch gegenüber und bestanden auf zusätzlichen mechanischen Halterungen für die fassadenbildenden Scheiben. Das ist möglich mit Hilfe von Eckhalterungen (Bild **8**.52a) oder von Verschraubungen (Bild **8**.52b und c), bei denen die Glasscheiben durchbohrt und durch spezielle, abgedichtete Paßschrauben auf Unterkonstruktionen befestigt werden. Verschraubungskonstruktionen gibt es sowohl für 1-Scheiben-Sicherheitsglas (ESG) als auch für Isolierverglasungen.

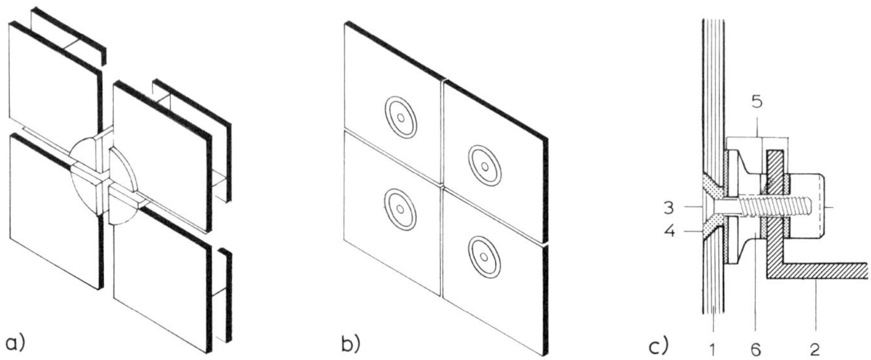

8.52 Mechanische Scheiben-Eckhalterungen
a) Scheiben mit Eckhalterung (schematisch)
b) Scheiben durch Verschraubung in Bohrung gehalten (schematisch)
c) Schnitt durch Verschraubung (System Planar, Flachglas)

1 ESG Glas
2 Haltewinkel (auf Unterkonstruktion)
3 Halteschraube
4 Dichtungsring
5 Silikondichtungen
6 Distanzscheibe

Die gestalterische Forderung nach völlig ebenen Glasfassadenflächen ohne sichtbare Befestigungen kann mit Hilfe durchlaufender Halteprofile, die mit Anpreßdichtungen kombiniert sind, erfüllt werden. Eine derartige bauaufsichtlich zugelassene Ganzglas-Fassadenkonstruktion zeigt Bild **8**.53.

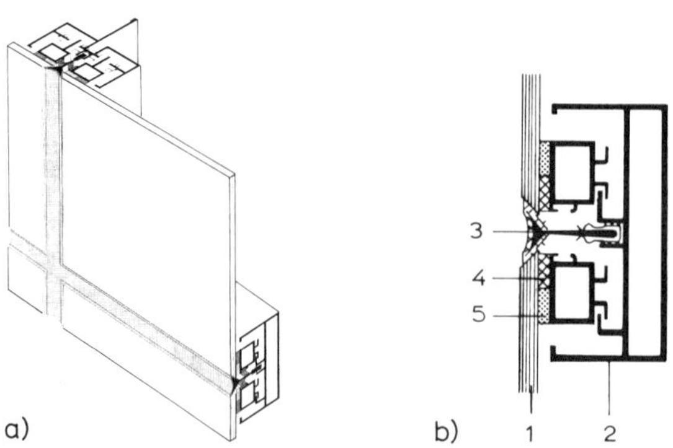

8.53

Scheibenhalterung mit Durchlaufprofilen (System Fenster Werner)

a) Außenansicht Kaltfassade (Die Konstruktion erlaubt auch die Montage von Mehrscheibenglas)

b) Schnitt

1 ESG Glas
2 Unterkonstruktion
3 Y-Halteprofil mit Silikon-Dichtungen
4 Silikonverklebung
5 Nortonband

Bei der in Bild **8**.54 gezeigten Konstruktion sind die erforderlichen Halteprofile dadurch verdeckt, daß Isoliergläser – insbesondere solche mit Spiegeleffekten – eine spezielle Kantenausbildung erhalten. Bei diesen sind die innenliegenden Randprofile so gestaltet, daß Halterungen eingreifen können. Die äußere Glasscheibe ist rundum entsprechend größer als die innere (sog. „Stufenglas").

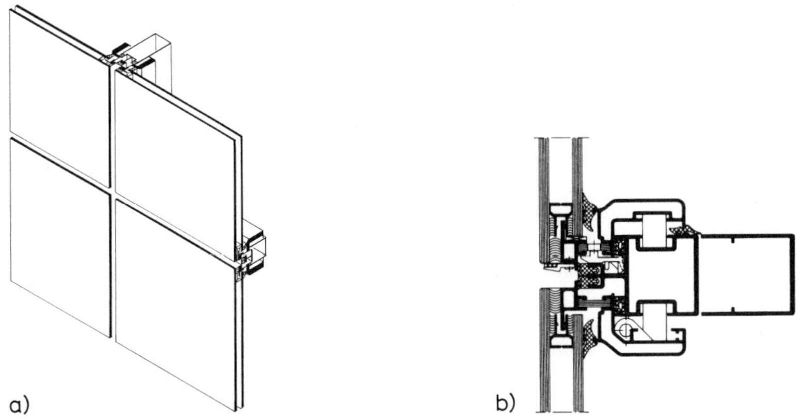

8.54 Glasfassade System SCHÜCO SG
a) Außenansicht
b) Schnitt

8.6 Normen

Norm	Ausgabe-Datum	Titel
DIN 1052-1	4.88	Holzbauwerke; Berechnung und Ausführung
DIN 1052-2	4.88	–; Mechanische Verbindungen
DIN 4074-1	9.89	Bauholz für Holzbauteile; Gütebedingungen für Bauschnittholz (Nadelholz)
DIN 4108-3	8.81	Wärmeschutz im Hochbau; Klimabedingter Feuchteschutz, Anforderungen und Hinweise für Planung und Ausführung
E DIN 4108-3/A1	11.95	Wärmeschutz im Hochbau – Teil 3: Klimabedingter Feuchteschutz; Anforderungen und Hinweise für Planung und Ausführung; Änderung A1
E DIN EN 12152	12.95	Leichte, vorgehängte Fassaden: Fugendurchlässigkeit, Anforderungen und Klassifizierung
E DIN EN 12154	12.96	Vorgehängte Fassaden: Schlagregendichtheit, Anforderungen und Klassifizierung
DIN 17440	7.85	Nichtrostende Stähle; Technische Lieferbedingungen für Blech, Warmband, Walzdraht, gezogenen Draht, Stabstahl, Schmiedestücke und Halbzeug
DIN 17441	7.85	Nichtrostende Stähle, Technische Lieferbedingungen für kaltgewalzte Bänder und Spaltbänder sowie daraus geschnittene Bleche (teilweise ersetzt durch DIN EN 10088-2)
DIN 17770-1	2.90	Bänder und Bleche aus legiertem Zink für das Bauwesen; Technische Lieferbedingungen

Fortsetzung s. nächste Seite

Normen, Fortsetzung

Norm	Ausgabe-Datum	Titel
DIN 18156-1	4.77	Stoffe für keramische Bekleidungen im Dünnbettverfahren; Begriffe und Grundlagen
DIN 18156-2	3.78	Stoffe für keramische Bekleidungen im Dünnbettverfahren; Hydraulisch erhärtende Dünnbettmörtel
DIN 18156-3	7.80	Stoffe für keramische Bekleidungen im Dünnbettverfahren
DIN 18157-1	7.79	Ausführung keramischer Bekleidungen im Dünnbettverfahren; Hydraulisch erhärtende Dünnbettmörtel
DIN 18157-2	10.82	–; Dispersionsklebstoffe
DIN 18157-3	4.86	–; Epoxidharzklebstoffe
DIN 18164-1	8.92	Schaumstoffe als Dämmstoffe für das Bauwesen; Dämmstoffe für die Wärmedämmung
DIN 1816-2	3.91	–; Dämmstoffe für die Trittschalldämmung
		–; Dämmstoffe für die Trittschalldämmung; Polystyrol-Schaumstoffe
DIN 18165-1	7.91	Faserdämmstoffe für das Bauwesen; Dämmstoffe für die Wärmedämmung
		–; Dämmstoffe für die Wärmedämmung; Änderung 1
DIN 18165-2	3.87	–; Dämmstoffe für die Trittschalldämmung
DIN 18174	1.81	Schaumglas als Dämmstoff für das Bauwesen; Dämmstoffe für die Wärmedämmung
DIN 18333	6.96	VOB Verdingungsordnung für Bauleistungen, Teil C: Allgemeine Technische Vertragsbedingungen für Bauleistungen, Betonwerksteinarbeiten
DIN 18334	6.96	VOB Verdingungsordnung für Bauleistungen, Teil C; Allgemeine Technische Vertragsbedingungen für Bauleistungen, Zimmer- und Holzbauarbeiten
DIN 18352	6.96	VOB Verdingungsordnung für Bauleistungen, Teil C: Allgemeine Technische Vertragsbedingungen für Bauleistungen, Fliesen- und Plattenarbeiten
DIN 18360	6.96	VOB Verdingungsordnung für Bauleistungen, Teil C; Allgemeine Technische Vertragsbedingungen für Bauleistungen, Metallbauarbeiten, Schlosserarbeiten
DIN 18515-1 [1)]	4.93	Außenwandbekleidungen; Angemörtelte Fliesen oder Platten; Grundsätze für Planung und Ausführung
DIN 18515-2	4.93	–; Anmauerung auf Aufstandsflächen; Grundsätze für Planung und Ausführung
DIN 18516-1	1.90	Außenwandbekleidungen, hinterlüftet; Anforderungen, Prüfgrundsätze
DIN 18516-3	1.90	Außenwandbekleidungen, hinterlüftet; Naturwerkstein; Anforderungen, Bemessung
DIN 18516-4	2.90	Außenwandbekleidungen, hinterlüftet; Einscheiben-Sicherheitsglas; Anforderungen, Bemessung, Prüfung
DIN 18540	2.95	Abdichten von Außenwandfugen im Hochbau mit Fugendichtstoffen
DIN 68365	11.57	Bauholz für Zimmerarbeiten; Gütebedingungen
DIN 68800-1	5.74	Holzschutz im Hochbau; Allgemeines
DIN 68800-2	5.96	–; Vorbeugende bauliche Maßnahmen
DIN 68800-3	4.90	–; Vorbeugender chemischer Holzschutz (teilweise ersetzt durch DIN EN 335-1 und -2, DIN EN 350-1 und -2, DIN EN 460)
DIN 68800-4	11.92	–; Bekämpfungsmaßnahmen gegen holzzerstörenden Pilz- und Insektenbefall
DIN 68800-5	5.78	–; Vorbeugender chemischer Schutz von Holzwerkstoffen
E DIN 68800-5	1.90	

1) z. Z. in Neubearbeitung

8.7 Literatur

[1] Arbeitsgemeinschaft Holz e.V.: Informationsdienst Holz. Düsseldorf 1986–1990
[2] Bundesverband der Porenbetonindustrie e.V.: Merkblatt für hinterlüftete Außenwandbekleidungen an bewehrten Wandplatten aus Porenbeton. Wiesbaden 1995
[3] Christensen, S., Behning, F.: Fassaden mit Titanzink. In: DBZ 8/89
[4] Das Dachdeckerhandwerk: Anwendungstechnik für vorgehängte hinterlüftete Fassaden. Industrieverband Hartschaum, Styropor-Dämmpraxis: Hinterlüftete Außenwandbekleidungen. 1985
[5] Deutscher Naturwerksteinverband: Naturstein, Bautechnische Informationen 1996
[6] Entwicklungsgemeinschaft Holzbau: Regeln für die Verwendung von Holzschindeln für Außenwandbekleidungen. In: Bauten mit Holz 6/86
[7] Gehardy, L., Royar, J.: Wärmedämmung der hinterlüfteten, vorgehängten Fassade. In: DBZ 8/96
[8] Grimm, F., Richarz, C.: Hinterlüftete Fassaden. Stuttgart und Zürich 1994
[9] Hullmann, H.: Stahl in anspruchsvollen Fassadensystemen. In: DBZ 11/93
[10] Industrieverband Hartschaum: Hinterlüftete Außenwandbekleidungen. Heidelberg 1995
[11] Keramische Fassadenbekleidungen nach DIN 18515. In: db „deutsche Bauzeitung" 2/89
[12] Langkau, H.-J.: Keramikplatten als großformatige Fassadenbekleidungen. In: Der Architekt 4/86
[13] Lukas, H. G.: Baurechtliche Verfahren für Glaskonstruktionen. In: DAB 10/93
[14] Nowakowski, M.: Vorgehängte Fassaden aus Faserzement. In: DBZ 2/93
[15] Rheinzink GmbH: Rheinzink®, Anwendung in der Architektur. Datteln 1996
[16] Rice, P., Dutton, H.: Transparente Architektur; Glasfassaden mit Structural Glazing. Basel 1995
[17] Stiell, W.: Structural Glazing – Die geklebte Ganzglasfassade. In: DBZ 12/93
[18] Zentralverband des Deutschen Dachdeckerhandwerkes: Richtlinien für die Ausführung von Außenwandbekleidungen mit kleinformatigen Platten aus Schiefer und Faserzement.

9 Geschoßdecken und Balkone

9.1 Allgemeines

Die Aufgabe, gebaute Räume nach oben abzuschließen und die Geschosse durch Decken zu trennen, kann auf verschiedene Weise gelöst werden. Zu unterscheiden sind nach den jeweiligen Hauptbaustoffen:

— Decken aus natürlichen oder künstlichen Steinen,

— Decken aus Beton oder Stahlbeton,

— Decken aus Stahl,

— Decken aus Holz.

Man kann ferner unterscheiden:

— ebene Decken, überwiegend biegebeansprucht,

— gewölbte Decken, überwiegend druckbeansprucht.

Massivdecken werden an der Baustelle oder vorgefertigt hergestellt als Stahlbetonplatten oder -balkendecken, Stahlbetonrippendecken, Stahlbetondecken mit Füllkörpern oder aus Stahlblechen mit Aufbeton. Sie stellen heute für den weitaus größten Teil aller Bauvorhaben die übliche Geschoßdecke dar, weil nur so die notwendige Feuersicherheit und ausreichender Schallschutz erreicht werden können.

Holzbalkendecken genügen nur bei sehr sorgfältiger Ausführung den Anforderungen für den Schallschutz und kommen allenfalls noch für kleinere Bauvorhaben mit zwei Geschossen, z.B. Einfamilienhäuser, in Frage oder für Decken in Verbindung mit einem Dachstuhl aus Holz.

Die Gewölbe stellen die älteste Form steinerner Decken dar; sie bilden mit den Gebäudemauern ein festes Gefüge.

9.1.1 Standsicherheit

Ebene Decken werden statisch auf Biegung beansprucht durch ihr Eigengewicht und Nutz- bzw. Verkehrslasten. Die anzunehmenden Verkehrslasten sind in DIN 1055-3 festgelegt. Sie betragen 1,5 kN/m^2 für Decken von Wohnräumen und bis zu 30 kN/m^2 für Decken von Fabriken und Lagern. Die daraus resultierende Konstruktionsart und die erforderliche Dimensionierung ist abhängig von der Spannweite und -richtung der Decken.

Balken- und Rippendecken (s. Abschn. 9.2.3) werden in der Regel so auf den tragenden Bauteilen (tragende Wände, Unterzüge, Riegel von Skelettbauten) aufgelagert, daß kurze Spannweiten – möglichst unter Ausnutzung der Durchlaufwirkung – und damit wirtschaftliche Abmessungen erzielt werden.

Ebene Massivplatten können sehr wirtschaftlich ausgeführt werden, wenn sie unter Ausnutzung verschiedener Spannrichtungen drei- oder vierseitig aufgelagert werden (Bild **9**.1).

Gemäß DIN 1045, Abschn. 20.1.2 ist die Auflagertiefe von Stahlbetonplatten so zu wählen, daß die zulässigen Pressungen der Auflagerflächen nicht überschritten werden. Die Mindesttiefe der Auflager beträgt

— auf Mauerwerk, Beton B5 und B10 mindestens 7 cm,

— auf Beton B15 bis B550 mindestens 5 cm,

— auf Trägern aus Stahlbeton oder Stahl mindestens 3 cm.

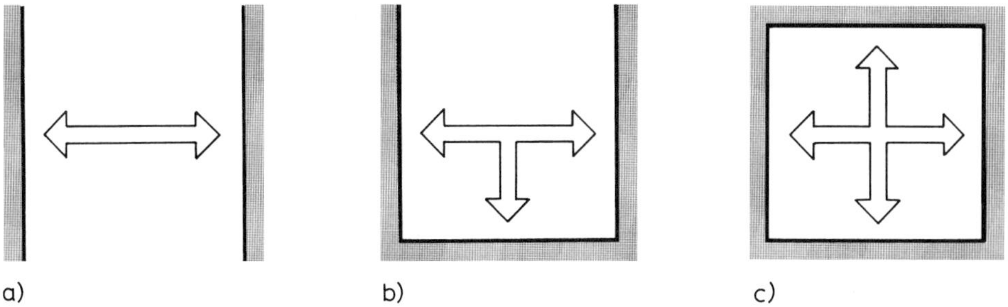

9.1 Stahlbetonplatte
a) zweiseitig aufgelagert
b) dreiseitig aufgelagert
c) allseitig aufgelagert

Bei geringer Auflagertiefe entsteht infolge der Durchbiegung der Decke eine erhöhte Kantenpressung am Auflager. Dabei können die Auflagerränder durch Überbeanspruchung abplatzen (Bild **9**.2). Durch Verdrehungen im Auflagerbereich besteht besonders bei geputzten Außenwänden und bei Innenwänden, die auf einer Seite am Deckenauflager durchlaufen, die Gefahr der Bildung von Horzontalrissen (Bild **9**.3). In den oberen Raumecken sollte daher bei geputzten Flächen zwischen Decken- und Wandputz ein Kellenschnitt ausgeführt werden.

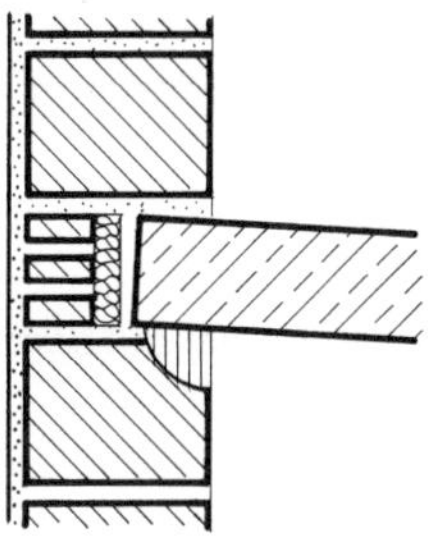

9.2 Kantenpressung am Auflagerrand

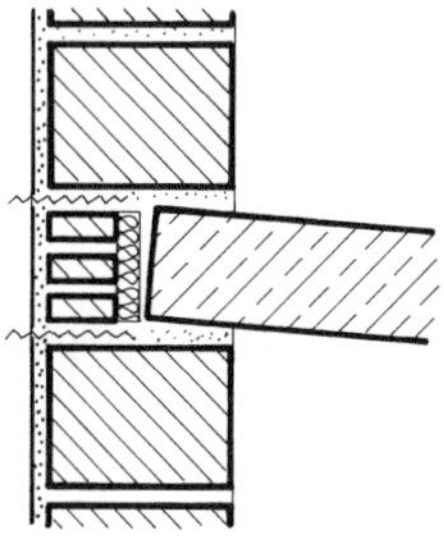

9.3 Rißbildung infolge Verdrehung am Auflager

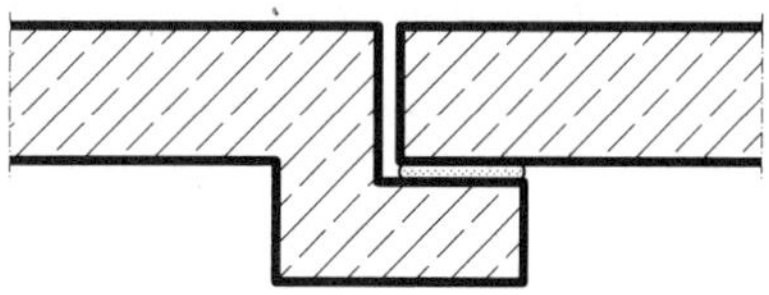

9.4 Auflager auf Kragkonsole

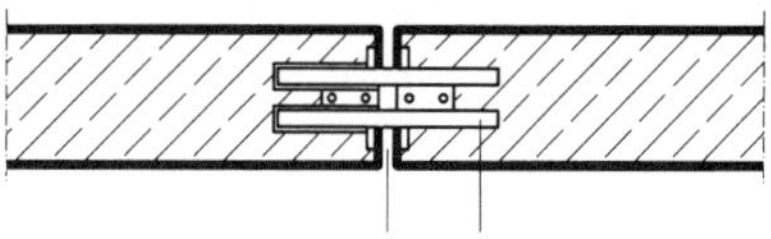

9.5 Tragdornverbindung (Schoeck Staifix®)

Im Rahmen des gesamten Baugefüges tragen ebene Massivdecken als horizontale Scheiben wesentlich zur Aussteifung und Sicherung der Standsicherheit bei (s. Abschn. 1.6, Bilder **1**.27c und **1**.28).

In diesem Fall ist die Verbindung mit den ausgesteiften Wänden ohne zusätzliche Maßnahmen ausreichend, wenn die Auflagertiefe mindestens der halben Wanddicke entspricht (vgl. Abschn. 6.2.1.1). Wenn aus statischen Gründen Deckenauflager ohne Einspannung hergestellt werden müssen oder wenn Fugen zwischen verschiedenen Deckenfeldern (z.B. sehr unterschiedliche Nutzlasten, komplizierte Grundrißformen) erforderlich sind, können besondere Auflager durch Unterzüge oder durch Auskragungen gebildet werden (Bild **9**.4).

Eine wesentlich rationellere Ausführungsmöglichkeit bieten in solchen Fällen Konstruktionen mit hochbelastbaren Tragdornverbindungen (Bild **9**.5).

Für die Auflagerung von Massivplatten für Flachdächer gelten besondere Bedingungen (s. Teil 2 des Werkes).

Gemäß DIN 1055-3 dürfen leichte Trennwände ohne zusätzliche Träger oder Verstärkungsstreifen unmittelbar auf Decken errichtet werden (vgl. Abschn. 6.8.1). Dabei muß die Durchbiegung der Decken durch entsprechende Dimensionierung in engen Grenzen gehalten werden, da sonst Rißbildungen in den Wänden auftreten.

Ein typisches Schadensbild an nichttragenden Zwischenwänden infolge zu großer Durchbiegung der Decke zeigt Bild **9**.6.

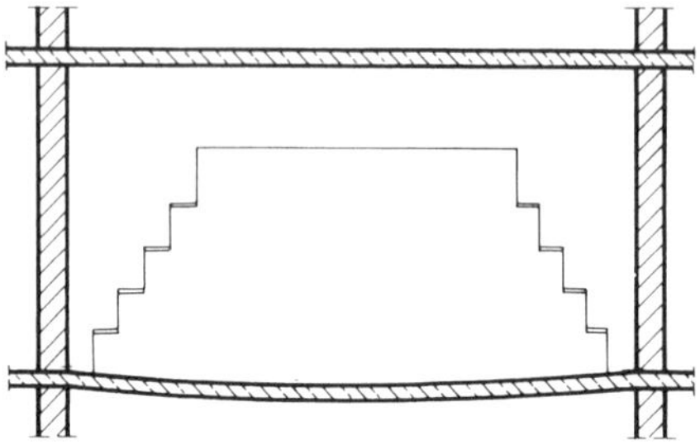

9.6 Rißbildungen an Trennwänden

9.1.2 Wärmeschutz[1]

Je nach Lage innerhalb eines Bauwerkes müssen Decken unterschiedlichen Anforderungen an den Wärmeschutz genügen, die in DIN 4108 im einzelnen definiert sind für

- Wohnungstrenndecken,
- Kellerdecken,
- Decken, die den unteren Abschluß nicht unterkellerter Räume bilden (unmittelbar auf dem Erdreich aufliegend oder über nicht belüftetem Hohlraum),
- Decken unter nicht ausgebauten Dachräumen,
- Decken, die Aufenthaltsräume gegen die Außenluft abgrenzen (z.B. bei offenen Durchfahrten, Flachdächern, s. Abschn. 15.6).

Die teilweise sehr hohen Anforderungen können in der Regel von der Rohdecke allein nicht erfüllt werden. Bildet eine Decke den oberen Abschluß eines Bauwerkes, ist der erforderliche Wärmeschutz im Rahmen der gesamten Dach- bzw. Flachdachkonstruktion zu gewährleisten (s. Abschn. 2 Teil 2 dieses Werkes).

Bei Kellerdecken und Decken über offenen Durchfahrten kommen unterseitig aufgebrachte (z. B. anbetonierte) Wärmedämmungen als zusätzliche Maßnahmen in Frage. Im übrigen ist der Wärmeschutz der Decken fast immer nur in Verbindung mit einer Deckenauflage (z. B. schwimmender Estrich, s. Abschn. 10) zu erreichen.

Zu beachten ist jedoch der ausreichende Wärmeschutz für die Außenkanten der Rohdecken, da diese sonst Wärmebrücken darstellen würden. Bei durchbindenden Decken muß mindestens eine – am besten anbetonierte – Wärmedämmung aus Holzwolle-Leichtbauplatten vorgesehen werden (Bild **9**.7 a). Bei einer derartigen Ausführung muß jedoch bei geputzten

[1]) s. auch Abschn. 10 und 15.6

Außenwänden auch bei einer Überspannung mit verzinktem Drahtgewebe oder ähnlichen Putzträgern mit Rißbildung und farblichen Abzeichnungen gerechnet werden, weil die Deckenränder andere bauphysikalische Eigenschaften aufweisen als die angrenzenden Wandflächen. Besser ist eine Ausführung gemäß Bild **9**.7 b. Der Rationalisierung dienen vorgefertigte Schalungselemente mit Wärmedämmstreifen (Bild **9**.7 c).

Sollen Deckenränder aus gestalterischen Gründen in den Fassadenflächen sichtbar bleiben, so werden sie am besten mit Hilfe von wärmegedämmten Fertigteilen ausgeführt, die beim Betonieren der Rohdecken mit einbetoniert werden.

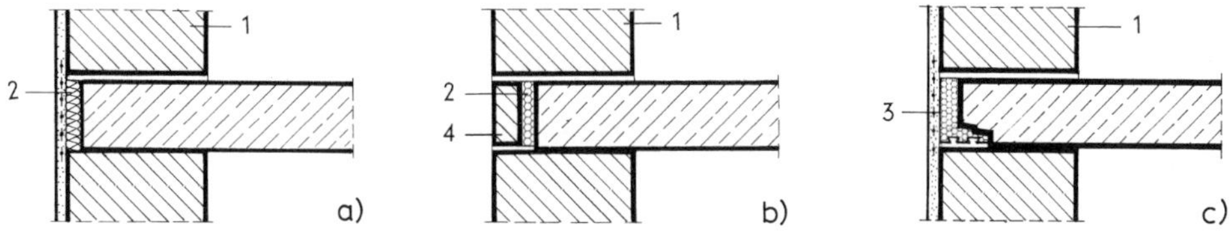

9.7 Wärmedämmung von Deckenrändern

a) Wärmeschutz aus anbetonierter Holzwolle-Leichtbauplatte, geputzt (bedenkliche Ausführung!)
b) Wärmeschutz hinter Abmauerung
c) Deckenrand mit wärmedämmendem anbetoniertem Randprofil (HBAU warmbord)

1 Mauerwerk
2 Wärmedämmung
3 wärmedämmendes Schalungselement mit Bewehrung und Putzträger
4 Abmauerung
5 Stahlbetonfertigteil (Sichtbeton)

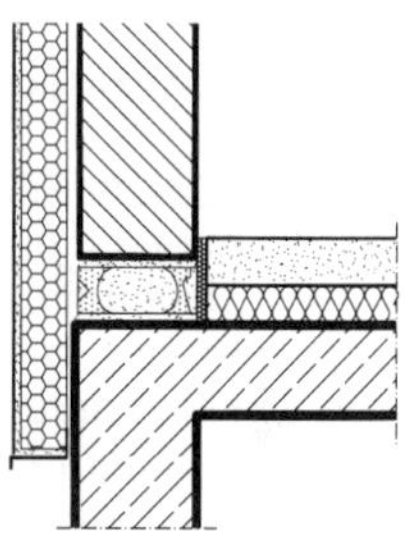

9.8
Tragendes Wärmedämm-Element (Schöck isomur®)

Bei hochgedämmten Außenwänden können sich über die Deckenränder im Sockelbereich bzw. über Kellern Wärmebrücken bilden. Dadurch sind kritische niedrige Oberflächentemperaturen im Innenbereich des Mauerfußes möglich. Abhilfe kann durch Einbau von tragenden Wärmedämmelementen geschaffen werden (Bild **9**.8).

9.1.3 Schallschutz[1)]

Die Anforderungen an Decken hinsichtlich Schallschutz sind in DIN 4109 festgelegt. Unterschieden wird zwischen Luftschallschutz und Trittschallschutz. Zwar geben schwere Massivdecken gute Voraussetzungen für ausreichenden Luftschallschutz, insgesamt jedoch ist bei allen Deckensystemen ausreichender Schallschutz – insbesondere der Trittschallschutz – nur in Verbindung mit Deckenauflagen (s. Abschn. 10 und – bei höheren Anforderungen – durch Kombination mit Unterdecken (s. Abschn. 13) zu erreichen.

---

1) Begriffe und weitere Ausführungen s. Abschn. 15.6

9.1.4 Brandschutz[1])

Massivdecken stellen in Geschoßbauten einen sehr wesentlichen Schutz gegen Brandausbreitung dar. In den Landesbauordnungen und sonstigen bauaufsichtlichen Bestimmungen sind daher vielfältige, im einzelnen unterschiedliche Brandschutzanforderungen an Decken gestellt, die wie folgt zusammengefaßt werden können:

— **Bauwerke mit bis zu 2 Vollgeschossen:**
für normale Geschoßdecken keine besonderen Anforderungen,

— **Bauwerke mit 3 bis 5 Vollgeschossen:**
Geschoßdecken mit mindestens feuerhemmender Bauart, Feuerwiderstandsklasse F 30[1]),

— **Bauwerke mit mehr als 5 Vollgeschossen,** insbesondere Hochhäuser, ferner Heizräume u. ä.:
Decken in feuerbeständiger Bauart, mindestens Feuerwiderstandsklasse F60 bzw. F90).

Die Einreihung in bestimmte Feuerwiderstandsklassen gemäß DIN 4102-4, ist bei Stahlbetondecken abhängig von der Dicke und der Überdeckung der Stahlbewehrungen.

Bei anderen Deckenbauarten sind Bekleidungen aus besonderen Brandschutzmaterialien oder spezielle Unterdecken erforderlich (s. Abschn. 13). Die erforderlichen Maßnahmen sind katalogartig in DIN 4102-4 aufgeführt. Bei abweichenden Ausführungen muß der Nachweis des ausreichenden Brandschutzes jeweils durch Gutachten von Materialprüfungsstellen einzeln erbracht werden.

9.2 Ebene Massivdecken

9.2.1 Allgemeines

Die meisten Geschoßdecken und Flachdächer werden als ebene Massivdecken hergestellt. Sie sind feuerbeständig, unempfindlich gegen Feuchtigkeit und Schädlinge und daher fast unbegrenzt dauerhaft. Die Verbindung von Massivdecke und Wänden ergibt ein statisch günstig wirkendes einheitliches Gefüge. Durch geeignete Maßnahmen (z. B. Gleitfugen) müssen Schäden durch Wärmedehnungen, Kriechen und Schwinden des Stahlbetons (z. B. am Deckenauflager besonders der Dachdecken) verhindert werden. Nachteile der Massivdecken sind ihre geringe Wärme- und Schalldämmfähigkeit, feuchter Einbau und hohes Eigengewicht.

Zur Einsparung von Bauzeit, Lohn, Konstruktionshöhe, Schalung und Stahl werden ständig neue Ausführungsarten für Massivdecken entwickelt. Ein großer Teil dieser Decken wird aus vorgefertigten Teilen hergestellt.

Platten sind ebene Flächentragwerke (Bild **9**.9–1 und Bild **1**.20), die quer zu ihrer Ebene belastet sind; sie können linienförmig oder auch punktförmig gelagert sein. Je nach ihrer statischen Wirkung werden einachsig oder zweiachsig gespannte Platten unterschieden.

Zu den Platten gehören die S t a h l s t e i n d e c k e n (Bild **9**.9–2). Das sind Decken aus Deckenziegeln, Beton oder Zementmörtel und Betonstahl, für die das Zusammenwirken der genannten Baustoffe zur Aufnahme der Schnittgrößen kennzeichnend ist. Der Zementmörtel muß wie Beton verdichtet werden. Stahlsteindecken dürfen nur einachsig hergestellt werden (Mindestdicke = 9 cm).

---
[1]) Begriffe und weitere Ausführungen s. Abschn. 15.7

Die Festlegungen, die für Stahlbetonplatten gelten, sind i. allg. auch auf den *Glasstahlbeton* (s. Abschn. 9.2.2.4) anzuwenden, d. h. auf Platten aus Beton, Betongläsern (nach DIN 4243) und Betonstahl, bei denen ebenfalls das Zusammenwirken dieser Baustoffe zur Aufnahme der Schnittgrößen nötig ist (Bild **9**.9–3). Glasstahlbeton darf nur als Abschluß gegen die Außenluft (Oberlicht, Abdeckung von Lichtschächten usw.) und i. allg. nur für überwiegend auf Biegung beanspruchte Teile, *nicht* für Durchfahrten und nur bedingt für befahrbare Decken verwendet werden.

Pilzdecken sind Platten (Bild **9**.9–4), die unmittelbar auf Stützen mit oder ohne verstärkten Kopf aufgelagert und mit den Stützen biegefest oder gelenkig verbunden sind (DIN 1045 Abschn. 22). Die Platten müssen mindestens 15 cm dick sein.

Tabelle **9**.9 Schematische Darstellung der Grundformen ebener Massivdecken

	1 Stahlbetonplatte $d \geqq 7$ cm
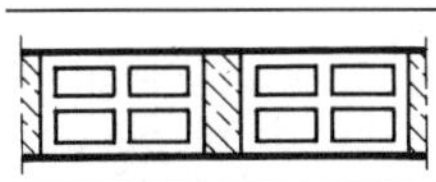	2 Stahlsteindecke $d \geqq 9$ cm
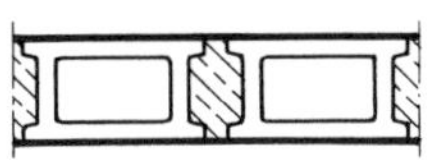	3 Glas-Stahlbeton $d \geqq 6$ cm
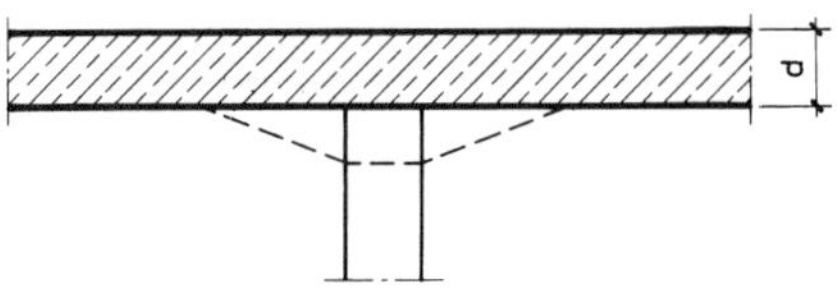	4 Pilzdecke $d \geqq 15$ cm mit oder ohne Stützenkopf
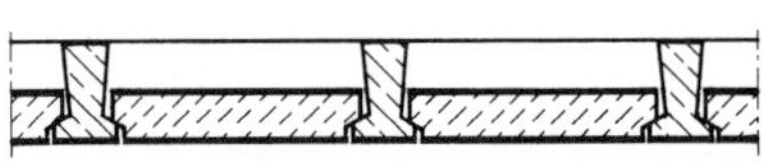	5 Stahlbetonbalken mit Einschub und aussteifenden Querrippen
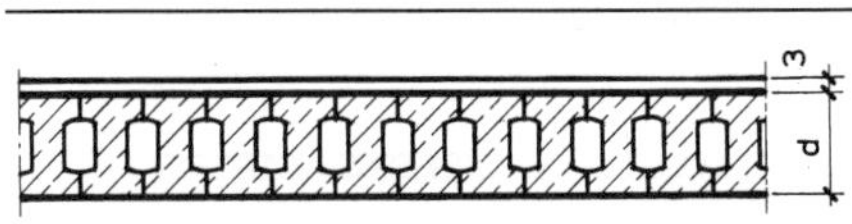	6 dicht verlegte Stahlbetonbalken ($d \approx 16$ cm) mit lastverteilendem Aufbeton (3 cm)
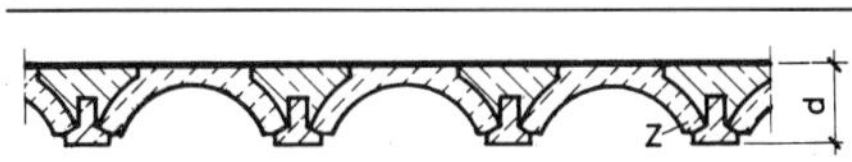	7 Stahlbetonbalken mit Ortbeton und statisch *nicht* mitwirkenden Zwischenbauteilen (Z)
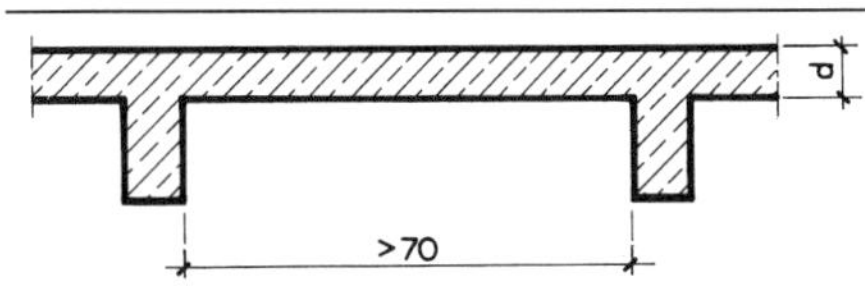	8 Plattenbalkendecke $d \geqq 7$ cm
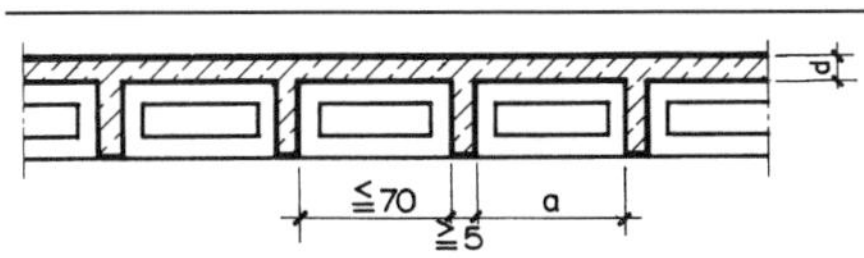	9 Stahlbetonrippendecke mit statisch *nicht* mitwirkenden Füllkörpern $d \geqq 1/10\ a \geqq 5$ cm

Balken sind überwiegend auf Biegung beanspruchte stabförmige Träger beliebigen Querschnitts.

Balkendecken sind Decken aus unmittelbar nebeneinander verlegten Stahlbetonfertigbalken (Bild **9**.9–5 und 6) oder aus Balken mit Zwischenbauteilen, die in der Längsrichtung nicht mittragen (Bild **9**.9–7).

Zwischenbauteile sind mittragende oder nicht mittragenden Beton- der Stahlbetonfertigteile oder Deckensteine aus Beton, Leichtbeton oder gebranntem Ton, die zwischen die Balken oder Rippen von Balken- oder Rippendecken eingefügt oder auf ihnen gelagert werden (s. DIN 4158, DIN 4159 und DIN 4160). Sie können über die volle Höhe der Rohdecke oder nur einen Teil dieser Höhe reichen (DIN 1045 Abschn. 2.1.3.8).

Zwischenbauteile für Stahlbetonrippendecken müssen, falls sie aus Beton bestehen, DIN 4158 und falls sie auf gebranntem Ton hergestellt sind, DIN 4159 entsprechen (DIN 1045 Abschn. 6.7.2). Bei jeder Lieferung ist zu prüfen, ob sie die geforderten Abmessungen und Formen (Stoßfugenform) aufweisen (s. DIN 1045 Abschn. 7.6.3).

Plattenbalken sind stabförmige Tragwerke, bei denen kraftschlüssig miteinander verbundene Platten und Balken (Rippen) bei der Aufnahme der Schnittgrößen zusammenwirken (Bild **9**.9–8).

Die Plattenbalkendecke kann aus einzelnen Trägern oder als geschlossene Plattenbalkendecke ausgeführt werden. Sie ist leichter als die Stahlbetonplatte und damit bei größeren Stützweiten wirtschaftlicher. Anschluß der Balken an die Platten durch Schrägen (Vouten) 1 : 3 spart Stahl, verteuert jedoch die Schalarbeit (Bild **9**.9–8).

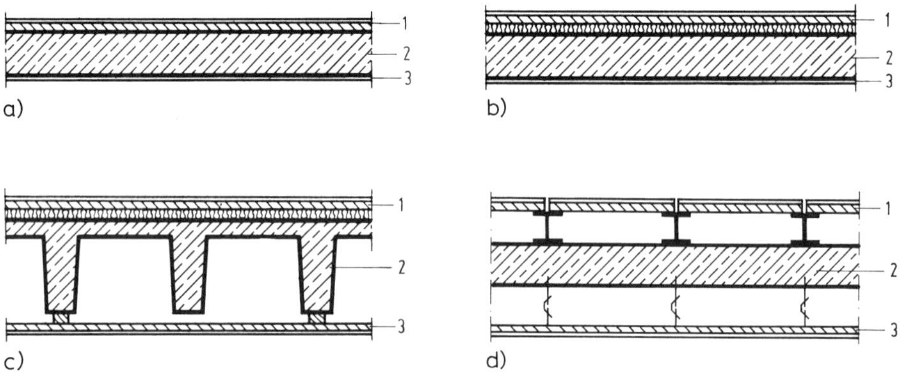

9.10 Beispiele für ein- und mehrschalige Geschoßdecken (schematisch)

a) einschalige Decke
1 Deckenauflage (z. B. Verbundestrich mit Textilbelag)
2 Rohdecke (z. B. Stahlbetonplatte)
3 Putz

b) zweischalige Decke
1 Deckenauflage (schwimmender Estrich, z. B. Zementestrich auf Trittschall-Dämmplatten mit Gehbelag, s. Abschn. 10.3)
2 Rohdecke (z. B. Stahlbetonplatte)
3 Putz

c) mehrschalige Decke
1 Deckenauflage (schwimmender Estrich)
2 Rohdecke (z. B. Stahlbeton-Rippendecke)
3 Unterdecke (Deckenbekleidung, direkt an der Rohdecke montiert oder als abgehängte Decke, s. Abschn. 12.6)

d) mehrschalige Decke
1 Doppelbodensystem
2 Rohdecke (Stahlbetonplatte)
3 Unterdecke

Stahlbeton-Rippendecken sind Plattenbalkendecken mit einem lichten Abstand der Rippen von $\leqq$ 70 cm und beschränkter Verkehrslast ($p \leqq 5{,}0$ kN/m^2), bei denen kein statischer Nachweis für die Platten erforderlich ist. Zwischen den Rippen können unterhalb der Platte statisch nicht mitwirkende Zwischenbauteile liegen. An die Stelle der Platte können ganz oder teilweise Zwischenbauteile treten, die in Richtung der Rippen mittragen (Bild **9**.9–9).

Bei den in Bild **9**.9 schematisch dargestellten Grundformen ist zu beachten, daß der lasttragende Teil der Decke, die Rohdecke, noch zu ergänzen ist durch die Deckenauflage (s. Abschn. 10 und 11), die aus dem Fußboden und seiner meist trittschalldämmenden Unterkonstruktion besteht, und ggf. durch die Unterdecke (s. Abschn. 13) (Bild **9**.10).

9.2.2 Plattendecken

9.2.2.1 Stahlbeton-Vollplatten

Die Stahlbeton-Vollplatte als Ortbeton-Platte wird aus Normal- oder Leichtbeton (s. Abschn. 5.1.6) auf Holz- oder Stahltafelschalung hergestellt und entweder in einer Richtung oder kreuzweise mit Rundstahl oder mit Betonstahlmatten bewehrt. Die Deckendicke ergibt sich aus Belastung, Spannweite, Art der Bewehrung und dem Eigengewicht (Bild **9**.11).

Die Mindestdeckendicke d beträgt
- = 7 cm im allgemeinen,
- = 10 cm bei befahrenen Platten (PKW),
- = 12 cm bei befahrenen Platten (schwere Fahrzeuge),
- = 5 cm bei ausnahmsweise begangenen Platten (z. B. Dachplatten).

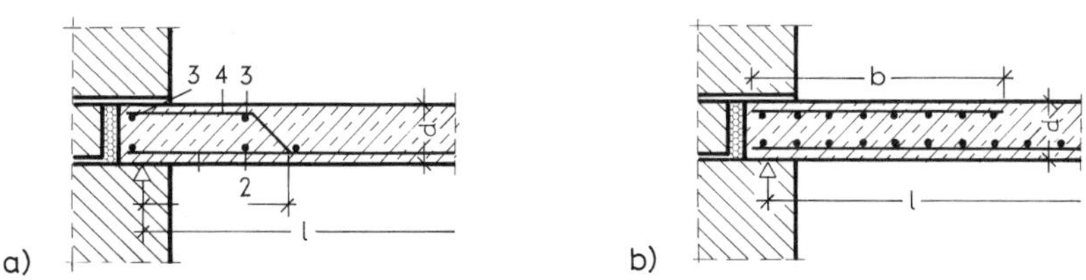

9.11 Stahlbetonplatte (Deckenauflager)

a) Bewehrung mit Stäben
1 Hauptbewehrung (Feldbewehrung)
2 Verteilungsstähle (Querschnitt $\geqq$ 20% der Hauptbewehrung)
3 Montagestähle
4 1/3 bis 1/2 der Feldbewehrung zur Aufnahme kleiner Einspannmomente aufgebogen

b) Bewehrung mit Matten
$b \geqq 0{,}15\ l$ (Randstreifenbreite, Abreißsicherung)
l = Spannweite = Lichtweite + 1 Auflagerbreite
d = Deckendichte = Auflagerbreite

Obwohl heute Stahlbetonplattendecken in Ortbetonbauweise mit Hilfe moderner Schalungssysteme sehr wirtschaftlich erstellt werden können, gibt es zahlreiche Versuche, die Herstellung solcher Decken weiter zu rationalisieren.

Im Wohnungsbau können vollständig vorgefertigte raumgroße Deckenplatten verwendet werden. Derartige Platten sind allerdings in statischer Hinsicht weniger wirtschaftlich, wenn sie als Einfeldplatten ohne Durchlaufwirkung ausgebildet sind. Sie haben hohe Transportgewichte.

Günstiger sind deshalb in vielen Fällen Deckensysteme, die nur teilweise vorgefertigt sind. Sie bestehen aus vorgefertigten etwa 4 cm dicken und etwa 0,36 bis 1,50 m breiten Betonplatten mit Längs- und Querarmierung und einem zunächst freiliegenden Stahl-Gitterwerk, das die dünnen Platten für den Transport aussteift. Es bewirkt außerdem einen schubfesten Verbund, wenn an der Baustelle die Konstruktion durch Ortbeton auf ihre endgültige Dicke gebracht wird. Derartige Plattendecken können ohne Einschalung hergestellt werden. Lediglich in der Feldmitte und am Auflager der Platten ist eine Abstützung beim Betonieren erforderlich (Bild **9**.12).

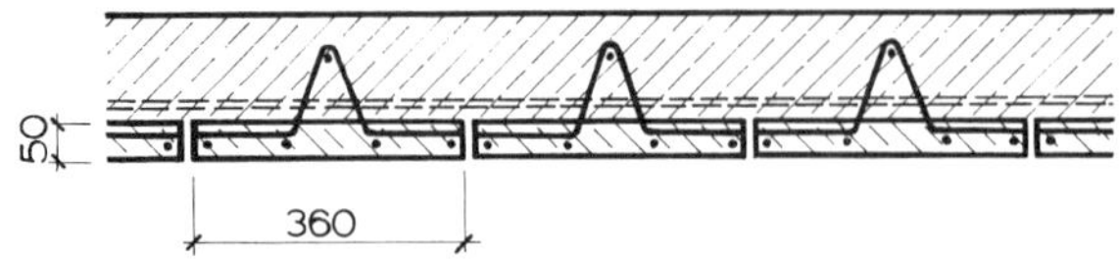

9.12
Plattendecke mit vorgefertigter Unterschale (OMNIA)

Als vorgefertigte Plattendecken können auch Decken betrachtet werden, die aus Porenbeton- oder Leichtbetonplatten zusammengefügt und untereinander auf verschiedene Weise zu zusammenhängenden Platten verbunden werden (Bild **9**.13 und **9**.14, s. auch Abschn. 9.2.3.3).

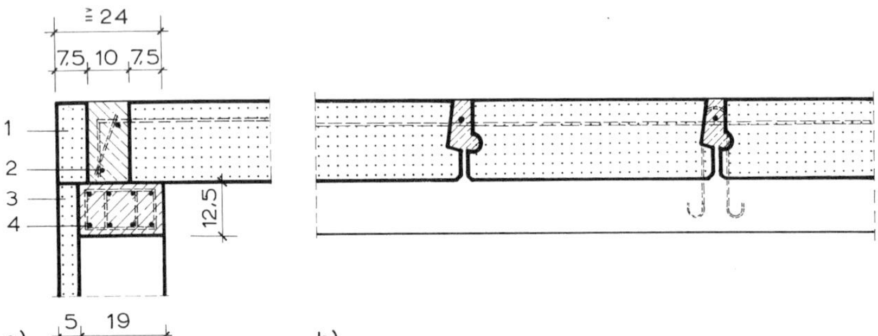

a) b)

9.13 Plattendecke aus Porenbetonplatten
a) Endauflager, b) Querschnitt
1 Porenbetonblendplatte 2 Ringanker (Ortbeton) 3 Rolladenblende 4 Fertigteilsturz

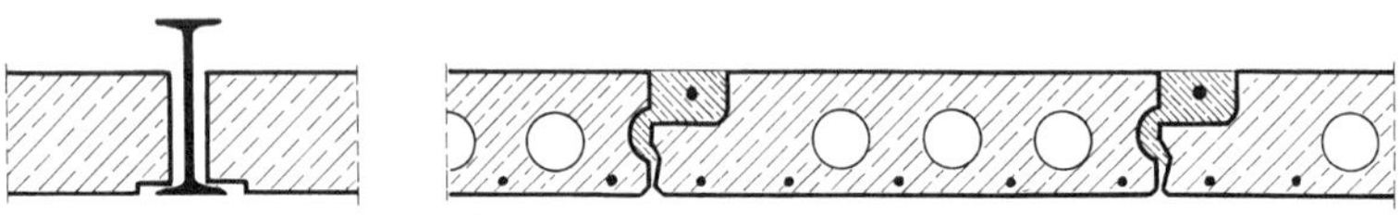

a) b)

9.14 Vorgefertigte Plattendecke aus Leichtbetonplatten
a) Auflager auf I-Trägern
b) Querschnitt

9.2.2.2 Stahlbeton-Hohlplatten

Wenn bei großen Spannweiten Stahlbetonvollplatten wegen der erforderlichen großen Dicke ein zu hohes Gewicht haben würden, kann die Verwendung von Stahlbetonhohlplatten sinnvoll sein. Sie können auf üblicher Schalung an der Baustelle so betoniert werden, daß Hohlkörper aus Drahtgewebe, Schaumstoff, Hartfaserplatten o. ä. in den Querschnitt – in der Regel in Spannrichtung – eingebettet werden. Die Form der Bewehrung weicht z. T. wesentlich von der üblichen Plattenbewehrung ab. Eine Ausführungsmöglichkeit für eine derartige Stahlbetonplatte in Verbindung mit vorgefertigten dünnen Stahlbetonplatten (vgl. Abschn. 9.2.2.1) zeigt Bild **9**.15.

9.15
Stahlbetonhohlplatte, teilvorgefertigt (Sikler-Betonwerk)
1 Stahlbeton-Fertigteilplatte
2 Füllkörper
3 Aufbeton

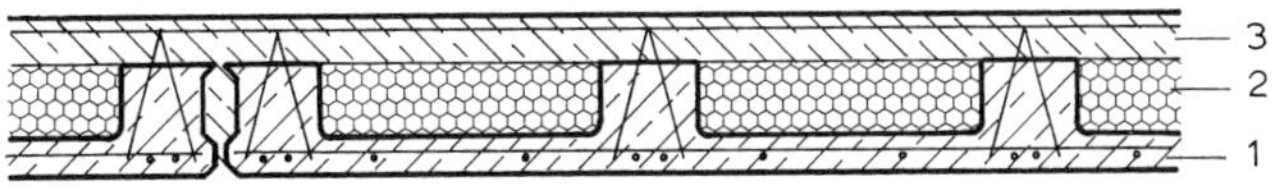

Für Spannweiten bis etwa 7,00 m sind vorgefertigte Stahlbetonplatten auf dem Markt (Bild **9**.16). Die einzelnen Elemente dieser Decken werden lediglich dicht gestoßen auf die Tragkonstruktion verlegt und untereinander an einbetonierten Fixpunkten verschweißt, so daß zusammenhängende Deckenscheiben entstehen.

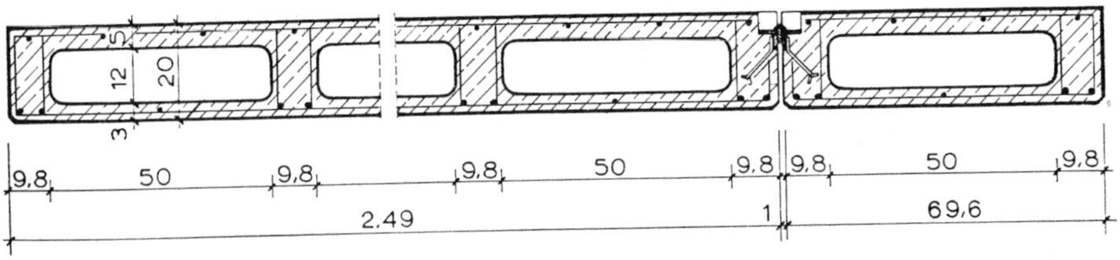

9.16 Vorgefertigte Stahlbeton-Hohlplattendecke (System Klee-Reymann)

Für größere Spannweiten oder für hohe Belastungen werden Stahlbeton-Hohlplatten mit Hilfe von Füllkörpern mit Dicken bis etwa 75 cm in Ortbeton hergestellt.

9.2.2.3 Stahlsteindecken

Stahlsteindecken sind Plattendecken mit mittragenden Ziegelhohlkörpern. Die Hohlkörper vermindern das Deckengewicht. Sie wirken nach DIN 4159 bei der Aufnahme der Druck- und Schubspannungen voll mit. Die Bewehrung liegt in den durch die Ziegel gebildeten Rippen oder in den Aussparungen (Bild **9**.17). Der Achsabstand der Bewehrung darf nicht größer sein als 25 cm. Der Fugenbeton muß mindestens die Festigkeit B 15 aufweisen. Eine Querbewehrung ist im Normalfall ($p \leqq 3{,}50$ kN/m², DIN 1055-3) nicht erforderlich.

9.17
Deckenziegel für Stahlsteindecken nach DIN 4159 (Maße siehe Tab. **9**.15 und **9**.16)
a) für vollvermörtelbare Stoßfugen
b) für teilvermörtelbare Stoßfugen

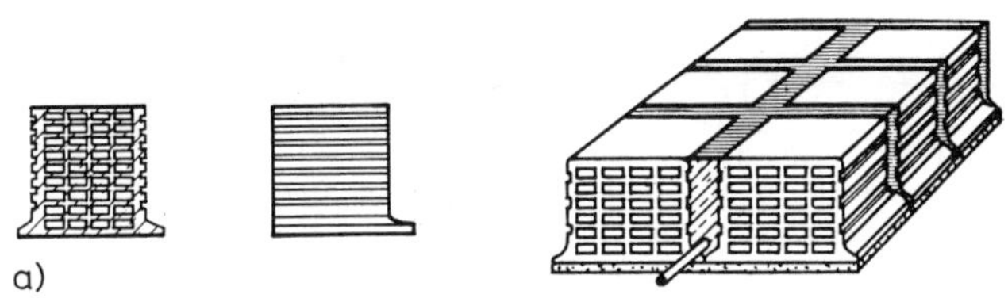

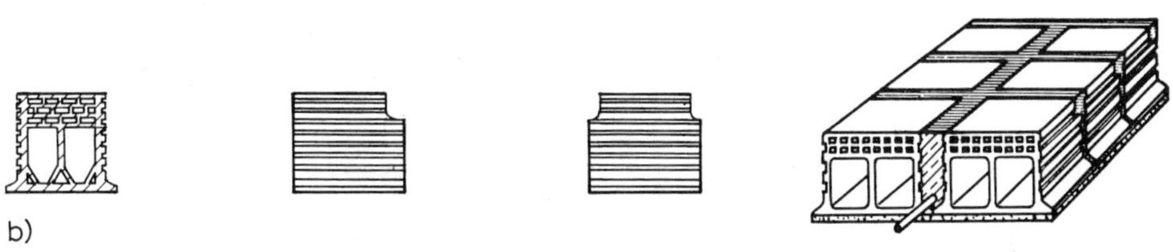

Die Deckenziegel sind mit durchgehenden Stoßfugen unvermauert auf Schalung zu verlegen. Sie müssen vor dem Einbringen des Betons so durchfeuchtet sein, daß sie nur wenig Wasser aus dem Beton oder Mörtel aufsaugen. Auf die volle Ausfüllung der Fugen und Rippen ist sorgfältig zu achten.

Die Decken eignen sich für Stützweiten, bei denen Stahlbeton-Volldecken nicht mehr wirtschaftlich sind. Formänderungen durch Wärmedehnung, Kriechen und Schwinden, sind im Vergleich zur Stahlbetonvollplatte gering.

Ziegeldecken werden heute meistens aus vorgefertigten, etwa 1 m breiten Elementen hergestellt (Bild **9**.18).

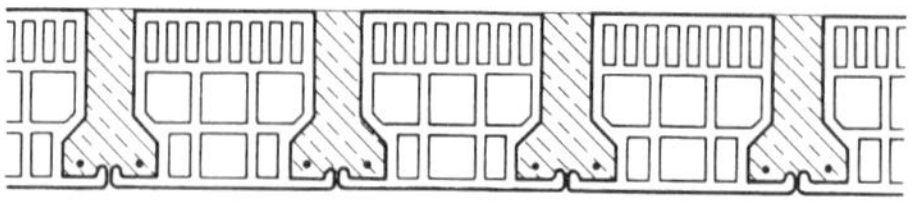

9.18
Vorgefertigte Ziegeldecke (JUWÖ)

9.2.2.4 Pilzdecken

Pilzdecken werden hier nur noch wegen der Vollständigkeit in der Reihe der Plattendecken erwähnt. Sie wurden früher über Räumen angewendet, die bei relativ niedrigen Konstruktionshöhen frei von Unterzügen bleiben sollten. Als Sicherheit gegen „Durchstanzen" der Deckenplatten infolge hoher Verkehrs- und Nutzlasten wurden bei ihnen die Stützenköpfe pilzförmig verstärkt (vgl. Abschn. 7, Bild **7**.3 b). Wegen des hohen Schalungsaufwandes sind sie durch Flachdecken verdrängt. Das alte statische Prinzip erscheint dabei noch in Form von besonderen Bewehrungen oder von Spezialbewehrungselementen über den Stützen.

9.2.2.5 Glasstahlbetondecken

Glasstahlbetondecken (Bild **9**.19) ermöglichen die Abdeckung und Belichtung von Hofkellern, Lichtschächten u. ä. Die Betongläser müssen unmittelbar in den Beton eingebettet sein, so daß ein Verbund zwischen Glas und Beton gewährleistet ist. Hohlgläser müssen über die ganze Plattendicke reichen.

Die Betonrippen müssen bei einachsig gespannten Tragwerken ≧ 6 cm hoch, bei zweiachsig gespannten ≧ 8 cm hoch und in Höhe der Bewehrung ≧ 3 cm breit sein. Alle Trag- und Quer-

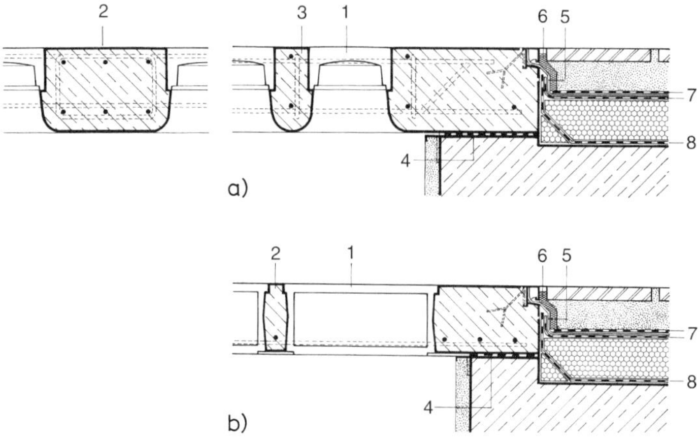

9.19
Glasstahlbeton
a) begehbare Glasstahlbetondecke
b) befahrbare Glasstahlbetondecke
1 Betonglas
2 Tragrippe
3 Sprosse
4 Gleitfuge
5 Gleitfolie
6 Dehnfuge
7 Abdichtung
8 Dampfsperre

rippen (Sprossen) müssen mindestens einen Bewehrungsstab mit einem Durchmesser von ≧ 6 mm erhalten.

Tragteile aus Glasstahlbeton müssen durch einen umlaufenden Stahlbeton-Ringbalken mit geschlossener Ringbewehrung verbunden sein. Breite und Dicke des Balkens müssen mindestens so groß wie die Dicke der Tragrippen sein, und die Ringbewehrung muß der Bewehrung der Hauptrippen entsprechen. Die Bewehrung aller Rippen ist bis an die äußeren Ränder des umlaufenden Balkens zu führen.

Tragteile aus Glasstahlbeton sind z. B. durch nachgiebige Fugen vor Zwängkräften aus der Gebäudekonstruktion zu schützen.

9.2.3 Balkendecken

9.2.3.1 Massivbalkendecken

Die Suche nach Massivdecken, die ohne Schalung hergestellt werden können, hat zu Decken geführt, die von mehr oder weniger dicht nebeneinanderliegenden vorgefertigten Massivbalken getragen werden. Diese Massivbalken können u. a. die Form von Stahlbetonbalken, profilierten Stahlbetonträgern mit Steg und Flansch oder von Stahlbeton-Hohlbalken, von Ziegelhohlbalken oder von Stahlleichtträgern haben. Von Vorteil ist die meist hohe Tragfähigkeit dieser Decken und die geringe Baufeuchtigkeit, die bei ihrer Herstellung auftritt. Nicht zu unterschätzen sind jedoch Transport- und Montagekosten bei dicht verlegten massiven Stahlbetonfertigbalken (Bild **9**.20).

Verbreitet sind Decken mit Fertigbalken, die aus auf mannigfache Art geformten Spezialhohlziegeln und Zwischenbauteilen aus großformigen Hohlziegeln bestehen (Bild **9**.21).

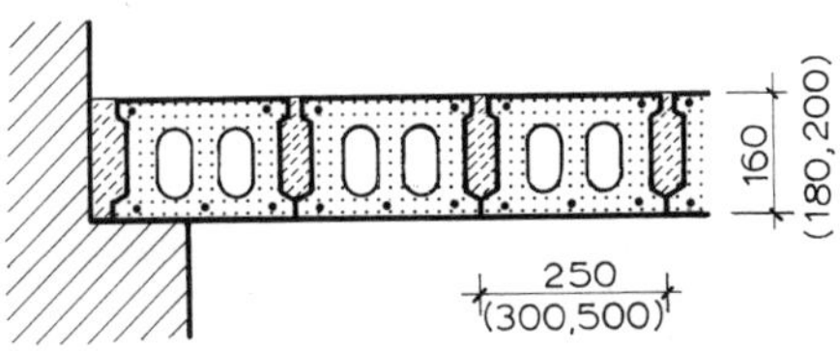

9.20 Bimsbeton-Balkendecke (RAAB)

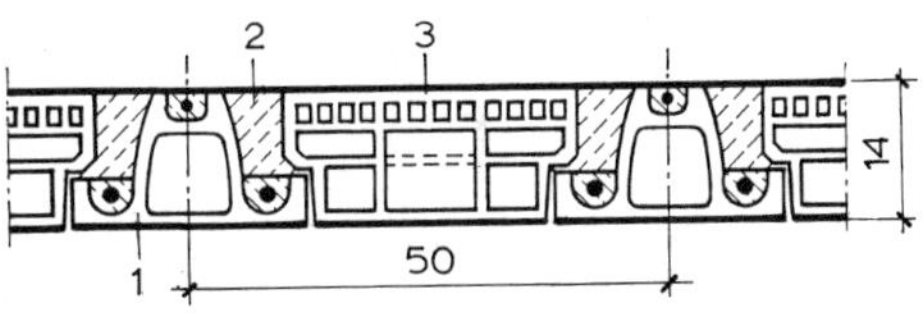

9.21 Massivbalkendecke mit bewehrten Hohlziegelbalken (ESTO-Decke)
1 vorgefertigter Hohlziegelbalken
2 Ortbeton
3 Druckzone des statisch mitwirkenden Zwischenbauteils

Die Ziegelbalken erhalten bei ihrer Herstellung die erforderliche, in Beton eingebettete Bewehrung. Die Zwischenbauteile können, wie hier gezeigt, statisch mitwirken oder sie beteiligen sich nicht an der Lastaufnahme (z. B. in DIN 4028, 4158 bis 4160). Im letzteren Fall muß die Druckschicht durch eine 5 cm dicke Ortbetonplatte gebildet werden, um zu gewährleisten, daß an den Fugen aus unterschiedlicher Belastung der einzelnen Balken keine Durchbiegungsunterschiede entstehen. In dem in Bild **9**.22 gezeigten Beispiel stellt der Ortbeton die Verbindung zwischen Hohlziegelbalken und der besonders ausgebildeten Druckzone des Zwischenbauteils her.

Bei nicht vorwiegend ruhenden Verkehrslasten wirken die Zwischenbauteile statisch nicht mit. Die Sicherung der Quersteifigkeit muß dann die obere Ortbetonplatte übernehmen (Übergang zur Rippendecke).

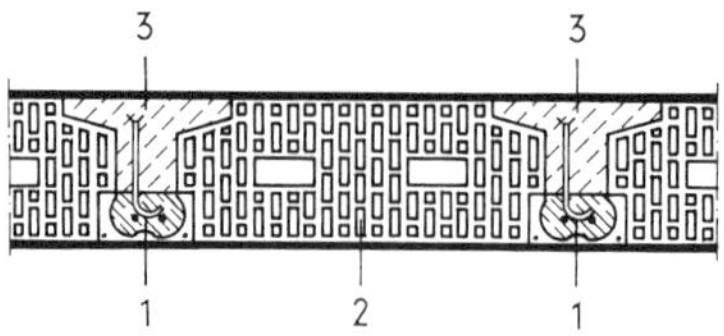

9.22
Massivbalkendecke mit Leichtziegel-Zwischenbauteilen (Klimaton, Syst. Schätz)
1 Stahlleichtträger nit unterer Ziegelschale
2 Einhäng-Leichtziegel
3 Ortbeton

Das Balken- und damit das Deckengewicht kann durch Verwendung von Stahlleichtträgern, die in zahlreichen Formen auf dem Markt sind, weiter vermindert werden. Es gibt u. a. Rundstahl-Gitterträger, Stahlblech-Gitterträger und entsprechende Kombinationen. Der Untergurt wird meist durch eine Betonfußleiste bzw. durch eine Stahlbetonleiste im Ziegelschuh (Tonschalen) gebildet, die als Auflager für die statisch mitwirkenden oder nicht mitwirkenden Zwischenbauteile dient.

9.2.3.2 Plattenbalkendecke

Wirtschaftlicher als eine Vollplatte ist bei größeren Stützweiten und Lasten die Plattenbalkendecke. Bei ihr wird der Beton der Zugzone auf das notwendigste Maß vermindert und die erforderliche Zugbewehrung in Balken zusammengefaßt (Bild **9**.23). Die Plattenbalkendecke besteht aus Rechteckbalken und monolithisch mit ihnen verbundenen Platten, die als beiderseitig über die Balken ragende Kragplatten oder als Durchlaufplatten ausgebildet werden können.

Möglich sind Balkenabstände von 2 bis 3 m. Bei engeren Abständen ergeben sich dünnere Platten und Balken von geringerer Höhe. Werden die lichten Abstände zwischen den Balken kleiner als 70 cm, spricht man von Stahlbeton-Rippendecken.

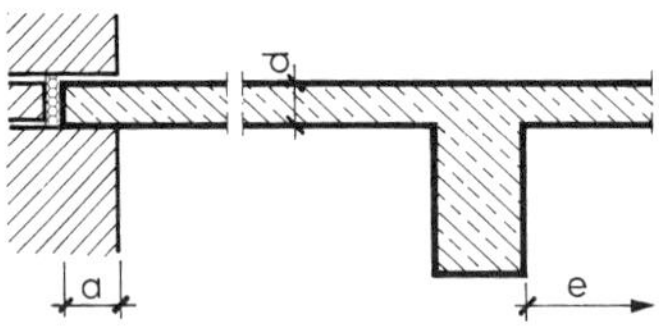

9.23 Plattenbalkendecke (Stahlbewehrung nicht gezeichnet)
$a \geq 19$ cm $d \geq 7$ cm
e = lichter Balkenabstand $\geqq$ 70 cm (in der Regel 2,0 bis 3,0 m)

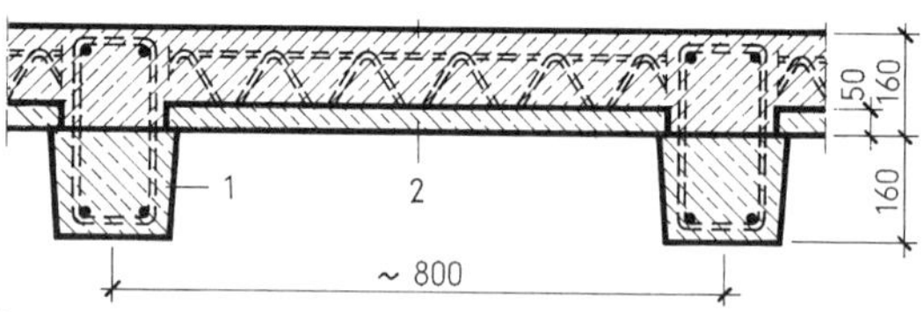

9.24 Plattenbalkendecke (vorgefertigt), System Kaiser
1 vorgefertigter Stahlbetonbalken
2 vorgefertigte Platte
3 Ortbeton

Möglich sind jedoch auch Plattenbalkendecken aus

- Ortbetonplatten und vorgefertigten Balken mit Schubanschlüssen z. B. durch Kopfbolzen (vgl. Bild **9**.36),
- vorgefertigten Balken und Ortbetonplatten oder vorgefertigten Platten (Bild **9**.24),
- vorgefertigten Balken und vorgefertigten nichttragenden Füllkörpern und Oberbeton (Bild **9**.25).

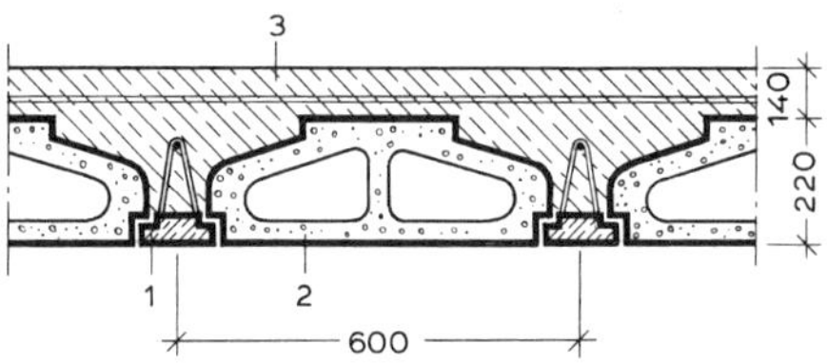

9.25
Plattenbalkendecke (vorgefertigt) mit nichttragendem Füllkörper, System Kaiser-OMNIA
1 vorgefertigter Balken mit Bewehrung
2 nichttragende Füllkörper aus Leichtbeton
3 Ortbeton, ggf. mit zusätzlicher Bewehrung

9.2.3.3 Stahlbeton-Rippendecken

Die Druckplatte der Stahlbeton-Rippendecke ($d \geqq 1/10$ des lichten Rippenabstandes, jedoch $\geqq$ 5 cm dick) erhält nur eine einfache Querbewehrung zur Sicherung der Quersteifigkeit. Die Zugbewehrung liegt in den Längsrippen, die mindestens 5 cm breit sein müssen. Die Stahlbeton-Rippendecke besteht statisch aus T-Balken, die quersteif untereinander verbunden sind (Bild **9**.26). Hergestellt werden Stahlbetonrippendecken meistens unter Verwendung vorgefertigter Trägerelemente (s. auch Bild **9**.25). Die kassettenartigen Aussparungen werden durch Stahl-Schalungselemente bewirkt, die auf Sparschalungen aufgesetzt werden und mehrfach wiederverwendet werden können. Entsprechend den statischen Anforderungen oder zum Maßausgleich werden die Wandanschlüsse mit Massivstreifen gebildet (Bild **9**.26 c).

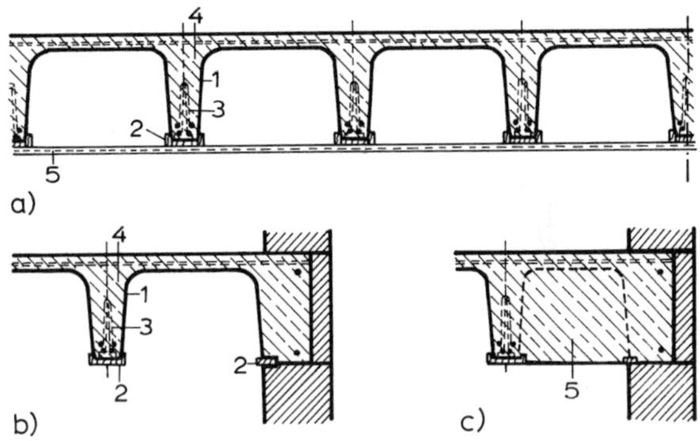

9.26
Stahlbeton-Rippendecke
a) Deckenquerschnitt
b) Wandanschluß mit normalem Schalungskörper
c) Wandanschluß mit Massivbetonstreifen oder Paß-Schalungskörper
1 Schalungskörper
2 Holzleiste
3 vorgefertigte Hauptbewehrung
4 Ortbeton
5 Ortbetonstreifen oder Paß-Schalkörper

Stahlbeton-Rippendecken können mit statisch mitwirkenden Zwischenbauteilen (z. B. aus Ziegeln nach DIN 4159) hergestellt werden, aber auch mit statisch nicht mitwirkenden Füllkörpern, die zwischen den Rippen und unter der Platte nicht nur die Schalung ersetzen, sondern eine ebene Deckenuntersicht bilden (Bild **9**.27). Sie können der Schall- und Wärmedämmung dienen, müssen über ihre Schalungsfunktion hinaus jedoch keine Festigkeit aufweisen und sind infolge ihres geringen Gewichts leicht und schnell zu verlegen. Sie bestehen meist aus Holzwerkstoffen, Schaumstoff o. ä.

Wenn die Füllkörper statisch nicht mitwirken, besteht die Möglichkeit, die Schalkörper auf wiederholte Verwendung hin anzufertigen. So gibt es Schalbleche für Ortbeton-Rippendecken verschiedener Abmessungen, daneben zahlreiche andere Arten von wiederverwendbaren oder verlorenen Schalkörpern.

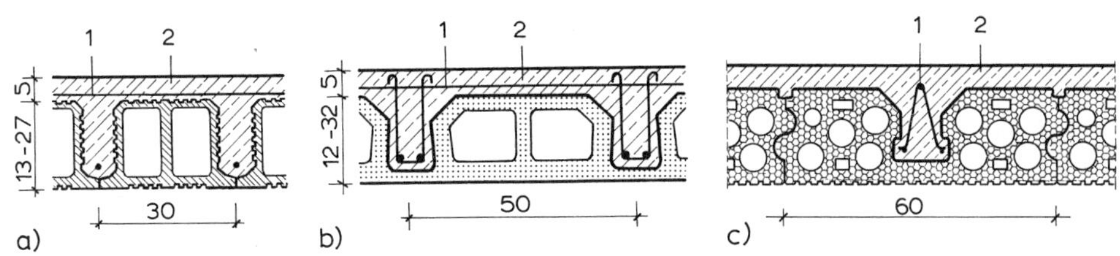

9.27 Stahlbeton-Rippendecken mit statisch nicht mitwirkenden Füllkörpern
a) Hohlziegel-Füllkörper, b) Leichtbeton-Füllkörper, c) Schaumstoff-Füllkörper
1 Querbewehrung
2 Druckplatte

Auswechslungen sollen möglichst vermieden werden. Sind Wechsel notwendig, so ist die Schubsicherung besonders nachzuweisen.

Teilvorgefertigte Stahlbetonrippendecken zeigen die Bilder **9**.28 und **9**.29.

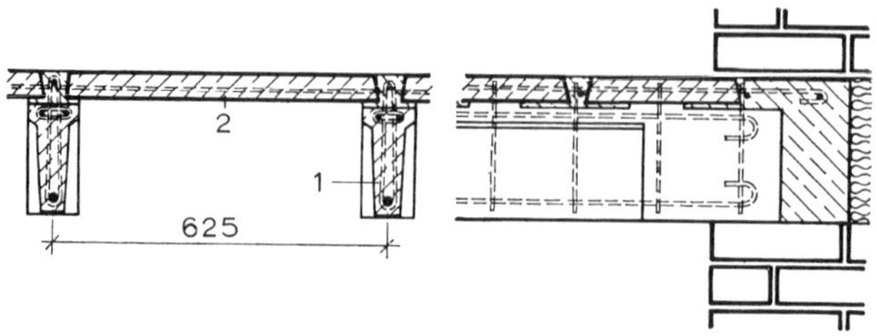

9.28
Stahlbeton-Rippendecke aus Fertigteilen (Decke ist unmittelbar neben dem Balkenauflager geschnitten)
1 Stahlbeton-Fertigbalken
2 vorgefertigte Druckplatte

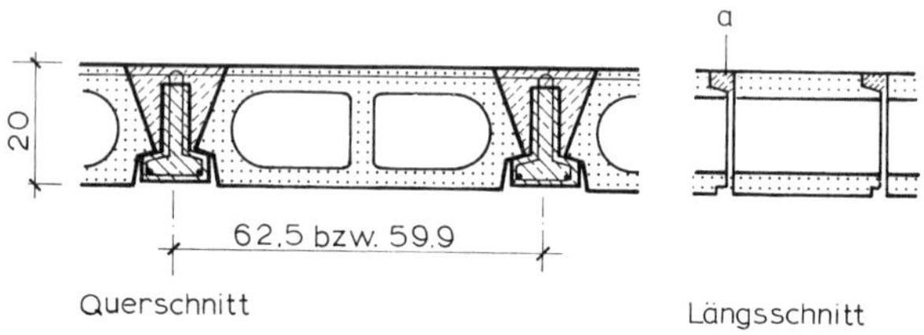

9.29
Stahlbeton Rippendecke aus Stahlbeton-Fertigbalken mit Rippendecken-Füllkörpern
Der Fugenmörtel der besonders geformten Stoßfuge (bei a) gewährleistet die Druckübertragung zwischen den Füllkörpern. Querbewehrung in der Druckzone

Vollständig vorgefertigte Stahlbetonrippendecken (bzw. Plattenbalkendecken) werden in geschlossenen Skelettbausystemen (s. Abschn. 7.5) für große Spannweiten als Doppelstegplatten (TT-Platten) oder als U-Platten verwendet (Bild **9**.30).

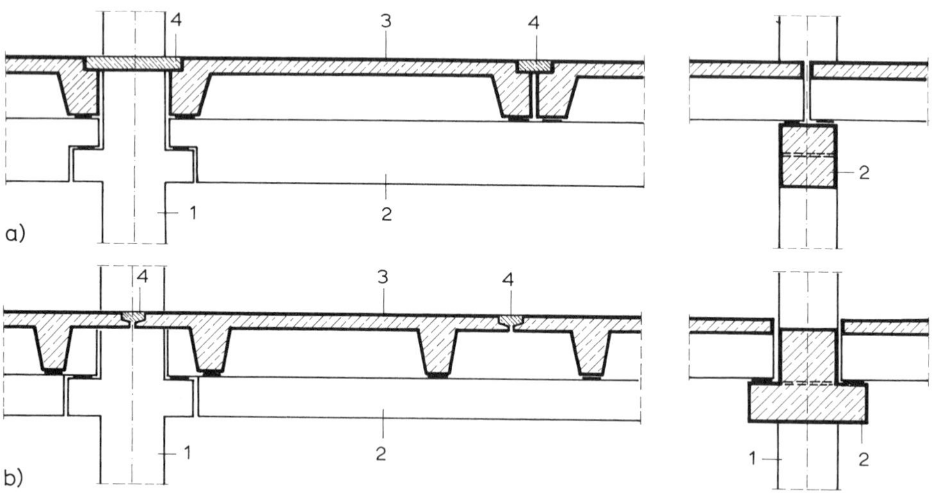

9.30 Vorgefertigte Stahlbetonrippendecken
a) U-Platten, b)TT-Platten
1 Stütze mit Konsolen 2 Träger 3 Deckenelement 4 Querverbindung

In den Bildern **9**.31 bis **9**.33 sind verschiedene Beispiele für die Ausbildung der zwischen den einzelnen Fertigteilplatten erforderlichen Querverbindungen gezeigt. Die jeweils im Einzelfall nötigen Maßnahmen sind in DIN 1045 Tabelle 27 zusammengefaßt.

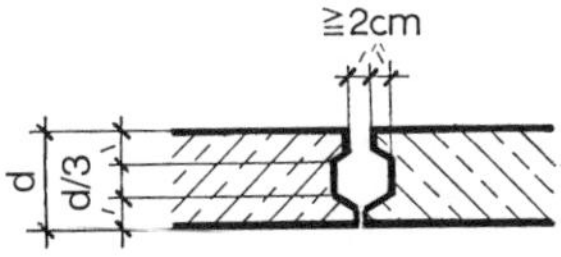

9.31
Beispiel für Fugen zwischen Fertigteilen

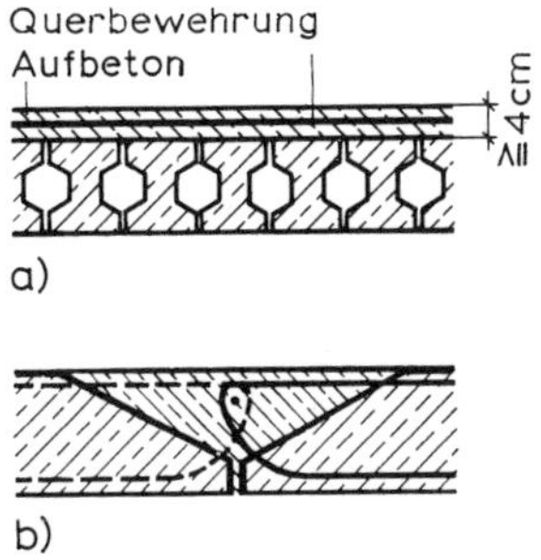

9.32
Beispiele für die Anordnung einer Querbewehrung
a) in ≧ 4 cm dickem Ortbeton
b) bei Stößen im Fertigteil

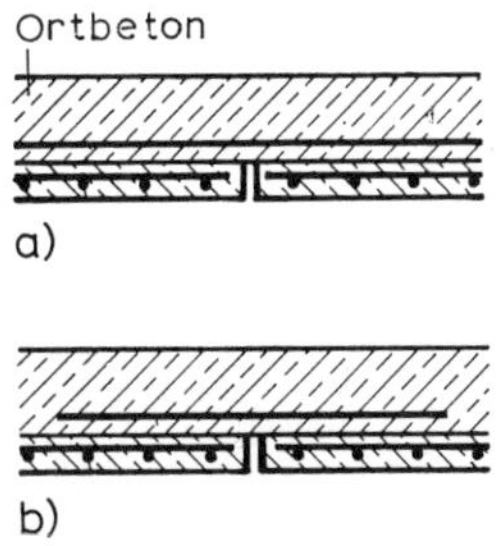

9.33
Beispiele für die Anordnung einer Querbewehrung
a) bei stat. erforderlicher Bewehrung im Ortbeton
b) bei stat. erforderlicher Bewehrung nur im Fertigteil

9.2.4 Trapezstahldecken

Massive Geschoßdecken können mit Hilfe von Trapezblechen hergestellt werden, die aus bandverzinktem Stahlblech von 0,75 bis 2,00 mm Dicke in Breiten von etwa 0,60 bis 1,00 m, Längen bis 15,00 m und Höhen von etwa 50 mm bis 160 mm kalt gefaltet werden.

Trapezbleche können als Ein- oder Mehrfeldplatten verlegt werden.

An der seitlichen Überlappung werden die Profilbleche durch Niete, Schrauben oder Stanzung verbunden. Die Verbindung mit der Unterkonstruktion (z. B. Profil-Stahlträgern) bilden Schrauben, Setzbolzen oder Punktschweißung.

Sie können als Tragwerk für die verschiedensten Trockenkonstruktionen dienen (Bild **9**.34 a bis c).

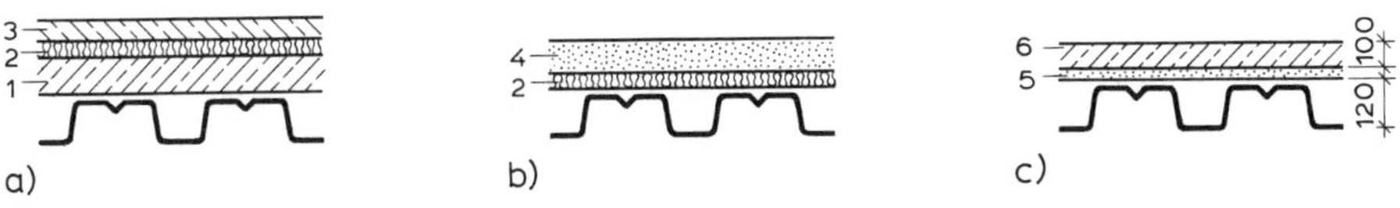

9.34 Trapezstahl-Decke, verschiedene Konstruktionsmöglichkeiten (a bis c)
1 Fertigbetonplatte
2 Trittschall- und Wärmedämmung
3 Estrich
4 mehrschichtige Preßplatte
5 Hartstoffplatte
6 Aufbeton

Trapezbleche werden als verlorene Schalung für tragende Stahlbetondecken eingesetzt und können ansprechende Deckenunterschichten bilden (Bild **9**.35).

9.35
Stahlbetondecke mit verlorener Trapezblechschalung
1 Stahlbeton
2 Trapezblech

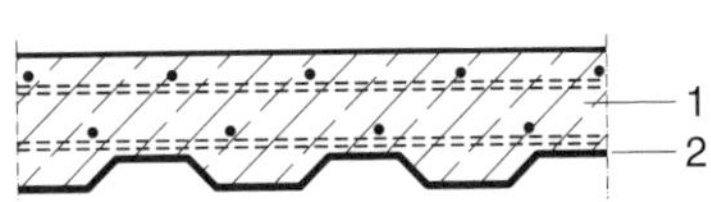

In Stahlblech-Verbunddecken sind die Trapezbleche mittragend. Bei einigen Systemen können in die schwalbenschwanzförmige Profilierung der Stahlbleche Aufhängeschienen oder Einzelaufhänger für Installationen oder Unterdecken eingeschoben werden. Bei dem in Bild **9**.36 gezeigten Beispiel entsteht durch den schubfesten Kopfbolzenanschluß auf den Profilstahlunterzügen ein Plattenbalken-Deckensystem (vgl. auch Abschn. 7.4.6).

Stahlblech-Deckenkonstruktionen können nach DIN 4102 den Feuerwiderstandsklassen F 90 bis F 120 zugeordnet werden (vgl. Abschn. 15.7).

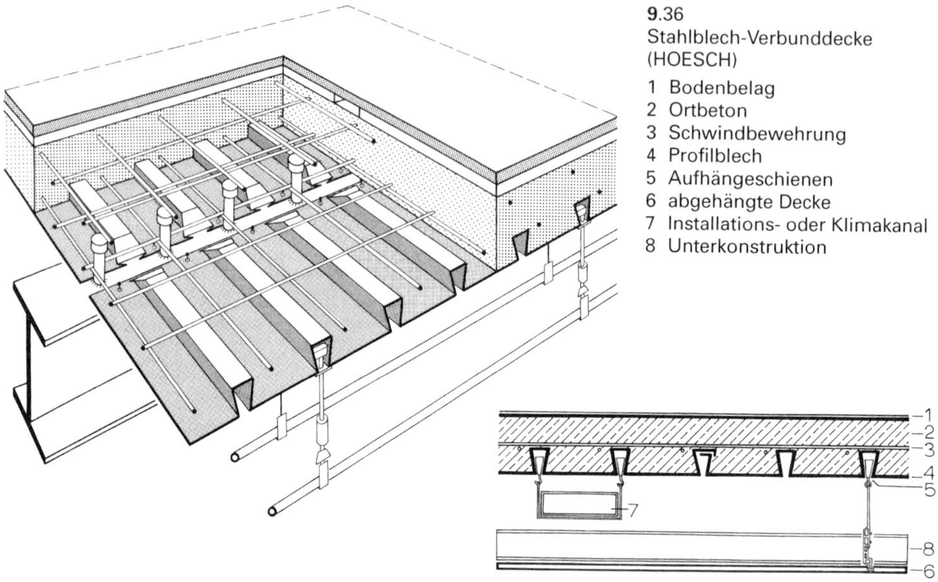

9.36
Stahlblech-Verbunddecke (HOESCH)
1 Bodenbelag
2 Ortbeton
3 Schwindbewehrung
4 Profilblech
5 Aufhängeschienen
6 abgehängte Decke
7 Installations- oder Klimakanal
8 Unterkonstruktion

9.3 Holzbalkendecken[1])

9.3.1 Allgemeines

Als Geschoßdecken sind Holzbalkendecken – auch im Wohnungsbau – nahezu völlig von Massivdecken verdrängt worden. Ihren Vorteilen (geringes Gewicht, Vorfertigung mit trockenem Einbau, gute Wärmedämmung) stehen als Nachteil die schwierige Schalldämmung (s. Abschn. 15.6) sowie die wegen des erforderlichen Brandschutzes begrenzte Anwendungsmöglichkeit auf Gebäude mit nur 2 Vollgeschossen gegenüber.

Holzbalkendecken kommen daher nur noch für einfache, kleinere Bauvorhaben und als Decken über dem obersten Geschoß, insbesondere für Flachdächer und im Zusammenhang mit Holzskelett-Fertigbauweisen vor.

Decken in Holzbauweise werden in traditioneller Weise aus Vollholzbalken jedoch auch aus Brettschichtträgern, Wellstegträgern, Gitterträgern und in Stapelholzbauweise ausgeführt (s. Abschn. 9.3.3.5). Holzbalkendecken aus Vollhölzern werden im Rahmen dieses Abschnittes besonders im Hinblick auf die neuerdings wieder wichtiger werdenden Sanierungsaufgaben an Altbauten behandelt.

---

1) Baustoff Holz s. Teil 2 dieses Werkes

9.3.2 Holzbalkenlagen

Die Balkenlage ist der tragende Teil einer hölzernen Decke. Man unterscheidet:

— Zwischen- oder Geschoßbalkenlagen, die zwei Geschosse voneinander trennen,

— Dachbalkenlagen über dem obersten Geschoß,

— Kehlbalkenlagen innerhalb des Dachgerüstes; sie bilden den oberen Abschluß der Dachgeschoßräume.

Die Balken dienen Fußböden als Auflager, an der Unterseite werden Putzdecken oder andere Unterdeckenflächen befestigt. Darauf ist bei der Balkenanordnung Rücksicht zu nehmen.

Nach Lage und Zweck unterscheidet man folgende Balken (Bild **9**.37):

Ort- oder Giebelbalken an den Giebeln. Erhält die Giebelmauer im folgenden Geschoß eine geringere Dicke, so ist der Giebelbalken nicht auf den Mauerabsatz zu legen (Bild **9**.38 und **9**.39).

Streichbalken an einer oder beiden Seiten der nach oben weitergeführten massiven Wände. Durchgehende Wände sollen auf beiden Seiten feste Berührung mit den Balken haben; daher werden auf die Streichbalken Latten aufgenagelt (Bild **9**.40).

Wandbalken auf jeder unter dem Gebälk aufhörenden massiven Zwischenwand von geringer Dicke (**9**.37 c). Reicht die Balkenbreite zum Befestigen der Deckenschalung nicht aus, so ist der Balken durch unten angenagelte Latten zu verbreitern (Bild **9**.41 a und b). Müssen dünne Leichtwände zwischen Balken gestellt werden, so ist durch Füllhölzer und Schwellbrett ein Auflager zu schaffen (Bild **9**.42).

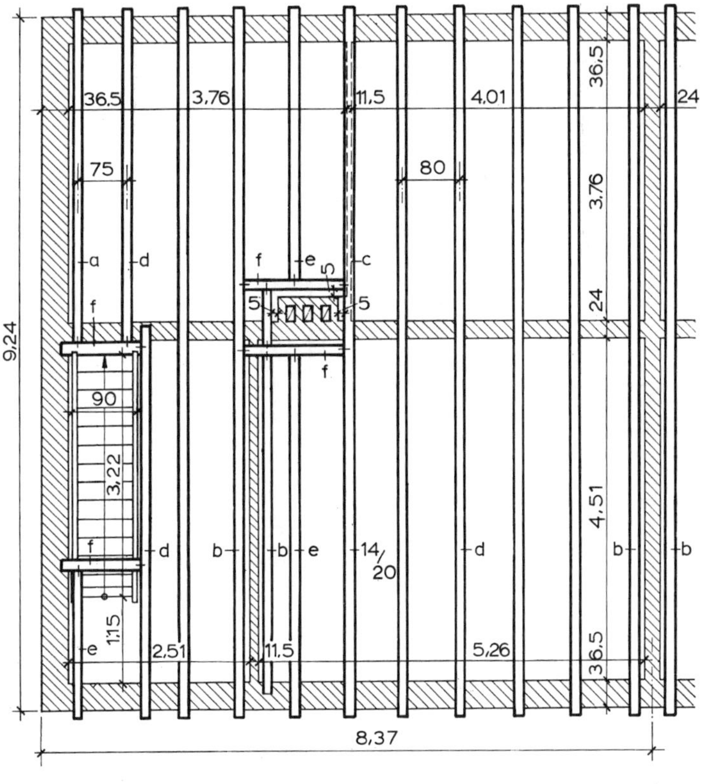

9.37
Dachbalkenlage für ein eingeschossiges Doppelhaus

a) Giebelbalken
b) Streichbalken
c) Wandbalken
d) Zwischenbalken
e) Stichbalken
f) Wechsel

Zwischenbalken sollen möglichst durch die ganze Tiefe des Gebäudes gehen; sie heißen dann Ganzbalken oder Hauptbalken.

Stichbalken liegen mit einem Ende auf der Wand, mit dem anderen Ende in einem Balken; sie werden bei Balkenauswechslungen und bei Fachwerkbauten, die an den Giebelseiten Balkenköpfe zeigen sollen, verwendet.

Wechsel sind mit beiden Enden in andere Balken verzapft (Bild **9**.37 f). Auswechslungen ergeben sich z. B. an den Schornsteinen und bei Treppen.

Beim Entwerfen einer Balkenlage werden zunächst alle Giebel-, Streich- und Wandbalken festgelegt.

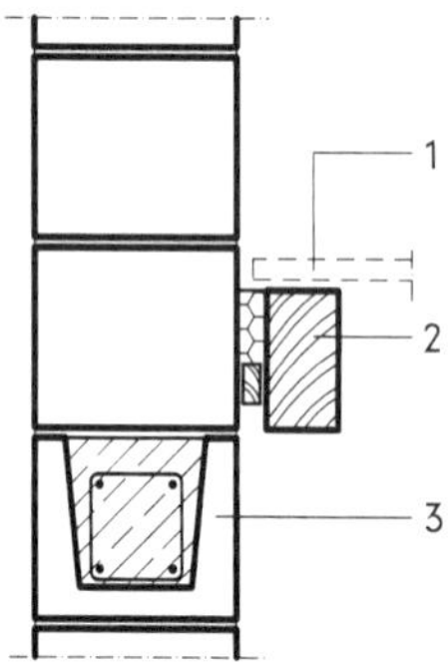

9.38 Ort- oder Giebelbalken
1 Deckenscheibe
2 Balken
3 beidseitig Stahlwinkel, genagelt
4 Ankerschiene + 2 x M 12
5 U-Schalungsstein mit Ringankerbewehrung in B 25

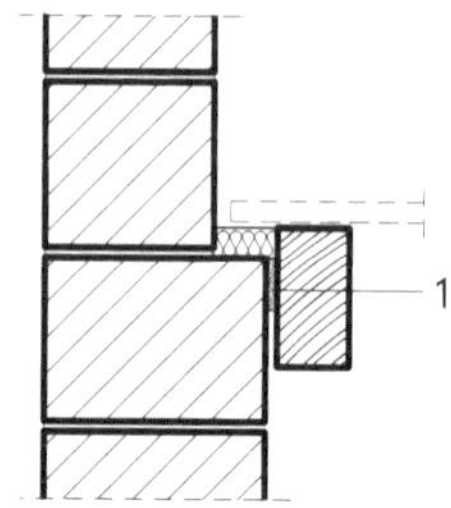

9.39 Ort- oder Giebelbalken neben Mauerabsatz
1 Fugendichtung

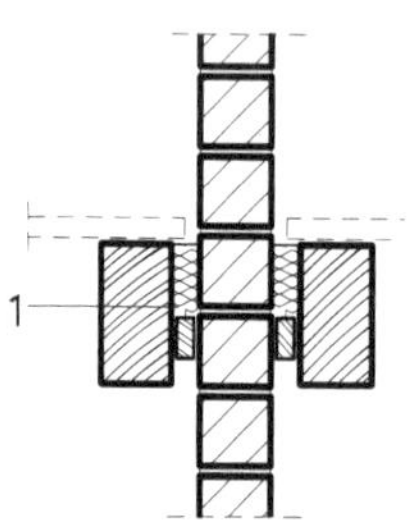

9.40 Streichbalken neben Ziegelwand
1 Fugendichtung

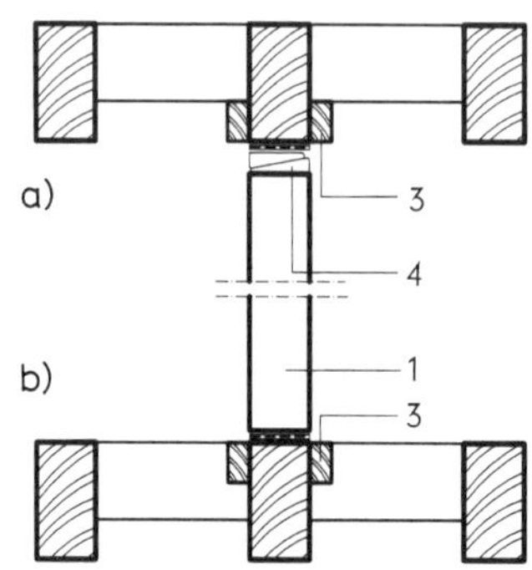

9.41 Wandbalken für Zwischenwand aus Gipsbauplatten o. ä.

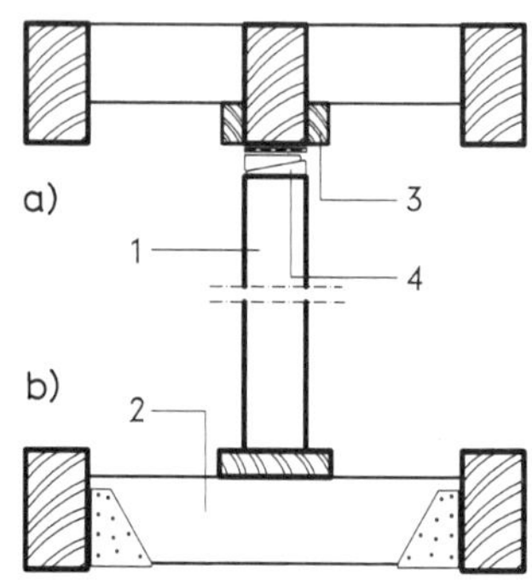

9.42 Auflager für Montagewand
1 Montagewand
2 Füllholz mit Auflagerschwelle
3 Balkenverstärkung für Deckenanschluß

Wirtschaftliche Balkenabmessungen ergeben sich bei Achsabständen der Balken von ca. 0,60 bis 0,80 m. Am günstigsten werden für möglichst viele Balkenfelder jedoch lichte Abstände gewählt, die den Maßen der vorgesehenen Einschubmaterialien, von Wärmedämmungen zwischen den Balken oder auch den Maßen der oberen Abdeckungen (Dielen oder Holzspanplatten) entsprechen. Anpassungsarbeiten mit unvermeidlichem Verschnitt sind dann nur in wenigen „Rest"feldern erforderlich.

9.3.3 Konstruktive Einzelheiten

9.3.3.1 Balkenauflager

Bei gemauerten Wänden sind die Balken auf eine volle, waagerecht abgeglichene Steinschicht bzw. auf die Ringanker aufzulegen. Die Länge des Balkenauflagers beträgt bei Balken bis 20 cm Höhe 15 cm, bei höheren Balken 20 cm.

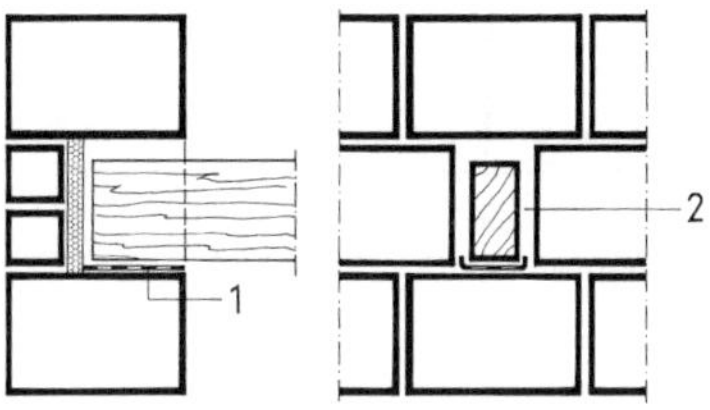

9.43
Einmauerung der Balkenköpfe
1 Dachbahn
2 Luftschicht

Der gesamte Balken ist allseitig mit einem anerkannten Holzschutzmittel zu behandeln und trocken zu vermauern. Zum Schutz gegen aufsteigende Feuchtigkeit liegt der Balken auf einem Dachbahnstreifen. Das Mauerwerk soll seitlich, oben und vor allem vor dem Balkenkopf mindestens 2 bis 3 cm entfernt bleiben. Dieser Hohlraum ist mit dem Luftraum der Balkenfache zu verbinden. Zwischen Balkenkopf und äußerem Mauerteil ist eine Wärmedämmplatte einzuschieben, die gemeinsam mit dem äußeren Mauerteil dem Wärmeschutz der jeweiligen gesamten Mauerdicke entspricht (Bild **9**.43). Eine gute Belüftung des Balkenkopfes wird auch durch eine Umhüllung mit Falzpappe erreicht. Auflager von Holzbalkendecken auf Hohlblockstein-Wänden müssen besonders sorgfältig ausgeführt werden, weil die Wände am Balkenauflager sehr geschwächt sind und hier erhebliche Wärmeverluste und Tauwasserbildung (s. Abschn. 15.5.6) auftreten können. Bei Außenwänden sind die Balkenköpfe außen mit dem gleichen Material wie beim übrigen Mauerwerk abzumauern (kein „Mischmauerwerk").

Bei Umbauten oder Sanierungen werden sehr oft Fäulnisschäden oder Schädlingsbefall an Balkenauflagern angetroffen, die eine Reparatur erfordern. Dazu müssen zunächst die betroffenen Deckenteile abgefangen werden (s. Abschn. 10 in Teil 2 des Werkes). Danach werden die befallenen Balkenköpfe so weit abgeschnitten, daß nur einwandfreies Balkenholz verbleibt. Vorsorglich sollten die verbleibenden Holzteile soweit zugänglich mit einem Holzschutzmittel behandelt werden.

Für die Erneuerung kommen danach besonders die folgenden Möglichkeiten in Frage:

- seitliches Anlaschen von Balkenverlängerungen (Bild **9**.44 a),
- Bei Schäden an einzelnen Balken: Soweit statisch möglich, Auflagerung über neu eingebaute Wechsel an benachbarte Balken (Bild **9**.44 b),
- Ersatz des abgetrennten Balkenkopfes mit Hilfe von Reaktionsharz-Beton (Bild **9**.44 c).

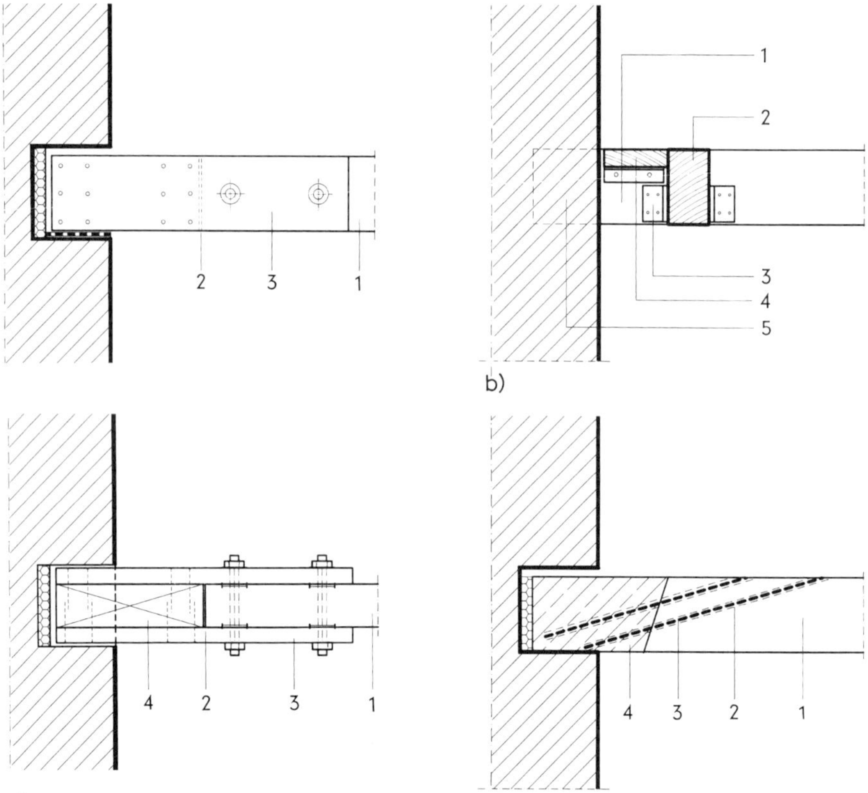

a) c)

9.44 Instandsetzung von Balkenköpfen

a) Reparatur durch Laschung (Ansicht und Draufsicht)
1 Abgeschnittener Balken
2 neues Balkenende
3 Laschen (Verbolzung oder Nagelung nach statischer Berechnung)
4 Futterklotz

b) Neue Auflagerung auf Wechsel
1 Abgeschnittener Balken
2 Wechselbalken
3 Eckverbinder
4 Auflagerbohle für Deckbretter

c) Neuer Balkenkopf aus Reaktionsharz-Beton
1 Abgeschnittener Balken
2 Bohrlöcher für Bewehrungsstäbe
3 Polyester Bewehrungsstäbe nach statischer Berechnung
4 Reaktionsharz-Beton

9.3.3.2 Anker

Die Balkenlage muß eine wirksame Verankerung mit gegenüberliegenden Außenwänden haben. Zu diesem Zweck wird bei Geschoßbalkenlagen etwa jeder vierte Balken an den Enden durch Stahlanker mit dem Mauerwerk zugfest verbunden.

Wenn Ankerbalken gestoßen werden, müssen sie am Stoß zugfest miteinander verbunden werden (Abschn. 9.3.3.3).

Balkenanker (Bild **9**.45) bestehen aus der 60 bis 80 cm langen Ankerschiene (Flachstahl 40 x 10 bis 50 x 10) und dem 50 bis 60 cm langen Splint (Flachstahl 50 x 15). Ein Ende der Ankerschiene ist zu einer Öse umgeschmiedet, durch die der Splint gesteckt wird. Der Splint muß von Innenkante Wand ≧ 24 cm entfernt sein. Statt des Splintes werden auch quadratische oder kreisrunde Scheiben verwendet, die auf der Außenfläche der Wand liegen; sie werden mit dem Ankereisen verschraubt. Die Splinte sind mit Zementmörtel zu vermauern.

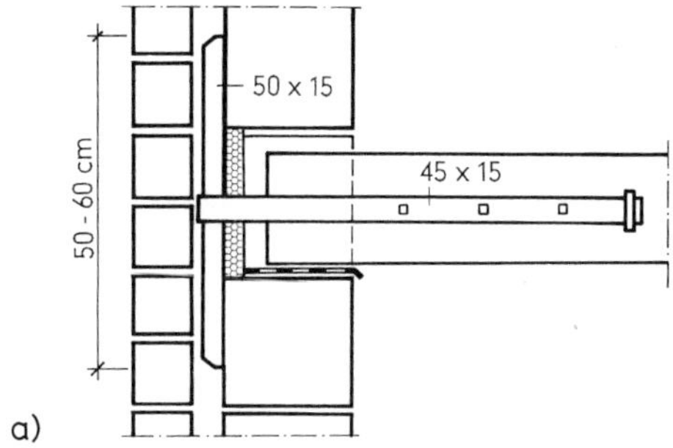

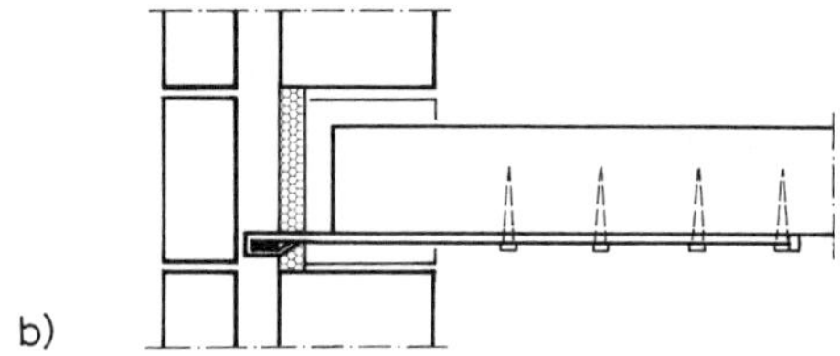

9.45 Balkenanker
a) Schnitt/Seitenansicht
b) Grundriß

Giebelanker (Bild **9**.46) dienen zur Verankerung freistehender Giebelwände mit dem Gebäude; sie bestehen aus Ankerschienen auf Flachstahl 50 x 10, die über drei Balken hinwegreichen müssen. Durch das gedrehte Ankerende ist der ca. 60 cm lange Splint gesteckt.

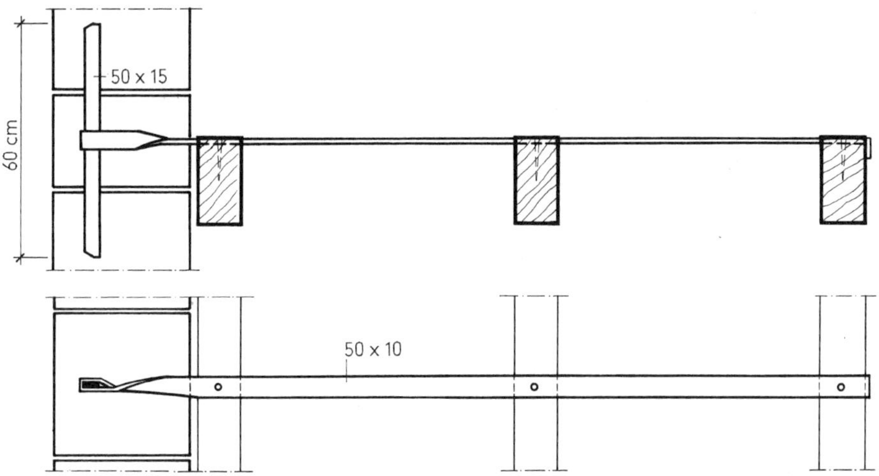

9.46 Giebelanker

Holzbalkendecken, die eine mit der Balkenlage nach DIN 1052 festverbundene Decken- oder Dachschalung aus Dielen oder Spanplatten haben, können als mitwirkende Scheiben zur Aussteifung herangezogen werden.

Bei Gebäuden mit Ringankern bzw. Ringbalken nach DIN 1053-1 sind die Balkenlagen in geeigneter Weise so anzuschließen, daß Zug-, Druck- und Schubkräfte übertragen werden können (Bild **9**.47 und **9**.48). In Verbindung mit Holzbalkendecken können Ringanker auch aus Holzprofilen bestehen, wenn sie eine Zugkraft von > 30 kN aufnehmen können und fest mit den Wänden verankert sind (Bild **9**.49).

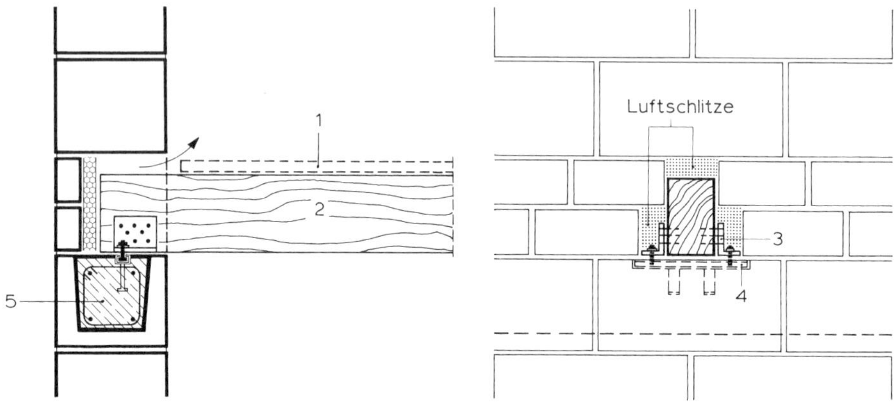

9.47 Anschluß an Ringbalken [7]
1 Deckenscheibe
2 Balken
3 beidseitig Stahlwinkel, genagelt
4 Ankerschiene + 2 x M 12
5 U-Schalungsstein mit Ringankerbewehrung in B 25

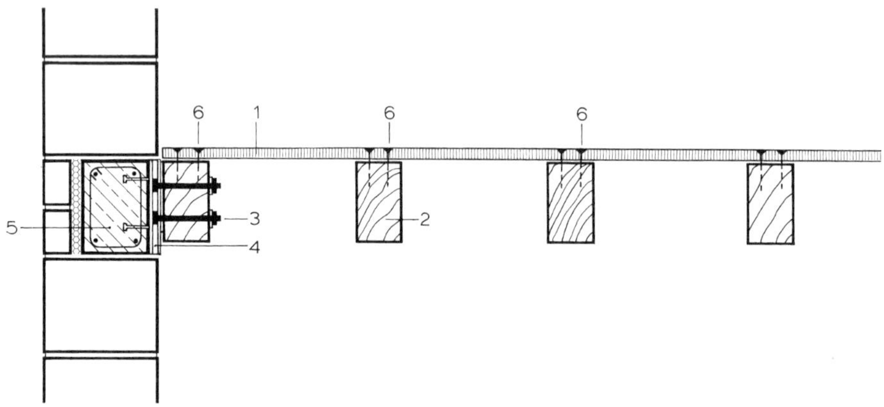

9.48 Seitlicher Deckenanschluß an Ringbalken
1 Deckenscheibe
2 Balkenlage
3 Bolzen in Ankerschiene
4 Ankerschiene
5 Ringanker
6 zusätzliche Nagelung je 6 Na 34 x 90

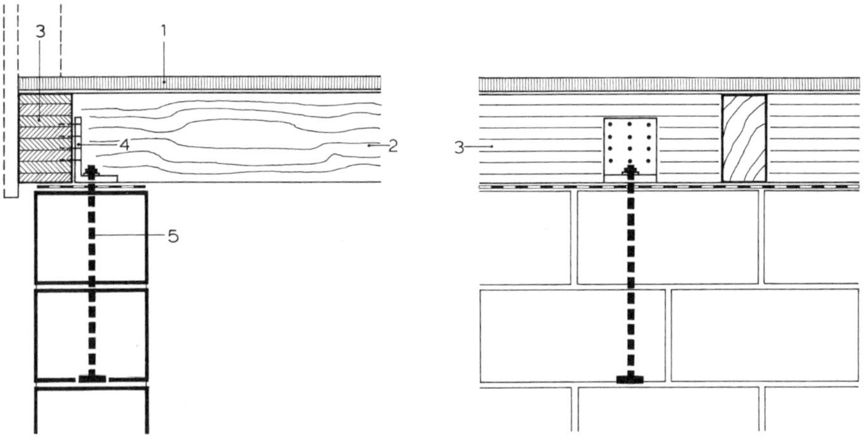

9.49 Holzprofil als Ringbalken
1 Deckenscheibe
2 Balkenlage, zugfest angeschlossen
3 Brettschichtholz (Ringanker)
4 Stahlwinkel
5 Ankerschraube M 16, eingemauert oder -betoniert

9.3.3.3 Balkenstöße

Über die ganze Gebäudetiefe durchlaufende Balken (auf 3 oder mehr Auflagern) sind wegen der statisch günstigeren Durchlaufwirkung vorzuziehen. Bei zu großen erforderlichen Längen müssen die Balken jedoch gestoßen werden. Die Ausführung von Balkenstößen ist in den Bildern **9**.50 bis **9**.52 dargestellt.

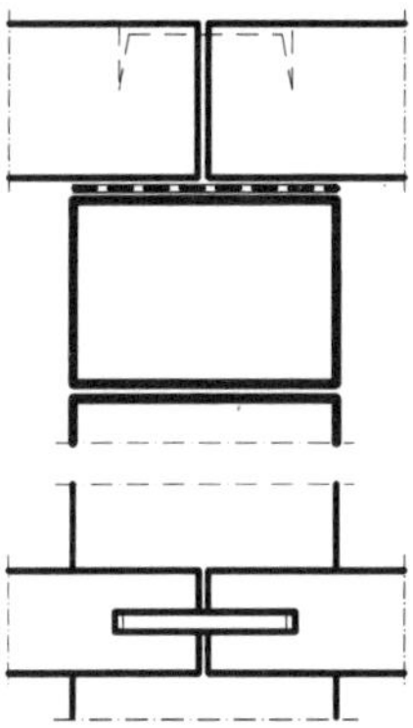

9.50 Gerader Balkenstoß mit Spitzklammer auf 36,5 cm dicker Mauer

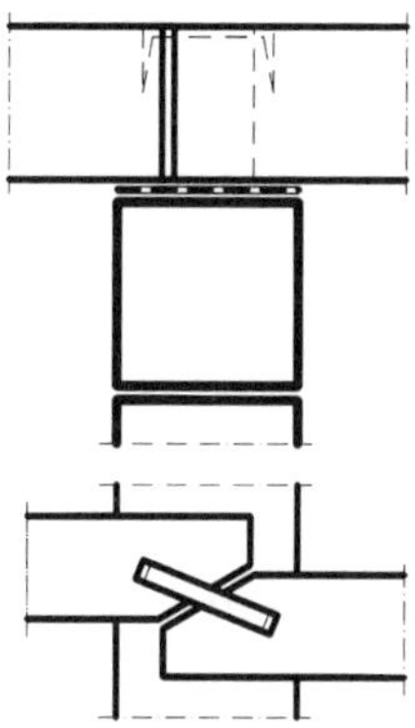

9.51 Möglicher Balkenstoß

Für Zugbeanspruchungen müssen die Stöße gegebenenfalls durch Laschen und Bolzen gesichert werden (Bild **9**.53). Sollen gestoßene Balken statisch als Durchlaufträger wirken, so müssen sie durch seitliche Bohlenlaschen biegesteif verbunden werden.

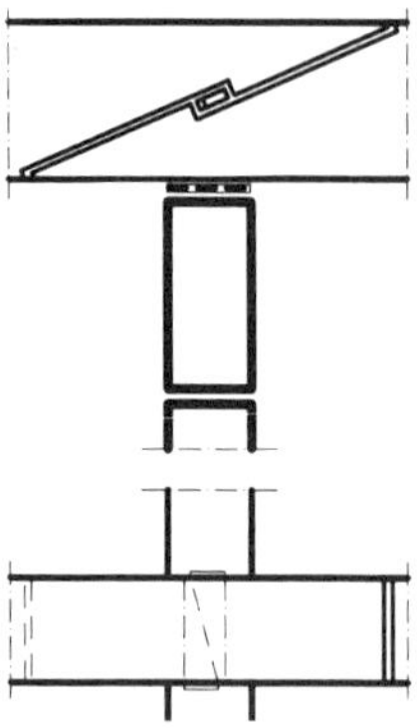

9.52 Balkenstoß mit schrägem Hakenblatt mit Keil

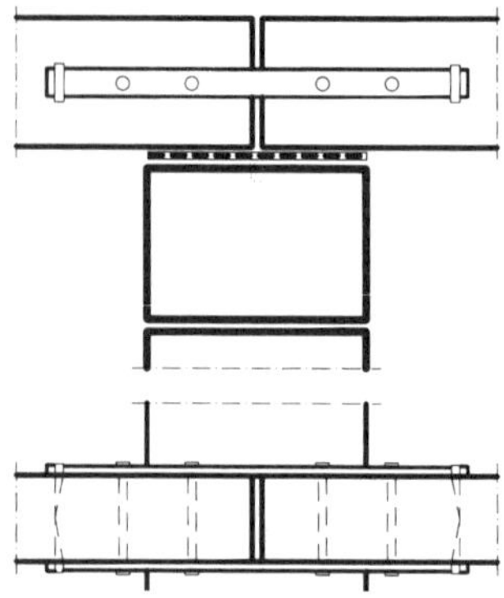

9.53 Zugfester Balkenstoß mit Stahllaschen

9.3.3.4 Wechsel

Schornsteine, Treppenöffnungen usw. zwingen oft dazu, Deckenbalken „auszuwechseln" (s. Bild **9**.37 e und f). Das geschieht bei Holzbalkendecken in traditioneller Weise durch Einzapfen des unterbrochenen Balkens (Stichbalken) in einen Wechselbalken, der seinerseits in die benachbarten durchlaufenden Balken eingezapft ist (Bild **9**.54). Beide Hölzer werden außerdem durch eine Spitzklammer verbunden. Stahlblechkonsolen („Balkenschuhe") vermindern den Arbeitsaufwand und die Schwächung des Holzquerschnitts (Bild **9**.55).

Die Balkenhölzer müssen ≧ 5 cm von Schornsteinwangen entfernt bleiben. Der Zwischenraum zwischen Schornsteinwange und Balken kann durch Leichtbeton ausgefüllt werden (s. a. Bild **9**.37 f).

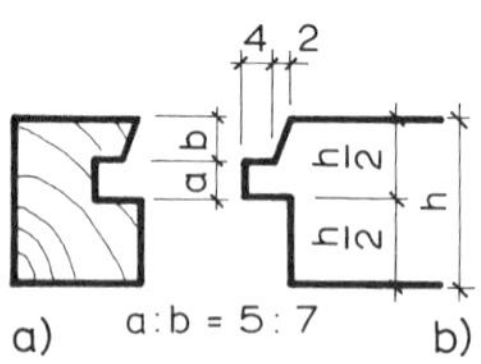

9.54 Brustzapfen
a) Wechselbalken
b) Stichbalken

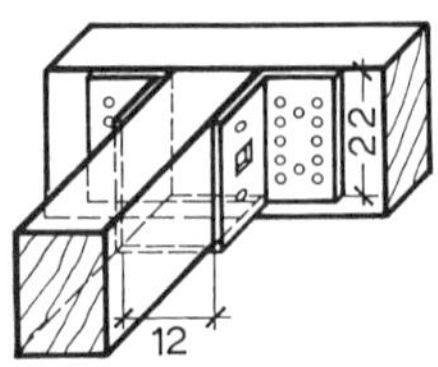

9.55 Anschluß mit Balkenschuh
Nagelung mit verzinkten Stahlstiften

9.3.3.5 Holzbalkenquerschnitte

Der Balkenquerschnitt richtet sich nach der freien Länge, der Balkenentfernung, dem Deckengewicht und der Verkehrslast. Zur wirtschaftlichen Verwendung des Bauholzes sind alle Balken statisch zu berechnen. (Für Bauteile, die aus Erfahrung beurteilt oder deren Maße aus anderen Vorschriften entnommen werden können, ist kein rechnerischer Standsicherheitsnachweis erforderlich.) Jeder Balken ist statisch voll auszunutzen. Das kann dadurch erreicht werden, daß bei gleicher Balkenhöhe die jeweils statisch notwendigen Balken*breiten* verwendet oder die Balken*abstände* geändert werden. Das Eigengewicht der Decke kann bei leichten Zwischendecken mit 2,0 kN/m² angenommen werden. Die Verkehrslast ist bei allen Wohngebäuden mit 2,0 kN/m² anzusetzen.

Die nach DIN 4070 genormten Balken haben die Querschnittsverhältnisse von 1:2,5 (z. B. 8/20) bis 5:6 (z. B. 20/24). Statisch am günstigsten sind schmale hohe Querschnitte. Zu empfehlen sind daher die Halbholzbalken (10/20, 10/22, 12/24, 12/26) mit Abständen von 60 bis 70 cm. Bei geringen Balkenabständen sind Deckenscheiben weniger hinsichtlich Durchbiegung beansprucht.

Statt der Vollholzquerschnitte sind bei größeren Spannweiten vorgefertigte Träger wirtschaftlicher, weil sie entweder bei gleichen Abmessungen wie Vollhölzer wesentlich höher belastbar sind (z.B. Brettschichtträger, s. Abschn. 1.2.4.2 in Teil 2 des Werkes) oder ein wesentlich geringeres Eigengewicht bei gleicher Tragfähigkeit haben wie z. B. Wellstegträger (Bild **9**.56). Wellstegträger haben Ober- und Untergurte aus Vollholzquerschnitten, in die wellenförmig gebogene Sperrholzstege eingeleimt sind.

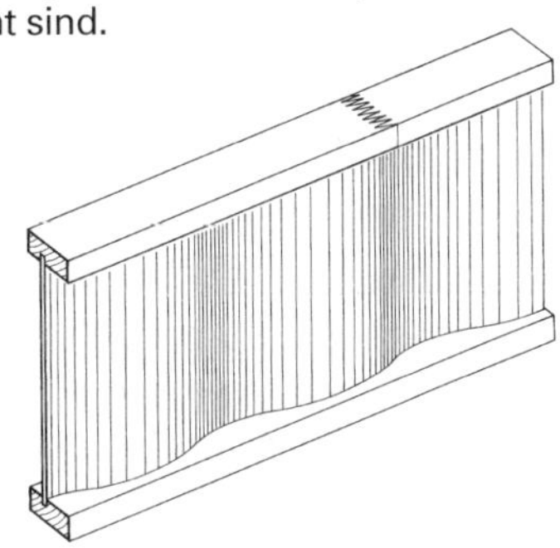

9.56 Wellstegträger

9.3.3.6 Deckeneinschub

Die Balkenzwischenräume von Holzbalkendecken werden zum Wärme- und Schallschutz mit „Einschüben" ausgeführt. Die alte Technik des Wickelbodens aus Strohlehmwickeln (Bild **9**.57) bietet zwar recht gute Schall- und Wärmedämmung, ist aber allein aus Lohnkostengründen allenfalls im Bereich denkmalpflegerischer Maßnahmen noch anwendbar. Wirtschaftlicher sind Einschübe, die aus Auffüllungen mit Leichtbeton (Bild **9**.58), aus eingelegten Leichtbetonplatten (Bild **9**.59) oder Lochziegelkörpern (Bild **9**.60) bestehen. Bei den heutigen Anforderungen sind jedoch für alle diese Ausführungen zusätzliche Maßnahmen insbesondere zum Trittschallschutz notwendig (s. Abschn. 10).

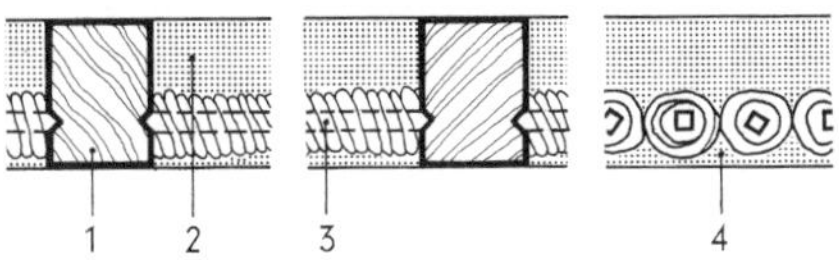

9.57 Wickelboden
1 Deckenbalken mit seitlichen Einkerbungen
2 Lehmauffüllung
3 Strohlehmwickel
4 Deckenputz

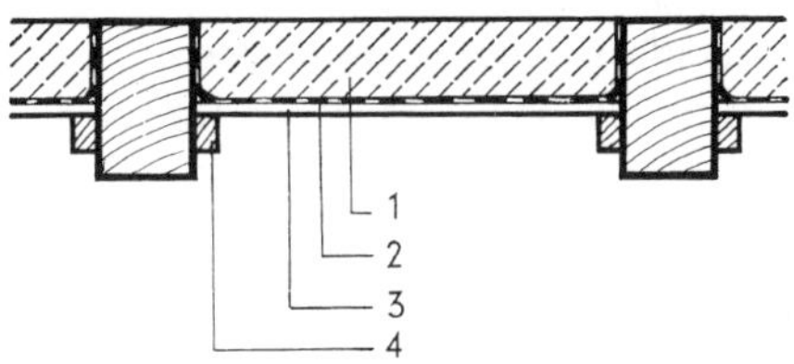

9.58 Einschubdecke mit Auffüllung aus Leichtbeton
1 Latte
2 Einschubbretter oder entrindete Schwarten
3 PE Folie
4 Leichtbeton

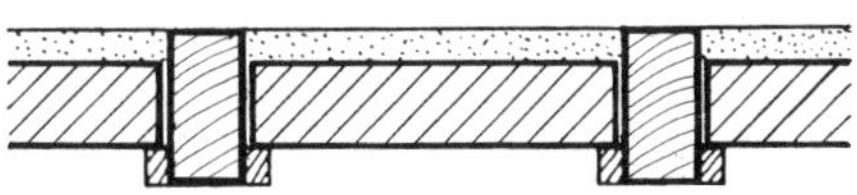

9.59 Einschub mit 11,5 cm dicken Leichtbauplatten o. ä. und Auffüllung

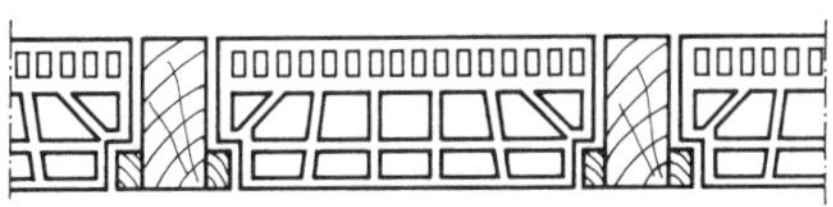

9.60 Einschub aus Hohlziegelkörpern

9.3.3.7 Deckenauflage

Über Holzbalkendecken wird bei herkömmlichen Konstruktionen direkt auf die Balken eine Nut-Feder-Dielenschalung als Gehbelag verlegt. Statt dessen werden bei neueren Holzbalkendecken Holzspanplatten mit verleimten Nut-Feder-Stößen verwendet, oder es dienen verzinkte Trapezbleche mit einem Gießestrich als Unterkonstruktion für die Gehbeläge (Bild **9**.61). Der für Geschoßdecken erforderliche Schallschutz ist damit jedoch nicht zu erreichen. Die notwendigen Maßnahmen sind in Abschn. 10.3 gesondert erläutert.

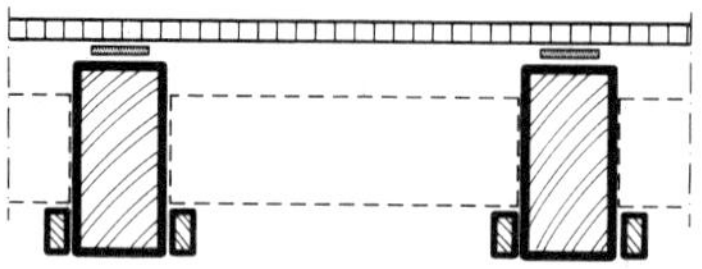

a)

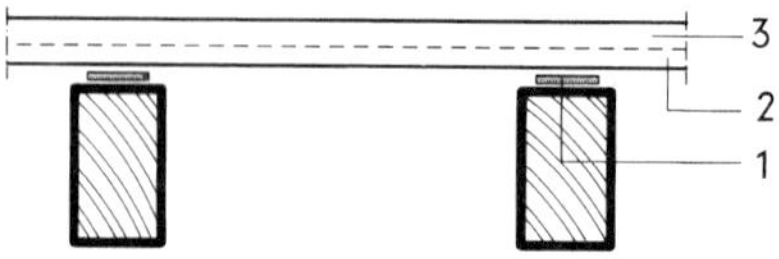

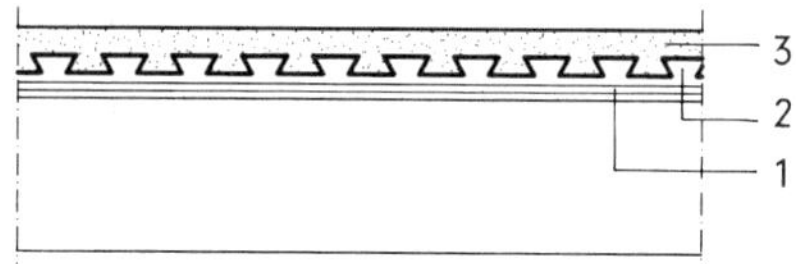

b)

9.61 Deckenauflagen

a) Dielung oder Spanplatten auf Filzstreifen o. ä.
b) Auflage aus Trapezblech mit Gießestrich (Längs- und Querschnitt)
1 Filzstreifen
2 Verzinktes Trapezblech
3 Gießestrich

9.4 Gewölbe

Gewölbe können als bogenförmig oder sphärisch gekrümmte gemauerte Massivdecken betrachtet werden, deren Steine sich gegeneinander so abstützen, daß sie untereinander nur auf Druck beansprucht sind. An den Auflagern müssen neben vertikalen Belastungen jedoch – je nach Gewölbekonstruktion – erhebliche Horizontalkräfte aufgenommen werden.

Seit seinen Anfängen hat der Gewölbebau seine vielfachen Ausformungen gewonnen durch das Streben nach größeren Spannweiten, nach größeren Öffnungen in den Auflagerwänden, vor allem aber durch die immer weiter verfeinerten Methoden zur Bewältigung der Horizontalkräfte in den Auflagerpunkten.

Die verschiedenen historischen Gewölbeformen zur Überspannung von Räumen spielen heute nur noch in der Denkmalpflege eine Rolle. Bei Geschoßdecken sind sie durch Massivdecken bzw. durch Stahlbetonkonstruktionen verdrängt.

Die Gewölbeteile werden ähnlich wie bei Mauerbögen benannt (vgl. Bild **6**.66). Bei den Umfassungsmauern überwölbter Räume werden Widerlagermauern, die das Gewölbe tragen, von Stirnmauern oder Schildmauern, die nur zum Raumabschluß dienen, unterschieden.

Alle Gewölbeformen lassen sich im wesentlichen auf zwei Grundformen zurückführen:

— Tonnengewölbe mit zylindrischer Wölbfläche und

— Kuppelgewölbe mit kugelförmiger Wölbfläche.

Danach kann man die Gewölbe in zylindrische und kugelförmige (sphärische) einteilen. Zu den zylindrischen Gewölben gehören: Tonnengewölbe (auch die sogenannten „preußischen Kappen"), Klostergewölbe, Muldengewölbe, Spiegelgewölbe, römisches Kreuzgewölbe (Bild **9**.62 bis **9**.64).

Den Übergang zu den sphärischen Gewölben bilden: Kreuzgewölbe mit Bogenstich und Busung, Stern-, Netz- und Fächergewölbe. Zu den sphärischen Gewölben gehören: Kuppelgewölbe, Hängekuppel, Zwischenkuppe, böhmische Kappe (Bilder **9**.65 bis **9**.67).

9.4.1 Tonnengewölbe

Das Tonnengewölbe läßt nur eine beschränkte Ausnutzung seiner Raumhöhe zu. Die Gewölbefläche reicht an den Widerlagermauern tief herab und muß für die Anordnung von Fenstern und Türen Durchbrechungen erhalten, die durch sog. Stichkappen in Zylinder- oder Kegelform mit waagerechter oder geneigter Achse geschlossen werden. Die Wölbfläche ist im allgemeinen die eines halben geraden Kreiszylinders (Bild **9**.62).

Größere und stark belastete Gewölbe sind mit Hilfe des Stützlinienverfahrens statisch zu erfassen.

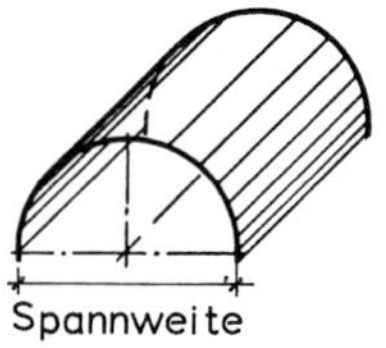

9.62 Gerades halbkreisförmiges Tonnengewölbe

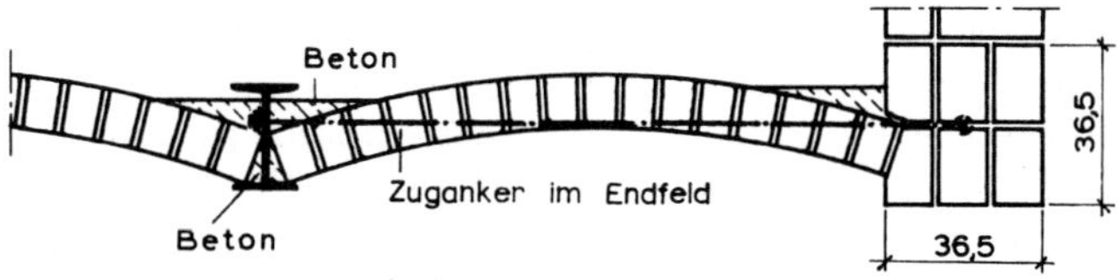

9.63 Preußisches Kappengewölbe

9.4.2 Preußisches Kappengewölbe

Der Form nach bildet das sogenannte preußische Kappengewölbe einen Teil eines Tonnengewölbes. Die Wölblinie ist ein Flachbogen mit einer Stichhöhe von $1/5$ bis $1/10$ der Spannweite.

Wegen der geringen Stichhöhe ist das preußische Kappengewölbe nur für kleinere Spannweiten anwendbar. Größere Räume müssen in kleinere Felder aufgeteilt werden. In Bild **9**.63 ist die Anordnung der Kappen zwischen I-Trägern dargestellt.

Bei Kappendecken treten in den Endfeldern beträchtliche Horizontalkräfte auf. Sie werden aufgehoben durch Zuganker, die den letzten Träger mit dem Randauflager koppeln.

9.4.3 Klostergewölbe, Muldengewölbe, Spiegelgewölbe

Das Klostergewölbe (Bild **9**.64) entsteht aus der rechtwinkligen Kombination von zwei Tonnengewölben zur Überspannung quadratischer Grundrisse. Der Diagonalbogen (Kehlbogen) ist eine Ellipse; sämtliche Umfassungswände sind Widerlager. Das Klostergewölbe eignet sich im allgemeinen nicht zur Überdeckung von niedrigen Räumen, da die allseitig tief herabreichenden Wölbflächen die Anlage der Tür- und Fensteröffnungen erschweren.

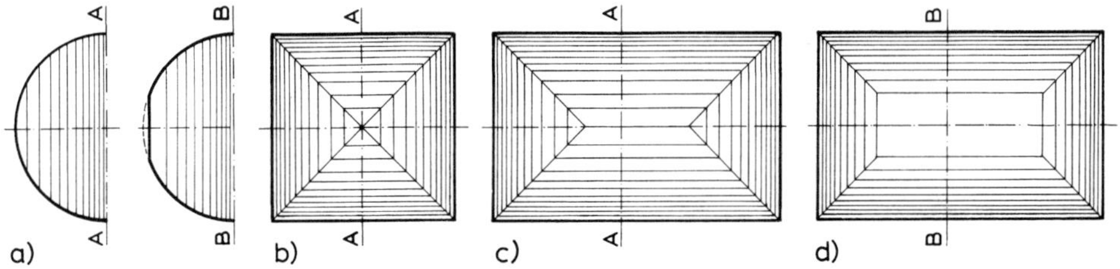

9.64 Klostergewölbe

a) Querschnitt, b) über quadratischem Raum, c) Muldengewölbe, d) Spiegelgewölbe

Das Muldengewölbe ist ein Tonnengewölbe über Rechteckgrundriß, das auf beiden Seiten durch halbe Klostergewölbe geschlossen wird (Bild **9**.64 c).

Spiegelgewölbe sind Kloster- und Muldengewölbe, deren oberer Teil durch eine waagerechte Fläche, den Spiegel, ersetzt wird. Die verbleibenden Gewölbeteile nennt man Vouten (Bild **9**.64 d).

9.4.4 Kreuzgewölbe

Das Kreuzgewölbe entsteht als Durchdringung von 2 Tonnen (Bild **9**.65). Die Kappen können entweder zylindrisch oder gebust, d. h. allseitig (kugelartig) gekrümmt sein.

Schildbögen (Wandbögen) heißen die Linien, in denen die Kappen an Umfassungswände anschließen; sie können Halbkreise, Spitzbögen oder elliptische Bögen sein. Grate heißen die Linien, in denen sich die Kappen durchdringen.

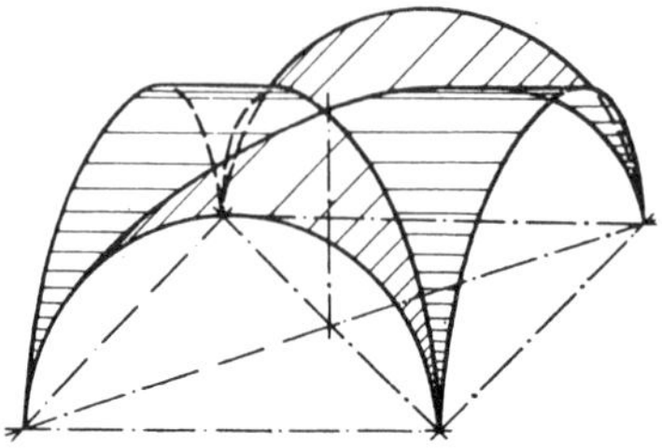

9.65 Kreuzgewölbe über quadratischem Raum (römisches Kreuzgewölbe)

Bei zylindrischen Gewölben (Bild **9**.66) sind die Gratbögen durch „Vergatterung" aus den Wandbögen zu bestimmen.

Bei „gebusten" Wölbungsflächen können Wand- und Gratbögen, wie z. B. in Kreuzgewölben, unabhängig voneinander angenommen werden (Bild **9**.68 und **9**.69).

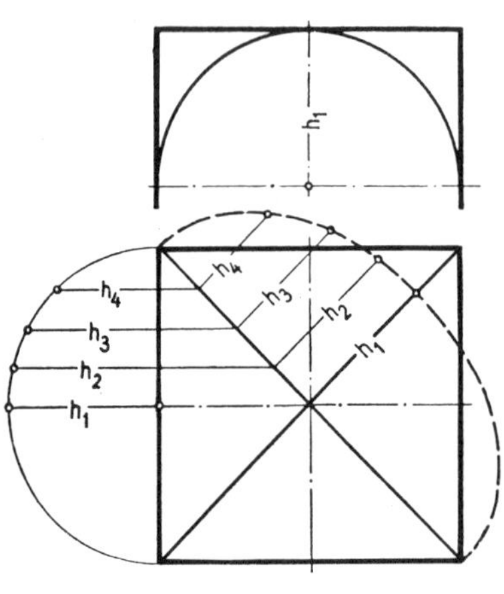

9.66 Römisches Kreuzgewölbe (zylindrische Kappenflächen, gerade, waagerechte Scheitellinie)

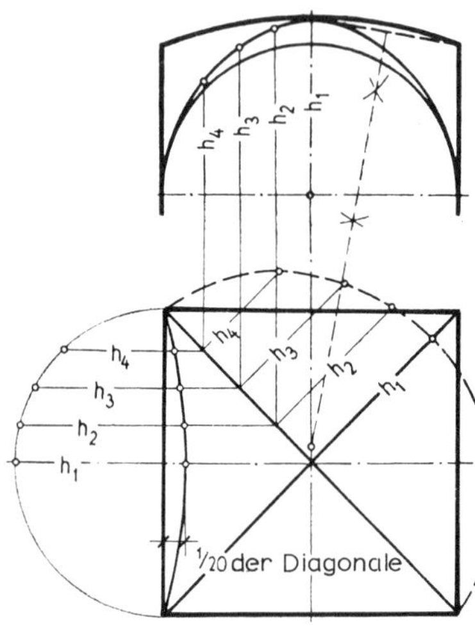

9.67 Romanisches Kreuzgewölbe mit Bogenstich

Die Scheitellinien der zylindrischen Kappen sind gerade oder – wegen des Setzens – mit geringer Steigung („mit Stich") nach dem Gewölbescheitel zu angeordnet.

Die Scheitellinien der gebusten Kappen sind bogenförmig.

Das Kreuzgewölbe besitzt gegenüber anderen Gewölbeformen den statischen Vorzug, daß es die Gewölbelast über die Grate fast ganz auf die Ecken des Raumes überträgt. Das Widerlager an den Ecken wird durch Mauern, Pfeiler oder Säulen gebildet.

Die Umfassungswände können durch Gurtbögen ersetzt werden (offene Gewölbe).

Kreuzgewölbe ermöglichen eine günstige Beleuchtung des zu überwölbenden Raumes, da man in den Schildmauern große Fensteröffnungen anlegen kann.

Zur Überdeckung größerer Räume werden mehrere Gewölbe neben- oder hintereinandergereiht. Die einzelnen Felder nennt man Gewölbejoche; sie werden durch Gurtbögen voneinander getrennt. Eine Jochreihe nennt man ein Schiff; ein Raum mit 2, 3 oder mehr nebeneinanderliegenden Jochreihen heißt zwei-, drei- oder mehrschiffig.

Der historischen Entwicklung nach unterscheidet man:

1. Das römische Kreuzgewölbe (Bild **9**.66); es ist die Durchdringung zweier Tonnengewölbe gleicher Spannweite.
2. Das romanische Kreuzgewölbe; es ersetzt den flachelliptischen, stark schiebenden Gratbogen des römischen Kreuzgewölbes durch überhöhte Bogenformen bis hin zu einem Halbkreis (Bild **9**.67 und **9**.68).
3. Das gotische Kreuzgewölbe hat halbkreisförmige oder stumpfspitzbogenförmige Gratbögen (Bild **9**.69). Die Schildbögen sind Spitzbögen, die Kappenflächen gebust.

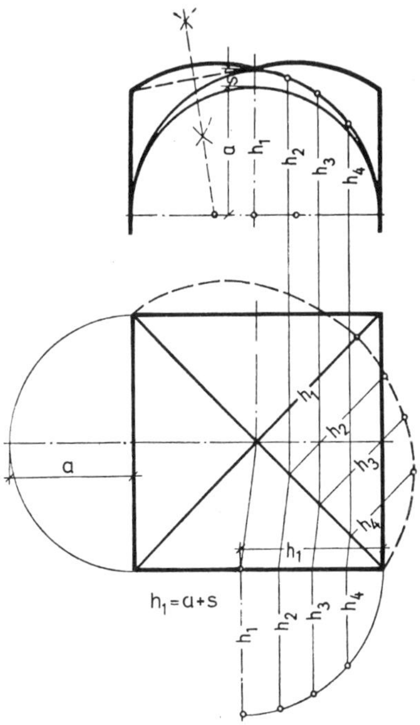

9.68 Romanisches Kreuzgewölbe mit Busung und Stich

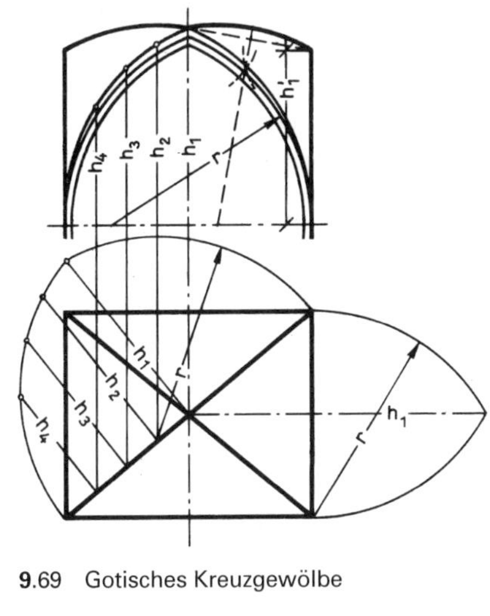

9.69 Gotisches Kreuzgewölbe

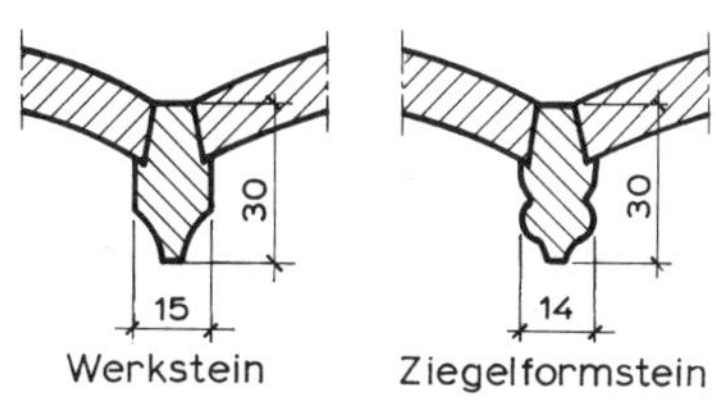

9.70 Gewölberippen

Kreuzgewölbe können auch mit selbständigen Rippenbögen ausgeführt werden, gegen die sich die Kappen seitlich stützen. Der größere Teil des Rippenquerschnitts tritt nach unten vor und endet in einem Profil (Bild **9**.70). In den Gewölbescheitel wird ein Schlußstein gesetzt, gegen den die Gratrippen anlaufen.

Eine Weiterentwicklung der Gewölbetechnik bildet in gewissem Sinne das Bauen mit sehr dünnwandigen Stahlbetonschalen, die infolge der monolithischen Eigenschaften des Werkstoffs (Aufnahme von Druck-, Zug- und Biegekräften) größte Spannweiten zulassen.

9.5 Balkone und Loggien

9.5.1 Allgemeines

Balkone erhöhen, wenn sie ausreichend bemessen sind und hinsichtlich Himmelsrichtung und Wetterschutz richtig geplant sind, den Wohnwert von Geschoßwohnungen beträchtlich. Sie können bei bestimmten Gebäudetypen (z.B. Laubenganghäuser) Erschließungswege bilden. Bei ausgedehnten oder hohen Gebäuden dienen sie vielfach als Fluchtweg sowie als Plattform für die Reinigung und Instandhaltung der Gebäudeaußenflächen. Im übrigen stellen Balkone seit jeher ein interessantes Gestaltungselement für Fassaden dar.

Die Decken von Balkonen und Loggien sind als Sonderfälle für die Ausführung von Decken zu betrachten.

Hinsichtlich der Grundrißgestaltung können Balkone ausgebildet werden als

— freie Balkone (Bild **9**.71 a)
— Eckbalkone (Bild **9**,71 b)
— teilweise eingezogene Balkone (Bild **9**.71 c)
— eingezogene Balkone (Bild **9**.71 d)

In jedem Fall liegen die Balkonflächen vollständig im Außenbereich.

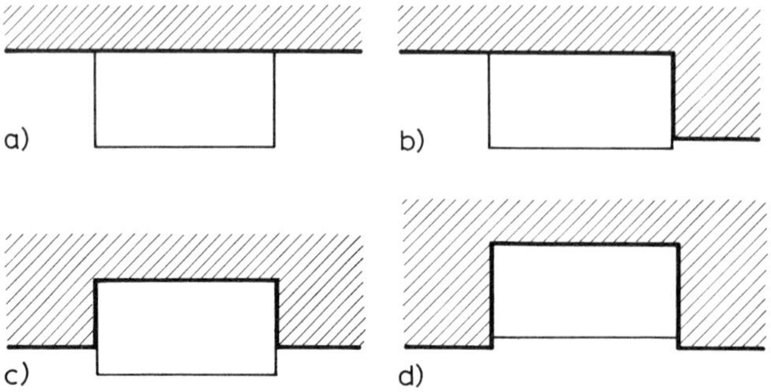

9.71
Grundrißformen von Balkonen
a) Freibalkon
b) Eckbalkon
c) teilweise eingezogener Balkon
d) ganz eingezogener Balkon

Loggien entstehen, wenn übereinanderliegende eingezogene Balkone untereinander ganz oder teilweise durch Wände oder Verglasungen verbunden werden. Die Unterseiten der Loggien-Deckenflächen liegen im Innenbereich, können aber auch – z. B. im untersten Geschoß – mit der Unterseite an den Außenbereich angrenzen. Bei eingezogenen Loggien ist die Bodenfläche für darunterliegende Räume praktisch eine begehbare Flachdachfläche (s. Abschn. 2 in Teil 2 dieses Werkes).

Grundsätzlich muß beachtet werden:

- Stahlbeton-Balkonplatten sind in besonderem Maße Temperatureinwirkungen unterworfen, wenn sie allseitig der Außenluft ausgesetzt sind. Die daraus resultierenden Längenänderungen dürfen sich nicht auf das übrige Bauwerk auswirken.
- Die außenliegenden Konstruktionsteile von Balkonen und Loggien dürfen keine „Wärmebrücken" zu innenliegenden Konstruktionsteilen bilden. Es müssen ausreichende Vorkehrungen gegen Wärmeübertragung getroffen werden.
- Balkonfußböden müssen trittsicher und witterungsbeständig (insbesondere frostbeständig) sein.

Die Ränder und Bauwerksanschlüsse von Balkonen und Loggien müssen sehr unterschiedliche Beanspruchungen erfüllen. Deckenanschlüsse, freie Ränder, Fassadenanschlüsse, Anschlüsse in den Leibungen von Fenstertüren und Fenstertüranschlüsse erfordern eine genaue Detailplanung und eine sorgfältige Überwachung der einwandfreien Ausführung. Wegen der vielen Fehlerquellen wird in letzter Zeit deshalb immer mehr die Ausführung frei vor der Fassade stehender Balkone bevorzugt (s. Bilder **9**.78 und **9**.79).

- Durch entsprechende Abdichtungen muß das Eindringen von Feuchtigkeit in angrenzende Bauwerksteile verhindert werden.
- Balkone müssen ausreichend hohe und sichere Geländer haben.
- Größere Balkon- und Loggienflächen müssen über gesonderte Grundleitungen entwässert werden.
- Bei Loggien ist ggf. für ausreichenden Wärmeschutz darüber- oder darunterliegender Gebäudeteile zu sorgen.

9.5.2 Tragende Bauteile

Balkone werden in der Regel im Zusammenhang mit den Geschoßdecken hergestellt. Insbesondere, wenn sie auch als Sicherung gegen Brandüberschlag zwischen den Geschossen dienen (vgl. Abschn. 15.7), werden sie in Stahlbeton ausgeführt.

Kragplatten stellen die technisch einfachste Form für die Ausführung von frei vor der Gebäudeflucht stehenden Balkonen dar. Um bereits in der Rohbauphase das Eindringen von Niederschlagswasser in die angrenzenden Gebäudeteile zu vermeiden und als zusätzliche Schutzmaßnahme zur Abdichtung (s. Abschn. 9.5.3) sollten Balkon- und Loggien-Rohdecken immer mindestens 2 cm tiefer geplant werden als die anschließenden Geschoß-Rohdecken.

Dadurch wird in der Rohbauphase Regenwasser auf den Balkonplatten vom Gebäudeinneren ferngehalten. Insbesondere kann es später bei Schäden oder Ausführungsfehlern an der Abdichtung (s. Abschn. 9.5.3) nicht so leicht zu folgenschweren Durchnässungen der innen anschließenden Fußbodenkonstruktionen kommen.

Es ist ratsam, die Unterseite freistehender Balkonplatten nach vorn ansteigen zu lassen, weil – auch bei richtig berücksichtigter Durchbiegung der fertigen Kragplatten – in vielen Fällen der optische Eindruck entsteht, daß die Platten nach vorn durchhängen.

Bei längeren Kragplatten (z. B. bei Laubengängen) ist die Längenänderung in Längsrichtung nur dann in vertretbaren Grenzen zu halten, wenn im Abstand von höchstens 5,00 m Unterteilungen durch Dehnfugen vorgesehen werden (Bild **9**.72). Wichtig ist dabei, daß diese Dehnungsfugen auch in fest verklebten Abdichtungen und in fest (z. B. in Mörtelbett) verlegten Bodenplatten durchlaufen und einwandfrei abgedichtet werden.

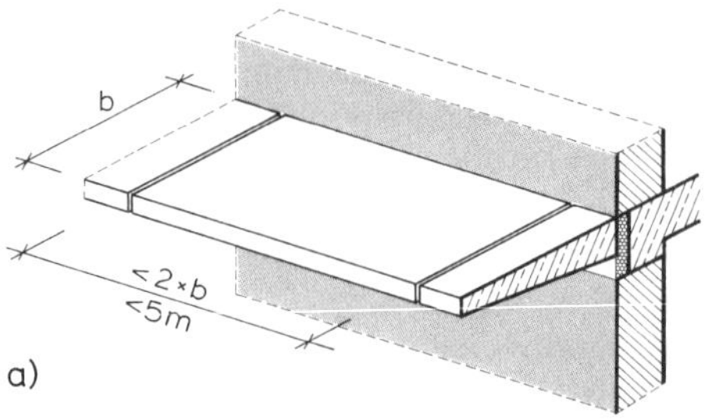

a)

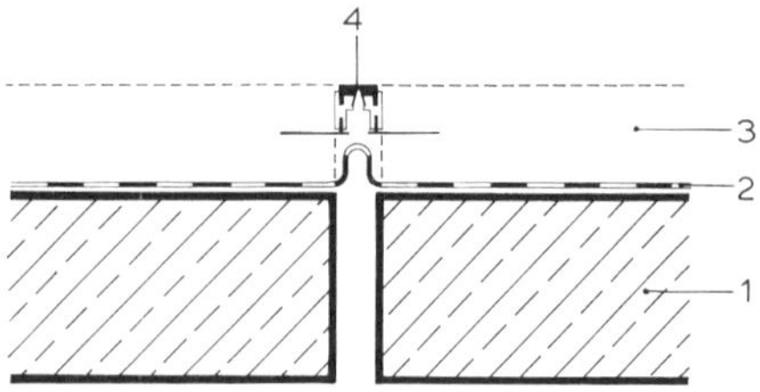

b)

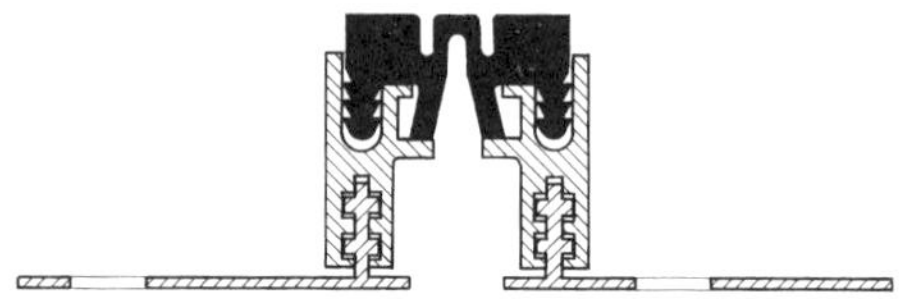

c)

9.72
Dehnfugen in Kragplatten
a) Fugenabstände
b) Schnitt
c) Fugenprofil (MIGUA)
1 Kragplatte
2 Abdichtung mit Dehnungsschlaufe
3 Gehbelagaufbau, s. Bilder **9**.78 ff.
4 Fugenprofil

Die Stahlbetonkragplatten bilden wegen ihrer großen Außenflächen besonders kritische Wärmebrücken. Die Wärmeübertragung auf die angrenzenden raumseitigen Geschoßdecken muß daher durch konstruktive Maßnahmen verhindert werden. Wenn der erforderliche Wärmeschutz durch anbetonierte Leichtbauplatten o.ä. erreicht werden soll, ist eine Schwächung der statisch nutzbaren Sturz- und Deckenquerschnitte unvermeidbar (Bild **9**.73). Der arbeitstechnische Mehraufwand und die entsprechend erforderlichen größeren Gesamtdimensionierungen sind unwirtschaftlich.

Eine bessere Lösung kann darin bestehen, daß die Unterseite der angrenzenden Geschoßdecke einen Wärmeschutz durch eine geeignete Unterdecke erhält (z.B. Holzschalung mit eingelegten Wärmedämmplatten, Bild **9**.74).

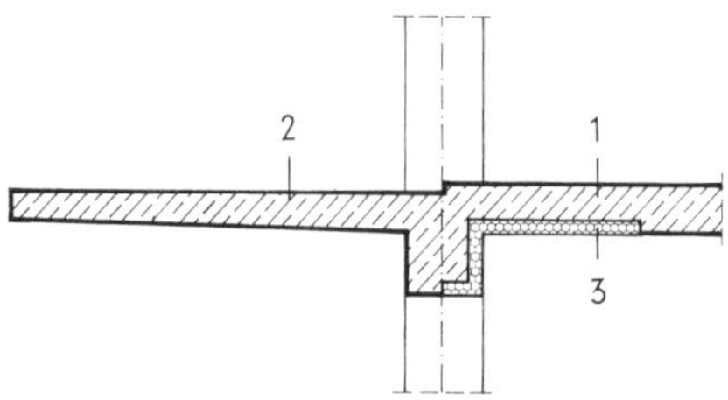

9.73 Balkonplatte als Kragplatte
1 Geschoßdecke
2 Balkonplatte
3 Wärmedämmung

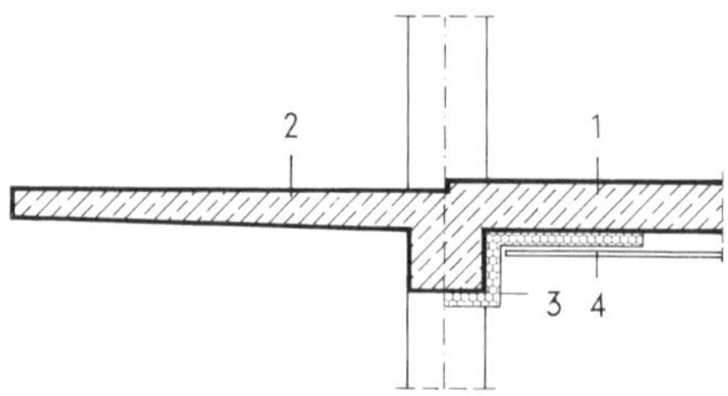

9.74 Balkonplatte als Kragplatte
1 Geschoßdecke
2 Balkonplatte
3 Wärmedämmung
4 Deckenbekleidung, abgehängte Decke

Es ist jedoch grundsätzlich vorteilhafter, Balkonplatten von den Geschoßdecken bzw. dem gesamten Gebäude thermisch zu trennen. Das kann konstruktiv erreicht werden durch

– Kragplatten mit thermischer Trennung durch wärmedämmende statisch wirksame Zwischenbauteile (Bild **9**.75).

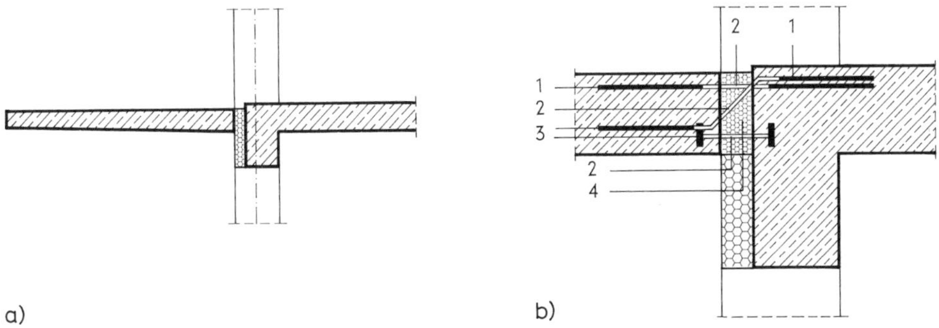

9.75 Balkonplatte als Kragplatte mit „thermischer Entkoppelung" (SCHOECK-Isokorb)
a) Schnitt, b) Detail
1 Betonstahl
2 Edelstahl V4A
3 Stahlplatte St 37
4 Polystyrol Gr.040, 80 mm

– Balkonplatten auf Kragträgern, die in die angrenzenden Deckenplatten oder Wände einbinden. Die statische Spannrichtung ist parallel zur Fassadenfläche. Die Kragträger werden aus konstruktivem Leichtbeton hergestellt (s. Abschn. 5.1.7), oder sie werden in ausreichender Tiefe innerhalb des Gebäudes gegen Wärmeübertragung (z. B. durch anbetonierte Holzwolle-Leichtbauplatten) geschützt (Bild **9**.76).

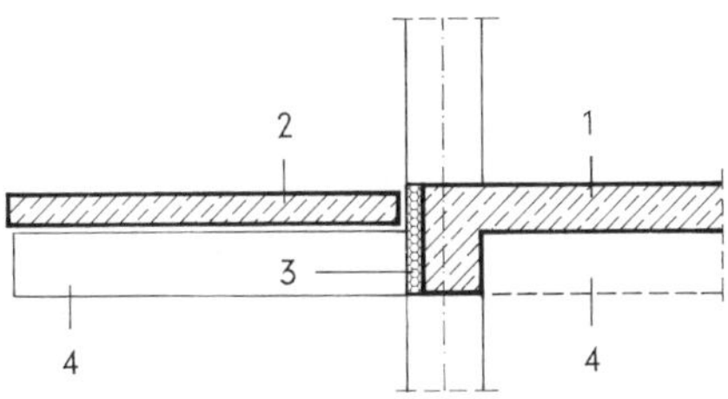

9.76 Balkonplatte auf Kragträgern
1 Geschoßdecke
2 Balkonplatte
3 Wärmedämmung
4 Kragträger mit Wärmedämmung

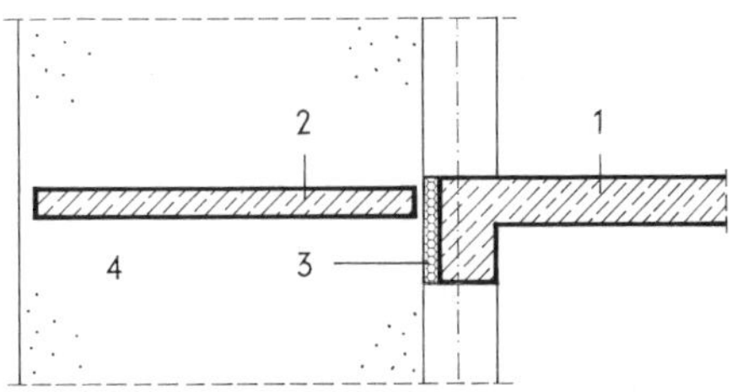

9.77 Balkonplatte auf seitlichen Mauerscheiben
1 Geschoßdecke
2 Balkondecke
3 Wärmedämmung
4 seitliche Mauerscheiben

– Balkonplatten aufgelagert auf Stützen oder Wandscheiben vor der Fassade (Bild **9**.77). Insbesondere für teilweise oder ganz eingezogene Balkone (Bild **9**.71 c und d) sollte diese Lösung immer vorgezogen werden.
– Balkon aufgelagert auf Konsolen und freistehenden Stützen (Bild **9**.78).
– Balkone auf Stützen frei vor der Fassade stehend (Bild **9**.79).

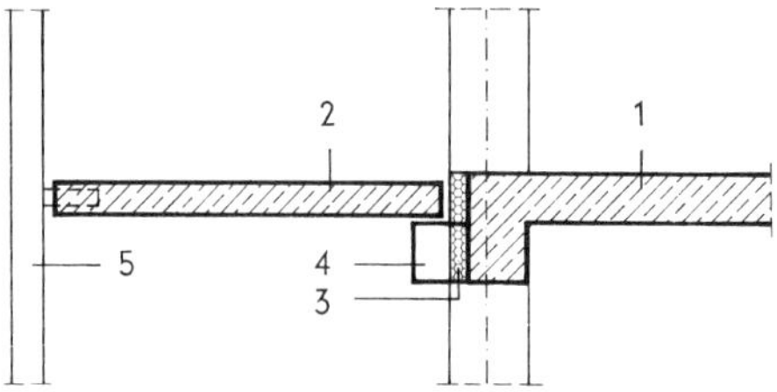

9.78 Balkonplatte auf Konsolen und frei stehenden Stützen
1 Geschoßdecke
2 Balkonplatte
3 Wärmedämmung
4 Konsolen
5 Stützen

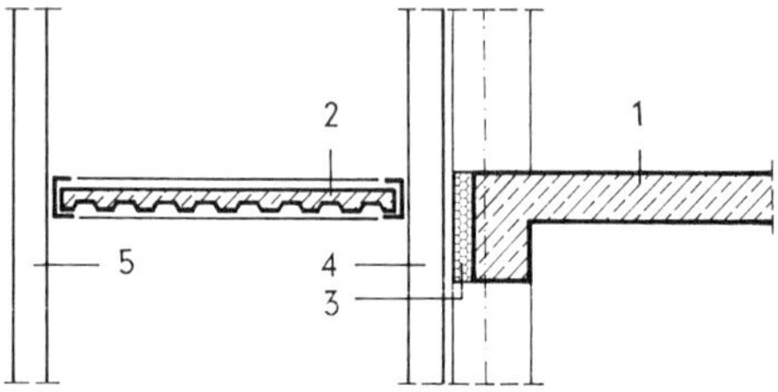

9.79 Balkonplatte auf frei stehenden Stützen
1 Geschoßdecke
2 Balkonplatte (hier: Stahlbeton auf Trapezblech in Rahmen aus [-Profil)
3 Wärmedämmung
4 Konsolen
5 Stützen

9.5.3 Abdichtung

Werden Balkone mit Hilfe von Fertigteilen aus wasserundurchlässigem Beton (s. Abschn. 5.1.6) auf Konsolen, Kragplatten oder Stützen unabhängig von den Geschoßdecken ausgebildet (Bilder **9**.76, **9**.78 und **9**.79), sind Abdichtungen auf den Konstruktionsflächen nicht unbedingt erforderlich.

In allen anderen Fällen sind die tragenden Platten von Balkonen und Loggien durch eine Abdichtung nach DIN 18195 zu schützen. Die Abdichtung soll Sickerwasser, das durch die Fugen der Bodenbeläge eindringt, möglichst rasch zu Entwässerungsabläufen oder Tropfkanten ableiten. Dies und die Oberflächenentwässerung wird am besten erreicht, wenn der gesamte Aufbau des Gehbelages und der Abdichtungen mit einem Gefälle von 1 bis 2 % (bei sehr rauhen Oberflächen ggf. mehr!) ausgeführt wird.

Die Herstellung von Stahlbetonoberflächen mit Gefälle in Ortbeton ist meistens unwirtschaftlich. Es wird daher besser ein Gefälleestrich als Verbundestrich aufgebracht.

Es muß darauf geachtet werden, daß an Materialübergängen, an Klebeflanschen von Entwässerungsabläufen, Einlaufblechen usw. keine Überhöhungen auftreten.

Materialstöße der Dichtungsbahnen sollen parallel zur Hauptfließrichtung liegen.

Dehnfugen (Abschn. 9.5.2) sind durch eingeklebte Fugenprofile zu überbrücken (Bild **9**.72 und **9**.87).

Die Abdichtung kann mit mehrlagig voll aufgeklebten Bitumen-Dichtungsbahnen oder einlagig lose verlegten Kunststoffdichtungsbahnen (hochpolymere Dichtungsbahnen) hergestellt werden (s. Abschn. 15.4). Noch nicht in die Normung aufgenommen, in der Praxis aber sehr bewährt, sind „Alternative Abdichtungen" (sogenannte Flüssigfolien). Sie bestehen aus mehrlagig flüssig aufgetragenen Kunststoffen ggf. mit Einlage von Trägervlies. Sie eignen sich ganz besonders bei komplizierten Grundrißformen und für schwierige Anschlüsse an angrenzende oder einbindende Bauteile (s. auch Abschn. 10.3.2.2).

Der gesamte Aufbau von Balkonbelägen erfordert – insbesondere wegen des Gefälleestriches – in der Regel mehr Höhe als der Fußbodenaufbau innerhalb des Gebäudes. Die Oberkante der Konstruktionsflächen muß daher entsprechend tiefer geplant werden, was bei Kragplatten (Bild **9**.72) oft auf konstruktive Schwierigkeiten stößt.

Bei der Ausführung von Abdichtungsarbeiten sind auch die „Flachdachrichtlinien" [10] zu beachten. Danach sind Abdichtungen an angrenzenden aufgehenden Wänden mindestens

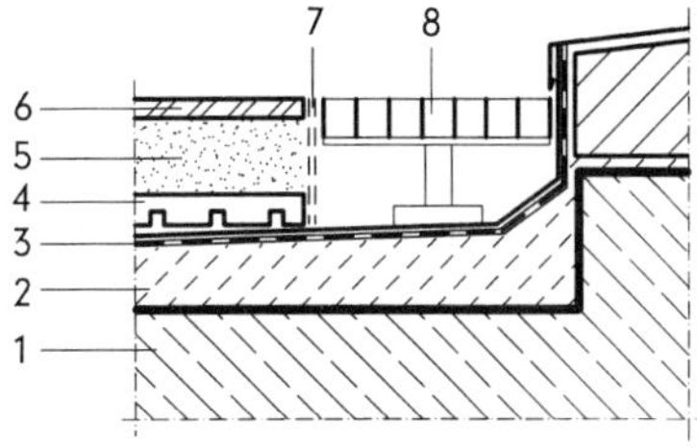

9.80
Balkonübergang mit Drainrost (AquaDrain®)
1 Stahlbetonplatte
2 gefällebeton
3 Abdichtung mit Gleitfolie
4 Drainplatte
5 Druckverteilungsplatte mit Bewehrung
6 keramische Platten in Dünnbett
7 Lochwinkel
8 Drainrost, höhenverstellbar

15 cm über die Fertighöhe der Plattenbeläge – auch an den unteren Blendrahmenprofilen von Fenstertüren – hochzuführen und gegen mechanische Beschädigungen zu schützen.

Davon kann nur abgesehen werden, wenn durch Entwässerungsvorrichtungen oder durch seitliche Abflußmöglichkeit für Niederschlagwasser mit einer Staubildung – auch bei Schneematsch – vor den Fenstertüren nicht zu rechnen ist.

Auch in diesen Fällen soll die Abdichtung zur Sicherung gegen Schnee und Eisbildung mindestens 5 cm über die Oberkante der Gehbeläge bzw. des Gitterrostes hochgezogen werden.

Bei konsequenter Weiterführung der hochgezogenen Abdichtung, auch im Bereich von Türen bzw. Fenstertüren, ist eine Höhendifferenz von 15 bis 17 cm zwischen Innen- und Außenfußboden nicht zu vermeiden. Kann eine derartige Zwischenstufe nicht in Kauf genommen werden (z. B. Berücksichtigung von Behinderten), ist es möglich, die Bodenbeläge durch einen etwa 10 bis 15 cm breiten Abstand vom Türanschluß zu trennen, der mit einem Gitterrost überdeckt wird (Bild **9**.80). In Loggien können eingelegte Gitterroste – auch aus imprägnierten Harthölzern – den höhengleichen Übergang zwischen Innen- und Außenflächen ermöglichen (Bild **9**.81).

Bei Ausführung der Balkonplatten nach Bild **9**.76 und **9**.77 wird die Fuge zwischen Balkonplatte und Bauwerk am besten durch einen Gitterrost überspannt (Bild **9**.82).

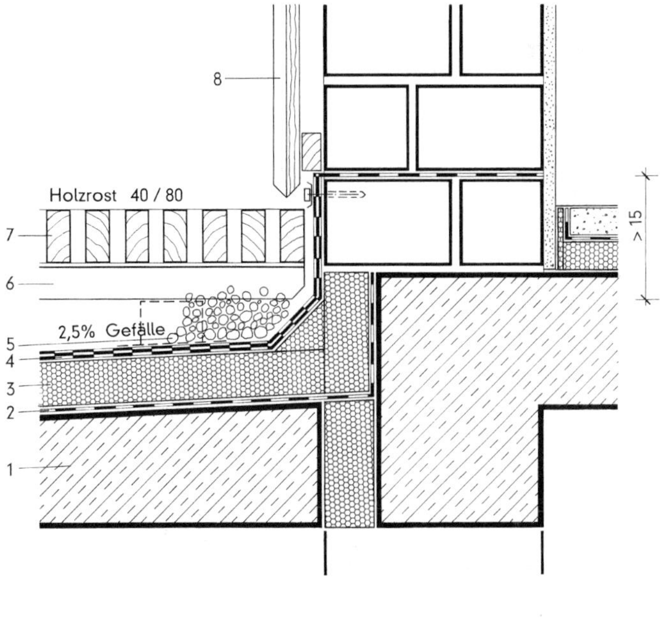

9.81
Holzgitterrost zur Höhenüberdeckung
1 Stahlbetonplatte
2 Dampfsperre
3 Wärmedämmung
4 Abdichtung
5 Kiesschüttung 8/16
6 Lagerholz, punktförmig gelagert
7 Holzrost
8 Fassadenbekleidung

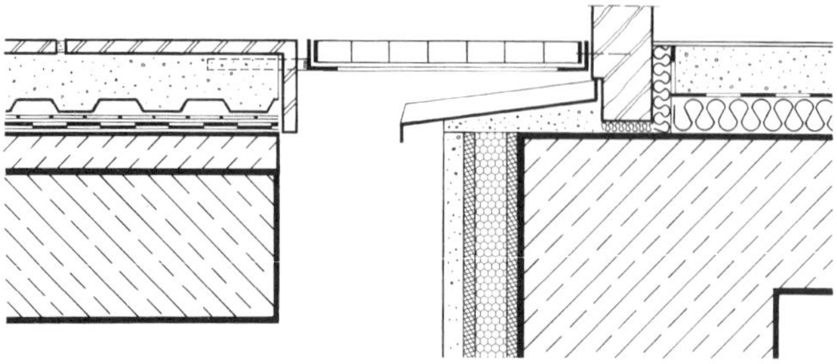

9.82
Balkonübergang mit Gitterrost

Für die Wandanschlüsse sollte in jedem Fall ein Rücksprung in den aufgehenden Wänden vorgesehen werden (Bild **9**.83 a bis c).

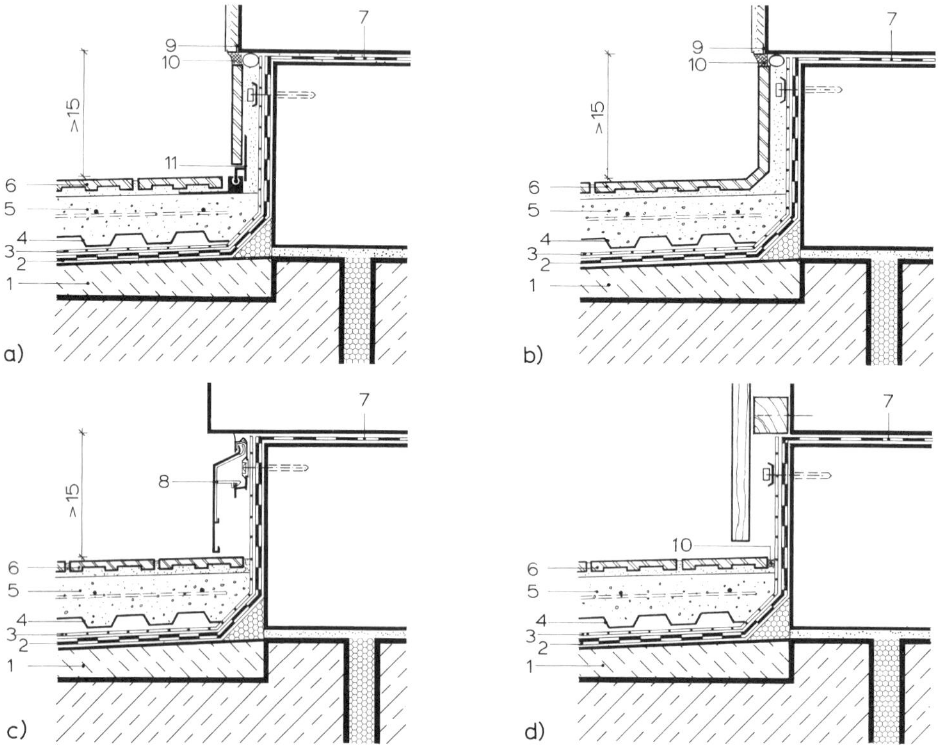

9.83 Wandanschluß von Balkonplatten

a) Wandanschluß mit Spezial-Eckprofil für Sockelplatten
b) Wandanschluß, abgedeckt mit keramischer Winkelplatte
c) Wandanschluß, abgedeckt mit Leichtmetallprofil
d) Abdichtungsanschluß hinter Wandbekleidung

1 Gefälleestrich auf Stahlbetonplatte
2 Abdichtung DIN 18 195
3 Gleitfolie
4 Dränschicht, z. B. Schlüter Troba-Matte (s. Abschn. 9.5.4)
5 Druckverteilungsplatte mit Bewehrung
6 keramische Platten in Dünnbett
7 Abdichtung gegen aufsteigende Baufeuchtigkeit
8 LM-Wandanschlußprofil
9 Putzabschlußprofil
10 dauerelastische Dichtung
11 Eckprofil (Schlüter)

Wenn der Schutz der hochgezogenen Abdichtungen durch angemörtelte Sockelplatten hergestellt werden soll, sind sorgfältige Putzanschlüsse am besten mit Hilfe von Anschlußprofilen und dauerelastisch abgedichteten Fugen erforderlich. Die Fuge am Übergang zu den Bodenbelägen ist mindestens mit sorgfältig eingebrachten dauerelastischen Dichtungsmassen, besser unter Verwendung spezieller Anschlußprofile (Bild **9**.83 a) oder mit speziellen Sockel-Formsteinen (Bild **9**.83 b) auszuführen.

Ferner kommen Spezial-Leichtmetallprofile (Bild **9**.83 c) in Frage, oder Wandbekleidungen werden über die hochgezogene Abdichtung bis auf die Gehbeläge hinuntergeführt (Bild **9**.83 d).

Besteht bei Balkonflächen, die stark Niederschlägen ausgesetzt sind, die Gefahr der Durchnässung anschließender Wände durch Spritzwasser, sollten Schutzmaßnahmen ähnlich denen im Sockelbereich eingeplant werden (vgl. Abschn. 15.4.4).

9.5.4 Bodenbeläge

Balkonplatten können sehr wirtschaftlich lediglich aus sauber geglättetem wasserundurchlässigem Stahlbeton in Ortbetonbauweise oder aus einem Fertigteil gebildet werden, dessen Oberfläche durch imprägnierende Behandlung oder Anstrich vergütet wird. Meistens werden jedoch die Gehflächen von Balkonen und Loggien mit keramischen Platten, Naturwerkstein oder Betonwerkstein gestaltet.

Klein- und mittelformatige Platten können nur bei kleinen Flächen und auf Unterkonstruktionen ohne Wärmedämmschichten und ohne Abdichtung direkt auf der mit Gefälle hergestellten Oberfläche oder auf dem Gefälleestrich in Mörtel (Dickbett) oder in Dünnbett verlegt werden (Bild **9**.84).

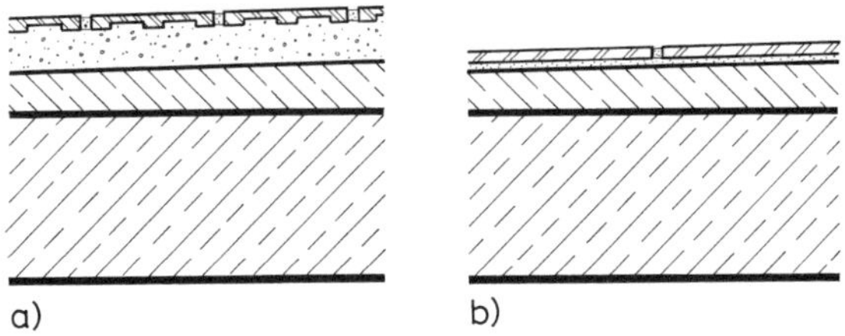

9.84
Verlegung von Bodenplatten auf Flächen ohne Abdichtung
a) Spaltplatten in Mörtelbett
b) Bodenplatten in Klebemörtel (Dünnbett)

Auf Balkonflächen mit Abdichtung ist die Verlegung nur in Verbindung mit einer Dränschicht möglich. Sie kann bestehen aus profilierten Kunststoffplatten (Bild **9**.85 a), aus Schaumstoff-Dränagematten (Bild **9**.85 b) oder auch aus Einkornleichtbeton (Bild **9**.85 c). Zwischen der Dränschicht und der Abdichtung ist als Gleitschicht eine Trennlage aus doppellagigen Kunststoff-Folien anzuordnen.

Auf die Dränschicht wird ein je nach Größe der Flächen mindestens 4 cm dicker Betonestrich nach DIN 18560 mit Bewehrung (Betonstahlmatten DIN 488, z. B. N 94 oder Betonstahlgitter 50/50/2, 75/75/3 oder 100/100/3, nicht rostender Stahl) als Lastverteilungsschicht aufgebracht. Auf diesem können die Platten im Dick- oder Dünnbett verlegt und anschließend verfugt werden.

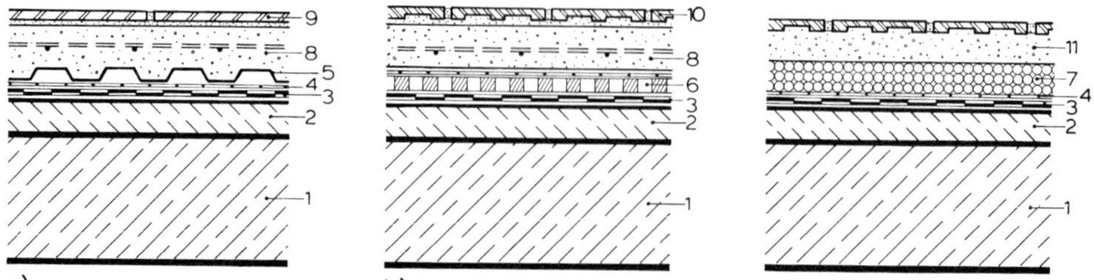

a) b) c)

9.85 Verlegung von Bodenplatten auf Flächen mit Abdichtung
a) Bodenfliesen in Dünnbett
b) Spaltplatten in Dünnbett
c) Spaltplatten in Mörtel (Dickbett)

1 Stahlbetonplatte
2 Gefälleestrich
3 Abdichtung DIN 18195
4 Gleitfolie
5 Kunststoff-Dränplatte (SCHLÜTER-Troba)
6 Schaumstoff-Dränplatte (Aquadrain)
7 Dränschicht aus Einkornbeton
8 Druckverteilung B 25 mit Bewehrung
9 keramische Platten in Dünnbett
10 Spaltplatten in Dünnbett

Durch die unterschiedlichen Materialeigenschaften und durch Temperatureinflüsse entstehen in den Oberflächen Spannungen, die zu Rissen in den Belägen führen. In Mörtel verlegte Beläge sind daher durch Bewegungsfugen zu unterteilen (Bild **9**.86). Der Abstand richtet

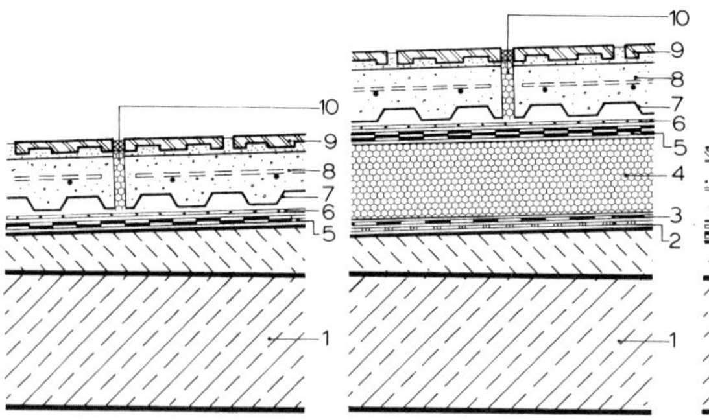

a) b)

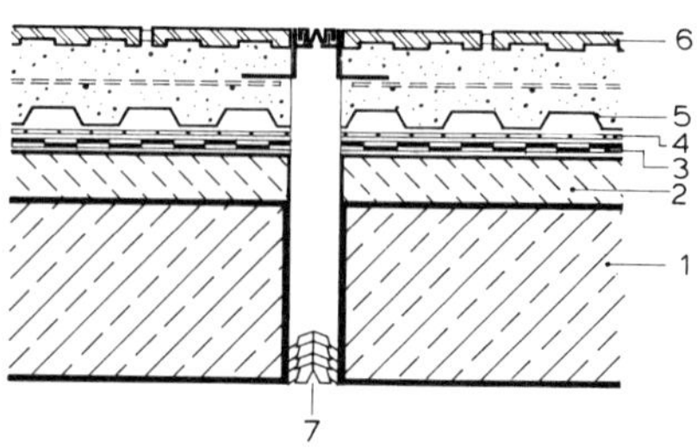

9.86 Dehnfugen
a) Balkonplatte mit Abdichtung
b) Dehnfuge (Plattenbelag auf Abdichtung mit Wärmedämmung)

1 Stahlbetonplatte mit Gefällebeton
2 Lochbahn als Dampfdruckausgleichsschicht
3 Dampfsperre
4 Wärmedämmung
5 Abdichtung DIN 18195
6 Gleitfolie
7 Dränplatte
8 Druckverteilung mit Bewehrung
9 Spaltplatten in Dünnbett
10 Dehnfuge mit dauerelastischer Abdichtung

9.87 Balkonplatte mit durchgehender Dehnungsfuge

1 Stahlbetonplatte
2 Gefälleestrich
3 Abdichtung DIN 18195 mit Dehnungsschlaufe
4 Gleitfolie
5 Dränplatte
6 keramische Platten in bewehrtem Mörtel oder in Dünnbett auf bewehrter Druckverteilungsplatte
7 Kunststoff-Steckprofil

sich nach der zu erwartenden Sonneneinstrahlung, nach der Farbe der verlegten Platten und auch nach der Grundrißgliederung der Flächen. Der Fugenabstand sollte zwischen 2 m und höchstens 5 m liegen, und es sollten sich Teilflächen von etwa 4 bis 6 m² Größe ergeben. An Bauwerks- oder Bauteilanschlüssen ist durch Dehnfugen die Einspannung der Beläge zu verhindern. Sind aus konstruktiven Gründen Baufugen vorhanden (s. z. B. Bild 9.72), müssen sich die Feldunterteilungen mit diesen Fugen decken (Bild **9**.87).

Großformatige Natur- oder Betonwerksteinplatten, die für größere Flächen in Frage kommen, können in einem Mörtelbett eingebaut werden. Die lose Verlegung in einer 5 bis 6 cm dicken Kiesschüttung (Körnung 6 bis 9 mm) ist jedoch günstiger (Bild **9**.88). Diese Ausführung ist insbesondere für Verlegung in Verbindung mit Wärmedämmungen nach dem Prinzip des „Umkehrdaches" (s. Abschn. 2 in Teil 2 diese Werkes) sehr vorteilhaft (Bild **9**.89).

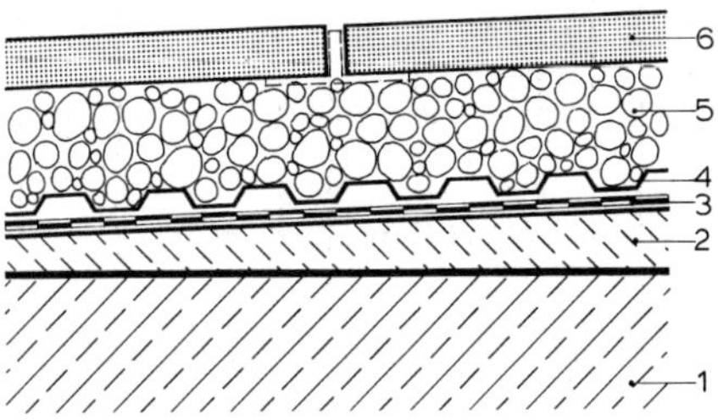

9.88 Bodenbelag aus lose verlegten großformatigen Platten in Kiesbett auf Abdichtung DIN 18 195

1 Stahlbetonplatte
2 Gefälleestrich
3 Abdichtung DIN 18 195
4 Dränplatte auf Trennlage
5 Kiesbett
6 großformatige Werkstein-Platten mit Fugenkreuzen

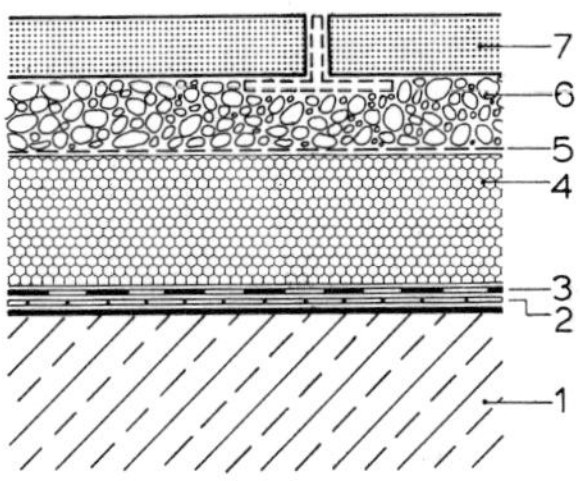

9.89 Bodenbelag aus lose verlegten großformatigen Werksteinplatten auf Wärmedämmung („Umkehrdachprinzip")

1 Stahlbetonplatte
2 Trennlage
3 Abdichtung DIN 18 195, lose verlegte Kunststoffdichtungsbahn
4 Wärmedämmung (extr. PS-Hartschaum)
5 Filtervlies
6 Kiesbett
7 großformatige Werksteinplatten mit Abstandhaltern

Für größere Flächen kann auch die Verlegung von Werksteinplatten ab etwa 50 x 50 cm Größe auf höhenjustierbaren „Stelzlagern" in Frage kommen (Bild **9**.90).

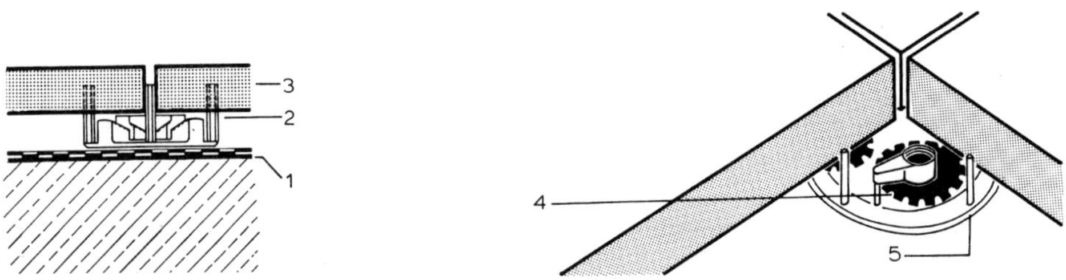

9.90 Bodenbelag aus großformatigen Platten aus Stelzlagern

1 Abdichtung DIN 18 195
2 Stelzlager (ALWITRA) mit Abstandhaltern für Plattenfugen und höhenverstellbaren Auflagern
3 Werksteinplatte
4 höhenverstellbares Auflager
5 Abstandhalter

Die verbleibenden Hohlräume dienen der Wasserableitung. Sie verschmutzen aber rasch und bieten einen idealen Unterschlupf für allerlei Kleinlebewesen. Das Reinigen der Hohlräume muß durch Abnehmen einzelner Platten möglich sein.

Bei wärmegedämmten Unterkonstruktionen muß durch lastverteilende Unterlagen sichergestellt werden, daß die Abdichtungen nicht allmählich „durchgestanzt" werden (Bild **9**.91). Besser ist auch hier die Ausführung nach dem Prinzip des „Umkehrdaches" (Bild **9**.92).

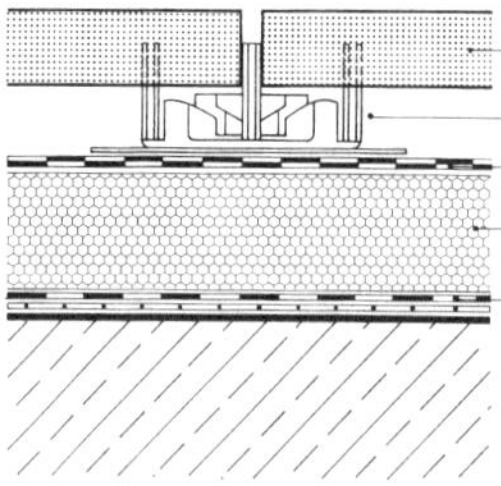

9.91 Stelzlager, Ausführung auf bituminöser Abdichtung mit Wärmedämmung

1 Dampfdruckausgleichsschicht und Dampfsperre
2 Wärmedämmung
3 Abdichtung DIN 18 195
4 Stelzlager (Alwitra)
5 großformatige Werksteinplatten

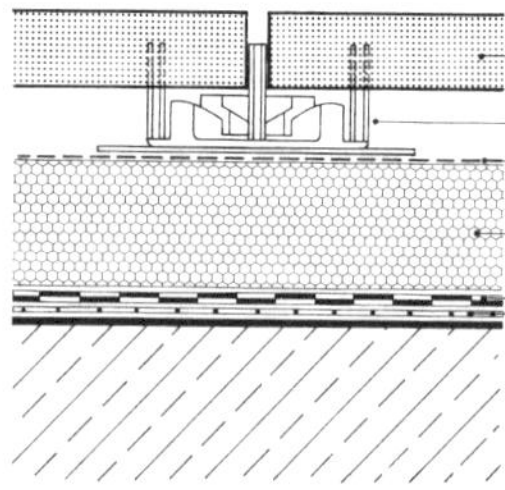

9.92 Stelzlager, Ausführung nach dem „Umkehrdach"-Prinzip

1 Trennlage
2 Abdichtung DIN 18 195, z. B. lose verlegte Kunststoffdichtungsbahn
3 Wärmedämmung (extr. PS-Hartschaum)
4 Filtervlies
5 Stelzlager (Alwitra)
6 großformatige Werksteinplatten

9.5.5 Entwässerung

Nur kleinere Balkonflächen und nur, wenn sie nicht in mehreren Geschossen übereinander liegen, können ohne Anschluß an eine Entwässerungsleitung lediglich mit Abtropfkanten ausgeführt werden. Die seitlichen Ränder erhalten dann einen Abschluß mit Aluminium- oder Messingprofilen oder aus Winkelformsteinen, die an der Stirnseite als Tropfkanten wirken (Bild **9**.93 a bis c). Winkelprofile, die bei in Mörtel verlegten Bodenbelägen den Randabschluß bilden, müssen gelocht sein, um einen rückseitigen Feuchtigkeitsstau zu vermindern. Bei massiven Brüstungen ist eine Ausführung wie in Bild **9**.93 d möglich. Ein U-Profil bildet den Übergang zwischen Bodenbelag und Brüstung, das seitlich als Wasserspeier herausgeführt ist. In jedem Fall sollten Massivplattenränder an der Unterseite umlaufende Abtropfrillen aufweisen, die mit Holz- oder Kunststoffprofilen ausgeführt werden. Sie werden in die Ortbetonschalung eingelegt, oder durch einbetonierte Randprofile aus rostfreiem Stahl gebildet (Bild **9**.93 a bis c).

Im übrigen müssen Balkon- und Loggienflächen über gesonderte Fallrohre entwässert werden (DIN 1986). Bei geschlossenen Brüstungen müssen dabei zusätzliche Notüberläufe von mind. 40 mm lichter Weite vorgesehen werden.

Möglich ist eine Entwässerung von Balkon- oder Loggienflächen über vorgehängte Rinnen (Bild **9**.94, s. Abschn. 1.6 in Teil 2 dieses Werkes). Durch eingeklebte Einlaufbleche muß sichergestellt werden, daß auch Sickerwasser, das oberhalb der Abdichtung anfällt, in die Rinnen abgeleitet wird. Bei Kunststoffabdichtungen verwendet man beschichtete Bleche, auf die die Abdichtung aufgeschweißt wird.

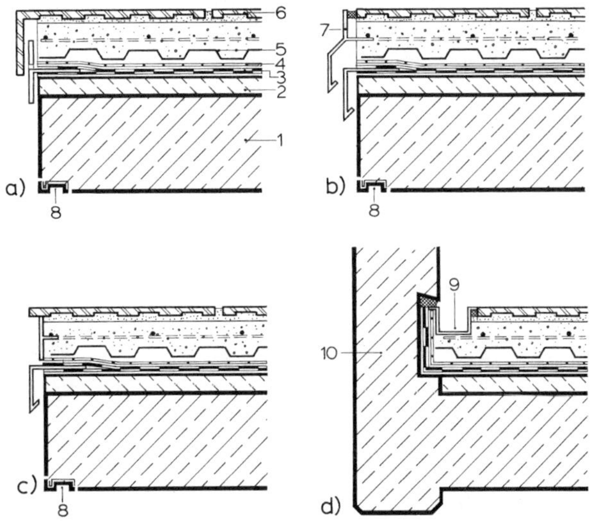

9.93
Ausführung von Balkonrändern

a) Balkonrand mit Winkelplatte
b) Balkonrand mit Drain-Abschlußprofilen (AquaDrain®)
c) Balkonrand mit T-Profil und Abtropfwinkel
d) Balkonrand mit Stahlbetonbrüstung

1 Stahlbetonplatte
2 Gefälleestrich
3 Abdichtung DIN 18 195
4 Gleitfolie
5 Dränplatte
6 keramische Platten in Dünnbett auf bewehrter Druckverteilungsplatte
7 LM-Profil mit Ablauflöchern für Sickerwasser
8 Wassernasen-Profil
9 Leichtmetall-U-Profil mit seitlichen Wasserspeiern
10 Stahlbeton-Fertigteil

Wegen des erforderlichen sorgfältigen Verbundes der verschiedenen Bauteile und -materialien, wegen ihres unterschiedlichen bauphysikalischen Verhaltens, wegen des meistens formal wenig zufriedenstellend zu lösenden Anschlusses an die Fallrohre und auch im Hinblick auf den Anschluß der Geländer (s. Abschn. 9.5.6) stellen vorgehängte Rinnen an Balkons und Loggien eine anfällige und – richtig ausgeführt – auch aufwendige Lösung für die Entwässerung dar.

Balkon- und Loggienflächen sollten daher am besten mit speziellen Ablaufgarnituren entwässert werden, die als Innenentwässerung in die Bodenflächen einzubauen sind.

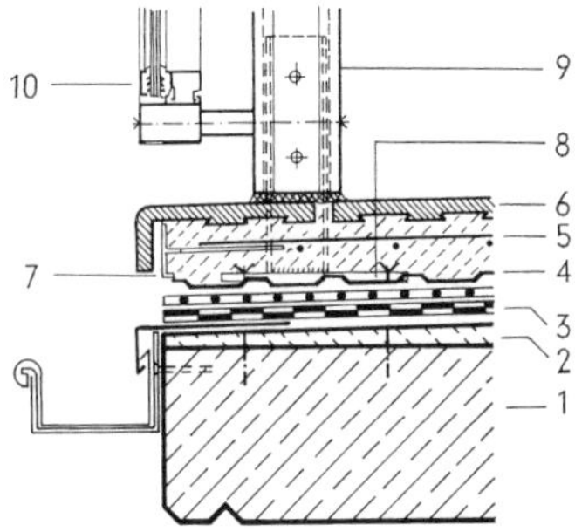

9.94 Balkonentwässerung mit vorgehängter Rinne

1 Stahlbetonplatte
2 Gefälleestrich
3 Abdichtung DIN 18 195
4 Dränplatte
5 Druckverteilung oder Verlegemörtel mit Bewehrung
6 Spaltplatten
7 LM-Randprofil (Schlüter)
8 Haltepfosten mit Ankerplatte, aufgedübelt
9 LM-Geländerpfosten, überschoben und verschraubt
10 LM-Rahmen mit Gußglasfüllung

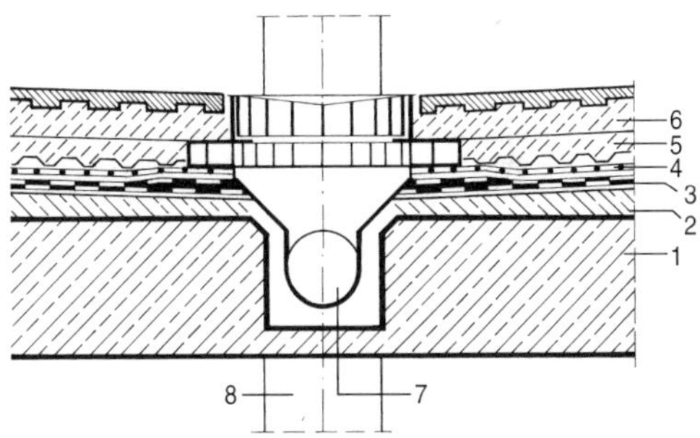

9.95 Innenentwässerung von Balkon- und Loggienflächen

1 Stahlbeton
2 Gefällebeton
3 Abdichtung
4 Gleitfolien
5 Dränschicht
6 Plattenbelag in Mörtelbett
7 seitlicher Ablauf
8 Fallrohr in Wandschlitz

Durch Verwendung von Aufstockelementen ist dabei die Entwässerung auch in der Abdichtungsebene sicherzustellen. Abläufe sind in mind. 50 cm Entfernung von Rändern oder Wandanschlüssen vorzusehen, um eine einwandfreie Ausführung der Abdichtungsarbeiten zu ermöglichen. Insbesondere, wenn die tragenden Bauteile parallel zur Fassade gespannt sind (vgl. Bild **9**.76 und **9**.77), läßt sich der Anschluß zwischen den Bewehrungsstählen verdeckt zu seitlich angeordneten Fallrohren führen (Bild **9**.95).

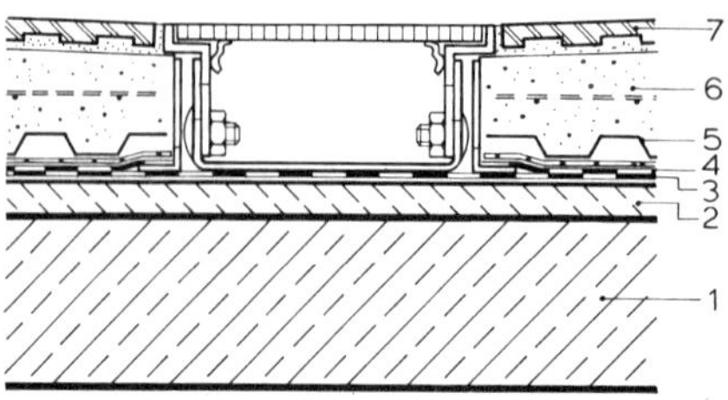

9.96 Balkonentwässerung durch Rinne mit Gitterrost

1 Stahlbetonplatte
2 Gefälleestrich
3 Abdichtung DIN 18 195
4 Anschlußbahn für eingeklebtes Lochwinkelprofil
5 Dränplatte auf Gleitfolie
6 Druckverteilung mit Bewehrung
7 Spaltplatten in Mörtel (Dickbett)

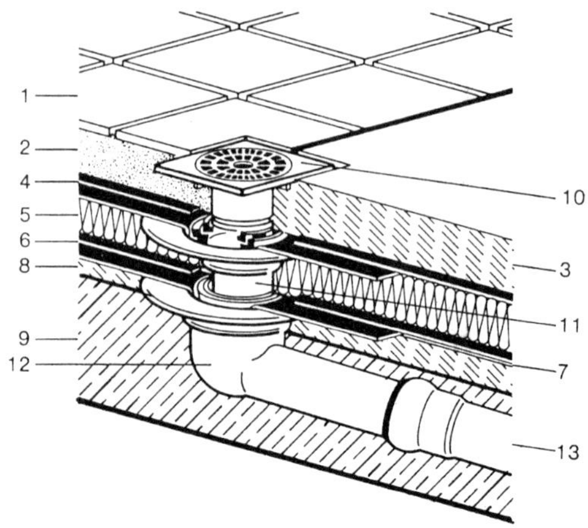

9.97 Balkonentwässerung (LORO) mit Fliesenbelag im Mörtelbett (linker Bildteil) oder mit Fertigestrich (rechter Bildteil)

1 Fliesenbelag
2 Mörtellbett
3 Fertigestrich
4 Dichtungsbahn
5 Wärmedämmung
6 Dichtungsbahn + Dampfsperre
7 Dampfdruckausgleichsschicht auf Haftgrund
8 Ausgleichestrich mit Gefälle
9 Stahlbetonplatte
10 Sieb und Siebaufnahme, mit Höhenverstellung sowie Entwässerungsring (für Sickerwasserabführung)
11 Etageneinsatz mit Klemmanschlußfolie (werkseitig vormontiert) und Dichteelement (für Verbindung mit Einzelablauf)
12 Einzelablauf mit Klemmanschlußfolie (werkseitig vormontiert) und Klemmring
13 Stahlabflußrohr mit Wärmedämmung

Von Nachteil ist, daß bei Einzelentwässerungen die Oberflächen wegen des nötigen Gefälles trichterförmig ausgebildet werden müssen, so daß Beläge aus mittel- und großformatigen Platten schwierig bzw. nur mit unschönen Kehlen auszuführen sind.

Einfacher können die Oberflächen gestaltet werden, wenn durchgehende Ablaufrinnen eingebaut werden (Bild **9**.96).

Bei einem Abdichtungsaufbau mit Wärmedämmung (z.B. bei Loggien) müssen kombinierte Entwässerungsabläufe mit Ablauftrichtern in der Ebene der Dampfsperre und in der Ebene r Abdichtung eingebaut werden (Bild **9**.97).

9.5.6 Geländer

Sicherheitsanforderungen an Geländer und Umwehrungen sind in den Landesbauordnungen festgelegt. Die Geländerhöhe muß mindestens 0,90 m, bei möglichen Absturzhöhen über 12 m mindestens 1,10 m und bei Hochhäusern (> 22 m über Gelände) mindestens 1,20 m betragen. Geländer müssen so ausgeführt sein, daß Kindern das Hochklettern nicht erleichtert wird, d. h. vorspringende horizontale Konstruktionsteile auf der Rückseite sowie horizontale Gitter, Verbretterungen o. ä. mit Zwischenräumen > 2 cm sind nicht erlaubt. Wenn die Geländer vor den Plattenrändern angebracht sind, sollen keine Öffnungen bestehen, bei denen die Gefahr des Hindurchtretens gegeben ist, d. h. hier dürfen Abstände von höchstens 4 cm vorhanden sein.

Die Abstände zwischen senkrechten Gitterstäben oder zwischen Brüstungsfertigteilen dürfen nicht weiter als 12 cm sein. Bei Balkonen, die nur der Fassadenwartung oder als Fluchtweg dienen, können die Geländer in einfacher Form ausgeführt werden und müssen im allgemeinen nur den Anforderungen an Schutzgerüste genügen (s. Abschn. 10 in Teil 2 dieses Werkes).

Umwehrungen für Balkone und Loggien können aus Mauerwerk oder Stahlbeton bestehen. Dabei müssen diese nicht auf die volle erforderliche Höhe geführt werden, sondern können durch Stahlkonstruktionen ergänzt werden (Bild **9**.98 a und b). Insbesondere bei längeren Mauerflächen besteht jedoch die Gefahr von Rißbildungen infolge der unvermeidlichen Durchbiegung der Balkonränder. Stahlbetonbrüstungsplatten können als Tragelement mitwirken und die Dimensionierung der Platten günstig beeinflussen (Bild **9**.98 b und c).

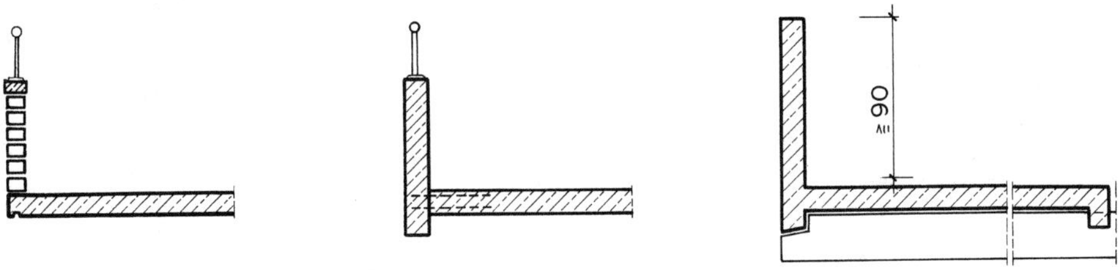

a) b) c)

9.98 Massive Umwehrungen (Brüstungen)
a) gemauerte Brüstung, Abdeckung mit Rollschicht
b) Brüstung aus Stahlbetonfertigteilen
c) vorgefertigtes Balkonelement auf seitlichen Kragarmen

Massive Brüstungen sollten in Teilbereichen mit Gitterkonstruktionen kombiniert werden, um eine bessere Durchlüftung zu ermöglichen, weil völlig umschlossene Balkon- oder Loggienflächen sonst durch oft anhaltende Feuchtigkeit zum Vermoosen neigen. Außerdem wird damit auch ein Notüberlauf für den Fall verstopfter Abläufe geschaffen.

Bei der Gestaltung der Füllelemente von Geländern muß dafür gesorgt werden, daß Zugerscheinungen vorgebeugt wird. Im allgemeinen ist es dabei günstiger, Geländerfüllungen vor die Plattenränder zu setzen (Bild **9**.99).

9.99
Windführung an geschlossenen Balkongeländern
a) ungünstig (Zugerscheinungen!)
b) günstig

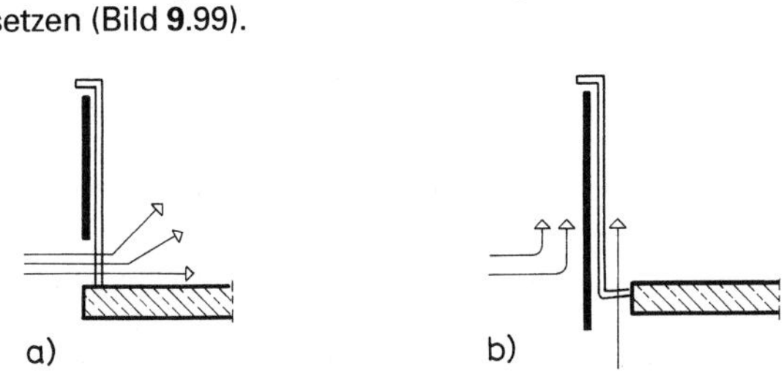

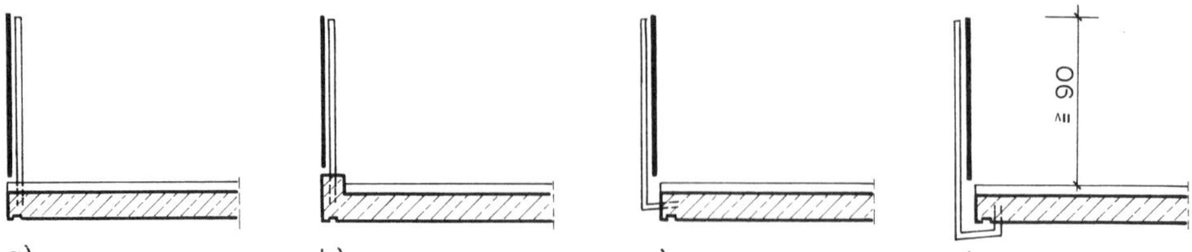

a) b) c) d)

9.100 Einbau von Geländerstäben

a) in Bodenfläche, b) in Aufkantung, c) an Stirnseite, d) an Unterseite

Meistens werden Geländer mit Stahl- oder Leichtmetallkonstruktionen ausgeführt, die mit Füll- oder Verblendteilen aus Holz, Glas, Kunststoffen, Aluminium usw. ergänzt werden, welche selbsttragend oder in Rahmen auf der Tragkonstruktion angebracht werden. Die Konstruktion gitterartiger Geländer betrifft in erster Linie die Befestigung der Tragstäbe an den Plattenrändern.

In die Bodenflächen eingebaute Tragstäbe beeinträchtigen die Ausdehnungsmöglichkeit der verschiedenen Belagschichten. Die einwandfreie Verbindung mit der Abdichtung, mit Einlaufblechen und Bodenbelag erfordert sorgfältigste handwerkliche Arbeit (Bild **9**.100 a). Lediglich bei aufgekanteten Plattenrändern (z. B. von Fertigteilen) ist daher eine derartige Ausführung ratsam (Bild **9**.100 b).

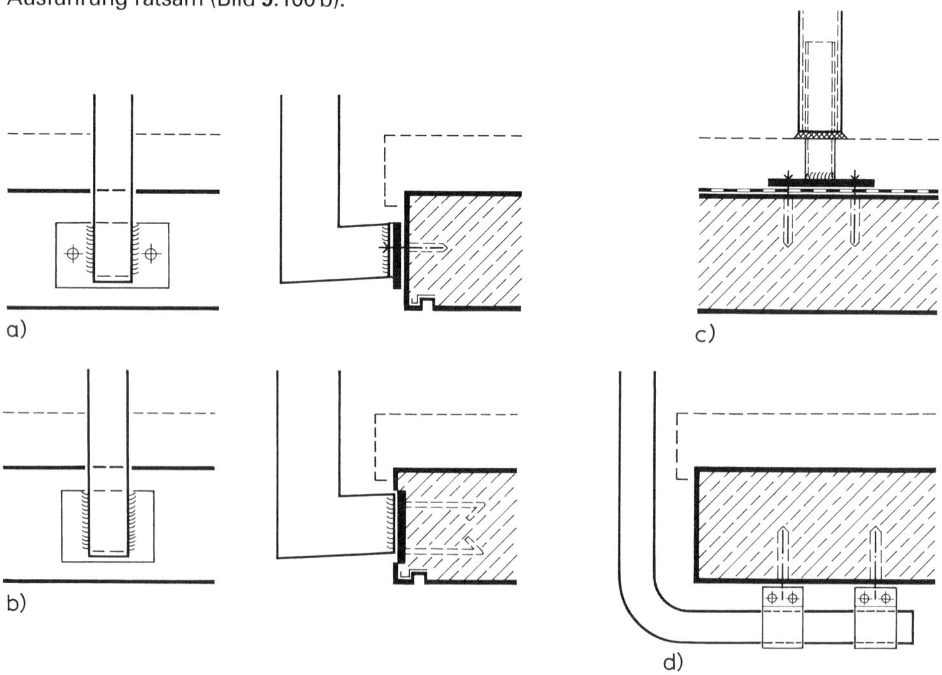

9.101 Befestigung von Geländerstäben

a) Geländerstab seitlich auf Ankerplatte geschweißt, Ankerplatte an Stirnseite der Balkonplatte angedübelt

b) Ankerplatte an Stirnseite der Balkonplatte einbetoniert, Geländerstab später angeschweißt

c) Ankerplatte mit Halterohr auf Balkonplatte aufgedübelt, Geländerstab nach Verlegung des Belages überschoben, verschraubt und eingedichtet

d) Befestigung von unten mit angedübelten Verschraubungen (SKS)

Hinsichtlich der Abdichtungsprobleme werden Geländertragstäbe am besten an der Plattenunterseite angeschlossen. Es muß dabei jedoch wegen des langen Hebelarmes auf entsprechende Dimensionierung der Tragstäbe geachtet werden (Bild **9**.100 d).

Am günstigsten ist meistens der Anschluß von Geländerkonstruktionen an der Stirnseite der Plattenränder, falls dort nicht vorgehängte Rinnen zuviel Platz beanspruchen. Die Tragstäbe werden mit Laschen aufgedübelt (Bild **9**.101 a) oder auf vorher einbetonierte Ankerplatten aufgeschweißt (Bild **9**.101 b). Dabei sollen die Verbindungen immer mit Gefälle angeschlossen werden.

Eine Anschlußmöglichkeit für Stäbe auf der Balkonplatte zeigt Bild **9**.101 c.

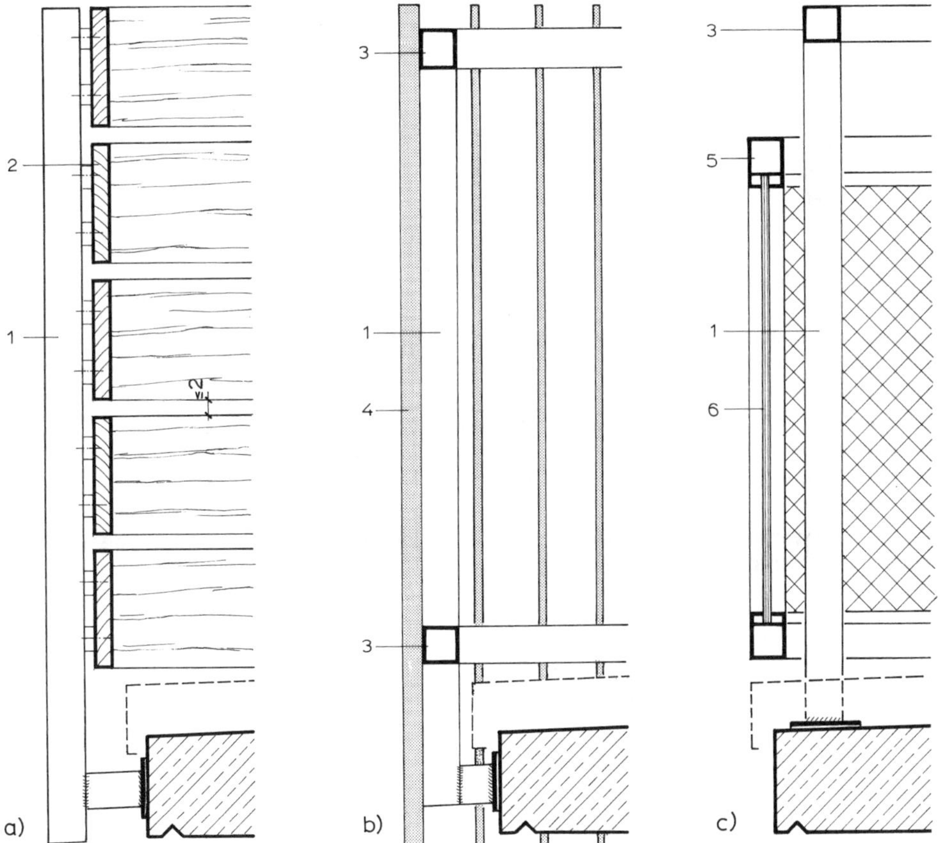

9.102 Konstruktionsmöglichkeiten von Geländern

a) Tragstäbe aus Vierkantstahlrohr, horizontale Holzprofile o. ä.

b) Traggerüst aus Vierkantstahlrohr, aufgeschweißte Stahlstäbe oder senkrecht aufgeschraubte Holzprofile o. ä.

c) Rahmen aus Stahl- oder Aluminiumprofilen mit Füllungen aus Drahtornamentglas o. ä.

1 Tragstab
2 Holzprofil, mit Abstandhaltern aufgeschraubt
3 Querstab
4 aufgeschweißte Gitterstäbe
5 Rahmen mit Glashaltern
6 Füllung (Drahtornamentglas o. ä.)

Die Gestaltungsmöglichkeiten für Geländer sind so vielfach, daß in diesem Rahmen nur einige Beispiele für konstruktive Grundsätze genannt werden können.

Vor, hinter oder zwischen den Tragstäben aus Stahl- oder Aluminiumprofilen oder aus Holz können – ggf. auf horizontalen Unterkonstruktionen – senkrechte oder horizontale Füllstäbe oder -platten aus Holz oder Metall angebracht werden.

Ebenso können Rahmen mit Füllungen aus Gußglas, Kunststoffen, Drahtgittern usw. verwendet werden (Bilder **9**.102 a bis c). Ferner sind zahlreiche Fertigteile aus Kunststoffen für Brüstungen, teilweise mit integrierten Pflanzwannen u. a., auf dem Markt.

Für die verschiedenen Gestaltungs- bzw. Konstruktionsmöglichkeiten von Geländern sind im übrigen Hinweise in Abschn. 4 in Teil 2 des Werkes enthalten. Sie können sinngemäß auch für Balkongeländer gelten.

9.5.7 Sonderlösungen

Insbesondere kleinere Balkone können – auch vorgefertigt – so vor Fassaden montiert werden, daß die in den voranstehenden Abschnitten behandelten Probleme insbesondere der Abdichtung und Entwässerung entfallen.

Für Gebäude mit nur einem Obergeschoß oder überall dort, wo bei übereinander liegenden kleinen Balkonen unvermeidliche gegenseitige Belästigungen in Kauf genommen werden, kommen dabei auch gitterartige Gehflächen aus Holz oder Stahl in Frage (Bild **9**.103 und **9**.104).

Konstruktiv werden derartige Balkone an einbetonierten Kragarmen montiert oder auf Konsolen in Kombination mit Stützen aufgelagert.

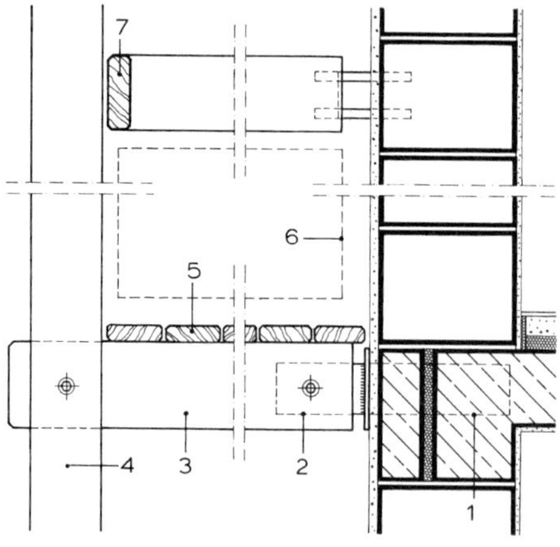

9.103
Holzbalkon, auf auskragendem Stahlprofil in Verbindung mit Stützen montiert (alternativ möglich auch stützenfrei mit Montage an stat. nachgewiesenen Kragkonsolen)

1 Ankerplatte, einbetoniert in Stahlbeton-Unterzug
2 Kragarme (angeschweißte Stahlprofile)
3 Tragbalken (Brettschichtholz), geschlitzt, an Konsole verschraubt
4 Doppelstütze (Brettschichtholz), mit Abstandhaltern an Tragbalken verschraubt
5 Gehbelag aus Hartholzbohlen
6 Geländerfüllung je nach gestalt. Absicht
7 Abschlußprofil

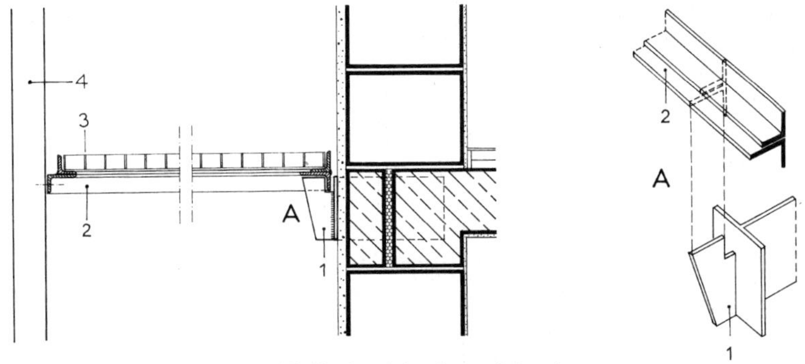

9.104 Vorgehängter Balkon in Stahlkonstruktion (Geländer nicht eingezeichnet)

1 Ankersteg mit Ankerplatte, Traghaken, angeschweißt
2 Tragrahmen
3 Gitterrost in Auflagerrahmen
4 Stütze, gleichzeitig als Geländerpfosten (Geländer nicht eingezeichnet)

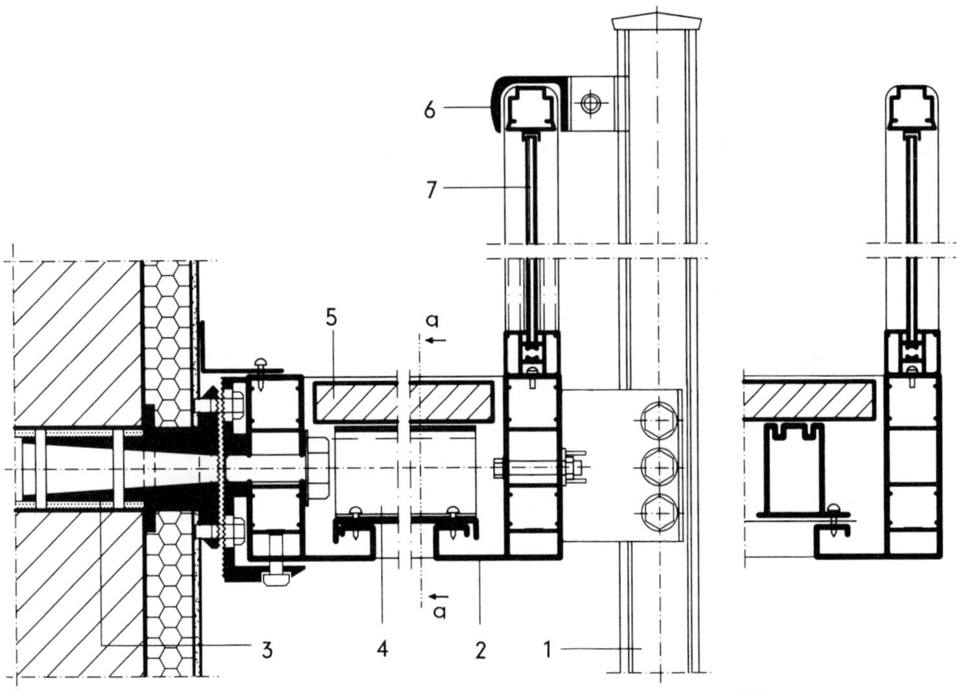

9.105 Vorgefertigtes Balkonsystem aus Aluminium (Schüco®)

a) Schnitt mit Fassadenanschluß
b) Querschnitt

1 Stütze
2 tragendes Randprofil
3 Wandverankerung
4 tragendes Bodenprofil mit Bodenblech
5 Betonwerksteinplatten
6 Handlauf
7 Glas- oder Trespa-Füllung

Bei der in Bild **9**.103 gezeigten Holzkonstruktion sind Auflagerbohlen an der Fassade an einbetonierten Stahlkonsolen verschraubt. Außen lagern diese auf Pendelstützen auf, die für mehrere Geschosse durchlaufen können.

Ähnlich ist ein kleiner Balkon aus speziell angefertigten feuerverzinkten Stahl-Gitterrosten ausgeführt. Hier sind die tragenden Winkelrahmen in Konsolhaken an der Fassade eingehängt und gelenkig verschraubt.

Für derartige Bauweisen sind auch vorgefertigte Balkone aus Aluminium auf dem Markt, die bei vielfachen Gestaltungsmöglichkeiten für Neubauten, besonders aber für Sanierungen geeignet sind. Als Beispiel können die in Bild **9**.105 dargestellten Schnitte für das System der Firma Schlüter dienen.

In einigen Regionen werden für bis ca. 1,50 m ausladende Balkone Holzkonstruktionen mit auskragenden Trägern bevorzugt. Die meistens mehrlagigen verdübelten Kragträger werden an obenliegenden verzinkten Flacheisen verschraubt, die in dahinterliegende Stahlbetondecken einbetoniert sind. Auch können die Kragträger in einbetonierte Balkenschuhe eingeschoben werden (Bild **9**.106). Die Kragträger werden an den Oberseiten zur Wasserableitung dachförmig abgeschrägt und durch eine Blechabdeckung geschützt. Die Balkonflächen werden von aufgeschraubten gehobelten Bohlen gebildet.

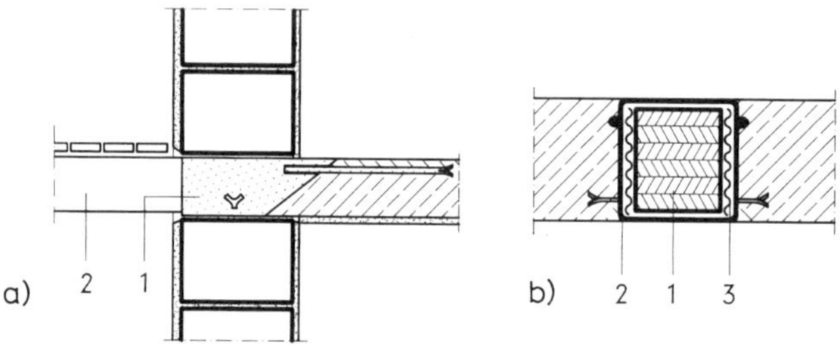

9.106
Einstecksystem für Träger von Holzbalkonen (S. Piske, Vilshofen)

a) Längsschnitt
b) Detail (Querschnitt)

1 Kragträger, oben und unten genau passend gehobelt
2 Stahlschuh 180/180, verzinkt, mit seitlicher und rückwärtigen Betonankern
3 Hohlraum mit Montageschaum gefüllt

Wärmebrücken an den Verankerungsstellen werden durch das in Bild **9**.107 gezeigte Montagesystem für Holzbalkone vermieden. Bei ihm wird ein Verankerungsteil mit druckfester Wärmedämmung in die Massivdecke einbetoniert. Die Kragträger werden mit speziellen Anschlußteilen eingehängt.

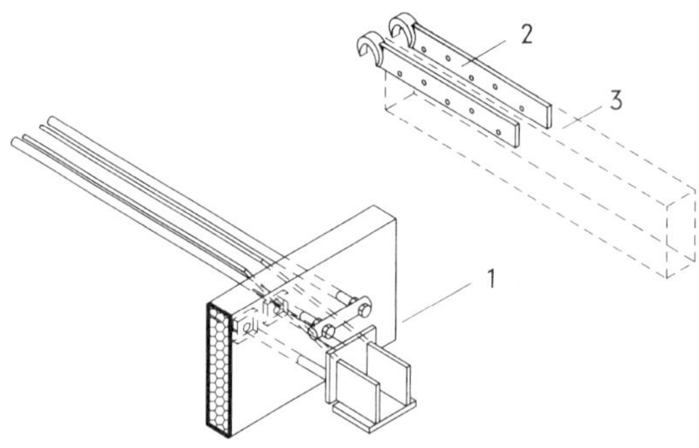

9.107
Montagesystem für Holzbalkone (Schoeck)

1 Verankerungselement mit Wärmedämmung
2 Einhänge-Tragkonstruktion
3 Balkonträger

9.6 Normen

Norm	Ausgabe-Datum	Titel
DIN 1 045	7.88	Beton- und Stahlbetonbau; Bemessung und Ausführung
DIN 1 052-1	4.88	Holzbauwerke; Berechnung und Ausführung
DIN 1053-1	11.96	Mauerwerk; Berechnung und Ausführung
DIN 1053-2	11.96	–; Mauerwerksfestigkeitsklassen aufgrund von Eignungsprüfungen
DIN 1053-3	2.90	–; Bewehrtes Mauerwerk; Berechnung und Ausführung
DIN 1 055-3	6.71	Lastannahmen für Bauten; Verkehrslasten
DIN 1 101	11.89	Holzwolle-Leichtbauplatten und Mehrschicht-Leichtbauplatten als Dämmstoffe für das Bauwesen; Anforderungen, Prüfung
DIN 1 102	11.89	– nach DIN 1101; Verwendung und Verarbeitung
DIN 4 028	1.82	Stahlbetondielen aus Leichtbeton mit haufwerksporigem Gefüge; Anforderungen, Prüfung, Bemessung, Ausführung, Einbau
DIN 4 070-1	1.58	Nadelholz; Querschnittsmaße und statische Werte für Schnittholz, Vorratskantholz und Dachlatten
DIN 4 070-2	10.63	–; Querschnittsmaße und statische Werte, Dimensions- und Listenware
DIN 4 071-1	4.77	Ungehobelte Bretter und Bohlen aus Nadelhölzern; Maße
DIN 4 072-1	8.77	Gespundete Bretter aus Nadelhölzern
DIN 4 073-1	4.77	Gehobelte Bretter und Bohlen aus Nadelhölzern; Maße
DIN 4 074-1	9.89	Sortierung von Nadelholz nach der Tragfähigkeit; Nadelschnittholz
DIN 4 109	11.89	Schallschutz im Hochbau; Anforderungen und Nachweise –; Bbl. 1 und 2
DIN 4 158	5.78	Zwischenbauteile aus Beton für Stahl- und Spannbetondecken
DIN 4 159	4.78	Ziegel für Decken und Wandtafeln, statisch mitwirkend
DIN 4 160	8.78	Ziegel für Decken; statisch nicht mitwirkend
DIN 4 243	3.78	Betongläser; Anforderungen, Prüfung
DIN 18 334	6.96	VOB Teil C; Allgemeine technische Vertragsbedingungen für Bauleistungen; Zimmer- und Holzbauarbeiten
DIN 68 365	11.57	Bauholz für Zimmerarbeiten; Gütebedingungen
DIN 68 800-1	5.74	Holzschutz im Hochbau; Allgemeines
DIN 68 800-2	5.96	–; Vorbeugende bauliche Maßnahmen
DIN 68 800-3	4.90	–; Vorbeugender chemischer Holzschutz
DIN 68 800-4	7.86	–; Bekämpfungsmaßnahmen gegen Pilz- und Insektenbefall
DIN 68 800-5	5.78	–; Vorbeugender chemischer Schutz von Holzwerkstoffen
DIN EN 335-1	9.92	Dauerhaftigkeit von Holz und Holzprodukten; Definition der Gefährdungsklassen für einen biologischen Befall; Teil 1: Allgemeines; Deutche Fassung EN 335-1
DIN EN 335-2	10.92	Dauerhaftigkeit von Holz und Holzprodukten; Definition der Gefährdungsklassen für einen biologischen Befall; Teil 2: Anwendung bei Vollholz; Deutsche Fassung EN 335-2
DIN EN 350-1	10.94	Dauerhaftigkeit von Holz und Holzprodukten – Natürliche Dauerhaftigkeit von Vollholz – Teil 1: Grundsätze für die Prüfung und Klassifikation der natürlichen Dauerhaftigkeit von Holz; Deutsche Fassung EN 350-1
DIN EN 350-2	10.94	Dauerhaftigkeit von Holz und Holzprodukten – Natürliche Dauerhaftigkeit von Vollholz – Teil 2: Leitfaden für die natürliche Dauerhaftigkeit und Tränkbarkeit von ausgewählten Holzarten von besonderer Bedeutung in Europa; Deutsche Fassung EN 350-2
DIN EN 460	10.94	Dauerhaftigkeit von Holz und Holzprodukten – Natürliche Dauerhaftigkeit von Vollholz – Leitfaden für die Anforderungen an die Dauerhaftigkeit von Holz für die Anwendung in den Gefährdungsklassen; Deutsche Fassung EN 460: 1994
DIN EN 635-1	1.95	Sperrholz – Klassifizierung nach dem Aussehen der Oberfläche – Teil 1: Allgemeines; Deutsche Fassung EN 635-1

9.7 Literatur

[1] Fachverband des Deutschen Fliesengewerbes: Merkblatt Bodenbeläge aus Fliesen und Platten außerhalb von Gebäuden. Bonn 1988

[2] Götz, K.H., Hoor, D., Möhler, K., Natterer, J.: Holzbauatlas. München 1989

[3] Grunau, E.: Sichere Verlegung keramischer Platten auf Balkonen und Terrassen. In: Fliesen und Platten 4/89

[4] Gußglas-Gemeinschaftswerbung: Broschüre Gußglas – Konstruktionen aus Stahl, Aluminium, Holz. Bonn 1988

[5] Köneke, R.: Schäden an Balkonen, Loggien, Laubengängen. Köln 1987

[6] Marx, H.G.: Konstruktionen mit Fliesenbelägen (Boden- und Terrassenbeläge). In: Fliesen und Platten 11/87

[7] Natterer, J., Herzog, T.: Holzbauatlas Zwei. München 1991

[8] Pracht, K.: Balkone, Terrassen und Freiräume. Stuttgart 1990

[9] Präkelt, W., Öttl-Präkelt, H.: Balkone und Terrassen; Planen und Ausführen. Köln 1993

[10] Richtlinien für die Planung und Ausführung von Dächern mit Abdichtung – Flachdachrichtlinien –. Berlin 1991

[11] Schild, E., Oswald, R. u.a.: Schwachstellen Bd. 1: Flachdächer, Dachterrassen, Balkone. Wiesbaden 1987

[12] Schild, E., Oswald, R. u.a.: Schwachstellen Bd. IV: Innenwände, Decken, Fußböden. Wiesbaden 1980

[13] Technische Richtlinien des Glaserhandwerkes: Umwehrungen. Schorndorf 1985

10 Fußbodenkonstruktionen und Bodenbeläge

10.1 Allgemeines

Die Beschaffenheit des Fußbodens hat auf das Wohlbefinden des Menschen einen großen Einfluß (Wohnbehaglichkeit, Hygiene) und spielt bei der Beurteilung des Nutzwertes und der Qualität eines Gebäudes eine wesentliche Rolle (Feuchte-, Schall-, Wärmeschutz).

Fußböden müssen in den zum dauernden Aufenthalt von Menschen vorgesehenen Räumen ausreichend verschleißfest, sicher und angenehm begehbar, möglichst fußwarm, trittschalldämmend sowie einfach zu reinigen und zu pflegen sein. Außerdem sollen sie gut aussehen, lichtecht, maßhaltig und relativ preisgünstig sein. Bei allen öffentlichen Gebäuden, Büro-, Industrie-, Freizeit- und Sportanlagen sowie bei Bauten für Behinderte und Betagte werden darüber hinaus noch weitergehende, jeweils ganz spezifische Anforderungen gestellt.

Die Auswahl eines Bodenbelages und die damit auf das engste verbundene Festlegung des gesamten Fußbodenaufbaues müssen mit großer Umsicht vorgenommen und bei der Planung eines Gebäudes rechtzeitig berücksichtigt werden. Da es keinen Bodenbelag und keinen Fußbodenaufbau gibt, die allen Anforderungen gleichermaßen gerecht werden, müssen die in Frage kommenden Beläge und Fußbodenkonstruktionen unter Beachtung baukonstruktiver, bauphysikalischer, wirtschaftlicher, ökologischer sowie raumgestalterischer Gesichtspunkte miteinander verglichen und je nach Zweckbestimmung der einzelnen Raumzonen eingestuft werden. Dabei sind immer auch Art und Intensität der zu erwartenden Beanspruchung sowie die immer wiederkehrenden Pflege- und Reinigungskosten richtig einzuschätzen.

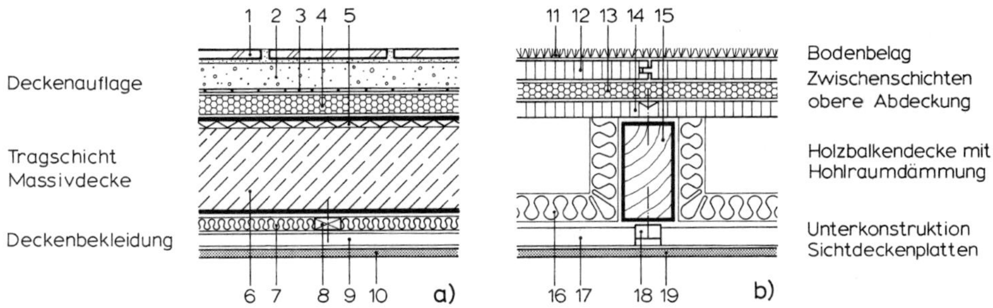

10.1 Schematische Darstellung von Geschoßdecken mit Benennung der wichtigsten Einzelschichten

a) Massivdecke
1 Nutzschicht (keramischer Bodenbelag)
2 schwimmender Estrich (lastverteilende Schicht)
3 Abdeckung (Bitumen- oder Folienbahn)
4 Schall- und Wärmedämmschichten
5 Glätteschicht (Spachtelmasse)
6 Tragschicht (Massivdecke)
7 schalldämmende Mineralwolleeinlage
8 Grundlattung
9 Traglattung
10 Decklage (Sichtdeckenplatten)

b) Holzbalkendecke
11 Nutzschicht (textiler Fußbodenbelag)
12 Fertigteilestrich (lastverteilende Schicht)
13 Schall- und Wärmedämmschichten
14 obere Abdeckung (z. B. Spanplatten)
15 Tragschicht (Holzbalkendecke)
16 Hohlraumdämmung (Mineralwolleeinlage)
17 Grundlattung mit Dämmstreifen
18 Federbügel aus Metall
19 Decklage (Sichtdeckenplatten)

10.2 Einteilung und Benennung: Überblick

Es gibt kein Bauteil, an das so verschiedenartige Anforderungen gestellt werden wie an den Fußboden. Kaum ein anderes Bauteil setzt sich daher auch aus so vielen übereinandergelagerten, jeweils ganz bestimmte Funktionen übernehmenden Schichten zusammen. Viele Eigenschaften eines Fußbodens lassen sich deshalb nur unter Einbeziehung des gesamten Fußbodenaufbaues – gegebenenfalls einschließlich tragender Deckenkonstruktion und Unterdecke – beurteilen. Im einzelnen sind zu nennen (Bild **10**.1):

Tragschicht (Rohdecke)

Bodenplatte gegen Grund (an das Erdreich grenzend)

— nichttragender Betonboden

— tragende Fundamentplatte mit Bewehrung

Geschoßdecke (freitragende Deckenkonstruktion)

— Massivdecke

— Holzbalkendecke

Deckenauflage (Unterbodenkonstruktion)

Der gesamte Fußbodenaufbau oberhalb der Tragdecke wird als Deckenauflage bezeichnet. Entsprechend den jeweiligen Forderungen, die an eine Fußbodenkonstruktion unter Umständen gestellt werden, können folgende Einzelschichten (Hauptgruppen) notwendig werden:

Glätte- und Ausgleichschichten

Unzulässige Höhendifferenzen sowie fertigungsbedingte Unebenheiten von Rohdecken und Estrichen müssen vor dem Aufbringen weiterer Fußbodenschichten ausgeglichen werden. Die zu beachtenden Ebenheitstoleranzen sind in DIN 18202 festgelegt. Rauhe Oberflächen werden bei Bedarf mit selbstverlaufender Feinspachtelmasse (0 bis 3 mm) geglättet, kleine Unebenheiten mit Ausgleichsmasse (0 bis 10 mm) egalisiert. Zum Nivellieren größerer Niveauunterschiede ist eine Ausgleichsschicht (0 bis 50 mm) in Form eines sogenannten Dünnestrichs aufzubringen. Große Höhendifferenzen bzw. Gefällelagen von Rohdecken (Holzbalkendecken) werden in der Regel mit einer Trockenschüttung ausgeglichen.

Gefälleschicht

Bei größerem Brauch- und Nutzwasseranfall in Naßräumen sind Gefälleschichten vorzusehen (Gefälle üblicherweise 1,5 bis 2,0%), die eine rasche Ableitung des Oberflächenwassers zum Bodeneinlauf ermöglichen. Derartige Gefälleschichten werden in der Regel unterhalb der Dämmschichten im Verbund mit der Rohdecke eingebracht (z. B. als Verbundestrich, meist zugleich als Ausgleichschicht).

Abdichtung gegen Feuchtigkeit

Abdichtungen nach DIN 18195 schützen Baustoffe und Bauteile vor dem Eindringen von Feuchtigkeit. Diese kann in tropfbar-flüssiger Form oder als Wasserdampf anfallen (z. B. Dampfdiffusionsvorgang oder Kondensation). Die Lage der Dichtungsschichten innerhalb eines Fußbodenaufbaues hängt u. a. davon ab, ob Wasser bzw. Feuchtigkeit von oben, von unten, von der Seite oder gleichzeitig aus mehreren Richtungen zu erwarten ist. Besonders sorgfältig zu schützen sind beispielsweise die Dämmschichten, aber auch feuchtigkeitsempfindliche Estriche und Fertigteilestriche aus Holzspanplatten oder Gipskartonplatten.

Wärme- und schalldämmende Schichten

Bauliche Wärmeschutzmaßnahmen sind notwendig, um in beheizten Gebäuden ein für die Menschen behagliches Raumklima zu schaffen. Gleichzeitig soll dadurch die Baukonstruktion vor Schäden durch Feuchteeinwirkung geschützt (bauphysikalischer Aspekt) und der Verbrauch an Heizenergie in tragbaren Grenzen gehalten werden (energietechnische-ökologische Aspekte). Wärmedämmschichten sind nach DIN 4108 und der jeweils gültigen Wärmeschutzverordnung zu bemessen.

Bauliche Schallschutzmaßnahmen dienen dem Ziel, Menschen in Aufenthaltsräumen vor unzumutbaren Belästigungen durch Schallübertragung (Luftschall-, Trittschall-, Flankenübertragung) zu schützen. Schalldämmschichten sind nach DIN 4109 zu bemessen. Ihre Anordnung sowie konstruktive Ausbildung innerhalb eines Fußbodenaufbaues richten sich nach den jeweiligen Anforderungen, die an eine Decken- bzw. Fußbodenkonstruktion insgesamt gestellt werden. Ausführungsbeispiele von Bauteilen und deren Schalldämmwerte beinhaltet Beiblatt 1 zu DIN 4109.

Abdeckung

Dämmschichten und Randstreifen müssen vor dem Aufbringen des Estrichs mit geeigneten Bitumenbahnen oder Polyethylenfolie abgedeckt werden, um das Eindringen von Wasser bzw. Zementleim aus dem Mörtel in die darunter liegende Dämmschicht während des Estricheinbaues zu verhindern. Diese Abdeckung ist jedoch **nicht** als Abdichtungsmaßnahme im Sinne der DIN 18195 zu verstehen. Bei Fließestrichen und Gußasphaltestrichen sind besondere Maßnahmen zu treffen.

Trennschicht

Trennschichten werden überall dort verlegt, wo unmittelbar übereinanderliegende Schichten keine innige, kraftschlüssige Verbindung eingehen dürfen (z. B. bei Estrich auf Trennschicht, Gleitschicht über Abdichtung). Verwendet werden vor allem Bitumenbahnen oder Polyethylenfolien, in der Regel jeweils zweilagig verlegt. Auch diese haftverhindernde Trennlage ist keine Abdichtung im Sinne der DIN 18195.

Lastverteilende Schicht

Um druckempfindliche Schichten – wie beispielsweise Trittschall- und Wärmedämmplatten oder Abdichtungen – gegenüber größeren Lasteinwirkungen von oben zu schützen, muß darüber eine lastverteilende Schicht in Form eines Estrichs oder Fertigteilestrichs (Unterboden aus vorgefertigten Plattenelementen) aufgebracht werden. Diese schwimmende Konstruktion ist auf seiner Unterlage beweglich und weist keine unmittelbare Verbindung mit den angrenzenden Bauteilen auf.

Nutzschicht (Bodenbelag)

Bei keinem Bauteil wird die oberste Schicht derart stark und vielseitig beansprucht wie beim Fußboden. Demzufolge kann der Bodenbelag auch aus ganz verschiedenartigen Materialien hergestellt werden. Eine verbindliche Einteilung der Fußbodenbeläge gibt es nicht. Im wesentlichen unterscheidet man (Hauptgruppen):

- Naturwerkstein-Fußbodenbeläge
- Keramische Fußbodenbeläge
- Bodenbeläge aus zement- oder bitumengebundenen Bestandteilen
- Holzfußbodenbeläge
- Elastische Fußbodenbeläge
- Bodenbeläge aus kunstharzgebundenen Bestandteilen
- Textile Fußbodenbeläge

Deckenbekleidung und Unterdecke

Deckenbekleidungen und Unterdecken bilden den oberen sichtbaren Abschluß eines Raumes. Sie bestehen aus einer Unterkonstruktion und einer flächenbildenden Decklage (Sichtdeckenplatten). Bei Deckenbekleidungen ist die Unterkonstruktion unmittelbar am tragenden Bauteil verankert, bei Unterdecken wird die Unterkonstruktion abgehängt. Ihre konstruktive Ausbildung richtet sich nach den jeweiligen Anforderungen, die an eine Deckenkonstruktion (Geschoßdecke) insgesamt gestellt werden, und zwar vor allem in Bezug auf Schallschutz und Brandschutz. Dies gilt auch für die Unterdecke als Funktions- und Installationsträger von Beleuchtung, Klima- und Heizungstechnik sowie hinsichtlich der Anschlußmöglichkeit von nichttragenden (umsetzbaren) Trennwänden.

Klärung von Fachbegriffen

Bis vor einigen Jahren sprach man ganz allgemein von „Isolieren" bei Maßnahmen des Wärme-, Feuchtigkeits- und Schallschutzes. Das hat zu Verständigungsproblemen geführt. Man hat sich deshalb auf folgende Benennung mit den jeweils davon abzuleitenden Wortverbindungen geeinigt:

- **abgedichtet** – werden Bauwerke, Bauteile und Baustoffe gegen Wasser- und Feuchtigkeitseinwirkungen,
- **gebremst** oder **gesperrt** – wird die Wasserdampfdiffusion durch Bauteile und Baustoffe,
- **gedämmt** – werden Bauteile und Bauelemente gegen Wärme- und Schalldurchgang,
- **reflektiert, gedämpft** oder **absorbiert** (geschluckt) – wird der Schall in einem Raum,
- **geschützt** – werden Bauwerke, Bauteile, Bauelemente und Baustoffe vor Brandeinwirkung,
- **isoliert** – wird der elektrische Stromfluß.

10.3 Fußbodenkonstruktionen

10.3.1 Tragschicht und Ebenheitstoleranzen

Tragschicht. Die Tragschicht dient zur Aufnahme und Ableitung statischer und dynamischer Kräfte. Bei der Festlegung einer Deckenkonstruktion sind neben dem Zweck und der zu erwartenden Beanspruchung vor allem wirtschaftliche und herstellungstechnisch bedingte Aspekte zu beachten. Im Hinblick auf die darauf aufliegende Fußbodenkonstruktion sollten Durchbiegungen und Schwingungen der Tragdecke möglichst gering sein. Einzelheiten hierzu s. Abschn. 9, Geschoßdecken.

Ebenheitstoleranzen. Unzulässige Höhendifferenzen sowie fertigungsbedingte Unebenheiten von Rohbetondecken und Estrichen müssen vor dem Aufbringen weiterer Fußbodenschichten oder vor dem unmittelbaren Verlegen eines Belages ausgeglichen werden. Die zu beachtenden Ebenheitstoleranzen für die entsprechenden Flächen sind in DIN 18202, Tab. 3 festgelegt. Abweichungen von den vorgeschriebenen Maßen sind nur im Rahmen der von dieser Norm bestimmten Grenzen zulässig.

Wie Tabelle **10**.2 zeigt, wird zwischen nichtflächenfertigen und flächenfertigen Verlegeuntergründen unterschieden. Werden an die Ebenheit von Flächen erhöhte Anforderungen gestellt – so wie dies in den Zeilen 2, 4 und 7 der Fall ist –, dann müssen diese stets gesondert vereinbart werden. Sie gelten als nicht vereinbart, wenn im Leistungsbeschrieb nur ganz allgemein „Toleranzen nach DIN 18202" gefordert sind. Die Ebenheitstoleranzen können durch Einzelmessungen oder durch ein Rasternivellement überprüft werden, sofern dies technisch erforderlich ist.

Tabelle **10**.2 Ebenheitstoleranzen für Flächen von Decken, Estrichen, Bodenbelägen und Wänden nach DIN 18 202

Spalte	1	2	3	4	5	6
Zeile	Bezug	Stichmaße als Grenzwerte in mm bei Meßpunktabständen in m bis				
		0,1	1	4	10	15
1	Nichtflächenfertige Oberseiten von Decken, Unterbeton und Unterböden	10	15	20	25	30
2	Nichtflächenfertige Oberseiten von Decken, Unterbeton und Unterböden mit erhöhten Anforderungen, z. B. zur Aufnahme von schwimmenden Estrichen, Industrieböden, Fliesen- und Plattenbelägen, Verbundestrichen Fertige Oberflächen für untergeordnete Zwecke, z. B. in Lagerräumen, Kellern	5	8	12	15	20
3	Flächenfertige Böden, z. B. Estriche als Nutzestriche, Estriche zur Aufnahme von Bodenbelägen Bodenbeläge, Fliesenbeläge, gespachtelte und geklebte Beläge	2	4	10	12	15
4	Flächenfertige Böden mit erhöhten Anforderungen, z. B. mit selbstverlaufenden Spachtelmassen	1	3	9	12	15
5	Nichtflächenfertige Wände und Unterseiten von Rohdecken	5	10	15	25	30
6	Flächenfertige Wände und Unterseiten von Decken, z. B. geputzte Wände, Wandbekleidungen, untergehängte Decken	3	5	10	20	25
7	Wie Zeile 6, jedoch mit erhöhten Anforderungen	2	3	8	15	20

10.3.2 Feuchtigkeitsschutz von Fußbodenkonstruktionen

Allgemeines

Fußböden von Aufenthaltsräumen müssen gegen Einwirkungen von Wasser und Feuchtigkeit geschützt werden. Dies gilt vor allem für Fußbodenkonstruktionen in nicht unterkellerten Räumen und Naßräumen aller Art. Abdichtungen sind notwendig, um gegebenenfalls die Tragkonstruktion, feuchtigkeitsempfindliche Unterbodenschichten oder den Bodenbelag vor Feuchtigkeitseinwirkungen zu schützen. Die Lage der Dichtungsschicht(en) innerhalb eines Fußbodenaufbaues hängt immer davon ab, ob Wasser bzw. Feuchtigkeit

- **von oben** (z. B. in Form von Nutzwasser, Spritz- und Planschwasser),
- **von unten** (z. B. in Form von Bodenfeuchtigkeit, nichtdrückendem bzw. drückendem Wasser, Baufeuchtigkeit, Dampfdiffusion),
- **von der Seite** (z. B. durch seitlich eindringende Feuchtigkeit bei ungenügender Außenwandabdichtung bzw. fehlender Dränung) oder gleichzeitig aus
- **mehreren Richtungen** zu erwarten sind (Bild **10**.3 und **10**.4).

Die Wasseraufnahme bzw. der Feuchtetransport erfolgt entweder in flüssiger Form (z. B. kapillar, bei saugfähigen Baustoffen) oder in Form von Wasserdampf (z. B. bei Wasserdampfdiffusion durch ein Bauteil oder Kondensation). Die Wahl der zweckmäßigsten Abdichtungsart ist abhängig von der Angriffsart des Wassers, der Art des Baugrundes, den zu erwartenden Beanspruchungen (mechanisch/thermischer Art) sowie der Nutzung des Bauwerkes bzw. Einzelraumes. Wichtige Normen für den Feuchtigkeitsschutz von Fußbodenkonstruktionen sind:

- **DIN 18195-4**, Abdichtungen gegen Bodenfeuchtigkeit
- **DIN 18195-5**, Abdichtungen gegen nichtdrückendes Wasser
- **DIN 18195-6**, Abdichtungen gegen von außen drückendes Wasser
- **DIN 18195-7**, Abdichtungen gegen von innen drückendes Wasser

Einzelheiten über Bauwerksabdichtungen im **allgemeinen** siehe Abschn. 15.4.

10.3.2.1 Fußbodenkonstruktionen auf erdreichberührter Bodenplatte

Erdreichberührte Bodenplatten können in Form von tragenden Fundamentplatten oder nichttragenden Betonböden ausgebildet sein. Während die Fundamentplatten zur Aufnahme von Lasten und ggf. gegen Druckwasserbeanspruchung zu bewehren sind, dienen Betonböden (nicht druckwasserbeanspruchbar) nur als unterer Raumabschluß gegen das Erdreich; sie sind in einer Dicke von mind. 10 cm auszuführen. Tabelle **10**.2 zeigt die zu beachtenden Ebenheitstoleranzen. Die wichtigsten Abdichtungsarten sind:

Abdichtungen gegen Bodenfeuchtigkeit (DIN 18195-4)

Abdichtungen gegen Bodenfeuchtigkeit müssen Bauwerke und Bauteile gegen von **außen** angreifende Feuchtigkeit schützen. In der Norm wird unterschieden zwischen Abdichtung nicht unterkellerter und unterkellerter Gebäude sowie zwischen Bauwerken mit geringen Anforderungen an die Raumnutzung und den übrigen Gebäuden.

Ausführung: Werden geringe Anforderungen an die Raumnutzung gestellt (z. B. unbeheizte Vorratskeller), so reicht es aus, wenn unter dem Betonboden eine kapillarbrechende, grobkörnige Schüttung von mind. 15 cm Dicke angeordnet wird (Bild **10**.3 a). Um die kapillarbrechende Wirkung der Schüttung nicht zu beeinträchtigen, ist diese vor dem Aufbetonieren der Bodenplatte mit einer Folie abzudecken. Mit Bodenfeuchtigkeit ist zu rechnen, da Feuchtigkeit im Erdreich immer vorhanden ist.

Ausführung: Werden hohe Anforderungen an die Trockenheit des Kellerbodens gestellt (Aufenthaltsräume), so ist auf die Betonplatte eine einlagige Abdichtung aus Bitumenbahnen oder Kunststoff-Dichtungsbahnen aufzubringen (Bild **10**.3 b bis f). Diese müssen nahtlos an die untere, waagerechte Abdichtung von Innen- und Außenmauerwerk angeschlossen und nach Fertigstellung mit einer Schutzschicht vor Beschädigungen geschützt werden (z. B. Estrich auf zweilagiger Gleitschicht aus PE-Folie). Anschlüsse an

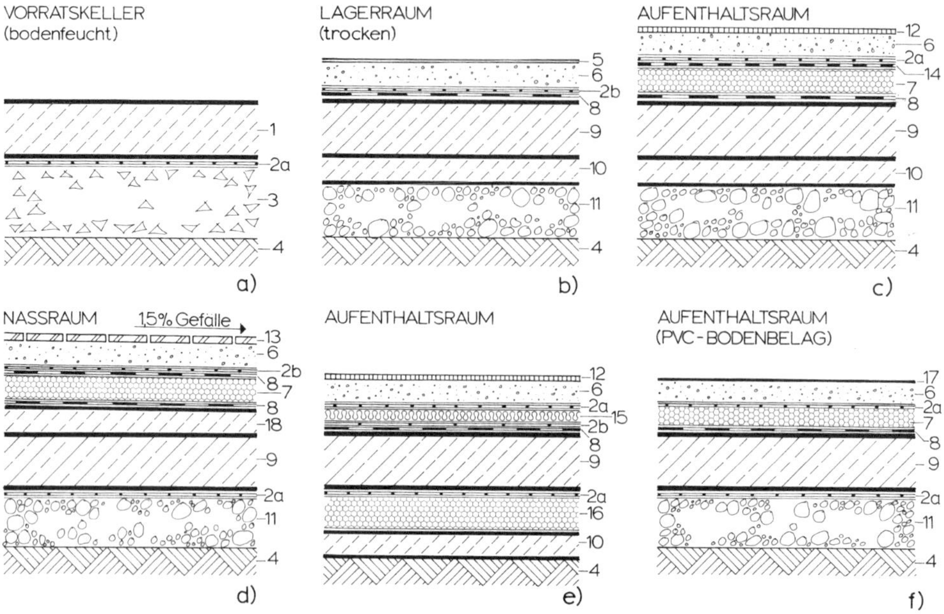

10.3 Schematische Darstellung von Fußbodenkonstruktionen mit Abdichtungen gegen Bodenfeuchtigkeit und nichtdrückendes Wasser bei erdberührten Bodenplatten. Vgl. hierzu auch Abschn. 15.4.4

a) Abdichtung gegen Feuchtigkeit von unten (Erdreich), durch eine kapillarbrechende, grobkörnige Schüttung. Nur bei untergeordneter Raumnutzung.

b) Abdichtung gegen Feuchtigkeit von unten (Erdreich), mit Estrich auf Gleitschicht. Deckenauflage ohne Anforderungen an Schall- und Wärmeschutz. Wegen der besonders im Sommer zu niedrigen Wand- und Bodentemperaturen (fehlende Dämmung) wird häufig innen die Taupunkttemperatur unterschritten, und es kommt (besonders bei Lüftung mit warm-feuchter Außenluft) zu erheblichen Kondensationsniederschlägen am Boden und im unteren Wandbereich.

c) Abdichtung gegen Feuchtigkeit von unten (Erdreich), mit schwimmendem Estrich. Die eingezeichnete Dampfsperre kann bei ausreichender Wärmedämmung (mind. $1/\Lambda$ = 1,8 m^2 K/W) und Verwendung von dampfbremsenden Dämmaterialien (z. B. Foamglas, extrudierter PS-Hartschaum, Rohdichte 30 kg/m^3) entfallen.[1]

d) Abdichtung gegen Feuchtigkeit von unten (Erdreich) und Feuchtigkeit von oben (Naßraum).

e) Wärmedämmung/Perimeterdämmung (z. B. extrudierte PS-Hartschaumplatten) unterhalb der Bodenplatte. Abdichtung und Trittschalldämmung oberhalb der Tragschicht.

f) Abdichtung gegen Feuchtigkeit von unten (Erdreich), mit schwimmendem Estrich und dampfdichtem Bodenbelag (PVC-Belag). In diesem Fall kann auf eine Dampfsperre innerhalb des Fußbodenaufbaues (vgl. hierzu c) verzichtet werden.[1]

1 Betonboden
2a Abdeckung (z. B. PE-Folie, 0,1 mm, einlagig)
2b Gleitschicht (z. B. PE-Folie, 0,1 mm, zweilagig)
3 grobkörnige Schüttung, mind. 15 cm
4 Erdreich
5 Nutzschicht
6 Zementestrich
7 feuchtigkeitsunempfindliche Dämmschicht
8 Abdichtung aus Bitumenbahnen oder Kunststoff-Dichtungsbahnen
9 Fundamentplatte (bewehrt)
10 Sauberkeitsschicht aus $B \geq 5$, $d \geq 5$ cm (nicht in jedem Fall erforderlich)
11 Grobkies oder Kies-/Sandbett
12 textiler Bodenbelag
13 keramischer Bodenbelag
14 Dampfsperrschicht (z. B. PE-Folie, 0,4 mm)
15 Mineralfaserdämmplatten (trittschalldämmend)
16 Perimeterdämmung (amtlich zugelassene Dämmaterialien, die so gut wie keine Feuchtigkeit aufnehmen, z. B. extrudierte PS-Hartschaumplatten)
17 PVC-Bodenbelag (dampfdicht)
18 Gefälleestrich

Fußnote [1]) s. S. 385

Rohrdurchführungen sind mit Fest- und Losflanschen wasserdicht auszubilden. Für eine Abdichtung gegen Bodenfeuchtigkeit eignen sich im wesentlichen folgende Materialien (Einzelheiten s. Abschn. 15.4.2):

— nackte Bitumenbahnen, mind. einlagig, meist vollflächig heiß verklebt mit Deckaufstrich
— Kunststoff-Dichtungsbahnen (PIB; ECB oder PVC-weich), mind. einlagig, meist lose verlegt, thermisch oder chemisch verschweißt.

Abdichtungen gegen nichtdrückendes Wasser (DIN 18195-5)

Diese Norm gilt für Abdichtungen gegen Wasser in tropfbar-flüssiger Form, das keinen (nennenswerten) hydrostatischen Druck auf diese ausübt. Die nachstehend erläuterten Bahnenabdichtungen müssen Bauwerke und Bauteile gegen von **außen** angreifende Feuchtigkeit schützen. Gleichzeitig gilt Teil 5 dieser Norm jedoch auch für **raumseitige** Abdichtungen, wie sie in Abschn. 10.3.2.2 näher beschrieben sind.

Je nach Größe der auf die Abdichtung einwirkenden Beanspruchungen durch Wasser, Verkehr, Verkehrslasten und Temperatur wird zwischen mäßig und hoch beanspruchten Abdichtungen unterschieden. Abdichtungen sind mäßig beansprucht, wenn

— die Verkehrslasten vorwiegend ruhend nach DIN 1055-3 sind und die Abdichtung nicht unter befahrbaren Flächen liegt,
— die Temperaturschwankung an der Abdichtung nicht mehr als 40 K (Kelvin) beträgt,
— die Wasserbeanspruchung gering und nicht ständig ist.

Wird eine dieser Annahmen überschritten, so gilt die Abdichtung als hoch beansprucht. Dieser Unterschied drückt sich dann unter anderem in der Lagenzahl der Dichtungsbahnen aus. So sind beispielsweise gering beanspruchte Abdichtungen aus mind. zwei Lagen, hoch beanspruchte aus mind. drei Lagen Bitumenbahnen herzustellen. Abdichtungen für mäßige Beanspruchungen können im wesentlichen aus folgenden Materialien gefertigt werden (Einzelheiten s. Abschn. 15.4.2):

— nackte Bitumenbahnen, mind. zweilagig, verbunden mit heißer Klebemasse und Deckaufstrich
— Bitumen-Dichtungsbahnen/Bitumen-Schweißbahnen, mit Gewebe- oder Metallbandeinlage, mind. einlagig mit Deckaufstrich
— Kunststoff-Dichtungsbahnen (PIB, ECB), 1,5 mm dick, mind. einlagig, mit lose aufgelegter Trennlage aus PE-Folie
— Kunststoff-Dichtungsbahnen (PVC-weich), 1,2 mm dick, mind. einlagig. Diese Dichtungsbahnen sollten beidseitig in Schutzbahnen eingelegt werden.[2)]

Ausführung: Die Abdichtung von erdberührten Fußbodenflächen (z. B. Kellerböden) kann nach den vorgenannten Normen entweder wannenförmig an den Wänden hochgezogen werden, oder Kellerbodenabdichtung und untere Wanddichtung liegen auf einer Ebene. Vgl. hierzu Abschn. 15.4.4 und 15.4.5.

Bei der **wannenförmig** ausgebildeten Abdichtung werden die Bahnen raumseitig an den Innen- und Außenwänden hochgezogen und an die untere waagerechte Wandabdichtung – etwa 10 cm über OF-Fußboden – angeschlossen. Am Übergang von Boden- und Wandflächen sind kleinere Ausrundungen (Hohlkehle ∅ 3 cm oder Hartschaumkeile) erforderlich. Diese in der DIN 18195 gezeigte Ausführung entspricht jedoch nicht nur nach Auffassung des Verfassers kaum mehr der heutigen Baupraxis.

Fußnote zu Bild **10**.3

1) In jeder erdberührten Fußbodenkonstruktion findet immer auch eine Wasserdampfdiffussion – von unten nach oben oder von oben nach unten – statt (Temperaturunterschiede bis zu 15° C). Bei Dampfdiffusion von unten nach oben kann es bei zu dampfdurchlässiger und nicht ausreichend bemessener Wärmedämmschicht zu Kondensat unterhalb eines dampfdichten PVC-Belages kommen. Folge: Blasenbildung, Verseifung des Klebers. Für den Fall der Dampfdiffussion von oben nach unten (z. B. bei erhöhter Luftfeuchtigkeit im Raum) ist bei einem dampfdichten Bodenbelag dieses Kondensatproblem gelöst. Bei dampfdurchlässigem Bodenbelag (z. B. Teppichboden) muß jedoch eine wirksame Dampfsperre oberhalb der Wärmedämmschicht angebracht sein, wenn diese nicht ausreichend bemessen oder zu dampfdurchlässig ist (z. B. bei Mineralfaserplatten).

2) Auf Verträglichkeit der verwendeten Stoffe ist immer zu achten. So dürfen z. B. für die Verlegung mit heiß zu verarbeitender Klebemasse nur bitumenverträgliche Kunststoff-Dichtungsbahnen eingesetzt werden.

Liegen jedoch Kellerbodenabdichtung und untere Wandabdichtung auf **einer Ebene** – beispielsweise auf der Fundamentplatte, unterhalb des aufgehenden Mauerwerkes – so werden beide in Form eines mindestens 10 cm breiten Klebestoßes miteinander verbunden (Bild **10**.5 c). Die letztgenannte Ausführungsart wird bevorzugt eingesetzt, da die zuvor erläuterte, wannenförmig hochgezogene und somit zweifache Abknickung der Dichtungsschicht (z. B. Bitumenbahnen) doch zu erheblichen Ausführungsschwierigkeiten auf der Baustelle führen kann.

10.3.2.2 Fußbodenkonstruktionen in Naßräumen[1])

Abdichtungen in Naßräumen müssen das **oberseitige** Eindringen von Wasser in die Deckenauflage, die Tragdecke oder gar in darunterliegende Räume verhindern. Da es sich hierbei in der Regel um nichtdrückendes Wasser in tropfbar-flüssiger Form handelt, sind die entsprechenden Bahnenabdichtungen ebenfalls gemäß DIN 18195-5 auszuführen.

Abdichtungen in Naßräumen[1]) gemäß DIN 18195-5

Allgemeines

Wie zuvor bereits erwähnt, wird in Teil 5 der Abdichtungsnorm zwischen mäßiger und hoher Wasserbeanspruchung unterschieden, was sich u. a. in der Lagenzahl der Dichtungsbahnen ausdrückt. So ist in vorwiegend gewerblich und öffentlich genutzten Naßräumen (z. B. Großküchen, öffentliche und private Schwimmbäder, Duschräume in Hotels und Wohnheimen) immer mit einer erheblichen, häufig langanhaltenden Spritz- und Sickerwasserbeanspruchung zu rechnen. In diesen hoch beanspruchten Bereichen bieten Bahnenabdichtungen generell ein großes Maß an Sicherheit, allerdings erfordern sie auch einen relativ hohen technischen Realisierungsaufwand. Der Einsatz von Bahnenabdichtungen in Naßräumen ist demnach einzuplanen bei

— hoher Wasser- bzw. Feuchtigkeitsbeanspruchung,
— rißgefährdeten Untergründen,
— feuchtigkeitsempfindlichen Bauteilen und Baustoffen.

Ausführung: Die Abdichtung derartiger Naßräume muß gemäß DIN 18195-5 wannenförmig ausgebildet und die mehrlagige Bahnenabdichtung 15 cm über die Oberfläche des Bodenbelages an allen aufgehenden Bauteilen hochgeführt und dort befestigt werden (Bild **10**.5 a und b). Damit an den senkrecht hochgezogenen und an der Wand gesicherten, glatten Dichtungsbahnen der Verlegemörtel bei keramischen Belägen (z. B. Sockelfliesen) besser haftet, wird der Deckaufstrich der heiß eingeklebten Bitumenbahnen mit scharfkörnigem Quarzsand bestreut oder ein an der Wand befestigtes Armierungsgewebe in das Mörtelbett eingelegt. Bei allen Rohrdurchführungen sind die Anschlüsse mit Flanschen wasserdicht auszubilden und die fertiggestellten Abdichtungen vor mechanischen Beschädigungen unverzüglich zu schützen (z. B. durch Schutzschichten wie Estriche usw.).

Derartige Naßräume müssen immer auch einen Bodenablauf aufweisen, an den die Dichtungsbahnen und der Bodenbelag mit einem Gefälle von mind. 1,5% anzuschließen sind (Klebe- oder Fest- und Losflanschen). Die Anschlüsse am Bodeneinlauf sind derart auszubilden, daß sowohl die Abdichtungsebene als auch die Bodenbelagoberfläche (2 Entwässerungsebenen) vollständig entwässert werden. Der notwendige Gefälleestrich kann entweder in Form eines Verbundestrichs unmittelbar auf der Rohdecke aufgebracht (Regelausführung) oder als Gefälleestrich mit Bewehrung auf einer Trittschalldämmung, oder – bei gleichzeitiger Wassereinwirkung von unten – über einer vollflächigen Bodenabdichtung verlegt werden. Bild **10**.5 a bis c.

Die Fußböden derartiger Naßräume müssen deutlich tiefer liegen als die Bodenoberflächen der angrenzenden, nicht wasserbeanspruchten Bereiche (z. B. Flure). Nach der vorgenannten Norm sind die Türschwellen ebenfalls in die Abdichtungsmaßnahmen einzubeziehen und die Dichtungsbahnen 15 cm über OF-Fertigfußboden hochzuziehen und mit der Anschlagschiene bzw. Metallzarge wasserdicht zu verbinden (schadensanfällige Konstruktion). Diese Dichtungsaufkantung kann durch eine vorgesetzte Blockstufe aus

[1]) Die Begriffe „Feucht- und Naßräume" kommen in der DIN 18195 nicht vor. Außerdem sind sie weder in der Fachliteratur noch in den technischen Regelwerken eindeutig definiert. Die neue Abdichtungsnorm geht statt dessen von der zu erwartenden Intensität der Beanspruchung (hoch/mäßig) aus. Unabhängig davon wird in der nachstehenden Abhandlung der Begriff „Naßraum" als übergeordnete Sammelbezeichnung für alle feuchtigkeits- und naßbelasteten Bereiche verwendet.

Beton geschützt werden. Wird allerdings im Türbereich auf die 15 cm hohe Schwelle aufgrund der Nutzungsbeeinträchtigung verzichtet, ist die in gleicher Höhe geforderte Randaufkantung im übrigen Wandbereich sicherlich wenig sinnvoll. Bei einem niveaugleichen Übergang oder nur geringfügigem Höhenversprung der Bodenoberflächen (max. 20 mm bei behindertengerechten Bauten) ist im Naßbereich unmittelbar vor der Tür eine Überlaufrinne sowie insgesamt ein stärkeres Oberflächengefälle in Richtung Bodenablauf vorzusehen.

Dämmschichten in Naßräumen müssen aus feuchtigkeitsunempfindlichen Materialien bestehen (z. B. extrudierte PS-Hartschaumplatten, Foamglas o. ä.). Derartige Platten können u. U. auch oberhalb der Abdichtung angeordnet sein (Bild **10.4** d). Aus trittschalltechnischen Gründen sind auch in Naßräumen Randdämmstreifen vorzusehen und bei keramischen Bodenbelägen die Boden-Wandfuge möglichst dicht und dauerelastisch (elastoplastisch) auszufugen.

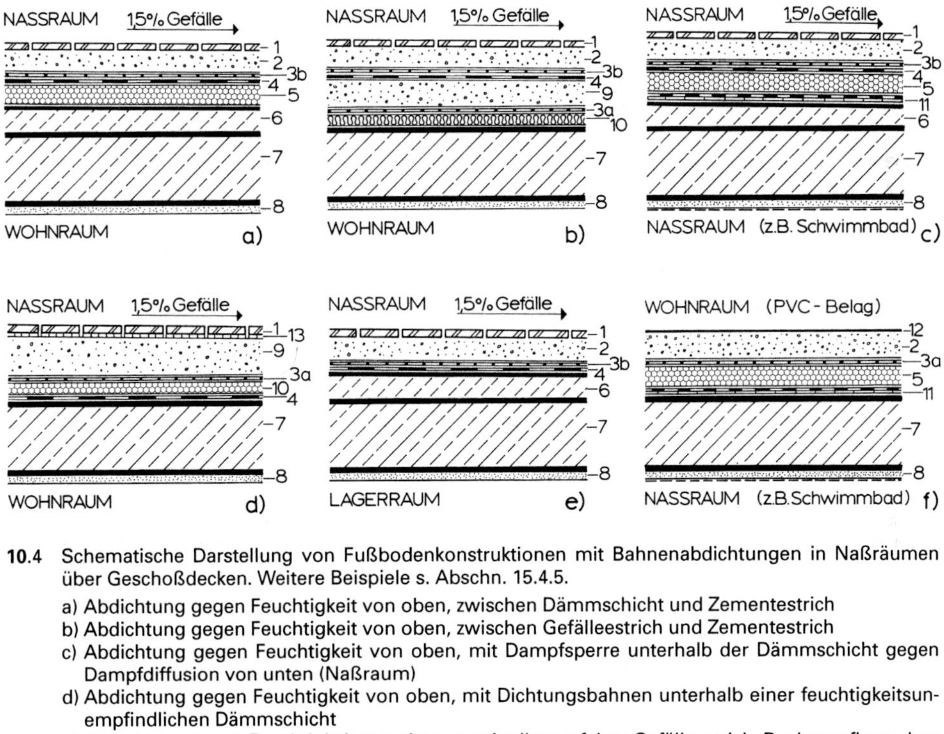

10.4 Schematische Darstellung von Fußbodenkonstruktionen mit Bahnenabdichtungen in Naßräumen über Geschoßdecken. Weitere Beispiele s. Abschn. 15.4.5.

a) Abdichtung gegen Feuchtigkeit von oben, zwischen Dämmschicht und Zementestrich
b) Abdichtung gegen Feuchtigkeit von oben, zwischen Gefälleestrich und Zementestrich
c) Abdichtung gegen Feuchtigkeit von oben, mit Dampfsperre unterhalb der Dämmschicht gegen Dampfdiffusion von unten (Naßraum)
d) Abdichtung gegen Feuchtigkeit von oben, mit Dichtungsbahnen unterhalb einer feuchtigkeitsunempfindlichen Dämmschicht
e) Abdichtung gegen Feuchtigkeit von oben, unmittelbar auf dem Gefälleestrich. Deckenauflage ohne Anforderungen an den Schall- und Wärmeschutz
f) Dampfsperre unmittelbar auf der Geschoßdecke gegen Dampfdiffusion von unten (Naßraum), bei oberseitigem Bodenbelag aus dampfdichtem Material (PVC-Bahnenbelag)

1 keramischer Bodenbelag
2 Zementestrich
3a Abdeckung (z. B. PE-Folie 0,1 mm, einlagig)
3b Gleitschicht (z. B. PE-Folie 0,1 mm, zweilagig)
4 Abdichtung aus Bitumenbahnen oder Kunststoff-Dichtungsbahnen
5 feuchtigkeitsumempfindliche Dämmschicht
6 Gefälleestrich
7 Geschoßdecke
8 Deckenputz
9 Gefälleestrich mit Bewehrung
10 Trittschalldämmung (feuchtigkeitsunempfindlich)
11 Dampfsperre mit Dampfdruckausgleichschicht
12 PVC-Bodenbelag (dampfdicht)
13 keramische Bodenfliesen in Klebstoff (Dünnbettverfahren)

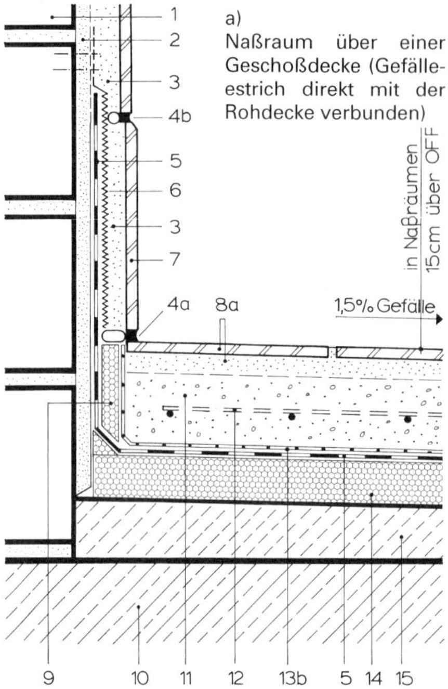

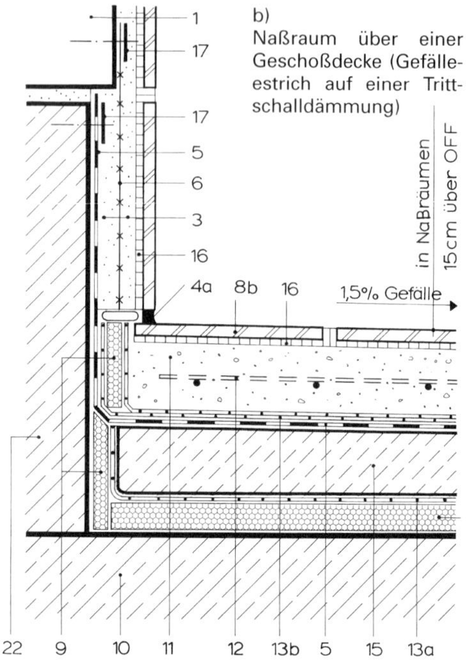

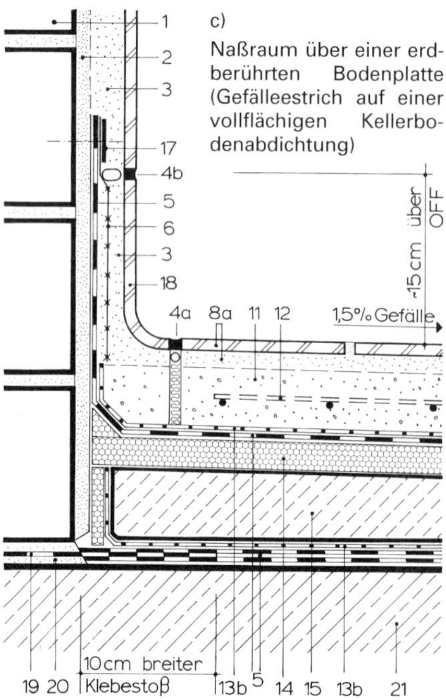

10.5 Konstruktionsbeispiele: Boden-Wandanschlüsse in Naßräumen mit Bahnenabdichtungen gemäß DIN 18 195-5

1 Mauerwerk
2 Putzlage
3 Mörtelbett
4a Bewegungsfuge (Fugenfüllprofil mit spritzbarer Dichtungsmasse)
4b Bewegungsfuge (nicht unbedingt notwendig)
5 Abdichtung aus Bitumen-/Kunststoff-Dichtungsbahnen
6 Armierungsgewebe oder verzinktes Rippenstreckmetall (Mörtelbewehrung)
7 Sockelfliese mit und ohne Fase
8a Bodenfliese in Mörtelbett (Dickbettverfahren)
8b Bodenfliese in Klebstoff (Dünnbettverfahren)
9 Randstreifen (5 mm dick)
10 Geschoßdecke
11 Zementestrich
12 Bewehrung (verzinkte Betonstahlmatte)
13a Trennschicht/Abdeckung (PE-Folie 0,1 mm)
13b Gleitschicht (PE-Folie 0,1 mm zweilagig)
14 feuchtigkeitsunempfindliche Dämmschichten
15 Gefälleestrich/Schutzschicht
16 Dünnbettmörtel oder Klebstoff
17 Metallbandbefestigung (z. B. Alu-Lochband)
18 Kehlsockel
19 untere waagerechte Außenwandabdichtung
20 Mörtelband (Mörtelgruppe III)
21 Bodenplatte/Fundamentplatte
22 Aufbetonstreifen/Wandrücksprung

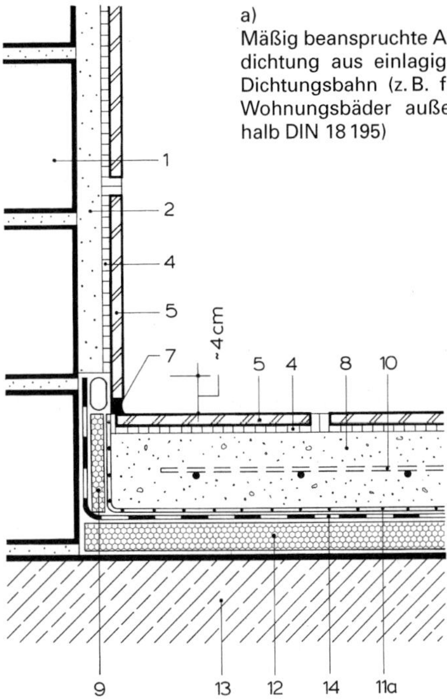

a)
Mäßig beanspruchte Abdichtung aus einlagiger Dichtungsbahn (z. B. für Wohnungsbäder außerhalb DIN 18 195)

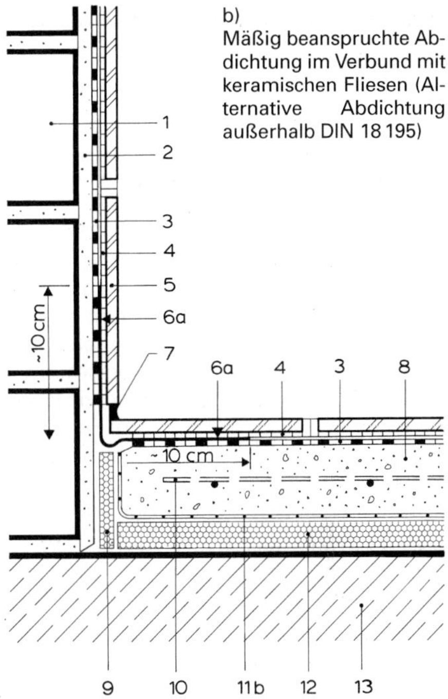

b)
Mäßig beanspruchte Abdichtung im Verbund mit keramischen Fliesen (Alternative Abdichtung außerhalb DIN 18 195)

10.6
Konstruktionsbeispiele: Boden-Wandanschlüsse in Naßräumen mit mäßig beanspruchbaren Abdichtungen außerhalb DIN 18 195

1 Mauerwerk
2 Putzlage
3 Abdichtung (aufgespachtelte Dichtschicht)
4 Dünnbettmörtel oder Klebstoff nach DIN 18 156
5 Boden-/Wandfliesen im Dünnbettverfahren
6a Dichtbandeinlage, schlaufenförmig ausgebildet
6b Dichtbandeinlage, an Bodenablauf angeklebt
7 elastoplastische Dichtungsmasse (ggf. mit Füllprofil)
8 Zementestrich
9 Randstreifen
10 Bewehrung (verzinkte Betonstahlmatte)
11a Gleitschicht (PE-Folie 0,1 mm)
11b Abdeckung (PE-Folie 0,1 mm)
12 feuchtigkeitsunempfindliche Dämmschichten
13 Massivdecke (Geschoßdecke)
14 Abdichtung (einlagige Bitumen- oder Kunststoffbahn)
15 höhenverstellbarer Bodenablauf dicht eingeklebt

c)
Mäßig beanspruchte Abdichtung im Verbund mit keramischen Fliesen u. höhenverstellbarem Bodenablauf (Alternative Abdichtung außerhalb DIN 18 195)

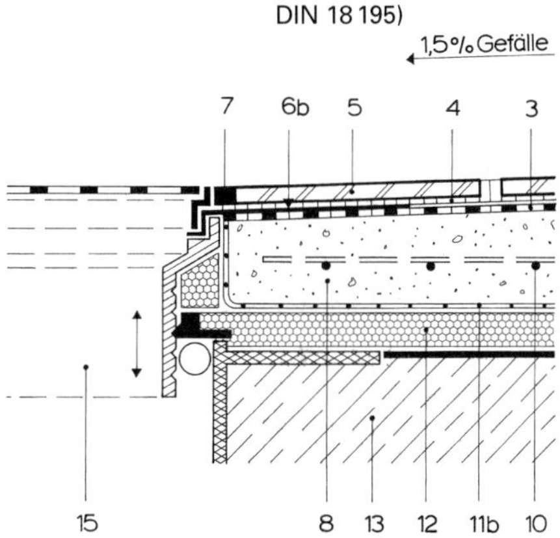

Abdichtungen in Naßräumen[1] außerhalb DIN 18195

Allgemeines

Forderungen, die sich aus der normgerechten Konstruktion mäßig beanspruchter Abdichtungen – beispielsweise bei Badezimmern im Wohnungsbau – ergeben, lassen sich in der Praxis nur schwer verwirklichen. So führt das wannenförmige Hochziehen der Dichtungsbahnen im Sockelbereich zu verhältnismäßig aufwendigen Konstruktionen und der Einbau einer normgerechten Türschwelle zu unzumutbaren Beeinträchtigungen der Badnutzung. Auch nach DIN 18025-1, Barrierefreie Wohnungen für Rollstuhlbenutzer, sind Türanschläge und Türschwellen grundsätzlich zu vermeiden. Soweit sie technisch unbedingt erforderlich sind, dürfen sie nicht höher als 20 mm sein. Zwischen Planer und Bauherr ist daher in einem frühen Stadium zu klären, welche Anforderungen hinsichtlich der späteren Nutzung an die Naßräume tatsächlich gestellt werden. Vor allem auch, ob in Wohnungsbädern normgerechte Abdichtungen – mit zweilagigen Dichtungsbahnen, 15 cm über OF-Bodenfläche hochgezogen sowie Bodeneinläufe mit Gefälleschichten – in jedem Fall notwendig sind, oder ob einfachere Feuchtigkeitsschutzmaßnahmen – wie nachstehend erläutert – ausreichen. Da derartige vereinfachte Abdichtungsmaßnahmen sich jedoch außerhalb der Abdichtungsnorm bewegen, sind alle Vereinbarungen vertraglich festzulegen. Weitere Einzelheiten sind der Spezialliteratur zu entnehmen [1], [2], [3], [4].

In diesem Zusammenhang ist auch die sich ändernde Badnutzung zu sehen (mehr duschen, weniger baden). Immer häufiger wird in Badewannen mehrmals hintereinander geduscht, so daß die angrenzenden Wandflächen – ähnlich sorgfältig wie in Duschnischen – abgedichtet werden müßten. Da aber derartige Wandabdichtungen gemäß DIN 18195 immer mit einer Schutzschicht (Vormauerung oder Schale aus armiertem Zementmörtel) geschützt werden sollten, werden diese zwar normgerechten, jedoch aufwendigen und umständlichen Abdichtungsmaßnahmen im Wohnungsbau kaum durchgeführt. Angesichts der technischen Schwierigkeiten und nicht unerheblichen Kosten sollte geprüft werden, ob feuchtigkeitsbeanspruchte Wandflächen in Wohnungsbädern nicht ebenfalls mit einfacheren, alternativen Abdichtungsmaßnahmen ausreichend geschützt werden können.

Alternative 1

Mäßig beanspruchte Abdichtungen aus einlagigen Dichtungsbahnen. Geht man von der üblichen Nutzung eines Wohnbades aus, so ist am Fußboden mit geringer Wasserbeanspruchung zu rechnen. Es bietet sich deshalb an, in derartigen Räumen einfachere, d. h. technisch weniger aufwendige und somit auch preisgünstigere Konstruktionen vorzusehen (Bild **10**.6 a).

Ausführung: Auf den Einbau eines Bodenablaufes und Gefälleestriches wird verzichtet. Die im Fußbodenbereich einlagig verlegte Dichtungsbahn wird an den aufgehenden Wandflächen nur etwa 4 cm über OF-Fertigfußboden hochgezogen und dort befestigt. Daran kann sich bei Bedarf eine alternative Wandabdichtung im Verbund mit keramischen Fliesen anschließen. Im Türbereich ist die Dichtungsbahn ebenfalls bis OF-Fertigfußboden hochzuziehen und mit der Anschlagschiene bzw. Metallzarge dicht zu verbinden (Bild **10**.7 a). Diese weniger aufwendigen Abdichtungen sind nur für mäßig beanspruchte Naßräume im Wohnungsbau gedacht. Bei feuchtigkeitsempfindlichen Unterkonstruktionen (z. B. Holzbalkendecken) und höher beanspruchten Naßräumen sind normgerechte Bahnenabdichtungen gemäß DIN 18195-5 in jedem Fall vorzusehen.

Alternative 2

Mäßig beanspruchte Abdichtungen im Verbund mit keramischen Fliesen. Die bisher besprochenen Abdichtungssysteme zeichnen sich dadurch aus, daß das Wasser in die Fußbodenkonstruktionen relativ tief eindringen kann, bis es auf die eigentlich wirksame Dichtungsebene trifft. Da Naßräume im Wohnungsbau in der Regel mit keramischen Belägen ausgestattet sind, liegt es nahe, der obersten Nutzschicht, d. h. den Fliesenbelägen selbst, eine abdichtende Funktion zu übertragen. Da die ausgemörtelten Fugen zwischen den Fliesen jedoch wasserdurchlässig sind (Haarrisse entlang der Fugenkanten), muß eine vollflächig dichtende Ebene unterhalb der Fliesenlage geschaffen und alle Bewegungsfugen mit Dichtbandeinlagen elastisch überbrückt werden (Bild **10.6** b).

---

[1]) s. Fußnote Seite 386

Abdichtungen im Verbund mit keramischen Fliesen und Platten – auch alternative Abdichtung bzw. Verbundabdichtung genannt – eignen sich für mäßige Beanspruchungen, wie sie im Innenbereich eines Gebäudes (z. B. in Duschräumen, Duschbereichen über Badewannen und Naßräumen mit Bodenablauf) auftreten. Geeignete Untergründe für Bodenabdichtungen sind Betonflächen sowie Zement- und Gußasphaltestriche. Kalk-, Kalkgips- und Gipsputze sowie Holz und Holzwerkstoffe sind als Untergründe **nicht geeignet**. Ihre Oberfläche muß ausreichend ebenflächig sowie tragfähig und frei von durchgehenden Rissen sein. Da die risseüberbrückenden Eigenschaften der Dichtstoffe beschränkt sind, sollten die Formänderungen des Untergrundes weitgehend abgeschlossen und Zementestriche mind. 28 Tage alt sein. Als Dichtstoffe kommen in Frage:

- Kunststoff-Zement-(Mörtel-)Kombinationen (Erhärtung durch Hydration)
- Reaktionsharze, vorwiegend auf Epoxid- oder Polyurethanbasis (Erhärtung durch chemische Reaktion)
- Kunstharzdispersionen (Erhärtung durch Trocknung)

Nach den vom Zentralverband des Deutschen Baugewerbes herausgegebenen Merkblättern [2], [3], müssen die Abdichtungsstoffe zahlreichen Anforderungen genügen (Haftzugfestigkeit, Temperatur- und Alterungsbeständigkeit, Beständigkeit gegen Kalkwasser, Wasserundurchlässigkeit, Rißüberdeckung). So muß vor allem die Überbrückung von Rissen bis 0,2 mm Breite gewährleistet sein. Auf dem Markt gibt es jedoch schon geprüfte Produkte, die Risse bis 1 mm Breite und mehr dauerhaft überbrücken.

Alternatives Abdichtungssystem. Das alternative Abdichtungssystem besteht in der Regel aus

- Grundierung (Voranstrich) zur Verfestigung des Untergrundes und zur Haftverbesserung,
- Abdichtungsstoff (flüssig oder pastös) zur Herstellung der ersten vollflächigen Abdichtungsschicht,
- Armiervlies (Gewebeeinlage), nur erforderlich bei kritischen Untergründen, Rißgefährdung und erhöhter Wasserbeanspruchung,
- Fugendichtband zum Abdichten und zur elastischen Überbrückung der Eck- und Bewegungsfugen,
- Dichtmanschetten für den wasserdichten Einbau von Bodenabläufen und sonstigen Rohrdurchführungen,
- Dünnbettmörtel oder Klebstoff zum Verkleben von Fliesen und Platten, zugleich zweite vollflächige Abdichtungsschicht (bei einigen Systemen bestehen Abdichtungsstoff und Dünnbettkleber aus dem gleichen Material),
- Fugendichtmasse zum elastischen Verschluß aller Bewegungsfugen.

Ausführung: Nach dem Trocknen der Grundierung wird der Abdichtungsstoff je nach Produkt durch Streichen, Rollen oder Spachteln vollflächig deckend aufgetragen und gegebenenfalls noch zusätzlich mit einer Gewebeeinlage verstärkt. Anschließend werden alle Randfugen und Feldbegrenzungsfugen mit elastischen, etwa 15 cm breiten Fugendichtbändern abgedichtet. Diese sind im Bereich der Boden-Wandanschlüsse in Form einer Schleife einzubauen, um die Bewegungsfuge elastisch überbrücken zu können (Bild **10**.6 b). Bodenabläufe mit Festflansch werden mit elastischen Dichtmanschetten, Trennschienen in Türdurchgängen mit Dichtbändern an die Flächenabdichtung angeschlossen (Bild **10**.6 c und **10**.7 b, c). Nach dem Erhärten der ersten Dichtschicht wird eine zweite Schicht gleicher Art aufgetragen und nach deren Trocknung darauf die keramischen Fliesen mit Dünnbettmörtel verlegt (Dünnbettverfahren nach DIN 18157). Bei anderen alternativen Abdichtungssystemen werden sowohl für die Flächenabdichtung wie für die Fliesenklebung das gleiche Material eingesetzt. Die Verarbeitung muß jedoch in jedem Fall in **zwei getrennten Arbeitsgängen** vorgenommen werden, wobei die erste Abdichtungsschicht vor dem Verlegen der Fliesen immer erhärtet sein muß. Anschließend wird der keramische Belag mit Fugenfüllmaterial verfugt und die Bewegungsfugen mit elastoplastischer Dichtungsmasse verschlossen. Vgl. hierzu auch Abschnitt 10.3.6.5, Elastoplastische Fugenmassen.

Abdichtungen im Verbund mit keramischen Fliesen und Platten haben sich bei sorgfältiger Ausführung in der praktischen Anwendung schon seit Jahren bewährt (Altbausanierung, Fertighausbau in Trockenbauweise usw.). Diese Abdichtungen sind jedoch nur für mäßig beanspruchte Naßräume gedacht und bedürfen, da sie sich außerhalb der Abdichtungsnorm bewegen, immer der vertraglichen Absprache. Die Weiterentwicklung der alternativen Abdichtungssysteme wird auch in Zukunft mit besonderem Interesse zu verfolgen sein.

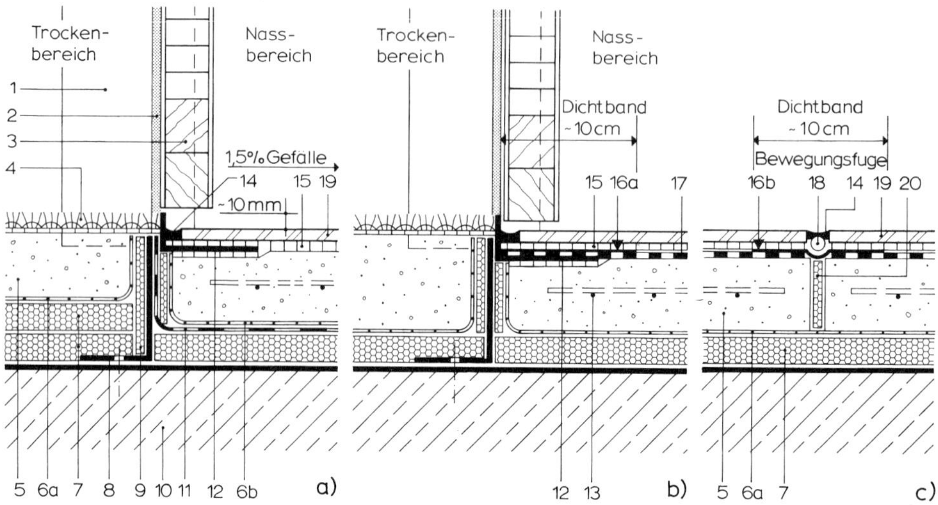

10.7 Konstruktionsbeispiele. Abdichtungsmaßnahmen im Türbereich von mäßig beanspruchten Naßräumen (z. B. Wohnungsbäder außerhalb DIN 18195)

a) Türschwellenabdichtung mit einlagiger Dichtungsbahn (vgl. hierzu Bild **10**.6a)
b) Türschwellenabdichtung im Verbund mit keramischen Fliesen und Platten (vgl. hierzu Bild **10**.6b)
c) Abdichtung einer Feldbegrenzungsfuge mit Fugendichtband

1 Schnellbauzarge
2 Dichtungsprofil
3 Türblatt
4 Teppichbelag
5 Zementestrich
6a Abdeckung (PE-Folie 0,1 mm)
6b Gleitschicht (PE-Folie 0,1 mm)
7 feuchtigkeitsunempfindliche Dämmschichten
8 korrosionsgeschützter Stahlwinkel
9 Randstreifen
10 Massivdecke (Geschoßdecke)
11 Abdichtung (einlagige Bitumen- oder Kunststoffbahn)
12 Trennschiene (Edelstahlwinkel) mit Reaktionsharz-Klebstoff befestigt (ggf. noch zusätzlich gedübelt)
13 Bewehrung (verzinkte Betonstahlmatte)
14 elastoplastische Dichtungsmasse
15 Dünnbettmörtel oder Klebstoff
16a Dichtbandeinlage auf Edelstahlwinkel aufgeklebt
16b Dichtbandeinlage schlaufenförmig ausgebildet
17 Abdichtung (aufgerollte/aufgespachtelte Dichtschicht)
18 Fugenfüllprofil (geschlossenzellig)
19 Bodenfliese
20 Feldbegrenzungsfuge

10.3.3 Schallschutz von Massivdecken und Holzbalkendecken

Allgemeines

Der Schallschutz in Bauwerken hat große Bedeutung für die Gesundheit und das Wohlbefinden des Menschen. Bauliche Schallschutzmaßnahmen dienen daher dem Ziel, Menschen in Aufenthaltsräumen vor unzumutbaren Belästigungen durch Schallübertragung zu schützen. Sie müssen immer rechtzeitig berücksichtigt werden, da ein unzureichend geplanter oder auch mangelhaft ausgeführter Schallschutz nachträglich nur mit erheblichem Aufwand verbessert werden kann. Die zu beachtenden Anforderungen an den baulichen Schallschutz – beispielsweise von Decken – enthalten:

- **DIN 4109 (Ausg. 11.89)**, Schallschutz im Hochbau, Anforderungen und Nachweise
- **Beiblatt 1 zu DIN 4109**, Schallschutz im Hochbau – Ausführungsbeispiele und Rechenverfahren
- **Beiblatt 2 zu DIN 4109**, Schallschutz im Hochbau – Hinweise für Planung und Ausführung; Vorschläge für einen erhöhten Schallschutz; Empfehlungen für den Schallschutz im eigenen Wohn- und Arbeitsbereich.

Einzelheiten über den Schallschutz im **allgemeinen** sowie Rechenbeispiele s. Abschn. 15.6.

Anforderungen an den Schallschutz von Geschoßdecken

Beim Schallschutz ist grundsätzlich zu unterscheiden zwischen Maßnahmen der Schalldämmung und der Schallabsorption. Schalldämmung beinhaltet die Minderung der Schallübertragung zwischen benachbarten Räumen. Schallabsorption bedeutet die Minderung des Schalles bzw. der Schallausbreitung im Raum selbst (auch Schallschluckung oder Schalldämpfung genannt). Beide Maßnahmen unterscheiden sich und müssen getrennt voneinander betrachtet werden.

Bei der Schalldämmung von Geschoßdecken gilt es, Menschen in angrenzenden Räumen vor störender Luftschallübertragung (z. B. durch Sprechen, Musik) und Trittschallübertragung (z. B. durch Begehen einer Decke) zu schützen. Ausgehend von der neu zu planenden oder vorhandenen Rohdecke (Altbau) sind die Dämmaßnahmen so zu wählen, daß immer beide Anforderungen erfüllt werden. Diese umfassen die gesamte Geschoßdecke, nämlich

- Rohdecke (z. B. Massivdecke, Holzbalkendecke)
- Deckenauflage (z. B. schwimmender Estrich mit Gehbelag) und ggf.
- biegeweiche Unterdecke bzw. Deckenbekleidung.

Schall wird jedoch nicht nur über die Geschoßdecke selbst von Raum zu Raum übertragen, sondern auch über Nebenwege. Darunter versteht man sowohl die Schallübertragung längs angrenzender Bauteile (Wände, Stützen), die sog. Flankenübertragung, als auch die Luftschallübertragung durch Undichtigkeiten, Lüftungsanlagen, Deckenhohlräume von Unterdecken und ähnlichem, insgesamt als Nebenwegübertragung bezeichnet. Siehe hierzu auch Abschn. 15.6.3.3.

Die baurechtlich geforderten Mindestanforderungen enthält die eigentliche Norm DIN 4109. Neben diesen unbedingt einzuhaltenden – in Tabelle **10**.8 auszugsweise wiedergegebenen Mindestwerten für Decken – sind im Beiblatt 2 zu DIN 4109 Vorschläge für einen erhöhten Schallschutz und Empfehlungen für den eigenen Wohn- und Arbeitsbereich genannt. Durch diese Trennung soll deutlich werden, daß beispielsweise erhöhter Schallschutz einer besonderen Vereinbarung zwischen Bauherr und Entwurfsverfasser bedarf. Vgl. hierzu auch Abschn. 15.6.4.

Fußnote zu Bild **10**.8

Neue Bezeichnungen: In Angleichung an die internationale Normung wurden in der neuen DIN 4109 (Ausg. 11.89) ersetzt:

- das Luftschallschutzmaß *LSM* durch das bewertete Schalldämm-Maß R'_w
- das Trittschallschutzmaß *TSM* durch den bewerteten Norm-Trittschallpegel $L'_{n,w}$
- das äquivalente Trittschallschutzmaß TSM_{eq} von Rohdecken durch den äquivalenten bewerteten Norm-Trittschallpegel $L_{n,w,eq}$
- das Trittschallverbesserungsmaß *VM* durch das Trittschallverbesserungsmaß ΔL_w.

Zur Berechnung gelten folgende Beziehungen:

$TSM = 63\text{ dB} - L'_{n,w}$, $TSM_{eq} = 63\text{ dB} - L_{n,w,eq}$, $VM = \Delta L_w$.

Hinweis: Da in der Neuausgabe der DIN 4109 die bisher gebräuchlichen Bezeichnungen weiterhin angeführt sind, werden diese für eine gewisse Übergangszeit (mit Ausnahme des LSM) auch in diesem Werk weiter verwendet.

Tabelle **10**.8 Anforderungen an die Luft- und Trittschalldämmung von Decken zum Schutz gegen Schallübertragung aus einem **fremden** Wohn- oder Arbeitsbereich (Auszug aus DIN 4109 – Ausg. 11.89 – Tab. 3). Siehe hierzu auch Tabelle **15**.75

Spalte	1	2	3	4	5
Zeile	Decken	Bauteile	Anforderungen erf. R'_w*) in dB	erf. $L'_{n,w}$*) (erf. *TSM*) in dB	Bemerkungen
1 Geschoßhäuser mit Wohnungen und Arbeitsräumen					
1		Decken unter allgemein nutzbaren Dachräumen, z. B. Trockenböden, Abstellräumen und ihren Zugängen	53	53 (10)	1)
2		Wohnungstrenndecken (auch -treppen) und Decken zwischen fremden Arbeitsräumen bzw. vergleichbaren Nutzungseinheiten	54	53 (10)	2) 3) 4)
3		Decken über Kellern, Hausfluren, Treppenräumen unter Aufenthaltsräumen	52	53 (10)	5) 6)
4		Decken über Durchfahrten, Einfahrten von Sammelgaragen und ähnliches unter Aufenthaltsräumen	55	53 (10)	
5		Decken unter/über Spiel- oder ähnlichen Gemeinschaftsräumen	55	46 (17)	7)
6		Decken unter Terrassen und Loggien über Aufenthaltsräumen	–	53 (10)	–
7		Decken unter Laubengängen	–	53 (10)	5)
8		Decken und Treppen innerhalb von Wohnungen, die sich über zwei Geschosse erstrecken	–	53 (10)	1) 5) 6) 8)
9		Decken unter Bad und WC ohne/mit Bodenentwässerung	54	53 (10)	
10		Decken unter Hausfluren	–	53 (10)	5) 6)
2 Einfamilien-Doppelhäuser und Einfamilien-Reihenhäuser					
11		Decken	–	48 (15)	5)
12		Treppenläufe und -podeste und Decken unter Fluren	–	53 (10)	9)
3 Beherbergungsstätten					
13		Decken	54	53 (10)	–
14		Decken unter/über Schwimmbädern, Spiel- oder ähnlichen Gemeinschaftsräumen zum Schutz gegenüber Schlafräumen	55	46 (17)	7)
15		Treppenläufe und -podeste	–	58 (5)	10)
16		Decken unter Fluren	–	53 (10)	5)
17		Decken unter Bad und WC ohne/mit Bodenentwässerung	54	53 (10)	5) 11)

*) Neue Bezeichnungen s. S. 393, Fortsetzung s. S. 395

Tabelle **10**.8, Fortsetzung

Spalte	1	2	3	4	5
Zeile	Decken	Bauteile	Anforderungen erf. R'_w*) in dB	erf. $L'_{n,w}$*) (erf. *TSM*) in dB	Bemerkungen
4		**Krankenanstalten, Sanatorien**			
18		Decken	54	53 (10)	–
19		Decken unter/über Schwimmbädern, Spiel- oder ähnlichen Gemeinschaftsräumen	55	46 (17)	7)
20		Treppenläufe und -podeste	–	58 (5)	10)
21		Decken unter Fluren	–	53 (10)	5)
22		Decken unter Bad und WC ohne/mit Bodenentwässerung	54	53 (10)	5) 11)
5		**Schulen und vergleichbare Unterrichtsbauten**			
23		Decken zwischen Unterrichtsräumen oder ähnlichen Räumen	55	53 (10)	–
24		Decken unter Fluren	–	53 (10)	5)
25		Decken zwischen Unterrichtsräumen oder ähnlichen Räumen und „besonders lauten" Räumen (z. B. Sporthallen, Musikräume, Werkräume)	55	46 (17)	7)

1) Bei Gebäuden mit nicht mehr als 2 Wohnungen betragen die Anforderungen erf. R'_w = 52 dB und erf. $L'_{n,w}$ = 63 dB (erf. *TSM* = 0 dB).

2) Wohnungstrenndecken sind Bauteile, die Wohnungen voneinander oder von fremden Arbeitsräumen trennen.

3) Bei Gebäuden mit nicht mehr als 2 Wohnungen beträgt die Anforderung erf. R'_w = 52 dB.

4) Weichfedernde Bodenbeläge dürfen bei dem Nachweis der Anforderungen an den Trittschallschutz nicht angerechnet werden; in Gebäuden mit nicht mehr als 2 Wohnungen dürfen weichfedernde Bodenbeläge, z. B. nach Beiblatt 1 zu DIN 4109 (11.89), Tabelle 18, berücksichtigt werden, wenn die Beläge auf dem Produkt oder auf der Verpackung mit dem entsprechenden $\Delta L_w(VM)$ nach Beiblatt 1 zu DIN 4109 (11.89), Tabelle 18, bzw. nach Eignungsprüfung gekennzeichnet sind und mit der Werksbescheinigung nach DIN 50 049 ausgeliefert werden.

5) Die Anforderung an die Trittschalldämmung gilt nur für die Trittschallübertragung in fremde Aufenthaltsräume, ganz gleich, ob sie in waagerechter, schräger oder senkrechter (nach oben) Richtung erfolgt.

6) Weichfedernde Bodenbeläge dürfen bei dem Nachweis der Anforderungen an den Trittschallschutz nicht angerechnet werden.

7) Wegen der verstärkten Übertragung tiefer Frequenzen können zusätzliche Maßnahmen zur Körperschalldämmung erforderlich sein.

8) Die Prüfung der Anforderungen an das Trittschallschutzmaß nach DIN 52 210-3 erfolgt bei einer gegebenenfalls vorhandenen Bodenentwässerung nicht in einem Umkreis von r = 60 cm.

9) Bei einschaligen Haustrennwänden gilt: Wegen der möglichen Austauschbarkeit von weichfedernden Bodenbelägen nach Beiblatt 1 zu DIN 4109 (11.89), Tabelle 18, die sowohl dem Verschleiß als auch besonderen Wünschen der Bewohner unterliegen, dürfen diese bei dem Nachweis der Anforderungen an den Trittschallschutz nicht angerechnet werden.

10) Keine Anforderungen an Treppenläufe in Gebäuden mit Aufzug.

11) Die Prüfung der Anforderungen an den bewerteten Norm-Trittschallpegel nach DIN 52 210-3 erfolgt bei einer gegebenenfalls vorhandenen Bodenentwässerung nicht in einem Umkreis von r = 60 cm.

---

*) Neue Bezeichnungen s. S. 393

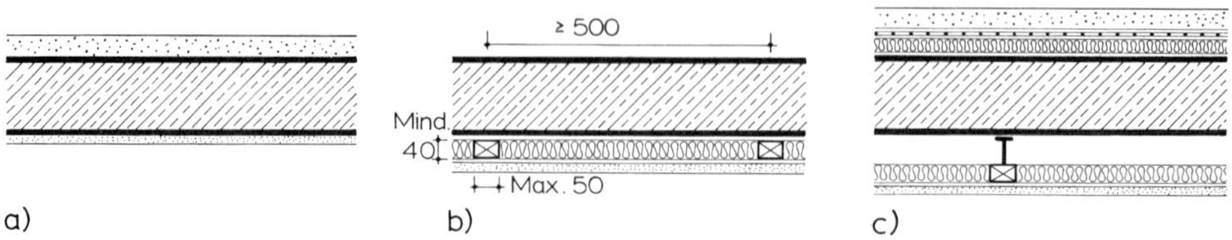

10.9 Schematische Darstellung von ein- und mehrschaligen Geschoßdecken
a) einschalige Decke: Massivdecke mit Verbundestrich und Putzschicht (alle Teile sind starr miteinander verbunden)
b) zweischalige Decke: Massivdecke entweder mit biegeweicher Deckenbekleidung oder mit schwimmend verlegtem Estrich
c) mehrschalige Decke: Massivdecke mit abgehängter, biegeweicher Unterdecke und schwimmend verlegtem Estrich

Wie in Bild **10.9** dargestellt, wird zwischen ein- und mehrschaligen Deckenausbildungen unterschieden.

— **Einschalige Bauteile** bestehen aus einem einheitlichen Baustoff (z. B. Beton) oder aus mehreren, fest miteinander verbundenen Schichten (z. B. Betonplatte mit Putzschicht), die als Ganzes schwingen. Je höher das Flächengewicht (flächenbezogene Masse) des Bauteiles ist, um so besser ist die Schalldämmung.

— **Mehrschalige Bauteile** bestehen aus zwei oder mehreren Schalen, die nicht starr miteinander verbunden, sondern durch elastische Dämmstoffe (z. B. bei schwimmendem Estrich) oder Luftschichten voneinander getrennt sind. Je weniger starr die Verbindung dieser Schalen ist, um so besser ist in der Regel die Schalldämmung.

10.3.3.1 Luftschalldämmung von Massivdecken

Die Luftschalldämmung von Massivdecken wird überwiegend von der flächenbezogenen Masse der jeweiligen Rohdecke bestimmt. Bei Bedarf kann sie durch einen schwimmenden Estrich und eine etwaige biegeweiche Unterdecke verbessert werden. Von großer Bedeutung ist dabei auch die Ausbildung der flankierenden Bauteile (mittlere flächenbezogene Masse, biegeweiche Vorsatzschale).

Luftschalldämmung einschaliger Decken. Die Luftschalldämmung einschaliger Decken (Bild **10.9** a) ist um so besser, je schwerer sie sind. Um die Mindestanforderungen nach DIN 4109 zu erfüllen, ist eine flächenbezogene Masse von 450 kg/m² erforderlich, sofern auf die Rohdecke kein schwimmender Estrich aufgebracht wird. Größere Hohlräume in den Decken, Undichtigkeiten sowie unterseitig vollflächig anbetonierte oder angeklebte und verputzte Holzwolle-Leichtbauplatten oder Hartschaum-Dämmplatten verschlechtern die Schalldämmung einschaliger Decken.

Entsprechende Ausführungsbeispiele und Rechenwerte s. Beiblatt 1 zu DIN 4109, Tabelle 11 und 12 sowie Abschn. 15.6.2 und 15.6.4.1 dieses Werkes.

Luftschalldämmung mehrschaliger Decken. Bei zwei- und mehrschaligen Decken (Bild **10.9** b und c) läßt sich eine bestimmte Luftschalldämmung auch mit leichteren Decken (flächenbezogene Masse $\geq$ 200 kg/m²) erreichen als bei einschaligen, wenn die Rohdecke mit einem schwimmenden Estrich bzw. anderen geeigneten schwimmenden Böden oder/und einer biegeweichen Unterdecke versehen wird. Die bewerteten Schalldämm-Maße $R'_{w,R}$ können zum Teil erheblich über denen von einschaligen Bauteilen liegen. Eine Begrenzung ist jedoch vorgegeben, weil die Schallübertragung entlang der flankierenden Wände in Massivbauten immer vorhanden ist.

Entsprechende Ausführungsbeispiele und Rechenwerte s. Beiblatt 1 zu DIN 4109, Tabelle 12 sowie Abschn. 15.6.3.1 und 15.6.4.1 dieses Werkes.

Biegeweiche Unterdecke. Die biegeweiche Unterdecke dient vor allem zur Verbesserung der Luftschalldämmung. Sie verbessert aber auch die Trittschalldämmung durch verringerte Schallabstrahlung in den darunter liegenden Raum. Eine schallschutztechnisch wirksame Unterdecke muß allerdings bestimmte konstruktive Voraussetzungen erfüllen. So sollte die Bekleidung möglichst dicht und biegeweich, ihre flächenbezogene Masse und ihr Abstand zur Rohdecke möglichst groß, die Berührungsfläche mit der Rohdecke möglichst gering und die horizontale Dämmstoffauflage (Hohlraumdämpfung) vollflächig ausgebildet sein. Einzelheiten hierzu s. Abschn. 13.2.2, Schallschutz mit leichten Unterdecken.

Biegeweiche Vorsatzschale. Damit die schalldämmende Wirkung der Unterdecke durch die oben angesprochene Schall-Längsleitung entlang der flankierenden Bauteile nicht zu stark beeinträchtigt wird, müssen die seitlichen Wände entweder genügend schwer sein und eine mittlere flächenbezogene Masse von $\geq$300 kg/m^2 aufweisen oder in geeigneter Weise zweischalig ausgebildet werden. Biegeweiche Vorsatzschalen verbessern die Luftschalldämmung von Massivwänden, ohne das Wandgewicht wesentlich zu erhöhen.

Man unterscheidet Vorsatzschalen **mit** Unterkonstruktion aus Holz oder Metallständern (mit oder ohne feste Verbindung zur Wandfläche) sowie Vorsatzschalen **ohne** Unterkonstruktion aus Gipskartonplatten mit Mineralfaserdämmplatten (Gipskarton-Verbundplatten direkt auf die Massivwand angesetzt). Bild **14**.4. Dämmstoffe mit höherer dynamischer Steifigkeit, wie beispielsweise PS-Hartschaumplatten, beeinflussen den bestehenden Schallschutz negativ, und zwar sowohl beim direkten (vertikalen) Schalldurchgang als auch in der Schall-Längsleitung. Bei Vorsatzschalen auf Außenwänden ist aus feuchtetechnischen Gründen auf eine geeignete Dampfbremse zu achten. Vgl. hierzu Abschn. 8.11.2, Innendämmung von Wänden sowie Bild **8**.29 in Teil 2 dieses Werkes.

Der schwimmende Estrich oder andere schwimmend verlegte Böden verbessern ebenfalls die Luftschalldämmung leichter Massivdecken. Durch derartige Deckenauflagen wird aber vor allem der Trittschallschutz angehoben. Beachtenswert ist auch, daß die Luftschalldämmung einer Decke mit weichfedernden Bodenbelägen, gleich welcher Art, nicht verbessert werden kann.

10.3.3.2 Trittschalldämmung von Massivdecken

Die Trittschalldämmung von Rohdecken nimmt mit der flächenbezogenen Masse zu, so daß durch eine Erhöhung der Deckendicke der Trittschallpegel gesenkt werden kann. Da jedoch eine ausreichende Trittschalldämmung – im Gegensatz zur Luftschalldämmung – nicht allein durch Erhöhung der flächenbezogenen Masse erreicht werden kann, ist immer eine Verbesserung durch Deckenauflagen notwendig. Dementsprechend sind im Beiblatt 1 zu DIN 4109 einerseits Rechenwerte von Massivdecken **ohne** Deckenauflage, andererseits von Deckenauflagen **allein** angegeben. Damit ist ablesbar, mit welcher Deckenauflage Massivdecken versehen werden müssen, damit die geforderte Schalldämmung erreicht wird. Als Deckenauflagen zur Verbesserung des Trittschallschutzes eignen sich besonders schwimmende Estriche und weichfedernde Bodenbeläge.

Schwimmender Estrich. Die Trittschalldämmung einer Decke wird am wirksamsten mit einem schwimmenden Estrich verbessert, weil er bereits das Eindringen von Körperschall in die Deckenkonstruktion weitgehend verhindert und zudem auch die Luftschalldämmung verbessert. Ein schwimmender Estrich ist auf einer weichfedernden Dämmschicht verlegter Estrich, der auf seiner Unterlage beweglich ist und keine unmittelbare (starre) Verbindung mit angrenzenden Bauteilen aufweist. Die Dämmung einer solchen Deckenauflage ist in der Regel um so besser, je schwerer die Estrichplatte und je weichfedernder die Dämmschicht ist. Je weicher jedoch die Dämmschicht ist, um so dicker muß auch der Estrich sein, um entsprechende Lasten aufnehmen zu können. Die dynamische Steifigkeit einer Dämmschicht ist demnach entscheidend für die Dämmwirkung eines schwimmenden Estrichs. Vgl. hierzu Abschn. 10.3.5, Dämmstoffe sowie Abschn. 10.3.6.4, Estrichkonstruktionen.

Weichfedernde Bodenbeläge. Durch sie kann die Trittschalldämmung von Massivdecken, nicht aber die Luftschalldämmung verbessert werden. Wegen des möglichen Austausches und dem Verschleiß von weichfedernden Bodenbelägen (Teppiche, PVC-Verbundbeläge), dürfen diese jedoch in Wohnungsbauten beim Nachweis des Mindest-Trittschallschutzes nicht angerechnet werden. Eingesetzt werden sie dagegen in Bauten mit aufgesetzten, umsetzbaren Trennwänden (Objektbereich), wo ein von Raum zu Raum durchgehender schwimmender Estrich wegen der horizontalen Schall-Längsübertragung nicht in Frage kommt und statt dessen ein Verbundestrich eingebracht wird. Vgl. hierzu Abschn. 14.3.3, Schallschutz von umsetzbaren Trennwänden. Da der schwimmende Estrich häufig auch eine wärmedämmende Funktion hat, kann ein weichfedernder Bodenbelag diesen nur ersetzen, wenn nicht wärmetechnische Forderungen der DIN 4108 dagegen sprechen.

Rechnerischer Nachweis. Wie Tabelle **10.**8 beispielhaft verdeutlicht, sind in DIN 4109 und im Beiblatt 2 je nach Gebäudeart und Nutzung unterschiedlich hohe Anforderungen an die Trittschalldämmung von Decken festgelegt. Der rechnerische Nachweis ist gemäß DIN 4109, Beiblatt 1, zu erbringen. Demnach setzt sich das Trittschallschutzmaß *TSM*[1)] einer Deckenkonstruktion aus dem äquivalenten Trittschallschutz TSM_{eq}[1)], der Rohdecke und dem Trittschallverbesserungsmaß *VM*[1)] des schwimmenden Estrichs zusammen. Zum Abdecken von Ungenauigkeiten wird von der Norm noch ein Vorhaltemaß (Sicherheitszuschlag) von 2 dB gefordert. Wird auf einen schwimmenden Estrich zusätzlich ein weichfedernder Bodenbelag aufgebracht, so ist bei der Berechnung nur das größere der beiden Verbesserungsmaße zu berücksichtigen. Daraus ergibt sich die Formel *TSM*[1)] = $TSM_{eq} + VM - 2$ dB.

Entsprechende Ausführungsbeispiele und Rechenwerte s. Beiblatt 1 zu DIN 4109, Tabelle 16, 17 und 18 sowie Abschn. 15.6.3.2 und 15.6.4.1 dieses Werkes. Auf die weiterführende Spezialliteratur [5] wird verwiesen.

10.3.3.3 Schallschutz von Holzbalkendecken

Als raumabschließendes Bauteil haben Holzbalkendecken vorwiegend statische sowie wärme- und schalltechnische Funktionen zu erfüllen. Während der letzten Jahre sind vor allem die Anforderungen bezüglich der Verbesserung des Schallschutzes ständig gestiegen. Dies gilt auch im Hinblick auf die Sanierung bzw. Modernisierung älterer Gebäude, deren Holzbalkendecken meist eine schlechte Schalldämmung aufweisen.

Holzbalkendecken werden vor allem in Einfamilienhäusern und Dachaufbauten sowie in Holzfertighäusern eingebaut. In schallschutztechnischer Hinsicht wird in DIN 4109 dementsprechend unterschieden zwischen

- **Massivbauart** mit biegesteifer Anbindung des raumtrennenden Bauteiles an die flankierenden Bauteile (direkte Schallübertragung bei Massivbauten) sowie
- **Skelett- und Holzbauart** mit gelenkiger Anbindung des raumtrennenden Bauteiles an die flankierenden Bauteile (vernachlässigbare Schallübertragung aufgrund trennender Fugen bei Skelettbauten).

Wie in Abschn. 10.3.3.1, Luftschallschutz von Massivdecken, bereits ausgeführt, ist die Schall-Längsleitung in Massivbauten um so größer, je leichter die Wände sind. Dementsprechend müssen auch in Massivbauten mit Holzbalkendecken die flankierenden Wände eine möglichst große flächenbezogene Masse aufweisen oder durch eine biegeweiche Vorsatzschale (z. B. Gipskarton-Verbundplatten mit Mineralfaserauflage) verkleidet werden. Dagegen sind in Holzbauten bezüglich des Luftschallschutzes keine besonderen Maßnahmen nötig, sofern der Trittschallschutz der Holzbalkendecke ausreichend ist. Eine gebrauchsfertige Holzbalkendecke setzt sich in schallschutztechnischer Hinsicht aus folgenden Teilen zusammen:

- Rohdecke, bestehend aus Holzbalken und oberseitiger Abdeckung (gegebenenfalls mit einer unterseitigen Bekleidung),
- Fußbodenaufbau, in Form eines schwimmend verlegten Estrichs oder Fertigteilestrichs, einschließlich einer etwaigen Beschwerung,
- weichfedernder Gehbelag, vorzugsweise hochwertiger Teppichbelag,
- biegeweiche Unterdecke bzw. Deckenbekleidung, unterseitig an der Holzbalkendecke angebracht.

Ähnlich wie Massivdecken können Holzbalkendecken ein- oder zweischalig ausgebildet sein. Eine gute Schalldämmung wird in der Regel nur erreicht, wenn sie konsequent mehrschalig aufgebaut sind. Da es bei Holzbalkendecken stets schwieriger ist, einen guten Trittschall-

---

1) Neue Bezeichnungen s. S. 393.

schutz zu erzielen als einen entsprechenden Luftschallschutz, wird im folgenden nur der **Trittschallschutz** besprochen. Ist dieser erreicht, ist auch automatisch ein ausreichender Luftschallschutz vorhanden.

- **Einschalig ausgebildete Holzbalkendecken,** bei denen die oberseitige Abdeckung und unterseitige Verkleidung mit den Tragbalken fest verbunden sind, weisen einen sehr geringen Schallschutz auf, da der Schall vor allem über die Balken direkt nach unten übertragen wird (Bild **10**.10 a). Derartige Konstruktionen, mit oberseitig aufgenagelten Fußbodendielen und unterseitig angenagelter Schalung mit Putz auf Rohrmatten, trifft man in älteren Gebäuden häufig an. Die Schalldämmung dieser Decken versuchte man früher weiter zu verbessern, indem man zwischen den Balken eine sog. Einschubdecke (Zwischenboden aus Brettern mit Lehm-, Schlacke- oder Sandfüllung) einbrachte. Infolge der Erhöhung des Flächengewichtes – allerdings nur zwischen den Balken – wurde auch eine gewisse Verbesserung erreicht, die jedoch den heutigen schalltechnischen Anforderungen keinesfalls genügt.
- **Zweischalig ausgebildete Holzbalkendecken,** bei denen Balken und unterseitige Deckenbekleidung oder Balken und Deckenauflage voneinander getrennt sind, ergeben eine wesentliche Verbesserung des Schallschutzes im Vergleich zu den einschaligen Decken (Bild **10**.10 b und c).
- **Mehrschalig ausgebildete Holzbalkendecken.** Erhöhter Schallschutz, so wie dies im Beiblatt 2 zu DIN 4109 gefordert wird, kann jedoch nur mit mehrschaligen Deckenkonstruktionen erzielt werden, bei denen sowohl die Deckenbekleidung als auch die Deckenauflage von der Rohdecke getrennt sind (Bild **10**.12).

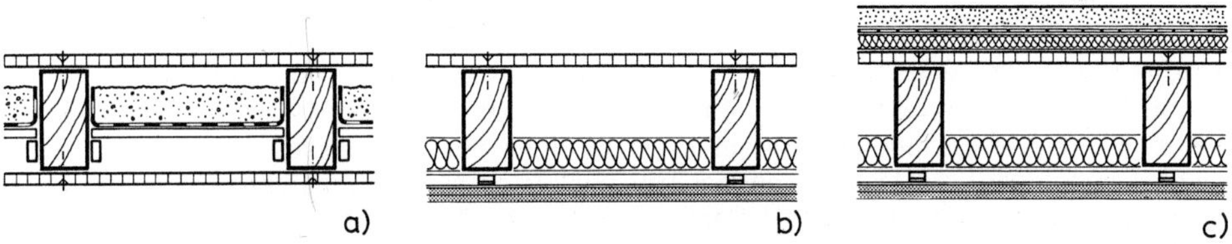

10.10 Schematische Darstellung von ein- und mehrschaligen Holzbalkendecken
a) einschalige Holzbalkendecke: Obere Abdeckung und unterseitige Verkleidung mit den Tragbalken starr verbunden
b) zweischalige Holzbalkendecke: Trennung der Tragdecke entweder unterseitig von der Deckenbekleidung oder oberseitig von der Deckenauflage
c) mehrschalige Holzbalkendecke: Trennung der Tragdecke sowohl unterseitig von der Deckenbekleidung wie oberseitig von der Deckenauflage. Vgl. hierzu auch Bild **10**.12

Trennung von Balken und unterseitiger Deckenbekleidung

Wie zuvor erwähnt, muß die starre Verbindung zwischen Balkenlage und Deckenbekleidung unterbrochen werden, um die Schallübertragung von der Deckenoberseite zur Unterseite, vor allem über die Balken, zu verhindern. Bereits das unterseitige Anbringen einer Holzlattung quer zur Balkenlage mindert die vertikale Schallübertragung wesentlich. Noch bessere Ergebnisse werden erzielt, wenn die Befestigung der Holzlatten mit zwischengelegten Faserdämmstreifen über sog. Federbügel erfolgt (Bild **10**.11 a). Bei den im Handel befindlichen sog. Federschienen hat die Anschraubart einen gewissen Einfluß auf die Dämmwirkung. Diese wird erhöht, wenn die Schrauben nicht voll angezogen und damit die Schienen nicht preß, sondern etwas beweglich an den Holzbalken befestigt werden (Bild **10**.11 b).

Als Bekleidungsmaterialien kommen vor allem Gipskartonplatten sowie Holzspanplatten in Frage. Untersuchungen haben ergeben, daß sich zu dicke und damit auch zu biegesteife Bekleidungsplatten nicht bewährt haben. Bessere Ergebnisse werden mit sog. Aufdoppelungen erzielt, indem auf eine dünne Bekleidungsplatte noch eine zweite zusätzlich aufgebracht wird (z. B. 2×12,5 mm Gipskartonplatten). Die beiden Schichten dürfen jedoch nicht miteinander verklebt, sondern nur punktweise durch Schrauben verbunden werden. Schalltechnisch ungünstig verhalten sich Profilholz-Bekleidungen, da sie allein zu undicht sind. Sie sollten daher immer auf Holzspanplatten oder Gipskartonplatten montiert werden. Entsprechende Befestigungstechniken s. Abschn. 13.5.3.2.

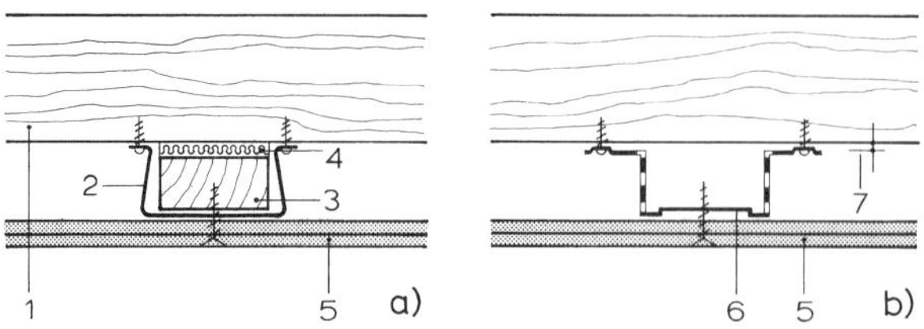

10.11
Federnde Befestigung von Deckenbekleidungen an Holzbalken
a) Befestigung über Federbügel und Holzleiste mit zwischengelegtem Faserdämmstreifen
b) Befestigung mit Federschiene
1 Holzbalken
2 Federbügel
3 Holzleiste
4 Dämmstreifen
5 Deckenbekleidung
6 Federschiene
7 Abstand zwischen Federschiene und Holzbalken

Trennung von Balken und oberseitiger Deckenauflage

Während bei den Massivdecken seit langem bekannt ist, wie groß die schalldämmende Wirkung einer Deckenauflage sein kann, ist dies bei Holzbalkendecken erst in den letzten Jahren durch Untersuchungen der Entwicklungsgemeinschaft für Holzbau [6] deutlich geworden.

Trittschallschutz. Zur Verbesserung des Trittschallschutzes wird in der Praxis häufig ein schwimmender Zementestrich auf die Rohdecke aufgebracht. Die vorgenannten Untersuchungen haben jedoch ergeben, daß die Dämmwirkung eines derartigen Estriches auf Holzbalkendecken wesentlich geringer ist als die eines gleich bemessenen Estrichs auf Massivdecken (Bild **10**.12 b). Dort beträgt das Trittschall-Verbesserungsmaß etwa 30 dB, auf Holzbalkendecken lediglich etwa 15 dB. Bei Gußasphaltestrich geht die Dämmwirkung aufgrund der geringeren flächenbezogenen Masse der Estrichplatte weiter zurück. Dieser Nachteil wird jedoch durch seine niedrige Körperschall-Leitfähigkeit (hohe innere Materialdämpfung) in akustischer Hinsicht voll ausgeglichen; außerdem bringt er keinerlei Feuchtigkeit in das Bauwerk. Wesentlich ungünstiger wird das Ergebnis, wenn im Bestreben nach trockenem Ausbau statt des Mörtelestrichs ein vollflächig schwimmender Fertigteilestrich (z. B. Gipskartonplatten, Holzspanplatten) aufgebracht wird. Derartige Auflagen erbringen nur ein Verbesserungsmaß von etwa 9 dB (Bild **10**.12 a). Daraus wird ersichtlich, daß sich schwimmende Estriche und Fertigteilestriche auf Holzbalkendecken in schallschutztechnischer Hinsicht anders verhalten als auf Massivdecken. Will man mit diesen Deckenauflagen bei Holzbalkendecken einen guten Trittschallschutz erreichen, sind auf der Deckenunterseite – wie zuvor beschrieben – immer ausreichend schwere und trotzdem biegeweiche Deckenbekleidungen erforderlich.

Fußbodenbeläge. Die meisten Fußbodenbeläge tragen praktisch nichts zur Verbesserung der Trittschalldämmung von Holzbalkendecken bei. Gewisse Verbesserungen bei mittleren bis hohen Frequenzen werden nur mit hochwertigen Teppichbelägen und ähnlich weichfedernden Bodenbelägen erzielt. Wie Tabelle **10**.8 verdeutlicht, dürfen Teppichbeläge beim Nachweis des baurechtlich vorgeschriebenen Mindestschallschutzes jedoch nicht berücksichtigt werden, da künftige Bewohner später eventuell einen ganz anderen Gehbelag verlegen wollen.

Beschwerungsplatten. Erst mit dem Aufbringen von Beschwerungsplatten (Betonplatten) unmittelbar auf der Rohdecke in Form einer schweren, jedoch biegeweichen Schale, wird eine von der unterseitigen Deckenbekleidung unabhängige Trittschalldämmung erreicht. (Dämmwirkung der Betonplatten je nach flächenbezogener Masse zwischen 100 und 140 kg/m^2, bei 50 bis 60 mm Plattendicke und $\leq$ 400 mm Seitenlänge, auf Rohdecke mit offenen Fugen aufgeklebt).

Eine derartige Beschwerung ist jedoch wirkungslos, wenn die oberseitige Abdeckung der Holzbalken undicht ist, wie dies bei alten Decken an den Fugen der Nut- und Federbretter der Fall ist. Diese müssen daher zusätzlich oberseitig abgedichtet werden, und zwar entweder durch eine vollflächig aufgeklebte dampfdurchlässige Folie oder eine dünne, aufgeschraubte Spanplattenlage mit verleimten Fugen. Keinesfalls dürfen über alten Holzböden dampfbremsende Schichten – wie beispielsweise PE-Folien – verlegt werden, da es infolge von Diffusion zu einer Feuchteanreicherung kommen könnte, die im Laufe der Zeit das darunterliegende Holzwerk zerstören würde. Vgl. hierzu auch Abschn. 10.3.7, Fertigteilestrich aus Plattenelementen.

Ähnlich wie bei schwimmend verlegten Mörtel- bzw. Fertigteilestrichen sind auch hier Randdämmstreifen entlang der aufgehenden Bauteile, Dämmschalen an Rohrdurchführungen usw. einzubauen. Auch alle Zwischenräume – vor allem zwischen Wand und Streichbalken – müssen dicht mit Mineralwolle ausgestopft und an passender Stelle komprimierte Schaumstoffbänder als zusätzliche Dichtung vorgesehen werden. Der Deckenhohlraum ist mit einer mind. 50 mm dicken Mineralfasermatte wannenförmig auszukleiden und die unterseitige Deckenbekleidung möglichst dicht und ggf. dauerelastisch an die aufgehenden Wandteile anzuschließen.

Derart ausgebildete Deckenkonstruktionen genügen hohen schallschutztechnischen Anforderungen, so daß Decken mit unterseitig sichtbaren Holzbalken möglich sind (Bild **10**.12 c). Interessante Weiterentwicklungen sind auf diesem Gebiet zu erwarten. Zu beachten ist jedoch, daß in Altbauten dabei häufig die Grenze der statischen Belastbarkeit einer Holzbalkendecke und oftmals auch die überhaupt mögliche Einbauhöhe der Deckenauflage überschritten werden. Deshalb müssen bereits bei der Planung die vorhandenen und oftmals nicht zu ändernden Treppenan- und Treppenaustritte, lichte Türhöhen, Brüstungshöhen usw. berücksichtigt werden.

Entsprechende Ausführungsbeispiele und Rechenwerte s. Beiblatt 1 zu DIN 4109, Tabelle 19 und 34 sowie Abschn. 15.6.4.1 dieses Werkes. Auf die weiterführende Spezialliteratur wird verwiesen [5], [6].

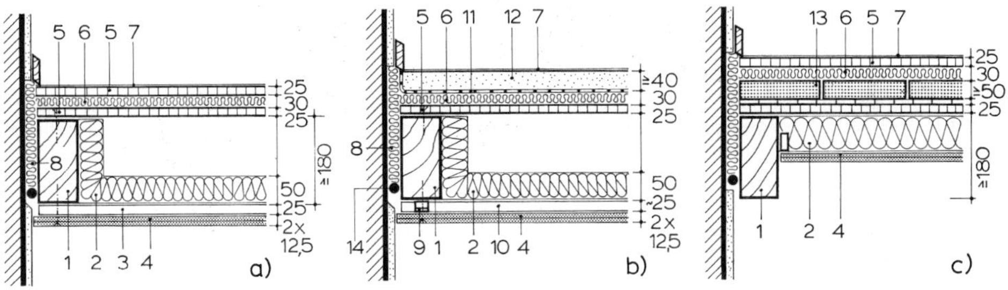

10.12 Konstruktionsbeispiele mehrschalig aufgebauter Holzbalkendecken. Entsprechende Rechenwerte sind Beiblatt 1 zur DIN 4109 zu entnehmen.

a) Fertigteilestrich aus Holzspanplatten, vollflächig schwimmend verlegt. Unterseitige Deckenbekleidung direkt an Konterlattung befestigt.

b) Zementestrich schwimmend verlegt. Unterseitige Deckenbekleidung über Federbügel an den Holzbalken befestigt.

c) Beschwerungsplatten auf Holzspanplatten verklebt, darüber vollflächig schwimmender Fertigteilestrich. Unterseitige Deckenbekleidung mit Hohlraumdämpfung zwischen den Holzbalken.

1 Holzbalken (etwa 100 x 200 mm)
2 Mineralfaserwolle (Hohlraumdämpfung)
3 Konterlattung (24 x 48 mm)
4 Gipskartonplatten (2 x 12,5 mm)
5 Holzspanplatten, mit Nut und Feder
6 Trittschalldämmplatten (Typ T oder TK)
7 weichfedernder Bodenbelag
8 Faserdämmstoff zwischen Wand und Holzbalken
9 Federbügel mit Faserdämmstreifen
10 Holzlattung
11 Abdeckung (z. B. PE-Folie 0,1 mm)
12 Zementestrich
13 Betonplatten (aufgeklebt, mind. 140 kg/m^2)
14 vorkomprimiertes Dichtstoffband o. ä.

10.3.4 Wärmeschutz von erdreichberührten Böden und Geschoßdecken

Allgemeines

Der Wärmeschutz im Hochbau umfaßt alle Maßnahmen, die zur Verringerung der Wärmeübertragung durch die Umfassungsflächen eines Gebäudes und durch die Trennflächen von Räumen mit unterschiedlichen Temperaturen führen. Die zu beachtenden Forderungen an den baulichen Wärmeschutz – beispielsweise von Böden und Decken – enthalten:

DIN 4108 (Ausg. 8.81), Wärmeschutz im Hochbau. Bei Einhaltung der in dieser Norm genannten Mindestwerte – die bei keinem Bauteil unterschritten werden dürfen – soll den Bewohnern ein hygienisches Raumklima sowie ein dauerhafter Schutz der Baukonstruktion vor klimabedingten Feuchteeinwirkungen gesichert werden (bauphysikalischer Aspekt).

Dritte Wärmeschutzverordnung (1. 1. 1995). Diese neue Verordnung enthält die maßgebenden gesetzlichen Forderungen, nach denen der bauliche Wärmeschutz in der Praxis auszuführen ist. Damit sollen in den nächsten Jahren der Energieverbrauch und die Kohlendioxid-(CO_2-)Emissionen von Heizanlagen um bis zu 30% verringert und die Bewirtschaftungskosten insgesamt gesenkt werden (energietechnische – ökologische – ökonomische Aspekte). Werden an ein Bauteil Forderungen sowohl nach der Wärmeschutzverordnung als auch nach der DIN 4108 gestellt, so ist immer die weitestgehende Forderung maßgebend. S. hierzu auch Abschn. 15.5.7. Zwei Nachweisverfahren stehen zur Wahl:

— **Energiebilanzverfahren.** Die dritte Wärmeschutzverordnung verlangt den Nachweis, daß der voraussichtliche Jahres-Heizwärmebedarf eines Gebäudes einen vorgegebenen Grenzwert nicht überschreitet. Diese Forderung bedingt ein Nachweisverfahren, in das unter anderem die Gebäudegeometrie (Verhältnis A/V), die Wärmedurchgangskoeffizienten der Bauteile (k-Werte), die Zahl der Heizgradtage im Jahr usw. eingehen. Darüber hinaus werden bei dem sog. Energiebilanzverfahren sowohl die Energie**verluste** über die Außenbauteile und durch Lüftung als auch mögliche Energie**gewinne** durch Sonneneinstrahlung (Glasflächen) und aus internen Wärmequellen (Geräte, Leuchten) eingerechnet. Wesentliche Ergebnisse dieses rechnerischen Nachweises sind in einem Wärmebedarfsausweis festzuhalten. Dieser sog. Wärmepaß vermittelt somit Behörden, Bauherren, Nutzern und Erwerbern ein Höchstmaß an Transparenz über die energierelevanten Eigenschaften eines Gebäudes.

— **Bauteilverfahren.** Dieses vereinfachte Nachweisverfahren darf nur für kleinere Wohngebäude mit maximal zwei Vollgeschossen und höchstens drei Wohneinheiten angewendet werden. Das Bauteilverfahren stellt konkrete Anforderungen an die Wärmedurchgangskoeffizienten **k** einzelner Bauteile. Die in Tabelle **10**.13 genannten Werte sind in jedem Fall einzuhalten. Bei beiden Nachweisverfahren sind ausschließlich die in DIN 4108-4 festgelegten Rechenwerte der Wärmeleitfähigkeit von Bauteilschichten oder die im Bundesanzeiger bekanntgegebenen Stoffwerte einzusetzen.

— **Begrenzung des Wärmedurchgangs bei Flächenheizungen.** Bei Flächenheizungen (Fußbodenheizungen) darf der Wärmedurchgangskoeffizient der Bauteilschichten zwischen der Heizfläche und der Außenluft, dem Erdreich oder Gebäudeteilen mit wesentlich niedrigeren Innentemperaturen den Wert 0.35 W/m^{2}K nicht überschreiten. Daraus ergibt sich – unabhängig von der Lage der Flächenheizung im Gebäude – eine einheitliche Anforderung.

Einzelheiten über den baulichen Wärmeschutz im **allgemeinen** sowie die Rechenbeispiele mit den entsprechenden Rechenwerten sind Abschn. 15.5 zu entnehmen.

Ausführungsbeispiele wärmegedämmter Böden und Decken

Bei der Dämmung von Böden und Decken muß grundsätzlich zwischen Wärmedämmung und Trittschalldämmung unterschieden werden. Je nach Lage des Bodens und der Decke innerhalb eines Gebäudes ergeben sich unterschiedliche wärme- und/oder schallschutztechnische Anforderungen. Demgemäß werden nachstehend die wichtigsten Ausführungsbeispiele wärmegedämmter Böden und Decken – unter Bezugnahme auf die Tabelle **10**.13 und Bild **10**.14 – kurz erläutert.

— **Unterer Abschluß nicht unterkellerter Aufenthaltsräume** (Zeile 1, Tab. **10**.13 sowie Bild **10**.14 a und b). An das Erdreich angrenzende Fußbodenkonstruktionen müssen gut gedämmt sein, um Wärmeverluste nach unten zu verhindern und Tauwasserbildung auf oder innerhalb des Fußbodenaufbaues zu vermeiden. Bei erdberührten Fußbodenkonstruktionen ist immer auch eine Bodenabdichtung gegen von außen angrei-

Tabelle **10**.13 Auszüge aus DIN 4108 und der 3. Wärmeschutzverordnung mit Angabe der erforderlichen Dämmschichtdicken bei Anwendung des Bauteilverfahrens. S. hierzu auch Bild **10**.14

Zeile	Bauteil	DIN 4108 (Ausg. 1981)		3. Wärmeschutzverordnung (gültig seit 1995)	
		Wärme-durchlaß-widerstand $\frac{1}{\Lambda}$ in m²/K/W	Wärme durchgangs-koeffizient in W/m² K	Wärme-durchgangs-koeffizient k (nach dem Bauteil-verfahren)[1] in W/m² K	erforderliche Dicke der Dämmschicht[2] (nach dem Bauteil-verfahren) in mm
1	Unterer Abschluß nicht unterkellerter Aufenthaltsräume (unmittelbar an das Erdreich grenzend)	≧ 0,90	≦ 0,93	≦ 0,35[3]	≧ 105
2	Kellerdecken (Decken gegen unbeheizte Räume)	≧ 0,90	≦ 0,81	≦ 0,35	≧ 100
3	Wohnungstrenndecken und Decken zwischen fremden Arbeitsräumen	≧ 0,35	≦ 1,45	keine Anforderung für Decken zwischen beheizten Räumen	≧ 35[4]
4	Decken, die Aufenthaltsräume nach unten gegen die Außenluft abgrenzen	≧ 1,75	≦ 0,51	≦ 0,22	≧ 170
5	Decken unter nicht ausgebauten Dachräumen	≧ 0,90	≦ 0,90	≦ 0,22	≧ 170

1) Das Bauteilverfahren gilt als vereinfachtes Nachweisverfahren nur für kleine Wohngebäude mit maximal zwei Vollgeschossen und höchstens drei Wohneinheiten. Bei größeren Bauwerken ist der Nachweis des Jahres-Heizwärmebedarfes zu erbringen (Energiebilanzverfahren).

2) Berechnungsgrundlagen: Stahlbetondecke d = 16 cm, Dämmstoff der Wärmeleitfähigkeitsgruppe 040, Zementestrich d = 4 cm, PVC-Belag

3) Bei Flächenheizungen (Fußbodenheizungen) darf der k-Wert zwischen der Heizfläche und dem Erdreich bzw. Gebäudeteilen mit wesentlich niedrigeren Innentemperaturen den Wert 0,35 W/m²K nicht überschreiten.

4) Schallschutz maßgebend

fende Feuchtigkeit vorzusehen Wie die Bilder **10**.14 a und b zeigen, können die notwendigen Wärmedämmschichten sowohl oberhalb als auch unterhalb der Feuchtigkeitsabdichtung liegen.

Verlegung der Dämmschichten **oberhalb** der Feuchtigkeitsabdichtung. Bei der Verlegung oberhalb der Feuchtigkeitsabdichtung ist neben der Wärmedämmung immer auch ein ausreichender Trittschallschutz (Flankenübertragung) notwendig. Dies wird am wirksamsten mit einem schwimmenden Estrich erreicht. Aufgrund der erhöhten Anforderungen durch die 3. Wärmeschutzverordnung und der sich daraus ergebenden Dämmschichtdicke von etwa 100 mm, empfiehlt sich eine zweilagige Ausführung, d. h. die kombinierte Verlegung von Trittschall- und Wärmedämmplatten (Anwendungstypen T und WD). Dabei soll die weichere Trittschalldämmplatte immer unten, auf der Bodenabdichtung, in einer Nenndicke unter Belastung von etwa 20 mm (25/20 mm) liegen. Darüber ist die Wärmedämmplatte in erforderlicher Dicke anzuordnen. Besonders geeignet sind Dämmplatten, die möglichst wenig Feuchtigkeit aufnehmen und verrottungsfest sind (z. B. PS-Hartschaumplatten). Da bei erdberührten Fußbodenkonstruktionen – vor allem bei beheizten Aufenthaltsräumen im Kellergeschoß – eine verstärkte Wasserdampfdiffusion von oben nach unten stattfindet (Temperaturunterschiede bis zu 15°C und mehr), sind stark dampfdurchlässige Dämmaterialien, wie beispielsweise Mineralfaserplatten, nur in Verbindung mit oberseitig aufgebrachten Dampfsperren einsetzbar (Bild **10**.3). Außerdem muß bei ungenügender Wärmedämmung und damit zu kalten Fußbodenoberflächen – vor allem im Sommer, wenn feuchtwarme Außenluft in Kellerräume einströmt – mit erheblichem Oberflächenkondensat gerechnet werden. Dieses Kondenswasser kann Schäden an Bodenbelägen verursachen (Formänderungen bei Holzfußböden, Faltenbildung bei Teppichbelägen, Verseifung der Klebstoffe) und zu Schimmelbildung führen.

Verlegung der Dämmschichten **unterhalb** der Feuchtigkeitsabdichtung. Die erforderliche Wärmedämmung kann bei erdberührten Fußbodenkonstruktionen auch unterhalb (außerhalb) der Bauwerksabdichtung angeordnet sein, wobei die notwendige Trittschalldämmung raumseitig durch einen schwimmenden Estrich erreicht wird. Bei dieser sog. **Perimeterdämmung** (Bild **10**.14 b) werden die Dämmplatten direkt auf eine planebene Sauberkeitsschicht (Kies-/Sand- oder Stampfbetonschicht) dicht gestoßen und fugenversetzt verlegt. Die Abdichtung wird auch in diesem Fall auf der Fundamentplatte aufgebracht und mit einer zweilagigen PE-Folie abgedeckt. Gemäß DIN 4108 dürfen zur Berechnung des Wärmeschutzes jedoch nur die Schichten herangezogen werden, die innerseits (oberhalb) der Bauwerksabdichtung liegen, da übliche Dämmstoffe unter Feuchtigkeitseinfluß einen großen Teil ihrer Wärmedämmfähigkeit einbüßen. Für die Perimeterdämmung sind deshalb nur Dämmstoffe geeignet (bauaufsichtliche Zulassung durch das Deutsche Institut für Bautechnik, Berlin), für die der Nachweis erbracht wurde, daß sich ihre Eigenschaften im eingebauten Zustand unter den vorgesehenen Bedingungen auch über einen langen Zeitraum hinweg nicht nachteilig verändern. Es eignen sich vor allem extrudierte PS-Hartschaumplatten (Roofmate, Styrofoam, Styrodur) sowie Foamglas, bei denen nahezu keine Feuchtigkeitsaufnahme ($\leq$ 0,2 Vol%) zu verzeichnen ist.

— **Kellerdecken – Decken gegen unbeheizte Räume** (Zeile 2, Tab. **10**.13 sowie Bild **10**.14 c und d). Die Raumtemperaturen in unbeheizten Kellerräumen liegen im Winter bei etwa 10°C und im Sommer bei etwa 15°C. Dadurch entsteht zwischen den Räumen des Erd- und Kellergeschosses ein Wärmegefälle, so daß die Kellerdecke nach der 3. Wärmeschutzverordnung wie eine Gebäudehüllfläche eingestuft wird. Auch der bei einer Fußbodenheizung gegenüber Kalträumen vorgegebene k-Wert ist einzuhalten.

  Kellerdecken können auf der **Oberseite** und/oder **Unterseite** gedämmt werden. Es ist von Fall zu Fall abzuwägen, ob die Dämmschichten nur oberseitig in Form eines schwimmenden Estrichs (kombinierte, zweilagige Verlegung von Trittschall- und Wärmedämmplatten in einer Gesamtdicke von etwa 100 mm) oder beidseitig der Kellerdecke (oberseitig 25/20 mm Trittschalldämmung, unterseitig 80 mm Wärmedämmung), angebracht werden sollen. Wärmedämmplatten auf der Unterseite der Kellerdecke werden entweder vor dem Betonieren der Massivdecke auf die Schalung gelegt und anbetoniert oder nachträglich durch Kleben, Dübeln o. ä. als Deckensichtplatten angebracht. Dabei sind immer auch das Brandverhalten der Dämmstoffe sowie die bauaufsichtlichen Vorschriften bezüglich des vorbeugenden Brandschutzes zu beachten.

— **Wohnungstrenndecken und Decken zwischen fremden Arbeitsräumen** (Zeile 3, Tab. **10**.13 sowie Bild **10**.14 e). Geschoßdecken müssen vor allem einen ausreichenden Trittschallschutz aufweisen. Dies wird am wirksamsten mit einem schwimmenden Estrich auf geeigneten Trittschalldämmplatten (Anwendungstyp T) erreicht, die gleichzeitig auch eine ausreichende Wärmedämmung abgeben. Dabei sollte bedacht werden, daß bei unterschiedlich beheizten Aufenthaltsräumen innerhalb eines Gebäudes, weniger beheizte Räume gut beheizten Bereichen Heizwärme entziehen (Verfälschung der Heizkostenabrechnung).

— **Decken, die Aufenthaltsräume nach unten gegen die Außenluft abgrenzen** (Zeile 4, Tab. **10**.13 sowie Bild **10**.14 f und g). Decken über Durchfahrten, Garagen, auskragenden Gebäudeteilen u. ä. müssen besonders sorgfältig gedämmt werden, da diesen exponierten Bauteilen am meisten Wärme entzogen wird (Temperaturunterschiede von 35°C und mehr). Auch an diese Decken werden gleichzeitig Anforderungen bezüglich des Trittschallschutzes gestellt (horizontale und schräge Schall-Längsleitung), so daß sich ähnlich wie bei den Kellerdecken eine doppelseitige Anordnung der Dämmschichten anbietet. Üblicherweise wird auf der Deckenoberseite ein schwimmender Estrich aufgebracht, der den normalen Wärme- und Trittschallanforderungen genügt. Die noch zusätzlich erforderlichen Wärmedämmschichten ordnet man auf der Unterseite der Rohdecke an, d. h. auf der „kalten Seite" der Konstruktion, so daß die gesamte Geschoßdecke ohne Absatz durchbetoniert werden kann.

  Bei derart mehrschichtigen Außenbauteilen ist immer auch auf die bauphysikalisch richtige Anordnung der einzelnen Schichten zu achten, da es sonst zu Feuchtekondensat infolge Dampfdiffusion kommen kann. So kann bei dem hier besprochenen Bauteil unter bestimmten Voraussetzungen (z. B. bei Räumen mit ständig hoher Luftfeuchte, stark dampfdurchlässigem Dämmaterial) der Einbau einer Dampfsperrschicht auf der Warmseite der innenliegenden Dämmschichten notwendig werden.

  Ein vollflächiges Anbetonieren oder vollflächiges Ankleben von biegesteifen Wärmedämmplatten (z. B. Holzwolle-Leichtbauplatten, steifen Hartschaumplatten) an der Deckenunterseite derartiger Bauteile sollte nach DIN 4109 unterbleiben (Schall-Längsleitung, Verschlechterung der Luftschalldämmung). Zu empfehlen ist dagegen ein nachträgliches punktweises Verkleben der Platten an der Rohdeckenunterseite, die Anordnung auf einem schalltechnisch abgekoppelten Lattenrost oder die Ausbildung als abgehängte biegeweiche Unterdecke. Es ist jedoch darauf zu achten, daß bei derartigen Ausführungen die Deckensichtplatten möglichst dicht und dauerelastisch an die angrenzenden Bauteile angeschlossen und nur schwerentflammbare Dämmaterialien verwendet werden.

— **Decken unter nicht ausgebauten Dachräumen** (Zeile 5, Tab. **10**.13 sowie Bild **10**.14 h und i). Wird der Raum zwischen der letzten Geschoßdecke und der eigentlichen Dachhaut belüftet, d. h. mit der Außen-

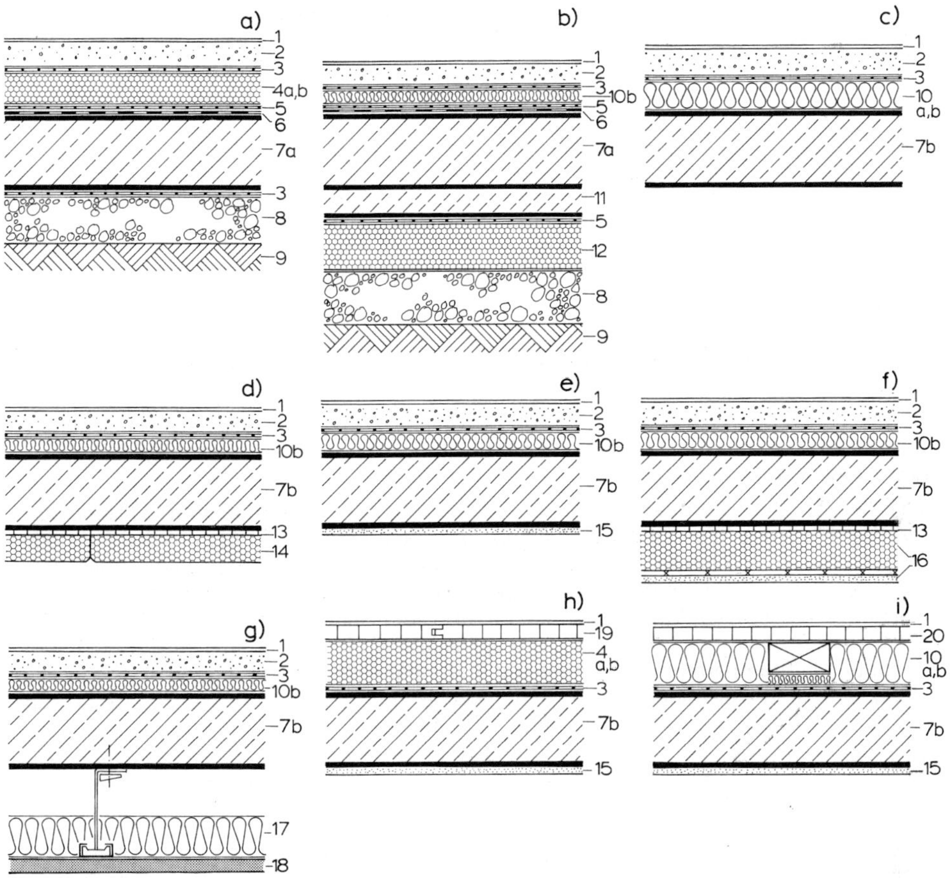

10.14 Schematische Darstellung der wärme- und/oder schallschutztechnischen Maßnahmen, die je nach Lage des Bodens oder der Decke im Gebäude erforderlich sind (vgl. hierzu auch Tab. **10**.13)

a) und b) Unterer Abschluß nicht unterkellerter Aufenthaltsräume (unmittelbar an das Erdreich grenzend)
c) und d) Kellerdecken (Decken gegen unbeheizte Räume)
e) Wohnungstrenndecken und Decken zwischen fremden Arbeitsräumen
f) und g) Decken, die Aufenthaltsräume nach unten gegen die Außenluft abgrenzen
h) und i) Decken unter nicht ausgebauten Dachräumen

1 Bodenbelag
2 Zementestrich
3 Abdeckung (z. B. PE-Folie, einlagig)
4a Wärmedämmung (PS-Hartschaumplatten)
4b Trittschalldämmung (PS-Hartschaumplatten)
5 Gleitschicht (z. B. PE-Folie, zweilagig)
6 Abdichtung gegen Feuchtigkeit
7a Fundamentplatte (bewehrt)
7b Geschoßdecke
8 Grobkies oder Kies-/Sandbett
9 Erdreich
10a Wärmedämmung (Mineralfaserplatten)
10b Trittschalldämmung (Mineralfaserplatten)
11 Schutzbeton (Sauberkeitsschicht)
12 Perimeterdämmung (z. B. extrudierte PS-Hartschaumplatten, Foamglas)
13 Kleber
14 Deckenplatten (unterseit. Wärmedämmung)
15 Deckenputz (Innenputz)
16 Wärmedämmverbundsystem (PS-Hartschaumplatten mit Armierungsgewebe und Außenputz)
17 Wärmedämmung (z. B. Mineralfaserwolle)
18 abgehängte Unterdecke (Deckensichtplatten)
19 Fertigteilestrich (Holzspanplattenelemente im Verbund mit PS-Hartschaumplatten)
20 Holzspanplatten auf Lagerhölzern mit Mineralfaser-Dämmstreifen (vgl. hierzu Tab. **15**.79)

luft direkt verbunden (Kaltdachprinzip), dann kommt es in diesem Zwischenraum im Winter zu einer starken Abkühlung bis minus 10°C und darunter und im Sommer durch Wärmestau zu Temperaturen bis zu plus 60°C und mehr. Dachgeschoßdecken sind daher mit einer oberseitig aufgebrachten Wärmedämmung zu schützen. Die Wärmedämmung ist auf und nicht unterhalb der Decke anzuordnen, weil die Ausführung kostengünstiger, die Verlegung der Dämmplatten einfacher und oberseitig (außenseitig) die bauphysikalisch richtige Anordnung gegeben ist.

Neben dem baulichen Wärmeschutz wird bei Dachgeschoßdecken immer auch ein ausreichender Luftschallschutz und – bei begehbaren Dachräumen – auch ein entsprechender Trittschallschutz verlangt. Auf Decken von nicht genutzten Dachräumen können die Dämmplatten im Prinzip ohne Abdeckung verlegt werden, ggf. mit aufgelegten Laufbohlen für den Schornsteinfeger. Bei genutzten Dachräumen (z. B. Geschoßhäuser mit Abstellräumen) kann der Trittschallschutz am wirksamsten mit einem schwimmend verlegten Zementestrich oder Fertigteilestrich geschaffen werden.

Fußwärme

Mit dem Fußboden steht der Mensch – im Unterschied zu den anderen raumbegrenzenden Bauteilen – in beinahe ständiger direkter Berührung. Fußböden sollten daher in den zum dauernden Aufenthalt von Menschen vorgesehenen Räumen „fußwarm" sein, d. h. die Fußbodenkonstruktionen eine insgesamt ausreichende Wärmedämmung nach DIN 4108 bzw. 3. Wärmeschutzverordnung haben und der Bodenbelag (Gehbelag) eine möglichst geringe Wärmeleitfähigkeit aufweisen.

Nach DIN 52614 ist Wärmeableitung eines Fußbodens die auf eine bestimmte Fläche bezogene Wärmemenge, die in einer Zeiteinheit von einem warmen Körper auf den Fußboden übergeht. Bei einer schnellen Ableitung erscheint ein Bodenbelag physiologisch als „fußkalt", bei einer langsamen Ableitung hingegen als „fußwarm". Während beim unbekleideten Fuß vor allem die Wärmeableitung der obersten Gehschicht, die Belagdicke und ggf. Schichtenfolge eine Rolle spielen, ist beim bekleideten Fuß vornehmlich die Fußbodentemperatur und Lufttemperatur in unmittelbarer Bodennähe von Bedeutung. Auch die jeweilige Einwirkdauer und Beschaffenheit des Schuhwerkes sind zu beachten. Die Oberflächentemperatur eines Fußbodens sollte nicht unter 18°C absinken.

Als fußwarm werden vor allem Holzfußböden, elastische Bodenbeläge mit Schaumstoff- oder Filzunterlagen (Verbundbeläge) sowie Teppichbeläge mit einer hohen Nutzschichtdicke (Poldicke) gewertet. Als besonders fußwarm gelten verspannte Teppichböden mit Filzunterlage.

10.3.5 Dämmstoffe für den Wärmeschutz und Trittschallschutz von Fußbodenkonstruktionen

Allgemeines

Die Dämmschichten innerhalb eines Fußbodenaufbaues bewirken – je nach Beschaffenheit der gewählten Produktgruppe – eine Verbesserung der Wärmedämmung und/oder Schalldämmung der jeweiligen Deckenkonstruktion.

Im Bauwesen dürfen nur genormte und bauaufsichtlich zugelassene Dämmstoffe verwendet werden. Die entsprechenden Normen wurden während der letzten Jahre neu bearbeitet und ihr Aufbau im wesentlichen aufeinander abgestimmt. Von jedem Herstellerwerk ist die Einhaltung der in den Normen genannten Anforderungen durch eine Güteüberwachung, bestehend aus Eigen- und Fremdüberwachung, sicherzustellen. Zur Dämmung von Fußbodenkonstruktionen eignen sich im wesentlichen folgende Dämmstoffarten:

Dämmstoffe für Wärme- und Trittschalldämmzwecke

- **DIN 18164-1 und -2,** Schaumkunststoffe als Dämmstoffe für das Bauwesen
- **DIN 18165-1 und -2,** Faserdämmstoffe für das Bauwesen. Angaben über Dämmstoffe für die Wärmedämmung sind jeweils im Teil 1, über Dämmstoffe für die Trittschalldämmung jeweils im Teil 2 der beiden vorgenannten Normen zu finden.

Dämmstoffe nur für Wärmedämmzwecke

– **DIN 18161,** Korkerzeugnisse als Dämmstoffe für das Bauwesen.

– **DIN 18174,** Schaumglas als Dämmstoff für das Bauwesen.

Die nachstehenden Ausführungen beschränken sich schwerpunktmäßig auf die Forderungen, die an Schaumkunststoffe und Faserdämmstoffe als Dämmaterial in Fußbodenkonstruktionen gestellt werden. Einzelheiten über ihre Eigenschaften und die Herstellungsverfahren sind der Spezialliteratur zu entnehmen [7].[1])

Angaben über Dämmstoffe im **allgemeinen** und ihre Rechenwerte s. Abschn. 15.5.5.

Dämmstoffe für die Wärmedämmung (DIN 18164, DIN 18165)

Anwendungstypen. Alle Wärmedämmstoffe der beiden vorgenannten Normen werden entsprechend ihrer Verwendung im Bauwerk bestimmten Anwendungsgebieten zugeordnet. Die sich daraus ergebenden sog. Anwendungstypen mit den dazugehörenden Typkurzzeichen sind in Tabelle **10**.15 genannt.

Tabelle **10**.15 Anwendungstypen von Wärmedämmstoffen (Auszüge aus DIN 18 164, DIN 18 165)

Typkurzzeichen	Beanspruchbarkeit	Beispiele für die Verwendung im Bauwerk	DIN 18 164 Teil 1	DIN 18 165 Teil 1
W	nicht druckbelastbar	für Wände, Decken und Dächer	•	•
WL	nicht druckbelastbar	für Dämmungen zwischen Sparren und Balkenlagen	–	•
WD	druckbelastbar	unter druckverteilenden Böden (ohne Trittschallanforderung) und in Dächern unter der Dachhaut	•	•
WV	beanspruchbar auf Abreiß- und Scherbeanspruchung	für angesetzte Vorsatzschalen ohne Unterkonstruktion	–	•
WS	druckbelastbar mit höherer Belastbarkeit	für Sondereinsatzgebiete, z. B. unter druckverteilenden Böden bei Parkdecks, Industrieböden	•	–

Wie Tabelle **10**.15 zeigt, dürfen unter Estrichen – gleichmäßig verteilte, normale Verkehrslasten vorausgesetzt – nur Wärmedämmstoffe des Plattentyps **WD,** keinesfalls aber des Anwendungstyps **W** eingebaut werden. Um Verwechslungen mit Trittschalldämmplatten auszuschließen, müssen die Dämmstoffe auf ihrer Verpackung – gegebenenfalls auch auf dem Erzeugnis selbst – in deutlicher Schrift (z. B. „nicht für Trittschalldämmung") gekennzeichnet sein.

Wärmeleitfähigkeitsgruppen. Alle Wärmedämmstoffe werden außerdem in sog. Wärmeleitfähigkeitsgruppen eingestuft. Die Hersteller sind verpflichtet, ihre Produkte den entsprechenden Gruppen zuzuordnen und die Einhaltung der Werte durch Güteüberwachung zu

---

[1]) Die an dieser Stelle notwendige Auseinandersetzung mit ökologischen Kriterien hinsichtlich Herstellung und Energieverbrauch, Auswirkungen im Brandfall, Umweltverträglichkeit, Gesundheitsgefährdung, Wiederverwertung und Entsorgung von Dämmstoffen muß aus Platzgründen unberücksichtigt bleiben. Einzelheiten zu diesem Thema können einer vergleichenden Gegenüberstellung unterschiedlicher Dämmstoffe und ihrer ökologischen Einschätzung durch das Umweltinstitut München e.V. [8] entnommen werden. Die vielfältigen Entwicklungen auf diesem Gebiet sind noch nicht abgeschlossen und bedürfen einer ständigen kritischen Beobachtung.

prüfen. Rechenwerte der Wärmeleitfähigkeit von Dämmstoffen sind Tab. **15**.54 sowie den Dämmstoffnormen zu entnehmen. Angaben über die sog. Perimeterdämmung s. Abschn. 10.3.4.

Brandverhalten. Dämmstoffe sind besonders sorgfältig hinsichtlich ihres Brandverhaltens auszuwählen. So müssen Schaumkunststoffe und Faserdämmstoffe mindestens der Baustoffklasse B2 (normalentflammbar) entsprechen, da nach DIN 4102 leichtentflammbare Baustoffe (B3) seit 1973 im Bauwesen nicht mehr eingesetzt werden dürfen. Schaumstoffe der Baustoffklasse B1 (schwerentflammbar) und Faserdämmstoffe der Baustoffklasse A (nichtbrennbar) nach DIN 4102 unterliegen der Prüfzeichenpflicht. Prüfzeichen werden durch das Deutsche Institut für Bautechnik, Berlin, erteilt.

Dämmstoffe für die Trittschalldämmung (DIN 18164, DIN 18165)

Anwendungstypen. Auch alle Trittschalldämmstoffe der beiden vorgenannten Normen werden entsprechend ihrer Verwendung im Bauwerk bestimmten Anwendungsgebieten zugeordnet. Die daraus ableitbaren Anwendungstypen mit den dazugehörenden Typkurzzeichen sind in Tabelle **10**.16 genannt.

Tabelle **10**.16 Anwendungstypen von Trittschalldämmstoffen (Auszüge aus DIN 18 164, DIN 18 165)

Typenkurzzeichen	Beanspruchbarkeit	Beispiele für die Verwendung im Bauwerk	DIN 18 164 Teil 2	DIN 18 165 Teil 2
T	druckbelastbar	unter schwimmend verlegten Estrichen nach DIN 18 560-2	–	•
TK	druckbelastbar, mit geringer Zusammendrückbarkeit	unter schwimmend verlegten Estrichen nach DIN 18 560-2 sowie unter Fertigteilestrichen	•	•

Dynamische Steifigkeit/Steifigkeitsgruppen. Trittschalldämmstoffe müssen ein gutes Federungsvermögen haben, um Trittschall dämmen zu können. Andererseits müssen sie eine Mindestdruckfestigkeit aufweisen, um die Belastung durch den Estrich und die Einrichtung dauerhaft tragen zu können. Das Federungsvermögen wird gekennzeichnet durch die dynamische Steifigkeit s' der Dämmschicht. Sie ist zusammen mit der flächenbezogenen Masse des Estrichs entscheidend für die mit einem schwimmenden Estrich erzielbare Dämmwirkung.

Trittschalldämmstoffe werden nach ihrem jeweiligen Federungsvermögen in sog. Steifigkeitsgruppen eingeteilt. Je kleiner der Zahlenwert, desto besser ist das Federungsvermögen und damit die Trittschalldämmung. Faserdämmstoffe haben im allgemeinen eine günstigere dynamische Steifigkeit (zahlenmäßig kleinere Werte) als Hartschaumdämmplatten. In der Regel werden Dämmplatten mit einer dynamischen Steifigkeit von $s' \leq 20$ MN/m³ verwendet. Entsprechende Rechenwerte sind Tab. **15**.79 und den Dämmstoffnormen zu entnehmen.

Beispiel Ein schwimmender Estrich mit einer flächenbezogenen Masse von ≤ 70 kg/m² kann auf Dämmschichten mit einer dynamischen Steifigkeit s' von 30 MN/m³ ein Verbesserungsmaß VM von 26 dB erbringen, mit $s' \leq 10$ MN/m³ ein VM von 30 dB.

Wärmeleitfähigkeitsgruppen. Da Trittschalldämmplatten auch gleichzeitig der Wärmedämmung dienen, sind diese – ebenso wie die vorgenannten Wärmedämmstoffe – entsprechenden Wärmeleitfähigkeitsgruppen zugeordnet. Die Rechenwerte sind Tab. **15**.54 und den Dämmstoffnormen zu entnehmen. Für wärmeschutztechnische Berechnungen ist die Dicke unter Belastung einzusetzen.

Lieferdicke/Nenndicke unter Belastung. Die Bahnen- und Plattenabmessungen sind in den Normen festgeschrieben. Bezüglich der Dicken von Trittschalldämmplatten ist zu unterscheiden zwischen Lieferdicke ohne Belastung (d_L) und Nenndicke unter Belastung (d_B). Die Nenndicke – die in die Zeichnungen eingetragen wird – ergibt sich aus den Werten d_L/d_B.

Beispiel 20/15 Lieferdicke d_L = 20 mm, Dicke unter Belastung d_B = 15 mm Nenndicke.

Einbaudicke/Empfehlung. Um den in DIN 4109 geforderten Mindest-Trittschallschutz zu erreichen, müssen Trittschalldämmplatten in einer Dicke von mind. 20/15 mm eingesetzt werden (Annahme: Faserdämmstoffe – Steifigkeit $s' \leq 20$ MN/m³, Stahlbetondecke – 15 mm dick). Damit eine Trittschallbelästigung jedoch sicher ausgeschlossen werden kann, wird auf die Vorschläge für einen erhöhten Schallschutz im Beiblatt 2 zu DIN 4109 verwiesen und Faserdämmstoffe in einer Dicke von 30/25 mm zum Einbau empfohlen. Weitere Angaben und Rechenverfahren s. Abschn. 10.3.3.2 und Abschn. 15.6.4.1.

Die Zusammendrückbarkeit der Dämmstoffe unter Belastung sollte nicht mehr als 5 mm betragen. Bei einer Zusammendrückbarkeit über 5 mm ist die Estrichdicke nach DIN 18560-2 um 5 mm zu erhöhen. Vgl. hierzu auch Tab. **10**.23. Wenn aus Gründen des Wärmeschutzes eine größere Dämmstoffdicke erforderlich wird, ist eine kombinierte Verlegung von Trittschalldämmplatten mit druckbelastbaren Wärmedämmplatten möglich (Anwendungstypen **T** und **WD**). Dabei soll die weichere Trittschalldämmplatte immer unten, d. h. auf der Rohdecke liegen.

10.3.6 Estricharten und Estrichkonstruktionen

Allgemeines

Estrich ist ein auf einem tragenden Untergrund oder auf einer zwischenliegenden Trenn- oder Dämmschicht hergestelltes Bauteil, das unmittelbar als Boden nutzfähig ist oder mit einem Belag versehen werden kann. Von folgenden Normen ist auszugehen:

- **DIN 18560-1** (Ausg. 5.92) Estriche im Bauwesen – Begriffe, allgemeine Anforderungen, Prüfungen
- **DIN 18560-2** (Ausg. 5.92) Estriche im Bauwesen – Estriche und Heizestriche auf Dämmschichten
- **DIN 18560-3** (Ausg. 5.92) Estriche im Bauwesen – Verbundestriche
- **DIN 18560-4** (Ausg. 5.92) Estriche im Bauwesen – Estriche auf Trennschicht
- **DIN 18560-7** (Ausg. 5.92) Estriche im Bauwesen – Hochbeanspruchbare Estriche (Industrieestriche).

10.3.6.1 Einteilung und Benennung: Überblick

Estriche werden überall dort eingesetzt, wo ein tragender Untergrund nicht unmittelbar nutzfähig ist. So können beispielsweise besondere Anforderungen hinsichtlich Ebenheit, Gefälle, Verschleißwiderstand, Begehbarkeit, Wärmeschutz, Schallschutz oder Abdichtung den Einbau eines Estrichs notwendig machen. Zusätzlich kann ein Estrich noch weitere Aufgaben übernehmen, wie dies an der Wirkungsweise des Heizestrichs deutlich wird. Estriche werden eingeteilt und benannt:

Nach dem verwendeten Bindemittel

- Zementestrich (ZE)
- Anhydritestrich (AE)
- Magnesiaestrich (ME)
- Gußasphaltestrich (GE)
- Kunstharzestrich (nicht genormt)

Nach der Verlegeart (Verbindung zum tragenden Untergrund)

- Verbundestrich
- Estrich auf Trennschicht
- Estrich auf Dämmschicht

Nach besonderen Anforderungen
- Heizestrich auf Dämmschicht
- Estrich auf Hohlraumboden
- Hochbeanspruchbarer Estrich (Industrieestrich)

Nach der Verlegetechnik (Einbau auf der Baustelle)
- Kellenverlegbarer erdfeuchter Estrich (Verteilen, Abziehen, Verdichten, Glätten)
- Selbstnivellierender Fließestrich (durch Zugabe eines Fließmittels).

Fertigteilestrich (Trockenestrich) ist ein Estrich, der aus vorgefertigten, kraftschlüssig miteinander verbundenen Plattenelementen besteht, die trocken eingebaut und mit einem Bodenbelag belegt werden. Einzelheiten hierzu s. Abschn. 10.3.7.

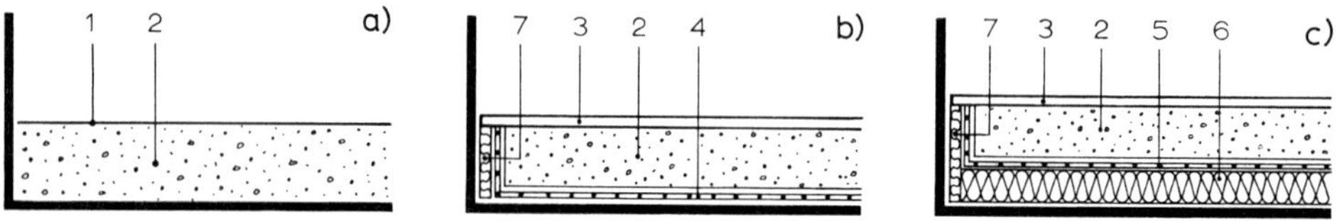

10.17 Schematische Darstellung der Verlegearten von Estrich (Zementestrich) nach DIN 18560
a) Verbundestrich
b) Estrich auf Trennschicht
c) Estrich auf Dämmschicht (schwimmender Estrich)
1 Nutzschicht / Beschichtung
2 Estrichschicht
3 Fußbodenbelag
4 Trennschicht
5 Abdeckung
6 Dämmschicht (ein- oder zweilagig)
7 Randstreifen

10.3.6.2 Estricharten

Zementestrich

Die Ausgangsstoffe sind Normzemente (DIN 1164 (10.94), zukünftig DIN EN 197), gemischtkörnig aufgebauter Sand als Zuschlag, Wasser sowie ggf. Zusätze (Zusatzstoffe, Zusatzmittel).

In der Regel wird Portlandzement der Festigkeitsklasse CEM I 32,5 (Z 35) oder CEM I 42,5 (Z 45) eingesetzt. Der Zementgehalt ist auf das notwendige Maß zu beschränken, um Schwindvorgänge in Zementestrichen möglichst gering zu halten. Er sollte 400 kg je m^3 Estrich nicht überschreiten.

Die Zuschläge müssen DIN 4226, Zuschlag für Beton, entsprechen. Das Zuschlaggemisch soll ein möglichst dichtes Gefüge mit einem Minimum an Hohlräumen zwischen den Einzelkörnern aufweisen. Daher ist stets ein gemischtkörniger, gut gewaschener Sand einzusetzen. Die Kornzusammensetzung des Zuschlags sollte im Bereich 3 der Sieblinien nach DIN 1045 liegen. Bei Estrichdicken bis 40 mm soll ein Größtkorn von 8 mm verwendet werden und das Gemisch je zur Hälfte aus Sand 0/2 bzw. Kiessand 2/8 bestehen. Bei dickeren Estrichen soll das Größtkorn nicht größer als 16 mm sein und das Gemisch sich je zu einem Drittel aus 0/2, 2/8 und 8/16 Zuschlag zusammensetzen. Nach Raumteilen gemessen beträgt das Mischungsverhältnis etwa 1 RTL Zement zu 4 RTL Sand (ungefähre Faustregel für Estriche im Wohnungsbau).

Die Güte und damit auch die Festigkeit eines Zementestrichs wird weitgehend vom sog. Wasserzementwert bestimmt (Gesamtverhältnis des Wassergehaltes *w* zum Zementgehalt *z*). Im allgemeinen gilt: Je niedriger der w/z-Wert, um so höher die Estrichqualität. Überschüssiges Wasser, das beim Erhärten von Zement nicht gebunden wird, verdunstet später und hinterläßt feine Poren. Dies führt zu niedriger Festigkeit, zu stärkerem Schwinden und bei unsachgemäßer Trocknung zur Aufwölbung bzw. Aufschüsselung des Estrichs.

Maßnahmen zur Verringerung der Schwindvorgänge. Das Gesamtschwindmaß eines Zementestrichs kann verringert werden durch: Normgerechte Zuschlagskörnung, – möglichst dichte Kornzusammensetzung, – möglichst geringe Wasser-/Zementzugabe, – Beigabe von Zusatzstoffen (Verkleinerung des w/z-Wertes durch Betonverflüssiger), – intensive Verdichtung des eingebrachten Estrichs, – fachgerechte Pflege/Nachbehandlung (Schutz vor zu frühzeitigem Verdunsten des Anmachwassers sowie vor Hitze, Frost und Zugluft). Weitere Einzelheiten hierzu s. [9].

Konsistenz des Estrichmörtels. Die Steifigkeit des Estrichmörtels muß den jeweiligen Anforderungen und Gegebenheiten an der Baustelle angepaßt werden. Wie Tabelle **5**.1 zeigt, unterscheidet man 4 Konsistenzbereiche.

Zusatzmittel. Durch den Einsatz von Zusatzmitteln lassen sich bestimmte Eigenschaften des Estrichmörtels – wie Minderung des w/z-Wertes, Verringerung der Schwindneigung, Verbesserung der Festigkeitseigenschaften, Erhöhung der Fließfähigkeit, Verarbeitbarkeit und Erhärtungsdauer – beeinflussen. Dabei handelt es sich um chemisch und/oder physikalisch wirksame Mittel, deren Verwendung nur gestattet ist, sofern sie nachweisbar keinen schädigenden Einfluß auf den Estrich ausüben. Im wesentlichen unterscheidet man:

- Plastifizierende Zusatzmittel (Betonverflüssiger/BV, Luftporenbildner/LP, Fließmittel/FM)
- Abbinderegulierende Zusatzmittel (Erstarrungsverzögerer/VZ und Erstarrungsbeschleuniger/BE).

Zusatzstoffe. Auch Zusatzstoffe – die in größeren Mengen beigegeben werden und die als Volumenanteil zu berücksichtigen sind – beeinflussen bestimmte Mörteleigenschaften:

- Kunststoffdispersionen (physikalische Trocknung) werden zur Erhöhung der Biegezugfestigkeit, Reduzierung des w/z-Wertes und zur Verbesserung der Verarbeitbarkeit eingesetzt. Wegen ihres Klebeeffektes werden sie auch als Haftbrücke auf Rohdecken bei Verbundestrichen aufgetragen.
- Wasserlösliche Kunstharze (chemische Umwandlung) führen zur Erhöhung der Biegezug- und Druckfestigkeit, Reduzierung der Schwindneigung. Aufgrund ihres guten Haftvermögens eignen sie sich auch zur Herstellung dünnschichtiger, fugenloser Verbundestrichflächen und zur Ausbesserung schadhafter Estrichoberflächen. Weitere Einzelheiten sind der Spezialliteratur zu entnehmen [10], [11].

Festigkeitsklassen von Zementestrichen. Wie Tabelle **10**.18 zeigt, wird Zementestrich nach DIN 18560-1 in Festigkeitsklassen ZE 12 bis ZE 65 eingeteilt, aus denen sich entsprechende Anwendungsbereiche ableiten lassen.

Tabelle **10**.18 Festigkeitsklassen von Zementestrichen (Auszug aus DIN 18560-1)

Festigkeitsklasse	Güteprüfung			Eignungsprüfung
	Druckfestigkeit		Biegezugfestigkeit	Druckfestigkeit
Kurzzeichen	Kleinster Einzelwert (Nennfestigkeit) in N/mm²	Mittelwert jeder Serie (Serienfestigkeit) in N/mm²	Mittelwert jeder Serie (Serienfestigkeit) in N/mm²	Richtwert in N/mm²
ZE 12	≧ 12	≧ 15	≧ 3	18
ZE 20	≧ 20	≧ 25	≧ 4	30
ZE 30	≧ 30	≧ 35	≧ 5	40
ZE 40	≧ 40	≧ 45	≧ 6	50
ZE 50	≧ 50	≧ 55	≧ 7	60
ZE 55M[1)]	≧ 55	≧ 70	≧ 11	80
ZE 65A[1)] ZE 65KS[1)]	≧ 65	≧ 75	≧ 9	80

[1)] M, A, KS: Hartstoffgruppen nach DIN 1100

Anwendungsbereiche (vereinfachte Zusammenstellung)

ZE 12 Verbundestrich zum Ausgleich von Unebenheiten und bei Nutzung mit Belag

ZE 20 Schwimmender Estrich im Wohnungsbau bei gleichmäßig verteilten Verkehrslasten bis 1,5 kN/m^2, zur Nutzung mit oder ohne Belag; als Verbundestrich bei unmittelbarer Nutzung (ohne Belag)

ZE 30 Verbundestriche als Nutzestriche für normalen Fußgänger- und leichten Fahrverkehr

ZE 40 Verbundestriche als Nutzestriche (Industrieestriche) für

ZE 50 starken Fußgängerverkehr, Fahrverkehr mit Staplern und Karren, Absetzen und Lagern leichter bis mittelschwerer Güter

ZE 55 Verbundestriche als Nutzestriche, in der Regel

ZE 65 als Hartstoffestriche für stärkere Beanspruchungen hergestellt.

Zementestrich wird, im Vergleich zu den anderen Estricharten, am meisten verwendet. Er ist relativ preisgünstig herzustellen und nahezu allen Beanspruchungen – im Innen- und Außenbereich – gewachsen. Der relativ hohe Wasserzusatz und die damit verbundene längere Trockenzeit bis zur Belegreife mit einem Bodenbelag sind als nachteilig anzusehen. Seine Neigung zum Schwinden, zur Formänderung und Rißbildung kann durch die zuvor erläuterten Maßnahmen zur Verringerung des Schwindvorganges und Anordnung von Bewegungsfugen weitgehend aufgefangen werden.

Zementestrich sollte nicht vor Ablauf von 3 Tagen begangen und nicht vor Ablauf von 7 Tagen höher belastet werden. Die ungefähren Trockenzeiten bis zur Belegreife mit einem Bodenbelag sind Tabelle **10**.21 sowie Tabelle **11**.9 zu entnehmen.

Einzelheiten über die Herstellung von Zementestrichen und die Ausbildung von Bewegungsfugen s. Abschn. 10.3.6.4 und Abschn. 10.3.6.5 sowie VOB Teil C, DIN 18353, Estricharbeiten. Auf die weiterführende Spezialliteratur wird verwiesen [12].

Zementgebundener Fließestrich. Mit besonderem Interesse wird die Weiterentwicklung von Zement-Fließestrich zu verfolgen sein. Während beim Anhydrit-Fließestrich, bedingt durch sein günstiges Schwindverhalten, kaum Probleme auftreten, sind die betontechnologischen Zusammenhänge beim Zementestrich vielschichtiger und die Entwicklungen auf diesem Gebiet noch nicht abgeschlossen.

Zementgebundener Schnellestrich. Herkömmliche Zementestriche, Anhydritestriche sowie Anhydritfließestriche sind frühestens nach 3 bis 4 Wochen soweit erhärtet und getrocknet, daß darauf Bodenbelagarbeiten durchgeführt werden können. Das ihnen zugegebene, überschüssige Anmachwasser wird durch Verdunsten extrem langsam abgegeben.

- Schnellestrich-Bindemittel, sog. Schnellzemente, bewirken dagegen, daß das ihnen zugegebene Wasser schnell und nahezu vollständig durch Hydration (Kristallbildung) gebunden wird und somit ein Trocknen des Estrichs durch Verdunsten weitgehend entfällt. Die vollständige Wasserbindung gelingt allerdings nur, wenn Wasser und Bindemittel in einem bestimmten Verhältnis stehen. Dies ist im allgemeinen der Fall, wenn das vom Hersteller vorgegebene Mischungsverhältnis und die maximale Wasserzugabe eingehalten werden. Die Bindemittel für Schnellestriche sind nach DIN 18560 nicht genormt und unterliegen keiner bauaufsichtlichen Überwachung. Sie können sehr unterschiedlich zusammengesetzt sein und sich in den Eigenschaften deutlich unterscheiden. Zu nennen sind:
- Schnellestrich-Bindemittel **nur für innen.** Sie sind gegen Naßbeanspruchung empfindlich und neigen zum Quellen unter Dauerfeuchtbeanspruchung; ihre Temperaturbeständigkeit liegt bei etwa 65°C.
- Schnellestrich-Bindemittel **für innen und außen.** Diese Bindemittel sind gegen Naßbeanspruchung unempfindlich und weisen eine Temperaturbeständigkeit bis etwa 80°C auf.

Schnellestriche sind Spezialestriche aus Schnellestrich-Bindemitteln und Zuschlag 0/8 mm, die auf der Baustelle wie konventionelle Zementestriche hergestellt und eingebaut werden. Zu berücksichtigen ist jedoch, daß die Verarbeitungszeit des angemachten Estrichmörtels nur etwa ½ Stunde beträgt. Während herkömmlicher Zementestrich nicht vor Ablauf von 3 Tagen begangen und nicht vor Ablauf von 7 Tagen höher belastet werden soll, ist Schnellestrich nach etwa 3 Stunden begehbar und die Verlegereife für Bodenbeläge bereits nach 1 Tag erreicht (Festigkeitsklassen ZE 20, ZE 30 und ZE 40). Schnellestriche eignen sich zur Herstellung von Verbundestrichen, Estrichen auf Trennschichten oder Dämmschichten sowie zur Reparatur und Sanierung schadhafter Estrichflächen. Sie sind wesentlich teurer als konventionelle Zementestriche. Weitere Einzelheiten sind der Spezialliteratur [13] zu entnehmen.

Anhydritestrich (Calciumsulfatestrich)

Die Ausgangsstoffe sind Anhydritbinder (Anhydrit und Anreger), gemischtkörnig aufgebauter Sand als Zuschlagstoff, Wasser sowie ggf. Zusätze (Zusatzstoffe, Zusatzmittel).

Anhydrit kommt in der Natur vor oder fällt als synthetischer Anhydrit im Industriebereich an. Als Bindemittel für den Estrich wird Anhydritbinder der Festigkeitsklasse AB 20 nach DIN 4208 verwendet, dem bereits bei der Herstellung der erforderliche Anreger (= Abbindebeschleuniger) beigemischt wurde. Der Gehalt an Anhydritbinder sollte 450 kg je m^3 Estrich nicht unterschreiten. Anhydritbinder ist ein nichthydraulisches Bindemittel, d. h. es härtet nur an Luft aus (Luftmörtel), und zwar durch Kristallisation.

Der Zuschlagstoff muß DIN 4226 entsprechen. Er besteht in der Regel aus einem gemischtkörnigen Sand der Körnung 0/8, der frei von Lehmbestandteilen und anderen Verunreinigungen sein muß. Nach Raumteilen gemessen beträgt das Mischungsverhältnis 1 RTL Anhydritbinder AB 20 zu 2,5 RTL Sand. Zur Erhöhung der Plastizität sowie zur Senkung des Wasserbindemittelfaktors können Zusatzmittel bzw. Zusatzstoffe eingearbeitet werden.

Festigkeitsklassen von Anhydritestrichen. Wie Tabelle **10**.19 zeigt, wird Anhydritestrich nach DIN18560-1 in Festigkeitsklassen AE 12 bis AE 40 eingeteilt, aus denen sich entsprechende Anwendungsbereiche ableiten lassen.

Tabelle **10**.19 Festigkeitsklassen von Anhydritestrichen (Auszug aus DIN 18560-1)

Festigkeitsklasse	Güteprüfung			Eignungsprüfung
	Druckfestigkeit		Biegezugfestigkeit	Druckfestigkeit
Kurzzeichen	Kleinster Einzelwert (Nennfestigkeit) in N/mm²	Mittelwert jeder Serie (Serienfestigkeit) in N/mm²	Mittelwert jeder Serie (Serienfestigkeit) in N/mm²	Richtwert in N/mm²
AE 12	≧ 12	≧ 15	≧ 3	18
AE 20	≧ 20	≧ 25	≧ 4	30
AE 30	≧ 30	≧ 35	≧ 6	40
AE 40	≧ 40	≧ 45	≧ 7	50

Anwendungsbereiche (vereinfachte Zusammenstellung)

AE 12 Verbundestrich zum Ausgleich von Unebenheiten und bei Nutzung mit Belag

AE 20 Schwimmender Estrich im Wohnungsbau bei Nutzung mit und ohne Belag; als Verbundestrich bei unmittelbarer Nutzung (ohne Belag)

AE 30 für höhere Belastungen

AE 40 im Gewerbe- und Industriebau.

Als großer Vorteil des Anhydritestrichs gilt seine gute Raum- und Formbeständigkeit. Da er kaum schwindet, können große zusammenhängende Flächen nahezu ohne Feldbegrenzungsfugen hergestellt werden. Zu berücksichtigen sind jedoch vorhandene Gebäudetrennfugen im tragenden Untergrund, Randfugen entsprechend der jeweiligen Estrichkonstruktion sowie Bewegungsfugen in Türdurchgängen, stark verspringenden Flächen sowie bei Heizestrichen.

Nachteilig wirkt sich seine Empfindlichkeit gegen anhaltende Feuchtigkeit aus. Anhydritestriche dürfen daher nicht im Freien und nicht in Räumen verlegt werden, in denen mit ständiger Wassereinwirkung von oben zu rechnen ist. Geeignete Untergründe für derartige Naßbereiche sind Zement- und Gußasphaltestrich. Wird der Einbau eines Anhydritestrichs im häuslichen Naßbereich erwogen, so muß eine vollflächig dichtende Ebene direkt unterhalb der Wand- und Bodenfliesen geschaffen und alle Bewegungsfugen mit Dichtbandeinlagen elastisch überbrückt werden (Bild **10**.6 und **10**.7). Eine derartige alternative Abdichtung liegt jedoch außerhalb der Abdichtungsnorm und bedarf immer der vertraglichen Absprache.

Bei nicht unterkellerten Räumen muß eine wirksame Abdichtung gegen von unten aufsteigende Bodenfeuchtigkeit, bei Decken über Räumen mit erhöhter Wärme- bzw. Wasserdampfentwicklung (z. B. über Heizungskellern, Bädern) eine Dampfsperre unter den Dämmschichten eingebracht werden. Auch auf die mögliche Gefahr der Korrosion bestimmter Metalle in feuchtem Anhydritestrich wird hingewiesen. Einstufung: Mittlere Preisklasse, jedoch teurer als Zementestrich.

Anhydritestrich sollte nicht vor Ablauf von 2 Tagen begangen und nicht vor Ablauf von 5 Tagen höher belastet werden. Die ungefähren Trockenzeiten bis zur Belegreife mit einem Bodenbelag sind Tabelle **10**.21 sowie Tabelle **11**.9 zu entnehmen.

Einzelheiten über die Herstellung von Anhydritestrichen und die Ausbildung von Bewegungsfugen s. Abschn. 10.3.6.4 und Abschn. 10.3.6.5 sowie VOB, Teil C, DIN 18353, Estricharbeiten. Auf die weiterführende Spezialliteratur wird verwiesen [14].

Anhydrit-Fließestrich. Eine interessante Weiterentwicklung stellt der anhydritgebundene Fließestrich (AFE) dar, dessen Marktanteil ständig zunimmt. Der fertig vorgemischte Werktrockenmörtel wird an der Baustelle nur noch mit Wasser aufbereitet und in entsprechender Konsistenz an die Verlegestelle gepumpt. Dort entfällt weitgehend das mühevolle Verteilen, Abziehen, Verdichten und Glätten üblicher Estrichmassen, da der Fließestrich aufgrund eines beigegebenen Fließmittels selbst planeben verläuft und sich selbst verdichtet.

Nachteilig wirkt sich auch beim Anhydrit-Fließestrich seine Empfindlichkeit gegen länger anhaltende Feuchtigkeit aus. Vom konventionellen Anhydritestrich unterscheidet er sich jedoch deutlich durch seine Dichte. Diese höhere Dichte des Anhydrit-Fließestrichs ergibt meist höhere Festigkeiten, aber auch relativ lange Trockenzeiten bis zur Belegreife mit einem Bodenbelag. Außerdem bedarf die Estrichoberfläche in der Regel einer aufwendigen mechanischen Nachbearbeitung (z. B. Anschleifen, Absaugen und Grundieren), bis sie als Verlegeuntergrund für Beläge und Beschichtungen geeignet ist. Die auf dem Markt angebotenen Anhydrit-Fließestriche unterscheiden sich zum Teil erheblich in ihrer Zusammensetzung, Herstellung und Eigenschaftscharakteristik.

Anhydrit-Fließestrich kann bei günstigen Baustellenbedingungen bereits nach 1 Tag begangen und nach 3 Tagen belastet werden. Die ungefähren Trockenzeiten bis zur Belegreife mit einem Bodenbelag sind Tabelle **10**.21 sowie Tabelle **11**.9 zu entnehmen.

Einzelheiten über die Herstellung von Anhydrit-Fließestrichen und die Ausbildung von Bewegungsfugen s. Abschn. 10.3.6.4 und Abschn. 10.3.6.5 sowie VOB Teil C, DIN 18353, Estricharbeiten. Auf die weiterführende Spezialliteratur wird verwiesen [15].

Gußasphaltestrich

Gußasphalt ist ein Gemisch aus Bitumen als schmelzbares Bindemittel und gemischtkörnig aufgebautem Zuschlagstoff.

Die Anforderungen an Bitumen sind in DIN 1995-1 festgelegt. Für Gußasphaltestriche werden Hochvakuum- oder Hartbitumen oder ein Gemisch aus diesen eingesetzt.

Der Zuschlagstoff muß DIN 4226 entsprechen. Das Mineralstoffgemisch ist korngestuft und hohlraumarm zusammengesetzt und besteht in der Regel aus Steinmehl, Sand, Splitt und ggf. Feinkies. Je nach Einbaudicke des Gußasphaltes ist ein Kornaufbau von 0/5 mm oder 0/8 mm zu verwenden.

Bindemittel und Mineralstoffgemisch werden so aufeinander abgestimmt, daß die verbliebenen Hohlräume im fertigen Gußasphaltestrich mit Bitumen gefüllt sind und sich eine mechanische Verdichtung der im heißen Zustand plastischen Masse erübrigt.

Gußasphaltestrich kann über die Mineralstoffzusammensetzung und die Bindemittelart den unterschiedlichsten klimatischen, chemischen und mechanischen Beanspruchungen angepaßt werden. Das mechanische Verhalten von Gußasphaltestrich wird durch seine Härte gekennzeichnet. Die Wahl der Härteklasse richtet sich in erster Linie nach den zu erwartenden Temperaturen und der Belastungszeit. Das entscheidende Maß bei der Güteprüfung ist daher die Eindringtiefe eines genormten Stempels bei Prüftemperaturen von 22°C und/oder 40°C und entsprechender Prüfdauer.

Härteklassen von Gußasphaltestrichen. Wie Tabelle **10.**20 zeigt, wird Gußasphaltestrich nach DIN 18560-1 in Härteklassen GE 10 bis GE 100 unterteilt, aus denen sich entsprechende Anwendungsbereiche ableiten lassen.

Tabelle **10.**20 Härteklassen von Gußasphaltestrichen (Auszug aus DIN 18560-1)

Härteklasse	Eindringtiefe in mm		
	Stempelquerschnitt 100 mm²		Stempelquerschnitt 500 mm²
Kurzzeichen	bei (22 ± 1) °C Prüfdauer 5 h	bei (40 ± 1) °C Prüfdauer 2 h	bei (40 ± 1) °C Prüfdauer 0,5 h
GE 10	≤ 1,0	≤ 4,0 (≤ 2,0) [1)]	–
GE 15	≤ 1,5	≤ 6,0	–
GE 40	–	–	> 1,5 bis 4,0
GE 100	–	–	> 4,0 bis 10,0

1) Klammerwert für Heizestrich

Anwendungsbereiche (vereinfachte Zusammenstellung)

GE 10 Schwimmender Estrich bei gleichmäßig verteilten Verkehrslasten bis 1,5 kN/m²
– für normal beheizte Räume.

Verbundestrich und Estrich auf Trennschicht

GE 15 – für normal beheizte Räume,

GE 40 – für unbeheizte Räume und Estriche im Freien,

GE 100 – für Räume mit besonders niedrigen Temperaturen (z. B. Kühlräume).

Gußasphalt wird in stationären Mischanlagen heiß aufbereitet, in beheizten Rührwerkkochern zur Baustelle transportiert und das Mischgut mit einer Temperatur von etwa 250°C eingebaut. Baustoffe und Bauteile, mit denen der Gußasphalt in Berührung kommt, müssen beständig gegenüber dieser Einbautemperatur sein. Als Dämmstoffe für die Wärme- und Trittschalldämmung unter Gußasphaltestrich eignen sich:

— Mineralfaserdämmplatten
— Korkdämmplatten
— Schaumglasdämmplatten
— Perlitedämmplatten
— Bitumen-Holzfaserplatten
— Schüttdämmstoffe

Nicht ausreichend wärmebeständige Schaumkunststoffe (z. B. Styroporplatten) müssen durch eine zusätzliche Dämmschicht vor schädlicher Wärmeeinwirkung geschützt werden. Vorsicht ist auch geboten bei hitzeempfindlichen Kunststoffolien, nackten Bitumen- oder Teerbahnen, Dichtungsbahnen nach DIN 18190 usw. Zur Abdeckung der Dämmschichten und als Trennlage unter Gußasphaltestrich eignen sich vor allem Rohglasvlies, Natronkraftpapier, Rohfilzpappe o. ä.

Da Gußasphaltestrich heiß eingebaut wird, bringt er keinerlei Feuchtigkeit in das Bauwerk. Unabhängig von Witterungseinflüssen kann er ohne Fugen großflächig verlegt und sofort nach dem Erkalten – in der Regel nach 2 bis 3 Stunden – begangen bzw. mit einem Belag oder einer farbigen Kunststoffbeschichtung versehen werden. Weitere Vorteile sind seine Unempfindlichkeit gegen Wasser, die geringe Einbaudicke und sein hoher spezifischer elektrischer Widerstand (Isolierfähigkeit). Durch Zusatz von Graphitstaub kann er zur Ableitung elektrostatischer Aufladungen jedoch auch leitfähig ausgebildet werden. Außerdem ist er wasserdicht und dampfdicht sowie schwerentflammbar (Baustoffklasse B1). Bemerkenswert ist auch seine niedrige Körperschall-Leitfähigkeit (hohe innere Dämpfung).

Nachteilig können sich hohe Dauerlasten auswirken, wenn Last, Aufstandsfläche und die zu erwartenden Temperaturverhältnisse nicht sorgfältig aufeinander abgestimmt sind. Weiter ist zu beachten, daß die Zusammendrückbarkeit der Dämmschichten unter Belastung bei Gußasphaltestrich nicht mehr als 5 mm betragen darf. Vgl. hierzu Tab. **10**.23. Gußasphaltestriche sind zwar relativ teuer (obere Preisklasse), in Anbetracht der vielen Vorteile jedoch durchaus als wirtschaftlich zu bezeichnen. Es wird empfohlen, bereits im Planungsstadium eine Gußasphalt-Fachfirma zur Beratung heranzuziehen.

Einzelheiten über die Herstellung von Gußasphaltestrichen s. Abschn. 10.3.6.4 sowie VOB Teil C, DIN 18354, Gußasphaltarbeiten. Auf die weiterführende Spezialliteratur wird verwiesen [16].

10.3.6.3 Trockenzeiten und zulässige Feuchtigkeitsgehalte (Belegreife) von unbeheizten Estrichen

Mörtelestriche (Naßestriche) benötigen eine gewisse Trockenzeit, bis sie mit einem Bodenbelag belegt werden dürfen. Sie hängt im wesentlichen ab von der Art, Dicke und Zusammensetzung des jeweiligen Estrichs sowie dem Umgebungsklima, gekennzeichnet durch Temperatur und relative Luftfeuchte (Witterung, Jahreszeit, Baustellenfeuchtigkeit). Insbesondere mit zunehmender Estrichdicke (ab 5 cm) nimmt die Austrocknungszeit überproportional zu. Auch Anhydrit-Fließestriche trocknen relativ langsam aus.

Eine Restmenge an Feuchtigkeit – Ausgleichsfeuchte oder Gleichgewichtsfeuchte genannt – verbleibt jedoch immer im unbeheizten Estrich und entweicht normalerweise nicht. Die Belegreife eines Estrichs ist im allgemeinen erreicht, wenn er den für die Verlegung eines bestimmten Bodenbelages zulässigen Grenzfeuchtigkeitsgehalt aufweist. S. hierzu Tabelle **10**.21 sowie Tabelle **11**.9.

Tabelle **10**.21 Ungefähre Trockenzeiten und zulässige Feuchtigkeitsgehalte von unbeheizbaren Estrichen

Estrichart	Ungefähre Trockenzeit in Wochen bei Estrichdicke bis 40 mm	Zulässiger Feuchtigkeitsgehalt in % 1)
Zementestrich (ohne Zusatzmittel)	4 bis 5	**2,0** bis 2,5
Zementestrich (mit Zusatzmittel)	2 bis 4	**2,0** bis 2,5
Anhydritestrich (konventionell)	2 bis 3	**0,5** bis 1,0
Anhydrit-Fließestrich	3 bis 5	**0,5** bis 1,0
Gußasphaltestrich	belegreif nach Erkalten	besitzt keine Feuchtigkeit
Holzspanplatten (Fertigteilestrich)	keine	9,0 ± 4%

1) Bei relativ dampfdichten Belägen – wie Stein- und Keramikbelägen im Dünnbett, elastischen Bodenbelägen sowie bei feuchtigkeitsempfindlichen Holzfußböden – gelten immer die Werte im unteren Bereich. Vgl. hierzu auch Tabelle **11**.9

Schäden an Bodenbelägen treten häufig dadurch auf, daß sich Feuchtigkeit aus dem Estrich, ggf. auch aus dem tragenden Untergrund, unter relativ dampfdichten Belägen anreichert und dort zur Verseifung des Klebers, zur Blasenbildung und bei feuchtigkeitsempfindlichen Estrichen (z. B. Anhydritestrich) zur Erweichung der oberen Estrichzonen führt. Um derartige Schäden weitgehend auszuschließen, muß die verbleibende Restfeuchte grundsätzlich vor dem Verlegen der Beläge vom Bodenleger im Rahmen seiner Prüfpflicht gemessen werden (mit dem CM-Gerät).

Bei beheizbaren Fußbodenkonstruktionen wird der Feuchtigkeitsgehalt durch Aufheizen der Estrichschicht weiter reduziert und so vor dem Verlegen der Nutzschicht die zulässige Belegreife für den jeweiligen Bodenbelag erreicht. Trotz dieses Aufheizungsvorganges ist jedoch nicht sichergestellt, daß der Estrich den erforderlichen Feuchtegehalt aufweist. Daher sind Feuchtigkeitsmessungen mit dem CM-Gerät auch beim Heizestrich unerläßlich. Einzelheiten hierzu s. Abschn. 11.2.3 sowie Tabelle **11**.9.

10.3.6.4 Estrichkonstruktionen und Estrichherstellung

Estrichkonstruktionen

Nach dem Aufbau unterscheidet man bei Estrichen grundsätzlich zwei Konstruktionsprinzipien (Bild **10**.22):

- **Die Verbundkonstruktion,** die im kraftschlüssigen Verbund mit dem tragenden Untergrund hergestellt wird.
- **Die schwimmende Konstruktion,** die durch eine Trennschicht, Abdichtung oder Dämmschicht vom tragenden Untergrund getrennt ist und auch keine unmittelbare Verbindung mit den angrenzenden Bauteilen aufweist.

Beide Konstruktionsarten unterscheiden sich wesentlich, so daß sich daraus Auswirkungen ergeben hinsichtlich der Belastbarkeit, der Fugenanordnung sowie den zu erwartenden Verformungstendenzen (Schubspannungen) in der jeweiligen Bodenkonstruktion.

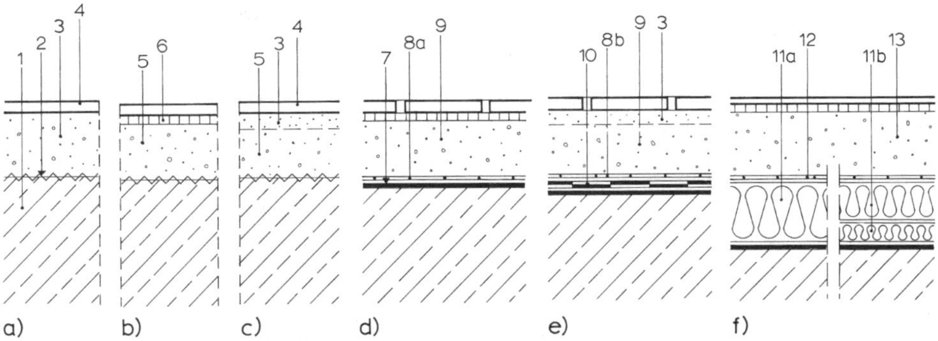

10.22 Schematische Darstellung unbeheizbarer Estrichkonstruktionen (Überblick)

Verbundkonstruktionen
- a) mit Dickbettmörtel
- b) mit Verbundestrich und Dünnbettkleber
- c) mit Verbundestrich und Dickbettmörtel

Schwimmende Konstruktionen
- d) auf Trennschicht
- e) auf Abdichtung mit Trennschicht (Gleitschicht)
- f) auf Dämmschichten (ein- oder zweilagig)

1 tragender Untergrund (Rohdecke)
2 Haftbrücke
3 Dickbettmörtel
4 Fliesenbelag mit frischem Mörtel
5 Verbundestrich (Ausgleichschicht)
6 Dünnbettkleber
7 planebener Untergrund
8a) Trennschicht (zweilagig)
8b) Trennschicht / Gleitschicht (einlagig)
9 Estrich (Lastverteilungsschicht)
10 Abdichtung gegen Feuchtigkeit
11a) Dämmschicht (einlagig)
11b) Dämmschicht (zweilagig)
12 Abdeckung (z. B. PE-Folie 0,1 mm)
13 schwimmender Estrich

Verbundestriche

Verbundestriche sind mit dem tragenden Untergrund fest verbunden (Bild **10**.22 a bis c). Sie können unmittelbar, d. h. ohne Belag, genutzt oder mit einem Belag versehen werden. Verbundestriche eignen sich insbesondere als

- Ausgleichsestrich, wenn der tragende Untergrund größere Unebenheiten aufweist,
- Gefälleestrich, zur raschen Ableitung des Oberflächenwassers zum Fußbodeneinlauf,
- Nutzboden in untergeordneten Räumen, ohne Anforderungen an Schall- und Wärmeschutz,
- Nutzestrich im Industriebau, wo hohe Belastbarkeit und Verschleißfestigkeit gefordert sind.

Verbundestriche müssen sich unmittelbar und vollflächig kraftschlüssig mit dem jeweiligen tragenden Untergrund (z. B. Betondecke) verbinden. Dieser darf eigenen Formänderungen infolge Schwindens nicht mehr ausgesetzt sein, da es sonst zu einer Überlagerung der Schwindeinwirkung des Untergrundes mit der des Estrichs kommt; es besteht dann die Gefahr von Ablösungen. Alle Kräfte, die aus Verformung des Untergrundes, Schwindvorgänge des Estrichs, Temperatureinflüsse und aus Verkehrslasten resultieren, erzeugen in dieser Verbundkonstruktion Zwängungsspannungen, die über die Haftbrücke vom Estrich an den tragenden Untergrund weitergegeben werden.

Damit ein guter Haftverbund möglich wird, muß die Oberfläche des Untergrundes ausreichend fest, eben, oberflächenrauh und frei von haftmindernden Verunreinigungen sein; außerdem darf der Untergrund keine Risse und lose Bestandteile aufweisen. Eine mechanische Vorbehandlung des Untergrundes (Schleifen, Fräsen, Sandstrahlen) kann in bestimmten Fällen notwendig werden.

Bauwerksfugen (Gebäudetrennfugen) sind an gleicher Stelle und in gleicher Breite im Verbundestrich zu übernehmen und die Belagkanten durch spezielle Metallprofile zu schützen. Bild **10**.28 und **10**.29. Die Unterteilung der Estrichflächen in Einzelfelder durch Bewegungsfugen (Feldbegrenzungsfugen) ist bei Verbundestrichen zu unterlassen. Randfugen sind an Wandanschlüssen, Pfeilern und anderen den Boden durchdringenden Bauteilen anzuordnen.

Verbundestriche müssen den allgemeinen Anforderungen nach DIN 18560-1 und -3 entsprechen; für die hochbeanspruchbaren Industrieestriche gilt Teil 7 der vorgenannten Norm. Die entsprechenden Festigkeitsklassen und Anwendungsbereiche sind Abschn. 10.3.6.2, Estricharten, zu entnehmen. Einzelheiten über die Herstellung von Verbundestrichen siehe VOB Teil C, DIN 18353, Estricharbeiten, sowie DIN 18354, Gußasphaltarbeiten. Auf die weiterführende Spezialliteratur [17] wird verwiesen.

Zementgebundener Verbundestrich (Zementestrich) wird am vorteilhaftesten auf einen noch nicht erhärteten, feuchten Betonuntergrund „frisch-auf-frisch" aufgebracht. Will man jedoch zwischen einer bereits trockenen Tragschicht und dem frischen Estrichmörtel einen unauflösbaren Haftverbund erreichen, muß auf den alten Untergrund immer zuerst eine Haftbrücke aufgetragen werden. Hierfür eignen sich einmal Zementschlämme aus werkgemischtem Trockenmörtel (Zementgehalt mind. 700 kg/m^3), der am Einsatzort nur noch mit Wasser angemacht wird. Vor dem Auftrag der Schlämme muß der trockene Untergrund sehr lange und sorgfältig vorgenäßt werden, um Trocknungsrisse zu vermeiden. Diese mineralischen Haftbrücken (Mischungsverhältnis Zement/Sand 1 : 1) sind feuchtigkeitsbeständig, so daß sie auch auf erdberührten, feuchten Betonuntergründen aufgebracht werden können.

Verwendet werden auch Kunstharzdispersionen, die jedoch nicht im gleichen Maße kraftschlüssig wirken wie rein mineralische Haftbrücken. Sie sind außerdem nicht einsetzbar, wenn bei erdberührtem Untergrund mit aufsteigender Feuchtigkeit gerechnet werden muß. Weite Verbreitung haben Haftbrücken aus Reaktionsharzen (z. B. Epoxidharzen) gefunden. Sie haften an Betonoberflächen sehr gut, sind weniger feuchtigkeitsempfindlich, ergeben jedoch in gewissen Fällen eine dampfdichte Schicht und sind relativ teuer.

Zementgebundene Verbundestriche müssen zur Aufnahme eines Belages die Festigkeitsklasse ZE 12, bei Nutzung ohne Belag mind. die Festigkeitsklasse ZE 20 aufweisen. Bei einschichtiger Ausführung sollten sie nicht dicker als 50 mm und nicht dünner als 20 mm sein. Der Einbau noch dünnerer Verbundestriche aus kunststoffvergüteten Estrichmischungen ist möglich.

Anhydritgebundener Verbundestrich (Anhydritestrich) wird in der Regel auf Betonuntergrund verlegt, bei dem jedoch weder Bodenfeuchtigkeit noch Dampfdiffusion von unten auftreten dürfen. Die Tragschicht muß sauber, offenporig und mäßig saugfähig sein. Eine Haftbrücke sorgt auch hier für eine bessere Verbindung zwischen Estrich und Untergrund. Je nach Anforderung können Grundierschlämmen aus Anhydritbinder (mit oder ohne Feinsand), Kunstharzdispersionen oder Haftbrücken aus Reaktionsharzen (z. B. Epoxidharze) verwendet werden. Beim Einsatz dampfdichter Bodenbeläge sollten Anhydritestriche nicht im Verbund, sondern auf Trennschicht (= Dampfsperre) verlegt werden.

Anhydritgebundene Verbundestriche dürfen bei einschichtiger Ausführung nicht dicker als 50 mm und nicht dünner als 20 mm sein.

Bitumengebundener Verbundestrich (Gußasphaltestrich) wird vorwiegend im Industriebau eingesetzt, er kann aber auch im Freien verlegt werden. Als Untergrund eignen sich Asphaltschichten oder Stahlblech; Betonflächen sind weniger geeignet. Auf Asphaltschichten wird der Gußasphalt direkt aufgebracht; aufgrund der hohen Einbautemperatur entsteht eine vollflächige, dauerhafte Verbindung mit der Unterlage. Stahlblech ist zu entrosten und darauf eine Haftbrücke aufzubringen. Die Oberfläche des Gußasphaltestrichs wird in heißem Zustand mit Sand abgerieben. Eine weitergehende Nachbehandlung ist nicht erforderlich. Vor dem Aufbringen eines Belages oder einer Beschichtung wird die Asphaltschicht in der Regel vollflächig gespachtelt.

Bitumengebundene Verbundestriche sollten bei einschichtiger Ausführung nicht dicker als 40 mm und nicht dünner als 20 mm sein.

Estriche auf Trennschicht

Estriche auf Trennschicht sind von dem tragenden Untergrund durch eine dünne Zwischenlage getrennt (Bild **10**.22 d und e). Sie können unmittelbar, d. h. ohne Belag, genutzt oder mit einem Belag versehen werden. Estriche auf Trennschicht werden vor allem aus bautechnischen oder bauphysikalischen Gründen eingesetzt, wenn zum Beispiel

- der Betonuntergrund noch eigenen Formänderungen unterworfen ist (bei noch junger Betondecke, die beispielsweise mit keramischen Platten belegt werden soll),
- in der Estrichschicht aufgrund hoher Temperatur-Wechselbeanspruchungen mit größeren Spannungen zu rechnen ist (bei Sonneneinwirkung auf auskragender Balkonplatte),
- nach DIN 18195 über Abdichtungen gegen Feuchtigkeit eine gleitfähige Schutzschicht aufzubringen ist.

Da beim Estrich auf Trennschicht kein Haftverbund mit dem tragenden Untergrund besteht, können sich beide Teile unabhängig voneinander bewegen. Jede Schicht ist in ihrem Verformungsverhalten eigenständig, Spannungen können nicht übertragen oder abgeleitet werden. Voraussetzung ist jedoch, daß elastische Randfugen zwischen der Estrichplatte und allen aufgehenden Bauteilen sowie eine Gleitschicht über dem tragenden Untergrund angeordnet werden. Je nach Estrichart können Bewegungsfugen (Feldbegrenzungsfugen) notwendig sein. Bauwerksfugen (Gebäudetrennfugen) sind an gleicher Stelle und in gleicher Breite zu übernehmen und die Kanten durch Metallprofile zu schützen. Bild **10**.28 und **10**.29. Eine derartige Estrichkonstruktion kann relativ hohe Lasten übernehmen, da sie flächig und ohne federnde Zwischenschicht auf dem tragenden Untergrund aufliegt. Die Ebenheitstoleranzen nach DIN 18202 sind zu beachten (Tab. **10**.2).

Estriche auf Trennschicht müssen den allgemeinen Anforderungen nach DIN 18560-1 und -4 entsprechen; für hochbeanspruchbare Industrieestriche ist zusätzlich noch Teil 7 der vorgenannten Norm zu beachten. Die entsprechenden Festigkeitsklassen und Anwendungsbereiche sind Abschn. 10.3.6.2, Estricharten, zu entnehmen. Einzelheiten über die Herstellung von Estrichen auf Trennschicht siehe VOB Teil C, DIN 18353, Estricharbeiten, sowie DIN 18354, Gußasphaltarbeiten.

Zementestrich auf Trennschicht ergibt eine hochbeanspruchbare Trag- und Lastverteilungsschicht, die noch mit Baustahlgewebematten bewehrt werden kann, wenn Hartbeläge (z. B. Naturstein-, Keramikplatten) darauf verlegt oder hohe Temperatur-Wechselbeanspruchungen zu erwarten sind. Die Trennschicht ist in der Regel zweilagig auszubilden. Verwendet werden Polyethylenfolie (PE-Folie, mind. 0,1 mm dick) oder nackte Bitumenbahnen. Auch über Abdichtungen und Dampfsperren ist immer noch – vor dem Aufbringen des Schutzestrichs – eine zusätzliche Trennschicht als Gleitschicht aufzulegen; erst dadurch wird eine dauerhaft gleitfähige Estrichverlegung erreicht.

Zwischen Estrichplatte und allen aufgehenden Bauteilen, Türzargen, Rohrleitungen usw. sind etwa 5 mm dicke Randstreifen ringsumlaufend anzuordnen. Größere Estrichfelder sind durch Bewegungsfugen (Feldbegrenzungsfugen) in einzelne, gedrungene Felder von 20 bis 40 m^2 Größe (abhängig von den jeweiligen bauphysikalischen und grundrißlichen Gegebenheiten) zu unterteilen. Einzelheiten hierzu s. Abschn. 10.3.6.5, Anordnung und Ausbildung von Fugen in schwimmenden Estrichkonstruktionen.

Zementestrich auf Trennschicht muß mind. die Festigkeitsklasse ZE 20 aufweisen. Bei einschichtiger Ausführung sollte die Estrichdicke 35 mm nicht unterschreiten.

Anhydritestrich auf Trennschicht darf keiner dauernden Feuchtigkeitsbeanspruchung ausgesetzt werden. Daher ist auf nicht unterkellertem, tragendem Untergrund immer eine Abdichtung gegen aufsteigende Bodenfeuchtigkeit und bei Gefahr von Dampfdiffusion durch die Rohdecke eine Dampfsperre auf der Tragschicht anzuordnen. Auch unter Anhydritestrich ist die Trennschicht zweilagig auszuführen und über Abdichtungen und Dampfsperren immer noch eine weitere Trennlage aufzulegen. Im Gegensatz zu dem zuvor beschriebenen Zementestrich kann Anhydritestrich in großen zusammenhängenden Flächen nahezu ohne Feldbegrenzungsfugen verlegt werden. An allen aufgehenden Bauteilen müssen jedoch Randstreifen aufgestellt, Bewegungsfugen in Türdurchgängen und bei stark verspringenden Flächen vorgesehen, sowie vorhandene Bauwerksfugen (Gebäudetrennfugen) im tragenden Untergrund übernommen werden. Anhydritestrich auf Trennschicht bedarf keiner Bewehrung. Die Estrichdicke sollte bei einschichtiger Ausführung 30 mm nicht unterschreiten.

Gußasphaltestrich auf Trennschicht wird hauptsächlich im Industrie- und Hallenbau eingesetzt. Er kann im Prinzip auf allen tragfähigen Untergründen aufgebracht werden, die fest, trocken, eben, sauber und frei von Rissen sind. Die Trennschicht ist bei Gußasphaltestrich nur einlagig auszuführen. Im Hinblick auf die hohe Einbautemperatur eignen sich vor allem Rohglasvlies sowie Natronkraftpapier.

Gußasphaltestrich kann ohne Fugen großflächig verlegt werden. Lediglich Bauwerksfugen im tragenden Untergrund sind zu übernehmen und die Kanten mit Metallprofilen zu sichern. Bild **10**.28 und **10**.29. Da sich Gußasphalt beim Erkalten zusammenzieht, kann auf die Anordnung von Randstreifen verzichtet werden. Es genügt, wenn die Trennschicht an den Wänden und anderen aufgehenden Bauteilen bis Oberfläche Fußbodenbelag hochgezogen wird (Bild **10**.27). Werden auf Gußasphaltestrich jedoch keramische Fliesen, Holzpflaster oder Parkett verlegt, so sind immer Randstreifen in einer Dicke von mind. 10 mm vorzusehen (unterschiedliche Ausdehnungskoeffizienten).

Die Estrichdicke sollte bei einschichtiger Ausführung 20 mm nicht unterschreiten und 40 mm nicht überschreiten.

Estriche auf Dämmschichten

Estrich auf Dämmschicht (schwimmender Estrich) ist ein auf einer Dämmschicht hergestellter Estrich, der auf seiner Unterlage beweglich ist und keine unmittelbare Verbindung mit angrenzenden Bauteilen, wie beispielsweise Wänden oder Rohren, aufweist (Bild **10**.22 f). Er wird vor allem aus schall- und/oder wärmetechnischen Gründen eingebaut. Die biegesteife, lastverteilende Estrichplatte bildet mit der federnden Dämmschicht und der Rohdecke ein Schwingungssystem (zweischalige Konstruktion), das das Eindringen von Körperschall (Trittschall) in die Deckenkonstruktion weitgehend verhindert, die Luftschalldämmung verbessert und auch Anforderungen an den Wärmeschutz erfüllt.

Die Estrichdicke ist im wesentlichen abhängig von der Estrichart, der Dicke des Dämmstoffes und dessen Zusammendrückbarkeit sowie von der aufzunehmenden Verkehrslast. In der

Tabelle **10**.23 Nenndicken und Festigkeit bzw. Härte unbeheizbarer Estriche auf Dämmschichten für Verkehrslasten bis 1,5 kN/m² (Auszug aus DIN 18560-2)

Estrichart		Estrichnenndicke in mm bei einer Dämmschichtdicke in d_B[1]) bis 30 mm	über 30 mm	Bestätigungsprüfung: Biegezugfestigkeit β_{BZ} in N/mm² kleinster Einzelwert	Mittelwert	Eindringtiefe (Härte) in mm bei (22 ± 1) °C	bei (40 ± 1) °C
Anhydrit Magnesia Zement	AE 20 ME 7[3]) ZE 20	≧ 35[2])	≧ 40[2])	≧ 2,0	≧ 2,5	–	–
Gußasphalt	GE 10	≧ 20	≧ 20	–	–	≦ 1,0	≦ 4,0

1) Die Zusammendrückbarkeit der Dämmstoffe unter Belastung darf nicht mehr als 10 mm, bei Gußasphaltestrich nicht mehr als 5 mm betragen. Bei einer Zusammendrückbarkeit über 5 mm ist die Estrichnenndicke um 5 mm zu erhöhen. Die Zusammendrückbarkeit ergibt sich dabei aus der Differenz zwischen der Lieferdicke d_L und der Dicke unter Belastung d_B des Dämmstoffes. Sie ist aus der Kennzeichnung der Dämmstoffe ersichtlich, z. B. 20/15: d_L = 20 mm, d_B = 15 mm. Bei mehreren Lagen ist die Zusammendrückbarkeit der einzelnen Lagen zu addieren.

2) Unter Stein- und keramischen Belägen muß die Estrichnenndicke mindestens 45 mm betragen.

3) Die Oberflächenhärte bei Steinholzestrichen muß mindestens 30 N/mm² betragen.

Tabelle **10**.23 sind die jeweils erforderlichen Nenndicken und Festigkeit unbeheizbarer Estriche angegeben, unter Berücksichtigung der im Wohnungsbau üblichen Verkehrslasten bis 1,5 kN/m². Bei höheren Verkehrlasten müssen auch höhere Estrichdicken festgelegt werden. Einzelheiten hierzu siehe DIN 1055-3 sowie [25]. Nenndicken von Heizestrichen sind in Abschn. 11.2 und Bild **11**.5 angeführt.

Estriche auf Dämmschichten müssen den allgemeinen Anforderungen nach DIN 18560-1 und -2 entsprechen. Die jeweiligen Festigkeitsklassen und Anwendungsbereiche sind Abschn. 10.3.6.2, Estricharten, zu entnehmen. Weitere Einzelheiten über die Herstellung von Estrichen auf Dämmschichten s. VOB Teil C, DIN 18353, Estricharbeiten, sowie DIN 18354, Gußasphaltarbeiten.

Zementestrich auf Dämmschicht. Die Herstellung eines schwimmenden Zementestrichs setzt große Erfahrung und sorgfältiges Arbeiten auf seiten der Verlegefirma voraus, weshalb mit der Ausführung nur solide Spezialfirmen beauftragt werden sollten. Bei der Herstellung schwimmender Zementestriche ist im einzelnen folgendes zu beachten (Bild **10**.24 a bis c).

- Aufgehende Bauteile müssen vor dem Verlegen der Dämmschichten bis Oberfläche Rohfußboden verputzt sein, um eine sorgfältige Ausführung der Randdämmung vornehmen zu können. Auch die Montage von haustechnischen Installationen, Türzargen, Anschlagschienen, Fenstern und Fensterbänken sowie der Verputz von Rohrschlitzen sind vorab fertigzustellen. Alle Fenster und Außentüren müssen entweder verglast oder zumindest provisorisch mit Folien verschlossen sein, um Zugluft sowie das Eindringen von Wasser durch Schlagregen zu verhindern.
- Die Innentemperaturen in Gebäuden sollen in der kalten Jahreszeit nicht unter 5°C und nicht über 15°C betragen. Die Temperaturen sollen möglichst gleichmäßig sein, da zu schnelles und einseitiges Austrocknen des Mörtels zu Aufwölbungen und Rissen führt.
- Der tragende Untergrund muß ausreichend trocken sein, eine ebene Oberfläche haben (Ebenheitstoleranzen nach DIN 18202, Tab. 3) und keine punktförmigen Erhebungen aufweisen, die zu Schwankungen in der Estrichdicke führen können. Vgl. hierzu auch Tab. **10**.2. Rohrleitungen müssen auf der Rohdecke festgelegt sein (Rohrhalterungen). Durch einen entsprechenden Höhenausgleich in Form von steifen Dämmstoffplatten, Schüttungen o. ä. ist wieder eine ebene Oberfläche zur Aufnahme der notwendigen Trittschalldämmung zu schaffen. S. hierzu Abschn. 10.3.6.6 sowie Bild **10**.33. Deckendurchbrüche müssen sorgfältig geschlossen und Bauwerksfugen (Gebäudetrennfugen) in der Rohdecke durch geeignete Spezialprofile im Estrich fortgeführt werden (Bild **10**.29). Bodenplatten, die unmittelbar an das Erdreich grenzen oder Geschoßdecken, bei denen die Gefahr von Diffusionsfeuchte besteht, sind mit Abdichtungen bzw. Dampfsperren gemäß Abschn. 10.3.2 zu schützen.
- Schalldämmende Randstreifen, zwischen Estrich und Wand sowie anderen aufgehenden Bauteilen angeordnet, ergeben eine ringsumlaufende Bewegungsfuge (Randfuge). Die im allgemeinen 5 mm, bei Heizestrichen mind. 10 mm dicken Dämmstreifen müssen fugendicht gestoßen und vom tragenden Untergrund bis Oberkante Bodenbelag reichen. Auch alle durch Decke und Estrich geführten Rohrleitungen, Konsolen usw. sind mit Dämmschalen zu ummanteln (Bild **10**.25). Die Randstreifen und die hochgezogene Abdeckung dürfen bei Naturstein, Betonwerkstein- und Keramikböden sowie bei Parkettböden erst nach Fertigstellung des Fußbodenbelages, bei textilen und elastischen Bodenbelägen erst nach Erhärtung der Spachtelmasse abgeschnitten werden (Bild **10**.28c). Dadurch wird ein Ausfüllen der Randfugen mit Klebstoff, Verlegemörtel, Fugenmaterial o.ä. verhindert und die Bildung von Schallbrücken vermieden.
- Das Verlegen der Dämmplatten erfolgt im Verband mit dichten Stößen. Bei großen Dämmschichtdicken und Anforderungen an den Trittschallschutz ist ein kombiniertes Verlegen von Trittschall- und Wärmedämmplatten zu empfehlen. Dabei sollten die weicheren Trittschalldämmplatten in möglichst geringer Dicke immer unter den steifen Wärmedämmplatten angeordnet sein.
- Als Abdeckung der Dämmschicht muß vor dem Aufbringen des Estrichs eine nackte Bitumenbahn oder mind. 0,1 mm dicke Polyethylenfolie aufgelegt werden. Die Bahnen müssen an den Randstreifen hochgeführt werden und sich an Stößen 10 bis 20 cm überdecken. Bei Fließestrich ist die Abdeckung so auszubilden, daß sie bis zum Erstarren des Estrichs wasserundurchlässig ist. Die Abdeckung ersetzt weder Dampfsperren noch Abdichtungen im Sinne der DIN 18195; sie soll lediglich das Eindringen von Wasser bzw. Zementleim aus dem Mörtel in die Dämmschicht während des Einbringens bzw. Erhärtungsvorganges verhindern.
- Eine Bewehrung in Form von Betonstahlmatten ist nach DIN 18560 nicht erforderlich. Bei Zementestrichen mit Naturstein-, Betonwerkstein- oder Keramikbelägen kann jedoch eine Bewehrung zweckmäßig sein, weil dadurch die Verbreiterung von eventuell auftretenden Rissen und der Höhenversatz der Rißkanten vermieden werden. Sie ist mittig in die Mörtelschicht einzubauen und im Bereich von Bewegungsfugen zu unterbrechen

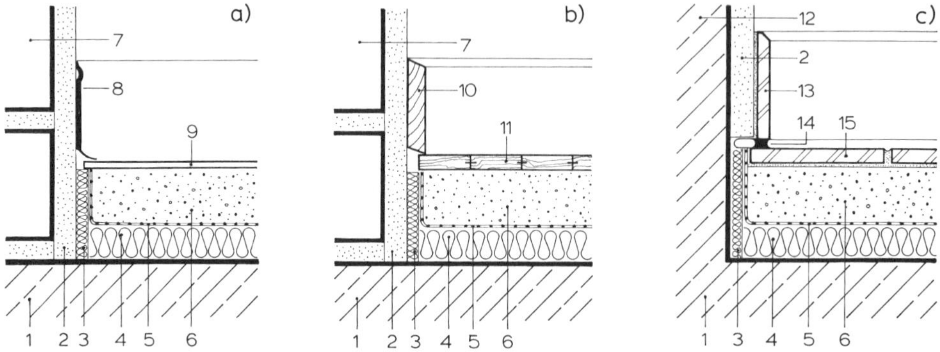

10.24 Konstruktionsbeispiele: Zementestrich auf Dämmschichten

a) Bodenanschluß: Kunststoffsockelleiste mit PVC-Bodenbelag
b) Bodenanschluß: Holzsockelleiste mit Parkett-Bodenbelag
c) Bodenanschluß: Sockelfliese mit keramischem Bodenbelag, Wandputz bis OFF: Aus schallschutztechnischen Gründen nur bei aufgehender, dichter Betonwand

1 tragender Untergrund (Massivdecke)
2 Wandputz
3 Randstreifen
4 Dämmschicht
5 Abdeckung
6 schwimmender Estrich (Mörtelestrich)
7 Mauerwerk
8 Kunststoffsockelleiste
9 PVC-Bodenbelag
10 Holzsockelleiste
11 Holzparkett-Bodenbelag
12 Betonwand
13 Sockelfliese mit Fase
14 Fugenfüllprofil mit elastoplastischer Dichtungsmasse
15 keramische Bodenfliesen

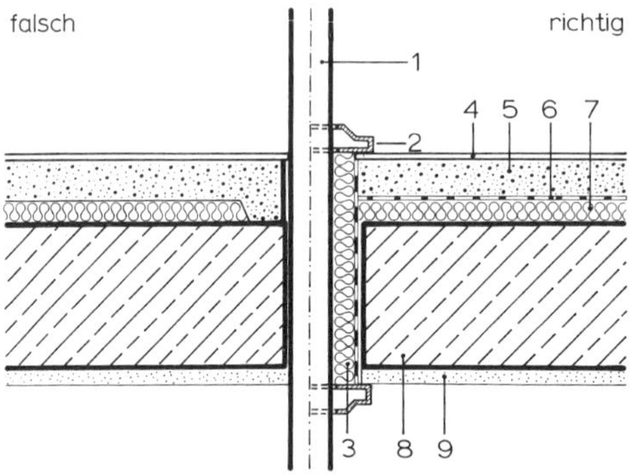

10.25 Rohrdurchführung durch eine Geschoßdecke mit schwimmendem Estrich

1 Rohrleitung
2 Kunststoffrosetten o. ä.
3 fertige Dämmschale aus Hartschaum oder Mineralfaser
4 PVC-Bodenbelag
5 schwimmender Estrich
6 Abdeckung
7 Dämmschicht
8 Massivdecke
9 Deckenputz

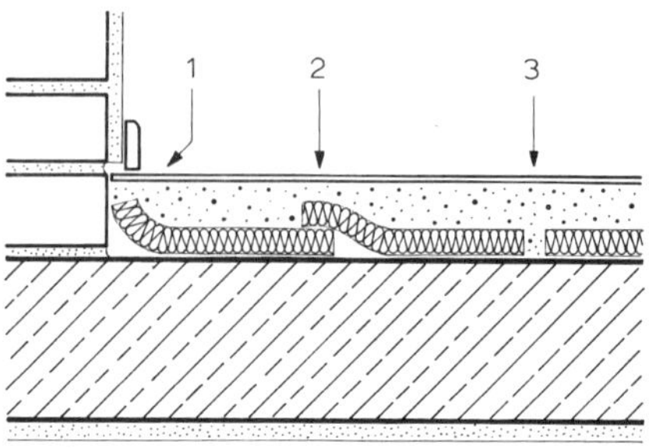

10.26 Fehler beim Verlegen von Dämmplatten

1 Aufgekantete Dämmplatten an der Randzone führen bei Belastung zu Estrichrissen. Wandputz immer bis Oberfläche Massivdecke aufbringen (Regelausführung bei aufgehendem Mauerwerk).
2 Höhenversetzte Dämmplattenstöße führen zur Schwächung der Estrichdicke und damit zur Rißbildung.
3 Fugen zwischen den Dämmplatten verursachen Schallbrücken.

— Beim Einbringen des Zementestrichs dürfen weder die Dämmschichten noch die Abdeckung verschoben bzw. beschädigt werden (Bild **10**.26). Der meist mit Druckluft in steif plastischer Konsistenz an die Einbaustelle gepumpte Mörtel wird verteilt, mit der Latte – gegebenenfalls über vorher exakt einnivellierte Lehren – abgezogen, verdichtet und geglättet. Eine wesentliche Verdichtung des Mörtels ist wegen des Rückfederungseffektes der weichfedernden Dämmschichten nicht möglich.

— Frisch eingebrachter Zementestrich ist vor zu raschem Austrocknen, Wärme und Zugluft zu schützen, um das Schwinden und Verformungen der Estrichplatte gering zu halten und um Risse zu vermeiden. Zementestrich sollte nicht vor Ablauf von 3 Tagen begangen und nicht vor Ablauf von 7 Tagen höher belastet werden.

— Angaben über Fugen in schwimmenden Estrichkonstruktionen sind Abschn. 10.3.6.5 zu entnehmen. Auf die weiterführende Spezialliteratur [18] wird verwiesen.

Anhydritestrich auf Dämmschicht. Zu unterscheiden ist zwischen konventionell verlegtem Anhydritestrich und Anhydrit-Fließestrich (AFE). Da Fließestriche den Estricheinbau erleichtern und ihr Marktanteil ständig zunimmt, beziehen sich die nachstehenden Hinweise schwerpunktmäßig auf diese Estrichart.

Anhydritestrich wird zu den Naß- bzw. Mörtelestrichen gerechnet. Die zuvor beim Zementestrich auf Dämmschicht gemachten Ausführungen gelten daher sinngemäß auch für die Herstellung von Anhydritestrichen, so daß sich eine nochmalige Beschreibung der dort erwähnten Arbeitsschritte an dieser Stelle erübrigt. Im einzelnen sind folgende Besonderheiten bei der Ausführung von schwimmend verlegtem **Anhydrit-Fließestrich** zu beachten:

— Anhydritestrich darf keiner dauernden Feuchtigkeitsbeanspruchung ausgesetzt sein. Bodenplatten, die unmittelbar an das Erdreich grenzen oder Geschoßdecken, bei denen die Gefahr von Dampfdiffusion besteht, sind mit Abdichtungen bzw. Dampfsperren gemäß Abschn. 10.3.2 zu schützen. Anhydritestriche dürfen auch nicht in Räume verlegt werden, in denen mit ständiger Wassereinwirkung von oben zu rechnen ist. Vgl. hierzu Abschn. 10.3.2.2, Fußbodenkonstruktionen in Naßräumen.

— Die Abdeckung oberhalb der Dämmschicht ist bei Fließestrich so auszubilden, daß sie bis zum Erstarren des Estrichs wasserundurchlässig ist. Dämmschicht und Randstreifen werden entweder mit einem gewachsten und verschweißbaren Papier (Schrenzlage) oder mit einer mind. 0,1 mm dicken PE-Folie wannenförmig abgedeckt. Die einzelnen Bahnen müssen sich an den Stößen mind. 10 cm (besser 20 cm) überlappen und verklebt oder verschweißt werden, damit die Dämmplatten vom zähflüssigen Estrich nicht unterspült werden können. Sofort nach dem Einbringen des Fließestrichs ist dieser mit einem Estrichbesen (Schwabbelstange) durchzuschlagen. Durch die dabei entstehende Wellenbewegung werden kleine Unebenheiten beseitigt (Selbstnivellierung) sowie der Estrichmörtel entlüftet und homogenisiert. Eine Bewehrung in Form von Betonstahlmatten ist in keinem Fall einzubauen.

— Da Anhydrit-Fließestrich kaum schwindet, kann er großflächig und nahezu ohne Feldbegrenzungsfugen verlegt werden. An allen aufgehenden Bauteilen müssen jedoch Randstreifen aufgestellt, Bewegungsfugen in Türdurchgängen und bei stark verspringenden Flächen vorgesehen sowie vorhandene Bauwerksfugen (Gebäudetrennfugen) vom tragenden Untergrund übernommen werden (Bild **10**.29).

— Die auf dem Markt angebotenen Anhydrit-Fließestriche unterscheiden sich zum Teil erheblich in ihrer Zusammensetzung und Eigenschaftscharakteristik. Auch die Estrichoberfläche kann sehr unterschiedlich beschaffen sein. Da jedoch der fertige Estrich eine für den Verwendungszweck ausreichende Oberflächenfestigkeit aufweisen muß, muß die Oberfläche des Fließestrichs nachträglich immer noch **mechanisch bearbeitet** werden. Nach dem heutigen Stand der Technik ist die Oberfläche von Anhydrit-Fließestrich anzuschleifen, die Poren mit einer rotierenden Stahlbürste zu säubern und mit einem Industriestaubsauger abzusaugen. Diese mechanische Behandlung kann nur entfallen, wenn anderweitige verbindliche Herstellervorschriften vorliegen. Nach diesen Maßnahmen ist ein Voranstrich (Grundierung) systembezogen zum Kleber und Oberbelag aufzubringen.

— Anhydrit-Fließestriche benötigen eine wesentlich längere Trockenzeit als konventionelle Anhydritestriche. Ungefähre Richtzeit: 1 Woche pro cm Estrichdicke (bei günstigen Temperaturbedingungen und einer Dicke bis 4 cm). Mit zunehmender Estrichdicke verlängert sich die Austrocknungszeit (2 Wochen pro zusätzlichem cm Dicke). Die Belegreife eines Anhydrit-Fließestrichs ist erreicht, wenn er den in Tab. **10**.21 und Tabelle **11**.9 ausgewiesenen Grenzfeuchtigkeitsgehalt aufweist.

— Anhydrit-Fließestrich kann bei günstigen Baustellenbedingungen bereits nach 1 Tag begangen und nach 3 Tagen belastet werden. Angaben über Festigkeitsklassen und die sich daraus ergebenden Anwendungsbereiche s. Abschn. 10.3.6.2, Estricharten.

Gußasphaltestrich auf Dämmschicht. Für die Herstellung eines schwimmend verlegten Gußasphaltestrichs gelten die gleichen baulichen Erfordernisse und ähnliche Ausführungsbedingungen, wie sie beim Zementestrich auf Dämmschicht zuvor beschrieben wurden. Im einzelnen sind folgende Besonderheiten bei der Ausführung von schwimmend verlegtem **Gußasphaltestrich** zu beachten (Bild **10**.27 a bis c):

– Wie Tabelle **10**.23 verdeutlicht, darf nach DIN 18560-2 bei Gußasphaltestrich die Zusammendrückbarkeit der Dämmstoffe unter Belastung nicht mehr als 5 mm betragen. Bei einer zu weichen Unterlage könnte es bei hohen Punktbelastungen zu Eindrücken im Asphaltestrich kommen. Es ist daher ratsam, bei Bauten mit erhöhten Trittschallanforderungen die Dämmschicht zweilagig auszubilden. Wie Bild **10**.27 a zeigt, sollte dabei die weichere Trittschalldämmung in möglichst geringer Dicke immer unten liegen und die druckfesten, temperaturbeständigen Dämmplatten mit höherer dynamischer Steifigkeit (z. B. Perlitdämmplatten) darüber angeordnet sein. Darauf wird in der Regel ein 25 bis 30 mm dicker Gußasphaltestrich verlegt. Die entsprechenden Härteklassen sind Tabelle **10**.20 zu entnehmen.

– Die Gefahr, daß sich Gußasphaltestrich bei zu weichfedernden Dämmschichten verformt, ist besonders entlang der Randzonen eines Raumes gegeben, wenn dort schwere, punktförmig einwirkende Lasten (z. B. Bücherregale, Schränke) aufgestellt werden. Um diesem Nachteil zu begegnen, baut man eine sog. Asphaltverstärkung ein, indem man die Dämmplatten etwa 10 cm vor der Wand enden läßt (Bild **10**.27 b). Die dabei entstehenden Schallbrücken werden bewußt in Kauf genommen. Aufgrund der nied-

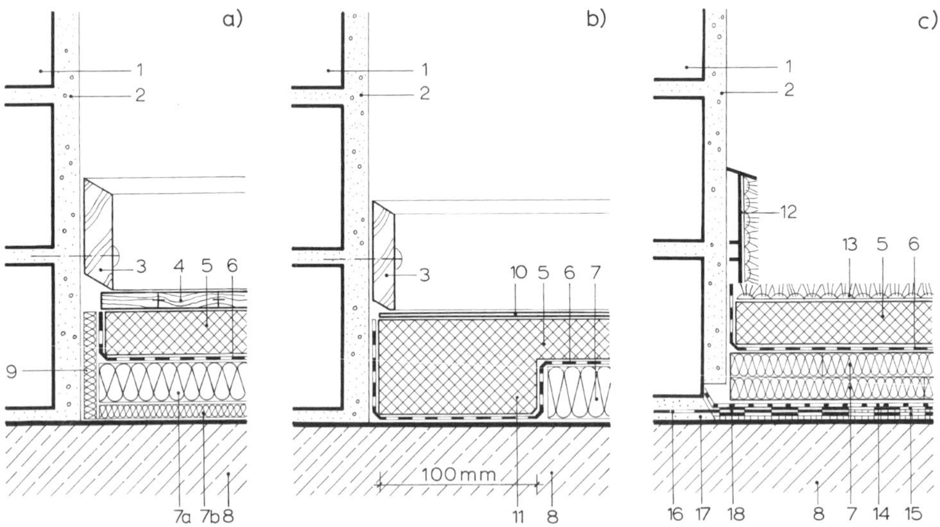

10.27 Konstruktionsbeispiele: Gußasphaltestrich auf Dämmschichten

a) Gußasphalt, schwimmend verlegt, mit Randstreifen (notwendig bei keramischen Fliesen, Holzpflaster und Parkett) und zweilagiger Dämmschicht (Geschoßdecke mit erhöhter Trittschallanforderung)

b) Gußasphaltestrich mit Randverstärkung entlang der Randzone eines Raumes (zur Aufnahme von schweren Lasten)

c) Gußasphaltestrich schwimmend verlegt, ohne Randstreifen (nur Abdeckung an den aufgehenden Bauteilen hochgezogen) mit Abdichtung gegen Feuchtigkeit von unten

1 Mauerwerk
2 Wandputz
3 Holzsockelleiste
4 Holzparkett-Bodenbelag
5 Gußasphaltestrich
6 Abdeckung (Rohglasvlies)
7 Trittschall- und Wärmedämmschicht
7a Perlitdämmplatten (hohe dynamische Steifigkeit)
7b Mineralfaserdämmplatten (niedrige dynamische Steifigkeit)
8 Massivdecke/Geschoßdecke
9 Randstreifen
10 Elastischer Bodenbelag
11 Randverstärkung
12 Teppichsockelleiste
13 Textiler Bodenbelag
14 Gleitschicht/Trennlage (PE-Folie, zweilagig)
15 Abdichtung gegen Feuchtigkeit nach DIN 18 195
16 waagerechte Außenwandabdichtung
17 Auflagerfläche aus Mörtel (MG III)
18 Klebestoß (etwa 100 mm Überlappung)

rigen Körperschall-Leitfähigkeit des Gußasphaltestrichs (besonders hohe innere Dämpfung) wirken sie sich hinsichtlich einer Trittschallminderung nicht nennenswert aus. Die Zonen vor den Türen sind dabei natürlich auszunehmen. Weitere Einzelheiten hierzu s. [16] sowie [19].

- Da sich der heiß eingebrachte Gußasphalt beim Erkalten zusammenzieht (Kontraktion), kann auf die Anordnung von Randstreifen bei Gußasphaltestrich im allgemeinen verzichtet werden (Bild **10**.27 c). Nach DIN 18560-2 genügt bei Gußasphalt das Hochziehen der Abdeckung an den Wänden und anderen aufgehenden Bauteilen. Werden auf Gußasphaltestrich jedoch keramische Fliesen, Holzpflaster oder Parkett verlegt, so sind immer Randstreifen in einer Dicke von mind. 10 mm vorzusehen (unterschiedliche Ausdehnungskoeffizienten) Bild **10**.27 a. Im Hinblick auf eine mögliche Nutzungsänderung der Räume und der oftmals damit verbundenen Neuverlegung anderer Fußbodenbeläge wird der Einbau von Randstreifen generell empfohlen.
- Gußasphaltestrich kann in großen Flächen fugenlos verlegt werden. Lediglich Bauwerksfugen sind an gleicher Stelle und in gleicher Breite zu übernehmen und die Kanten mit Metallprofilen zu sichern.
- Die Oberfläche des noch heißen Gußasphaltestrichs wird üblicherweise mit Sand abgerieben. Eine weitergehende Nachbehandlung ist nicht erforderlich. Gußasphalt kann bereits nach 2 Stunden begangen und belegt werden.
- Baustoffe und Bauteile, mit denen der Gußasphalt in Berührung kommt, müssen beständig gegenüber der hohen Einbautemperatur sein. In diesem Zusammenhang ist zu beachten, daß die Fugen bereits eingebauter Gipskartonplatten (Trockenwandputz) erst nach dem Einbringen des Gußasphaltestrichs – d. h. wenn die thermisch bedingten Längenänderungen abgeklungen sind – gespachtelt werden dürfen.

10.3.6.5 Anordnung und Ausbildung von Fugen in Estrichen auf Dämmschichten

Bauteile sind Formänderungen ausgesetzt, die hauptsächlich durch Austrocknen, Temperatureinwirkung oder Belastung hervorgerufen werden können. So trocknet das im Estrichmörtel enthaltene Anmachwasser im Laufe der Zeit aus und führt zu einer Verkürzung der Estrichplatte (Schwindvorgang). Bei Erwärmung von Bauteilen erfolgt eine Ausdehnung (Dilatation), bei Abkühlung eine Verkürzung (Kontraktion) entsprechend den materialspezifischen Ausdehnungskoeffizienten. Bei senkrechten Bauteilen kommt es durch Auflasten zu einer geringen Verkürzung (Kriechen), bei waagerechten Bauteilen zur Durchbiegung. Die vorgenannten Formänderungen können sich auch überlagern. Bei all diesen Vorgängen treten Spannungen auf. Diese Spannungen müssen in Estrichkonstruktionen und Belagkonstruktionen (z. B. bei Keramik- und Steinbelägen) durch Anordnung von Fugen in schadensfreie Größenordnungen abgemindert werden. Nach ihrer jeweiligen Funktion unterscheidet man:

- **Bauwerksfugen** (Gebäudetrennfugen) sind statisch und konstruktiv erforderliche Fugen, die Bauwerke bzw. größere Baukomplexe in einzelne Bewegungsabschnitte teilen (Bild **10**.28 a). Sie gehen durch alle tragenden und nichttragenden Teile eines Gebäudes oder Bauwerkes hindurch und müssen in Estrich und Bodenbelag an der gleichen Stelle und in ausreichender Breite übernommen werden. Bei mechanischer Beanspruchung der Beläge – wie z. B. durch starkes Begehen, Befahren und Absetzen von Gütern – sind zum Schutz der Kanten spezielle nichtrostende Metallwinkel bzw. Fugenprofile mit elastischen Zwischenteilen einzubauen. Bild **10**.29.
- **Bewegungsfugen** (Feldbegrenzungsfugen) nehmen Verformungen und Bewegungen des Estrichs auf und unterteilen die Bodenfläche in Felder begrenzter Größe (Bild **10**.28 b). Sie sind von der Oberfläche des Estrichs bzw. Keramik- und Steinbelages bis auf den tragenden Untergrund oder bis auf die Abdeckung der Dämmung bzw. Abdichtung durchzuführen. Bewegungsfugen können hergestellt werden durch Einstellen eines Dämmstreifens in den frischen Estrichmörtel, durch nachträgliches Einschneiden mit der Fugenschneidemaschine (z. B. bei Anhydrit-Fließestrich) sowie durch Einsetzen vorgefertigter Bewegungsfugenprofile (Bild **10**.30 und **10**.31).

  Bei der Festlegung von Fugenabständen und Estrichfeldgrößen sind die Art des Bindemittels, der vorgesehene Belag und die zu erwartende Beanspruchung, beispielsweise durch Temperatur, zu berücksichtigen. Die Größe der Estrichfelder soll 40 m² nicht überschreiten und die Seitenlänge der Felder maximal 8 m betragen. Weiter ist darauf zu achten, daß möglichst gedrungene Felder entstehen, deren Länge höchstens das Doppelte der Breite betragen sollte (Seitenverhältnis 1 : 2).

  Diese Richtwerte gelten heute allgemein für unbeheizbare und beheizbare Zementestriche, aber auch für Anhydritestriche, wenn sie zur Aufnahme von Keramik- und Steinbelägen vorgesehen sind.

Abweichende Herstellerrichtlinien – insbesondere bei den sehr unterschiedlichen Anhydritestricharten – sind zu beachten. Sonderregelungen gelten für Gußasphaltestrich und bei Heizestrichen. Als Richtgröße für die Fugenbreite von Feldbegrenzungsfugen können 5 bis 10 mm angenommen werden (z. B. bei Keramik- und Steinbelägen).

Bei der Anordnung der Bewegungsfugen ist von raumgeometrischen Randbedingungen (grundrißlicher Zuschnitt) auszugehen, wie sie bei einspringenden Ecken an Wandpfeilern und Kaminen oder sonstigen Verengungen bzw. Erweiterungen der Estrichfläche vorkommen. Bei Stein- und Keramikbelägen ist auch das vorgegebene Plattenraster und spätere Aussehen der Bodenfläche zu berücksichtigen. In Türdurchgängen zwischen fremden Wohn- und Arbeitsbereichen und zu gemeinsamen Treppenhäusern sind zur Vermeidung von Längsschallübertragung immer Bewegungsfugen erforderlich. Innerhalb einer Wohnung können in Türdurchgängen – je nach Anforderung – auch nur Scheinfugen eingeplant werden (Sonderregelung bei Heizestrich). Die Flächentrennung des Estrichs liegt dabei unter dem Türblatt. Im Bereich von Bewegungsfugen ist die Bewehrung zu unterbrechen.

— **Randfugen** trennen Estrich und Bodenbelag von seitlich angrenzenden Wänden oder sie durchdringenden Bauteilen und festen Einbauten (Bild **10**.28 c). Randfugen sind Bewegungsfugen, die durch Einstellen von schalldämmenden Randstreifen bis auf den tragenden Untergrund entstehen. Der Randstreifen muß gegen Verschieben beim Einbringen des Estrichs gesichert und so breit sein, daß er an der Belagoberfläche mind. 10 mm übersteht. Randstreifen und hochgezogene Abdeckung dürfen bei Stein- und Plattenbelägen sowie bei Parkettböden erst nach Fertigstellung des Fußbodenbelages, bei textilen und elastischen Bodenbelägen erst nach Erhärtung der Spachtelmasse abgeschnitten werden (Bild **10**.24 c). Als Richtwert für die Breite von Randfugen können üblicherweise 5 bis 8 mm angenommen werden (Sonderregelungen bei Gußasphaltestrich und Heizestrich).

— **Scheinfugen** (eingeschnittene Fugen) sind keine Bewegungsfugen, sondern Sollbruchstellen (Bild **10**.28 d). Sie können im Zementestrich zur zusätzlichen Unterteilung in den durch Bewegungsfugen aufgeteilten Estrichfeldern angeordnet werden. Scheinfugen sollen die während der Erhärtungsphase einmalig auftretende, baustoffbedingte Schwindung aufnehmen und somit die unkontrollierte Rißbildung verhindern. Die Fugen werden bis zur Hälfte der Estrichdicke in den frisch verlegten Estrichmörtel eingeschnitten (Kellenschnitt). Sie bleiben zunächst offen und werden erst nach dem Austrocknen des Estrichs (Belegreife) dauerhaft kraftschlüssig mit Kunstharz geschlossen. Derart geschlossene Fugen sind bei der Herstellung der Bodenbeläge (Stein- und Plattenbeläge) nicht zu berücksichtigen.

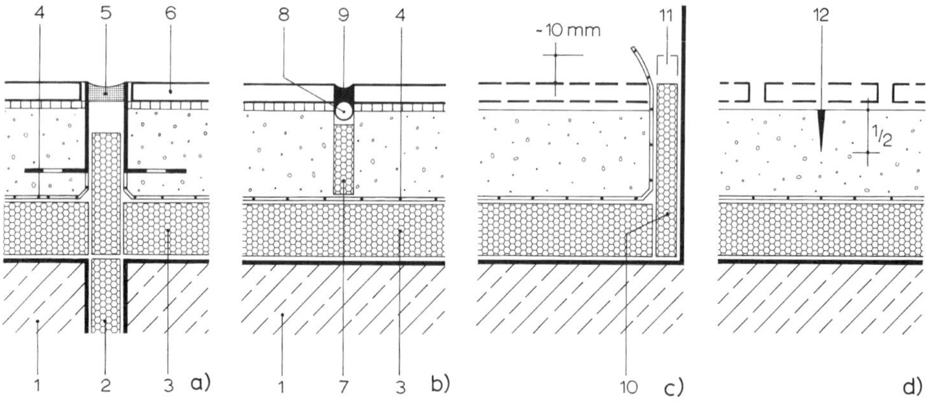

10.28 Schematische Darstellung von Fugen in schwimmenden Estrichkonstruktionen
a) Bauwerksfuge (Gebäudetrennfuge)
b) Bewegungsfuge (Feldbegrenzungsfuge)
c) Randfuge (vgl. hierzu auch Bild **10**.24c)
d) Scheinfuge (mit Kunstharz geschlossen)

1 tragender Untergrund (Rohdecke)
2 Bauwerksfuge mit Dämmplatte
3 Dämmschicht
4 Abdeckung
5 Bauwerksfugenprofil
6 Plattenbelag auf schwimm. Estrich
7 Dämmstreifen
8 Fugenfüllprofil
9 elastoplastische Dichtungsmasse
10 Randstreifen
11 Überstand zum Abschneiden
12 Kellenschnitt (halbe Estrichdicke)

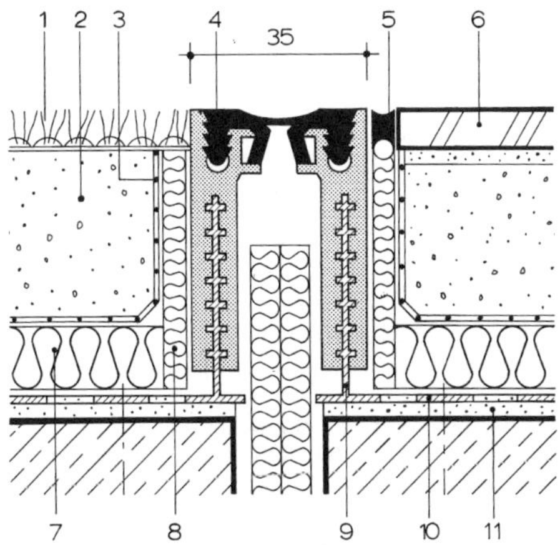

10.29 Gebäudetrennfugenprofil für Fußbodenkonstruktionen über einer Bauwerksfuge. Die endgültige Profileinlage wird erst nach Abschluß der Bodenbelagarbeiten gegen eine provisorische Distanzeinlage ausgetauscht (Baustellenbeschädigungen) und in das Alu-Trägerprofil eingedrückt.

1 Teppichbelag
2 Zementestrich
3 Abdeckung
4 Profileinlage (weitgehend witterungs-, temperatur-, öl-, säure-, bitumenbeständig)
5 elastische Fugenmasse mit Vorfüllprofil
6 Keramischer Plattenbelag
7 Dämmschicht
8 Randstreifen
9 Aluminium-Trägerprofil (höhenverstellbar)
10 gelochter Befestigungswinkel
11 Mörtelband (etwa 10 cm breit)

Migua Fugensysteme GmbH, Wülfrath

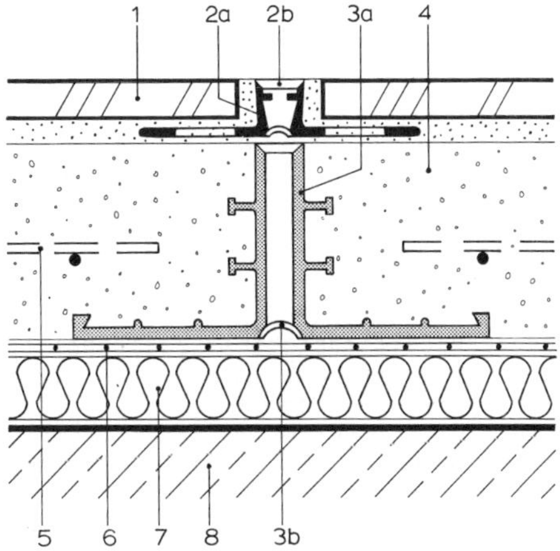

10.30 Doppel-Bewegungsfugenprofil für Fußbodenkonstruktionen mit Plattenbelägen (Estrich-Fugenprofil mit einem deckungsgleich darüber angeordneten Belag-Fugenprofil). Die seitlichen Schenkel aus Hartkunststoff sind mit Bewegungszonen (Schleifen) aus Weichkunststoff verbunden. Für normale mechanische Beanspruchung mit begrenztem Kantenschutz.

1 Keramischer Bodenbelag
2a/3a Profilschenkel aus Hartkunststoff
2b/3b Bewegungszonen aus Weichkunststoff
4 Zementestrich
5 Bewehrung (Betonstahlmatte)
6 Abdeckung
7 Dämmschicht
8 tragender Untergrund

Schlüter-System GmbH, Iserlohn

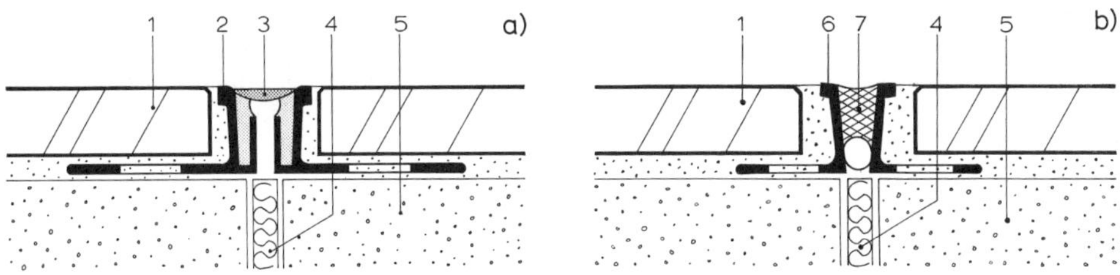

10.31 Bewegungsfugenprofile für Fußbodenkonstruktionen mit Kantenschutz bei Fliesenbelägen

a) Vorgefertigtes Bewegungsfugenprofil aus Metallstegen mit flexiblem Verbindungsprofil aus Synthetik-Kautschuk. Kantenschutz für höhere mechanische Beanspruchung.

b) Belag-Bewegungsfugenprofil aus Metall für hohe mechanische Beanspruchung mit sicherem Kantenschutz (Industriebereich)

1 Keramischer Bodenbelag
2 Metallprofil mit gelocht. Befestigungswinkel
3 flexibles Verbindungsstück (Synth. Kautschuk)
4 Bewegungsfuge (Feldbegrenzungsfuge)
5 Zementestrich
6 schräg abgewinkelte Metallschiene
7 elastische Fugenmasse mit Vorfüllprofil

Schlüter-System GmbH, Iserlohn

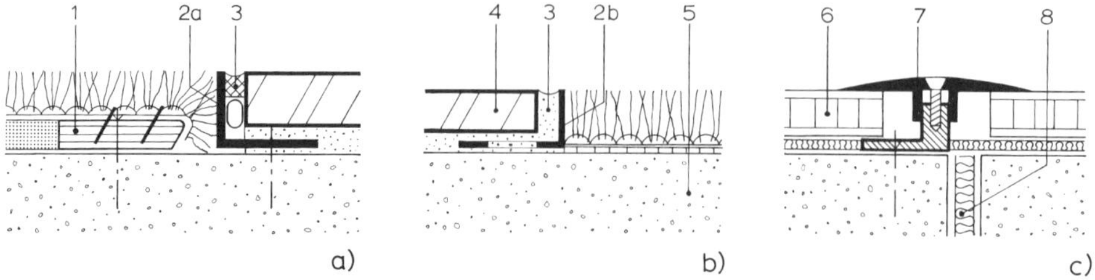

10.32 Anschlußfugen zwischen gleichartigen und unterschiedlichen Bodenbelägen

a) Anschluß zwischen im Mittelbett verlegtem Keramikbelag und verspanntem Teppichboden. Vgl. hierzu auch Bild **10.**68

b) Anschluß zwischen im Dünnbett verlegtem Keramikbelag und verklebtem Teppichboden

c) Anschluß zwischen zwei Fertigparkett-Elementen durch höhenverstellbares Übergangsprofil

1 verspannter Teppichbelag mit Nagelleiste und Filzunterlage
2a Metallwinkel (festgeschraubt)
2b Metallwinkel (in Kleber eingedrückt)
3 Anschlußfuge mit Dichtmasse oder Fugenmörtel
4 Keramischer Bodenbelag
5 Zementestrich
6 schwimmend verlegtes Fertigparkett
7 höhenverstellbares Übergangsprofil
8 Bewegungsfuge (Feldbegrenzungsfuge)

— **Anschlußfugen** (Belagfugen) können zwischen gleichartigen oder unterschiedlichen Bodenbelägen sowie festen Einbauten (z. B. Metallrahmen) erforderlich sein. Bild **10.**32. Sie umfassen in der Regel die Dicke des Bodenbelages bis zur Verlegeoberfläche (z. B. Oberfläche Estrich).

Fugenprofile und Fugenmassen: Bauwerksfugen (Gebäudetrennfugen) werden in der Regel mit vorgefertigten Fugenprofilen geschlossen, die zugleich auch den Kantenschutz bei mechanisch stärker beanspruchten Plattenbelägen übernehmen (Bild **10.**29). Bewegungsfugen (Feldbegrenzungsfugen) können ebenfalls mit Fugenprofilen geschlossen werden (Bild **10.**30 und **10.**31). Es eignen sich hierfür aber auch Fugenmassen, die ein elastoplastisches Verhalten, d. h. gutes Rückstellvermögen, aufweisen (Thiokol-, Silikon-, Polyurethanprodukte). Um den Dichtstoff abzustützen, muß die Fuge zunächst mit einem Vorfüllprofil (geschlossenzellige Polyethylenschnur) hinterfüttert werden.

Mit Fugenmassen geschlossene Fugen sind nicht dauerhaft flüssigkeitsdicht und je nach Beanspruchung wartungsbedürftig; außerdem können sie durch Stöckelabsätze beschädigt werden. Wie Bild **10.**24 c verdeutlicht, wird die bei Keramikbelägen üblicherweise 5 mm breite Randfuge zwischen Bodenbelag und Sockelfliese ebenfalls mit einem Vorfüllprofil und elastoplastischer Fugenmasse geschlossen. Auch diese Fugen sind nicht dauerhaft wasserdicht und wartungsbedürftig.

Bauwerksfugen, Bewegungsfugen und Randfugen sind von der Bauplanung festzulegen und bei der Ausschreibung von Bauleistungen zu berücksichtigen. Bei Bedarf ist ein Fugenplan zu erstellen, aus dem Art und Anordnung der Fugen zu entnehmen sind. Die endgültige Lage der Fugen muß vor der Ausführung in Abstimmung mit den beteiligten Gewerken (Estrichleger, Heizungsbauer, Bodenleger) vor Ort festgelegt werden. Weitere Angaben zur Fugenausbildung s. Abschn. 10.3.6.2, Estricharten, Abschn. 10.3.6.4, Estrichkonstruktionen sowie DIN 18560-2, Estriche und Heizestriche auf Dämmschichten. Auf die weiterführende Spezialliteratur [20], [21] wird verwiesen.

10.3.6.6 Rohrleitungen auf Rohdecken in schwimmenden Estrichkonstruktionen

Rohrleitungen und Versorgungskabel aller Art werden häufig auf Rohdecken verlegt, ohne daß hierfür die notwendigen Ausgleichschichten bzw. Konstruktionshöhen zur Verfügung stehen. In der Praxis führt dies dann zu Fußbodenkonstruktionen mit ungenügendem Wärme- und Trittschallschutz sowie zu Rißbildungen über den Rohren in der Estrichplatte und im Bodenbelag (Bild **10.**33 a).

Bei der Planung von Rohrleitungen auf Rohdecken sind u. a. folgende DIN-Normen und Rechtsvorschriften zu beachten:

— DIN 1988, Technische Regeln für Trinkwasserinstallationen
— neueste Heizungsanlagenverordnung (HeizAnlV 1994)
— DIN 4725, Warmwasser-Fußbodenheizungen

— DIN 4108, Wärmeschutz im Hochbau
— jeweils neueste Wärmeschutzverordnung (WSVO 1995)
— DIN 4109, Schallschutz im Hochbau
— DIN 18560, Estriche im Bauwesen u. a. m.

Nach DIN 18560-2 müssen Rohrleitungen, die auf dem tragenden Untergrund verlegt sind, festgelegt sein. Durch einen Ausgleich ist wieder eine ebene Oberfläche zur Aufnahme der Dämmschicht – mindestens jedoch der Trittschalldämmung – zu schaffen. Die dazu erforderliche Konstruktionshöhe muß eingeplant sein. Ungebundene Schüttungen aus Natur- oder Brechsand dürfen für den Ausgleich nicht verwendet werden.

Bei der Verlegung von Rohrleitungen auf Rohdecken kann im wesentlichen von folgenden Hauptgruppen ausgegangen werden:

— Rohrleitungen ohne Rohrdämmung (Kaltleitungen),
— Rohrleitungen mit Rohrdämmung (Warmleitungen),
— Versorgungskanäle und Kabelleitungen (bleiben hier unberücksichtigt).

Verlegung von ungedämmten Rohrleitungen (Kaltleitungen) auf Rohdecken

Für die Herstellung der geforderten Rohr-Ausgleichschicht in schwimmenden Estrichkonstruktionen bieten sich alternative Lösungen an, denen jeweils bestimmte Vor- und Nachteile zugeordnet werden können (Bild **10**.33 b bis e).

— **Rohr-Ausgleichschicht aus Dämmplatten** mit ein- oder zweilagiger Dämmplattenverlegung

Die einlagige Verlegung (Bild **10**.33 b) erfüllt die von der Estrichnorm gestellte Forderung nicht, wonach auf einer Ausgleichschicht immer eine durchgehende Trittschalldämmung vorzusehen ist. Diese Lösung ergibt zwar einen relativ niedrigen Fußbodenaufbau und somit günstige Herstellungskosten, stellt aber insgesamt eine risikoreiche Konstruktion dar, sowohl in konstruktiver als auch in wärme- und schallschutztechnischer Hinsicht (Schadenanfällige Konstruktion im Bereich der Schüttung/Abdeckung, Minderung der Wärme- und Trittschalldämmung). Verbesserte Lösungsansätze in Form von aufgelegten Wellpappe- oder Blechstreifen über den Rohrleitungen – wie sie in der Fachliteratur angeführt sind – können diese Schwachstellen nicht wesentlich mindern. Überall dort, wo an die Fußbodenkonstruktion (Deckenauflage) Anforderungen an den Wärme- und Schallschutz gestellt werden, ist diese Lösung nicht zu empfehlen.

Die zweilagige Verlegung (Bild **10**.33 c) erfüllt die vorgenannten Forderungen. Sie bedingt allerdings eine geordnete Rohrführung auf der Rohdecke, und zwar geradlinig (einfacherer Plattenzuschnitt) und parallel zur Wand in einem Mindestabstand von etwa 50 cm. Die mit Rohrschellen festgelegten Rohre dürfen nur rechtwinkelig in die Wand einmünden, Rohrkreuzungen sind zu vermeiden. Die untere Dämmplattenschicht muß mindestens so dick sein wie die Rohrleitung, einschließlich Ummantelung, Dämmung, Halterung, **zuzüglich** 10 mm Dämmplattenüberstand. Hohlräume zwischen den Rohren und Dämmplatten sind mit gebundenem Schüttmaterial (rohrverträglicher Bindemittelzusatz!) bis an die Plattenoberfläche auszugleichen. Die untere Dämmplattenlage besteht hier in der Regel aus den steiferen Wärmedämmplatten, worauf die weichfedernden Trittschalldämmplatten vollflächig und in einheitlicher Dicke verlegt werden. Vgl. hierzu Abschn. 10.3.5 und Abschn. 10.3.6.4, Zementestrich auf Dämmschicht. Dieser zweilagigen Verlegung ist vor allem aus schallschutztechnischen Gründen der Vorzug zu geben. Die im Vergleich zur einlagigen Verlegung erforderliche größere Konstruktionshöhe ist bereits bei der Gebäudeplanung zu berücksichtigen.

— **Rohr-Ausgleichschicht aus Schüttungen** (Bild **10**.33 d)

Bei dieser Konstruktion werden die Rohre mit einem gebundenen Schüttmaterial ausgeglichen und darauf eine Lage Trittschalldämmplatten vollflächig verlegt. Die Trockenschüttung muß eine gut verdichtbare, homogene und stabile Ausgleichschicht ergeben, die mit etwa 10 mm Rohrüberdeckung eingebracht wird. Vgl. hierzu auch Abschn. 10.3.7.1, Trockenschüttung. Keinesfalls dürfen hierfür ungebundene Sandschüttungen o. ä. verwendet werden. Bei diesem Ausgleichmaterial ist eine ungebundene, freie Rohrführung möglich, wobei die Herstellerangaben [28] in jedem Fall zu beachten sind. Schüttungen werden vorwiegend dort eingesetzt, wo größere Unebenheiten, Höhendifferenzen oder Gefällelagen in Trockenbauweise ausgeglichen werden sollen. Diese Lösung ist jedoch im Vergleich mit den zuvor erläuterten Dämmplattenkonstruktionen lohnkostenintensiver und daher relativ teuer.

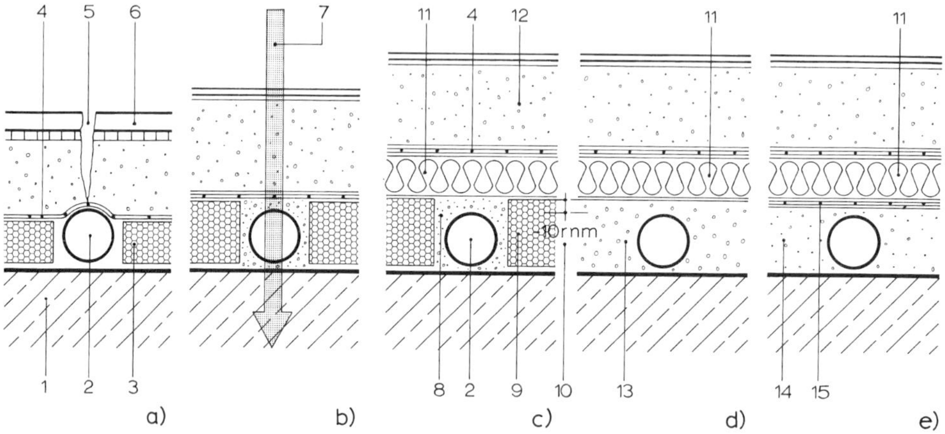

10.33 Schematische Darstellung: Rohrleitungen – ohne Rohrdämmung – auf Rohdecken in schwimmenden Estrichkonstruktionen

a) Zu geringe Dämmschichtdicke führt unter Belastung zu Rißbildungen in der Estrichplatte und im Bodenbelag sowie zu Schall- und Wärmedurchgang.
b) Rohr-Ausgleichschicht aus Dämmplatten. Einlagige Verlegung, die nicht den Forderungen der DIN 18560-2 entspricht.
c) Rohr-Ausgleichschicht aus Dämmplatten mit darüberliegenden Trittschalldämmplatten (zweilagige Verlegung)
d) Rohr-Ausgleichschicht aus gebundenem Schüttmaterial (Trockenschüttung) mit darüberliegenden Trittschalldämmplatten
e) Rohr-Ausgleichschicht aus Leichtmörtelestrich mit darüberliegenden Trittschalldämmplatten.

1 Rohbetondecke
2 Rohrleitung
3 Dämmplatten
4 Abdeckung (PE-Folie)
5 Rißbildung
6 Plattenbelag
7 Schall- und Wärmedurchgang
8 Schüttmaterial mit Bindemittelzusatz
9 Rohr-Ausgleichschicht (Dämmplatten)
10 Rohr-Überdeckung (etwa 10 mm)
11 Trittschalldämmplatten
12 Estrich (Lastverteilungsschicht)
13 Trockenschüttung (gebundenes Schüttmaterial)
14 Leichtmörtelestrich
15 Feuchtigkeitssperre (PE-Folie, bei Bedarf)

— **Rohr-Ausgleichschicht aus Leichtmörtelestrich** (Bild **10**.33 e)

Bei dieser Konstruktion besteht die Ausgleichschicht aus pumpbarem Leichtmörtel mit Polystyrol-Zuschlag (Recyclingmaterial), worauf ebenfalls eine Lage Trittschalldämmplatten vollflächig verlegt wird. Um eine mögliche spätere Durchfeuchtung (Restfeuchte) der Trittschalldämmplatten auszuschließen, wird vorsorglich auf der Ausgleichschicht eine einfache Feuchtigkeitssperre (PE-Folie) verlegt. Auch bei dieser Alternative ist eine ungeordnete Rohrführung möglich. Nachteilig wirkt sich bei diesem Aufbau die zusätzlich notwendige Trockenzeit der Ausgleichschicht aus. Weitere Einzelheiten hierzu sind der Spezialliteratur [22] zu entnehmen.

Verlegung von gedämmten Rohrleitungen (Wärmeleitungen) auf Rohdecken

Nach der Heizungsanlagenverordnung sind wärmeabgebende und ggf. wärmeaufnehmende Rohrleitungen der Heizungs- und Sanitärinstallation zu dämmen (Heizkörperanschlußleitung, Verteilleitung, Trinkwasserleitung/warm usw.). Dies gilt vor allem, wenn sie auf Decken verlegt gegen unbeheizte Räume, Erdreich oder Außenluft/Durchfahrt grenzen oder wenn die Rohrleitungen zwischen beheizten Räumen von ihrem Nutzer nicht abgesperrt werden können (HeizAnlV 1994).

Für die Verlegung und Dämmung von wärmeabgebenden Rohrleitungen in schwimmenden Estrichkonstruktionen bieten sich mehrere alternative Lösungen an, denen jeweils bestimmte Vor- und Nachteile zugeordnet werden können (Bild **10**.34 a bis e).

- **Rundrohrdämmung** mit Ausgleichdämmschicht und darüberliegender Trittschalldämmung (Bild **10**.34 a). Bei Runddämmungen ergeben sich generell Zwickel- und Hohlräume, die durch gebundene Schüttungen ausgeglichen werden müssen, um wieder eine ebene Oberfläche zu schaffen. Unter Baustellenbedingungen besteht die Gefahr, daß dieses Schüttmaterial nach unten, ggf. sogar unter die Ausgleichsdämmplatten wandert und dadurch Hohlstellen entstehen. Die Runddämmung erfordert immer auch noch eine darüberliegende zusätzliche Trittschalldämmschicht, was insgesamt zu einem relativ hohen und damit unwirtschaftlichen Fußbodenaufbau führt.
- **Rohr-in-Rohr-System auf einer Dämmplatte** mit darüberliegender Trittschalldämmschicht (Bild **10**.34 b). Bei dieser Verlegevariante kann die Dicke des untergelegten Dämmstreifens problemlos den jeweiligen wärme- und schalltechnischen Anforderungen angepaßt und das gebundene Schüttmaterial sicher eingebracht werden. Ansonsten sind die bei der zweilagigen Dämmplattenverlegung (Bild **10**.33 c) genannten Forderungen auch bei dieser relativ aufwendigen, lohnkostenintensiven Konstruktion zu beachten.
- **Rohr-in-Rohr-System auf einem Dämmblock** mit darüberliegender Trittschalldämmschicht (Bild **10**.34 c). Durch die eckige und kantengerade Ausbildung des vorgefertigten Dämmblockprofils können die Rohr-Ausgleichsdämmplatten unmittelbar und dicht angeschlossen werden, so daß eine Unterwanderung durch Schüttmaterial ausgeschlossen ist. Die Rohrführung erfolgt parallel und geradlinig sowie rechtwinkelig zu den umgebenden Wänden. Dieses Dämmsystem ist relativ einfach zu verlegen und daher kostengünstig.

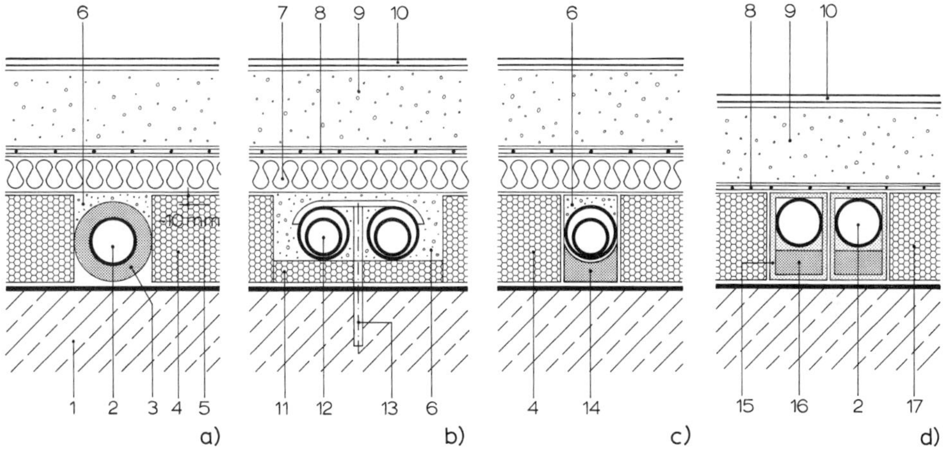

10.34 Schematische Darstellung: Rohrleitungen – mit Rohrdämmung – auf Rohdecken in schwimmenden Estrichkonstruktionen

a) Rundrohrdämmung mit Ausgleichdämmschicht und darüberliegender Trittschalldämmschicht
b) Rohr-in-Rohr-System auf einer Dämmplatte mit darüberliegender Trittschalldämmschicht
c) Rohr-in-Rohr-System auf einem vorgefertigten Dämmblockprofil mit darüberliegender Trittschalldämmschicht (Roth Werke GmbH, Buchenau)
d) Kompakt-Dämmhülsen in die Ausgleich-, Wärme- und Trittschalldämmschicht integriert (Missel-Dämmsysteme, Stuttgart)

1 Rohbetondecke
2 Rohrleitung
3 Rundrohrdämmung
4 Rohr-Ausgleichschicht (Dämmplatten)
5 Rohr-Überdeckung (etwa 10 mm)
6 Schüttmaterial mit Bindemittelzusatz
7 Trittschalldämmplatten
8 Abdeckung (PE-Folie, mind. 20 cm Stoßüberlappung)
9 Estrich (Lastverteilungsschicht)
10 Bodenbelag
11 Dämmplatte (Dämmung gegen unten)
12 Rohr-in-Rohr-System (Basisrohrleitung mit Schutzrohr)
13 Rohrbefestigung (Doppeldübelhaken)
14 vorgefertigtes Dämmblockprofil
15 gepolsterte Kompakt-Dämmhülse
16 Dämmaterial
17 Ausgleich-, Wärme-, Trittschalldämmschicht

– **Kompakt-Dämmhülsen** in die Ausgleich- und Trittschalldämmschicht integriert (Bild **10**.34 d). In eingebautem Zustand verspreizen sich die gepolsterten und kantengeraden Kompakt-Dämmhülsen seitlich gleichmäßig dicht mit den Dämmplatten. Aufgrund dieser dichten Verlegung und der schallentkoppelten Befestigungsbügel ist es möglich, bei normalen Anforderungen auf eine darüberliegende Trittschalldämmschicht zu verzichten (bei erhöhten schallschutztechnischen Anforderungen kann sie oberseitig aufgelegt werden). Die allseitig geschlossenen Dämmhülsen werden parallel und geradlinig sowie rechtwinkelig zu den umgebenden Wänden eingebaut. Dieses Dämmsystem beansprucht von allen Varianten in der Höhe (ohne oberseitige Trittschalldämmschicht) den geringsten Platz. Um allerdings eine Fugenbildung zwischen den einzelnen Teilen zu vermeiden, muß die Rohdecke relativ planeben ausgebildet sein und die Verlegearbeiten insgesamt sehr sorgfältig ausgeführt werden.

10.3.6.7 Hochbeanspruchbare Estriche (Industrieestriche)

Fußböden in Industriebetrieben unterliegen einer vielfältigen Nutzung. Sie sind in der Regel mechanisch hoch beanspruchte Bauteile, die vor allem sehr unterschiedlichen Verschleißvorgängen standhalten müssen. Neben thermischen oder chemischen Einwirkungen können sie durch ruhende Lasten sowie durch schleifende, rollende und stoßend-schlagende Beanspruchungen oder durch eine Kombination dieser Arten gefordert werden. Um diese hohen Beanspruchungen aufnehmen zu können, werden bei Industrieböden häufig Estriche als oberste Schicht eingebaut, die im Vergleich zu anderen Nutzschichten (z. B. Kunstharzbeschichtungen) oder Belägen (z. B. Keramische Fliesen und Platten, PVC-Beläge) kostengünstiger herzustellen sind.

Industrieestriche müssen den allgemeinen Anforderungen nach DIN 18560-1 entsprechen und gegen mechanische Beanspruchungen – wie sie in Tabelle 1 der DIN 18560-7 angeführt sind – widerstandsfähig sein. Diese Tabelle enthält drei Beanspruchungsgruppen: I (schwer), II (mittel), III (leicht), denen jeweils unterschiedliche Belastungsarten durch Förderfahrzeuge, Bereifungsart, Fußgängerverkehr usw. zugeordnet sind.

DIN 18560-7 gilt für hochbeanspruchbare Gußasphaltestriche, Magnesiaestriche und zementgebundene Hartstoffestriche. Die meisten Industrieestriche werden als Verbundestriche ausgeführt. Ein Estrich auf Trennschicht kommt immer dann zur Anwendung, wenn die Untergrundbeschaffenheit einen Verbund nicht zuläßt oder auf dem Tragbeton eine Abdichtung gegen Feuchtigkeit vorgesehen ist. Ein schwimmender Estrich wird notwendig, sofern Anforderungen an den Schallschutz und/oder Wärmeschutz gestellt werden.

Hochbeanspruchbarer Gußasphaltestrich ist in der Regel als Estrich auf Trennschicht (z. B. Rohglasvlies) einschichtig herzustellen, da ein ausreichender Verbund mit dem meist vorhandenen Tragbeton nicht erreicht werden kann. Härteklasse, Nenndicke und das Größtkorn des Zuschlags sind in Abhängigkeit von der Beanspruchungsgruppe und dem Einsatzbereich (beheizte Räume, nicht beheizte Räume, Kühlräume) nach Tabelle 2 der DIN 18560-7 auszuwählen. Gußasphaltestriche mit Nenndicken über 40 mm sind zweischichtig herzustellen. Weitere Einzelheiten sind dem AGI-Arbeitsblatt A 12 Teil 3, Gußasphaltestrich, sowie der weiterführenden Spezialliteratur [23] zu entnehmen.

Zementgebundener Hartstoffestrich wird überall dort eingesetzt, wo hoher Widerstand gegen Verschleiß und besondere Festigkeit gefordert werden und wo normale Zementestriche derart hohen Beanspruchungen nicht standhalten. Hartstoffestriche sind Zementestriche mit Zuschlag aus Hartstoffen, die ein- oder zweischichtig hergestellt werden können. Als Verbundestrich wird er in der Regel einschichtig, als Estrich auf Trennschicht oder auf Dämmschicht zweischichtig ausgeführt. Die entsprechenden Festigkeitsklassen ZE 55 M, ZE 65 A, ZE 65 KS sind Tabelle **10**.18 zu entnehmen.

– Einschichtiger Hartstoffestrich wird direkt als Verbundestrich auf einen Tragbeton (mind. Festigkeitsklasse B 25 nach DIN 1045) aufgebracht, und zwar entweder unter Verwendung einer Haftbrücke (z. B. Kunstharzdispersionen) auf einen bereits erhärteten Betonuntergrund oder „frisch-in-frisch" auf einen in der Erstarrung befindlichen Untergrund. Die Betonoberfläche soll eine rauhe, offenporige Struktur aufweisen und frei von losen Teilen sowie sonstigen Verunreinigungen sein. Je nach Beschaffenheit des Untergrundes kann eine mechanische, thermische oder hydraulische Vorbehandlung (Reinigungsverfahren) notwendig werden. Einschichtiger Hartstoffestrich besteht nur aus der hochbeanspruchbaren Hartstoffschicht. Wie Tabelle **10**.35 zeigt, richtet sich ihre Nenndicke nach der zu erwartenden Beanspruchung und der gewählten Hartstoffgruppe bzw. Festigkeitsklasse.

– Zweischichtiger Hartstoffestrich besteht aus einer Übergangsschicht (Unterschicht) – die die Verbindung zwischen Tragbeton und Hartstoffschicht herstellt – und der eigentlichen Hartstoffschicht (Oberschicht). Üblicherweise wird zunächst die Übergangsschicht mittels einer Haftbrücke auf einen gereinigten Tragbeton verlegt. Diese Unterschicht muß mind. 25 mm dick sein und mind. der Festigkeitsklasse

Tabelle **10**.35 Zementgebundener Hartstoffestrich, Nenndicke der Hartstoffschicht (Auszug aus DIN 18560-7)

Beanspruchungs-gruppe nach Tabelle 1	Nenndicke in mm bei Festigkeitsklasse ZE 65 A	ZE 55 M	ZE 65 KS
I (schwer)	≥ 15	≥ 8	≥ 6
II (mittel)	≥ 10	≥ 6	≥ 5
III (leicht)	≥ 8	≥ 6	≥ 4

ZE 30 entsprechen (Estriche der Festigkeitsklasse ZE 12 und ZE 20 sind für Industrieestriche nicht geeignet). Wird die Übergangsschicht dagegen auf eine Trennschicht oder Dämmschicht verlegt, muß sie eine Dicke von mind. 80 mm aufweisen und ggf. zusätzlich mit einer Baustahlmatte bewehrt sein. Auf diese noch nicht erstarrte Übergangsschicht ist dann die eigentliche Nutzschicht/Hartstoffschicht im „frisch-auf-frisch"-Verfahren aufzubringen. Sie soll möglichst über Lehren abgezogen und auf jeden Fall maschinell geglättet werden. Die entsprechenden Nenndicken sind Tabelle **10**.35 zu entnehmen.

Dieser Hartstoffschicht werden, je nach Art und Höhe der Beanspruchung, Hartstoffe nach DIN 1100 beigegeben. Die Hartstoffgruppen ZE 65 A, ZE 55 M und ZE 65 KS sind mit Großbuchstaben gekennzeichnet und bedeuten: **A** = Allgemein (universell einsetzbar, Natursteine besonderer Härte, dichte Schlacke o. ä.), **M** = Metall (für elektrisch leitende Beläge), **KS** = Korund/Siliziumkarbid (extrem hoher Verschleißwiderstand).

Zementgebundene Hartstoffestriche müssen unbedingt nachbehandelt und vor Zugluft geschützt werden. Diese Nachbehandlung wirkt einem zu schnellen Feuchtigkeitsentzug an der Oberfläche entgegen und ist somit von entscheidender Bedeutung für die Verschleißfestigkeit des Estrichs. Hartstoffestriche sollen frühestens 3 Tage nach der Verlegung begangen, ansonsten aber noch keinesfalls genutzt werden. Die Freigabe für leichten Verkehr kann frühestens nach 7 Tagen, die volle Nutzung nicht vor 21 Tagen erfolgen. Weitere Einzelheiten sind dem AGI-Arbeitsblatt A 12 Teil 1, Zementgebundener Hartstoffestrich, sowie der weiterführenden Speziallliteratur [24], [25] zu entnehmen.

10.3.7 Fertigteilestrich aus Plattenelementen

Allgemeines

Ein Fertigteilestrich besteht aus industriell vorgefertigten, kraftschlüssig miteinander verbundenen Plattenelementen, die trocken und witterungsunabhängig in einem Arbeitsgang eingebaut und bereits nach wenigen Stunden begangen und mit einem Belag versehen werden können. Er wird in der Regel vollflächig schwimmend oder auf Lagerhölzern verlegt. Verwendet werden vor allem Holzspanplatten und Gipskarton- bzw. Gipsfaserplatten.

Trockenestriche werden aufgrund ihrer geringen Konstruktionshöhe, des niedrigen Flächengewichtes und der sich aus dem Trockenbau ergebenden relativ kurzen Bauabwicklungszeit (im Vergleich zu den langsam trocknenden Mörtelestrichen) eingesetzt. Verwendet werden sie vor allem bei der Fußbodensanierung in Altbauten und im Fertighausbau. Nachteilig wirkt sich ihre Empfindlichkeit gegen jede Art von Feuchtigkeit aus. Außerdem weisen Fertigteilestriche – im Vergleich mit schwimmend verlegten Zementestrichen – im Gebrauchslastbereich ein nicht so günstiges Tragverhalten sowie ein geringeres Trittschall-Verbesserungsmaß, insbesondere bei Holzbalkendecken, auf. Im Vergleich mit Fließestrichen ist ihre Verlegung lohnkostenintensiver und daher auch relativ teuer.

10.3.7.1 Fertigteilestriche aus Holzspanplatten

Kunstharzgebundene Holzspanplatten. Die Gütebedingungen für kunstharzgebundene Spanplatten (Flachpreßplatten für das Bauwesen) sind in DIN 68763 festgelegt. In dieser Norm werden drei Plattentypen V 20 – V 100 – V 100 G nach ihrer Verleimung und der davon abhängigen unterschiedlichen Feuchtebeanspruchung unterschieden, wobei sich die Eigenschaft nur auf die Verleimung, nicht aber auf die gesamte Platte bezieht. Demnach darf selbst der Plattentyp V 100 **G** – Holzteile gegen Pilzbefall geschützt und beständig gegen hohe Luftfeuchte – keiner übermäßigen Feuchtebeanspruchung ausgesetzt werden, da die Platte durch zu große Formänderungen funktionsuntüchtig werden kann.

Für Trockenestriche werden allgemein Flachpreßplatten des Plattentyps V 100 verwendet, in Sonderfällen – wie beispielsweise über nicht ausreichend belüfteten Holzbalkendecken in Bädern – V 100 **G**-Platten mit Vollpilzschutz. Die einbaufertigen Verlegeplatten weisen ein ringsumlaufendes Randprofil aus Nut und Feder auf. Dieses exakte, paßgenaue Profil ergibt zusammen mit der Verleimung die notwendige Stabilität und zugleich oberflächenbündige Plattenstöße. Hinsichtlich ihres Brandverhaltens werden Holzspanplatten der Baustoffklasse B 2 (normalentflammbar) zugeordnet; es werden jedoch auch Platten der Baustoffklasse B 1 (schwerentflammbar) angeboten.

Regelabmessungen – Bodenplatten (Kunstharzgebundene Holzspanplatten): Gängige Plattenabmessungen 925 x 2050 – 615 x 2050 mm. Übliche Dicken 10 – 13 – 16 – 19 – 22 – 25 – 28 – 32 – 36 – 40 – 45 – 50 – 60 – 70 mm.

Kunstharzgebundene Holzspanplatten und Formaldehyd. Holzspanplatten werden je nach Plattentyp mit verschiedenartigen Kunstharzen verleimt. Ein Teil dieser Kunstharze enthält Formaldehyd, das meist fest eingebunden ist, teilweise aber auch noch jahrelang aus der Platte entweicht. Da Formaldehyd im Verdacht steht, Krebs zu erzeugen, wurden entsprechende Verordnungen erlassen.

— Gemäß der **Chemikalien-Verbotsverordnung** (10.93) dürfen beschichtete und unbeschichtete Holzwerkstoffe (Spanplatten, Tischlerplatten, Furnierplatten und Faserplatten) nicht in den Verkehr gebracht werden, wenn die durch den Holzwerkstoff verursachte Ausgleichskonzentration des Formaldehyds in der Luft eines Prüfraumes 0,1 ml/m³ (ppm) überschreitet. Dies bedeutet, daß die seither in der sog. ETB-Richtlinie angeführten Emissionsklassen E2 und E3 nicht mehr zugelassen sind und alle Spanplatten bezüglich ihrer Formaldehydabgabe die Anforderungen der Emissionsklasse E1 erfüllen müssen. Inzwischen wurde diese ETB-Richtlinie durch die „Richtlinie über die Klassifizierung und Überwachung von Holzwerkstoffplatten bezüglich der Formaldehydabgabe" (Fassung 6.94) – die sog. **DIBt-Richtlinie 100** – ersetzt (Herausgegeben vom Deutschen Institut für Bautechnik, Berlin).

— Formaldehydfreie Spanplatten gibt es bereits seit einigen Jahren auf dem Markt. Dazu zählen die mit Isocyanaten (PMDI/PUR) oder modifizierten Phenolharzen verleimten Platten – die praktisch keine Formaldehydemissionen aufweisen – sowie die zementgebundenen Spanplatten. Sie sind in der Regel etwas teurer als die üblichen Spanplatten. In Anbetracht der gesundheitlichen Risiken sollten jedoch sowohl im Möbel- wie Innenausbau – unabhängig von den gesetzlich zugelassenen Grenzwerten – nur noch formaldehydfreie Spanplatten eingesetzt werden.

Zementgebundene Holzspanplatten (mineralisch gebundende Spanplatten) sind in DIN EN 633 und DIN EN 634 genormt. Sie werden überall dort eingesetzt, wo die kunstharzgebundenen Holzspanplatten den bauphysikalischen und anwendungstechnischen Anforderungen nicht mehr genügen. Zementgebundene Spanplatten sind deutlich schwerer als kunstharzgebundene Flachpreßplatten, lassen sich aber wie diese be- und verarbeiten (Bodenplatten mit Nut- und Federprofil). Außerdem sind sie dauerhaft feuchtebeständig und resistent gegen Pilz- und Schädlingsbefall. Hinsichtlich ihres Brandverhaltens werden zementgebundene Holzspanplatten den Baustoffklassen B 1 (schwerentflammbar) sowie A 2 (nichtbrennbar) nach DIN 4102 zugeordnet.

Regelabmessungen – Bodenplatten (zementgebundene Holzspanplatten): Gängige Plattenabmessungen 600 x 1200 mm. Übliche Dicken 18 – 22 – 25 – 29 mm.

Anforderungen und allgemeine Verlegehinweise

Unterböden aus Holzspanplatten sind in DIN 68771 genormt. Die zu wählende Verlegeart richtet sich nach der zur Verfügung stehenden Konstruktionshöhe, den Anforderungen hinsichtlich des Schall- und Wärmeschutzes, den zu erfüllenden Baubestimmungen und bei der Altbodenerneuerung nach dem Zustand des Altbodens. Man unterscheidet:

— Vollflächig schwimmende Verlegung auf Dämmplatten und/oder Trockenschüttung,

— Verlegung auf Lagerhölzern über Massivdecken oder Deckenbalken,

— Verlegung auf vorhandenem Altboden.

Massivdecken. Der tragende Untergrund muß ausreichend fest, trocken und planeben sein. Die zu beachtenden Ebenheitstoleranzen sind in Tab. **10**.2 aufgezeigt. Geringfügige Unebenheiten können mit selbstverlaufenden Spachtelmassen, größere Höhendifferenzen mit Verbundestrichen, Dämmplatten und/oder Trockenschüttungen ausgeglichen werden.

Feuchteschutz. Dem Feuchteschutz ist besondere Aufmerksamkeit zu schenken. Es darf keine Durchfeuchtung der Verlegeplatten aus zusätzlich eingebrachten Materialien oder aus dem Untergrund erfolgen. Bei Bodenplatten, die unmittelbar an das Erdreich grenzen, sind Abdichtungen nach DIN 18195 einzuplanen. Bei zu erwartender Dampfdiffusion aus darunter liegenden Räumen oder um die Plattenelemente vor möglicher Restfeuchte aus der Rohdecke zu schützen, muß auf Massivdecken immer eine 0,2 mm dicke Polyethylenfolie vollflächig aufgelegt werden. Die Stöße sind zu verschweißen oder mind. 30 cm zu überlappen. An den Wänden und sonstigen Bauteilen ist die Folie bis zur Oberkante des fertigen Fußbodens (OFF) hochzuziehen, so daß auch die Plattenränder geschützt sind.

Holzbalkendecken. Im Gegensatz dazu dürfen innerhalb oder auf Holzbalkendecken oder über alten Holzböden **keine** dampfbremsenden Schichten – wie beispielsweise PE-Folie – verlegt werden, da es infolge von Diffusion zu einer Feuchteanreicherung kommen könnte, die im Laufe der Zeit das darunterliegende Holzwerk zerstören würde. Diesen Umstand gilt es auch bei dampfdichten Fußbodenbelägen (z. B. PVC-Bahnenware) zu beachten. Falls ungünstige Luftfeuchtigkeitsverhältnisse in einem darunterliegenden Raum herrschen, ist die Holzbalkendecke auf ihrer Unterseite vor eindiffundierender Feuchte zu schützen. Dies kann beispielsweise erfolgen durch dampfdichten Anstrich auf einer Gipskartonplattendecke oder durch den Einbau einer dampfbremsenden Folie oberhalb der Deckenbekleidung bzw. Unterdecke.

Der Feuchtegehalt der Holzspanplatten beträgt ab Herstellerwerk 9±4%, bezogen auf das Darrgewicht. Da alle Holzwerkstoffe entsprechend der jeweiligen relativen Luftfeuchte gewissen Maßveränderungen unterliegen (Schwinden und Quellen), ist es ratsam, die Verlegeplatten einige Tage am Verwendungsort zu lagern, damit sie sich an das Umgebungsklima anpassen können.

Bei allen Verlegearten ist ein Wandabstand von mind. 15 mm einzuhalten. Dieser Abstand dient als Bewegungsfuge und ermöglicht eine Belüftung der Plattenunterseite. Die eingestellten mineralischen Randstreifen sind so porös, daß sie die Diffusionsvorgänge nicht behindern. Dicht angeklebte Kunststoffprofile sind daher als Sockelleisten ungeeignet. Nach der Verlegung der Bodenplatten muß der jeweilige Gehbelag möglichst umgehend (unmittelbar) aufgebracht werden. Ist dies nicht möglich, so muß die Plattenoberfläche behelfsmäßig abgedeckt (z. B. mit einer PE-Folie) oder eine Grundierung vollflächig aufgebracht werden, um eine einseitige Austrocknung oder Feuchteaufnahme der Oberfläche zu verhindern.

Auf die Verlegeplatten können alle vom Handel angebotenen Bodenbeläge aufgebracht werden. Die Verwendung von Holzspanplatten als Verlegeuntergrund für Fußbodenbeläge ist jedoch nicht ganz unproblematisch (unterschiedliches Ausdehnungsverhalten von Spanplatten und Gehbelägen). Insbesondere die Verlegung von keramischen Bodenbelägen auf kunstharzverleimten Holzspanplatten ist immer mit einem **Risiko** verbunden. Daher sind die Technischen Informationen der Plattenhersteller [26], die entsprechenden Merkblätter der Fachverbände [27][1]) sowie Abschn. 10.4.7.6 besonders zu beachten.

Trockenschüttung auf Perlite-Basis

Eine Trockenschüttung gleicht nicht nur die Unebenheiten des tragenden Untergrundes aus, sie verbessert auch die Schall- und Wärmedämmung einer Decke (Wärmeleitzahl 0,060 W/mK). Die schüttbare Dämmstoffkörnung wird aus einem bei Temperaturen von mehr als 1000°C expandiertem vulkanischen Perlitgestein hergestellt. Das so gewonnene Basisprodukt wird anschließend mit Bitumen umhüllt, so daß die Staubteile gebunden, der Kapillareffekt weitgehend aufgehoben und das Schüttmaterial nicht mehr wassersaugend ist. Außerdem verbindet sich die bitumisierte Dämmstoffkörnung (z. B. Bituperl) unter leichtem

1) Das ZDB-Merkblatt „Hinweise für das Ansetzen und Verlegen von Keramischen Fliesen und Platten auf Holzspanplatten" wurde zwischenzeitlich zurückgezogen. Auch bei sorgfältiger Beachtung aller Vorgaben dieses Merkblattes waren Schäden an der Konstruktion nicht auszuschließen (Fachverband des Deutschen Fliesengewerbes).

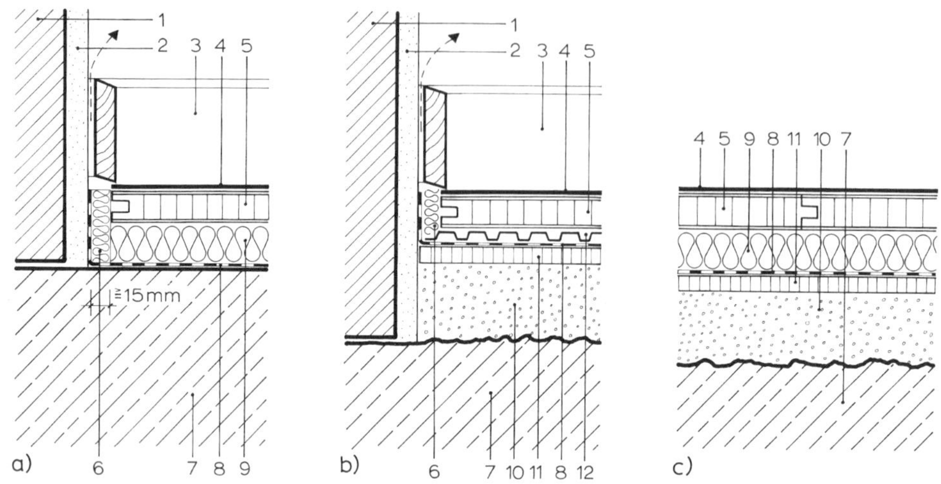

10.36 Konstruktionsbeispiele: Fertigteilestrich aus Holzspanplatten vollflächig schwimmend verlegt
a) schwimmende Verlegung auf Wärme-/Trittschalldämmplatten (Regelausführung auf Massivdecke)
b) schwimmende Verlegung auf Trockenschüttung über unebener Rohdecke (ohne Dämmschicht)
c) schwimmende Verlegung auf Trockenschüttung und Wärme-/Trittschalldämmplatten

1 Mauerwerk
2 Wandputz
3 Holzsockelleiste mit Lüftungsschlitzen
4 Bodenbelag
5 Holzspanplatte – Normtyp V 100
6 mineralischer Randstreifen, 15 mm dick
7 Massivdecke (eben – uneben)
8 PE-Folie, mind. 0,2 mm dick
9 Dämmschicht (Wärme-/Trittschalldämmung mit Mineralfaser- oder Hartschaumdämmplatten)
10 Trockenschüttung (z. B. Bituperl)
11 Abdeckplatten (z. B. 8 mm dicke Holzfaser- oder Fasoperlplatten)
12 bituminierte Rippenpappe

Flächendruck zu einer homogenen, stabilen Dämmschicht (bis 15 kN/m² belastbar). Diese dauerhafte Stabilisierung der Dämmstoffkörner wird bei diesem Produkt durch eine Kornverklebung erreicht, während andere Arten von Schüttungen mit wesentlich höherem Schüttgewicht durch Kornverzahnung stabil bleiben. Bei einer Einbaudicke ab 60 mm muß mechanisch verdichtet werden. Für die Verdichtung ist eine Überhöhung von 10% zu berücksichtigen. Rohrleitungen können in das Schüttgut eingebettet werden, ihre Mindestüberdeckung muß 10 mm betragen. Vgl. hierzu auch Abschn. 10.3.6.6, Rohrleitungen auf Rohdecken. Auf die planeben abgezogene Schüttung werden etwa 8 bis 10 mm dicke Abdeckplatten aufgelegt (Holzfaserdämmplatten, Fasoperlplatten o. ä.), um das Schüttgut begehen und verdichten zu können. Sie bilden gleichzeitig die Basis für den weiteren Fußbodenaufbau. Einzelheiten hierzu s. [28].

Vollflächig schwimmende Verlegung auf Dämmplatten und/oder Trockenschüttung

Unter vollflächig schwimmender Verlegung versteht man das lose Auflegen fugenverleimter Verlegeplatten (Normtyp V 100) auf weichfedernder Unterlage, ohne feste Verbindung mit dem tragenden Untergrund, den aufgehenden Bauteilen oder sonstigen Deckendurchdringungen (Bild **10**.36). Nach dem Verlegen der PE-Folie, der Randstreifen und der Dämmplattenschicht werden darüber die mit Nut- und Federprofil versehenen Spanplatten im Verband (versetzte Stöße, keine Kreuzfugen) angeordnet und zu einer kompakten Unterbodenscheibe verleimt. Der erforderliche Preßdruck wird durch Verkeilen in der Randzone, zwischen Platten und Wänden, erzeugt. Nach dem Abbinden des Leimes sind die Keile wieder zu entfernen. Vom Handel werden auch verlegefertige Verbundelemente – in Form von Spanplatten mit unterseitig aufgeklebten Dämmplatten – angeboten. Die Mindestdicke der Verlegeplatten beträgt bei normaler Belastung 19 bis 22 mm. Bei höheren Verkehrs- und Punktlasten ist die Plattendicke zu erhöhen.

Verlegung auf Lagerhölzern über Massivdecken oder Deckenbalken

Der Achsabstand der Lagerhölzer richtet sich nach der Art und Größe der Verlegeplatten, der zu erwartenden Belastung, der Plattendicke, der zulässigen Durchbiegung sowie dem gewählten statischen System. Dabei unterscheidet man

- Einfeldplatten, nur auf 2 Lagerhölzern aufliegend,
- Mehrfeldplatten, auf mind. 3 Lagerhölzern aufliegend.

Die jeweils zulässigen, maximalen Stützweiten von Mitte bis Mitte Kantholzauflager sind DIN 68771, Tab. 1 zu entnehmen. Danach beträgt z. B. der Achsabstand der Lagerhölzer bei Mehrfeldplatten und einer angenommenen Verkehrslast im Wohnbereich von 2 kN/m^2

- bei 19 mm Plattendicke = 62 cm,
- bei 22 mm Plattendicke = 68 cm,
- bei 25 mm Plattendicke = 78 cm.

Wie Bild **10**.37 a verdeutlicht, wird auf die planebene Massivdecke, eine PE-Folie vollflächig ausgelegt und an den aufgehenden Bauteilen hochgezogen. Nach Beiblatt 1 zu DIN 4109, Tab. 17, sind die Lagerhölzer zur Verbesserung des Trittschallschutzes in ihrer ganzen Länge vollflächig auf mind. 100 mm breite, in eingebautem Zustand mind. 10 mm dicke, lose aufgelegte Mineralfaserdämmstreifen zu legen. Die Zwischenräume zwischen den Lagerhölzern können zur Hohlraumdämpfung mit Mineralwolle ausgefüllt werden. Die mit Nut- und Federprofil versehenen Verlegeplatten werden quer zu den Auflagern im Verband verlegt (Kreuzfugen vermeiden, Plattenstöße immer auf Lagerhölzern anordnen), in den Falzen verleimt und in Abständen von etwa 30 cm mit den Lagerhölzern verschraubt. Dabei dürfen keinesfalls die Lagerhölzer durch den Dämmstoff hindurch mit dem Deckenbalken verschraubt werden (Schallbrücken!) Bild **10**.37 b.

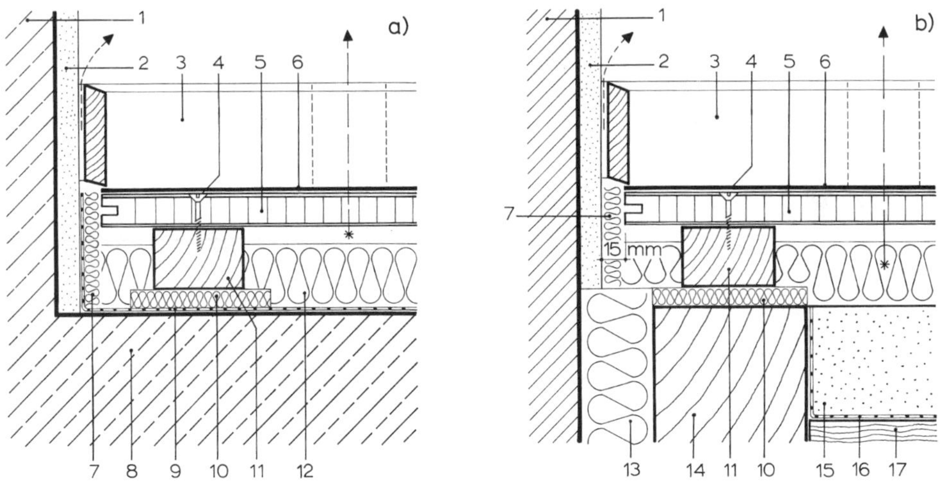

10.37 Konstruktionsbeispiele: Fertigteilestrich aus Holzspanplatten auf Lagerhölzern schwimmend verlegt
a) Verlegung auf Lagerhölzern über einer Massivdecke
b) Verlegung auf Lagerhölzern über einer Holzbalkendecke

1 Mauerwerk
2 Wandputz
3 Holzsockelleiste mit Lüftungsschlitzen
4 Holzschraube, versenkt
5 Holzspanplatte – Normtyp V 100
6 Bodenbelag
7 mineralischer Randstreifen, 15 mm dick
8 Massivdecke, planeben
9 PE-Folie, mind. 0,2 mm dick
10 Mineralfaser-Trittschalldämmplatten
11 Lagerhölzer (z. B. 40 x 60 mm)
12 Mineralwolle zur Hohlraumdämpfung
13 Mineralwolle zwischen Wand und Streichbalken
14 Holzdeckenbalken
15 schwere Füllung
16 Bitumenpappe, dampfdurchlässig
17 Einschub (auch Stakung genannt)

Verlegung auf vorhandenem Holzdielenboden (Altboden)

Im Zuge der Altbausanierung werden häufig Fertigteilestriche aus Holzspanplatten auf unebene, ausgetretene Holzdielenböden und auf Holzbalkendecken, die sich ungleichmäßig gesenkt haben, aufgebracht. Vor dem Verlegen neuer Schichten auf Altböden ist immer zu prüfen

- wie die statischen und verlegetechnischen Gegebenheiten (z. B. Tragfähigkeit der Deckenbalken, Zustand der alten Holzdielen) einzuschätzen und ggf. zu verbessern sind,
- wie sich die Feuchtigkeitsverhältnisse (z. B. Bodenfeuchtigkeit, Wasserdampfdiffusion) unter den Altböden darstellen, evtl. vorhandene Unzulänglichkeiten beheben lassen und wie sich durch die Auflage weiterer, beispielsweise dampfdichter Bodenbeläge, die bauphysikalischen Vorgänge insgesamt zukünftig entwickeln werden,
- wie der vorhandene Schall- und Wärmeschutz zu bewerten und im Hinblick auf die gestiegenen Anforderungen verbessert werden kann.

Zunächst ist zu klären, wie sich die oben erwähnten Feuchtigkeitsverhältnisse tatsächlich darstellen. Handelt es sich beispielsweise um Räume, die nicht unterkellert sind, so muß bei Altbauten in der Regel mit aufsteigender Feuchtigkeit aus dem Erdreich, Kellergewölbe, ungenügend belüftetem Kriechkeller o. ä. gerechnet werden. Auch bei Geschoßdecken ist über Stallungen, Waschküchen, Heizkellern o. ä. mit aufsteigender Luftfeuchte bzw. Dampfdiffusion zu rechnen, sofern die Deckenunterseite nicht entsprechend abgedichtet ist.

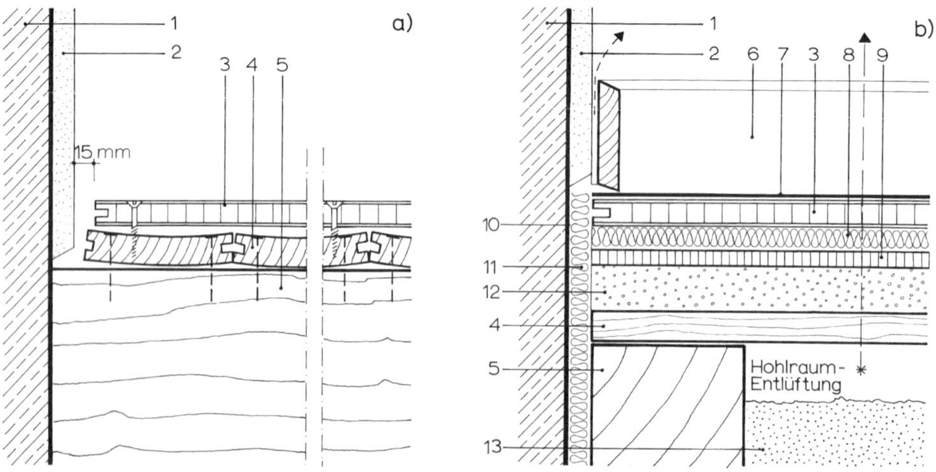

10.38 Konstruktionsbeispiele: Fertigteilestrich aus Holzspanplatten auf vorhandenem Altboden verlegt

a) Holzspanplatte über altem Holzdielenboden (ohne Verbesserung des Wärme- und Schallschutzes)
b) schwimmende Verlegung auf Trockenschüttung und Trittschalldämmplatten

1 Wand
2 Wandputz
3 Holzspanplatte – Normtyp V 100
4 alter unebener Holzdielenboden
5 Holzdeckenbalken
6 Holzsockelleisten mit Lüftungsschlitzen
7 Bodenbelag
8 Mineralfaser-Trittschalldämmplatten
9 Abdeckplatten (z. B. 8 mm Holzfaserplatten)
10 mineralischer Randstreifen, mind. 15 mm dick
11 Mineralwolle zwischen Wand und Streichbalken
12 Höhenausgleich durch Trockenschüttung
13 schwere Füllung

Werden nun derart gefährdete Holzböden mit neuen Unterbodenschichten und Bodenbelägen belegt (z. B. dampfbremsende PE-Folien, dampfdichte Klebstoffe oder PVC-Beläge), so kann die Feuchte nicht mehr wie vorher durch die Dielenfugen, Randzonen o. ä. nach oben entweichen, sondern verbleibt im Deckenhohlraum und bringt Holzbalken und Dielenboden langsam zum Faulen. Alte Holzböden dürfen deshalb nur dann mit neuen (dampfdichten) Bodenbelägen versehen werden, wenn gewährleistet ist, daß die Räume entweder unterkellert und/oder die Decken gegen aufsteigende Feuchtigkeit bzw. Dampfdiffusion sorgfältig abgedichtet sind und eine funktionsfähige Luftzirkulation unter den alten Holzdielen mit der Raumluft (Hohlraumentlüftung) gegeben ist.

Will man über einem alten Dielenboden lediglich eine neue biegesteife Estrichschicht einbringen – ohne Verbesserung des vorgegebenen Schall- und Wärmeschutzes – so müssen der Zustand der Deckenbalken und die Qualität der Deckenfüllung überprüft, schadhafte Dielen ausgewechselt bzw. lose fest verschraubt werden. Darauf können unmittelbar die profilierten Verlegeplatten, im Regelfall 13 mm dick, aufgeschraubt werden (Bild **10**.38 a). Bei erhöhten Anforderungen an den Schall- und Wärmeschutz und zum Höhenausgleich stark ausgetretener Dielenböden wird – wie zuvor beschrieben – eine vollflächig schwimmende Verlegung auf Trockenschüttung und Trittschalldämmplatten erforderlich (Bild **10**.38 b).

10.3.7.2 Fertigteilestriche aus Gipskartonplatten oder Gipsfaserplatten

Fertigteilestrich aus Gipskarton- bzw. Gipsfaserplatten besteht ebenfalls aus vorgefertigten, kraftschüssig miteinander verbundenen Plattenelementen, die trocken und witterungsunabhängig eingebaut und unmittelbar mit einem Belag versehen werden können.

Gipsgebundene Platten: Gipskartonplatten (GK) sind in DIN 18190 genormt. Sie bestehen aus einem Gipskern, der beidseitig mit Karton fest ummantelt ist. Je nach Verwendungszweck stehen unterschiedliche Plattenarten zur Verfügung. Gipskartonplatten, die werkseitig mit Dämmstoffplatten verbunden sind, werden als Gipskarton-Verbundplatten bezeichnet (DIN 18184). Gipsfaserplatten (GF) bestehen aus einem Gemisch aus Gips und Zellulosefasern (im Recyclingverfahren aus Altpapier gewonnen) und weisen eine höhere Festigkeit und mechanische Belastbarkeit als Gipskartonplatten auf. Übliche Dicken sind 9,5 – 12,5 – 15 – 18 mm. Einzelheiten hierzu s. Abschn. 13.5.2 sowie [11].

Trockenunterboden-Elemente (Fertigteilestrich). Die einzelnen Verlegeelemente bestehen in der Regel aus drei miteinander verklebten, jeweils 8 mm dicken Gipskartonplatten (Gesamtdicke 25 mm), deren Rand mit Nut- und Federprofil oder mit Stufenfalz versehen ist (Bild **10**.39 b und c). Verlegeelemente aus Gipsfaserplatten setzen sich aus zwei miteinander verbundenen 10 oder 12,5 mm dicken Platten zusammen (Gesamtdicke 20 bis 25 mm). Die beiden Platten sind gegeneinander um 50 mm versetzt angeordnet, so daß ein breiter Auflagefalz entsteht. Auf der Unterseite aller Verlegeelemente kann noch jeweils zusätzlich eine 20 bis 30 mm dicke Dämmschicht aufgeklebt sein, so daß sich Verbundplatten unterschiedlicher Dicke ergeben. Die Abmessungen der Verlegeeinheiten sind nicht genormt. Gängige Plattengrößen sind 600×2000 mm (GK-Platten) sowie 600×1500 mm (GF-Platten).

Unterbodenelemente aus Gips haben gegenüber den kunstharzgebundenen Holzspanplatten den Vorteil, nichtbrennbar zu sein (Baustoffklasse A2 nach DIN 4102) und aufgrund ihrer größeren flächenbezogenen Masse bessere Schallschutzwerte zu erzielen; außerdem sind sie maßbeständig (kein Schwinden und Quellen). Holzspanplattenelemente weisen jedoch eine höhere Biegezugfestigkeit auf und sind daher höher belastbar.

Verlegehinweise. Für die Verlegung von GK- oder GF-Unterbodenelementen gelten ähnliche Verlegebedingungen wie sie zuvor beim Fertigteilestrich aus Holzspanplatten erläutert wurden. Insbesondere dem Feuchteschutz über Massiv- und Holzbalkendecken ist große Aufmerksamkeit zu schenken. Da Gipsplatten im Gegensatz zu Holzspanplatten keine wesentlichen Zugspannungen (Biegezugfestigkeit) aufnehmen können, dürfen sie auch nur vollflächig schwimmend auf planebenem Untergrund verlegt werden. Bild **10**.39 a. Sie eignen sich außerdem als Trockenestrich über Fußbodenheizungen.

Eine Grundierung des Trockenunterbodens schützt vor Verunreinigungen, bindet Staubreste und neutralisiert den Untergrund hinsichtlich der Belagsverklebung. Vor dem Verlegen von dünnen Belägen (z. B. PVC-Bahnenware) und bei geforderter Rollstuhlfestigkeit ist eine 2 bis 5 mm dicke vollflächige Spachtelung der Verlegefläche mit selbstverlaufender Spachtelmasse erforderlich. Weitere Einzelheiten hierzu s. [29], [30].

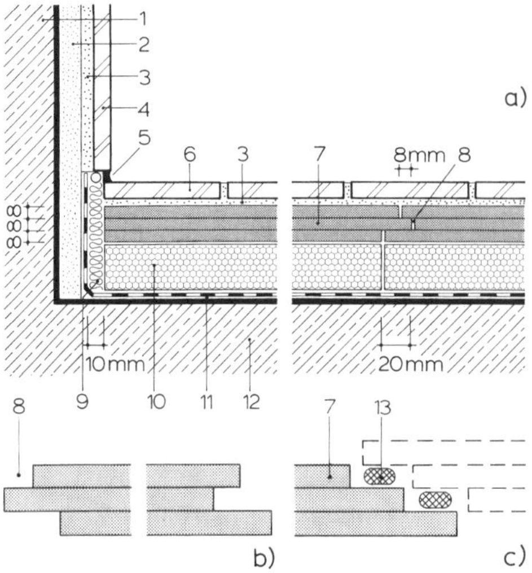

10.39
Konstruktionsbeispiel: Fertigteilestrich aus Gipskarton-Verbundelementen
a) Verbundelemente für Schall- und Wärmedämmung (Regelausführung auf Massivdecke)
b) GK-Verlegeplatte mit Nut- und Federprofil
c) GK-Verlegeplatte mit Stufenfalzprofil
1 Wand
2 Wandputz
3 Fliesenkleber
4 Sockelfliese
5 Fugenfüllprofil, elastoplastische Dichtungsmasse
6 Bodenfliese
7 Fertigteilestrich aus 3 miteinander verklebten GK-Platten, jeweils 8 mm dick
8 Nut- und Feder-Randprofil
9 mineralischer Randstreifen, mind. 10 mm dick
10 Polystyrol-Hartschaumplatte 20 bis 30 mm
11 Feuchtigkeitsschutz (z. B. PE-Folie, 0,2 mm)
12 planebene Massivdecke
13 Kleber

Gebr. Knauf, Westdeutsche Gipswerke, Iphofen

10.4 Fußbodenbeläge

Die weitgehende Ablösung der Holzbalkendecke durch die Massivdecke, die Entwicklung völlig neuartiger Werkstoffe, Herstellungs- und Verlegetechniken, die Stellung neuer Forderungen an die Nutzschicht durch Industrie und Gewerbe, die Steigerung des Komforts bei allmählicher Änderung der Wohngewohnheiten sowie Einflüsse der Mode, des Geschmacks und vieles mehr haben zu einer Vielfalt und damit Produktschwemme auf dem Fußbodenmarkt geführt, die selbst von einem Fachmann kaum mehr überblickt werden kann.

10.4.1 Einteilung und Benennung: Überblick

Eine verbindliche Einteilung der Fußbodenbeläge gibt es nicht. In der Regel werden sie nach den verwendeten Rohstoffen oder nach den jeweiligen Herstellungsverfahren eingeteilt. Man unterscheidet:

Bodenbeläge aus

— natürlichen Steinen: Naturwerkstein-Fußbodenbeläge
— kunstharzgebundenen Bestandteilen: Kunstharzwerkstein
— zementgebundenen Bestandteilen: Betonwerkstein- und Terrazzobeläge
— bitumengebundenen Bestandteilen: Asphaltplattenbeläge
— tongebundenen Bestandteilen: Keramische Fliesen und Platten
— Holz und Holzwerkstoffen: Holzfußbodenbeläge
— Träger- und Schichtstoffplatten: Laminatböden
— ein- oder mehrschichtiger Bahnen- oder Plattenware: Elastische Fußbodenbeläge
— Bodenbeschichtungen aus Kunstharzen (Reaktionsharzen)
— natürlichen oder synthetischen Fasern: Textile Bodenbeläge
(Weitere Beläge bleiben unberücksichtigt).

10.4.2 Allgemeine Anforderungen

An die Fußböden von Aufenthaltsräumen werden vielfältige Forderungen, zum Teil widersprüchlichster Art, gestellt. Diesen unterschiedlichen Anforderungen muß insbesondere die oberste Schicht, der Bodenbelag, gerecht werden. Dabei sind vor allem konstruktive, physikalische, wirtschaftliche, ökologische, gestalterische und nutzungsbedingte Kriterien zu berücksichtigen. Da es jedoch keinen Belag gibt, der alle Anforderungen gleichermaßen erfüllt, müssen bei der Auswahl von Bodenbelägen oft Kompromisse eingegangen werden. Außerdem bilden Nutzschicht (Bodenbelag) und Fußbodenaufbau (Zwischenschichten) in mehrfacher Hinsicht eine Einheit. Diese wechselseitigen Abhängigkeiten gilt es bei allen vergleichenden Gegenüberstellungen zu berücksichtigen.

— **Gleitsicherheit/Trittsicherheit.** Alle Fußböden müssen sicher und angenehm zu begehen sein. Diese Forderung kann durch eine Reihe vorsorglicher, baulicher Maßnahmen weitgehend erfüllt werden. So sollten plötzlich auftretende Höhenunterschiede, sog. Stolperstufen, vermieden werden. Nicht vermeidbare Fußbodenabsätze innerhalb eines zusammenhängenden Gehbereiches müssen deutlich markiert werden. Bei der Auswahl von Bodenbelägen ist auch zu prüfen, ob der vorgesehene Belag für den jeweiligen Verwendungsbereich ausreichend rutschhemmend ist. Einzelheiten s. Abschn. 10.4.7.4. Außerdem müssen Reinigungsverfahren und Reinigungsmittel auf den jeweiligen Bodenbelag abgestimmt sein.

— **Verschleißfestigkeit/Eindruckfestigkeit.** Bodenbeläge können den unterschiedlichsten mechanischen, thermischen, chemischen u. a. Beanspruchungen ausgesetzt sein. Dementsprechend zahlreich sind auch die Prüfverfahren, die nicht für alle Beläge einheitlich anwendbar sind. Bei mechanischer Beanspruchung unterscheidet man beispielsweise nach Art des Verkehrs (z. B. Fußgänger- oder Fahrverkehr), Intensität des Verkehrs (z. B. Dichte und Häufigkeit des Verkehrs, Achsdruck der Fahrzeuge) sowie Art der Beanspruchung (z. B. schleifende Beanspruchung beim Fußgängerverkehr, vorwiegend rollende Beanspruchung beim Fahrverkehr, Stoß- und Schlagbeanspruchung beim Absetzen von Gütern sowie ruhende oder punktförmig wirkende Einzellasten).

— **Schalldämmung/Schallschluckvermögen.** Weichfedernde Bodenbeläge, wie zum Beispiel textile Bodenbeläge und elastische Verbundbeläge, verbessern zwar die Trittschalldämmung, nicht aber die Luftschalldämmung von Decken. Eine nennenswerte Schallabsorption wird vor allem durch Teppichbeläge erreicht, so daß sich damit der Geräuschpegel in einem Raum wirkungsvoll senken läßt. S. Abschn. 10.3.3 und Abschn. 10.4.12.4.

— **Wärmedämmung/Fußwärme.** Die Wärmedämmung von Böden und Decken ist in Abschn. 10.3.4 beschrieben. Ein wichtiges Beurteilungskriterium für einen Bodenbelag ist auch die Fußwärmeempfindung. Als besonders fußwarm gelten verspannte Teppichböden sowie elastische Verbundbeläge und Holzfußböden.

— **Ökologische Bewertung von Bodenbelägen.** Das ökologische Bauen gewinnt zunehmend an Bedeutung und entwickelt sich zu einem zentralen Thema der Architektur und damit auch des Innenausbaues. Es kann jedoch nicht Aufgabe dieses Werkes sein, auf die vielfältigen Aspekte dieses Themenbereiches näher einzugehen. Es muß daher genügen, auf die wichtigsten umweltrelevanten Fakten bei den einzelnen Bodenbelägen und Beschichtungen hinzuweisen, ohne den Anspruch auf Vollständigkeit zu erheben. Aus der Fülle der zur Verfügung stehenden Spezialliteratur werden zwei Veröffentlichungen [31], [32] ausgewiesen.

— **Elektrostatisches Verhalten.** Elektrostatische Aufladungen treten vorwiegend bei PVC-Belägen und Teppichbelägen auf. Einzelheiten über die Klassifikation des elektrostat. Verhaltens von Bodenbelägen sowie über antistatische Ausrüstung und leitfähige Verlegung s. Abschn. 10.4.10.7 und Abschn. 10.4.12.3.

— **Reinigung und Pflege.** Bei der Auswahl eines Belages muß der zu erwartende Aufwand für die laufende Reinigung mit bedacht werden. Dabei spielt die optische Schmutzempfindlichkeit eine entscheidende Rolle. Sie ist von der Farbe, der Musterung und von der Konstruktion (z. B. bei Teppichböden) des jeweiligen Belages abhängig. Einfarbige Beläge, vor allem extrem dunkle oder helle, sind empfindlicher (je nach Schmutzart) als kontrastreich gemusterte Beläge. Vorbeugende bauliche Maßnahmen, wie beispielsweise der Einbau von Schmutzfangmatten, sind ebenfalls rechtzeitig einzuplanen. Innerhalb eines Geschosses (ggf. Gebäudes) ist sowohl aus raumgestalterischen Gründen (Großzügigkeit) als auch pflegetechnischen Überlegungen heraus (gleichartige Reinigungsverfahren) eine möglichst einheitliche Materialwahl anzustreben. Die immer wiederkehrenden Reinigungskosten sind bei der Wahl eines Belages in der Regel mindestens genauso hoch einzuschätzen wie die einmaligen Gestehungskosten (Investitionskosten).

— **Raumgestalterische Aspekte.** Bei der Wahl eines Fußbodenbelages sollten neben den zweckorientierten Überlegungen Fragen der Raumgestaltung niemals unberücksichtigt bleiben. Dabei müssen alle raumbegrenzenden Teile (z. B. Wand-, Deckenmaterialien) in die Überlegungen mit einbezogen und zusammen mit dem milieubildenden Interieur (z. B. Textilien, Möblierung, Farbgebung, Oberflächenstruktur) aufeinander abgestimmt werden.

10.4.3 Bodenbeläge aus natürlichen Steinen: Naturwerkstein-Fußbodenbeläge

Unter Naturstein versteht man natürlich entstandene Gesteine (Gegensatz: Kunststeine). Sie sind Gemenge aus Mineralien, deren Zusammenhalt durch direkte Verwachsung oder durch eine Grundmasse bzw. ein Bindemittel gewährleistet wird. Die Gesteinsgruppen[1]) unterscheiden sich durch

— ihre Entstehungsweise, die sich vorwiegend auf die Struktur und das Gefüge auswirkt,
— ihren Mineralbestand, der sich vorwiegend auf die Farbe, Härte und Oberflächenbeschaffenheit auswirkt.

Einteilung und Benennung: Überblick

Nach ihrer geologischen Entstehung werden die Natursteine in drei große Gesteinsgruppen eingeteilt:

Magmatische Gesteine. Sie entstehen durch Erstarren glutflüssiger Gesteinsschmelze (Magma), die von unten in die Erdkruste eindringt (intrudiert) bzw. aus ihr hervorbricht (eruptiert). Nach dem Erstarrungsort werden sie als Tiefengesteine (Plutonite) oder Ergußgesteine (Vulkanite) bezeichnet.

— Tiefengesteine: Granit, Syenit, Diorit, Gabbro u. a.
— Ergußgesteine: Rhyolit, Trachyt, Basalt, Diabas u. a.

Sedimentgesteine (Ablagerungsgesteine). Sie entstehen durch Verwitterung von bereits vorhandenen Gesteinen aller Art. Die dabei entstehenden Partikelchen werden von Wasser, Wind usw. fortgeführt, an anderer Stelle zusammen mit gelösten Mineralien (z. B. Gips, Kalk, Ton als Bindemittel) abgelagert und unter hohem Druck verfestigt (Kompaktion). So entstehen anderenorts neue Gesteine, oft mit unterschiedlich geschichtetem Gefüge (auch mit tierischen und pflanzlichen Versteinerungen). Man unterscheidet:

— Trümmergesteine (Klastite): Tongesteine, Sandsteine, Kalksandsteine, Grauwacke u. a.
— Ausfällungsgesteine (Ausscheidungsgesteine): Kalksteine (z. B. Travertin, Solnhofener Platten), Kalkstein-Marmor, Dolomit u. a.

Umwandlungsgesteine (Metamorphe Gesteine): Bereits vorhandene magmatische Gesteine oder Sedimentgesteine werden in der Erdkruste in großer Tiefe durch Druck, Hitze oder tektonische Bewegungen nachträglich nochmals strukturell und/oder chemisch umgewandelt. Dabei verändern sich Mineralbestand, Gefüge und viele andere Eigenschaften. Der ursprüngliche Stoffbestand schmilzt und kristallisiert neu und wird teilweise in längliche, plattige Formen gepreßt. Weitere Einzelheiten hierzu s. [11], [33], [34].

— Umwandlungsgesteine: Gneis, Granulit, Schiefer, Quarzit, Kristalliner Marmor (u. a. Carraro-Marmor)

Bezeichnung

Bei der Bezeichnung von Natursteinen ist grundsätzlich zu unterscheiden zwischen

— wissenschaftlicher Benennung der Gesteine (Internationale Natursteinkartei). Diese petrographischen Bezeichnungen sind international gültig. Für jedes existierende Gestein bestehen exakte Definitionen nach Entstehung und Mineralbestand [33].
— Handelsnamen. Sie beziehen sich meist auf den Bruchort (z. B. Obersteinbacher Sandstein) und sind für den Umgang mit Gesteinen in der Praxis unentbehrlich.
— Phantasienamen sagen dagegen wenig über die jeweilige Steinbeschaffenheit aus, werden zum Teil mehrfach verwendet und verwirren mehr als sie nützen. Außerdem führen sie bei Ausschreibungen oftmals zu Wettbewerbsverzerrungen (Verschleierung der tatsächlichen Herkunft und Güteeigenschaften). Der Auftraggeber sollte sich daher von der ausführenden Firma – vor allem bei weniger bekannten Steinen – die exakte Herkunft, die tatsächliche wissenschaftliche Bezeichnung und die spezielle Eignung für den jeweiligen Verwendungszweck schriftlich bestätigen lassen. Des weiteren ist eine größere Musterplatte in zwei Plattenhälften zu teilen und jeweils als Beleg von Auftraggeber bzw. Auftragnehmer aufzubewahren.

---

[1]) Im Gegensatz zum Tier- und Pflanzenbereich spricht man bei den Natursteinen nicht von Arten, sondern von Gesteinsgruppen.

Gewinnung und Bearbeitung der Natursteine

Die Abbauverfahren richten sich nach der Art des Gesteins. Früher erfolgte die Gewinnung manuell durch Spalten (Stahlkeile) oder durch Sprengungen. Heute werden die Blöcke durch Bohrungen, Sägen mit diamantbestückten Drahtseilen – oder bei weicheren Gesteinen – durch endlose Stahldrahtseile unter Zugabe von Schleifschlamm gewonnen. Neuere Verfahren ermöglichen es, Blöcke mittels Hochdruck-Wasserstrahl herauszutrennen [34].

Damit Natursteine als Bodenbelagplatten eingesetzt werden können, müssen die Plattenoberflächen je nach Gesteinsart, gewünschter Oberflächenstruktur und späterem Verwendungszweck entweder manuell bearbeitet (z. B. scharriert, bossiert, feingestockt) oder maschinell (z. B. gefräst, sandgestrahlt, beflammt, grobgeschliffen, feingeschliffen, poliert) behandelt werden. Von dieser Oberflächenbehandlung hängt auch weitgehend die Trittsicherheit beim Begehen sowie Pflege und Wartung des Belages ab. Nach der Oberflächenbearbeitung werden die Rohplatten auf die gewünschten Plattenformate zugeschnitten. Derart bearbeitete Werkstücke aus Naturstein bezeichnet man dann als Natur**werk**stein.

Eigenschaften und Auswahl der Natursteine

Für die praxisbezogene Beurteilung von Natursteinen sind vor allem das Erscheinungsbild des Steines, seine technischen Eigenschaften, die mengenmäßige Verfügbarkeit im Steinbruch, die Gleichmäßigkeit des Materials und der Verlegeort (Außen/Innen) von Bedeutung.

— Erscheinungsbild des Steines. Aufgrund des naturgegebenen Vorkommens sind Farb-, Struktur- und Texturschwankungen innerhalb einer Gesteinsgruppe bzw. desselben Bruchortes üblich. Diese Gegebenheiten muß der Planer kennen und in seine raumgestalterischen Überlegungen von Anfang an mit einbeziehen. Die Wirkung eines Gesteins läßt sich mit größeren Musterflächen oder durch beispielhafte Referenzbauten aufzeigen; kleine Handmuster reichen hierfür nicht aus.

– Technische Eigenschaften (Physikalische Eigenschaften, chemische Einflüsse). Struktur und Härte eines Steinmaterials hängen eng mit dem jeweiligen Entstehungsprozeß und Mineralbestand zusammen. Je nach Verwendungszweck sind bei der Auswahl vor allem die Rohdichte (DIN 52102), Wasseraufnahmefähigkeit (DIN 52103), Frostbeständigkeit (DIN 52104), Druckfestigkeit (DIN 52105), Verwitterungsbeständigkeit (DIN 52106) und Abriebfestigkeit (DIN 52108) zu berücksichtigen. Mit Hilfe dieser Werte lassen sich die Natursteine hinsichtlich ihrer Bearbeitung und Verwendung gut beurteilen.

Des weiteren werden Natursteine in der Praxis – wenn auch etwas unscharf – entsprechend den Härtegraden eingeteilt in Hartgesteine (z. B. Granit, Gabbro, Porphyr, Basalt, Gneis u. a.) und Weichgesteine (z. B. Sandstein, Travertin, Marmor, Tuffstein). Für Bodenbeläge im Gebäudeinneren werden an deutschen Naturwerksteinen vor allem Travertin, Solnhofener Platten, Quarzit, Schiefer, Kalkstein-Marmor eingesetzt, im Außenbereich vorwiegend Porphyr, Sandstein, Granit, Basaltlava u. a.

10.4.3.1 Naturwerkstein-Bodenplatten

Fußböden aus Naturwerksteinplatten können – je nach Plattenformat, Verlegeart und Fugenbreite – verschiedenartig gegliedert sein (Bild **10**.40). Naturwerksteine sind an keine Normgrößen gebunden. Das Plattenformat hängt ab von raumgestalterischen Kriterien, der vorgesehenen Beanspruchung, von der Dicke der Platten und deren technisch-physikalischen Werte sowie von der gewählten Verlegetechnik. Bodenplatten werden jedoch auch in Standardgrößen industriell gefertigt. Ausgangsformat für die Beläge ist meist die quadratische (von 15×15 bis 60×60 cm) oder rechteckige Platte mit festgelegten Breiten- und Längenabmessungen. Die Plattenbreiten liegen in der Regel zwischen 15 und 50 cm, jeweils um 5 cm abgestuft. Überlängen und Sonderformate sind ebenfalls lieferbar. Die Dicke der Platten richtet sich nach der Beanspruchung, der Gesteinsfestigkeit, dem Plattenformat, der Verlegetechnik und dem Untergrund.

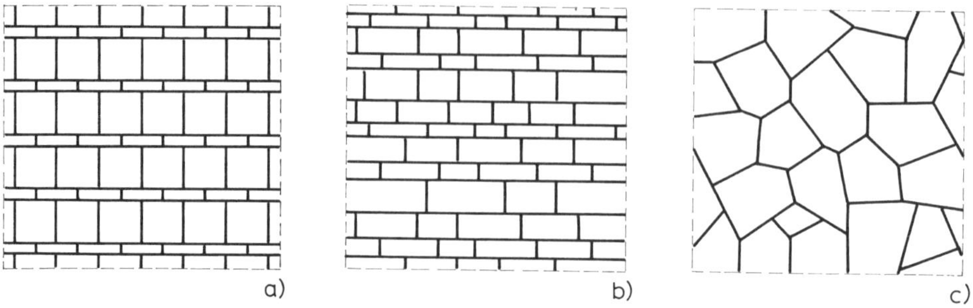

10.40 Verlegebeispiele von Naturwerkstein-Bodenplatten
a) quadratisch mit Streifengliederung
b) unregelmäßiger Rechteckverband
c) polygonale Formate (maschinen- oder handbekantet)

Verlegung

Werden Naturwerksteinplatten in Räumen verlegt, die zum dauernden Aufenthalt von Menschen bestimmt sind, so muß in jedem Fall für ausreichenden Schall-, Wärme- und Feuchteschutz gesorgt sein. Die mangelnde Eigenelastizität und das relativ ungünstige akustische Verhalten (schallreflektierender Bodenbelag) sowie die hohen Wärmeableitwerte von Steinbelägen sind bereits bei der Planung vorsorglich zu berücksichtigen. Vorteilhaft zeichnen sie sich durch ihre hohe Abriebfestigkeit, Formstabilität, Brandsicherheit sowie Farb- und Texturvielfalt aus.

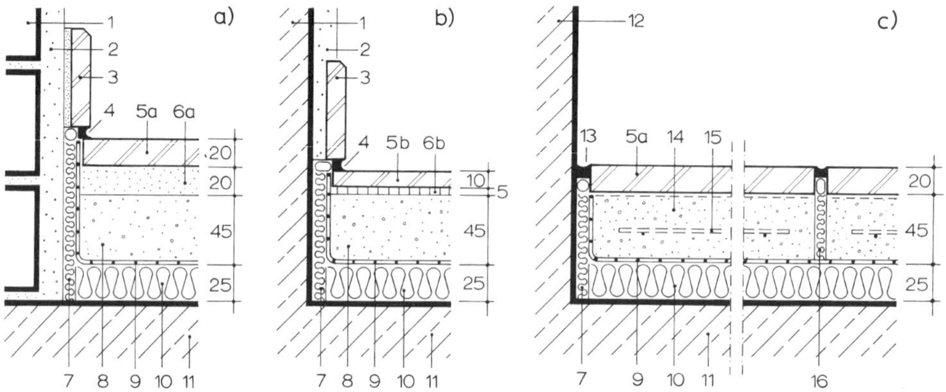

10.41 Konstruktionsbeispiele: Naturwerkstein-Bodenplatten auf Zementestrich mit Dämmschicht
a) Naturwerksteinplatten in Dickbettmörtel verlegt. Wandputz bis auf Rohdecke (Regelausführung)
b) Naturwerksteinfliesen in Dünnbettmörtel verlegt. Wandputz auf Betonwand nur bis OFF
c) Naturwerksteinplatten direkt auf frisch eingebrachte Estrichschicht verlegt (sog. estrichgerechtes Mörtelbett). Diese Verlegeart ergibt zwar eine relativ niedrige Konstruktionshöhe, ist jedoch ansonsten nicht unproblematisch (Gefahr von Aufwölbung, Rissebildung, Verfärbung) und sollte deshalb nur in Ausnahmefällen und nur bei kleinen Flächen angewandt werden.

1 Mauerwerk / Betonwand
2 Wandputz
3 Sockelplatten
4 Randfuge mit elastischer Fugenmasse
5a Naturwerksteinplatten
5b Naturwerksteinfliesen
6a Mörtelbett, 15 bis 20 mm
6b Dünnbettmörtel, 4 bis 5 mm
7 Randstreifen, mind. 5 mm
8 Zementestrich, mind. 45 mm
9 Abdeckung (z. B. PE-Folie 0,1 mm)
10 Dämmschicht, je nach Bedarf
11 tragender Untergrund
12 Sichtbetonwand
13 Vorfüllprofil mit elastischer Fugenmasse
14 estrichgerechtes Mörtelbett
15 Bewehrung (Betonstahlmatten, bei Bedarf)
16 Bewegungsfuge (Feldbegrenzungsfuge)

Die Verlegung erfolgt – meist nach einem Verlegeplan – entweder direkt auf einer Rohdecke als Verbundbelag, auf Trennschicht oder auf einem vollständig erhärteten, schwimmenden Estrich (Bild **10**.41). Platten mit einer Dicke von über 15 mm werden üblicherweise in Dickbettmörtel (15 bis 20 mm), dünnere Platten in Mittelbettmörtel (5 bis 15 mm) oder Dünnbettmörtel (3 bis 5 mm) verlegt. Einzelheiten hierzu s. Abschn. 10.4.7.7, Verlegeverfahren. Auf die vom Deutschen Naturwerksteinverband herausgegebenen Merkblätter [35] wird verwiesen.

Angaben über die Ausbildung von Bewegungsfugen sind Abschn. 10.3.6.5, Angaben über die verfärbungsfreie Verlegung und Verfugung von Naturwerksteinplatten Abschn. 10.4.7.6 zu entnehmen. Verlegung, Aufmaß und Abrechnung erfolgt nach VOB Teil C, DIN 18332, Naturwerksteinarbeiten.

10.4.3.2 Naturwerksteinplatten in Dünnsteintechnik

Moderne Sägetechniken ermöglichen die Herstellung von dünnen Natursteinplatten. So gibt es Bodenplatten in Dicken ab 7 mm, je nach Gesteinsart und Plattengröße. Damit können dünne Natursteinfliesen auch mit anderen, ähnlich dicken Bodenbelägen (Keramikfliesen, Teppich, Fertigparkett) kombiniert bzw. ausgetauscht werden. Die Verlegung dieser gleichmäßig dicken, sog. kalibrierten Naturwerkstein-Bodenplatten erfolgt in etwa 3 bis 5 mm dickem Dünnbettmörtel. Bei verfärbungsempfindlichen Natursteinen sind entsprechend schnell abbindende Produkte zu wählen. Einzelheiten hierzu s. Abschn. 10.4.7.6, Dünnbettverfahren.

Natursteinfurniere. Mit modernen Dünnschnittverfahren lassen sich auch sog. Natursteinfurniere in Dicken ab 3 mm herstellen. Ähnlich wie bei der Holzfurniertechnik ist es somit möglich, wenige Millimeter dicke Natursteinplatten auf eine Trägerschicht (gewebearmierte Polyesterschicht) oder auf ein Trägerelement (Aluminium- bzw. Kunststoffwabenplatten) aufzukleben (Bild **10**.42). Diese Verbundkonstruktionen sind zwar relativ teuer, die Gewichteinsparung erlaubt jedoch einfachere Verankerungsmethoden und leichtere Unterkonstruktionen (Innen- und Außenbereich); außerdem können größere Plattenformate hergestellt und aus dem gleichen Rohblock mehr Platten mit einheitlicher Struktur und Farbgebung gewonnen werden.

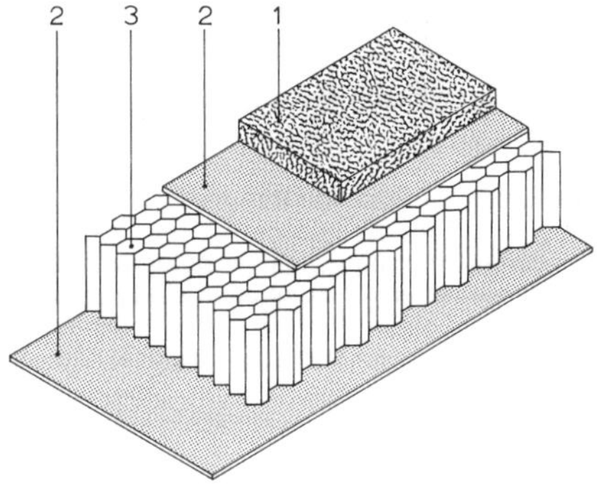

10.42
Schematische Darstellung: Natursteinfurnier auf einem Trägerelement (Verbundkonstruktion)
1 Natursteinfurnier, 3 bis 6 mm dick
2 Decklagen (z. B. gewebearmierte Polyesterdecklagen)
3 Trägerelement (z. B. Aluminium- oder Kunststoffwabenplatte, 10 bis 24 mm dick)

10.4.3.3 Natursteinpflaster

Mit Natursteinpflaster lassen sich dekorative Bodenbeläge im Außen- und Innenbereich herstellen. Die Pflastersteine aus Naturstein werden zu kleinen Würfeln (Quadern) aus Granit, Basalt, Diorit, Grauwacke, Porphyr u. a. gespalten. Geeignet sind vor allem harte Gesteinsarten, die sich gut und ebenflächig spalten lassen. Pflasterböden zeichnen sich aus durch ihre hohe Verschleißfestigkeit und den Vorteil, relativ einfach aufgenommen und wiederverlegt werden zu können. Pflasterungen mit Natursteinen sind jedoch lohnkostenintensiv und damit relativ teuer. Die Verlegung kann ungeordnet, in Reihen, diagonal oder im Bogen erfolgen. Nach DIN 18502, Pflastersteine (zukünftig DIN EN 1342), unterscheidet man:

– **Großpflastersteine**	12/12 bis 12/18; 14/14 bis 14/20; 16/16 bis 16/22, Höhe 13 bis 16 cm
– **Kleinpflastersteine**	8/8 bis 10/10, Höhe 8 bis 10 cm
– **Mosaikpflastersteine**	4/4 bis 6/6, Höhe 4 bis 6 cm

Verlegung von Natursteinpflaster im Außenbereich. Der konstruktive Aufbau eines Steinpflasters wird im wesentlichen von vier Schichten (von unten nach oben) bestimmt. Der Untergrund (gewachsenes Erdreich, Bodenklassen s. Abschn. 3.2) ist nach Angabe auszuheben, zu planieren und mit geeignetem Rüttelgerät zu verdichten. Der darauf eingebrachte Unterbau als Trag- und Filterschicht (Kies, Schotter, mit einer Korngröße von 0 bis 35 mm) muß dem jeweiligen Untergrund und der zu erwartenden Verkehrsbelastung angepaßt werden. Die Schichtdicke des im allgemeinen frostsicheren Unterbaues beträgt im privaten Umfeld etwa 15 bis 20 cm, bei stärker belasteten Verkehrsflächen etwa 20 bis 40 cm. Dieser tragende Unterbau wird bis zur Standfestigkeit verdichtet, so daß ein späteres Absacken des Pflasters nicht eintreten kann. Anschließend werden die Pflastersteine in ein planeben abgezogenes Sandbett versetzt, das nach dem Abrütteln bei Kleinpflaster höchstens 3 bis 4 cm und bei Großpflaster höchstens 4 bis 6 cm betragen soll. Diese Bettung muß formbar sein, um Maßabweichungen der Steine ausgleichen und einen möglichst ebenen, höhengenauen Belag verlegen zu können. Der Pflasterstein selbst muß frostbeständig sein. Nach dem Verlegen werden die Steinfugen mit Sand weiter verfüllt, die um etwa 2 cm höher gesetzte Pflastersteinfläche maschinell abgerüttelt, mit Wasser eingeschlämmt und nochmals mit Sand abgedeckt.

10.4.4 Bodenbeläge aus kunstharzgebundenen Bestandteilen: Kunstharzwerkstein

Kunstharzgebundene „Natursteinplatten" (Kunststein) werden in unterschiedlichen Verfahren hergestellt. Bei der sog. Agglotechnik wird ein gemischtkörnig aufgebautes Natursteingranulat mit einem Kunstharzbindemittel (Epoxidharz oder Polyesterharz) und Zusatzstoffen vermengt (= Agglomerat), im Vakuum-Vibrationsverfahren zu großen Rohblöcken verdichtet und nach der Aushärtung auf einem Sägegatter in gewünschter Dicke zu Platten gesägt. Anschließend erfolgt das Polieren der Oberfläche mit Wasser auf der Schleifstraße und der Zuschnitt der Platten auf Maß. Aus diesem sog. **Agglomarmor** können Bodenplatten, aber auch Treppenstufen, Fensterbänke und sonstige Tafelelemente für den Einsatz im Innenbereich (ggf. auch im Außenbereich) in Dicken von 10 bis 40 mm, mit Plattenabmessungen von 1200 bis 3000 mm hergestellt werden. In Ergänzung des Programmes sind zwischenzeitlich auch Formteile wie Waschtischabdeckungen, Arbeitsplatten für den Küchenbereich usw. aus dem gleichen Blockmaterial lieferbar. Objektbezogene Sonderausführungen bis zu einer Größe von 1800×3800×150 mm sind möglich.

Agglomarmor-Bodenplatten zeichnen sich aus durch hohe Abriebfestigkeit und Oberflächendichte sowie Frost- und Tausalzbeständigkeit (nicht in jedem Fall gewährleistet!). Sie sind pflegeleicht, farbbeständig, schwerentflammbar (zigarettenglutbeständig) und naßraumgeeignet. Im Vergleich mit den natürlich gewachsenen Natursteinplatten sind die kunstharzgebundenen Steinplatten preisgünstiger, einfacher zu verarbeiten, elastischer (geringere Bruchgefahr bei gleichzeitig dünnerer Herstellung) und jederzeit nachbestellbar bei gleichbleibender Qualität. Vorsicht ist allerdings bei ätzenden bzw. anlösenden Mitteln (Fleckentferner, Weichmacher, Aceton, Stempelfarbe) geboten. Die Aggloplatten können entweder auf einem planebenen Untergrund vollflächig aufgeklebt (Dünnbettverfahren) oder auch im Mittel- oder Dickbett verlegt werden.

10.4.5 Bodenbeläge aus zementgebundenen Bestandteilen: Betonwerkstein- und Terrazzobeläge

Zementgebundene Böden gibt es in Form von Estrich-, Platten- und Pflastersteinbelägen. Sie zeichnen sich vor allem durch ihre hohe mechanische Beanspruchbarkeit, vielfältige Oberflächengestaltung, Schmutzunempfindlichkeit und günstige Gestehungskosten aus. Als nachteilig werden die relativ hohen Wärmeableitwerte, ihre geringe Eigenelastizität sowie die beim Begehen entstehenden, hohen Luftschallwerte (schallreflektierender Bodenbelag) angesehen.

10.4.5.1 Betonwerksteinplatten

Betonwerkstein nach DIN 18500 ist ein Kunststein, der unter Verwendung eines Bindemittels (Zement), Zuschlägen, Wasser und ggf. Zusatzstoffen (Pigmente) hergestellt wird. Als Zuschläge werden zerkleinerte Natursteinkörnungen – ggf. in Verbindung mit größerem Gesteinsbruch – aus Weich- und Hartgesteinen (meist Kalksteine und Marmorgranulate) verwandt. Bestimmend für die Auswahl ist ihre Festigkeit, Bearbeitbarkeit, Farbigkeit und ggf. Frostbeständigkeit. Diese Zuschläge geben den Betonwerksteinplatten ihr typisches, vielfältig variierendes Aussehen. Die Platten können ein- oder zweischichtig hergestellt werden.

- **Einschichtverfahren.** Die genau dosierte Betonmischung wird in Vakuum-Preßkammern zu großen Rohblöcken gegossen und durch Vibration derart verdichtet, daß möglichst wenig Hohlstellen entstehen. Nach dem vollständigen Erhärten (max. Druckfestigkeit nach 28 Tagen) werden die Rohblöcke zu Rohplatten jeder gewünschten Dicke in Sägegattern aufgeschnitten. Die anschließende Oberflächenbearbeitung erfolgt auf Schleifstraßen bis zum Feinschliff. Andere Oberflächenvarianten – wie beispielsweise poliert, geflammt oder sandgestrahlt – sind ebenfalls möglich. Die einschichtigen Platten sind in jedem beliebigen Format und jeder Dicke lieferbar. Sie zeichnen sich durch einen absolut gleichmäßigen, homogenen Aufbau und eine sehr dichte Oberfläche aus.
- **Zweischichtverfahren.** Bodenplatten aus Betonwerkstein werden nach wie vor auch zweischichtig – bestehend aus einem Vorsatzbeton und Kernbeton – maschinell in Plattenpressen gefertigt. Die Dicke der schleiffähigen und abriebfesten Vorsatzschicht muß bei Bodenplatten mind. 8 mm, bei Treppenstufen mind. 15 mm betragen. Die Sichtflächen der für den Innenbereich bestimmten Platten werden nach dem Erhärten werkseitig mehrmals naß geschliffen und gespachtelt; alle vorgenannten Oberflächenvarianten sind ebenfalls möglich.

Betonwerkstein-Bodenplatten können im Dickbett- oder Dünnbettverfahren verlegt werden. Einzelheiten hierzu s. Abschn. 10.4.7.6. Höhendifferenzen zwischen zwei benachbarten Plattenkanten, sog. Überzähne, dürfen 1,5 mm nicht überschreiten. In Einkaufzentren und anderen Großräumen sind Höhenversätze von nur 1 mm tolerierbar. Wird eine nahezu planebene Bodenfläche gefordert, können Betonwerksteinbeläge auch noch nach der Verlegung vor Ort vollflächig mit einer Fußbodenschleifmaschine überschliffen werden. Dabei wird ein erneutes Spachteln und Feinschleifen notwendig. Ob nach der Verlegung die Fugen betont oder möglichst unsichtbar bleiben sollen, hängt von der Fugenbreite (je nach Plattenformat 3 bis 5 mm) und der gewählten Farbe des Fugenmörtels ab.

Oberflächenbehandlungen werden erst nach dem Verlegen ausgeführt; sie sind bei diesem Hartbelag in der Regel jedoch nicht notwendig. Zur zusätzlichen Härtung (Verkieselung) der Oberfläche kann ein Härtefluat aufgebracht, zur Vertiefung der Plattenfarbe flüssiges oder festes Wachs (Polierwachs) aufgetragen werden. Eine derartige Erstbehandlung darf jedoch frühestens 3 Monate nach der Verlegung bzw. Verfugung der Platten erfolgen, damit die aus dem Dickbettmörtel in die Platten eingewanderte Restfeuchte vorher ausdiffundieren kann. Eine zu frühe Behandlung würde das Austrocknen verzögern und zur Fleckenbildung führen. Auf die entsprechende Spezialliteratur [36] wird verwiesen.

Platten für den Außenbereich, sog. **Waschbetonplatten**, entstehen durch Auswaschen der obersten Mörtelschicht in einer Tiefe von mehr als 2 mm, wobei das Grobkorn zur Vermeidung des Auswitterns nur bis zu einem Drittel seines Durchmessers freigelegt werden darf. Die Feinmörtelschicht wird entweder sofort nach der Fertigung in frischem Zustand – oder bei vorherigem Auftragen von Kontaktverzögerer auf die Schalung nach dem Erhärten des Betons – durch Wasserstrahl entfernt. Zwischen Herstellungs- und Verlegetermin sollten mind. 4 Wochen liegen (Druckfestigkeit). Die Gütewerte sind DIN 18500 zu entnehmen.

Angaben über die Ausbildung von Bewegungsfugen sind Abschn. 10.3.6.5, Angaben über die Verlegung und Verfugung von Steinbelägen Abschn. 10.4.7.6 zu entnehmen. Verlegung, Aufmaß und Abrechnung erfolgt nach VOB Teil C, DIN 18333, Betonwerksteinarbeiten.

Regelabmessungen – Betonwerksteinplatten (nicht genormt): 25×25×2,2 – 30×30×2,7 – 40×40×4,0 – 50×50×5,0 cm. Sonderformate sind möglich. Vorzugsmaße von einschichtigen Betonwerksteinplatten sind 60×33×1,8 – 33×33×1,8 cm. Es kann aber auch jedes andere Format angefertigt werden.

10.4.5.2 Terrazzofußböden

Terrazzoboden ist ein meist zweischichtig aufgebauter fugenloser Bodenbelag, der am Verlegeort hergestellt und oberflächenfertig bearbeitet wird. Er setzt sich aus einem etwa 30 mm dicken Unterbeton und einer kraftschlüssig darauf aufgebrachten, etwa 20 mm dicken Terrazzovorsatzschicht zusammen; außerdem unterteilen Trennschienen die Bodenfläche. Die Vorsatzschicht besteht aus gut schleifbaren farbigen Zuschlägen (Kalkstein, Marmorsplitt), weißem oder grauem Portlandzement als Bindemittel, Wasser und ggf. Farbpigmenten. Sie bestimmt das Aussehen der Nutzfläche, d. h. die Farbwirkung und das Kornbild der später geschliffenen Oberfläche.

Terrazzoböden sind sehr strapazierfähig, nichtbrennbar, leicht zu pflegen, vielfältig gestaltbar, aber auch lohnkostenintensiv bei der Herstellung und damit relativ teuer. Während Betonwerksteinplatten seriell, in immer gleichbleibender Zusammensetzung im Betonwerk gefertigt und an der Baustelle nur noch verlegt werden, wird der Terrazzoboden vor Ort hergestellt. Die sich daraus ergebenden relativ langen Herstellungs-, Nachbehandlungs- und Trockenzeiten sowie die Gefahr der Entmischung des Terrazzobetons an der Baustelle werden als Nachteile angesehen.

- Der Unterbeton kann direkt auf tragendem Untergrund (Betonfestigkeit mind. B 25) in einer Mindestdicke von 30 mm aufgebracht werden. Um zwischen der meist trockenen Tagschicht und dem frischen Unterbeton einen unauflösbaren Haftverbund zu erreichen, muß zuvor eine Haftbrücke aufgetragen werden. Der Unterbeton kann jedoch auch auf Trennschichten oder auf Dämmschichten in einer Mindestdicke von 50 mm verlegt werden. Da beim späteren Herstellungs- und Schleifvorgang der Terrazzoschicht Wasser anfällt, muß die Abdeckung über der Dämmschicht wannenförmig und dicht ausgebildet sein (verklebte Bahnenstöße).
- Trennschienen sind im Terrazzoboden aus konstruktiven Gründen notwendig (Sollbruchstellen). Die aus Kunststoff oder Messing gefertigten Schienen haben in der Regel eine Höhe von 30 mm und werden etwa zur Hälfte in den Unterbeton, zur anderen Hälfte in die Vorsatzschicht eingesetzt. Sie unterteilen die Bodenfläche in Abständen von 3 bis 5 Metern, je nach Beanspruchung, grundrißlichem Zuschnitt und stofflicher Zusammensetzung der Schichten. Vorhandene Gebäudetrennfugen sind an gleicher Stelle und in gleicher Breite zu übernehmen (Bild **10**.29) und Randstreifen an allen aufgehenden und die Terrazzofläche durchdringenden Bauteilen vorzusehen.
- Die Terrazzovorsatzschicht wird auf den noch nicht erhärteten Unterbeton aufgezogen, um eine innige Verbindung beider Schichten zu erreichen. Anschließend wird die Vorsatzschicht gleichmäßig durch Walzen verdichtet und die dabei freiwerdende Zementschlämme abgezogen. Durch Zugabe von Fließmitteln ist es auch möglich, die Vorsatzschicht pumpfähig zu machen. Dieser sog. **Fließterrazzo** braucht nicht mehr gewalzt, sondern nur noch mit der Latte gleichmäßig abgezogen zu werden. Damit der Terrazzoboden eine möglichst hohe Festigkeit erreicht, ist der Belag mehrere Tage feucht zu halten.
- Die Oberflächenbearbeitung kann frühestens zwei Tage nach dem Einbau der Vorsatzschicht beginnen. In mehreren Schleifvorgängen wird der Boden geschliffen, dazwischen mit Spachtelmasse gespachtelt und bis zum Feinschliff weiter bearbeitet. Die Ausbildung der Boden-Wandanschlüsse erfolgt mit farblich passenden, vorgefertigten Formstücken. Nach der abschließenden Reinigung darf der Boden keinesfalls sofort – sondern erst nach etwa 8 bis 10 Wochen – mit Polierwachs o. ä. behandelt werden. Weitere Einzelheiten sind der Speziealliteratur [37] zu entnehmen.

Herstellung, Aufmaß und Abrechnung von Terrazzoarbeiten nach VOB Teil C sind unter DIN 18353, Estricharbeiten, erfaßt.

10.4.6 Bodenbeläge aus bitumengebundenen Bestandteilen: Asphaltplattenbeläge

Bitumengebundene Böden gibt es in Form von ein- und mehrschichtigen Estrichen (Gußasphaltestriche bleiben hier unberücksichtigt) sowie als **Plattenbeläge.** Durch die Wahl geeigneter Bindemittel (z. B. Bitumen) und mineralischer Zuschlagstoffe (Sand, Kies, Gesteinssplitt) können sie so eingestellt werden, daß sie gegen chemische Einflüsse wie beispielsweise Säuren, Laugen, Fette, Öle und Lösungsmittel widerstandsfähig sind. Daher eignen sie sich besonders für Industrieböden (z. B. Werkstätten, Laboratorien, Markthallen), aber auch als Bodenbelag in Kirchen, Versammlungsstätten u. ä. Von den zahlreichen Belagarten sind vor allem die Asphaltplattenbeläge von Interesse.

Hochdruck-Asphaltplatten und Terrazzo-Asphaltplatten

Asphaltplatten bestehen aus einem Gemisch von Naturasphaltrohmehl oder gemahlenem Naturstein (Zuschläge) und Bitumen (Bindemittel), das unter hohem Druck und Wärme zu Fußbodenplatten gepreßt wird. Sie sind maßhaltig, sehr strapazierfähig, trittschalldämpfend, rutschsicher und vor allem relativ fußwarm. Außerdem isolieren sie gegen elektrische Ströme, brennen nicht (schwerentflammbar), sind leicht zu reinigen und – je nach Ausführung – widerstandsfähig gegen Benzin, mineralische Öle und Säuren sowie elektrisch leitfähig (wenn erforderlich). Asphaltplatten jeglicher Art sind jedoch vor aufsteigender Bodenfeuchtigkeit zu schützen. Vgl. hierzu auch [38] sowie AGI – Arbeitsblatt A 60 [39]. Folgende Plattenarten werden hergestellt:

- **Hochdruck-Asphaltplatten.** Sie werden überall dort eingesetzt, wo der Bodenbelag vor allem rein mechanisch beansprucht wird und nicht mit Ölen, Fetten, Benzin, Säuren und Laugen in Berührung kommt. Auch soll er nicht in ausgesprochenen Feucht- bzw. Naßräumen verlegt werden. Die Platten sind verschleißfest und haben selbst bei stärkster Beanspruchung einen kaum meßbaren Abrieb. In bezug auf Einfärbung und Kornfarbe gibt es unterschiedliche Plattenprodukte.
- **Hochdruck-Asphaltplatten (mineralölfest).** Sie enthalten Steinkohlenteerpech anstelle von Bitumen als Bindemittel und werden auch als Homogen-Asphaltplatten bezeichnet. Sonst haben sie die gleichen physikalischen Eigenschaften wie Hochdruck-Asphaltplatten; sie sind jedoch weitgehend beständig gegen mineralische Öle und Benzin (ausgenommen Säuren und Laugen) sowie witterungs- und frostbeständig.
- **Hochdruck-Asphaltplatten (säurefest).** Durch Beimischung säurefester Mineralien (Quarz) als Zuschlagstoffe sind diese Platten beständig gegen nicht oxidierende Säuren und Laugen, jedoch nicht beständig gegen Teeröle, Mineralöle usw. Ein Bescheid über die Eignung der Platten ist beim Hersteller rechtzeitig einzuholen.
- **Terrazzo-Asphaltplatten.** Diese Verbundplatten bestehen aus einer Unterschicht (= Asphaltmaterial) und einer Vorsatzschicht (= Betonwerkstein-Terrazzo). Beide Schichten sind etwa gleich dick. Sie verbinden die guten Eigenschaften von Betonwerkstein (z. B. Farbenvielfalt, abriebfeste Oberfläche, einfache Pflege) mit den besonderen physikalischen Vorzügen der Asphaltplatten (z. B. niedrige Wärmeleitzahl, Trittschalldämpfung). Bezüglich der Kornabstufung der Vorsatzschicht unterscheidet man Grob-, Mittel- und Feinkornplatten. Terrazzo-Asphaltplatten werden nach DIN 18354 hergestellt, die Terrazzo-Vorsatzschicht muß DIN 18500 entsprechen.

Die Güteanforderungen für Hochdruck-Asphaltplatten sind im AGI-Arbeitsblatt A 60 [39] aufgeführt. Für Nebenleistungen, Aufmaß und Abrechnung gilt VOB Teil C, DIN 18354, Gußasphaltarbeiten.

Regelabmessungen – Hochdruck-Asphaltplatten: 20×10 – 25×25 cm. Dicken je nach Verwendungszweck und Belastung zwischen 2 und 5 cm.

Regelabmessungen – Terrazzo-Asphaltplatten: Grobkorn-Platten 30×30 cm, Fein- und Mittelkorn-Platten 25×25 cm, Dicken zwischen 2,9 und 3,4 cm. Passend zu den einzelnen Plattenarten werden Sockelstücke hergestellt.

10.4.7 Bodenbeläge aus tongebundenen Bestandteilen: Keramische Fliesen und Platten

Allgemeines

Die Qualität keramischer Bodenbeläge wird vor allem durch eine sorgfältige Auswahl der Rohstoffe, eine dem jeweiligen Produkt angemessene Brenntemperatur – gegebenenfalls kratz- und verschleißfeste Glasur – sowie fachgerechte Verlegung bestimmt. Im Hinblick auf die Raumgestaltung sind die Farbgebung (hell/dunkel, warm/kalt), die Oberflächenstruktur (glänzend/matt, strukturiert/glatt) sowie die Dichte und Art des Fugennetzes zu beachten.

Einteilung und Benennung: Überblick

Die Verwendungseigenschaften keramischer Produkte werden weitgehend von der Güte des Scherbens bestimmt. Dabei kommt der Brenntemperatur eine besondere Bedeutung zu. Wie die Tabellen **10**.43 und **10**.44 verdeutlichen, ist die Porosität und damit auch die Wasseraufnahmefähigkeit des Scherbens ein besonders wichtiges Kriterium für die Einteilung keramischer Erzeugnisse: Die porösen Produkte werden in der Praxis als Steingut (Irdengut), die dichteren Erzeugnisse als Steinzeug (Sinterzeug) bezeichnet. Beide Gruppen sind noch einmal unterteilt in grob- und feinkeramische Produkte, wobei diese beiden Begriffe aufgrund herstellungstechnischer Weiterentwicklungen gegenüber früher an Informationswert verloren haben.

Tabelle **10**.43 Einteilung baukeramischer Erzeugnisse

Steingut/Irdengut		**Steinzeug/Sinterzeug**	
— hohe Wasseraufnahme — Scherben porös und saugfähig — offene Poren — nicht frostbeständig — unterhalb der Sintergrenze gebrannt (Brenntemperatur bei etwa 1000°C)		— niedrige Wasseraufnahme — Scherben dicht, kaum saugend — weitgehend geschlossene Poren — frostbeständig — oberhalb der Sintergrenze gebrannt (Brenntemperatur bei etwa 1200°C)	
Feinkeramik	**Grobkeramik**	**Feinkeramik**	**Grobkeramik**
— Scherben feinkörnig — trockengepreßt — glasiert, dadurch — wasserdicht — **nur** für innen	— Scherben grobkörnig — stranggepreßt — unglasiert — wasserdurchlässig	— Scherben feinkörnig — trockengepreßt — glasiert und — unglasiert — für innen **und** außen	— Scherben grobkörnig — stranggepreßt — glasiert und — unglasiert — für innen **und** außen
— z. B.: Steingutfliesen (STG) mit weißem Scherben	— z. B.: Mauerziegel, Dränrohre	— z. B.: unglasierte Steinzeugfliesen (STZ-UGL)	— z. B.: Keramische Spaltplatten, Klinker, Riemchen
— z. B.: Irdengutfliesen (IG) mit farbigem Scherben	— z. B.: Töpferwaren, Blumentöpfe	— z. B.: Glasierte Steinzeugfliesen (STZ-GL)	— z. B.: Bodenklinkerplatten (zum Teil trockengepreßt)

Tabelle **10**.44 Klassifizierung der keramischen Fliesen und Platten nach Herstellungsverfahren, Wasseraufnahmevermögen (*E*) und zugehörigen Produktnormen (Auszug aus DIN EN 87)

Formgebungs- und Herstellungsverfahren	Niedrige Wasseraufnahme	Mittlere Wasseraufnahme		Hohe Wasseraufnahme
	Gruppe I $E \leq 3\%$	Gruppe II a $3\% < E \leq 6\%$	Gruppe II b $6\% < E \leq 10\%$	Gruppe III $E > 10\%$
Formgebung **A** Stranggepreßte Platten	Gruppe A I DIN EN 121	Gruppe A II a DIN EN 186	Gruppe A II b DIN EN 187	Gruppe A III DIN EN 188
Formgebung **B** Trockengepreßte Fliesen und Platten	Gruppe B I DIN EN 176	Gruppe B II a DIN EN 177	Gruppe B II b DIN EN 178	Gruppe B III DIN EN 159

Für das Formgebungsverfahren **C** (Gegossene Fliesen und Platten) gibt es z. Z. noch keine Produktnormen.

Keramische Fliesen und Platten werden in der **Grundnorm DIN EN 87** nach ihrem Herstellungsverfahren und ihrer Wasseraufnahme *E* (franz. Eau) gemäß Tabelle **10**.44 in folgende Hauptgruppen eingeteilt:

- **Trockengepreßte Steingutfliesen** (STG) mit mittlerer Wasseraufnahme gehören demnach zur Gruppe B II a bzw. B II b, Steingutfliesen mit hoher Wasseraufnahme zur Gruppe B III nach DIN EN 159.
- **Trockengepreßte Steinzeugfliesen** (STZ) mit niedriger Wasseraufnahme und sog. Feinsteinzeugfliesen (vollkommen dicht gesintert) werden der Gruppe B I nach DIN EN 176 zugeordnet.
- **Stranggepreßte Spaltplatten** mit niedriger Wasseraufnahme sind in die Gruppe A I nach DIN EN 121, Spaltplatten mit mittlerer Wasseraufnahme in die Gruppe A II a nach DIN EN 186-1 einzuordnen.

10.4.7.1 Fliesen mit hoher Wasseraufnahme: Trockengepreßte Steingutfliesen nach DIN EN 159

Diese Fliesen sind gekennzeichnet durch einen feinkörnigen, kristallinen, porösen Scherben mit einer Wasseraufnahme von mehr als 10 Gew.-%. Zu ihrer Herstellung werden anorganische Hartstoffe (Quarz, Feldspat, Schamotte) und Weichstoffe (Ton, Kaolin) gemahlen, unter Zusatz von Wasser gemischt, gesiebt, entwässert und das nahezu trockene Granulat mit einem Wassergehalt von etwa 7% unter hohem Druck in Stahlformen gepreßt (Formgebungsverfahren B). Nach einem ersten Brand im Tunnelofen wird auf die Sichtseite der Rohlinge eine Glasur aufgesprüht, die dann bei einem weiteren Brand mit der Oberfläche des Scherbens verschmilzt. Durch diese Glasur erhält die Fliese ihr endgültiges Aussehen und ihre spezifische Oberflächeneigenschaften. Sie verhindert das Eindringen von Spritzwasser, ist weitgehend beständig gegen haushaltsübliche Reinigungsmittel, Seifen und schwache Säuren; außerdem gibt sie der Fliesenoberfläche die geforderte Ritzhärte, UV-Beständigkeit und schmutzabweisende Eigenschaft. Dekorfliesen werden im Siebdruckverfahren glasiert.

Aufgrund ihrer hohen Porosität lassen sich Steingutfliesen gut schneiden, bohren oder brechen, andererseits sind sie jedoch nur im Innenbereich zu verwenden, da sie frostempfindlich sind. Hier werden sie fast ausschließlich als Wandfliesen im Wohnungs- und Objektbau eingesetzt. Eine gewisse Ausnahme bilden Steingutfliesen mit besonders dickem Scherben. Diese können auch auf mäßig beanspruchten Bodenflächen – wie beispielsweise im häuslichen Bad – verlegt werden, so daß Fußboden und Wandflächen aus ein und demselben Material bestehen.

10.4.7.2 Fliesen mit niedriger Wasseraufnahme: Trockengepreßte Steinzeugfliesen nach DIN EN 176

Glasierte und unglasierte Steinzeugfliesen sind gekennzeichnet durch einen feinkörnigen, kristallinen, dichtgesinterten Scherben mit höchstens 3 Gew.-% Wasseraufnahme. Zu ihrer Herstellung werden Ton, Kaolin, Quarzsand, Feldspat und Wasser nach den in der feinkeramischen Industrie üblichen Verfahren aufbereitet, unter hohem Druck in Formen gepreßt (Formgebungsverfahren B) und bei Temperaturen von etwa 1200°C zur Sinterung gebrannt (= Beginn des Schmelzprozesses, ohne Deformation der Formlinge). Dabei entsteht ein Scherben mit sehr dichtem Gefüge und großer Härte. Steinzeugfliesen sind feuchtigkeitsbeständig, wasserabweisend, widerstandsfähig gegen mechanische, chemische und thermische Beanspruchungen, leicht zu reinigen und zu desinfizieren. Die geringe Wasseraufnahmefähigkeit ist Voraussetzung für ihre Witterungs- und Frostbeständigkeit. Zur Erhöhung der Trittsicherheit in gewerblichen Bereichen und naßbelasteten Barfußbereichen können sie mit speziellen Oberflächen ausgestattet sein. S. hierzu Abschn. 10.4.7.5, Rutschhemmende Bodenbeläge.

Glasierte Steinzeugfliesen

Glasierte Steinzeugfliesen eignen sich für Bodenbeläge und Wandbekleidungen im Innen- und Außenbereich sowie für Fassadenbekleidungen und Auskleidungen von Schwimmbecken (Behälterbau). Außerdem sind sie beständig gegen Fleckenbildner und Haushaltschemikalien. Beständigkeit gegen Säuren und Laugen muß jeweils gesondert vereinbart werden.

Jeder genutzte Bodenbelag unterliegt einem gewissen Verschleiß. Dieser ist abhängig vom jeweiligen Anwendungsbereich und der Häufigkeit der Begehung, von Art und Grad der Verschmutzung sowie Härte und Verschleißfestigkeit des Belagmateriales. Während unglasierte Steinzeugbodenfliesen praktisch keinen Anwendungsbeschränkungen unterliegen, lassen sich bei glasierten Fliesen Oberflächenverkratzungen nicht ganz vermeiden. Sie sind bei dunklen Farben stärker erkennbar als bei hellen, qualitativ jedoch nicht von Bedeutung. Da Quarz – Hauptbestandteil von Sand – schon bei geringem Abrieb hochglänzende Glasuren stumpf und unansehnlich werden läßt, sollten derart glänzende und unifarbene Bodenfliesen nur für wenig begangene Flächen, wie beispielsweise Badezimmerböden, eingesetzt werden. Glasierte Steinzeugfliesen werden nach dem Oberflächenverschleißwiderstand (Verschleißbild) in vier Beanspruchungsgruppen eingeteilt (Tabelle **10**.45).

Tabelle **10**.45 Beanspruchungsgruppen glasierter Fliesen und Platten mit Anwendungsbereichen

Beanspruchungsgruppe	Anzahl der Umdrehungen[1]	Grad der Beanspruchung	Anwendungsbereiche Beispiele
I	150	sehr leicht	Schlaf- und Sanitärräume im privaten Wohnbereich
II	300 bis 600	leicht	Privater Wohnbereich, außer Küchen, Treppen, Terrassen
III	750 bis 1500	mittel	Gesamter Wohnbereich mit Bädern, Dielen, Fluren, Balkonen; Hotelzimmer und -Bäder; Sanitär- und Therapieräume in Krankenhäusern
IV	$>$ 1500	höher	Eingänge, Verkaufs- und Wirtschaftsräume, Büros
V[2]	$>$ 12 000	sehr hoch	Läden, Restaurationsbetriebe, Theken- und Schalterbereiche

[1] Die Beanspruchungsgruppen von glasierten Fliesen werden im PEI-Naßtest-Verfahren nach DIN EN 154 ermittelt.

[2] Neue Glasuren, sog. Hartglasuren, haben inzwischen zur Entwicklung glasierter Steinzeugfliesen geführt, deren Verschleißwiderstand weit über den Anforderungen der Abriebgruppe IV liegt. Daher ist eine neue Norm für die Abriebgruppe V in Vorbereitung, die diese Qualitätssteigerung berücksichtigt.

Unglasierte Steinzeugfliesen

Unglasierte Steinzeugfliesen sind besonders strapazierfähig und geeignet für alle Bodenbeläge und Wandbekleidungen im Innen- und Außenbereich sowie zur Auskleidung von Becken und Behältern mit hoher mechanischer und chemischer Beanspruchung (Säureschutzbau). Extrem beanspruchte Fußböden mit großem Publikums- bzw. Fahrverkehr – wie beispielsweise in Supermärkten, Hotels, Schulen, Verwaltungsgebäuden, Schalter- und Bahnhofshallen, Krankenhäusern, Fußgängerpassagen usw. – sollten immer unglasierten Fliesen und Platten vorbehalten bleiben. Anders verhält es sich dagegen bei fleckenbildenden Flüssigkeiten wie Öle, Fette und farbige Flüssigkeiten. Sie dringen in die (wenigen) Poren tief ein und sind dann nur noch sehr schwer zu entfernen. Erhöhte Fleckenbeständigkeit kann von unglasierten Steinzeugfliesen nur erwartet werden, wenn diese nach dem Verlegen mit einer geeigneten Imprägnierung behandelt wurden.

Regelabmessungen – Steingutfliesen: 150×150 – 150×200 mm. Steinzeugfliesen: 100×200 – 300×300 mm. Darüber hinaus gibt es noch eine Vielzahl von Sonderformaten, Kombinationsbelägen und kompletten Zubehörprogrammen.

Regelabmessungen – Klein- und Mittelmosaik: 20×20 und 50×50 mm. Fliesen, deren Fläche kleiner als 90 cm^2 ist, werden als Mosaik bezeichnet. Es wird auf einem Gewebeträger o. ä. in Form von Verlegetafeln (z. B. 300×500 mm) geliefert.

Trockengepreßte Feinsteinzeugfliesen nach DIN EN 176

Die materialtechnische Besonderheit von Feinsteinzeug (eine Bezeichnung der Keramischen Industrie) besteht vor allem in der extrem niedrigen Wasseraufnahme der unglasierten Fliesen und Platten. Während die DIN EN 176 eine Wasseraufnahme von 3 Gew.-% zuläßt, liegt das tatsächliche Wasseraufnahmevermögen von Feinsteinzeugprodukten in der Regel unter 0,1 Gew.-%. Damit gelten diese Fliesen als vollkommen dicht gesintert. Sie haben eine so dichte Gefügestruktur, daß die Oberfläche – obwohl unglasiert – weitgehend fleckenunempfindlich und sehr gut zu reinigen ist. Daneben weisen die Feinsteinzeugprodukte auch noch all die anderen Vorteile von unglasiertem Material auf, wie etwa extrem hohe Strapazierfähigkeit und Oberflächenverschleißwiderstand. Beim Einsatz von Feinsteinzeugbodenfliesen sind jedoch einige wichtige anwendungs- und verarbeitungstechnische Besonderheiten zu beachten [40]:

- Für die Verlegung von Feinsteinzeugfliesen mit dichtgesintertem Scherben und derart extrem niedriger Wasseraufnahme sollten nur hydraulisch erhärtende – mit speziellen Kunststoffzusätzen vergütete – Dünnbettmörtel verwendet werden. Mit den üblichen, rein zementgebundenen Dünnbettmörteln ist kein ausreichender Haftverbund zwischen Mörtel und Plattenrückseite sicherzustellen. Für Bodenbeläge, bei denen mit chemischen Belastungen zu rechnen ist, sind Reaktionsharzklebstoffe auf Polyurethan- oder Epoxidharzbasis einzusetzen. S. hierzu Abschn. 10.4.7.7, Verlegeverfahren bei Keramik- und Steinbelägen.
- Für die mechanische Bearbeitung von Feinsteinzeugfliesen sind unter Umständen diamantbestückte Schneid- und Bearbeitungswerkzeuge erforderlich, da ihre Ritzhärte nach der Härteskala von Mohs zwischen 7 und 8 liegt.
- Die Oberflächen von Feinsteinzeugfliesen können normal eben, leicht strukturiert, geschliffen oder hochglanzpoliert sowie erhöht trittsicher gestaltet sein. Es ist darauf hinzuweisen, daß die rutschhemmenden Eigenschaften von hochglanzpolierten Plattenoberflächen – insbesondere bei Naßbeanspruchung – als nicht ausreichend bezeichnet werden müssen. In Objekten, bei denen es auf Tritt- und Gleitsicherheit des Belages ankommt, sollten daher nur Platten mit strukturierter Oberfläche eingesetzt werden.

Regelabmessungen – Feinsteinzeugfliesen: 100×100 – 150×150 – 200×200 – 300×300 – 400×400 – 600×600 mm sowie Rechteck-, Sechseck-, Achteck- und Sonderformate mit komplettem Zubehörprogramm. Plattendicken üblicherweise 9 bis 12 mm.

10.4.7.3 Stranggepreßte Spaltplatten nach DIN EN 121/DIN EN 186

Keramische Spaltplatten gehören ebenfalls in die Gruppe der Steinzeugprodukte. Platten mit niedriger Wasseraufnahme ≤ 3 Gew.-% werden nach DIN EN 121, Platten mit mittlerer Wasseraufnahme nach DIN EN 186-1 hergestellt. Die Rohstoffe sind Ton, Feldspat, Quarz, Schamotte und etwa 15% Wasser. Diese Ausgangsmischung wird in plastisch-feuchtem Zustand durch das Mundstück einer Vakuum-Strangpresse gepreßt (Formgebung A), dabei zu Doppelplatten geformt, getrocknet, ggf. glasiert, bei Temperaturen über 1200°C gebrannt und anschließend in Einzelplatten gespalten. Platten mit einer schwalbenschwanzförmig ausgebildeten Rückseite eignen sich zur Verlegung im Mörtelbett (Dickbettverfahren), diejenigen mit einer rillenförmigen Profilierung für das Dünnbettverfahren. Auch Formstücke wie Treppenwinkel, Kehlsockel, Überlaufrinnen oder Randplatten für Schwimmbäder können durch Strangpressen gefertigt werden. Keramische Spaltplatten sind druck-, stoß- und ritzfest sowie säure- und laugenbeständig. Aufgrund des dichten Scherbens und ihrer relativ niedrigen Wasseraufnahme weisen sie eine hohe Frostbeständigkeit auf, so daß sie für Bodenbeläge und Wandbekleidungen im Innen- und Außenbereich geeignet sind. Sie werden glasiert und unglasiert in verschiedenen Formen, Farben und Abmessungen hergestellt. Weitere Einzelheiten sind der Spezialliteratur [41] zu entnehmen.

Regelabmessungen – Spaltplatten: 240×115 – 240×240 – 240×52 – 194×194 – 194×94 mm sowie Sechseck-, Achteck- und Sonderformate mit komplettem Zubehörprogramm. Plattendicken von 8 bis 25 (40) mm. Verlegung, Aufmaß und Abrechnung nach VOB Teil C, DIN 18352, Fliesen und Plattenarbeiten.

10.4.7.4 Rutschhemmende Bodenbeläge

Nach der Arbeitsstättenverordnung und den Unfallverhütungsvorschriften müssen Fußböden eben, rutschhemmend und leicht zu reinigen sein. Rutschhemmende Bodenbeläge sind überall dort einzuplanen, wo gleitfördernde Stoffe, wie zum Beispiel Wasser, Fett, Öl, Lebensmittel, Abfälle u. ä. auf den Boden gelangen und so die Rutschgefahr erhöhen können. Im einzelnen unterscheidet man:

- **Rutschhemmende Bodenbeläge für naßbelastete Barfußbereiche**, wie sie beispielsweise in Bädern, Krankenhäusern, Umkleide-, Wasch- und Duschräumen von Sport- und Arbeitsstätten sowie im gesamten Schwimmbadbereich gefordert sind. Die rutschhemmende Eigenschaft von Bodenbelägen für naßbelastete Barfußbereiche wird nach DIN 51097 bestimmt. Als Bewertungsmaß gilt die Neigung einer Fläche (schiefe Ebene), auf der eine Person barfuß in dem jeweiligen Anwendungsbereich noch stehen kann, ohne abzurutschen. In dem Merkblatt GUV 26.17 [42] werden die naßbelasteten Barfußbereiche entsprechend den unterschiedlichen Rutschgefahren drei Bewertungsgruppen A, B und C zugeordnet, wobei die Anforderungen an die Rutschhemmung von A bis C zunehmen. Die geprüften Bodenbeläge werden in regelmäßigen Abständen in einer sog. Liste NB veröffentlicht. Diese Liste umfaßt Beläge aus Keramik, Naturwerkstein, Betonwerkstein, Kunststoff, Gummi, Edelstahlblech, beschichtete Werkstoffe und Holz.
- **Rutschhemmende Bodenbeläge für Arbeitsräume, Arbeitsbereiche und öffentlich genutzte Verkehrsflächen**, bei denen aufgrund einer Verunreinigung der Fußböden durch gleitfördernde Stoffe erhöhte Rutschgefahr besteht. Während in Industrie- und Gewerbeobjekten trittsichere Bodenbeläge schon seit langem vorgeschrieben sind, werden entsprechende Trittsicherheitsanforderungen erst seit kurzem auch für öffentlich zugängliche Bereiche – wie beispielsweise Schalterhallen in Geldinstituten, Hotel- und Empfangshallen, Verkaufsbereiche, Kindergärten, Schulen usw. – gefordert. Auch in privaten und halbprivaten Bereichen, insbesondere im Hinblick auf ein alten- und behindertengerechtes Wohnen, gewinnt die Trittsicherheit zunehmend an Bedeutung. Die rutschhemmende Eigenschaft von Bodenbelägen für Arbeitsräume und Arbeitsbereiche mit erhöhter Rutschgefahr wird nach DIN 51130 bestimmt. Zur Erfüllung der sicherheitstechnischen Anforderungen ist das Merkblatt ZH1/571 [43] zu beachten. Darin werden Arbeitsräume und öffentlich genutzte Zonen entsprechend der Größe der Rutschgefahr fünf Bewertungsgruppen (R9 bis R13) zugeordnet, wobei die Rutschgefahr von Gruppe R9 nach R13 zunimmt. Für Arbeitsräume, in denen besonders gleitfördernde Stoffe – wie z. B. feste Gleitmassen aus Fleischresten oder größere Mengen an Ölen und Fetten auf den Boden gelangen – muß unter der eigentlichen Gehebene noch zusätzlich ein Verdrängungsraum vorhanden sein, und zwar in Form von Vertiefungen (Oberflächenprofilierung). Derartige Arbeitsräume bzw. -bereiche werden in dem Merkblatt mit **V**-Kennzahlen (V4, V6, V8 und V10) klassifiziert, wobei die Zahl das Volumen des Verdrängungsraumes in cm^3/dm^2 angibt.

  Beispiel: Der Spülraum einer Gaststättenküche wird mit der Bewertungsgruppe R12 der Rutschgefahr bewertet, die Größe des Mindestverdrängungsraumes mit V4 angegeben.

10.4.7.5 Fußbodenkonstruktionen mit Keramischen Fliesen und Platten, Naturwerkstein und Betonwerkstein

Keramische Beläge, Naturwerkstein und Betonwerkstein – zusammengefaßt auch als Hartbeläge bezeichnet – können entweder unmittelbar auf massivem Untergrund, auf Estrich mit Trennschicht bzw. Abdichtung oder auf einem schwimmenden Estrich verlegt werden. Dementsprechend unterscheidet man Verbundkonstruktionen und schwimmende Bodenkonstruktionen. Die nachstehenden Ausführungen beziehen sich schwerpunktmäßig auf Konstruktionen mit zementgebundenem Estrich bzw. Mörtelbett; materialbedingte Abweichungen bei Anhydrit- und Gußasphaltestrich sind dem Abschn. 10.3.6.2, Estricharten und Estrichkonstruktionen, zu entnehmen.

Keramik- und Steinbeläge auf tragendem Untergrund. Verbundbeläge werden überall dort eingesetzt, wo hohe mechanische Belastungen zu erwarten sind (Industriefußböden) und die Belagkonstruktion keine Anforderungen an den Wärme-, Schall- oder Feuchteschutz zu erfüllen hat. Das Prinzip der Verbundkonstruktion besteht darin, daß alle Schichten – Belag, Kleber, Verbundestrich bzw. Verlegemörtel – eine vollflächige und kraftschlüssige Verbindung untereinander und mit dem tragenden Untergrund aufweisen. Von ausschlaggebender Bedeutung ist vor allem die Verbindung zwischen Verbundestrich bzw. Verlegemörtel zum tragenden Untergrund. Wie in Abschn. 10.3.6.4 näher erläutert, muß daher auf den sorgfältig gesäuberten Betonuntergrund immer zuerst eine Haftbrücke (Kontaktschicht) aufgetragen werden (Bild **10**.46 a).

Keramik- und Steinbeläge können entweder im Dünnbett auf einen bereits erhärteten Verbundestrich bzw. tragfähigen Beton aufgeklebt oder im Dickbettverfahren in ein frisch aufgezogenes Zementmörtelbett verlegt werden. Die Dicke des Mörtelbettes sollte etwa 15 bis 20 mm betragen, die entsprechenden Festigkeitsklassen von Verbundestrichen sind Abschn. 10.3.6.2 zu entnehmen. Mit dem Aufbringen von Belägen ist jedoch Vorsicht geboten, solange der Untergrund noch starke Formänderungen infolge Schwindens anzeigt (z. B. Schwindprozeß einer noch jungen Stahlbetondecke oder eines zementären Verbundestrichs). Da der „harte" Oberbelag (hoher E-Modul) den Verformungen des Untergrundes nicht folgt, kann es zu Schubspannungen kommen, die vom Verbund nicht mehr aufgenommen werden können. Es besteht dann die Gefahr von Ablösungen. Aus diesem Grund sind entsprechende Wartezeiten einzuhalten, und zwar müssen Verlegeflächen aus Beton zum Zeitpunkt der Belagverlegung ein Mindestalter von 6 Monaten, zementgebundene Verbundestriche ein solches von 28 Tagen aufweisen. Gebäudetrennfugen sind gemäß Abschn. 10.3.6.5 vorzusehen und auszubilden. Die Anordnung von Feldbegrenzungsfugen (Bewegungsfugen) ist bei Verbundestrichen zu unterlassen, Randfugen sind dagegen an allen aufgehenden Bauteilen einzuplanen.

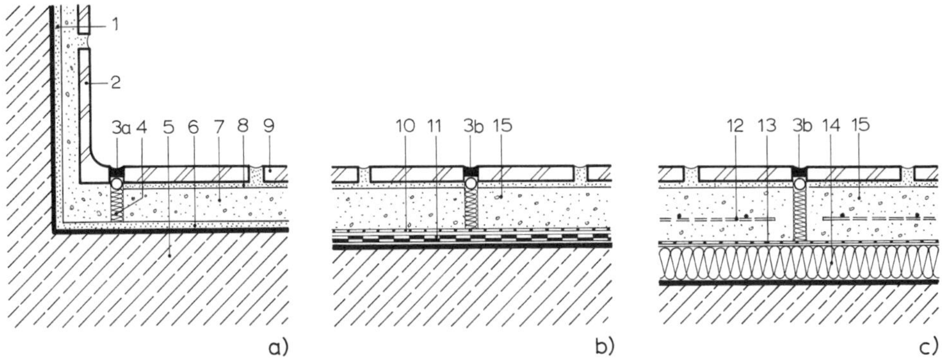

10.46 Schematische Darstellung von Bodenkonstruktionen mit Fliesenbelägen und Bewegungsfugen

a) Belag auf tragendem Untergrund. Bei Verbundkonstruktionen ist die Anordnung von Feldbegrenzungsfugen zu unterlassen. Randfugen sind an Wandanschlüssen und alle den Boden durchdringenden Bauteilen vorzusehen.

b) Belag auf Estrich mit Trennschicht. Zementestrich oder Mörtelbett über Abdichtung mit Trenn- bzw. Gleitschicht und Feldbegrenzungsfuge (Bewegungsfuge)

c) Belag auf Estrich mit Dämmschicht. Bewehrte Zementestrichplatte über Dämmschicht mit Abdeckung und Feldbegrenzungsfuge (Bewegungsfuge)

1 Spritzbewurf auf Betonwand
2 Kehlsockel
3a Randfuge
3b Feldbegrenzungsfuge (Bewegungsfuge)
4 Vorfüllprofil mit elastischer Fugenmasse
5 Betondecke (tragender Untergrund)
6 Haftbrücke (Kontaktschicht)
7 Verbundestrich oder Zementmörtelbett
8 Dünnbettmörtel oder Klebstoff
9 Keramische Fliesen und Platten, Naturwerkstein, Betonwerkstein
10 Trenn- bzw. Gleitschicht (PE-Folie 0,1 mm, zweilagig)
11 Abdichtung gegen Feuchtigkeit
12 Bewehrung nach Bedarf (Betonstahlmatten)
13 Abdeckung (z. B. PE-Folie 0,1 mm, einlagig)
14 Dämmschicht
15 Zementestrich

Keramik- und Steinbeläge auf Estrich mit Trennschicht. Fußbodenkonstruktionen auf Trennschicht werden vor allem aus bautechnischen oder bauphysikalischen Gründen eingesetzt (vgl. hierzu Abschn. 10.3.6.4, Estrichkonstruktionen). Da durch das Einfügen der Trennschicht kein Haftverbund mit dem tragenden Untergrund besteht, können sich Deckenauflage und Tragdecke unabhängig voneinander bewegen. Voraussetzung ist jedoch, daß elastische Randfugen zwischen der Bodenkonstruktion und allen aufgehenden Bauteilen sowie eine zweilagig ausgebildete Trenn- bzw. Gleitschicht über dem tragenden Untergrund oder der Feuchtigkeitsabdichtung angeordnet werden (Bild **10**.46 b). Feldbegrenzungsfugen sind je nach Estrichart einzuplanen, Gebäudetrennfugen gemäß Abschn. 10.3.6.5 vorzusehen und auszubilden.

Keramik- und Steinbeläge können entweder im Dünnbett auf einen bereits erhärteten Estrich auf Trennschicht aufgeklebt oder im Dickbettverfahren in ein frisch aufgezogenes, mind. 35 mm dickes Zementmörtelbett verlegt werden. Um konvexe Verwölbungen der Deckenauflage durch den Schwindprozeß von zementären Estrichen weitgehend zu vermeiden, muß eine möglichst schwindarme Estrich- bzw. Mörtelschicht hergestellt werden und der Zementestrich auf Trennschicht beim Aufbringen des Belages ein Mindestalter von 28 Tagen aufweisen. Die entsprechenden Festigkeitsklassen von Estrich auf Trennschicht sind Abschn. 10.3.6.2 zu entnehmen, der Einbau einer Bewehrung aus Betonstahlmatten kann zweckmäßig sein.

Keramik- und Steinbeläge auf Estrich mit Dämmschicht. Schwimmende Belagkonstruktionen werden vor allem aus schall- und wärmetechnischen Gründen eingebaut. Der Gesamtaufbau dieser Fußbodenkonstruktion sowie Art, Anordnung und Dicke der einzelnen Schichten, insbesondere der Dämmung und Abdichtung sowie die Anordnung von Bewegungsfugen, sind in den Abschnitten 10.3.2 bis 10.3.6 im einzelnen erklärt.

Keramik- und Steinbeläge werden in der Regel auf einen erhärteten, mind. 45 mm dicken Estrich auf Dämmschicht (meist Zementestrich) aufgebracht, und zwar entweder im Dünnbett- oder Dickbettverfahren (Bild **10**.47). Eine direkte Verlegung der Fliesen und Platten in ein frisch über der Dämmschicht aufgezogenes Zementmörtelbett – sog. estrichgerechtes Mörtelbett – ist ebenfalls möglich (Bild **10**.41 c). Vorteilhaft wirkt sich hier die niedrigere Konstruktionshöhe aus. Diese Verlegeart sollte jedoch auf kleinere Flächen beschränkt bleiben, da verstärkt die Gefahr der Aufwölbung und Rissebildung besteht sowie Ausblühungen und Verfärbungen an der Belagoberfläche auftreten können. Um generell konvexe Verwölbungen beim Schwindprozeß des Verbundsystems Belag/Zementestrich weitgehend zu vermeiden, muß auch bei dieser schwimmenden Konstruktion eine möglichst schwindarme Lastverteilungsschicht hergestellt werden (Mischungsverhältnis Zement : Sand in RTL 1 : 5) und diese beim Aufbringen des Belages ein Mindestal-

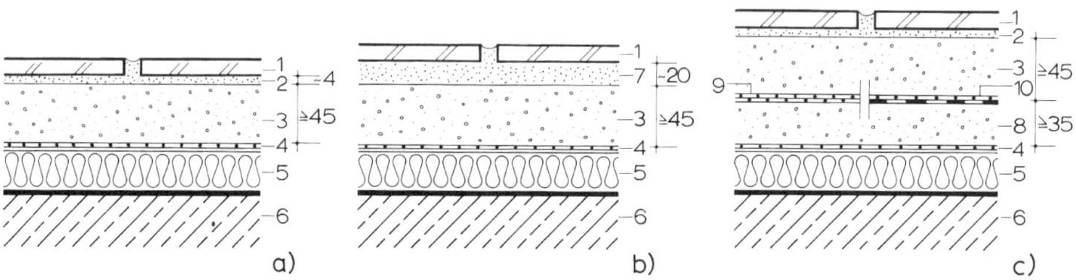

10.47 Schematische Darstellung von Bodenkonstruktionen mit Keramik- und Steinbelägen auf Estrich mit Dämmschicht. S. hierzu auch Bild **10**.41c

a) Verlegung im Dünnbett auf erhärtetem Zementestrich
b) Verlegung im Dickbett auf erhärtetem Zementestrich
c) Verlegung im Dünnbett auf erhärtetem Zementestrich über Trennschicht oder Abdichtung

1 Keramische Fliesen und Platten, Naturwerkstein, Betonwerkstein
2 Dünnbettmörtel oder Klebstoff
3 erhärteter Zementestrich (Lastverteilungsschicht)
4 Abdeckung (z. B. PE-Folie, einlagig)
5 Dämmschicht
6 Betondecke (tragender Untergrund)
7 Verlegemörtel (Dickbett, 15 bis 20 mm)
8 Schutzschicht (mind. ≥ 35 mm)
9 Trennschicht (PE-Folie 0,1 mm, zweilagig) oder
10 Abdichtung nach DIN 18 195 mit Trennschicht (s. hierzu auch Bild **10**.46b)

ter von 28 Tagen aufweisen. Die entsprechenden Festigkeitsklassen von Estrich auf Dämmschicht sind Abschn. 10.3.6.2, die zulässigen Feuchtigkeitswerte für die Belegreife Tabelle **10**.21 zu entnehmen. Bei zementgebundenen Estrichen mit Keramik- und Steinbelägen kann eine Bewehrung aus Betonstahlmatten zweckmäßig sein, um dadurch bei eventuell auftretenden Rissen einen zu großen Höhenversatz der Plattenkanten zu begrenzen.

Auf die vom Zentralverband des Deutschen Baugewerbes herausgebrachten Merkblätter [21], [44] wird besonders hingewiesen. Verlegung, Aufmaß und Abrechnung nach VOB Teil C, DIN 18332 – Naturwerksteinarbeiten, DIN 18333 – Betonwerksteinarbeiten sowie DIN 18352 – Fliesen und Plattenarbeiten.

10.4.7.6 Verlegeverfahren bei Keramischen Fliesen und Platten, Naturwerkstein und Betonwerkstein

Keramik- und Steinbeläge können im Dickbett- oder Dünnbettverfahren verlegt werden. In jedem Fall müssen die jeweiligen Verlegeuntergründe das vorgeschriebene Mindestalter, die notwendige Festigkeit und zulässigen Feuchtigkeitswerte für die Belegreife aufweisen sowie je nach Estrichart entsprechende Bewegungsfugen eingeplant sein. Außerdem ist immer eine möglichst vollsatte Verlegung der Bodenbeläge anzustreben. Werden Hartbeläge in Räumen verlegt, die zum dauernden Aufenthalt von Menschen bestimmt sind, so muß auch für ausreichenden Schall-, Wärme- und Feuchteschutz gesorgt sein.

Dickbettverfahren

Der konventionellen Dickbettverlegung wird der Vorzug gegeben, wenn die vorhandene Verlegefläche unregelmäßig und nicht ganz eben abgezogen ist oder ungleich dicke Platten verlegt werden sollen. Geeignet sind massive Untergründe wie tragfähiger Beton (DIN 1045) oder erhärtete Zementestriche als Verbund- oder schwimmender Estrich (Mindestalter 28 Tage). Um eine möglichst innige Verbindung zwischen Verlegefläche und Mörtelbett zu bekommen, ist zunächst eine Haftbrücke gemäß Abschn. 10.3.6.4 auf den sauberen und saugfähigen Untergrund aufzubringen. Darauf wird das 15 bis 20 mm dicke Mörtelbett (Mörtelgruppe II/III, Mischungsverhältnis Zement oder Traßzement: gemischtkörniger Sand in RTL 1 : 4 bis 1 : 5) aufgetragen, mit der Setzlatte leicht verdichtet und eben abgezogen. Um auch zwischen dem Belag und dem frisch aufgezogenen Mörtelbett einen möglichst guten Haftverbund zu erzielen, wird dieses mit einer dünnen Kontaktschicht (Zementmörtelschlämme) überstrichen, die Platten in die frische Schicht eingelegt, ausgerichtet und angeklopft.

Verfärbungen an fertig verlegten Naturwerksteinbelägen sind in den letzten Jahren verstärkt aufgetreten. Während früher dickschichtige Natursteinplatten verlegt wurden, ermöglichen es moderne Schneid- und Gattertechniken heute, wesentlich dünnere Natursteinfliesen herzustellen, die außerdem zunehmend im Dünnbett und auf Fußbodenheizung verlegt werden.

Verfärbungen an der Natursteinoberfläche werden einmal dadurch hervorgerufen, daß sich bestimmte Gesteininhaltsstoffe (Eisenverbindungen oder fossile organische Bestandteile) durch das hochalkalische Anmachwasser des Verlegemörtels in färbende Substanzen lösen, mit diesem zusammen durch den kapillaren Porenraum des Natursteins an die Oberfläche wandern, sich dort absetzen und oxidieren. Zurück bleiben unschöne Verfärbungen, die sich meist nicht wieder entfernen lassen. Verfärbungsaktive Substanzen können jedoch auch aus der Verlege- und Unterkonstruktion (Kalkhydrat vom Zement, Verunreinigungen durch Zuschlagstoffe) oder seitlich von den Fugen in die Platten einwandern (Weichmacher aus dem Fugendichtstoff, Überschußwasser vom Fugenmörtel, Reinigungswasser). Bei der Verlegung von Natursteinplatten ist deshalb darauf zu achten, daß der tragende Untergrund und die Lastverteilungsschicht einen möglichst geringen Feuchtigkeitsgehalt aufweisen. Belegreife von Estrichen s. Tabelle **10**.21 sowie Tabelle **11**.9.

Als Bindemittel für Verlegemörtel von besonders verfärbungsempfindlichen Gesteinen eignet sich Spezial-Traßzement, der einen sog. „Blocker" enthält, der in Form einer Hydrophobierung den Wassertransport durch die Kapillaren behindert. Gute Erfolge erzielt man auch bei der Verwendung von kalkarmen Schnellzementen, bei denen das Anmachwasser kristallin fest eingebunden wird und so für „Transportvorgänge" in den Kapillaren des Natursteins nicht mehr zur Verfügung steht. Vgl. hierzu Abschn. 10.3.6.2. Wegen des relativ hohen Preises dieser Zemente werden sie überwiegend als Bindemittel von Dünnbettmörtel eingesetzt. Eine weitere Möglichkeit, den kapillaren Wassertransport durch Natursteine zu bremsen, besteht darin, die Plattenunterseiten mit Kunstharzen (Haft- und Grundierdispersionen) oder Dichtschlämmen einzustreichen und so abzudichten. Diese Maßnahme ist insbesondere bei hellem, kristallinem Naturstein (Marmor) angebracht. Damit das Mörtelbett gut austrocknen kann, müssen die Fugen – vor allem bei konventioneller Dickbettverlegung – möglichst lange offengehalten werden [45].

Dünnbettverfahren

Beim Dünnbettverfahren werden gleichmäßig dicke Belagplatten auf einen nahezu ebenen Untergrund verlegt. Da ein Ausgleich von Unebenheiten bei diesem Verfahren kaum möglich ist, muß der Verlegeuntergrund in seiner Ebenflächigkeit der fertigen Nutzfläche weitgehend entsprechen. S. hierzu Tabelle **10**.2, Ebenheitstoleranzen. Die erforderliche Ebenheit der Flächen muß ggf. durch vorheriges Aufbringen entsprechender Glätte- oder Ausgleichsschichten hergestellt werden. Das Dünnbettverfahren ist sowohl auf massiven, als auch auf Trockenbaukonstruktionen (z. B. Gipskartonplatten) möglich. Verlegeflächen aus Beton müssen ein Mindestalter von 6 Monaten aufweisen und Zementestriche mind. 28 Tage alt sein. Diese mehrwöchigen Wartezeiten lassen sich durch den Einsatz von flexiblen Fliesenklebern gegebenenfalls deutlich reduzieren. Die zulässigen Feuchtigkeitswerte für die Belegreife sind Tabelle **10**.21 sowie Tabelle **11**.9 zu entnehmen.

Die Eigenschaften des Verlegeuntergrundes hängen im wesentlichen von der Konstruktion, dem verwendeten Baustoff und seiner Oberflächenbeschaffenheit (Ausführung) ab. Folgende Besonderheiten sind zu beachten:

— **Holzspanplatten**. Die Verwendung von Holzspanplatten als Verlegeuntergrund für Keramik- und Steinbeläge ist nicht unproblematisch und immer mit einem **Risiko**[1]) verbunden. So unterscheidet sich das Bewegungsverhalten von Spanplatten bei Feuchtigkeitseinwirkung wesentlich von dem eines Hartbelages. Während sich die Spanplatte dabei ausdehnt bzw. beim Trockenvorgang schwindet, verändern sich die Keramik- und Steinbeläge dadurch nur unwesentlich. Daher sollten Holzspanplatten als Verlegeuntergrund für derartige Beläge nur in Trockenbereichen eingesetzt werden. Nicht geeignet sind sie für Räume mit hoher relativer Luftfeuchte und für Zonen mit Naßbeanspruchung (z. B. Duschen).

  Verwendet werden in der Regel Holzspanplatten V 100 **G** nach DIN 68763, mindestens 25 mm dick, mit Nut- und Federkantenausbildung und einem Feuchtegehalt von max. 8% zum Zeitpunkt des Einbaues. Um die Feuchteaufnahme zu reduzieren und die Bewegungen in Grenzen zu halten, sind die Spanplatten vor dem Verlegen allseitig – einschließlich der Kanten – mit einer auf den Dünnbettklebstoff abgestimmten Kunstharzlösung zu grundieren.

  Für die Verlegung von Keramik- und Steinbelägen auf Holzspanplatten eignen sich vor allem Reaktionsharzklebstoffe auf der Basis von Epoxidharz nach DIN 18157-3. Mit der Fliesenverlegung ist unmittelbar nach der Fertigstellung des Spanplattenunterbodens zu beginnen, damit sich die Verlegefläche nicht verformt (Verwölbung und Rißbildung). Die Fliesengröße sollte die Abmessung 150 × 150 mm möglichst nicht übersteigen. Zum Verfugen eignen sich vorgefertigte Fugenmörtel mit Kunststoffzusätzen, die das Bewegungsverhalten des Bodenbelages günstig beeinflussen.

— **Anhydritestrich.** Zu unterscheiden ist zwischen dem konventionellen Anhydritestrich und dem vermehrt eingebauten Anhydritfließestrich. Die höhere Dichte des Anhydritfließestrichs ergibt meist höhere Festigkeiten, aber auch längere Austrocknungszeiten. Außerdem bedarf die Oberfläche dieses Estrichs in der Regel einer zusätzlichen Bearbeitung (z. B. Anschleifen, Absaugen und Grundieren). Besteht die Oberfläche aus labilen Zonen, muß sie ggf. sogar vollflächig abgeschliffen werden. Die Belegreife von Anhydritestrichen ist für Keramik- und Steinbeläge bei einem Grenzfeuchtigkeitsgehalt von ≤ 0,5% erreicht. S. hierzu Tabelle **10**.21, Tabelle **11**.9 sowie Abschn. 10.3.6.2, Estricharten. Eine direkte Verlegung des Oberbelages mit konventionellem Dickbett ist beim feuchtigkeitsempfindlichen Anhydritestrich nicht zulässig. Um auch Schäden am Estrich durch die Feuchte des Dünnbettmörtels oder Klebers zu vermeiden, müssen Anhydritestriche vor dem Verlegen des Oberbelages immer grundiert werden (z. B. mit Reaktionsharzgrundierung). Vorhandene Gebäudetrennfugen sind an gleicher Stelle und in gleicher Breite zu übernehmen. Darüber hinaus sind Fugen in den Keramik- und Steinbelägen bei einer Feldgröße >40 m² und bei Seitenlängen > 8 m anzuordnen. Unabhängig von vorhandenen Fugen im Anhydritestrich sind im Belag auch in Türbereichen Fugen vorzusehen. Auf das vom Zentralverband des Deutschen Baugewerbes herausgegebene Informationsblatt [46] wird besonders hingewiesen.

[1]) s. hierzu Fußnote Seite 435

Dünnbettmörtel und Klebstoffe

Die Auswahl des richtigen Dünnbettmörtels bzw. Klebstoffes hängt von der jeweiligen Art des Verlegeuntergrundes und der später zu erwartenden Beanspruchung (z. B. Trocken-/ Naßbereich) ab. Die entsprechenden Stoffe sind in DIN 18156-1 bis -4 (zukünftig DIN EN 1322), die Ausführung keramischer Bekleidungen im Dünnbettverfahren in DIN 18157-1 bis -3 näher beschrieben. Danach werden die Dünnbettmörtel- bzw. Klebstoffe mit einem Kammspachtel, etwa 2 bis 6 mm dick, aufgetragen, und zwar entweder auf den Verlegeuntergrund oder auf die Rückseite der Fliesen bzw. Platten. Die bestmögliche Bettung und Haftfestigkeit wird mit dem kombinierten Verfahren, dem sog. Floating-Buttering-Verfahren, erzielt (Mörtelauftrag auf die Verlegefläche und die Rückseite der Fliese). Je nach Anwendungsbereich und Untergrundmaterial (Verlegefläche) können wahlweise folgende Mörtel bzw. Klebstoffe eingesetzt werden:

- **Hydraulisch erhärtende Dünnbettmörtel** sind Gemische aus hydraulischen Bindemitteln (Portland- oder Traßzement), mineralischen Zuschlagstoffen und organischen Zusätzen (Kunststoffen). Diese Trockengemische werden unmittelbar vor dem Verarbeiten mit Wasser angemacht. Sie entwickeln relativ hohe Endfestigkeiten und eignen sich daher für starre Verklebungen auf verformungsarmen, mineralischen Untergründen wie Beton oder Zementestrich. Außerdem sind sie wasserfest und frostbeständig, so daß sie in Naßbereichen und auch außerhalb von Gebäuden eingesetzt werden können. Nicht geeignet sind dagegen Verlegeflächen aus Holz, Holzwerkstoffen, Metallen und Kunststoffen.
- **Dispersionsklebstoffe** sind werkmäßig hergestellte Gemische aus organischen Bindemitteln (wäßrige Dispersion) und mineralischen Füllstoffen. Sie werden gebrauchsfertig (pastös) angeliefert und erhärten durch Verdunstung des Wassers. Da sie nicht frostbeständig und nur beschränkt wasserfest sind, können sie nicht im Außenbereich und nicht in Räumen mit starker und ständiger Feuchtigkeitsbeanspruchung (ausgenommen häusliche Bäder) verwendet werden. Dagegen zeigen sie in erhärtetem Zustand günstigere Elastizitätswerte als die zementgebundenen Dünnbettmörtel, was ihren Einsatz auf entsprechend verformungsfähigen Untergründen ermöglicht. Aufgrund ihrer geringeren Druckfestigkeit werden sie vor allem für Wandbekleidungen und weniger für Bodenbeläge verwendet.
- **Reaktionsharzklebstoffe** sind mit mineralischen Stoffen gefüllte Kunstharze (Zweikomponentenkleber), die nach dem Mischen durch chemische Reaktion erhärten und deren Eigenschaften durch die Auswahl entsprechender Kunstharze angepaßt werden können. So sind Reaktionsharzkleber auf der Basis von Epoxidharz frostbeständig und wasserfest sowie mechanisch und chemisch hochbeständig (Säureschutzbau), aber relativ teuer. Kleber auf Polyurethanbasis bleiben elastisch, weshalb sie auf stark verformenden oder vibrierenden Untergründen (z. B. Holzspanplatten) verwendet werden. Vollflächig lückenlos aufgetragene Schichten ergeben wasserdichte Flächen. Reaktionsharzkleber werden außerdem dort eingesetzt, wo eine schnelle Aushärtung notwendig ist, wie beispielsweise bei verfärbungsgefährdeten Naturwerksteinbelägen. Sie ergeben jedoch unter Umständen eine nahezu wasserdampfdichte Verklebung (Vorsicht – Dampfsperre!) und sind wesentlich teurer als die vorgenannten Kleberarten.
- **Elastikkleber oder Dichtkleber** sind schon seit einigen Jahren auf dem Markt, in DIN 18156 jedoch noch nicht genormt. Diese Mischprodukte bestehen sowohl aus hydraulisch erhärtendem Mörtel als auch aus Kunststoffdispersion, die durch Wasserverdunstung erhärtet. Aufgrund ihrer Zementbindung sind sie nach dem Abbinden einerseits wasserfest, frostbeständig sowie dampfdurchlässig und eignen sich daher besonders gut zur wasserdichten Fliesenverklebung in Sanitär- und Naßräumen (s. hierzu Abschn. 10.3.2.2, Fußbodenkonstruktion in Naßräumen). Da sie andererseits ein günstiges Verformungsverhalten aufweisen, können die entsprechenden Produkte auch zum Verkleben von Keramik- und Steinbelägen auf Trockenestrichen (z. B. Gipskartonplatten) sowie auf Estrichen mit Fußbodenheizung eingesetzt werden.

Verfugung

Nach dem Verlegen sollten die Keramik- und Steinbeläge noch eine gewisse Zeit mit offenen Fugen austrocknen, damit möglichst viel Mörtelfeuchtigkeit über das Fugennetz entweichen kann. Eine längere Wartezeit ist vor allem bei der Dickbettverlegung – insbesondere bei Naturwerksteinbelägen – zwingend notwendig. Je nach Temperatur und Luftfeuchte kann diese zwischen 7 und 14 Tagen liegen. Bei in Dünnbettmörtel verlegten Belägen können die Verfugungsarbeiten in der Regel bereits nach 1 bis 2 Tagen ausgeführt werden.

Nach dem Erhärten des Dünnbettmörtels bzw. Klebstoffes werden die Fugen mit einem feinen Zementmörtel (Zement: Sand in RTL 1 : 2 bis 1 : 3) oder mit kunststoffvergütetem Fertigfugenmörtel ausgefugt. Farbige Fertigfugenmörtel enthalten außerdem noch Pigmente, die sich unter Umständen an rauhen Belagoberflächen festsetzen oder über die Kanten einwandern und zu unschönen Verfärbungen führen können.

Bei verfärbungsempfindlichen Natursteinen sind schnellhärtende traßhaltige Fugenmörtel einzusetzen. Chemikalienbeständige und weitgehend flüssigkeitsdichte Fugen lassen sich mit Epoxidharz-Fugenmörteln herstellen.

Die Fugenbreite variiert je nach Plattengröße und Erzeugnis zwischen 2 bis 10 mm. Bei schmalen Fugen und bei Belägen mit dichter Oberfläche wird der Fugenmörtel – im sog. Schlämmverfahren – in plastischer Konsistenz mit dem Gummirakel in die Fugen eingezogen. Fugen bei Belägen mit rauhen bzw. unglasierten Oberflächen und breitere Fugen werden mit dem Fugeneisen oder durch Ausspritzen verfugt. Erst danach dürfen bei Keramik- und Steinbelägen die überstehenden Randdämmstreifen mit Abdeckung abgeschnitten werden. Die üblicherweise 5 mm breite Randfuge zwischen Bodenbelag und Sockelfliese ist, wie in Abschn. 10.3.6.5 näher beschrieben, mit elastoplastischer Fugenmasse zu schließen. Die anschließende Reinigung des Keramik- und Steinbelages erfolgt mit Wasser. Ein unter Umständen noch vorhandener Zementschleier ist mit einem Spezialreinigungsmittel oder einer verdünnten Essigsäure vorsichtig zu entfernen.

10.4.8 Bodenbeläge aus Holz und Holzwerkstoffen: Holzfußbodenbeläge

Allgemeines

Holzfußböden haben sich über Jahrhunderte bewährt und sind nach wie vor geschätzt. Die weitgehende Ablösung der Holzbalkendecke durch die Betondecke sowie immer rationellere Verarbeitungs- und Verlegemethoden führten zu erheblichen Wandlungen auf dem Gebiet des Holzfußbodenbaues. Die Entwicklung des Holzfußbodens zu einem modernen Ausbauelement ermöglichten vor allem neue holztechnologische Erkenntnisse, industrielle Fertigungsmethoden, verbesserte Klebstoffe und Versiegelungsmittel, das Aufkommen neuartiger Trockenunterbodenkonstruktionen sowie der Einsatz exotischer Hölzer aufgrund ihrer hohen Abriebfestigkeit und farbigen Schönheit. In Anbetracht der fortschreitenden Zerstörung tropischer Regenwälder ist beim letztgenannten Aspekt sicherlich ein Umdenken vonnöten und der Einsatz dieser wertvollen Hölzer als Bodenbelag auf ein Mindestmaß zu reduzieren. Wesentliche Eigenschaften des Holzfußbodens lassen sich aus dem Basismaterial Holz ableiten:

Als Vorteile sind zu nennen:

- geringe Wärmeableitung (fußwarmer Belag),
- günstige Trittschallverbesserungswerte (abhängig von der gesamten Unterbodenkonstruktion),
- günstige Trittelastizität bei fachgerechter Verlegung (kein vorzeitiges Ermüden der Fußmuskulatur),
- geringe elektrische Leitfähigkeit (Isolationswirkung) ohne elektrostatische Aufladeerscheinungen,
- relativ hohe Abriebfestigkeit (abhängig von der Holzhärte und Qualität der Versiegelung),
- umweltfreundliche Verarbeitung durch lösungsmittel- und formaldehydfreie Produkte (Dispersionsklebstoffe, Wasserlacke),
- eine Vielfalt von Holzarten, Farbtönungen, Verlegemustern (interessantes Gestaltungselement).

Nachteile können sich unter Umständen ergeben

- aus dem Schwinden und Quellen des Holzes (hygroskopisches Verhalten),
- durch unsachgemäße Verlegung (z. B. ungenügender Schutz vor Feuchtigkeitseinwirkung),
- bei zu schwerer, stoßartig oder punktförmig auftretender Lasteinwirkung,
- bei zu intensiver mechanischer Beanspruchung (Abschliff und Nachversiegelung bei „Laufstraßen"),
- durch überzogene Forderungen an den Oberflächenglanz des Versiegelungsfilmes („Speckschicht").

Einteilung und Benennung von Holzfußbodenbelägen – Überblick:

Dielen-Holzfußboden

Parkett-Holzfußboden

Stabparkett (22 mm)
- Parkettstäbe (DIN 280-1)
- Parkettriemen (DIN 280-1)

Massivparkett (10 mm)

Mosaikparkett
— Mosaikparkett-Lamellen (DIN 280-2)
— Hochkant-Lamellen (nicht genormt)

Fertigparkett
— Fertigparkett-Elemente (DIN 280-5)

Pflaster-Holzfußboden
— Holzpflaster GE (DIN 68701) für gewerbliche Zwecke
— Holzpflaster RE (DIN 68702) für repräsentative Zwecke.

10.4.8.1 Dielen-Holzfußboden

Holzfußböden aus Holzdielen werden wieder vermehrt gefordert und eingebaut (Dachgeschoßausbau, Altbaurenovierung usw.). Verwendet werden vor allem Bretter aus Fichte, Tanne, Lärche, Kiefer und Douglasie, aber auch amerikanische Red Pine, Pitch Pine und Oregon Pine sind gefragt. Besonders geeignet sind Bretter mit aufrechtstehenden Jahresringen (größere Festigkeit, gutes Stehvermögen). Seitenbretter sollten wegen der geringeren Splittergefahr mit der Kernseite nach unten – d. h. mit der linken Seite nach oben – verlegt werden. Außerdem ist schmaleren Dielen der Vorzug zu geben, denn je breiter die Hobeldielen sind, desto größer ist die Gefahr des Verziehens beim Trocknen im eingebauten Zustand. Die nicht selten zimmerlangen Hobeldielen sind gemäß DIN 4072 paßgenau gehobelt und mit Nut und Feder versehen (gespundete Bretter). Bild **10**.48. Sie können auf Massivdecken und Holzbalkendecken verlegt werden. Zum Zeitpunkt des Einbaues müssen sie einen Feuchtegehalt von 12 ± 2%, bezogen auf die Darrmasse, aufweisen. Die seit einiger Zeit vom Handel angebotenen, überbreiten Landhausdielen sind von ihrem mehrschichtigen Aufbau her den Fertigparkettelementen zuzuordnen, und wie in Abschn. 10.4.8.2 näher beschrieben, dementsprechend zu verlegen.

Hobeldielen über **Massivdecken** sind immer auf einer Unterkonstruktion aus Lagerhölzern aufzubringen, die in einem Achsabstand von etwa 60 bis 80 cm parallel und waagerecht ausgerichtet zueinander liegen. Der Achsabstand der Lagerhölzer hängt im wesentlichen von der Dielendicke, der zu erwartenden Belastung und der zulässigen Durchbiegung ab. Wie in Abschn. 10.3.7.1 im einzelnen dargestellt, müssen zur Sicherung des Feuchteschutzes gemäß DIN 68771 zuvor eine 0,2 mm dicke PE-Folie vollflächig ausgelegt und die Lagerhölzer zur Verbesserung des Trittschallschutzes auf Mineralfaserdämmstreifen aufgebracht werden (Bild **10**.37a). Das vorherige Einbringen eines schwimmenden Estrichs entfällt. Das Kleben der Hobeldielen direkt auf den tragenden Untergrund ist nicht möglich.

Hobeldielen auf **Holzbalkendecken**. Bei Holzbalkendecken ist darauf zu achten, daß die heute üblicherweise verdeckt ausgeführte Nagelung auf keinen Fall durch die unter den Lagerhölzern angeordneten Dämmstreifen hindurchgeht (Schallbrücken!). Bild **10**.37b. Zwischen Dielenbelag und Wand oder anderen feststehenden Bauteilen ist ein genügend großer Abstand von etwa 15 mm vorzusehen. Zur Abdeckung dieser Randfuge werden meist Holzsockelleisten verwendet. Oberflächenbehandlung von Holzfußböden s. Abschn. 10.4.8.4. Weitere Angaben sind der Speziealliteratur [47] zu entnehmen.

Regelabmessungen – Hobeldielen (gespundete Bretter nach DIN 4072): Brettbreiten (Profilmaß) 95 – 115 – 135 – 155 – 175 mm. Brettdicken 15,5 – 19,5 – 25,5 – 35,5 mm. Brettlängen von 1500 bis 6000 mm. Die Qualitätskriterien sind nach DIN 68365, Bauholz für Zimmerarbeiten und DIN 68360-2, Holz für Tischlerarbeiten, Gütebedingungen bei Innenanwendung, festgelegt. Aufmaß und Abrechnung nach VOB Teil C, DIN 18334, Zimmer- und Holzbauarbeiten.

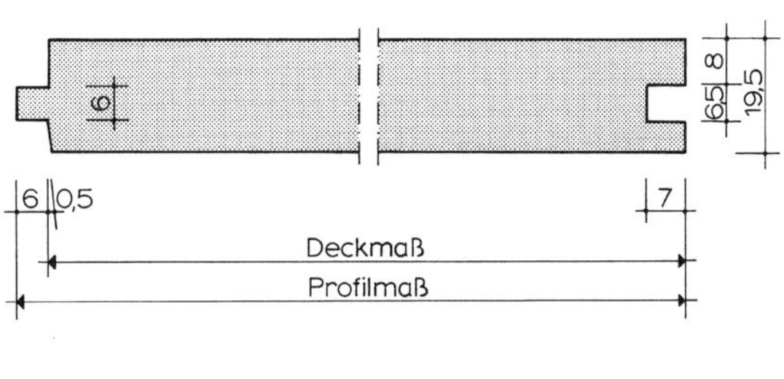

10.48
Hobeldiele mit Nut und angehobelter Feder (gespundetes Brett) nach DIN 4072

Deckmaß ist die Breite des Brettes ohne Feder

Profilmaß ist die Breite des Brettes einschließlich der Feder

10.4.8.2 Parkett-Holzfußboden

Allgemeines

Die gebräuchlichsten Parkettarten – Stabparkett, Mosaikparkett, Hochkantlamellenparkett, Fertigparkett – können auf jedem festen, trockenen und ebenen Untergrund verlegt werden. Zu beachten sind dabei die entsprechenden Ebenheitstoleranzen (Tab. **10**.2), der notwendige Feuchtigkeitsschutz von Fußbodenkonstruktionen (Abschn. 10.3.2) sowie die in Abschn. 10.3.3 und Abschn. 10.3.4 erläuterten schall- und wärmetechnischen Anforderungen. Der zulässige Feuchtegehalt (Belegreife) von Estrichen ist Tab. **10**.21 sowie Tab. **11**.9 zu entnehmen. Die Verlegetechniken bei Parketthölzern – untereinander und auf dem tragenden Untergrund – sind unterschiedlich und richten sich nach der Parkettart und den jeweiligen baulichen Gegebenheiten. In jedem Fall sind zwischen Parkett und allen angrenzenden oder die Bodenkonstruktion durchdringenden Bauteilen ausreichend breite Randfugen (üblicherweise 10 bis 15 mm) vorzusehen. Holzsockelleisten, die diese Fugen abdecken, werden an den Ecken auf Gehrung gestoßen und mit Stahlstiften oder ggf. sichtbaren Schrauben an der Wand befestigt. Weitere Einzelheiten sind der Spezialliteratur [48] sowie dem Merkblatt [52] zu entnehmen.

Stabparkett (22 mm)

Parkettstäbe (DIN 280-1) sind ringsum genutete Parketthölzer, die beim Verlegen mit Hirnholzfedern (Querholzfedern) verbunden werden (Bild **10**.49 a).

Parkettriemen (DIN 280-1) sind Parketthölzer, die an einer Kantenfläche (Längskante und Hirnholzkante) eine angehobelte Feder und an der anderen eine Nut haben. Beide Hirnholzkantenflächen können auch genutet sein (Bild **10**.49 b).

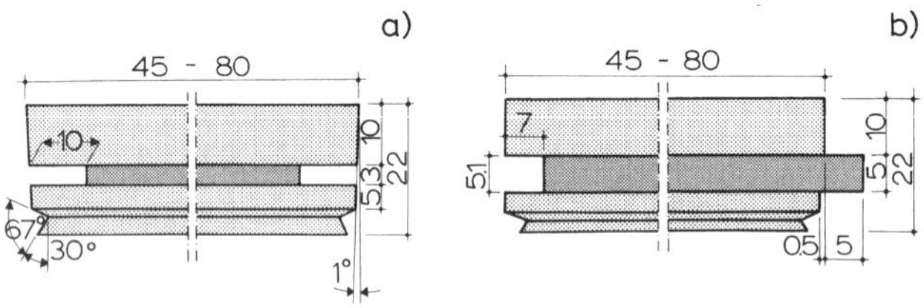

10.49
Stabparkett (22 mm)
a) Parkettstab nach DIN 280-1
b) Parkettriemen nach DIN 280-1

Parkettstäbe und Parkettriemen – in der Regel aus Eiche, Esche, Buche (gedämpft/ungedämpft) sowie überseeischen Holzarten hergestellt – müssen an der begehbaren Oberseite rißfrei, die Kanten absolut parallel, rechtwinkelig und scharfkantig bearbeitet sein. Der Feuchtegehalt der fertigen Parkettstäbe hat zum Zeitpunkt der Lieferung 9 ± 2%, bezogen auf die Darrmasse, zu betragen. Nach DIN 280 unterscheidet man drei Sortierungen (nicht zu verwechseln mit Güteklassen!) entsprechend den unterschiedlichen Wuchseigenschaften, Farben und Strukturen des natürlichen Rohstoffes Holz: Natur – Gestreift – Rustikal.

Stabparkett wird in der Regel vollflächig verklebt (z. B. auf Estrich, Fertigteilestrich), bei entsprechenden Untergründen (Blindböden) aber auch verdeckt genagelt. Bei der Verklebung ist darauf zu achten, daß der einzelne Parkettstab in den Kleber satt eingeschoben wird. Verwendet werden hartplastische Parkettklebstoffe (schubfeste Verklebung), da dem Holz immer eine gewisse Bewegungsfreiheit (Schwinden und Quellen) eingeräumt werden muß. Die Wahl des Klebstoffes ist abhängig von dem vorhandenen Unterboden und dessen Zustand, der zu verlegenden Parkettart und gewünschten Holzart. Für das Kleben von Parkett auf beheizten Fußbodenkonstruktionen sind nur dauertemperaturbeständige Kleber einzusetzen. Nach dem Abbinden des Klebstoffes wird der Holzfußboden am Verlegeort geschliffen und unmittelbar anschließend die entsprechende Oberflächenbehandlung vorgenommen. Einige Verlegemuster zeigt Bild **10**.50.

Regelabmessungen – Parkettstäbe und Parkettriemen: Länge von 250 bis 600 mm und darüber hinaus, von 50 zu 50 gestuft, bis 1000 mm. Breite 45 bis 80 mm, jeweils um 5 mm gestuft. Dicke 22 mm. Verlegung, Aufmaß und Abrechnung erfolgt für alle Parkettböden nach VOB Teil C, DIN 18356, Parkettarbeiten.

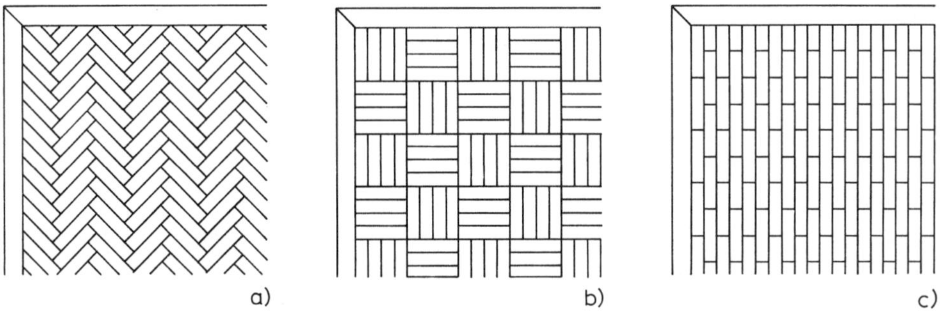

10.50 Verlegemuster von Stabparkettböden
a) Fischgrätmuster b) Würfelmuster c) Schiffsbodenmuster

Massivholzparkett (10 mm)

Das äußere Erscheinungsbild des sog. Zehn-Millimeter-Massivparkettes entspricht weitgehend dem des Stabparkettes. Seine Verbreitung wurde vor allem begünstigt durch die Forderung nach einem im Vergleich zum Stabparkett (22 mm) dünneren Massivholzbelag, der auch bei der Altbausanierung und niedrigen Raumhöhen eingesetzt und mit anderen, ähnlich dünnen Belägen (Keramikfliesen, Teppichware) kombiniert bzw. ausgetauscht werden kann. Das noch nicht genormte Massivparkett wird vor allem im Wohnungsbau und in mäßig beanspruchten öffentlichen Bauten verlegt. Die Kanten der Parketthölzer müssen absolut parallel, rechtwinkelig und scharfkantig bearbeitet sein, der Feuchtegehalt in Anlehnung an die DIN 280-1 muß zum Zeitpunkt der Lieferung 9 ± 2%, bezogen auf die Darrmasse, betragen. Die Einzelstäbe bzw. Verlegeeinheiten – bei denen die Stäbe auf Gitterstoff oder Klebepapier aufgezogen sind – werden ohne Nut und Feder stumpf aneinandergestoßen und vollflächig auf die üblichen Estriche verklebt.

Regelabmessungen – 10 mm Massivparkett (nicht genormt): Länge von 200 bis 300 mm, Breite zwischen 40 und 60 mm. Dicke 10 mm. Aufmaß und Abrechnung erfolgt nach VOB Teil C, DIN 18356, Parkettarbeiten.

Mosaikparkett

Mosaikparkett besteht aus 8 mm dicken, nebeneinanderliegenden Einzellamellen (DIN 280-2), die zu größeren Verlegeeinheiten mit unterschiedlichen Mustern (z. B. schachbrettartig, in Würfel mit jeweils fünf Lamellen) werkseitig zusammengesetzt sind. Die einzelnen Lamellen werden lose, nur durch ein unterseitig angeklebtes Netzgewebe oder Lochpapier zusammengehalten. Im Gegensatz zu den übrigen Parkettarten (Ausnahme: 10 mm Massivparkett), die alle von Element zu Element durch Federn miteinander verbunden sind, haftet das Mosaikparkett nur durch den Kleber auf dem jeweiligen Untergrund. Dieser muß entsprechend fest und eben ausgebildet sein. Der Feuchtegehalt der Lamellen muß zum Zeitpunkt der Lieferung 9 ± 2%, bezogen auf die Darrmasse, betragen. Die Holzsortierungen tragen die Bezeichnungen: Natur – Gestreift – Rustikal.

Regelabmessungen – Einzellamellen: Längen von 120 bis 165 mm. Breite 20 bis 25 mm. Dicke 8 mm. Verlegung, Aufmaß und Abrechnung wie beim Stabparkett.

Hochkant-Lamellenparkett

Hochkant-Lamellenparkett besteht aus hochkant aneinandergereihten, jeweils 8 mm breiten Einzellamellen, die, ähnlich wie zuvor beschrieben, zu größeren, streifenförmigen Verlegeeinheiten werkseitig zusammengesetzt werden. Es ist ein robuster, unempfindlicher, vielseitig einsetzbarer und zugleich preiswerter Parkettfußboden, der vor allem in Werkstätten,

Laboratorien, Schulen, Gaststätten, aber auch im Wohnbereich verlegt wird. Der Feuchtegehalt der Lamellen muß zum Zeitpunkt der Lieferung 9 ± 2%, bezogen auf die Darrmasse, betragen. Die vollflächige Verklebung und Oberflächenbehandlung erfolgt wie beim Stabparkett.

Regelabmessungen – Einzellamellen: Länge von 120 bis 165 mm. Breite 8 mm. Dicke 18 bis 24 mm. Verlegung, Aufmaß und Abrechnung wie beim Stabparkett.

Fertigparkett

Fertigparkett-Elemente (DIN 280-5) sind industriell hergestellte, mehrschichtig abgesperrte, verlegefertige Fußbodenelemente, mit rund umlaufender Nut und Feder (Bild **10**.51). Sie bestehen in der Regel aus drei kreuzweise miteinander verleimten Schichten (Gehschicht aus mind. 2 mm Parkettholz, Mittelschicht aus Nadelholz oder Spanplatte, Gegenlage aus massivem Holz), wodurch eine hohe Dimensionsstabilität erreicht wird. Da die Elemente im Herstellerwerk fertig geschliffen und versiegelt werden und somit am Verlegeort keiner Nachbehandlung mehr bedürfen, entfällt auch die bei den anderen Parkettarten sonst übliche Staub- und Geruchsbelästigung durch Abschliff und Versiegelung. Die Verbundelemente werden in Form von quadratischen Tafeln oder rechteckigen Dielen mit den unterschiedlichsten Abmessungen angeboten [49]. Der Feuchtegehalt der Elemente muß zum Zeitpunkt der Lieferung 8 ± 2%, bezogen auf die Darrmasse, betragen. Wie in Abschn. 11.2.3 erläutert, eignet sich Fertigparkett auch zur Verlegung auf beheizten Fußbodenkonstruktionen.

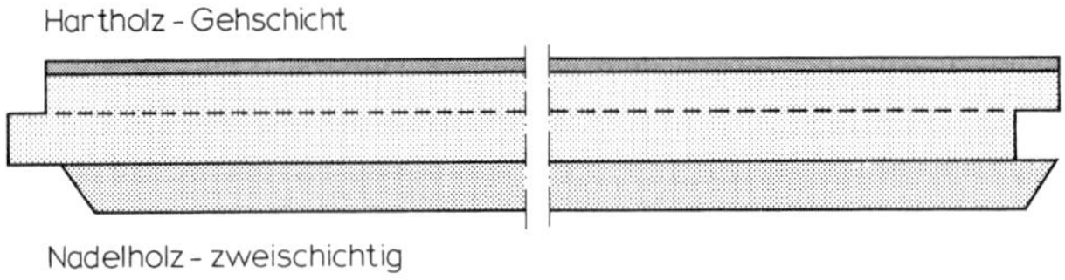

10.51
Schematische Darstellung eines mehrschichtig abgesperrten und verleimten Fertigparkett-Elementes nach DIN 280-5

Verlegeverfahren: Fertigparkett-Elemente können je nach Konstruktionsart (Formstabilität) verlegt werden:

- vollflächig schwimmend, auf einer lose aufgelegten Dämmunterlage,
- verdeckt genagelt, auf schwimmend verlegten Lagerhölzern,
- schubfest verklebt, auf einem bereits schwimmend verlegten ebenen Unterboden.

Eine flexible Verlegung ist gegeben (z. B. auf Rohdecke, Estrich, Trockenestrich), wenn die Fertigparkett-Elemente vollflächig schwimmend auf einer lose aufgelegten Dämmunterlage (z. B. 2 bis 3 mm Rohfilzpappe, PE-Schaumstoff, Korkdämmatte) verlegt sind. Bild **10**.52a. Die in der Regel 10 bis 15 mm dicken Elemente sind im Nut- und Federstoß fest miteinander verleimt. Ihre exakte Vorfertigung garantiert eine vollkommen ebene Fußbodenoberfläche, die sofort nach dem Verlegen belastet und begangen werden kann. Zwischen Parkett und allen angrenzenden oder die Bodenkonstruktion durchdringenden Bauteilen sind Randfugen in einer Breite von etwa 10 bis 15 mm vorzusehen.

Freitragende Fertigparkett-Elemente, im allgemeinen 22 bis 26 mm dick, können ohne Zwischenauflage mindestens 30 bis 40 cm frei überbrücken und auf schwimmend verlegte Lagerhölzer verdeckt aufgenagelt sein. Wie Bild **10**.52 b zeigt, müssen Dämmstreifen nicht nur unter den Lagerhölzern, sondern immer auch zwischen Lagerholzende und Wandfläche angeordnet werden. Die Hohlräume zwischen den Lagerhölzern sind mit geeignetem Dämmaterial so auszufüllen, daß ein Luftraum von etwa 10 mm erhalten bleibt. Vgl. hierzu auch Bild **10**.37.

Regelabmessungen – quadratische Elemente: Seitenlänge 200 bis 650 mm. Dicke 7 bis 26 mm.

Regelabmessungen – rechteckige Elemente: Länge 400 bis 1200 mm und darüber. Breite 100 bis 400 mm. Dicke 7 bis 26 mm. Verlegung, Aufmaß und Abrechnung wie beim Stabparkett.

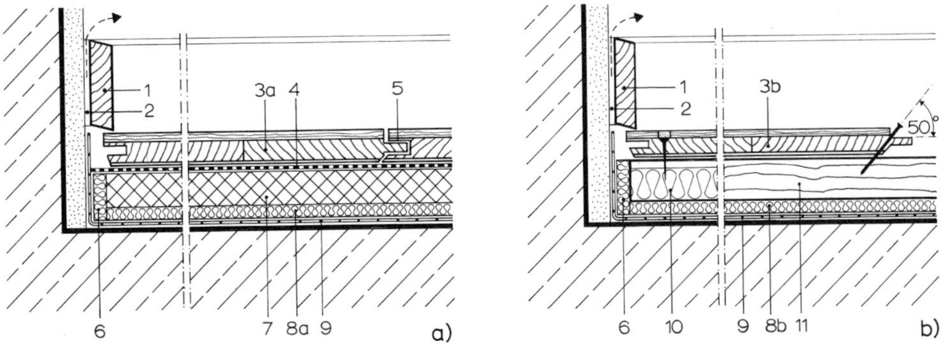

10.52 Verlegebeispiele von Fertigparkett-Elementen

a) flexible Verlegung: Fertigparkett vollflächig schwimmend verlegt in Trockenbauweise
b) freitragende Verlegung: Fertigparkett auf Lagerhölzern schwimmend verlegt

1 Holzsockelleiste
2 Lüftungsschlitz
3a Fertigparkett fest miteinander verleimt
3b Fertigparkett verdeckt genagelt
4 Rohfilzpappe, Korkbahnen o. ä.
5 Nut- und Federstoß fest verleimt
6 Randdämmstreifen
7 Weichfaserdämmplatten, 25 mm dick oder Fertigteilestrichplatten
8a Mineralfaser-Dämmstoffplatten, 10 mm dick
8b Mineralfaser-Dämmstoffstreifen, 10 mm dick
9 Feuchtigkeitsschutz (z. B. PE-Folie 0,2 mm)
10 Hohlraumdämmung
11 Lagerhölzer

Parkettklebstoffe

Parkettklebstoffe nach DIN 281 sind Mischpolymerisate, die erst durch Austrocknen ihren endgültigen Zustand annehmen. Aufgrund der Hauptbestandteile unterscheidet man im Sinne dieser Norm Lösungsmittelklebstoffe (lösungsmittelhaltige Klebstoffe) sowie wäßrige Dispersionsklebstoffe. Für die Verklebung von wasserempfindlichen Hölzern auf feuchtigkeitsempfindlichem Verlegeuntergrund bieten sich außerdem lösungsmittel- und wasserfreie Reaktionsharzklebstoffe auf der Basis von Epoxidharzen (EP) und Polyurethanharzen (PUR) an. Die Klebung erfolgt durch chemische Reaktion von Harz und Härter. Bei diesen Zweikomponentenklebstoffen muß jedoch zumindest eine Komponente als „Gefahrstoff" eingestuft werden (Reizungen bei Haut-, Augen- oder Schleimhautkontakten). Vgl. hierzu Abschn. 10.4.10.7, Klebstoffe.

Gefahrstoffverordnung. Die Gefahrstoffverordnung (GefStoffV) ist seit 1986 in Kraft. Sie regelt rechtsverbindlich den Umgang mit Gefahrstoffen von der Klassifizierung und Kennzeichnung bis zur Lagerung und Handhabung. Sie richtet sich nicht nur an die Hersteller „gefährlicher Stoffe", sondern auch an den Bodenleger, den sie verpflichtet, gefährliche Stoffe durch weniger gefährliche zu ersetzen (Substitutionspflicht) und die Arbeitsplätze besonders zu überwachen (Überwachungspflicht). Als Gefahrstoffe bei Bodenbelag- und Parkettarbeiten kommen insbesondere stark lösungsmittelhaltige Klebstoffe und Vorstriche in Betracht.

Lösungsmittelfreie Dispersionsklebstoffe. Da es sich bei den lösungsmittelhaltigen Klebstoffen vorwiegend um umwelt- und gesundheitsschädliche Produkte handelt, sollten im Interesse der Boden- und Parkettleger (leicht entzündliche, giftige Dämpfe), der Benutzer (Geruchsbeschwerden) und der Umwelt (Kohlenwasserstoff-Emissionen) zukünftig nur noch lösungsmittelarme bzw. lösungsmittelfreie Dispersionsklebstoffe gemäß TRGS 610 (Technische Regel für Gefahrstoffe, Stand 1994) ausgeschrieben und verarbeitet werden. Klebstoffe mit hohem Lösungsmittelanteil sollten nur noch dort eingesetzt werden, wo deren Verwendung unumgänglich ist.

10.4.8.3 Pflaster-Holzfußboden

Holzpflaster für Innenräume besteht aus scharfkantigen Holzklötzen (Einzelklötze oder vorgefertigte Verlegeeinheiten), die so zu gepflasterten Flächen verlegt werden, daß eine Hirnholzfläche als Gehschicht dient. An Holzarten kommen vor allem Kiefer, Lärche, Fichte und Eiche oder gleichwertige Hölzer in Betracht.

Holzpflasterböden sind fußwarm, trittelastisch und lärmdämpfend, sie ergeben eine gute Wärme- und Trittschalldämmung, haben eine trittsichere und rutschhemmende Oberfläche, günstiges Brandverhalten, hohe Verschleißfestigkeit, sowie eine geringe elektrische Leitfähigkeit. Die besonderen Eigenschaften des natürlichen Rohstoffes Holz, wie zum Beispiel seine Fähigkeit, Feuchtigkeit aufnehmen und wieder abgeben zu können (Quellen und Schwinden = Fugenbildung), gilt es gerade bei diesem Belag – nicht zuletzt im Hinblick auf die Wahl der späteren Oberflächenbehandlung – zu beachten. Auch die verhältnismäßig großen Konstruktionshöhen des Gesamtfußbodenaufbaues müssen bereits bei der Planung berücksichtigt werden. Hinsichtlich der Innenraumgestaltung ist zu bedenken, daß Holzpflasterböden immer einen ausgeprägten rustikalen Charakter aufweisen. Einzelheiten sind der Spezialliteratur [50] zu entnehmen.

Holzpflaster GE (DIN 68701)

Holzpflaster GE – an das entsprechend der beabsichtigten Verwendung im Industrie- und Gewerbebereich besondere Anforderungen hinsichtlich Schub- und Zugbeanspruchung durch Fahrverkehr sowie Feuchtebeanspruchung gestellt werden – wird zur Verzögerung der Feuchteaufnahme werkseitig mit geruchsschwachen, öligen und biozidfreien[1]) **Imprägniermitteln** behandelt (wasserabweisende Wirkung). Imprägniermittel, die Teeröle oder Bestandteile aus Teerölen enthalten, dürfen im Innenraum nicht verwendet werden. Der Feuchtegehalt der Klötze richtet sich nach den örtlichen Gegebenheiten (Raumklima) am Einbauort. Er darf höchstens 16%, bezogen auf die Darrmasse, betragen.

Verlegeuntergrund. Der tragende Untergrund – in der Regel eine Rohbetondecke (B25 nach DIN 1045) mit oder ohne Verbundestrich (ZE 30 nach DIN 18650-3) – muß fest, tragfähig, eben und sauber sein. Ist mit aufsteigender Feuchtigkeit zu rechnen, so ist eine entsprechende Abdichtung vorzusehen. Neben der im Industriebau (Schwerindustrie) üblichen „Lättchenverlegung" (Einzelheiten s. DIN 68701) wird Holzpflaster GE heute überwiegend im sog. Preßverfahren verlegt.

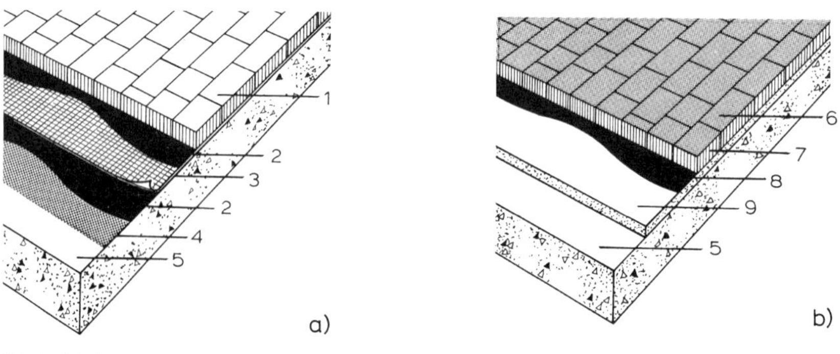

10.53 Verlegebeispiele von Holzpflasterbelägen (Preßverlegung)

a) Holzpflaster-GE (DIN 68701) für Industrie- und Gewerbebereich mit imprägnierten Klötzen
b) Holzpflaster-RE (DIN 68702) für Freizeit- und Wohnbereich mit Oberflächenbehandlung

1 Holzpflaster-GE (imprägnierte Klötze)
2 heißflüssige Klebemasse
3 Unterlagsbahn (nackte Bitumenbahn 500 g/m²)
4 Voranstrich
5 tragender Untergrund (Rohbetondecke)
6 Oberflächenschutz (z. B. Versiegelung)
7 Holzpflaster-RE
8 Spezial-Kunststoffkleber (schubfest)
9 Verbundestrich oder schwimmender Estrich

[1]) Als biozidfrei wird ein Holzpflaster bezeichnet, wenn es keine chemischen Schutzmittel gegen holzzerstörende Pilze und/oder Insekten enthält.

Wie Bild **10**.53 a zeigt, wird auf den Betonuntergrund zur Verbesserung der Haftverbindung zunächst ein Voranstrich aufgebracht. Darauf ist eine Unterlagsbahn (z. B. nackte Bitumenbahn 500 g/m^2 nach DIN 52129) vollflächig aufzukleben. Die Klötze werden dann mit der Unterseite in heißflüssige Klebemasse (plastischer Klebstoff) getaucht, seitlich aneinander preßgestoßen und vollflächig mit dem Untergrund verklebt. Danach ist der Belag mit Quarzsand abzukehren.

Regelabmessungen – Holzpflaster GE: Klotzhöhe 50 – 60 – 70 – 80 – 100 mm. Breite 80 mm. Länge 80 bis 160 mm.

Holzpflaster RE (DIN 68702)

Holzpflaster RE besteht aus kammergetrockneten, vierseitig winkelgenau gehobelten, scharfkantigen, **nicht imprägnierten** Holzklötzen, die einzeln oder in Form von netzverklebten Verlegeeinheiten geliefert und zu gepflasterten Flächen verlegt werden. Der mittlere Feuchtegehalt der Klötze ist bei Anlieferung im Bereich von 8 bis 12% nach den örtlichen Verhältnissen festzulegen. Eine möglichst gleichbleibende, relative Raum-Luftfeuchte zwischen 55 und 65% ist anzustreben. Holzpflaster RE wird nach DIN 68702 unterteilt in:

- **Holzpflaster RE-V** als repräsentativer, rustikaler Fußboden in Verwaltungsgebäuden und Versammlungsstätten (z. B. Kirchen, Schulen, Theater), Gemeinde- und Freizeitzentren und im Wohnbereich.
- **Holzpflaster RE-W** als Fußboden in Werkräumen und Werkstätten und für Räume mit gleichartiger Beanspruchung ohne große Klimaschwankungen und ohne Fahrzeugverkehr. Im Gegensatz zum Holzpflaster GE (Industriepflaster) sind die Klötze nicht imprägniert.

Verlegeuntergrund. Als tragender Untergrund eignen sich Beton (B 25 nach DIN 1045), Verbundestrich (ZE 30), Estrich auf Trennschicht sowie schwimmender Zement- und Gußasphaltestrich. Im Wohnungsbau ist ein schwimmender Zementestrich (ZE 30) in einer Nenndicke von mind. 45 mm, sonst in einer Dicke von mind. 60 mm mit Bewehrung nach DIN 18560 herzustellen. Er muß fest, tragfähig, eben und gut ausgetrocknet sein. Die zulässige Restfeuchte s. Tab. **10**.21 sowie Tab. **11**.9. Ist mit aufsteigender Feuchtigkeit zu rechnen, müssen entsprechende Abdichtungsmaßnahmen gemäß Abschn. 10.3.2 getroffen werden. In repräsentativen Anwendungsbereichen ist die sog. Preßverlegung nach DIN 69702 vorgeschrieben.

Preßverlegung. Wie Bild **10**.53 b zeigt, werden die Holzklötze im Verband mit geradlinig durchgehenden Längsfugen parallel zu einer Wand in ein bereits aufgebrachtes Kleberbett verlegt. Für diese Preßverlegung ist ein hartplastischer, schubfester, für die Holzpflasterverklebung ausdrücklich geeigneter Spezialkunststoffkleber zu verwenden. Auf der Unterseite der Klötze angefräste Randfasen und Haftnuten wirken sich vorteilhaft auf den Klebeverbund aus. Zwischen dem Holzpflaster und allen angrenzenden oder die Verlegefläche durchdringenden Bauteilen sind ausreichend breite Randfugen (üblicherweise 15 mm) vorzusehen. Größere Bodenflächen müssen mit Bewegungsfugen (Feldbegrenzungsfugen) unterteilt werden. Mit neuentwickelten sog. Lamellenklötzen – die auf ihrer Unterseite mehrfach bis $^3/_4$ Klotzhöhe eingenutet sind – können bei großen Flächen sog. „Knautschzonen" eingerichtet werden, durch die sich die üblichen, mit Fugenmassen ausgegossenen, gestalterisch unbefriedigenden Feldbegrenzungsfugen weitgehend vermeiden lassen. Auch werkseitig vorgefertigte Treppenstufenelemente sind erhältlich.

Auf das Holzpflaster RE-V ist sofort nach dem Abschleifen ein geeigneter Oberflächenschutz aufzubringen. In der Regel wird ein Öl-Kunstharz-Siegel oder eine andere Versiegelung aufgebracht, die ein gutes Eindringvermögen aufweisen. Filmbildende Versiegelungsmittel sind wegen der möglichen Lackabrisse über den Fugen bei Feuchteschwankungen im Holz nur bedingt einsetzbar (Herstellerangaben beachten). Besonders stark frequentierte Holzpflasterböden (z. B. in öffentlichen Gebäuden, Schulen, Museen) sollten nicht versiegelt, sondern imprägniert werden. Ein bewährter Oberflächenschutz wird auch durch Kalt- bzw. Warmwachsen, Heißeinbrennen oder Ölen erreicht.

Regelabmessungen – Holzpflaster RE: Klotzhöhe 22 – 25 – 30 – 40 – 50 – 60 – 80 mm oder Sonderentwicklungen in allen Höhen von 20 bis 80 mm. Breite 40 bis 80 mm. Länge 40 bis 120 mm. Verlegung, Aufmaß und Abrechnung aller Holzpflasterböden nach VOB Teil C, DIN 18367, Holzpflasterarbeiten.

10.4.8.4 Oberflächenbehandlung von Holzfußböden

Sinn einer Oberflächenbehandlung ist es im wesentlichen, das Eindringen von Schmutz und Feuchtigkeit zu vermeiden, eine möglichst hohe Verschleißfestigkeit zu bieten sowie den Reinigungs- und Pflegeaufwand so niedrig wie möglich zu halten. Für die Oberflächenbehandlung von Holzfußböden bieten sich grundsätzlich zwei Möglichkeiten an, nämlich einmal das Ölen und Wachsen mit natürlichen Überzugsmitteln, zum anderen das Versiegeln mit Lacken. Beide Gruppen unterscheiden sich wesentlich voneinander, sowohl hinsichtlich der Applikationstechniken und erzielbaren Abriebfestigkeiten als auch bezüglich der späteren Reinigung und Pflege.

Natürliche Überzugsmittel

- **Öle.** Für die Oberflächenbehandlung von Holzfußböden werden überwiegend Leinöl und Holzöl eingesetzt, die durch Aufnahme von Sauerstoff physikalisch-chemisch trocknen (Luftoxidation). Da die Öle in das Holz eindringen, entsteht eine offenporige Imprägnierung und kein filmbildender Überzug. Von Lösungsmitteln, Laugen und Säuren werden die Öle angegriffen, bei Wassereinwirkung quellen sie auf (Wasserränder). Die Oberflächenfestigkeit und Abriebfestigkeit sind nicht sehr hoch.
- **Wachse.** Bei den Wachsen unterscheidet man je nach Herkunft zwischen natürlichen (tierische, pflanzliche, mineralische Wachse), halbsynthetischen und synthetischen Wachsen. Für die Oberflächenbehandlung von Holzfußböden werden sie in harter, pastöser oder flüssiger Form angeboten. Wachse sind Thermoplaste, die von Lösungsmitteln an- bzw. aufgelöst werden, bei Wassereinwirkung quellen sie auf. Ihre Abriebfestigkeit ist nicht sehr hoch, die erzielte Oberfläche ist meist offenporig.

  Beim Wachsen ist zwischen Kaltwachsen, Warmwachsen (40° C), Heißwachsen (80° C) und Heißeinbrennen (160° C) zu unterscheiden. Für die Behandlung von Holzfußböden im Objektbereich haben vor allem die beiden letztgenannten Verfahren eine gewisse Bedeutung.

Versiegelungen

Die Versiegelung bewirkt, daß die Poren des Holzes gefüllt und die Holzoberfläche durch einen fest haftenden Film von hoher Abrieb- und Kratzfestigkeit gegen das Eindringen von Schmutz und Feuchtigkeit geschützt wird. Außerdem läßt sich der Boden dadurch leichter und rationeller pflegen. Bei der Wahl des jeweils anzuwendenden Versiegelungsmittels ist vor allem der Verwendungszweck des Raumes sowie die zu erwartende Beanspruchung des Bodens zu berücksichtigen. Die Versiegelungsmittel selbst unterscheiden sich hinsichtlich ihrer chemischen Zusammensetzung, ihrer Verarbeitbarkeit sowie des optischen Effektes der versiegelten Oberfläche. Ihr Glanzgrad kann matt, halbmatt oder glänzend bestimmt werden. Auf die Rutschfestigkeit und Trittsicherheit von Holzfußböden ist dabei zu achten. Im Hinblick auf die Umweltbelastung und gesundheitliche Belastung der Verleger sollten zukünftig – von einigen technischen Ausgrenzungen abgesehen – nur noch formaldehyd- und lösungsmittelfreie (lösungsmittelarme) Lacksysteme ausgeschrieben und verarbeitet werden.

Versiegelungsmittel

- **Öl-Kunstharz-Siegel** sind einfach zu verarbeiten, geruchsschwach und formaldehydfrei, der Lösungsmittelanteil ist jedoch relativ hoch. Sie werden vor allem dort eingesetzt, wo hohe Gleitsicherheit – wie beispielsweise in Turnhallen – gefordert ist. Außerdem eignen sie sich für Dielenböden (Weichhölzer), Holzpflaster und Parkett auf Fußbodenheizung, d. h. überall dort, wo ein gutes Eindringvermögen sowie eine geringe kantenverleimende Wirkung zwischen den einzelnen Hölzern erwünscht ist. Öl-Kunstharz-Siegel ergeben einen festen, hornartigen, relativ wasserbeständigen und rutschhemmenden Film für normal bis stark beanspruchte Böden. Mittlere Preisklasse.
- **Säurehärtende Siegel** trocknen rasch auf, zeichnen sich durch eine gute Haftung aus, ergeben einen stark beanspruchbaren, duroplastischen Lackfilm, der nach der Erhärtung wasser-, chemikalien- und zigaretenglutbeständig ist. Da jedoch alle säurehärtenden Versiegelungslacke **Formaldehyd** und einen Lösungsmittelanteil von 50% enthalten, sollten sie im Hinblick auf die Umweltbelastung und gesundheitliche Gefährdung der Parkettleger nicht mehr eingesetzt werden! Mittlere Preisklasse.
- **Polyurethan-Siegel** (DD-Siegel) haben ebenfalls ein gutes Haftvermögen und ergeben je nach Einstellung einen zäh-elastischen bis sehr harten Film. Sie sind formaldehydfrei, weisen jedoch einen relativ hohen Lösungsmittelanteil auf. Diese Lacksysteme werden überall dort eingesetzt, wo höchste mechanische Beanspruchung – wie beispielsweise in Gaststätten, Ladengeschäften, Kaufhäusern – sowie Wasser- und Chemikalienbeständigkeit gefordert sind. Obere Preisklasse.

— **Wasserlack** ist schadstoffarm, geruchlos, nicht brennbar, hat ein gutes Haftvermögen und ergibt einen zäh-elastischen Film für normale bis starke Beanspruchung. Nur bedingt geeignet für Dielenböden, Holzpflaster und Parkett auf Fußbodenheizung, da wegen der kantenverleimenden Wirkung bei entsprechenden Holzfeuchteschwankungen Abrißfugen auftreten können. Diese wasserbasierten / wasserverdünnbaren Versiegelungslacke sind formaldehydfrei, weisen einen Lösungsmittelanteil von unter 5% auf und sind somit **besonders umweltfreundlich**. Mittlere bis obere Preisklasse (bedingt durch das aufwendige Herstellungsverfahren).

Nach dem Abbinden des Parkettklebestoffes wird der Holzfußboden am Verlegeort geschliffen, die Fugen und Risse gespachtelt, feingeschliffen und nach dem Absaugen des Schleifstaubes grundiert und lackiert. Je nach Produkt ist der Versiegelungsaufbau sehr unterschiedlich. In der Regel werden neben einer Grundierung zwei Versiegelungsanstriche mit Pinsel, Roller oder Schwamm aufgetragen. Seit einigen Jahren wird auch die sog. Spachteltechnik angewandt. Bei der sog. Puriertechnik wird der Decklack auf die Spachtelgrundierung gegossen und mit einem breiten Schwammwischer gleichmäßig verteilt.

Besonders stark frequentierte Holzböden (z. B. in Mehrzweckhallen, Schulen, Gaststätten) sollten nicht versiegelt, sondern imprägniert werden. Bewährt haben sich verdünnte Öl-Kunstharz-Siegel und Polyurethansiegel, aber auch Öle und Wachse (Kalt-/Warmwachsen, Heißeinbrennen). Auf die weiterführende Spezialliteratur [51] wird verwiesen.

Die von den Herstellern angegebenen Trocknungs- und Aushärtungszeiten müssen unbedingt eingehalten werden. Neuversiegelte Holzböden dürfen nicht vor dem nächsten Tag begangen werden. Eine volle Beanspruchung der versiegelten Fläche ist erst nach 8 bis 14 Tagen gegeben. Auf eine rechtzeitige Nachversiegelung stark beanspruchter Teilflächen ist hinzuweisen. Bei **Exotenhölzern** – die aus umweltbedingten Gründen (Abholzung der tropischen Regenwälder) nur noch sehr sparsam eingesetzt werden sollten – sind besondere Vorschriften der Hersteller zu beachten.

Fertigparkett-Elemente werden werkseitig mit flüssigem, lösungsmittel- und formaldehydfreiem Acrylharz beschichtet, welches durch UV-Strahlung aushärtet und eine besonders abrieb- und kratzfeste Oberflächenvergütung ergibt. Derart ausgerüstetes Fertigparkett bedarf nach seiner Verlegung keiner Nachbehandlung mehr. Auf die Verwendung geeigneter Pflegemittel im Hinblick auf die Rutsch- und Gleitsicherheit von Holzfußböden wird hingewiesen.

10.4.9 Bodenbeläge aus Träger- und Schichtstoffplatten: Laminatböden

Laminatböden – auch Schichtstoffböden genannt – haben sich als eigenständige Bodenbelaggruppe durchgesetzt. Von ihrem Aufbau her sind sie weder ein Holz- noch ein Holzfurnierboden, obwohl sie überwiegend aufgrund täuschend echt dargestellter Holzdekore (Reproduktionen) im verlegten Zustand wie Dielen- oder Parkettboden aussehen. Auch ihre Nutzungseigenschaften sind im Vergleich mit Parkett- oder Fertigparkettböden wesentlich anders, insbesondere was die höhere thermische und mechanische Beanspruchbarkeit anbelangt. Die Belaggruppe verzeichnet seit einigen Jahren einen deutlichen Marktzuwachs.

Aufbau der Laminat-Elemente (Bild **10**.54). Die üblicherweise dreischichtig aufgebauten Verlegeelemente bestehen aus einer Nutzschicht (Deck- bzw. Laufschicht), einer Trägerplatte und einem sog. Gegenzug. Alle drei Schichten werden mit feuchtigkeitsbeständigem Klebstoff unlösbar miteinander verleimt.

— Nutzschicht. Als Nutzschicht werden Schichtstoffplatten (HPL) gemäß DIN EN 438 in spezieller Fußbodenqualität eingesetzt. Von der Qualität dieser Schichtstoffplatten hängt die Oberflächengüte des jeweiligen Laminatfußbodens ab. Die HPL-Platten bestehen im einzelnen aus einer hochabriebfesten, glasklaren Melaminharzschicht (Overlay), einem darunterliegenden Dekorpapier mit fototechnisch übertragenen Motiven (Holzreproduktionen, Trenddekors) und einem Kern aus mehreren kunstharzgetränkten Zellulosepapieren (Laminate). Die getrockneten Papiere werden geschichtet und bei einer Temperatur von etwa 150 °C unter hohem Druck zu einer homogenen HPL-Schichtstoffplatte (HPL = High Pressure Laminate) gepreßt. Dekorative Schichtstoffplatten sind in vielen Dessins und Farb-Variationen mit verschiedenen Oberflächenstrukturen (glatt, matt, strukturiert) erhältlich. In der Regel sind sie 0,7 oder 1,3 mm dick. Sie werden aber auch in Dicken von 0,5 bis 5,0 mm hergestellt.

— Trägerplatte. Als Trägermaterialien werden formstabile Faserplatten mit hoher Dichte und Druckfestigkeit gemäß DIN EN 622-4 – Plattentypen MDF oder HDF (mitteldichte/hochverdichtete Faserplatten) – sowie Holzfeinspanplatten V100 E1 nach DIN 68763 eingesetzt. Das Trägermaterial beeinflußt Steifigkeit, Dimensionsstabilität und Stoßfestigkeit der Fußbodenelemente; außerdem sollte es möglichst

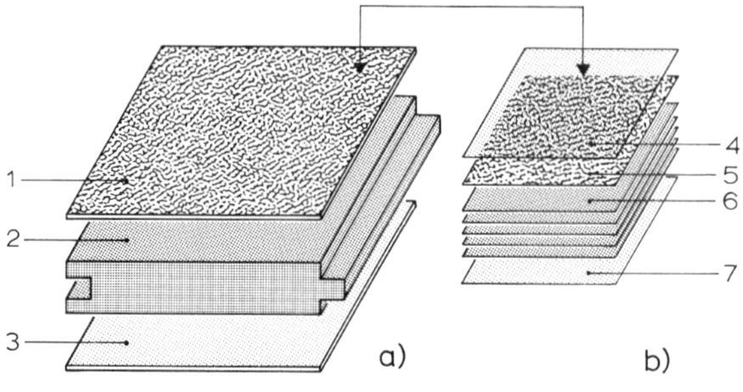

10.54

Schematische Darstellung eines Laminat-Elementes mit Nut und Feder

a) dreischichtig aufgebautes Element
b) Aufbau einer HPL-Schichtstoffplatte

1 HPL-Schichtstoffplatte
2 Trägerplatte (Faserplatte oder Holzfeinspanplatte)
3 Gegenzug
4 glasklare Melaminharzschicht (Overlay)
5 Dekorschicht (Holzreproduktionen, Trenddekors)
6 kunstharzgetränkte Papiere
7 Gegenzugschicht

feuchtigkeitsunempfindlich sein. Faserplatten lassen sich exakter bearbeiten, sind dichter und durch den erhöhten Materialeinsatz auch schwerer als Holzspanplatten. Wie Bild **10**.54 zeigt, sind je eine Längs- und eine Querseite der Elemente mit einer Nut bzw. einer Feder versehen, wodurch eine bündig-stabile Verlegung erreicht wird.

— Gegenzug. Auf die Unterseite der Trägerplatte wird ein sog. Gegenzugmaterial aus HPL-Laminat aufgeleimt. Es dient als Feuchtigkeitsschutz und zur Stabilisierung der Platte, um ein Verziehen zu vermeiden (Symmetrischer Plattenaufbau).

Laminatböden mit HPL-Oberflächen zeichnen sich je nach Qualität durch hohe Abriebfestigkeit, Stoß- und Druckfestigkeit aus, außerdem sind sie unempfindlich gegen haushaltsübliche Chemikalien, stuhlrollenfest und zigarettenglutbeständig. Schichtstoffböden werden im gesamten Wohnbereich eingesetzt, aber auch in Büro- und Geschäftsräumen, Ladenbauten usw. Eine entsprechende Klassifizierung der Abriebbeanspruchung – ausgedrückt in Umdrehungen – ist DIN EN 438-1/A1 zu entnehmen. Nach dem dort beschriebenen Prüfverfahren sind für den Wohnbereich Belagqualitäten mit 2000 bis 6000, für Böden im öffentlichen und gewerblichen Bereich Qualitäten mit 6000 bis 15000 Umdrehungen geeignet.

Nachteilig wirkt sich bei Laminatböden ihre Empfindlichkeit gegen Feuchtigkeit aus. Feuchtebelastungen führen zu Dimensionsänderungen der Bodenelemente und zu Aufschüsselungen im Fugenbereich. Für Naßräume (Badezimmer, Duschräume, Waschküchen) sind Laminatböden mit Trägerplatten aus Holzwerkstoffen daher nicht geeignet, auch Naßreinigung ist zu vermeiden. Außerdem sind sie nicht renovierbar und empfindlich gegen Schmirgel und Sand. Auf die weiterführende Spezialliteratur [53] wird verwiesen.

Verlegung. Laminat-Elemente können auf einer Dämmunterlage (PE-Schaumstoff, Korkdämmatte) vollflächig schwimmend verlegt oder auf einem planebenen Unterboden schubfest verklebt werden. Die Belagfläche erhält ihre Festigkeit durch die allseitige kraftschlüssige Nut- und Federverleimung, die immer „vollsatt" ausgeführt werden muß. Vorsorglich sollten bei der schwimmenden Verlegung auf alle Estrich- oder Betonflächen eine 0,2 mm dicke PE-Folie als Feuchteschutz verlegt, die Bahnenstöße mind. 20 cm überlappt und die Folie an den Wandflächen bis Oberkante Bodenbelag hochgeführt werden. Zwischen allen angrenzenden und die Bodenfläche durchdringenden festen Bauteilen ist eine mind. 8 mm breite Randfuge vorzusehen.

Regelabmessungen – Laminat-Elemente (nicht genormt): Rechteckige Formate 1200×200, 1200×190, 600×200 mm. Quadratische Formate 200×200 mm. Dicke zwischen 6,4 bis 11,5 mm, Regeldicke 8 mm. Aufmaß und Abrechnung nach VOB Teil C, DIN 18365, Bodenbelagarbeiten.

10.4.10 Bodenbeläge aus ein- oder mehrschichtiger Bahnen- oder Plattenware: Elastische Fußbodenbeläge

Die Gruppe der elastischen Bodenbeläge umfaßt die verschiedenartigsten Beläge mit zum Teil höchst unterschiedlichen Eigenschaften. Sie werden vorzugsweise dort eingesetzt, wo große Flächen ohne erheblichen baulichen und zeitlichen Aufwand mit einem preiswerten, strapazierfähigen, industriell vorgefertigten, verhältnismäßig problemlos zu reinigenden Bodenbelag zu belegen sind. Die meisten Beläge gibt es als Bahnen- oder Plattenware. Im einzelnen unterscheidet man:

PVC-Bodenbeläge
- PVC-Beläge ohne Trägerschicht (DIN 16951)
- PVC-Beläge mit Trägerschicht (DIN 16952-1 bis -4)
- PVC-Schaumbeläge mit strukturierter Oberfläche (DIN 16952-5)
- Flex-Platten (DIN 16950) bleiben unberücksichtigt.

Polyolefin-Bodenbeläge

Quarzvinyl-Bodenbeläge

Linoleum-Bodenbeläge
- Linoleum-Bodenbelag (DIN 18171)
- Linoleum-Verbundbelag (DIN 18173)

Kork-Bodenbeläge

Elastomer Bodenbeläge (Gummibeläge)
- Homogene und heterogene Elastomerbeläge (DIN 16850)
- Elastomerbeläge mit Unterschicht aus Schaumstoff (DIN 16851)
- Elastomerbeläge mit profilierter Oberfläche (DIN 16852)

10.4.10.1 PVC-Bodenbeläge

Neuartige Forderungen von seiten der Industrie, Technik, Hygiene und des Sozialen Wohnungsbaues führten zur Entwicklung der Kunststoffbeläge mit veränderbaren, je nach Bedarf einstellbaren Eigenschaften. Das Ausgangsmaterial für diese Beläge ist Polyvinylchlorid (Bindemittel), kurz PVC genannt. Die Grundstoffe – PVC, Weichmacher, mineralische Füllstoffe, Stabilisatoren und Farbpigmente – werden gemischt, in plastischem Zustand geknetet und je nach Herstellungsverfahren unter Wärme und Druck zu Bahnen auf Kalandern (Walzwerke) ausgewalzt, von vorgepreßten Blöcken abgeschält oder in Metallformen zu Platten gepreßt. Die Qualität eines PVC-Belages (z. B. Verschleißfestigkeit, Maßbeständigkeit) hängt in erster Linie von der Höhe des jeweiligen PVC-Anteiles ab. Reines PVC ist zwar außerordentlich widerstandsfähig, jedoch auch teuer und nicht maßbeständig. Daher müssen unter anderem Füllstoffe beigesetzt werden. Hohe Füllstoffanteile senken zwar den Preis, beeinflussen jedoch auch das Abriebverhalten ungünstig und setzen die Lebensdauer des Belages herab.

Wiederverwertung von PVC-Fußbodenbelägen. PVC ist ein thermoplastischer Werkstoff und somit vollständig wiederverwendbar. Entsprechende Initiativen der Arbeitsgemeinschaft PVC-Bodenbelag-Recycling (AgPR) – ein Zusammenschluß namhafter PVC-Rohstoffhersteller und PVC-Bodenbelagproduzenten – alle PVC-Altbeläge zu sammeln, das Material rein mechanisch (ohne chemische oder thermische Einflüsse) wieder aufzuarbeiten und den dabei gewonnenen Rohstoff erneuter Produktion zuzuführen, sind im Hinblick auf die Umweltentlastung mit besonderer Aufmerksamkeit zu verfolgen und an der Baustelle durch entsprechende Vorsortierung zu unterstützen. Das in den Recycling-Anlagen gewonnene PVC-Granulat kann bis zu neunmal ohne Qualitätseinbuße wieder zur Fertigung von Bodenbelägen verwendet werden.

PVC-Beläge ohne Trägerschicht (Unterschicht)

PVC-Beläge ohne Träger (DIN 16951, zukünftig DIN EN 649) werden ein- oder mehrschichtig in homogenem oder heterogenem Aufbau hergestellt.

- **Homogene PVC-Beläge** haben in ihrer ganzen Dicke eine durchgehend gleiche Materialzusammensetzung, Färbung und Musterung, so daß sie in ihrer gesamten Dicke genutzt werden können. Sie eignen sich daher für Objekte mit starkem Publikumsverkehr (Kaufhäuser, Schulen, Krankenhäuser). Außerdem gibt es diese Beläge in leitfähiger Ausführung für Räume mit EDV-Anlagen o. ä. und mit verschweißten Nähten.

— **Heterogene PVC-Beläge** sind dagegen mehrschichtig aufgebaut, wobei die einzelnen Schichten unterschiedliche Materialzusammensetzungen aufweisen. Während die unteren Schichten stark mit Füllstoffen angereichert sind, enthält die dünnere Nutzschicht hohe PVC-Anteile. Die Lebensdauer dieser Beläge ist demnach von der Dicke und Abriebfestigkeit dieser obersten Schicht abhängig. Diese Beläge sind billiger, weniger strapazierfähig und werden vorwiegend im Wohnbereich eingesetzt.

PVC-Beläge zeichnen sich durch eine dicht geschlossene, trittsichere Oberfläche mit hoher Abrieb- und Verschleißfestigkeit aus. Gemäß DIN EN 649 werden sie zukünftig in vier Verschleißgruppen eingestuft und je nach Nutzungsintensität drei Bereichen (Haushalts-, Geschäfts-, Industriebereich) zugeordnet. PVC-Beläge sind beständig gegen Säuren, Laugen und Feuchtigkeit von oben (naßraumgeeignet), jedoch empfindlich gegen Lösungsmittel, Öle, Bitumen und Fette sowie Zigarettenglut – je nach Füllstoffanteil. Gegen Feuchtigkeit und Dampfdiffusion von unten sind geeignete Abdichtungen bzw. Dampfsperren einzubauen, da PVC-Beläge selbst nahezu dampfdicht sind und somit als obere Dampfsperre wirken können (Folge: Blasenbildung im Belag, Verseifung des Klebers, Fäulnis der darunterliegenden Holzwerkstoffe und Holzkonstruktionen).

Regelabmessungen – PVC-Beläge ohne Träger: Bahnenbreite zwischen 120 und 200 cm. Quadratische Plattenformate: 30×30 – 60×60 – 90×90 cm. Rechteckige Plattenformate: 50×60 – 60×90 – 60×120 cm. Dicke 1,5 bis 3,0 mm (Faustregel: im Wohnbereich ab 1,5 mm, im Objektbereich ab 2,0 mm). Verlegung, Aufmaß und Abrechnung nach VOB Teil C, DIN 18365, Bodenbelagarbeiten.

PVC-Beläge mit Trägerschicht (Unterschicht)

PVC-Bodenbeläge mit Träger (DIN 16952, zukünftig DIN EN 650 bis DIN EN 652) – auch PVC-Verbundbeläge genannt – bestehen aus einer PVC-Nutzschicht, wie zuvor beschrieben, und aus einem mit dieser Oberschicht untrennbar verbundenem Träger. Dabei werden die Vorteile der strapazierfähigen Nutzschicht mit den Vorzügen der jeweiligen Trägerschicht – wie zum Beispiel verbesserte Trittelastizität, Schall- und Wärmedämmung (Fußwärme) – in sinnvoller Weise miteinander verbunden. Dementsprechend eignen sich für den Objektbereich homogene PVC-Beläge mit Träger aus Schaumstoff oder Korkment, für den Wohnbereich Beläge mit dünnerer Nutzschicht und Jutefilz bzw. Synthetikvlies als Trägermaterial. Im einzelnen unterscheidet man:

— **PVC-Beläge mit Jutefilz** (DIN 16952-1). Meist mit geprägter Oberfläche. Thermisches Verschweißen nur bei entsprechender Herstellerempfehlung möglich. Wegen der feuchtigkeitsempfindlichen Trägerschicht nicht für Naßräume geeignet.
— **PVC-Beläge mit Korkment** (DIN 16952-2). Diese Verbundkonstruktion eignet sich für hohe Beanspruchungen. Im Objektbereich sind die Nähte immer thermisch zu verschweißen.
— **PVC-Beläge mit PVC-Schaumstoff** (DIN 16952-3). Da Nutz- und Trägerschicht verrottungsfest sind, können diese Verbundbeläge in fugenverschweißter Ausführung in Naßräumen verlegt werden. Im Objektbereich sind die Nähte immer thermisch zu verschweißen.
— **PVC-Beläge mit Synthesefaser-Vliesstoff** (DIN 16952-4).

Regelabmessungen – PVC-Beläge mit Träger (nur als Bahnenware lieferbar): Bahnenbreite im allgemeinen 200 cm. Gesamtdicke: ab 1,5 mm, üblich 3,0 bis 5,0 mm. Nutzschichtdicke 0,1 bis 1,5 mm, je nach Qualität und Einsatzbereich.

PVC-Schaumbeläge mit strukturierter Oberfläche (PVC-Reliefbeläge)

Diese PVC-Reliefbeläge – auch Cushion-Vinyl-Beläge genannt – gehören aufgrund ihrer konstruktiven Merkmale zu den PVC-Belägen mit Trägerschicht (DIN 16952-5, zukünftig DIN EN 653), nehmen aber wegen ihres abweichenden Aufbaues und ihrer reliefartig strukturierten Oberfläche eine Sonderstellung ein. Reliefbeläge bestehen aus einer abriebfesten, transparenten PVC-Nutzschicht, einer reliefartig aufgeschäumten PVC-Schaumschicht mit oberseitig aufkaschiertem Druckbild (Motiv) und einer elastischen Trägerschicht aus PVC-Schaum mit Glasvlieseinlagen zur Stabilisierung. Aufgrund ihres Gehkomforts/Elastizität, ihrer Feuchtraumeignung und guten Trittschalldämmeigenschaften eignen sie sich besonders für den Wohnbereich; in jüngster Zeit werden jedoch auch Reliefbeläge mit hochverschleißfester Nutzschicht für den Objektbereich entwickelt.

Regelabmessungen – PVC-Reliefbeläge (CV-Beläge): Bahnenbreite 200, 300, 400 cm. Gesamtdicke zwischen 1,2 und 3,5 mm. Nutzschichtdicke 0,1 bis 0,3 mm, je nach Qualität und Einsatzbereich. Verlegung, Aufmaß und Abrechnung nach VOB Teil C, DIN 18365, Bodenbelagarbeiten.

10.4.10.2 Polyolefin-Bodenbeläge

Die kontrovers geführte Diskussion über angeblich mangelnde Gesundheits- und Umweltverträglichkeit von PVC-Produkten im Bauwesen hat die Bodenbelagindustrie veranlaßt, verstärkt nach alternativen Belägen zu suchen. Neben anderen Belaggruppen zählen auch die Polyolefin-Bodenbeläge zu den umweltfreundlichen Produkten. Sie bestehen aus Polyolefinen mit EVA-Polymerisat als Bindemittel, mineralischen Füllstoffen sowie Farbpigmenten. Polyolefinbeläge sind chlor-, weichmacher- und schwermetallfrei, so daß sie mit normalem Haushaltsmüll bzw. Bauschutt entsorgt, ohne nachteilige Emissionen in Verbrennungsanlagen verbrannt oder zu neuen Bodenbelägen wiederverwertet werden können. Ihre Herstellung ist vergleichbar mit der von PVC-Belägen: die Rohstoffe werden gemischt, plastifiziert, über Walzwerke ausgewalzt und zu homogenen Bahnen oder Platten konfektioniert.

Polyolefin-Bodenbeläge sind strapazierfähig, elastisch und in trockenem Zustand rutschhemmend, so daß sie im gesamten Wohnbereich und normal beanspruchten öffentlichen Bereich eingebaut werden können. Aufgrund ihrer geschlossenporigen Oberfläche und thermischen Verschweißbarkeit der Belagnähte sind sie auch in Naßräumen einsetzbar. Polyolefinbeläge unterscheiden sich teilweise stark voneinander (Herstellerangaben beachten). Insgesamt ist der Marktanteil von Polyolefinbelägen noch nicht sehr groß, vor allem auch deshalb, weil diese Alternativprodukte im Vergleich mit hochwertigen PVC-Belägen doch deutliche Qualitäts- und Nutzungsunterschiede aufweisen. Dies gilt insbesondere hinsichtlich Verschleiß- und Kratzfestigkeit, Trittsicherheit im nassen Zustand sowie Maßänderung bei Wärmeeinwirkung und direkter Sonneneinstrahlung. Die Weiterentwicklung dieser Bodenbelaggruppe wird mit besonderem Interesse zu verfolgen sein.

Regelabmessungen – Polyolefin-Bodenbeläge (noch nicht genormt): Bahnenbreite im allgemeinen 125 und 200 cm. Quadratische Plattenformate: 600×600 mm. Gesamtdicke für den Wohnbereich ab 1,5 mm, im Objektbereich 2,0 mm. Verlegung, Aufmaß und Abrechnung nach VOB Teil C, DIN 18365, Bodenbelagarbeiten.

10.4.10.3 Quarzvinyl-Bodenbeläge

Quarzvinylbeläge sind insbesondere für extrem starke Beanspruchungen im Objektbereich geeignet. Sie bestehen überwiegend aus Quarzsand, mineralischen Füllstoffen, Farbpigmenten und wenigen PVC-Anteilen als Bindemittel. Aufgrund dieser umweltschonenden Zusammensetzung dürfen sie ebenfalls mit normalem Hausmüll bzw. Bauschutt entsorgt werden. Die Herstellung ist ähnlich wie bei den PVC-Belägen. Nach dem Auswalzen auf Kalandern (Walzwerke) werden die Fliesen jedoch bei hoher Temperatur und großem Druck nachgepreßt. Durch diese Pressung werden Quarzkörner und Füllstoffe verdichtet, wobei die einzelnen Quarzkristalle zu einer festen Einheit verschmelzen. Derart **gepreßte** Quarzvinyl-Beläge zeichnen sich durch extrem hohe Verschleißfestigkeit, Rollstuhl- und Gabelstaplereignung aus, so daß diese Beläge vor allem im Geschäfts- und Industriebereich wie beispielsweise in Supermärkten, Warenhäusern, Lagerräumen, Gaststätten und Discotheken verlegt werden. Sie sind außerdem weitgehend beständig gegen Zigarettenglut sowie gebräuchliche Säuren, Laugen und Lösungsmittel. Nicht geeignet sind sie für Naßraumbereiche und Computer-Räume.

Regelabmessungen – gepreßte Quarzvinylfliesen (nicht genormt): Rechteckige Formate: 300×50 – 300×100 – 300×150 – 300×200 – 300×250 mm. Quadratische Formate: 300×300 mm. Gesamtdicke 2 mm. Verlegung, Aufmaß und Abrechnung nach VOB Teil C, DIN 18365, Bodenbelagarbeiten.

10.4.10.4 Linoleum-Bodenbeläge

Linoleum wurde vor ungefähr 135 Jahren erfunden. Es war der erste Bahnenbelag, mit dem man große Flächen ohne besonderen baulichen Aufwand belegen konnte. Neuere Belagarten wie PVC-Beläge und (Nadelvlies-)Teppichböden reduzierten den Einsatz von Linoleum deutlich, ohne die grundsätzlichen Vorzüge dieses Belages in Frage stellen zu können. Im Zuge des biologischen Bauens und Wohnens gewinnt der (nahezu) ganz aus natürlichen Rohstoffen hergestellte Belag wieder verstärkt an Interesse.

Linoleum (DIN 18171, zukünftig DIN EN 548) besteht im wesentlichen aus Leinöl, Naturharzen, Kork und Holzmehl, mineralischen Füllstoffen sowie Farbpigmenten. Diese Grundstoffe werden in verschiedenen Verfahren zur teigartigen Linoleum-Grundmasse vermischt und dann unter Hitze und Druck in Walzwerken auf ein Jutegewebe (Naturprodukt) gepreßt. Danach muß das Linoleum noch einige Wochen ausreifen, um die erforderliche Endfestigkeit zu erreichen. Ein transparenter Film auf der Oberfläche macht den Belag weitgehend unempfindlich gegen Schmutz.

Linoleum ist bis zum Unterlagsgewebe gleichmäßig zusammengesetzt und in vielen Farben und Musterungen erhältlich. Es ist angenehm begehbar, strapazierfähig, schwerentflammbar, zigarettenglutbeständig sowie permanent antistatisch; in Varianten jedoch auch elektrisch leitfähig herstellbar. Außerdem ist es beständig gegen Lösungsmittel, Mineralöle, Fette, Bitumen, Farb- und Filzstifte sowie geeignet für Fußbodenheizung und Stuhlrollenbeanspruchung. Für gewerbliche und industrielle Objekte wie Werkstätten, Fabrikations- und Lagerhallen werden besonders strapazierfähige Linoleumqualitäten angeboten, die sogar mit Gabelstaplern befahren werden können. Darüber hinaus ist Linoleum umweltfreundlich. Beim Brennen des Materials entstehen keine schädlichen Gase mit Folgeschäden. Linoleum sollte jedoch nicht in Räumen verlegt werden, in denen mit länger einwirkender Feuchtigkeit oder mit Chemikalien wie Säuren und Laugen zu rechnen ist; auch sind immer Abdichtungen gegen Feuchtigkeit von unten vorzusehen. Der Nahtverschluß (Verfugung) mit Schmelzschweißdraht ist vor allem im Objektbereich und in Räumen, die naß gereinigt bzw. desinfiziert werden müssen (Krankenhaus, Heime) erforderlich. Das Linoleum von heute erfordert keinen größeren Pflegeaufwand als andere vergleichbare Beläge. Die Oberflächenausrüstung von Linoleum wurde in den letzten Jahren ständig verbessert, das Bohnern mit Wachs gehört längst der Vergangenheit an. Verlegung, Nahtverschluß, Reinigung und Pflege von elastischen Bodenbelägen s. Abschn. 10.4.10.7.

Linoleum-Verbundbelag (DIN 18173) besteht aus einer Linoleum-Nutzschicht mit Unterlagsgewebe aus Jute und einer Trägerschicht aus Korkment (grobkörniges Korkgranulat). Das Korkment verbessert die trittschall- und wärmedämmenden Eigenschaften von Linoleum und anderen elastischen Verbundbelägen, dient aber auch als Unterlage unter schwimmend verlegtem Fertigparkett und Laminatboden.

Regelabmessungen – Linoleum: Bahnenbreite 200 cm, bei Sonderanfertigung 300 cm. Plattenformat 480×480 – 600×600 mm. Dicke 2,0 – 2,5 – 3,2 – 4,0 mm. Gesamtdicke – Verbundbelag: 4,0 – 4,5 – 5,0 mm. Verlegung, Aufmaß und Abrechnung nach VOB Teil C, DIN 18365, Bodenbelagarbeiten.

10.4.10.5 Kork-Bodenbeläge

Bodenbeläge aus Kork zeichnen sich vor allem durch angenehmen Gehkomfort (Elastizität), hohe Fußwärme, gute Trittschall- und Wärmedämmeigenschaften, rutschfeste Oberfläche und Produktvielfalt aus. Korkbodenbeläge werden im gesamten Wohnbereich eingesetzt, aber auch in Kindergärten, Kranken- und Kaufhäusern, Museen, Büros mit Rollstuhlbeanspruchung usw. Im Hinblick auf das biologische Bauen und Wohnen gewinnt der (nahezu) ganz aus natürlichen Rohstoffen hergestellte Belag ebenfalls an Bedeutung. Folgende Korkbodenbeläge sind zu unterscheiden (noch nicht genormt):

- **Einschichtiger Korkbodenbelag** aus homogener Preßkorkplatte, geschliffen, ansonsten unbehandelt.
- **Zweischichtiger bzw. furnierter Korkbodenbelag** (zwei unterschiedliche Preßkorkplatten bzw. Preßkorkplatte mit dekorativem Naturkorkfurnier), geschliffen, ansonsten unbehandelt.

- **Einschichtiger oder zweischichtiger bzw. furnierter Korkbodenbelag**, werkseitig oberflächenbehandelt (vorversiegelt oder vorgewachst).
- **Mehrschichtiger Korkbodenbelag** mit einer durchsichtigen PVC-Verschleißschicht gemäß DIN EN 665, einer Preßkorkträgerplatte (mit oder ohne dekorativem Furnier aus Kork oder Holz) und einem unterseitig aufkaschiertem PVC-Gegenzugmaterial (Verbundbelag).

Rohstoff und Herstellung. Die immer wieder nachwachsende Rinde der Korkeiche ist das Grundmaterial, aus dem der Korkbodenbelag hergestellt wird. Das Korkschrot wird unter Beigabe von Bindemitteln zu Blöcken verpreßt und zu Platten in gewünschter Dicke geschnitten (Preßkorkplatten). Mit Korkfurnieren läßt sich die Dessinvielfalt erhöhen. Das mit Bindemitteln angereicherte Korkschrot kann aber auch auf Förderbänder geschüttet und Pressen zugeführt werden. Die dabei entstehenden Platten bzw. Bahnen dienen überwiegend Wärme- und Trittschalldämmzwecken. Weitere Einzelheiten sind der Spezialliteratur [54] zu entnehmen.

Verlegung und Oberflächenbehandlung. Kork ist ein Naturprodukt und weist mehr oder weniger große Maßtoleranzen auf. Während furnierte Beläge weitgehend dickengleich sind, lassen sich bei den homogenen, naturbelassenen Preßkorkplatten kleine Dickendifferenzen (Kantenüberstände) nicht vermeiden. Deshalb empfiehlt es sich, einschichtige Korkbodenbeläge nach dem Verkleben zu überschleifen. Zweischichtige und werkseitig vorbehandelte Korkbeläge dürfen maschinell jedoch nicht geschliffen werden. Einzelheiten über die nicht ganz unproblematische Verlegung von Korkbodenbelägen mit Dispersionsklebstoffen sind dem entsprechenden Merkblatt [56] zu entnehmen.

Alle Korkbeläge bedürfen eines Oberflächenschutzes, da roh belassene Korkfliesen bei der Benutzung sofort verschmutzen würden und Wischwasser in die Fugen eindringen könnte. Werkseitig unbehandelte Platten müssen daher nach dem Verkleben vor Ort versiegelt oder gewachst werden. S. hierzu Abschn. 10.4.8.4. Vom Hersteller vorversiegelte/vorgewachste Ware muß am Verlegeort immer auch noch endversiegelt/endgewachst werden. Korkbeläge mit einer PVC-Verschleißschicht bedürfen keiner weiteren Oberflächenbehandlung.

Regelabmessungen – Korkbodenbeläge (nicht genormt): Rechteckige Formate 900×300 – 900×150 – 600×300 mm. Quadratische Formate 300×300 mm. Dicken 4 – 6 – 8 mm. Korkfliesen mit PVC-Verschleißschicht Dicke 3,2 mm. Verlegung, Aufmaß und Abrechnung nach VOB Teil C, DIN 18365, Bodenbelagarbeiten.

10.4.10.6 Elastomer-Bodenbeläge (Gummibeläge)

Elastomerbeläge werden auf der Basis von Synthese- und/oder Naturkautschuk unter Zugabe von Füllstoffen, Farbpigmenten und Vulkanisierungsmitteln hergestellt. Aufgrund unterschiedlicher Zusammensetzung der Rohstoffmischungen können die Beläge den verschiedenartigsten Verwendungszwecken angepaßt werden. Die zunächst plastische Mischung wird auf Kalandern zu Bahnen gezogen und je nach Endprodukt – glatte Bahnenware oder profilierte Platten – in Walzwerken oder Pressen unter Wärme und Druck durch Vulkanisation in ein dauerhaft elastisches Material umgewandelt. Diese vulkanisierten Elastomerbeläge sind dann – im Gegensatz zu thermoplastischen Produkten – durch Wärmeeinwirkung nicht mehr schmelzbar bzw. verformbar und auch nicht thermisch verschweißbar. Gummibeläge sind PVC-, halogen- und weichmacherfrei, enthalten kein Asbest und sind recycelbar. Der gummitypische Geruch entsteht sowohl bei Belägen aus natürlichem als auch synthetischem Kautschuk. Es liegen jedoch keine Erkenntnisse vor, daß sich im eingebauten Zustand Probleme durch Emissionen aus dem Belag ergeben.

Homogene und heterogene Elastomerbeläge (DIN 16850, zukünftig DIN EN 1817) sowie Elastomerbeläge mit Unterschicht und Schaumstoff (DIN 16851, zukünftig DIN EN 1816)

Gummibeläge dieser Art haben eine glatte und sehr dichte Oberfläche. Sie können homogen und heterogen aufgebaut sein und als Verbundbelag noch zusätzlich eine trittschallmindernde bzw. wärmedämmende Unterschicht aus Schaumstoff aufweisen. Gummibeläge sind extrem strapazierfähig und verschleißfest, maßbeständig, stuhlrollengeeignet, schwerentflammbar und zigarettenglutbeständig sowie weitgehend chemisch resistent gegen Säuren, Laugen und Lösungsmittel. Bodenbeläge aus Kautschuk sind antistatisch, Sonderqualitäten gibt es auch elektrisch leitfähig. Ein Nahtverschluß mit Fugenmasse ist möglich, jedoch im Normalfall nicht erforderlich. Aufgrund ihrer hohen Gleitsicherheit und Trittelastizität werden sie vor allem in Gymnastik-, Sport- und Mehrzweckhallen, aber auch in Krankenhäusern und Gewerbebetrieben verlegt. Elastomerbeläge gibt es sowohl mit klassischem als auch modernem Dessin in großer Farbenvielfalt. Verlegung, Reinigung und Pflege s. Abschn. 10.4.10.7.

Regelabmessungen – Glatte Elastomerbeläge: Bahnenbreite 120 cm. Plattenformat 500×500 – 600×600 mm. Dicke 2,0 bis 4,0 mm, jeweils um 5 mm gestuft. Elastomer-Verbundbeläge mit einer Unterschicht aus Schaumstoff sind nur als Bahnenware erhältlich. Nutzschichtdicke 1,5 mm, Unterschicht 2,5 mm. Gesamtdicke 4,0 mm.

Elastomerbeläge mit profilierter Oberfläche (Gummi-Noppenbeläge)

Elastomerbeläge mit profilierter Oberfläche (DIN 16852) – in Form von Noppen, Pastillen, Rippen – werden entsprechend den Anforderungen in drei unterschiedlichen Qualitätsstufen (extreme – starke – mäßige Beanspruchung) für den Innen- und Außenbereich angeboten. Dementsprechend können sie sowohl in Flughäfen, Bahnhofs-, Messe-, Ausstellungs- und Schalterhallen, aber auch in Läden, Boutiquen sowie in Naßräumen und Schwimmhallen verlegt werden. Bei Nässe bieten die profilierten Beläge Rutschsicherheit und ausreichende Fußwärme in den Barfußbereichen. Auf die dekorative Farbgebung und zweifarbige Noppenprägung wird hingewiesen. Mit einem umfangreichen Zubehörprogramm lassen sich Anschlußprobleme in Randzonen, bei Treppenstufen und im Sockelbereich lösen. Die Rückseite der Beläge kann entweder glatt sein oder auch Zäpfchen aufweisen. Diese Zäpfchen ergeben eine hohlraumfreie Verklebung und in Bereichen mit extremer Beanspruchung noch zusätzlich eine mechanische Verankerung gegen Schub- und Scherkräfte (Gabelstaplerverkehr). Im Außenbereich sind witterungs- und UV-beständige Qualitäten einzusetzen (Outdoor-Beläge). Verlegung, Reinigung und Pflege s. Abschn. 10.4.10.7.

Regelabmessungen – Elastomerbeläge mit profilierter Oberfläche: Verbindliche Abmessungen gibt es nicht. In der Regel werden folgende Plattenformate angeboten: 500×500 – 1000×1000 mm. Gesamtdicke 3,5 – 4,0 – 4,5 – 5,0 – 6,0 – 7,0 mm. Noppenhöhe 0,3 bis 1,5 mm. Verlegung, Aufmaß und Abrechnung nach VOB Teil C, DIN 18365, Bodenbelagarbeiten.

10.4.10.7 Verlegung, Nahtverschluß und Pflege elastischer Bodenbeläge

Prüfung des Verlegeuntergrundes. Elastische Bodenbeläge können auf neue Untergründe (z. B. Estriche, Fertigteilestriche) oder auf alten Böden und Belägen verlegt werden. In jedem Fall muß die Beschaffenheit des Untergrundes vom Bodenleger sorgfältig geprüft und die Oberfläche mit geeigneten Werkstoffen und Verfahren so behandelt werden, daß sie belegreif ist und den Anforderungen der DIN 18365, Bodenbelagarbeiten, entspricht. Falls nach den fachlichen Regeln Bedenken vorliegen, sind diese in schriftlicher Form an zuständiger Stelle (Planer, Bauleiter) unverzüglich geltend zu machen. Besonders sorgfältig ist der zulässige Feuchtegehalt des Verlegeuntergrundes zu prüfen. Wie die Tabellen **10**.21 und **11**.9 im einzelnen verdeutlichen, ist die Belegreife abhängig von der Art des Untergrundes und des vorgesehenen Belages. Da verschiedenartige Unterböden unterschiedliche Vorarbeiten erfordern, sind von der Bauplanung entsprechende Angaben über den Gesamtaufbau der Fußbodenkonstruktion – insbesondere über die Art des Estrichs, Anordnung und Dicke der einzelnen Schichten sowie über die Funktion der Bewegungsfugen – im Leistungsverzeichnis anzugeben.

Vorbereitung des Verlegeuntergrundes. Elastische Bodenbeläge benötigen einen tragfähigen, zug- und druckfesten, rissefreien, dauerhaft trockenen, sauberen und ebenen Untergrund. Die meisten Verlegeflächen müssen zuerst mit einem Vorstrich (Grundierung) behandelt werden. Je nachdem kann dieser der Verfestigung dienen, die Saugfähigkeit mindern, den Staub binden, und die Haftbrücke zu Spachtelschichten bilden; außerdem schützt er quellfähige Untergründe (z. B. Holzspanplatten) gegen Feuchtigkeit aus der Spachtel- bzw. Klebermasse selbst. Da besonders bei dünnen Belägen im Gegenlicht jede kleinste Unebenheit sichtbar ist, muß anschließend eine gleichmäßig saugende Oberfläche geschaffen und der Untergrund ganzflächig mit Spachtelmasse geglättet werden. Feinspachtelmasse (bis 3 mm) soll die Poren füllen und kleinere Unebenheiten ausgleichen; bei größeren Unebenheiten ist Ausgleichsmasse (bis 10 mm) zu verwenden. Zum Nivellieren von deutlichen Höhenunterschieden wird Zementestrich im Verbund (ab 10 mm) eingesetzt. Vor allem nicht saugfähige Gußasphaltestrichflächen müssen bei Verwendung von Dispersions- oder Neopren-Kontaktklebstoffen mit einer mind. 1,5 bis 2 mm dicken Spachtelmasse überzogen werden, um nachfolgende Schäden an Bodenbelägen und dem Untergrund zu vermeiden. Die erforderlichen Ebenheitstoleranzen sind Tab. **10**.2 zu entnehmen. Überstehende Randdämmstreifen mit Abdeckung sind erst nach dem Spachteln abzuschneiden, damit die Randfugen nicht durch Spachtelmasse o. ä. verfüllt und damit funktionslos werden. Das Verlegen von nahezu dampfdichten elastischen Bodenbelägen auf Holzspanplatten ist nicht unproblematisch und wird in dem Merkblatt [55] näher erläutert. Vgl hierzu auch Abschn. 10.3.7.1, Fertigteilestriche aus Holzspanplatten.

Klebstoffe

Elastische Bodenbeläge werden vollflächig verklebt. Zuvor sind sie im jeweiligen Verlegeraum ausreichend lang zu akklimatisieren, so daß sich das Material an Temperatur und Luftfeuchte anpassen kann. Die Klebstoffe müssen so beschaffen sein, daß durch sie eine feste und dauerhafte Verbindung erreicht wird. Sie werden in der Regel mit einem Zahnspachtel aufgetragen. Die Verarbeitungsvorschriften der Klebstoffhersteller sind genauestens einzuhalten (Gefahrenklassen beachten!) und möglichst umweltfreundliche Produkte einzusetzen. Die Eignung des Klebstoffes hängt von der Belagart, der Unterbodenbeschaffenheit und der späteren Beanspruchung des Bodens ab. So dürfen auf beheizbaren Fußbodenkonstruktionen nur solche Klebstoffarten verwendet werden, die von der Herstellerfirma als „für Fußbodenheizung geeignet“ gekennzeichnet sind. Für die Klebung von elastischen Bodenbelägen werden folgende Klebstoffe verwendet:

- **Dispersionsklebstoffe.** Sie können sehr unterschiedlich aufgebaut sein, so daß für nahezu alle Anwendungsgebiete geeignete Kleber zu Verfügung stehen. Das Bindemittel ist in Wasser dispergiert; dieses verdunstet oder wird vom Untergrund aufgesaugt. Daher ist eine gewisse Vorsicht bei feuchtigkeitsempfindlichen Untergründen und Belägen angebracht. Dispersionsklebstoffe enthalten keine oder nur sehr geringe Mengen an organischen Lösungsmitteln. Aufgrund dessen sind sie nicht brennbar und umweltfreundlich, wodurch sie die gesundheitlichen Risiken bei der Verlegung und die Umweltbelastung wesentlich verringern.
- **Lösungsmittelklebstoffe.** Sie sind aufgrund ihres Lösungsmittelgehaltes feuergefährlich (Vorsicht: Explosionsgefahr!). Die entsprechenden Sicherheitsvorschriften sind genauestens einzuhalten. Bei dieser Klebstoffart werden die Bindemittel von den Lösungsmitteln an- bzw. aufgelöst. Die Bindung erfolgt durch Verdunsten des Lösungsmittels. Lösungsmittelhaltige Klebstoffe sollten im Hinblick auf die Umweltbelastung, Explosions- und Feuergefahr nur noch dann verwendet werden, wenn ihr Einsatz aus technischen Gründen unumgänglich ist. Vgl. hierzu auch Abschn. 10.4.8.2, Parkettklebstoffe.
- **Kontaktklebstoffe** (Neoprene). Sie gehören ebenfalls zu der Gruppe der lösungsmittelhaltigen Klebstoffe und werden deshalb nur noch in Ausnahmefällen, wie beispielsweise zum Ankleben von Profilen, Sockelleisten o. ä. eingesetzt. Der Klebstoff wird dabei beidseitig – auf Belagrückseite und Verlegeuntergrund – aufgetragen und der Belag dann paßgenau eingelegt; eine nachträgliche Korrektur ist nicht mehr möglich.
- **Reaktionsharzklebstoffe.** Sie können auf Polyurethan- (PUR) oder Epoxidharzbasis (EP) hergestellt sein. Diese zweikomponentigen Klebstoffe sind lösungsmittel- und wasserfrei. Die Klebung erfolgt durch chemische Reaktion (Harz/Härter). Reaktionsharzklebstoffe werden überall dort eingesetzt, wo der Belag hohen mechanischen und chemischen Beanspruchungen ausgesetzt ist, aber auch Feuchtigkeits- und Witterungsbeständigkeit gefordert sind (Vorsicht: Dampfsperre!). Für Außen- und Naßbereich geeignet. Bei diesen Zweikomponenten-Klebern muß jedoch zumindest eine Komponente als „Gefahrstoff“ eingestuft werden (Reizungen, Ätzungen). Dementsprechend sind Arbeitsschutzmaßnahmen erforderlich und die Entsorgung kann zum Teil nur als Sondermüll erfolgen. Näheres über die „Gefahrstoffverordnung“ und „Technische Regeln für Gefahrstoffe“ (TRGS 610) ist in Abschn. 10.4.8.2 angeführt.

Aus Gründen der Übersichtlichkeit wird an dieser Stelle nicht näher auf belagtypische Verlegebedingungen eingegangen. Einzelheiten sind den branchenbekannten Merkblättern [56], [57] „Verlegung von Korkbelägen", „Verlegung von Linoleum" usw. zu entnehmen. Auf das Merkblatt [52] des Zentralverbandes des Deutschen Baugewerbes wird ebenfalls hingewiesen.

Elektrostatisches Verhalten von elastischen Bodenbelägen

Elektrostatische Aufladung kann beispielsweise durch Reibung zweier Gegenstände aneinander (z. B. Oberbekleidung an Möbelpolstern) oder bei innigem Kontakt und anschließender Trennung (z. B. Abheben der Schuhsohle vom Bodenbelag) entstehen. Infolge derartiger Reibungs- und Trennungsvorgänge kann es dann zu einem mehr oder weniger unangenehmen Schlag beim Berühren geerdeter Metallteile kommen. Auch Computer und andere elektronische Geräte können durch elektrostatische Aufladung gestört werden. Von den EDV-Herstellern werden daher Anforderungen gestellt an die Höhe der durch Begehen hervorgerufenen Personenaufladung, an den Erdableitwiderstand sowie Mindestwerte an die relative Luftfeuchtigkeit. Vgl. hierzu auch Abschn. 10.4.12.3, Elektrostatisches Verhalten textiler Bodenbeläge.

Klassifikation des elektrostatischen Verhaltens von Bodenbelägen. Nach DIN 54346 werden alle Bodenbeläge und Bodenbeschichtungen hinsichtlich ihres elektrostatischen Verhaltens in drei Klassen eingeteilt:

Klasse 1: Bodenbeläge für Räume mit üblicher Schutzanforderung, in denen durch den Bodenbelag keine Störungen elektronischer Geräte hervorgerufen werden können, wenn diese einen Schutz gegen elektrostatische Spannung bis 5 kV aufweisen.

— Bodenbeläge der Klasse 1 müssen **antistatisch** sein, d. h. die durch Begehen hervorgerufene Personenaufladung[1]) darf 2,0 kV nicht überschreiten. Beispiele: Wohn- und Büroräume mit elektronischen Geräten.

Klasse 2: Bodenbeläge für Räume mit Schutz vor störender elektrostatischer Entladung, in denen durch den Belag und die Verwendung von hinreichend leitfähigem Schuhwerk Störungen zu vermeiden sind.

— Bodenbeläge der Klasse 2 müssen **ableitfähig** sein, d. h. bei einer relativen Luftfeuchte von 25% muß der Erdableitwiderstand[2]) im verlegten Zustand $\leq 1 \times 10^9$ Ohm sein. Beispiele: EDV-Zentralen, elektronisch gesteuerte Leitwarten und Steuerungszentralen.

Klasse 3: Bodenbeläge für Räume, in denen eine besonders hohe Sicherheit gefordert wird, weil die mittelbare Gefährdung von Gesundheit und Leben oder Zerstörung von Sachwerten vermieden werden muß.

— Bodenbeläge der Klasse 3 müssen **besonders ableitfähig** sein, d. h. bei einer relativen Luftfeuchte von 25% muß der Erdableitwiderstand im verlegten Zustand bei einer Meßspannung von 100 V $\leq 1 \times 10^8$ Ohm sein. Beispiele: Operationssäle, Produktionsstätten, in denen explosionsfähige Gemische vorkommen oder elektronische Geräte hergestellt werden.

Verlegemaßnahmen. Einige elastische Bodenbeläge, wie beispielsweise Gummibeläge und Linoleum, sind bereits aufgrund ihrer materialspezifischen Eigenschaften antistatisch. Andere Belaggruppen, wie zum Beispiel PVC-Beläge, erhalten ihre Antistatik durch Beimischen von Kohlenstoff (Graphit) in der jeweiligen Haupt- oder Zusatzfarbe. Werden derart ausgerüstete Beläge mit nicht leitfähigen (normalen) Klebern – ohne Ableitsystem – verlegt, so sind sie als **antistatisch** zu bezeichnen und der Klasse 1 zuzuordnen. In diesem Fall ist sichergestellt, daß die Personenaufladung unabhängig von der Art der Verlegung kleiner als 2 kV ist.

Um mögliche Störungen durch elektrostatische Auf- und Entladungen auszuschalten, sind in Räumen der Klasse 2 und Klasse 3 **ableitfähige Bodenbelagkonstruktionen** einzuplanen. Je nach Art der vorgesehenen Raumnutzung und den sich daraus ergebenden Anforderungen an Bodenbeläge unterscheidet man:

[1,2]) S. Fußnote Seite 492

– Verlegung von ableitfähigen Belägen mit leitfähigen Klebstoffen auf leitfähigem Vorstrich. Dieser wird mit einer Rolle vollflächig auf den Untergrund aufgetragen und nach seiner Trocknung der leitfähige Belag mit leitfähigem Klebstoff aufgebracht. Dabei wir je 40 m^2 Bodenfläche eine etwa 1 m lange Kupferfahne mit aufgeklebt; der spätere Anschluß dieser Kupferfahne an den Potentialausgleich (Erdung) hat durch einen Elektrofachmann zu erfolgen. Die Fugen elektrisch leitfähig verlegter Bodenbeläge werden in der Regel verschweißt (Nahtverschluß).
– Verlegung von ableitfähigen Belägen mit leitfähigen Klebstoffen auf durchlaufenden Kupferbändern. Diese Verlegungsart wird beispielsweise gewählt bei Plattenware und bei Untergründen, auf denen ein leitfähiger Vorstrich nicht geeignet ist (z. B. Holzuntergründe, Magnesiaestriche) sowie bei Belagkonstruktionen, die besonders ableitfähig ausgebildet sein müssen. Hierbei werden Kupferbänder (ggf. auch Gitternetze aus Kupferbändern) auf den vorbereiteten Untergrund mit leitfähigem Klebstoff aufgeklebt, so daß jede Platte oder Bahn mindestens einmal Kontakt mit dem Kupferband hat. Die durchlaufenden Kupferbänder sind an den Enden mit einem Querband (Ringleitung) miteinander zu verbinden und je 40 m^2 Bodenfläche mind. einmal an den Potentialausgleich anzuschließen.

Nahtverschluß bei elastischen Bodenbelägen

Die Nähte dieser Bodenbeläge – einschließlich der Anschlußfugen zu den Sockelprofilen – können aus Gründen der Optik (auseinanderklaffende Fuge), der Hygiene (Schmutzansammlung in der Naht), der Haltbarkeit (Wassereintritt bei Naßreinigung, Schutz feuchtigkeitsempfindlicher Untergründe) und der Gestaltung (dekorative Kontrastfarben) verschlossen werden.

– **Thermisches Verschweißen.** Dieses Verfahren wird angewandt beim Verschweißen der Nähte von homogenen PVC-Belägen und PVC-Verbundbelägen auf Korkment oder Schaum sowie bei allen PVC-Belägen auf Fußbodenheizung und im Objektbereich, wo mit außergewöhnlichen Belastungen (z. B. Wasser-, Stuhlrollen-, Wärmeeinwirkung) zu rechnen ist. Dabei wird eine PVC-Schweißschnur unter Einwirkung von Heißluft in eine vorher ausgefräste Stoßfuge eingepreßt und bei hoher Temperatur mit dem

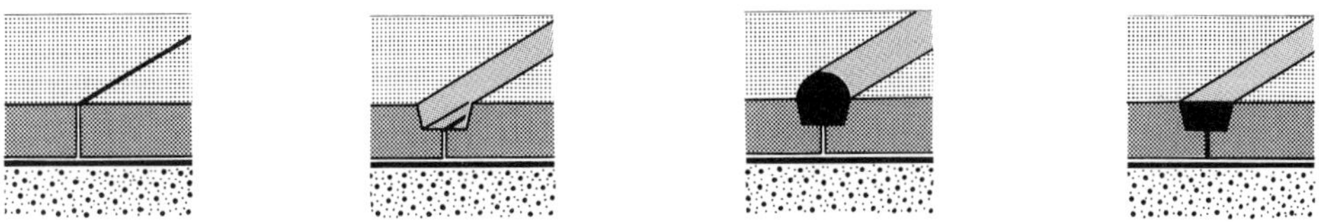

a) b) c) d)

10.55 Nahtverschluß bei homogenen PVC-Belägen und PVC-Verbundbelägen auf Korkment oder Schaum

10.56
Schematische Darstellung eines flächenbündigen Boden-Wandüberganges bei elastischem Bodenbelag mit Einputzsockelleiste

1 Mauerwerk
2 Mörtelbett
3 Keramische Wandfliese
4 elastoplastische Fugenmasse
5 Mipolam-Einputzsockelleiste
6 PVC-Sockelstreifen
7 Hohlkehlenprofil
8 Randstreifen mit Abdeckung
9 PVC-Bodenbelag
10 Nahtverschluß mit PVC-Schweißschnur
11 schwimmender Estrich

Hüls Troisdorf AG

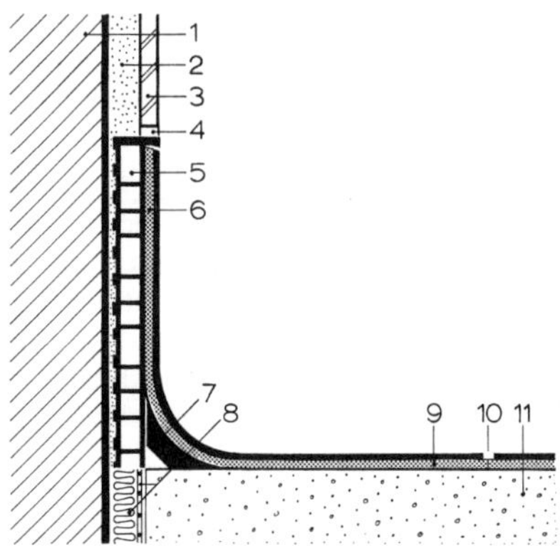

Bodenbelag zu einer homogenen Einheit zusammengeschweißt (Bild **10**.55 und **10**.56). Nach dem Erkalten wird die überstehende Schweißschnur flächenbündig abgestoßen. Belag und Schweißnaht können in Kontrastfarben oder Ton in Ton gehalten sein.

— **Fugenschluß bei Linoleum.** Das Abdichten der Fugen erfolgt bei diesem Belag durch einen Schmelzdraht, der ähnlich wie zuvor beschrieben, bei hoher Temperatur schmilzt, in die ausgefräste Fuge einläuft und sich mit dem Belagmaterial verbindet. Das Fugenmaterial ist gegen Chemikalien, Lösungs- und Desinfektionsmittel beständig. Der Fugenschluß ist bei Linoleum immer zu empfehlen.

Reinigung und Pflege elastischer Bodenbeläge

Bereits bei der Planung eines Objektes sollten als vorbeugende Maßnahme Schmutzschleusen in der gesamten Breite der Eingangsbereiche vorgesehen werden. Da sich elastische Bodenbeläge teilweise deutlich in ihrer materialspezifischen Zusammensetzung und hinsichtlich ihres Fugenverschlusses unterscheiden, kann es für diese Belaggruppe auch keine allgemein verbindlichen Aussagen über Reinigung und Pflege geben. Gültige Reinigungs- und Pflegeanweisungen sind daher immer den Unterlagen der jeweiligen Belaghersteller zu entnehmen. Im wesentlichen unterscheidet man folgende Reinigungs- und Pflegeverfahren:

— **Bauschluß- und Grundreinigung.** Die Bauschlußreinigung muß besonders gründlich durchgeführt werden, damit die Belagoberfläche von allen Rückständen und Verschmutzungen restlos befreit ist und die nachfolgenden Pflegemittel eine gute Bodenhaftung eingehen können.

— **Erstpflege bzw. Einpflege.** Die meisten elastischen Bodenbeläge müssen entsprechend den jeweiligen Herstellervorgaben nach der Grundreinigung mit einem systembezogenen filmbildenden Pflegemittel eingepflegt werden. Dieser Pflegemittelfilm schützt vor starker Anschmutzung, erleichtert die Folgereinigung und verleiht dem Belag ein frisches Aussehen.

— **Unterhaltsreinigung.** Für die tägliche Unterhaltsreinigung wird dem Wischwasser in der Regel eine Selbstglanz-Emulsion zugegeben. Moderne Produkte ermöglichen Reinigung und Pflege in einem Arbeitsgang. In größeren Zeitabständen wird wieder eine Grundreinigung notwendig, bei der sehr hartnäckige Verschmutzungen und alte Pflegemittelschichten entfernt werden. Daran schließt sich in der Regel wieder eine erneute Erstpflege an.

Um zu gewährleisten, daß die Pflege des jeweiligen Bodenbelages in geeigneter Form erfolgt, hat der Bodenleger gemäß DIN 18365, Bodenbelagarbeiten, dem Auftraggeber eine schriftliche Pflegeanleitung zu übergeben. Ungeeignete Pflegemittel können zu erheblichen Bodenbelagschäden führen. Wie in Abschn. 10.4.7.4 näher erläutert, ist auch bei elastischen Bodenbelägen auf eine ausreichende Rutsch- und Trittsicherheit zu achten. Auf die richtige Beschaffenheit der Lauffläche und Form der Rollen von Drehsesseln gemäß DIN 68131 wird in Abschn. 10.4.12.3 hingewiesen.

10.4.11 Bodenbeschichtungen aus Kunstharzen (Reaktionsharzen)

Reaktionsharzprodukte eignen sich zur Herstellung, Vergütung oder Sanierung/Reparatur stark beanspruchter Fußbodenoberflächen. Bei den am Bau verarbeiteten Kunstharzen unterscheidet man im wesentlichen zwischen thermoplastischen Kunstharzen und Reaktionskunstharzen. Während die thermoplastischen Kunstharze (= physikalisch trocknend) am Bau entweder als wäßrige Dispersion oder lösemittelhaltige Beschichtung/ Anstrich – zum Beispiel als Fassadenfarbe und Lackfarbe für Fenster oder Türen in Form von dünnen Schichten – eingesetzt werden, eignen sich die durch chemische Vernetzung aushärtenden Reaktionsharze für die Fußbodentechnik.

Reaktionsharze. Nach DIN 16945 sind Reaktionsharze flüssige oder verflüssigbare Kunstharze, die für sich oder mit Reaktionsmitteln (Härter oder Beschleuniger) durch Polymerisation oder Polyaddition erhärten. Kurz vor der Verarbeitung werden die einzelnen Komponenten in flüssigem Zustand auf der Baustelle zur verarbeitungsfertigen Reaktionsharzmasse vermischt und je nach Füllstoffzugabe in flüssiger oder spachtelgerechter Form auf den Untergrund aufgetragen. Die Kunstharze können als transparente, pigmentierte oder mit Füllstoffen/Zuschlägen angereicherte Produkte eingesetzt werden. Aufgrund ihrer hervorragenden Eigenschaften eignen sie sich vor allem zur Herstellung von Industrieböden; seit einigen Jahren werden sie aber auch für dekorativ-farbige Bodenbeschichtungen angeboten. In jedem Fall soll durch die Reaktionsharzschicht die Abnutzung der Oberfläche und damit die Staubbildung auf ein Minimum reduziert, ein dauerhafter Schutz des Untergrundes vor mechanischen Beanspruchungen, chemischen Angriffen und thermischen Belastungen erreicht, die Reinigung und Pflege erleichtert sowie eine farblich ansprechende Oberflächengestaltung geschaffen werden. Die Reaktionsharzböden weisen normalerweise einen hohen elektrischen Leitwiderstand auf, können bei Bedarf jedoch auch leitfähig eingestellt werden. Einzelheiten zur Klassifikation des elektrischen Verhaltens von Bodenbeschichtungen s. Abschn. 10.4.10.7. Zur Herstellung der Bodenüberzüge aus Reaktionsharz werden je nach Anforderung und Funktion folgende Bindemittel (Stoffgruppen) eingesetzt:

— Epoxidharze (EP)
— Methacrylharze (MMA)
— Polyurethanharze (PUR), ein- und zweikomponentig
— Ungesättigte Polyesterharze (UP).

Innerhalb jeder Stoffgruppe lassen sich durch unterschiedliche Ausgangskomponenten und Zusammensetzungen Endprodukte mit unterschiedlichen Eigenschaften herstellen. Ferner werden die Eigenschaften durch Füllstoffe, Zuschläge und Pigmente bestimmt. Am häufigsten verwendet werden Epoxidharze – trotz ihres relativ hohen Preises – da sie am vielseitigsten eingesetzt und unter baupraktischen Gegebenheiten am einfachsten und risikolosesten verarbeitet werden können. Einzelheiten über die Herstellung, Verarbeitung und Eigenschaften der erwähnten Reaktionsharzgruppen sind dem BEB-Arbeitsblatt KH-O/S zu entnehmen [58].

Untergrund für Reaktionsharze. Die Haltbarkeit und Widerstandsfähigkeit der Reaktionsharz-Nutzschicht wird wesentlich von der Festigkeit und Güte des jeweiligen Untergrundes bestimmt. Es eignen sich vor allem Beton (z. B. bewehrte Bodenplatten, Stahlbetondecken) oder Zementestrich mit Mindestfestigkeiten bei leichten Beanspruchungen ≥ B 25 bzw. ZE 30, bei höheren Beanspruchungen ≥ B 35 bzw. ZE 40; die Abriebfestigkeit (Haftzugfestigkeit) des Untergrundes soll mind. 1,5 N/mm^2 betragen. Bei anderen Untergründen – wie beispielsweise Anhydrit- oder Gußasphaltestrich – sind besondere Vorschriften der Hersteller zu beachten. Der Verlegegrund muß fest, ferner frei von losen Bestandteilen und Verunreinigungen sowie staub- und ölfrei sein. Die zulässige Ebenheitstoleranzen sind Tab. **10**.2 zu entnehmen. Bei feuchtigkeitsempfindlichem Reaktionsharz muß der Untergrund eine Restfeuchte von unter 3% aufweisen (vgl. hierzu Tab. **10**.21 sowie Tab. **11**.9), bei feuchtigkeitsverträglichem Reaktionsharz so weit trocken sein, daß die jeweilige Grundierung in die Oberflächenzone des Untergrundes eindringen kann. Da die meisten Reaktionsharze gegen rückseitige Durchfeuchtung mehr oder weniger empfindlich und die Beschichtungen überwiegend auch nahezu dampfdicht sind, müssen alle gefährdeten Untergründe eine Abdichtung gegen Feuchtigkeit gemäß DIN 18195 bzw. eine entsprechende Dampfsperre erhalten. S. hierzu Abschn. 10.3.2. Bei Nichtbeachtung dieser Forderungen droht nicht nur die Erweichung und Zerstörung des Estrichs (z. B. bei feuchteempfindlichem Anhydritestrich), sondern auch Blasenbildung an der Oberfläche und Ablösung der Reaktionsharzschicht vom Untergrund. Einzelheiten über die Prüfung und Vorbereitung des Untergrundes für Reaktionsharze sind dem BEB-Arbeitsblatt KH-O/U zu entnehmen [59].

Böden aus Reaktionsharzen

Nach dem Prüfen, Reinigen und Vorbereiten des Untergrundes wird in der Regel als erste Schicht eine Grundierung aufgebracht, die die oberflächennahe Zone des Verlegegrundes verfestigen soll. Ausgehend von der späteren Nutzung und der damit verbundenen Beanspruchung der Verschleißschicht sowie unter Beachtung des jeweiligen Verlegeuntergrundes werden die einzelnen Vergütungsmaßnahmen nach den aufzubringenden Schichtdicken eingeteilt und wie folgt benannt (Bild **10**.57):

— **Kunstharz-Imprägnierung** < 0,1 mm
— **Kunstharz-Versiegelung** 0,1 bis 0,3 mm
— **Kunstharz-Beschichtung** 0,3 bis 2,0 mm
— **Kunstharz-Belag** 2,0 bis 6,0 mm
— **Kunstharz-Estrich** 6,0 bis 30,0 mm

Imprägnierungen sind porenfüllende Tränkungen saugfähiger Untergründe, ohne daß diese diffusionsdicht verschlossen werden. Die Struktur der Oberfläche bleibt erhalten, die Poren sind nicht geschlossen. Imprägnierungen werden vorgenommen, um die Bodenfläche zu verfestigen, ihre Widerstandsfähigkeit zu erhöhen und Staubbildung durch Abrieb zu vermindern. Durch Imprägnieren kann nur eine begrenzte Verbesserung der Oberfläche – und somit auch nur schwacher Schutz gegen mechanische Beanspruchungen bzw. chemische Angriffe – erreicht werden. Anwendung: Lagerhallen, Tiefgaragen.

Versiegelungen verschließen die Poren des Untergrundes und decken die Bodenoberfläche mit einem dünnen geschlossenen Schutzfilm ab. Sie verbessern die mechanische Beanspruchung der Böden, ihre Reinigung und Pflege und verhindern das Eindringen von Ölen, Fetten und anderen Verschmutzungen. Versiegelungen werden im allgemeinen in zwei Arbeitsgängen durch Streichen, Rollen o. ä. in farbiger oder farbloser (transparenter) Ausführung aufgebracht. Sie können aus lösungsmittelhaltigen oder lösungsmittelfreien Reaktionsharzen bestehen. Vgl. hierzu auch Abschn. 10.4.8.4, Oberflächenbehandlung von Holzfußböden. Anwendung: Werkstätten, Unterrichtsräume, Fabrikräume mit leichter mechanischer Beanspruchung.

Beschichtungen sind Überzüge aus lösungsmittelfreien Reaktionsharzen, die im allgemeinen mit Füllstoffen gefüllt und mit Pigmenten eingefärbt sind. Sie ergeben eine mechanisch stärker beanspruchbare Verschleißschicht mit guter Chemikalienbeständigkeit und pflegeleichter Oberfläche. Beschichtungen aus selbstverlaufenden Beschichtungsmassen werden durch Streichen, Spachteln oder Spritzen – meist in einem Arbeitsgang – aufgebracht. Bei besonders stark beanspruchten Böden ist die Einbettung von Armierungsgewebe vorteilhaft. Durch Einstreuen von trockenem Quarzkorn in die frische Beschichtung wird eine erhöhte Rutschfestigkeit erzielt. Anwendung: Bodenflächen in Industrie-, Lager- und Ausstellungshallen, in Getränke- und Lebensmittelbetrieben, Supermärkten, Werkräumen, Sanitär- und Hygieneräumen.

- **Dekorativ-farbige Bodenbeschichtungen** lassen sich mit Reaktionsharzen in einem dreischichtigen Aufbau herstellen. Eine Grundschicht gibt dem Boden den gewünschten Farbton und sorgt für einen guten Haftverband mit dem Untergrund. In diese frisch aufgebrachte Schicht werden einfarbige Chips oder mehrfarbige Chipsmischungen eingestreut, aufgetröpfelt oder mit einer Stachelwalze aufgewalzt, so daß farbig-dekorative Effekte in Form von Sprenkelungen, Marmorierungen o. ä. in Kontrasttönen oder Ton-in-Ton-Abstufungen entstehen. Den oberen Abschluß bildet eine transparente, meist hochglänzende Versiegelung. Anwendung: Discotheken, Boutiquen, Ausstellungsräume, Ateliers, Treppen- und Flurzonen.
- **Quarzkiesel-Beschichtungen** (Quarzbodenbelag) bestehen im wesentlichen aus Natur- und Farbkiesel, eingebettet in Kunstharzbindemitteln und versiegelt mit transparenter Kunstharzmasse. Als erste Schicht wird eine geeignete Haftgrundierung aufgebracht. Darauf folgt der Auftrag der mit Bindemittel gemischten Quarzkieselmasse in möglichst gleichmäßiger Schichtdicke (Korngröße 1 bis 2 mm oder 3 bis 4 mm). Nach der Erhärtung wird die transparente Versiegelungsmasse durch Fluten oder Rollen aufgetragen. Die volle Belastbarkeit ist nach 6 bis 7 Tagen erreicht. Mit Quarzkiesel-Beschichtungen lassen sich sehr strapazierbare und zugleich dekorative Bodengestaltungen ausführen. Anwendung: Ausstellungsräume, Empfangshallen, Ladengeschäfte, Boutiquen.

Kunstharzbeläge sind Überzüge aus lösungsmittelfreien Reaktionsharzmörteln, denen mehr oder weniger Füllstoffe und mineralische Zuschläge beigegeben sein können. Dementsprechend unterscheidet man selbstverlaufend eingestellte Mörtel, die in einer Schicht vergossen (Gießbeläge) oder spachtelfähige Mörtel, die in einer oder mehreren Schichten aufgespachtelt werden. Die Beläge können mit Pigmenten eingefärbt oder aus transparenten Reaktionsharzen hergestellt sein. Sie sind mechanisch stärker beanspruchbar als die vorgenannten Beschichtungen und schützen den Untergrund dauerhaft vor chemischen Angriffen. Die Beläge werden porenlos ausgeführt, damit sie sich leicht reinigen lassen und den hohen hygienischen Anforderungen, vor allem in der Lebensmittelindustrie, genügen. Anwendung: Abfüllstationen, Schlachthöfe, Wartungshallen, Werkstätten und Industriehallen aller Art.

Kunstharzestriche enthalten neben lösungsmittelfreien Reaktionsharzen als Bindemittel noch Pigmente, Füllstoffe und Zuschläge (vor allem Quarzsande)[1]). Sie werden aus plastischen Mörteln in einer Schicht meist als Verbundestrich – bei entsprechender Dicke und Zusammensetzung auch als Estrich auf Dämm- oder Trennschicht – hergestellt. Hierbei unterscheidet man kellerverlegbare Estriche, bei denen die Zuschläge überwiegen (die über Lehren abgezogen und geglättet werden) sowie fließende Estriche, bei denen die Bindemittelmenge die Verarbeitungseigenschaften bestimmt. Reaktionsharzestriche erreichen hohe mechanische Widerstandsfähigkeit sowie gute chemische Beständigkeit, sofern sie mit flüssigkeitsdichtem Gefüge hergestellt sind. Anwendung: Reparaturhallen, Brauereien, Industriehallen u. a. m.

Einzelheiten über Eigenschaften, Verarbeitung und Stoffgruppen von Reaktionsharzen sind den BEB-Arbeitsblättern KH-1 bis KH-5 zu entnehmen [60].

---

1) Estriche aus anderen Bindemitteln, die Reaktionsharze lediglich zur Vergütung oder Modifizierung enthalten – zum Beispiel in Form wäßriger Dispersionen – sind keine Reaktionsharzestriche.

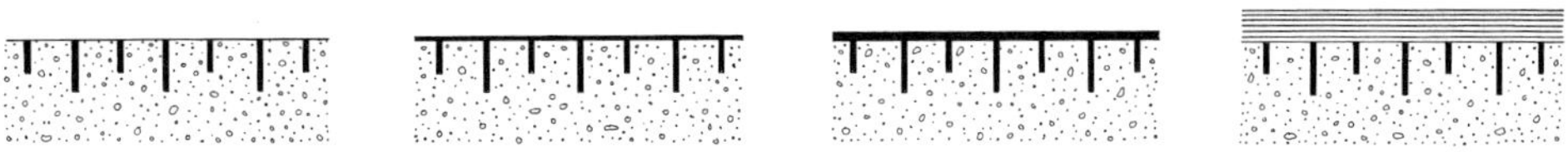

a) b) c) d)

10.57 Schematische Darstellung von Fußboden-Oberflächenvergütungen aus Kunstharz (Reaktionsharz)
a) Kunstharz-Imprägnierung
b) Kunstharz-Versiegelung
c) Kunstharz-Beschichtung/-Belag
d) Kunstharz-Verbundestrich

Hinweis: Reaktionsharze und ihre Dämpfe können die menschliche Gesundheit gefährden, leicht entzündbar, feuergefährlich und in höheren Konzentrationen sogar explosiv sein. Für den Umgang mit diesen Stoffen gilt die Gefahrstoffverordnung. S. hierzu Abschn. 10.4.8.2. Sie können jedoch gefahrlos verarbeitet werden, wenn die einschlägigen Vorschriften, die Hinweise auf den Produktbehältern und die Sicherheitsdatenblätter der Hersteller beachtet werden. Auf das BEB-Arbeitsblatt KH-6 wird in diesem Zusammenhang besonders hingewiesen [61].

10.4.12 Bodenbeläge aus natürlichen oder synthetischen Fasern: Textile Bodenbeläge

Allgemeines

Kein Bodenbelag hat die Verbrauchergewohnheiten während der letzten Jahrzehnte – sowohl im öffentlichen als auch im privaten Bereich – nachhaltiger beeinflußt als die textilen Fußbodenbeläge. Dieser Aufschwung wurde möglich durch die Entwicklung neuartiger Werkstoffe (synthetische Fasern), die Einführung kostengünstiger Herstellungstechniken (Tufting-Verfahren), das Entstehen neuer Belagarten (Nadelvliesbeläge) sowie das Aufkommen der Teppichfliesen (Teppichelemente) zur Selbstverlegung. So wurde aus dem einstigen Luxusartikel ein Gebrauchsgut, das für jedermann erschwinglich ist.

Als **Bauelement** hat der Teppichboden so günstige Eigenschaften aufzuweisen wie
- gute Trittschalldämmung und hohes Schallabsorptionsvermögen,
- gute Wärmedämmung bzw. Fußwärme, bei gleichzeitig ausreichendem Wärmedurchlaßwiderstand auf Fußbodenheizungen,
- hohe Abrieb- und Verschleißfestigkeit, günstige Trittsicherheit, Elastizität und gutes Wiedererholungsvermögen,
- Unempfindlichkeit gegen Feuchtigkeit (bei vollsynthetischen Teppichbelägen) und somit geeignet für Feucht- und Naßräume sowie als Kunstrasen- und Sportstättenbelag (Outdoor-Belag),
- niedrige Konstruktionshöhe, günstiges Brandverhalten sowie einfache Verlege- und Wiederaufnahmemöglichkeit,
- relativ einfache und wirtschaftliche Reinigung und Pflege.

Als **Gestaltungselement** liegen seine Vorzüge in der Vermittlung von
- Wohnlichkeit, Komfort und Behaglichkeit (angenehmes Wohn- und Arbeitsklima),
- elegantem und repräsentativem Aussehen,
- beinahe unbegrenzte Möglichkeiten in der farblichen und strukturellen Gestaltung der Teppichoberseite, passend zu jedem Einrichtungsstil.

Teppichfußboden und Gesundheit: Gesundheitliche Beeinträchtigungen durch textile Bodenbeläge können nach dem heutigen Stand der Wissenschaft bei neueren Produkten weitgehend ausgeschlossen werden. Teppichböden, die mit dem Gütesiegel TEPPICHBODEN SCHADSTOFFGEPRÜFT der GuT (Gemeinschaft umweltfreundlicher Teppichboden) gekennzeichnet sind, gehören zu den am strengsten überprüften Materialien des Innenausbaues. Messungen und Kontrollen des Deutschen Teppich-Forschungsinstituts (Aachen) gewährleisten, daß von den Teppichbodenherstellern dieser Gemeinschaft – die in Deutschland einen Marktanteil von etwa neunzig Prozent aufweisen – nur Rohstoffe eingesetzt werden, die keine gesundheitsgefährdenden Schadstoffe enthalten. Auch die Emissionen geruchsbildender Komponenten unterlie-

10.58 Gütesiegel TEPPICHBODEN SCHADSTOFFGEPRÜFT der GuT (Gemeinschaft umweltfreundlicher Teppichboden)

gen strengen Grenzwerten, die unter den amtlichen Werten angesiedelt sind. Auf die Notwendigkeit, zukünftig nur noch schadstoffgeprüfte Teppichbeläge einzusetzen, sollte von allen planenden und ausführenden Stellen im Bauwesen verstärkt hingewiesen werden.

Teppichfußboden und Wiederverwertung. Die mit dem GuT-Gütesiegel gekennzeichneten textilen Beläge sind nicht nur weitgehend frei von gesundheitsgefährdenden Schadstoffen, das Signet verdeutlicht außerdem, daß sich die herstellenden Firmen auch zur Einhaltung der gesetzlichen Vorschriften zur Luft- und Wasserreinhaltung sowie zur Abfallentsorgung verpflichtet haben (Bild **10**.58). Regelmäßige Messungen und Kontrollen stellen sicher, daß bereits während des Produktionsprozesses eine möglichst umweltschonende Herstellung von Teppichböden gewährleistet ist. Neuere Teppichbodenentwicklungen eröffnen sogar die Möglichkeit, den gesamten textilen Belag wiederverwerten zu können, ohne daß Rohstoffe zur Entsorgung anfallen.

10.4.12.1 Einteilung und Benennung textiler Bodenbeläge: Überblick

Beim Einsatz textiler Bodenbeläge ist grundsätzlich zu unterscheiden zwischen

- **Wohnbereich** (Beläge für Wohnung und ähnliches),
- **Objektbereich** (Beläge für Verwaltung, Gewerbe und Industrie),
- **Freizeitbereich** (Kunstrasen und textile Sportstättenbeläge).

Konstruktiver Aufbau

Nach ihrem konstruktiven Aufbau lassen sich textile Bodenbeläge in drei unterschiedliche Gruppen einteilen. Zu nennen sind (Bild **10**.59):

Flachteppiche. Sie bestehen aus einem auf Webstühlen hergestellten Kette- und Schuß-Fadensystem, das unmittelbar begangen wird und keine zusätzliche Polschicht aufweist. Für die Herstellung werden vor allem Naturfasern wie Jute, Sisal und Kokos verwendet. Die mit und ohne Rückenausrüstung (Plan- oder Prägeschaum) lieferbaren Teppiche können vollflächig verklebt, verspannt und lose verlegt werden. Da der Marktanteil dieser Gruppe relativ unbedeutend ist, bleibt sie im Rahmen dieser Abhandlung unberücksichtigt (Bild **10**.60 a).

Polteppiche. Sie bestehen aus einem Grundgewebe/Trägerschicht, einem darauf senkrecht stehenden, fest verankertem Pol als Nutzschicht und ggf. einer Rückenbeschichtung. Eine elastische Polschicht weisen beispielsweise gewebte, getuftete, gewirkte, gepreßte und beflockte Teppichböden auf. Die Oberseite kann schlingenartig und veloursartig ausgebildet sein (Bild **10**.60 b).

Nadelvliesbeläge. Sie haben – im Gegensatz zu den herkömmlichen Polteppichen – keine Garne als Nutzschicht, sondern bestehen aus einem mechanisch durch Nadeln und ggf. Imprägnierung verfestigten Faservlies. Nadelvliesbeläge können ein- oder mehrschichtig, mit oder ohne Trägerschicht hergestellt sein (Bild **10**.60 c).

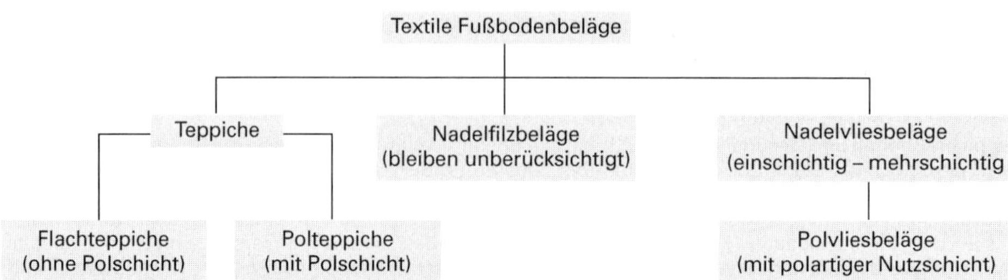

10.59 Einteilung und Benennung textiler Fußbodenbeläge

Textile Fußbodenbeläge nach DIN 66095-1 bis -4

In dieser Grundnorm sind alle Angaben und Begriffe über textile Bodenbeläge zusammengestellt, die der eindeutigen Charakterisierung der Konstruktion und der Eigenschaft des jeweiligen Belages dienen. Damit ist die Voraussetzung für eine exakte Produktbeschreibung und bessere Vergleichbarkeit der Beläge gegeben. Außerdem bieten sich diese Normen bzw. die darauf aufbauenden Produktbeschreibungen (Datenblätter) der Herstellerfirmen als **Grundlage für die Ausschreibung textiler Bodenbeläge** an. Folgende Angaben sind im einzelnen zu berücksichtigen:

Kennzeichnende Merkmale
- Material der Nutzschicht (Textile Faserstoffe)
- Polschichtdicke, Polschichtgewicht, Polrohdichte
- Strukturelle und farbliche Oberseitengestaltung
- Trägermaterial
- Rückenausrüstung
- Herstellungsart

Funktionseigenschaften
- Strapazierwert und Komfortwert
- Zusatzeignungen
- Sonderausrüstungen
- Elektrostatisches Verhalten

Bauphysikalische Eigenschaften
- Schallabsorption
- Trittschalldämmung
- Wärmeleitfähigkeit
- Brandverhalten

Verlegung, Reinigung und Pflege

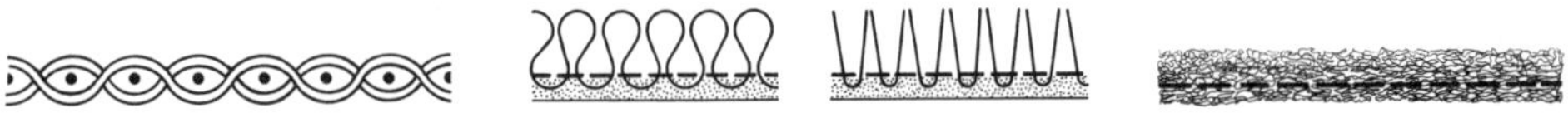

a) b) c)

10.60 Schematische Darstellung des konstruktiven Aufbaues textiler Fußbodenbeläge
a) Flachteppich
b) Polteppich (Bouclé/Velours)
c) Nadelvliesbelag

10.4.12.2 Kennzeichnende Merkmale textiler Bodenbeläge

Qualität, Nutzwert und Preis eines textilen Fußbodenbelages werden im wesentlichen bestimmt von den nachstehend beschriebenen Konstruktionsmerkmalen.

Material der Nutzschicht (Textile Faserstoffe)

Die Rohstoffe für die Polnutzschicht von Teppichböden lassen sich, wie Bild **10**.61 im einzelnen verdeutlicht, in zwei Hauptgruppen einteilen: Naturfasern und Chemiefasern. Der älteste und bekannteste Faserstoff natürlicher Herkunft ist die Wolle. Bei den chemischen Faserstoffen ist Polyamid der weitaus bedeutendste Rohstoff für Teppichgarne.

Wolle ist ein allgemeiner Textilbegriff für die Haare von Schafen. Es muß jedoch im einzelnen zwischen Schurwolle (Wolle vom lebenden Schaf) und Reißwolle (Wolle, die schon einmal verarbeitet, d. h. aufgefasert und neu versponnen wurde) unterschieden werden. Teppichböden, die mit dem Wollsiegel (Gütezeichen des IWS, Internationales Woll-Sekretariat) gekennzeichnet sind, müssen aus 100 Prozent reiner **Schurwolle** hergestellt sein. Die Vorzüge sind ihr natürlicher Glanz, hohe Elastizität und gutes Wiedererholungsvermögen sowie ihr geringes Anschmutz- und günstiges Brennverhalten (schwerentflammbar). Durch ihre Fähigkeit bis zu einem Drittel ihres Eigengewichtes Feuchtigkeit aufnehmen und bei Bedarf an trockene Raumluft wieder abgeben zu können, wirkt sie raumklimatisch ausgleichend. Aufgrund dieser möglichen Feuchtespeicherung lädt sich die Wolle elektrostatisch weniger auf, d. h. sie ist überwiegend **antistatisch.** Trotzdem kann es auch bei Teppichböden aus Wolle, die nicht besonders antistatisch ausgerüstet wurden, zu starken Aufladeerscheinungen in Extremfällen kommen (z. B. bei starkem Heizen und Austrocknen der Faseroberfläche). Als nachteilig wird ihre nur bedingt befriedigende Abriebfestigkeit und lästige Fusselbildung an der Teppichoberseite angesehen. Mit Fasermischungen (z. B. Wolle mit synthetischen Fasern) wird die Möglichkeit genutzt, die guten Eigenschaften beider Fasergruppen zu kombinieren. Auch Feuchtraumeignung ist bei Wolle nicht gegeben, weil sie als Naturfaser nicht verrottungsfest ist. Auf die weiterführende Literatur [62] wird besonders hingewiesen.

Chemiefasern. Wie Bild **10**.61 zeigt, unterteilt man Chemiefasern in *zellulosische* (bleiben hier unberücksichtigt) und *synthetische* Fasern. Nur die letzteren haben sich als Fasermaterial für Teppichböden bewährt. Sie zeichnen sich vor allem aus durch ihre hohe Verschleißfestigkeit, Verrottungsbeständigkeit, geringe Schmutzempfindlichkeit und verhältnismäßig leichte Pflege. Ein Hauptunterschied zwischen Natur- und synthetischen Fasern besteht darin, daß die Naturfasern Feuchtigkeit – und damit beispielsweise auch ausgeschüttete Fruchtsäfte mit ihren Farbstoffen – relativ rasch aufsaugen und in den Kapillaren speichern, während die synthetischen Fasern eine wesentlich flüssigkeitsdichtere Oberfläche aufweisen. Darauf beruht ihre geringere Anfälligkeit gegen Verschmutzung und Chemikalien. Neuere synthetische Fasern weisen außerdem verschiedenartige Faserquerschnitte (dreieckige, viereckige, trilobale Querschnittsformen) auf, wodurch die Polstabilität, das Wiedererholungsvermögen und die schmutzverbergenden Eigenschaften verbessert werden.

Die Gebrauchseigenschaften der synthetischen Fasern sind aufgrund ihrer unterschiedlichen chemischen Zusammensetzung sehr verschieden und damit ihre Einsatzbereiche zum Teil auch begrenzt. Die vier wichtigsten Teppichfasern sind (in der Reihenfolge ihrer Bedeutung):

— **Polyamid** (PA). Wichtigste synthetische Teppichbodenfaser mit sehr hoher Verschleißfestigkeit, optimalem Wiedererholungsvermögen und günstigem Anschmutzverhalten. Dauerhafte antistatische Ausrüstung durch einen Kern aus Kohlenstoff. Fasermarken: Nylon, Perlon, Antron u. a.

— **Polyester** (PE). Nach Polyamid die wichtigste Faser mit hoher Verschleißfestigkeit, gutem Wiedererholungsvermögen und seidigem Glanz. Bei geringer Feuchtigkeitsaufnahme gute Dämmeigenschaften. Überwiegend als Beimischung zu Polyamid eingesetzt, speziell bei hochwertigen Velouren zur Verbesserung des Teppichflairs. Fasermarken: Trevira, Diolen, Dacron u. a.

— **Polyacryl** (PC). Wollähnliche synthetische Faser mit guter Elastizität, hoher Bauschigkeit und gutem Dämmvermögen. Abriebfester als Wolle, jedoch deutlich geringere Verschleißfestigkeit als Polyamid. Überwiegend als Beimischung zu Wolle eingesetzt. Fasermarken: Dralon, Orlon u. a.

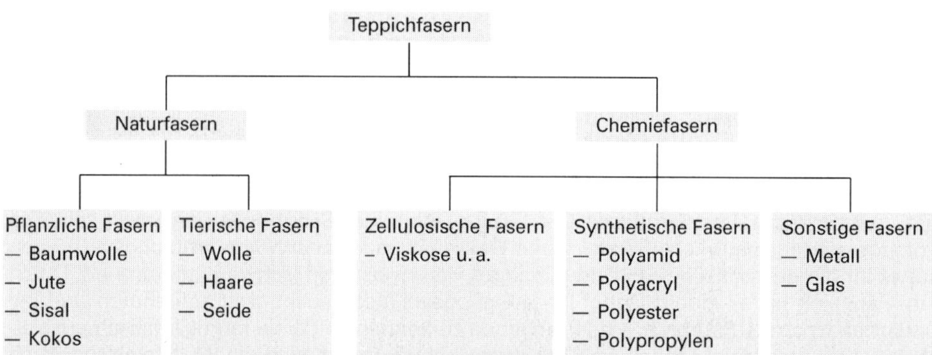

10.61 Einteilung textiler Faserstoffe bezogen auf die Polnutzschicht von Teppichbelägen

— **Polypropylen** (PP). Feuchtigkeitsabstoßende und UV-stabile Faser, daher für Naßräume und Outdoor-Beläge geeignet, mit besonders hoher Lichtbeständigkeit. Gute Verschleißeigenschaften, jedoch geringes Wiedererholungsvermögen. Aufgrund ihrer chemischen Zusammensetzung und entsprechender Herstellungsverfahren billigste synthetische Faser, vorwiegend in Nadelvliesprodukten eingesetzt. Fasermarken: Meraklon, Hostalen u. a.

Die jeweilige Spinnmasse (Granulat) wird geschmolzen, die Faserschmelze unter hohem Druck durch feine Spinndüsen gepreßt (Extruder) und die dünnen Schmelzfäden anschließend auf das Mehrfache ihrer ursprünglichen Länge gezogen. Erst im sog. Texturierungsverfahren erhält das zunächst glatte Garn die notwendige Kräuselung bzw. Bauschigkeit, die für die Verarbeitung zu Teppichware erforderlich ist. Aus anwendungs- und verarbeitungstechnischen Gründen werden häufig Fasermischungen eingesetzt (z. B. Synthetiks/Synthetiks oder Wolle/Synthetiks). So hat sich bei der letztgenannten Mischung (z. B. 80% Wolle und 20% Polyamid) die Verbindung der guten Wolleigenschaften mit der strapazierfähigeren synthetischen Faser besonders gut bewährt. Auf die weiterführende Literatur [62], [63] wird verwiesen.

Polschichtdicke, Polschichtgewicht, Polrohdichte

Das Polmaterial ist der teuerste Rohstoff eines Teppichs. Daher wird der Preis eines textilen Bodenbelages ganz wesentlich von der verwendeten Menge und der Art dieses Materiales bestimmt.

Polschichtdicke (mm) und Polschichtgewicht (g/m^2) geben die tatsächlich nutzbare Fasermenge der Polschicht über dem Teppichgrund an (DIN 54325). Je dicker bzw. je höher der Pol, desto höher ist auch das Polschichtgewicht. Dies bedeutet jedoch nicht, daß eine dicke und schwere Teppichware unbedingt auch qualitativ günstiger sein muß als eine Ware mit weniger dicker oder weniger schwerer Polschicht. Erst das Verhältnis von Polschichtdicke zu Polschichtgewicht gibt über die Dichte des Pols eine Auskunft. Diese Dichte wird mit dem Begriff Polrohdichte (g/m^3) gekennzeichnet: Dividiert man das Polschichtgewicht durch die Polschichtdicke, so erhält man die Polrohdichte. Polrohdichte und Polschichtgewicht sind bei gleicher Faserqualität maßgebend für die Lebensdauer eines Belages.

Strukturelle und farbliche Gestaltung der Teppichoberseite

Die **Oberflächenstruktur** von Teppichböden kann beispielsweise folgendermaßen ausgebildet sein (Bild **10**.62):

— Schlingenartige Oberseite. Die Teppichoberseite besteht aus deutlich ausgebildeten, geschlossenen Polschlingen, die sich von der Trägerschicht abheben: Bouciéware.

— Veloursartige Oberseite. Die Teppichoberseite zeigt den bekannten samtartigen Charakter. Die den Pol bildenden Schlingen sind aufgeschnitten: Veloursware.

— Hoch-Tief-Oberseite. Die Teppichoberseite ist reliefartig ausgebildet. Sie besteht aus höher und tiefer liegenden Teilflächen: Hoch-Tief-Struktur. Die Polschlingen können geschlossen und/oder aufgeschnitten sein, so daß Bouclé- und Velourseffekte entstehen.

Die **Farbgebung** und farbliche Musterung von Teppichböden sind wesentliche Gestaltungselemente. Angewendet werden vor allem die Spinndüsenfärbung (eingefärbte Spinnmasse bei den synthetischen Fasern), die Flocken-, Faser-, Garn-, Strang- und Stückfärbung (Einfärbung je nach Stand des Verarbeitungsprozesses) sowie das Druckverfahren (Siebdruck-Rotationsverfahren) und Millitronverfahren (Teppichmusterung über computergesteuerte, mit Mikrodüsen bestückte Farbspritzanlage). An die Teppichfarben selbst werden

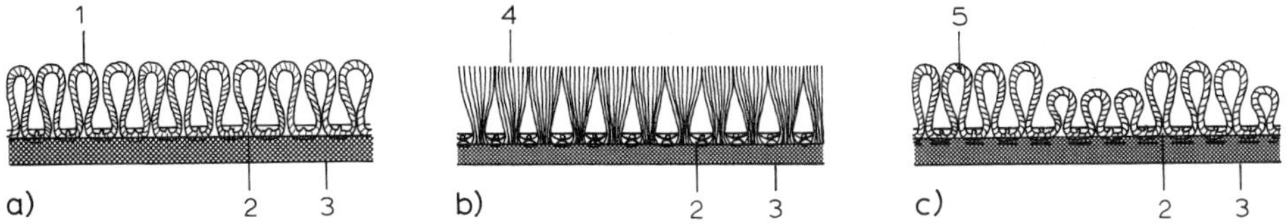

10.62 Schematische Darstellung einiger Oberflächenstrukturen von Teppichböden (Beispiele)
a) schlingenartige Oberseite
b) veloursartige Oberseite
c) Hoch-Tief-Oberseite

1 Bouclé/Schlingenpol (gleichbedeutende Begriffe)
2 Trägerschicht (Grundgewebe)
3 Rückenbeschichtung
4 Velours/Schnittpol (gleichbedeutende Begriffe)
5 Hoch-Tief-Struktur (Hochpol- und Niedrigpolflächen)

hohe Echtheitsanforderungen gestellt. Die wichtigsten betreffen die Lichtechtheit gegen UV-Strahlen (DIN 54004), die Wasserechtheit (DIN 54006) und die Reibechtheit (DIN 54021). Auswahlkriterien im Hinblick auf die Farbgebung und Schmutzempfindlichkeit von Teppichböden s. Abschn. 10.4.12.5.

Trägermaterial

Das Trägermaterial, auch Grundgewebe genannt, dient zur Verankerung bzw. Aufnahme des Polmaterials und beeinflußt Formstabilität, Festigkeit und Verlegeart des jeweiligen Teppichbelages. Es besteht aus natürlichen oder synthetischen Fasern. Eingesetzt werden Jutegewebe (Nachteil: Quellen bzw. Schrumpfen bei Feuchteeinwirkung, nur bedingt verrottungsbeständig) und Trägervlies aus synthetischem Material (Vorteil: Unempfindlich gegen Feuchtigkeit, verrottungsbeständig, gute Schnittkantenfestigkeit).

Rückenausrüstung

Polverankerung. Rückenausrüstungen beeinflussen den Gebrauchswert eines Teppichbodens ganz wesentlich. Während beim gewebten Teppich eine Rückenappretur (dünne Kunstharz- oder Latexdispersion) zur Verbesserung der Stabilität und Schnittfestigkeit aufgebracht wird, ist die Einbindung des Polmateriales bei getufteter Ware eine unerläßliche konstruktive Notwendigkeit: Das zunächst lose in das Trägermaterial eingenadelte Polgarn wird erst durch einen sog. Verfestigungsstrich absolut fest mit dem Träger verbunden (Noppenverankerung).

Rückenbeschichtung. Auf den Vorstrich wird vielfach noch eine glatte oder geprägte Rückenbeschichtung aufgebracht. Die weich-poröse, elastische Schaummasse verbessert die Schnittfestigkeit, Trittelastizität sowie Schall- und Wärmedämmeigenschaften von Teppichbelägen. Im einzelnen unterscheidet man Glattschaum und Prägeschaum. Letzterer wird bei der Herstellung noch zusätzlich gepreßt und gleichzeitig geprägt. Diese Nachbehandlung bewirkt eine wesentlich einfachere spätere Wiederaufnahme des verklebten Belages, so daß kaum Schaumreste auf dem Verlegegrund haften bleiben. Für den Objektbereich eignen sich derartige Schaumrücken nicht. Hier werden entweder die vorgenannten appretierten Beläge, Teppichware mit massiv-festem, stuhlrollengeeignetem Kompaktschaum oder Teppichböden mit textilem Zweitrücken eingesetzt. Lose verlegbare Teppichfliesen bzw. Teppichelemente sind im Hinblick auf die Bodenhaftung mit einer sog. Schwerbeschichtung ausgerüstet. Einzelheiten hierzu s. Abschn. 10.4.12.5.

Textiler Zweitrücken. Getuftete Teppichware im Objektbereich – üblicherweise vollflächig verklebt oder über Nagelleisten verspannt – ist heute allgemein auf ihrer Rückseite mit einem textilen Zweitrücken (Doppelrücken) ausgerüstet. Dieser auf den Verfestigungsstrich aufkaschierte zusätzliche Textilrücken kann aus synthetischem Vliesstoff oder Jutegewebe (keine Feuchtraumbeständigkeit) bestehen. Die vollflächige Verklebung von Teppichböden mit Zweitrücken hat sich bewährt, da bei ihrer späteren Wiederaufnahme kaum Reste auf dem Verlegegrund zurückbleiben. Beim Verspannen von getufteter Teppichware ist der Zweitrücken ebenfalls erforderlich, weil dadurch die horizontale Stabilität des Teppichbelages erhöht und die Nägel der Nagelleisten im Gewebe einen besseren Halt finden und nicht ausreißen können.

Herstellungsverfahren textiler Bodenbeläge

Textile Fußbodenbeläge werden in sehr unterschiedlichen Verfahren produziert. Die jeweilige Herstellungstechnik ist qualitätsbestimmend und auch für das Aussehen der Teppichware von großer Bedeutung. Man unterscheidet:

Webverfahren (Rutenwebverfahren). Webteppiche bestehen aus einem Grundgewebe und einem Pol. Grundgewebe und Polschicht werden in einem Arbeitsprozeß hergestellt. Beim Weben von Teppichböden werden drei längslaufende Fadengruppen – sogenannte „Ketten" (Polkette, Bindekette, Füllkette) sowie zwei querverlaufende Fadengruppen – sogenannte „Schüsse" (Oberschuß, Unterschuß) rechtwinkelig verkreuzt. Die Garne der Polkette bilden die Nutzschicht, die Bindeketten verbinden die querlaufenden mit den längslaufenden Fäden und die Füllkette gibt dem Teppichgewebe das Fundament (Bild **10**.63). Die Garne der Polschicht laufen über Ruten (Metallstäbe), durch deren Abmessungen die Höhe des Flors (Kurz-, Mittel-, Langflor) und die Dichte der Schußfolge bestimmt wird. Befindet sich am Ende der Rute ein Messer, wird die Polkette beim Herausziehen der Rute aufgeschnitten, es entsteht Veloursware. Bei Ruten ohne Messer bleiben die Schlingen erhalten, es entsteht Boucléware (Bild **10**.63 a und b). Weitere Einzelheiten sind [64] zu entnehmen.

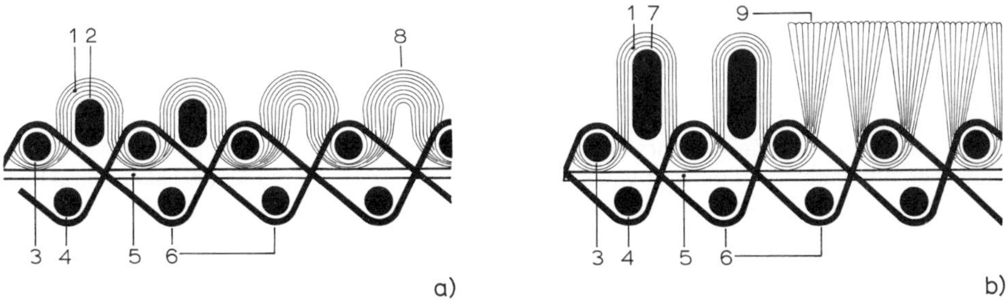

10.63 Schematische Darstellung des Herstellungsverfahrens eines gewebten Teppichbelages
a) Bouclέware
b) Veloursware

1 Polkette (Nutzschicht, auch Flor genannt)
2 Zugrute (Metallstab ohne Messer)
3 Oberschuß
4 Unterschuß
5 Füllkette
6 Bindekette
7 Zugrute (Metallstab mit Messer)
8 Bouclé
9 Velours

Anker-Teppichfabrik Gebrüder Schoeller, Düren

Tuftingverfahren. Während bei der Herstellung gewebter Teppiche Grundgewebe und Polschicht in einem Arbeitsprozeß entstehen, wird auf der Tuftingmaschine das Polgarn nach dem Nähmaschinenprinzip kontinuierlich von oben in ein vorgefertigtes Trägermaterial (Gewebe oder Vlies) eingenadelt und von Greifern auf der Unterseite so lange festgehalten (die Nutzschicht entsteht auf der Unterseite), bis die Nadeln zum nächsten Stich ansetzen. Dadurch bilden sich Schlingen, es entsteht Schlingenflorware (Bouclé). Werden die Schlingen durch ein Messer aufgeschnitten, so entsteht Schnittflorware (Velours). Bild **10**.64 a und b. Die Polgarne sind zunächst nur lose mit dem Trägermaterial verbunden und müssen durch einen zusätzlichen Rückenbeschichtungsprozeß fest mit dem Träger ver-

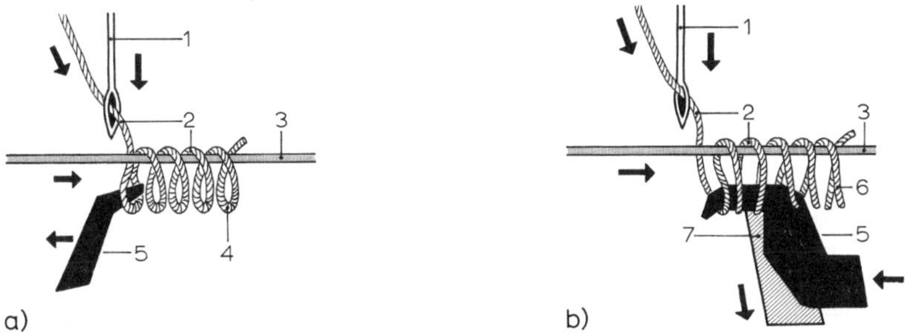

10.64 Schematische Darstellung des Herstellungsverfahrens eines getufteten Teppichbelages
a) Schlingenflorware (Bouclé)
b) Schnittflorware (Velours)

1 Nadel
2 Garn (Unterseite des Teppiches)
3 Trägerschicht
4 Schlingenflor (Nutzschicht)
5 Greifer
6 Schnittflor (Nutzschicht)
7 Messer

Europäische Teppichgemeinschaft für Deutschland e.V., Wuppertal bunden werden. Um getuftete Teppichware verspannen zu können, muß der Belag mit einem textilen Zweitrücken ausgestattet sein. Tuftingmaschinen leisten etwa das Zehn- bis Zwanzigfache eines Webstuhles, ein Produktionsvorteil, der zu günstigeren Preisen führt. Weitere Einzelheiten sind [62], [65] zu entnehmen.

Nadelvliesverfahren. Meist mehrschichtig übereinanderliegende, lockere Faservliese durchlaufen einen Nadelstuhl, der mit vielen Spezialnadeln – die alle mit Widerhaken versehen sind – bestückt ist. Dabei heben und senken sich die Nadelbarren mit großer Geschwindigkeit (Millionen von Nadelstichen pro m^2) durchstechen ein ggf. eingelegtes Trägermaterial, ziehen die Fasern durch das Gewebe hindurch und verkreuzen diese beidseitig untereinander. Bei der Herstellung von besonders strapazierfähiger Ware durchläuft das Faservlies bis zu dreimal die Nadelmaschine (Bild **10**.65). Das auf diese Weise mechanisch verdichtete Vlies bedarf noch der zusätzlichen Verfestigung des Faserverbundes mit einem Imprägniermittel. Man kennt Einschicht- und Mehrschichtbeläge. Die letzteren bestehen dann aus Fasern erster Wahl in der Nutzschicht, ggf. einem Träger und einer Grundschicht aus Sekundärfasern. Je dünner die Nutzschicht aus Primärfasern ausgebildet ist, um so mindere Qualität dürfte zu erwarten sein. Mit Hilfe bestimmter Nadeltechniken ist es auch möglich, Nadelvliesbeläge mit polartigem Aufbau zu fertigen. Diese sog. Polvliesbeläge (Bild **10**.59) weisen einen deutlich ausgeprägteren Textilcharakter auf. Weiter Einzelheiten sind [65] zu entnehmen.

Die Herstellungsverfahren weiterer Teppichbelagarten bleiben hier unberücksichtigt. Zu nennen wären noch gewirkte, beflockte, gepreßte und geklebte Teppiche.

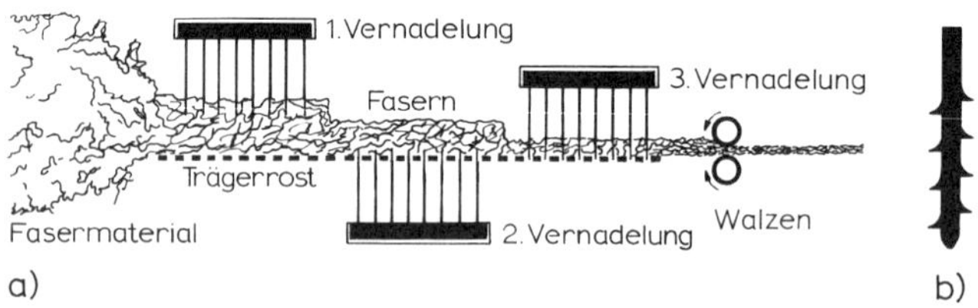

10.65
Schematische Darstellung des Herstellungsverfahrens eines dreifach vernadelten, einschichtigen Nadelvliesbelages
a) Verdichtung der Fasern
b) Nadel mit Widerhaken

Filzfabrik Fulda

10.4.12.3 Funktionseigenschaften textiler Bodenbeläge

Teppichbeläge werden zahlreichen Qualitäts- und Eignungsprüfungen unterzogen. Die dabei ermittelten Ergebnisse werden in Prüfbescheiden des Deutschen Teppich-Forschungsinstitutes zusammengefaßt und dem Verbraucher in Form eines sog. **Teppich-Siegels** kenntlich gemacht. Nur in Verbindung mit dem Teppich-Siegel ist gewährleistet, daß der jeweilige Teppichboden durch dieses neutrale Institut nach verbindlichen DIN-Vorschriften geprüft wurde. Im einzelnen informiert das Siegel über Strapazier- und Komfortwert sowie alle Zusatzeignungen.

Strapazierwert und Komfortwert

Textile Bodenbeläge können sehr unterschiedliche Werte bezüglich ihrer Strapazierfähigkeit und Komforteigenschaften aufweisen. Um die Auswahl eines Belages zu erleichtern, sind entsprechende Prüf- und Bewertungsverfahren in DIN 66095-2 für Polteppiche, in Teil 3 dieser Norm für Nadelvlieserzeugnisse festgelegt. Die Kennzeichnung der Waren erfolgt in Form von Balkendiagrammen (Bild **10**.66).

Der Strapazierwert eines Teppichs beschreibt die Widerstandsfähigkeit gegenüber Gehbeanspruchung sowie das druckelastische Verhalten. Der Komfortwert beschreibt im wesentlichen die Weichheit des textilen Bodenbelages. Einzelheiten sind den angeführten Normen zu entnehmen.

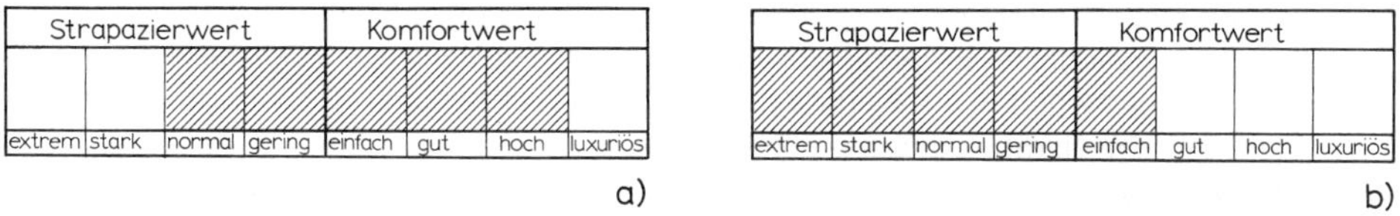

10.66 Balkendiagramme zur Kennzeichnung von Polteppichen und Nadelvlieserzeugnissen in bezug auf Strapazierfähigkeit und Komforteigenschaften

a) normaler Strapazierwert – hoher Komfortanspruch: geeignet für gehobenen Wohnbereich und Einzelbüros

b) extremer Strapazierwert – einfacher Komfortwert: geeignet für Treppen, Gänge, Großraumbüros (Objektbereich)

Zusatzeignungen

An textile Bodenbeläge werden über den Strapazier- und Komfortwert hinaus je nach Anwendungsbereich noch weitere Anforderungen gestellt. Die wichtigsten Zusatzeignungen sind in DIN 66095-4 festgelegt und erläutert. Textile Beläge, deren Zusatzeignungen den Bedingungen der vorgenannten Norm entsprechen, sind mit den in Bild **10**.67 dargestellten **Symbolen** gekennzeichnet. Weitere Ausrüstungsverfahren wie Antisoil-Ausrüstung (reduziertes Anschmutzverhalten), antibakterielle Ausrüstung (Hygienebereich), flammhemmende Ausrüstung (Objektbereich) u. a. m. sind möglich, bleiben im Rahmen dieser Abhandlung jedoch unberücksichtigt.

Auf die richtige Beschaffenheit der Lauffläche und Form der **Rollen von Drehsesseln** ist bei textilen und elastischen Bodenbelägen ebenfalls zu achten. Die Industrie bietet auf den jeweiligen Bodenbelag abgestimmte Radausführungen mit verschiedenartigen Laufflächenbelägen an (DIN 68131):

— **Typ W** (mit weicher Lauffläche des Rades) für **harte Bodenbeläge** wie beispielsweise Steinfußböden, Holzfußböden und elastische Bodenbeläge.

— **Typ H** (mit harter Lauffläche des Rades) für **weiche Bodenbeläge** wie zum Beispiel Web- und Tuftingteppichböden sowie Nadelvliesbeläge.

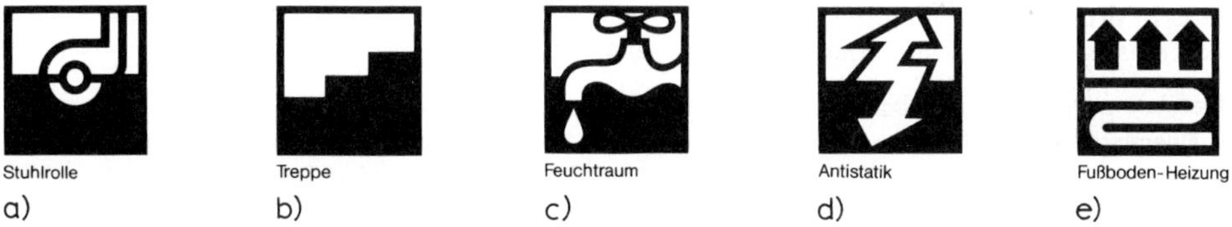

10.67 Zusatzeignungen textiler Bodenbeläge. Die Sympole zeigen an, welchen weiteren spezifischen Anforderungen der Teppichboden gerecht wird.

a) stuhlrollengeeignet
b) treppengeeignet
c) feuchtraumgeeignet
d) antistatisch
e) fußbodenheizungsgeeignet

Elektrostatisches Verhalten von textilen Bodenbelägen

Beim Begehen von (textilen) Bodenbelägen oder durch Reiben der Oberbekleidung an Möbelpolstern können sich Personen elektrostatisch aufladen. Infolge derartiger Trennungs- und Reibungsvorgänge kann es dann beim Berühren eines geerdeten Metallteiles zu einer für den Menschen ungefährlichen, aber oftmals unangenehmen elektrischen Entladung kommen. Dieses Phänomen tritt vor allem während der Heizperiode auf, denn mit abnehmender relativer Luftfeuchte nimmt die Neigung isolierender Stoffe zu, sich elektrostatisch aufzuladen. Die Grenze kann man bei textilen Bodenbelägen bei etwa 45% relativer Luftfeuchte ansetzen. Oberhalb dieser Grenze ist praktisch mit keiner Schlagerscheinung mehr zu rechnen. Es können jedoch noch weitere Einflußgrößen hinzukommen, wie beispielsweise stark isolierende Untergründe (Gußasphaltestrich), nicht leitfähiges Schuhwerk, Begehfrequenz, unterschiedliche Empfindlichkeit der Benutzer u. a. m. Auf die besonderen elektrostatischen Eigenschaften der Naturfaser Wolle wurde in Abschn. 10.4.12.2 hingewiesen.

Auch **elektronische Geräte** können durch elektrostatische Aufladungen gestört werden. Der Zentralverband der Elektrotechnischen Industrie (ZVEI) empfiehlt daher seinen Mitgliedern, EDV-Geräte so zu konzipieren, daß nach deren Installation Personenaufladungen bis zu 5 kV keine Störungen hervorrufen. Folgende Anforderungen in diesem Bereich sind deshalb sinnvoll:

- Begrenzung der vom (textilen) Bodenbelag durch Begehen hervorgerufenen Personenaufladung[1]) auf 2 kV.
- Anforderungen an den Erdableitwiderstand[2]) im Bereich 1×10^9 Ohm bis 1×10^{10} Ohm.
- Die relative Luftfeuchtigkeit muß im Bereich von 40 bis 60% liegen.

In der Praxis heißt dies, daß in Räumen mit üblichen Bürocomputern oder Terminals die Verlegung textiler Bodenbeläge mit der Zusatzeignung **antistatisch** – so wie sie im Teppichsiegel gekennzeichnet sind – fast immer ausreicht. Bei derartig gekennzeichneten Belägen ist sichergestellt, daß die Personenaufladung, unabhängig von der Art der Rückenausrüstung und der Verlegung, kleiner als 2 kV ist. Dies bedeutet aber auch, daß leitfähiges Kleben zum Erreichen der oben geforderten Erdableitungswiderstände nicht nötig ist, wenn der Bodenbelag selbst aufgrund seines niedrigen Oberflächenwiderstandes[3]) über die notwendige Flächenleitfähigkeit (z. B. leitfähige Rückenausrüstung) verfügt, die die Verteilung und den Abfluß der Ladung bewirkt.

Klassifizierung des elektrostatischen Verhaltens von Bodenbelägen. Nach DIN 54346 werden alle Bodenbeläge und Bodenbeschichtungen hinsichtlich ihres elektrostatischen Verhaltens in **drei Klassen** eingeteilt. Einzelheiten hierzu und über das elektrostatische Verhalten von elastischen Bodenbelägen s. Abschn. 10.4.10.7.

Maßnahmen am Teppichbelag: Antistatische Ausrüstung textiler Bodenbeläge

- **Chemische Ausrüstung des Fasermateriales.** Auf die Nutzschicht wird eine chemische Substanz (Antistatikum) aufgesprüht, die ein noch so geringes Feuchtigkeitsangebot der Luft bindet. Die Oberfläche der Fasern wird dadurch leitfähiger, und die beim Begehen auftretende Personenaufladung bleibt unter der Spürbarkeitsgrenze. Mit derartigen Antistatika lassen sich nur kurzzeitig Verbesserungen des elektrostatischen Verhaltens erzielen, da die Ausrüstung durch das Begehen relativ rasch wieder abgetragen wird. Außerdem besteht die Gefahr erhöhter Anschmutzbarkeit derart behandelter Ware.
- **Beimischung von elektrisch leitfähigem Polmaterial.** Die fehlende Leitfähigkeit des Nutzschichtmaterials kann bei der Garnherstellung durch Beimischen von Metallfasern (rostfreie Stahl- bzw. Kupferfasern) oder sog. modifizierten Synthesefasern sichergestellt werden. Bei den letzteren wird eine leitfähige

---

1) Die **Personenaufladung**, die beim Begehen eines textilen Bodenbelages entsteht, wird nach der Begehtestmethode bei 25% relativer Luftfeuchtigkeit als elektrische Körperspannung nach DIN 54345 in kV (Volt) bestimmt.

2) Der **Erdableitwiderstand** kennzeichnet die Leitfähigkeit zwischen Belagoberseite und Erde (Erdpotential) und wird am verlegten textilen Bodenbelag nach DIN 54345-1 und -6 in Ohm gemessen.

3) Der Widerstand eines Bodenbelages wird charakterisiert durch den Oberflächen- und den Durchgangswiderstand.

- Der **Oberflächenwiderstand** gibt den elektrischen Widerstand in horizontaler Richtung an. Gemessen wird nach DIN 54345-1 und -6 an der Oberseite eines textilen Bodenbelages in Ohm.
- Der **Durchgangswiderstand** gibt den elektrischen Widerstand in vertikaler Richtung an. Gemessen wird nach DIN 54345-1 zwischen Oberseite und Unterseite eines unverlegten textilen Bodenbelages in Ohm.

Masse (Kohlenstoffkern) in den Faserkörper eingesponnen, so daß auch bei starker Beanspruchung der Nutzschicht die Leitfähigkeit nicht verloren geht.

- **Leitfähige Rückenausrüstung.** Leitfähige Horizontalschichten, wie sie beispielsweise durch leitfähige Verfestigungsstriche oder Appreturen gebildet werden, haben die Aufgabe, elektrostatische Ladungen über die leitfähige Nutzschicht in den Teppichgrund abzuführen, damit sie sich dort auf einer wesentlich größeren Fläche verteilen bzw. abfließen können. Diese horizontalen Leitschichten sind als Ergänzung zur leitfähigen Nutzschicht notwendig und nur in Kombination mit dieser wirksam. Ein derart mit leitfähiger Horizontalschicht ausgerüsteter Teppichboden kann somit hinsichtlich seiner elektrostatischen Merkmale weitgehend unabhängig von der Art der Verlegung gemacht werden. Bei Teppichbelägen, die über keine eigene leitfähige Horizontalschicht verfügen (z. B. Nadelvliesbeläge), ist eine leitfähige Klebung notwendig. Weitere Einzelheiten hierzu sind [66] zu entnehmen.

Verlegemaßnahmen: Ableitfähige Verlegung von textilen Bodenbelägen

Besondere Verlegemaßnahmen sind bei textilen Bodenbelägen im allgemeinen nicht notwendig. Auch in Räumen mit üblichen EDV-Geräten (z. B. Personal-Computer) genügt es, Teppichbeläge mit dem Zusatzsymbol **antistatisch** vorzusehen und diese mit einem normalen, nicht leitfähigen Kleber zu verlegen.

Wenn in Räumen mit Zentralrechnern (Rechenzentrum) ein niedriger Erdableitwiderstand deutlich unter 10^9 Ohm erforderlich wird, reicht es aus, einen Belag mit entsprechend niedrigem Oberflächenwiderstand auszuwählen und diesen ebenfalls – ohne weitere Maßnahmen – mit einem normalen, nicht leitfähigen Kleber zu verlegen. Dies bedeutet, daß bei Teppichware mit niedrigem Oberflächenwiderstand in aller Regel auf die aufwendige leitfähige Verklebung und Erdung über Kupferbänder verzichtet werden kann, wenn ein derartiger Bodenbelag von sich aus über die notwendige Flächenleitfähigkeit verfügt (s. leitfähige Rückenausrüstung), die die Verteilung und den Abfluß der Ladung bewirkt.

Einige textile Bodenbeläge besitzen aufgrund ihrer Konstruktion zwar eine gute vertikale Leitfähigkeit (niedriger Durchgangswiderstand), weisen aber mangels ausreichender horizontaler Leitfähigkeit einen hohen Oberflächenwiderstand auf. Diese Artikel **müssen** leitfähig geklebt werden, um antistatisches Verhalten zu erreichen. Durch das leitfähige Kleben wird der Oberflächenwiderstand und gleichzeitig auch der Erdableitwiderstand verbessert. Zusätzliche Maßnahmen wie leitfähiges Spachteln oder das Aufbringen eines leitfähigen Vorstriches sind beim leitfähigen Kleben unnötig, da die Flächenleitfähikgeit des Klebstoffes bereits ausreicht. Auf die Veröffentlichungen des Deutschen Teppich-Forschungsinstitutes [66], [67], [68] wird besonders hingewiesen.

10.4.12.4 Bauphysikalische Eigenschaften textiler Bodenbeläge

Schalltechnische Eigenschaften

Das schalltechnische Verhalten von textilen Bodenbelägen beruht auf drei verschiedenen Wirkungsweisen.

- Schallschluckende Wirkung. Der auftretende Luftschall wird von der Teppichfläche nur noch zu einem Bruchteil reflektiert, d. h. ein überwiegender Teil der auftreffenden Schallenergie wird absorbiert, die Nachhallzeit dadurch verkürzt (Verbesserung der Sprachverständlichkeit) und der Geräuschpegel im Raum gemindert.
- Gehschallmindernde Wirkung. Der beim Gehen auf harten Fußböden in der Regel entstehende Luftschall tritt beim Begehen von textilen Bodenbelägen in kaum mehr meßbarer Lautstärke auf.
- Trittschalldämmende Wirkung. Der beim Gehen über den Teppichboden entstehende Körperschall wird gedämmt und das in die darunterliegende Räume durchdringende Geräusch gemindert. Bei textilen Bodenbelägen sind Trittschallverbesserungsmaße (VM) von 20 bis 40 dB möglich, je nach Konstruktion, Gesamtdicke und Verlegeart des Belages. Nähere Angaben hierzu s. Abschn. 10.3.3 und Abschn. 15.6.3.2.

Wärmetechnische Eigenschaften

Hinsichtlich der wärmetechnischen Belange interessieren bei textilen Bodenbelägen die Wärmeableitung sowie der Wärmedurchlaßwiderstand (auch Wärmeleitwiderstand genannt). Die Wärmeableitung (WA) kennzeichnet das Verhalten im Hinblick auf die Fußwärme (s. hierzu Abschn. 10.3.4), der Wärmedurchlaßwiderstand (WDW) gibt an, wieviel Wärme (Energie) bei einem bestimmten Temperaturgefälle zwischen Ober- und Unterseite durch den Belag fließt. Einzelheiten hierzu s. Abschn. 11.2.3, Bodenbeläge auf beheizbaren Fußbodenkonstruktionen.

Brandverhalten

Grundlage für die Klassifizierung des Brandverhaltens von Baustoffen und Bauteilen und somit auch für textile Bodenbeläge ist DIN 4102-1. Hierbei wird unterschieden zwischen normalentflammbaren und schwerentflammbaren Baustoffen.

Normalentflammbare Bodenbeläge (Baustoffklasse B2). Aufgrund der Prüfergebnisse nach DIN 66081 erfolgt eine Einteilung in die Brennstoffklassen T-a, T-b, T-c (= ungünstigste Klasse).

— Textile Bodenbeläge der Klasse **T-c** sind leichtentflammbar im Sinne der DIN 4102, entsprechen damit der Baustoffklasse B3 und dürfen als ganzflächig verlegter Bodenbelag **nicht eingebaut** werden.

— Textile Bodenbeläge der Klasse **T-b** entsprechen der Baustoffklasse B2 normalentflammbar und dürfen überall dort eingebaut werden, wo keine besonderen Anforderungen an das Brandverhalten von Fußbodenbelägen gestellt werden.

— Textile Bodenbeläge der Kasse **T-a** liegen von den Anforderungen her höher, und zwar zwischen der Baustoffklasse B2 (T-b) und der Baustoffklasse B1 schwerentflammbar.

Schwerentflammbare Bodenbeläge (Baustoffklasse B1). Für begrenzte Einsatzbereiche (z. B. Hochhäuser, Hotels, Fluchtwege) fordert das Baurecht schwerentflammbare Baustoffe nach DIN 4102. Der Nachweis für die Baustoffklasse B1 wird in baurechtlichen Verfahren durch das Prüfzeichen des Deutschen Institutes für Bautechnik, Berlin, geführt. Es kann aber auch eine Zulassung im Einzelfall auf der Basis eines Prüfzeugnisses ausgesprochen werden. Weiterentwicklungen im Hinblick auf nichtbrennbare Teppichkonstruktionen aus Glasfasern sind zu erwarten. Weitere Einzelheiten sind [65] zu entnehmen.

10.4.12.5 Verlegung, Reinigung und Pflege textiler Bodenbeläge

Verlegung textiler Bodenbeläge

Teppichböden sollten immer erst nach Abschluß aller anderen Innenausbauarbeiten verlegt werden. Die Beschaffenheit des Untergrundes muß vom Bodenleger vorher sorgfältig geprüft und die Oberfläche mit geeigneten Werkstoffen und Verfahren so vorbehandelt sein, daß sie belegreif ist und den Anforderungen der DIN 18365, Bodenbelagarbeiten, entspricht. Einzelheiten über die Vorbehandlung des Verlegeuntergrundes s. Abschn. 10.4.10.7.

Bei der Wahl der Verlegetechnik müssen im einzelnen berücksichtigt werden: Die jeweilige räumliche Situation (Raumzuschnitt), die Beschaffenheit des Unterbodens, die ausgewiesenen Zusatzeignungen, die Art der zu verlegenden Teppichware bzw. jeweilige Teppichkonstruktion, besondere Forderungen bezüglich der Beanspruchung und Wiederaufnahmefähigkeit sowie die jeweiligen Preisvorstellungen. In der Regel werden folgende Verlegetechniken angewandt:

Verspannen von textilen Bodenbelägen. Das Verspannen auf Nagelleisten ist eine besonders teppichgerechte Verlegemethode, geeignet für alle Unterböden mit ausreichender Festigkeit. Entlang der Wände und aller die Bodenkonstuktion durchdringenden Bauteile sind die Nagelleisten mit gleichmäßigem Wandabstand auf den tragenden Untergrund zu nageln, zu dübeln oder zu kleben.

Der Abstand zwischen Nagelleiste und Wand sollte etwa ⅔ der Gesamtdicke des textilen Belages betragen (Bild **10**.68). Die Leisten bestehen aus einer flachen Holzleiste (ggf. auch Metallschiene) mit zwei hintereinander schräg zur Wand stehenden Nagelreihen, in die unter hoher Spannung – von Wand zu Wand – der Teppichbelag aufgehakt wird. Besteht die Teppichware aus mehreren Bahnen, so müssen diese vorher auf der Teppichrückseite durch Konfektionsbänder (Schmelzklebebänder) miteinander verbunden werden. Die Teppichunterlage, ein hochwertiger Spannfilz besonderer Art, muß druckfest, dauerelastisch, mottenbeständig, reißfest und in der Regel auch stuhlrollengeeignet sein. Sie entspricht der Dicke der Nagelleiste (etwa 6 mm) und wird entlang der Wände und unterhalb der Teppichnähte auf den Untergrund aufgeklebt. Verspannbar sind alle gewebten und getufteten (nur mit aufkaschiertem Zweitrücken) Teppichbeläge. Nicht verspannt werden können Nadelvliesbeläge. Auf beheizbaren Fußbodenkonstruktionen ist das Verspannen infolge wärmetechnisch kaum erfaßbarer Lufteinflüsse problematisch. Einzelheiten hierzu s. Abschn. 11.2.3, Bodenbeläge auf beheizbaren Fußbodenkonstruktionen.

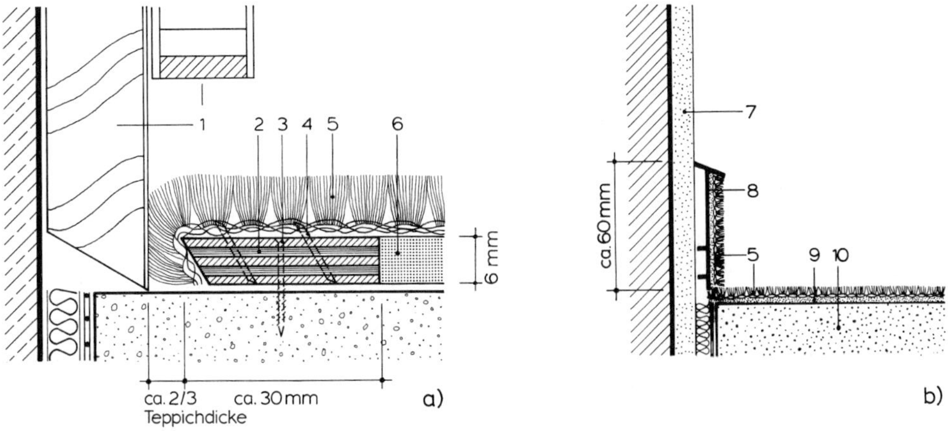

10.68 Verlegetechniken textiler Fußbodenbeläge
a) Verspannen auf Nagelleisten
b) vollflächige Verklebung

1 Wandbekleidung aus Holz
2 Nagelleiste aus Holz
3 Befestigungsmittel
4 schräg stehende Nagelreihe
5 Veloursware
6 Teppichunterlage (Spannfilz)
7 Wandputz
8 Sockelleiste mit eingeklebtem Teppich
9 vollflächige Verklebung
10 schwimmender Estrich

Besonderheiten: Verspannte Teppichböden erbringen eine bis zu 50% längere Gebrauchsdauer infolge reduzierter Scheuerwirkung. Durch die Verwendung einer Filzunterlage ergibt sich außerdem eine wesentlich verbesserte Schall- und Wärmedämmung sowie Trittelastizität und Gehkomfort. Verspannte Ware kann schnell und kostengünstig ausgewechselt werden, bei Wiederverwendung der Nagelleisten, der Filzunterlage und ohne Beschädigung des Untergrundes bzw. Teppichbelages. Das Spannen ist außerdem umweltfreundlich, da kein Vorstrich, keine Spachtelmasse und kein Klebstoff notwendig sind. Zunächst teuerste Verlegemethode, die sich jedoch im Laufe der Jahre, vor allem beim Einsatz hochwertiger Teppichware (Wohn- und Objektbereich) voll bezahlt macht.

Verkleben von textilen Bodenbelägen. Das vollfächige Verkleben ist relativ einfach auszuführen. In jedem Fall muß der Verlegeuntergrund tragfähig, eben, fest, trocken, rissefrei und sauber sein. Der zulässige Feuchtegehalt (Belegreife) von Estrichen ist den Tabellen **10**.21 und **11**.9 zu entnehmen. Nach Abschluß der jeweils notwendigen, in Abschn. 10.4.10.7 näher beschriebenen Vorarbeiten wird ein geeigneter Kleber mit dem Zahnspachtel aufgetragen, die zugeschnittenen Bahnen darin eingelegt und angerieben. Die Verarbeitungsvorschriften der Klebstoffhersteller sind dabei genauestens einzuhalten und nur noch umweltfreundliche lösungsmittelfreie Dispersionsklebstoffe einzusetzen. Angaben über geeignete Klebstoffe s. Abschn. 10.4.10.7.

Besonderheiten: Preiswerte Verlegemethode. Wegen der späteren rückstandsfreien und sauberen Wiederaufnahme empfiehlt sich im Wohn- und Objektbereich der Einsatz von Teppichboden mit textilem Zweitrücken. Vgl. hierzu Abschn. 10.4.12.2, Rückenausrüstung. Bei Neuverlegungen haben sich auch sog. Wiederaufnahmekleber bewährt. Derartige Wiederaufnahmesysteme bestehen aus einer Grundierung (Vorstrich) und einem dazugehörigen Klebstoff, der bei der Wiederaufnahme des verklebten Belages an der Rückseite des Teppichbodens haften bleibt. Eventuell auf dem Verlegeuntergrund verbleibende Klebstoffreste lassen sich in der Regel mit Wasser und Spülmittelzusatz entfernen. Es ist jedoch ratsam, rechtzeitig Probeverlegungen zu veranlassen. Vollflächig verklebter Altbelag mit Glattschaum-Rückenbeschichtung läßt sich jedoch kaum ohne Beschädigung des Verlegeuntergrundes bzw. der Teppichware selbst wieder herausnehmen. Zur besseren Handhabung wird deshalb der zu entfernende Belag in etwa einen Meter breite Streifen geschnitten und mit dem sog. Stripper (Gerät mit einem schwingenden Messer) vom Untergrund abgeschält. Will man diese kosten- und zeitaufwendigen Arbeitsgänge umgehen, kann bei einem anstehenden Belagwechsel gegebenenfalls auch der Altbelag (gereinigt) liegen gelassen und bei Eignung als Unterlage für eine darüber verspannte, neue Teppichware verwendet werden.

Loses Verlegen von textilen Bodenbelägen: Hierbei ist zu unterscheiden zwischen loser Verlegung von Teppich-Bahnenware einerseits und Teppich-Fliesen andererseits.

- **Teppich-Bahnenware** mit spezieller Rückenbeschichtung (Kompaktschaum) kann nur im Wohnbereich bis max. 25 m² Raumgröße lose verlegt werden. Hierbei besteht allerdings die Gefahr, daß bei zu starker Beanspruchung und bei Wechsel der Luftfeuchtigkeit die lose verlegte Teppichware Beulen bzw. Wellen bildet. Daher ist es ratsam, den Teppichboden an besonders kritischen Stellen (z. B. Türschwellen, unterhalb der Bahnenstöße oder entlang der Wände) mit doppelseitigen Klebebändern zu sichern. In Mietwohnungen ist jedoch auf die Materialverträglichkeit zu achten, da beispielsweise Weichmacherwanderungen zwischen Klebeband und PVC-Nutzboden gravierende Spuren hinterlassen können.
- **Teppich-Fliesen**, auch Teppich-Elemente oder Teppich-Module genannt, können im Objektbereich lose verlegt werden, wenn sie auf der Rückseite mit einer dimensionsstabilen Schwerbeschichtung ausgerüstet sind. Die kleberfreien **SL-Fliesen** haften fest am Verlegeuntergrund, ohne sich zu wellen, zu wölben oder zu verziehen. Da sie sich von Hand leicht anheben lassen, ermöglichen sie gleichzeitig einen leichten Zugang zu Installationen im Fußbodenhohlraum und zu Flachkabeln unterhalb des Bodenbelages. Derartige Teppich-Fliesen, meist 50×50 oder 50×100 cm groß, sind in der Regel antistatisch ausgerüstet, elektrisch leitfähig verlegbar, nach DIN 4102 schwerentflammbar und stuhlrollengeeignet. S. hierzu auch Abschn. 12.0 – Installationsböden (Doppelbodenkonstruktionen).

Besonderheiten: Die Verlegung von Teppichfliesen erfolgt immer von der Raummitte aus (1. Fliese). Der Abstand zu den Hauptwänden sollte immer ein Vielfaches einer Fliese betragen (Parallelverlegung). Soll ein gleichmäßiger Farbstrich bzw. Stuktureffekt erzielt werden, so muß auf die Verlegemarkierung auf der Fliesenrückseite geachtet werden. Allgemein unterscheidet man:

- selbstliegende Fliesen = SL-Fliesen: lose verlegt
- selbsthaftende Fliesen = SH-Fliesen: mit streifenförmig aufgetragener Haftmasse
- selbstklebende Fliesen = SK-Fliesen: mit Kleber auf der Fliesenunterseite.

Reinigung und Pflege textiler Bodenbeläge

Eine sachgemäße Reinigung und Pflege trägt viel dazu bei, den Gebrauchswert und das gute Aussehen eines Teppichbelages über einen langen Zeitraum zu erhalten. Bereits bei seiner Auswahl sind die wichtigsten Faktoren, die das Schmutzverhalten von textilen Bodenbelägen beeinflussen, zu berücksichtigen:

- Gebrauchsbedingte Faktoren, wie beispielsweise Schmutzart, Schmutzmenge, Begehfrequenz, Ort und Art der Verlegung.
- Farbwahl, Musterung, Oberflächenstruktur. Gebrauchswert und Repräsentationsvorstellungen sind gegenüberzustellen und sorgfältig abzuwägen. Hinsichtlich der sichtbaren Anschmutzung verhalten sich melierte oder gemusterte Beläge günstiger als einfarbige im gleichen Grundton. Bei hellen Farbtönen ist die sichtbare Verschmutzung größer, bei dunklen ist sie geringer. Innerhalb eines Farbtones nimmt sie mit zunehmender Farbtiefe deutlich ab (hellgrün – oliv – dunkelgrün). Auch die Teppichbodenkonstruktion ist zu berücksichtigen. Eine dichte und ebenmäßige Oberflächenstruktur zeigt Verschmutzungen stärker als großstrukturierte, offene Konstruktionen.
- Faserbedingte Faktoren. Ebenso wichtig für das Schmutzverhalten eines Teppichbodens sind die schmutzabweisenden und schmutzverbergenden Eigenschaften einer Faser. Moderne Ausrüstungsverfahren und neuentwickelte Faserquerschnitte sorgen für reduziertes Anschmutzverhalten.
- Vorbeugende Maßnahmen. Im Hinblick auf spätere Reinigungsmaßnahmen ist eine fachgerechte, gegebenenfalls feuchtigkeitsunempfindliche Verlegung notwendig. Außerdem empfiehlt es sich, wirkungsvolle Schmutzfangzonen (Grobschmutzabstreifer) in voller Breite der Eingangsbereiche vorzusehen. Weitere Einzelheiten hierzu s. Abschn. 10.4.2, Allgemeine Anforderungen.

Reinigungsverfahren. Bei der Wahl der Reinigungsverfahren und -geräte ist Rücksicht zu nehmen auf die Materialzusammensetzung der Polnutzschicht, Teppichbodenkonstruktion, Verlegeart, Unterbodenbeschaffenheit und Verschmutzungsart. Man unterscheidet im wesentlichen:

- **Unterhaltsreinigung**. Tägliche Aufnahme des losen Schmutzes durch Bürst- oder/und Staubsauger.
- **Zwischenreinigung**. Aufnahme des losen und oberflächlich verklebten Schmutzes durch Reinigen mit vorgefertigtem Schaum oder mit schmutzbindendem Reinigungspulver.
- **Grundreinigung**. Sie wird dann notwendig, wenn der Teppichboden großflächig verschmutzt ist. Die Grundreinigung muß Tiefenwirkung haben, d. h. der Teppichgrund wird mitgereinigt. In der Regel werden damit Spezialreinigungsfirmen beauftragt. Geeignete Grundreinigungsverfahren sind: Schampoonierung und Sprühextraktion.

Fleckentfernung. Flecken sollten möglichst sofort entfernt werden, damit keine Veränderungen an Farben und Fasern eintreten. Am schwierigsten zu entfernen sind Kaugummireste: Sie sind mit Kühlspray zu vereisen, anschließend mit einem kleinen Hammer o. ä. zu zersplittern, die Teilchen sofort abzusaugen und die Fleckstellen mit Fleckentferner nachzubehandeln. Einzelheiten über die Reinigung und Pflege textiler Fußbodenbeläge sind dem vom Deutschen Teppich-Forschungsinstitut herausgegebenen Merkblatt [69] zu entnehmen.

10.5 Normen

Norm		Ausgabe-Datum	Titel
DIN 280-1		4.90	Parkett; Parkettstäbe, Parkettriemen und Tafeln für Tafelparkett
DIN 280-2		4.90	–; Mosaikparkettlamellen
DIN 280-5		4.90	–; Fertigparkett-Elemente
DIN 281		3.94	Parkettklebstoffe; Anforderungen, Prüfung, Verarbeitungshinweise
DIN 1045		7.88	Beton und Stahlbeton; Bemessung und Ausführung
DIN 1055-1		7.78	Lastannahmen für Bauten; Lagerstoffe, Baustoffe und Bauteile, Eigenlasten und Reibungswinkel
DIN 1055-3		6.71	–; Verkehrslasten
DIN 1988-1		12.88	Technische Regeln für Trinkwasser-Installationen (TRWI); Allgemeines; Technische Regeln des DVGW
DIN 1988-2		12.88	–; Planung und Ausführung; Bauteile, Apparate, Werkstoffe
DIN 1995-1		10.89	Bitumen und Steinkohlenteerpech; Anforderungen an die Bindemittel; Straßenbaubitumen
DIN 4072		8.77	Gespundete Bretter aus Nadelholz
DIN 4102	Bbl 1	5.81	Brandverhalten von Baustoffen und Bauteilen; Inhaltsverzeichnisse
DIN 4102-1		5.81	–; Baustoffe, Begriffe, Anforderungen und Prüfungen
DIN 4102-2		9.77	–; Bauteile, Begriffe, Anforderungen und Prüfungen
DIN 4102-3		9.77	–; Brandwände und nichttragende Außenwände, Begriffe, Anforderungen und Prüfungen
DIN 4102-4		3.94	–; Zusammenstellung und Anwendung klassifizierter Baustoffe, Bauteile und Sonderbauteile
DIN 4108	Bbl 1	4.82	Wärmeschutz im Hochbau; Inhaltsverzeichnisse; Stichwortverzeichnis
DIN 4108-1		8.81	–; Größen und Einheiten
DIN 4108-2		8.81	–; Wärmedämmung und Wärmespeicherung; Anforderungen und Hinweise für Planung und Ausführung
E DIN 4108-2		11.95	–; –; (Teil 2)

Fortsetzung s. nächste Seite

Normen, Fortsetzung

Norm		Ausgabe-Datum	Titel
DIN 4108-3		8.81	–; Klimabedingter Feuchteschutz; Anforderungen und Hinweise für Planung und Ausführung
E DIN 4108-3		11.95	–; –; (Teil 3)
DIN 4108-4		11.91	–; Wärme- und feuchteschutztechnische Kennwerte
E DIN 4108-4		11.95	–; (Teil 4)
DIN 4108-5		8.81	–; Berechnungsverfahren
DIN 4109		11.89	Schallschutz im Hochbau; Anforderungen und Nachweise
DIN 4109	Bbl 1	11.89	–; Ausführungsbeispiele und Rechenverfahren
DIN 4109	Bbl 2	11.89	–; Hinweise für Planung und Ausführung; Vorschläge für einen erhöhten Schallschutz; Empfehlungen für den Schallschutz im eigenen Wohn- und Arbeitsbereich
DIN 4172		7.55	Maßordnung im Hochbau
DIN 4208		3.84	Anhydritbinder
DIN 4226-1		4.83	Zuschlag für Beton; Zuschlag mit dichtem Gefüge; Begriffe, Bezeichnung und Anforderungen
DIN 4226-2		4.83	–; Zuschlag mit porigem Gefüge (Leichtzuschlag); Begriffe, Bezeichnung und Anforderungen
DIN 4725-1		5.92	Warmwasser-Fußbodenheizungen; Begriffe, Allgemeine Formelzeichen
DIN 4725-2		5.92	–; Wärmetechnische Prüfung
DIN 4725-3		5.92	–; Heizleistung und Auslegung
DIN 4725-4		9.92	–; Aufbau und Konstruktion
E DIN 4725-4/A 1		12.94	–; –; Änderung (Teil 4)
DIN 16850		11.80	Bodenbeläge; Homogene und heterogene Elastomer-Beläge; Anforderungen, Prüfung
E DIN 16850		11.85	–; –; –;
DIN 16851		11.80	–; Elastomer-Beläge mit Unterschicht aus Schaumstoff; Anforderungen, Prüfung
E DIN 16851		11.85	–; –; –;
DIN 16852		11.80	–; Elastomer-Beläge mit profilierter Oberfläche; Anforderungen, Prüfung
E DIN 16852		11.85	–; –; –;
DIN 16945		3.89	Reaktionsharze; Reaktionsmittel und Reaktionsharzmassen; Prüfverfahren
DIN 16950		4.77	Bodenbeläge; Vinyl-Asbest-Platten; Anforderungen, Prüfung
E DIN 16950		9.91	–; Flex-Platten; Anforderungen, Prüfung
DIN 16951		4.77	–; Polyvinylchlorid (PVC)-Beläge ohne Träger; Anforderungen, Prüfung
DIN 16952-1		4.77	–; Polyvinylchlorid (PVC)-Beläge mit Träger; PVC-Beläge mit genadeltem Jutefilz als Träger; Anforderungen, Prüfung
DIN 16952-2		1.79	–; –; PVC-Beläge mit Korkment als Träger; Anforderungen, Prüfung
DIN 16952-3		4.77	–; –; PVC-Beläge mit Unterschicht aus PVC-Schaumstoff; Anforderungen, Prüfung
DIN 16952-4		4.77	–; –; PVC-Beläge mit Synthesefaser-Vliesstoff als Träger; Anforderungen, Prüfung
DIN 16952-5		12.80	–; –; PVC-Schaumbeläge mit strukturierter Oberfläche und heterogenem Aufbau; Anforderungen, Prüfung

Fortsetzung s. nächste Seite

Normen, Fortsetzung

Norm	Ausgabe-Datum	Titel
DIN 18000	5.84	Modulordnung im Bauwesen
DIN 18025-1	12.92	Barrierefreie Wohnungen; Wohnungen für Rollstuhlbenutzer; Planungsgrundlagen
DIN 18025-2	12.92	–; Planungsgrundlagen
DIN 18156-1	4.77	Stoffe für keramische Bekleidungen im Dünnbettverfahren; Begriffe und Grundlagen
DIN 18156-2	3.78	–; Hydraulisch erhärtende Dünnbettmörtel
DIN 18156-3	7.80	–; Dispersionsklebstoffe
DIN 18156-4	12.84	–; Epoxidharzklebstoffe
DIN 18157-1	7.79	Ausführung keramischer Bekleidungen im Dünnbettverfahren; Hydraulisch erhärtende Dünnbettmörtel
DIN 18157-2	10.82	–; Dispersionsklebstoffe
DIN 18157-3	4.86	–; Epoxidharzklebstoffe
DIN 18161-1	12.76	Korkerzeugnisse als Dämmstoffe für das Bauwesen; Dämmstoffe für die Wärmedämmung
DIN 18164-1	8.92	Schaumkunststoffe als Dämmstoffe für das Bauwesen; Dämmstoffe für die Wärmedämmung
DIN 18164-2	3.91	–; Dämmstoffe für die Trittschalldämmung; Polystyrol-Partikelschaumstoffe
DIN 18165-1	7.91	Faserdämmstoffe für das Bauwesen; Dämmstoffe für die Wärmedämmung
DIN 18165-2	3.87	–; Dämmstoffe für die Trittschalldämmung
DIN 18171	2.78	Bodenbeläge; Linoleum; Anforderungen, Prüfung
DIN 18173	2.78	–; Linoleum-Verbundbelag; Anforderungen, Prüfung
DIN 18174	1.81	Schaumglas als Dämmstoff für das Bauwesen; Dämmstoffe für die Wärmedämmung
DIN 18190-4	10.92	Dichtungsbahnen für Bauwerksabdichtungen; Dichtungsbahnen mit Metallbandeinlage; Begriffe, Bezeichnung, Anforderungen
DIN 18195-1	8.83	Bauwerksabdichtungen; Allgemeines, Begriffe
DIN 18195-2	8.83	–; Stoffe
DIN 18195-3	8.83	–; Verarbeitung der Stoffe
DIN 18195-4	8.83	–; Abdichtungen gegen Bodenfeuchtigkeit; Bemessung und Ausführung
DIN 18195-5	2.84	–; Abdichtungen gegen nichtdrückendes Wasser; Bemessung und Ausführung
DIN 18195-6	8.83	–; Abdichtungen gegen von außen drückendes Wasser; Bemessung und Ausführung
DIN 18195-7	6.89	–; Abdichtungen gegen von innen drückendes Wasser; Bemessung und Ausführung
DIN 18195-8	8.83	–; Abdichtungen über Bewegungsfugen
DIN 18195-9	12.86	–; Durchdringungen, Übergänge, Abschlüsse
DIN 18195-10	8.83	–; Schutzschichten und Schutzmaßnahmen
DIN 18201	12.84	Toleranzen im Bauwesen; Begriffe, Anwendung, Prüfung
DIN 18202	5.86	Toleranzen im Hochbau; Bauwerke
DIN 18332	6.96	VOB Verdingungsordnung für Bauleistungen; Teil C: Allgemeine Technische Vertragsbedingungen für Bauleistungen (ATV); Naturwerksteinarbeiten

Fortsetzung s. nächste Seite

Normen, Fortsetzung

Norm	Ausgabe-Datum	Titel
DIN 18333	6.96	–; –; Betonwerksteinarbeiten
DIN 18334	6.96	–; –; Zimmer- und Holzbauarbeiten
DIN 18336	6.96	–; –; Abdichtungsarbeiten
DIN 18352	6.96	–; –; Fliesen- und Plattenarbeiten
DIN 18353	6.96	–; –; Estricharbeiten
DIN 18354	6.96	–; –; Gußasphaltarbeiten
DIN 18356	6.96	–; –; Parkettarbeiten
DIN 18365	12.92	–; –; Bodenbelagarbeiten
DIN 18367	12.92	–; –; Holzpflasterarbeiten
DIN 18500	4.91	Betonwerkstein; Begriffe, Anforderungen, Prüfung, Überwachung
DIN 18502	12.65	Pflastersteine; Naturstein
DIN 18560-1	5.92	Estriche im Bauwesen; Begriffe, Allgemeine Anforderungen, Prüfung
DIN 18560-2	5.92	–; Estriche und Heizestriche auf Dämmschichten (schwimmende Estriche)
DIN 18560-3	5.92	–; Verbundestriche
DIN 18560-4	5.92	–; Estriche auf Trennschicht
DIN 18560-7	5.92	–; Hochbeanspruchte Estriche (Industrieestriche)
DIN 51097	11.92	Prüfung von Bodenbelägen; Bestimmung der rutschhemmenden Eigenschaft; Naßbelastete Barfußbereiche; Begehungsverfahren; Schiefe Ebene
DIN 51130	11.92	–; –; Arbeitsräume und Arbeitsbereiche mit erhöhter Rutschgefahr; Begehungsverfahren; Schiefe Ebene
DIN 52102	8.88	Prüfung von Naturstein und Gesteinskörnungen; Bestimmung von Dichte, Trockenrohdichte, Dichtigkeitsgrad und Gesamtporosität
DIN 52103	10.88	–; Bestimmung von Wasseraufnahme und Sättigungswert
DIN 52104-1	11.82	Prüfung von Naturstein; Frost-Tau-Wechsel-Versuch; Verfahren A bis Q
DIN 52105	8.88	–; Druckversuch
DIN V 52106	8.94	Prüfung von Naturstein und Gesteinskörnungen; Untersuchungsverfahren zur Beurteilung der Verwitterungsbeständigkeit
DIN 52108	8.88	Prüfung anorganischer nichtmetallischer Werkstoffe; Verschleißprüfung mit der Schleifscheibe nach Böhme; Schleifscheiben-Verfahren
DIN 52112	8.88	Prüfung von Naturstein; Biegeversuch
DIN 52129	11.93	Nackte Bitumenbahnen; Begriffe, Bezeichnung, Anforderungen
DIN 54345-1	2.92	Prüfung von Textilien; Elektrostatisches Verhalten; Bestimmung elektrischer Widerstandsgrößen
DIN 54345-6	2.92	–; –; Bestimmung elektrischer Widerstandsgrößen von textilen Bodenbelägen
DIN 66095-1	4.90	Textile Bodenbeläge; Produktbeschreibung; Merkmale für die Produktbeschreibung
DIN 66095-2	6.88	–; –; Strapazierwert und Komfortwert für Polteppiche; Einstufung, Prüfung, Kennzeichnung
DIN 66095-3	6.88	–; –; Strapazierwert und Komfortwert für Nadelvlieserzeugnisse; Einstufung, Prüfung, Kennzeichnung

Fortsetzung s. nächste Seite

Normen, Fortsetzung

Norm	Ausgabe-Datum	Titel
DIN 66095-4	6.88	–; –; Zusatzeignungen; Einstufung, Prüfung, Kennzeichnung
DIN 68360-1	5.81	Holz für Tischlerarbeiten; Gütebedingungen bei Außenanwendung
DIN 68360-2	5.81	–; Gütebedingungen bei Innenanwendung
DIN 68365	11.57	Bauholz für Zimmerarbeiten; Gütebedingungen
DIN 68701	9.93	Holzpflaster GE für gewerbliche und industrielle Zwecke
DIN 68702	6.90	Holzpflaster RE für Räume in Versammlungsstätten, Schulen, Wohnungen (RE-V), für Werkräume im Ausbildungsbereich (RE-W) und ähnliche Anwendungsbereiche
DIN 68761-1	11.86	Spanplatten; Flachpreßplatten für allgemeine Zwecke; FPY-Platte
DIN 68761-4	2.82	–; –; FPO-Platte
DIN 68762	3.82	Spanplatten für Sonderzwecke im Bauwesen; Begriffe, Anforderungen, Prüfung
DIN 68763	9.90	Spanplatten; Flachpreßplatten für das Bauwesen; Begriffe, Anforderungen, Prüfung
DIN 68764-1	9.73	–; Strangpreßplatten für das Bauwesen; Begriffe, Eigenschaften, Prüfung
DIN 68771	9.73	Unterböden aus Holzspanplatten
DIN EN 87	1.92	Keramische Fliesen und Platten für Bodenbeläge und Wandbekleidungen; Begriffe, Klassifizierung, Anforderungen und Kennzeichnung
DIN EN 121	12.91	Stranggepreßte keramische Fliesen und Platten mit niedriger Wasseraufnahme $E \leq 3\%$; Gruppe A I
DIN EN 154	1.92	Keramische Fliesen und Platten; Bestimmung des Widerstandes gegen Oberflächenverschleiß; Glasierte Fliesen und Platten
DIN EN 159	12.91	Trockengepreßte keramische Fliesen und Platten mit hoher Wasseraufnahme $E > 10\%$; Gruppe B III
DIN EN 176	1.92	Trockengepreßte keramische Fliesen und Platten mit niedriger Wasseraufnahme $E \leq 3\%$; Gruppe B I
DIN EN 177	12.91	Trockengepreßte keramische Fliesen und Platten mit einer Wasseraufnahme $3\% < E \leq 6\%$; Gruppe B II a
DIN EN 178	12.91	Trockengepreßte keramische Fliesen und Platten mit einer Wasseraufnahme $6\% < E \leq 10\%$; Gruppe B II b
DIN EN 186-1	12.91	Keramische Fliesen und Platten; Stranggepreßte keramische Fliesen und Platten mit einer Wasseraufnahme von $3\% < E \leq 6\%$; Gruppe A II a
DIN EN 187-1	12.91	–; Stranggepreßte keramische Fliesen und Platten mit einer Wasseraufnahme von $6\% < E \leq 10\%$; Gruppe A II b
DIN EN 188	12.91	–; Stranggepreßte keramische Fliesen und Platten mit einer Wasseraufnahme von $E > 10\%$; Gruppe A III
DIN EN 438-1	12.92	Dekorative Hochdruck-Schichtpreßstoffplatten (HPL); Platten auf Basis härtbarer Harze; Teil 1: Spezifikationen
E DIN EN 548	12.91	Bodenbeläge aus Linoleum; Spezifikation für Linoleum mit und ohne Dekoration
E DIN EN 622-3	5.93	Faserplatten; Anforderungen an Platten für tragende Zwecke zur Verwendung im Trockenbereich
E DIN EN 622-5	5.93	–; Anforderungen an Platten für tragende Zwecke zur Verwendung im Feuchtbereich
E DIN EN 1322	4.94	Mörtel und Klebstoffe für keramische Fliesen und Platten; Definitionen und Begriffsbestimmungen
E DIN EN 1342	2.94	Anforderungen an Pflastersteine aus Naturstein für Außenbereiche

10.6 Literatur

[1] Oswald, R., Rogier, D.: Feuchtigkeitsschutz in Naßräumen des Wohnungsbaus. Bauforschungsberichte des Bundesministers für Raumordnung, Bauwesen und Städtebau. Aachen 1985

[2] Merkblatt: Hinweise für die Ausführung von Abdichtungen im Verbund mit Bekleidungen und Belägen aus Fliesen und Platten für Innenbereiche. Stand Januar 1988. Hrsg.: Fachverband des Deutschen Fliesengewerbes im Zentralverband des Deutschen Baugewerbes e. V., Bonn

[3] Merkblatt: Prüfung von Abdichtungsstoffen und Abdichtungssystemen. Stand September 1995. Hrsg.: Fachverband des Deutschen Fliesengewerbes im Zentralverband des Deutschen Baugewerbes e. V., Bonn. Bezug: Verlagsanstalt Rudolf Müller, Köln

[4] Oswald, R., Klein, A., Wilmes, K.: Niveaugleiche Türschwellen bei Feuchträumen und Dachterrassen. Bauforschungsergebnisse des Bundesministeriums für Raumordnung, Bauwesen und Städtebau. Fraunhofer-Informationszentrum Raum und Bau 1994

[5] Gösele, K., Schüle, W.: Schall – Wärme – Feuchte. 9. Aufl. Wiesbaden 1989

[6] Informationsdienst Holz (Holzbau Handbuch): Schallschutz mit Holzbalkendecken. Hrsg.: Entwicklungsgemeinschaft Holzbau (1993)

[7] Sauerbrunn, J.: Dämmstoffe für den baulichen Wärmeschutz. In: Deutsche Bauzeitschrift (DBZ) **12** (1993)

[8] Sörensen, Ch.: Wärmedämmstoffe im Vergleich. Stand 1995. Hrsg.: Umweltinstitut München e. V., München

[9] Präkelt, W.: Schwindvorgänge bei Zementestrichen. In: Fliesen und Platten **1** und **2** (1992)

[10] Zusätze und Zusatzmittel für Zementestriche. In: Boden – Wand – Decke **12** (1994)

[11] Härig, S., Günther, K., Klausen, D.: Technologie der Baustoffe. 12. Aufl. Heidelberg 1994

[12] Gasser, G., Timm, H.: Fußbodentechnik. Wiesbaden 1989

[13] Schnell, W.: Schnellestriche – Anspruch und Wirklichkeit. In: Boden – Wand – Decke **4** (1993)

[14] Produktinformation – Anhydritestrich. Hrsg.: Bayer-Anhydrit-Verkaufsgesellschaft, Leverkusen

[15] Altmann, H.-D.: Fließestriche aus Calciumsulfat-Bindern. In: Fliesen und Platten **9** (1993)

[16] Informationen über Gußasphalt im Hochbau. In: Gußasphalt **27** (1994), Gußasphalt **28** (1995). Hrsg.: Beratungsstelle für Asphaltverwendung e.V., Bonn

[17] Schnell, W.: Haftbrücken – Einsatz und Voraussetzungen bei mineralisch gebundenen Verbundestrichen. In: Boden – Wand – Decke **4** (1986)

[18] Schnell, W.: Randverformung bei schwimmenden Zementestrichen. In: Boden – Wand – Decke **11** (1990)

[19] Cremer, L.: Akustische Versuche an schwimmend verlegten Asphaltestrichen. Hrsg.: Beratungsstelle für Asphaltverwendung e. V., Bonn

[20] Hinweise für Fugen in Estrichen und Heizestrichen auf Dämmschichten nach DIN 18560. Hinweisblatt: Bundesverband Estrich und Belag (BEB), Troisdorf. Ausg. 1995

[21] Merkblatt: Bewegungsfugen in Bekleidungen und Belägen aus Fliesen und Platten. Stand September 1995. Hrsg.: Fachverband des Deutschen Fliesengewerbes im Zentralverband des Deutschen Baugewerbes e. V., Bonn

[22] Schnell, W.: Rohre auf der Rohdecke – Auswirkungen und Möglichkeiten. In: Boden – Wand – Decke **4** (1994)

[23] Informationen über Industrieestriche aus Gußasphalt. In: Gußasphalt **21** (1991). Hrsg.: Beratungsstelle für Asphaltverwendung e. V., Bonn

[24] Glass, K.: Was bei Hartstoffestrichen zu beachten ist. In: Boden – Wand – Decke **6** (1992)

[25] Schnell, W.: Estrichnenndicken bei Estrichen auf Dämmschichten im Hochbau ohne nennenswerte Fahrbeanspruchung. In: Boden – Wand – Decke **9** (1990)

[26] Technische Informationen über das Novopan Bodensystem. Hrsg.: Glunz Deutschland GmbH, Hamm

[27] Merkblatt: Hinweise für das Ansetzen und Verlegen von keramischen Fliesen und Platten auf Holzspanplatten. Stand Januar 1981. Hrsg.: Zentralverband des Deutschen Baugewerbes e. V. (ZDB), Bonn. Bezug: Verlagsgesellschaft Rudolf Müller, Köln. S. hierzu Fußnote S. 435.

[28] Planer – Informationen. Perlite-Dämmstoff GmbH, Dortmund

[29] Trockenböden. Hrsg.: Gebr. Knauf, Westdeutsche Gipswerke, Iphofen

[30] Technische Informationen über Fermacell-Gipsfaserplatten. Hrsg.: Fels-Werke GmbH, Goslar

[31] Zeschmar-Lahl, B., Lahl, U.: Ökologische Bewertung von Baustoffen. In: Der Architekt **6** (1993)

[32] Recyclinggerechte Bauweisen im Innenausbau. Bauforschungsbericht des Bundesministers für Raumordnung, Bauwesen und Städtebau, Bonn (1992). Hrsg.: Informationszentrum RAUM und BAU der Fraunhofer Gesellschaft (IRB Verlag), Stuttgart

[33] Müller, F.: Naturwerkstein in der Architektur. In: Das Bauzentrum **5** (1991)

[34] Naturstein und Architektur. Hrsg.: Deutscher Naturwerkstein-Verband (DNV), Würzburg. 2. Aufl. 1994

[35] Merkblätter: Bautechnische Informationen (BTI). Deutscher Naturwerksteinverband, Würzburg

[36] Betonwerkstein-Bodenbeläge (Technische Informationen): Hinweise für Planung und Ausführung. Hrsg.: Bundesverband Deutsche Beton- und Fertigteilindustrie e. V., Bonn

[37] Terrazzofußböden (Technische Informationen): Fa. Dyckerhoff Weiss, Wiesbaden

[38] Hochdruck-Asphaltplatten und Terrazzo-Asphaltplatten (Technische Informationen): Deutsche Naturasphalt GmbH (DASAG), Eschershausen/Holzminden

[39] AGI-Arbeitsblätter (Industrieböden). Hrsg.: Arbeitsgemeinschaft Industriebau e. V. Bezug: C. R. Vincentz Verlag, Hannover

[40] Feinsteinzeug. In: Italienische Architektur-Keramik **7** (1990)

[41] Niemer, E.-U.: Praxis-Handbuch FLIESSEN: Material, Planung, Konstruktion, Verarbeitung. Verlagsgesellschaft Rudolf Müller, Köln (1994)

[42] Merkblatt: Bodenbeläge für naßbelastete Barfußbereiche (GUV 26.17), Stand April 1986. Hrsg.: Bundesverband der Unfallversicherungsträger der öffentlichen Hand, München

[43] Merkblatt für Fußböden in Arbeitsräumen und Arbeitsbereichen mit Rutschgefahr (ZH 1/571), Stand Oktober 1993. Hrsg.: Hauptverband der gewerblichen Berufsgenossenschaften, Bonn

[44] Merkblatt: Keramische Fliesen und Platten, Naturwerkstein und Betonwerkstein auf zementgebundenen Fußbodenkonstruktionen mit Dämmschichten. Stand September 1995. Hrsg.: Fachverband des Deutschen Fliesengewerbes im Zentralverband des Deutschen Baugewerbes e. V., Bonn. Bezug: Verlagsgesellschaft Rudolf Müller, Köln

[45] Bautechnische Information (BTI): Fußbodenbeläge im Innenbereich – Naturwerkstein. Stand 1995. Hrsg.: Deutscher Naturwerksteinverband, Würzburg

[46] Technische Information: Fliesen- und Plattenbeläge auf Anhydritestrichen; Hinweise zur Beurteilung und Vorbereitung. Stand 1992. Hrsg.: Fachverband des Deutschen Fliesengewerbes, Bonn

[47] Informationsdienst Holz: Dielenfußböden

[48] Informationsdienst Holz: Parkett

[49] Informationsdienst Holz: Fertigparkett-Elemente

[50] Informationsdienst Holz: Holzpflaster

[51] Informationsdienst Holz: Versiegelung und Pflege von Parkettböden. Hrsg. und Bezug [47] bis [51] Arbeitsgemeinschaft Holz e.V., Düsseldorf

[52] Merkblatt: Beurteilen und Vorbereiten von Untergründen, Verlegen von elastischen Bodenbelägen, textilen Bodenbelägen und Parkett. Stand Januar 1982. Hrsg.: Zentralverband des Deutschen Baugewerbes e. V., Bonn

[53] Laminatfußböden. Eignung, Aufbau und Verlegung. Stand April 1994. Hrsg.: Fachgruppe Dekorative Schichtstoffplatten im Gesamtverband Kunststoffverarbeitende Industrie (GKV), Frankfurt/M.

[54] Früchtenicht, I.: Was dürfen wir heute von einem (Kork-)Bindemittel erwarten? In: Boden – Wand – Decke **12** (1994)

[55] Merkblatt: Holzspanplatten als Untergrund von Bodenbelagsklebungen

[56] Merkblatt: Verlegung von Korkbodenbelägen mit Dispersionsklebstoffen. Stand Oktober 1994

[57] Merkblatt: Verlegung von Linoleum. Stand November 1992. Hrsg.: [55] bis [57] Technische Kommission Bauklebstoffe (TKB) des Industrieverbandes Klebstoffe, Düsseldorf

[58] BEB-Arbeitsblatt KH – O/S: Industrieböden aus Reaktionsharz; Stoffe

[59] BEB-Arbeitsblatt KH – O/U: Industrieböden aus Reaktionsharz; Prüfung und Vorbereitung des Untergrundes

[60] BEB-Arbeitsblätter KH – 1 bis KH – 5: Industrieböden aus Reaktionsharz; Imprägnierung – Versiegelung – Beschichtung – Belag – Estrich

[61] BEB-Arbeitsblatt KH – 6: Industrieböden aus Reaktionsharz; Schutz- und Sicherheitsmaßnahmen. Hrsg.: [58] bis [61]: BEB Bundesverband Estrich und Belag e. V., Troisdorf

[62] Janke, G.: Teppichboden-Lexikon. Sonderdruck aus der Fachzeitschrift Objekt 1995. Objekt Verlag, Düsseldorf

[63] Janke, G.: Qualitatives Wachstum durch fachgerechte Teppichbodenberatung (Tufting). Sonderdruck aus der Fachzeitschrift Objekt 1995. Objekt Verlag, Düsseldorf

[64] Herstellungstechniken von Teppichböden. Hrsg.: ANKER-Teppichfabrik Gebrüder Schoeller, Düren

[65] Textile Bodenbeläge. Deutsches Teppich-Forschungsinstitut, Aachen

[66] Schroer, S.: Antistatische Teppichbodenbeläge. In: Deutsches Architektenblatt (DAB) **1** (1989)

[67] Funk, G.: Textile Bodenbeläge in Wohn- und Verwaltungsgebäuden. In: Deutsches Architektenblatt (DAB) **1** (1988)

[68] Merkblatt EDV 3: Textile Bodenbeläge in Räumen mit elektronischer Datenverarbeitung. Stand Januar 1991. Hrsg.: Deutsches Teppich-Forschungsinstitut, Aachen. In Zusammenarbeit mit dem Zentralverband der Elektronischen Industrie (ZVEI)

[69] Merkblatt Nr. RO 7: Pflege und Reinigung textiler Bodenbeläge im Objektbereich. Stand Januar 1991. Hrsg.: Deutsches Teppich-Forschungsinstitut, Aachen

[70] Deutsches Institut für Gütesicherung und Kennzeichnung (RAL): Doppelboden. Gütesicherung RAL-GZ 941, Ausg. Oktober 1989. Bezug: Beuth Verlag, Berlin

[71] Sälzer, E.: Trittschallschutz mit Doppel- und Hohlraumböden. In: Bauphysik **12** (1990)

11 Beheizbare Bodenkonstruktionen: Fußbodenheizungen

Allgemeines

Die Fußbodenheizung bietet bei richtiger Anwendung eine thermische Behaglichkeit, wie sie von keinem anderen Heizungssystem erreicht wird. Sie ist um so höher, je einheitlicher die Temperaturen aller Raumumschließungsflächen sind und je gleichmäßiger die Temperaturverteilung im Raum ist. Das thermische Umfeld wird außerdem beeinflußt von der jeweiligen Höhe der relativen Luftfeuchtigkeit und durchschnittlichen Luftbewegung (Konvektion). Im Vergleich zu konventionellen Heizungssystemen zeichnen sich Fußbodenheizungen vor allem durch eine relativ niedrige Oberflächentemperatur, gleichmäßige Wärmeabgabe, hohen Strahlungsanteil, kaum spürbare Luftbewegung und somit auch geringe Staubverwirbelung aus. Derartige Niedertemperaturheizungen erlauben auch den Einsatz von Wärmepumpen und somit die Nutzung alternativer Energien; außerdem werden keine Montageflächen für Heizkörper o. ä. benötigt. Als nachteilig sind die höheren Anlagekosten im Vergleich zu Radiatorenheizungen, die in der Regel größere Trägheit des Heizsystems (ungünstige Regelbarkeit) sowie die notwendigerweise aufwendigeren Reparaturmaßnahmen anzusehen.

Anforderungen

Fußbodenheizungen werden entweder als Vollheizung für ein ganzes Gebäude oder nur als Zusatzheizung für einzelne Räume bzw. Teilflächen eingesetzt. Ihre wirtschaftlichste Verwendung wird als Vollheizung erreicht. Voraussetzung ist jedoch, daß die Wärmedämmung des zu beheizenden Gebäudes insgesamt den Anforderungen der DIN 4108 sowie der jeweils gültigen Wärmeschutzverordnung entspricht.

Nach der Wärmeschutzverordnung (1995) darf bei Flächenheizungen der Wärmedurchgangskoeffizient der Bauteilschichten zwischen der Heizfläche und der Außenluft, dem Erdreich oder Gebäudeteilen mit wesentlich niedrigeren Innentemperaturen den Wert 0,35 W/($m^2 \cdot K$) nicht überschreiten. Da bei Fußbodenheizungen der Wärmedurchgang nach **unten** zu begrenzen ist, dürfen bei der Berechnung des Wärmeschutznachweises auch nur die Schichten unterhalb der Heizebene (Heizrohr) berücksichtigt werden. Anforderungen an Geschoßtrenndecken sind in der Wärmeschutzverordnung nicht gestellt. Hierfür nennt DIN 4725-3, Warmwasser-Fußbodenheizungen, Mindestwerte für den Wärmedurchlaßwiderstand der Dämmschicht unterhalb der Heizebene, und zwar 0,75 m^2 K/W über Räumen mit gleichwertiger Nutzung (Wohnungstrenndecken) sowie 1,25 m^2 K/W über Räumen mit nicht gleichwertiger Nutzung (z. B. Wohnräume über gewerblich genutzten Räumen).

Die Berechnung des notwendigen Wärmebedarfes von Gebäuden erfolgt nach den in DIN 4701 aufgestellten Regeln. Diese Wärmebedarfsberechnung ist die Grundlage für die Bemessung der Heizflächen einer Heizungsanlage (Heizflächenberechnung). Dabei ist zu berücksichtigen, daß der Wärmedurchlaßwiderstand des Bodenbelages nicht größer als 0,15 m^2 K/W sein soll.

Die optimale Oberflächentemperatur beheizter Fußböden in ständig genutzten Wohn- und Arbeitsbereichen (Verweilflächen) liegt bei 23 °C bis 24 °C. Als äußerster Grenzwert in Daueraufenthaltsbereichen gelten maximal 29 °C, in Badezimmern und Schwimmhallen etwa 33 °C und in wenig begangenen Randzonen entlang von Fensterflächen o. ä. 35 °C. Großflächige Verglasungen müssen im allgemeinen noch zusätzlich gegen Kaltluftabfall bzw. „Kälteabstrahlung" abgeschirmt und eine etwaige Differenz zum tatsächlichen Wärmebedarf eines Raumes durch eine zusätzliche Ausgleichsheizung (z. B. intensive Randzonenbeheizung, Unterflurkonvektoren, Radiavektoren) gedeckt werden. Die Notwendigkeit, unterschiedlichen Heizsystemen getrennte Regelkreise zuzuweisen, bedingt jedoch erhöhte Investitionskosten.

Die Anforderungen an den Schallschutz sind in DIN 4109 festgelegt. In Tabelle 3 dieser Norm sind die zum Schutz von Aufenthaltsräumen gegen Schallübertragung aus fremden Wohn- und Arbeitsbereichen geforderten Luft- und Trittschalldämmwerte von Bauteilen enthalten, die auch beim Einbau einer Fußbodenheizung erfüllt werden müssen. Einzelheiten hierzu siehe Tabelle **10**.8 sowie Abschnitt 15.6.4.

Bei der Planung einer Fußbodenheizung sind des weiteren folgende Gesetze und Verordnungen zu berücksichtigen: Energieeinsparungsgesetz (EnEG), Wärmeschutzverordnung (WärmeschutzV), Heizungsanlagenverordnung (HeizAnlV), Heizkostenverordnung (HeizkostenV) sowie die einzelnen Verwaltungsanweisungen der Länder.

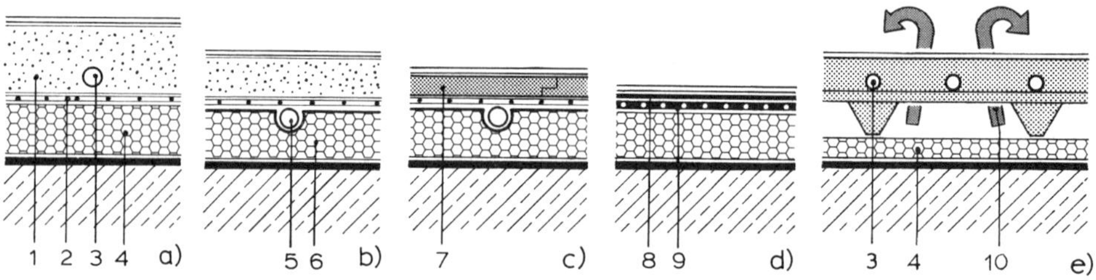

11.1 Schematische Darstellung beheizbarer Fußbodenkonstruktionen (Warmwasser-Fußbodenheizungen)
a) Heizrohr in Heizestrich (Naßverlegesystem)
b) Heizrohr in Dämmplatte mit Mörtelestrich
c) Heizrohr in Dämmplatte mit Fertigteilestrich
d) Heizflächenelement mit Stahlblechtafeln
e) Fußboden- und Luftheizung (Hypokaustenheizung)

1 Heizestrich
2 Abdeckung
3 Heizrohr eingebettet
4 Dämmschicht
5 Heizrohr eingelegt
6 profilierte Dämmplatten
7 Fertigteilestrich
8 Stahlblechtafeln
9 Heizflächenelement
10 Fußbodenheizung mit Luftführung

11.1 Einteilung und Benennung: Überblick

Heizsysteme

Fußbodenheizsysteme werden nach der Art ihrer Heizelemente und der Energiezufuhr in zwei Hauptgruppen eingeteilt.

Warmwasser-Fußbodenheizung. Eine Warmwasser-Fußbodenheizung ist eine an Ort und Stelle als Fußbodenkonstruktion hergestellte Heizeinrichtung mit Rohren oder anderen Hohlprofilen (z. B. Flächenheizelemente) die von Warmwasser als Heizmittel durchströmt werden. Die Lage der Heizrohre in der Bodenkonstruktion ist systembedingt unterschiedlich. Wie Bild **11**.5 verdeutlicht, werden 5 Bauarten unterschieden. Für die Planung von Warmwasser-Fußbodenheizungen gilt DIN 4725-1 bis -4 (zukünftig DIN EN 1264) in Verbindung mit DIN 18560-2, Heizestriche auf Dämmschichten.

Elektrische Fußbodenheizung. Eine elektrische Fußbodenheizung ist eine an Ort und Stelle als Fußbodenkonstruktion aufgebaute Heizeinrichtung, bei der die elektrische Energie durch Heizelemente – die an das Stromnetz angeschlossen sind – in Wärme umgewandelt wird. Für die Planung und Bemessung elektrischer Fußbodenheizungen gilt DIN 44576-1 bis -4 in Verbindung mit DIN 18560-2, Heizestriche auf Dämmschichten sowie entsprechende VDE-DIN-Normen und Rechtsvorschriften.

Wärmeabgabe

Die Art der Wärmeabgabe ist ein weiteres Unterscheidungsmerkmal von Fußbodenheizungen.

Fußboden-Direktheizung. Bei der Fußboden-Direktheizung wird die Wärme mit möglichst geringer zeitlicher Verzögerung über die Oberfläche des Fußbodens an den zu beheizenden Raum abgegeben. Dies wird vor allem durch eine möglichst oberflächennahe Verlegung der Heizrohre bzw. Heizmatten und damit möglichst dünne Lastverteilungsschicht erreicht (Bild **11**.1). Eine derart gering gehaltene Speicherwirkung des Fußbodens ergibt auch ein insgesamt günstigeres Regelverhalten der Anlage. Bei der Direktheizung sollte außerdem der Bodenbelag die Wärme möglichst ungehindert durchlassen, d. h. einen möglichst niedrigen Wärmedurchlaßwiderstand aufweisen, so wie dies vor allem bei Naturwerkstein-, Betonwerkstein- und Keramikbelägen der Fall ist.

Fußboden-Speicherheizung. Bei der Fußboden-Speicherheizung wird die Wärme mit einer gewollten zeitlichen Verzögerung über die Oberfläche des Fußbodens an den zu beheizenden Raum abgegeben (vorwiegend Elektrofußbodenheizung), da die Heizenergie nur für eine begrenzte Zeit zur Verfügung steht. Die Aufladung der elektrischen Speicherheizung findet während der Nachtstunden mit Niedertarifstrom statt. Zusätzlich dazu muß am Tage noch mindestens zwei Stunden nachgeheizt werden können. Vor der Planung einer elektrischen Fußbodenheizung ist in jedem Fall rechtzeitig die Zustimmung des jeweils zuständigen EVU (Energie-Versorgungsunternehmen) einzuholen. Infolge der hohen Auslastung und energiepolitischen Auflagen (berechtigte ökologische Bedenken) ist eine Genehmigung keinesfalls selbstverständlich (Bild **11**.10a). Auch auf die systembedingte große Trägheit und damit ungünstige Regelbarkeit wird besonders hingewiesen.

Der Fußbodenbelag ist bei Speicherheizungen ein wichtiger, konstruktiver Teil des Heizsystems. Zusammen mit der Speicherfähigkeit des Estrichs muß er gewährleisten, daß der betreffende Raum während der Aufladung nicht überheizt und die Wärme während des ganzen Tages möglichst gleichmäßig abgegeben wird. Der Bodenbelag dient bei diesem System somit als erwünschte Wärmebremse, der aufgrund seines höheren Wärmedurchlaßwiderstandes eine Verzögerung der Wärmeabgabe bewirkt. Diese Forderung erfüllen vor allem textile Fußbodenbeläge. Vorteilhaft ist ein Belag, dessen Wärmedurchlaßwiderstand zwischen 0,10 m^2 K/W und 0,15 m^2 K/W liegt.

Verlegesysteme

Entsprechend der höhenmäßigen Anordnung der Heizelemente in einer Fußbodenkonstruktion ergeben sich im wesentlichen zwei Konstruktionsprinzipien.

Naßverlegesystem. Bei der Naßverlegung sind die Heizrohre **oberhalb** der Wärme- und Trittschalldämmung direkt und allseitig umschlossen in den schwimmenden Estrich eingebettet, wodurch sich eine unmittelbare Wärmeübertragung ergibt (Bauart A 1 bis A 3 in Bild **11**.5). Die Heizrohre werden entweder direkt auf die Wärmedämmung mit oberseitiger Abdeckfolie aufgetackert, zwischen Noppen spezieller Basisplatten eingespannt oder mittels Drehclipsen an Rohrträgermatten befestigt (Bild **11**.2). Bei all diesen Befestigungsvorrichtungen ist der Rohrverlauf beliebig wählbar und somit an räumliche Vorgaben anpassungsfähig. Naßverlegesysteme sind technisch meist einfacher konzipiert und dadurch bei der Herstellung auch etwas billiger als die anderen Systeme. Die Gefahr der Beschädigung der Heizrohre beim Einbringen des Estrichs, die relativ große Estrichdicke und die dadurch bedingten längeren Trockenzeiten bei Mörtelestrichen sowie die konstruktionsbedingte Trägheit des Systems werden als Nachteile angesehen. Ihr Einbau empfiehlt sich vor allem in Neubauten.

Trockenverlegesystem. Bei der Trockenverlegung liegen die Heizrohre in vorgefertigten Hartschaumplatten **unterhalb** des Estrichs, so daß die Heizelemente von der Estrichschicht vollkommen getrennt sind (Bauart B in Bild **11**.5). Die Rohre werden in profilierte, gleichzeitig der Wärmedämmung nach unten dienenden Formplatten eingelegt und mit mehrlagiger

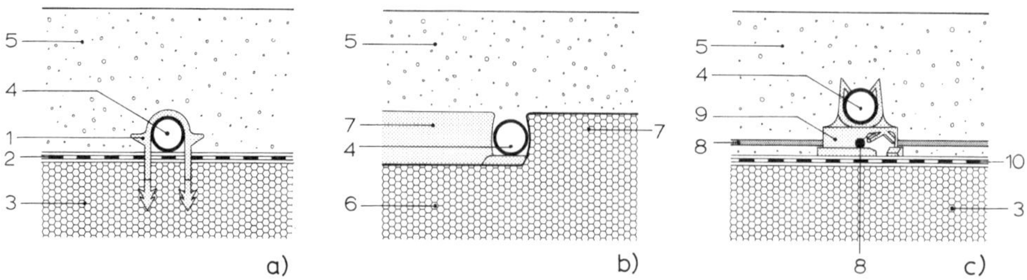

11.2 Schematische Darstellung von Rohrbefestigungen beim Naßverlegesystem (Warmwasser-Fußbodenheizungen)

a) Heizrohr auf Wärmedämmung mit oberseitiger Abdeckfolie aufgetackert (Bauart A1)
b) Heizrohr in Noppenplatte eingespannt (Bauart A2)
c) Heizrohr an Gitterträgermatte mit Drehclipsen befestigt (Bauart A3)

1 Tackernadeln (Haltenadeln)
2 Verbundfolie mit aufgedrucktem Verlegeraster
3 Wärme- und Trittschalldämmung
4 Heizrohr aus Kunststoff
5 Heizestrich, Höhe je nach Bauart
6 Noppelplatte aus Hartschaum, zugleich Wärme- und Trittschalldämmung
7 versetzt angeordnete Noppen
8 Rohrträgermatte, aus 3 mm dicken Drähten
9 Drehclip zur Aufnahme der Heizrohre
10 Abdeckung, PE-Folie 0,2 mm dick

Fa. REHAU, Erlangen

Folie abgedeckt (Trenn- und Gleitschicht, ggf. auch Abdichtungsebene). Um eine möglichst gleichmäßige Wärmeübertragung an den Estrich zu erzielen, weisen die Hartschaumplatten oberseitig entweder eine vollflächige Alu-Folienkaschierung auf oder die Rillen sind mit Profilblechen ausgelegt und mit großflächigen Wärmeleitblechen nach oben abgedeckt (Bild **11**.3 und **11**.4a). Auf die Trennschicht kann wahlweise ein Mörtelestrich oder ein Fertigteilestrich, beispielsweise aus Gipsfaserplatten, aufgebracht werden. Die Vorteile dieser Trockenverlegesysteme sind in der relativ geringen Einbauhöhe und Deckenbelastung (Altbaumodernisierung) sowie in der trockenen und relativ unproblematischen Estrichverlegung zu sehen. Nachteilig wirken sich die schlechtere Wärmeübertragung zwischen Rohr und Estrich (= Luftspalte) und die dadurch bedingte 3 bis 4 Grad höhere Heizwassertemperatur aus. Ein nahezu planebener Untergrund ist außerdem unabdingbare Voraussetzung für die schadensfreie Verlegung, da Nachgiebigkeit der großformatigen Estrichplatten zwangsläufig zur Rißbildung bei Keramik- und Steinbelägen führt. Die Herstellungskosten sind bei Trockenverlegesystemen relativ hoch.

Flächenheizsystem. Eine interessante Weiterentwicklung der Warmwasser-Fußbodenheizung stellen die flächig durchflossenen Systeme dar (auch Klimaboden-Heizung genannt). Ziel der Entwicklung war es, eine weitgehend homogene Heizfläche mit möglichst geringem Eigengewicht und niedrigster Bauhöhe zu schaffen (Bild **11**.4b). Das Heizwasser fließt bei diesen Systemen nicht durch Rohrschlangen, sondern längs und quer durch großflächige, 5 bis 10 mm dicke Hohlprofilmatten aus Kunststoff. Die auf Wärme- bzw. Trittschalldämmplatten verlegten Elemente sind durch Rohrleitungen miteinander verbunden. Die Lastverteilungsschicht über den Flächenelementen kann wahlweise aus zwei Lagen Stahlblechtafeln, Fertigteilestrich (z. B. Gipsfaserplatten) oder Fließestrich bestehen. Vorteilhaft wirkt sich bei den Flächenheizsystemen die kurze Aufheizdauer und damit relativ gute Regelbarkeit aus. Durch das geringe Flächengewicht und die niedrige Aufbauhöhe ist dieses Heizsystem besonders für den nachträglichen Einbau in Altbauten geeignet. Mit relativ hohen Investitionskosten ist zu rechnen.

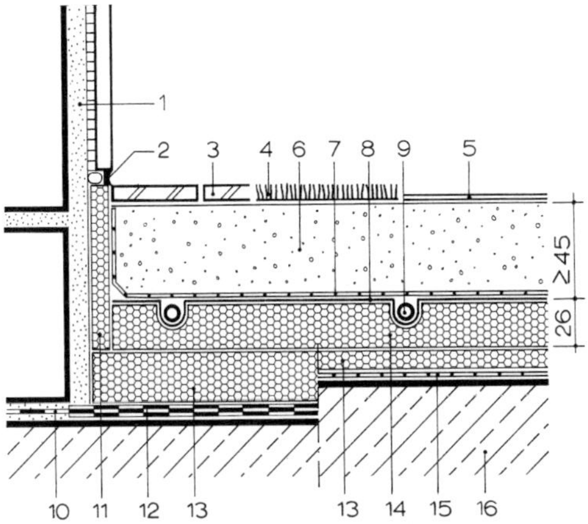

11.3 Schematische Darstellung einer Warmwasser-Fußbodenheizung im Trockenverlegesystem (Bauart B) mit Mörtelestrich als Lastenverteilungsschicht

1 Wandputz mit Wandfliesen
2 Vorfüllprofil mit dauerelast. Fugenmasse
3 Keramischer Bodenbelag
4 Textiler Bodenbelag
5 Elastischer Bodenbelag
6 Heizestrich, mind. 45 mm dick
7 Abdeckung (mehrlagige Folie)
8 Alu-Folienkaschierung, vollflächig
9 Heizrohr aus Kupfer
10 waagerechte Außenwandabdichtung
11 Randstreifen, 10 mm dick
12 Abdichtung (soweit erforderlich)
13 zusätzliche Wärme- bzw. Trittschalldämmung
14 profilierte PUR-Hartschaumplatten
15 Feuchtigkeitsschutz (soweit erforderlich)
16 tragender Untergrund

JOHN-Technik, Achern

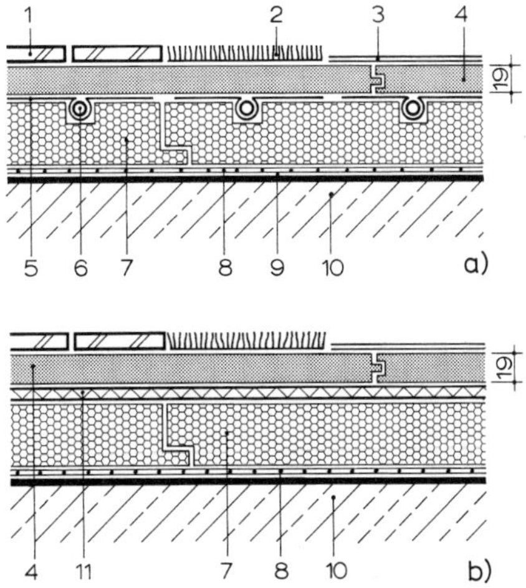

11.4 Schematische Darstellung von Warmwasser-Fußbodenheizungen im Trockenverlegesystem mit Fertigteilestrich als Lastverteilungsschicht

a) Warmwasser in Heizrohren
b) Warmwasser in Hohlprofilmatten aus Kunststoff (Flächenheizelemente)

1 Keramischer Bodenbelag
2 Textiler Bodenbelag
3 Elastischer Bodenbelag
4 Gipsfaserplatten (Fertigteilestrich)
5 Wärmeleit-Profilbleche aus Aluminium
6 Heizrohre aus Kupfer
7 profilierte PS-Hartschaumplatte
8 Feuchteschutz (PE-Folie 0,2 mm dick)
9 Bodenspachtelmasse (soweit erforderlich)
10 tragender Untergrund
11 Hohlprofilmatte aus Kunststoff

Gebr. KNAUF, Iphofen

11.2 Warmwasser-Fußbodenheizungen

Beheizbare Fußbodenkonstruktionen bestehen in der Regel aus mehreren übereinander liegenden Schichten, und zwar (von unten nach oben) dem tragfähigen Untergrund (ggf. mit einer Ausgleichsschicht und Abdichtung gegen Feuchtigkeit), den Dämmschichten (Wärme- bzw. Trittschalldämmung), der Abdeckung, der Lastverteilungsschicht und dem Bodenbelag. Systembedingte Unterschiede gibt es hinsichtlich der Art und höhenmäßigen Anordnung der Heizelemente innerhalb dieser Bodenkonstruktion.

Bauarten von Warmwasser-Fußbodenheizungen

In Abhängigkeit von der Lage der Heizrohre in beheizbaren Fußbodenkonstruktionen werden nach DIN 18560-2 folgende 5 Bauarten unterschieden (Bild **11**.5):

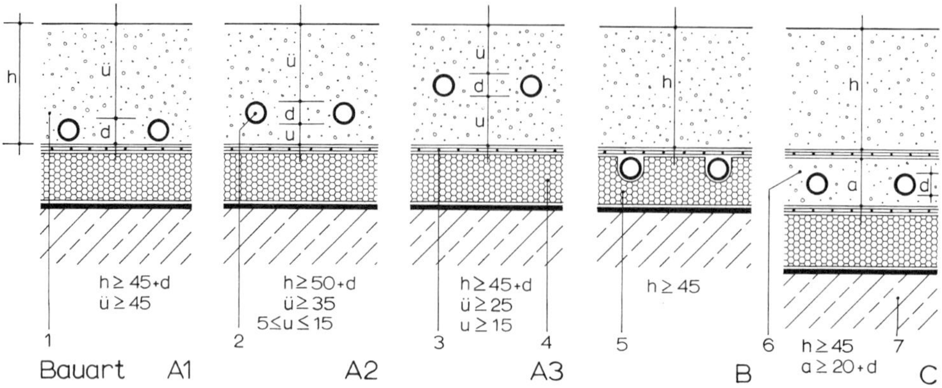

11.5 Bauarten und Nenndicken von Heizestrichen auf Dämmschichten für Verkehrslasten bis 1,5 kN/m² nach DIN 18 560-2 (Ausg. 1992)

1 Heizestrich
2 Heizelement
3 Abdeckung / Trennschicht
4 Dämmschicht
5 profilierte Dämmplatten
6 Ausgleichestrich
7 tragender Untergrund

Bauart A 1: Heizelemente im Estrich, Abstand der Heizrohre von der Unterfläche der Estrichplatte bis 5 mm.

Bauart A 2: Heizelemente im Estrich, Abstand der Heizrohre von der Unterfläche der Estrichplatte über 5 bis 15 mm.

Bauart A 3: Heizelemente im Estrich, Abstand der Heizrohre von der Unterfläche der Estrichplatte über 15 mm.

Bauart B: Heizelemente unter dem Estrich in bzw. auf der Dämmschicht.

Bauart C: Heizelemente in einem Ausgleichestrich, auf den der Estrich mit einer zweilagigen Trennschicht aufgebracht wird. Die Dicke des Ausgleichestrichs muß mind. 20 mm größer sein als der Durchmesser der Heizrohre. Der aufgebrachte Estrich muß mind. 45 mm dick sein. Vgl. hierzu Bild **11**.6.

11.2.1 Aufbau und Herstellung beheizbarer Fußbodenkonstruktionen

Für die Herstellung einer beheizbaren Fußbodenkonstruktion gelten im wesentlichen die gleichen baulichen Erfordernisse und ähnlichen Ausführungsbedingungen, wie sie bei den nicht beheizbaren Estrichen auf Dämmschicht in Abschn. 10.3.6.4 bereits erläutert wurden. Im folgenden werden daher nur die Besonderheiten kurz angesprochen, die bei der Herstellung von **Heizestrichen auf Dämmschichten** zu beachten sind.

- Vor dem Einbau der Fußbodenkonstruktion sollten die Fensteröffnungen verglast und die Montage von haustechnischen Installationen, der Einbau von Türzargen mit Bodeneinstand sowie die Putzarbeiten abgeschlossen sein. Auch alle an den Fußboden angrenzenden Bauteile sind vorher einzubringen.
- Der tragende Untergrund muß ausreichend fest, eben und trocken sein. Die Ebenheit der Oberfläche muß den erhöhten Anforderungen gemäß DIN 18 202, Tabelle 3, Zeile 2 entsprechen und eine vollflächige Auflage der Dämmschichten ermöglichen. S. hierzu Tabelle **10**.2, Ebenheitstoleranzen. Gefälleschichten sind auf der Rohdecke anzuordnen. Falls Rohrleitungen auf dem tragenden Untergrund verlegt sind, müssen sie befestigt sein. Durch einen Ausgleich ist wieder eine ebene Oberfläche zur Aufnahme der Dämmschicht zu schaffen. Angaben hierzu s. Abschn. 10.3.6.6. Muß mit aufsteigender Feuchtigkeit oder Dampfdiffusion gerechnet werden, so sind gemäß Abschn. 10.3.2, Feuchtigkeitsschutz von Fußbodenkonstruktionen, entsprechende Abdichtungen bzw. Dampfsperren aufzubringen.

— Die Randstreifen sind vor dem Einbau der Dämmschicht an allen angrenzenden und die Fußbodenkonstruktion durchdringenden Bauteilen sowie an Rohren, Türzargen usw. anzubringen. Sie müssen eine Bewegung von mind. 5 mm (besser 8 bis 10 mm) ermöglichen. Die überstehenden Teile des Randstreifens und der hochgezogenen Abdeckung dürfen bei Keramik- und Steinbelägen erst nach Fertigstellung des Fußbodenbelages bzw. bei textilen und elastischen Belägen erst nach Erhärtung der Spachtelmasse abgeschnitten werden.

— Die Dämmstoffe müssen DIN 18 164 sowie DIN 18 165 entsprechen. Bei Heizestrichen darf die Zusammendrückbarkeit der Dämmschicht nicht mehr als 5 mm betragen. Werden Trittschall- und Wärmedämmstoffe in einer Dämmschicht zusammen eingesetzt, soll der Dämmstoff mit der geringeren Zusammendrückbarkeit oben liegen. Bei Heizestrichen mit elektrischer Beheizung muß die oberste Lage der Dämmschicht kurzzeitig gegen eine Temperaturbeanspruchung von 90 °C beständig sein (Überheizung).

— Als Abdeckung der Dämmschicht ist eine Polyethylenfolie – bei Heizestrichen mind. 0,2 mm dick – aufzubringen und bis zur Oberkante des Randstreifens hochzuführen. Die einzelnen Bahnen müssen sich an den Stößen mind. 20 cm überlappen. Bei Fließestrich ist die Abdeckung der Dämmschicht so auszubilden, daß sie wasserundurchlässig ist.

— Heizestriche. Die Dicke und die Festigkeits- bzw. Härteklasse von Heizestrichen muß in Abhängigkeit von der gewählten Bauart DIN 18 560-2 entsprechen. Einzelheiten sind der Tabelle **11**.7 zu entnehmen. Bei Dämmschichten über 60 mm Dicke sowie bei Verkehrslasten über 1,5 kN/m² können größere Estrichdicken erforderlich werden. Die Estrichdicke über den Heizrohren muß aus fertigungstechnischen Gründen mind. 25 mm betragen. Eine Begrenzung der Estrichtemperatur wird bei Gußasphaltestrich auf 45 °C, bei Anhydritestrich auf 55 °C (kurzfristig 60 °C) und bei Zementestrichen auf 60 °C vorgeschrieben. Die Angaben der Herstellerfirmen sind zu beachten.

— Trockenestriche sind in der Estrichnorm DIN 18 560 nicht angeführt, obwohl sie sich in der Praxis durchaus bewährt haben. Unabdingbare Voraussetzung für die schadensfreie Verlegung ist ein nahezu planebener Untergrund (erhöhte Anforderungen an die Ebenheit der Verlegeflächen gemäß DIN 18 202). Jede Unebenheit der Rohdecke macht sich unmittelbar an den großformatigen Estrichplatten bemerkbar und führt zur Nachgiebigkeit der gesamten Konstruktion und damit zur Rißbildung bei Keramik- und Steinbelägen.

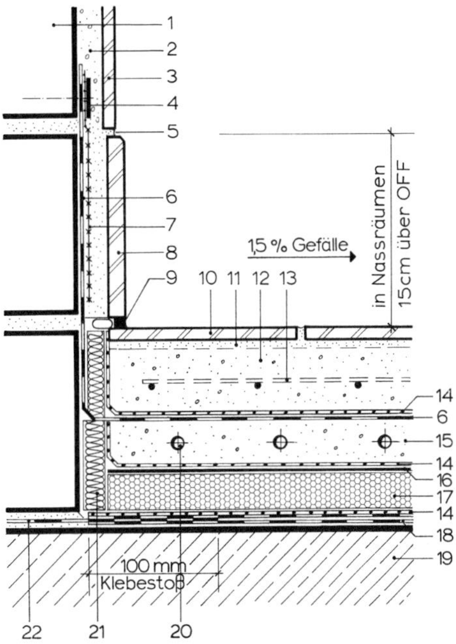

11.6
Konstruktionsbeispiel eines beheizbaren Fußbodens (Warmwasser-Fußbodenheizung der Bauart C) in einem nicht unterkellerten Naßraum (Feuchtigkeit von oben und unten).
Vgl. hierzu auch Bild **10**.5c.

1 Mauerwerk
2 Putzlage
3 Wandfliesen
4 Metallbandbefestigung (z. B. Alu-Lochband)
5 Fuge
6 Bitumen- oder Kunststoff-Dichtungsbahnen
7 Armierungsgewebe (Mörtelbewehrung)
8 Sockelfliesen mit Fase
9 Bewegungsfuge mit elastoplastischer Dichtungsmasse
10 Keramikbelag
11 Dünnbettmörtel oder Kleber
12 Zementestrich
13 Bewehrung (verzinkte Betonstahlmatte)
14 Gleitschicht (PE-Folie 0,1 mm, zweilagig)
15 Ausgleichestrich
16 Wärmeleitbleche aus Aluminium
17 Wärmedämmschicht
18 Kellerbodenabdichtung aus Bitumenbahnen
19 tragender Untergrund
20 Heizrohre
21 Randstreifen, 10 mm dick
22 untere waagerechte Außenwandabdichtung

Tabelle 11.7 Nenndicken und Festigkeit bzw. Härte von Heizestrichen auf Dämmschichten für Verkehrslasten bis 1,5 kN/m² (Auszug aus DIN 18560-2, Ausg. 1992)

Estrichart	Bauart	Estrich-nenndicke in mm 1) 2) min.	Überdeckungs-höhe in mm min.	Bestätigungsprüfung Biegezugfestigkeit β_{BZ} in N/mm² kleinster Einzelwert	Mittelwert min.
	A1	45 + *d*	45		
Anhydrit AE 20	A2	50 + *d*	–	2,0	2,5
Zement ZE 20	A3	45 + *d*	25 3)		
	B, C	45	–		
				Eindringtiefe (Härte) in mm bei (22 ± 1) °C max.	bei (40 ± 1) °C max.
Gußasphalt GE 10	A1	35	15	1	2

1) *d* ist der äußere Durchmesser der Heizelemente.
2) Die Zusammendrückbarkeit der Dämmschicht darf höchstens 5 mm betragen.
3) Die Summe der Abstände der Heizelemente von der Ober- und der Unterfläche der Estrichplatte muß mindestens 45 mm betragen.

— Estrichfugen. Um die thermischen Spannungen im Estrich zu begrenzen, soll die Fläche eines einzelnen Estrichfeldes 40 m² und die größte Seitenlänge eines Feldes 8 m nicht überschreiten. Das Verhältnis der Seiten sollte nicht größer als 2:1 sein. Über die Anordnung der Fugen ist ein Fugenplan vom Planer zu erstellen und als Bestandteil der Leistungsbeschreibung dem Ausführenden vorzulegen. Weitere Angaben über Fugen in schwimmenden Estrichkonstruktionen sind Abschn. 10.3.6.5 zu entnehmen. Auf das vom Zentralverband des Deutschen Baugewerbes herausgegebene Merkblatt [1] wird besonders hingewiesen.

Anforderungen an Rohrleitungen von Wamwasser-Fußbodenheizungen

Für den Einsatz in der Fußbodenheizungstechnik haben sich vor allem Rohre aus Kunststoff und Kupfer bewährt. Rohre aus anderen Werkstoffen können zu diesem Zweck nur unter besonderer Berücksichtigung ihrer spezifischen Eigenschaften eingesetzt werden und bleiben hier unberücksichtigt.

Kunststoffrohre aus PB (Polybuten), PP (Polypropylen) und PE (vernetztes Polyethylen) müssen den Anforderungen der DIN 4726 entsprechen. Da Kunststoffrohre wesentlich voneinander abweichende Eigenschaften aufweisen können, sollten nur Rohre aus den vorgenannten Grundwerkstoffen eingesetzt und nur Rohre verlegt werden, denen das Gütezeichen einer amtlich anerkannten Prüfanstalt für Kunststoff erteilt wurde. Die Lebensdauer der Verrohrung (Rohre und Kupplungen) muß mind. 50 Jahre betragen.

Kunststoffe können mehr oder weniger gasdurchlässig sein. Dadurch kann Sauerstoff aus der Luft durch die Rohrwand in das Heizungswasser gelangen (in der Praxis als Sauerstoffdiffusion bezeichnet), so daß es zur Korrosion von Metallteilen im Heizkreislauf kommen kann. Damit verbunden ist Rostschlammbildung in der Anlage. Um dies zu verhindern, fordert DIN 4726 Werte für die Sauerstoffdurchlässigkeit von Kunststoffrohren, die unter 0,1 g/m³d liegen. Diese weitgehende Diffusionsdichtigkeit wird beispielsweise durch eine Fünfschicht-Verbundfolie aus Spezialpolymer, eine Sperrschicht aus Aluminium oder durch andere Kunststoffummantelungen (Extrusionsverfahren) im vollflächigen Verbund mit dem Basisrohr erreicht. Werden jedoch **nicht** diffusionsdichte Rohre im Sinne der vorgenannten Norm verwendet, sind anderweitige Schutzmaßnahmen vorzunehmen (Systemtrennung in Primär- und Sekundärkreislauf oder Einsatz von Korrosionsinhibitoren).

Kupferrohre nach DIN 1786 und DIN 59753 haben sich zur Verrohrung von Warmwasser-Fußbodenheizungen ebenfalls bewährt. Reine Kupferrohre werden vorwiegend im Trockenverlegesystem (Bauart B) eingesetzt, so daß die Rohre von chemischen Einflüssen und mechanischen Beschädigungen geschützt sind (Bild **11**.3). Um bei der Naßeinbettung die unterschiedlichen thermischen Längenänderungen von Kupferrohr und Zementestrich auffangen zu können, werden beim Naßverlegesystem (Bauart A 1 bis A 3) beinahe ausschließlich kunststoffummantelte Verbundrohre verwendet.

Angaben über die Verlegung und Dämmung von Rohrleitungen auf Rohdecken sind Abschnitt 10.3.6.6 zu entnehmen.

Rohrführung in der waagerechten Ebene

Um die Heizleistung einer Fußbodenheizung an den örtlichen Wärmebedarf besser anpassen zu können, werden die Rohre in unterschiedlichen Abständen, Anordnungen und Regelkreisen verlegt (Bild **11**.8).

Schneckenförmige (bifilare) Verlegung: Vor- und Rücklauf liegen bei der schneckenförmigen Rohrführung abwechselnd nebeneinander. Daraus ergibt sich eine weitgehend gleichmäßige Temperaturverteilung an der Fußbodenoberfläche. Diese Rohrführung hat außerdem den Vorteil, daß in der Regel nur 90°-Rohrbogen herzustellen sind.

Mäanderförmige Verlegung: Bei dieser Rohrführung ergibt sich aufgrund der kontinuierlich fallenden Heizwassertemperatur zwischen Vor- und Rücklauf ein deutliches Temperaturgefälle im Raum. Dieser Temperaturunterschied kann von Vorteil sein, wenn beispielsweise die spezifische Wärmeabgabe im Außenwandbereich und vor Fenstern höher sein soll als im Rauminnern. Bei dieser Rohrführung sind allerdings 180° Rohrbogen herzustellen, so daß der jeweils zulässige Biegeradius beachtet werden muß, um ein Knicken des Rohres zu vermeiden.

Weitere Verlegevarianten ergeben sich aus der Kombination dieser beiden Rohrführungsarten. Dabei sollten die Heizkreise so geplant werden, daß Heizrohre und Bewegungsfugen sich nicht kreuzen. Außerdem sind die Heizkreise, die Feldbegrenzungsfugen sowie die Formate und Fugen der Fliesen oder Platten vom Planer aufeinander abzustimmen.

Dichtheitsprüfung: Die Heizkreise von Warmwasser-Fußbodenheizungen müssen vor dem Einbringen des Estrichs durch eine Wasserdruckprobe auf Dichtheit geprüft werden. Die Dichtheit muß hierbei unmittelbar vor und während der Estrichverlegung sichergestellt sein. Dichtheit und Prüfdruck sind in einem Prüfprotokoll zu dokumentieren.

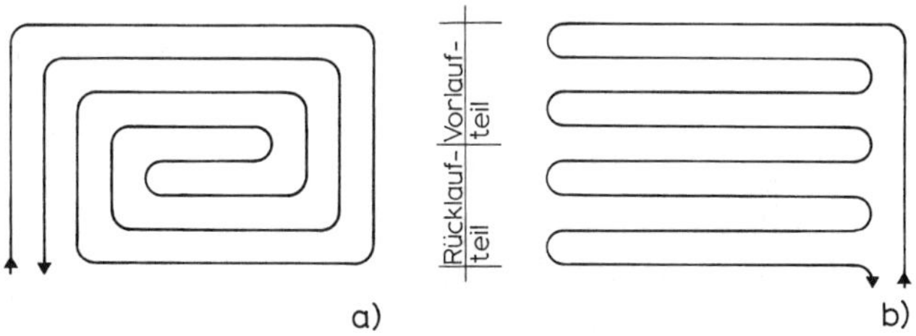

Bild **11**.8
Rohrführung in der waagerechten Fläche
a) Schneckenförmige (bifilare) Rohranordnung
b) Mäanderförmige Rohranordnung
Weitere Verlegevarianten ergeben sich aus der Kombination dieser beiden Rohrführungsarten

11.2.2 Bodenbeläge auf beheizbaren Fußbodenkonstruktionen

Belegreife

Mörtelestriche (Naßestriche) benötigen eine gewisse Trockenzeit, bis sie mit einem Bodenbelag belegt werden dürfen. Eine Restmenge an Feuchtigkeit – Ausgleichsfeuchte oder Gleichgewichtsfeuchte genannt – verbleibt jedoch immer im unbeheizten Estrich und entweicht normalerweise nicht. Bei beheizbaren Fußbodenkonstruktionen muß der Feuchtegehalt durch Aufheizen der Estrichschicht noch weiter reduziert werden, so daß vor dem Verlegen der Nutzschicht die zulässige Belegreife für den jeweiligen Bodenbelag gemäß Tabelle **11**.9 erreicht wird. Vgl. hierzu auch Abschn. 10.3.6.3.

Das Aufheizen soll bei Zementestrichen frühestens nach 21 Tagen, bei Schnellzementestrich nach 3 bis 4 Tagen und bei Anhydritestrichen nach Angaben des Herstellers – frühestens jedoch nach 7 Tagen – erfolgen. Dieses erstmalige Aufheizen beginnt mit einer Vorlauftemperatur von 35 °C. Diese Temperatur soll 3 Tage gehalten werden, danach wird auf die maximale Vorlauftemperatur erhöht, die wiederum 4 Tage gehalten wird. Soweit der

Tabelle **11**.9 Für die Belegreife der Bodenbeläge maßgebende maximale Feuchtegehalte von Estrichen (Auszug aus DIN 4725-4, Ausg. 1992, sowie DIN 4725-4/A1, Ausg. 1994)

Bodenbelag	Feuchtegehalt bei Zementestrich	Feuchtegehalt bei Anhydritestrich
Stein- und keramische Beläge im Dünnbett	2,0 %	0,5 %
Stein- und keramische Beläge im Mörtelbett auf Trennschicht	2,0 %	0,5 %
Stein- und keramische Beläge im Dickbett [1)]	2,0 % [1)]	0,5 % [1)]
Dampfdurchlässige textile Bodenbeläge	3,0 %	1,0 %
Dampfbremsende textile Bodenbeläge	2,5 %	0,5 %
Elastische Bodenbeläge, z. B. PVC-, Elastomer-, Linoleumbeläge	2,0 %	0,5 %
Parkett	2,0 %	0,5 %

[1)] Nur in Verbindung mit feuchtigkeitsabsperrenden Haftbrücken (Epoxidharz)

zulässige Feuchtegehalt (Belegreife) für den jeweiligen Bodenbelag erreicht ist, kann die Heizung abgestellt werden. Trotz dieses Aufheizvorganges ist jedoch noch nicht sichergestellt, daß der Estrich die für die Belegreife erforderlichen Feuchte erreicht hat. Insbesondere bei Anhydrit-Fließestrichen ist auf diesen Hinweis zu achten. Über das Aufheizen ist von der Heizungsfirma ein Protokoll (Aufheiz- und Maßnahmeprotokoll) anzufertigen und den nachfolgenden Fachfirmen auszuhändigen.

Zur Messung des Feuchtegehaltes sind bei Bauart A geeignete Stellen in der Heizfläche auszuweisen. Nach DIN 4725-4 müssen mind. 3 Meßstellen je 200 m² bzw. je Wohnung ausgewiesen werden. Die Festlegung und Markierung der Meßpunkte ist Aufgabe des Bauleiters in Absprache mit dem Heizungsbauer, die Einbettung der Markierungszeichen in den Estrich sollte durch den Estrichleger erfolgen. Um Beschädigungen der Heizrohre zu vermeiden, darf die Messung des Feuchtegehaltes nur an den hierfür markierten Stellen vorgenommen werden. Diese Feuchtigkeitsprüfung führt der Bodenleger mit dem CM-Gerät durch. Fehlt die Kennzeichnung, so hat der Estrichleger seine Bedenken schriftlich geltend zu machen. Da in diesem Fall eine Feuchteprüfung im Estrich wegen der damit verbundenen Gefahr einer Beschädigung der Heizelemente nicht zulässig ist, gilt das Aufheizprotokoll als – relativ ungenauer – Nachweis der Belegreife.

Bodenbeläge und Verlegehinweise

Nahezu alle handelsüblichen Bodenbeläge eignen sich für die Verlegung auf beheizbaren Fußbodenkonstruktionen. Durch ihren jeweiligen Wärmedurchlaßwiderstand beeinflussen sie jedoch die Vorlauftemperatur und das Regelungsverhalten einer Fußbodenheizung. Außerdem bewirken Bodenbeläge mit einem zu hohen Wärmedurchlaßwiderstand einen größeren Wärmestrom nach unten und damit notwendigerweise die Verstärkung der Dämmschicht unterhalb der Heizelemente. Aus wirtschaftlichen Gründen darf daher der Wärmedurchlaßwiderstand der Bodenbeläge 0,15 m² K/W nicht überschreiten. Bei den einzelnen Bodenbelägen sind folgende Anforderungen und Verlegehinweise zu beachten:

Keramik-, Naturwerkstein- und Betonwerksteinbeläge. Diese Hartbeläge leiten Wärme sehr gut und werden deshalb bevorzugt auf beheizbaren Bodenkonstruktionen aufgebracht. Ihr Wärmedurchlaßwiderstand liegt in etwa zwischen 0,01 bis 0,02 m² K/W. Die üblichen Verlegearten sind in Bild **10**.47 dargestellt und in Abschn. 10.4.7.5, Fußbodenkonstruktionen mit Keramik- und Steinbelägen, näher beschrieben. Grundsätzlich unterscheiden sich die Verlegearten von Hartbelägen auf beheizbaren Fußbodenkonstruktionen nicht wesentlich von denen auf unbeheizten Bodenkonstruktionen. Keramik- und Steinbeläge können im Dickbett- und Dünnbettverfahren verlegt werden. Verwendet werden hydraulisch erhärtende Dünnbettmörtel nach DIN 18156 sowie die in Abschn. 10.4.7.6 beschriebenen, noch nicht genormten Elastikkleber. Einzelheiten s. VOB Teil C, DIN 18352, Fliesen- und Plattenarbeiten, DIN 18332, Naturwerksteinarbeiten sowie DIN 18333, Betonwerksteinarbeiten. Auf die weiterführende Spezialliteratur [1], [2] wird verwiesen.

Bodenbeläge aus Holz und Holzwerkstoffen. Für die Verlegung auf beheizbare Fußbodenkonstruktionen eignen sich Stabparkett (DIN 280-1), Mosaikparkett (DIN 280-2) und Fertigparkett-Elemente (DIN 280-5). Der Wärmedurchlaßwiderstand beträgt bei Stabparkett (Eiche, 22 mm dick) 0,11 m^2 K/W, bei Mosaikparkett (Eiche, 8 mm dick) 0,04 m^2 K/W und bei Fertigparkett (10 bis 15 mm dick) 0,07 bis 0,11 m^2 K/W. Um die Schwindverformungen nach dem Einbau möglichst gering zu halten, darf der normgerechte Mittelwert der Holzfeuchte des Parketts (Stab- und Mosaikparkett 9%, Fertigparkett-Elemente 8%) bei der Verlegung auf keinen Fall überschritten werden. Für das vollflächige Verkleben von Holzparkett dürfen nur schubfeste Klebstoffe verwendet werden, die bis 50 °C dauertemperaturbeständig sind. Sie müssen vom Hersteller als „für Fußbodenheizung geeignet" bezeichnet sein. Zwischen Parkettboden und allen angrenzenden oder die Bodenkonstruktion durchdringenden Bauteilen ist eine mind. 15 mm breite Randfuge (Bewegungsfuge) vorzusehen. Für die Versiegelung ist ein Produkt mit hoher Filmelastizität vorteilhaft. Einzelheiten hierzu s. Abschn. 10.4.8, Holzfußbodenbeläge. Die Oberflächentemperatur des Holzfußbodens darf höchstens 28 °C betragen. Aufgrund der technologischen Eigenschaften des Naturproduktes Holz und der raumklimatischen Verhältnisse während der Heizperiode können Fugen nicht ausgeschlossen werden. Sie sind im allgemeinen gleichmäßig verteilt, bilden keinen Qualitätsmangel und müssen toleriert werden, da sie unvermeidbar sind. Dementsprechend sollen möglichst schmale und kurze Hölzer eingesetzt werden, da ein engmaschiges Fugennetz Dimensionsänderungen besser auffangen kann. Insgesamt ist die Verlegung von (Massiv)Holzfußböden auf beheizbaren Fußbodenkonstruktionen nicht unproblematisch und immer mit einem gewissen Risiko verbunden. Weitere Einzelheiten sind dem Merkblatt der Arbeitsgemeinschaft Holz [3] sowie VOB Teil C, DIN 18356, Parkettarbeiten, zu entnehmen.

Elastische Bodenbeläge wie beispielsweise PVC-Beläge (Wärmedurchlaßwiderstand etwa 0,025 m^2 K/W), Linoleumbeläge und Elastomerbeläge aus Kautschuk müssen ebenso wie die verwendeten Klebstoffe durch den Hersteller als „für Fußbodenheizung geeignet" ausgewiesen sein. Bei diesen Belägen ist weiter darauf zu achten, daß sie vor dem Verlegen ausreichend lange (mind. 24 Stunden) klimatisiert, d. h. auf eine für den jeweiligen Belag angemessene Verlegetemperatur ausgerichtet werden. Die Klebung von elastischen Bodenbelägen soll ganzflächig erfolgen. Bei PVC-Belägen sind die Fugen – sowohl der Bahnen- wie Plattenware – zu verschweißen, da PVC unter Wärmeeinwirkung schwindet. Die von den Herstellern speziell für Beläge auf Fußbodenheizung herausgegebenen Pflegehinweise sind zu beachten. Weitere Einzelheiten s. VOB Teil C, DIN 18365, Bodenbelagarbeiten. Auf das vom Zentralverband des Deutschen Baugewerbes herausgegebene Merkblatt [4] wird verwiesen.

Textile Bodenbeläge. Um einen guten Wärmeübergang durch den textilen Fußbodenbelag an den zu beheizenden Raum zu erreichen, darf die Wärmedämmung dieses Belages nicht zu hoch sein. Als zulässige Höchstgrenze gilt nach DIN 66095, Textile Bodenbeläge, ein Wärmedurchlaßwiderstand von 0,17 m^2 K/W. Zum Vergleich: Der Wärmedurchlaßwiderstand liegt bei dünnen (harten) textilen Bodenbelägen günstigstenfalls bei 0,06 m^2 K/W, bei einem 8 mm dicken Belag bei etwa 0,10 m^2 K/W und steigert sich bei voluminösen, hochwertigen Belägen auf 0,35 m^2 K/W. Textile Bodenbeläge sind für die Verwendung auf beheizbaren Fußbodenkonstruktionen geeignet, sofern sie das Zusatzsymbol „Fußbodenheizung" im Teppichsiegel aufweisen (Bild **10**.67). Textile Beläge mit thermoplastischen Rückenbeschichtungen, wie etwa bei selbstliegenden Fliesen, sind als Belag auf Fußbodenheizungen nicht geeignet. Wegen der möglichen Austrocknung und der damit verbundenen stärkeren Neigung zu elektrostatischer Aufladung sollte der textile Bodenbelag dauerhaft antistatisch ausgerüstet sein. Vgl. hierzu auch Abschn. 10.4.12.3. Textile Bodenbeläge werden mit dauertemperaturbeständigem Kleber vollflächig verklebt. Das Spannen ist infolge unkontrollierbarer und wärmetechnisch kaum erfaßbarer Lufteinschlüsse, die den Wärmedurchlaßwiderstand beeinflussen, problematisch. Von dieser Verlegeart ist abzuraten. Besteht die Absicht, auf den verklebten Textilbelag noch zusätzliche Einzelteppiche zu verlegen, so muß dies mit dem Heizungsbauer rechtzeitig abgesprochen werden. Weitere Einzelheiten sind dem Merkblatt des Deutschen Teppich-Forschungsinstitutes [5] sowie VOB Teil C, DIN 18365, Bodenbelagarbeiten, zu entnehmen.

11.3 Elektrische Fußbodenheizungen

Bei den elektrisch beheizbaren Fußbodenkonstruktionen wird allgemein zwischen Speicherheizung und Direktheizung unterschieden. Die Heizelemente – meist Heizmatten – können entweder unter dem Heizestrich, im Heizestrich oder unmittelbar unter dem Bodenbelag verlegt werden. Der Wärmebedarf ist, wie bei anderen Heizsystemen auch, nach DIN 4701 zu errechnen. Einzelheiten hierzu s. Abschn. 11.1 sowie Abschn. 11.2. Für die Planung, Bemessung und Ausführung von elektrischen Fußbodenheizungen gilt DIN 44576 in Verbindung mit DIN 18 560 sowie entsprechende VDE-DIN-Normen und Rechtsvorschriften. Vor der Planung einer elektrischen Fußbodenheizung ist in jedem Fall rechtzeitig die Zustimmung des jeweils zuständigen EVU (Energie-Versorgungsunternehmen) einzuholen. Infolge der hohen Auslastung und energiepolitischen Auflagen (berechtigte ökologische Bedenken) ist eine Genehmigung keinesfalls selbstverständlich [6].

Elektrische Fußboden-Speicherheizung

Bei der elektrisch betriebenen Fußboden-Speicherheizung wird der Estrich in den Nachtstunden mit Niedertarifstrom aufgeheizt, die Wärme für Stunden gespeichert und zeitversetzt über die Fußbodenoberfläche an den zu beheizenden Raum abgegeben. Je nach Witterung muß am Tag noch mindestens zwei Stunden nachgeheizt werden können. Als Speichermasse dient ein 80 bis 100 mm dicker Heizestrich (meist Zementestrich). Bild **11**.10a.

Besondere Aufmerksamkeit ist der Temperaturbeständigkeit der verwendeten Heizelemente und Baumaterialien zu schenken. Während im normalen Betriebszustand die Temperaturen in der Heizleiterebene etwa 60 °C betragen, können nach einem Störungsfall durch Wärmestau Temperaturen bis 100 °C entstehen. Entsprechend muß die Temperaturbeständigkeit der Heizelemente 80 bis 150 °C, der Dämmstoffe 90 °C und der Spachtelmassen, Kleber und Bodenbeläge jeweils 50 °C betragen. Bei elektrischer Fußbodenheizung muß insbesondere die obere Lage der Dämmschicht kurzzeitig gegen eine Temperaturbeanspruchung von 90 °C widerstandsfähig sein. Außerdem darf die Zusammendrückbarkeit der Dämmschicht(en) nicht mehr als 5 mm betragen. Werden zwei Dämmschichten mit unterschiedlicher Steifigkeit eingesetzt (Trittschall- und Wärmedämmplatten), sollte die dynamisch steifere Schicht oben liegen.

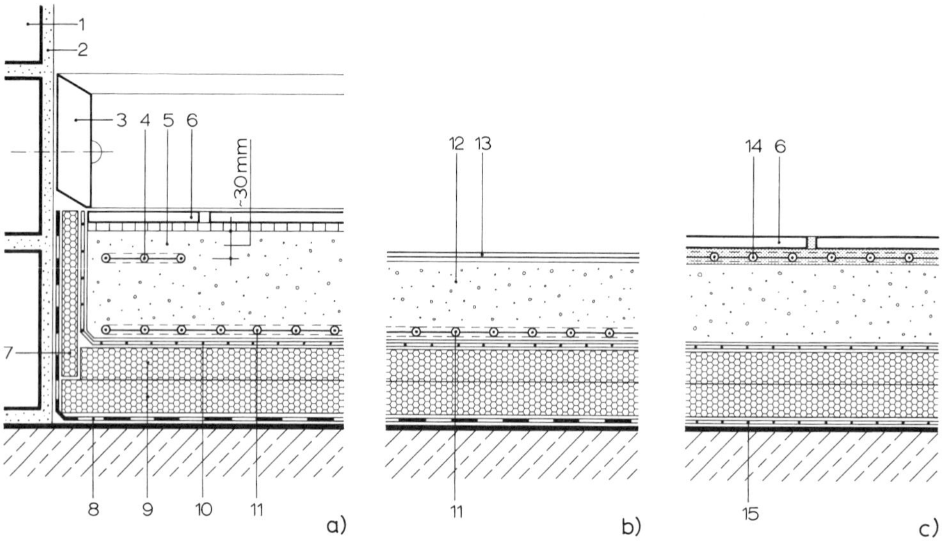

11.10 Konstruktionsbeispiele von elektrischen Fußbodenheizungen

a) elektrische Fußboden-Speicherheizung mit Direktheizung für die Randzone
b) elektrische Fußboden-Direktheizung
c) elektrische Teilflächen-Direktheizung unmittelbar unter keramischen Fliesen eingebettet

1 Mauerwerk
2 Wandputz
3 Holzsockelleiste
4 Heizmatte (Direktheizung) in der Randzone
5 Heizestrich, 80 bis 100 mm dick
6 Keramische Fliesen im Dünnbett
7 Randstreifen, 5 bis 8 mm dick
8 Abdichtung (falls erforderlich)
9 Wärme- und Trittschalldämmung
10 Abdeckung, PE-Folie 0,2 mm dick
11 Heizmatte für Grundheizung
12 Heizestrich, etwa 45 mm dick
13 Elastischer Bodenbelag
14 Heizmatte (Teilflächen-Direktheizung), in Spachtelmasse unter Keramikbelag eingebettet, Aufbauhöhe etwa 8 mm
15 Feuchtigkeitsschutz (PE-Folie, falls erforderlich)

SIEMENS-Vertrieb, Kulmbach

Bei den Heizmatten – geeignet für Speicher- und Direktheizung – handelt es sich um verlegefertig angelieferte Heizelemente. Sie bestehen in der Regel aus einzelnen Heizleitungen, die auf einem flachen Trägergewebe aus Kunststoff fixiert sind. Dieses Gittergewebe verhindert das Verrutschen der Heizleitungen beim Verlegen und damit eine unerwünschte Veränderung der Heizleiterabstände. Je nach mechanischer Beanspruchung und erforderlicher elektrischer Sicherheit werden Heizleitungen unterschiedlicher Bauart verwendet. Die Verlegung der Heizmatten erfolgt bei der Speicherheizung (Grundheizung) unter dem Heizestrich, direkt auf der Abdeckung (Bild **11**.10a). Heizmatten der Randzonen-Direktheizung werden etwa 20 bis 30 mm unter der Estrichoberfläche in den Heizestrich eingebettet. Der Wärmedurchlaßwiderstand des Bodenbelages sollte bei Speicherheizungen zwischen 0,10 m^2 K/W und 0,15 m^2 K/W liegen.

Elektrische Fußboden-Direktheizung

Die elektrische Fußboden-Direktheizung unterscheidet sich von der Speicherheizung vor allem durch ihre relativ kurze Aufheizzeit und schnellere Wärmeabgabe an den zu beheizenden Raum (Bild **11**.10b). Dies wird einmal erreicht durch eine geringere Estrichdicke (üblicherweise 40 bis 50 mm), zum anderen durch Bodenbeläge mit niedrigem Wärmedurchlaßwiderstand, vorzugsweise Keramik- und Steinbeläge. Als Vollheizung ist das System allerdings nur dort einsetzbar, wo das Energie-Versorgungsunternehmen Heizstrom für mindestens 16 Stunden freigibt und zu einem günstigen Tarif zur Verfügung stellt. Bei allen Nutzungsformen – ob als Vollheizung oder Ergänzungsheizung – darf die maximale flächenbezogene Aufnahmeleistung 160 Watt/m^2 nicht überschreiten. Da die Direktheizung jedoch auch elektrizitätswirtschaftlich sehr ungünstig ist (gleichzeitiger hoher Strombedarf bei sinkender Außentemperatur), wird sie als Vollheizung nur noch relativ selten eingeplant.

Elektrische Teilflächen-Direktheizung (Bild **11**.10c). Dieses Heizsystem eignet sich als Zusatzheizung – neben einer bereits installierten Zentralheizung – vorrangig zum Temperieren von Fußböden mit keramischen Fliesen und Platten (Badezimmer, Sauna- und Hobbyräume), zum Beheizen von Teilflächen im öffentlichen Bereich (unter Sitzgruppen, Ladenkassenzonen) und zum nachträglichen Einbau bei der Altbaumodernisierung. Neben den Keramik- und Steinbelägen sind auch alle anderen Bodenbeläge mit niedrigem Wärmedurchlaßwiderstand geeignet. Der Vorteil dieser Teilflächen-Direktheizung liegt in der geringen Aufbauhöhe von nur 6 bis 8 mm. Die Steuerung erfolgt über elektronische Bodentemperaturregler; der zugehörige Meßfühler wird in der Heizebene montiert. Der Anschluß an das 230-Volt-Netz muß von einem Elektrobetrieb vorgenommen werden.

11.4 Normen

Norm	Ausgabe-Datum	Titel
DIN 280-1	4.90	Parkett; Parkettstäbe, Parkettriemen und Tafeln für Tafelparkett
DIN 280-2	4.90	–; Mosaikparkettlamellen
DIN 280-5	4.90	–; Fertigparkett-Elemente
DIN 281	3.94	Parkettklebstoffe; Anforderungen, Prüfung, Verarbeitungshinweise
DIN 1786	5.80	Installationsrohre aus Kupfer, nahtlosgezogen
DIN 4108 Bbl 1	4.82	Wärmeschutz im Hochbau; Inhaltsverzeichnisse; Stichwortverzeichnis
DIN 4108-1	8.81	–; Größen und Einheiten
DIN 4108-2	8.81	–; Wärmedämmung und Wärmespeicherung; Anforderungen und Hinweise für Planung und Ausführung
E DIN 4108-2	11.95	–; –; (Teil 2)
DIN 4108-3	8.91	–; Klimabedingter Feuchteschutz, Anforderungen und Hinweise für Planung und Ausführung
DIN 4108-4	11.91	–; Wärme- und feuchteschutztechnische Kennwerte
E DIN 4108-4	11.95	–; –; (Teil 4)
DIN 4108-5	8.81	–; Berechnungsverfahren
DIN V 4108-6	4.95	–; Berechnung des Jahresheizwärmebedarfs von Gebäuden (Teil 6)

Fortsetzung s. nächste Seite

Normen, Fortsetzung

Norm	Ausgabe-Datum	Titel
DIN 4 109	11.89	Schallschutz im Hochbau; Anforderungen und Nachweise
DIN 4 109 Bbl 1	11.89	–; Ausführungsbeispiele und Rechenverfahren
DIN 4 109 Bbl 2	11.89	–; Hinweise für Planung und Ausführung; Vorschläge für einen erhöhten Schallschutz; Empfehlungen für den Schallschutz im eigenen Wohn- oder Arbeitsbereich
DIN 4 701-1	3.83	Regeln für die Berechnung des Wärmebedarfs von Gebäuden; Grundlagen der Berechnung
E DIN 4 701-1	8.95	Regeln für die Berechnung der Heizlast von Gebäuden; Grundlagen der Berechnung (Teil 1)
DIN 4 701-2	3.83	–; Tabellen, Bilder, Algorithmen
DIN E 4 701-2	8.95	–; –; (Teil 2)
DIN 4 701-3	8.89	–; Auslegung der Raumheizeinrichtungen
DIN 4 725-1	5.92	Warmwasser-Fußbodenheizungen; Begriffe, allgemeine Formelzeichen
DIN 4 725-2	5.92	–; Wärmetechnische Prüfung
DIN 4 725-3	5.92	–; Heizleistung und Auslegung
DIN 4 725-4	9.92	–; Aufbau und Konstruktion
E DIN 4 725-4/A1	12.94	–; –; Änderung A 1
DIN 4 726	9.93	Rohrleitungen aus Kunststoffen für Warmwasser-Fußbodenheizungen; Allgemeine Anforderungen
DIN 18 156-1	4.77	Stoffe für keramische Bekleidungen im Dünnbettverfahren; Begriffe und Grundlagen
DIN 18 164-1	8.92	Schaumkunststoffe als Dämmstoffe für das Bauwesen; Dämmstoffe für die Wärmedämmung
DIN 18 164-2	3.91	–; Dämmstoffe für die Trittschalldämmung; Polystyrol-Partikelschaumstoffe
DIN 18 165-1	7.91	Faserdämmstoffe für das Bauwesen; Dämmstoffe für die Wärmedämmung
DIN 18 165-2	3.87	–; Dämmstoffe für die Trittschalldämmung
DIN 18 201	12.84	Toleranzen im Bauwesen; Begriffe, Grundsätze, Anwendung, Prüfung
DIN 18 202	5.86	–; Bauwerke
DIN 18 332	6.96	VOB Verdingungsordnung für Bauleistungen; Teil C: Allgemeine Technische Vertragsbedingungen für Bauleistungen (ATV); Naturwerksteinarbeiten
DIN 18 333	6.96	–; –; Betonwerksteinarbeiten
DIN 18 356	6.96	–; –; Parkettarbeiten
DIN 18 365	12.92	–; –; Bodenbelagarbeiten
DIN 18 560-1	5.92	Estriche im Bauwesen; Begriffe, Allgemeine Anforderungen, Prüfung
DIN 18 560-2	5.92	–; Estriche und Heizestriche auf Dämmschichten (schwimmende Estriche)
DIN 18 560-3	5.92	–; Verbundestriche
DIN 18 560-4	5.92	–; Estriche auf Trennschicht
DIN 18 560-7	5.92	–; Hochbeanspruchbare Estriche (Industrieestriche)
DIN 44 576-1	3.87	Elektrische Raumheizung; Fußboden-Speicherheizung; Gebrauchseigenschaften; Begriffe
DIN 44 576-2	3.87	–; –; –; Prüfungen
DIN 44 576-3	3.87	–; –; –; Anforderungen
DIN 44 576-4	3.87	–; –; –; Bemessung für Räume
DIN 59 753	5.80	Rohre aus Kupfer und Kupfer-Knetlegierungen für Kapillarlötverbindungen, nahtlosgezogen

11.5 Literatur

[1] Merkblatt: Keramische Fliesen und Platten, Naturwerkstein und Betonwerkstein auf beheizten zementgebundenen Fußbodenkonstruktionen. Stand 1995. Hrsg.: Zentralverband des Deutschen Baugewerbes, Bonn. Bezug: Verlagsgesellschaft Rudolf Müller, Köln

[2] Bautechnische Information: Fußbodenbeläge im Innenbereich – Naturwerkstein. Stand 1995. Hrsg.: Deutscher Naturwerksteinverband, Würzburg

[3] Merkblatt: Parkett auf Fußbodenheizung. Hrsg.: Arbeitsgemeinschaft Holz e.V., Düsseldorf

[4] Merkblatt: Elastische Bodenbeläge, textile Bodenbeläge und Parkett auf beheizten Fußbodenkonstruktionen. Stand 1981. Hrsg.: Zentralverband des Deutschen Baugewerbes, Bonn

[5] Merkblatt FH 4: Textile Bodenbeläge auf beheizten Böden. Stand 1991. Hrsg.: Deutsches Teppich-Forschungsinstitut, Aachen

[6] RWE Energie Bau-Handbuch. Hrsg.: RWE Energie Aktiengesellschaft, Bereich Anwendungstechnik, Essen. 11. Ausgabe

12 Installationsböden (Systemböden)

Die ständig zunehmende Technisierung in Büro- und Verwaltungsbauten, Forschungsinstituten, Rechenzentren usw. fordert eine flexible Versorgung der Arbeitsplätze mit Energie- und Informationsleitungen. Als Funktions- und Installationsträger bieten sich hierfür die Wand, die Decke und der Boden mit unterschiedlicher Zweckmäßigkeit an. So sollten Trennwände aufgrund ihrer Versetzungsmöglichkeit nicht für die haustechnische Versorgung von Büros herangezogen werden. Auch die abgehängte Unterdecke ist dafür weitgehend ungeeignet wegen ihrer schlechten Erreichbarkeit, der Verschmutzungs- und Beschädigungsgefahr bei mehrmaligem Öffnen sowie der umständlichen Leitungsführung zu den Tischgeräten hin. Für die relativ problemlose Versorgung von Arbeitsplätzen kommt somit vor allem ein durchgehender, möglichst leicht zugänglicher Bodenhohlraum in Frage. Hierfür bieten sich verschiedene Arten von Installationssystemen an, denen jeweils bestimmte Vor- und Nachteile zugeordnet werden können. Im wesentlichen unterscheidet man (Bild **12**.1 bis **12**.3)

— Unterflurkanalsysteme,

— Hohlraumbodensysteme,

— Doppelbodensysteme,

— Flachkabelsysteme.

12.1 Unterflurkanalsysteme (Estrichkanalsysteme)

Die herkömmliche Art, Büroarbeitsplätze mit den notwendigen technischen Medien aus dem Fußboden zu versorgen, stellen die Bodenkanäle (neben dem Fensterbankkanal) dar. Hierbei werden auf die Rohdecke im Baukastensystem – entweder parallel oder senkrecht zur Fassade verlaufende – Installationskanäle verlegt. Verbunden werden alle Teile durch querlaufende Verbindungskanäle und über Unterflurdosen an den Kreuzungspunkten. Bei den senkrecht zur Fassade verlaufenden Kanälen können Störungen aus den Nachbarräumen (horizontale Schallübertragung unter Trennwänden) eher vermieden und auch weiter im Rauminneren liegende Arbeitsplätze besser versorgt werden.

Wie in Bild **12**.1 dargestellt, werden im wesentlichen folgende Bauarten unterschieden:

— **Kanäle estrichbündig verlegt** (offenes System). Diese Kanäle sind von oben – wie beim Doppelboden – durchgehend in ihrer gesamten Länge und Breite zu öffnen. Sie ermöglichen eine schnelle Verkabelung und Nachinstallation sowie eine gute Ausnutzung des Kanalinnenraumes. Die Kanalabdeckung besteht üblicherweise aus feuerverzinktem Stahlblech mit Einbauöffnungen für fußbodenebene Geräteeinsätze (Steckdosen mit Klappdeckel) oder überstehende Zapfsäulen (Stolperstellen!). Je nach Bedarf werden Steinbelag, Parkett oder textile Beläge in bodenbündige Metallrahmen eingearbeitet. Die Mindestestrichdecke beträgt bei fußbodenüberragenden Zapfsäulen etwa 40 mm, bei fußbodenebenen Versorgungselementen mind. 70 mm.

— **Kanäle estrichüberdeckt verlegt** (geschlossenes System). Die allseitig geschlossenen Kanäle aus Stahlblech oder Kunststoff können entweder unmittelbar auf der Rohdecke angeordnet und in einem Estrich auf Trennschicht dreiseitig eingebettet oder unter einem schwimmenden Estrich auf Höhe der Dämmschicht(en) verlegt werden (Bild **12**.1b, c). Notwendige Aussparungen für Bodenauslässe werden durch eingelegte Styropor-Schalkörper im Estrichmörtel oder durch nachträgliches Anbohren der fertigen Estrichfläche geschaffen. Um dabei ein Verschmutzen des Bodenkanals durch Bohrmehl zu vermeiden, dürfen nur Bohrwerkzeuge mit Absaugvorrichtungen eingesetzt werden. Die Mindestestrichhöhe beträgt bei fußbodenüberragenden Zapfsäulen 60 mm, bei fußbodenebenen Versorgungselementen mind. 70 mm.

Bei den Unterflursystemen ist man streng an die vorgegebene Kanalführung gebunden (eingeschränkte Flexibilität). Dies führt dazu, in der Baupraxis ein möglichst enges Kanalnetz zu wählen, wodurch dann allerdings relativ hohe Investitionskosten entstehen. Das estrichbündige System zeichnet sich durch geringe Konstruktionshöhen aus und ist relativ preisgünstig. Als nachteilig wird das unterschiedliche Klangverhalten beim Begehen (Kanal-Verbundestrich) empfunden und das unter Umständen sich streifenförmige Abzeichnen der Kanalabdeckung bei textilen Bodenbelägen. Beim estrichüberdeckten System benötigt der meist zweilagig eingebrachte Estrich längere Trockenzeiten, wodurch der Bauablauf verzögert wird. Auch das Nachrüsten durch die Öffnungen der Unterflurdosen ist umständlicher und die Nutzungskapazität der Kanäle systembedingt begrenzt. Zu viele Zugdosen und Blinddeckel stören zudem das Bodenbild und verteuern das System.

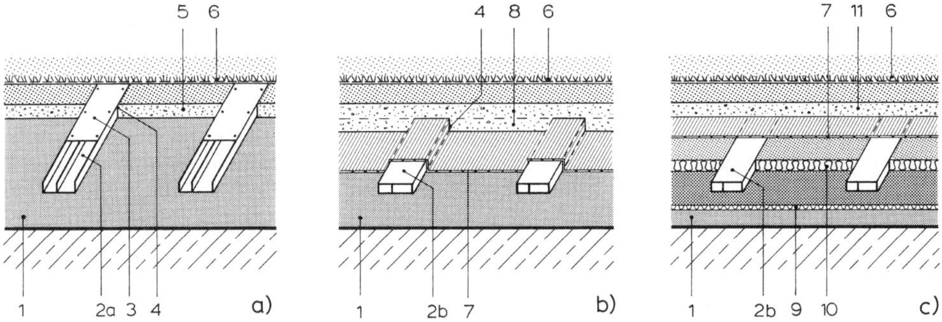

12.1 Schematische Darstellung von Unterflur-Kanalsystemen in verschiedenen Bauarten
a) Kanäle estrichbündig verlegt (offenes System) mit dazwischenliegendem Verbundestrich
b) Kanäle estrichüberdeckt verlegt (geschlossenes System) mit Estrich auf Trennschicht
c) Kanäle estrichüberdeckt verlegt (geschlossenes System) mit schwimmendem Estrich

1 tragender Untergrund
2 a von oben zu öffnender Kanal
2 b allseitig geschlossener Kanal
3 Kanalabdeckung, abnehmbar (3 mm Stahlblech)
4 elastischer Randstreifen
5 Verbundestrich
6 Textilbelag
7 Trennschicht (PE-Folie 0,1 mm)
8 zweilagiger Estrich
9 Trittschalldämmplatte
10 Dämmschicht
11 schwimmender Estrich

12.2 Hohlraumbodensysteme

Unter einem Hohlraumboden versteht man einen auf einer Gewölbestruktur verlegten Naßestrich, in dessen zusammenhängenden Hohlräumen Installationen aller Art richtungsfrei verlegt werden können. In den letzten Jahren kamen jedoch auch interessante Weiterentwicklungen in reiner Trockenbauweise auf den Markt. Aufgrund der niedrigen Bauhöhen, geringen Flächengewichte und kurzen Montagezeiten eignen sich diese Neuentwicklungen sowohl für die Ausrüstung von Altbauten wie Neubauten.

Wie in Bild **12.2** verdeutlicht, werden im wesentlichen folgende Konstruktionsarten unterschieden:

— **Hohlraumboden mit Folienschalung** (Naßverlegung). Der Installationsfreiraum ergibt sich unter einer auf der Rohdecke oder Dämmschicht ausgelegten, verlorenen PVC-Schalung mit bogenförmiger Gewölbestruktur. Diese tiefgezogene Folienschalung besteht aus 600 mm breiten Schalelementen, die an der Baustelle dicht miteinander verklebt und mit einem speziell aufbereiteten Anhydrit-Fließestrich ausgegossen werden. Der mit einer Mindestüberdeckung von 25 mm eingebrachte Estrich wird in großen Flächen fugenlos verlegt. Vgl. hierzu Abschn. 10.3.6, Anhydritestrich. Gewünschte Bodenöffnungen werden vor dem Einbringen des Estriches mit Styropor-Schalkörpern ausgespart, zusätzlich benötigte Auslässe nachträglich an jeder beliebigen Stelle des fertigen Estriches ausgebohrt. Die Verkabelung erfolgt mit flexiblen Kunststoffrohren, die durch den Hohlraum bis zum jeweiligen Zielort geschoben werden. Der Hohlraumboden eignet sich jedoch nicht nur für die Verlegung von Energie- und Informationsleitungen, sondern auch für die Belüftung und eventuelle Beheizung von Büroräumen (Ausbildung als Druckboden für Hypokaustenheizung mit regulierbaren Luftdurchlässen). Einzelheiten hierzu s. Abschn. 13.2.6.2, Kühldecke und Quellüftung.

— **Hohlraumböden mit selbsttragenden Formteilen** (kombinierte Trocken-/Naßverlegung). Das Grundelement dieses Hohlraumbodens bildet eine 600 x 600 mm große selbsttragende Formplatte, die werkseitig gefertigt wird. Sie besteht im einzelnen aus einer tiefgezogenen Kunststoffschale mit angeformten Füßchen, auf die eine 10 mm dicke, gelochte Gipsfaserplatte aufgelegt wird. Die sich dabei ergebenden Hohlräume werden mit Anhydrit-Fließmörtel ausgegossen, so daß ein monolithisch verbundenes Tragelement entsteht. Diese vorgefertigten Formplatten werden auf der Rohdecke oder einer Dämmschicht trocken verlegt, oberseitig mit einer sich überlappenden PE-Folie abgedeckt und darauf ein selbstnivellierender fugenloser Anhydrit-Fließestrich aufgebracht. Der Hohlraum bleibt an den wichtigsten Kreuzungspunkten über abnehmbare, fußbodenebene Abdeckplatten zugänglich; nachträglich gewünschte Bodenöffnungen können auch hier an jeder beliebigen Stelle ausgebohrt werden. Mit einem neuentwickelten Kabeleinzugsgerät lassen sich die Leitungen in jeder beliebigen Richtung einziehen. Auch diese Hohlraumböden können als Druckboden für Hypokaustenheizung ausgebildet und leichte Trennwände an jeder beliebigen Stelle aufgesetzt werden.

Im Vergleich zu den Estrichkanalsystemen ist der Hohlraumboden vor allem interessant wegen seiner richtungsfreien Verkabelungsmöglichkeit (höhere Flexibilität), seines größeren Installationsfreiraumes und des sich daraus ergebenden günstigen Kosten-Nutzen-Verhältnisses. Auch seine schalltechnischen Eigenschaften sind als günstig zu bezeichnen (sowohl

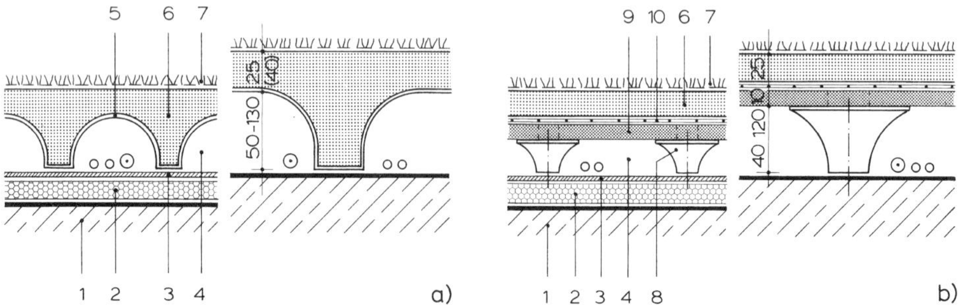

12.2 Schematische Darstellung von Hohlraumböden in verschiedenen Bauarten

a) Hohlraumboden mit Folienschalung und Anhydrit-Fließestrich (System Norina)

b) Hohlraumboden mit selbsttragenden Formteilen und Anhydrit-Fließestrich auf Trennschicht (System Goldbach

1 tragender Untergrund
2 Dämmschicht (nur bei Bedarf)
3 Stahlblechtafeln (0,1 mm dick)
4 Installationshohlraum
5 PVC-Folienschalung
6 Anhydrit-Fließestrich (mind. 25 mm)
7 Textilbelag
8 angeformte Füße, mit Anhydrit-Fließmörtel ausgegossen
9 aufgelegte Gipsfaserplatte (10 mm dick)
10 Trennschicht (PE-Folie 0,1 mm dick o. ä.)

in horizontaler wie vertikaler Richtung), so daß leichte Trennwände ohne zusätzliche Dämmaßnahmen an jeder beliebigen Stelle aufgestellt werden können. Vgl. hierzu Abschn. 12.3, Schallschutzanforderungen bei Doppel- und Hohlraumböden. Außerdem ist er rauchdicht und brandschutztechnisch in die Gruppe F 30 A bis F 90 A (mit Revisionsöffnungen in der Fläche) einzustufen. Hohlraumböden, die in Naßbauweise mit Anhydrit-Fließestrich erstellt werden, können zwar bereits nach 2 Tagen begangen und nach 5 Tagen belastet werden, ihre endgültige Belegreife erreichen sie aber erst nach 3 bis 4 Wochen Trockenzeit. Der zulässige Feuchtegehalt des Anhydritestriches muß bei dampfdichten Bodenbelägen 0,5%, bei allen übrigen Belägen mind. 1% betragen. Vgl. hierzu Tab. **10**.21 und Tab. **11**.9. Die Einbauhöhen liegen in der Regel zwischen 75 bis 170 mm, einschließlich 25 mm Estrichüberdeckung.

12.3 Doppelbodensysteme

Unter einem Doppelboden versteht man ein über einer Tragdecke aufgeständertes System von Einzelplatten, die an jeder beliebigen Stelle herausgenommen werden können, so daß überall ein direkter Zugang zu den im Hohlraum untergebrachten Installationen möglich ist. Arbeitsräume sind damit so flexibel zu gestalten, daß sie jederzeit neuen, funktionsgerechten Anforderungen angepaßt werden können. Dementsprechend werden Doppelböden in Büro- und Verwaltungsbereichen eingesetzt, vorwiegend aber auch überall dort, wo hohe Belastbarkeit gefordert ist, wie beispielsweise in Rechenzentren, Schalträumen, Labors und Fertigungsbetrieben (Bild **12**.3).

Auf dem Markt wird eine Vielzahl unterschiedlicher Systeme angeboten. Auf einige wichtige Merkmale, die einen Doppelboden auszeichnen, soll im folgenden kurz eingegangen werden. Ein Doppelboden besteht im wesentlichen aus

— Doppelbodenplatten, mit oder ohne Oberbelag,
— Doppelbodenstützen, für unterschiedliche Konstruktionshöhen,
— Doppelbodenrasterstäben, für tragende und/oder aussteifende und/oder dichtende Funktionen,
— Systemergänzenden Zubehörteilen. Einzelheiten hierzu s. [70] in Abschn. 10.

Doppelbodenplatten werden je nach Bedarf hinsichtlich ihrer Tragfähigkeit und ihres bauphysikalischen Verhaltens (feuchte-, schall-, brandschutztechnische Anforderungen) aus ganz verschiedenartigen Materialien hergestellt. So kommen zum Beispiel Platten zum Einsatz aus hochverdichtetem Holzwerkstoff (Holzspanplatten der Emissionsklasse E 1), faserverstärktem Mineralstoff (Gipsfaserplatten), tiefgezogenen Blechwannen mit einer Füllung aus nichtbrennbarem Anhydrit oder Leichtbeton sowie Ganzstahlplatten mit unterseitig angeschweißten Stahlrohrrahmen. Die Abmessungen betragen in der Regel 600 x 600 mm, Sonderformate sind möglich. Hinsichtlich ihrer Tragfähigkeit wird zwischen Punkt-, Streifen- und Flächenlast unterschieden. Die Ableitung der elektrischen Aufladung muß in jedem Fall gewährleistet sein; die Erdung erfolgt immer bauseits. Die erforderlichen Plattenausschnitte und Einbaugeräte können werkseitig oder während der Montage eingearbeitet werden.

Doppelbodenstützen zentrieren und fixieren die Doppelbodenplatten. Sie stellen die statisch stabile Verbindung und Lastübertragung zwischen dem Baukörper (Rohdecke) und den Bodenplatten her. Im Regelfall steht im vorgegebenen Raster, also üblicherweise alle 600 mm, eine Stütze, die mit dem tragenden Untergrund verklebt oder verdübelt wird. Überwiegend werden Rundrohrstützen aus Aluminium-Druckguß oder Stützen aus verzinktem Stahl (bei hohen Stabilitäts- und Brandschutzanforderungen) eingesetzt. Sie sind höhenverstellbar und haben auf ihrer Oberseite meist eine PVC-Auflage, die zur Ableitung elektrostatischer Aufladung und zur Schalldämmung dient. Für die notwendige horizontale Schubsicherheit sorgen eine Reihe überstehender Nocken, die in entsprechende Aussparungen in der Plattenunterseite greifen. Ineinandergehakt, bewirken sie die notwendige Selbstarretierung, so daß sich die Bodenplatten gegenüber der Unterkonstruktion nicht unzulässig verschieben können. Je nach Konstruktion und Ausführung liegen die Gesamthöhen zwischen 60 und 2000 mm, in Sonderfällen auch noch wesentlich darüber.

Doppelbodenrasterstäbe werden überall dort eingebaut, wo mit besonders hohen statischen und dynamischen Belastungen sowie mit größeren Spannweiten zu rechnen ist. Die hohe Tragfähigkeit bewirkt ein Trägerrost, dessen Längs- und Querrasterstäbe mit den Tragstützen verbunden sind. Stützenkopf und Profilstab sind so genau gefertigt und so präzise aufeinander abgestimmt, daß der Tragrost vor Ort nur noch zusammengesteckt wird. Die nachfolgenden Installationsarbeiten werden durch die einzeln herausnehmbaren Stahlprofilstäbe nicht behindert.

Systemergänzende Zubehörteile erhöhen den Gebrauchswert eines Doppelbodens ganz wesentlich. So ist bei den meisten Systemen der Einbau von Technotranten für Staubsauger- und Rauchmeldeanlagen, Feuerlöscheinrichtungen u. ä. möglich. Integriert werden können auch Fußbodenheizungen, Rampen, Treppen usw. Lufteinführung über den Doppelbodenhohlraum ist ebenfalls möglich, und zwar einmal über gelochte Bodenplatten (sog. Lüftungsplatten) oder über Dralldüsen/Zuluftdüsen. Bei der Lufteinführung über Lochplatten wird der Bodenhohlraum als Druckkammer ausgebildet und so ein Überdruck erzeugt. Hierdurch strömt die Zuluft durch regulierbare Bodenauslässe in den Raum. Vgl. hierzu Abschn. 13.2.6.2, Kühldecke und Quellüftung. Demgegenüber sind die Dralldüsen/Zuluftdüsen meist über Flexrohre (Schläuche) direkt mit Lüftungskanälen im Bodenhohlraum verbunden. Auch beim Einbau von Lüftungsplatten und anderer Technotranten ist die Austauschmöglichkeit und damit Flexibilität jederzeit gewährleistet.

Die Bodenbeläge werden in der Regel werkseitig auf die Doppelbodenplatten aufgebracht. Geeignet sind im wesentlichen textile und elastische Beläge, Keramik- und Natursteinplatten sowie Holzparkett. Alle Beläge müssen eine sog. „Doppelbodeneignung" aufweisen, die vom Doppelbodenhersteller zusammen mit dem Belaghersteller sicherzustellen ist. Je nach Einsatzbereich sind eine Reihe von Eignungskriterien zu erfüllen, wie zum Beispiel Verschleißwiderstand, Rollstuhleignung, Lichtechtheit, Eignung des Belagmusters, der Rückenausrüstung und Kantenfestigkeit im Schnittbereich. Dazu gehören auch der Nachweis der jeweiligen elektrostatischen Eigenschaften wie antistatische Ausrüstung des Belages, leitfähige Verlegung sowie der geforderte Erdableitwiderstand von der gesamten Doppelbodenkonstruktion. Textilbeläge (ohne Schaumrücken, keine Schlingenware) werden meist als Einzelfliesen, verklebt oder selbstliegend, aufgebracht. Doppelbodenplatten mit Hartbelägen weisen einen werkseitig angeformten Kantenschutz auf (PVC-Profil), wodurch die Belagkanten gegen Beschädigungen geschützt und das mühevolle Verfugen am Einsatzort überflüssig wird. Außerdem bleibt jede Platte aufnehmbar. Nach den VDE-Vorschriften dürfen bodenebene Anschlußdosen nur bei trockengepflegten Bodenbelägen (Textilbeläge) installiert werden, fußbodenüberragende Zapfsäulen auch in feuchtgepflegten Räumen.

Bauphysikalische Anforderungen

Brandschutzanforderungen an Doppelböden ergeben sich aus der DIN 4102. Danach sind je nach Bauaufgabe insbesondere zwei Kriterien zu berücksichtigen: die Baustoffklasse der Doppelbodenplatten und die Feuerwiderstandsklasse des Bauteiles. So wird zum Beispiel vom Verband der Sachversicherer für Räume mit hochwertiger Maschinenausrüstung der Einbau nichtbrennbarer Materialien (Baustoffklasse A) gefordert. In Hochhäusern müssen außerdem stets nichtbrennbare Doppelböden eingebaut werden. Für Fluchtwege fordern die Bauaufsichtsbehörden Doppelböden der Feuerwiderstandsklasse F 30. Den notwendigen Brandschutz im Installationshohlraum – zum Beispiel unter aufgesetzten Trennwänden – ergeben vertikal eingestellte, zweischalige Abschottungen aus Gipsfaser-Verbundplatten mit Mineralwollefüllung (Gesamtdicke bei F 30 mind. 100 mm).

Schallschutzanforderungen. Doppel- und Hohlraumböden verbessern sowohl die Luft- als auch die Trittschalldämmung von Geschoßdecken. Direkte Anforderungen für den (rechnerischen) Nachweis des Schallschutzes von Installationsböden sind in DIN 4109 jedoch nicht enthalten. Nach dieser Norm bestehen je nach Bauaufgabe nur Anforderungen an die komplette Deckenkonstruktion. Bei Installationsböden ist neben dem vertikalen Trittschallschutz vor allem auch die horizontale Schallängsdämmung von Bedeutung, da die Doppel- und Hohlraumböden oftmals unter umsetzbaren Trennwänden durchlaufen.

— Bei **Doppelböden** ist eine Verbesserung der vertikalen Trittschalldämmung im wesentlichen durch ein möglichst günstiges Verbesserungsmaß VM des Bodenbelages – beispielsweise durch textile Fußbodenbeläge – zu erreichen. Schalltechnische Maßnahmen an den Bodenstützen haben sich dagegen als wenig wirkungsvoll erwiesen. Für die horizontale Schalldämmung (Schallängsdämmung) ist neben dem Verbesserungsmaß VM des Bodenbelages und einem möglichst hohen Flächengewicht der Doppelbodenplatten auch noch der Einbau von elastischen Absorberschotts aus Mineralwolledämmstoff im Installationshohlraum von Bedeutung. Vgl. hierzu auch Abschn. 13.2.2.3, Absorberschotts.

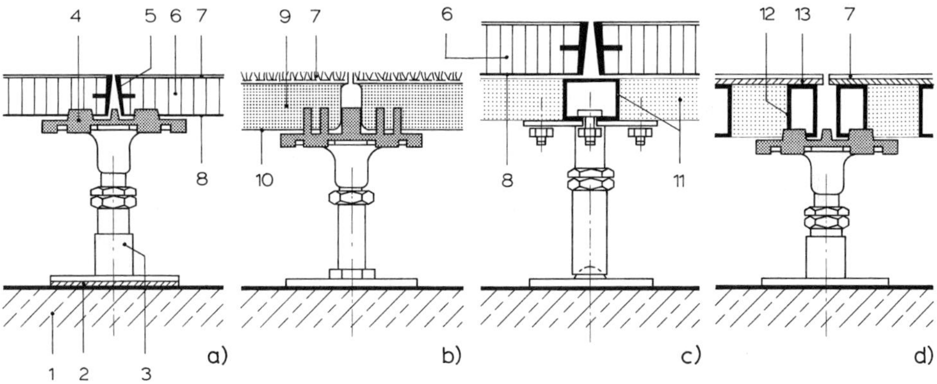

12.3 Schematische Darstellung von Doppelböden in verschiedenen Bauarten (System Mero)

a) höhenverstellbare Bodenstütze mit Doppelbodenplatten aus Holzwerkstoff
b) höhenverstellbare Bodenstütze mit Doppelbodenplatten aus tiefgezogener Blechwanne, gefüllt mit Anhydritmörtel
c) höhenverstellbare Bodenstütze mit Doppelbodenplatten aus Holzwerkstoff und selbsttragender Unterkonstruktion
d) höhenverstellbare Bodenstütze mit Doppelbodenplatten aus verschweißtem Stahlrohrrahmen und Deckblech

1 tragender Untergrund
2 Trittschalldämmung
3 höhenverstellbare Doppelbodenstütze
4 elektrisch leitende Schalldämmauflage
5 Umleimer/Kantenschutz aus Kunststoff o. ä.
6 Holzwerkstoffplatte (Spanplatte 38 mm dick)
7 Bodenbelag nach Bedarf
8 Alu-Feinbleche als Feuchtigkeitsschutz
9 Metallwanne mit Anhydrit gefüllt
10 tiefgezogene Metallwanne
11 Trägerrost aus herausnehmbaren Stahlprofilstäben
12 verschweißter Stahlrohrrahmen
13 Deckblech aus Stahl

— Auch bei den **Hohlraumböden** läßt sich die vertikale Trittschallübertragung am wirkungsvollsten durch ein günstiges Verbesserungsmaß VM des Bodenbelages beeinflussen. Als weitere Verbesserungsmaßnahmen bieten sich bei dieser Bodenkonstruktion das vollflächige Auflegen von Trittschalldämmplatten auf der Rohdecke unterhalb – sowie der Einbau eines schwimmenden Estriches oberhalb – des Systembodens an. Für die horizontale Schalldämmung (Schallängsdämmung) sind ebenfalls die schalldämmenden Eigenschaften des Bodenbelages, aber auch konstruktive Maßnahmen am Hohlraumboden selbst, wie zum Beispiel Trennfugen, Absorberschotts usw. von Bedeutung. Einzelheiten über den Trittschallschutz mit Installationsböden sind [70], [71] in Abschn. 10 zu entnehmen.

Im Vergleich mit den Estrichkanal- und Hohlraumbodensystemen zeichnen sich **Doppelböden** vor allem durch hohe Flexibilität und Belastbarkeit bei gleichzeitig direktem Zugang von oben zum Installationshohlraum aus. Die Montage der werkseitig vorgefertigten Einzelteile erfolgt in vollkommener Trockenbauweise, so daß der Doppelboden nach seiner Fertigstellung sofort zu benutzen ist. Im Gegensatz zu den beiden anderen Installationsbodensystemen fallen keine Baufeuchte und somit keine Wartezeiten an. Auch seine schall- und brandschutztechnischen Eigenschaften sowie das geringe Eigengewicht sind als günstig zu bezeichnen. Nachteilig können sich systembedingte Mängel wie das Wackeln oder Knarren sowie bei leichten Bodenplatten aus Spanplatten der sog. „Barackenbodeneffekt" bemerkbar machen. Probleme können auch auftreten bei der Schallängsdämmung unter umsetzbaren Trennwänden und bei der Trittschallübertragung. Der nachträgliche Einbau von Abschottungen oder Schalldämmeinlagen kann notwendig werden. Wesentlich höher als bei den anderen Systemböden sind allerdings die Investitionskosten. Da beim Doppelboden jedoch jede Stelle direkt erreichbar ist, fallen die laufenden Unkosten für Reparatur, Wartung und Umorganisation niedriger aus.

Kabelboden

Einen Kabelboden mit einer besonders geringen Bauhöhe zeigt Bild **12**.4. Grundlage dieses Doppelbodens bildet eine Noppenplatte mit den Abmessungen 780 x 1360 mm, deren nach oben gerichtete, fingerhutartig ausgebildete Noppen aus einem textilen Trevira-Gewirk bestehen, rückseitig mit Beton verfüllt.

Die verbleibenden Zwischenräume dienen der Aufnahme von Elektrokabeln u. ä. Diese werkseitig vorgefertigten Noppenplatten werden fest auf den Untergrund geklebt. Unmittelbar darauf aufgelegt wird eine Lastverteilungsschicht aus selbsthaftenden, 500 x 500 mm großen und 1,3 mm dicken Stahlblechtafeln. Lose verlegbare Teppichfliesen mit Schwerbeschichtung ergeben den Nutzbelag. Die notwendigen Öffnungen für Bodenauslässe werden nach Bedarf eingeschnitten.

Ein großer Vorteil dieses Doppelbodens ist seine geringe Bauhöhe von insgesamt nur 25 mm. Aufgrund dieser extrem niedrigen Einbauhöhe, seines relativ geringen Flächenge-

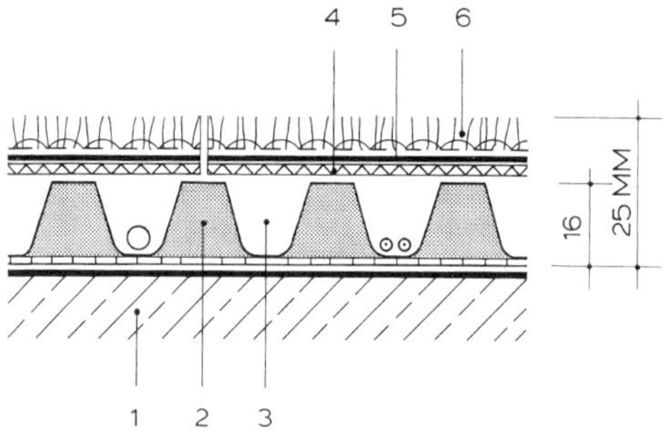

12.4
Schematische Darstellung eines Doppelbodens mit besonders geringer Bauhöhe (System Herforder Doppelboden). Der Kabelboden ist an jeder Stelle von oben zu öffnen.

1 tragender Untergrund
2 fingerhutartig ausgebildete Noppen aus Trevira-Gewirk, rückseitig gefüllt mit Beton
3 Installationshohlraum
4 Klebevlies, selbstklebend
5 Stahlblechplatten (1,3 mm dick)
6 Teppichfliesen, schwerbeschichtet

wichtes und der vollkommenen Trockenbauweise (keine Wartezeiten wie bei den herkömmlichen Hohlraumböden), eignet er sich nicht nur für die Ausrüstung von Neubauten mit geringen Raumhöhen (Arztpraxen, Ladenlokale), sondern insbesondere zum nachträglichen Einbau bei Altbauten. Der hochbelastbare Boden ist an jeder Stelle von oben zu öffnen, so daß Nachinstallationen problemlos vorgenommen werden können. Hinsichtlich seiner schalltechnischen (horizontale Schallübertragung) und brandschutztechnischen Eigenschaften (nur Baustoffklasse B 1) sind gewisse Einschränkungen zu beachten. Unabdingbare Voraussetzung für die schadensfreie Verlegung ist ein nahezu planebener Untergrund. Erhöhte Anforderungen an die Ebenheit der Verlegefläche gemäß DIN 18202 sind Tabelle **10**.2 zu entnehmen.

12.4 Flachkabelsysteme

Eine völlig neue Art der Stromzuführung, der Datenübertragung und der Übermittlung von Telefongesprächen ist mit dem sog. Flachleitersystem möglich. Die dabei verwendeten Kabel zeichnen sich durch besonders niedrige Höhen aus. So ist beispielsweise eine Datenleitung nur 2 mm hoch und 12 mm breit, ein Stromkabel hat eine Breite von 89 mm und eine Höhe von nur 0,86 mm, also weniger als 1 mm Höhe. Die Leitungen werden mit Klebeband auf dem Untergrund/Estrich befestigt; Richtungsänderungen erreicht man durch 90-Grad-Faltungen. Da die Kabel so flach sind, können sie unmittelbar unter einem Bodenbelag verlegt werden, und zwar am zweckmäßigsten unter Teppichfliesen. Da die SL-Fliesen lose verlegt werden, bleibt das Flachkabelsystem zugänglich für Umstellungen, Änderungen und Reparaturen. Die Schwerbeschichtung auf der Fliesenrückseite paßt sich dem Kabel derart an, daß sich keine Streifen oder Erhebungen an der Teppichoberseite abzeichnen. Der einzig sichtbare Teil sind die Zapfsäulen mit den entsprechenden Steckdosen. Die Installationskosten sind im Vergleich zu den konventionellen Systemen wesentlich niedriger. Die für derartige Kommunikationssysteme notwendigen behördlichen Zulassungen liegen vor.

13 Leichte Deckenbekleidungen und Unterdecken

Allgemeines

Deckenbekleidungen und abgehängte Unterdecken wurden früher in handwerklicher Einzelfertigung – meist aus Holz oder Putz – in relativ schwerer Ausführung und mit hohem Zeitaufwand auf der Baustelle hergestellt. Zu erwähnen sind vor allem die mit Rahmen und Füllung gefertigten Holz-Kassettendecken sowie die dünnschaligen Drahtputzdecken aus Rabitzkonstruktionen.[1])

Die heutige Bauweise ist vor allem durch den rasch fortschreitenden Industrialisierungsprozeß gekennzeichnet, der auch den gesamten Innenausbau umfaßt. Dementsprechend kommen im Unterdeckenbereich vorwiegend leichte, industriell vorgefertigte, in Trockenbauweise montierbare Deckensysteme zum Einsatz. Das Angebot reicht von der einfachsten, nur der Dekoration dienenden Bekleidung bis zu Deckensystemen, die gleichzeitig die unterschiedlichsten bauphysikalischen, baukonstruktiven und bautechnischen Funktionen sowie besondere gestalterische Aufgaben zu erfüllen haben. Die Vorteile des Trockenbaues im Unterdeckenbereich zeichnen sich insbesondere aus durch

- ein geringes Gewicht der Ausbauelemente und damit Entlastung der Tragkonstruktion,
- kurze Bauabwicklungszeiten infolge industrieller Vorfertigung und trockener Montage,
- flexible Raumnutzung bei Funktionstrennung von tragenden und nichttragenden Bauteilen,
- Erfüllung nahezu aller bauphysikalischer und bautechnischer Anforderungen,
- problemlose Integration von Beleuchtung und Klimatechnik im Deckenhohlraum,
- leichte Zugänglichkeit bei anfallenden Wartungsarbeiten und Nachinstallationen,
- besondere Eignung für die Modernisierung und Sanierung von Altbauten bei individueller Gestaltungsvielfalt der vorgefertigten Deckenelemente.

Mit Trockenbaukonstruktionen lassen sich Anforderungen an den Brand-, Schall-, Wärme- und Feuchteschutz erfüllen. Die Vorteile des Trockenbaues und damit des Leichtbaues werden vor allem im Objektbereich genutzt, während im Wohnungsbau (noch) weitgehend die traditionellen – massiven und nassen – Bautechniken das Baugeschehen bestimmen.

Mit dem Begriff Trockenbau wird ein Fertigungsprinzip (Fertigungsart) – nämlich das trockene Montieren werksmäßig vorgefertigter, aufeinander abgestimmter Bauteile, Bauelemente und Halbzeuge – bezeichnet. Dabei ist generell zu unterscheiden zwischen Bausystemen, deren einzelne Komponenten erst auf der Baustelle zu einem Ganzen zusammengefügt werden (Schalenbauweise) und werkseitig komplett hergestellten Konstruktionen, die vor Ort nur noch montiert werden müssen (Monoblockbauweise).

Voraussetzung für die serienmäßige Vorfertigung und Kombinierbarkeit industriell hergestellter Ausbauelemente sind umfassende Vereinbarungen über Maßordnungen, Toleranzen und Fügungsprinzipien (Maßkoordination). Bereits in der Planungsphase müssen Tragkonstruktion, Außenfassade, Haustechnik, Trennwände und abgehängte Unterdecken maßlich und konstruktiv aufeinander abgestimmt werden. Erst dadurch wird die Austauschbarkeit untereinander sowie ihre Verwendbarkeit in Bauwerken mit unterschiedlicher Zweckbestimmung erreicht. Die Elementierung von Deckenbekleidungen und Unterdecken hat zum Ziel, einen möglichst hohen Grad der Vorfertigung im Herstellerwerk zu erreichen – bei gleichzeitiger Reduzierung des Montageaufwandes am Einsatzort. Sonderelemente sind demnach möglichst zu vermeiden.

---

[1]) Benannt nach dem Berliner Maurermeister Karl Rabitz. Rabitzkonstruktionen werden heute überwiegend in der Denkmalpflege und bei komplizierten Gewölbekonstruktionen eingesetzt. Angaben über die Herstellung von „Hängenden Drahtputzdecken" nach DIN 4121 sind Abschn. 8.7.6.6 in Teil 2 dieses Werkes zu entnehmen.

13.1 Einteilung und Benennung: Überblick

a) Konstruktionsmaterial ist zugleich Oberflächenmaterial.
Sichtfläche z. B. aus:
- Sichtbeton (behandelt/unbehandelt)

b) Deckenkonstruktion mit fest verbundener Vorsatzschicht.
Sichtfläche z. B. aus:
- Putz, Putz mit Tapete
- Keramikplatten u. a. m.

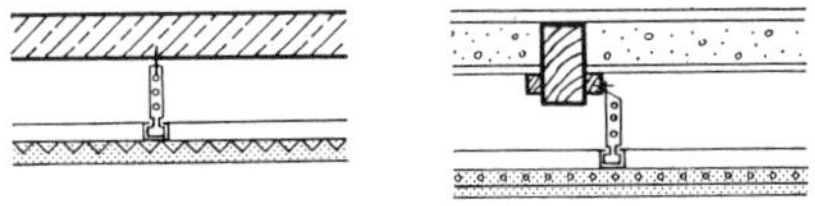

c) Hängende Drahtputzdecken nach DIN 4121 (vgl. Abschn. 8.7.6.6 in Teil 2 dieses Werkes)
Hinweis: Diese Decken werden von der Norm 18 168 „Leichte Deckenbekleidungen und Unterdecken" **nicht erfaßt!**

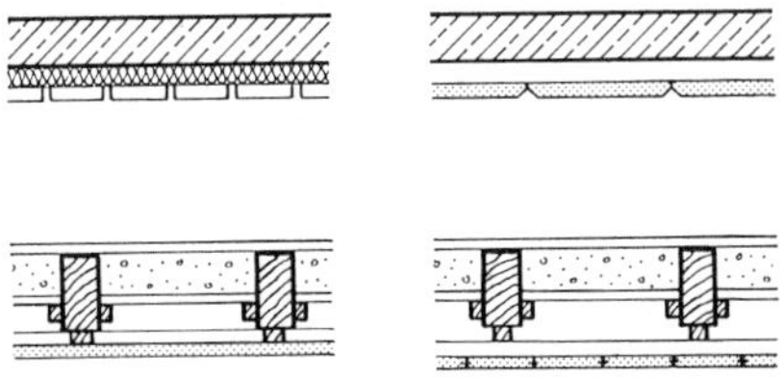

d) **Leichte Deckenbekleidungen** nach DIN 18 168:
Die Unterkonstruktion ist **unmittelbar** am tragenden Bauteil (z. B. Massivdecke, Holzbalkendecke) verankert.
Decklage z. B. aus:
- Holz und Holzwerkstoffen
- Gipskartonplatten
- Mineralfaserplatten u. a. m.

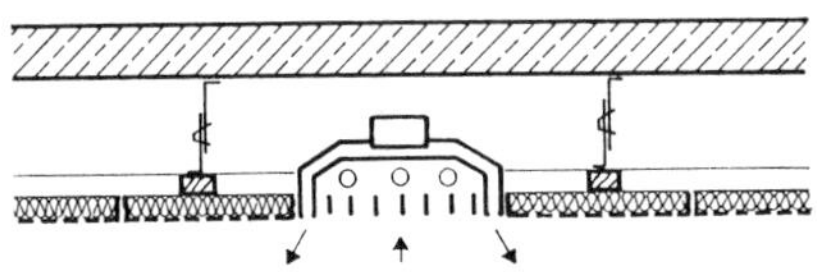

e) **Leichte Unterdecken** nach DIN 18 168:
Die Unterkonstruktion ist vom tragenden Bauteil **abgehängt**.
Decklage: ähnlich wie zuvor.
Vgl. hierzu auch Bild **13**.27 in Abschn. 13.5.

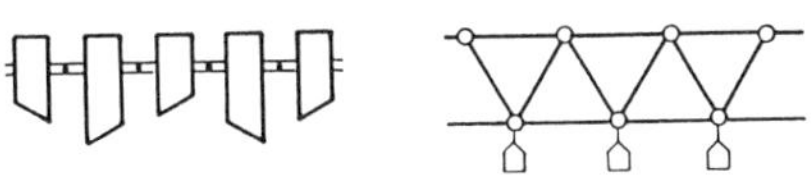

f) Sonderformdecken (bleiben im Rahmen dieser Abhandlung unberücksichtigt)

13.1 Einteilung nach konstruktionstechnischen Merkmalen

Leichte Deckenbekleidungen und Unterdecken sind nach DIN 18 168-1 ebene oder anders geformte Decken mit glatter oder gegliederter Fläche, die aus einer Unterkonstruktion und einer flächenbildenden Decklage bestehen.

Deckenbekleidungen sind über die Unterkonstruktion unmittelbar am tragenden Bauteil verankert (Bild **13.**1d).

Unterdecken weisen eine tragfähige Unterkonstruktion auf, die abgehängt am tragenden Bauteil befestigt ist (Bild **13.**1e).

Leichte Deckenbekleidungen und Unterdecken (max. Flächengewicht 50 kg/m²) bilden den oberen, sichtbaren Abschluß des Raumes. Sie besitzen keine wesentliche Tragfähigkeit. Zusätzliche schwere Einzellasten sind gesondert abzuhängen oder über eine verstärkte Unterkonstruktion aufzunehmen. Abgehängte leichte Unterdecken dürfen auch nicht unmittelbar betreten werden. Bei Bedarf sind besondere Laufstege vorzusehen.

13.2 Allgemeine Anforderungen

An leichte Deckenbekleidungen und Unterdecken werden vielfältige Anforderungen gestellt. Sie schließen sich teilweise gegenseitig aus, so daß je nach Aufgabenstellung abzuwägen ist, welchen Forderungen im Einzelfall der Vorrang zu geben ist. Auszugehen ist dabei meist von den vorgegebenen konstruktiven und baulichen Voraussetzungen sowie von der späteren Nutzungsart der jeweiligen Räumlichkeiten. Auf folgenden Gebieten können Anforderungen an Unterdecken gestellt werden:

— Raumgestaltung (innenräumliches Gesamtkonzept)
— Schallschutz (Schalldämmung und Raumakustik)
— Brandschutz (Brandverhalten von Baustoffen und Bauteilen)
— Wärmeschutz (bei angrenzenden Außenbauteilen und internen Wärmequellen)
— Geometrische und maßliche Abstimmung (Maßordnung, Modulordnung, Rastertypen)
— Integration von Klima-, Lüftungs-, Heizungs- und Beleuchtungstechnik
— Ausbildung und Beschaffenheit der Unterkonstruktion und tragenden Teile
— Anschlußmöglichkeiten von leichten, umsetzbaren Trennwänden
— Demontierbarkeit und Zugänglichkeit zum Deckenhohlraum
— Grad der industriellen Vorfertigung und Reduzierung des Montageaufwandes
— Material- und Sichtflächenbeschaffenheit der Decklage
— Recycelbarkeit, Wirtschaftlichkeit u. a. m.

13.2.1 Raumgestaltung

Bei der Festlegung einer Unterdecke sollten neben den zweckorientierten Überlegungen raumgestalterische Aspekte niemals unberücksichtigt bleiben. Im Hinblick auf die Deckengestaltung sind im einzelnen zu beachten:

- Innenarchitektonisches Gesamtkonzept (Absicht, Aufwand, Aussage)
- Nutzungszweck (Repräsentations- oder Zweckbau)
- Größe, Form und Zuschnitt der Räumlichkeiten
- Lage, Anordnung und Dimension der Raumöffnungen (Türen, Fenster, Oberlichter)
- Einfluß und Wirkung von Tageslicht und Kunstlicht
- Wechselwirkung von Deckenform, Deckenmaterial und Verarbeitungstechniken
- Ausbildung der Deckenanschlüsse an Wandflächen, Stützen, Deckendurchbrüche

- Anordnung der Deckenauslässe (Beleuchtungskörper, Luftdurchlässe) bei Beachtung der Deckengliederung
- Maßstäblichkeit durch geeignete Wahl von Rastermaß, Plattenformat, Fugenbreite sowie Oberflächenstruktur und Textur der Materialien in Relation zur Raumgröße
- Betonung oder Korrektur der Raumdimensionen bzw. Raumproportionen und damit des Raumeindruckes durch entsprechende Materialwahl und/oder Farbgebung.

Bei anspruchsvollen Innenausbauobjekten sollte immer ein Deckenplan (Deckenuntersicht) erstellt werden, in dem die wichtigsten Funktionsträger wie Deckeneinbauleuchten, Luftdurchlässe, Sprinklerköpfe usw. und alle raumhohen Einbauten wie Trennwände, Einbauschränke, Wandbekleidungen sowie die raumbegrenzenden Bauteile und Deckendurchbrüche (z. B. Treppenöffnungen) festgehalten sind.

13.2.2 Schallschutz mit leichten Unterdecken

Beim Schallschutz ist grundsätzlich zu unterscheiden zwischen Maßnahmen der Schalldämmung und der Schallabsorption. Schalldämmung beinhaltet die Minderung der Schallübertragung zwischen benachbarten Räumen. Je nach Art der Schwingungsanregung der Bauteile unterscheidet man zwischen Luftschalldämmung und Körperschalldämmung. Schallabsorption bedeutet Minderung des Schalles (Schallausbreitung) im Raum selbst. Beide Maßnahmen müssen getrennt voneinander betrachtet werden.

Schallenergie, die von einer Schallquelle ausgestrahlt wird, kann von der Begrenzungsfläche des Raumes ungeschwächt reflektiert (bei harten und glatten Oberflächen) oder mehr oder weniger absorbiert werden (bei weichen und porösen Oberflächen). Eine Verminderung bzw. Verhinderung der Reflexion (z. B. durch Schallschluckmaßnahmen im Unterdeckenbereich) führt zwangsläufig auch zu einer Verringerung des Schallpegels. Infolgedessen beeinflussen leichte Deckenbekleidungen und Unterdecken je nach Ausführungsart die

- Raumakustik (z. B. durch Schallabsorption, auch Schallschluckung genannt),
- Schalldämmung (z. B. durch Minderung der vertikalen Schallübertragung bei Geschoßdecken),
- Schall-Längsdämmung (z. B. durch Minderung der horizontalen Schallübertragung entlang des Deckenhohlraumes).

13.2.2.1 Schallabsorption

Schallabsorbierende Unterdecken dienen je nach Zweckbestimmung des Raumes der Senkung des Lärmpegels oder der Regulierung der Nachhallzeit. Daraus ergibt sich:

Lärmpegelsenkung. Eine gleichmäßige Lärmpegelsenkung ist insbesondere in Büroräumen, Industriebetrieben, Kaufhäusern, Schalterhallen, Turnhallen usw. erwünscht. Um eine Lärmminderung zu erreichen, sind möglichst große Absorptionsflächen mit möglichst hohem Schallabsorptionsvermögen im Raum anzubringen.

Optimale Nachhallzeit. Im Gegensatz dazu stehen die Forderungen bei Unterrichtsräumen, Vortragssälen usw. Hier ist eine optimale Wahrnehmung von Sprache und Musik an jeder Stelle des Zuhörerraumes zu gewährleisten. Dabei kommt es nicht darauf an, möglichst viel Schallabsorptionsmaterial im Raum unterzubringen, sondern das richtige Material in der richtigen Menge an der richtigen Stelle einzuplanen [1].

Weitere Angaben s. DIN 18041, Hörsamkeit in kleinen bis mittelgroßen Räumen sowie Abschn. 15.6.3.

Das Schallabsorptionsvermögen einer abgehängten Unterdecke (Akustikdecke) wird im wesentlichen bestimmt von

- der Beschaffenheit des Schallschluckmateriales (Dicke, Rohdichte, Oberflächenstruktur, Strömungswiderstand),
- dem wirksamen freien Querschnitt der Deckenschale (Perforationsgrad, Lochung, Fugenanteil),
- der Abhängehöhe (Abstand der Unterdecke zur Rohdecke),
- der Formgebung der Decke und der Deckenkonstruktion.

13.2.2.2 Schalldämmung

Die luft- und trittschalltechnischen Anforderungen einer Geschoßdecke werden in der Regel von einem möglichst hohen Flächengewicht der Rohdecke und der darauf aufgebrachten Deckenauflage (z. B. schwimmender Estrich mit Bodenbelag) ausreichend erfüllt. Eine weitere Verbesserung läßt sich – vor allem bei leichten Rohdecken (mit geringer flächenbezogener Masse) oder bei Massivdecken mit Verbundestrich (z. B. in Skelettbauten mit umsetzbaren Trennwänden) – erreichen, wenn auf ihrer Unterseite eine biegeweiche Schale in Form einer Unterdecke angebracht wird.

Massivdecken. Bei Massivdecken wird der Schallschutz mit abgehängten Unterdecken jedoch nur verbessert, wenn die Unterdecke selbst bestimmte konstruktive Voraussetzungen erfüllt. Neben den in Abschn. 10.3.3 genannten allgemeinen Maßnahmen zur Schalldämmung von Massivdecken müssen Unterdecken im besonderen

- eine möglichst große flächenbezogene Masse aufweisen (Flächengewicht der Deckenplatten mind. 5 kg/m², besser 20 kg/m²),
- aus biegeweichen Platten bestehen (beispielsweise aus zwei dünnen Gipskartonplatten 2 x 12,5 mm, anstelle einer dicken Decklage),
- flächendicht und fugendicht ausgebildet sein (möglichst dichte und elastische Randanschlüsse an allen angrenzenden Bauteilen),
- Befestigungsstellen in einem Mindestabstand von ≥ 500 mm aufweisen (Bild **10**.9),
- möglichst geringe Berührungsflächen mit der Rohdecke haben (punktförmig und federnd, keine starre Verbindung zwischen tragendem Bauteil und Deckenschale),
- möglichst großen Schalenabstand von der Rohdecke aufweisen (mind. 50 mm, besser 200 mm und mehr),
- eine horizontale schallabsorbierende Dämmstoffauflage im Deckenhohlraum – oberhalb der Decklage – bekommen (mind. 50 mm, besser 100 mm je nach Anforderung).

Holzbalkendecken. Auch bei Holzbalkendecken kann der erforderliche Schallschutz durch einen entsprechenden Fußbodenaufbau (Deckenauflage) und eine geeignete Bekleidung an der Deckenunterseite erreicht werden. Während die schallschutztechnische Verbesserung auf der Deckenoberseite vor allem auf einer Erhöhung des Flächengewichtes der Deckenauflage beruht, hängt sie im Bereich der Unterdeckenschale im wesentlichen ab von der Art der Befestigung der Bekleidung (Unterkonstruktion) an der Balkenlage, von der Hohlraumdämpfung und der Art der Ausbildung der Sichtdeckenplatten (Decklage). Neben den in Abschn. 10.3.3.3 genannten allgemeinen Maßnahmen zur Schalldämmung von Holzbalkendecken sind schallschutztechnische Verbesserungen auf der Deckenunterseite zu erreichen durch

- Trennung von Balken und Unterdecke durch federnde Deckenabhängungen (mit Federbügel, Federschienen oder elastischer Abhängung) Bild **10**.11,
- wannenförmige Auskleidung des Deckenhohlraumes zwischen den Balken mit mind. 50 mm, besser 100 mm dicken schallabsorbierenden Dämmstoffmatten (Hohlraumdämpfung) Bild **10**.12,
- Erhöhung des Flächengewichtes der unteren biegeweichen Deckenschale (Aufdoppelung einer zweiten Gipskartonplatte 2 x 12,5 mm, Putz auf Putzträgerplatte o. ä.).

Flankenübertragung. Häufig wird die schalldämmende Wirksamkeit der Unterdecke – bei Massiv- und Holzbalkendecken – durch Schallübertragung längs angrenzender Bauteile (Flankenübertragung), als auch durch Luftschallübertragung über Undichtigkeiten im Unterdeckenbereich (Nebenwegübertragung) beeinträchtigt. Dementsprechend müssen die seitlichen Wände entweder genügend schwer sein oder in geeigneter Weise zweischalig ausgebildet werden, beispielsweise durch Anbringen biegeweicher Vorsatzschalen aus Gipskartonplatten mit Mineralfaserauflage (MF-Verbundplatten). Auf die Spezialliteratur [2] wird verwiesen.

13.2.2.3 Schall-Längsdämmung

Unterdecken als flankierende Bauteile über Trennwänden

Die Probleme der Schall-Längsleitung oberhalb und unterhalb von umsetzbaren Trennwänden – im Decken- und Fußbodenbereich – sind in Abschn. 14.3.3.1 im Gesamtzusammenhang aufgezeigt.

Konstruktionsbeispiele. An dieser Stelle soll auf die konstruktive Ausbildung der Anschlüsse von abgehängten Unterdecken mit nichttragenden Trennwänden im Zusammenhang mit der Schall-Längsdämmung im Deckenhohlraum näher eingegangen werden (Konstruktionsbeispiele aus dem Skelettbau). Die jeweils dazugehörenden Rechenwerte (bewertete Schall-Längsdämm-Maße von Unterdecken) sind Beiblatt 1 zu DIN 4109 zu entnehmen.

Im Unterdeckenbereich erfolgt die Luftschallübertragung hauptsächlich über den Deckenhohlraum und die Unterdeckenplatten. Bei der Planung sind im einzelnen zu berücksichtigen:

— Abhängehöhe (Hohlraumhöhe),
— Hohlraumdämpfung (horizontale Dämmstoffauflage),
— schalleitende oder schalldämpfende Eigenschaft der Unterdeckenplatten,
— Dichtheit der Anschlußfugen.

Unterdecken ohne Abschottung im Deckenhohlraum. Die Schallschutznorm nennt Unterdecken mit und ohne Hohlraumabschottung und unterscheidet schallschutztechnisch zwischen Decken mit geschlossenen und gegliederten Decklagenflächen.

Unterdecken mit geschlossener Fläche werden vorwiegend mit Gipskarton-Bauplatten (DIN 18180) bzw. Gipsfaserplatten hergestellt. Bild **13**.2a zeigt eine Unterdecke aus Gipskartonplatten, deren Decklage zwar insgesamt durchläuft, im Anschlußbereich der Trennwand jedoch durch eine Fuge getrennt ist. Durch diese Trennfuge kann eine Verbesserung der Schall-Längsdämmung im Vergleich mit einer vollflächig durchlaufenden Deckenbeplankung erreicht werden. Noch höhere Schall-Längsdämmwerte ergeben sich, wenn die Decklage durch eine eingeschobene Trennwand in voller Breite unterbrochen wird (Bild **13**.2b). Auf eine sorgfältige, beidseitige Randabdichtung ist dabei zu achten.

Bei Unterdecken mit gegliederter Fläche handelt es sich im allgemeinen um sog. Bandrasterdecken, deren Decklage vorwiegend aus Mineralfaser-Deckenplatten, Leichtspan-Akustikplatten, Metall-Deckenplatten oder ähnlichem besteht. Bild **13**.3a zeigt eine Unterdecke mit Mineralfaser-Deckenplatten in Einlagemontage und dichtem Anschluß an das Bandraster-Deckenprofil. Besteht die Decklage aus perforierten Metall-Deckenplatten, so sind diese zum Zwecke der Schallabsorption mit Dämmstoff zu hinterlegen (Bild **13**.3b). Zur Verbesserung der vertikalen Schalldämmwerte und des Brandschutzes ist bei Bedarf zusätzlich noch eine schwere Abdeckung in Form von Gipskartonplatten o. ä. aufzubringen. Vgl. hierzu Abschn. 13.5.3.3.

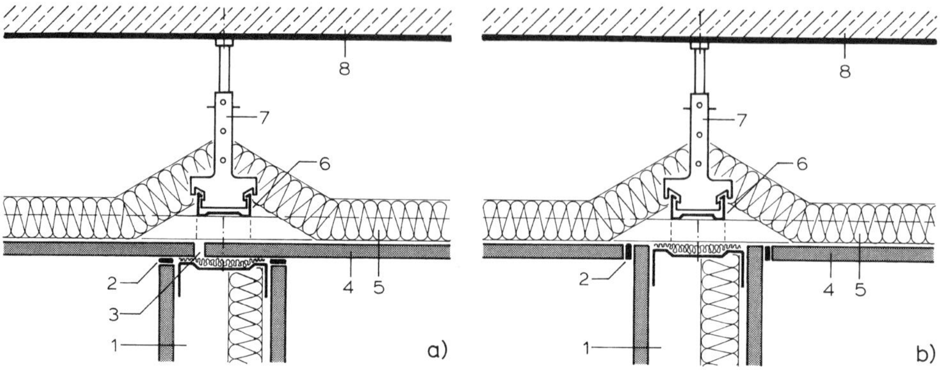

13.2 Konstruktionsbeispiele: Trennwandanschlüsse an Unterdecken mit geschlossener Fläche und horizontaler Dämmstoffauflage

a) Decklage im Anschlußbereich der Trennwand durch eine Fuge getrennt
b) Decklage im Anschlußbereich der Trennwand in voller Breite unterbrochen

1 Trennwand mit Hohlraumdämmung und Gipskarton-Wandschalen
2 elastische Anschlußdichtung
3 Fuge in der Decklage
4 Gipskartonplatten
5 Faserdämmstoff nach DIN 18 165
6 Unterkonstruktion aus Stahlblech-Profilen
7 Abhänger
8 Massivdecke

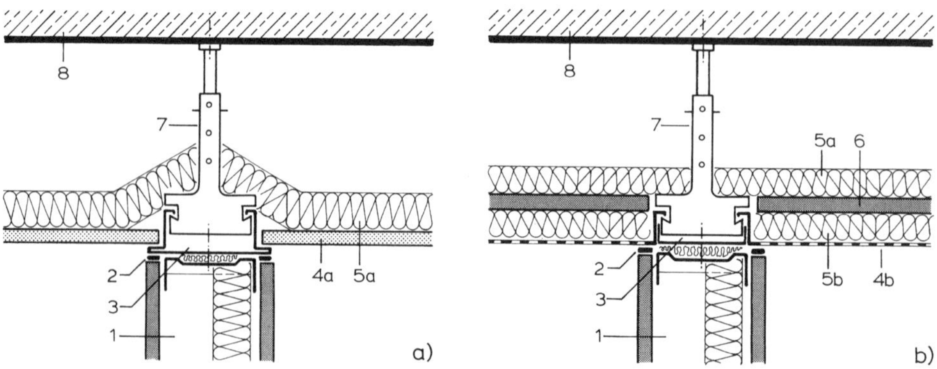

13.3 Konstruktionsbeispiele: Trennwandanschlüsse an Unterdecken mit gegliederter Fläche (Bandrasterprofile) und horizontaler Dämmstoffauflage

a) Unterdecke aus Mineralfaser-Deckenplatten in Einlegemontage
b) Unterdecke aus perforierten Metallkassetten in Einlegemontage

1 Trennwand mit Hohlraumdämmung und biegeweichen Wandschalen
2 elastische Anschlußdichtung
3 Bandrasterprofil
4a Mineralfaser-Deckenplatten
4b perforierte Metallkassetten
5a horizontale Faserdämmstoffauflage
5b abgepaßte Dämmstoffauflage
6 Schwereauflage aus Gipskartonplatten bei erhöhten schall- bzw. brandschutztechnischen Anforderungen
7 Abhänger
8 Massivdecke

Unterdecken mit Abschottung im Deckenhohlraum. Die horizontale Schallübertragung zwischen benachbarten Räumen kann auch durch eine vertikale Abschottung des Deckenhohlraumes über den Trennwänden weitgehend unterbunden werden.

Abschottung durch Plattenschott. Bei dem in Bild **13**.4a gezeigten starren Plattenschott aus Gipskartonplatten ist vor allem auf eine dichte Ausbildung der Anschlüsse an tragenden Bauteilen, Rohrdurchführungen usw. zu achten. Durch Undichtigkeiten verringern sich die Dämmwerte erheblich. Einzelheiten s. Abschn. 14.3.3.1.

Abschottung durch Absorberschott. Beim Absorberschott wird der Deckenhohlraum über dem Trennwandanschluß bis zur Massivdecke mit fertigen Kissen aus Faserdämmstoff dicht ausgestopft (Bild **13**.4b). Mit zunehmender Breite des elastischen Schotts verbessern sich die Dämmwerte. Einzelheiten s. Abschn. 14.3.3.1.

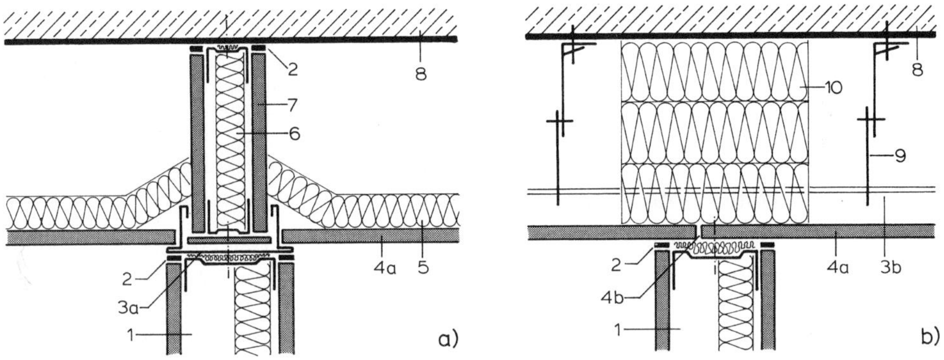

13.4 Konstruktionsbeispiele: Unterdecken mit vertikaler Abschottung des Deckenhohlraumes
a) Plattenschott
b) Absorberschott

1 Trennwand mit Hohlraumdämmung und biegeweichen Wandschalen
2 elastische Anschlußdichtung
3a Bandrasterprofil
3b Unterkonstruktion (Tragschiene)
4a Mineralfaserplatten, Gipskartonplatten
4b Fuge in der Decklage
5 horizontale Faserdämmstoffauflage zur Hohlraumdämpfung
6 Faserdämmstoff mind. 40 mm dick
7 Plattenschott aus Gipskartonplatten
8 Massivdecke
9 Ahänger
10 Absorberschott aus Faserdämmstoff

Dämmstoffe im Zwischendeckenbereich

Schallabsorbierende Mineralwolle-Dämmstoffe. Als Dämmstoffauflage im Unterdeckenbereich werden vorwiegend Mineralfaserplatten bzw. -matten eingesetzt. Mineralwolle (zukünftige Bezeichnung) besteht aus künstlichen Mineralfasern, die aus Glas-, Stein- oder Schlackenschmelze hergestellt und durch Kunstharz gebunden sind. Mineralwolle-Dämmstoffe sind schallabsorbierend, nichtbrennbar, fäulnisfest und alterungsbeständig sowie sehr wasserdampfdurchlässig. Sie sind jedoch nicht recycelbar und müssen deponiert werden.

Die gesundheitliche Bewertung künstlicher Mineralwolle-Dämmstoffe erfolgt nach der Technischen Regel für Gefahrstoffe (TRGS 905). Danach müssen entweder der **KI-Index** (Kanzerogenitätsindex, der vor allem die Biolöslichkeit der jeweiligen Faser angibt: KI $\leq$ 30 krebserzeugend, KI > 30 und < 40 krebsverdächtig, KI $\geq$ 40 frei von Krebsverdacht) **nachweislich größer als KI-40 sein** oder ersatzweise entsprechende Löslichkeitsnachweise erbracht werden. Seit 1995 werden Mineralwolle-Dämmstoffe angeboten, deren Fasern nach dem heutigen Kenntnisstand nicht krebserzeugend sind. Ältere Produkte, die bisher gebräuchliche Mineralwollefasern enthalten und für die keine konkreten Nachweise der Unbedenklichkeit erbracht werden können, sind nach der TRGS 905 als krebserzeugend zu bewerten. Aus Gründen der Prävention sind in diesen Fällen (beispielsweise beim Entfernen von Faserdämmstoffen im Zuge der Altbausanierung) entsprechende Arbeitsschutzmaßnahmen [3] unbedingt einzuhalten.

Um zu verhindern, daß lose Mineralfasern in den Raum gelangen können, werden von einigen Unterdeckenherstellern die Dämmstoffplatten in akustisch wirksame Folien eingeschweißt bzw. akustisch wirksame Faservliese auf perforierte Decklagenelemente rückseitig aufgelegt (Rieselschutz).

Weichschaumstoff auf Melaminharzbasis. Die anhaltende Diskussion über mögliche gesundheitliche Auswirkungen bei der Nutzung künstlicher Mineralfasern im Bauwesen führte zur Entwicklung eines neuartigen Weichschaumstoffes auf Melaminharzbasis mit mineralischer Imprägnierung. Dieser offenporige schallabsorbierende Schaumstoff ist frei von Mineralfasern, Halogen und FCKW, lieferbar in den Baustoffklassen B 1 und A 2 (nichtbrennbar) nach DIN 4102 und weichelastisch eingestellt, so daß er ohne Rieselschutz paßgenau in gelochte Deckenkassetten eingelegt werden kann. Weichschaumstoffe auf Melaminharzbasis werden vor allem für Schallabsorptionsaufgaben eingesetzt, sie weisen aber auch gute Wärmedämmeigenschaften auf. Die noch nicht abgeschlossene Entwicklung auf diesem Gebiet wird auch zukünftig mit besonderem Interesse zu verfolgen sein.

Dämmstoffe aus natürlichen Fasern. Verstärkt angeboten, jedoch (noch) mit geringen Marktanteilen, werden auch sog. alternative Dämmstoffe aus nachwachsenden Rohstoffen und tierischen Produkten. Dazu gehören beispielsweise Dämmstoffe aus Holzfasern, Zellulosefasern, Kokosfasern, Baumwolle, Schafwolle usw. Abhängig vom jeweiligen Material erhalten diese Dämmstoffe zum Schutz vor Schimmel, Schädlingsbefall und leichter Entflammbarkeit (Baustoffklasse B2, normalentflammbar) entsprechende Zusätze, meist Borsalze. Diese Borverbindungen sind aus gesundheitlichen Gründen umstritten [4]. Bei der Be- und Verarbeitung natürlicher Dämmstoffe werden ebenfalls Staub und Fasern freigesetzt, über deren gesundheitlichen Auswirkungen noch keine gesicherten Erkenntnisse vorliegen. Entsprechende Arbeitsschutzmaßnahmen sind vorsorglich einzuplanen.

13.2.3 Brandschutz mit leichten Unterdecken

Brandschutz im Hochbau soll als vorbeugende Maßnahme die Entstehung und Ausbreitung von Schadensfeuern verhindern. Als technische Baubestimmung konkretisiert DIN 4102 die einzelnen brandschutztechnischen Begriffe, die in den baurechtlichen Vorschriften (z. B. Musterbauordnung, Landesbauordnungen, Rechtsverordnungen und Richtlinien) Verwendung finden. Diese Norm enthält ferner die Bedingungen für die Einteilung der Baustoffe nach ihrem Brandverhalten und deren Bezeichnung sowie die Prüfbedingungen für Bauteile und deren Einstufung in Feuerwiderstandsklassen. Einzelheiten hierzu s. Abschn. 15.7, Baulicher Brandschutz.

Baustoffe werden in DIN 4102-1 nach ihrem Brandverhalten in Baustoffklassen eingeteilt: Baustoffklasse A (nichtbrennbar), Baustoffklasse B (brennbar) mit weiteren Untergliederungen (B 1 schwerentflammbar, B 2 normalentflammbar), die Abschn. 15.7.2 im einzelnen entnommen werden können.

Bauteile werden in DIN 4102-2 entsprechend ihrer Feuerwiderstandsdauer in Feuerwiderstandsklassen eingestuft (F 30 bis F 180). Vorangestellte Buchstaben kennzeichnen die Bauteilart (**F** für Wände, Decken usw.), nachgestellte Buchstaben weisen auf die Brennbarkeit der für das jeweilige Bauteil verwendeten Baustoffe hin: A – AB – B.

Klassifizierte Bauteile. Gebräuchliche Bauteile und Konstruktionen – deren Brandverhalten durch Normbrandprüfungen nachgewiesen und bekannt ist und die daher ohne besonderen Nachweis unter den angegebenen Voraussetzungen eingesetzt werden dürfen – sind in DIN 4102 **Teil 4** zusammengestellt und klassifiziert (geregelte Bauprodukte). Ihre Anwendung ist im Rahmen bestimmter bauaufsichtlicher Anforderungen ohne weitere Prüfung des Brandverhaltens möglich.

Unterdecken bzw. Deckenbekleidungen haben bezüglich des baulichen Brandschutzes vor allem zwei Forderungen zu erfüllen:

- Unterdecken sollen so beschaffen sein, daß ein entstandener Brand sich nicht unkontrolliert – beispielsweise horizontal – auf dem Wege über den oberen Raumabschluß (Decklage bzw. Deckenhohlraum) ausbreiten kann.
- Unterdecken sollen außerdem die jeweils darüberliegende Tragdecke vor zu intensiver Brandbeanspruchung von unten schützen, so daß ein Übergreifen des Brandes in das darüberliegende Geschoß verhindert oder so lange wie möglich verzögert wird. Diese Aufgabe übernimmt in der Regel die jeweilige Gesamtkonstruktion, bestehend aus Tragdecke und Unterdecke. Im Normalfall geht man dabei immer von einer Brandbeanspruchung von **unten,** d.h. von der Raumseite der Unterdecke aus.

Tabelle **13.5** Decken der Bauarten I bis III mit Unterdecken aus Gipskarton-Feuerschutzplatten (GKF) DIN 18180 mit geschlossener Fläche (Maße in mm)

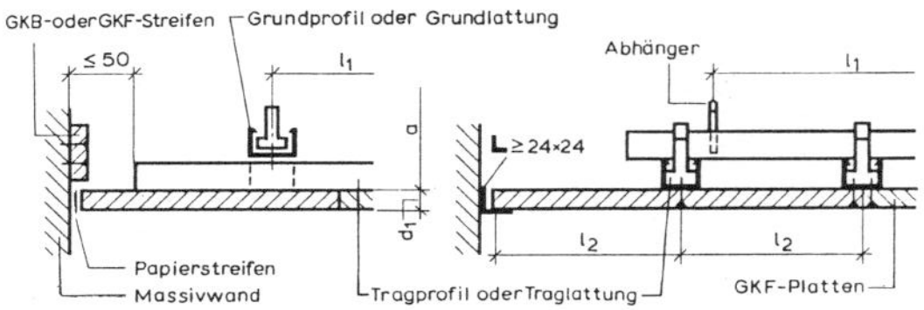

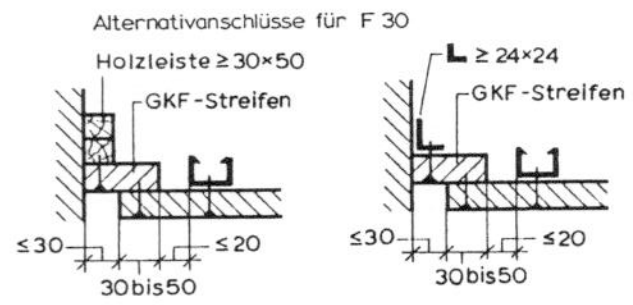

Zeile	Konstruktionsmerkmale und Bauart nach Abschn. 6.5.1, DIN 4102-4		Im Zwischendeckenbereich ist eine Dämmschicht	Mindest-deckendicke d	Mindest-abstand (Abhängehöhe) a	Max. Spannweite der Grund- und Traglattung bzw. Grund- und Tragprofile l_1	Max. Spannweite der GKF-Platten l_2	Mindest-GKF-Plattendicke bei Verwendung von Grund- und Traglatten aus Holz d_1	Mindest-GKF-Plattendicke bei Verwendung von Grund- und Tragprofilen aus Stahlblech d_1	Feuerwiderstandsklasse Benennung
1	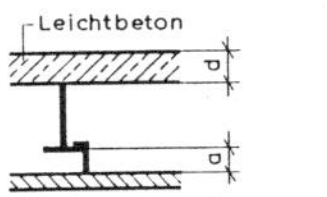	I	vorhanden oder nicht vorhanden	50	40	1000	500	15		F 30-AB
2	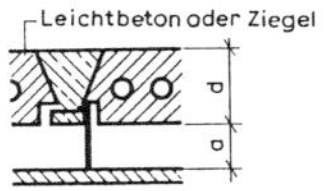			50	40	1000	500		15	F 30-A
3	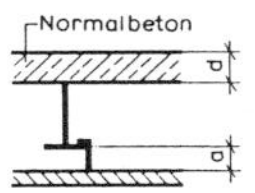	II	vorhanden	Bemessung entsprechend den Angaben der Zeilen 1 und 2						
4			nicht vorhanden	50	40	1000	500	12,5		F 30-AB
5				50	40	1000	500		12,5	F 30-A
6		III	vorhanden	Bemessung entsprechend den Angaben der Zeilen 1 und 2						
7	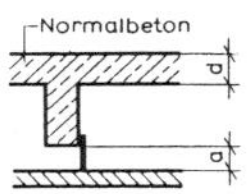		nicht vorhanden	50	40	1000	500	12,5		F 30-AB
8				50	40	1000	500		12,5	F 30-A
9				50	80	1000	500	2 x 12,5		F 60-AB
10				50	80	1000	500		12,5	F 60-A
11				50	80	1000	500		15	F 90-A
12				50	80	1000	400		18	F 120-A

Generell können Tragdecken bzw. Unterdecken folgenden Arten der Brandbeanspruchung ausgesetzt sein:
— Brandbeanspruchung von unten (untere Raumseite),
— Brandbeanspruchung von oben aus dem darüberliegenden Raum (obere Raumseite),
— Brandbeanspruchung von oben aus dem Zwischendeckenbereich,
— Brandbeanspruchungskombinationen von oben und unten. Die Brandbeanspruchung erfolgt im Brandfalle nur von einer Seite – nie gleichzeitig.

Deckenkonstruktionen (Tragdecken), die **allein** einer Feuerwiderstandsklasse angehören:

Tragdecke selbständig. Derartige raumabschließende Geschoßdecken (Tragdecken) weisen schon selbst einen ausreichenden Feuerwiderstand auf. Sie bedürfen des Schutzes durch eine Unterdecke nicht (z. B. Stahlbeton- und Spannbetondecken), sofern sie bestimmte Mindestdimensionen, entsprechende Bewehrungen sowie ausreichende Betondeckung der Bewehrungsstäbe aufweisen. Das Anbringen von Bekleidungen an der Deckenunterseite und die Anordnung von Fußbodenbelägen auf der Deckenoberseite sind bei diesen in Teil 4 der DIN 4102 klassifizierten Decken ohne weitere Nachweise erlaubt.

Deckenkonstruktionen (Tragdecken), die eine Feuerwiderstandsklasse **nur mit Hilfe** einer Unterdecke erreichen (Tabelle **13**.5 und Bild **13**.6):

Tragdecke mit Unterdecke. Geschoßdecken, deren tragende Teile frei dem Feuer ausgesetzt sind, halten einem Brandangriff nicht lange stand (z. B. Stahlträgerdecke, Trapezblechdecke, Holzbalkendecke). Sie bedürfen des Schutzes durch eine Unterdecke. Der auf diese Weise erreichte Brandschutz muß – wenn er nicht Teil 4 der Brandschutznorm zu entnehmen ist – durch ein Prüfzeugnis nach Teil 2 der DIN 4102 nachgewiesen werden. Zur Beurteilung ihres Feuerwiderstandes muß, wie bereits erläutert, immer die Gesamtkonstruktion – Tragdecke und Unterdecke – herangezogen werden. Während die Unterdecke die tragenden Teile der Geschoßdecke vor raumseitiger Beanspruchung von **unten** schützt, schützt die oberseitige Abdeckung (z. B. Leichtbeton oder Normalbeton auf Strahlträgerdecken, Holzspanplatten auf Holzbalkendecken) die tragenden Teile vor Brandbeanspruchung von **oben.** Generell unterscheidet man Massiv-Tragdecken der Bauart I bis III sowie Deckenbauarten aus Holz der Bauart IV (Tab. **13**.5). Einzelheiten s. Abschn. 15.7, Baulicher Brandschutz.

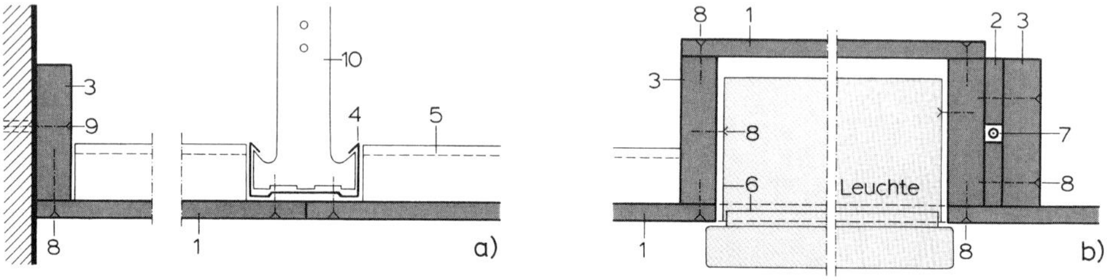

13.6 Konstruktionsbeispiel: Abgehängte Unterdecke aus Promatect. Feuerwiderstandsklasse F90-A in Verbindung mit Stahlträgerdecken (oberseitige Abdeckung aus ≥ 80 mm Stahlbetonplatten) sowie Stahlbetondecken und Spannbetondecken nach DIN 1045.

a) Wandanschluß
b) integrierte Einbauleuchte

1 Promatect-H-Platten (d = 10 mm)
2 Promatect-H-Streifen (d = 10 mm)
3 Promatect-H-Streifen (d = 20 mm)
4 Tragprofil
5 Profil über Querstoß
6 Einbauleuchte (≤ 625 x 1250 mm)
7 Elektroleitung
8 Schrauben (Abstand etwa 200 mm)
9 Metallspreizdübel (Abstand 500 mm)
10 Abhänger

Promat GmbH, Ratingen

Unterdecken, die bei Brandbeanspruchung von unten oder von oben (aus dem Zwischendeckenbereich) **allein** einer Feuerwiderstandsklasse angehören (Tabelle **13**.7 und Bild **13**.8):

Unterdecke selbständig. Die Forderung nach einer bestimmten Feuerwiderstandsklasse bezieht sich im allgemeinen auf die Gesamtkonstruktion von Tragdecke und Unterdecke. In der Baupraxis kommt es jedoch häufig vor, daß diese brandschutztechnischen Anforderungen von einer Unterdecke **allein** erfüllt werden müssen. Diese selbständigen Unterdecken erfüllen die Anforderungen an raumabschließende Bauteile sowohl bei Brandbeanspruchung von **unten** als auch von **oben** (aus dem Zwischendeckenbereich). Nach DIN 4102-4 verleihen klassifizierte Unterdecken bei Brandbeanspruchung von unten auch allen Tragdecken, die oberhalb solcher Unterdecken liegen – unabhängig von ihrer Bauart – mindestens dieselbe Feuerwiderstandsklasse. Selbständige Unterdecken werden beispielsweise eingesetzt:

- **Zum Schutz des Deckenhohlraumes,** um die bei hochinstallierten Bauten im Zwischendeckenbereich befindlichen Installationen vor Brandeinwirkung von unten zu schützen.
- **Bei Brandgefahr im Deckenhohlraum,** aufgrund größerer Mengen brennbarer Baustoffe oder Kabelisolierungen im Zwischendeckenbereich (Brandlast über 7 kWh/m²). Hierbei kommt es darauf an, daß die selbständige Unterdecke die darunterliegenden Zonen (z. B. Flucht- und Rettungswege) gegen Brandbeanspruchung von oben schützt (Bild **13**.8).
- **Zum Schutz des Nachbarraumes,** bei nichttragenden umsetzbaren Trennwänden, die nur bis zur Unterdecke reichen, während sich darüber ein durchgehender Deckenhohlraum befindet. Werden an Trennwände Feuerschutzanforderungen gestellt, so muß die abhängte Unterdecke das Übergreifen des Brandes horizontal über den Deckenhohlraum in angrenzende Räume selbständig verhindern.

Aus Gründen des Brandschutzes nennt DIN 4102 Teil 4 noch weitere Konstruktionshinweise, die bei der Ausbildung von Unterdecken in jedem Fall zu berücksichtigen sind. Diese beziehen sich im einzelnen auf:

- Anschlüsse von Unterdecken an Massivwänden aus Mauerwerk oder Beton, die immer dicht ausgebildet sein müssen.
- Anschlüsse von Unterdecken an nichttragende Trennwände. Die Eignung der Unterdecken und Anschlüsse sind durch Prüfungen nach DIN 4102-2 nachzuweisen (Prüfzeugnisse der Herstellerfirmen beachten).

Tabelle **13**.7 Unterdecken aus Gipskarton-Feuerschutzplatten (GKF) DIN 18180 mit geschlossener Fläche, die bei Brandbeanspruchung von unten **allein** einer Feuerwiderstandsklasse angehören (Maße in mm)

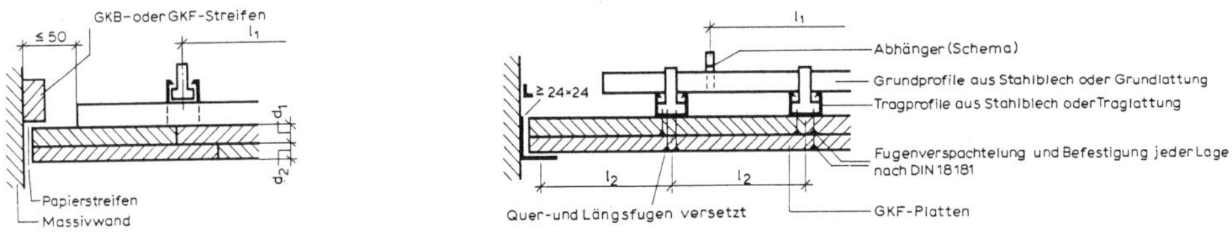

Zeile	Max. Spannweite der Grund- und Tragprofile bzw. der Grund- und Traglattung l_1	Gipskarton-Feuerschutzplatten (GKF) DIN 18180 mit geschlossener Fläche l_2	Mindest-GKF-Plattendicke bei Verwendung von Grund- und Traglattung aus Holz d_1	d_2	Grund- und Tragprofilen aus Stahlblech d_1	d_2	Feuerwiderstandsklasse Benennung
1	1000	500	12,5	12,5			F 30-B
2	1000	500			12,5	12,5	F 30-A
3	1000	400	18	15			F 60-B
4	1000	400			18	15	F 60-A

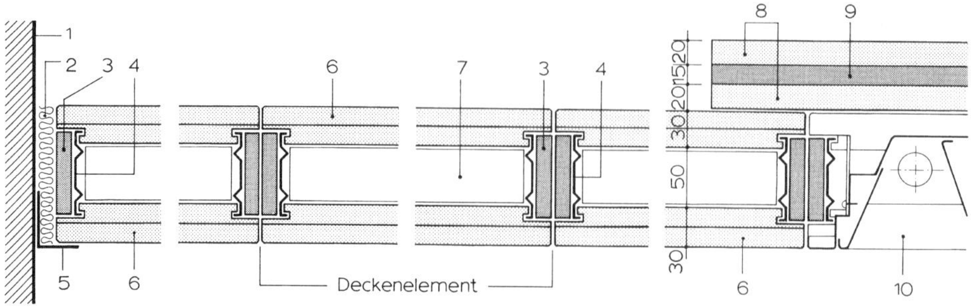

13.8 Konstruktionsbeispiel: Selbständiges Unterdeckensystem (Feuerwiderstandsklasse F 90-A) als Akustikdecke für Brandbeanspruchung von **oben** und **unten** aus einbaufertigen, freigespannten Deckenelementen (Längen bis 2500 mm) ohne Abhängung

1 Massivwand oder leichte Trennwand (Feuerwiderstandsklasse mind. F 90)
2 Mineralwollestreifen
3 Gipsfaser-Plattenstreifen
4 C-Profil
5 Wandprofil
6 Akustik-Langfeldplatten (Mineralfaserplatten)
7 Traversen
8 Mineralfaserplatten
9 Gipsfaserplatten
10 Einbauleuchte

OWA-Odenwald Faserplattenwerk, Amorbach

– Einbauten in Unterdecken (Einbauleuchten, klimatechnische Geräte), die bezüglich des Brandschutzes nicht besonders konstruiert oder bekleidet sind und die die brandschutztechnische Wirkung einer Unterdecke aufheben (Bild **13**.6 und **13**.8).
– Anbringung zusätzlicher Bekleidungen (Schmuckdecken aus Holz, Metallbekleidungen) unter einer brandschutztechnisch notwendigen Unterdecke, die die Feuerwiderstandsdauer einer solchen Unterdecke oder der Gesamtkonstruktion vermindern können. Anstriche oder Beschichtungen sowie Bekleidungen (Tapeten) bis zu etwa 0,5 mm Dicke beeinträchtigen die Wirkung einer Unterdecke aus der Sicht des Brandschutzes dagegen nicht.
– Brandlast im Deckenhohlraum, die durch brennbare Kabelisolierungen oder freiliegende Baustoffe der Klasse B 1 entstehen kann. Zulässig ist eine Brandlast im Zwischendeckenbereich bis zu 7 kWh/m^2.
– Dämmschichten im Zwischendeckenbereich, die das Brandverhalten von Unterdecken beeinflussen. In DIN 4102-4 wird daher unterschieden zwischen Decken **ohne** Dämmschicht und Decken **mit** Dämmschicht. Werden aus Gründen des Brandschutzes Dämmschichten gefordert, so müssen diese immer der Baustoffklasse **A** (nichtbrennbare Baustoffe) entsprechen.

Selbsttätige Feuerlöschanlagen

Als eine weitere vorbeugende Maßnahme im Rahmen des baulichen Brandschutzes kann der Einbau einer selbsttätigen Feuerlöschanlage nach DIN 14 489 in besonders gefährdeten Objekten gefordert werden (z. B. in Warenhäusern, Fabrik- und Messehallen, Theater und Festsälen).

Sprinkleranlagen sind selbsttätige, ständig betriebsbereite Löschanlagen, die das Wasser durch ortsfest verlegte Rohrleitungen – die meist im Deckenbereich untergebracht sind – an die zu schützenden Bereiche (Einzelobjekt, Einzelraum, Brandabschnitt) heranführen. Bei sich entwicklender Brandhitze (etwa 30 °C über der Umgebungstemperatur) öffnen sich die an den Rohrleitungen in regelmäßigen Abständen eingebauten Sprinkler (Glasfaßsprinkler oder Schmelzlotsprinkler) selbsttätig und besprengen den Brandherd lokal mit Wasser. Sie werden durch zwei getrennte, voneinander unabhängige und stets einsatzbereite Wasserzufuhren gespeist (z.B. öffentliche Wasserleitung, Vorrats- und Druckluftwasserbehälter). Bereits beim Öffnen eines einzelnen Sprinklers ertönen Alarmglocken und werden elektrische Meldeanlagen betätigt. In beheizten Räumen kommen vorwiegend Naßanlagen, in unbeheizten und frostgefährdeten Bereichen meist Trockenanlagen zum Einsatz. Die an der Unterdecke sichtbaren Sprinklerköpfe dürfen auf keinen Fall abgedeckt oder in anderer Form verkleidet werden. Die vom Verband der Sachversicherer (VdS) herausgegebenen Richtlinien sind bei der Planung von selbsttätigen Löschanlagen unbedingt zu beachten.

13.2.4 Wärmeschutz

Die wärmedämmenden Eigenschaften von leichten Deckenbekleidungen und Unterdecken – verstärkt durch Dämmschichten im Zwischendeckenbereich – spielen im Innenausbau eine untergeordnete Rolle (Ausnahme Brandschutz). Im Gegenteil, werden abgehängte Unterdecken unter einschaligen Flachdächern vorgesehen, muß dafür gesorgt werden, daß durch Anordnung von Lüftungsschlitzen in der Unterdecke ein Luftaustausch zwischen Deckenhohlraum und Nutzraum stattfinden kann. Eingeschlossene Luftschichten über abgehängten Unterdecken wirken sonst als zusätzliche Wärmedämmung. Dieser Umstand kann noch verstärkt werden, wenn im unbelüfteten Deckenhohlraum auch noch Warmwasserleitungen o.ä. untergebracht und in die Unterdecke wärmeabstrahlende Deckenleuchten eingebaut sind. Auch ein nachträgliches Anbringen von beispielsweise Hartschaum-Deckensichtplatten an derartige Dachdecken ist zu unterlassen. Durch solche Maßnahmen kann in der Gesamtkonstruktion die Taupunktgrenze (Taupunktlage) so verlagert werden, daß es an der Unterseite der Dachschale zur Kondensatbildung kommt. Vgl. hierzu auch Abschn. 15.5, Wärmeschutz.

13.2.5 Geometrische und maßliche Festlegung

Vereinbarungen über Maßordnungen, Toleranzen und Fügungsprinzipien sind wichtige Voraussetzungen für die Planung und Ausführung von Bauwerken sowie für die Planung und Herstellung von Bauteilen, Bauelementen und Halbzeugen. Sie bestimmen auch weitgehend den Grad der Zusammenfügbarkeit und Austauschbarkeit industriell hergestellter Bauelemente sowie deren Verwendbarkeit in Bauwerken mit unterschiedlicher Zweckbestimmung. Im Bauwesen wird derzeit mit zwei Ordnungssystemen gearbeitet:

Maßordnung im Hochbau (DIN 4172). Die Maßordnung fügt „maßgenormte" Bauwerksteile und Bauteile (z.B. aus Ziegelsteinen) additiv aneinander: Vom Einzelteil zum Bauwerk. Diese Norm führte bereits 1955 zu einer wesentlichen Vereinheitlichung der Maße im Bauwesen. Einzelheiten hierzu s. Abschn. 2.3, Maßordnung.

Modulordnung im Bauwesen (DIN 18000). Die Modulordnung beinhaltet in erster Linie Angaben zu einer Entwurfs- und Konstruktionssystematik unter Zugrundelegung eines Koordinationssystems als Hilfsmittel für Planung und Ausführung im Bauwesen. Mit diesem Koordinationssystem – das aus rechtwinkelig zueinander angeordneten, im Raum sich kreuzenden, theoretischen Ebenen besteht – können Bauwerke, Bauteile und Bauelemente koordiniert werden, um ihre Lage und/oder Größe zu bestimmen. Das Abstandsmaß dieser Koordinationsebenen ist das Koordinationsmaß; es ist in der Regel ein Vielfaches eines Moduls (Grundmodul M = 100 mm; Multimodule 3M = 300 mm, 6M = 600 mm, 12M = 1200 mm). Diese Methode der maßlichen Abstimmung ist material-, herstellungs- und ausführungsneutral. Einzelheiten hierzu s. Abschn. 2.4, Modulordnung.

Um die Lage und Größe von Bauteilen bzw. Bauelementen – wie beispielsweise Unterdeckenelemente – gemäß der Modulordnung bestimmen zu können, werden diese den Koordinationsebenen zugeordnet. Die Abstandsmaße dieser parallel verlaufenden Ebenen können entwurfsabhängig und nutzungsbedingt unterschiedlich groß sein. Sie können auf einem Modul oder verschiedenen Modulen im Wechsel aufbauen, sie können aber auch durch nicht modulare Zonen unterbrochen werden.

- So ergeben beispielsweise mit einem Modul bemessene Ebenen – in der Projektion auf dem Plan – rechtwinkelige Liniennetze, die üblicherweise in der Praxis als Linienraster (auch Achsraster) bezeichnet werden (Bild **13**.9a).
- Modulare Raster, die im Wechsel auf verschiedenen Modulen aufbauen bzw. durch nicht modulare Zonen unterbrochen sind, ergeben die für den flexiblen Ausbau so wichtigen Längsbandraster bzw. Kreuzbandraster (Bild **13**.9b und c).

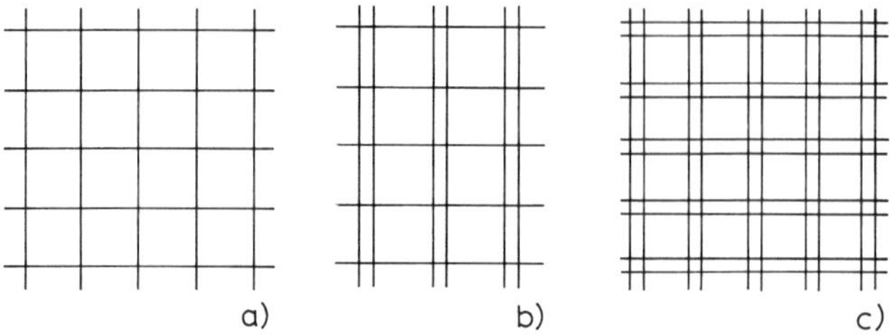

13.9
Schematische Darstellung gebräuchlicher Rastertypen
a) Linienraster
b) Längsbandraster
c) Kreuzbandraster

Mögliche Anschlußprobleme, die sich beim Einbau und späterem Umsetzen von Trennwänden bei unterschiedlichen Rastersystemen im Unterdeckenbereich ergeben können, verdeutlicht Bild **13**.10:

- **Linienraster** (Bild **13**.10a). Werden Trennwandelemente beispielsweise linear in einer Richtung im Linienraster (Achsbezug) angeordnet, so ergeben sich einmal entlang einer solchen Wand – jeweils um die Hälfte der Wanddicke – schmalere Deckenfelder. Bei einem späteren Versetzen der Wandelemente sind außerdem aufwendige Anpaßarbeiten im Unterdeckenbereich vorzunehmen. Werden achsbezogene Trennwände sogar über Eck oder in T-Form angeordnet, ergeben sich sowohl bei den Trennwand- wie bei den Deckenelementen Überschneidungen und somit zahlreiche Sonderteile bzw. Sonderkonstruktionen.
- **Längsbandraster** (Bild **13**.10b). Mit der Einführung des Bandrasters (Grenzbezug) werden diese Nachteile eliminiert. Die Breite des Bandes – je nach Planung modulare oder nicht modulare Zone – entspricht der jeweiligen Trennwanddicke einschließlich Fugenanteil und Toleranzen. Wie Bild **13**.10b zeigt, ergeben sich beim Zusammenfügen von Wandelementen in Richtung des Längsbandrasters (auch Parallelraster genannt) keine Anschlußprobleme und überall gleich große Deckenfelder. Ordnet man die Trennwände jedoch über Eck oder in T-Form an, reicht dieser einfach gerichtete Bandraster nicht aus, so daß ähnlich wie zuvor beschrieben, zu viele Wand- und Deckensonderteile entstehen.
- **Kreuzbandraster** (Bild **13**.10c). Keine systembedingten Sonderelemente ergeben sich beim Kreuzbandraster (auch Knotenraster genannt): gleichlange Wandelemente und gleich große Deckenelemente gewährleisten eine optimale Austauschbarkeit. Zu beachten ist jedoch, daß die Trennwände nicht beliebig, sondern nur in den Bandrasterstreifen versetzt und nur im Bereich der Knotenpunkte miteinander verbunden und an Versorgungsleitungen angeschlossen werden können. Daraus ergibt sich, daß innerhalb der Bandrasterstreifen keine Zu- und Abluftschlitze und auch möglichst keine Beleuchtungskörper o. ä. installiert werden sollten.

  Das Kreuzbandraster-System erfordert insgesamt einen wesentlich größeren Aufwand und somit auch höhere Kosten, da die Knotenpunkte auch dort vorgesehen werden müssen, wo zunächst keine Anschlüs-

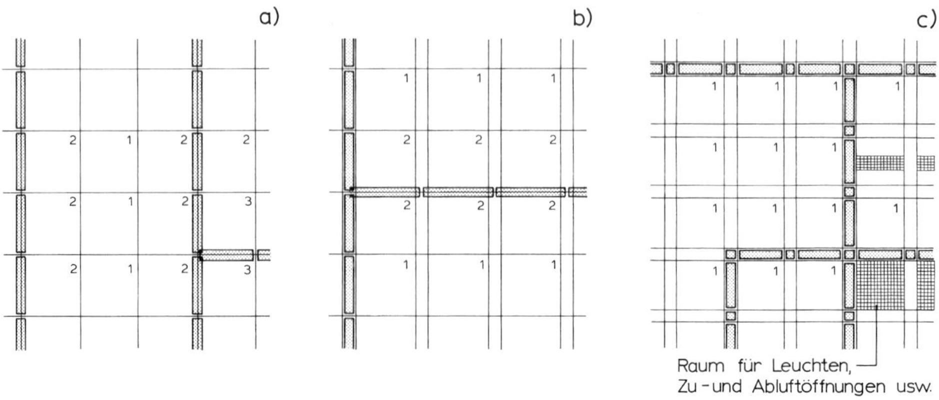

13.10 Schematische Darstellung möglicher Anschlußprobleme, die sich beim Einbau und späteren Umsetzen von Trennwänden bei unterschiedlichen Rastersystemen im Unterdeckenbereich ergeben können.

1 Standard-Deckenelement
2 bis 3 Sonder-Deckenelemente

se zu erwarten sind. Um problemlose Anschlüsse im Bereich umsetzbarer Trennwände (z.B. an Türelementen, Schrankwandkombinationen u.ä.) sowie an der Fassadenfront (z.B. bei Brüstungs- und Stützenverkleidungen) zu erzielen, sind auch dort entsprechende Bandrasterblenden (Modulleisten) bzw. Anschlußprofile einzuplanen. Vgl. hierzu auch Abschn. 14.3, Umsetzbare Trennwände und vorgefertigte Schrankwandsysteme.

13.2.6 Integration von Klima-, Lüftungs-, Heizungs- und Beleuchtungstechnik im Unterdeckenbereich

Die Unterdecke ist in der Regel die größte sichtbare Fläche eines Raumes und somit ein wichtiger Bereich für die Innenraumgestaltung. Gleichzeitig ist sie aber auch idealer Funktions- und Installationsträger für gebäudetechnische Ausrüstungen (Lüftung, Kühlung, Heizung, Beleuchtung usw.) und für raumakustische Belange. In Anbetracht der Vielzahl von Einzelaspekten, die es bei der Integration von gebäudetechnischen Anlagen in ein Bauwerk zu berücksichtigen gilt, muß es stets zu einer frühzeitigen Abstimmung aller am Planungsprozeß Beteiligter kommen (Architekt, Statiker, Fachingenieure des Technischen Ausbaues usw.) Dabei kann es heute nicht mehr nur um eine möglichst optimale technische Beherrschung des Innenraumklimas gehen, sondern verstärkt auch um Fragen des Umweltschutzes, der Energieeinsparung (Wärmerückgewinnung, Einbeziehung zweischaliger Gebäudehüllen usw.) sowie um die Reduzierung der Investitions- und Betriebskosten.

13.2.6.1 Anforderungen aus der Lüftungs- und Klimatechnik

Die Lüftung eines Raumes bzw. Gebäudes kann entweder durch zu öffnende Fensterelemente (freie Lüftung) oder mechanische raumlufttechnische Anlagen (sog. RLT-Anlagen) erfolgen.

Raumlufttechnische Anlagen

RLT-Anlagen haben die Aufgabe, ein für den Menschen behagliches Innenraumklima zu schaffen. Sie bestehen im wesentlichen aus drei funktionalen Bauteilbereichen, und zwar der Luftaufbereitung, der Luftförderung bzw. Luftführung und der Luftverteilung im Raum.

Luftaufbereitung und Luftförderung. Hauptaufgabe der RLT-Anlagen ist die Erneuerung der Raumluft. Weitere Aufbereitungsstufen wie beispielsweise Reinigung, Erwärmung, Kühlung, Be- und Entfeuchtung der Luft können hinzukommen (DIN 1946). Demnach unterscheidet man (Hauptgruppen):

- Lüftungsanlagen, mit keiner oder nur einer Luftbehandlung (Heizen),
- Teilklimaanlagen, mit zwei oder drei Luftbehandlungen (z.B. Heizen, Kühlen),
- Klimaanlagen, mit vier Luftbehandlungen (Heizen, Kühlen, Be- und Entfeuchten).

Niederdruck-Klimaanlagen: Einkanal-ND-Klimaanlagen, bei denen die Warm- und Kaltluft nicht getrennt, sondern in einem Kanalsystem mit nur geringen Geschwindigkeiten (unter 8 m/s) gefördert wird, was jedoch relativ große Kanalquerschnitte bedingt.

Hochdruck-Klimaanlagen: Einkanal-HD-Klimaanlagen, bei denen die Luft mit hoher Geschwindigkeit (über 8 m/s) und hohem Druck bewegt wird. Daraus resultieren wesentlich kleinere Kanalquerschnitte, so daß auch Rohre mit rundem Querschnitt eingesetzt werden können. Zweikanal-HD-Klimaanlagen weisen eine getrennte Kalt- und Warmluftführung auf. Weitere Angaben sind der Spezialliteratur [5], [6], [7] zu entnehmen.

Luftführung und Luftverteilung. Die von RLT-Anlagen aufbereitete Luft wird über Kanäle und Rohre aus Stahlblech gefördert und über Auslässe in der Unterdecke, Fensterzone, Wand oder im Doppelboden dem Raum zugeführt bzw. an anderer Stelle wieder abgesaugt. Dadurch entstehen – vereinfacht dargestellt – Luftströmungen sowohl von oben nach unten als auch von unten nach oben.

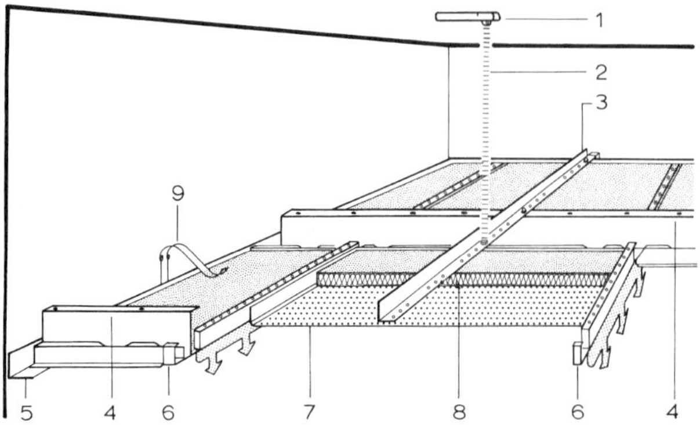

13.11
Konstruktionsbeispiel einer Lüftungsdecke (Überdruckdecke) mit Luftzuführung über Schlitzschienen. Ausgeführt als Akustikdecke mit perforierten Metallkassetten, Schallschluckeinlage und oberseitiger Alu-Folienkaschierung
1 Befestigungselement
2 Gewindestange o. Noniusabhänger
3 Tragwinkel
4 Tragprofil
5 Randwinkel
6 Schlitzschiene (Luftdurchlaß)
7 Metallkassette, perforiert
8 Schallschluckeinlage mit oberseitiger Alu-Folienkaschierung (Abdichtung)
9 Druckfeder

Hartleif Metalldecken, Hockenheim

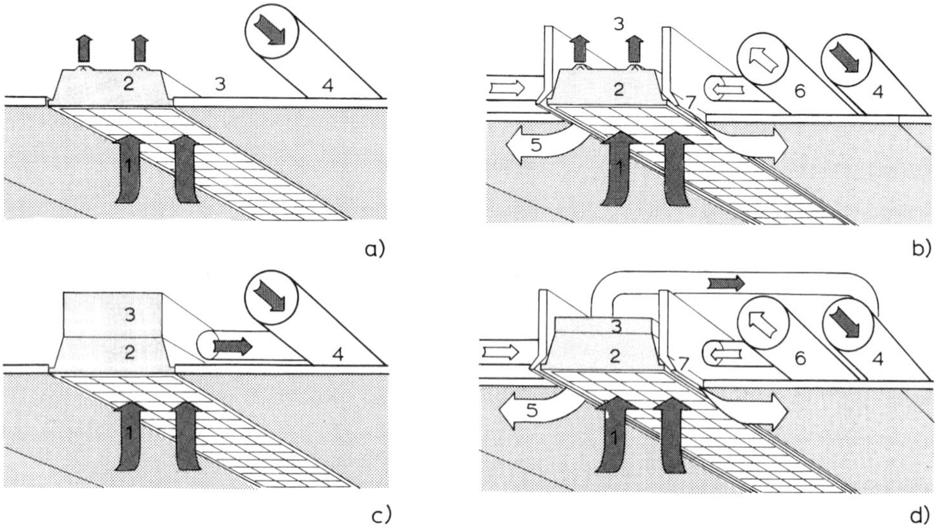

13.12 Schematische Darstellung von Leuchten mit kombinierten Zuluft- und Abluftführungen

a) Die Abluft (1) strömt durch die Abluftleuchte (2) ohne Abluftdom in den unter Unterdruck stehenden Zwischendeckenbereich (3). Zur Erzeugung des Unterdruckes ist ein leuchtenunabhängiger Abluftkanal (4) erforderlich.

b) Die Abluft (1) strömt durch die Abluftleuchte (2) in den unter Unterdruck stehenden Deckenhohlraum (3); ein leuchtenunabhängiger Abluftkanal (4) sorgt für den notwendigen Unterdruck. Zuluft (5) wird durch Kanäle (6) herangeführt und gelangt über Zuluftverteiler (7), die ein Teil der Leuchte sein können, in den Raum. Die Zuluft soll sich an der Leuchte jedoch nicht aufheizen können.

c) Die Abluft (1) wird durch die Abluftleuchte (2) mit Abluftdom (3) abgesaugt und über Kanäle (4) abgeführt.

d) Abluft (1) wird durch die Abluftleuchte (2) mit Abluftdom (3) abgesaugt und über Kanäle (4) abgeführt. Zuluft (5) wird durch Kanäle (6) herangeführt und gelangt über Zuluftverteiler (7) in den Raum.

Nach Vorlagen der Trilux-Lenze KG, Arnsberg

- **Lüftungsdecken**. Zuluft und Abluft können im Deckenhohlraum entweder frei oder in Kanälen getrennt geführt werden. Bei den sog. Lüftungsdecken dient der gesamte Deckenhohlraum als Luftkammer, die je nach Luftführung entweder unter Überdruck oder Unterdruck gesetzt wird.
- Bei Überdruckdecken (Bild **13**.11) dringt Zuluft entweder durch offene Fugen zwischen den Deckenplatten, durch deren Perforation bzw. Lochung oder durch spezielle Luftdurchlässe in den Raum. Die Abluftführung erfolgt über Luftauslässe im Decken-, Wand- oder Bodenbereich.
- Bei Unterdruckdecken (Bild **13**.12a und b) strömt die Abluft durch Leuchtenkörper mit oberseitigen Abluftschlitzen hindurch und wird im Deckenhohlraum zentral abgesaugt.

  Bei beiden Systemen müssen alle Randanschlüsse und Deckeneinbauten sorgfältig abgedichtet und auch die über perforierten Deckenlagenelementen aufgelegten Dämmstoffplatten oberseitig mit einer Alu-Folie beschichtet oder in PE-Folie eingeschweißt werden. Wie Bild **13**.12c und d verdeutlicht, wird bei geschlossenen Einkanal- oder Zweikanal-Anlagen die Zu- und Abluft immer über Kanäle gefördert.
- **Luftdurchlässe** für die Deckenmontage gibt es in einer Vielzahl von Formen und Ausführungen. Verwendet werden vor allem Lochblechdurchlässe, Dralldurchlässe oder Lamellendurchlässe in runder und quadratischer Form. Lineare Schlitzdurchlässe eignen sich zum unauffälligen Einbau in die Fugen von Paneel- und Plattendecken.
- **Klimaleuchten** (Bild **13**.12d). Luft kann einem Raum im Unterdeckenbereich auch über Leuchten (Leuchtengehäuse) zugeleitet bzw. daraus abgeführt werden (sog. Verbundsystem). Bei der Luftrückführung über die Leuchte wird eine Zwangslüftung der Lampen erreicht, wobei der größte Teil der Lampenwärme unmittelbar abgeleitet wird und erst gar nicht in den Raum gelangen kann. Dies führt zu Einsparungen bei Anlage- und Betriebskosten der Klimaanlage. Außerdem werden dadurch günstige Bedingungen für die Wärmerückgewinnung geschaffen sowie eine spürbare Erhöhung der Lichtausbeute bei Leuchtstofflampen und eine höhere Lebensdauer der Vorschaltgeräte erreicht.

13.2.6.2 Anforderungen aus der Kühldeckentechnik

Moderne Büro- und Verwaltungsgebäude, aber auch Schalterhallen und Verkaufsräume, weisen immer höhere thermische Belastungen durch Personen, elektrisch betriebene Geräte und Beleuchtung auf. Hinzu kommen Wärmetransmission (Sonneneinstrahlung) über großflächige Glasfassaden sowie im Zuge der Energieeinsparung hohe Dämmwerte und Fugendichtigkeit der Gebäudehülle. Wie zuvor erläutert, sorgen Klimaanlagen (RLT-Anlagen) durch Luftaustausch und Luftaufbereitungsmaßnahmen für ein behagliches Raumklima und somit auch für die Abfuhr überschüssiger Wärmeenergie. Dies bedingt jedoch, daß bei herkömmlichen RLT-Anlagen große Luftvolumenströme energieaufwendig umgewälzt werden müssen. Dadurch kommt es von der Benutzerseite häufig zu Beschwerden über Zugerscheinungen durch zu hohe Luftgeschwindigkeit im Raum, ungenügende Temperaturregulierung und zu hohe Geräuschpegel. Außerdem benötigen derartige Anlagen nicht nur sehr viel Energie (Umweltschutz), sondern auch große Flächen bzw. Kubaturen für die RLT-Zentralen und Lüftungsleitungen. Daraus ergibt sich, daß die Abfuhr hoher thermischer Lasten alleine durch das Medium Luft als unwirtschaftlich zu bezeichnen ist. Erst durch den Einsatz von Kühldeckensystemen läßt sich der Luftvolumenstrom konventioneller Klimaanlagen auf das hygienisch notwendige Maß reduzieren, da hierbei die im Raum anfallende Wärmeenergie über gekühlte Bauteile abtransportiert werden kann; es kommt zu einer Entkoppelung von Lüftungsaufgabe und Kühlfunktion.

Kühldecken

Die Abfuhr der Wärmeenergie (Kühllast) eines Raumes kann demnach generell durch die Zufuhr gekühlter Luft oder durch Bauteilkühlung erfolgen. Wird die Raumdecke ganz oder teilweise auf Temperaturen unterhalb der Raumtemperatur gekühlt – so daß diese die Wärme vom Raum aufnehmen kann – spricht man von Kühldecke. Die Kühlung des Bauteils erfolgt meistens durch einen geschlossenen Kühlwasserkreislauf oder (seltener) durch einen Luftkreislauf. Bei hohen thermischen Lasten bietet das Medium Wasser Vorteile gegenüber Luft, da es eine viermal größere Wärmetransportkapazität (spezifische Wärmekapazität) und über 800mal größere Dichte aufweist. Daraus ergeben sich beim Trägermedium Wasser kleinere Querschnitte bei den Rohrleitungen sowie geringere Investitions- und Förderkosten. Das Medium Luft sorgt demgegenüber für die erforderliche Außenluftrate bzw. Luftqualität und regelt die Raumluftfeuchte.

Die Wärmeübertragung erfolgt bei Kühldecken sowohl durch Strahlung als auch durch Konvektion. Je nach Bauform der Kühldecke und der Luftbewegung im Raum können die Anteile Strahlung / Konvektion unterschiedlich hoch ausfallen. Grundsätzlich kann die Wärmeübertragung durch Leitung (kann bei Kühldecken unberücksichtigt bleiben), Konvektion und Strahlung erfolgen.

- **Leitung**. Die Wärme wird innerhalb eines Stoffes, unmittelbar von Molekül zu Molekül oder zwischen Körpern, die miteinander in Berührung stehen, weitergegeben. Man unterscheidet gute Wärmeleiter (z. B. Metall, insbesondere Kupfer) und schlechte Wärmeleiter (z. B. Holz, Dämmstoffe).
- **Konvektion**. Für diese Art der Wärmeübertragung ist ein Trägermedium (z. B. Wasser oder Luft) erforderlich. Das Medium nimmt die Wärme auf und gibt sie woanders wieder ab. Im einzelnen unterscheidet man freie Konvektion (z. B. Erwärmung der Luft an Heizkörpern), erzwungene Konvektion (z. B. mechanische Lüftung) sowie Mischkonvektionen.
- **Strahlung**. Bei der Wärmestrahlung wird die Wärme durch langwellige elektromagnetische Strahlung (die sich mit Lichtgeschwindigkeit durch den Raum bewegt) ausgesandt. Die Strahlungsenergie wird von den Oberflächen, auf die sie auftrifft, in der Regel absorbiert und in Wärmeenergie umgewandelt. Die Wärme entsteht also erst, wenn die Strahlung von einer Oberfläche aufgenommen wird.

Kühldecken lassen sich nach ihrer Wirkungsweise in zwei Hauptgruppen einteilen (Bild **13**.13):

Strahlungsdecken mit geschlossenen Deckensichtflächen (Bild **13**.13a bis c). Der Wärmeaustausch erfolgt vorwiegend durch Strahlung (etwa 60% Strahlungsanteil, 40% Konvektion). Sie können als Putzdecken auf massivem Untergrund, als Deckenbekleidung und in Form von elementierten Unterdecken (handelsübliche Montagedecken) ausgeführt werden. Ihr Platzbedarf ist in der Regel nicht größer als der für die Konstruktion einer Normaldecke ohne Kühlung. Damit können auch bestehende Gebäude mit derartigen Kühldecken nachgerüstet werden. Strahlungsdecken erbringen eine spezifische Kühlleistung von etwa 60 bis 80 W/m^2, was den heute üblichen Kühllasten in Büro- und Versammlungsräumen entspricht. Daraus ergibt sich, daß beim Einsatz von Strahlungsdecken der größte Teil der Unterdeckenfläche mit aktiven Kühlelementen ausgerüstet werden muß.

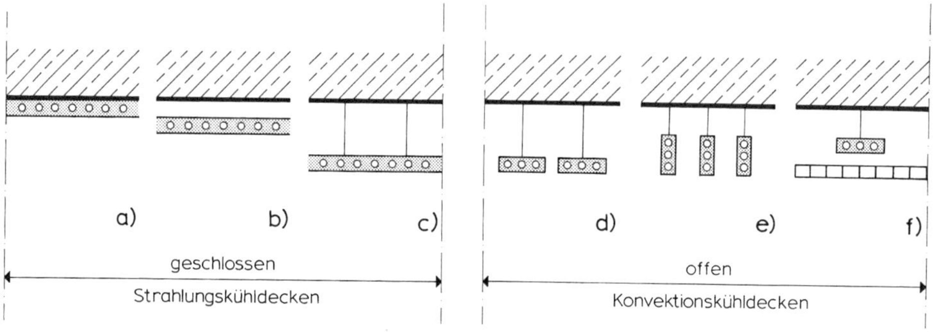

13.13 Einteilung und Benennung von Kühldecken (Schematische Darstellung)
Strahlungskühldecken (geschlossene Deckensichtflächen)
a) Deckenbeschichtung mit Kühlung (z. B. Putzdecke)
b) Deckenbekleidung mit Kühlung (z. B. Gipskartondecke)
c) abgehängte Unterdecke mit Kühlung (z. B. Metalldecke)
Konvektionskühldecken (offene Deckensichtflächen)
d) offene ebene Unterdecke mit Kühlung (z. B. Metalldecke mit Fugen)
e) offene Lamellendecke mit Kühlung (z. B. vertikale Hohlkörper-Lamellendecke)
f) offene Rasterdecke mit darüberliegendem selbständigem Kühlelement

Konvektionsdecken mit offenen Deckensichtflächen (Bild **13**.13d bis f). Bei diesen Decken überwiegt der konvektive Anteil beim Wärmeaustausch. Die Öffnungen in der Deckenfläche bewirken die erforderliche Luftzirkulation und damit die Erhöhung der Kühlleistung. Da diese je nach Kühldeckensystem zwischen 90 und 130 (150) W/m² liegen kann, brauchen zur Abfuhr der Wärmeenergie (Kühllast) nicht mehr als 50 bis 70% der Deckenfläche mit aktiven Kühlelementen belegt zu werden. Damit bleibt zwischen den Kühlelementen ausreichend Platz, um andere Installationen wie beispielsweise Beleuchtung, Sprinklerköpfe, Lautsprecher usw. im Deckenbereich integrieren zu können. Bei dieser Deckenart sind jedoch insgesamt größere Konstruktionshöhen erforderlich. Konvektive Kühlelemente können auch mit offenen Deckenelementen (z. B. Rasterdecken) kombiniert werden, so daß eine freie Gestaltung der Deckenfläche möglich ist.

Kühldecken und Lüftung. Da Kühldecken nur die Aufgabe der Raumkühlung übernehmen und somit keinen Beitrag zur Lufterneuerung leisten, sollten sie immer in Verbindung mit einer Lüftungs- oder Klimaanlage betrieben werden. Damit ist gewährleistet, daß die notwendige Außenluftzufuhr und Schadstoffabfuhr sowie die Regelung der Raumluftfeuchte erreicht werden. Bei sinnvoller Kombination entlastet die Kühlfläche das Lüftungssystem, d. h. der Luftstrom wird von der Energielast entkoppelt. Dadurch reduziert sich der Luftvolumenstrom gegenüber herkömmlichen RLT-Anlagen deutlich, was zu einer Verkleinerung der Querschnitte der Lüftungskanäle, der Deckenhohlräume und damit auch der Geschoßhöhe führt.

Kühldecken können mit jeder Art von Lüftungsanlage bzw. Luftführungssystem kombiniert werden. Im wesentlichen unterscheidet man turbulenzreiche Mischströmungen und turbulenzarme Schichtenströmungen.

- **Mischströmung** (Induktionslüftung). Mit der turbulenten Mischluftströmung soll eine möglichst intensive Durchmischung von Zuluft und Raumluft erreicht werden. Sie entsteht durch den hohen Eintrittimpuls bei der Lufteinführung durch Deckendurchlässe (Dralldurchlässe, Schlitzdurchlässe) in Verbindung mit konventionellen Klimaanlagen. Die Folge sind häufig Zugerscheinungen und überhöhte Geräuschentwicklungen.
- **Schichtenströmung** (Quellüftung). Bei diesem Luftführungssystem wird die Zuluft mit geringer Strömungsgeschwindigkeit turbulenzarm über Luftdurchlässe im Hohlraum- oder Doppelboden in den Raum eingebracht. Die Zulufttemperatur soll etwa 1 bis 3 °C kälter sein als die Raumluft, jedoch nicht unter 20 (18) °C liegen. Diese Luftführungstechnik arbeitet nach dem Verdrängungsprinzip. Die bereits erwärmte und verbrauchte Luft wird durch Konvektion – verstärkt durch die Kühlfläche – nach oben verdrängt und im Deckenbereich abgeführt. Dabei entstehen mehr oder weniger ausgeprägte Luftschichten mit jeweils unterschiedlichen thermischen und stofflichen Eigenschaften. Bei der Quellüftung wird somit eine weitgehende Trennung von frischer und verbrauchter Luft erreicht, außerdem treten keine Zugerscheinungen und nennenswerten Geräusche auf (stille Kühlung).

Kühldecken und Heizung. Grundsätzlich sind Kühldecken, die nach dem Strahlungsprinzip wirken, auch für Heizzwecke geeignet. Wie in Abschn. 13.2.6.3 näher ausgeführt, werden Deckenstrahlungsheizungen in Theaterfoyers, Sport- und Fabrikhallen u. ä. mit Erfolg eingesetzt. Aus dem Komfortbereich (Büro- und Verwaltungsbauten) liegen allerdings noch keine einheitlichen Erfahrungen und Bewertungen vor. Bekannt ist, daß hinsichtlich des Behaglichkeitsempfindens der Benutzer keine allzu große Strahlungsasymmetrie in einem Raum auftreten darf. Dieser Zustand kann allerdings im Winter eintreten, beispielsweise bei hoher Wärmestrahlung durch die Heizdecke und gleichzeitiger Kälteeinwirkung (Kaltluftabfall) an Fensterzonen ohne Heizkörper. Weiterentwicklungen sind auf diesem Gebiet zu erwarten, nicht zuletzt aufgrund digitaler Regelungstechniken, die auch im Bereich der Klima- und Lüftungstechnik zukünftig verstärkt eingesetzt werden.

Einsatzbereiche von Kühldecken. Kühldecken eignen sich vor allem für solche Anwendungsbereiche, bei denen hohe Komfortansprüche bestehen und die Energielasten im Verhältnis zu den Stofflasten sehr groß sind. Bei zu niedrigen Vorlauftemperaturen oder bei zu hoher Raumluftfeuchte besteht jedoch die Gefahr, daß sich Schwitzwasser an den Kühl-

Wassergekühlte Strahlungsdecken (geschlossene Deckensichtflächen)

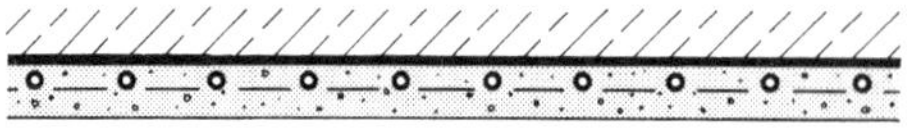

Putzdecken

z. B. Kupferröhrchen mit Abstandhalter

z. B. Kapillarrohrmatten aus Kunststoff
– auf Rohdecke in Putz eingebettet

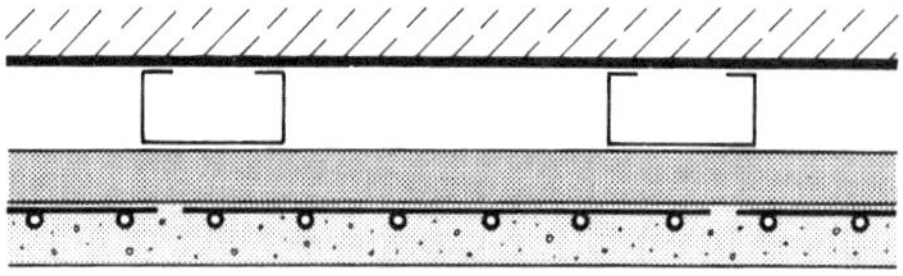

Gipskartondecken

z. B. Kupferrohrregister auf Kupferblech aufgelötet und auf Gipskartonplatte
– unterseitig eingeputzt (Akustikputz)

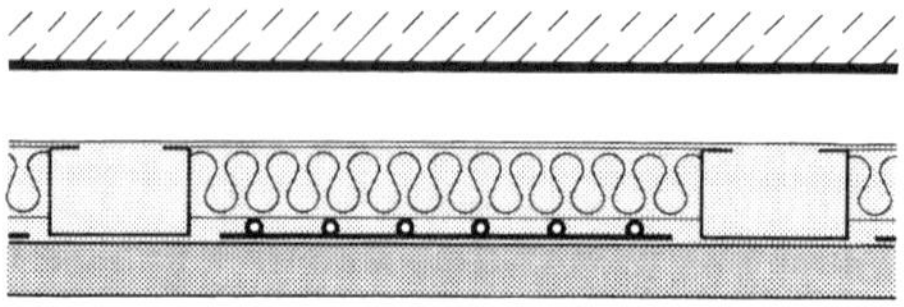

z. B. Kapillarrohrmatten aus Kunststoff (Polypropylen) auf Gipskartonplatte
– oberseitig aufgeklebt und gedämmt

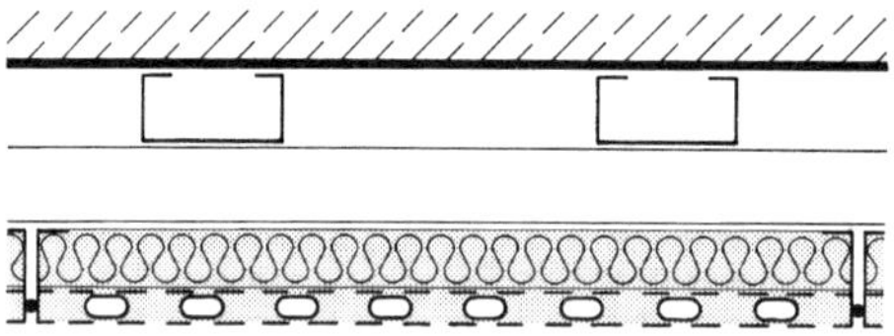

Metalldecken

z. B. flachgedrücktes Kupferrohr auf Lochblech aufgelötet

z. B. Kapillarrohrmatten aus Kunststoff
– in gelochte / ungelochte Metalldeckenplatte eingelegt und oberseitig gedämmt

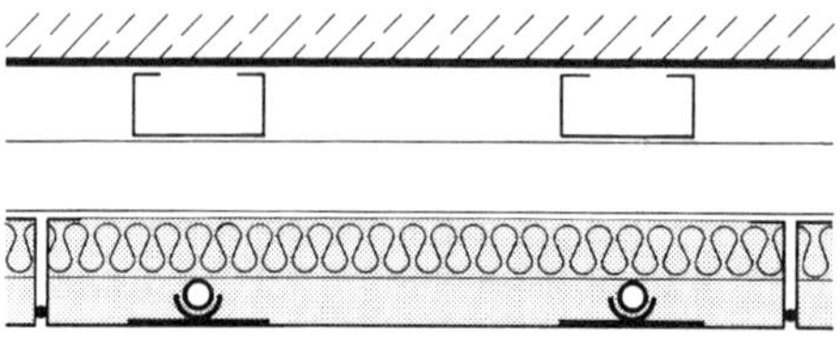

z. B. Aluminium-Wärmeleitschiene mit C-Profil und Kupferrohr
– auf gelochte / ungelochte Metalldeckenplatte oberseitig aufgeklebt und gedämmt

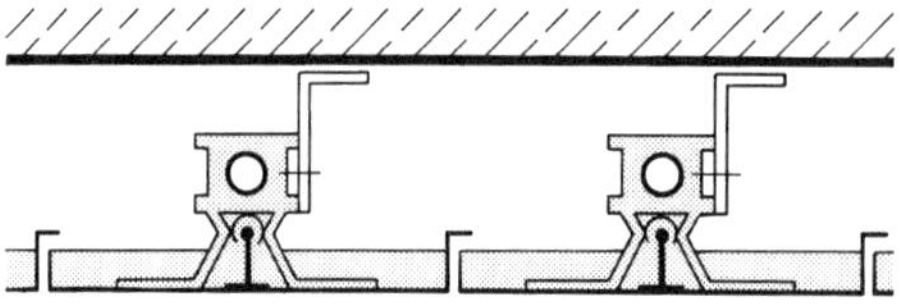

z. B. Aluminium-Wärmeleitschiene mit eingepreßtem Kupferrohr
– und aufklipsbarem Deckenpaneel

13.14 Schematische Darstellung unterschiedlicher Bauformen von Kühldeckensystemen (Hauptgruppen). Einteilung nach konstruktionstechnischen Merkmalen.

Bild **13**.14, Fortsetzung

Wassergekühlte Konvektionsdecken (offene Deckensichtflächen)

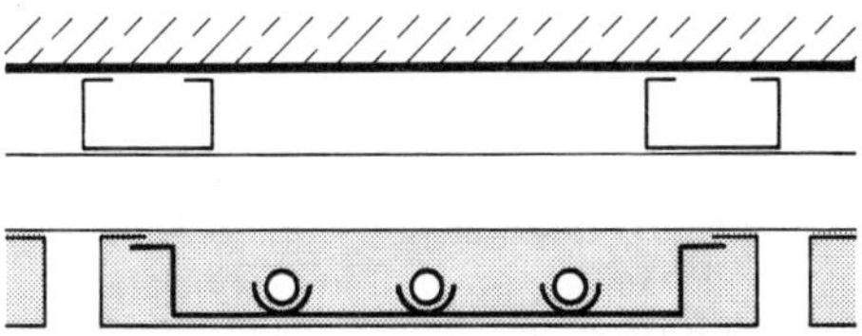

Paneeldecke

z. B. Aluminium-Wärmeleitprofil mit eingepreßten Kupfer- oder Kunststoffrohren
– in Metallpaneele eingelegt

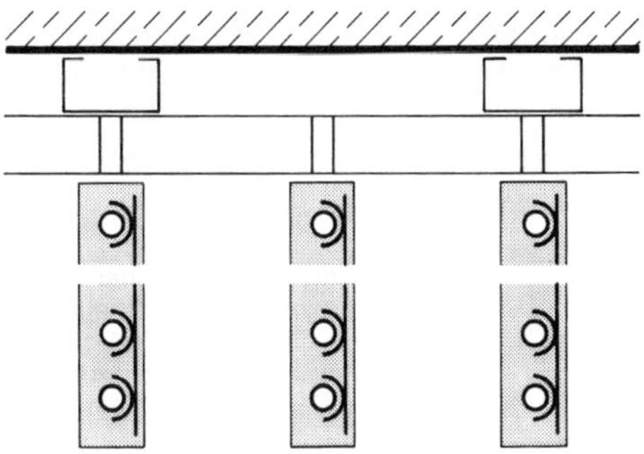

Lamellendecke

z. B. Aluminium-Wärmeleitprofil mit eingepreßten Kupfer- oder Kunststoffrohren
– in Metall-Lamellen eingearbeitet

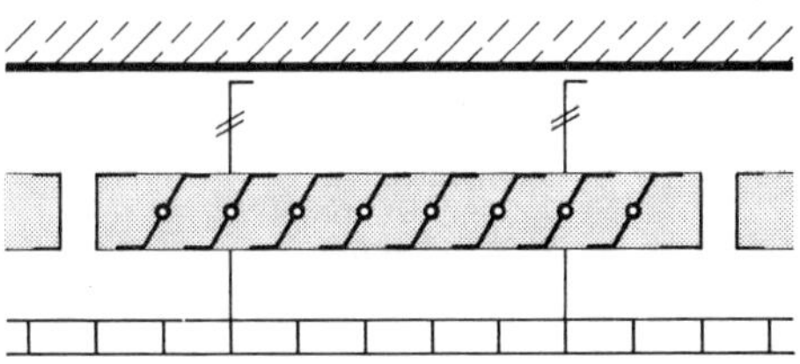

Statisches Kühldeckenssystem

z. B. Selbständiges Kühlelement aus Kupferrohren und aufgesteckten Aluminiumlamellen
– mit oder ohne offene Unterdecke

Integrierte Luft- und Wasserkühlung

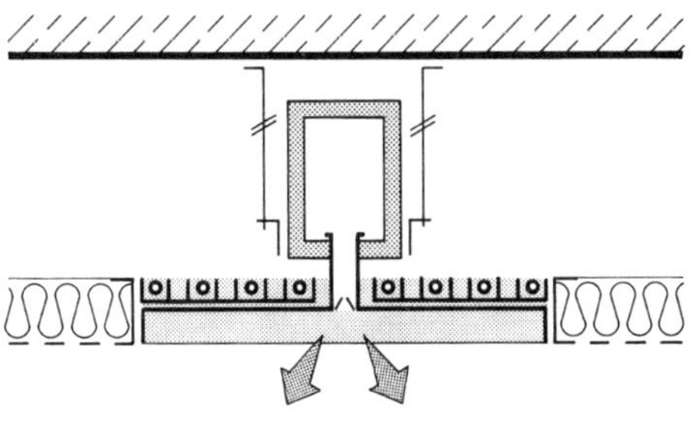

Kühldeckenpaneel

z. B. Unterseitig geripptes, wassergekühltes Deckenpaneel mit gedämmtem Zuluftkanal und schmalem Schlitzdurchlaß (Zulufteinführung)
– mit beidseitig angrenzender Akustikdecke

deckenflächen bildet. Daher muß die Zuluft durch die RLT-Anlage so weit entfeuchtet werden, daß die Taupunkttemperatur der Raumluft unterhalb der Kühlwasservorlauftemperatur von etwa 16 bis 18 °C bleibt. Um sicherzustellen, daß es zu keiner Kondensatbildung kommt, sind grundsätzlich alle Kühldeckensysteme mit einer Temperaturüberwachung auszurüsten.

Bauformen und Konstruktionsbeispiele von Kühldeckensystemen

Durch die vielfältigen Bauformen sind Kühldecken sowohl für Neubauten als auch für die Modernisierung von Altbauten geeignet. Es kann allerdings nicht Aufgabe dieses Werkes sein, einen vollständigen Überblick über die auf dem Markt befindlichen Kühldeckensysteme zu geben; zu vielfältig sind die Ausführungsmöglichkeiten, sowohl in technischer als auch in formaler Hinsicht. In Bild **13**.14 sind einige Bauformen von wassergekühlten Strahlungs- und Konvektionsdecken sowie von Decken mit integrierter Luft- und Wasserkühlung schematisch dargestellt. Sie sollen lediglich als Orientierungshilfe dienen; Einzelheiten sind den jeweiligen Herstellerunterlagen zu entnehmen. Bild **13**.15 zeigt ein Konstruktionsbeispiel von einer Kühldecke mit abklappbaren Metallkassetten, die oberseitig mit wasserführenden Kapillarmatten aus Kunststoff sowie mit Dämmaterial belegt sind. Auf die vom Fachinstitut Gebäude-Klima e.V. herausgegebene Grundlagenliteratur über Kühldecken [8] wird besonders hingewiesen.

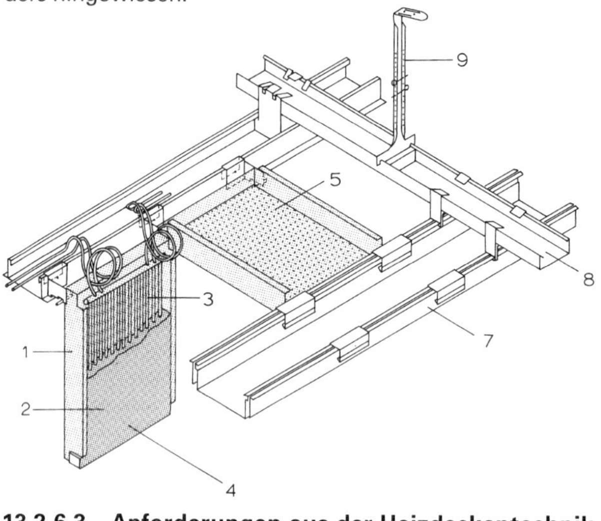

13.15
Konstruktionsbeispiel einer Kühldecke mit abklappbaren Metallkassetten, die oberseitig mit wasserführenden Kapillarrohrmatten aus Kunststoff und Dämmaterial belegt sind.

1 Metallkassette
2 Dämmaterial
3 Kapillarrohrmatte aus Kunststoff
4 abgeklappte Deckenplatte
5 gelochte oder ungelochte Metallkassette
6 flexibler Kunststoffschlauch (Wasserkabel)
7 Bandrasterprofil
8 Grundprofil
9 Noniusabhänger

Sukow + Fischer, Biebesheim am Rhein

13.2.6.3 Anforderungen aus der Heizdeckentechnik

Die Heizung eines Raumes kann auch über die Unterdeckenfläche erfolgen. Bei der Deckenstrahlungsheizung wird allerdings keine warme Luft erzeugt, sondern die Wärmeübertragung erfolgt (hauptsächlich) durch langwellige elektromagnetische Strahlung, die sich mit Lichtgeschwindigkeit durch den Raum bewegt. Der von den Strahlen durchdrungene Luftraum erwärmt sich dabei nicht. Die Strahlungsenergie wird von den Oberflächen, auf die sie auftrifft (Wände, Fußboden sowie Personen und Gegenstände), absorbiert und in Wärmeenergie umgewandelt. Diese angestrahlten Flächen geben dann die Wärme durch Strahlung und Konvektion an die Umgebung ab; erst dadurch wird auch die sie umgebende Luft erwärmt.

Deckenstrahlungsheizungen eignen sich vor allem für große, hohe Räume (bis 30 Meter Höhe), wie zum Beispiel Industrie-, Lager-, Sport- und Ausstellungsräume, aber auch für Theaterfoyers und überall dort, wo sichtbare Heizkörper funktionell stören würden. Bei geringen Raumhöhen kann es allerdings auch zu Unverträglichkeiten durch die auf den Kopf einwirkende Wärmestrahlung kommen. Bild **13**.16 zeigt eine Deckenstrahlungsheizung in Form einer abgehängten Metalldecke. Die Wärmeübertragung erfolgt durch metalli-

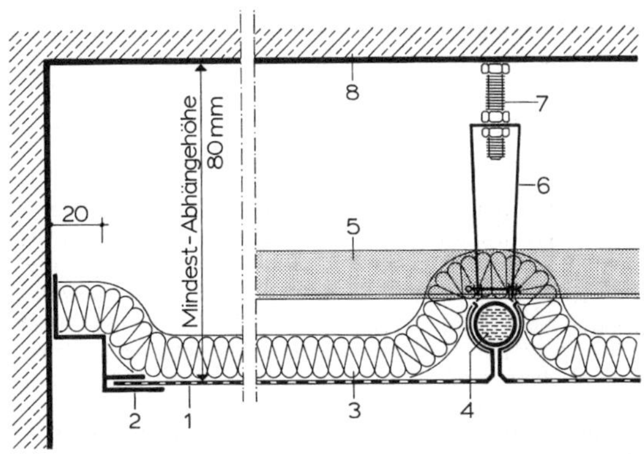

13.16
Konstruktionsbeispiel einer Deckenstrahlungsheizung in Form einer abgehängten Metalldecke
1 Aluminium-Kassetten (gelocht / ungelocht)
2 Wandanschlußprofil
3 Mineralfasermatte (Dämmaterial)
4 Rohrregister 1/2" für Heizwasser
5 Registeraussteifung
6 Lochbandabhänger
7 Gewindestift mit Konter- und Tragmuttern
8 Tragdecke

Zent-Frenger, Bensheim/Bergstraße

schen Kontakt zwischen Rohrregister und Deckenkassetten. Die über den Heizrohren angeordneten Dämmmatten bewirken, daß die Wärmestrahlung vor allem in den zu beheizenden Raum gelenkt und so ein unnötiges Aufheizen des Deckenhohlraumes weitgehend vermieden wird. Aufgrund des geringen Wasserinhaltes in den Rohrregistern läßt sich die Decke relativ schnell regulieren. Der schwankende Wärmebedarf wird durch die Regelung der Heizwassertemperatur ausgeglichen.

13.2.6.4 Anforderungen aus der Beleuchtungstechnik

Innenraumbeleuchtung

Nach DIN 5035 soll die Innenraumbeleuchtung mit künstlichem Licht gute Sehbedingungen schaffen und eine Umwelt vermitteln, die zum physischen und psychischen Wohlbefinden des Menschen beiträgt; außerdem soll sie helfen, Unfälle zu vermeiden.

Lichttechnische Gütemerkmale. Die Qualität einer Innenraumbeleuchtung mit künstlichem Licht läßt sich im wesentlichen nach folgenden Hauptkriterien beurteilen (Einzelheiten s. DIN 5035-1):

— Beleuchtungsniveau (Beleuchtungsstärke und Leuchtdichte),
— Harmonische Helligkeitsverteilung im Raum,
— Begrenzung der Blendung (Direkt- und Reflexblendung),
— Lichtrichtung und Schatteneinwirkung,
— Lichtfarbe und Farbwiedergabeeigenschaft.

Im Zusammenhang mit der Beleuchtungstechnik im Unterdeckenbereich sind insbesondere zu beachten:

Reflexionsverhalten. Besondere Bedeutung kommt dem Reflexionsverhalten beleuchteter Decken-, Wand- und Fußbodenflächen sowie den Reflexionsgraden der Oberflächen der sich im jeweiligen Raum befindlichen Gegenstände zu. Der Reflexionsgrad besagt, wieviel Prozent des auf eine Fläche auftreffenden Lichtstroms reflektiert wird. Dunklere Raumflächen erfordern höhere, hellere dagegen geringere Beleuchtungsstärken, um den gleichen Helligkeitseindruck zu erzeugen. Angaben über Reflexionsgrade der wichtigsten Innenausbaumaterialien sind der Spezialliteratur [6], [9], [10] zu entnehmen.

Begrenzung der Blendung. Jede Form der Blendung beeinträchtigt die Sehleistung. Nach ihrer Entstehung unterscheidet man Direktblendung und Reflexblendung.

— Direktblendung entsteht durch ungeeignete oder ungeeignet angebrachte Leuchten sowie durch zu hohe Leuchtdichten. Der kritische Ausstrahlungswinkel der Leuchten in bezug auf die Blendungsbegrenzung beginnt bei etwa 45° (DIN 5035-2).

— Reflexblendung entsteht durch Spiegelung bzw. störende Reflexe auf glänzenden Oberflächen (z. B. Kunstdruckpapier) nach dem Gesetz „Einfallwinkel = Ausfallwinkel". Sie läßt sich durch Festlegung einer geeigneten Lichteinfallsrichtung umgehen. Besondere Beachtung gilt der Vermeidung von Reflexblendung bei der Planung von Bildschirmarbeitsplätzen.

Bildschirmgerechte Beleuchtung

Die Vielfalt verschiedener Tätigkeiten an Bildschirmarbeitsplätzen führte gemäß DIN 66233 zu folgender Klassifizierung:

— **Bildschirmarbeitsplatz.** Arbeitsplatz mit Bildschirmgerät, bei dem Arbeitsaufgabe mit und Arbeitszeit am Bildschirmgerät bestimmend für die gesamte Tätigkeit sind. Derartige Arbeitsplätze unterliegen in beleuchtungstechnischer Hinsicht besonders hohen Anforderungen.

— **Arbeitsplatz mit Bildschirmunterstützung.** Arbeitsplatz mit Bildschirmgerät, bei dem Arbeitsaufgaben mit und Arbeitszeit am Bildschirmgerät nicht bestimmend für die gesamte Tätigkeit sind. Hier überwiegt die herkömmliche Bürotätigkeit, der Bildschirm dient zur unterstützenden Information. In bezug auf die lichttechnischen Anforderungen ist die hier überwiegende Bürotätigkeit stärker zu berücksichtigen.

Als günstige Körperhaltung am Bildschirmarbeitsplatz wird der leicht nach vorne geneigte Kopf mit einer um etwa 20° aus der Waagerechten abgesenkten Blickrichtung angesehen. Da die Hauptblicklinie senkrecht auf den Bildschirm auftreffen soll, muß dieser ebenfalls um 20° zur Senkrechten geneigt sein. Diese Neigung wiederum hat zur Folge, daß sich herkömmliche Leuchten im Bildschirm spiegeln können. Leuchten für Bildschirmarbeitsplätze müssen daher so beschaffen sein, daß sie einerseits störende Reflexe auf den Bildschirmen wirksam vermeiden und andererseits zu keiner Direktblendung führen. Diese Forderungen werden durch richtige Zuordnung von Beleuchtung zum Arbeitsplatz sowie durch spezielle Leuchten für Bildschirmarbeitsplätze mit stark reduzierter Leuchtdichte oberhalb eines Ausstrahlungswinkels von etwa 50° zur Senkrechten erzielt (sog. Kritischer Winkelbereich). Geeignet sind hierfür vor allem Parabolspiegelrasterleuchten mit hochglänzenden Spiegelreflektoren. Einzelheiten sind DIN 66234 und DIN 5035 (jeweils Teil 7) sowie den entsprechenden EU-Richtlinien zu entnehmen.

13.3 Tragende Teile der leichten Deckenbekleidungen und Unterdecken

Die tragenden Teile – Verankerung, Abhänger, Unterkonstruktion sowie deren Verbindungselemente – müssen die Lasten der Deckenbekleidungen und Unterdecken sicher auf die tragenden Bauteile (z. B. Massivdecke, Holzbalkendecke) übertragen (Bild **13**.17). Nach DIN 18168 sind

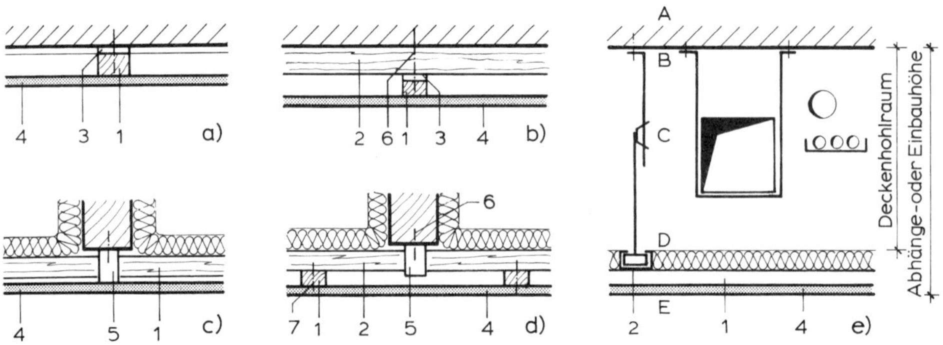

13.17 Schematische Darstellung von Deckenbekleidungen und Unterdecken: Begriffsbestimmung

Deckenbekleidungen (Unterkonstruktion aus Holz)

a) mit Traglattung (Massivdecke)
b) mit Trag- und Grundlattung (Massivdecke)
c) mit Traglattung (Holzbalkendecke)
d) mit Trag- und Grundlattung (Holzbalkendecke)

Abgehängte Unterdecke (Unterkonstruktion aus Metall)

e) mit Abhänger sowie Trag- und Grundprofil

1 Traglattung aus Holz oder Tragprofil aus Metall
2 Grundlattung aus Holz oder Grundprofil aus Metall
3 Distanzklötze (bei Bedarf)
4 Decklage
5 Federbügel aus Metall
6 Verankerungselemente
7 Verbindungselemente

A Rohdecke B Verankerung C Abhänger D Unterkonstruktion E Decklage

— Verankerungselemente die Teile, die die Abhänger oder Deckenbekleidungen direkt mit dem tragenden Bauteil verbinden
— Abhänger die Teile, die die Verankerungselemente mit der Unterkonstruktion verbinden
— Unterkonstruktionen die Teile, die die Decklagen tragen
— Decklagen die Teile, die den raumseitigen Abschluß bilden
— Verbindungselemente die Teile, die die Verankerungselemente, Abhänger, Unterkonstruktionen und Decklagen miteinander oder untereinander verbinden.

Leichte Deckenbekleidungen und Unterdecken sind so auszubilden, daß das Versagen oder der Ausfall eines tragenden Teiles nicht zu einem fortlaufenden Einsturz der Decken führen kann. Bild **13.**17a bis d zeigt den konstruktiven Aufbau von **Deckenbekleidungen,** Bild **13.**17e den einer **Unterdecke**. Bei Deckenbekleidungen ist die Unterkonstruktion unmittelbar an dem tragenden Bauteil verankert; bei Unterdecken wird die Unterkonstruktion abgehängt.

13.3.1 Verankerung an den tragenden Bauteilen

Baurechtliche Grundlagen. Gesetzliche Grundlage für das Bauen in Deutschland sind die Bauordnungen der einzelnen Bundesländer bzw. die Musterbauordnung (MBO), die den Landesbauordnungen (LBO) zugrunde liegt. In dieser Musterbauordnung wird gemäß der Bauproduktenrichtlinie zwischen **geregelten, nicht geregelten** und **sonstigen Bauprodukten** unterschieden. Einzelheiten hierzu s. Abschn. 2.2.4, Bauprodukte.

Befestigungssysteme – wie beispielsweise Ankerschienen, Dübel und Setzbolzen – sind Bauprodukte, die in den Geltungsbereich der Bauproduktenrichtlinie fallen, soweit an sie wesentliche sicherheitstechnische Anforderungen gestellt werden (z. B. mechanische Festigkeit, Standsicherheit, Brandschutz). Da es für solche Verankerungselemente keine Normen im Sinne der „allgemein anerkannten Regeln der Technik" gibt, werden sie als nicht geregelte Bauprodukte eingestuft. Der geforderte Brauchbarkeitsnachweis wird in der Baupraxis überwiegend durch allgemein bauaufsichtliche Zulassungen erbracht [11].

Verankerung an tragenden Bauteilen. Die Verankerung von Abhängern und Unterkonstruktionen an den tragenden Bauteilen muß fest und sicher sein. Auch über längere Zeiträume hinweg dürfen sie sich weder lösen noch lockern. Nach DIN 18168-1 ist die Anzahl der Verankerungsstellen so zu bemessen, daß die zulässige Tragkraft der Verankerungselemente sowie die zulässige Verformung der Unterkonstruktion nicht überschritten wird. Es ist jedoch mindestens eine Verankerung je 1,5 m^2 Deckenfläche anzuordnen. Eine Verankerung an einbetonierten Holzlatten – so wie dies früher üblich war – ist nach DIN 18168 nicht mehr zulässig. Grundsätzlich bieten sich folgende Befestigungsarten an:

— Verankerungen, die **rechtzeitig** vorgeplant und in der Betonkonstruktion mit einbetoniert werden.
— Verankerungen, die **nachträglich** an den tragenden Bauteilen angebracht werden.

Ankerschienen (Einbetonierte Verankerungen)

In allen Neubauten, bei denen mit der Befestigung schwerer Lasten in bestimmten Deckenbereichen zu rechnen ist, sollten zweckmäßigerweise bereits bei der Herstellung der Stahlbeton- bzw. Spannbetondecken korrosionsgeschützte und bauaufsichtlich zugelassene Ankerschienen einbetoniert werden (Bild **13.**18).

Die Ankerschienen bestehen aus kalt- oder warmgewalzten Π-förmigen Stahlprofilen mit mindestens zwei auf den Profilrücken angeschweißten Verankerungselementen (I-förmige Anker). Die vorgefertigten, gegen das Eindringen von Frischbeton ausgeschäumten Schienen sind oberflächenbündig einzubetonieren. Nach dem Ausschalen und Entfernen der Schaumfüllung können spezielle Hammer- bzw. Hakenkopfschrauben an jeder beliebigen Stelle in den Schienenschlitz eingeführt und daran entsprechende Konstruktionsteile (z. B. Abhänger, Lüftungskanäle, Kabelpritschen) befestigt werden. Einzelheiten sind der Spezialliteratur [12] zu entnehmen.

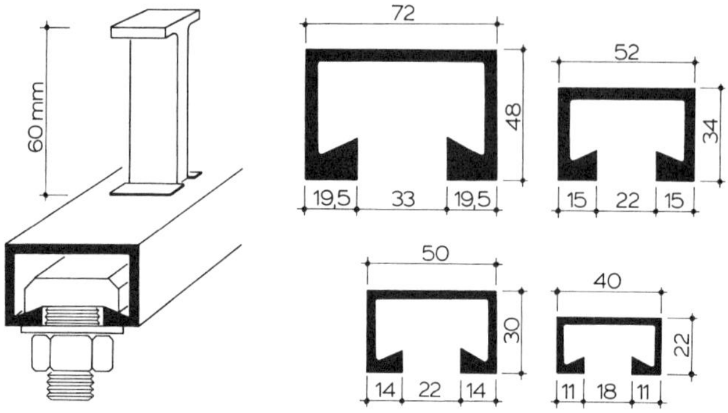

13.18
Ankerschienen zum oberflächenbündigen Einbetonieren in Stahlbeton- und Spannbetondecken (Beispiele: Warmgewalzte Profile für Hakenkopfschrauben)

Halfen GmbH, Langenfeld

Dübeltechnik

Dübel ermöglichen eine nachträgliche Verankerung von Bauteilen, Bauelementen, Unterkonstruktionen, Plattenbaustoffen und sonstigen Gegenständen am tragenden Untergrund. Nach den Landesbauordnungen ist zwischen tragenden und nichttragenden Konstruktionen zu unterscheiden. Eine tragende Konstruktion liegt vor, wenn deren Versagen die öffentliche Sicherheit gefährdet (sicherheitstechnischer Aspekt). Bei der Dübelauswahl gilt es im einzelnen zu beachten:

- Art und Beschaffenheit des Ankergrundes,
- Bohrverfahren (dem Baustoff entsprechend),
- Montagearten (Vorsteck-, Durchsteck-, Abstandsmontage),
- Korrosionsschutz (Verzinkung, nichtrostender Edelstahl),
- Höhe und Art der Belastung (Zug, Querzug, Schrägzug, Druck),
- Tragmechanismus und Wirkungsweise (Reibschluß durch Spreizung. Formschluß durch Anpassung, Stoffschluß durch Verbund),
- Zulassungen und Vorschriften.

Dübelkonstruktionen. Nach dem derzeitigen Stand der Technik unterscheidet man im wesentlichen drei Dübel-Konstruktionsarten:

- **Spreizdübel** aus Kunststoff oder Stahl (Bild **13**.19),
- **Hinterschnittdübel** mit direktem oder indirektem Formschluß (Bild **13**.20),
- **Haftdübel** mit Verbund auf Reaktionsharz- oder Zementmörtelbasis (Bild **13**.21).

Weitere Einzelheiten sind der Spezialliteratur [11], [13], [14] zu entnehmen.

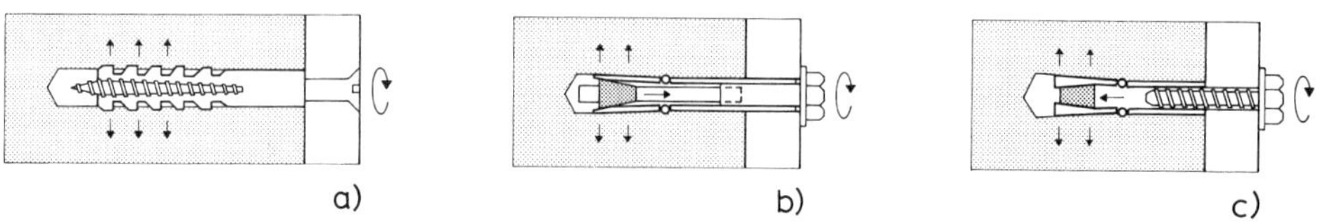

13.19 Schematische Darstellung von Spreizdübeln aus Kunststoff und Stahl

a) Spreizdübel aus Kunststoff. Wegkontrollierte Spreizung durch Eindrehen einer Schraube
b) Spreizdübel aus Stahl. Kraftkontrollierte Spreizung durch Anziehen einer Ankerschraube
c) Spreizdübel aus Stahl. Wegkontrollierte Spreizung durch Einschlagen eines Konus in eine Hülse

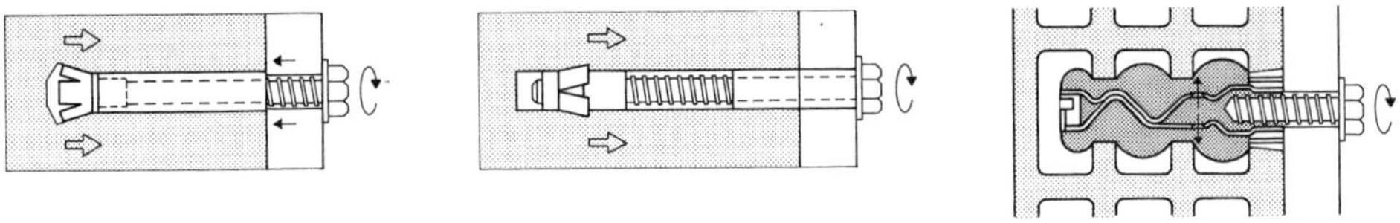

a) b) c)

13.20 Schematische Darstellung von spreizdruckfreien Hinterschnittdübeln und Injektions-Netzanker

a) Hinterschnittdübel aus Stahl. Formschlüssige Verbindung durch Einschlagen einer Spreizhülse über den Konusbolzen (wegkontrollierter Hinterschnittdübel)

b) Hinterschnittdübel aus Stahl. Formschlüssige Verbindung durch Anziehen eines Gewindebolzens und Öffnen von Klemmsegmenten in der Hinterschneidung (kraftkontrollierter Hinterschnittdübel)

c) Injektions-Netzanker. Form- und stoffschlüssige Verbindung zwischen Befestigungselement, erhärteter Injektionsmasse und Ankergrund

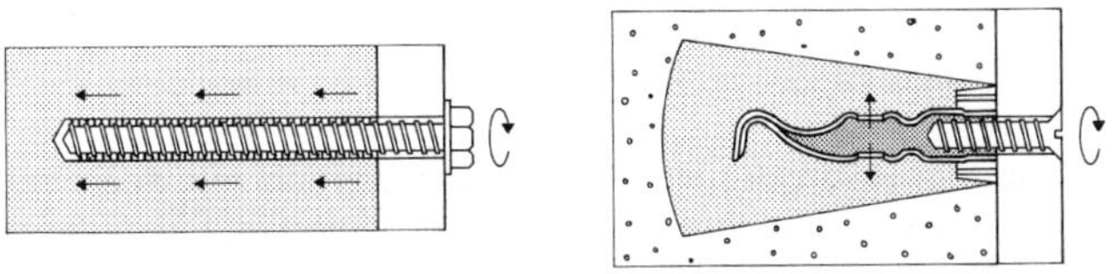

a) b)

13.21 Schematische Darstellung von spreizdruckfreiem Verbundanker und Injektionsanker für Mauerwerk

a) Verbundanker aus Stahl. Stoffschlüssige Verbindung durch Reaktionsharz zwischen Gewindestange und Ankergrund

b) Injektionsanker für Ankergrund mit porösem Gefüge. Form- und stoffschlüssige Verbindung zwischen Befestigungselement, erhärteter Injektionsmasse und Ankergrund

13.3.2 Abhänger

Abhänger müssen die auftretenden Lasten sicher aufnehmen und eine genaue Höhenjustierung ermöglichen. Die eingestellte Abhängehöhe muß außerdem dauerhaft fixiert werden können, ohne daß die Gefahr des Nachrutschens besteht. Abhängungen können aus Metall oder Holz hergestellt werden. Ihre zulässige Tragkraft ist rechnerisch oder durch Prüfzeugnis nachzuweisen.

Abhänger aus Metall. In der Regel werden Metallabhänger aus Federstahl, Gewindestäben, Stahlblech und in Sonderfällen aus Leichtmetall (Aluminiumblech) verwendet. Einzelheiten über Materialkennwerte und Mindestabmessungen von Abhängern sind DIN 18168-1, Tab. 1 zu entnehmen. Entsprechend ihrer zulässigen Tragkraft werden sie in drei Tragfähigkeitsklassen nach DIN 18168-2 eingestuft. Alle Metallteile müssen außerdem einen ausreichenden Korrosionsschutz entsprechend dieser Normen aufweisen. An höhenverstellbaren Metallabhängern werden vorwiegend eingesetzt (Bild **13**.22a bis d):

- **Schlitzbandabhänger** sind verhältnismäßig teuer und bei der Montage etwas umständlich zu handhaben. Sie können jedoch eine geringe Druckbelastung von unten aufnehmen.
- **Schnellspannabhänger** mit Federn gestatten eine stufenlose Höhenjustierung. Sie dürfen jedoch keinesfalls bei Druckbelastung von unten eingesetzt werden.
- **Noniusabhänger** werden – neben den Spannabhängern – am meisten verwendet, obwohl sie etwas teurer sind. Sie sind jedoch einfach zu montieren, in jedem Fall sicher und können auch Druck von unten aufnehmen (z. B. bei Trennwänden, die nach oben abgestützt werden müssen).

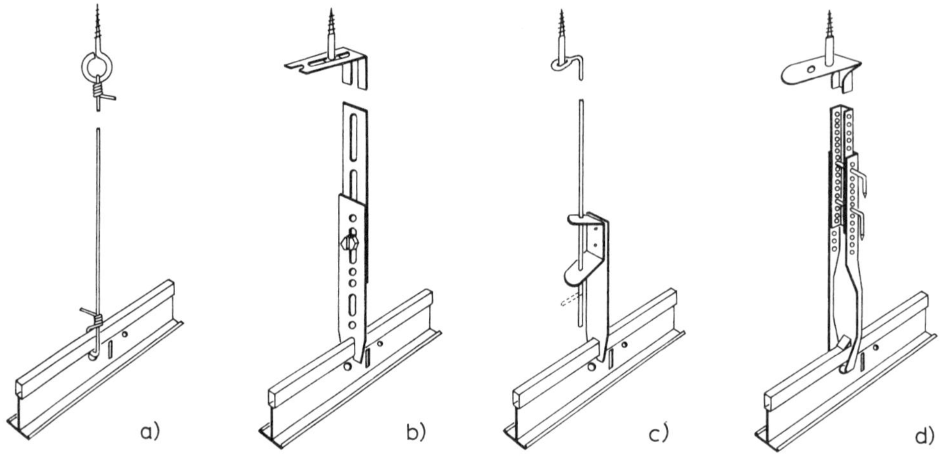

13.22 Schematische Darstellung von Abhängern aus Metall [15]
a) Abhängung mit Draht, b) Schlitzbandabhänger, c) Schnellspannabhänger, d) Noniusabhänger

Abhänger aus Holz. Abhängungen aus Holz oder Holzwerkstoffen werden nur noch bei bestimmten Anwendungsfällen (Holzbauten, Sonderausführungen) angefertigt. Sie müssen nach DIN 18168 gewisse Mindestquerschnitte bzw. Mindestdicken aufweisen. Berechnung und Ausführung sind nach DIN 1052-1 und -2 vorzunehmen. Für den vorbeugenden Holzschutz gilt DIN 68800.

13.3.3 Unterkonstruktionen

Die Unterkonstruktion dient der Befestigung der Decklage. Sie darf sich unter der Last des Bekleidungsmateriales weder durchbiegen noch verformen. Außerdem muß sie so beschaffen sein, daß eine sichere Auflage (Einlegemontage) oder Befestigung der Decklage möglich ist. Die tragenden Teile der Unterkonstruktion sind nach DIN 18168 so zu bemessen, daß die Durchbiegung höchstens 1/500 der Stützweite (z.B. des Abhängerabstandes), jedoch nicht mehr als 4 mm beträgt.

Ausbildung und Bemessung der Unterkonstruktion richten sich weitgehend nach Art und Größe des Bekleidungsmateriales (Decklage). Je nachdem, ob Unterdeckensysteme mit Achsraster, Längsbandraster, Kreuzbandraster oder fugenlose Unterdecken eingesetzt werden, müssen auch die Grund- und Tragprofile entsprechend angeordnet und ausgebildet sein. Die konkreten systembezogenen Achsabstände sind gemäß Bild **13**.23 den jeweiligen Herstellerunterlagen zu entnehmen. Einzelheiten über Materialkennwerte und Mindestabmessungen von Unterkonstruktionen s. DIN 18168-1 und -2.

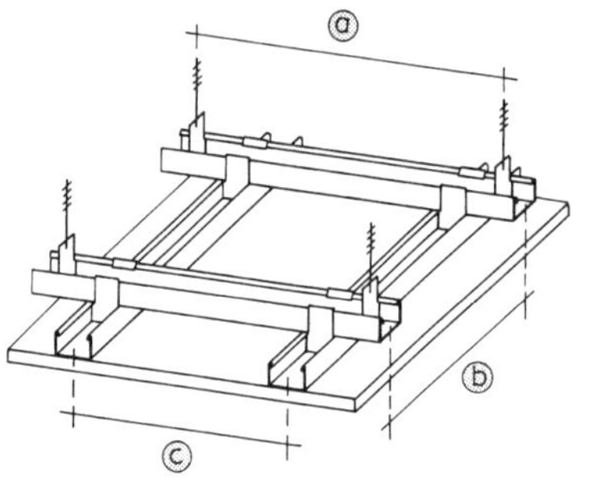

13.23
Schematische Darstellung der wichtigsten Achsabstände (Begriffsbestimmung)
a) Abstand der Abhänger bzw. Verankerungselemente
b) Abstand der Grundprofile bzw. Grundlattung
c) Abstand der Tragprofile bzw. Traglattung

Unterkonstruktionen aus Metall

Von ihrem Aufbau her unterscheidet man grundsätzlich höhengleich (einlagig) sowie höhenversetzt (zweilagig) ausgebildete Kreuzroste.

- **Höhengleicher Kreuzrost.** Bild **13**.24a zeigt einen in der Ebene einlagig angeordneten, von unten sichtbaren Kreuzrost (Kreuzbandraster-Unterdecke). Die an den Kreuz- bzw. Knotenpunkten eingefügten Verbindungselemente sorgen für die erforderliche Aussteifung der Unterkonstruktion.
- **Höhenversetzter Kreuzrost.** Der in Bild **13**.24b dargestellte höhenversetzt ausgebildete Kreuzrost besteht aus zwei Lagen Stahlblechprofilen: einer oberen Lage aus Grundprofilen – meist in größeren Abständen verlegt – und einer unteren aus Tragprofilen, deren Anordnung sich systembedingt vor allem nach Art und Größe (Abmessungen) des Decklagenmateriales richtet. Vgl. hierzu auch Bild **13**.23.

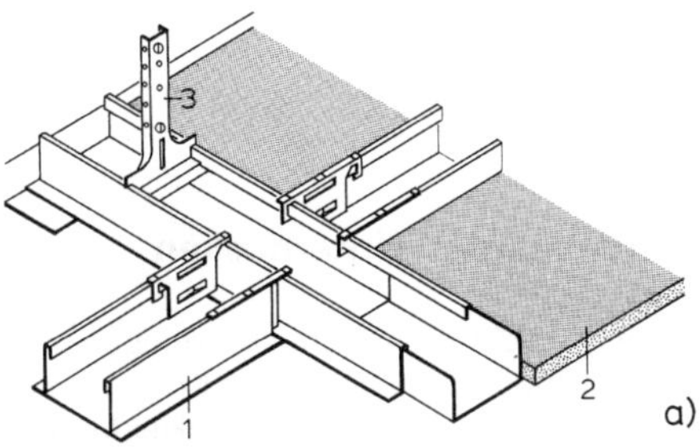

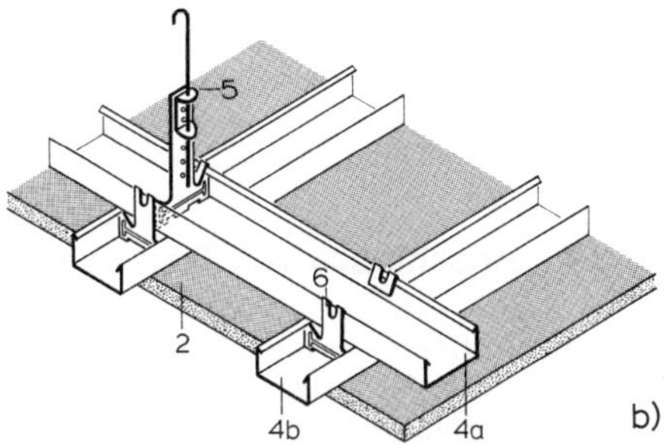

13.24 Schematische Darstellung von Unterkonstruktionen aus Metall (Beispiele)
a) höhengleicher Kreuzrost (einlagig) aus Bandrasterprofilen: von unten sichtbares Kreuzbandraster
b) höhenversetzter Kreuzrost (zweilagig) aus Stahlblechprofilen: von unten unsichtbare Konstruktion

1 Bandrasterprofil
2 Decklage
3 Noniusabhänger
4a Stahlblechprofile (Grundprofile)
4b Stahlblechprofile (Tragprofile)
5 Schnellspannabhänger
6 Profilverbinder (Winkelanker)

Unterkonstruktionen aus Holz

Holz als Konstruktionsmaterial wird vorzugsweise bei Deckenbekleidungen (Direktmontage an der Tragdecke) eingesetzt. Möglich sind auch abgehängte Unterkonstruktionen aus Holzwerkstoffen (Holzspanplatten, Furniersperrholz, Stabsperrholz). Diese werden jedoch mehr und mehr von Metallkonstruktionen verdrängt, da Metallprofile gegenüber den Holzlatten erhebliche Montagevorteile aufweisen. Das Grundschema möglicher Holzunterkonstruktionen ist im Prinzip den zuvor beschriebenen Metallkonstruktionen sehr ähnlich.

Deckenbekleidungen mit Unterkonstruktionen aus Holz.

- **Höhengleiche Traglattung.** Die in Bild **13**.25 dargestellte einlagige Traglattung, mit einem Querschnitt von mind. 48 x 24 mm, wird direkt an der Tragdecke befestigt. Diese Konstruktionsart bietet sich bei ebenen Massivdecken, bei Holzbalkendecken oder bei geringen Raumhöhen an. Vgl. hierzu Bild **13**.17.
- **Höhenversetzte Trag- und Grundlattung.** Die in Bild **13**.25b gezeigte Grundlattung wird zunächst am Untergrund befestigt, quer dazu die Traglattung, die auch die Decklage trägt. Eine exakte Höhenjustierung kann durch das Einschieben von Distanzklötzen erreicht werden. Die Latten sind an jedem Kreuzungspunkt miteinander zu verschrauben.

Abgehängte Unterdecken mit Unterkonstruktionen aus Holz.

- **Höhenversetzte Trag- und Grundlattung** (Bild **13**.25c). Der Querschnitt der hochkant angeordneten Grundlattung muß mind. 40 x 60 mm (besser 60 x 90 mm), der der Traglattung mind. 48 x 24 mm betragen. Beide Lattungen können auch 50 x 30 mm sein. Vgl. hierzu Bild **13**.17.

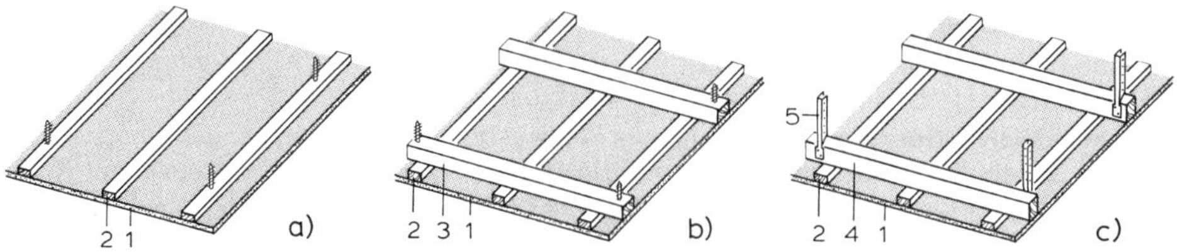

13.25 Schematische Darstellung von Unterkonstruktionen aus Holz. Vgl. hierzu auch Bild **13.17**
a) einlagige gerichtete Traglattung bei Deckenbekleidungen
b) höhenversetzte Trag- und Grundlattung (flach) bei Deckenbekleidungen
c) höhenversetzte Trag- und Grundlattung (hochkant) bei abgehängten Unterdecken
1 Decklage
2 Traglattung (mind. 48 x 24 oder 50 x 30 mm)
3 Grundlattung – flach (mind. 60 x 40 mm)
4 Grundlattung – hochkant (mind. 60 x 90 mm)
5 Abhänger

13.3.4 Anschlüsse von Trennwänden an abgehängten Unterdecken

Werden nichttragende innere Trennwände (DIN 4103) an leichten Deckenbekleidungen und Unterdecken befestigt, so müssen die aus den Trennwänden resultierenden Kräfte durch geeignete Konstruktionen aufgenommen oder unmittelbar durch die Deckenbekleidungen oder Unterdecken auf Festpunkte abgeleitet werden. Werden hinsichtlich Stoßbeanspruchung (z.B. in Turnhallen) besondere Anforderungen gestellt, so ist die Aufnahme dieser Beanspruchung nachzuweisen. Einzelheiten hierzu s. Abschn. 14.3.2 und 14.3.5.

Unterdecken und Trennwand sollten immer von einem Hersteller geliefert werden, vor allem dann, wenn hohe Anforderungen bezüglich der Schall-Längsdämmwerte, Schallabsorptionsgrade und des Feuerwiderstandes gefordert werden. Meist erfüllen zwar Unterdecken und Trennwände jeweils für sich allein die geforderten Werte, im Verbund weisen die Anschlüsse jedoch – wenn die Ausbauteile nicht sorgfältig aufeinander abgestimmt sind – oft gravierende Schwachstellen auf.

Druck- und Scherkräfte. Bei der in Bild **13.**26a dargestellten Kreuzbandrasterdecke können die zuvor erwähnten Kräfte problemlos aufgenommen und leichte Trennwände in jeder Richtung unter die Bandrasterprofile gestellt werden. Die Bandrasterprofile selbst müssen allerdings über die Knotenpunkte unbedingt drucksteif abgehängt sein. Noniusabhänger sind hierfür am besten geeignet. Werden die Bandrasterprofile jedoch nur in einer Richtung – in Form eines Längsbandrasters – angeordnet, so sind die Abhängungen oftmals noch zusätzlich diagnonal auszusteifen, damit ein seitliches Ausweichen der Profile verhindert wird (Bild **13.**26b).

Ballwurfsicherheit. Als ballwurfsicher gemäß DIN 18032 gelten Bauelemente von Sporthallen – wie beispielsweise Wand- und Unterdeckenbekleidungen, Leuchten, Lüftungsgitter – die bei mechanischer Beanspruchung durch Bälle ohne wesentliche Veränderungen der Oberflächeneigenschaften und der Unterkonstruktion dauerhaft bleiben. Eine ballwurfsichere Metallpaneeldecke zeigt Bild **13.**51.

Elastische Anschlüsse. Der Anschluß zwischen Bandraster- und Trennwandprofil ist elastisch auszubilden. Je nach Anforderung (Trennwand umsetzbar oder fest eingebaut) werden ein- bzw. zweiseitig selbstklebende Schaumstoffbänder, Filzstreifen oder Mineralfaserstreifen, ggf. mit elastischer Dichtungsmasse, verwendet.

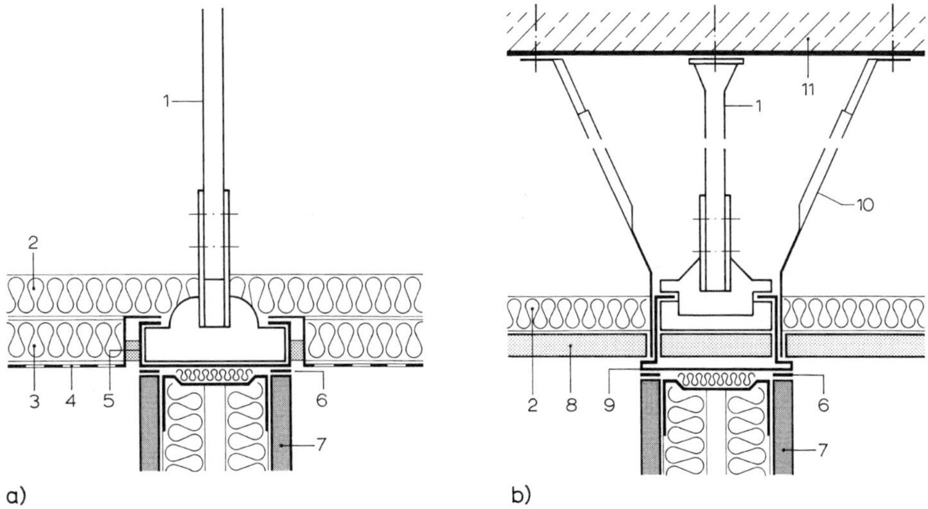

13.26 Konstruktionsbeispiele
a) Kreuzbandrasterdecke mit drucksteifer Abhängung
b) Längsbandrasterdecke mit drucksteifer Abhängung und diagonaler Queraussteifung

1 Noniusabhänger
2 horizontale Faserdämmstoffauflage
3 abgepaßte Dämmstoffeinlage
4 perforierte Metallkassetten
5 Bandrasterprofil mit Dichtungsband
6 elastische Anschlußdichtung
7 Trennwand mit Hohlraumdämmung und biegeweichen Wandschalen
8 Mineralfaser-Deckenplatten
9 Bandrasterprofil für Einlegemontage
10 diagonale Queraussteifung
11 Massivdecke

13.4 Decklagen

Als Decklage kommen genormte und nicht genormte Halbzeuge und vorgefertigte Bauelemente in Betracht, soweit sie für den jeweiligen Verwendungszweck geeignet sind. Die Auswahl einer Decklage wird im wesentlichen bestimmt durch (Hauptfaktoren)

— den jeweiligen Einsatzbereich der Decke,
— die daraus resultierenden Anforderungen,
— das gewählte Rastersystem (modular, nicht modular),
— einfache, trockene Montage und Demontage vorgefertigter Elemente,
— Austauschbarkeit und freie Kombinationsmöglichkeit verschiedenartig ausgerüsteter Deckenteile,
— Integration technischer Funktionsträger und leichter Trennwände,
— geringen Unterhaltsaufwand,
— allgemeine raumgestalterische Aspekte,
— Wirtschaftlichkeit in Relation zu den Qualitätsanforderungen.

An das Material einer Decklage können bestimmte Anforderungen wie beispielsweise Feuchtigkeitsbeständigkeit, Korrosionsbeständigkeit, Feuerwiderstandsfähigkeit, Stoßunempfindlichkeit, Lichtechtheit u. ä. gestellt werden. Die Decklagenelemente werden überwiegend oberflächenfertig geliefert, so zum Beispiel anstrich-, kunststoff-, folien-, metallbeschichtet oder mit einer Holzfurnier-, Textil- oder Schichtpreßstoffauflage versehen. Auch der Glanzgrad – matt, seidenmatt, glänzend – und die Sichtflächenstruktur können sehr unterschiedlich ausgebildet sein: glatt, strukturiert, perforiert, reliefartig gestaltet oder räumlich gegliedert.

13.5 Leichte Deckenbekleidungen und Unterdecken: Deckensysteme

A. Fugenlose Deckenbekleidungen und Unterdecken

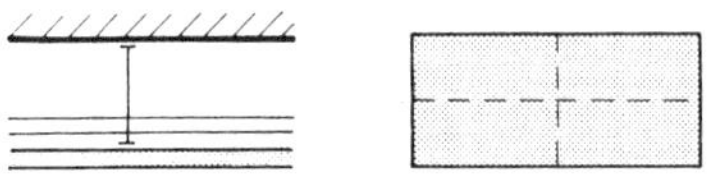

1. **Fugenlose Decken** mit geschlossenem Deckenspiegel, z. B. aus
— Gipskarton-Bauplatten
— Gipskarton-Putzträgerplatten
— Mineralfaser-Putzträgerplatten

B. Ebene Deckenbekleidungen und Unterdecken

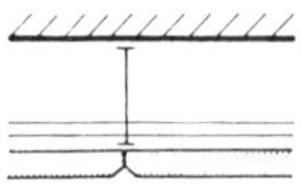

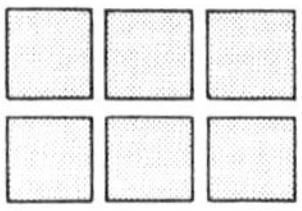

(quadratische Kassettenplatten)

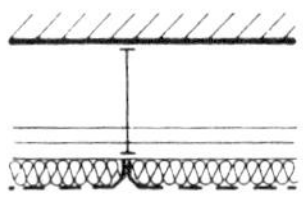

(Langfeldplatten =Flurdeckenplatten)

1. **Plattendecken** (meist geschlossene Systeme) z. B. aus
— Mineralfaserplatten
— Holz-Spanplatten
— Holz-Furnierplatten
— Holz-Faserplatten
— Holzwolle-Leichtbauplatten
— Gipskarton-Bauplatten
— Gipskarton-Kassetten
— Metall-Deckenplatten (gelocht/ungelocht) u. a. m.

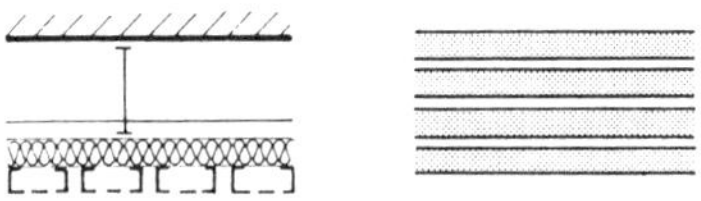

2. **Paneeldecken** (offene und geschlossene Systeme) z. B. aus
— Metall-Profilen
— Massivholz-Profilen
— Spanplatten-Paneelen
— Hart-PVC-Profilen (gelocht/ungelocht) u. a. m.

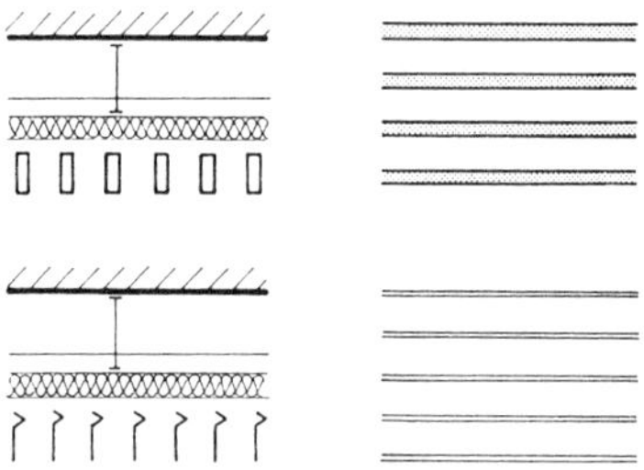

3. **Lamellendecken** (meist offene Systeme), z. B. aus
— Massivholz-Lamellen
— Spanplatten-Lamellen
— Mineralfaser-Lamellen
— Leichtmetall-Lamellen
— Stahlblech-Lamellen
— Hohlkörper-Lamellen aus Metall oder Holz (gelocht/ungelocht) u. a. m.

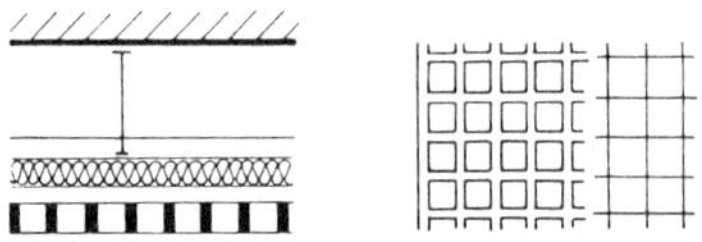

4. **Rasterdecken** (meist offene Systeme), z. B. aus
— Preßholz-Elementen
— Metall-Elementen
— Kunststoff-Elementen u. a. m.

13.27 Einteilung und Benennung leichter Deckensysteme (Fortsetzung s. nächste Seite)

Bild **13**.27 Fortsetzung

C. Waben- und Pyramidendecken

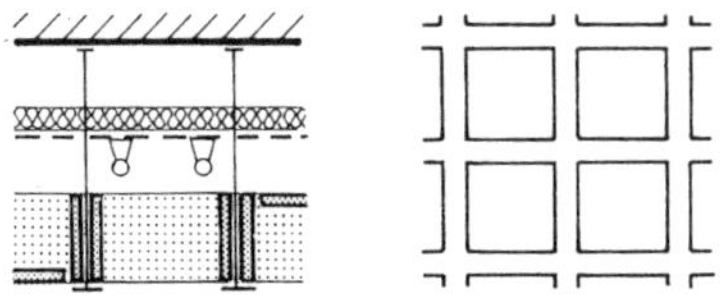

1. **Wabendecken**
(offene und geschlossene Systeme),
z. B. aus

— Mineralfaserplatten
— Holzwerkstoffplatten
— Hohlkörperprofile aus Metall (gelocht/ungelocht) u. a. m.

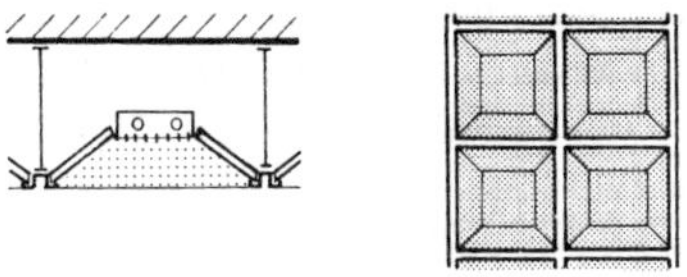

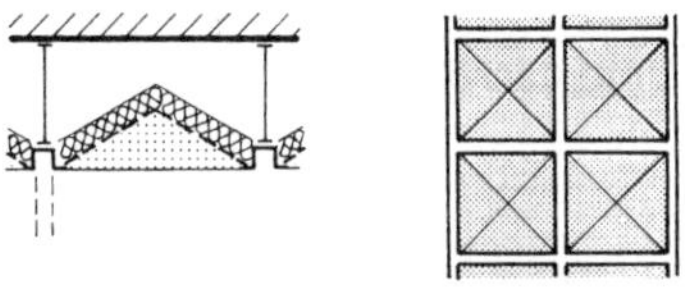

2. **Pyramidendecken**

a) (geschlossene Systeme), mit integrierter Beleuchtung, z. B. aus

— Mineralfaserplatten
— Holzwerkstoffplatten
— Metall-Deckenplatten (gelocht/ungelocht)

b) (geschlossene Systeme), z. B. aus

— Mineralfaserplatten
— Holzwerkstoffplatten
— Metall-Deckenplatten (gelocht/ungelocht) u. a. m.

D. Integrierte Unterdeckensysteme

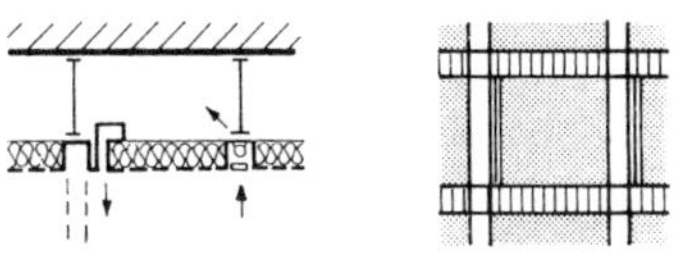

1. **Lichtkanaldecke** (mit integrierter Akustik, Beleuchtung, Klimatisierung), geschlossene Systeme, z. B. aus

— Holzwerkstoffplatten
— Textile Spannrahmenelemente
— Metall-Deckenplatten (gelocht/ungelocht)
— Mineralfaserplatten

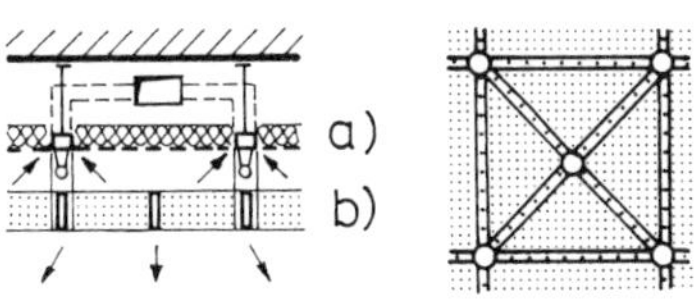

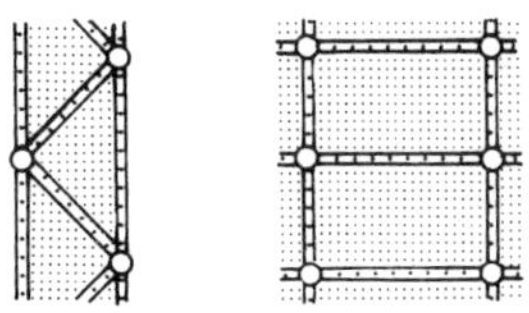

2. **Kombinationsdecke** (Großrasterdecke mit integrierter Akustik, Beleuchtung, Klimatisierung), geschlossene Systeme

a) ebene Akustikdecke, z. B. aus

— gelochten/ungelochten Metall-Kassetten, Metall-Paneelen
— Mineralfaserplatten

b) Großrasterdecke, z. B. aus

— gelochten/ungelochten Metall-Rasterlamellen

E. Sonderformdecken bleiben im Rahmen dieser Abhandlung unberücksichtigt

13.5.1 Einteilung und Benennung: Überblick

Die auf dem Markt befindlichen Deckensysteme können eingeteilt und benannt werden nach (Hauptgruppen):

— Einsatzbereichen (z. B. Hygiene-, Sport-, Verwaltungs-, Wohnbereich)
— Funktionsanforderungen (z. B. Licht-, Akustik-, Lüftungs-, Kühldecken)
— Schutzanforderungen (z. B. Brandschutz-, Schallschutzdecken)
— Konstruktionsmerkmalen (z. B. abgehängte –, sichtbare –, verdeckte Montage)
— Deckengeometrie (z. B. Achsraster-, Längsbandraster-, Kreuzbandrasterdecken)
— Decklagenmaterialien (z. B. Gipskarton-, Mineralfaser-, Holz-, Metalldecken)
— Gestaltungskriterien und Deckenbild (z. B. Platten-, Kassetten-, Paneel-, Rasterdecken).

Die in Bild **13**.27 dargestellte Einteilung der Deckensysteme ist als Orientierungshilfe gedacht und erhebt keinen Anspruch auf Vollständigkeit. Die Übergänge von einer Deckengruppe zur anderen vollziehen sich fließend, eine exakte Abgrenzung ist nicht möglich. Im wesentlichen lassen sich die Decken nach ihrer sichtbaren Erscheinung, nach der Art des konstruktiven Aufbaues und nach ihrer Funktion klassifizieren. Die in den nachfolgenden Abschnitten erläuterten Deckenbeispiele wurden – gemäß ihrer ganzheitlichen optischen Wirkung (Unterdeckenansicht) – in vier Hauptgruppen zusammengefaßt:

A. Fugenlose Deckenbekleidungen und Unterdecken
B. Ebene oder anders geformte Deckenbekleidungen und Unterdecken
C. Waben- und Pyramidendecken
D. Integrierte Unterdeckensysteme
E. Sonderformdecken bleiben im Rahmen dieser Abhandlung unberücksichtigt.

Da in der Praxis häufig ein bestimmtes Material den Ausgangspunkt für eine Deckenwahl abgibt, wurden die in Bild **13**.27 gezeigten Deckensysteme nochmals gegliedert und ihnen jeweils die in Frage kommenden Materialien zugeordnet. Daraus lassen sich im wesentlichen fünf materialbezogene Deckengruppen ableiten:

— Gips- und Gipskartondecken
— Mineralfaserdecken
— Holz- und Holzwerkstoffdecken
— Metalldecken
— Kunststoffdecken.

Es kann nicht Aufgabe dieses Werkes sein, einen vollständigen Überblick über alle auf dem Markt befindlichen Deckensysteme zu geben. Zu vielfältig sind die Ausführungsmöglichkeiten – sowohl in technischer als auch formaler Hinsicht. Vielmehr werden in diesem Abschnitt nur die wichtigsten Deckentypen erläutert und auf die jeweiligen Einsatzgebiete sowie Konstruktionsbedingungen hingewiesen.

15.5.2 Fugenlose Deckenbekleidungen und Unterdecken

Fugenlose Decken bestehen – abgesehen von den altbewährten Draht-Putzdecken[1]) – aus plattenförmigen Halbzeugen, die auf der Baustelle an Unterkonstruktionen aus Metall oder Holz, direkt oder abgehängt, in Trockenmontage befestigt werden. Die Fugen der Platten sind so zu verspachteln, daß eine ebene, fugenlose Unterschicht entsteht (geschlossener Decken-

[1]) s. Fußnote Seite 530

spiegel). Zur Herstellung fugenloser Decken eignen sich vor allem unterschiedlich vergütete Gipskartonplatten, Gipsfaserplatten und Gipskarton-Putzträgerplatten. Je nach Anwendungsbereich erfüllen derartige Deckenbekleidungen und Unterdecken folgende Anforderungen.

— Verkleidung der Rohdecke, einschließlich der Ver- und Entsorgungsleitungen, Unterzüge u. ä.
— Erhöhung des Brandschutzes von Geschoßdecken
— Verbesserung der Schalldämmung von Geschoßdecken
— Verbesserung der Raumakustik mit verputzten Gipskarton-Lochplatten
— Integration von Klima-, Lüftungs-, Kühl- und Beleuchtungstechnik
— Variable Trennwandanschlüsse
— Untergrund für Beschichtungen aller Art (Anstriche, Tapeten).

Gipskartonplatten (DIN 18180) sind großflächige, im wesentlichen aus einem Gipskern bestehende Platten, deren Flächen und Längskanten mit einem fest haftenden, dem Verwendungszweck entsprechenden Karton ummantelt sind. Ihre beachtliche Biegefestigkeit erhalten sie durch diese Ummantelung. Die Fasern des Kartons verlaufen überwiegend in Plattenlängsrichtung, so daß sich senkrecht zur Kartonfaser höhere Festigkeiten als parallel dazu ergeben. Dementsprechend bekommen die Platten auf der Rückseite einen Stempel, der immer in Plattenlängsrichtung – also in Richtung Faserverlauf – weist (Tabelle **13**.29).

Gipsfaserplatten (nicht genormt) bestehen aus Gips und Papierfasern, die in einem Recyclingverfahren gewonnen werden. Die Papierfasern bewehren die Platten, so daß sie durch und durch faserverstärkt sind und sich daraus ihre hohe Biegefestigkeit ergibt. Üblicherweise sind sie in den Dicken 10 – 12,5 – 15 – 18 mm erhältlich. Ihre Kanten sind im allgemeinen scharfkantig und nicht besonders profiliert ausgebildet. In der Regel sind die Gipsfaserplatten für dieselben Anwendungsbereiche geeignet wie die Gipskartonplatten.

Gipsbaustoffe tragen wesentlich zur Schaffung und Erhaltung eines behaglichen Raumklimas bei (feuchtigkeitsregulierende Eigenschaft). Es gilt jedoch immer zu beachten, daß Bauelemente aus Gips einem länger währenden Wasserangriff oder langzeitig einwirkender hoher Luftfeuchte nicht ungeschützt ausgesetzt werden dürfen (Folge: Gefügezerstörung). Vorübergehend auftretende Feuchtigkeitseinwirkung – wie sie beispielsweise in Duschen, Bädern und Küchen des Wohn- und Geschäftsbereiches vorkommt – schadet den Gipsbauplatten nicht. Vgl. hierzu auch Abschn. 8.3 in Teil 2 dieses Werkes.

13.5.2.1 Decken aus Gipskartonplatten

In DIN 18180 (zukünftig EN 520) sind die Plattenarten, Verwendung und Anforderungen an die Güte der Gipskartonplatten, in DIN 18181 die Grundlagen für ihre Verarbeitung und in DIN 18182-1 bis -4 die Zubehörteile näher erläutert und festgelegt. Je nach Verwendungszweck stehen folgende Plattenarten zur Verfügung:

— **Gipskarton-Bauplatten – GKB** (Dicken: 9 – 12,5 – 15 – 18 – 25 mm. Regelbreite: 600 (625) und 1250 mm. Regellänge: 2000 bis 4000 mm in Stufen von 250). Sie eignen sich zum Befestigen auf flächiger Unterlage, zum Ansetzen als Wandtrockenputz und zur Herstellung von Gipskarton-Verbundplatten nach DIN 18184. Ab einer Dicke von 12,5 mm auch als Decklage auf Unterkonstruktion für Deckenbekleidungen und Unterdecken sowie für die Beplankung von Montagewänden (nichttragende innere Trennwände). Die Längskanten sind kartonummantelt (Bild **13**.28), die Querkanten scharfkantig oder maschinenrauh geschnitten. Kennzeichnung: Kartonfarbe gelb–bräunlich, Rückseitenstempel blau.

— **Gipskarton-Bauplatten – imprägniert – GKBI** (Dicken: 12,5 – 15 – 18 mm) werden überall dort eingesetzt, wo mit erhöhter Feuchtigkeitsbeanspruchung zu rechnen ist (Küchen, Bäder, Untergrund für Verfliesungen). Gipskern und Karton sind wasserabweisend imprägniert (verzögerte Feuchtigkeitsaufnahme), der Karton ist außerdem noch fungizid ausgerüstet (gegen Pilz- und Schimmelbefall). Kennzeichnung: Karton grün eingefärbt, Rückseitenstempel blau.

— **Gipskarton-Feuerschutzplatten – GKF** (Dicken: 9,5 – 12,5 – 15 – 18 mm) sind für Bauteile wie Wand- und Deckenbekleidungen, abgehängte Unterdecken und Trennwände bestimmt, an die Anforderungen an die Feuerwiderstandsdauer (von F 30 bis F 180) nach DIN 4102 gestellt werden. Gipsbaustoffe eignen sich aufgrund der spezifischen Eigenschaften des Gipses – sein Kristallwasser bei höheren Temperaturen abzugeben und dadurch den Baustoff abzukühlen – in besonderem Maße für Brandschutz-Konstruktionen. Der Gipskern der Feuerschutzplatten ist zur Verbesserung des Gefügezusammenhaltes mit Glasfasern armiert (Baustoffklasse **A 2** – nichtbrennbar – nach DIN 4102). Die Flächen und Längskanten besonders widerstandsfähiger Feuerschutzplatten sind mit Glasfaservlies ummantelt (Baustoffklasse **A 1** – nichtbrennbar – nach DIN 4102). Kennzeichnung: Kartonfarbe gelbbräunlich, Rückseitenstempel rot.

- **Gipskarton-Feuerschutzplatten – imprägniert – GKFI** (Dicken: 12,5 – 15 – 18 mm) erfüllen die gleichen Bedingungen wie die vorgenannten GKBI-Platten (verzögerte Feuchtigkeitsaufnahme). Aufgrund der zusätzlichen Glasfaserarmierung des Gipskernes können die Platten auch dort eingesetzt werden, wo außerdem noch Anforderungen an den Brandschutz auftreten. Kennzeichnung: Karton grün eingefärbt, Rückseitenstempel rot.
- **Gipskarton-Putzträgerplatten – GKP** (Dicken: 9,5 mm) sind Gipsplatten mit runden kartonummantelten Längskanten, die überwiegend für Deckenbekleidungen und Unterdecken verwendet werden. Auf die als Putzträger dienenden Platten wird nach der Montage auf einer Unterkonstruktion noch anschließend eine Putzschicht aufgebracht (Bild **13**.32). Kennzeichnung: Karton grau, Rückseitenstempel blau.

Darüber hinaus gibt es noch eine Vielzahl weiterer Plattenarten, deren Aufbau und Wirkungsweise der Spezialliteratur [16] und den Herstellerunterlagen [17], [18] zu entnehmen sind.

Kantenausbildung und Verarbeitung. Tabelle **13**.28 zeigt Beispiele für die Ausbildung von kartonummantelten Längskanten. Die Querkanten der Platten sind nicht ummantelt, sondern scharfkantig bzw. maschinenrauh beschnitten. Wie Tabelle **13**.29 zeigt, können Gipskartonplatten in sog. Querbefestigung oder Längsbefestigung auf die Unterkonstruktion aufgebracht werden. Aufgrund der besseren Aussteifung ist der Querbefestigung – vor allem bei Deckenkonstruktionen – der Vorzug zu geben. Die zulässigen Spannweiten der Gipskartonplatten sind DIN 18181 zu entnehmen. Sie richten sich vorwiegend nach der Plattendicke, der Befestigungsart und den Befestigungsmitteln (Bild **13**.30).

Tabelle **13**.28 Beispiele für die Ausbildung der kartonummantelten Längskanten von Gipskartonplatten

Schnitt	Kurzzeichen	Bezeichnung	Anwendungsbereich
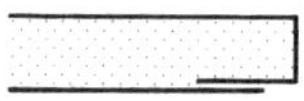	VK	Vollkante	Vorwiegend für Trockenmontage auf Abstand ohne Verspachtelung (mit sichtbaren Schattenfugen)
	WK	Winkelkante	Vorwiegend für Decken- und Wandbekleidungen mit Sichtfugen (Dekorplatten)
	AK	Abgeflachte Kante	Für fugenlose Decken- und Wandbekleidungen. Die Abflachung dient zur Aufnahme der Fugenspachtelmasse
	RK	Runde Kante	Vorwiegend für Gipskarton-Putzträgerdecken mit 5 mm Längskantenabstand
	HRK	Halbrunde Kante	Vorwiegend zum Verspachteln ohne Bewehrungsstreifen
	HRAK	Halbrunde abgeflachte Kante	Für fugenlose Decken- und Wandbekleidungen. Die Abflachung dient zur Aufnahme der Fugenspachtelmasse
	SK	Scharfkantig geschnittene Kante	An den geschnittenen Kanten liegt der Gipskern frei
	FK	Scharfkantig geschnittene und gefaste Kante	SK = Schattenfugen FK = Sichtfugen

Tabelle **13**.29 Zulässige Spannweiten von Gipskartonplatten bei Deckenbekleidungen und Unterdecken

Befestigungsarten	Plattendicke in mm	Zulässige Spannweiten von Gipskartonplatten an Decken (Achsabstände der Tragprofile) in mm
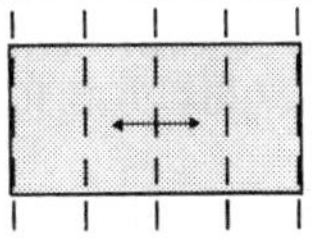 Querbefestigung	12,5 15 18 20 25	500 550 625 625 625
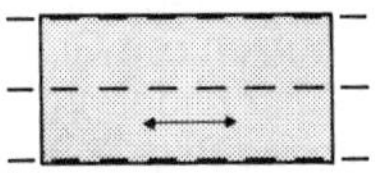 Längsbefestigung	12,5 15 18 20 25	420
Plattenlängsrichtung	(⟷)	Rückseitenstempel

Alle Platten sind im Verband zu verlegen, wobei der Plattenstoß bei Querbefestigung immer auf einem Metallprofil oder einer Holzlatte angeordnet sein muß. Einzelheiten über die stets ausreichend zu bemessende und genügend steife Unterkonstruktion s. Abschn. 13.3.3. Je nach Anwendungsbereich bzw. Art der Unterkonstruktion werden die Platten mit Selbstbauschrauben, Spezialnägeln oder -klammern befestigt; eine zusätzliche Verklebung ist gestattet.

Das Verspachteln der Fugen darf erst erfolgen, wenn keine größeren Längenänderungen der Gipskartonplatten – infolge Feuchtigkeits- oder Temperatureinwirkung – mehr zu erwarten sind. Dementsprechend sollen Naßputze, Mörtelestriche und Gußasphaltestriche möglichst vor der Montage der Gipsplatten eingebaut werden. Je nach Kantenausbildung sind folgenden Spachteltechniken möglich:

— Verspachtelung mit Papier- oder Glasfaserbewehrungsstreifen
— Verspachtelung mit selbstklebendem Fugenbewehrungsgitter
— Verspachtelung ohne Fugenbewehrung in ein oder zwei Arbeitsgängen
— Verspachtelung – maschinell – mit automatischem Spachtelgerät.

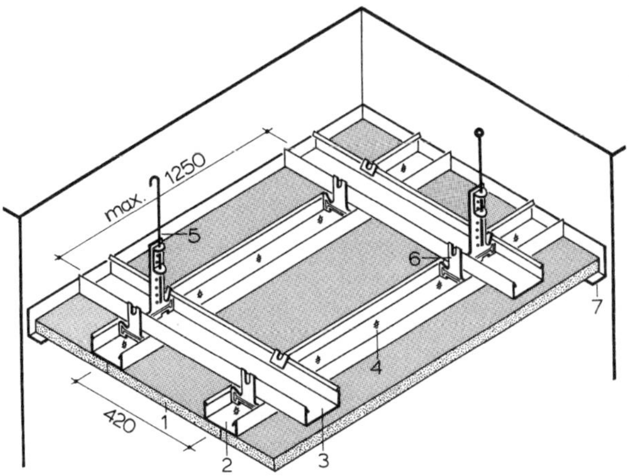

13.30
Konstruktionsbeispiel: Unterdecke aus Gipskarton-Bauplatten (Gipskartondecke) mit Unterkonstruktion aus C-förmigen Metallprofilen. Vgl. hierzu auch Tab. **13**.5 und Tab. **13**.7

1 Gipskarton-Bauplatten
2 Tragprofil
3 Grundprofil
4 Schnellbauschraube
5 Schnellspannabhänger
6 Ankerwinkel
7 Wandwinkel

BEDO-Vertriebsgesellschaft, Schwerte

Akustikdecken aus Gipskarton-Lochplatten. Die jeweils gewünschte akustische und gestalterische Raumwirkung läßt sich bei Lochplatten-Akustikdecken durch die entsprechende Wahl der sichtbar belassenen Lochbilder erzielen. Die Platten gibt es mit gerader, versetzter oder Streulochung, mit rückseitiger Faservlies-Kaschierung oder hinterlegtem Schallschluckmaterial. Sind aus gestalterischen Gründen fugenlose Deckenflächen mit Putzbekleidung erwünscht, haben sich putzbeschichtete Lochplatten-Akustikdecken mit hinterlegtem Schallschluckmaterial bewährt (Bild **13**.31). Einzelheiten hierzu s. Abschn. 8.10 sowie Bild **8**.27 in Teil 2 dieses Werkes.

Gipskarton-Putzträgerdecke. Die in Bild **13**.32 dargestellte fugenlose Decke besteht aus ungelochten Gipskarton-Putzträgerplatten (GKP) mit nachträglich aufgebrachter Putzschicht. Bei der Montage ist zwischen den abgerundeten Längskanten der Putzträgerplatten ein Abstand von etwa 5 mm einzuhalten. Diese Fugen werden vor dem Verputzen mit Gips so ausgedrückt, daß sich auf der Plattenrückseite ein kantenumfassender Wulst bildet. Vgl. hierzu Abschn. 8.7.6.6, Hängende Drahtputzdecken in Teil 2 dieses Werkes sowie Bild **13**.36, Mineralfaser-Putzträgerdecke.

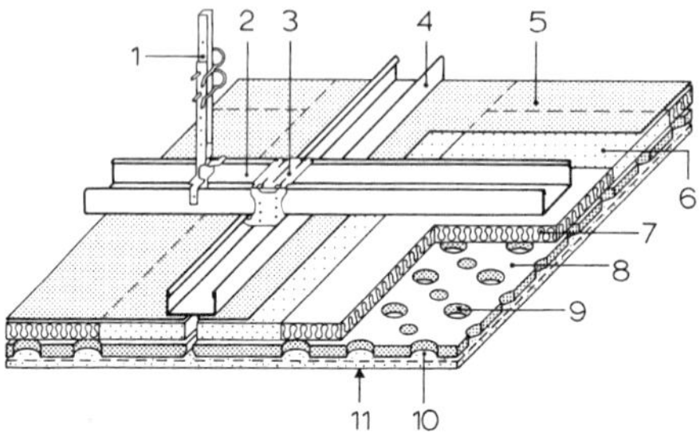

13.31 Konstruktionsbeispiel: Unterdecke aus putzbeschichteten Gipskarton-Lochplatten und hinterlegtem Schallschluckmaterial (fugenlose Lochplatten-Akustikdecke)

1 Noniusabhänger
2 Grundprofil 60 x 27
3 Kreuzverbinder
4 Tragprofil 60 x 27
5 Aluminiumfolie
6 GK-Plattenstreifen (Montagesteg 60 x 18)
7 Faserdämmstoff 20 mm
8 GK-Lochplatte 12,5 mm
9 Lochbild 12 / 20 / 46
10 Glasvliesbahn (schalldurchlässig)
11 Dekorputz ≈ 3 mm

Sto AG, Stühlingen – Gebr. Knauf, Iphofen

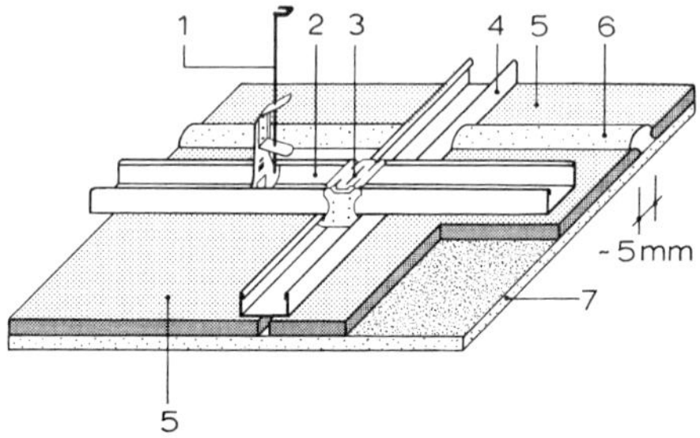

13.32 Konstruktionsbeispiel: Unterdecke aus putzbeschichteten Gipskartonplatten (fugenlose Gipskarton-Putzträgerdecke). Vgl. hierzu Bild **8**.22 und **8**.27 in Teil 2 dieses Werkes.

1 Schnellspannabhänger mit Feder
2 Grundprofil 60 x 27
3 Kreuzverbinder
4 Tragprofil 60 x 27
5 GK-Putzträgerplatten 9,5 mm
6 offene Längsfugen (etwa 5 mm) mit kantenumfassenden Wulst auf der Plattenrückseite
7 Maschinenputz 10 mm

Gebr. Knauf, Westdeutsche Gipswerke, Iphofen

13.5.3 Ebene Deckenbekleidungen und Unterdecken

Allgemeines

Während die fugenlosen Decken aus plattenförmigen Halbzeugen an der Baustelle hergestellt werden und erst dort ihr endgültiges Aussehen erhalten, bestehen die ebenen Deckensysteme[1]) aus werkmäßig vorgefertigten Einzelelementen mit fix und fertiger

[1]) Die Bezeichnung „ebene Decke" soll verdeutlichen, daß es sich hierbei um Decken handelt, deren Oberflächen durchaus reliefartig ausgebildet sein können, deren Unterseite jedoch insgesamt keine größeren räumlichen Versätze – wie sie beispielsweise bei den Waben- oder Pyramidendecken zu verzeichnen sind – aufweisen.

Oberfläche, die nur noch vor Ort montiert werden müssen (auch Element- oder Montagedecken genannt). Von daher lassen sich auch die unterschiedlichen Fugenausbildungen ableiten: Während bei den erstgenannten Decken Fugen aus den verschiedensten Gründen (z. B. Hygiene- und Brandschutzanforderungen) nicht gebraucht werden können, sind die Fugen der ebenen Decken als gestalterisches, d. h. flächengliederndes und maßstabbildendes Element erwünscht, bei anderen Deckenarten wiederum aus raumakustischen, herstellungs-, beleuchtungs- und lüftungstechnischen Gründen sogar funktionsbedingt erforderlich. Demnach unterscheidet man (Bild **13**.27):

- **Geschlossene Deckensysteme,** bei denen die Decklagenelemente dicht aneinander und dicht an die raumbegrenzenden Bauteile angeschlossen sind.
- **Offene Deckensysteme,** bei denen die einzelnen Decklagenelemente auf Fuge zueinander angebracht oder die Decklagenkörper selbst licht-, luft- oder schalldurchlässig ausgebildet sind.

In die meisten ebenen Deckenbekleidungen und Unterdecken lassen sich die jeweils erforderlichen beleuchtungs-, schall- und klimatechnischen Funktionen problemlos integrieren. Der Übergang von der einfachen Deckenbekleidung hin zum hochinstallierten, integrierten Deckensystem vollzieht sich fließend; eine scharfe Abgrenzung der unterschiedlichen Deckensysteme ist nicht möglich. Ebene Deckensysteme sind überwiegend als schallabsorbierende Decken ausgebildet; vielfach werden diese Decken deshalb als ebene Akustikdecken bezeichnet. Wird die Beleuchtung oberhalb der lichtdurchlässigen Decklage angeordnet oder die perforierte Decklage für lüftungstechnische Zwecke genutzt, so spricht man von sog. Lichtdecken bzw. Lüftungsdecken. Derartige Bezeichnungen müssen jedoch immer unscharf bleiben, da sie nur einen Teil der tatsächlich von der jeweiligen Decke erbrachten Funktionen beschreiben.

Akustikdecken

Akustikdecken sind Deckenbekleidungen und Unterdecken, die unter anderem auch die Fähigkeit besitzen, auftreffende Schallwellen in möglichst hohem Maße zu absorbieren (Senkung des Lärmpegels) und die eine Schallreflexion nur soweit wie notwendig zulassen

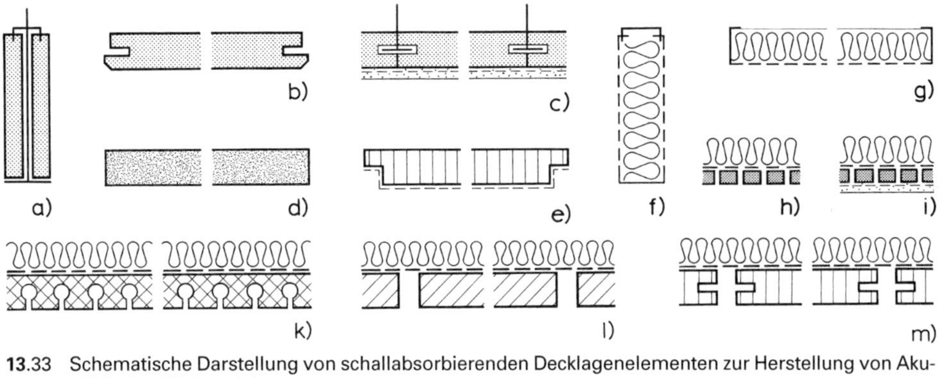

13.33 Schematische Darstellung von schallabsorbierenden Decklagenelementen zur Herstellung von Akustikdecken (Beispiele)

Poröse Decklagenelemente
a) vertikal angeordnete Mineralfaserplatten
b) Mineralfaserplatte
c) putzbeschichtete Mineralfaserplatten
d) Holzwolle-Leichtbauplatte
e) porös beschichtete Leichtspan-Akustikplatte

Perforierte Decklagenelemente
f) vertikal angeordnete, gelochte Trägerschale aus Metall
g) gelochte Metallkassette
h) Gipskarton-Lochplatte
i) putzbeschichtete Gipskarton-Lochplatte

Auf Fuge angeordnete Decklagenelemente
k) geschlitzte Röhrenspanplatte
l) Akustik-Glattkantbretter
m) Akustikpaneele aus Holzwerkstoffen, jeweils mit Faservlies-Kaschierung und hinterlegtem Schallschluckmaterial

(Regulierung der Nachhallzeit und damit Optimierung der Raumakustik). Zur Vermeidung unerwünschter Reflexionen und zur Regulierung von Nachhallzeiten bieten sich zwei Arten von Schallabsorbern an:

- **Poröse Schallabsorber** aus porösen oder faserigen Materialien.
- **Resonanzabsorber** aus plattenförmigen Bekleidungen. Konstruktionen ohne Fugen bezeichnet man als Plattenschwinger (Plattenresonatoren), solche mit Fugen oder Löchern als Lochplattenschwinger (Helmholzresonatoren). Vgl. hierzu Abschn. 8.10 in Teil 2 dieses Werkes.

Zur Herstellung von schallabsorbierenden Deckenbekleidungen und Unterdecken eignen sich demnach folgende Arten von Decklagenelementen (Hauptgruppen nach Bild **13**.33):

- **Poröse Decklagenelemente** aus offenporigen Materialien wie Mineralfaserplatten, Holzwolle-Leichtbauplatten, Leichtspan-Akustikplatten usw. Die Oberflächen sind je nach Dessin ggf. genadelt, strukturiert oder porös beschichtet.
- **Perforierte Deckenlagenelemente** aus gelochten oder geschlitzten Trägerschalen wie Gipskarton-Lochplatten, perforierten Metall-, Holz- oder Gipskassetten usw., meist mit rückseitiger Faservlies-Kaschierung oder hinterlegtem Schallschluckmaterial.
- **Auf Fuge angeordnete Decklagenelemente** aus glatten oder perforierten Platten, Paneelen, Lamellen usw. aus Metall, Holz oder Holzwerkstoffen, ebenfalls mit rückseitiger Faservlies-Kaschierung und vollflächig hinterlegtem Schallschluckmaterial.

13.5.3.1 Decken aus Mineralfaserplatten (Faserverbundplatten)

Mineralfaserdecken – auch kurz MF-Decken genannt – bestehen aus porösen Mineralfaserplatten als Decklage und passenden Unterkonstruktionen, meist aus Metall. Aufgrund eines breit gefächerten Angebotes verschiedenartiger Plattenmaterialien und Oberflächenausbildungen sind sie universell in nahezu allen Baubereichen einsetzbar. Insbesondere dort, wo es ankommt auf:

- Raumakustik
- Brandschutz
- Schallschutz
- geringes Flächengewicht
- einfache Montage und Demontage
- Integration von Beleuchtung, Lüftung usw.
- vielfältige Gestaltungsmöglichkeiten
- Preis und Wirtschaftlichkeit.

Mineralfaserplatten (Faserverbundplatten). Die Plattentypen der verschiedenen Hersteller unterscheiden sich deutlich hinsichtlich ihrer jeweiligen stofflichen Zusammensetzung und der sich daraus ergebenden technischen Eigenschaften. Die klassischen Mineralfaserplatten bestehen aus verdichteter und gebundener Mineralwolle, hergestellt aus künstlichen Stein- oder Glasfasern. Alternative Faserverbundplatten setzen sich aus natürlichen Rohstoffen bzw. Bindemitteln wie Perlit, Vermiculit, Tonmehl und Stärke sowie organischen Armierungsfasern (Zellulosefasern aus wiederverwertetem Papier) zusammen; sie sind voll recycelbar und enthalten keine künstlichen Mineralfasern. Übliche Mineralfaserplatten weisen nur eine geringe mechanische Festigkeit auf, dürfen nicht naß werden und sind auch gegen hohe Luftfeuchte nicht unempfindlich. Vor der Unterdeckenmontage müssen daher alle Naß- und Installationsarbeiten (Putz-, Estricharbeiten usw.) abgeschlossen sein. Auch beim Einbau und bei der späteren Nutzung sollte die relative Luftfeuchte von 70% nicht überschritten werden. Sonderkonstruktionen für Feuchträume, Schwimmbäder usw. sind jedoch lieferbar.

Die Oberflächenausbildung der Mineralfaserplatten hat einen entscheidenden Einfluß auf die akustische Wirksamkeit des gesamten Deckensystems. Das hohe Schallabsorptionsvermögen der Platten wird durch die strukturierte poröse Oberfläche und durch eine zusätzliche Nadelung (Perforation) erreicht, so daß die Schallwellen tief in das Plattenninnere eindringen können. In der Regel werden die Decklagenelemente werkseitig oberflächenfertig in vielen Struktur- und Farbvarianten angeboten. Ohne Beeinträchtigung der akustischen Wirkung können sie auch später durch einen weiteren Farbauftrag renoviert werden; die entsprechenden Herstellerhinweise sind dabei zu beachten.

Mineralfaserplatten gibt es wahlweise in den Baustoffklassen B 1 (schwerentflammbar) und A 2 (nichtbrennbar) nach DIN 4102. Je nach Plattenmaterial, Montagesystem und vorhandener Tragdecke können damit Feuerwiderstandsklassen von F 30 bis F 120 gemäß DIN 4102 erreicht werden. Einzelheiten hierzu sind den jeweiligen Herstellerunterlagen und amtlichen Prüfzeugnissen zu entnehmen.

Regelabmessungen – Mineralfaserplatten (Faserverbundplatten): 600 x 600 (625 x 625) – 1200 x 600 (1250 x 625) mm. Langfeldplatten: 2000 (2500) x 300 mm. Übliche Plattendicken: 15 – 20 – 25 mm. Sonderformate auf Anfrage.

Mineralfaser-Plattendecken lassen sich einfach, schnell und trocken montieren. Die Platten können unmittelbar an einer ebenen Tragdecke oder an Unterkonstruktionen aus Metall oder Holz – direkt oder abgehängt – angebracht werden. Von den Herstellern werden entsprechende Unterkonstruktionen meist als komplette Systeme mit genauer Montagevorschrift angeboten. Die Kantenausbildung richtet sich nach dem gewählten Montagesystem und nach den jeweiligen technischen und gestalterischen Anforderungen (Bild **13**.34 und Bild **13**.35). Je nach Konstruktionsart sind die Deckenplatten entweder fest eingebaut oder nach oben bzw. nach unten herausnehmbar, so daß der Deckenhohlraum jederzeit zugänglich bleibt. Auf die weiterführende Spezialliteratur [15] wird hingewiesen. Folgende Montagemöglichkeiten bieten sich bei Metallunterkonstruktionen an:

- **Verdeckte Montage.** Die Tragprofile werden von den Mineralfaserplatten verdeckt.
- **Halbverdeckte Montage.** Keine sichtbaren Querprofile zwischen den Längsbandrasterprofilen.
- **Sichtbare Montage.** Im Achsraster-, Längsbandraster-, Kreuzbandrastersystem.
- **Vertikale Montage.** In Form von Lamellen-, Raster- und Wabendecken.

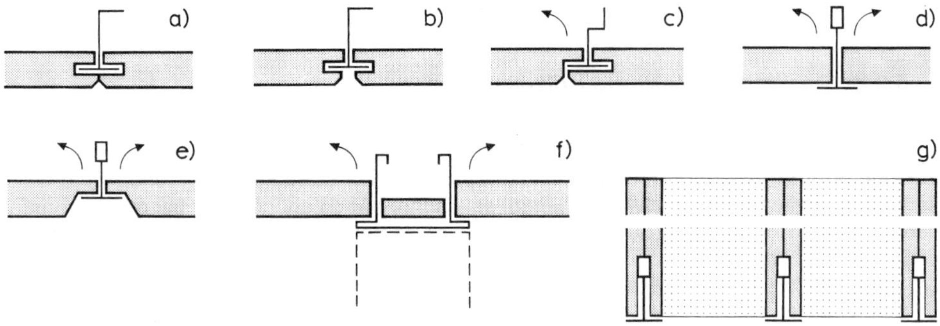

13.34 Schematische Darstellung möglicher Montagesysteme und Kantenformen von Mineralfaser-Deckenplatten (Beispiele)

a) verdeckte Montage, Platten nicht herausnehmbar
b) verdeckte Montage, Platten nicht herausnehmbar
c) verdeckte Montage, Platten herausnehmbar
d) sichtbare Montage, Platten herausnehmbar
e) sichtbare Montage, Platten herausnehmbar
f) sichtbare Montage, Platten herausnehmbar (Bandrasterdecke)
g) vertikale Montage von Mineralfaserplatten (Wabendecke)

OWA Odenwald Faserplattenwerk, Amorbach

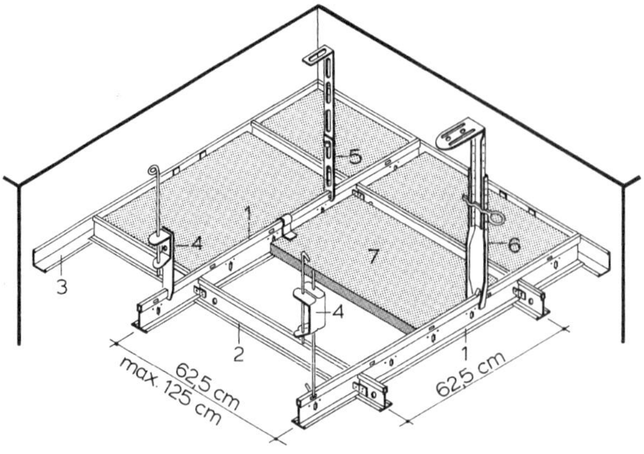

13.35 Konstruktionsbeispiel: Unterdecke aus Mineralfaserplatten mit sichtbaren Tragschienen (Einlegemontage)

1 Tragschiene
2 Querschiene
3 Wandwinkel
4 Schnellspannabhänger
5 Schlitzbandabhänger
6 Noniusabhänger
7 Mineralfaserplatte

DONN Products GmbH, Viersen

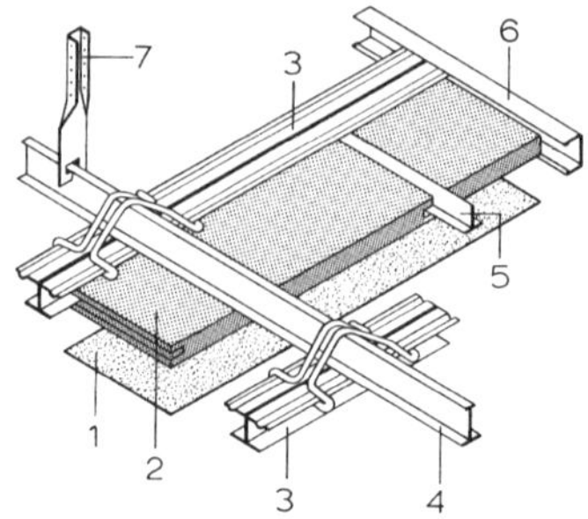

13.36 Konstruktionsbeispiel: Unterdecke aus putzbeschichteten Mineralfaserplatten (fugenlose Mineralfaser-Putzträgerdecke)

1 Dekorputz und Glasvlies
2 Mineralfaser-Putzträgerplatte
3 Tragprofil
4 Grundprofil
5 T-Profil
6 Wandanschlußprofil
7 Noniusabhänger

OWA Odenwald Faserplattenwerk, Amorbach

Mineralfaser-Putzträgerdecke (Bild **13**.36). Diese Unterdecke besteht aus einem für die verdeckte Montage geeignetem Profilsystem, auf das allseits genutete und scharfkantig geschnittene Mineralfaserplatten aufgebracht werden. Darauf wird quer zu den Plattenlängsstößen ein Glasvlies aufgezogen und anschließend mit einem Dekorputz beschichtet. Diese Putzträgerdecke zeichnet sich durch ein geringes Flächengewicht, hohe Schallabsorption und Schall-Längsdämmung aus; außerdem ergeben sich je nach Abhängehöhe und Art der Rohdecke Feuerwiderstandsklassen von F 30 bis F 120 nach DIN 4102. Vgl. hierzu auch Bild **13**.32, Gipskarton-Putzträgerdecke.

13.5.3.2 Decken aus Holz und Holzwerkstoffen

Holzdecken sind nach wie vor sehr gefragt. Neben ihrem guten Aussehen – bedingt durch eine Vielzahl interessanter Holzarten und farbig behandelter Oberflächen – sind als weitere Vorzüge ihre relativ problemlose, trockene Montage, die minimale Nachpflege (keine wiederkehrenden Tapezier- und Malerarbeiten) sowie ihre hohe Lebensdauer bei relativ günstigen Preisen zu nennen. Zu beachten sind jedoch immer auch die materialbedingten Eigenschaften, die sich aus dem Naturwerkstoff Holz mit all seinen Vor- und Nachteilen ergeben (z. B. fortwährende Maß- und Formänderungen durch Schwinden und Quellen). Einzelheiten hierzu sind der Spezialliteratur [19] zu entnehmen.

Holzdecken können aus Massivholz oder Holzwerkstoffen – wie zum Beispiel Stabsperrholz (ST) und Furniersperrholz (FU) gemäß DIN 68705, Holzspanplatten (FPY) nach DIN 68761 und Schichtholzformteilen – entweder nach handwerklichen Regeln in Einzelfertigung oder unter Verwendung von einbaufertigen Serienprodukten hergestellt werden. Auch hier geht der Trend zu industriell hergestellten, oberflächenfertigen Decklagenelementen. Im einzelnen unterscheidet man (Bild **13**.27):

— Holzplattendecken und Holzkassettendecken
— Profilholzdecken und Holzpaneeldecken
— Holzlamellendecken
— Holzrasterdecken
— Sonderformdecken (bleiben hier unberücksichtigt)

Holzplattendecken und Holzkassettendecken

Plattendecken bestehen in der Regel aus quadratischen, rechteckigen oder anders geformten Decklagenelementen. Dabei handelt es sich meist um geschlossene Deckensysteme.

Fertigplattendecken (dekorative Deckenplatten) bieten sich als einfachste Ausführung zur Bekleidung von Rohdecken an. Diese dünnen, montagefertigen Tafeln aus Furniersperrholz oder Spanplatten werden vom Holzfachhandel in Form von Einzelelementen oder als komplette Systeme (Fertigtäfelungen für Decke und Wand), einschließlich Befestigungsmittel und Unterkonstruktion geliefert. Die Oberflächen können furniert, lackiert, mit Kunststoff-, Metallfolie oder anderen Materialien beschichtet sein. Durch Profile und Schattenfugen lassen sich gegliederte Flächen erzielen (Bild **13**.37).

Kassettendecken nennt man Deckenbekleidungen und Unterdecken aus meist quadratischen Elementen. Derartige Decken wurden früher aus Rahmen und Füllungen, mit vertieft angeordneten Feldern (Kassetten) nach handwerklichen Regeln hergestellt. Industriell gefertigte Kassetten bestehen üblicherweise aus oberflächenveredelten Holzwerkstoffen, deren Kanten für Einsteckfedern genutet oder anderweitig profiliert sein können.

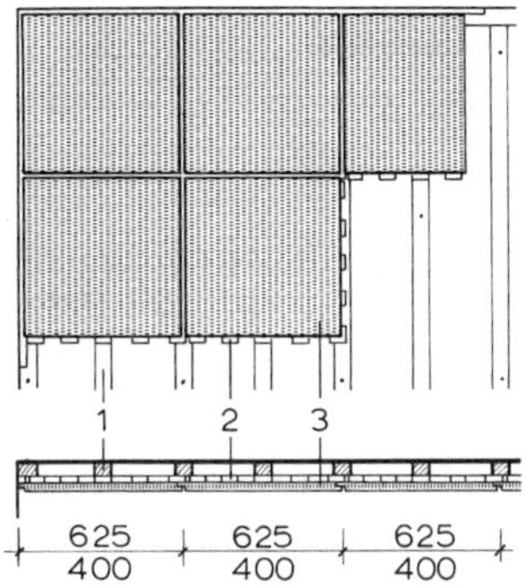

13.37 Schematische Darstellung einer Holzplattendecke aus montagefertigen, dekorativen Deckenplatten. Dicke der Platten 6, 8, 10 mm.

1 Grundlattung
2 Nagellaschen
3 Fertigtäfelung

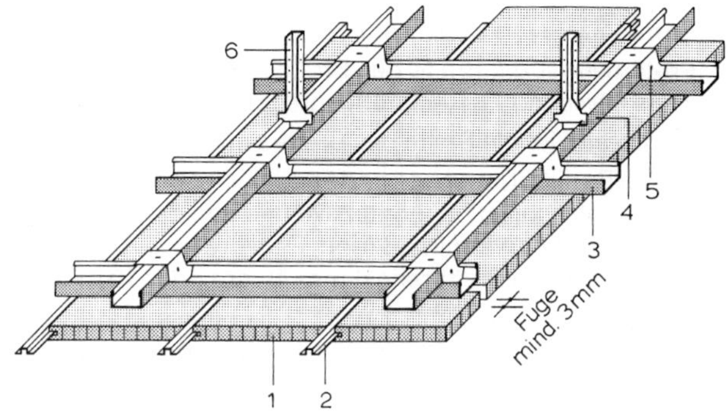

13.38 Konstruktionsbeispiel: Akustikdecke aus schallabsorbierenden Holzwerkstoffplatten und höhenversetztem Tragrost (zugleich ballwurfsichere Unterdecke)

1 Leichtspan-Akustikplatten
2 Hutprofil, mit darüberliegendem Tragprofil verschraubt
3 Tragprofil
4 Grundprofil
5 Kreuzverbinder
6 Noniusabhänger

Wilhelmi Werke, Lahnau

Akustikdecken aus schallabsorbierenden Holzwerkstoffplatten. Zur Herstellung von Akustikdecken bieten sich poröse, perforierte und auf Fuge angeordnete Decklagenelemente an. Vgl. hierzu Bild **13**.33 sowie Abschn. 13.2.2.1.

Eine schallabsorbierende Plattendecke aus Holzwerkstoffen zeigt Bild **13**.38. Die an einem höhenversetzten Tragrost aus Metallprofilen befestigten Leichtspan-Akustikplatten (DIN 68762) sind in den Baustoffklassen B 1 (schwerentflammbar) und A 2 (nichtbrennbar) nach DIN 4102 erhältlich. Die Oberfläche dieser Platten kann je nach Bedarf schallabsorbierend oder schallreflektierend ausgebildet sein, ohne daß sich das Aussehen verändert. Bei der schallabsorbierenden Ausführung ist die Plattensichtseite entweder mit einer offenporigen Feinspandeckschicht oder einem mikroporösen Akustikvlies beschichtet, auf die wahlweise ein offenporiger Akustiklack, Akustikfeinputz oder andere Absorptionsbeschichtungen aufgebracht werden können.

Profilholzdecken und Holzpaneeldecken

Profilhölzer aus Massivholz – auch Profilbretter oder gespundete Bretter genannt – werden in Hobelwerken gefertigt und sind über den Holzfachhandel zu beziehen. Die Längsseiten der

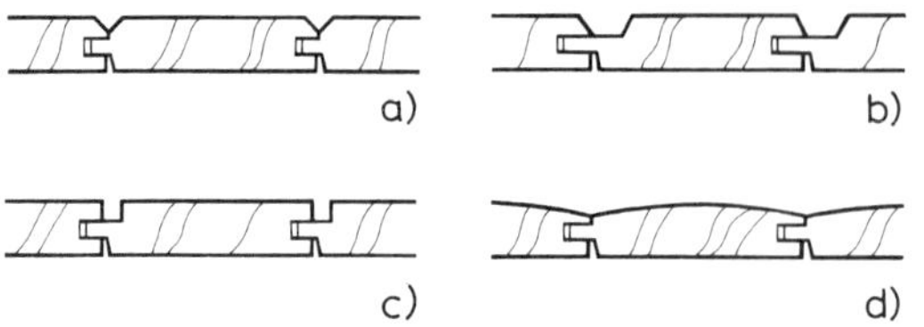

13.39 Schematische Darstellung von Profilhölzern
a) Fasebretter aus Nadelholz (DIN 68 122)
b) Profilbretter mit Schattennut (DIN 68 126)
c) Profilbretter mit Schattennut (nicht genormt)
d) Profilbretter mit gewölbter Sichtfläche (nicht genormt)

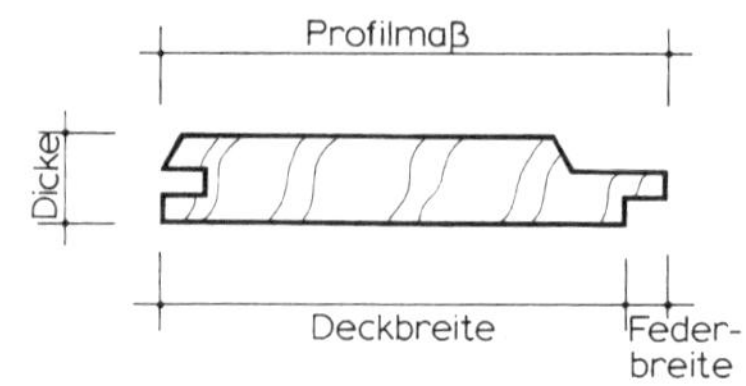

13.40 Fachbegriffe beispielhaft an einem Profilholz-Querschnitt dargestellt

paßgenauen Profilhölzer sind mit Nut und Feder versehen, so daß im verlegten Zustand eine sichtbare Fuge entsteht. Die Querschnitte einiger Profilhölzer zeigt Bild **13**.39. Zum besseren Verständnis sind in Bild **13**.40 die notwendigen Fachbegriffe erläutert.

- **Profilhölzer** sind Bretter aus Massivholz mit Nut und angehobelter Feder.
- **Profilmaß** ist die Breite des Brettes einschließlich der Feder. Nach diesem Maß wird der Preis berechnet (Berechnungsbreite).
- **Deckbreite** ist die Breite des Brettes ohne Feder.

  Da bei Profilhölzern Nute und Feder ineinandergreifen, muß bei der Ermittlung der für eine Fläche tatsächlich benötigten Menge von der Deckbreite ausgegangen werden. Die Differenz zwischen Profilmaß und Deckbreite entspricht der jeweiligen Federbreite; diese beträgt je nach Brettbreite 6 mm, 8 mm oder 10 mm.

Profilhölzer sind in der Regel in Längen von 0,60 (1,50) bis 6,10 m erhältlich. Die gängigen Profilbreiten liegen zwischen 69 und 146 (196) mm, gebräuchliche Brettdicken zwischen 11,0 und 19,5 mm. Von den Hobelwerken werden darüber hinaus noch eine Vielzahl nicht genormter Profilarten angeboten (Sonderprofile). Die gebräuchlichsten Holzarten, aus denen Profilhölzer hergestellt werden, sind Fichte, Kiefer, Lärche, Red Pine, Oregon Pine, Western Red Cedar, Hemlock. Weitere Einzelheiten sind der Spezialliteratur [19], [20], [21] zu entnehmen oder beim Holzfachhandel zu erfragen.

Paneele aus Holzwerkstoffen bestehen aus einer Trägerplatte (Spanplatte oder MDF-Faserplatte), einer Ummantelung aus Furnier oder Kunststoffolie auf der Sichtseite und einem sog. Gegenzugmaterial auf der Rückseite (Bild **13**.41). Die Paneele sind in der Regel ringsum mit einer Nut (Einsteckfeder) versehen. Da sie aus Holzwerkstoffen gefertigt werden, unterliegen sie im Prinzip keiner material- bzw. konstruktionsbedingten Breitenbegrenzung. Handelsübliche Paneelmaße sind DIN 68740 zu entnehmen oder beim Holzfachhandel zu erfragen.

Decken aus Profilhölzern und Paneelen. Ausbildung und Bemessung der Unterkonstruktion richten sich weitgehend nach der Art und Größe des Bekleidungsmateriales (Decklage). Die zulässigen Stützweiten und Abstände der Trag- und Grundprofile sind den jeweiligen Herstellerunterlagen bzw. amtlichen Prüfzeugnissen zu entnehmen. Angaben über Unterkonstruktionen s. Abschn. 13.3.3.

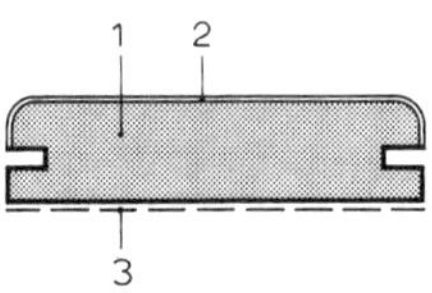

13.41
Schematische Darstellung eines Paneeles aus Holzwerkstoff
1 Trägerplatte (Spanplatte, MDF-Faserplatte)
2 Ummantelung (Furnier, Kunststoffolie)
3 Gegenzugmaterial (Formstabilität)

Bei **Deckenbekleidungen,** an die keine besonderen Anforderungen hinsichtlich ihrer Hinterlüftung gestellt werden, genügt eine einfache, höhengleiche Traglattung als Unterkonstruktion (Bild **13**.25). Das Anbringen einer höhenversetzten Trag- und Grundlattung empfiehlt sich überall dort, wo mit hoher relativer Luftfeuchte (Feuchtigkeitsschwankungen) zu rechnen ist. Für Decken in Feuchträumen gelten besondere Festlegungen. Einzelheiten hierzu s. [20].

Bei **Unterdecken** werden die Profilhölzer und Paneele vorwiegend an Metallunterkonstruktionen angebracht. Zu ihrer unsichtbaren Befestigung eignen sich handelsübliche Spezialkrallen (Bild **13**.42 und Bild **8**.46). Ihre Größe richtet sich nach der jeweiligen Nutwangendicke der Profilhölzer bzw. Paneele. In Verbindung mit entsprechenden Unterkonstruktionen können derart befestigte Decken auch ballwurfsicher ausgeführt werden.

Profilhölzer aus Massivholz dürfen nur in gut getrocknetem Zustand eingebaut werden, da sich Holz auf den Feuchtegehalt der umgebenden Luft einstellt (Gleichgewichts-Holzfeuchte). In beheizten Räumen soll die Holzfeuchte bei etwa 8% (bezogen auf das Darrgewicht) liegen. Außerdem sollten die Profilhölzer vor der Montage durch mehrtägige Lagerung im temperierten Raum dem jeweiligen Raumklima angepaßt werden.

Profilhölzer werden üblicherweise gehobelt und geschliffen angeboten, sie sind aber auch mit sägerauher und sandgestrahlter Oberfläche erhältlich. Eine farbige Behandlung der Hölzer ist ebenfalls möglich. Werden gespundete Profilhölzer oder Akustikbretter mit Einsteckfedern (Federn aus Sperrholz) verwendet, so ist darauf zu achten, daß alle sichtbaren Holzteile vor der Montage mindestens einmal mit dem jeweiligen Beschichtungsmittel (z. B. Farblasuren) vorbehandelt sind, damit bei späteren, holzwerkstoffbedingten Formänderungen die ursprüngliche Holzfarbe an den Nut- und Federstößen nicht unangenehm streifig in Erscheinung tritt.

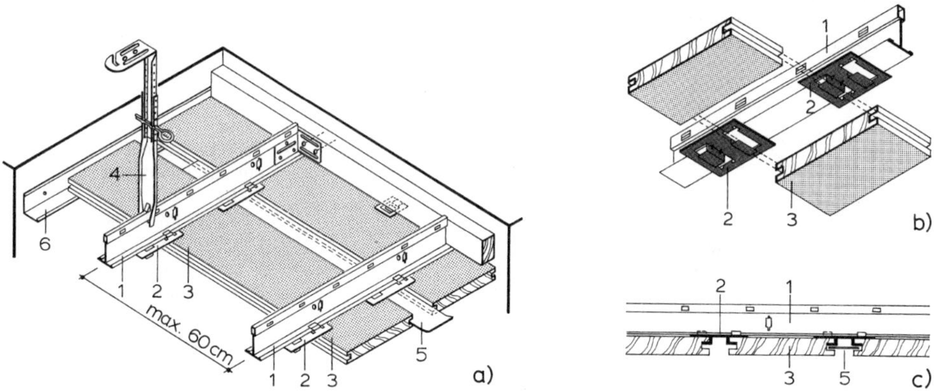

13.42 Konstruktionsbeispiel: Abgehängte Akustikdecke mit Profilhölzern oder Holzpaneelen und Metallunterkonstruktion. Schallabsorbierende Dämmstoffauflage bei Bedarf.

a) Gesamtaufbau
b) bis c) Ausschnitte

1 Tragschiene
2 Spezialkralle (Drehklipp)
3 Profilhölzer, Paneele
4 Noniusabhänger (Unterteil)
5 Einschubfeder (Dämmfeder)
6 Wandwinkel

DONN Products GmbH, Viersen

Akustikdecken aus Profilhölzern und Paneelen. Zur Herstellung von schallabsorbierenden Deckenbekleidungen und Unterdecken eignen sich auf Fuge angeordnete Akustik-Glattkantbretter und Akustik-Profilbretter gemäß Bild **13**.33. Sie werden vor allem in Sportstätten, Schwimmhallen, Kirchen usw. eingesetzt, und zwar mit offenen oder geschlossenen Fugen (Dämmfedern), jeweils mit hinterlegtem Rieselvliesstoff bzw. Schallschluckmaterial (Bild **13**.42). Auch die Fugenbreiten können wahlweise 10, 15, 20 oder 25 mm betragen, so daß sich bei gleicher Profilausbildung unterschiedliche Schallabsorptionsgrade erzielen lassen. Nähere Angaben hierzu sind der Spezialliteratur [20] zu entnehmen.

Werden erhöhte schallschutztechnische Anforderungen an Deckenbekleidungen gestellt, so bieten sich die in Bild **13**.43 dargestellten Akustik-Schwinghänger (Metallbügel mit Dämmstoffeinlage) an.

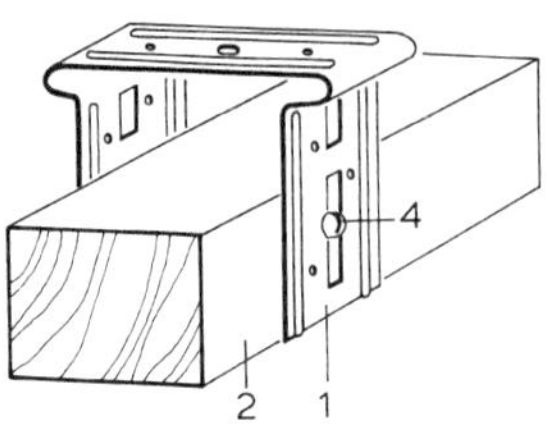

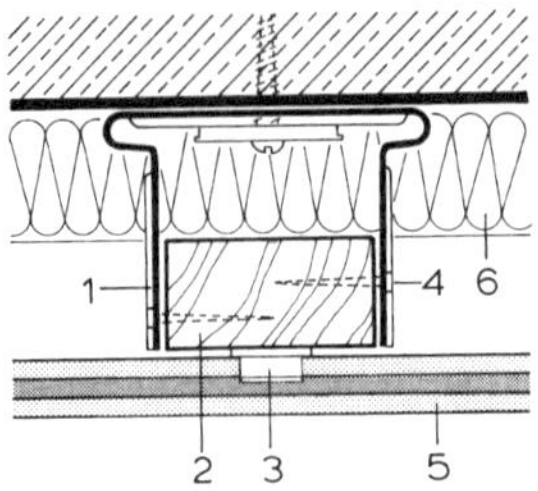

13.43
Akustik-Schwinghänger für schallschutztechnisch wirksame Decken- und Wandbekleidungen

1 Akustik-Schwinghänger
2 Traglatte
3 Spezialkralle
4 Schraube
5 Profilholz, Paneel
6 Dämmaterial

Früh, Neckartenzlingen

Holzlamellendecken

Lamellendecken bestehen aus einzelnen, senkrecht angeordneten, meist in gleichen Abständen parallel zueinander in einer Richtung verlaufenden Platten. An Materialien werden vorzugsweise Massivholz sowie Holzwerkstoffe, wie beispielsweise Leichtspan-Akustikplatten, eingesetzt. Durch eine entsprechend farbige Oberflächenbehandlung und schachbrettartige Anordnung der Lamellenfelder lassen sich interessante Deckenuntersichten erreichen.

Lamellendecken (Bild **13**.44) sind licht-, luft- und schalldurchlässig (offenes Deckensystem). Sie ergeben je nach Blickrichtung, Lamellenhöhe und Plattenabstand einen mehr oder weniger guten Sichtschutz. Durch Auflegen von Schallschluckmaterial können störende Installationen o. ä. verdeckt und gleichzeitig ein hoher Schallabsorptionsgrad erzielt werden. Vgl. hierzu auch Abschn. 13.5.3.1, Decken aus Mineralfaserplatten.

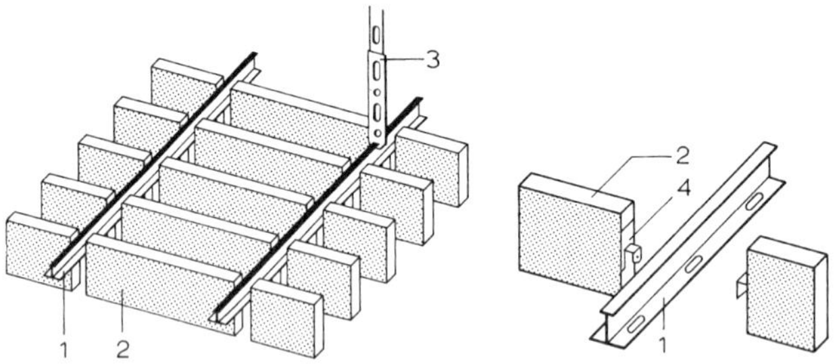

13.44
Schematische Darstellung einer abgehängten Lamellendecke

1 Tragprofil, beidseitig geschlitzt
2 Lamellen
3 Abhänger
4 Lamellenhalter mit Einhängehaken

Holzrasterdecken

Rasterdecken sind offene Deckensysteme mit meist gleichmäßig gerasteter Untersicht. Sie setzen sich aus handlichen Einzelelementen zusammen, die sich zu fugen- und richtungslos durchlaufenden Unterdeckenflächen zusammenfügen lassen. Die in quadratischer, rechteckiger oder polygonaler Form lieferbaren Elemente bieten vielfältige Gestaltungsmöglichkeiten. Sie können aus Massivholz, Holzwerkstoffen oder auch anderen Materialien hergestellt sein. Vgl. hierzu auch Abschn. 13.5.3.3, Metall- und Kunststoffrasterdecken.

Offene Rasterdecken mit einem freien Querschnitt von bis zu 70 bis 80 Prozent dienen oftmals nur zur optischen Korrektur der Raumhöhe, wobei das Luftvolumen des Raumes voll erhalten bleibt. Damit eignen sie sich in besonderer Weise für den Einsatz als Kühldecke gemäß Bild **13**.14, aber auch zur Herstellung von Akustikdecken mit oberseitig aufgelegtem Schallschluckmaterial. Oftmals werden Rasterdecken auch als Lichtrasterdecken bezeichnet, da sie viele Möglichkeiten der individuellen Lichtgestaltung zulassen. Auch für die Lüftung und Klimatisierung von Räumen hat die Rasterdecke aufgrund ihrer Durchlässigkeit erhebliche Vorteile.

Formgepreßte Rasterelemente. Die in Bild **13**.45 dargestellten Rasterelemente werden aus einem Spanholzgemisch mit duroplastischen Kunstharzen formgepreßt (Baustoffklasse B 1 und B 2 nach DIN 4102). Als tragende Unterkonstruktion dienen parallel verlaufende, abgehängte Steckrohre, an denen

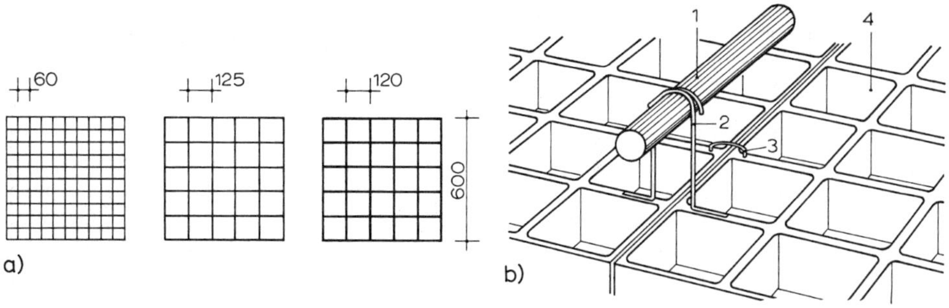

13.45 Schematische Darstellung von offenen Rasterdecken mit Rasterelementen aus formgepreßtem Holzwerkstoff

a) formgepreßte Rasterelemente
b) Montage der Rasterelemente

1 Steckrohr (Tragrohr)
2 Aufhängehaken
3 Drahtklammer
4 formgepreßtes Rasterelement

Pagolux Interieur GmbH, Xanten

die Einzelelemente eingehängt werden. Um Höhenversätze und offene Fugen zwischen den einzelnen Elementen auszuschließen, werden sie untereinander noch mit Drahtklammern verbunden. Rasterdecken aus Spanholz sind immer freischwebend – ohne festen Wandanschluß – zu verlegen (materialbedingtes Schwinden und Quellen durch wechselnde Feuchteeinflüsse). Der Wandabstand soll mind. 4 mm je Meter Deckenfläche betragen. Dieser Abstand ist umlaufend auch an Pfeilern, Stützen und sonstigen Einbauten vorzusehen.

13.5.3.3 Decken aus Metall

Metalldecken bewähren sich seit vielen Jahren im modernen Innenausbau. Sie zeichnen sich insbesondere aus durch geringes Eigengewicht, Unempfindlichkeit des Materiales gegen äußere Einflüsse, problemlose Integration von Beleuchtungs- und Klimatechnik, einfache trockene Montage und Demontage, geringen Unterhaltsaufwand sowie Materialien-, Farben- und Formenvielfalt. Außerdem eignen sie sich für den Einsatz als Kühldecke gemäß Bild **13**.14, als Licht- und Lüftungsdecke sowie als Akustikdecke mit hohem Schallabsorptionsvermögen. Ebene Metalldecken gibt es in Form von (Bild **13**.27):

- Kassettendecken
- Paneeldecken
- Lamellendecken
- Rasterdecken
- Sonderformdecken.

Die **Decklagenelemente** bestehen üblicherweise aus Stahlblech (korrosionsgeschützt). Als Beschichtungsverfahren kommen Naßlackierung, Pulverbeschichtung oder Bandbeschichtung (kontinuierliches Verfahren) zum Einsatz. Decken aus Aluminiumblech zeichnen sich vor allem wegen ihrer Beständigkeit gegen hohe Luftfeuchte und chemische Dämpfe, ihres geringen Gewichtes und eleganten Aussehens (obere Preisklasse) aus; es gibt sie mit Oberflächen in Alu-natur, eloxiert, einbrennlackiert oder folienbeschichtet. Außerdem ist Aluminium wiederverwertbar. Alle Decklagenelemente erhalten vor ihrer Auslieferung einen transparenten Folienüberzug, der sie während des Transportes, des Auspackens und der Montage vor Verschmutzung und Beschädigung schützen soll.

Die Decklagenelemente werden in der Regel an Unterkonstruktionen aus Metall angebracht. Ihre Ausbildung und Bemessung richten sich weitgehend nach der Art und Größe des aufzubringenden Bekleidungsmateriales (Decklage). Die zulässigen Stützweiten und Abstände der Tragprofile sind den jeweiligen Herstellerunterlagen und amtlichen Prüfzeugnissen zu entnehmen.

Metallkassettendecken

Metallkassettendecken bestehen aus quadratischen, rechteckigen oder anders geformten, wannenförmig ausgebildeten Deckenplatten (geschlossenes Deckensystem). Je nach Fugenausbildung kann die Deckenuntersicht flächig oder stark gegliedert wirken. Dementsprechend gibt es Metallkassettendecken mit verdeckter Unterkonstruktion (Haarfugen), sichtbarer Unterkonstruktion (betonte Schattenfugen), Bandrasterprofilen (Längs- oder Kreuzbandraster) sowie Lichtkanalprofilen.

Die Unterkonstruktion der Metallkassettendecke besteht aus einem fest verriegelten Verband aus Metallprofilen, der flucht- und waagerecht und ggf. drucksteif (Bandrasterdecken) von der Rohdecke abgehängt wird. Vgl. hierzu Abschn. 13.3.2 und 13.3.3, Unterkonstruktionen. In diesen Tragrost werden die meist seitlich gekanteten Kassetten entweder (Bild **13**.46):

— eingelegt (Einlegemontage)

— eingehängt (Einhängemontage)

— eingeklemmt (Klemmontage).

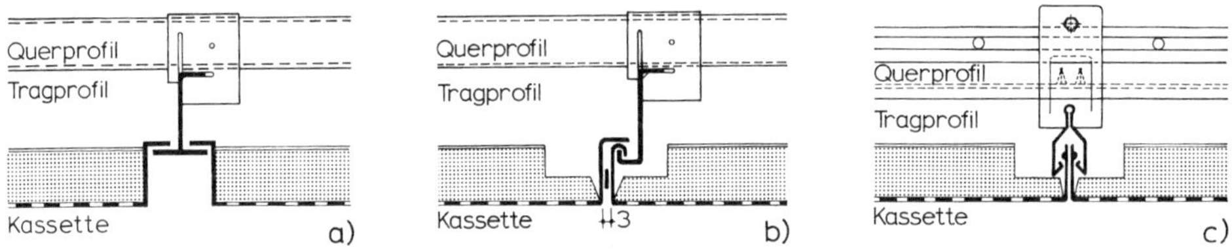

13.46 Schematische Darstellung verschiedener Montagesysteme bei Metallkassettendecken
a) Einlegemontage: Die Kassetten werden von oben in ⊥-förmige Tragprofile eingelegt; es entsteht eine umlaufende Schattenfuge (Bild **13**.47)
b) Einhängemontage: Die abgekanteten Kassetten werden in Tragprofile eingehängt, mit ringsumlaufenden Dichtungsstreifen
c) Klemmontage: Eingestanzte Nocken und Aussparungen in den Kassettenkanten garantieren ein planebenes Deckenniveau.

Lindner AG, Arnstorf

Deckenhohlräume, in denen wartungsintensive Installationen verlegt sind, müssen gut zugänglich sein. Daher wurden Metalldecken mit Klappkassetten entwickelt, die sich nach unten aufklappen und bei manchen Deckensystemen sogar noch seitlich verschieben lassen (Bild **13**.15). Bei Revisionsarbeiten entfällt die Zwischenlagerung der Kassetten, Beschädigungen sind ausgeschlossen.

Akustikdecken aus perforierten Metallkassetten. Metallkassetten gibt es in ungelochter und gelochter Ausführung. Entsprechend den jeweiligen gestalterischen und akustischen Anforderungen können die Decklagenelemente ganz unterschiedlich perforiert (Lochanteil zwischen 10 und 40 Prozent) und mit rieselsicherem Schallschluckmaterial hinterlegt sein (Bild **13**.48a und b). S. auch Abschn. 13.5.3, Akustikdecken.

Die normalerweise sichtbaren Löcher der Metallkassetten können jedoch auch mit einem Akustikvlies kaschiert und anschließend mit einem Akustiklack beschichtet werden (Bild **13**.49). Es entsteht dabei eine monolithische und glatte, aber trotzdem schallabsorbierende Oberfläche. Bei derart ausgerüsteten Metall-Akustikdecken kann die üblicherweise notwendige Schallschluckeinlage entfallen, so daß der Zugang zum Deckenhohlraum wesentlich vereinfacht wird.

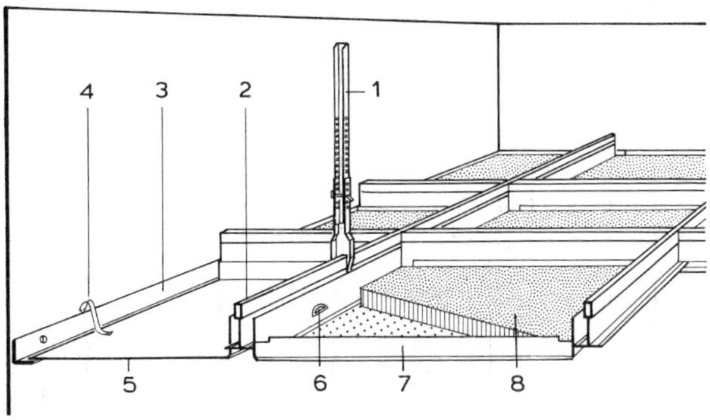

13.47
Konstruktionsbeispiel einer abgehängten Metallkassettendecke mit sichtbarer Unterkonstruktion (betonte Schattenfugen)
1 Noniusabhänger
2 Tragprofil
3 Wandwinkel
4 Druckfeder
5 Randstreifen, ungelocht
6 eingestanzte Nocke
7 Metallkassette, gelocht
8 Schallschluckeinlage

Schall-Längsdämmung bei perforierten Metallkassetten. Übernehmen Akustikdecken beim Einbau von umsetzbaren Trennwänden auch noch die Funktion der horizontalen Schall-Längsdämmung, so muß jede einzelne Kassette eine Dämmstoffeinlage erhalten – und bei erhöhten schallschutztechnischen Anforderungen – darüber außerdem noch eine durchlaufende horizontale Abschottung aus Dämmstoffmatten aufgebracht werden (Bild. **13**.48c). Vgl. hierzu auch Abschn. 14.3.3.1. Der Zugang zum Deckenhohlraum wird dadurch jedoch erschwert, so daß einige Deckenhersteller auf Maß zugeschnittene, keilförmig einpreßbare Dämmplatten direkt auf die Decklagenelemente aufkleben.

Brandschutz bei perforierten Metallkassetten. Um auch mit perforierten Metallkassetten einen ausreichenden Brandschutz zu erzielen, müssen noch zusätzliche Gipskarton-Feuerschutzplatten oberseitig auf die Schallschluckeinlage eingebaut werden (Sandwich-Bauweise, Gesamtdicke etwa 65 mm, Feuerwiderstandsklasse F 30 nach DIN 4102). Bild **13**.48d.

Regelabmessungen – Metallkassetten: Quadratische Kassetten 600 x 600 und 625 x 625 mm. Großfeld-Kassetten 1200 x 1200 mm. Rechteck-Kassetten bis 500 mm Breite und 4000 mm Länge. Dreieck-Kassetten je nach Bauraster.

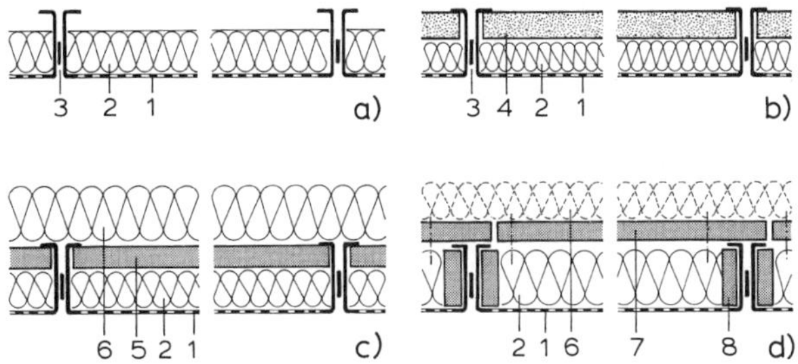

13.48
Schematische Darstellung perforierter Metallkassetten. Aufbau je nach akustischen, schall- oder brandschutztechnischen Anforderungen.
1 Metallkassette, perforiert
2 Schallschluckeinlage
3 Dichtungsstreifen
4 Mineralfaserplatte, 13 mm
5 Gipskarton-Bauplatte 9,5 mm
6 vollflächige Dämmstoffauflage
7 Gipskarton-Feuerschutzplatte
8 Gipskarton-Randstreifen

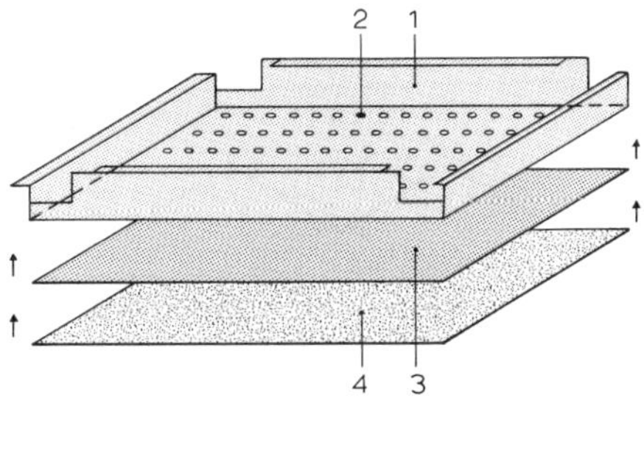

13.49
Schematische Darstellung einer perforierten Akustik-Metallkassette, Sichtseite mit Akustikvlies und Akustiklack beschichtet. Eine zusätzliche Dämmstoffeinlage ist nur bei erhöhten schallschutztechnischen Anforderungen notwendig.
1 Metallkassette, perforiert
2 Lochung nach Bedarf
3 Akustikvlies
4 Akustiklack

Wilhelmi Werke, Lahnau

Metall-Langfeldkassetten zeichnen sich durch eine erhöhte Eigenstabilität aus. Es ist daher möglich, Deckenflächen bis etwa 4 Meter Breite frei zu überspannen und die rechteckigen Kassetten lediglich in Wandanschlußprofile einzulegen. Derartige Platten eignen sich besonders zum Überdecken von Fluren, Gängen und schmalen Räumen. Mit Langfeldkassetten können jedoch auch Unterdecken erstellt werden, die sich durch besonders große Abstände der Bandrasterprofile auszeichnen, wie sie vor allem in großflächigen Bürogebäuden, Schulzentren, Foyers, Kantinen usw. vorkommen. Vgl. hierzu auch Abschn. 13.5.3.6, Lichtkanaldecken.

Metallpaneeldecken

Paneeldecken bestehen aus einzelnen, horizontal angeordneten und parallel auf Abstand verlegten, paneelförmigen Decklagenprofilen. Sie ergeben eine insgesamt flächig wirkende, durch die Fugen zwischen den Paneelen jedoch richtungsbetonte Deckenuntersucht. Metallpaneeldecken zeichnen sich u. a. aus durch ihr geringes Eigengewicht, einfache und schnelle Montage sowie hohes Schallabsorptionsvermögen bei der Ausbildung als Akustikdecke mit hinterlegtem Schallschluckmaterial. Die Paneele bestehen üblicherweise aus Stahlblech (korrosionsgeschützt) oder Aluminiumblech und sind vollständig recycelbar. Interessante Formen- und Farbenangebote bieten viele Variationsmöglichkeiten für die Deckengestaltung. Einzelheiten über mögliche Oberflächenbeschichtungen s. Abschn. 13.5.3.3, Decklagenelemente.

Paneeltypen. Wie Bild **13**.50 beispielhaft zeigt, stehen zahlreiche Paneeltypen zur Wahl: In ebener, konkav oder konvex geknickter Form, rund oder scharfkantig umbördelt, mit und ohne Perforierung sowie Sonderprofile aller Art. Unterschiedliche Paneelbreiten und variable Fugenabstände – untereinander frei kombinierbar – machen Paneeldecken als offenes Deckensystem anpassungsfähig an jeden Grundriß und vorgegebene Rastereinteilung.

Metallpaneele werden in der Regel an Unterkonstruktionen aus Metall – direkt oder abgehängt – angebracht. Ihre Arretierung erfolgt an meist schwarz lackierten Tragschienen, die entweder angestanzte Zapfen (Tragerippen) oder ausgestanzte Laschen aufweisen (Bild **13**.50b und c). In jedem Fall müssen die Halterungen so ausgebildet sein, daß sie den Paneelen zwar einen festen Sitz gewähren, bei Temperaturschwankungen spannungsfreie Längenänderungen jedoch zulassen. Jedes Paneel ist nachträglich wieder abnehmbar, so daß der Deckenhohlraum für Wartungs- und Reparaturarbeiten zugänglich bleibt.

R e g e l a b m e s s u n g e n – Metallpaneele: Paneelbreiten 34 – 84 – 134 – 184 – 284 mm. Fugenbreite 10 – 16 – 20 – 30 mm. Paneellänge bis max. 6000 mm.

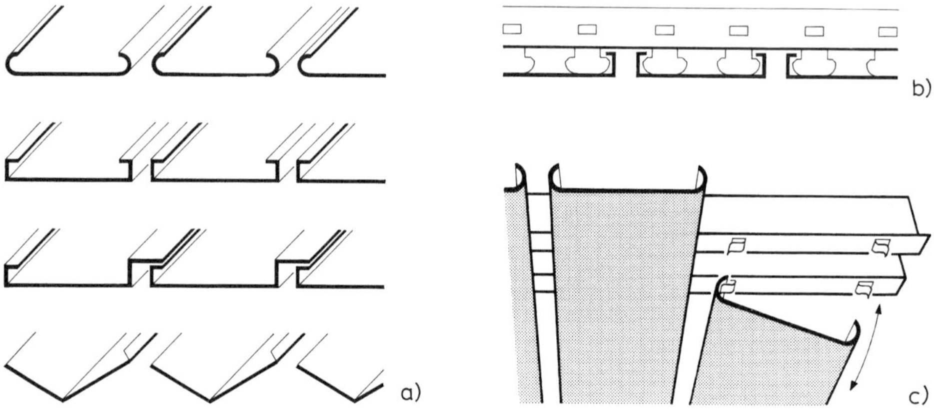

13.50 Schematische Darstellung von Metallpaneelen und ihrer Befestigung an Tragschienen
a) Paneeltypen (Beispiele)
b) Befestigung an Tragschienen mit angestanzten Tragerippen
c) Befestigung an Tragschienen mit ausgestanzten Laschen

Metallpaneeldecken haben sich besonders als Akustikdecken bewährt (Abschn. 13.5.3). Hohe Absorptionsgrade lassen sich vor allem mit perforierten und auf Fuge angeordneten Paneelen erzielen. Paneeldecken lassen sich auch als Lüftungsdecken ausbilden (Abschn. 13.2.6). Für Unterdecken in Gymnastik-, Turn- und Sporthallen eignen sich die ballwurfsicheren Metallpaneeldecken aus Stahlprofilen. Diese müssen – ähnlich wie die sturmsicheren Außendecken – den in DIN 18032-3 genannten Anforderungen entsprechen. Wie Bild **13**.51 verdeutlicht, besitzen die Tragprofile derartiger Unterdecken sog. Sperrzungen, die nach dem Einklemmen der Profile nach unten gebogen werden und so das Herausfallen bei mechanischer Beanspruchung bzw. bei Druck- und Sogbelastung zuverlässig verhindern.

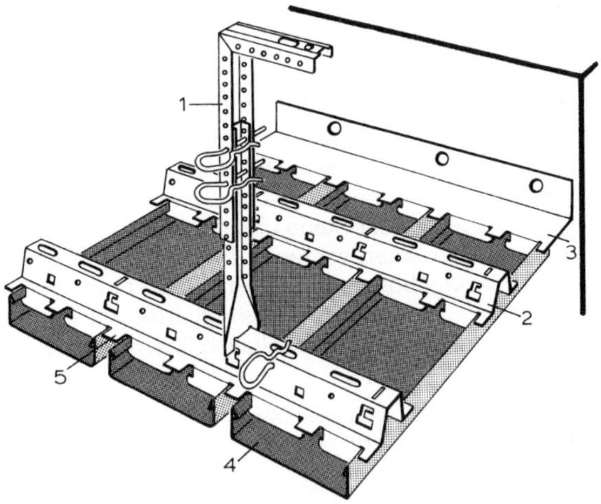

13.51
Konstruktionsbeispiel einer ballwurfsicheren Metallpaneeldecke
1 Noniusabhänger mit zwei Sicherungsstiften und drucksteifer Abhängung
2 Tragprofil mit angestanzten Tragerippen
3 Wandwinkel mit angestanzten Tragerippen
4 Sportdeckenpaneel aus 0,8 mm dickem Stahl
5 Sperrzunge, die als Sicherung nach unten gebogen wird.

BEDO Vertriebsgesellschaft, Schwerte

Metall-Lamellendecken

Lamellendecken bestehen aus einzelnen, vertikal angeordneten und parallel auf Abstand verlegten Sichtblenden. Sie ergeben in der Regel eine richtungsbetonte Deckenuntersicht. Derartige Decken finden vor allem dort Verwendung, wo Installationen, Versorgungsleitun-

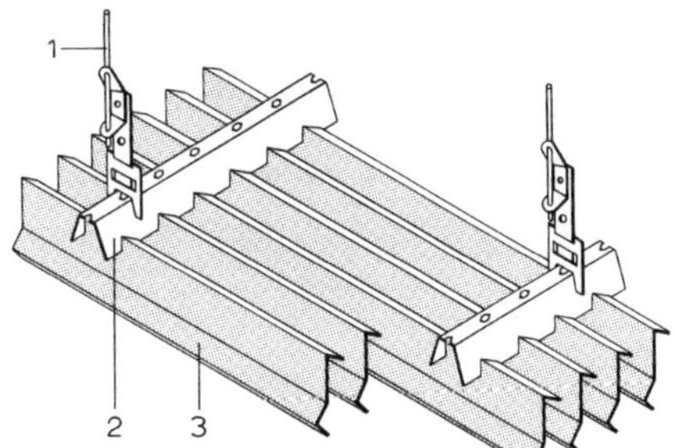

13.52 Schematische Darstellung einer Lamellendecke. Die Sichtblenden werden in entsprechende Ausstanzungen der Tragschienen lotrecht eingeklemmt.
1 Schnellspannabhänger
2 Tragprofil
3 Metall-Lamelle

Richter System GmbH, Griesheim

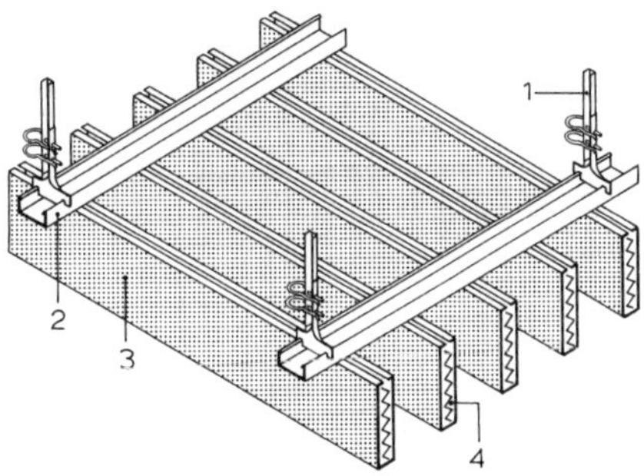

13.53 Schematische Darstellung einer Lamellendecke aus U-förmig abgekanteten und perforierten Metallschalen mit Schallschluckeinlage.
1 Noniusabhänger
2 Tragprofil
3 perforierte Metallschale
4 Schallschluckeinlage

gen, Unterzüge und Lichtleisten verdeckt (Sicht- und Blendschutz) sowie die Höhe eines Raumes optisch verringert werden soll – ohne jedoch das Gesamtluftvolumen dabei zu schmälern (offenes Deckensystem). Lamellendecken sollten immer so eingebaut werden, daß die Blenden quer zur Hauptblick- und Hauptverkehrsrichtung hängen (z. B. in Fluren, Bahnhöfen, Ausstellungs- und Verkaufsräumen). Sie haben sich vor allem als Licht- und Akustikdecken bewährt.

Die Lamellen selbst bestehen in der Regel entweder aus mehrfach geknickten Metallsichtblenden (Bild **13**.52) oder U-förmig abgekanteten und perforierten Metallschalen mit Schallschluckeinlage (Bild **13**.53). Die Dimensionierung der Metallschalen richtet sich vorwiegend nach den jeweiligen akustischen Anforderungen. Vgl. hierzu Abschn. 13.5.3, Akustikdecken.

Metallrasterdecken und Kunststoffrasterdecken

Rasterdecken setzen sich aus einzelnen, in der Fläche vorwiegend gitterartig wirkenden Rasterelementen zusammen, die oftmals nur der optischen Korrektur einer Raumhöhe dienen. Die Rasterelemente selbst sind zwar licht-, luft- und schalldurchlässig (offenes Deckensystem), die Höhe der Stege und die jeweils günstigste geometrische Form der Wabe verhindern jedoch einen schrägen Einblick in den Deckenzwischenraum (Sicht- und Blendschutz). Die angebotene Typenvielfalt bietet für jedes Einsatzgebiet den richtigen Raster. Dieser kann rund, zylindrisch, rechteckig, dreieckig, quadratisch usw. ausgebildet sein. An Materialien kommen vor allem Stahlblech (korrosionsgeschützt), Aluminiumblech und Kunststoff in Frage.

Raster aus Stahl- und Aluminiumblech werden überall dort eingesetzt, wo die Forderung nach nichtbrennbaren Werkstoffen erhoben wird. Aluminiumraster zeichnen sich wegen ihrer Beständigkeit (z. B. Unempfindlichkeit gegen Feuchtigkeit, chemische Dämpfe), ihres geringen Gewichtes und eleganten Aussehens aus. Sie sind in Alu-natur, eloxiert, folien- und farbbeschichtet erhältlich. Im wesentlichen unterscheidet man Dünnstegraster (Bild **13**.54) und Breitstegraster (U-förmig abgekantete Schalen).

Regelabmessungen – Metallrasterelemente: 600 x 600 – 625 x 625 – 1200 x 600 – 1200 x 1200 – 1250 x 1250 mm. Rasterhöhe: 15 – 20 – 25 – 30 – 40 – 55 – 80 mm.

Raster aus Kunststoff werden im Spritzgußverfahren aus lichtbeständigem, thermoplastischem Kunststoff (z. B. Polystyrol) hergestellt und anschließend antistatisch behandelt. Die Kunststoffraster sind UV-stabil und gilben auch nach langer Benutzungsdauer nicht ein. Die Raster werden außerdem mit aufgedampfter Verspiegelung (metallisiert) in Gold-, Silber- und Kupfereffekt angeboten. Zur Ausstattung von Boutiquen, exklusiven Foyers o. ä. stehen darüber hinaus zahlreiche sog. Dekorative Rasterdecken zur Verfügung (Blatt-Dekor-Raster, Parabol-Raster usw.). Kunststoffraster sind in der Regel normalentflammbar einzustufen (Baustoffklasse B 2 nach DIN 4102).

Regelabmessungen – Kunststoffrasterelemente: 1212 x 604 – 1248 x 624 mm. Rasterhöhe: 13 – 15 – 20 – 30 – 35 – 50 mm.

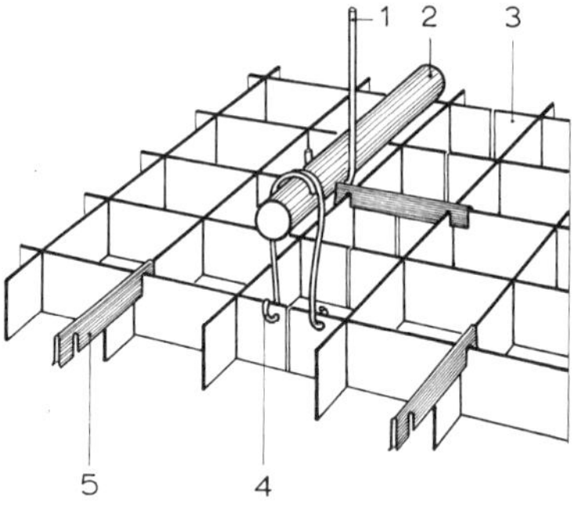

13.54
Schematische Darstellung einer Rasterdecke aus Leichtmetall (Dünnstegraster)
1 Abhänger
2 Tragrohr
3 Aluminiumraster
4 Aufhängehaken
5 Verbindungskamm

Alukarben-Raster GmbH, Bad Homburg

Rasterdecken haben sich vor allem als Akustikdecken (Abschn. 13.5.3), Lüftungsdecken (Abschn. 13.2.6) und Lichtdecken (Lichtquellen im Deckenzwischenraum) bewährt. Die Unterkonstruktion aus Steckrohren, ⊥-förmigen oder U-förmigen Tragprofilen wird meist mit Schnellspannabhängern waagerecht und fluchtrecht von der Rohdecke abgehängt. Je nach Montageart können die Tragschienen sichtbar, halbverdeckt und verdeckt angeordnet sein (Bild **13**.54).

13.5.4 Wabendecken

Wabendecken bestehen aus senkrecht angeordneten, schallabsorbierenden Einzellamellen, die nach den jeweiligen akustischen, lichttechnischen und gestalterischen Anforderungen zu großformatigen Rasterfeldern zusammengefügt werden. Die meist quadratischen, rechteckigen oder polygonal ausgebildeten Wabendecken werden vor allem dort eingesetzt, wo eine hohe Schallabsorption verlangt wird (Produktions-, Lager-, Verkaufshallen, Foyers usw.). Durch die senkrechte Anordnung der Lamellen erreicht man im Vergleich mit ebenen Akustikdecken eine wesentliche Vergrößerung der Absorptionsfläche. Eine weitere Steigerung ist möglich, indem oberseitig auf die Wabenraster noch zusätzliche Akustikelemente aufgelegt werden.

Wabendecken können direkt von der Rohdecke abgehängt oder auch unterhalb einer ebenen Akustikdecke bzw. Brandschutzdecke installiert werden (sog. Kombinationsdecken s. Abschn. 13.5.3.6). Hergestellt werden sie üblicherweise aus

— perforierten Metallschalen mit Schallschluckeinlage (Bild **13**.55),
— porösen Wabenelementen mit Mineralfaserplatten (Bild **13**.56).

Wabendecken aus Metall

Die Einzellamellen dieser Unterdecken bestehen aus U-förmig abgekanteten, perforierten Metallschalen mit eingelegten schallabsorbierenden Matten (Bild **13**.55). Verwendet werden vor allem Aluminiumblech oder verzinktes und einbrennlackiertes Stahlblech. Da an der Oberkante der selbsttragenden Schalen ein Tragprofil eingearbeitet ist, können sie daran direkt über Abhänger an der Rohdecke befestigt werden. Durch oberseitiges Auflegen perforierter Metallkassetten mit Dämmstoffeinlage ergibt sich eine weitere Verbesserung des Schallabsorptionsgrades (geschlossenes Deckensystem).

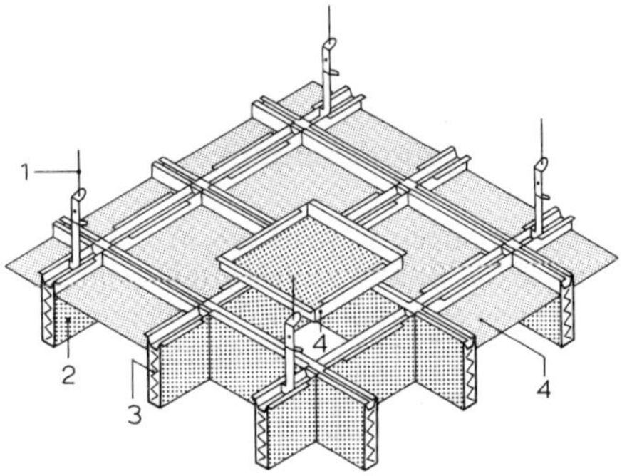

13.55
Konstruktionsbeispiel einer Wabendecke aus U-förmig abgekanteten und perforierten Metallschalen (Trägerschalen) mit Schallschluckeinlage sowie oberseitig eingelegten perforierten Metallkassetten.

1 Abhänger
2 perforierte Metallschale (Trägerschale)
3 Schallschluckeinlage
4 perforierte Metallkassette (ggf. mit Dämmstoffauflage)

Lindner AG, Arnstorf

Wabendecken aus Mineralfaserplatten

Der konstruktive Aufbau dieser Decken richtet sich einmal nach dem gewählten Rasterbild, zum anderen danach, ob diese Wabendecken direkt von der Rohdecke abgehängt oder unterhalb einer ebenen Akustikdecke installiert werden. Die Einzellamellen bestehen aus porösen Mineralfaserplatten, wie sie in Abschn. 13.5.3.1 näher beschrieben sind.

Bei der Montage von Quadrat- oder Rechteckwaben werden die Querprofile der Tragschienen entsprechend dem Raster in seitliche Ausstanzungen der durchlaufenden Längsprofile eingerastet (Bild **13**.56a). Werden dagegen Dreieck-, Sechseck und Achteckwaben gewünscht, müssen an den Kreuzungspunkten passende Knotenbleche mit aufgesetzten Alu-Knotenprofilen eingebaut werden (Bild **13**.56b). Für die notwendige Aussteifung sorgen die zwischen den Knotenblechen montierten Tragprofile. Die Abhängung (Schnellspannabhänger) erfolgt immer an den Knotenpunkten.

In diese gitterartigen Tragroste werden die unterseitig genuteten und sich gegenseitig aussteifenden schallschluckenden Faserplatten senkrecht eingesetzt. Durch Auflegen weiterer Schallschluckplatten lassen sich die Waben auch noch nach oben hin abdecken (geschlossenes Deckensystem).

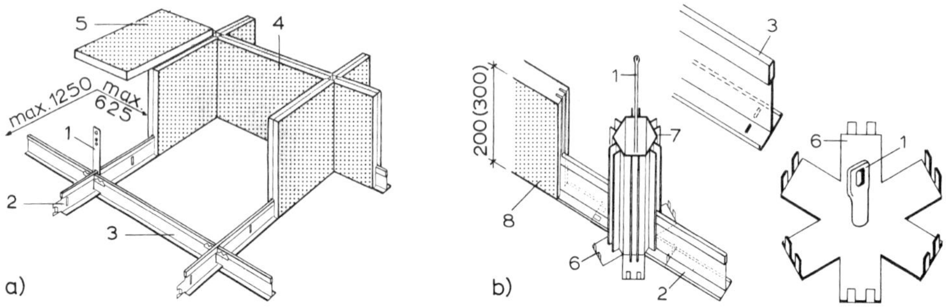

13.56 Schematische Darstellung von Wabendecken aus porösen Mineralfaserplatten
a) für Quadrat- oder Rechteckwaben
b) für Dreieck-, Sechseck- oder Achteckwaben

1 Abhänger
2 Längsprofil
3 Querprofil
4 unterseitig genutete Wabenplatte
5 waagerecht aufgelegte Mineralfaserplatte
6 Knotenblech je nach Rasterbild
7 Knotenprofil aus Aluminium
8 unterseitig und stirnseitig genutete Wabenplatte

OWA-Odenwald Faserplattenwerk, Amorbach

13.5.5 Pyramidendecken

Pyramidendecken bestehen in der Regel aus vorgefertigten Einzelteilen, die schnell und trocken in Steckbauweise (Elementbauweise) zusammengebaut werden können. Zum Abdecken der trapezförmigen Pyramidenflächen eignen sich vor allem Mineralfaserplatten sowie perforierte Metallkassetten mit rückseitiger Schallschluckeinlage. In dieses Deckensystem sind alle wichtigen Funktionen wie Schallabsorption, Beleuchtung und Luftführung, Feuerwiderstand sowie der Einbau von Trennwänden integrierbar.

Pyramidendecken aus **Mineralfaserplatten,** wie in Bild **13**.57 dargestellt, haben den Vorteil, daß Decken- und Leuchteneinbau in einer Hand liegen. Zunächst wird der horizontale Tragrost in vorgesehenem Rastermaß (1250 x 1250 mm) von der Rohdecke abgehängt, darauf je Deckenfeld ein vorgefertigter Pyramidenstumpf aus Metallprofilen eingestellt und anschließend die schräg liegenden trapezförmigen Seitenflächen mit Mineralfaserplatten geschlossen. In die obere quadratische Öffnung können wahlweise Deckenleuchten, Luftdurchlässe oder Mineralfaserplatten eingebaut werden.

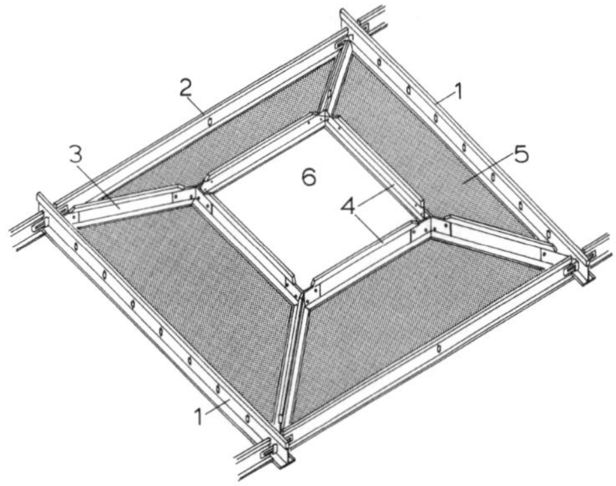

13.57
Konstruktionsbeispiel einer Pyramidendecke aus Mineralfaserplatten

1 Tragprofil
2 Querprofil
3 Metallrahmen (Pyramidenstumpf)
4 Lichtrahmen
5 trapezförmige Mineralfaserplatte
6 Platz für Deckenleuchte, Luftdurchlaß oder Mineralfaserplatte

DONN Products GmbH, Viersen

13.5.6 Integrierte Unterdeckensysteme

Die vielseitigen Anforderungen, die an eine Unterdecke beispielsweise in modernen Bürogebäuden gestellt werden, führten zur Entwicklung von sog. Integrierten Unterdeckensystemen. Darunter versteht man Deckensysteme, bei denen die wichtigsten Erfordernisse wie Akustik, Beleuchtung, Be- und Entlüftung (Klimatisierung) sowie Nutzungsvariabilität (Trennwandanschlüsse) optimal aufeinander abgestimmt sind. Integrierte Unterdeckensysteme lassen sich entsprechend ihrer konstruktiven Merkmale in zwei Hauptgruppen einteilen:

- **Lichtkanaldecken,** die aus Π-förmigen Stahlblechkanälen und schallabsorbierenden Decklagenflächen bestehen (Bild **13**.58a).
- **Lüftungsrasterdecken** (Kombinationsdecken), die sich aus einer ebenen Akustikdecke und einem darunter angeordneten Großraster (Lüftungsraster) zusammensetzen (Bild **13**.58b).

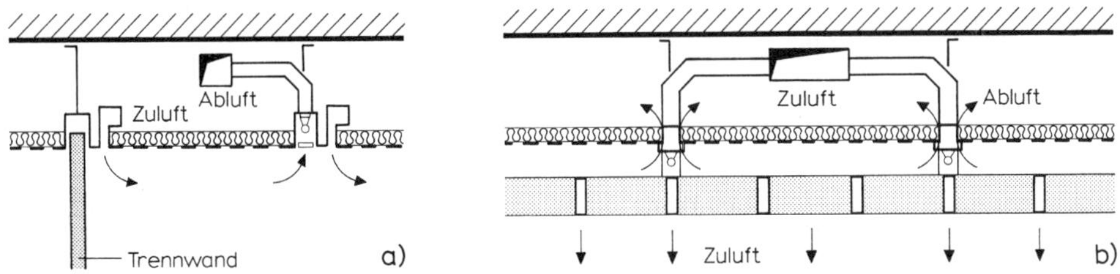

13.58 Schematische Darstellung des konstruktiven Aufbaues von Integrierten Unterdeckensystemen
a) Lichtkanaldecke
b) Lüftungsrasterdecke (Kombinationsdecke)

Lichtkanaldecken

Die Konstruktionsprinzipien der meisten auf dem Markt befindlichen Lichtkanaldecken sind annähernd gleich: kanalartige Tragprofile (sog. Lichtkanäle) werden parallel zueinander oder kreuzweise in vorgegebenem Raster über drucksteife Abhänger an der Rohdecke befestigt und zu einem stabilen Tragrost zusammengefügt. Die Kanäle geben der Unterdecke die statische Festigkeit und ermöglichen

— den Einbau von Leuchten in Längs- und Querrichtung,
— den Deckenanschluß für umsetzbare Trennwände,
— die unsichtbare Abluftführung durch Schlitze oberhalb der Lichtleisten,
— die unauffällige Integration von seitlich angeordneten Zuluftauslässen,
— eine freie Deckengestaltung durch variable Lichtkanalbreiten und Rastermaße.

In diesen Tragrost lassen sich vorgefertigte, meist schallabsorbierend ausgebildete Decklagenelemente paßgenau einfügen, an deren Kanten bei Bedarf noch Zuluftschienen eingearbeitet sein können. Durch Aushängen bleibt der Deckenhohlraum großflächig zugänglich. Die Decklagenelemente bestehen vorwiegend aus

— perforierten Metallkassetten (Langfeldkassetten) mit Schallschluckeinlage,
— porösen und genadelten Mineralfaserdeckenplatten,
— Leichtspanakustikplatten mit aufkaschiertem Akustikvlies bzw. Akustiklack,
— vorgefertigten, glasgewebebespannten Rahmenelementen mit Dämmstoffauflage.

Bild **13**.59 zeigt eine Unterdecke, die aus Π-förmigen Lichtkanälen und einbaufertigen, glasgewebebespannten Rahmenelementen besteht. Dieses Textilglasgewebe ist lichtecht, antistatisch, nichtbrennbar (Baustoffklasse A 1 nach DIN 4102) und kann weiß oder farbig geliefert werden. Die Dämmstoffauflage liegt auf Abstand über dem Glasgewebe. Über Schlitzdurchlässe wird die Zuluft in den Raum eingeleitet, Abluft über Öffnungen im Lichtkanal in den Deckenhohlraum abgeführt. Die Kanäle dienen nicht nur zur Aufnahme der Leuchten, sondern auch zur Befestigung von Trennwänden und vertikalen Abschottungen im Deckenhohlraum.

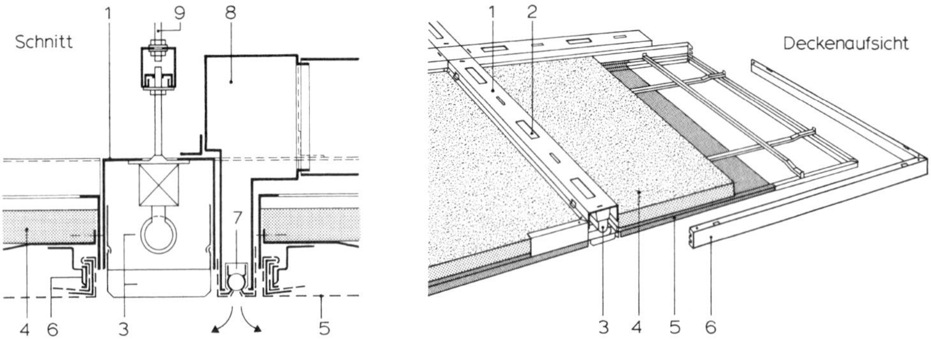

13.59 Konstruktionsbeispiel einer Lichtkanaldecke aus vorgefertigten und einhängbaren Rahmenelementen, die mit Textilglasgewebe bespannt sind.

1 Lichtkanal
2 Abluftöffnungen
3 Leuchte mit Lamellengitter
4 Schallschluckauflage
5 Textilglasgewebe
6 Spannrahmen mit Spannläufer
7 Zuluftauslaß mit Drosselklappe
8 Zuluftkanal
9 Abhänger mit Tragprofil

Grünzweig + Hartmann Montage, Ludwigshafen

Lüftungsrasterdecken

Diese Kombinationsdecken wurden speziell für großflächige Bürobauten, Schalter- und Kassenhallen entwickelt. Sie setzen sich aus einer ebenen Akustikdecke und einem darunter angeordneten Zuluftraster (Großraster) zusammen (Bild **13**.58). Jede dieser Deckenebenen übernimmt ganz bestimmte Funktionen, die jedoch ganzheitlich aufeinander abgestimmt sein müssen.

Der Einsatz integrierter Deckensysteme hängt eng mit dem Problem der Klimatisierung von Arbeitsräumen zusammen. Auf diesem Gebiet hat ein gewisser Umdenkungsprozeß eingesetzt. Während Neubauten bisher ganz selbstverständlich vollklimatisiert wurden (Aufbereitungsstufen der Raumluft s. Abschn. 13.2.6), gewinnen heute Fragen des Umweltschutzes, der Energieeinsparung (Wärmerückgewinnung, Einbeziehung zweischaliger Gebäudehüllen) sowie der natürlichen Be- und Entlüftung von Räumen verstärkt an Bedeutung.

Raumakustik und Beleuchtung. Will man außerdem die komplexen Zusammenhänge zwischen Raumakustik einerseits und Beleuchtung andererseits verstehen, so ist von der Annahme auszugehen, daß beispielsweise in einem Großraum etwa 90 bis 100% der Grundfläche als schallabsorbierende Fläche im Deckenbereich ausgewiesen werden müßte, um optimale akustische Verhältnisse zu erreichen. Da in der Deckenfläche jedoch Beleuchtungskörper, Zu- und Abluftdurchlässe sowie andere technische Einrichtungen untergebracht werden müssen, sind hohe akustische Anforderungen mit normalen ebenen Akustikdecken nur sehr schwer zu erfüllen. Bei Lüftungsrasterdecken wurde deshalb unter die ebene Akustikdecke noch zusätzlich ein schallabsorbierender Großraster angeordnet, der gleichzeitig auch die Funktion eines Zuluftrasters mit übernimmt. Dadurch wird die Absorptionsfläche gegenüber ebenen Akustikdecken wesentlich vergrößert und sehr günstige Schallabsorptionswerte erreicht.

Dieser Großraster wirkt sich jedoch nachteilig in ganz anderer Hinsicht aus: er beeinträchtigt die Lichtverteilungskurve der oberhalb des Rasters angeordneten Leuchten, so daß die Lichtausbeute insgesamt geringer ausfällt. Ein gewisser Ausgleich wird dadurch erreicht, indem die immer hell gehaltene ebene Akustikdecke wie ein großflächiger Reflektor wirkt.

Lüftungsrasterdecken, wie die in Bild **13**.60 dargestellte Kombinationsdecke, setzen sich zusammen aus:

- Ebener Akustikdecke, die aus perforierten Metallkassetten, Aluminiumpaneelen oder Mineralfaserdeckenplatten bestehen kann. Die Tragschienen (Lichtkanäle) sind oberseitig mit Schlitzöffnungen versehen, so daß Abluft und Lampenwärme unmittelbar in den Deckenhohlraum abgeführt werden.
- Vertikalem Großraster, der die Zuluft zugfrei in den Raum einführt, und zwar über sternförmige Verteiler, die die Luft an unterseitig perforierte Rasterblenden weiterleiten (Lüftungsraster).
- Dieser Großraster dient gleichzeitig als Akustikraster (seitlich perforierte Trägerschalen mit Schallschluckeinlage) sowie als Blend- und Sichtschutz gegenüber den darüberliegenden, freistrahlenden Lichtleisten.

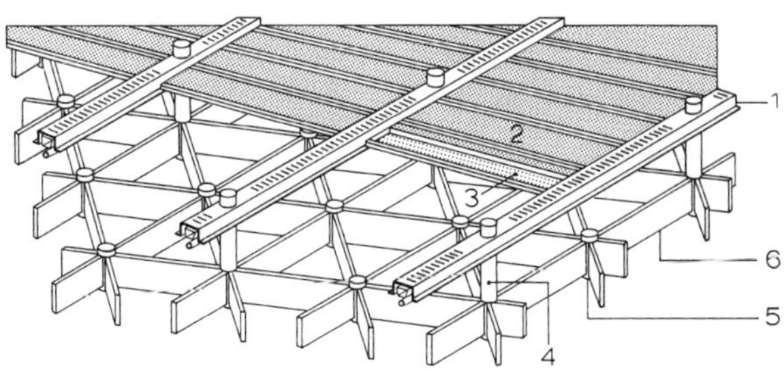

13.60
Konstruktionsbeispiel einer Lüftungsrasterdecke: Kombinationsdecke aus ebener Akustikdecke und unterseitigem Zuluftrohr (Großraster). S. auch Bild **13**.58b.

1 Tragschiene mit Abluftschlitzen und Leuchte
2 Schallschluckmaterial, oberseitig mit Alu-Folie kaschiert
3 Metall-Langfeldkassette, gelocht
4 Zuluftstern
5 Blindstern
6 Zuluftraster, zugl. Akustik- und Blendraster

Grünzweig + Hartmann Montage, Ludwigshafen

13.6 Normen

Norm	Ausgabe-Datum	Titel
DIN 1 052-1	4.88	Holzbauwerke; Berechnung und Ausführung
DIN 1052-1/A1	10.96	–; –; Änderung
DIN 1101	11.89	Holzwolle-Leichtbauplatten und Mehrschicht-Leichtbauplatten als Dämmstoffe für das Bauwesen; Anforderungen, Prüfung
DIN 1102	11.89	–; Verwendung, Verarbeitung
DIN 1 946-1	10.88	Raumlufttechnik; Terminologie und graphische Symbole
DIN 1 946-2	1.94	–; Gesundheitstechnische Anforderungen (VDI-Lüftungsregeln)
DIN 1 946-6	9.94	–; Lüftung von Wohnungen; Anforderungen, Ausführung, Abnahme (VDI-Lüftungsregeln)
DIN 4 071-1	4.77	Ungehobelte Bretter und Bohlen aus Nadelholz
DIN 4 072	8.77	Gespundete Bretter aus Nadelholz
DIN 4 073-1	4.77	Gehobelte Bretter und Bohlen aus Nadelholz
DIN 4 074-1	9.89	Sortierung von Nadelholz nach der Tragfähigkeit; Nadelschnittholz
DIN 4 074-2	12.58	Bauholz für Holzbauteile; Gütebedingungen für Baurundholz (Nadelholz)
DIN 4 102 Bbl 1	5.81	Brandverhalten von Baustoffen und Bauteilen; Inhaltsverzeichnisse
DIN 4 102-1	5.81	–; Baustoffe; Begriffe, Anforderungen und Prüfungen
DIN 4 102-2	9.77	–; Bauteile; Begriffe, Anforderungen und Prüfungen
DIN 4 102-4	3.94	–; Zusammenstellung und Anwendung klassifizierter Baustoffe, Bauteile und Sonderbauteile
DIN 4 102-4 Ber 1	5.95	Berichtigungen zu DIN 4102-4
DIN 4 102-6	9.77	–; Lüftungsleitungen; Begriffe, Anforderungen und Prüfungen
DIN 4 103-1	7.84	Nichttragende innere Trennwände; Anforderungen, Nachweise
DIN 4 103-2	12.85	–; Trennwände aus Gips-Wandbauplatten
DIN 4 108 Bbl 1	4.82	Wärmeschutz im Hochbau; Inhaltsverzeichnisse; Stichwortverzeichnis
DIN 4 108-1	8.81	–; Größen und Einheiten
DIN 4 108-2	8.81	–; Wärmedämmung und Wärmespeicherung; Anforderungen und Hinweise für Planung und Ausführung
E DIN 4 108-2	11.95	–; –; –;
DIN 4 108-3	8.81	–; Klimabedingter Feuchteschutz; Anforderungen und Hinweise für Planung und Ausführung
DIN 4 108-3	11.95	–; –; –; Änderung
DIN 4 109	11.89	Schallschutz im Hochbau; Anforderungen und Nachweise
DIN 4 109 Ber	8.92	Berichtigungen zur DIN 4109
DIN 4 109 Bbl 1	11.89	–; Ausführungsbeispiele und Rechenverfahren
DIN 4 109 Bbl 2	11.89	–; Hinweise für Planung und Ausführung; Vorschläge für einen erhöhten Schallschutz; Empfehlungen für den Schallschutz im eigenen Wohn- oder Arbeitsbereich
DIN 4 121	7.78	Hängende Drahtputzdecken; Putzdecken mit Metallputzträgern, Rabitzdecken, Anforderungen für die Ausführung
DIN 4 172	7.55	Maßordnung im Hochbau
DIN 5 034-1	2.83	Tageslicht in Innenräumen; Allgemeine Anforderungen
DIN 5 034-2	2.85	–; Grundlagen
DIN 5 034-3	9.94	–; Berechnung
DIN 5 035-1	6.90	Beleuchtung mit künstlichem Licht; Begriffe und allgemeine Anforderungen
DIN 5 035-2	9.90	–; Richtwerte für Arbeitsstätten in Innenräumen und im Freien

Fortsetzung s. nächste Seite

Normen, Fortsetzung

Norm	Ausgabe-Datum	Titel
DIN 5 035-7	9.88	Innenraumbeleuchtung mit künstlichem Licht; Beleuchtung von Räumen mit Bildschirmarbeitsplätzen und mit Arbeitsplätzen mit Bildschirmunterstützung
DIN 18 000	5.84	Modulordnung im Bauwesen
DIN 18 032-3	9.79	Sporthallen; Halle für Turnen und Spiele, Prüfung der Ballwurfsicherheit
DIN 18 041	10.68	Hörsamkeit in kleinen bis mittelgroßen Räumen
DIN 18 165-1	7.91	Faserdämmstoffe für das Bauwesen; Dämmstoffe für die Wärmedämmung
DIN 18 165-2	3.87	–; Dämmstoffe für die Trittschalldämmung
E DIN 52 270	11.92	Prüfung von Mineralwolle-Dämmstoffen; Begriffe, Lieferformen, Lieferarten
DIN 18 168-1	10.81	Leichte Deckenbekleidungen und Unterdecken; Anforderungen für die Ausführung
DIN 18 168-2	12.84	–; Nachweis der Tragfähigkeit von Unterkonstruktionen und Abhängern aus Metall
DIN 18 169	12.62	Deckenplatten aus Gips, Platten mit rückseitigem Randwulst
DIN 18 180	9.89	Gipskartonplatten; Arten, Anforderungen, Prüfung
DIN 18 181	9.90	Gipskartonplatten im Hochbau; Grundlagen für die Verarbeitung
DIN 18 182-1	1.87	Zubehör für die Verarbeitung von Gipskartonblatten; Profile aus Stahlblech
DIN 18 182-2	1.87	–; Schnellbauschrauben
DIN 18 182-3	1.87	–; Klammern
DIN 18 182-4	1.87	–; Nägel
DIN 18 183	11.88	Montagewände aus Gipskartonplatten; Ausführung von Metallständerwänden
DIN 18 184	6.91	Gipskarton-Verbundplatten mit Polystyrol- oder Polyurethan-Hartschaum als Dämmstoff
DIN 18 201	12.84	Toleranzen im Bauwesen; Begriffe, Grundsätze, Anwendung, Prüfung
DIN 18 202	5.86	Toleranzen im Hochbau; Bauwerke
DIN 18 203-3	8.84	–; Bauteile aus Holz und Holzwerkstoffen
DIN V 18 230-1	9.87	Baulicher Brandschutz im Industriebau; Rechnerisch erforderliche Feuerwiderstandsdauer
DIN 18 232-1	9.81	Baulicher Brandschutz; Rauch- und Wärmeabzugsanlagen; Begriffe und Anwendung
DIN 18 550-1	1.85	Putz; Begriffe und Anforderungen
DIN 18 550-2	1.85	–; Putze aus Mörteln mit mineralischen Bindemitteln; Ausführung
DIN 18 550-3	3.91	–; Wärmedämmputzsysteme aus Mörteln mit mineralischen Bindemitteln und expandiertem Polystyrol (EPS) als Zuschlag
DIN 18 550-4	8.93	–; Leichtputze; Ausführung
DIN 18 558	1.85	Kunstharzputze; Begriffe, Anforderungen, Ausführung
DIN 55 928-1	5.91	Korrosionsschutz von Stahlbauten durch Beschichtungen und Überzüge; Allgemeines, Begriffe, Korrosionsbelastungen
DIN 55 928-2	5.91	–; Korrosionsschutzgerechte Gestaltung
DIN 55 928-5	5.91	–; Beschichtungsstoffe und Schutzsysteme
DIN 68 122	8.77	Fasebretter aus Nadelholz
DIN 68 123	8.77	Stülpschalungsbretter aus Nadelholz
DIN 68 126-1	7.83	Profilbretter mit Schattennut; Maße
DIN 68 126-3	10.86	–; Sortierung für Fichte, Tanne, Kiefer

Fortsetzung s. nächste Seite

Normen, Fortsetzung

Norm	Ausgabe-Datum	Titel
DIN 68 127	8.70	Akustikbretter
DIN 68 360-1	5.81	Holz für Tischlerarbeiten; Gütebedingungen bei Außenanwendung
DIN 68 360-2	5.81	–; Gütebedingungen für Innenanwendung
DIN 68 705-2	7.81	Sperrholz; Sperrholz für allgemeine Zwecke (teilweise ersetzt durch DIN EN 635-1)
DIN 68 705-3	12.81	–; Bau-Furniersperrholz
DIN 68 705-4	12.81	–; Bau-Stabsperrholz, Bau-Stäbchensperrholz
DIN 68 740-2	9.82	Paneele; Furnier-Decklagen auf Spanplatten
DIN 68 750	4.58	Holzfaserplatten; Poröse und harte Holzfaserplatten; Gütebedingungen
DIN 68 751	11.87	Kunststoffbeschichtete dekorative Holzfaserplatten; Begriffe, Anforderungen
DIN 68 754-1	2.76	Harte und mittelharte Holzfaserplatten für das Bauwesen; Holzwerkstoffklasse 20
DIN 68 761-1	11.86	Spanplatten; Flachpreßplatten für allgemeine Zwecke; FPY-Platte
DIN 68 761-4	2.82	–; –; FPO-Platte
DIN 68 762	3.82	Spanplatten für Sonderzwecke im Bauwesen; Begriffe, Anforderungen, Prüfung
DIN 68 763	9.90	Spanplatten; Flachpreßplatten für das Bauwesen; Begriffe, Anforderungen, Prüfung, Überwachung
DIN 68 764-1	9.73	–; Strangpreßplatten für das Bauwesen; Begriffe, Eigenschaften, Prüfung, Überwachung
DIN 68 765	11.87	–; Kunststoffbeschichtete dekorative Flachpreßplatten; Begriffe, Anforderungen
DIN 68 800-1	5.74	Holzschutz im Hochbau; Allgemeines
DIN 68 800-2	5.96	–; Vorbeugende bauliche Maßnahmen
DIN 68 800-3	4.90	–; Vorbeugender chemischer Holzschutz (teilweise ersetzt durch DIN EN 335-1, 335-2 sowie DIN EN 350-1, -2)
DIN 68 800-4	11.92	–; Bekämpfungsmaßnahmen gegen holzzerstörende Pilze und Insekten
E DIN 68 800-5	1.90	–; Vorbeugender chemischer Schutz von Holzwerkstoffen
DIN EN 335-1	9.92	Dauerhaftigkeit von Holz und Holzprodukten; Definition der Gefährdungsklassen für einen biologischen Befall; Allgemeines
DIN EN 335-2	10.92	–; –; Anwendung bei Vollholz
E DIN EN 338	11.90	Bauholz; Festigkeitsklassen
DIN EN 350-1	10.94	Dauerhaftigkeit von Holz und Holzprodukten; Natürliche Dauerhaftigkeit von Vollholz; Grundsätze für die Prüfung und Klassifikation der natürlichen Dauerhaftigkeit von Holz
DIN EN 350-2	10.94	–; –; Leitfaden für die natürliche Dauerhaftigkeit und Tränkbarkeit von ausgewählten Holzarten von besonderer Bedeutung in Europa
DIN EN 635-1	1.95	Sperrholz; Klassifizierung nach dem Aussehen der Oberfläche; Allgemeines
DIN EN 1 072	8.95	–; Beschreibung der Biegeeigenschaften von Bau-Sperrholz
E DIN EN 1 631-1	1.95	Reinraumtechnik; Grundlagen; Terminologie
E DIN EN 1631-2	2.95	–; –; Planung, Ausführung und Betrieb von Reinräumen und Reinraumgeräten

13.7 Literatur

[1] Jungewelter, N.: Schall- und Brandschutz von Unterdecken. In: Das Bauzentrum **5** (1990)

[2] Gösele, K., Schüle, W.: Schall – Wärme – Feuchte. 10. Aufl., Wiesbaden 1996

[3] Umgang mit Mineralwolle-Dämmstoffen (Glaswolle, Steinwolle) im Hochbau: Handlungsanleitung. Stand 1993. Hrsg.: Fachvereinigung Mineralfaserindustrie u. a.

[4] Marktübersicht – Alternative Dämmstoffe. In: Trockenbau-Akustik **3** (1996)

[5] Wellpott, E.: Technischer Ausbau von Gebäuden. 6. Aufl., Stuttgart 1994

[6] RWE-Bau-Handbuch. 11. Ausgabe, 1995. Hrsg.: RWE Energie Aktiengesellschaft, Bereich Anwendungstechnik, Essen

[7] Volger / Laasch, E.: Haustechnik. 9. Aufl., B. G. Teubner, Stuttgart 1994

[8] Kühldecken. Eine Informationsschrift des Fachinstitutes Gebäude-Klima e.V., Bietigheim-Bissingen

[9] Informationen zur Lichtanwendung. Heft 1 bis 13. Hrsg.: Fördergemeinschaft Gutes Licht, Frankfurt/M.

[10] Kreft, W.: Ladenplanung. Verlagsanstalt Alexander Koch, Stuttgart 1993

[11] Die Verwendung bauaufsichtlich zugelassener Dübel. Stand 1995. Hrsg.: Studiengemeinschaft für Fertigbau e.V., Wiesbaden

[12] Smeets, W.: Ankerschienen für justierbare Befestigungen an Betonkonstruktionen. In: Befestigungstechnik

[13] Tschositsch, J.: Befestigen mit Dübeln. In: Befestigungstechnik. Hrsg.: [12] bis [13]: Institut für das Bauen mit Kunststoffen (JBK), Darmstadt 1994

[14] Befestigungskatalog (Dübeltechnik). Stand 1996. Fischerwerke A. Fischer, Waldachtal

[15] Jungewelter, N.: Trockenbaupraxis mit Mineralfaserdecken. R. Müller, Köln-Braunsfeld 1983

[16] Volkart, K.: Bauen mit Gips. Hrsg.: Bundesverband der Gips- und Gipsbauplattenindustrie e.V., Darmstadt 1986

[17] Trockenbau-Systeme (Gipskarton- und Akustikdeckensysteme). Stand 1996. Gebr. Knauf, Westdeutsche Gipswerke, Iphofen

[18] Planungshilfe (Gipsfaserplatten). Stand 1996. Fels-Werke GmbH, Goslar

[19] Holztechnik Fachkunde. 15. Auflage 1995. Verlag Europa-Lehrmittel, Haan-Gruiten

[20] Informationsdienst Holz: Profilholz für Wand und Decke. Hrsg.: Arbeitsgemeinschaft Holz e.V.

[21] Thunack, F.: Holztabellen. 6. Aufl., Braunschweig 1985

[22] Härig, S., Günther, K., Klausen, D.: Technologie der Baustoffe. 12. Aufl. Heidelberg 1994

14 Umsetzbare Trennwände und vorgefertigte Schrankwandsysteme

Nichttragende Trennwände können fest eingebaut oder umsetzbar ausgebildet sein. Sie dienen nur der Raumtrennung und können nicht zur Gebäudeaussteifung herangezogen werden. Beide Wandarten sind in der Fachgrundnorm DIN 4103-1 genormt.[1)][2)]

Vorgefertigte Schwankwände bestehen aus serienmäßig hergestellten Teilen, die mit relativ geringem Aufwand montiert und jederzeit wieder umgesetzt werden können. Sie dienen nicht nur als Stauraum, sondern übernehmen auch Raumteiler-, Brand- und Schallschutzfunktionen. Ihr äußeres Erscheinungsbild ist jeweils systembedingt auf die meist mitangebotenen, umsetzbaren Trennwände abgestimmt.

14.1 Trennwände

Allgemeines

Fest eingebaute, nichttragende Trennwände werden vorwiegend auf der Baustelle hergestellt und sind nicht dazu bestimmt, umgesetzt zu werden. Die Demontage der Wände ist zwar möglich, eine Wiederverwendung des Materiales jedoch weitgehend ausgeschlossen. Bei den fest eingebauten Trennwänden handelt es sich im allgemeinen um Stein- und Plattenwände mit vorwiegend gespachtelter oder vollflächig verputzter, ggf. tapezierter und gestrichener Oberfläche. Nähere Einzelheiten hierzu s. Abschn. 6.8.

Umsetzbare, nichttragende Trennwände sind dagegen so konstruiert und industriell gefertigt, daß sich die oberflächenfertigen Einzelteile am Einsatzort ohne wesentliche Nacharbeiten montieren lassen. Derartige Trennwände können bei Bedarf – unter Verwendung aller Einzelteile – auch wieder umgesetzt, verändert oder ergänzt werden.

Umsetzbare Trennwände werden gleichermaßen im Wohnungs- und Objektbau, in Neu- und Altbauten, eingesetzt. Für die Beurteilung derartiger Wandkonstruktionen bietet sich folgende Kriterienliste an:

- Geringes Wandgewicht und damit geringere Belastung der tragenden Bauteile. Einsparungen bei der Dimensionierung der Tragkonstruktionen in Neu- und Altbauten.
- Vereinbarungen über Maßordnungen, Toleranzen und Fügungsprinzipien: wichtige Voraussetzung für die industrielle Vorfertigung von Trennwand- und Schrankwandteilen und ihrer problemlosen Zusammenfügbarkeit bzw. Austauschbarkeit am Einsatzort.
- Klare Trennung bei Skelettbauten zwischen tragenden und ausfachenden Bauteilen (in der Praxis „Rasterversatz“ genannt); dadurch weitgehende Vermeidung von Sonderelementen.
- Verkürzte Bauzeit durch rationelle Montage- und Trockenbauweise. Keine ausbaubedingte Feuchtigkeit, keine zusätzlichen Trockenzeiten, geringer Schmutzanfall.
- Bewährte Systemkonstruktionen mit funktionsgerechten Anschlüssen an Rohdecke, Unterdecke, Installationsboden, Fassade, Schrankwand usw.
- Standsicherheit auch bei Baukörperbewegungen durch höhenbewegliche, gleitende Ausbildung der Deckenanschlüsse; keine Rissebildung.
- Gute Maßhaltigkeit und Maßgenauigkeit. Toleranzausgleich im Boden-, Wand- und Deckenbereich.

---

1) In einer Fachgrundnorm sind die allgemeinen Anforderungen und Lastannahmen formuliert; sie ist baustoffneutral abgefaßt. An die Fachgrundnorm schließen sich sogenannte Fachnormen an. Diese haben sich an der Fachgrundnorm zu orientieren und regeln baustoffbezogen die weiteren Details. Zur Zeit sind eine ganze Reihe von Fachnormen als Ergänzung zur DIN 4103-1 in Vorbereitung.

2) DIN 4103 gilt nicht für bewegliche Trennwände, die sich waagerecht und/oder senkrecht bewegen lassen (z. B. Schiebe- und Faltwände). Nähere Angaben hierzu s. Abschn. 7 in Teil 2 dieses Werkes.

— Unbehinderte Installationsführung (Elektroinstallation, ggf. auch Sanitärinstallation). Leichte Zugänglichkeit für Wartungsarbeiten und Nachinstallation.
— Erfüllung bauphysikalischer Forderungen wie Brand- und Schallschutz.
— Ausgezeichnete Oberflächenbeschaffenheit: Hohe mechanische Festigkeit und Chemikalienbeständigkeit, dadurch geringe Bauunterhaltungs- bzw. Reparaturkosten.
— Großes Angebot an formalen und gestalterischen Möglichkeiten durch vielfältige Farbgestaltung und Oberflächenmaterialien. Systembedingte Einbindung von Tür-, Glas- und Schrankwandelementen.
— Variable Grundrißgestaltung und somit Anpassungsfähigkeit an sich ändernde Bedürfnisse durch Umsetzen, Wiederverwenden, Austauschen und Nachliefern von Teilelementen.
— Wirtschaftlichkeit: Relativ hohe Erstinvestitionskosten bei verhältnismäßig geringen Folgekosten.

Als nachteilig können die relativ hohen Erstinvestitionskosten angesehen werden. Diese entstehen häufig dadurch, daß die baulichen Gegebenheiten des Einsatzortes vorab nicht genügend sorgfältig erfaßt und die an die jeweilige Trennwand gestellten Anforderungen nicht rechtzeitig bekannt sind oder sich während der Bauzeit ändern. Außerdem spielt die Umsetzbarkeit derartiger Wände in der Praxis keineswegs die entscheidende Rolle, wie dies häufig angenommen wird. Vielmehr sind andere, in der Kriterienliste erwähnte Vorteile – wie beispielsweise gute Oberflächenbeschaffenheit, gleitend ausgebildete und damit rissefreie Deckenanschlüsse, leichte Nachinstallierbarkeit usw. – mindestens genauso hoch, wenn nicht sogar noch höher einzuschätzen.

14.2 Einteilung und Benennung: Überblick

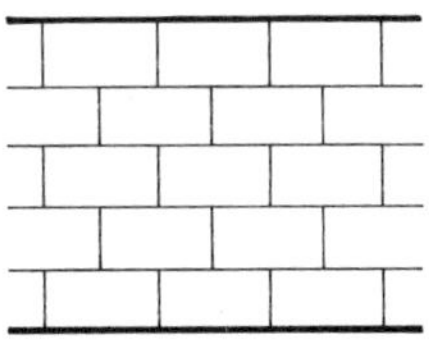
Steinwand

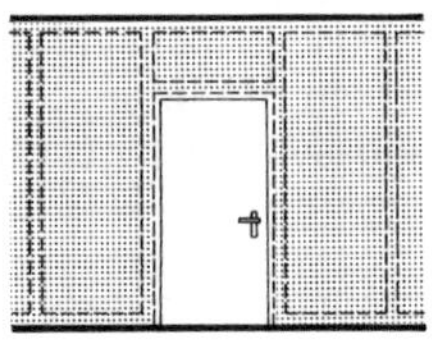
Plattenwand

Fest eingebaute, nichttragende Trennwände nach DIN 4103

Derartige Stein- und Plattenwände werden vorwiegend auf der Baustelle hergestellt, mit meist verputzter oder gespachtelter und tapezierter Oberfläche. Nähere Angaben hierzu s. Abschn. 6.8

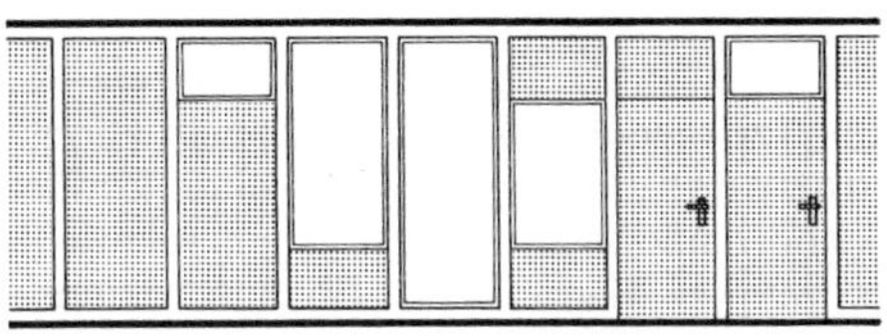

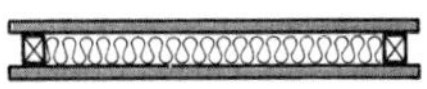
Monoblockwand

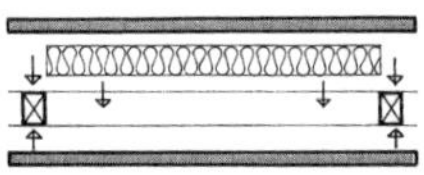
Schalenwand

Umsetzbare, nichttragende Trennwände nach DIN 4103

Diese Wände sind industriell gefertigt und lassen sich am Einsatzort ohne Nacharbeiten montieren und bei Bedarf auch wieder umsetzen.

Sie werden gemäß ihrer Bauweise und Montageart eingeteilt und bezeichnet als

— Monoblockwand: Werkseitig zusammengefügtes, einbaufertiges Innenwandelement,
— Schalenwand: Montage vorgefertigter Einzelteile am Einsatzort.

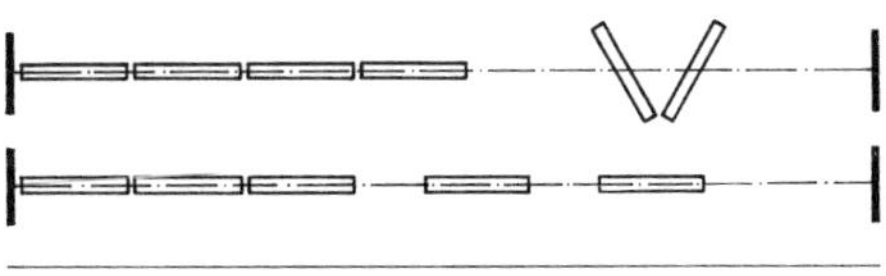

Bewegliche Trennwände, wie z. B. Schiebe- und Faltwände, die sich waagerecht und/oder senkrecht bewegen lassen, werden von der Norm DIN 4103 **nicht erfaßt**.

Einzelheiten s. Abschn. 7, Teil 2 dieses Werkes.

14.1 Einteilung nach konstruktionstechnischen Merkmalen

14.3 Allgemeine Anforderungen

An umsetzbare Trennwände werden eine ganze Reihe von Anforderungen gestellt, die je nach Bauaufgabe und Situation von unterschiedlicher Wichtigkeit sein können. Ausgehend von den jeweiligen funktionellen und nutzungsbedingten Ansprüchen sind die entsprechenden Prioritäten immer wieder neu zu setzen, um so unnötige Forderungen auszuschließen und die Baukosten niedrig zu halten. Auf folgenden Gebieten können Anforderungen an umsetzbare Trennwände gestellt werden:

- Geometrische und maßliche Festlegungen
- Mechanische Anforderungen
- Bauphysikalische Anforderungen
- Montagetechnische Anforderungen
- Elektro- und Sanitärinstallationen in umsetzbaren Trennwänden
- Anforderungen an Trennwandtüren und Glaselemente
- Anforderungen an Anbauteile und integrierte Schrankwandsysteme.

14.3.1 Geometrische und maßliche Festlegung

Vereinbarungen über Maßordnungen, Toleranzen und Fügungsprinzipien im Bauwesen sind wichtige Voraussetzungen für die Planung und Ausführung von Bauwerken sowie für die Planung und Herstellung von Bauteilen und Bauhalbzeugen. Sie bestimmen auch weitgehend den Grad der Zusammenfügbarkeit und Austauschbarkeit industriell hergestellter Bauelemente sowie deren Verwendbarkeit in Bauwerken mit unterschiedlicher Zweckbestimmung. Im Bauwesen wird derzeit mit zwei Ordnungssystemen gearbeitet:

Maßordnung im Hochbau (DIN 4172)

Die Maßordnung fügt „maßgenormte" Bauwerksteile und Bauteile (z. B. Ziegelsteine) additiv aneinander: Vom Einzelteil zum Bauwerk. Diese Norm führte bereits 1955 zu einer wesentlichen Vereinheitlichung der Maße im Bauwesen. Einzelheiten hierzu s. Abschn. 2.3, Maßordnung.

Modulordnung im Bauwesen (DIN 18000)

Die Modulordnung beinhaltet in erster Linie Angaben zu einer Entwurfs- und Konstruktionssystematik unter Zugrundlegung eines Koordinationssystems als Hilfsmittel für Planung und Ausführung im Bauwesen. Mit diesem Koordinationssystem – das aus rechtwinkelig zueinander angeordneten, im Raum sich kreuzenden, theoretischen Ebenen besteht – können Bauwerke, Bauteile und Bauelemente koordiniert werden, um ihre Lage und/oder Größe zu bestimmen. Das Abstandsmaß dieser Koordinationsebenen ist das Koordinationsmaß; es ist in der Regel ein Vielfaches eines Moduls (Grundmodul M = 100 mm; Multimodule 3 M = 300 mm, 6 M = 600 mm, 12 M = 1200 mm). Diese Methode der maßlichen Abstimmung ist material-, herstellungs- und ausführungsneutral. Einzelheiten hierzu s. Abschn. 2.4, Modulordnung.

Um die Lage und Größe von Bauteilen bzw. Bauelementen gemäß der Modulordnung bestimmen zu können, werden diese den Koordinationsebenen zugeordnet. Die Abstandsmaße dieser parallel verlaufenden Ebenen können entwurfsabhängig und nutzungsbedingt unterschiedlich groß sein. Sie können auf einem Modul oder verschiedenen Modulen im Wechsel aufbauen, sie können aber auch durch nicht modulare Zonen unterbrochen werden.

Um Bauteile bzw. Bauelemente – wie beispielsweise Trennwände – den Koordinationsebenen eindeutig zuordnen zu können, bedarf es außerdem der Festlegung einheitlicher

Bezugsarten. Dazu dienen im Regelfall der Achsbezug und der Grenzbezug. Weitere Bezugsarten s. Bild **2**.9 bis **2**.14.

— **Zuordnung im Achsbezug.** Beim Achsbezug wird das Bauteil einer Koordinationsebene so zugeordnet, daß seine Mittelachse mit der Koordinationsebene zur Deckung kommt. Achsbezogene Trennwände (Bild **14**.2a) – in der Praxis „Achsrasterwände" genannt – haben den Vorteil, daß sie durchgehend angeordnet und relativ einfach versetzt werden können, insgesamt wirtschaftlicher sind und sich platzsparende Kombinationsmöglichkeiten mit Schränken ergeben. Nachteilig ist, daß pro Trennwandsystem mindestens 3 Sonderteile benötigt werden.

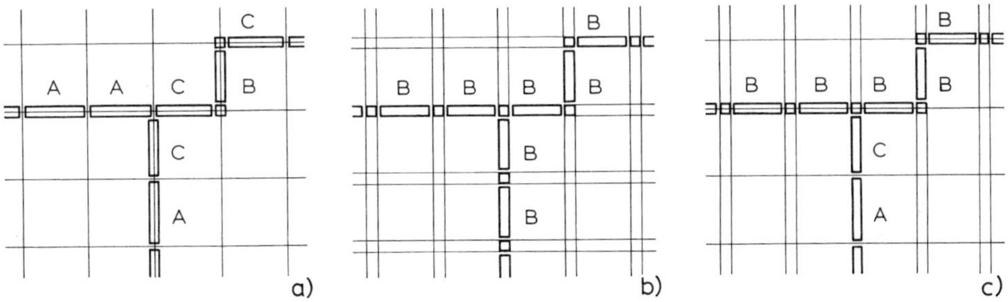

14.2 Schematische Darstellung
a) Trennwände im Achsbezug (Achsraster)
b) Trennwände im Grenzbezug (Bandraster)
c) Trennwände in Achs- und Grenzbezug

— **Zuordnung im Grenzbezug.** Beim Grenzbezug wird das Bauteil zwischen zwei parallelen Koordinationsebenen so angeordnet, daß es das Koordinationsmaß einschließlich Fugenanteil und Toleranzen ausfüllt. Grenzbezogene Trennwände (Bild **14**.2b) – in der Praxis „Bandrasterwände" genannt – ergeben eine bessere Austauschbarkeit untereinander, eine vorteilhafte Bündelung der Installationen im „Knotenpunkt" und immer nur 1 Elementgröße. Als nachteilig können die insgesamt höheren Kosten sowie der Platzverlust durch Bandrasterblenden (Modulleisten) bei der endlosen Schrankwandkombination angesehen werden. S. hierzu auch Abschn. 13.2.5. mit Bild **13**.10.

Umsetzbare Trennwände werden heute vorzugsweise auf der Basis der DIN 18000 geplant. Für die Dimensionierung der Wand- und Türelemente in der Breite hat sich im Schul- und Verwaltungsbau das Koordinationsmaß von 1200 mm (12 M) als günstig erwiesen. Im Klinikbau (Lichtes Durchgangsmaß ≧1200 mm) werden diese Standartelemente bei Bedarf durch ein Zusatzelement ergänzt. Die Wanddicke beträgt beinahe durchweg 100 mm, lediglich im Klinikbau sind dickere Wände üblich.

Vorraussetzung für jede Flexibilität im Skelettbau ist der Verzicht auf tragende Wände sowie die Entflechtung von Tragkonstruktion (Stützen) und Ausbau (Bild **2**.13). Die Überlagerung verschiedener Koordinationssysteme (= Gliederung in Teilsysteme mit modularem Maß von beispielsweise 6 M) – in der Praxis auch „Rasterversatz" oder Trennung von „Konstruktions- und Ausbauraster" genannt – ergibt den Vorteil, daß alle Trennwand- und Fassadenelemente dieselbe Größe haben und es keiner Sonderelemente für den Anschluß an die Stützen bedarf. Außerdem wird durch diese Überlagerung ein verhältnismäßig maßgenauer Ausbau erreicht. Weitere Einzelheiten hierzu s. Abschn. 2.4.

14.3.2 Mechanische Anforderungen (Standsicherheit)

Nichttragende Trennwände sollen Beanspruchungen, wie sie vor allem durch menschliches Fehlverhalten verursacht werden, widerstehen können. Die Anforderungen zum Nachweis der Standsicherheit von fest eingebauten und umsetzbar ausgebildeten Trennwänden sind in DIN 4103-1 geregelt. In beiden Fällen erhalten die Trennwände ihre Standsicherheit erst durch Verbindung mit den angrenzenden Bauteilen. S. hierzu auch Abschn. 14.3.5, Montagetechnische Anforderungen an umsetzbare Trennwände. In der vorgenannten Norm wird von zwei denkbaren Belastungsfällen ausgegangen.

— **Einbaubereich 1:** Räume und Flure mit geringer Menschenansammlung (z. B. Wohnungen, Hotel-, Büroräume). Hier wird eine Last von 0,50 kN/m zugrunde gelegt.
— **Einbaubereich 2:** Trennwände für Bereiche mit großer Menschenansammlung (z. B. Schul-, Versammlungs-, Ausstellungs- und Verkaufsräume) sowie Trennwände zwischen Räumen mit Höhenunterschieden der Fußböden von mehr als 1,00 m. Die hier zugrundeliegende Last beträgt 1,00 kN/m.

Nichttragende Trennwände müssen demnach – außer ihrer Eigenlast – alle auf ihre Fläche wirkenden statischen Lasten (vorwiegend ruhende) sowie stoßartige Lasten aufnehmen und an die angrenzenden Bauteile abgeben können.

Bei den stoßartigen Belastungen wird einmal vom weichen Stoß (z. B. Körperaufprall auf die Wand) und vom harten Stoß (z. B. Auftreffen harter Gegenstände auf die Wand) ausgegangen. Dabei darf die Wand weder durchstoßen, noch aus ihren Befestigungen herausgerissen werden und auch keine Gefährdung durch herabfallende Wandteile erfolgen.

Nichttragende Trennwände müssen auch so ausgebildet sein, daß leichte Konsollasten von 0,40 kN/m bei einer Lastausladung von 30 cm (z. B. in Form von Buchregalen, kleinen Hängeschränken o. ä.) an jeder Stelle der Wand in geeigneter Weise angebracht werden können.

Bild **14**.3 zeigt ein integriertes Anhängesystem, bei dem ein besonders entwickelter Regalständer das Aufhängen von Ober- und Unterschränken, Vitrinen und Regalen aller Art ermöglicht. Die einzelnen Teile können ohne Beschädigung der Wandoberfläche wieder abgenommen werden. S. hierzu auch Abschn. 14.5, Vorgefertigte Schrankwandsysteme.

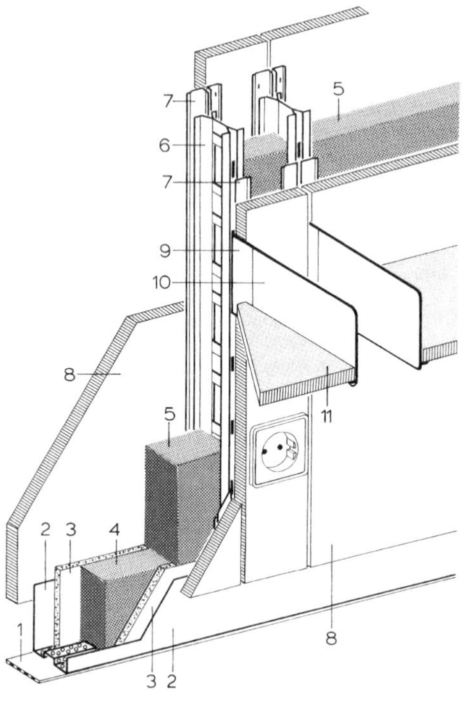

14.3
Trennwand (Schalenwand) mit integriertem Regalsystem
1 Dichtungsband
2 U-förmiges Sockelprofil aus gelochtem Stahlblech
3 Gipskartonstreifen (bei Feuerwiderstandsklasse F 30)
4 Mineralfaserdämmstoff 40 mm
5 Mineralfaserdämmstoff 60 mm
6 Regalständer (Unterkonstruktion)
7 Halteleiste
8 Wandschalen aus Holzspanplatten
9 Tragkonsolen aus Aluminium
10 Alu-Seitenwange mit Winkelauflage
11 Fachböden aus Spanplatten

FECO-Trennwandsysteme, Karlsruhe

14.3.3 Schallschutz von umsetzbaren Trennwänden

Beim Schallschutz ist grundsätzlich zu unterscheiden zwischen Maßnahmen der Schalldämmung und der Schallabsorption. S c h a l l d ä m m u n g beinhaltet die Minderung der Schallübertragung zwischen benachbarten Räumen. Je nach Art der Schwingungsanregung der Bauteile unterscheidet man zwischen Luftschalldämmung und Körperschalldämmung. S c h a l l a b s o r p t i o n bedeutet Minderung des Schalles (Schallausbreitung) im Raum selbst. Beide Maßnahmen müssen getrennt voneinander betrachtet werden. Alle Bauteile bzw. Bauelemente sind aus schallschutztechnischer Sicht in zwei Gruppen zu unterteilen:

— E i n s c h a l i g e B a u t e i l e. Sie bestehen aus einem einheitlichen Baustoff (z. B. Beton) oder aus mehreren, fest miteinander verbundenen Schichten (z. B. Betonplatte mit Putzschicht), die als Ganzes schwingen. Je höher das Flächengewicht (flächenbezogene Masse) des Bauteiles ist, um so besser ist die Schalldämmung.

— M e h r s c h a l i g e B a u t e i l e. Sie bestehen aus zwei oder mehreren Schalen, die nicht starr miteinander verbunden sind, sondern durch elastische Dämmstoffe oder Luftschichten voneinander getrennt sind. Je weniger starr die Verbindung dieser Schalen ist, um so besser ist die Schalldämmung.

U m s e t z b a r e T r e n n w ä n d e sind in der Regel nach dem Prinzip der Mehrschaligkeit aufgebaut, wodurch eine wesentlich bessere Schalldämmung erreicht werden kann als mit einschaligen Wänden gleichen Flächengewichtes. Diese hängt im wesentlichen ab von

— Gewicht der Wandschalen,
— Biegeweichheit der Wandschalen,
— Schalenabstand,
— Hohlraumdämpfung mit absorbierendem Material,
— Art der Verbindung der Schalen,
— Dichtheit der Fugen.

Die Schalldämmung von mehrschaligen (Trenn-)Wänden hängt demnach nicht nur von ihrer Dicke ab, sondern von einer ganzen Reihe von Faktoren. In diesem Zusammenhang ist auch zu beachten, daß die Schalldämmung von mehrschaligen Trennwänden am Bau nicht beliebig hoch gemacht werden kann, da der Schall nicht nur über die Trennwand selbst von Raum zu Raum übertragen wird, sondern auch über die angrenzenden Bauteile (z. B. Längswände). Diese sog. F l a n k e n ü b e r t r a g u n g kann vermindert werden, indem die flankierenden (massiven und biegesteifen) Bauteile entweder genügend schwer (Flächengewicht ≥ 300 kg/m^2) oder in geeigneter Weise zweischalig ausgebildet werden. Wie Bild **14**.4 zeigt, bieten sich dafür freistehende Vorsatzschalen (durch Trennwandanschluß unterbrochen) oder durchgehende biegeweiche Vorsatzschalen aus Gipskartonplatten mit Mineralfaserauflage an. Weitere Konstruktionsbeispiele mit den entsprechenden Rechenwerten sind DIN 4109 zu entnehmen. Vgl. hierzu auch Abschn. 10.3.3, Abschn. 13.2.2 sowie Abschn. 15.6.2.

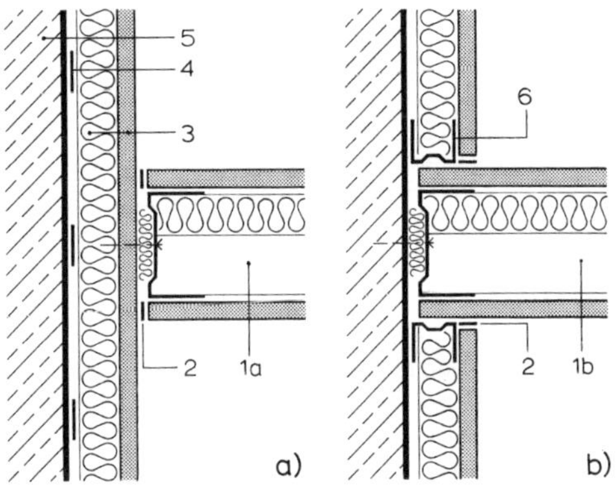

14.4
Schematische Darstellung biegeweicher Vorsatzschalen auf biegesteifer Massivwand
a) angesetzte durchgehende Vorsatzschale
b) freistehende Vorsatzschale, durch Trennwandanschluß unterbrochen
1 a Trennwand mit Hohlraumdämmung an biegeweicher Schale dicht angeschlossen
1 b Trennwand an Massivwand dicht angeschlossen
2 Anschlußdichtung
3 Vorsatzschale aus Gipskartonplatten mit verspachtelten Fugen und Faserdämmstoff nach DIN 18165 (Gipskarton-Verbundplatte)
4 Kleber streifenförmig aufgetragen
5 Massivwand (biegesteifes Bauteil)
6 Metallständer mit Faserdämmstoff und Gipskartonplatten (biegeweiche Vorsatzschale)

14.3.3.1 Schall-Längsdämmung oberhalb und unterhalb umsetzbarer Trennwände

Mit der Forderung nach flexibler Raumaufteilung und dem damit verbundenen Einbau von umsetzbaren Trennwänden in beispielsweise Verwaltungs-, Schul- und Krankenhausbauten taucht das Problem der Schall-Längsleitung zwischen benachbarten Räumen verstärkt auf. Damit die spätere Umsetzbarkeit derartiger Trennwände nicht beeinträchtigt wird, werden diese in der Regel

- nur bis zur abgehängten Unterdecke geführt, während der Deckenhohlraum über mehrere Räume hinweg durchläuft. Somit muß die Unterdecke schalldämmende Aufgaben mit übernehmen.
- auf den fertigen Fußboden aufgesetzt, ohne den jeweiligen Standort der Trennwände besonders auszubilden.

Die Schall-Längsleitung über die flankierenden Bauteile ist in **Skelettbauten** mit leichtem Ausbau meist wesentlich größer als in Bauten mit massiven Wänden. Sie wird besonders beeinflußt von

- der Art der flankierenden Bauteile,
- der konstruktiven Ausbildung der Anschlüsse zwischen flankierendem Bauteil und Trennwand,
- der Schallübertragung über Undichtigkeiten.

Rechnerischer Nachweis. Ein vereinfachter rechnerischer Nachweis mit den entsprechenden Rechenwerten ist im Beiblatt 1 zu DIN 4109 aufgezeigt.[1]) Demnach sollen die Werte der Schall-Längsdämmung der flankierenden Bauteile und das Schalldämm-Maß des trennenden Bauteils jeweils um + 5 dB höher liegen als die angestrebte resultierende Gesamtschalldämmung zwischen zwei Räumen. Diese erhöhten Anforderungen sind berechtigt, da normalerweise das Schall-Längsdämm-Maß eines Bauteils höher liegt als sein Schalldämm-Maß. Vgl. hierzu auch Abschn. 15.6.3.3.

Konstruktionsbeispiele. Die dazugehörenden Konstruktionsbeispiele von Trennwandanschlüssen an leichte Unterdecken sind in Abschn. 13.2.2, Schallschutz mit leichten Unterdecken, dargestellt und erläutert.

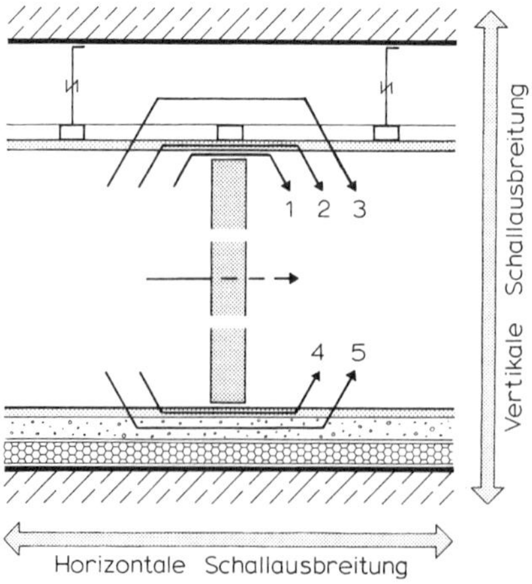

14.5
Schematische Darstellung möglicher Schallnebenwege (horizontale Schall-Längsleitung) oberhalb und unterhalb umsetzbarer Trennwände.
Weg 1: undichte Randfugen
Weg 2: schalleitende Unterdeckenplatten
Weg 3: ungedämmte Deckenhohlräume
Weg 4: textile Fußbodenbeläge
Weg 5: schwimmende Estriche

---

1) Die in Tabellen der DIN 4109 angeführten kennzeichnenden Größen haben folgende Bedeutung:
   a) Für das **trennende** Bauteil (ohne Längsleitung über flankierende Bauteile) gilt: das bewertete Schalldämm-Maß R'_w.
   b) Für **flankierende** Bauteile gilt: das bewertete Schall-Längsdämm-Maß R'_{Lw}.

Das Problem der horizontalen Schall-Längsleitung tritt bei umsetzbaren Trennwänden – im Unterdecken- und Fußbodenbereich – gemäß Bild **14**.5 vor allem auf entlang

— undichter Randfugen,
— schalleitender Unterdeckenplatten,
— ungedämmter Deckenhohlräume,
— textiler Fußbodenbeläge,
— schwimmender Estriche.

Weitere Schallübertragungswege können entlang der flankierenden Fassade, der flankierenden Flurwand (Schrank-Trennwand) und durchlaufender Installationen auftreten. Dagegen hat sich im Laufe der letzten Jahre die schallschutztechnische Qualität der meisten Trennwandsysteme derart verbessert, daß der Weg über die Trennwandfläche als wichtige Fehlerquelle weitgehend außer Betracht bleiben kann (ggf. mit Einschränkungen im Türbereich, bei Verglasungen und bei zusätzlichen Installationen).

1. Schall-Längsdämmung oberhalb umsetzbarer Trennwände

Als Faustregel gilt, daß die Schall-Längsdämmung der abgehängten Unterdecke um mindestens 5 dB höher gewählt werden sollte, als das gewünschte Schalldämm-Maß der raumteilenden Trennwand. Normal konstruierte Trennwände weisen ein bewertetes Schalldämm-Maß R'_w von etwa 40 dB auf. Bei sehr guten Ausführungen werden Werte um 50 dB erreicht. Derart hohe Schall-Längsdämmwerte können mit einer einfachen abgehängten Unterdecke (z. B. Mineralfaserdecke) nicht erreicht werden. Bei höheren schallschutztechnischen Anforderungen sind deshalb immer zusätzliche Maßnahmen erforderlich. Folgende Ausführungsalternativen bieten sich – unter Berücksichtigung der jeweiligen Vor- und Nachteile – an (Bild **14**.6 a bis d):

Horizontale Dämmung im Deckenhohlraum

— **Horizontale Abschottung** (Bild **14**.6 a). Die horizontale Dämmstoffauflage auf der Oberseite der Unterdeckenschale ist eine der wirksamsten Maßnahmen zur Verbesserung der Schall-Längsdämmung von abgehängten Unterdecken. Die Wirkung ist dabei abhängig von der Dicke, Dichte und dem Strömungswiderstand des Faserdämmstoffes sowie von der Abhängehöhe und der Formgebung der Deckenschale. Der Nachteil dieser vollflächigen Belegung ist, daß die Zugänglichkeit zu den Installationen im Deckenhohlraum beeinträchtigt wird. Untersuchungen haben ergeben [1], daß bei dieser Ausführungsalternative vor allem drei Einflußgrößen im Decklagenbereich zu beachten sind:

— Das Flächengewicht der Decklagenplatten sollte mind. 5 kg/m², besser 10 bis 20 kg/m² betragen.
— Die Unterdecken müssen fugendicht und flächendicht ausgebildet sein. Häufig ist die Dichtheit durch eine zusätzliche rückseitige Beschichtung in Form einer Alukaschierung, eines Rückseitenanstriches o. ä. zu erhöhen. Auch die seitlichen Anschlüsse an den flankierenden Bauteilen müssen dicht und elastisch ausgeführt sein.
— Die Schall-Längsdämmung im Deckenhohlraum ist um so besser, je dicker die zusätzliche Dämmstoffauflage auf den Deckenplatten ist (mind. 50 mm, besser 100 mm). Faustregel: Eine Erhöhung der Absorberauflage um 10 mm ergibt eine Verbesserung der Schall-Längsdämmung um etwa 2 dB.

Konstruktionsbeispiele von Unterdecken mit zusätzlicher horizontaler Faserdämmstoffauflage s. Abschn. 13.2.2.3.

— **Halbhohe vertikale Absorberplatten** (Bild **14**.6 b). Die Anordnung von halbhohen vertikalen Absorberplatten oberhalb der Trennwände wird vorzugsweise bei Brandrasterdecken angewandt und führt je nach Dicke, Höhe und Abstand der Lamellen zu ähnlich guten Schall-Längsdämmwerten wie bei der horizontalen Dämmstoffauflage. Voraussetzung ist allerdings, daß die Unterdeckenschale selbst eine nicht zu geringe Schall-Längsdämmung

(R'_{Lw} > 35 dB) aufweist. (Zum Vergleich: Dämmwerte von Mineralfaserdecken ohne Zusatzmaßnahmen liegen zwischen 30 und 40 dB). Je nach Bedarf werden 80 bis 100 mm dicke Mineralfaserplatten in Längs- und Querrichtung hochkant in die Stege der Bandrasterprofile geklemmt. Diese Anordnung erleichtert das Öffnen und Schließen der Unterdecken und damit auch die Zugänglichkeit für Wartungsarbeiten und Nachinstallationen ganz wesentlich. Außerdem kann eine Materialersparnis in gewissem Umfang erzielt werden. Da die Absorberplatten nicht bis zur Rohdecke zu gehen brauchen, können Versorgungsleitungen noch darüber angeordnet sein.

Vertikale Abschottungen im Deckenhohlraum

— **Abschottung durch Plattenschott** (Bild **14**.6 c). Durch vertikale Abschottung des Deckenhohlraumes oberhalb der Trennwand sind die höchsten Schall-Längsdämmwerte zu erzielen. Starre Abschottungen haben sich in der Praxis allerdings nur bedingt bewährt, da alle im Deckenhohlraum verlaufenden Kabel-, Heizungs- und Lüftungskanäle jeweils abgedichtet durch die Abschottung aus Gipskartonplatten o. ä. geführt werden müssen. Undichtigkeiten verschlechtern die Dämmwirkung eines Plattenschotts nämlich erheblich, so daß der Aufwand für notwendige Anpaßarbeiten ganz beträchtlich sein kann. Starre Abschottungen sind deshalb nur dort sinnvoll, wo im Deckenhohlraum so gut wie keine Installationen vorhanden sind. Außerdem läßt sich die Forderung nach flexibler Raumaufteilung bei vertikalen Abschottungen nur begrenzt erfüllen.

— **Abschottung durch Absorberschott** (Bild **14**.6 d). Der Deckenhohlraum über dem Trennwandanschluß bis zur Rohdecke kann auch mit fertigen Kissen aus Faserdämmstoff (Mineralwolle) dicht ausgestopft werden. Das elastische Material paßt sich dabei weitgehend

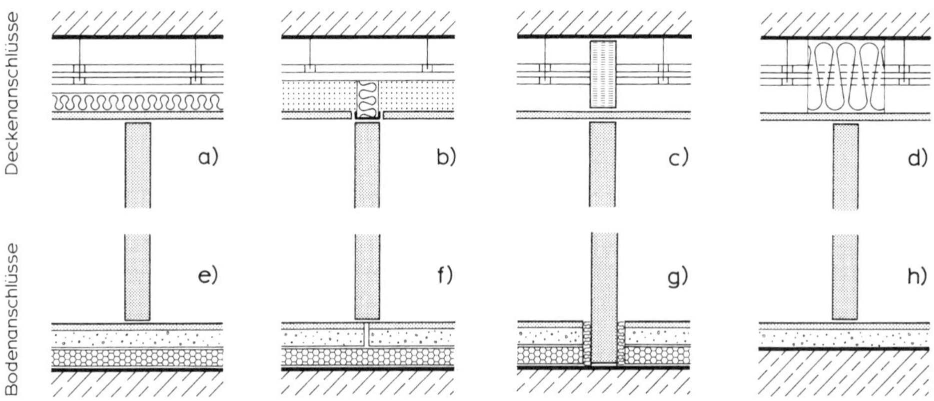

14.6 Schematische Darstellung von Maßnahmen zur Minderung der horizontalen Schall-Längsleitung bei leichten Trennwänden mit erhöhten Schallschutzanforderungen

Deckenanschlüsse mit Schall-Längsdämmung oberhalb umsetzbarer Trennwände:

a) horizontale Abschottung
b) halbhohe vertikale Absorberplatten
c) vertikale, starre Abschottung (Plattenschott)
d) vertikale, elastische Abschottung (Absorberschott)

Bodenanschlüsse mit Schall-Längsdämmung unterhalb umsetzbarer Trennwände:

e) schwimmender Estrich
f) schwimmender Estrich mit Trennfuge
g) schwimmender Estrich konstruktiv getrennt
h) Verbundestrich auf Massivdecke

Konstruktionsbeispiele von Unterdecken mit horizontalen und vertikalen Abschottungen s. Bild **13**.2 bis **13**.4

selbst den Konturen der Installationen an. Der entscheidende Vorteil des Absorberschotts gegenüber dem Plattenschott liegt in seiner schallabsorbierenden Wirksamkeit, so daß kleinere verbleibende Undichtigkeiten akustisch aufgefangen werden können. Mit zunehmender Breite des Schotts verbessern sich die Dämmwerte. Vorteilhaft wirkt sich bei dieser Ausführung auch die insgesamt leichtere Zugänglichkeit zu den Installationen im Dekkenhohlraum aus, da die übliche horizontale Dämmstoffauflage als Ganzes entfallen kann. Bei hochinstallierten Deckenhohlräumen sind allerdings die vorgenannten Abdichtungsprobleme trotz der Anpassungsfähigkeit des elastischen Materials nicht zu unterschätzen.

Konstruktionsbeispiele von Platten- und Absorberschott s. Abschnitt 13.2.2.3.

2. Schall-Längsdämmung unterhalb umsetzbarer Trennwände

Schwimmende Estriche werden überall dort auf Massivdecken aufgebracht, wo ein ausreichender Luft- und Trittschallschutz gegenüber darunterliegenden Räumen erreicht werden soll (vertikale Schallbegrenzung). Untersuchungen haben jedoch ergeben, daß schwimmende Estriche – die unter Trennwänden von einem Raum zum anderen hindurchlaufen – auch eine starke Schall-Längsleitung in horizontaler Richtung bewirken (Bild **14**.5). Deshalb sind auch die Bodenanschlüsse unter umsetzbaren Trennwänden so auszubilden, daß das Schall-Längsdämm-Maß der Fußbodenkonstruktion um mind. 5 dB höher liegt, als die angestrebte Gesamtschalldämmung zwischen zwei Räumen. Folgende Ausführungsalternativen bieten sich – unter Berücksichtigung der jeweiligen Vor- und Nachteile – an (Bild **14**.6 e bis h):

— **Schwimmender Estrich** (Bild **14**.6 e). Estrich auf Dämmschicht eignet sich zwar grundsätzlich zum Aufstellen von umsetzbaren Trennwänden, beispielsweise zwischen Räumen mit üblicher Bürotätigkeit und einem bewerteten Schall-Längsdämm-Maß bis etwa 40 dB. Aufgrund seiner hohen Schall-Längsleitung ist dieser Fußbodenaufbau jedoch unter Trennwänden mit höheren Schallschutzanforderungen nicht geeignet.
— **Schwimmender Estrich mit Trennfuge** (Bild **14**.6 f). Durch das Auftrennen des schwimmenden Estrichs – inform einer Trennfuge unter der Trennwand – wird die horizontale Schall-Längsleitung deutlich gemindert und ein bewertetes Schall-Längsdämm-Maß von etwa 55 dB erreicht. Die Forderung nach flexibler Raumaufteilung ohne sichtbare Markierung des Trennwandstandortes am Fußboden läßt sich damit allerdings nur bedingt erfüllen.
— **Schwimmender Estrich konstruktiv getrennt** (Bild **14**.6 g). Wird ein Estrich konstruktiv getrennt und eine Trennwand unmittelbar auf eine Massivdecke aufgesetzt, kann sogar ein bewertetes Schall-Längsdämm-Maß von etwa 70 dB erzielt werden.

Wie die vorgenannten Beispiele zeigen, sollten schwimmende Estriche aufgrund ihrer schallschutztechnisch ungünstigen Eigenschaften in Bauten mit flexibler Raumaufteilung und höheren Anforderungen an die horizontale Schall-Längsdämmung nicht eingebaut werden. Eine wesentliche Verbesserung wird erreicht durch

— **Massivdecke mit Verbundestrich** (Bild **14**.6 h). Die mit der Massivdecke fest verbundene Estrichschicht bildet in schallschutztechnischer Hinsicht eine Einheit: Bedingt durch das im Vergleich zum schwimmenden Estrich insgesamt wesentlich größere Flächengewicht findet eine Schall-Längsleitung in der Horizontalrichtung kaum mehr statt.

  Untersuchungen in Skelettbauten haben in diesem Zusammenhang ergeben [2], daß ein ausreichender Schallschutz in vertikaler Richtung (vorwiegend Trittschalldämmung) auch ohne schwimmenden Estrich erreicht werden kann, wenn die Deckenunterseite mit einer abgehängten, fugendichten **Unterdecke** einschließlich horizontaler Dämmstoffauflage bekleidet wird. Auf der Deckenoberseite ist dann anstelle des schwimmenden Estrichs ein Verbundestrich mit weichfederndem Gehbelag (z. B. textiler Fußbodenbelag) aufzubringen.

Wie Bild **14**.7 verdeutlicht, ergibt diese Kombination von Maßnahmen auf der Deckenoberseite und Deckenunterseite optimale Voraussetzungen für den Einsatz von umsetzbaren Trennwänden in Bauten mit flexibler Raumaufteilung [3]. Vgl. hierzu auch Abschn. 10.3.3, Schallschutz von Massivdecken und Holzbalkendecken sowie Abschn. 13.2.2, Schallschutz mit leichten Unterdecken.

Textile Fußbodenbeläge unter umsetzbaren Trennwänden

Ein über mehrere Räume durchgezogener textiler Fußbodenbelag stellt unter umsetzbaren Trennwänden in akustischer Hinsicht weitgehend eine offene Fuge dar [2]. Da ein Auftrennen oder Hochziehen textiler Beläge an der Trennwand in Bauten mit flexibler Raumteilung kaum in Frage kommt, kann dieser Mangel nur gemindert werden, indem die U-förmige Bodenanschlußschiene auf der Unterseite perforiert oder geschlitzt – d. h. schalldurchlässig gemacht wird – und so der gedämmte Hohlraum der Trennwand akustisch an die Fuge anschließt. Dadurch wird ein „Schalldämpfer" hergestellt, der die Schallübertragung über die Fuge stark reduziert. S. hierzu Bild **14**.3 und Bild **14**.7.

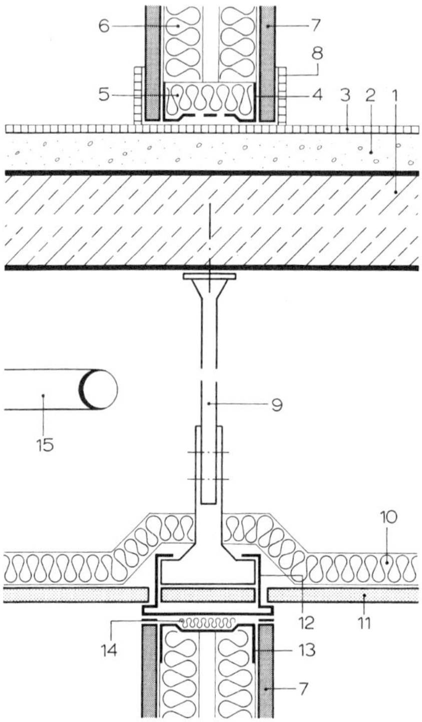

14.7
Konstruktionsbeispiel: Optimale Abstimmung schalldämmender Maßnahmen (Deckenober- und Deckenunterseite) zur Minderung der horizontalen und vertikalen Schallausbreitung (Schall-Längsdämmung sowie Luft- und Trittschalldämmung) bei umsetzbaren Trennwänden mit erhöhten Schallschutzanforderungen

1 Massivdecke
2 Verbundestrich
3 textiler Fußbodenbelag
4 Metallprofil, auf der Unterseite perforiert (Schalldämpfer)
5 Schallschluckeinlage
6 Mineralfaserdämmstoff
7 Wandschalen
8 Teppichsockelleiste
9 Noniusabhänger
10 horizontale Abschottung
11 Decklage (eingelegte Deckenplatte)
12 Bandrasterprofil
13 Metallprofil
14 elastische Anschlußdichtung
15 Installation im Deckenhohlraum

14.3.4 Brandschutz von umsetzbaren Trennwänden

Aus der Sicht des Brandschutzes (DIN 4102-4) wird zwischen nichttragenden und tragenden, sowie zwischen raumabschließenden und nichtraumabschließenden Wänden unterschieden. Raumabschließende Wände können tragende oder nichttragende Wände sein.

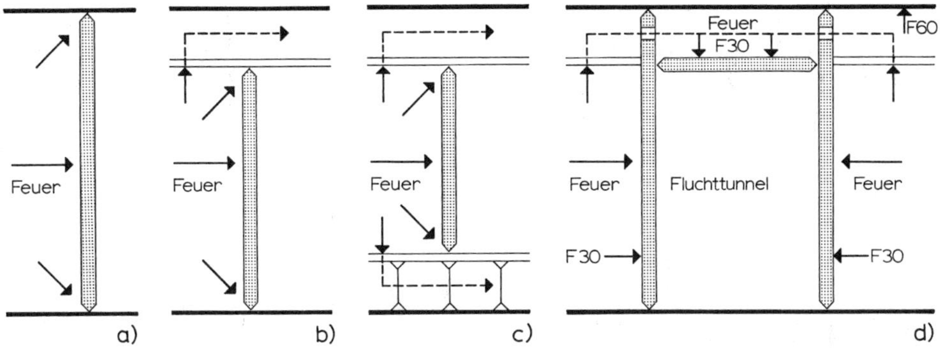

14.8 Einbaumöglichkeiten von nichttragenden Trennwänden bei Brandbeanspruchung. Befestigung der Trennwände an

a) tragender Rohdecke und Fußboden
b) abgehängter Unterdecke und Fußboden
c) abgehängter Unterdecke und Installationsboden
d) tragender Rohdecke und Fußboden: Fluchttunnelkonstruktion mit allgemeiner bauaufsichtlicher Zulassung. Die Trennwände und die Unterdecke über dem Rettungsweg sind für Brandlasten von 3 Seiten ausgelegt.

Raumabschließende Bauteile müssen so beschaffen sein, daß sie die Ausbreitung eines Feuers für eine bestimmte Zeit verhindern, um so den im Gebäude befindlichen Personen die Flucht zu ermöglichen. Die zu fordernde Sicherheit richtet sich nach der Art des Gebäudes, seiner Nutzung und weiteren begleitenden Sicherheitsmaßnahmen (z. B. Einbau einer Sprinkleranlage o. ä.). Ein Schadenfeuer, das in einem Raum ausbricht, erfaßt zuerst (neben dem Mobiliar, Textilien u. ä.) die raumabschließenden Innenausbauteile wie Trennwände, abgehängte Unterdecke, Fußboden usw. Um jedoch eine Brandausbreitung in die Nachbarräume auch tatsächlich verhindern zu können, reicht es nicht aus, die einzelnen Bauteile (jedes für sich) einer bestimmten Feuerwiderstandsklasse zuzuordnen, vielmehr kommt es auf das Gesamtverhalten aller Teile im Brandfalle an (Bild **14**.8).

Auch bei nichttragenden, umsetzbaren Trennwänden, die nur bis zur abgehängten Unterdecke reichen, kann ein Nachweis des Feuerschutzes von der Verbindung zwischen Innenwand und Unterdecke nach DIN 4102-2 gefordert werden. Dabei wird die Feuerwiderstandsfähigkeit der Trennwand, der Unterdecke sowie des Anschlusses zwischen Innenwand und Unterdecke geprüft und erst diese Gesamtkonstruktion einer entsprechenden Feuerwiderstandsklasse zugeteilt. In jedem Fall ist ein zuverlässiger, im Brandfall auch dicht bleibender Anschluß gefordert. Entsprechende Prüfzeugnisse sind einzuholen und die darin getroffenen Festlegungen beim Einbau genauestens einzuhalten. Weitere Einzelheiten hierzu s. Abschn. 15.7, Baulicher Brandschutz.

Umsetzbare Trennwände, die beispielsweise in die Feuerwiderstandsklasse F 30 (oder höher) eingestuft sind, können auch lichtdurchlässige Teile aufnehmen. Derartige Verglasungen müssen dem Feuer dann ebenfalls 30 Minuten widerstehen, d. h. ebenfalls der Feuerwiderstandsklasse F angehören (**F**-Verglasung). Für Verglasungen, die mit ihrer Unterkante etwa 180 cm über dem Fußboden beginnen (z. B. Oberlichtbänder), reichen jedoch gemäß DIN 4102 Brandschutzgläser der Feuerwiderstandsklasse G (**G**-Verglasung) aus. Man geht davon aus, daß sich oberhalb dieser Höhe keine Menschen mehr bewegen und aufhalten. Weitere Angaben über die Einstufung von Gläsern in Feuerwiderstandsklassen s. Abschn. 6.8 im Teil 2 dieses Werkes.

Bild **14**.9 zeigt einen Vertikalschnitt durch das Oberlicht einer umsetzbaren Trennwand mit einer Verglasung der Feuerwiderstandsklasse G-30. Diese Konstruktion erbringt auch in schallschutztechnischer Hinsicht sehr gute Werte.

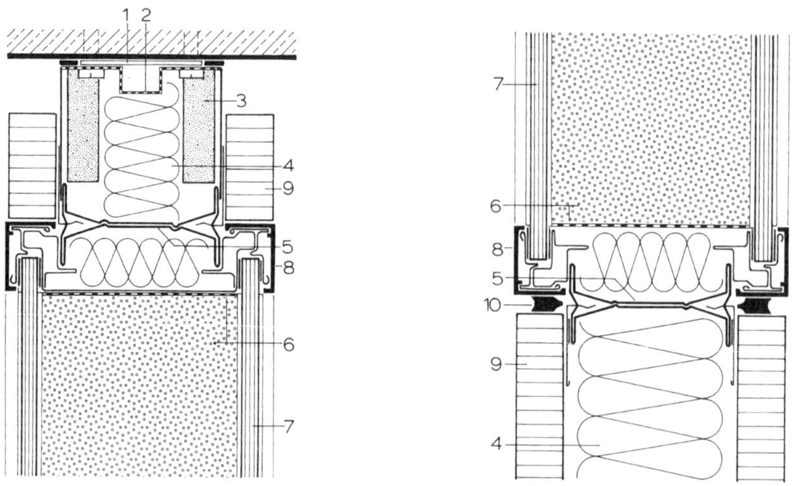

14.9 Vertikalschnitt durch eine umsetzbare Trennwand (F 30) mit schalldämmend ausgebildeter Oberlichtverglasung (R'_w = 50 dB).

1 Dichtungsband
2 U-förmiges Deckenanschlußprofil aus gelochtem Stahlblech
3 Streifen aus Gipskartonplatten (bei Feuerwiderstandsklasse F 30)
4 Mineralfaserdämmstoff
5 Regalständer (Unterkonstruktion) mit Halteleiste
6 gelochtes Metallblech mit Schallschluckeinlage
7 Drahtspiegelglas 7 mm (**G**-30-Verglasung)
8 Glasrahmenprofil mit Alu-Deckwinkel
9 Wandschalen aus beschichteten Holzspanplatten (B 2), 19 mm dick
10 Fugenprofil

FECO-Trennwandsysteme, Karlsruhe

14.3.5 Montagetechnische Anforderungen

Umsetzbare Trennwände dürfen keine direkten Lasten von angrenzenden Bauwerksteilen aufnehmen. Sie müssen jedoch so konstruiert sein, daß sie Beanspruchungen – wie sie vor allem durch menschliches Fehlverhalten verursacht werden – widerstehen können. In jedem Fall erhalten sie ihre Standsicherheit erst durch Verbindung mit den angrenzenden Bauteilen.

Systemfremde Bauwerksteile können erheblichen Verformungen unterliegen (z. B. Durchbiegung weitgespannter Geschoßdecken, wärmebeanspruchte Fassadenanschlüsse). Trennwände müssen deshalb so beschaffen sein, daß sie derartige Baukörperbewegungen ohne Rißbildungen und sonstige bleibende Schäden, bei Erhalt der Standsicherheit, aufnehmen können. Dies wird erreicht, indem die Unterkonstruktionen selbst höhenbeweglich ausgebildet werden. Außerdem können die Boden-, Decken- und Wandanschlußprofile teleskopartig gestaltet sein, so daß sie je Anschluß einen Toleranzausgleich von beispielsweise ± 20 mm ermöglichen.

Schließen Trennwände an eine abgehängte Unterdecke an, so werden diese immer spannungsfrei an ein Bandrasterprofil herangeführt und mit diesem verschraubt. Um auch die hier aus den Trennwänden resultierenden Querkräfte (z. B. durch stoßartige Belastungen) bewegungsfrei aufnehmen zu können, muß die Unterdecke horizontal stabilisiert, d. h. ausgesteift sein und Erschütterungen durch geeignete Konstruktionen unmittelbar auf Festpunkte ableiten. Vgl. hierzu Abschn. 13.3.4 mit Bild **13**.26 sowie Abschn. 14.3.2.

Trotz dieser Auflagen müssen Trennwände des gehobenen Innenausbaues so beschaffen sein, daß sie ohne Schwierigkeiten und nennenswerte Nacharbeiten, unter Wiederverwendung aller Einzelteile, umgesetzt und an anderer Stelle wieder aufgebaut werden können. Es sollte immer ein Elementaustausch ohne Reihendemontage möglich sein.

14.3.6 Elektro- und Sanitärinstallationen in umsetzbaren Trennwänden

Elektroinstallationen können ohne Schwierigkeiten im Trennwandhohlraum untergebracht werden, ohne dadurch die Standsicherheit zu mindern. Die Einspeisung der Leitungen erfolgt entweder von oben (abgehängte Unterdecke) oder von unten (Unterflurkanal, Installationsboden) oder von der Seite. Meist sind die Metall-Ständerprofile im oberen und unteren 30-cm-Bereich der Installationsführung sowieso ausgestanzt, so daß durch diese Öffnungen die Leitungen problemlos horizontal verlegt werden können. Die volle Umsetzbarkeit der Wände ist jedoch nur dann gewährleistet, wenn Schalter, Steckdosen und Telefonanschlüsse bei Veränderungen wieder schadlos entfernt (Deckkappen) und Verdrahtungen auf einfache Weise gelöst werden können. Nachinstallationen müssen ohne Beschädigung der Wandteile möglich sein.

Bei brandschutztechnisch beanspruchten Trennwänden sind systembedingte Einschränkungen zu beachten. So dürfen Steck-, Schalter- und Verteilerdosen u. ä. bei raumabschließenden Wänden nicht unmittelbar gegenüberliegend eingebaut werden.

Die Unterbringung von Sanitärinstallationen in umsetzbaren Trennwänden ist zwar bedingt möglich, engt deren Veränderbarkeit aber erheblich ein. Um kleinere Handwaschbecken, Boiler o. ä. an den Trennwänden unsichtbar befestigen zu können, müssen schon vorab – in entsprechender Höhe – tragende Querriegel bzw. Traversen am Ständerwerk befestigt werden. Weitere Angaben hierzu s. Abschn. 6.8, Nichttragende Trennwände.

14.3.7 Anforderungen an Trennwandtüren

Bei den meisten auf dem Markt befindlichen Innenwandprogrammen ist das Türelement in formaler Hinsicht ein integrierter Bestandteil. Passend zum jeweiligen Wandsystem gibt es eine Vielzahl von Ausführungsvarianten mit unterschiedlichen Oberflächenbeschichtungen. In schall- und brandschutztechnischer Hinsicht stellen Türen und Glaselemente jedoch Schwachstellen innerhalb des Gesamtsystems dar.

Die Schalldämmung von Türen hängt einmal von der konstruktiven Ausbildung des Türblattes, zum anderen von der Dichtung der Falze und insbesondere von der Dichtung der unteren Türfuge (Bodenfuge) ab.

Türblattkonstruktionen. Während die Schalldämmung einschalig ausgebildeter Türblätter sich nur durch die Erhöhung des Flächengewichtes verbessern läßt, spielen bei zweischalig aufgebauten Türblattkonstruktionen vor allem Abstand und Gewicht der beiden äußeren Schalen (neben der Hohlraumfüllung) eine große Rolle. Türblattdicken von mehr als 60 mm sind allerdings für den Einbau in umsetzbare Trennwände – mit einer Gesamtwanddicke von ungefähr 100 mm – nicht geeignet. Deshalb versucht man, durch Herabsetzen der Steifigkeit des Türblattes zu möglichst günstigen Ergebnissen zu kommen. Vgl. hierzu Abschn. 6.4.1 im Teil 2 dieses Werkes.

Türdichtungen. Die Anforderungen an die Türdichtung steigen mit den Anforderungen an die Schalldämmung der Trennwand. Weichfedernde Dichtungsprofile in den Falzen sind jedoch erst dann wirksam, wenn geeignete Beschläge ein dichtes Anliegen der Falze auf ihrer ganzen Länge gewährleisten, die Profile ringsum in derselben Ebene liegen und sich diese Ebene auch mit dem Verlauf der Bodendichtung deckt. Die an der unteren Türfuge angebrachte Dichtung kann beispielsweise in Form einer Höcker-Schwellendichtung oder einer sich beim Öffnen abhebenden automatischen Bodendichtung ausgebildet sein. Bei der letztgenannten Art ist jedoch zwingend darauf zu achten, daß sich das absenkende Dichtungsprofil an der Anpreßstelle immer gegen eine stabile, abgedichtete Druckplatte (z. B. eingelassene Alu-Schiene) und nicht nur in einen Teppichbelag (= offene Fuge) andrückt. Weitere Möglichkeiten s. Abschn. 6.5 im Teil 2 dieses Werkes. Auf die in Abschn. 14.3.3 angesprochene Problematik der Schall-Längsleitung unter umsetzbaren Trennwänden und den in Abschn. 14.3.4 erläuterten Brandschutz von umsetzbaren Trennwänden wird verwiesen.

14.4 Konstruktionstechnische Merkmale umsetzbarer Trennwände

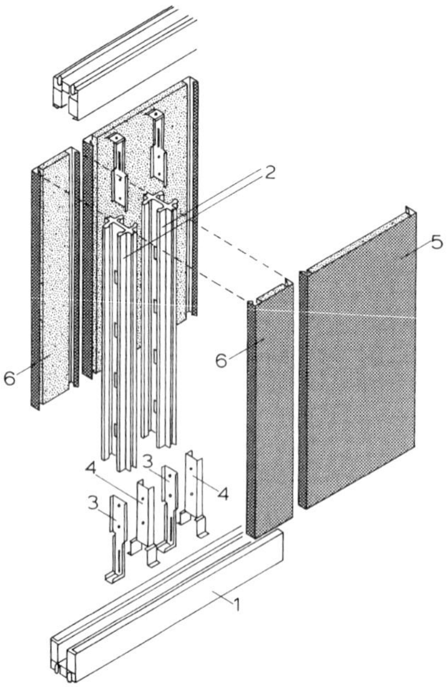

14.10 Schematische Darstellung der wichtigsten Einzelteile einer Schalenwand in Bandrasterbauweise
1 Boden- und Deckenprofilschiene
2 Metallständerprofil (Klemmverbindung)
3 Befestigungsschuh
4 Ausgleichsschuh
5 Wandschalen aus Stahl-Gipsplatten-Paneelen
6 Bandrasterblende (Modulleiste)
Akustikbau Lindner GmbH, Arnstorf

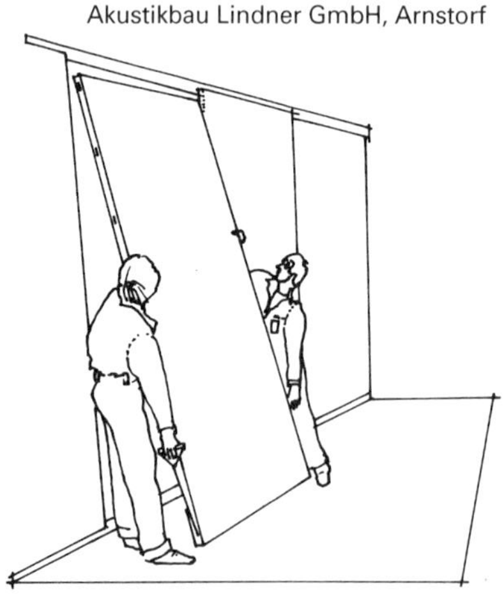

14.11 Darstellung des Montagevorganges einer Monoblockwand am Einsatzort

Die auf dem Markt befindlichen Trennwandsysteme unterscheiden sich vor allem durch ihren konstruktiven Aufbau, der daraus resultierenden Montageart am Einsatzort sowie durch das vielfältige Angebot an Beplankungsmaterialien (z. B. Wandschalen aus Holzwerkstoffen, Gipskartonplatten, Stahlblech). Zu nennen sind:

1. Schalenwände (früher auch Skelettwände genannt) Bild **14**.10. Diese umsetzbaren Innenwände bestehen aus werkseitig vorgefertigten Einzelteilen, die erst an der Verwendungsstelle montiert werden. Dabei wird zuerst die Unterkonstruktion aufgebaut (Traggerippe aus Holz- oder Metallständer mit Steck- und Klemmverbindungen), anschließend entsprechend den jeweiligen bauphysikalischen Anforderungen (Schall- und/oder Brandschutz) die Dämmaterialien bzw. Schwermatten eingesetzt und die oberflächenfertigen Wandschalen beidseitig aufgebracht. Die Vorteile dieser am häufigsten eingesetzten Wandbauart: einfacher Transport aufgrund niedriger Gewichte der Einzelteile, weitgehend unbehinderte Installationsführung, Abnehmbarkeit und Austauschbarkeit einzelner Wandpaneele, leichte Zugänglichkeit für Wartungs- und Nachinstallationsarbeiten. Nachteilig wirken sich beim Aufbau die vielen Einzelteile aus, die – je nach System – unterschiedlich lange Montagezeiten verursachen.

2. Monoblockwände (früher auch Elementwände genannt) Bild **14**.11. Diese ebenfalls umsetzbaren und jederzeit austauschbaren raumhohen Wandelemente werden im Herstellerwerk fix und fertig zusammengebaut (einschl. eventueller Hohlraumfüllungen), oberflächenfertig zur Verwendungsstelle gebracht und mit einfachen Steckverbindungen montiert.

Da der Zusammenbau dieser selbsttragenden Wandelemente nicht am Einsatzort, sondern im Herstellerwerk erfolgt, zeichnen sich diese Wände durch eine besonders hohe Qualität und große Genauigkeit aus. Als weiterer Vorteil ist ihre schnelle Montage und Demontage am Bau zu nennen. Nachteilig wirken sich das meist hohe Transportgewicht, der geringe Spielraum für nach-

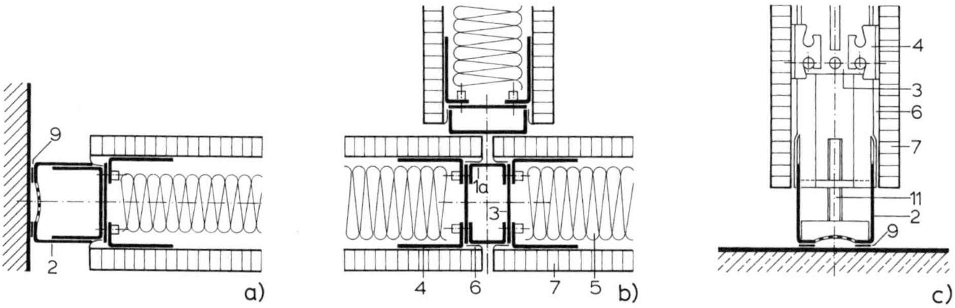

Peter Ruppel, Lauda-Königshofen (Schalenwand)

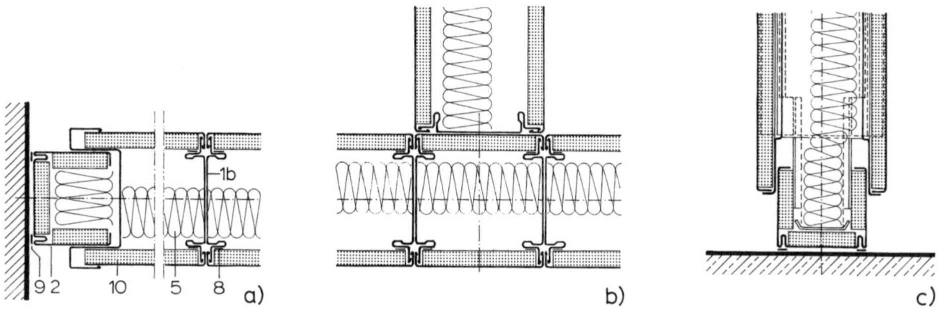

Akustikbau Lindner, Arnstorf (Schalenwand)

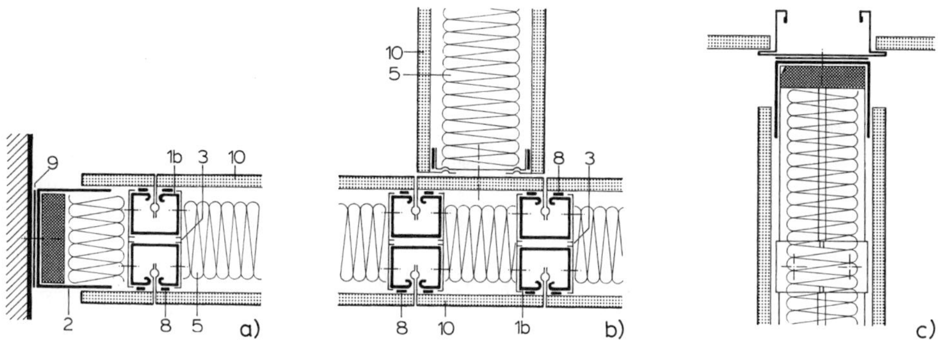

Richter System, Griesheim-Darmstadt (Schalenwand)

14.12 Konstruktionsbeispiele: Umsetzbare Trennwände

a) Wandanschlüsse
b) T-Anschlüsse (Bandraster)
c) Fußboden- und Deckenanschlüsse

1 a Ständerprofil aus Stahl
1 b Ständerprofil aus Stahlblech
2 Anschlußprofil
3 Abstandhalter
4 Einhängebeschlag
5 Mineralfaserdämmstoff
6 Lippendichtung
7 Wandschale aus Spanplatte
8 Abstand- und Dichtungsprofil
9 Anschlußdichtung
10 Wandschale aus Stahlblech mit Gipskartonplatte und Klemmprofil
11 Höhenjustierung/Toleranzausgleich

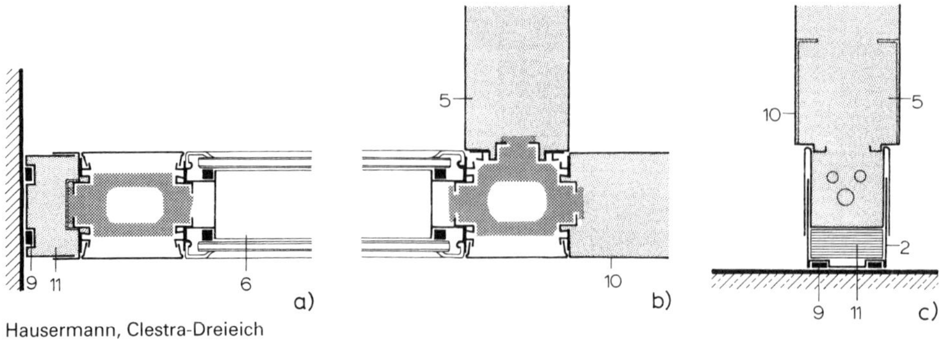

Hausermann, Clestra-Dreieich
(Monoblockwand)

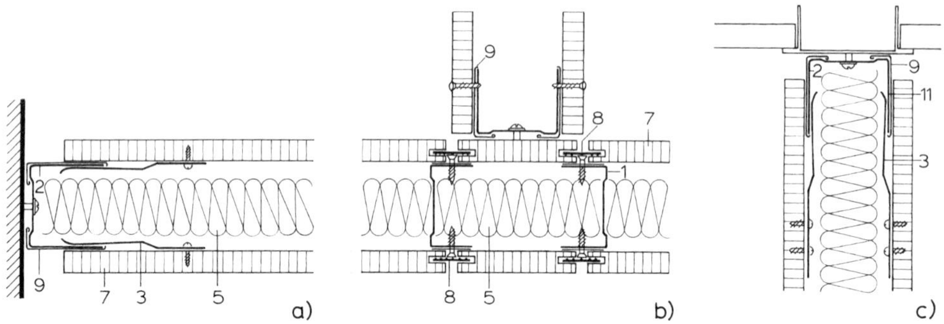

Hüppe Raumsysteme, Oldenburg (Schalenwand)

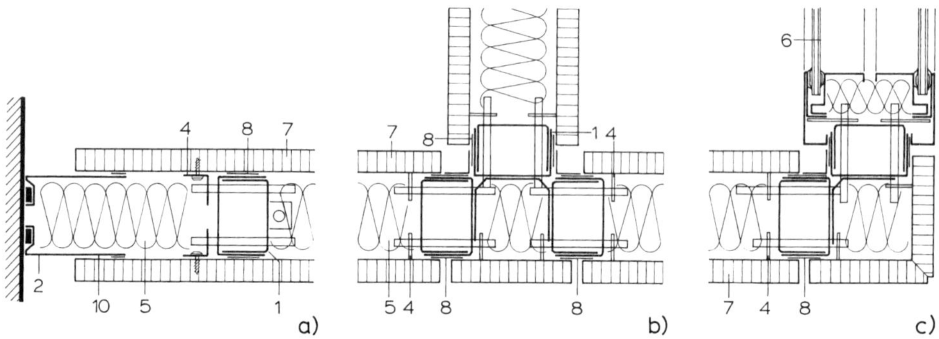

VOKO Franz Vogt, Pohlheim (Schalenwand)

14.13 Konstruktionsbeispiele: Umsetzbare Trennwände

a) Wandanschlüsse
b) T-Anschlüsse (Bandraster)
c) Fußboden-, Decken- und Eckanschlüsse

1 Ständerprofil aus Stahlblech
2 Anschlußprofil
3 Klemmfeder
4 Einhängebeschlag
5 Mineralfaserdämmstoff
6 schalldämmende Verglasung
7 Wandschale aus Spanplatte
8 Abstand- und Dichtungsprofil
9 Anschlußdichtung
10 Wandschale aus Stahlblech
11 Höhenjustierung / Toleranzausgleich

trägliche Installationseinbauten sowie die relativ starre Bindung an vorgegebene Rastermaße aus. Bei Beschädigung muß außerdem das gesamte Wandelement ausgetauscht werden.

Die Vor- und Nachteile beider Systeme sind vor allem material- und bauartspezifisch bedingt. Um aus dem großen Angebot des Marktes eine sinnvolle Auswahl treffen zu können, müssen die an die jeweilige Trennwand gestellten Anforderungen rechtzeitig und vollständig bekannt sowie die baulichen Gegebenheiten des Einsatzortes sorgfältig erfaßt sein.

Es kann nicht Aufgabe dieses Werkes sein, einen vollständigen Überblick über alle auf dem Markt befindlichen Trennwandsysteme zu geben. Mit den Bildern **14**.12 und **14**.13 werden nur einige typische Wandkonstruktionen vorgestellt; darüber hinaus wird auf die Spezialliteratur verwiesen [4], [5], [6].

14.5 Konstruktionstechnische Merkmale vorgefertigter Schrankwände

Immer häufiger werden in Schul-, Verwaltungs- und Krankenhausbauten vorgefertigte Schrankwände anstelle gemauerter Innenwände eingebaut. Diese dienen oftmals nicht nur als Stauraum, sondern übernehmen auch Raumteiler-, Brand- und Schallschutzfunktionen. Industriell hergestellte Schrankwände können mit geringem Aufwand montiert und jederzeit wieder umgesetzt werden. In ihrer äußeren Gestaltung und in ihrer Inneneinrichtung sind sie so vielseitig und ausbaufähig, daß sie für jeden Zweck eingesetzt und allen Wünschen angepaßt werden können. Man unterscheidet (Bild **14**.14):

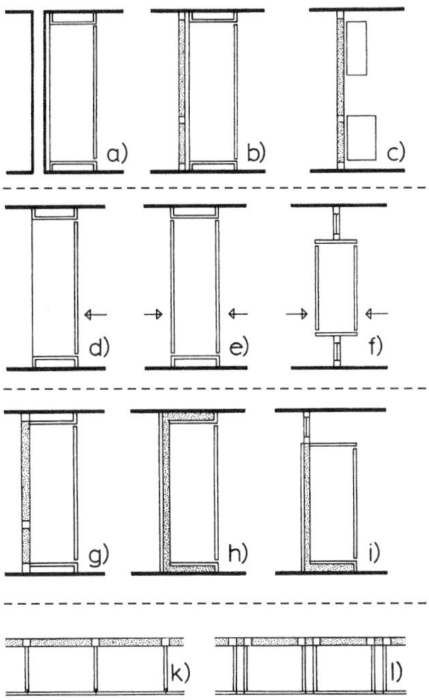

Vorsatz-Schrankwand
a) vor fest eingebauter Wand
b) vor umsetzbarer Trennwand
c) mit integriertem Anhängesystem

Raumteiler-Schrankwand
d) mit einfacher Sichtrückwand
e) als wechselseitig benutzbarer Schrank
f) zwischen die Tragpfosten des jeweiligen Trennwandsystems gestellt

Trennwand-Schrankwand
g) mit integrierter umsetzbarer Trennwand (ohne Schrankrückwand)
h) mit aufgesetzter Trennwand-Halbschale (mit Schrankrückwand)
i) wie zuvor, jedoch mit verglastem Oberlichtband

Horizontalschnitt durch Schrankwände
k) Schrankwand in Achsrasterbauweise
l) Schrankwand in Bandrasterbauweise

14.14 Schematische Darstellung von Schrankwänden: Einteilung nach konstruktionstechnischen Merkmalen

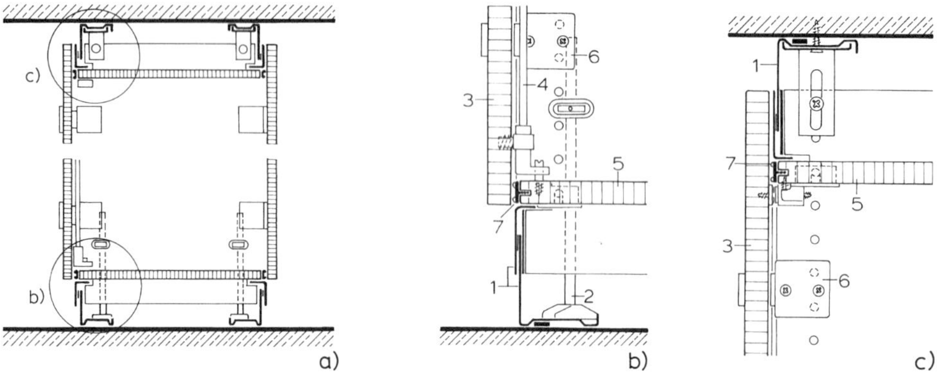

VOKO Franz Vogt, Pohlheim (Raumteiler)

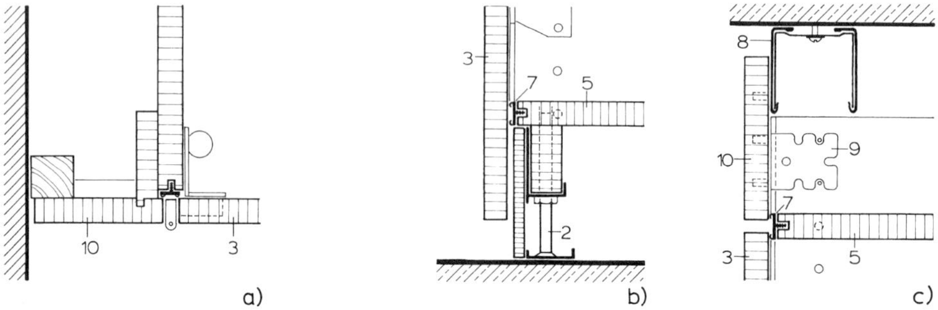

Hüppe Raumsysteme, Oldenburg (Raumteiler)

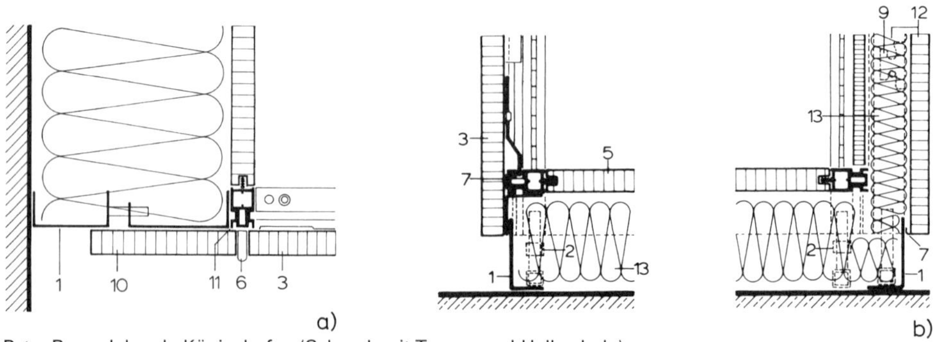

Peter Ruppel, Lauda-Königshofen (Schrank mit Trennwand-Halbschale)

14.15 Konstruktionsbeispiele: Vorgefertigte Schrankwände (Raumteiler)
a) Wandanschlüsse, b) Fußbodenanschlüsse, c) Deckenanschlüsse

1 Teleskopartig ausgebildetes Anschlußprofil
2 Höhenjustierung
3 Schranktür
4 Drehstangenverschluß
5 Unterer/oberer Schrankboden
6 Schranktürband
7 Lippendichtung
8 Anschlußprofil mit Kunststoffdichtung
9 Einhängebeschlag
10 Anschlußblende
11 Vorgesetztes Alu-Spezialprofil
12 Trennwand-Halbschale (Wandschale mit Dämmstoff)
13 Mineralfaserdämmstoff

Vorsatz-Schrankwand (nur Stauraumfunktion)
— vor fest eingebauter Wand
— vor umsetzbarer Trennwand
— mit integriertem Anhängesystem

Raumteiler-Schrankwand (Stauraum- und Raumteilerfunktion)
— mit einfacher Sichtrückwand
— als wechselseitig benutzbarer Schrank
— zwischen die Tragpfosten des jeweiligen Trennwandsystems gestellt.

Trennwand-Schrankwand (Stauraum-, Raumteiler-, Brand- und Schallschutzfunktion)
— mit integrierter umsetzbarer Trennwand (ohne Schrankrückwand)
— mit aufgesetzter Trennwand-Halbschale (mit Schrankrückwand).

Jeweils
— in Achsrasterbauweise (endloses Anbausystem mit Exzenterbeschlägen: 1 Schrankwandseite)
— in Bandrasterbauweise (selbständige Schrankkorpusse mit Brandrasterblenden: 2 Schrankseiten)
— alle Teile tür- oder raumhoch, mit oder ohne Glaseinsätze.

Die in Bild **14**.14 dargestellte Unterteilung der vorgefertigten Schrankwandsysteme ist als Orientierungshilfe gedacht und erhebt keinen Anspruch auf Vollständigkeit. Es muß darauf hingewiesen werden, daß es nicht Aufgabe dieses Werkes sein kann, einen vollständigen Überblick über alle auf dem Markt befindlichen Schrankwandsysteme zu geben; zu vielfältig sind die Ausführungsmöglichkeiten, sowohl in technischer als auch formaler Hinsicht. In der Regel stimmt ihr äußeres Erscheinungsbild und konstruktives System mit den meist mitangebotenen Trennwänden weitgehend überein.

14.6 Normen

Norm	Ausgabe-Datum	Titel
DIN 4102 Bbl 1	5.81	Brandverhalten von Baustoffen und Bauteilen; Inhaltsverzeichnisse
DIN 4102-1	5.81	–; Baustoffe, Begriffe, Anforderungen und Prüfungen (teilweise ersetzt durch DIN 4102-15, DIN 4102-16)
DIN 4102-2	9.77	–; Bauteile, Begriffe, Anforderungen und Prüfungen
DIN 4102-3	9.77	–; Brandwände und nichttragende Außenwände; Begriffe, Anforderungen und Prüfungen
DIN 4102-4	3.94	–; Zusammenstellung und Anwendung klassifizierter Baustoffe, Bauteile und Sonderbauteile
DIN 4102-4 Ber 1	5.95	Berichtigungen zu DIN 4102-4
DIN 4102-4 Ber 2		
DIN 4102-5	9.77	–; Feuerschutzabschlüsse, Abschlüsse in Fahrschachtwänden und gegen Feuer widerstandsfähige Verglasungen; Begriffe, Anforderungen und Prüfungen (teilweise ersetzt durch DIN 4102-13)

Fortsetzung s. nächste Seite

DIN-Normen, Fortsetzung

Norm	Ausgabe-Datum	Titel
DIN 4102-13	5.90	–; Brandschutzverglasungen; Begriffe, Anforderungen, Prüfungen
DIN 4103-1	7.84	Nichttragende innere Trennwände, Anforderungen, Nachweise
DIN 4103-2	12.85	–; Leichte Trennwände aus Gips-Wandbauplatten
DIN 4103-4	11.88	–; Unterkonstruktion in Holzbauart
DIN 4109	11.89	Schallschutz im Hochbau, Anforderungen und Nachweise
DIN 4109 Bbl 1	11.89	–; Ausführungsbeispiele und Rechenverfahren
DIN 4109 Bbl 2	11.89	–; Hinweise für Planung und Ausführung; Vorschläge für einen erhöhten Schallschutz; Empfehlungen für den Schallschutz im eigenen Wohn- und Arbeitsbereich
DIN 4172	7.55	Maßordnung im Hochbau
DIN 18000	5.84	Modulordnung im Bauwesen
DIN 18165-1	7.91	Faserdämmstoffe für das Bauwesen; Dämmstoffe für die Wärmedämmung
DIN 18165-2	3.87	–; Dämmstoffe für die Trittschalldämmung
DIN 18180	9.89	Gipskartonplatten; Arten, Anforderung, Prüfung
DIN 18181	9.90	Gipskartonplatten im Hochbau, Grundlagen für die Verarbeitung
DIN 18183	11.88	Montagewände aus Gipskartonplatten; Ausführung von Metallständerwänden
DIN 68761-1	11.86	Spanplatten; Flachpreßplatten für allgemeine Zwecke; FPY-Platte
DIN 68763	9.90	–; Flachpreßplatten für das Bauwesen; Begriffe, Anforderungen, Prüfung, Überwachung

14.7 Literatur

[1] Gösele, K., Kühn, B., Stumm, F.: Schall-Längsdämmung von untergehängten Deckenverkleidungen. In: Bundesblatt 1976, Heft **3**

[2] Gösele, K., Schüle, W.: Schall – Wärme – Feuchte. 10. Aufl., Wiesbaden 1996

[3] Zeeb, J.: Die umsetzbare Innenwand. Stuttgart 1978

[4] Studiengemeinschaft für Fertigbau: Fertigwände – Schrankwände. Wiesbaden 1984

[5] –: Schalldämmung umsetzbarer Innenwände. Wiesbaden 1975

[6] Scholer, K.: Das FECO-Trennwandsystem. In: Bauhandwerk. Heft **3**, 1985

15 Besondere bauliche Schutzmaßnahmen

15.1 Allgemeines

Die Innenräume guter alter Gebäude mit dicken Wänden und schweren Decken haben, falls sie gut belichtet und belüftet sind, zumeist ohne weiteres drei schätzenswerte Eigenschaften: Sie sind trocken, sie sind im Winter warm, im Sommer kühl, und sie sind lärmdicht. Neuzeitliche Gebäude benötigen zwar infolge der genaueren Bemessungsverfahren einer hochentwickelten Baustatik und Baustoffkunde erheblich geringere Massen von Baustoffen für tragende Bauteile, wie Wände und Decken. Dafür müssen jedoch erhöhte Aufwendungen für Maßnahmen zum Schutz vor Feuchtigkeit, vor Wärmeverlusten, für sommerlichen Wärmeschutz, gegen Brandgefahr und gegen Lärm gemacht werden, wenn der Nutzwert nicht herabgemindert werden soll.

Räume zum dauernden Aufenthalt von Menschen und Haustieren müssen trocken und angemessen warm sein.

Feuchtigkeit schadet auch den meisten Baustoffen und der Gebäudeeinrichtung: Steine werden beim Gefrieren des in die Poren eingedrungenen Wassers zersprengt, wasserlösliche Bestandteile von Mörteln werden ausgewaschen, Stahl rostet bei Feuchtigkeit, nasses Holz wird von Fäulnis oder von Pilzen befallen. Es ist daher ein wichtiges Ziel der Baukonstruktion, die Räume und Bauteile eines Gebäudes vor jeder Art von Feuchtigkeit zu schützen.

Feuchtigkeit beansprucht Bauwerke durch:

— Niederschläge
— Bodenfeuchtigkeit (s. Abschn. 15.4.4, DIN 18195-4)[1]
— nicht drückendes Wasser (s. Abschn. 15.4.5, DIN 18195-5)[1]
— drückendes Wasser (s. Abschn. 15.4.6, DIN 18195-6)[1]
— Tauwasser (s. Abschn. 15.5.6)

Ständig erweiterte naturwissenschaftliche Erkenntnisse erfordern ferner Aufmerksamkeit gegenüber baustoff- und umweltbedingten gesundheitsgefährdenden Einflüssen (z.B. Radioaktivität von Baustoffen, geopathogene Einflüsse, Strahlungen, elektrische Felder u.a.m.). Zur Zeit liegen jedoch weder ausreichende bzw. allgemein anerkannte Forschungsergebnisse über Umfang und Qualität derartiger Gefährdungen noch über etwa erforderliche bzw. mögliche bautechnische Schutzmaßnahmen vor. Planer und Bauausführende sollten jedoch vorsorglich Auftraggeber bzw. Nutzer auf die im Gang befindliche Diskussion hinweisen und daraus eventuell für das Projekt abzuleitende Maßnahmen definieren und abgrenzen (s. Abschn. 15.8).

15.2 Schutz gegen Niederschlagswasser

Es gibt an Bauwerken unserer Klimazone kaum Konstruktionsteile, die in Form und Gefüge nicht mitbestimmt werden von dem Bestreben, das Bauwerk vor Niederschlagswasser zu schützen. An dieser Stelle sollen einige Schutzmaßnahmen betrachtet werden, an denen sich das Grundsätzliche besonders deutlich erkennen läßt.

Die Schutzmaßnahmen für ein Bauwerk gegen Niederschlagswasser beginnen bereits bei der Planung in bezug auf die umgebenden Geländeoberflächen. Sie sollten nach Möglich-

---

[1] DIN 18195 z. Z. in Neubearbeitung

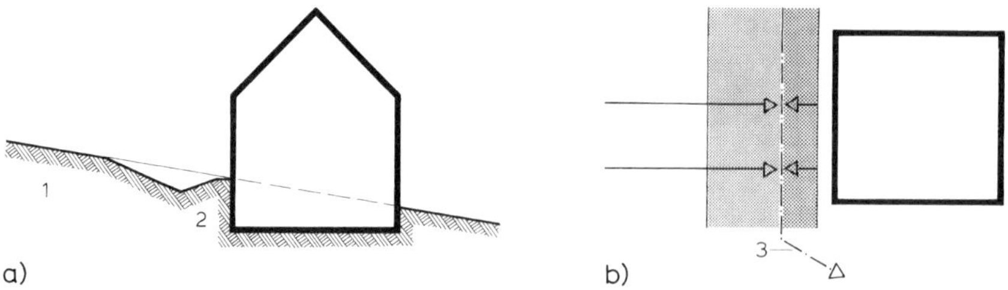

15.1 Ableitung von Oberflächenwasser durch Geländemodellierung (schematisch)
a) Schnitt
b) Grundriß
1 vorhandenes Oberflächengefälle
2 Gegengefälle
3 Kehle mit Ableitung

keit immer so modelliert werden, daß Oberflächenwasser mit ausreichendem Gefälle vom Bauwerk weggeleitet wird (Bild **15**.1).

Außer Dächern (s. Teil 2 dieses Werkes) müssen auch alle anderen Bauteile, die Niederschlägen unmittelbar ausgesetzt sind, so geformt sein, daß das Wasser schnell und restlos von ihnen abläuft (Gefälle, keine muldenförmigen Vertiefungen, keine nach oben offenen Fugen). Außerdem müssen sie aus Baustoffen bestehen, bei denen – allgemein ausgedrückt – die Eindringgeschwindigkeit des Wassers geringer ist als dessen Verdunstungsgeschwindigkeit (wenig saugfähig, dicht oder wasserabweisend). Werden Bauteile verwendet, die diesen Bedingungen nicht entsprechen, so müssen sie durch Überdachungen, Abdeckungen, Verkleidungen, Anstriche o.ä. geschützt werden.

Abdeckung von Bauteilen

Bei der Planung kommt es oft zu Kollisionen zwischen gestalterischen Absichten und konstruktiven Erfordernissen. Als Beispiel dafür kann der Schutz vor Niederschlagswasser bei freistehenden Wänden dienen:

Formal wird meistens eine klare Wandscheibe angestrebt ohne Vorsprünge von Abdeckungen. Bei Wänden aus Stahlbeton kann bei Ausführung mit wasserundurchlässigem Beton eventuell auf eine Abdeckung verzichtet werden, nicht aber bei Mauern!

Mauerabdeckungen durch Rollschichten (Bild **6**.31c) sind bei Sichtmauerwerk zwar oft formal eine gute Lösung, auf Dauer jedoch selbst bei einer Behandlung mit wasserabweisenden Imprägnierungsmitteln nicht haltbar. Wenn dennoch eine solche Ausführung gewählt wird, müssen auf jeden Fall frostbeständige Vollsteine (d.h. auch ohne produktionsbedingte Lochungen!) verwendet werden. Sonst besteht besondere Durchfeuchtungsgefahr.

Unvermeidlich bleiben aber bei derartigen Ausführungen auf lange Sicht Verschmutzungen durch ablaufendes Regenwasser. Diese können nach neuer Rechtsprechung u.U. als Planungsfehler geltend gemacht werden, selbst wenn sonstige Bauschäden nicht eintreten!

Eine konstruktiv richtige Ausführung mit einer Werksteinabdeckung zeigt Bild **15**.2. Dabei müssen die Werksteine aus dichtem Material bestehen, und die Stoßfugen sind sorgfältig voll mit Mörtel zu verfüllen.

Der Plattenüberstand muß so groß sein, daß Tropfwasser den Putz oder die Oberflächen nicht durchnäßt. Überstände unter 5 cm sind dafür wirkungslos. Einseitig geneigte Platten haben Gefälle nach der Wetterseite, jedoch muß auch das obere Ende einen genügend großen Überstand und eine Tropfkante haben. Dachsteine bzw. -ziegel sind sehr stoßempfindlich und daher nur bedingt als Abdeckplatten geeignet.

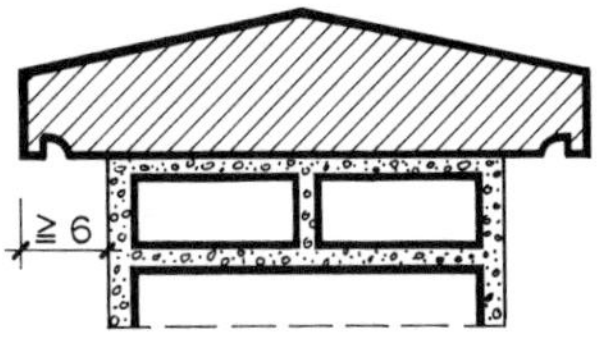

15.2 Betonabdeckplatte für geputzte Mauer. Zu beachten: reichlicher Überstand, scharfkantige Tropfnase, dichte Stoßfuge

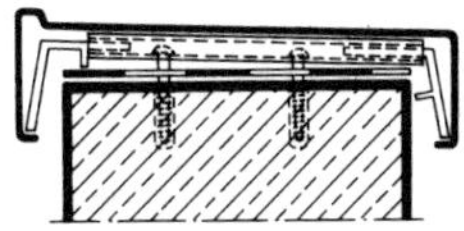

15.3 Mauerabdeckung aus Aluminiumprofil

Abdeckungen aus Zink- oder Kupfer-Blechen sind für breite Mauern weniger geeignet, weil sie unter Temperatureinwirkung leicht zum Verbeulen neigen. Bewährt – allerdings auch teuer – sind Mauerabdeckprofile aus Leichtmetall (Bild **15**.3).

Längere Metallabdeckungen müssen mit Gleitstößen ausgeführt werden.

Ähnliches gilt für Vorsprünge von Bauwerksteilen wie z.B. größere Gesimse oder für Kragplatten von Vordächern. Werksteine oder selbst Stahlbeton sind unter andauernden Temperatur- und Witterungswechseln in Verbindung mit Luftverunreinigungen nicht ohne schützende Metallabdeckung auszuführen. Hierbei sind die Anschlüsse zwischen den zu schützenden und den anschließenden Bauteilen vom Planer genau vorzugeben. In jedem Fall sind dabei „konstruktive" Lösungen (z.B. hinterschnittener Anschluß, Bild **15**.4a) solchen vorzuziehen, bei denen man sich auf langzeitbeständiges Material und sehr sorgfältige handwerkliche Ausführung verlassen muß (Bild **15**.4b).

Formal sind bei solchen Ausführungen natürlich Kompromisse unvermeidlich, und es muß im Einzelfall entschieden werden, welche Prioritäten – möglichst im Einvernehmen mit dem Auftraggeber – in solchen und ähnlichen Fällen zu setzen sind.

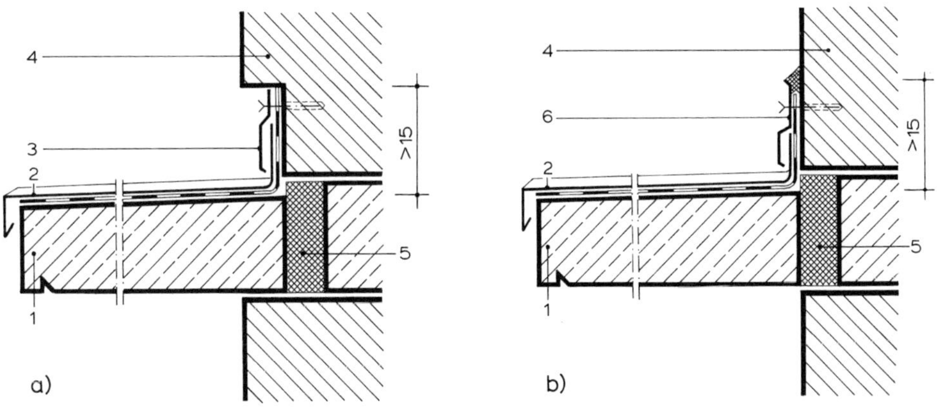

15.4 Anschluß von Metallabdeckungen

a) Anschluß mit Hinterschneidung
b) Anschluß mit eingedichtetem Anschlußprofil

1 Gesims o.ä.
2 Metall-Abdeckung auf Trennlage
3 Abdeckprofil, angedübelt
4 Sichtmauerwerk
5 durchlaufende Bewehrung mit thermischer Trennung (z.B. Schoeck Isokorb o.ä.)
6 Wandanschlußprofil mit dauerelastischer Abdichtung

Bauteilanschlüsse

Besondere Aufmerksamkeit muß der Planung aller Anschlüsse zwischen verschiedenen Bauteilen gelten.

Klare Trennungen sollten hier bereits beim Entwurf den Vorzug vor komplizierten Abdichtungen haben. Beispielsweise sollten im Außenbereich Treppenläufe von parallel liegenden Wänden abgerückt werden (Bild **15**.5). Die vielen Ecken zwischen Tritt- und Setzstufen bzw. den begleitenden Sockelplatten dürften andernfalls fast zwangsläufig zu Ansatzpunkten für die Durchfeuchtung der anschließenden Mauer- bzw. Putzflächen und für Verschmutzung werden.

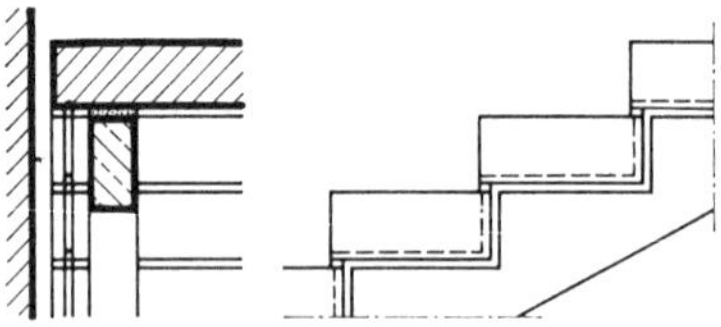

15.5
Freitreppe auf Stahlbetonwange parallel zur Hauswand. Zu beachten: Zwischenraum zwischen Stufen und Hauswand

Sind direkte Anschlüsse nicht zu vermeiden, sollte an den Übergängen – selbst bei kleinflächigen Bauteilen – durch Gefälle (≧ 5%) das Niederschlagwasser abgeleitet werden (Bild **15**.6). Ist bei größeren Bauteilen aus formalen Gründen eine Abschrägung zur Gefällebildung unerwünscht, sind an den Übergängen Höhenversprünge vorzusehen, damit Niederschlagswasser nicht in die Bauteilfugen eindringt (Bild **15**.7). Auch hier sollte man sich nicht in erster Linie auf einen dauernden Schutz durch Fugenabdichtungsmassen verlassen!

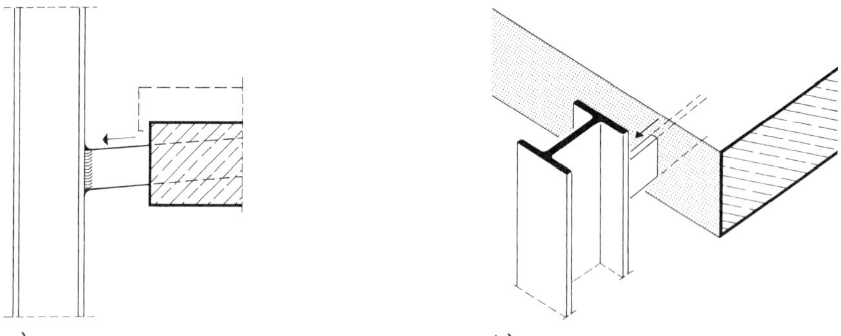

a) b)

15.6 Anschluß einer Stahlstütze an einen Bauteil aus Stahlbeton
a) Schnitt
b) isometrische Darstellung

Besonders gefährdet durch ständige Feuchtigkeitseinwirkung sind Putzflächen, die an Bauteilfugen anschließen. Falsch sind Putzaufstandsflächen auf vorspringenden Gesimsen, Sockeln o.ä. (Bild **15**.8a). Zumindest sollten vorspringende Kanten mit Gefälle ausgebildet werden (Bild **15**.8b). Aber auch hier besteht die Gefahr, daß an der Fassade ablaufender Schlagregen die Fuge immer wieder durchnäßt, hier Feuchtigkeit in das Bauwerk eindringt und auch der Putz an der Übergangsstelle auf Dauer geschädigt wird. Besser ist ein Anschluß mit einer Profilierung des anschließenden Werksteines wie in Bild **15**.8c. Als optimale, wenn auch aufwendigste Lösung ist der Einbau von Putzabschlußprofilen zu betrachten (Bild **15**.8d). Ein derartiger Übergang ist auch an flächenbündigen Sockelübergängen vorzuziehen (Bild **15**.8e).

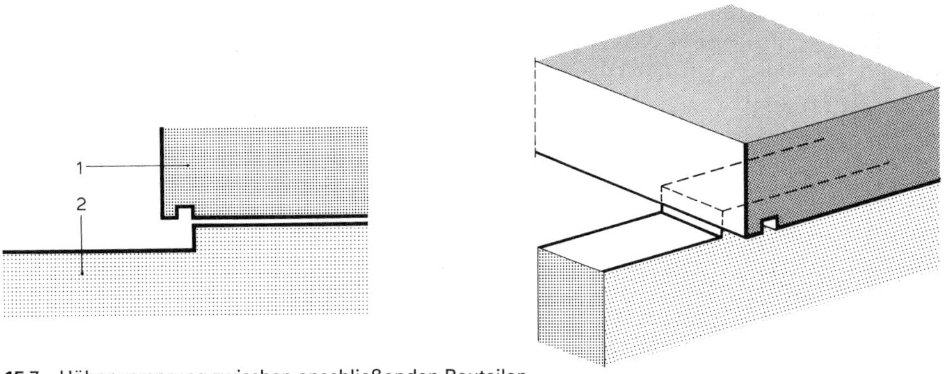

15.7 Höhenversprung zwischen anschließenden Bauteilen
1 aufliegender Bauteil (z. B. Platte)
2 auskragender Bauteil (z. B. Unterzug)

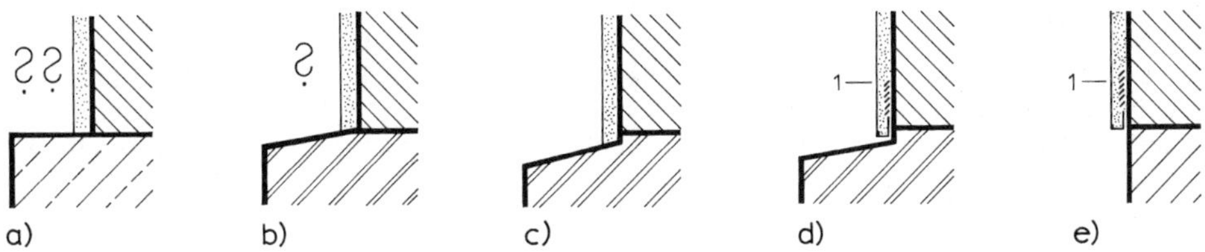

15.8 Putzanschlüsse
a) falscher Anschluß an Sockel oder Gesims
b) bedenklicher Anschluß
c) Anschluß mit Höhenversprung
d) Anschluß mit Höhenversprung und Putzabschlußprofil
e) Anschluß bei bündigen Flächen mit Putzabschlußprofil

1 Putzabschlußprofil

Korrosion von einbindenden Stahlteilen

Häufig entstehen Schäden dadurch, daß eingebaute Stahlteile durch Niederschläge oder Luftfeuchtigkeit zum Rosten gebracht werden (Korrosion). Dabei vergrößert sich das Volumen der Stahlteile, und das wasserdurchlässige Mauerwerk (bzw. Beton oder Putz) wird zersprengt. Im Gegensatz zu manchen anderen Metallen schützt bei Stahl die Korrosionsschicht nicht vor weiterem Rosten, sondern dieses setzt sich bei ungehindertem Feuchtigkeitszutritt bis zur völligen Zerstörung des Bauteils fort.

Das sicherste Mittel, teilweise eingemauerte Metallteile vor Rost zu schützen, ist neben einwandfreier Rostschutz-Oberflächenbehandlung (Anstrich mit Rostschutzfarben, Verzinkung) ein Einbau, bei dem durch entsprechendes Gefälle und Abdeckprofile eine gute Wasserableitung von den Übergangsstellen der Bauteile gewährleistet wird (vgl. Bild **15**.6).

Gegen den Angriff der gewöhnlichen Luftfeuchtigkeit können Stahlteile durch Einbetten in dichten Beton geschützt werden. Voraussetzung ist jedoch eine ausreichende dicke Überdeckung ($\geqq$ 5 cm) und die Gewährleistung ausreichender Haftung durch Verwendung geeigneter Umhüllung der Stahlteile mit korrosionsgeschützten Trägermaterialien (z. B. Streckmetall, Drahtgewebe usw.). Den Niederschlägen ausgesetzte Ummantelungen, deren Wasserdichtheit nicht gesichert ist (z. B. bei Trägern aus Walzstahl), sind nutzlos und sogar besonders gefährlich, weil sie die Beobachtung der umhüllten Stahlteile verhindern.

Müssen Stützen mit ihren Fußplatten auf Fundamente oder andere Bauteile gestellt werden, ist durch entsprechende Profilierung bzw. Überhöhung an der Aufstandsfläche das Eindringen von Feuchtigkeit und damit der hier besonders gegebenen Korrosionsgefahr zu begegnen (Bild **15**.9).

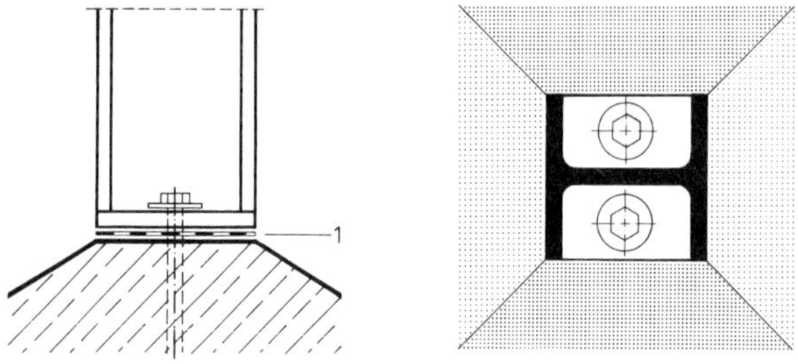

15.9
Stahlstütze, Stützenfuß auf Fundament oder Stahlbeton-Bauteil
1 Zwischenlage
(Compriband, Bitutene o.ä.)

Bauteile aus Holz leisten der Fäulnis lange Zeit Widerstand, wenn sie entweder dauernd vollständig vom Wasser bedeckt bleiben (z.B. Pfahlroste unter alten Fundamenten) oder nach Niederschlägen sofort wieder völlig austrocknen können (z.B. Holzschindelverkleidungen). Bei Wahl besonders widerstandsfähiger Holzarten und Anwendung von Holzschutzmitteln läßt sich die Lebensdauer hölzerner Bauteile weiter verlängern (s. auch DIN 52175 und DIN 68800). Ganz besonders wichtig ist es jedoch, diese Bauteile so zu formen und zusammenzufügen, daß die Nässe nicht in Fugen und Löcher eindringen kann, in denen sie kein trocknender Luftzug trifft („Konstruktiver Holzschutz").

Müssen der Witterung ausgesetzte Holzbauteile zusammengefügt werden, sind nach Möglichkeit Abstandhalter vorzusehen, die eine ständige Hinterlüftung an der Verbindungsstelle ermöglichen. Der Abstand sollte dabei so groß sein, daß Erhaltungsanstriche auch in den Fugen möglich bleiben (Bild **15**.10).

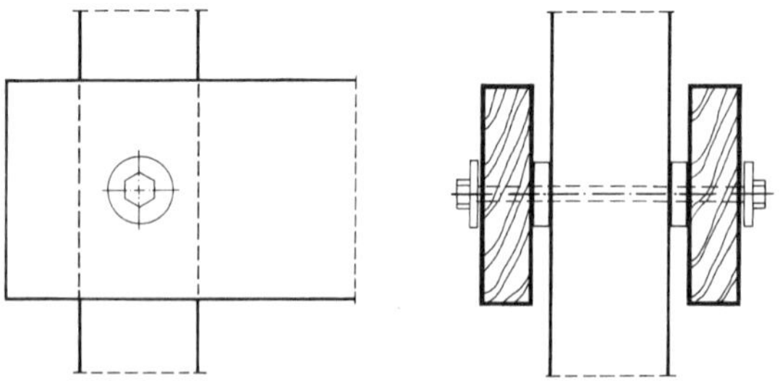

15.10
Holzverbindungen im Außenbereich (Beispiel Doppelzangen mit Stützenanschluß)

Sämtliche Holzteile sind mit Holzschutzmitteln mindestens zu streichen, besser zu tränken, die Stahlverbindungsteile durch Verzinkung vor Rost zu schützen.

Hirnholzflächen saugen Feuchtigkeit besonders stark auf. Sie sollen daher nicht unmittelbar auf andere Bauteile gesetzt werden. Leichte Stützen für Vordächer, Pergolen o.ä. stellt man auf Stahlstelzen, wobei darauf zu achten ist, daß der hölzerne Stützenfuß allseitig gut belüftet bleibt (Bild **15**.11).

Holzteile, die unmittelbar auf Betonteilen oder Mauerwerk aufliegen müssen, erhalten eine Zwischenlage aus Bitumenbahnen. Diese schützt die Hölzer vor Feuchtigkeit, die in den angrenzenden Bauteilen enthalten sein kann, verhindert aber auch das unmittelbare Eindringen der meistens zu Kontrollzwecken stark gefärbten Holzschutzmittel in andere Rohbauteile.

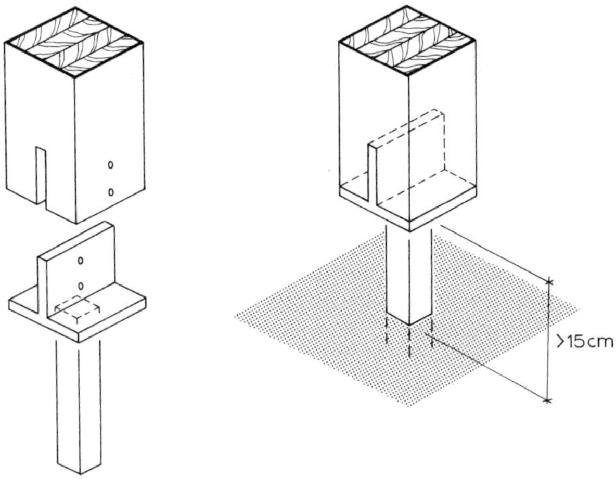

15.11
Holzstütze, Stützenfuß im Außenbereich (vgl. Bilder **7**.25 bis **7**.27)

Spritzwasserschutz

Insbesondere im Sockelbereich von Bauwerken, d.h. im Anschlußbereich zwischen Außenwänden und Geländeoberfläche bzw. sonstigen Flächen wie von Terrassen, Gehwegen u.ä. entsteht bei Niederschlägen Spritzwasser. Es beansprucht die senkrechten Bauteile bis etwa 30 cm Höhe. Aber nicht nur die ständig wiederkehrende Durchfeuchtung der anschließen-

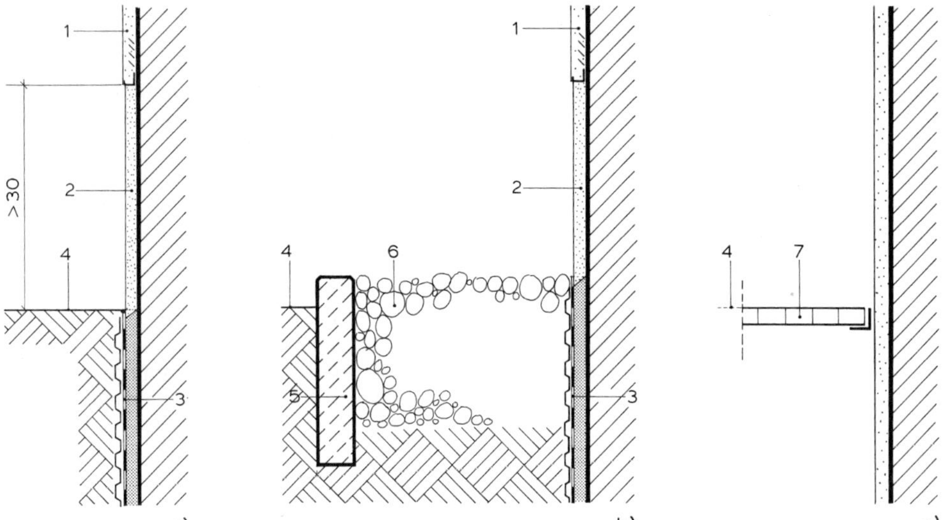

15.12 Fassadenputz, unterer Abschluß

a) Spritzwasser-Schutzabstand (Abstand Fassadenputz-Sockelputz)
b) Abschluß mit Traufstreifen
c) Geländeanschluß mit Abtrennung durch Gitterrost über Schacht

1 Fassadenputz, unterer Abschluß mit Abschlußprofil
2 Sockelputz
3 Abdichtung auf Putz
4 OK Gelände
5 Kantenstein
6 Kiesschüttung (Körnung 16/32)
7 Gitterrost in Winkelrahmen, auf Lichtschacht aufliegend

den senkrechten Flächen muß begrenzt werden. Es ist auch zu bedenken, daß – insbesondere während der Bauzeit, wenn Gegenmaßnahmen noch nicht wirksam sind – eingedrungene Feuchtigkeit durch Kapillarwirkung in den Wänden aufsteigen kann. Es sind daher Horizontalabdichtungen in 30 cm Höhe über dem Gebäudeanschluß vorzusehen (Ausführung s. Abschn. 15.4.4).[1)]

Übliche Außenputzflächen sollen sowohl beim Bauwerksanschluß an das umgebende Gelände wie auch im Bereich von Terrassen- oder Balkonflächen nicht dauerndem Spritzwassereinfluß ausgesetzt sein. Ein Mindestabstand von 30 cm[1)] sollte immer angestrebt werden (Bild **15**.12a). Kann aus technischen oder formalen Gründen kein ausreichend hoher Sockel erreicht werden, bildet ein sogenannter „Traufstreifen" einen verbesserten Spritzwasserschutz (Bild **15**.12b). Wenn unter den gegebenen Bedingungen möglich, ist ggf. in Verbindung mit ohnehin erforderlichen Lichtschächten eine Lösung nach Bild **15**.12c möglich.

15.3 **Dränung (Drainage)** nach DIN 4095

Durch Dränung sollen Bodenschichten so entwässert werden, daß erdberührte Bauwerksteile nicht durch drückendes Wasser beansprucht werden. Das als Sickerwasser aus den angrenzenden Geländeoberflächen oder wasserführenden Bodenschichten anfallende Wasser wird dabei in Vorfluter (z.B. benachbarte offene Wasserläufe) oder in wasseraufnahmefähige Bodenschichten durch Sickerschächte abgeleitet. Die Einleitung in öffentliche Entsorgungsleitungen ist in der Regel nicht erlaubt.

Räume mit erdberührten Wänden werden heute vielfach intensiv genutzt und daher oft mit zusätzlichen Wärmedämmungen ausgeführt (vgl. Abschn. 6.4.2 und 10.3.4). Zwar müssen außenliegende Dämmstoffe so beschaffen sein, daß sie kein Wasser aufnehmen können, doch ist eine ständig wechselnde Durchfeuchtung ihrer Umgebung nachteilhaft. Auch aus diesen Gründen ist die Ausführung von Dränmaßnahmen sinnvoll.

Alle beabsichtigten Dränungen sind genehmigungspflichtig und deshalb Bestandteil des Bauantrages im Zusammenhang mit der Haus- und Grundstücksentwässerung.

Zur Planung einer Dränung gehört neben genauen Höhenfestlegungen für Dränleitungen und Fundamentsohlen die Erkundung der vorhandenen Bodenverhältnisse (vgl. Abschn. 3.1), die Feststellung der Wasserbeschaffenheit (z.B. kann betonaggressives Wasser zu Kalkablagerungen in den Dränungen führen) sowie die Ermittlung des voraussehbaren Wasseranfalles. Dabei ist der ungünstigste Grundwasserstand festzustellen und eine mögliche Beeinträchtigung des Grundwasserstandes durch die beabsichtigten Dränungsmaßnahmen. Dabei geben die in der Baugrube vorgefundenen Verhältnisse nicht ohne weiteres Aufschluß, weil u.a. jahreszeitliche Schwankungen berücksichtigt werden müssen.

Dränmaßnahmen sind

- nicht erforderlich bei stark durchlässigem Untergrund,
- erforderlich, wenn in schwach durchlässigem Untergrund oder bei umgebenden bindigen Bodenschichten Sickerwasser vor Bauwerksteilen aufgestaut werden kann (Bild **15**.13) und als „drückendes Wasser" wirkt (Abschn. 15.4),
- nicht auszuführen, wenn die Bauwerkssohle im Grundwasserbereich liegt und eine Ableitung des anstehenden Wassers über eine Dränung daher nicht möglich ist (Ausführung von Abdichtungen gegen drückendes Wasser DIN 18195, s. Abschn. 15.4 erforderlich).

---

1) Nach E DIN 18195-4 mindestens 50 cm

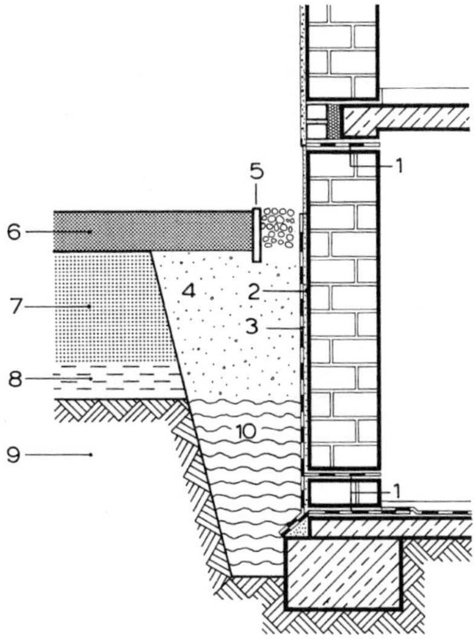

15.13 Stauwasserbildung in bindigen Böden
1 waagerechte Abdichtung
2 Zementputz
3 senkrechte Abdichtung
4 Arbeitsraum-Verfüllung
5 Traufstreifen
6 Oberboden
7 nichtbindiger Boden
8 wasserführende Bodenschicht
9 bindiger Boden
10 Stauwasser

Tabelle **15**.14 Dränung im Regelfall

Richtwerte vor Wänden	
Gelände	eben bis leicht geneigt
Durchlässigkeit des Bodens	schwach durchlässig
Einbautiefe	bis 3 m
Gebäudehöhe	bis 15 m
Länge der Dränleitung zwischen Hoch- und Tiefpunkt	bis 60 m
Richtwerte auf Decken	
Gesamtauflast	bis 10 kN/m²
Deckenteilfläche	bis 150 m²
Deckengefälle	ab 3%
Länge der Dränleitung zwischen Hochpunkt und Dacheinlauf/Traufkante	bis 15 m
Angrenzende Gebäudehöhe	bis 15 m
Richtwerte unter Bodenplatten	
Durchlässigkeit des Bodens	schwach durchlässig
Bebaute Fläche	bis 200 m²

Dränungen sind im Regelfall auszuführen, wenn die in den Tabellen **15**.14 (DIN 4095 Abschn. 4.2) aufgeführten Verhältnisse vorliegen. Besondere Nachweise sind dann nicht erforderlich. Weichen die örtlichen Verhältnisse von diesen Regelfällen ab, sind besondere Untersuchungen zu führen (s. DIN 4095 Abschn. 4.3).

Man unterscheidet

- **Ringdränungen**, die das zu schützende Bauwerk zur Wasserableitung ringförmig umgeben (Bild **15**.15) und
- **Flächendränungen** (Bild **15**.16) zum Schutz von Bodenflächen oder erdüberschütteten Bauwerken bei Flächen über 200 m². Der Abstand der einzelnen Dränleitungen untereinander ist nachzuweisen.

Dränleitungen bestehen heute meistens aus geschlitzten flexiblen Kunststoff-Rippenrohren DN 100. Ferner sind Dränrohre als gelochte oder geschlitzte Beton- oder Faserzementrohre, Tonrohre, geschlitzte Kunststoffrohre mit Filtervliesummantelung u.a. auf dem Markt. Die Wassereintrittsfläche soll mindestens 20 cm²/m betragen.

Die Dränrohre werden auf einem Kiesbett (Betonkies mit Sieblinie B 32 DIN 1045) mit mindestens 0,5 % Gefälle verlegt und gegen Verschieben gesichert. Danach werden die Dränrohre in Kies eingebettet. Das Kiesbett soll die Rohre überall mindestens 15 cm umgeben.

An Stößen, an Einmündungen usw. sind Formteile zu verwenden. In Abständen von höchstens 50 m und bei erforderlichen größeren Richtungsänderungen sind die Dränleitungen in senkrechte Kontroll- und Spülrohre mit einem Mindestdurchmesser von DN 300 zu führen (Bild **15**.17).

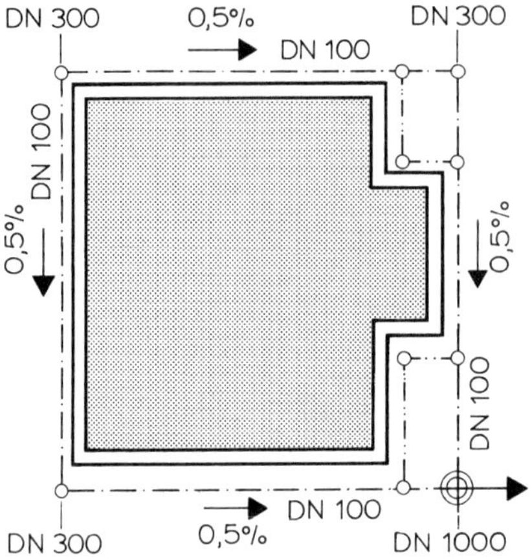

15.15 Ringdränung (DIN 4095)

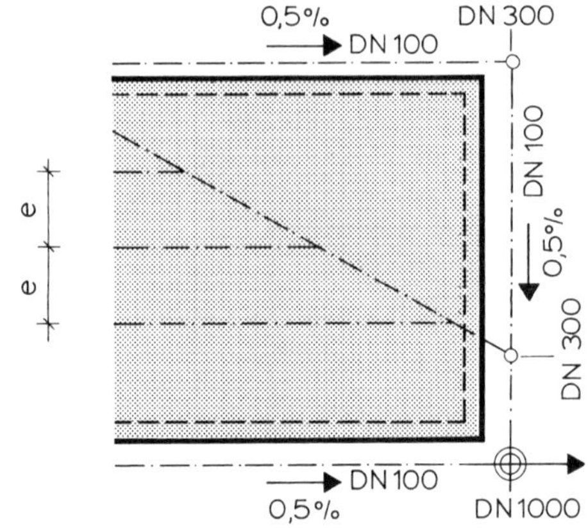

15.16 Flächendränung

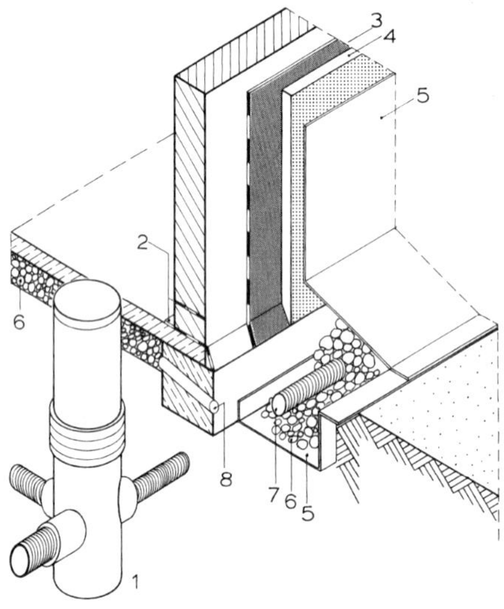

15.17 Ringdränung mit Kontroll- und Spülschacht (opti-control, Fränkische Rohrwerke)

1 Kontrollschacht mit Aufsatzstück und Anschlußstutzen
2 waagerechte Abdichtungen
3 senkrechte Abdichtung DIN 18195
4 Sickerplatte
5 Filtervlies
6 Sickerpackung
7 Dränleitung
8 Fundamentdurchlaß

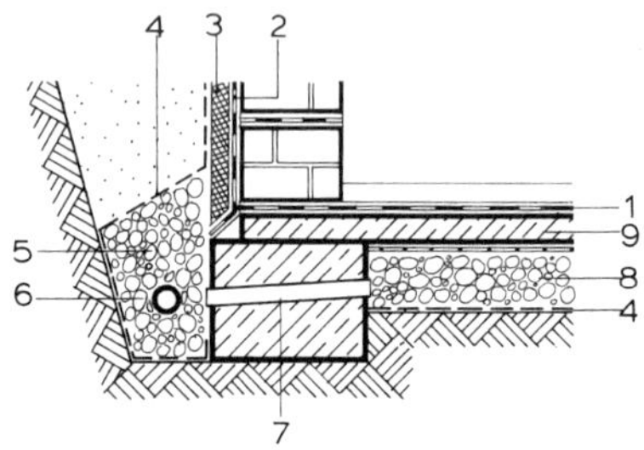

15.18 Flächendränung in Verbindung mit Ringdränung (Schnitt)

1 waagerechte Abdichtungen
2 senkrechte Abdichtung
3 Sickerplatte
4 Filtervlies
5 Sickerpackung
6 Dränleitung
7 Fundamentdurchführung
8 Sickerschicht mit Flächendrainage
9 Stahlbetonplatte auf Trennfolie

Die Rohrsohlen von Dränleitungen neben Gebäuden müssen mit ihrem Hochpunkt mindestens 20 cm unter der Oberfläche der Rohbodenplatte liegen, jedoch nicht tiefer als die benachbarten Fundamentsohlen. Falls das erforderliche Gefälle eine tiefere Lage nötig macht, müssen die Fundamente entsprechend abgetreppt werden, um eine Unterspülung mit Sicherheit zu verhindern.

In den Drän- bzw. Sickerschichten wird das anfallende Wasser gesammelt. Diese bestehen für horizontale Dränungen in der Regel aus einer wasserführenden Kiesschicht Körnung 0/32, abgedeckt mit einer Filterschicht, die das Ausschlämmen von Bodenteilchen in die Sickerschicht verhindern soll. Sickerschichten werden meistens aus grobkörnigen Styroporplatten (EPS-Dränplatten), mit Noppenbahnen o.ä. gebildet, die mit Filterschichten aus Kunststoffvliesen abgedeckt werden (Bilder **15**.19 und **15**.21).

Für besonders stark beanspruchte vertikale Sickerschichten z.B. zur Abfangung von Schichten- und Sickerwasser bei Hanglagen (vgl. Bild **15**.1) reichen grobkörnige EPS-Platten oder Noppenplatten nicht aus. Die Sickerschicht kann dann z.B. aus im Verband versetzten speziellen Leichtbeton-Dränsteinen bestehen. Das aufgefangene Wasser wird über passende Rinnensteine abgeleitet (Bild **15**.20).

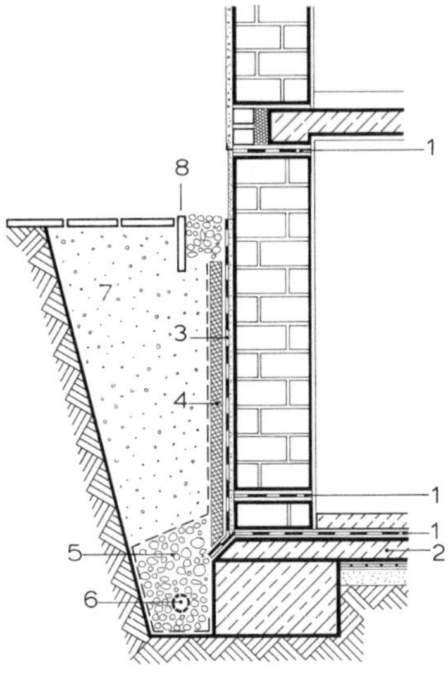

15.19 Sickerschicht aus grobkörnigen Styroporplatten (EPS-Platten)

1 waagerechte Abdichtungen
2 Stahlbetonplatte auf Trennfolie
3 senkrechte Abdichtung
4 Sickerplatte mit Filtervlies
5 Sickerpackung
6 Dränleitung
7 Baugrubenverfüllung
8 Traufstreifen (s. Bild **15**.12b)

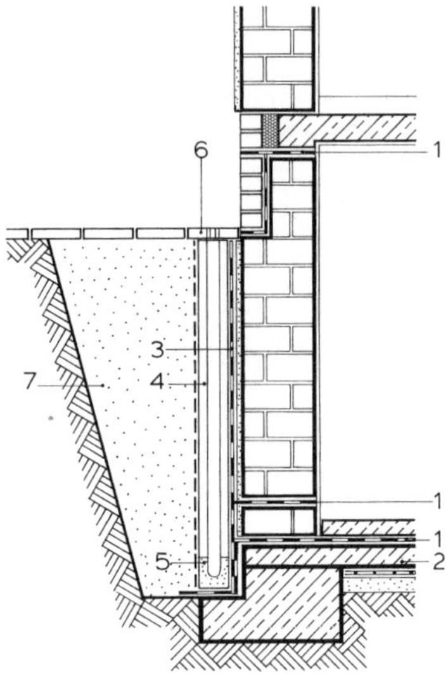

15.20 Sickerschicht aus Beton-Hohlkörpern (PORWAND)

1 waagerechte Abdichtungen
2 Stahlbetonplatte auf Trennfolie
3 senkrechte Abdichtung
4 Sickerkörper (PORWAND), abgedeckt mit Filtervlies
5 Rinnen-Formstein auf Fundamentvorsprung, angeschlossen an Dränleitung
6 Abdeckplatten mit Ablaufschlitzen
7 Baugrubenverfüllung

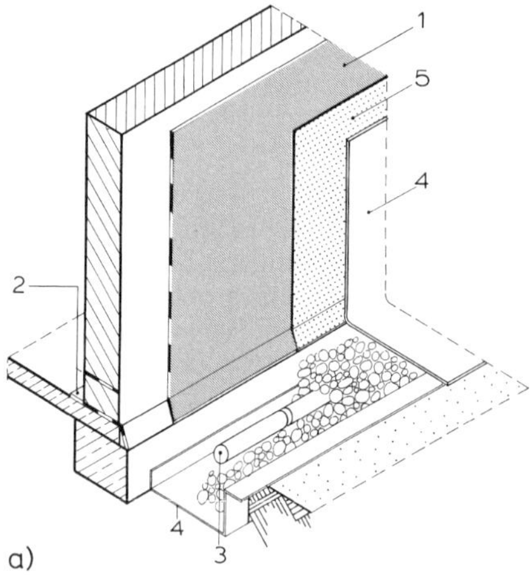

a)

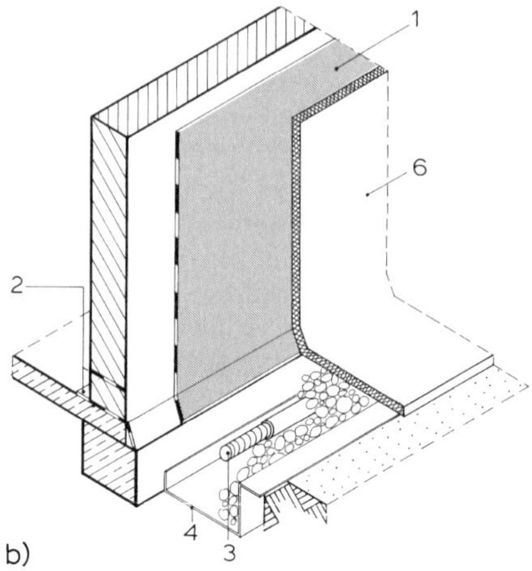

b)

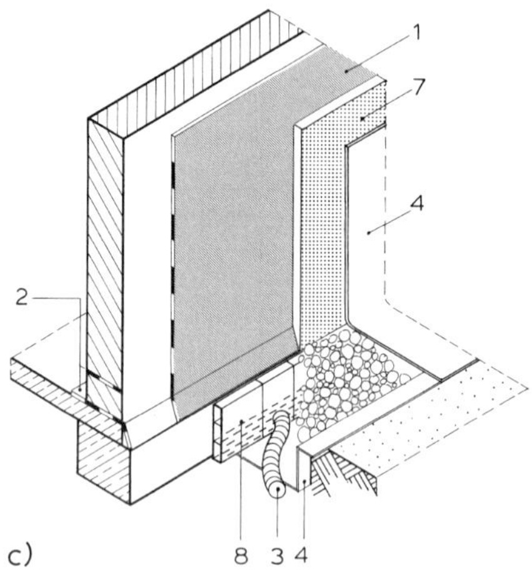

c)

15.21
Verschiedene Ausführungsmöglichkeiten von Dränungen

a) senkrechte Sickerschicht aus Noppenplatten
b) senkrechte Sickerschicht mit Sickermatte
c) Kunststoff-Profilrohr als Dränleitung und Fundamentschalung

1 senkrechte Abdichtung
2 waagerechte Abdichtung
3 Dränleitung in Sickerpackung
4 Filtervlies
5 Noppenplatte (auch mit Filtervlies)
6 Sickermatte mit Filterabdeckung
7 Sickerplatte
8 FSD-Dränsystem (gleichzeitig Fundamentschalung)

Eine Kombination aus Sickerschicht und Dränleitung stellt das in Bild **15**.21c gezeigte Schal-Drän-System dar, bei dem geschlitzte Kunststoffprofile gleichzeitig als seitliche Schalung von Streifenfundamenten oder Bodenplatten dienen können.

Den Arbeitsablauf bei der Herstellung von Streifenfundamenten, Sickerschichten, Dränleitungen und Abdichtungen zeigt Bild **15**.22 [31].

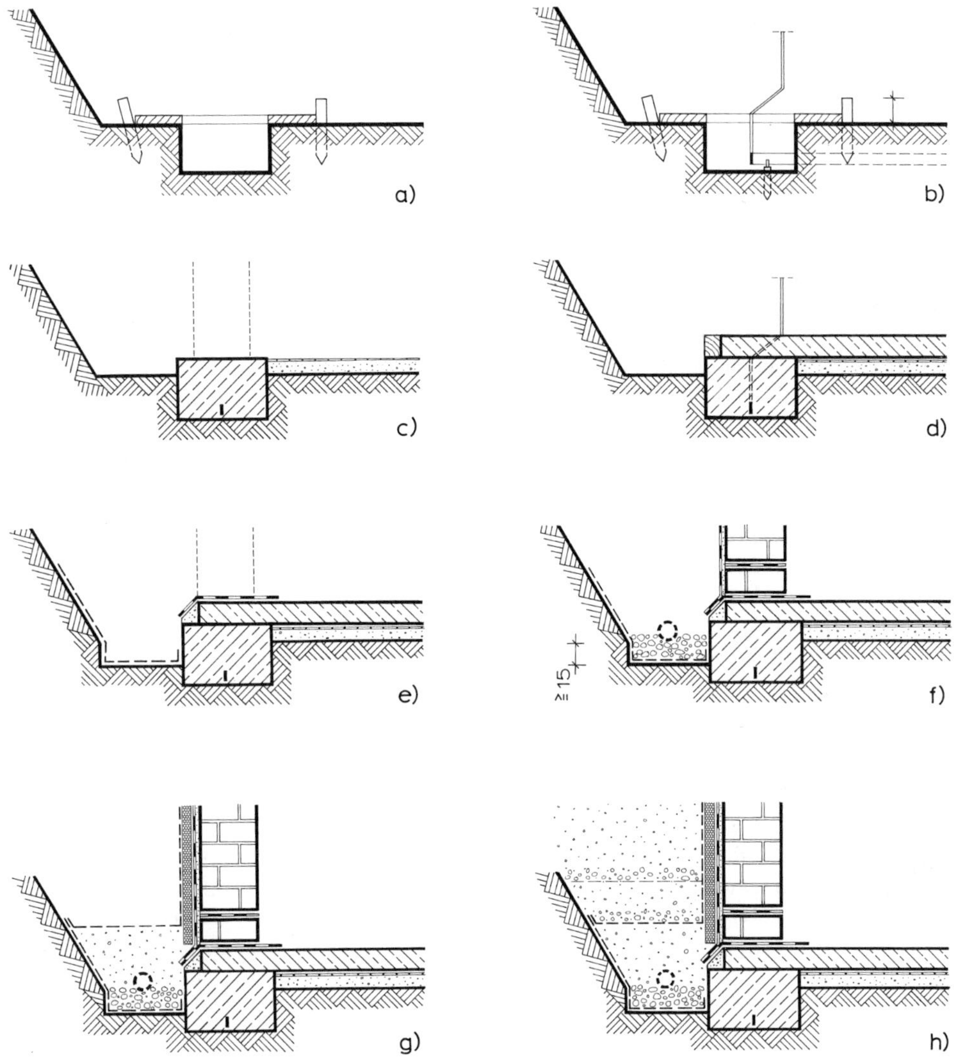

15.22 Arbeitsablauf Dränung – Abdichtung, nach [47]

a) Aushub der Streifenfundamente zwischen ausgelegten verkeilten Bohlen als Lehren
b) Einbau des Fundamenterders (vgl. Bild **4**.18)
c) Einbau der Abwasserleitungen, ggf. Einbau der Flächendränung (Bild **15**.18) mit Fundament-Durchlässen, Abdeckung mit PE-Folie
d) Betonieren der Bodenplatte
e) Ausschalen, Einbau der waagerechten Abdichtung, Aushub und Auslegen des Dränraumes mit Filtervlies
f) Wände aufmauern, ggf. Einbau einer zweiten waagerechten Abdichtung gegen aufsteigende Baunässe, Einbau der senkrechten Abdichtung, Einbringen einer 15 cm dicken Sickerschicht, Einbau der Dränrohre (Gefälle-Hochpunkt max. OK Bodenplatte, Tiefpunkt max. UK Fundament)
g) Anheften der Filterplatten (EPS) im Verband, Auffüllen der Sickerschicht, Abdecken mit Filtervlies
h) lagenweises Verfüllen der Baugrube, Verdichten

15.4 Abdichtungen gegen Bodenfeuchtigkeit, nichtdrückendes und drückendes Wasser

15.4.1 Allgemeines[1)]

Versickerndes Niederschlagswasser und als Saugwasser aus dem Grundwasser aufsteigende Feuchtigkeit beanspruchen die erdberührten Teile von Bauwerken als Bodenfeuchtigkeit (DIN 18195-4) oder als nichtdrückendes Wasser (DIN 18195-5).

Wenn sich – besonders bei Hanglagen – zwischen bindigen oder sonst wasserundurchlässigen Bodenschichten Schichtenwasser sammelt, kann es als Sickerwasser Bauteile auch unter Druckeinwirkung beanspruchen, wenn nicht durch Filterschichten und Dränagen für Ableitung gesorgt werden kann.

Durch drückendes Wasser (DIN 18195-6) wird ein Bauwerk beansprucht, wenn sich Stauwasser bei bindigem Untergrund rund um ein Gebäude in der früheren, später verfüllten Baugrube ohne Abflußmöglichkeit sammeln kann oder wenn ein Bauwerk bis in den Grundwasserbereich hinabreicht.

Darüber hinaus können in Wasser gelöste Bodenbestandteile, Beimischungen des Grundwassers (z.B. freie organische Säuren, Kohlensäure), aber auch Moor- und Meerwasser, vor allem aber auch viele Industrieabwässer schädigend auf Bauteile, insbesondere auf ungeschützten Stahlbeton, einwirken.

Alle erdberührten Bauwerke bzw. Bauwerksteile müssen daher gegen Feuchtigkeit und Wasser geschützt werden.

Grundsätzlich wird unterschieden:

— Abdichtung durch zusätzlich auf die zu schützenden Bauteile aufgebrachte besondere Abdichtungs-Baustoffe.

— Abdichtung durch wasserundurchlässige Bauteile (z.B. Bauteile aus wasserundurchlässigem Beton, s. Abschn. 5.1.6 und 15.4.6.

Für die erforderlichen Schutzmaßnahmen werden in DIN 18195, Teile 1 bis 10 (Teil-Abdichtung gegen von innen drückendes Wasser s. E DIN 18195-7, 12.96) Hinweise gegeben, jedoch nur in Teil 4 Lösungsvorschläge auch zeichnerisch dargestellt.

Planer und Bauausführende können aus DIN 18195 nur wenig verbindliche, zeichnerisch festgelegte, Lösungsvorschläge entnehmen und müssen daher in besonderem Maße auf die in der Spezialliteratur niedergelegten Praxiserfahrungen hingewiesen werden.

Eine einigermaßen vollständige zeichnerische Darstellung der vielfältigen Abdichtungsmöglichkeiten ist im Rahmen dieses Werkes nicht möglich. Es können hier nur die wichtigsten und grundsätzlichen Probleme und Lösungsmöglichkeiten behandelt werden.

15.4.2 Baustoffe

Als Abdichtungsstoffe werden nach DIN 18195 verwendet:

Bitumenstoffe

— Bitumen-Voranstrichmittel (Bitumen-Lösung oder Bitumen-Emulsion),

— Bitumen-Klebemassen und -Deckaufstrichmittel, heiß zu verarbeiten,

— Bitumen-Deckaufstrichmittel, kalt zu verarbeiten (gefüllte oder ungefüllte Bitumen-Lösung oder Bitumen-Emulsion),

---

1) Nach Abschluß der Bearbeitung erschienen die Normenentwürfe E DIN 18195, Teile 1 bis 10: Bauwerksabichtungen mit bahnenförmigen Werkstoffen (12.1996). Gegenüber der noch gültigen Fassung wurden Begriffsbestimmungen neu definiert, die Beschreibung der Bauweisen an die erweiterte Liste zugelassener Baustoffe (E DIN 18195 2) angepaßt (u.a. Abdichtungen mit streich- oder spachtelbaren Stoffen gestrichen), sowie einige Anwendungsvorschriften geändert (z.B. Lage der oberen waagerechten Wandabdichtung statt 30 jetzt 50 cm über Geländeoberfläche).

— Bitumen-Spachtelmassen, kalt zu verarbeiten (Bitumen-Lösung oder Bitumen-Emulsion),
— nackte Bitumenbahnen (R 333 N, R 500 N, DIN 52129),
— Bitumen-Dachbahnen (R 500, DIN 52128),
— Glasvlies-Bitumen-Dachbahnen (V 13, DIN 52143),
— Bitumendichtungsbahnen (G 220 D, Cu 0,1 D, Al 0,2 D, PETP 0,03 D, DIN 18190),
— Dachdichtungsbahnen (J 200 DD und J 300 DD, DIN 52130),
— Bitumen-Schweißbahnen (J 300 S 5, G 200 S 4, G 200 S 5, V 60 S 4, DIN 52131),
— Polymerbitumen-Dachdichtungsbahnen (DIN 52132),
— Polymerbitumen-Schweißbahnen (DIN 52133),
— Bitumen-Schweißbahnen mit 0,1 mm dicker Kupferbandeinlage,
— selbstklebende Bitumenbahnen.

Bituminöse Abdichtungen werden in der Regel mehrlagig aufgebracht. Damit wird sowohl Verarbeitungsfehlern entgegengewirkt als auch eine größere Sicherheit gegen mechanische Beschädigungen erreicht.

Die Anzahl der erforderlichen Schichten richtet sich nach der Beanspruchung der Abdichtungen (s. Abschn. 15.4.6.3).

Kunststoff-Dichtungsbahnen

— PIB-Bahnen (DIN 16935),
— PVC-weich-Bahnen, bitumenbeständig (DIN 16937),
— PVC-weich-Bahnen, nicht bitumenbeständig (DIN 16938),
— ECB-Bahnen (DIN 16729),
— PE-Bahnen (E DIN 16738),
— PIB-Bahnen (DIN 16935),
— selbstklebende Kunststoffolien,
— verschiedene Elastomere.

Beim bisherigen Stand der Technik werden Kunststoffdichtungsbahnen nur einlagig eingesetzt. Die damit gegebene Gefährdung gegen mechanische Beschädigungen erklärt die bisherige Zurückhaltung bei der Anwendung im Tiefbaubereich, obwohl Kunststoffdichtungsbahnen relativ unempfindlich gegen Beanspruchungen durch Schwindrisse o.ä. in den geschützten Bauteilen sind.

Kalottengeriffelte Metallbänder

Metallbänder aus Kupfer (Sf-Cu), Aluminium (Al 99,5) oder Edelstahl (X 5 CrNiMo 1810) werden zur Verstärkung und an hochbeanspruchten Abdichtungen verwendet.

Zementgebundene Dichtungsschlämmen oder -putze

Dichtungsschlämmen bestehen aus Normzementen, Quarzsanden und anorganischen chemischen Zusätzen. Sie bilden einen abdichtenden Oberflächenschutz und bewirken z.B. auf Betonflächen eine nachträgliche, die Abdichtungswirkung unterstützende Materialvergütung.

Derartige Dichtungsschlämmen oder -putze sind als starre Abdichtungsschicht empfindlich gegen Rißbildungen im Untergrund, wenn sie nicht durch zusätzlich aufgebrachte plastische Spachtelmassen dagegen geschützt werden. Dichtungsschlämmen und -putze können andererseits auch auf Innenseiten von Bauwerken gegen drückendes Wasser eingesetzt werden und eignen sich vielfach dort besonders, wo in älteren Bauwerken Schwind- und Setzvorgänge bereits abgeklungen sind.

„Alternative Abdichtungen"

Diese Abdichtungen (auch als Flüssigfolien bezeichnet) kommen als Verbundabdichtung unter keramischen Belägen in Frage für kleinere Bauteile bzw. für komplizierte Flächen (s. Abschn. 10.3.2.2).

15.4.3 Verarbeitung

Die Verarbeitung von Abdichtungsstoffen ist in DIN 18195-3 sowie in DIN 18336 geregelt.

Bitumenbahnen und Metallbänder sind vollflächig, gegeneinander versetzt und in der Regel mit 100 mm Stoßüberdeckung zu verkleben. Die Verklebung kann erfolgen durch

— Bürstenstreichverfahren. Auf waagerechten oder schwach geneigten Flächen mit einem vollflächigen Klebemassenaufstrich, auf senkrechten oder stark geneigten Flächen zusätzlich mit vollflächigem Klebemassenaufstrich auf der Unterseite der Bahnen. Die Bahnen sind insbesondere an den Rändern anzubügeln. Der Klebeaufstrich muß mindestens 1,5 kg/m² Klebemasse aufweisen (DIN 18336) und richtet sich im übrigen nach der Beanspruchung der Abdichtung.

— Gießverfahren und Gieß- und Einwalzverfahren. Die Bitumenbahnen werden in ausgegossene Klebemasse eingerollt. Beim Einrollverfahren müssen die Bahnen auf einem festen Kern aufgerollt sein und werden beim Ausrollen fest in die Klebemasse eingewalzt. Es müssen mindestens 2,5 kg/m² Klebemasse beim Gieß- und Einwalzverfahren verbraucht werden bzw. bei Abdichtungen gegen drückendes Wasser gemäß DIN 18195-6, Tab. 1 bis 7.

— Flämmverfahren. Die auf dem Untergrund bereits vorhandene Klebemasse wird durch Flämmen mit dem Gasbrenner angeschmolzen, und die fest aufgewickelten Bitumen-Bahnen werden darin ausgerollt.

— Schweißverfahren. Die Unterseite von aufgewickelten Schweißbahnen wird durch Gasbrenner aufgeschmolzen, und die Bahnen werden so ausgerollt und angedrückt, daß ein Bitumenwulst in ganzer Breite verläuft und an den Rändern austritt.

Kunststoff-Dichtungsbahnen, die bitumenverträglich sind, können ähnlich wie bituminöse Dichtungsbahnen vollflächig auf die zu schützenden Bauteile mit Bitumen-Klebemasse aufgeklebt werden.

Im übrigen werden Kunststoff-Dichtungsbahnen in der Regel lose verlegt. Sie werden für waagerechte oder wenig geneigte Abdichtungen mit einer Schutzbahn abgedeckt und durch dauernd wirksame Auflasten versehen (z.B. Schutzbeton, Erdlast von Überschüttungen). In allen anderen Fällen sind Kunststoffabdichtungen, insbesondere die meistens verwendeten werkseitig vorgefertigten Planen, mechanisch durch korrorionsfeste Flachbänder, Halteteller, Halteprofile u.ä. mechanisch mit dem Untergrund zu verbinden. Wenn Naht- oder Stoßverbindungen auf der Baustelle ausgeführt werden müssen, kommen die folgenden Verfahren in Frage

— Quellschweißung: Die Verbindungsflächen werden mit einem Lösungsmittel angelöst und unter Druck zusammengefügt.

— Warmgasschweißung: Die Verbindungsflächen werden durch Heißluft plastifiziert und unter Druck zusammengefügt.

— Heizelementschweißung: Hierbei erfolgt die Plastifizierung durch elektrisch erwärmte Heizkeile.

Die Stoßüberlappung bei den genannten Verfahren beträgt im allgemeinen 50 mm. (Bei Verklebung mit Bitumen muß die Nahtüberdeckung mindestens 100 mm betragen.)

An der Baustelle ausgeführte Naht- und Stoßverbindungen sind nach DIN 18195-3, Abschn. 8.4.6, auf Dichtigkeit zu prüfen. Diese Prüfung muß in einer Kombination verschiedener Verfahren ausgeführt werden und ist nur durch besonders spezialisierte Fachfirmen unter Baustellenbedingungen einwandfrei ausführbar. Nur wenn diese Voraussetzungen gegeben sind, ist daher der Einsatz von Kunststoff-Dichtungsbahnen in Loseverlegung ohne rechtliches Risiko. DIN-Normen werden in Streitfällen in der Regel zur Definition des „Standes der Technik" bzw. der „allgemein anerkannten Regeln der Baukunst" herangezogen, selbst wenn sie gelegentlich wenig praxisgerechte oder ungenaue Vorschriften enthalten.

15.4.4 Abdichtungen gegen Bodenfeuchtigkeit (DIN 18195-4)

Alle erdberührten senkrechten und unterschnittenen Flächen von Bauwerken, ggf. auch die Bodenflächen, müssen gegen Bodenfeuchtigkeit abgedichtet werden. Diese entsteht durch aufsteigende kapillare Feuchtigkeit und durch das in nichtbindigen Böden oder Verfüllmaterialien versickernde Niederschlagwasser. Mit dieser Feuchtigkeit muß in jedem Fall gerechnet werden. Die Abdichtungen müssen die Bauteile also gegen die allgemeine Bodenfeuchtigkeit und gegen nichtstauendes Sickerwasser schützen.

Bei bindigen Böden oder bei Hanglagen muß zumindest vorübergehend mit drückendem Wasser gerechnet werden. Abdichtungen müssen in diesen Fällen daher gemäß Abschn. 15.4.5 oder 15.4.6 ausgeführt werden.

Um das Entstehen von kurzzeitig stauendem Wasser zu verhindern – z.B. infolge starker Niederschläge – ist der Einbau von Dränagen in Betracht zu ziehen (s. Abschn. 15.3).

Waagerechte Abdichtungen in Wänden

Abdichtungen gegen aufsteigende Feuchtigkeit liegen in den Lagerfugen des Mauerwerks:

- Untere Abdichtung etwa 10 cm über Kellerfußboden, damit bei vorübergehend – insbesondere während der Bauzeit – nassem Kellerfußboden keine Feuchtigkeit in den Wänden aufsteigt,
- Obere Abdichtung ≧ 5 cm unterhalb der Kellerdecke und etwa 30 cm über Gelände, um zu verhindern, daß Spritzwasser das Mauerwerk der Außenwände und Kellerdecken durchfeuchtet.

Die waagerechten Abdichtungen bestehen meistens aus einlagigen Bitumendachbahnen nach DIN 52128 oder aus Dichtungsbahnen nach DIN 18190-2 bis -5, DIN 52130 und Kunststoff-Dichtungsbahnen nach DIN 16935, 16937 oder 16729.

Die Abdichtungen sind auf einer ebenen, waagerechten, aus Mörtel der Mörtelgruppe II oder III hergestellten Auflagefläche lose zu verlegen. Die Stöße der Bahnen müssen sich um mindestens 20 cm überdecken, können aber auch verklebt werden. Die Bahnen selbst dürfen weder aufgeklebt noch vollflächig miteinander verklebt werden.

Bei Kellerwänden aus Beton ist die waagerechte Abdichtung zwischen Wand- und Fundamentkörper aus wasserundurchlässigem Beton ggf. unter Verwendung von Arbeitsfugenbändern herzustellen (s. Abschn. 15.4.6.2).

Abdichtung von Bodenflächen[1]

Abdichtungen für Fußbodenflächen auf Betonflächen werden mit Bitumenbahnen, Kunststoff-Dichtungsbahnen oder Asphaltmatrix ausgeführt. Dichtungen mit Bahnen sind lose, punktweise oder vollflächig verklebt auf den Untergrund aufzubringen. Nackte Bitumenbahnen dürfen nur vollflächig heiß verklebt werden und müssen einen Deckaufstrich erhalten. Die Stoßüberdeckung beträgt bei Bitumenbahnen und bei Bitumenverklebungen 10 cm, bei Kunststoff-Dichtungsbahnen in der Regel 5 cm. Alle Kanten und Kehlen sollen ausgerundet werden.

Senkrechte Abdichtungen von Wandflächen

Wandabdichtungen unterhalb des Geländes bestehen meistens aus heiß oder kalt aufgetragenen Anstrichen gegen Erdfeuchtigkeit. Der Untergrund von senkrechten Abdichtungen muß eben, fest, gereinigt und in der Regel trocken sein. Betonflächen müssen eine ebene und geschlossene Oberfläche aufweisen. Wandflächen aus porigen Baustoffen sind mit einem Mörtel der Mörtelgruppe II oder III zu ebnen und abzureiben, der vor dem Herstellen der Aufstriche ausreichend erhärtet und trocken sein muß. Für feuchten Untergrund sind geeignete Aufstrichmittel zu verwenden. Vollfugig gemauerte Flächen aus glatten Steinen

---

[1] Einzelheiten s. auch Abschn. 10.5.4

mit glattgestrichenen Fugen sind als Untergrund u.U. sicherer als ein nicht sehr sorgfältig und zu dünn ausgeführter Putz, der sich zusammen mit der Abdichtung unbemerkt ablösen kann.

Bituminöse Anstriche bestehen aus einem kaltflüssigen Voranstrich und mindestens 2 heiß- oder 3 kaltflüssig aufgebrachten Abdichtungsanstrichen. Abdichtungen können auch durch Streichen, Rollen oder Spritzen hergestellt werden, wenn die Mindesteinbaumengen nach DIN 18195-4 Abschn. 7 eingehalten werden.

Muß mit höherer Beanspruchung der Abdichtung z.B. durch vorübergehend stauendes Sickerwasser gerechnet werden oder besteht die Gefahr von Rißbildung, ist eine senkrechte Außenwandabdichtung mit 2lagig kalt aufgetragenen Spachtelmassen oder noch besser mit Abdichtungsbahnen bzw. -folien gegen nichtdrückendes Wasser (s. Abschn. 15.4.5) herzustellen.

Bitumenbahnen werden vollflächig auf die vorbereiteten – z.B. geputzten – und vorgestrichenen Wandflächen mit 10 cm Stoßüberdeckung aufgeklebt. Nackte Bitumenbahnen (DIN 52129) erhalten einen heiß aufgebrachten Deckaufstrich. Sehr gut bewährt haben sich auch selbstklebende Bitumenfolien. Bitumenverträgliche Kunststoff-Dichtungsbahnen werden mit 5 cm Stoßüberdeckung vollflächig mit Bitumenklebemasse aufgeklebt.

Bitumen-Dickbeschichtungen als Abdichtung gegen nichtdrückendes und sogar gegen drückendes Wasser gewinnen immer mehr an Bedeutung. Sie bestehen aus lösungsmittelfreien, kalt zu verarbeitenden ein- oder zweikomponentigen Bitumenspachtelmassen.

Je nach Fabrikat werden sie nach einem Voranstrich auf vollfugig hergestelltes Mauerwerk mit etwa 4 bis 8 mm Dicke aufgetragen. An die unteren waagerechten Sperrschichten wird mit Hohlkehlen angeschlossen.

Bitumen-Dickbeschichtungen erfüllen durch ihre hohe langfristig erhaltene Flexibilität die Forderungen von DIN 18195-5 hinsichtlich Rißüberbrückung.

Ihre Ausführung ist zwar nicht in DIN 18195 geregelt, doch nach langjähriger Erfahrung kann die Anwendung als den „anerkannten Regeln der Technik" entsprechend gelten.

Stahlbetonflächen aus wasserundurchlässigem Beton (s. Abschn. 5.1.6) sind als Mindestausführung mit einer porenschließenden Zementschlämme zu streichen oder erhalten kalt oder heiß aufgebrachte Schutzanstriche wie geputzte erdberührte Außenwandflächen. Bewährt haben sich auch Abdichtungen mit zementgebundenen Dichtungsschlämmen oder -putzen (s. Abschn. 15.4.2 und 15.4.6.6).

Alle senkrechten Abdichtungen müssen an die waagerechten Abdichtungen so herangeführt werden, daß keine Feuchtigkeitsbrücken (Putzbrücken) entstehen können.

Abgedichtete Außenwandflächen dürfen erst hinterfüllt werden, wenn die Abdichtungen völlig trocken sind. Dabei muß genauestens darauf geachtet werden, daß die Abdichtungen nicht beschädigt werden. Auf keinen Fall darf das Hinterfüllungsmaterial scharfkantige Bestandteile wie z.B. Bauschutt oder Schotter enthalten. Je nach Ausführung der Hinterfüllung sollten Schutzschichten vorgesehen werden, die aus Folien, Filterplatten (s. Abschn. 15.3), geschlossenen oder porigen Platten bestehen können, welche entweder durch den Erddruck gehalten oder aufgeklebt werden.

Wichtig ist ferner, daß in den Hinterfüllungen keine Hohlräume verbleiben, in denen sich Niederschlagwasser ansammeln und als Stauwasser die Abdichtungen unvorhergesehen beanspruchen kann.

Abdichtung nicht unterkellerter Gebäude

Für nicht unterkellerte Gebäude ist es in vielen Fällen wirtschaftlich, die unterste Geschoßfläche mit freitragenden, nicht auf dem Boden aufliegenden Decken (z.B. aus Fertigteilen) herzustellen. Der Zwischenraum zum Erdreich muß in diesem Fall eine ausreichende Querlüftung mit Gitterformsteinen o.ä. in den Außenwänden und entsprechenden Aussparungen in etwa vorhandenen inneren Tragwänden erhalten. Eine derartige Lösung ist besonders bei nicht zu großen Deckenspannweiten wirtschaftlich, wenn der Zwischenraum hoch genug ist, um als bekriechbarer Installationsraum zu dienen. Eine waagerechte Abdichtung der Deckenfläche ist in diesem Fall nicht erforderlich, ausgenommen bei sehr feuchtigkeitsempfindlichen Fußbodenbelägen wie z.B. Parkett. Bei feuchtem Untergrund kann eine lose auf dem Erdreich verlegte PE-Baufolie den Luftraum sehr wirkungsvoll vor zu starker Durchfeuchtung schützen. Die senkrechten Außenabdichtungen sind bis auf die Fundamente herabzuziehen (Bild **15**.23). Über die Angaben in DIN 18195-4 hinaus sollten auch die Innenseiten der äußeren Grundmauern eine Abdichtung bis zur Oberkante des Erdreiches erhalten.

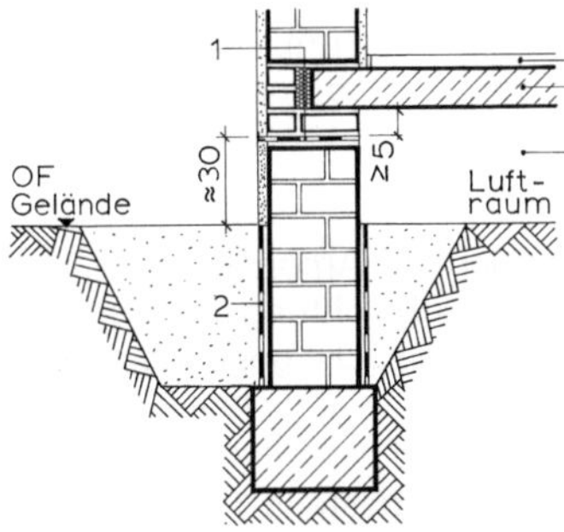

15.23 Abdichtung eines nicht unterkellerten Bauwerkes mit freitragender unterster Decke
1 waagerechte Abdichtung
2 senkrechte Abdichtung
3 Deckenauflage (z.B. schwimmender Estrich)
4 tragende Decke (in der Regel Fertigteildecke)
5 Luftraum mit Querlüftung

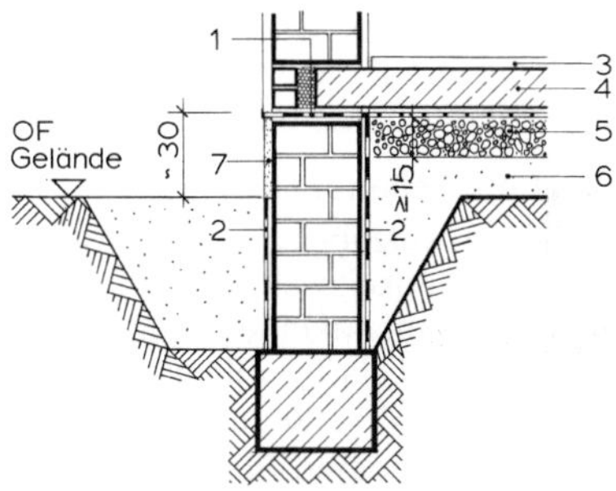

15.24 Abdichtung eines nicht unterkellerten Bauwerkes bei geringen Anforderungen; Bodenplatte ohne Abdichtung auf dem Untergrund aufliegend
1 waagerechte Abdichtung
2 senkrechte Abdichtung
3 Glattstrich o.ä.
4 Stahlbeton-Bodenplatte (auf PE-Folie betoniert; PE-Folie gilt nicht als Abdichtung!)
5 Grobkiesschüttung, $d > 15$ cm
6 verdichteter Untergrund
7 Sockelputz

In Gebäuden mit geringen Anforderungen können Bodenplatten lediglich als Stahlbetonplatten auf einer kapillarbrechenden Schicht aus grobkörnigem Material ausgeführt werden, das vor dem Betonieren mit einer PE-Folie abgedeckt wird (Bild **15**.24).

In allen anderen Fällen ist eine durchgehende Abdichtung der Bodenplatte anzuordnen, die an eine zusätzliche waagerechte Wandabdichtung heranreichen muß (Bild **15**.25).

Über Gelände sind bituminöse senkrechte Abdichtungen nur möglich, wenn für Sockelputz oder Sockelbekleidungen z.B. aus Spaltplatten besondere Putz- bzw. Mörtelträger vorgesehen werden (Bilder **15**.23 und **15**.24). In der Regel wird der Spritzwasserschutz aus mindestens 20 mm dickem zweilagigem Sperrputz (MG III) gebildet, der auch eine Oberflächenbehandlung aus Kunstharzputzen oder Anstrichen erhalten kann (s. Abschn. 8 in Teil 2 dieses Werkes).

Insbesondere in Verbindung mit Sichtmauerwerk stellt eine Sockelverblendung mit frostbeständigen Verblendsteinen oder Klinkern eine sehr beständige Lösung dar (Ausführung nach DIN 18515-2, s. Abschn. 8.3). Dabei ist es aber erforderlich, hinter der Verblendung eine senk-

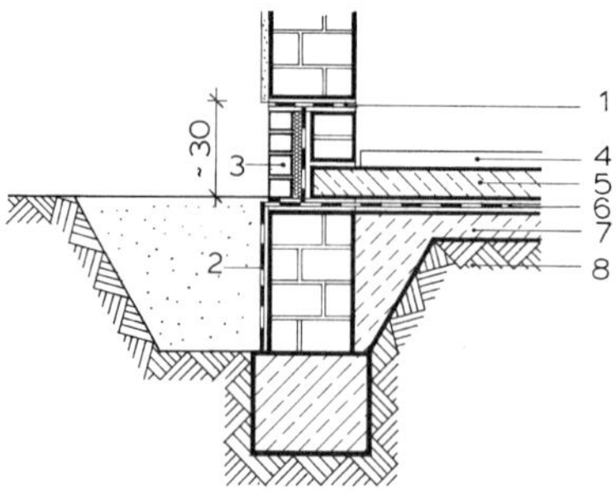

15.25 Abdichtung eines nicht unterkellerten Bauwerkes, Bodenplatte abgedichtet
1 waagerechte Abdichtung
2 senkrechte Abdichtung
3 Sockel aus Klinkermauerwerk
4 Deckenauflage (z.B. schwimmender Estrich)
5 Stahlbetonplatte
6 waagerechte Abdichtung der Bodenplatte, an die waagerechte Abdichtung des Mauerwerkes anschließend
7 Sauberkeitsschicht
8 verdichteter Untergrund

rechte Abdichtung hochzuziehen (Bild 15.25, vgl. auch Abschn. 15.2, Spritzwasserschutz). Die Auswirkungen auf die Tragfähigkeit (senkrecht durchlaufende Längsfuge!) müssen im Standsicherheitsnachweis berücksichtigt werden.

Abdichtung unterkellerter Gebäude

Bestehen für die Nutzung von Kellerräumen keine oder nur geringe Anforderungen hinsichtlich des Feuchtigkeitsschutzes, können die Bodenflächen ohne Abdichtung direkt auf die Baugrubensohle (ggf. auf einer Sauberkeitsschicht) betoniert werden. (Die gegenüber dem Erdreich in der Regel als Trennlage zu verlegende Kunststoff-Folie ist zwar nicht als Abdichtung zu betrachten, wirkt dennoch aber als gewisser Schutz gegen kapillare Feuchtigkeit.)

Insbesondere auf bindigen Böden ist die Ausführung auf einer mindestens 15 cm dicken Kies- oder Schotterschicht, abgedeckt mit einer Trennlage aus PE-Folie, vielfach üblich.

Sollen Kellerräume als Hobby-, Partyräume o.ä. ausgebaut werden und dazu einen wärmegedämmten Fußbodenaufbau erhalten, sind die Bodenflächen gegen Bodenfeuchtigkeit abzudichten. Die Ausführung erfolgt entsprechend den Anforderungen an Abdichtungen gegen nichtdrückendes Waser bei „mäßiger Beanspruchung" (s. Abschn. 15.4.5).

Gemauerte Außenwände unterkellerter Gebäude sind mit mindestens zwei waagerechten Abdichtungen auszuführen. Die untere Abdichtung soll nach DIN 18195 etwa 10 cm über der Oberkante des Kellerbodens liegen. Die obere Abdichtung ist etwa 30 cm über dem angrenzenden Gelände und mindestens 5 cm unter der Unterfläche der Decke über dem Kellergeschoß anzuordnen (E DIN 18195: $\geqq$ 50 cm über Gelände). Alle erdberührten Außenwände erhalten senkrechte Abdichtungen. Die Abdichtung der Fußböden ist bis zur unteren waagerechten Abdichtung hochzuziehen.

Die in DIN 18159 (Bild **15.**26) gezeigte Ausführung entspricht jedoch – nicht nur nach Auffassung des Verfassers – nicht der heutigen Baupraxis. Früher war es üblich, zunächst das Kellermauerwerk auszuführen und erst später Kanäle und Kellerfußböden einzubringen. Die genaue Höhenlage der waagerechten Abdichtung war daher in bezug auf den fertigen Kellerfußboden schwierig festzulegen. Jetzt wird jedoch fast immer nach Ausführung der Fundamente und der Abwasserkanalarbeiten zunächst die Kellerbodenplatte hergestellt. In diesem Fall ist es dann sehr viel besser, die untere Wandabdichtung direkt auf der Bodenplatte anzuordnen und außen und innen überstehen zu lassen. Die senkrechte Abdichtung der Außenwandflächen kann dann ebenso wie ggf. eine Abdichtung des Kellerfußbodens ohne Schwierigkeit angeschlossen werden. Es besteht keine Gefahr von Feuchtigkeitsbrücken über den Wandputz. Wenn während der Bauzeit mit anhaltender Nässe auf der Bodenplatte gerechnet werden muß, ist eine weitere waagerechte Abdichtung einzubauen, um eine übermäßige vorübergehende Durchfeuchtung der unteren Mauerwerksschichten zu verhindern (Bild **15.**27).

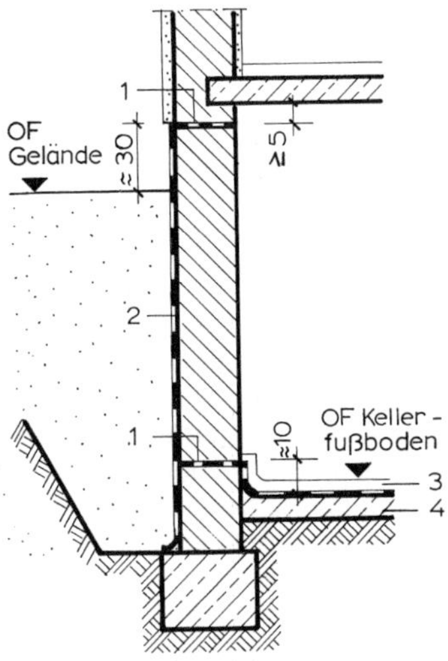

15.26 Abdichtung gegen Bodenfeuchtigkeit oder nichtdrückendes Wasser, Abbildung nach DIN 18195-4

1 waagerechte Abdichtung
2 senkrechte Abdichtung
3 Estrich o.ä., seitlich hochgezogen
4 Stahlbetonplatte

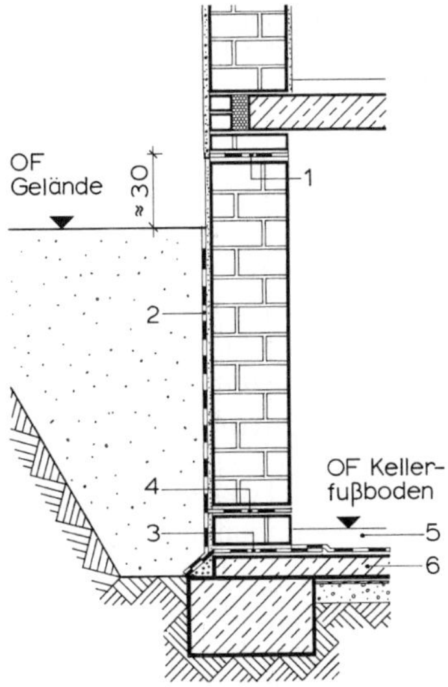

15.27 Ausführung der unteren Abdichtung gegen Bodenfeuchtigkeit bzw. nichtdrückendes Wasser

1 obere waagerechte Abdichtung
2 senkrechte Abdichtung
3 untere waagerechte Abdichtung, außen auf Abschrägung, innen > 10 cm überstehend
4 ggf. zusätzliche waagerechte Abdichtung gegen aufsteigende Baunässe
5 Schutzestrich, Fußbodenaufbau
6 Stahlbetonplatte auf Trennfolie

Kelleraußenwände aus Stahlbeton können mit wasserundurchlässigem Beton so ausgeführt werden, daß eine zusätzliche Abdichtung nicht notwendig ist. Müssen jedoch die Bodenflächen (gegen nichtdrückendes Wasser) abgedichtet werden, ist zum Anschluß der Flächenabdichtung eine Sperrschicht zwischen den Außenwänden und der Bodenplatte erforderlich. In solchen Fällen muß das konstruktive Gefüge des Kellergeschosses allein durch aussteifende Zwischenwände und ohne Heranziehung der Bodenplatte alle horizontalen Kräfte aufnehmen können, so daß Anschlußeisen entfallen können. Der Einbau der waagerechten Sperrschicht ist dann vor dem Betonieren wie bei Außenwänden aus Mauerwerk möglich.

Schutzschichten

Wenn Abdichtungen nicht sofort nach Herstellung durch andere Bauteile überdeckt werden (z.B. schwimmende Estriche o.ä.), müssen sie durch Schutzschichten (z.B. mind. 5 cm dicker Schutzestrich) geschützt werden (DIN 18195-10).

15.4.5 Abdichtung gegen nichtdrückendes Wasser (DIN 18195-5)[1]

Wenn nicht nur die immer vorhandene Bodenfeuchtigkeit, sondern Wasser in „tropfbarflüssiger Form“ auf die erdberührten Bauteile von Gebäuden einwirkt, ist nach DIN 18195-5 eine

[1] s. Fußnote auf S. 624

Abdichtung gegen nichtdrückendes Wasser erforderlich. Das ist insbesondere immer dann vorauszusetzen, wenn das Bauwerk ganz oder teilweise in bindigem Boden steht.

Bei Baugruben in bindigen Böden besteht die Gefahr, daß sich in den später mit nicht bindigem Material hinterfüllten Arbeitsräumen Sickerwasser so stark ansammelt, daß auf die Abdichtungen eine kurzzeitige Beanspruchung ähnlich wie durch drückendes Wasser ausgeübt wird (Bild **15**.13). Wenn die Ansammlung von Stauwasser nicht durch Dränage (s. Abschn. 15.3) zuverlässig verhindert werden kann, sind die Abdichtungen wie gegen drückendes Wasser auszuführen (s. Abschn. 15.4.6)

Bei Hanglagen ist auf der Bergseite durch entsprechende Oberflächengestaltung dafür zu sorgen, daß das Niederschlagswasser vom Bauwerk weggeleitet wird. Im übrigen ist durch Dränung für eine Ableitung des anfallenden Wassers zu sorgen.

Die Lage der Abdichtungsschichten entspricht der Abdichtung gegen Bodenfeuchtigkeit, doch müssen für die senkrechten und waagerechten Abdichtungen in der Regel Dichtungsbahnen verwendet werden. Außerdem sind alle Bestimmungen zu beachten über den Anschluß von Durchdringungen, Bewegungsfugen, von Übergängen und Abschlüssen (DIN 18195-8 und -9).

Unterschieden wird

— mäßige Beanspruchung: Verkehrslasten ruhend, Flächen nicht befahrbar, Temperaturschwankungen < 40 K, Wasserbeanspruchung gering und nicht ständig

— hohe Beanspruchung: Bei allen waagerechten und geneigten Flächen und wenn eine oder mehrere der obengenannten Beanspruchungen überschritten werden.

Die Bauwerksflächen, auf die die Abdichtungen aufzubringen sind, müssen eben, frei von offenen Mörtelfugen o.ä., Nestern und Graten sein und müssen an Kehlen und Graten gut ausgerundet werden. Vorhandene Risse (z.B. Schwindrisse) dürfen nicht breiter als 0,5 mm sein, und es muß sichergestellt sein, daß sie sich später nicht weiter als bis zu 2 mm öffnen. Selbstverständlich sind im übrigen alle erforderlichen Maßnahmen zu treffen, daß die Abdichtung auch durch Setzungen, Schwingungen und Temperaturänderungen nicht ihre Wirksamkeit verlieren kann.

Die Ausführung der Abdichtungen erfolgt wahlweise je nach baulichen Erfordernissen für

mäßige Beanspruchung durch

— 2 Lagen nackte Bitumenbahnen oder -Glasvliesbahnen, mit 10 cm Stoßüberdeckung vollflächig verklebt und mit Deckaufstrich oder

— 1 Lage Bitumen-Dichtungsbahn – Dachdichtungsbahn, vollflächig mit 10 cm Stoßüberdeckung verklebt mit Deckaufstrich,

— 1 Lage Bitumenschweißbahn,

— 1 Lage Kunststoff-Dichtungsbahn (PIB, ECB, PVC weich, bitumenverträglich), vollflächig mit 10 cm Stoßüberdeckung mit Bitumenkleber verklebt, Trennabdeckung mit lose verlegter PE-Folie (waagerechte Flächen) oder vollflächig aufgeklebter nackter Bitumenbahn mit Deckaufstrich,

— einlagig Asphaltmastix (im Mittel 10 mm) mit Schutzschicht aus Gußasphalt (20 mm) oder zweilagig Asphaltmastix (im Mittel 15 mm).

hohe Beanspruchung durch

— 3 Lagen nackte Bitumenbahnen mit Deckaufstrich oder

— 2 Lagen Bitumen-Dichtungsbahnen oder Dachdichtungsbahnen mit Deckaufstrich,

— 2 Lagen Bitumen-Schweißbahnen,

— 2 Lagen Kombination aus den o.g. Bitumenabdichtungen, wobei mindestens 1 Lage aus Bahnen mit Gewebe- oder Metalleinlage (wasserseitig) bestehen muß,

— 1 Lage Kunststoff-Dichtungsbahn zwischen 2 Lagen nackter Bitumenbahnen mit Deckaufstrich (PIB, PVC weich, bitumenverträglich, mind. 1,5 mm dick, ECB mind. 2 mm dick),

— 1 Lage kalottengeriffelte Metallbänder mit 10 cm Stoßüberdeckung im Gieß- und Einrollverfahren eingebaut, mit Schutzschicht aus 200 Gußasphalt oder Schutzlage aus Glasvlies-Bitumenbahn oder nackter Bitumenbahn.

Schutzschichten

Die Abdichtungen sind durch Schutzschichten (DIN 18195-10) gegen mechanische Beschädigungen zu schützen. Senkrechte Abdichtungsflächen werden durch Noppenfolien, Schaumstoff-Dränplatten oder sonstige Dränplatten geschützt (vgl. Bild **15**.19 bis **15**.21). Waagerechte oder geneigte Abdichtungsflächen erhalten am besten einen mindestens 5 cm dicken Schutzestrich aus Beton.

Waagerechte oder schwach geneigte Abdichtungsflächen sind an angrenzenden senkrechten Bauteilen über die Oberkante der Überschüttung bzw. Schutzschicht in der Regel 15 cm hochzuziehen und an ihrer Oberkante zu sichern. Bei der Abdichtung von Decken überschütteter Bauwerke sind die waagerechten Abdichtungen mindestens 20 cm über die Fuge zwischen Decke und Wand herunterzuziehen und möglichst mit der Wandabdichtung zu verbinden.

15.4.6 Abdichtung gegen drückendes Wasser[1)]

15.4.6.1 Allgemeines

Zwingen besondere Umstände dazu, Gebäudeteile in unmittelbarer Nähe oder unterhalb des Grundwasserspiegels anzulegen, oder wenn durch Stauwasser, Überschwemmungen usw. die Gefahr der Einwirkung von drückendem Wasser besteht, müssen die betroffenen Bauteile entweder wannenartig aus wasserundurchlässigem Beton hergestellt werden oder eine wasserdruckhaltende Abdichtung erhalten.

Wasserdruckhaltende Abdichtungen müssen Bauwerke gegen hydrostatischen Wasserdruck schützen und gegen natürliche oder durch Lösung aus Beton und Mörtel entstandene aggressive Wässer unempfindlich sein. Sie dürfen ihre Wirksamkeit auch nicht bei üblichen Formänderungen der geschützten Bauteile infolge Schwinden, Temperatureinwirkungen und Setzen verlieren, und sie müssen Spannungsrisse in bestimmten Grenzen elastisch überbrücken können. Durch konstruktive Maßnahmen (z.B. besonders abgedichtete Bauwerksfugen) muß sichergestellt werden, daß Setzungen oder Längenänderungen des Bauwerkes die Abdichtungen nicht zerstören.

Bei der Planung des Gebäudes soll auf möglichst einfache äußere Umrisse geachtet werden, da erfahrungsgemäß bei der Abdichtung komplizierter Vor- und Rücksprünge die meisten Ausführungsfehler vorkommen. Unvermeidliche Ecken sind sorgfältig auszurunden und mit zusätzlichen, passenden Materialzwickeln abzudichten. Insbesondere bei größeren Eintauchtiefen in das Grundwasser ist selbstverständlich für alle Bauteile bei der statischen Berechnung der Wasserdruck und der Auftrieb zu berücksichtigen.

Alle Abdichtungsmaßnahmen sind nach DIN 18195 bei nichtbindigen Böden (s. Abschn. 3.1) bis mindestens 30 cm über den höchsten beobachteten Grundwasserstand auszuführen.

Da der Grundwasserstand stark schwanken kann, die Beobachtung daher meistens nicht genau ist und weil die Mehrkosten im Vergleich zu einem möglichen Schadensfall meistens in keinem vernünftigen Verhältnis stehen, sollten die Abdichtungsmaßnahmen besser wesentlich über das Maß von 30 cm hinaus nach oben geführt werden.

Bei bindigen Böden sind die Abdichtungsmaßnahmen 30 cm über die Oberkante des geplanten Geländeanschlusses zu führen.

---

1) s. Fußnote auf S. 624

Die Abdichtungen gegen drückendes Wasser sind nach oben an die Abdichtungen gegen Bodenfeuchtigkeit bzw. nicht drückendes Wasser anzuschließen (s. Abschn. 15.4.4, 15.4.5, Bilder **15**.39 bis **15**.41).

Während der Dichtungsarbeiten wird das Grundwasser aus der Baugrube entweder durch offene Wasserhaltung oder durch Absenken des Grundwasserspiegels entfernt (s. Abschn. 3.6). Die Wasserhaltung muß fortgesetzt werden, bis die Abdichtungen ihre volle Funktionsfähigkeit erlangt haben und das Bauwerk gegen Aufschwimmen gesichert ist.

Ausführungsarten

Grundsätzlich wird bei Abdichtungen gegen drückendes Wasser unterschieden:

— Ausführung wasserundurchlässiger Bauteile (Herstellung der zu schützenden Bauwerksteile aus wasserundurchlässigem Stahlbeton: „Weiße Wanne").
— Ausführung mit Hilfe wasserundurchlässiger Baustoffe (Wasserundurchlässige Schutzschichten auf Bitumenbasis oder aus Kunststoffen auf den zu schützenden Bauwerksteilen: „Schwarze Wanne"). Ferner können die Abdichtungen mit Hilfe von Bentonit ausgeführt werden („Braune Wannen", s. Abschn. 15.4.6.5).

Die Wahl der Ausführungsart von Abdichtungen gegen drückendes Wasser ist u.a. abhängig von:

— Zugänglichkeit der Abdichtungsflächen,
— Platzverhältnissen im Arbeitsraum,
— Bauwerksform,
— Witterungsverhältnissen während der Bauzeit (z.B. sind Klebearbeiten bei Außentemperaturen unter + 4 °C nicht zulässig, bei feuchter Witterung problematisch),
— Art und möglicher Dauer der Wasserhaltung,
— Beanspruchung der Abdichtung.

Insbesondere muß die zu erwartende Beanspruchung der abgedichteten Bautenteile z.B. durch Schwindvorgänge, Setzungen, Erschütterungen, Temperatureinwirkungen usw. bei der Planung berücksichtigt werden.

15.4.6.2 Abdichtung durch Bauwerksausführung mit wasserundurchlässigem Stahlbeton (s. Abschn. 5.1.6)

Allgemeines

Eine hochentwickelte Schalungstechnik, die eine wirtschaftliche Ausführung auch komplizierter Bauwerksformen ermöglicht und die weitgehende Verwendung von Transportbeton mit einer vom Baustellenbetrieb unabhängigen Gütesicherung und -überwachung bei der Betonherstellung haben dazu geführt, daß ein Großteil aller Abdichtungsmaßnahmen gegen drückendes Wasser mit Hilfe von wasserundurchlässigem Stahlbeton als „Weiße Wannen" geplant wird, sofern für die erforderlichen Schalungsarbeiten auf der Außenseite des Bauwerkes der nötige Arbeitsraum vorhanden ist.

Insbesondere, wenn für das Bauwerk keine besonders großen Gefahren durch Rißbildung infolge äußerer Einflüsse (z.B. Erschütterungen aus Verkehr, Maschinenbetrieb o.ä.) berücksichtigt werden müssen, wird diese Ausführungsart vorgezogen.

Als zusätzlicher Schutz gegen Risse sowie als Schutz gegen betonschädigendes Wasser im Boden werden auf die fertigen Betonaußenflächen Schutzüberzüge als Beschichtungen auf Bitumen- oder Reaktionsharzbasis oder aus Abdichtungsbahnen aufgebracht (s. Abschn. 5.6.5, Bilder **5**.54 bis **5**.57).

Ein besonderer Vorteil der Abdichtung durch wasserundurchlässigen Stahlbeton besteht darin, daß etwa auftretende Undichtigkeiten unmittelbar an den Schadensstellen erkennbar sind und durch Nacharbeiten (z.B. durch Hochdruckverpressung) relativ einfach beseitigt werden können.

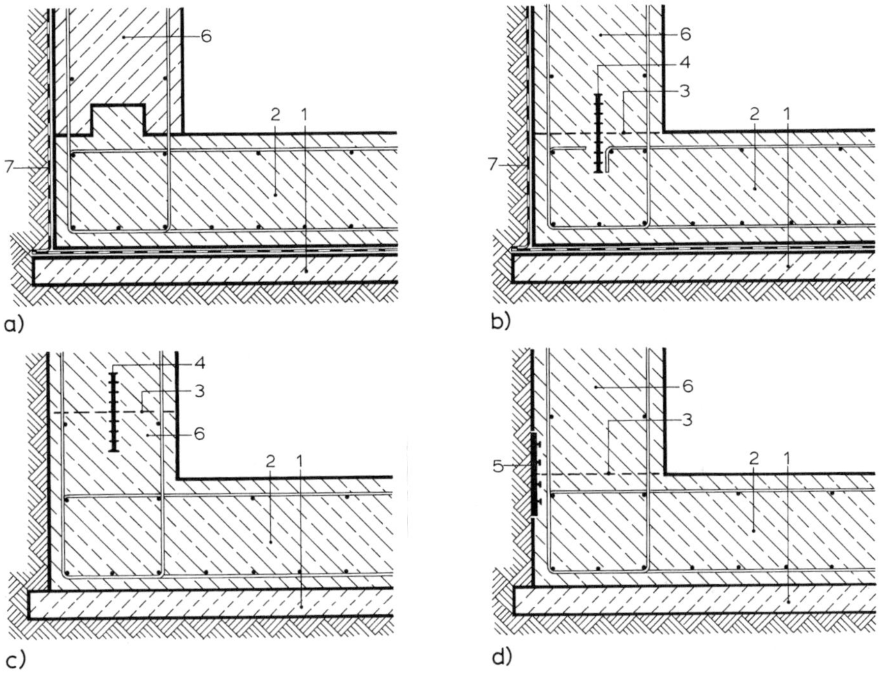

15.28 Bauwerke aus wasserundurchlässigem Stahlbeton

a) Arbeitsfugenanschluß mit Aufkantung der Bodenplatte
b) Arbeitsfuge ohne Aufkantung der Platte mit innenliegendem Fugenband
c) Arbeitsfuge mit Aufkantung der Platte und innenliegendem Fugenband
d) Arbeitsfuge mit außenliegendem Fugenband

1 Sauberkeitsschicht
2 Stahlbetonplatte (Plattenfundament) aus wasserundurchlässigem Beton > B 25
3 Arbeitsfuge
4 innenliegendes Fugenband (Bild **15**.29a)
5 außenliegendes Fugenband (Bild **15**.29b)
6 Stahlbetonwand $d > 30$ cm aus wasserundurchlässigem Beton > B 25
7 Schutzüberzug (falls erforderlich)

Es ist jedoch festzuhalten, daß auch für Bauwerksteile aus wasserundurchlässigem Stahlbeton bei der Abdichtung gegen drückendes Wasser die in Abschn. 15.4.6.1 gemachte grundsätzliche Feststellung gilt, daß möglichst einfach gestaltete Baukörperformen anzustreben sind. So sollten Fensteröffnungen o.ä. mit den dafür erforderlichen Lichtschächten möglichst oberhalb des Abdichtungsbereiches gegen drückendes Wasser geplant werden. Wenn das nicht erreichbar ist, sollten statt einzelner auskragender Lichtschächte aus wasserundurchlässigem Beton besser Stützwände – am besten zusammenfassend für mehrere Öffnungen – bis auf die Bodenplatte heruntergezogen werden. Auch Wanddurchbrüche für Ver- und Entsorgungsleitungen sind im Grundwasserbereich möglichst zu vermeiden, oder es müssen spezielle – natürlich kostenaufwendige – Abdichtungselemente eingebaut werden (s. Abschn. 15.4.6.3).

Arbeitsfugen

Bei der Konstruktion von „Wannen" aus wasserundurchlässigem Beton übernehmen die Betonteile in der Regel sowohl abdichtende als auch tragende Funktion. Die Bodenplatte wird daher in der Regel als Plattenfundament ausgebildet, das zunächst auf einer Sauberkeitsschicht betoniert wird. Die aufgehenden Wände müssen in weiteren Arbeitsgängen errichtet werden. Die am Anschluß zwischen Bodenplatte und Wänden unvermeidliche

Arbeitsfuge muß – ebenso wie bei ausgedehnten Bauwerken etwa erforderliche weitere Arbeitsfugen in der Bodenplatte oder den Wänden – besonders abgedichtet werden.

Die Ausführung von Arbeitsfugen ist auf verschiedene Weise möglich und muß in jedem Fall genau geplant werden.

Die früher übliche Ausführung mit Aufkantungen der Bodenplatte (Bild **15**.28a) erfordert hohen Arbeitsaufwand. Außerdem ist die Gefahr von Undichtigkeiten durch vor dem Betonieren in der Schalung verbliebene Verunreinigungen gegeben.

In der Regel werden daher Arbeitsfugen mit Hilfe von Fugenbändern hergestellt (Bild **15**.29).

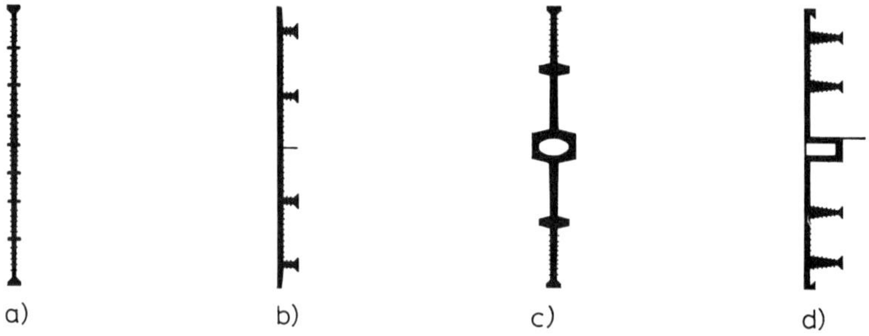

15.29 Fugenbänder (Beispiele)
a) innenliegendes Arbeitsfugenband
b) außenliegendes Arbeitsfugenband
c) innenliegendes Dehnfugenband
d) außenliegendes Dehnfugenband

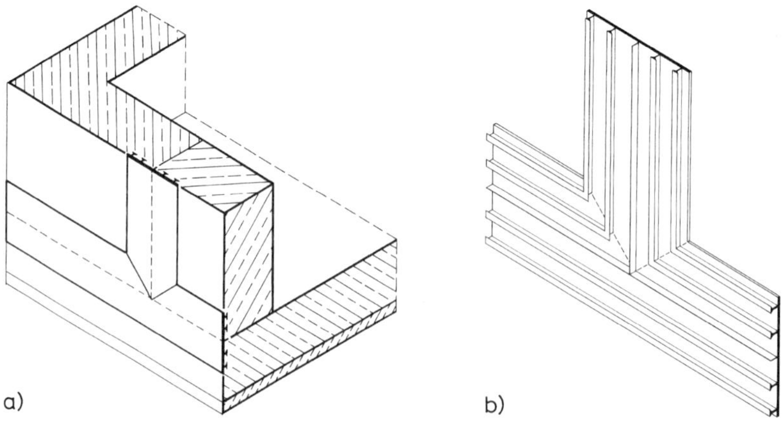

15.30 Fugenbandstöße (Beispiel: außenliegende Fugenbänder)
a) fertiger Zustand (von außen)
b) T-Stoß, Innenseite

Fugenbänder

Unterschieden werden Ausführungen mit

— außenliegenden Fugenbändern (Bild **15**.28d und Bild **15**.29b) und mit

— innenliegenden Fugenbändern (Bild **15**.28b und d und Bild **15**.29 a).

Außenliegende Fugenbänder werden auf die Sauberkeitsschicht bzw. Außenseite der Wandschalung aufgelegt und durch Randklammern in der geplanten Lage fixiert. Übergänge zwischen verschiedenen Fugen werden am besten mit werkseitig hergestellten Formteilen gebildet, die an der Baustelle stumpf mit den Anschlußbändern heiß verschweißt werden. Dabei müssen die Profil-Lippen auf jeden Fall korrekt durchlaufen (Bild **15**.30). Neben dem einfachen Einbau liegt ein Vorteil außenliegender Fugenbänder auch darin, daß bei Wänden nach dem Ausschalen etwaige Ausführungsfehler sofort zu erkennen sind und beseitigt werden können.

Innenliegende Fugenbänder bieten wegen des längeren „Überschlagsweges" für etwa eindringendes Wasser theoretisch besseren Schutz als außenliegende Bänder, vorausgesetzt allerdings, daß der Einbau korrekt erfolgt.

Für senkrechte Fugen ist dies bei ordnungsgemäßer Ausführung meistens gut zu erreichen (Bild **15**.31). Bei horizontalen Fugen am Übergang zwischen Fundamentplatten und Wänden besteht bei innenliegenden Fugenbändern aber immer die Gefahr, daß die Fugenbänder beim Betonieren der Wände umgeknickt werden. Dadurch entstehen gefährliche Hohlräume an der Anschlußstelle, die nach Abschluß der Arbeiten auch nicht erkennbar sind. Die Fugenbänder müssen daher durch Verspannen mit der Bewehrung fixiert, beim Betonieren sorgfältig abschnittsweise mit Beton verfüllt und dabei in ihrer korrekten Lage kontrolliert werden. Erleichtert wird der Einbau durch die Verwendung von speziellen Fugenbandtypen mit integrierten Stahlstäben, die das Umknicken weitgehend verhindern können.

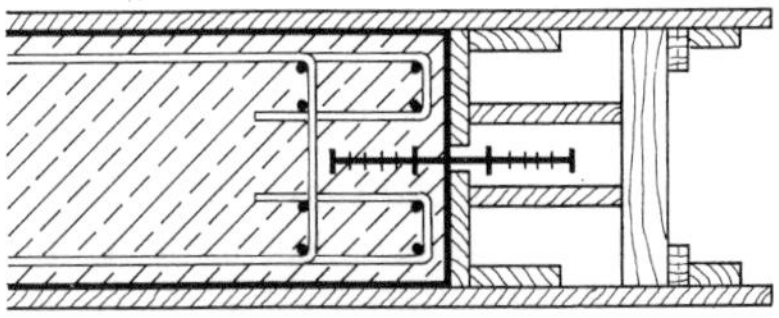

15.31 Arbeitsfuge in Außenwand mit innenliegendem Fugenband; Schalungs- und Bewehrungsausbildung

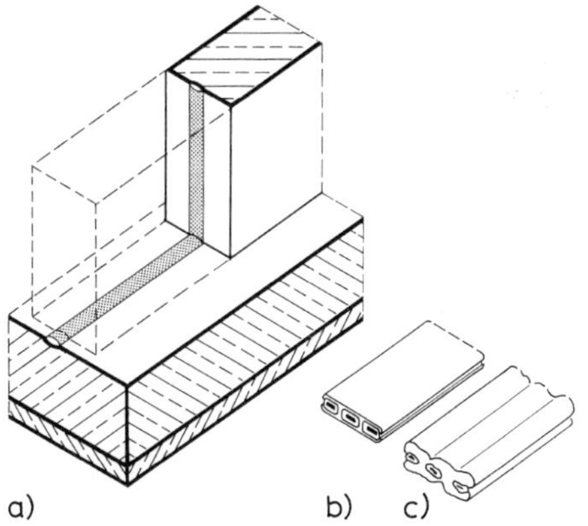

15.32 Quellendes Fugenband (TPH)
a) Einbau (schematisch; Anschlußbewehrungen nicht eingezeichnet)
b) Dichtungsprofil, Einbauzustand
c) Dichtungsprofil, aufgequollen

Wegen der am Übergang zwischen Fundamentplatte und Wänden meistens gegebenen Konzentration von Bewehrungsstählen ist die Ausführung gemäß Bild **15**.28b oft schwierig. Besser ist es in diesen Fällen, die Bodenplatte mit einer Aufkantung zu betonieren, die das innenliegende Fugenband aufnimmt und auch das spätere Einschalen der Wände erleichtert (Bild **15**.28c).

Als Alternative zu den herkömmlichen Arbeitsfugenbändern sind aufquellende Dichtungsprofile auf dem Markt, die leicht eingebaut werden können und auch besonders für den Zusammenbau vorgefertigter Stahlbetonteile geeignet sind (Bild **15**.32).

Bewegungsfugen und Trennfugen zwischen verschiedenen Bauwerksteilen werden mit speziellen Fugenbändern ausgeführt, die durch Hohlprofilstränge dafür geeignet sind, Dehnungen und Zerrungen auszugleichen (Bild **15**.29c und d).

Schwindfugen. Der Rißbildung durch Schwindvorgänge muß bei ausgedehnten Bauwerken durch ausreichende Unterteilung in Betonierabschnitte begegnet werden, die mit den statischen Anforderungen selbstverständlich koordiniert werden müssen (Bild **15**.33). Dabei werden die einzelnen Abschnitte zeitlich überlappend so ausgeführt, daß die unvermeidlichen Schwindvorgänge in den bereits betonierten Abschnitten schon weitgehend abgeklungen sind. Je nach Witterungsverhältnissen ist ein zeitlicher Abstand von etwa 6 bis 8 Arbeitstagen meistens dafür ausreichend. In besonders dicken Bauteilen werden an derartigen Fugen durch Rippenstreckmetall-Körbe zunächst Hohlräume gebildet, die das Abfließen der Abbindewärme erleichtern. Sie werden später mit wasserundurchlässigem Beton sorgfältig verfüllt (Bild **15**.34).

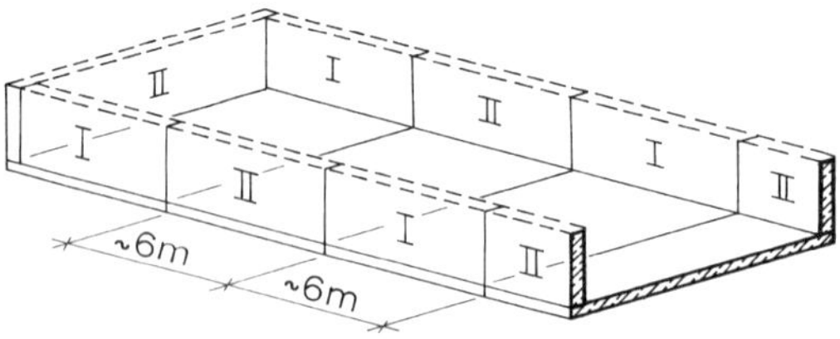

15.33 Betonierabschnitte bei ausgedehnten Bauwerken (schematisch)

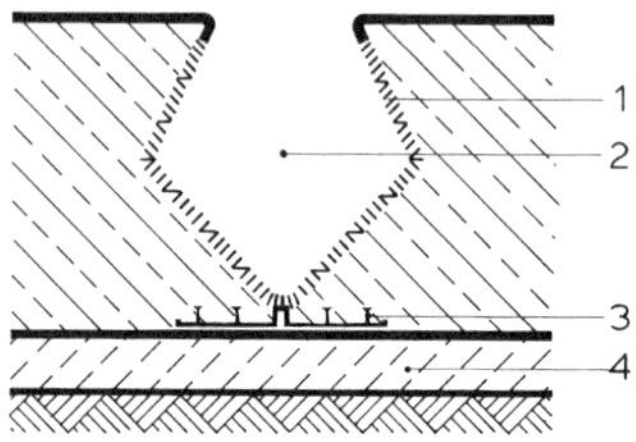

15.34 Schwindfugenausbildung in dicker Fundamentplatte o. ä.

1 Aussparungskorb aus Rippenstreckmetall
2 Hohlraum, später mit Beton verfüllt
3 außenliegendes Fugenband
4 Sauberkeitsschicht

Schalung

Ein besonderes Problem bei der Abdichtung gegen drückendes Wasser durch Wände aus wasserundurchlässigem Beton stellen die unvermeidlichen Schalungsverspannungen dar (vgl. Abschn. 5.4.2). Die üblichen Spannanker dürfen hier nicht eingesetzt werden. Auf dem Markt sind Spezial-Verspannungen, die aus mehrteiligen Ankerstäben, kombiniert mit Schraubwassersperren und aufschraubbaren Dichtkonen bestehen (Bild **15**.35a) oder bei denen spezielle Hülsenrohre mit Quellmörtel verfüllt und mit eingeklebten Betonkegeln oder Kunststoffkonen verschlossen werden (Bild **15**.35b).

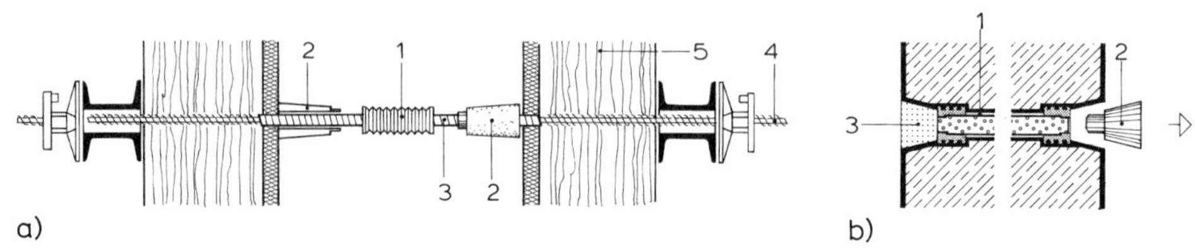

15.35 Spannanker für Wände aus wasserundurchlässigem Stahlbeton

a) mehrteiliger Ankerstab mit Schraubwassersperre

1 Schraubwassersperre
2 Spannkonus
3 Innenanker (verbleibt im Beton)
4 Außenanker (wird nach dem Ausschalen entfernt)
5 Schalung und Schalungsträger

b) Spannanker mit Hülsenrohr mit Quellmörtelverfüllung

1 Hülsenrohr mit Rillenkappen (nach dem Ausschalen mit Quellmörtel ausgespritzt)
2 Kunststoff-Distanzkonus (nach dem Ausschalen entfernt und ersetzt durch Betonkegel)
3 Betonkegel, mit Spezialkleber beidseitig eingesetzt

Nachbehandlung

Die Stahlbetonflächen sind nach dem Ausschalen durch Feuchthalten über mindestens 7 Tage sorgfältig nachzubehandeln.

Abschließend erhalten die fertigen erdberührten Flächen einen Schutzanstrich auf Bitumenbasis oder aus zementgebundenen Dichtungsschlämmen (vgl. Abschn. 15.4.2), wenn nicht Schutzüberzüge (s. auch Abschn. 5.6.5) in Frage kommen.

15.4.6.3 Abdichtungen gegen von außen drückendes Wasser mit Dichtungsbahnen (DIN 18195-6)

Allgemeines

Bauwerke, bei denen mit Rißbildungen wegen besonderer Beanspruchungen z.B. durch Erschütterungen (Verkehr, Maschinenbetrieb o.ä.) oder durch Setzungen gerechnet werden muß oder bei denen aus anderen Gründen eine Ausführung mit wasserundurchlässigem Beton nicht in Frage kommt, werden durch Dichtungsbahnen oder Beschichtungen gegen drückendes Wasser geschützt. Diese werden in der Regel auf der dem Wasser zugekehrten Seite aufgebracht.

Abdichtungsmaterial

Für die Ausführung der Abdichtungen gegen drückendes Wasser kommen je nach baulichen Verhältnissen wahlweise in Frage:

— nackte Bitumenbahnen R 500 N mit Deckaufstrich, auch in Verbindung mit jeweils 1 Lage Kupferband (0,1 mm) oder Edelstahlband (0,05 mm),
— Bitumen-Dichtungsbahnen,
— Bitumen-Schweißbahnen,
— Polymerbitumen-Bahnen,
— Kunststoff-Dichtungsbahnen, eingebettet in 2 Lagen nackter Bitumenbahnen mit Deckaufstrich (PIB, PVC weich bitumenverträglich, ECB).

Abdichtungen gegen drückendes Wasser mit Dichtungsbahnen werden grundsätzlich mehrlagig mit 10 cm breiten versetzten Stoßüberdeckungen ausgeführt. Die Anzahl der erforderlichen Lagen ist abhängig von der Eintauchtiefe, der Materialart und der damit gegebenen Druckbelastung.

Als Beispiele sind in den Tabellen **15**.36 und **15**.37 die Anforderungen für nackte Bitumenbahnen und für Schweißbahnen aufgeführt.

Tabelle **15**.36 Anzahl der Lagen bei Abdichtungen mit nackten Bitumenbahnen (DIN 18195-6, Tab. 1)

1	2	3	4
Eintauchtiefe in m	zul. Druckbelastung in MN/m² max.	Bürstenstreich- oder Gießverfahren	Gieß- und Einwalzverfahren
		Lagenanzahl, mindestens	
bis 4	0,6	3	3
über 4 bis 9	0,6	4	3
über 9	0,6	5	4

Tabelle **15**.37 Anzahl der Lagen und Art der Einlagen bei Abdichtungen mit Bitumen-Schweißbahnen (DIN 18195-6, Tab. 5)

1	2	3
Eintauchtiefe in m	zul. Druckbelastung in MN/m² max.	Lagenanzahl, mind. und Art der Einlage der Bitumen-Schweißbahnen
bis 4	bei Einlagen aus Jutegewebe: 1,0 Glasgewebe: 0,8	2 – Gewebeeinlage
über 4 bis 9		3 – Gewebeeinlage
		1 – Gewebeeinlage + 1 – Kupferbandeinlage
über 9		2 – Gewebeeinlage + 1 – Kupferbandeinlage

Für andere Materialien bzw. Materialkombinationen sind die Angaben den entsprechenden Tabellen von DIN 18195-6 zu entnehmen.

Die Abdichtungen müssen auf trockenen, ebenen und hohlraumfreien Untergründen so eingebaut werden, daß sie vollflächig eingepreßt werden. Es dürfen keine Zugbeanspruchungen durch Auftrieb und seitlichen Wasserdruck auf die Abdichtungen einwirken. Kehlen und Kanten müssen mit einem Halbmesser von mindestens 40 mm gerundet sein. Risse dürfen beim Einbau nicht breiter als 0,5 mm sein, und es muß sichergestellt sein, daß sie sich später auf nicht mehr als 5 mm verbreitern können, Rißkanten dürfen dabei einen Versatz von höchstens 2 mm aufweisen.

Es ist zu beachten, daß Abdichtungen keine Kräfte in ihrer Ebene aufnehmen können und die Übertragungsmöglichkeiten von Druckspannungen senkrecht zur Abdichtungsfläche abhängig ist von der Art der Abdichtung.

Für Bauteile, bei denen Abdichtungen mit Gefälle eingebaut werden müssen, ist der Gleitgefahr in der Abdichtungsfuge durch stufenartige Ausbildung der wasserdruckhaltenden Wanne zu begegnen (Bild **15**.38). In jedem Fall müssen die abgedichteten Bauwerksteile und die Schutzschichten so ausgebildet und ggf. verankert sein, daß die Abdichtung durch gleichmäßige Übertragung des Erd- oder Wasserdruckes vollflächig eingepreßt wird. Nur dann sind Abdichtungen hinreichend gegen Zugbeanspruchung durch Auftrieb oder Seitendruck des Wassers geschützt (Bild **15**.39).

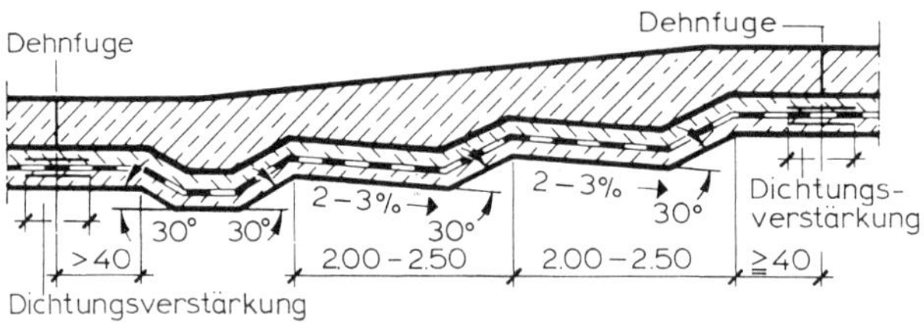

15.38
Abdichtung einer Rampe [28]

Geklebte senkrechte Abdichtungen sind gegen mechanische Beschädigungen (z.B. beim Verfüllen der Baugrube) durch Schutzschichten (DIN 18195-10), in der Regel durch 11,5 cm dickes Mauerwerk zu schützen. Auf waagerechte Abdichtungen ist sofort nach der Fertigstellung ein Schutzestrich absolut hohlraumfrei aufzubringen.

Die senkrechten Schutzschichten (Mauer- oder Betonwände) werden durch senkrechte Fugen in Einzelflächen geteilt, die unabhängig voneinander durch den jeweils auftretenden Erd- oder Wasserdruck gegen Dichtung und Bauwerk gepreßt werden. Enthält das Grundwasser Stoffe, die Beton schädigen können, so sind Schutzschichten aus Ziegeln mit Zementmörtel oder bei hoher Angriffsgefahr aus Klinkermauerwerk mit Spezialmörtel bzw. aus Beton mit besonderer Widerstandsfähigkeit gegen chemische Angriffe (s. Abschn. 5.1.6) auszuführen.

Nötigenfalls ist durch geeignete Wärmedämmungen sicherzustellen, daß Abdichtungen nicht übermäßig erwärmt werden können. Die Temperatur der Abdichtungen muß mindestens 30 K unter dem Erweichungspunkt der Klebemassen und Deckenaufstrichmittel bleiben.

Von innen geklebte Abdichtungen

Von innen geklebte Abdichtungen gegen drückendes Wasser werden vor allem dort ausgeführt, wo die abzudichtenden Flächen von außen nicht zugänglich sind. Das kann der Fall sein bei sehr beengten Baustellenverhältnissen, vor allem bei Grenzbebauungen und in Baulücken (Bild **15**.39).

15.39
Von innen geklebte Abdichtung gegen drückendes Wasser
a) Schnitt
b) Detail
1 Sauberkeitsschicht, bewehrt
2 Schutzmauer
3 Putz MG III, unten Kehle, $r > 10$ cm
4 mehrlagige Abdichtung: Übergang zwischen senkrechten und waagerechten Abdichtungsbahnen s. Detail!
5 Schutzestrich
6 Schutzplatte, z.B. Faserzement, aufgeklebt
7 Stahlbetonplatte bzw. Plattenfundament
8 tragende Außenwand
9 waagerechte Abdichtung gegen aufsteigende Baunässe
10 Hinterfüllung, $d > 8$ cm
11 Abdichtung gegen nichtdrückendes Wasser
12 Übergang mit Schweißbahn

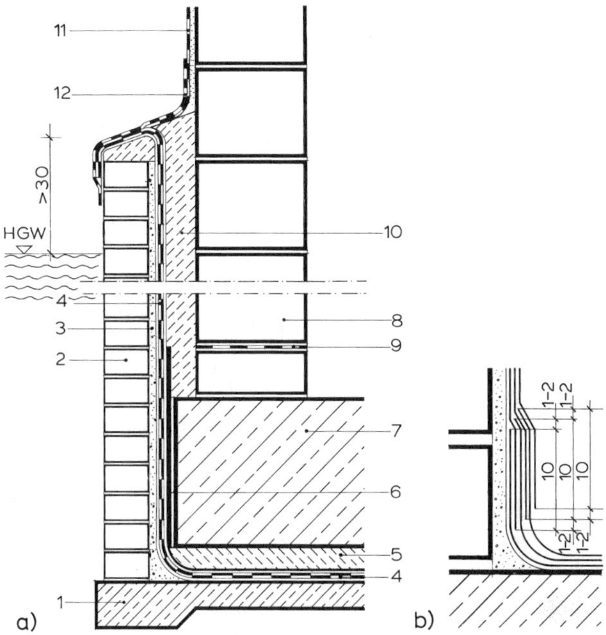

Zunächst wird, gegebenenfalls zusammen mit den Fundamenten, eine etwa 10 cm dicke Sauberkeitsschicht auf das verdichtete und abgeglichene Erdreich betoniert – bei aggressivem Grundwasser ggf. unter Verwendung von Spezialzement. Auf dieser Sauberkeitsschicht, die an den Rändern verstärkt wird, werden die äußeren, in der Regel 11,5 cm dicken Schutzwände errichtet, glatt gefugt oder geputzt und mit einer Hohlkehle an die Sauberkeitsschicht angeschlossen. Dann wird die Sohlenabdichtung auf die Sauberkeitsschicht (bei bituminösen Abdichtungen mehrlagig) geklebt und in gleichzeitigen Arbeitsgängen mit Stoßüberdeckungen an den senkrechten Schutzwänden hochgeführt (Bild **15**.39b). Bitumenklebemassen werden dabei am besten im Gieß- und Einrollverfahren aufgebracht. Wenngleich damit ein höherer Material- und Arbeitsaufwand verbunden ist, erreicht man eine wesentlich bessere hohlraumfreie Verbindung der einzelnen Abdichtungsschichten als bei Bürstenauftrag der Klebemasse.

Die horizontalen Abdichtungen werden – ggf. abschnittsweise – sofort nach Fertigstellung durch einen Schutzestrich gegen mechanische Beschädigungen geschützt.

Anschließend an die Abdichtungsarbeiten wird zunächst die Bodenplatte des Bauwerkes ausgeführt, die meistens als Plattenfundament ausgebildet ist. Bei der Errichtung der Bauwerksaußenwände müssen die fertigen Abdichtungen mit größter Sorgfalt gegen Beschädigungen geschützt werden.

Die Außenwände des Bauwerkes werden in der Regel gemauert. Dabei ist ein Abstand von ≧ 8 cm gegenüber der Abdichtung zu halten. Der entstehende Zwischenraum ist fortlaufend mit dem Hochmauern in Lagen von etwa 30 cm sorgfältig mit Feinbeton voll auszufüllen und durch Stampfen oder vorsichtiges Rütteln hohlraumfrei zu verdichten.

Jeder verbleibende auch kleine Hohlraum würde bei dieser Art der Abdichtungsausführung unter der Einwirkung des Wasserdruckes sehr rasch zur Zerstörung der Abdichtung führen (Bild **15**.40).

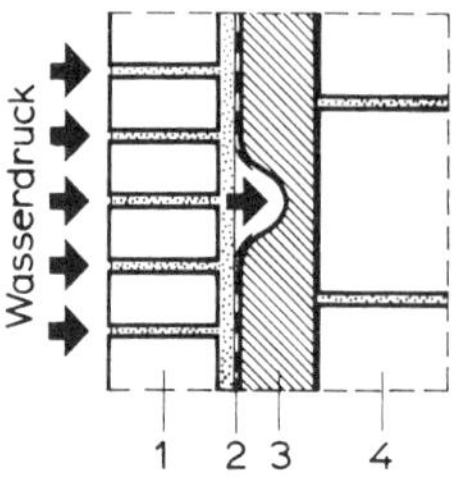

15.40
Zerstörung einer wasserdruckhaltenden Abdichtung durch Wasserdruck gegen einen Hohlraum
1 Schutzwand mit Putz
2 Abdichtung (schematisch)
3 fehlerhafte Hinterfüllung mit Hohlraum
4 tragende Außenwand des Bauwerkes

Gleichzeitig muß der verbliebene Baugrubenraum bzw. Arbeitsraum hinter der Schutzmauer verfüllt und abschnittsweise verdichtet werden. Es besteht sonst die Gefahr, daß beim Hinterfüllen der Abdichtung die Schutzmauer von der Außenmauer abgedrückt und sogar zum Einsturz gebracht werden kann.

Am oberen Abschluß sind die Abdichtungsbahnen am besten nach außen um die Schutzmauer herumzukleben. Die Hinterfüllung erhält eine Ausrundung, an der die Abdichtung gegen nichtdrückendes Wasser angeschlossen werden. An dieser Stelle besteht immer die Gefahr der Rißbildung zwischen der Gebäudewand und der Schutzmauer mit der Abdichtung. Die Übergangsstelle ist daher mit einer reißfesten Bitumen-Schweißbahn oder Kunststoff-Abdichtungsbahn sorgfältig zu überkleben (vgl. Bild **15**.42b). Ausführungen, wie in Bild **15**.42a gezeigt, sind zwar in der Fachliteratur empfohlen, bei von innen geklebten Abdichtungen aber nur sehr schwierig einwandfrei auszuführen.

Eine nachträgliche Reparatur von Undichtigkeiten ist bei dieser Art der Abdichtung nahezu unmöglich. Die Schadensstelle ist kaum lokalisierbar. Beim Aufstemmen der tragenden Wände von innen her ist eine zusätzliche Beschädigung der Abdichtung fast unvermeidlich. Ein Abtragen der äußeren Schutzwand ist unmöglich, weil sie ja mit der Abdichtung fest verbunden ist. Meistens ist eine Totalsanierung von innen die einzig verbleibende Möglichkeit (s. Abschn. 15.4.6.4).

Von außen geklebte Abdichtungen

können ausgeführt werden, wenn ein Arbeitsraum rund um die Außenwandflächen des gesamten Bauwerkes geschaffen werden kann, der jedoch zur Ausführung des Überganges zwischen horizontaler und vertikaler Abdichtung (mit „rückläufigem Stoß") an der Sohle entsprechend breit sein muß. Die dadurch und durch die komplizierte Stoßausführung entstehenden Mehrkosten können beträchtlich sein (Bild **15**.41).

Bei von außen geklebten Abdichtungen sind bei sorgfältiger Ausführung die Schadensursachen durch Hohlraumbildung vermeidbar. Die fertiggestellten Abdichtungen können leichter überprüft und sofort danach durch gemauerte Schutzwände oder sonstige Schutzschichten gegen mechanische Beschädigungen bei nachfolgenden Bauarbeiten gesichert werden. Etwaige Schadenstellen lassen sich von außen leichter reparieren als bei Abdichtungen, die von innen geklebt wurden.

Bei der Ausführung wird zunächst eine Sauberkeitsschicht hergestellt, die an den Außenrändern unter 20° ansteigt. Auf die Sauberkeitsschicht wird die horizontale Abdichtung aufgeklebt und mit einem Schutzestrich abgesichert. Die Abdichtungsränder werden gesondert mit einem vorläufigen Schutzbeton versehen. Es folgt die Ausführung der Gebäude-Bodenplatte bzw. der Fundamentplatte sowie der Bauwerksaußenwände. Dann wird die vorläufige Abdeckung von den überstehenden Teilen der horizontalen Abdichtungen entfernt, die vertikale Abdichtung auf die Außenwände aufgebracht, mit der Horizontalabdichtung abschnittsweise verklebt und zusätzlich durch Kupferbandkappen gesichert. Die Stoßüberdeckungen erhalten abschließend einen keilförmigen Schutzbetonstreifen, auf dem schließlich die äußere Schutzwand errichtet wird.

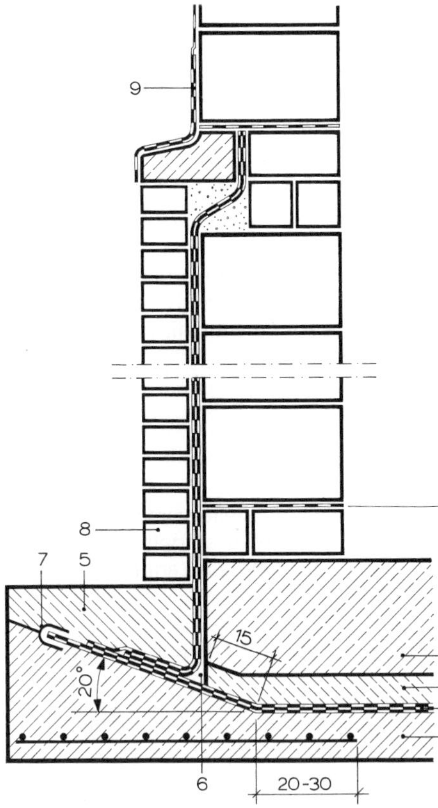

15.41 Von außen geklebte Abdichtung gegen drückendes Wasser mit „rückläufigem Stoß"

1 Sauberkeitsschicht mit Bewehrung
2 Abdichtung mehrlagig
3 Schutzbeton
4 Stahlbeton-Plattenfundament mit tragender Außenwand
5 Betonkeil
6 rückläufiger Abdichtungsstoß (Zwickel mit Klebemasse ausgegossen)
7 Kupferband-Kappe
8 Schutzmauer
9 Abdichtung gegen Sickerwasser und nichtdrückendes Wasser mit eingeklebter Verstärkungsbahn
10 waagerechte Abdichtung gegen aufsteigende Baunässe

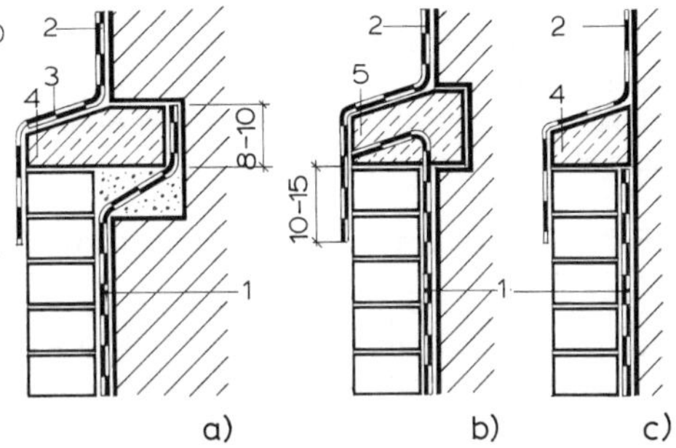

15.42 Oberer Abschluß von Abdichtungen gegen drückendes Wasser mit Anschluß an die Wandabdichtung gegen Bodenfeuchtigkeit bzw. nichtdrückendes Wasser [28]

a) beste Art der Ausführung
b) anwendbare Lösung
c) falsche Ausführung (Abrißgefahr an der Übergangsstelle)

1 Abdichtung gegen drückendes Wasser
2 Abdichtung gegen nichtdrückendes Wasser bzw. gegen Bodenfeuchtigkeit
3 Übergangsstreifen
4 Beton-Werkstein oder Ortbeton
5 Ortbeton

Der obere Abschluß kann wie in Bild **15**.42a und b ausgeführt werden [43].

Durch ein Zurückführen der Abdichtungsbahnen in einen Längsschlitz ist ein konstruktiv einwandfreier Übergang zur Abdichtung gegen nichtdrückendes Wasser möglich (Bild **15**.42a).

Bei einer Ausführung nach Bild **15**.42c besteht die Gefahr von Abrissen an der Übergangsstelle der Abdichtungen infolge Setzung der Schutzmauer. Aus statischen Gründen sind Längsschlitze wegen der erhöhten Knickgefahr für tragende Wände jedoch kritisch. Wenn die Übergangsstelle sorgfältig mit einer elastischen Kunststoff-Abdichtung oder auch einer Schweißbahn überbrückt wird, dürfte die Ausführung nach Bild **15**.42a der beste Kompromiß sein.

Abdichtungsanschlüsse mit Klemmschienen sind in DIN 18195-9 beschrieben. Sie kommen vor allem dort in Frage, wo an bereits bestehende Abdichtungen (z.B. bei Anbauten) angeschlossen werden muß.

Bei von außen geklebten Abdichtungen gegen drückendes Wasser ist bis fast zum Schluß der Arbeiten eine Kontrolle hinsichtlich etwaiger Schäden möglich. Im übrigen sind auch Schadensstellen von innen her leichter zu lokalisieren, und es können notfalls nach Abtragen der Schutzmauer Reparaturen ausgeführt werden.

15.4.6.4 Bitumen-Dickbeschichtungen

Abdichtungen gegen drückendes Wasser können bei geringerer Beanspruchung auch mit Bitumen-Dickbeschichtungen ausgeführt werden.

Die Abdichtungsflächen erhalten einen Voranstrich, und je nach Herstellervorschrift wird die Spachtelmasse mit Gewebeeinbettung 2lagig in 4 bis 8 mm Dicke aufgetragen. Durchführungen von Rohrleitungen u.ä. können lediglich mit der Spachtelmasse angedichtet werden. Hinsichtlich Zulässigkeit usw. s. auch Abschn. 15.4.4.

15.4.6.5 Abdichtungen gegen drückendes Wasser mit Bentonit („Braune Wannen")

Zunehmend wird insbesondere zur Abdichtung rißgefährdeter, ausgedehnter Bauwerke Bentonit eingesetzt. Volclay-Bentonit ist ein in den USA vorkommendes hochquellfähiges wasserbindendes Mineral, das bei freier Quellung sein Volumen um das 15fache vergrößern kann. Wird das Material eingepreßt, entsteht durch den Quelldruck eine äußerst wirkungsvolle Abdichtung. In der gelförmigen Abdichtungshaut werden kleinere Beschädigungen durch den ständig wirkenden Quelldruck wieder von selbst geschlossen. Durch diesen Effekt ist auch eine Hinterwanderung der Abdichtung nicht möglich. Fugenbänder können weitgehend entfallen bzw. werden durch Bentonit-Quellbänder oder Injektionsschläuche ersetzt (vgl. Bild **15**.32).

Das Material wird in plattenförmigen Wellkartons abgefüllt geliefert („Volclay-Paneels"). Für die Abdichtung von Bodenplatten werden die Paneels auf PE-Folien auf dem Untergrund ausgelegt und durch eine Magerbetonschicht geschützt. Die Fundament- oder Bodenplatte wird danach betoniert.

Zur senkrechten Abdichtung werden die Paneels auf die fertiggestellten Außenwände geheftet und am oberen Abschluß durch Klemmprofile fixiert.

15.4.6.6 Nachträglich von innen ausgeführte Abdichtungen gegen drückendes Wasser

In manchen Fällen müssen Abdichtungen gegen drückendes Wasser erst nach der Fertigstellung von Bauwerken von innen ausgeführt werden. Anlässe dafür können sein:

- Ausführungsfehler bei den Abdichtungsarbeiten, die von außen nicht beseitigt werden können,
- nicht vorhergesehene oder nachträgliche Änderungen der Grundwasserverhältnisse oder der Anforderungen an die zu schützenden Bauwerksteile.

Immer sind derartige nachträgliche Arbeiten außerordentlich schwierig auszuführen, weil die Abdichtungsflächen jetzt nicht mehr nur die erdberührten, sondern sämtliche unterhalb des Grundwasserbereiches liegenden Bodenflächen und Wandflächen erfassen müssen (Bild **15**.43). Das bedeutet, daß z.B. Türzargen ausgebaut werden müssen und alle sonst in die abzudichtenden Wände einbindende Bauwerksteile entweder entfernt oder gesondert eingedichtet werden müssen!

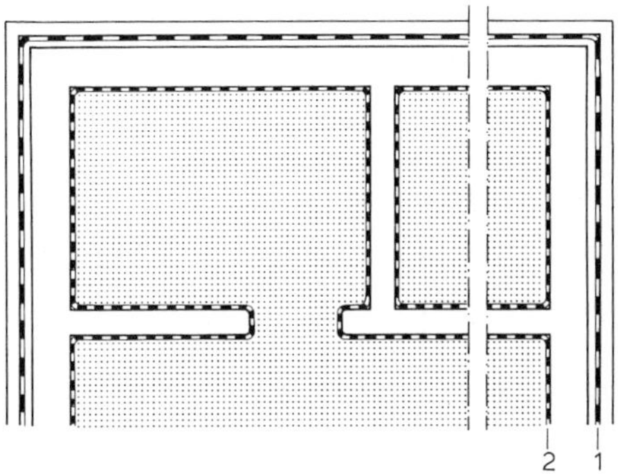

15.43
Nachträglich von innen ausgeführte Abdichtung (schematisch)
1 vorhandene schadhafte oder unzureichende Abdichtung gegen drückendes Wasser
2 neu ausgeführte Sanierungsabdichtung an den Wänden, verbunden mit der ebenfalls neu ausgeführten Abdichtung der Bodenflächen

Geklebte Abdichtungen kommen für nachträglich von innen ausgeführte Maßnahmen nur bei sehr hohen Anforderungen in Frage und nur, wenn sehr einfache Grundrißformen vorliegen. Die notwendige Einpressung der Abdichtungen ist nur mit zusätzlich eingebauten, gegen Auftrieb gesicherten Stahlbetontrögen möglich. Allein der dafür erforderliche Flächen- und Höhenbedarf dürfte derartige Lösungen in der Regel ausschließen.

Nachträgliche Abdichtungen werden daher meistens mit Spezialschlämmen oder -putzen ausgeführt, die mehrlagig auf die zu schützenden Flächen aufgetragen werden. Dabei ist nicht unbedingt eine Grundwasserabsenkung nötig. Freigestemmte wasserführende Fugen oder Risse werden zunächst mit schnellbindendem Wasserstoßmörtel vorgedichtet. Bei sehr starkem Wasserandrang werden kleinere Flächen zunächst nicht abgedichtet, und das dort dann besonders stark anfallende drückende Wasser wird provisorisch abgeleitet. Wenn die neu eingebauten Abdichtungsflächen dem Wasserdruck standhalten können, werden die verbliebenen Flächen mit sehr schnell bindenden Spezial-Mörteln geschlossen. Es läßt sich Wasserundurchlässigkeit bis zu einem Druck von 3 bar erreichen.

Für kleinere bzw. gut lokalisierbare Schadensstellen kann besonders bei Betonbauteilen ein Verpressen mit quellfähigen Reaktionsharzen in Frage kommen („Rißinjektion").

Im übrigen muß für dieses sehr komplizierte Gebiet der Sanierung von Abdichtungen auf Spezialliteratur verwiesen werden.

15.4.6.7 Abdichtungen gegen von innen drückendes Wasser

Abdichtungen gegen von innen drückendes Wasser werden in DIN 18195-7 behandelt. Sie sind im allgemeinen Hochbau allenfalls im Bereich des Schwimmbadbaues anzuwenden. Dieses Spezialgebiet kann im Rahmen des Werkes nicht behandelt werden.

15.4.7 Durchdringungen, Übergänge, Anschlüsse

Bei der Ausführung von Abdichtungen gegen drückendes Wasser sind Unterbrechungen der Dichtungen durch Rohrleitungen u.ä. oder durch Baufugen immer Schwachstellen und bedürfen besonderer Sorgfalt bei Planung und Ausführung.

In DIN 18195-9 sind für derartige Problempunkte nur allgemeine Hinweise ohne konkrete Einbaubeispiele gegeben. Nur für die zwischen bereits vorhandenen Abdichtungen und neu auszuführenden Abschnitte (z.B. bei Anbauten) erforderlichen Telleranker und Klemmschienen werden genaue Hinweise gegeben.

Aus der großen Zahl möglicher Konstruktionen können nachfolgend nur einige typische Lösungsmöglichkeiten gezeigt werden.

An besonders beanspruchten Abschnitten der Dichtung, z.B. auch an Schwindfugen, kann die mechanische Widerstandsfähigkeit durch Einlagen von Kupfer-Riffelbändern erhöht werden (Bild **15**.44a). Bauwerksfugen, an denen mit größeren Bewegungen gerechnet werden muß, werden mit Dehnungswellen ausgeführt. Sie können aus eingespannten Kupferblechen bestehen, oder es werden Schaumstoffwülste zwischen die Dichtungslagen geklebt (Bild **15**.44b und c).

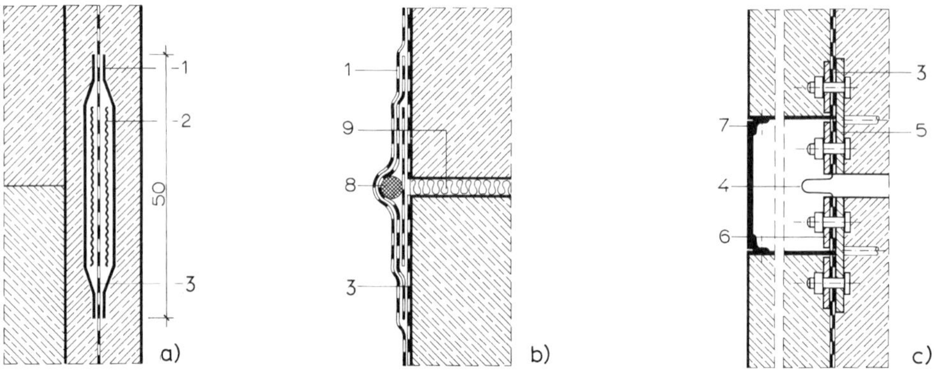

15.44 Abdichtung von Fugen [43]

a) Verstärkung von Dichtungsbahnen an Schwindfugen, Arbeitsfugen o.ä.
b) Dehnungswelle in geklebten Abdichtungen
c) Dehnungswelle mit eingespanntem Kupferband (mit Revisionseinrichtung)

1 Deckstreifen
2 Alu- oder Kupfer-Riffelband
3 Abdichtung
4 Kupferband
5 einbetonierte Einspannplatte mit Stehbolzen
6 aufgeschraubtes Einspannprofil
7 Revisionsdeckel, abnehmbar
8 Schaumstoffschnur
9 Fugenhinterfüllung

Rohrdurchführungen müssen mit besonderen Dichtungseinsätzen ausgeführt werden, bei denen die Rohre mit von innen nachziehbaren elastischen Stopfbuchsen abgedichtet werden (Bild **15**.45).

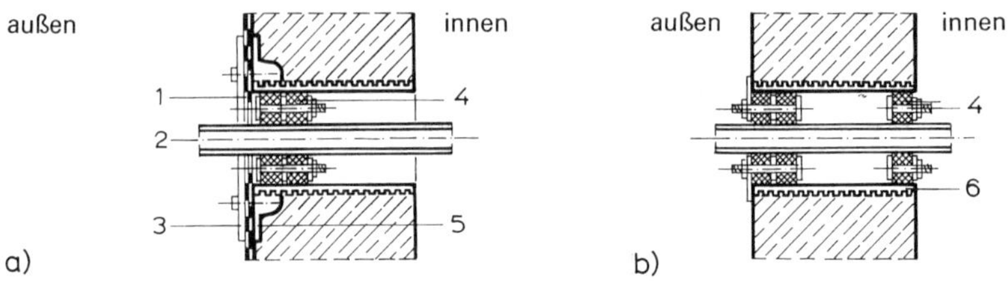

15.45 Rohrdurchführungen (System DESKA)

a) Rohrdurchführung für Anschluß an geklebte Abdichtungen
b) Rohrdurchführung für wasserundurchlässigen Beton

1 Dichtungsbahn
2 Rohrleitung
3 Losflansch
4 Quetschdichtungsringe
5 Festflansch
6 Spezialfaserzement – Futterrohr

15.5 Wärmeschutz

15.5.1 Allgemeines

Wärmeverluste. Gebäude und Räume, die zum dauernden Aufenthalt von Menschen vorgesehen sind, müssen aus verschiedenen Gründen vor Wärmeverlusten oder auch übermäßigem Wärmezufluß geschützt werden:

— Sichern von bestimmten wohnklimatischen Verhältnissen zum Schutz der Gesundheit der Bewohner,
— Verhindern von unkontrollierten Abflüssen von Heizenergie (Heizleistung), um Heizkosten einzusparen und auch die Forderungen des Energieeinsparungsgesetzes zu erfüllen. Darüber hinaus dient die Einsparung von fossilen Brennstoffen der Vermeidung von Umweltschäden.
— Vermeidung der Überhitzung im Sommer zur Einsparung von Energie für Klimatisierung (Kühlung),
— Schutz des Gebäudes vor Schäden durch klimatische Einflüsse (thermische Spannungen, Feuchtigkeit, Frost, Fäulnis, Korrosion usw.).

Schutzmaßnahmen werden im wesentlichen Wände, Decken, Dächer, Fußböden, Fenster und Türen betreffen, die also bezüglich des Wärmedurchgangs, ihrer Luftdurchlässigkeit und ihres Wärmespeichervermögens bewertet werden müssen.

Der Wärmedurchgang durch ein Bauteil (Transmissionswärmeverluste Q_T) hängt ab von

— der Rohdichte,
— der Struktur und Wärmeleitfähigkeit der Gerüststoffe,
— der Art, Größe und Verteilung der Luftporen in den Baustoffen,
— der Dicke der Baustoffschichten,
— dem Feuchtigkeitsgehalt der Baustoffe (Wasser ist selbst gut wärmeleitend und kann beim Feuchtetransport durch Bauteile erhebliche Wärmemengen mit sich führen!),
— der (mittleren) Temperatur des Baustoffs.

Luftdurchlässigkeit. Die Luftdurchlässigkeit massiver Wände und Decken ist so gering, daß z.B. ein merklicher Luftaustausch durch solche Bauteile hindurch nicht stattfindet.

Dachkonstruktionen und Holzbauten werden jedoch in der Regel auch heute noch nicht genügend luftundurchlässig ausgeführt. Zukünftig wird auf eine bessere Luftdichtigkeit (Winddichtigkeit) bei derartigen Bauteilen mehr Wert gelegt werden müssen. Dadurch kann Lüftungsenergie eingespart werden, und es sind – besonders im Dachbereich – Bauschäden vermeidbar (s. Abschn. 15.5.6.2).

Der Luftdurchlässigkeit von Fenstern und Außentüren muß erhöhte Aufmerksamkeit zugewandt werden. Durch zu viel ausgetauschte Luft wird (Heiz-)Energie in u.U. starkem Maße nach außen transportiert und geht damit dem Gebäude verloren (Lüftungsverluste Q_L). Ein zu geringer Luftaustausch ist jedoch aus hygienischen und Behaglichkeitsgründen nicht akzeptabel; Probleme kann es bei zu geringer Lüftung auch bei offenen Feuerstellen (Kamine, Gasbrenner) geben, die Frischluft benötigen. Um den dabei offensichtlich auftretenden Widersprüchen zu begegnen, bietet sich der Ausweg an, die Lüftungsverluste durch Wärmerückgewinnungsanlagen oder kontrollierte Lüftung zu vermindern.

Luftdurchlässigkeit und Wasserdampfdurchlässigkeit (Dampfdiffusion) dürfen nicht verwechselt werden. Letztere tritt auch bei gut luftdichten Bauteilen auf, allerdings nur, wenn keine Dampfsperrschichten wirksam sind (s. Abschn. 15.5.6).

Wärmespeicherung. Eine höhere Wärmespeicherfähigkeit der Bauteile, besonders der Innenbauteile bewirkt eine größere Konstanz der Gebäudetemperaturen und verhindert zu schnelles Erwärmen (im Sommer) und Abkühlen (z.B. bei gedrosselter Heizung). Zur Sonnenenergienutzung durch Fenster ist eine gute Wärmeaufnahmefähigkeit ebenfalls erwünscht. Sie kann aber die Wirkung einer Heiztemperaturabsenkung (Nachtabsenkung in Wohngebäuden, Wochenendabsenkung bei Bürobauten) verringern.

Besonders in Versammlungsräumen und Hobbyräumen mit geringer Nutzungsdauer ist eine geringe Wärmespeicherfähigkeit der raumbegrenzenden Bauteile von Vorteil (Energieeinsparung beim Aufheizen!).

Gebäude und ihre Bauteile sollten wegen des Wohnkomforts nicht mehr allein in Hinblick auf einen optimalen winterlichen Wärmeschutz konstruiert werden. Die wohnklimatischen Verhältnisse sollten auch bei hohen sommerlichen Außentemperaturen und Sonneneinstrahlung im Behaglichkeitsbereich gehalten werden können. Die Wärmeschutz-Norm DIN 4108 enthält neben Anforderungen für den winterlichen Wärmeschutz auch Empfehlungen, die den sommerlichen Wärmeschutz betreffen (s. Abschn. 15.5.4).

15.5.2 Winterlicher Wärmeschutz

Die wärmeschutztechnische Konstruktion von Gebäuden und Bauteilen wird z.Z. wesentlich von der Wärmeschutzverordnung zum Energieeinsparungsgesetz (letzte Fassung vom 24. Oktober 1994, gültig ab 1. Januar 1995) und von der DIN 4108 „Wärmeschutz im Hochbau" sowie deren Ergänzungen bestimmt.

Die erforderlichen rechnerischen Nachweise für einen ausreichenden Wärmeschutz werden in Abschn. 15.5.7 erläutert.

Neben der Erfüllung der Forderungen an den Wärmeschutz des gesamten Gebäudes müssen zur Vermeidung von Wärmebrücken bzw. Kältebrücken (Bereiche größerer Wärmedurchlässigkeit neben Flächen besserer Wärmedämmung) besonders gefährdete Stellen in Außenbauteilen zusätzlich wärmegedämmt werden. Das ist nicht nur aus energiewirtschaftlichen Gründen, sondern auch zur Vermeidung von Bauschäden notwendig (s. Abschn. 15.5.8 und DIN 4108).

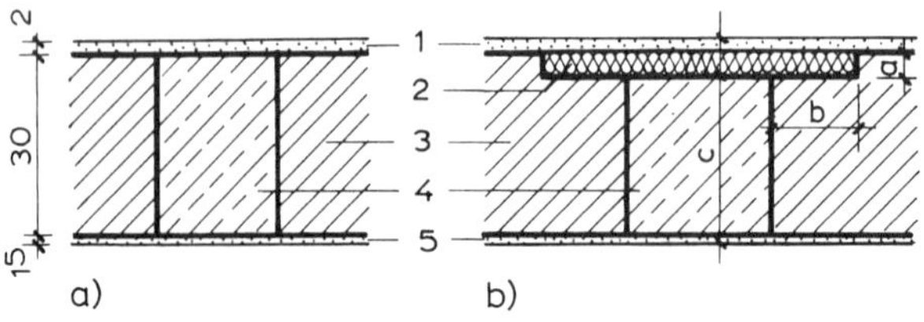

15.46 Einbindende Stahlbetonteile in Außenwänden

a) Stahlbetonstütze ohne zusätzliche Wärmedämmung (falsche Anordnung): Die Stahlbetonstütze wirkt als Wärmebrücke. Ihr Wärmedurchlaßwiderstand ist mit 0,17 m^2 K/W zu gering.

b) Stahlbetonstütze mit zusätzlicher Wärmedämmschicht (Leichtbauplatte). Der Wärmedurchlaßwiderstand der Schichten a und c muß dem der Wand entsprechen. Durch einen seitlichen Überstand (b) müßte dies auch für den diagonalen Wärmedurchgang berücksichtigt werden (vgl. hierzu Abschn. 6.2.1.2).

1 Außenputz
2 Leichtbauplatte
3 Mauerwerk
4 Stahlbeton
5 Innenputz

Gefährdete Stellen dieser Art sind z.B. Ringverankerungen in Außenwänden, Betonstürze über Fenstern, Stahl- und Stahlbetonstützen im Innern von Leichtbauwänden (Bild **15**.46a und b) bzw. in Platten- oder Tafelwänden aus Fertigteilen, Betonkragplatten, Normalbetonquerwände, Dach- und Geschoßdeckenauflager, Installationsschlitze (Bild **15**.47). Bei Heizkörpernischen muß nach der Wärmeschutzverordnung die durch geringere Wandstärken verminderte Wärmedämmung durch zusätzliche Dämmplatten (bei Innendämmung evtl. erforderliche Dampfbremse beachten!) ausgeglichen werden.

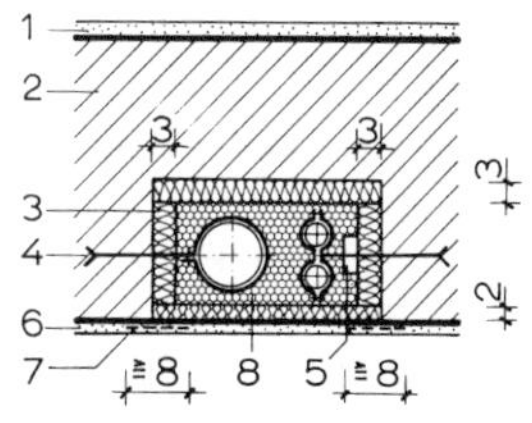

15.47
Wärmedämmung von Rohrschlitzen in Außenmauern
1 Außenputz 2 cm
2 Ziegelmauerwerk 36,5 cm
3 Wärmedämmplatte
4 Rohrschellenanker
5 Halteschiene für verstellbare Rohrschellen (Schema)
6 Innenputz, 1,5 cm
7 korrosionsgeschützter Drahtnetzstreifen über Anschlußfuge
8 Dämmstoff-Ausschäumung

Außendämmung. Die bauphysikalisch vorteilhafte Außendämmung von Wänden und an Außenluft grenzenden Decken (s. Abschn. 15.5.6.2) erfordert besondere Aufmerksamkeit bei der Ausführung von Dämmung und Putz, damit Risse, die zur Durchfeuchtung und weiteren Schäden führen würden, vermieden werden. Außendämmungen werden am besten durch eine hinterlüftete Bekleidung geschützt (s. Abschn. 6.2.3.3 und Abschn. 8.4).

Ausreichende Wärmedämmung auf der Außenseite kann auch Schubrisse vermeiden helfen, da wegen der verringerten Temperaturdifferenzen (Sommer/Winter und Tag/Nacht) in der statisch wirksamen Schicht die aus Wärmedehnungen resultierenden Schubkräfte gering bleiben werden. Gefahrenstellen sind Auflager massiver Dachdecken mit geringer Auflast, besonders auch bei Garagendecken. Gesicherte Auflager (Ringanker), Gleitschichten (aus Polychloroprene-Kautschuk oder Polytetrafluorethylen-Folie) sollten diese Maßnahmen unterstützen.

Innendämmung. Ist z.B. bei Altbausanierungen eine Innendämmung nicht zu vermeiden, so ist auf eine ausreichende Behinderung der Wasserdampfdiffusion durch die Dämmschicht (Dampfbremsschichten oder Verwendung von Dämmstoffen mit genügend großer Wasserdampf-Diffusionswiderstandszahl μ) zu achten (s. auch Abschn. 15.5.6.2).

Flachdächer schützen durch Wärmedämmschichten in der Nähe der Oberseite nicht nur die darunterliegenden Räume vor Abkühlung im Winter und übermäßiger Erwärmung im Sommer, sondern es werden auch stärkere Temperaturdehnungen der Unterkonstruktion (z.B. Stahlbeton, s. Abschn. 2 in Teil 2 dieses Werkes) vermieden. Darüber hinaus wird bei ausreichender Dimensionierung der Wärmedämmung Korrosion der Bewehrungsstähle o.ä. verhindert, da dann kein Kondensat (s. Abschn. 15.5.6) im Bereich dieser Konstruktionsteile entstehen wird. Die Dämmung sollte besonders bei großflächigen Massivdecken so gestaltet werden, daß die Oberflächentemperatur innen an allen Punkten annähernd gleich ist (Berechnung s. Abschn. 15.5.6.1). Andernfalls bilden sich auf dem Deckenputz diese Wärmebrücken durch ungleichmäßige Staubablagerungen (dunkle Streifen an den jeweils kälteren Deckenflächen, z.B. unter den Rippen) ab. Diese Erscheinung ist auch als „Fugenabbildung" an Wänden mit unzureichender Wärmedämmung im Fugenbereich bekannt.

Oberflächentemperaturen. Ausreichend hohe Oberflächentemperaturen an Decken, Wänden und Fußböden gewährleisten ausreichende Behaglichkeit bei dauerndem Aufenthalt von Menschen. Wegen des Wärmestrahlungsaustausches zwischen allen Körpern kann es bei stark unterschiedlichen Oberflächentemperaturen zu lokalen Wärmeaustauschdefiziten an der Hautoberfläche der Bewohner kommen, die als unbehaglich („kühl") empfunden werden. Als grober Annäherungswert kann bei ständig bewohnten Räumen eine Temperaturdifferenz zwischen Lufttemperatur und mittlerer Oberflächentemperatur der Umfassungsflächen von etwa 3 K als ausreichend gering angenommen werden. Bei Räumen ohne Flächenheizungen lassen sich hohe Außenwand-Oberflächentemperaturen (innen) nur durch hinreichend niedrige Wärmedurchgangskoeffizienten *k* erreichen.

Ein Fußboden wird als ausreichend „fußwarm" empfunden, wenn die Temperatur der (unbekleideten) Fußsohle bei Berührung nicht unter 22°C sinkt (Kontakttemperatur). Das kann durch Fußbodenbeläge geringer Wärmeleitfähigkeit (s. Abschn. 10.3.5), durch hohe Wärmedämmung und nicht zuletzt durch Beheizung des Fußbodens erreicht werden (s. auch Abschn. 10.3.8).

In DIN 4108 wird z.Z. – das sei noch einmal betont – nicht überall ein in gesundheitlicher, wirtschaftlicher oder ökologischer Hinsicht ausreichender Mindestwärmeschutz gefordert. Bei Erfüllung der Forderungen des „erhöhten Wärmeschutzes" der Wärmeschutzverordnung dagegen werden zwar alle drei Belange berücksichtigt, nach den heutigen Vorstellungen über die Notwendigkeit von Energieeinsparungen (besonders bei der Raumheizung) sind allerdings auch dementsprechende Wärmedämmungen noch nicht ausreichend.

Die für Neubauten geforderten Wärmeschutzmaßnahmen werden also in naher Zukunft noch weiter verschärft werden. Die zusätzliche Dämmung der vorhandenen Altbauten ist notwendig. Gerade sie wird ohne die Anwendung der neuesten bauphysikalischen Erkenntnisse kaum schadensfrei auszuführen sein.

Neben den statischen Nachweisen (Standfestigkeit und Dauerhaftigkeit von Gebäuden) muß seit dem 1. 1. 1995 der Nachweis der Begrenzung des Heizwärmebedarfs eines Gebäudes erbracht werden. Das geschieht durch die rechnerische Feststellung (s. Abschn. 15.5.7), daß die in der Wärmeschutzverordnung vorgegebenen maximalen Werte des auf das beheizte Bauwerksvolumen (bzw. die Gebäudenutzfläche) bezogenen Jahres-Heizwärmebedarfs nicht überschritten werden. Darüber hinaus werden zur Begrenzung der Wärmeverluste bei Undichtheiten Forderungen an den Fugendurchlaßkoeffizienten *a* außenliegender Fenster und Fenstertüren gestellt (s. Abschn. 5 in Teil 2 dieses Werkes) und die luftundurchlässige Abdichtung sonstiger Fugen gefordert.

Die Erfahrungen der letzten Jahre haben gezeigt, daß viele Gebäude mit zu geringem Wärmeschutz ausgestattet werden. Häufig stimmen sogar die Daten in den Wärmeschutzberechnungen nicht mit den Daten der ausgeführten Gebäude überein. Es kann davon ausgegangen werden, daß – neben der Förderung besonders gut gedämmter Gebäude („Niedrigenergiehäuser") – zukünftig auch vom Gesetzgeber eine weiter verbesserte Wärmedämmung verlangt werden wird: Der Bundesrat hat in einer Entschließung im Jahre 1993 die Bundesregierung um den Entwurf einer neuen Wärmeschutzverordnung („Energiesparverordnung") mit um 25 bis 35 % verschärften Anforderungen an den Wärmeschutz von Gebäuden gebeten.

15.5.3 Physikalische Erläuterungen zum winterlichen Wärmeschutz

Wärmedurchgangskoeffizient. Zur Beschreibung der Wärmedurchlässigkeit von Bauteilen wird heute meist die Angabe des Wärmedurchgangskoeffizienten *k* (Wärmedurchgangswert, Wärmedurchgangszahl, kurz „*k*-Wert") gefordert. Er gibt an, wie groß die Wärmeleistung (auch Wärmefluß genannt; gemessen in Watt) ist, die durch 1 m^2 ebene Bauteilfläche bei einer Lufttemperaturdifferenz zwischen Innen- und Außenbereich von 1 K (= 1°C) hindurchgeht, d.h. *k* wird in W/m^2K gemessen.

Aus der Kenntnis des *k*-Wertes eines Bauteils heraus ist die Berechnung der durch dieses Teil hindurchfließenden Wärmemengen bei bekannter Bauteilfläche *A* und Berücksichtigung der Lufttemperaturen innen und außen möglich (s. Bild **15**.48):

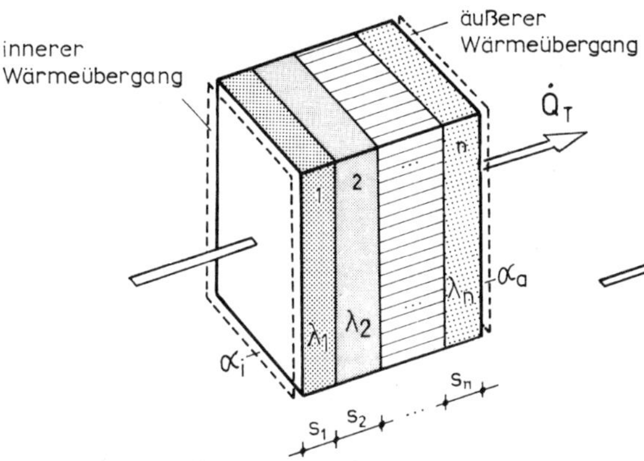

15.48 Wärmeübertragende Bauteile aus *n*-Schichten

Für die Wärmeübertragung entscheidend ist der Wärmedurchgangswiderstand $1/k$, der sich additiv aus den Wärmedurchlaßwiderständen s/λ der Einzelschichten und den Wärmeübergangswiderständen $1/\alpha_i$, $1/\alpha_a$ an den Luft-Wand-Grenzflächen des Bauteils zusammensetzt.

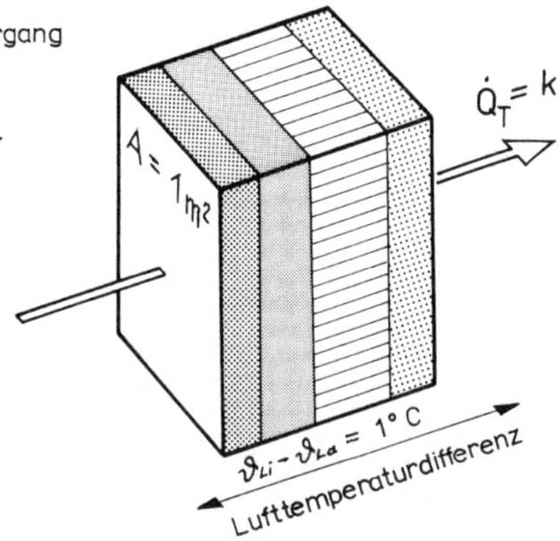

15.49 Anschauliche Bedeutung des Wärmedurchgangskoeffizienten *k*

Der Zahlenwert des Wärmedurchgangskoeffizienten *k* ist gleich dem des Wärmeflusses Q_T (in Watt), der durch 1 m² Bauteilfläche bei 1 K (≙ 1 °C) Lufttemperaturdifferenz ($\vartheta_{Li} - \vartheta_{La}$) hindurchgeht.

Der Transmissionswärmefluß oder -wärmestrom errechnet sich als

$$\dot{Q}_T \approx \frac{Q_T}{t} = k\,(\vartheta_{Li} - \vartheta_{La})\,A$$

in Watt (W)

Dabei sind

Q	Wärmemenge in Joule (= Wattsekunden Ws)
t	Zeit in Sekunden
$(\vartheta_{Li} - \vartheta_{La})$	Lufttemperaturdifferenz innen/außen in K bzw. °C

Die Beschränkung der Gültigkeit dieser Formel auf ebene Bauteilflächen schließt die exakte Berechnung der Wärmeverluste an Wärmebrücken (ob stoffbedingt oder geometrisch) damit aus. Schmale Wärmebrücken lassen sich zwar noch über modifizierte *k*-Werte k_l in die Rechnungen mit einbeziehen, genauer kann man aber Wärmebrückenkatalogen (s. Abschn. 15.5.8) die Verluste an derartigen Stellen höheren Wärmeabflusses entnehmen! Grundsätzlich nimmt zwar der Einfluß von Wärmebrücken auf den gesamten Heizenergieverbrauch mit verbesserter Dämmung zu; eine Verbesserung der Wärmedurchgangskoeffizienten der flächenhaften Außenbauteile wird trotzdem fast ausnahmslos eine Verringerung des Heizenergieverbrauchs zur Folge haben.

***k*-Wert-Berechnung.** Die Errechnung von *k* geschieht bei den meist aus mehreren Schichten bestehenden Bauteilen aus den Wärmeleitfähigkeiten λ (in W/mK) der Schichtmaterialien, deren Dicken s (in m) und den Wärmeübergangswiderständen $1/\alpha_i$ und $1/\alpha_a$ (in m²K/W), die die Wärmeeindringfähigkeit bzw. Wärmeaustrittsfähigkeit an den Bauteiloberflächen innen und außen beschreiben:

$$k = \frac{1}{\dfrac{1}{\alpha_i} + \dfrac{s_1}{\lambda_1} + \dfrac{s_2}{\lambda_2} + \ldots + \dfrac{s_n}{\lambda_n} + \dfrac{1}{\alpha_a}} \quad \text{in } \frac{\text{W}}{\text{m}^2\text{K}}$$

Den Wert $1/k$ bezeichnet man auch als Wärmedurchgangswiderstand; bei Berechnungen zum Nachweis des ausreichenden Wärmeschutzes dürfen für λ_1 bis λ_n nur die zugelassenen Rechenwerte λ_R der Wärmeleitfähigkeiten – die der DIN 4108 (Teil 4, Tab. 1), Veröffentlichungen im Bundesanzeiger bzw. bautechnischen Zahlentafeln zu entnehmen sind – verwendet werden.

Die Werte s_1 bis s_n sind die Dicken der Einzelschichten des Bauteils in m (s. auch Bild **15.**48).

Der innere Teil der Summe im Nenner der obigen Formel zur Berechnung des Wärmedurchgangskoeffizienten heißt Wärmedurchlaßwiderstand $1/\Lambda$ des Bauteils (in m^2K/W):

$$\frac{1}{\Lambda} = \frac{s_1}{\lambda_1} + \frac{s_2}{\lambda_2} + \ldots + \ldots \frac{s_n}{\lambda_n} \quad \text{in} \ \frac{m^2K}{W}$$

Er muß nach DIN 4108-2 (Tab. 1 und 2) für alle Bauteile eine Mindestgröße aufweisen.

Luftschichten. Als Besonderheit bei der Berechnung von Wärmedurchgangskoeffizienten bzw. von Wärmedurchlaßwiderständen ist zu bemerken, daß bei Luftschichten wegen der Abhängigkeit der Wärmeleitfähigkeit von der Luftschichtdicke nach DIN 4108-4, Tab. 2 bestimmte Rechenwerte für den Einzelwärmedurchlaßwiderstand solcher Schicht statt der s/λ-Werte eingesetzt werden müssen. Für dünne lotrechte Schichten (stehende Luft oder Luftschichten in Mauerwerk nach DIN 1053) von 10 bis 20 mm Dicke gilt z.B. als Wert für den Wärmedurchlaßwiderstand 0,14 m^2K/W, sonst für Schichten bis 500 mm der Wert 0,17 m^2K/W.

Die zu benutzenden Rechenwerte der Wärmeübergangswiderstände $1/\alpha_i$ und $1/\alpha_a$ sind ebenfalls aus der DIN 4108 (Teil 4, Tab. 5) zu entnehmen. Sie sind u.a. von der Geschwindigkeit der Luftbewegung an den Übergangsflächen (Bauteiloberflächen) und deren Lage (horizontal, lotrecht, Wärmedurchgangsrichtung) abhängig. An Erdreich grenzende Flächen besitzen immer den Wert $1/\alpha_a = 0{,}0\ m^2K/W$, in allen anderen Fällen darf mit $1/\alpha_i = 0{,}13\ m^2K/W$ und $1/\alpha_a = 0{,}04\ m^2K/W$ gerechnet werden (s. DIN 4108).

15.5.4 Sommerlicher Wärmeschutz

Bei erhöhter Sonneneinstrahlung und den häufig gleichzeitig auftretenden hohen Lufttemperaturen wird zur Erhaltung behaglicher wohnklimatischer Verhältnisse ein Wärmeschutz benötigt, der nur zu einem geringen Teil von den Dämmaßnahmen des winterlichen Wärmeschutzes geleistet werden kann: Der Hauptunterschied zwischen Sommer und Winter besteht bei Gebäuden darin, daß im Winter der Wärmeabfluß durch transparente und nichttransparente Außenbauteile (Glasflächen bzw. Wände, Decken, Dächer usw.) in etwa gleicher Größenordnung liegt (zwischen 20 W/m^2 und 80 W/m^2); im Sommer dagegen dominiert die (Sonnen-)Einstrahlung durch die Glasflächen: Es können maximal etwa 800 W Wärmeleistung pro Quadratmeter Fensterfläche in ein Gebäude eindringen! Der Wärmezufluß durch – auch sonnenbeschienene – Wände wird dagegen 50 W/m^2 kaum überschreiten.

Man kann (s. DIN 4108-2; Abschn. 4.3) für übliche Bauweise gültige Einflußfaktoren auf die sommerliche Raumerwärmung etwa in der Reihenfolge ihrer Wichtigkeit zusammenstellen:

- Energiedurchlässigkeit der transparenten Außenbauteile (Fenster, feste Verglasungen einschließlich des Sonnenschutzes), meist *g*-Wert genannt;
- Flächenanteil dieser Bauteile an den Außenflächen der Gebäude („Fensterflächenanteil"),
- Orientierung dieser Bauteile nach der Himmelsrichtung,
- Lüftung der Räume (nächtliche Lüftung),
- Wärmespeicherfähigkeit („schwer" / „leicht"), insbesondere der innenliegenden Bauteile,
- Wärmedurchlässigkeit der nichttransparenten Außenbauteile.

Man kann mit Hilfe dieser Aufstellung die Bedeutung einzelner Schutzmaßnahmen gegen sommerliche Raumüberhitzung abschätzen und entsprechende Maßnahmen ergreifen.

Die Reihenfolge ist allerdings auch von der baulichen Situation abhängig. Z.B. sind die ersten drei der erwähnten Einflußfaktoren mit der Einstrahlung von Sonnenenergie direkt durch Glasflächen verknüpft. Bei geringerer Größe derartiger Flächen rücken die anderen Einflußfaktoren in den Vordergrund: Raumlüftung und Wärmespeicherfähigkeit (hier besser: Wärmeaufnahmefähigkeit) der Innenbauteile können eingedrungene Wärme aus der Innenluft abführen. Nur der zuletzt aufgeführte Faktor betrifft die Wärmedämmung selbst. Allerdings ist neben dem *k*-Wert für die sommerliche Wärmedurchlässigkeit auch die Reihenfolge der Schichten im Außenbauteil wesentlich:

Außenliegende Dämmschichten in Verbindung mit innenliegenden, schweren wärmespeichernden Schichten lassen weniger sommerliche Wärme durchdringen als innengedämmte Konstruktionen. Das sogenannte „Temperaturamplitudenverhältnis" (TAV) ist ein Maß für diesen sommerlichen „instationären" Wärmedurchgang durch Außenbauteile. Dieser erfolgt nicht zeitlich gleichmäßig, sondern gehorcht wegen der 24-Stunden-Periodizität des Temperaturganges der Außenluft und der Sonnenstrahlung wesentlich komplizierten Gesetzen als der Wärmedurchgang im Winter mit häufig längerer Zeit gleichbleibender Temperaturverhältnisse („stationärer Wärmedurchgang").

In DIN 4108-2, Tab. 2 sind die erhöhten Anforderungen an den Wärmeschutz leichter Außenbauteile z.T. auch bedingt durch Forderungen des sommerlichen Wärmeschutzes (z.B. bei ausgebauten Dachgeschossen): Leichte, wenig speicherfähige Bauteile lassen bei veränderlichen Temperaturverhältnissen (d.h. „instationär") Wärme – bei gleichem *k*-Wert – besser hindurch als schwerere.

Der instationäre Wärmedurchgang im Sommer ist allerdings nur von größerer Bedeutung, wenn der Fensterflächenanteil an den Außenflächen sehr gering (etwa unter 10%) ist. Die Wärmeschutznorm gibt deshalb – im Gegensatz zu allen anderen Einflußfaktoren – keine Empfehlungen z.B. für das Temperaturamplitudenverhältnis!

Die anderen Einflußgrößen sind direkt oder indirekt in den Tabellenwerten enthalten, die in DIN 4108-2, Abschn. 7 aufgeführt sind. Tab. **15**.50 gibt eine Zusammenfassung der wesentlichen Zahlenwerte aus dieser Norm. Es werden in der Tabelle Höchstwerte für das (raumweise) zu ermittelnde Produkt ($g_F \cdot f$) angegeben, die für einen ausreichenden Wärmeschutz eingehalten werden sollten. Dabei ist

$$f = \frac{A_F}{A_F + A_W}$$

mit
A_F Fensterfläche (lichte Rohbaumaße)
A_W Außenwandfläche (bei Dächern: direkt besonnte Fläche)

der Fensterflächenanteil in der Außenfassade des Raumes.

Die Größe g_F beschreibt den Gesamtenergiedurchlaßgrad einer transparenten Fläche (Fenster) im Zusammenwirken von Verglasung und Sonnenschutzvorrichtungen:

$$g_F = g_V \cdot z_1 \cdot z_2 \cdot \ldots \cdot z_n$$

mit
g_V Energiedurchlaßgrad der Verglasung
$z_1, \ldots, z_n$ Energiedurchlässigkeiten der Sonnenschutzvorrichtungen („Abminderungsfaktoren")

Tabelle **15**.50 Zusammenstellung der empfohlenen Höchstwerte ($g_F \cdot f$) nach DIN 4108-2 Tab. 3

Raumorientierung	Innenbauart	max. ($g_F \cdot f$)-Werte für Räume ohne erhöhte natürliche Belüftung	mit erhöhter natürlicher Belüftung
Nord (±22,5°) (oder ganztägige Beschattung)	leicht	0,37	0,42
dto.	schwer	0,39	0,50
alle anderen Richtungen	leicht	0,12	0,17
dto.	schwer	0,14	0,25

Energiedurchlässigkeit. Die Tab. **15**.51 enthält die Energiedurchlaßgrade einiger Verglasungen, die ohne weiteren Nachweis (der nach DIN 67507 zu führen wäre) bei den Berechnungen zum sommerlichen Wärmeschutz verwendet werden dürfen. In den Datenblättern der Verglasungs-Hersteller finden sich meist die g_V-Werte. Falls für Verglasungen nur der Energiedurchgangsfaktor b (nach VDI-Richtlinie 2078) bekannt ist, darf über den Zusammenhang $g_V = 0{,}87 \cdot b$ umgerechnet werden.

Tabelle **15**.51 Gesamtenergiedurchlaßgrade g_V von Verglasungen

Einfachverglasung aus Klarglas	0,9
Doppelverglasung aus Klarglas	0,8
Dreifachverglasung aus Klarglas	0,7
Glasbausteine	0,6
Sonnenschutzverglasungen ohne Nachweis	0,8

Bei Sonnenschutzverglasungen wird in der Regel hinter dem Markennamen die Tageslichtdurchlässigkeit und der Gesamtenergiedurchlaßgrad angegeben. Z.B. ist für ein Glas mit dem Zusatz '49/34' die Durchlässigkeit für Tageslicht 49% und der g-Wert 0,34.

Tabelle **15**.52 Abminderungsfaktoren z von Sonnenschutzeinrichtungen

fehlende Sonnenschutzvorrichtung	1,0
Gewebe, Folien (zwischen den Scheiben oder innenliegend) ohne Nachweis	0,7
Jalousien (zwischen den Scheiben/innen)	0,5
Jalousien, drehbare Lamellen, hinterlüftet (außenliegend)	0,25
Jalousien, Rolläden, Fensterläden, feststehende oder drehbare Lamellen (außenliegend)	0,3
Vordächer, Loggien, Markisen	0,3 bis 0,5

Vorschläge für die Verwendung von Vordächern, Loggien und Markisen (in Form von Skizzen) und die dabei gültigen Abminderungsfaktoren finden sich in DIN 4108-2, Tab. 5

In Tab. **15**.52 sind Abminderungsfaktoren z einiger Sonnenschutzvorrichtungen angegeben, wie sie ebenfalls ohne weiteren Nachweis angewendet werden dürfen.

Die Wärmeschutzverordnung (s. Abschn. 15.5.7.6) enthält – zur Energieeinsparung – für durch raumlufttechnische Anlagen gekühlte Gebäude und für sonstige Gebäude mit einem Fensterflächenanteil (einer Fassade) von 50% und mehr Anforderungen an den $(g_F \cdot f)$-Wert. Die Werte in DIN 4108 sind keine Anforderungen, sondern Empfehlungen!

Innenbauart. Die Innenbauart wird durch raumweise Berechnung des Quotienten aus wirksamer Masse der Innenbauteile (meist der Innenwände, Decken, Böden, evtl. Türen) und der Außenwandfläche (einschließlich der Fensterflächen) bestimmt. Zur Ermittlung der wirksamen Masse wird bei Bauteilen ohne Dämmschicht die Masse zur Hälfte, bei Dämmschichten enthaltenden Bauteilen nur diejenige von der raumseitigen Oberfläche bis zur Dämmschicht (maximal bis zur Hälfte der Gesamtmasse) angerechnet.

Dämmschichten sind dabei Schichten mit $\lambda \leq 0{,}1$ W/m²K und $1/\Lambda \leq 0{,}25$ m²K/W. Holz und Holzwerkstoffe dürfen – wegen der größeren spezifischen Wärmekapazität dieser Stoffe gegenüber mineralischen Baustoffen – mit der doppelten Masse angesetzt werden.

Ist der errechnete Quotient größer als 600 kg/m², liegt schwere Innenbauart vor, sonst – üblicherweise z.B. bei der Holzbauweise – leichte Innenbauart.

Die Nachprüfung der $(g_F \cdot f)$-Werte kann immer dann entfallen, wenn die Räume natürlich belüftet werden können (in der Regel alle Wohnräume) und

— bei schwerer Innenbauart $f \leq 0{,}31$ oder $g_F \leq 0{,}36$

— bei leichter Innenbauart $f \leq 0{,}21$ oder $g_F \leq 0{,}24$

ist.

In der Regel wird bei notwendigen Verbesserungen des Sonnenschutzes nicht die Innenbauart verändert, sondern der $(g_F \cdot f)$-Wert verringert. Dann sollte darauf geachtet werden, daß die Innenraumbeleuchtungsstärke bei Tageslicht nicht auf unzulässig geringe Werte (s. DIN 5034) herabgesetzt wird.

Erhöhte natürliche (nächtliche!) Raumlüftung kann nur bei Wohnräumen vorausgesetzt werden. Bei Bürogebäuden muß aus brandschutztechnischen Gründen meist auf eine erhöhte nächtliche Auskühlung verzichtet werden.

Das anschließende Rechenbeispiel soll das Vorgehen zum Nachweis des sommerlichen Wärmeschutzes erläutern. Das Verfahren nach DIN 4108 ist allerdings nicht unumstritten, da es recht umständlich zu handhaben ist.

Rechenbeispiel Sommerlicher Wärmeschutz eines Wohnraums

Raumbeschreibung

Raumlänge: 6,00 m 2 Fenster mit je $2{,}4 \cdot 1{,}25\ m^2$

Raumbreite: 4,40 m Fenstertür: $0{,}90 \cdot 2{,}10\ m^2$

Raumhöhe: 2,50 m (alle mit 2-Scheiben-Isolierverglasung)

Wirksame Masse der Innenbauteile

1. Stahlbetondecke (ρ = 2400 kg/m³), 18 cm mit Deckenputz (20 kg/m²)

   $m'_1 = \frac{1}{2} \cdot (0{,}18 \cdot 2400 + 20) \cdot 6{,}0 \cdot 4.4 = 5966{,}4$ kg

2. Innenwände aus 24 cm-Hbl-Mauerwerk (ρ = 1400 kg/m³), beidseitig verputzt

   $m'_2 = \frac{1}{2} \cdot (0{,}24 \cdot 1400 + 2 \cdot 20) \cdot (6{,}0 \cdot 2{,}5 + 4.4 \cdot 2{,}5 - 0{,}9 \cdot 1{,}9) = 4566{,}5$ kg

3. Zementestrich (ρ = 2000 kg/m³), 4 cm, auf Trittschalldämmatte

   $m'_3 = 0{,}04 \cdot 2000 \cdot 6{,}0 \cdot 4{,}4 = 2112$ kg

(und nur als Beispiel für die Einrechnung von Holz nach DIN 4108):

4. Zimmertür, Vollholz (ρ = 600 kg/m³), 4 cm

   $m'_4 = \frac{1}{2} \cdot 0{,}04 \cdot 600 \cdot 1{,}9 \cdot 0{,}9 \cdot 2 = 41$ kg

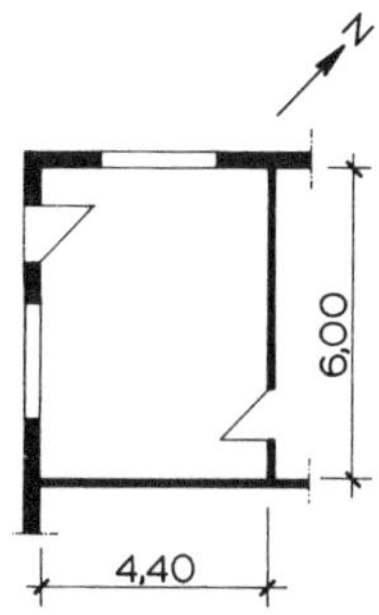

15.53 Bild zum nebenstehenden Rechenbeispiel

Außenwandfläche (Fassadenfläche)

$A_{W+F} = (6{,}0 + 4{,}4) \cdot 2{,}5 = 26{,}0\ m^2$, davon $A_F = 2{,}4 \cdot 1{,}25 + 0{,}9 \cdot 2{,}1 = 7{,}9\ m^2$

Auf die Fassadenfläche bezogene speicherwirksame („anrechenbare") Masse der Innenbauteile:

$m'' = (4966{,}4 + 4566{,}5 + 2112 + 41)/26{,}0 = 487{,}9\ kg/m^2 \leq 600\ kg/m^2$

Es liegt also l e i c h t e I n n e n b a u a r t vor!

Da der Fensterflächenanteil $f = 7{,}9/26{,}0 = 0{,}30$ und der Gesamtenergiedurchlaßgrad der Fenster (nach Tab. **15**.51) $g_F = 0{,}8$ beträgt, ergibt sich für das Produkt $(g_F \cdot f) = 0{,}24 > 0{,}17$ (s. Tab. **15**.50) ein Wert, der größer ist als der empfohlene Maximalwert. Es kann im Wohnraum also ohne zusätzliche Sonnenschutzmaßnahmen kein günstiges sommerliches Raumklima erwartet werden! Der Abminderungsfaktor z eines ausreichenden Sonnenschutzes bestimmt sich zu $0{,}17/0{,}24 = 0{,}7$, d.h. es muß zusätzlich mindestens ein innenliegender Vorhang oder ein zwischen den Scheiben oder innen liegender Folien-Sonnenschutz angebracht werden, um sommerliche Raumüberhitzung zu vermeiden.

15.5.4.1 Einige Regeln zur Erzielung eines guten sommerlichen Wärmeschutzes

Große, freie Fensterflächen, besonders wenn sie West-/Südwest- oder Ost-/Südost-Orientierung besitzen, müssen einen wirkungsvollen Sonnenschutz erhalten. Abschattende Außenbauteile (Balkone, auskragende Dächer, feste horizontale oder vertikale Sonnenschutzlamellen) können weitere Sonnenschutzmaßnahmen (Rolläden, Jalousien, Markisen, Fensterläden, Sonnenschutzverglasungen) überflüssig machen. Aus der Erfahrung heraus, daß handverstellbare Sonnenschutzeinrichtungen häufig zu spät, d.h. erst nach erfolgter Raumaufheizung, bedient werden, sind automatisch funktionierende Sonnenschutzeinrichtungen vorteilhaft.

Südfenster sind bezüglich der übermäßigen Sonneneinstrahlung nicht so gefährdet, da die Sonnenstrahlen relativ flach auf die Scheiben auffallen und auch nicht tief in den Raum eindringen. Zu übermäßiger Überhitzung neigen Räume mit zweiseitiger Besonnung, besonders wenn die oben erwähnten Orientierungen dominieren. Die langdauernde Besonnung macht sich neben der verringerten inneren Speicherfläche dabei bemerkbar. Wie das

Rechenbeispiel (Abschn. 15.5.4) zeigt, ergibt sich nach DIN 4108-2 dann in der Regel rechnerisch eine leichte Innenbauart trotz Verwendung schwerer Baumaterialien.

Wegen der ebenfalls relativ geringen Innenbauteilflächen heizen sich große Räume (Büros!) stärker durch Sonnenstrahlung auf als kleine. Die Unterteilung von Großraumbüros durch (möglichst schwere) Zwischenwände verringert die sommerliche Wärmebelastung.

Die Abdeckung von Innenbauteilen mit wärmedämmenden oder schallschluckenden Belägen hebt praktisch immer deren Wärmespeicherfähigkeit auf: Mit Teppichen belegte Bodenflächen können kaum noch als wärmeaufnehmend angesehen werden, da der Wärmedurchlaßwiderstand von Teppichen häufig schon allein den Grenzwert 0,25 m^2K/W (s. oben) erreicht (Grenzwert bei Fußbodenheizung: 0,17 m^2K/W).

Bei Gebäuden, die passiv, d.h. über große Glasflächen, die Solarenergie ausnutzen sollen, ist sommerlicher Wärmeschutz besonders schwierig, wenn keine reine Südorientierung der (vertikalen) Fensterflächen vorliegt. Fenster in westlichen und östlichen Richtungen lassen über viele Stunden des Tages hohe Strahlungsleistungen tief in die Innenräume eindringen. Das ist zwar im Winter und in den Übergangszeiten höchst erwünscht, behindert im Sommer aber die Bewohnbarkeit der Räume. Wenn – wie häufig bei Wintergärten – die Glasflächen geneigt sind, sind auch Südorientierungen überhitzungsgefährdet. Wintergärten und Glashäuser benötigen neben einem funktionsfähigen Sonnenschutz auch (möglichst selbsttätige) Lüftungseinrichtungen, die einen vielfachen Luftaustausch pro Stunde in den gefährdeten Raumbereichen gewährleisten.

Außenwände werden bei dunkler Färbung und der damit verbundenen stärkeren Absorption der Sonnenstrahlung stärker aufgeheizt als hell eingefärbte oder mit (reflektierenden) Metallschichten überzogene Bauteile. Der instationäre Wärmeschutz kann in solchen Fällen wichtig sein, d.h. ein niedriges Temperaturamplitudenverhältnis muß gefordert werden.

Bei Dächern – ohne strahlungsdurchlässige Öffnungen wie Dachflächenfenster oder Lichtkuppeln – ist häufig die gleiche Forderung zu stellen. Sie verhalten sich im Sommer günstiger, wenn eine Durchlüftung vorhanden ist, d.h. sie als Kaltdächer ausgeführt sind.

15.5.5 Wärmedämmstoffe

Wärmedurchgang. Der Wärmedurchgang durch Stoffe wird wesentlich durch drei Transportvorgänge bewirkt:

- (eigentliche) Wärmeleitung durch Weitergabe der Wärmebewegungsenergie der Moleküle über Stoßprozesse,
- Wärmemitführung oder Konvektion,
- Wärmestrahlung.

Alle drei Effekte wirken sowohl bei der Wärmeweitergabe in Stoffen als auch bei der Wärmeaufnahme und -abgabe eines Bauteils mit. Bei einer Ermittlung der Wärmeleitfähigkeit λ_R eines Stoffes werden sie nicht getrennt bestimmt, sondern dieser Wert ist das Resultat des Zusammenwirkens aller Wärmetransportvorgänge.

Gase setzen – wegen ihrer geringeren Moleküldichte – der Wärmeleitung einen größeren Widerstand entgegen als flüssige oder feste Stoffe. Deshalb ist ein großer Luftgehalt in einem Baustoff in der Regel ein Kennzeichen für eine geringe Wärmeleitfähigkeit. Als Wärmedämmstoffe bezeichnet man porige und deshalb spezifisch leichte Stoffe mit besonders geringer Wärmeleitfähigkeit ($\lambda_R < 0,1$ W/m · K). Ihre Poren sind meist mit Luft, seltener mit anderen Gasen gefüllt.

Feuchte Bau- und Dämmstoffe leiten die Wärme besser als trockene. Zwar ist auch die Wärmeleitfähigkeit von Wasser in der Regel höher als die der Dämmstoffe, jedoch spielt für die schlechtere Dämmfähigkeit feuchter Stoffe auch die Wärmemitführung beim Feuchtetransport durch die Baustoffe die wesentliche Rolle.

Die Abhängigkeit der Wärmeleitfähigkeit von der Stofftemperatur ist merklich, sie wird aber bei Wärmeschutzberechnungen nicht berücksichtigt. In der Regel nimmt die Wärmeleitung mit zunehmender Temperatur zu, die Dämmfähigkeit also ab.

Stoffe hoher Dichte (Metalle, Natursteine, künstliche Steine) haben große Wärmeleitfähigkeiten und müssen deshalb, um ausreichende Wärmedämmfähigkeit zu erhalten, mit Dämmstoffen kombiniert eingesetzt werden.

Wärmedämmung als Maßnahme gegen zu großen Wärmedurchgang durch Bauteile kann deshalb entweder durch Verwendung von Massivbaustoffen relativ geringer Wärmeleitfähigkeit (z.B. Porenziegel, Beton mit porigen Zuschlägen, Leichtbetonsteinen, Poren- oder Gasbeton, Holz) oder durch eine Kombination beliebiger statisch wirksamer Stoffe mit Dämmstoffen betrieben werden.

Dämmstoffe. Diese Dämmstoffe können nach Herkunft (aus organischen oder anorganischen Grundstoffen), nach der Zusammensetzung (Stoffname) oder dem Herstellungsverfahren (z.B. Schäumen) unterschieden werden. Man kann wie folgt einteilen:

— Mineralische oder pflanzliche Faserdämmstoffe (DIN 18165-1),
— Schaumkunststoffe (DIN 18164-1 und DIN 18159 „Ortschaum"),
— Korkdämmstoffe (DIN 18161-1),
— Schaumglas (DIN 18174),
— Holzwollwolle- und Mehrschicht-Leichtbauplatten (DIN 1101 bzw. 1104).

Die Wärmeleitfähigkeit von Stoffen wird an ebenen trockenen Platten des zu untersuchenden Materials nach DIN 52612 bestimmt und der Mittelwert verschiedener Messungen bei 10°C mit einem Zuschlag zur Berücksichtigung von Alterung und praktischem Feuchtegehalt versehen. Für den rechnerischen Nachweis des Wärmeschutzes dürfen nur zugelassene Rechenwerte der Wärmeleitfähigkeit (λ_R) verwendet werden. Durch die Einteilung der Wärmedämmstoffe nach ihrer Wärmeleitzahl in Wärmeleitfähigkeitsgruppen (WLG) ist der λ_R-Wert eines Dämmstoffs z.B. an der Dämmstoffpackung meist leicht zu erkennen. Die dreistellige Zahl (z.B. 035) gibt die Wärmeleitfähigkeit in der Form der hinter dem Komma stehenden Ziffern an: Im Beispiel ist also $\lambda_R = 0{,}035$ W/m · K.

In Tabelle **15**.54 sind einige wichtige Bau- und Dämmstoffe mit den Rechenwerten ihrer Wärmeleitfähigkeit aufgeführt.

Es kann hier nicht auf die speziellen Eigenschaften der verschiedenen Dämmstoffe eingegangen werden, jedoch sind neben der Wärmeleitfähigkeit für den Anwender noch (neben allgemeiner Beschaffenheit und den Maßen)

— Festigkeitswerte,
— Brandverhalten (Brennbarkeits- und Feuerwiderstandsklassen, s. Abschn. 15.7.2),
— Formbeständigkeit

wesentlich.

Bei Faserdämmstoffen sind in DIN 18165-1 (Wärmedämmung) und 18165-2 (Trittschalldämmung) noch

— Zusammendrückbarkeit,
— Abreißfestigkeit,
— dynamische Steifigkeit (für Luft- und Trittschalldämmung),
— Strömungswiderstände (für raumakustische Anwendungen und Verwendung in mehrschaligen Wänden)

erwähnenswert.

Tabelle **15**.54 Rechenwerte der Wärmeleitfähigkeit und Richtwerte der Wasserdampf-Diffusionswiderstandszahlen (Auszug aus DIN 4108-4, Tab. 7)

Baustoff	Rohdichte ρ in kg/m³	Wärmeleitfähigkeit λ_R in W/m K	Diffusions-widerstandszahlen μ –
1. Putze, Estriche, Mörtel			
Kalkmörtel, Kalkzementmörtel	1800	0,87	15/35
Zementmörtel, Zementestrich	2000	1,40	15/35
Leichtmörtel LM 21	700	0,21	15/35
Wärmedämmputzsysteme (DIN 18550-3)	≥ 200	0,08	5/20
2. Großformatige Bauteile aus Beton			
Normalbeton (DIN 1045), auch bewehrt	2400	2,10	70/150
Bimsbeton	800	0,24	5/15
Porenbeton (Gasbeton) (DIN 4223)	600	0,19	5/10
3. Bauplatten			
Wandbauplatten aus Gips (DIN 18163)	900	0,41	5/10
Wandbauplatten aus Porenbeton (DIN 4166)	600	0,22	5/10
Gipskartonplatten (DIN 18180)	900	0,21	8
4. Mauerwerk einschl. Mörtelfugen			
Vollklinker, Hochlochklinker (DIN 105)	2000	0,96	50/100
Vollziegel, Hochlochziegel (DIN 105)	1600	0,68	5/10
Leichtbeton-Hohlblocksteine (3 K, b = 300 mm)	700	0,39	5/10
Porenbeton-Plansteine (DIN 4165)	700	0,23	5/10
Kalksandsteine (DIN 106)	1800	0,99	5/25
5. Wärmedämmstoffe			
Holzwolle-Leichtbaupl. (DIN 1101) ($d \geq 25$ mm)	360 bis 480	0,090	2/5
Polystyrol-Partikelschaum (EPS)	> 20 bis 30	0,035 bis 0,040	30/70
Polystyrol-Extruderschaum (XPS)	≥ 25	0,030 bis 0,040	80/250
Faserdämmstoffe (DIN 18165)	8 bis 500	0,035 bis 0,050	1
Schaumglas (DIN 18174)	100 bis 500	0,040 bis 0,060	dampfdicht
6. Holz- und Holzwerkstoffe			
Fichte, Kiefer, Tanne	600	0,13	40
Sperrholz (DIN 68705)	800	0,15	50/400
Span-Flachpreßplatten (DIN 68761/68763)	700	0,13	50/100
Poröse Holzfaserplatten (DIN 68750)	≤ 300	0,060	5
7. Beläge, Abdichtstoffe			
Linoleum (DIN 18171)	1000	0,17	
Kunststoffbeläge, auch PVC	1500	0,23	
Bitumendachbahnen (DIN 52128)	1200	0,17	10000/80000
Kunststoff-Dachbahnen (PIB) (DIN 16731)			400000/1750000
Polyethylen-Folien ($d \geq 0{,}1$ mm)			100000
Aluminiumfolien ($d \geq 0{,}05$ mm)			dampfdicht
8. Sonstige gebräuchliche Stoffe			
Kunstharzputz	1100	0,70	50/200
Glas	2500	0,80	dampfdicht
Keramik und Glasmosaik	2000	1,2	100/300
Stahl	7800	60	dampfdicht
Aluminium		200	dampfdicht

Wegen der Bedeutung für die praktische Anwendung werden Wärmedämmstoffe je nach Druckbeanspruchbarkeit und Abreißfestigkeit noch mit Typkurzzeichen versehen, z.B.:

W nicht druckbeanspruchbar (Wände und belüftete Dächer)
WL nicht druckbeanspruchbar (belüftete Dachkonstruktionen)
WD druckbeanspruchbar (unter druckverteilenden Böden oder der Dachhaut)
WDA druckbeanspruchbar und abreißfest (Dächer bei verklebter Verlegung)
WDS druckbeanspruchbar bei höherer Belastung (wie WDA und bei Parkdecks)
WDH druckbeanspruchbar bei höherer Belastung (wie WDH, auch hochbelastete Parkdecks)
WS druckbeanspruchbar bei höherer Belastung (wie WDS, nicht temperaturbelastbar)
WZ leicht zusammendrückbar (in Wand- und Deckenhohlräumen)
WV leicht zusammendrückbar, aber begrenzt abreißsicher (Vorsatzschalen)
Z druckbelastbar, mit definierter dynamischer Steifigkeit (für schwimmende Estriche).

Die Typkurzzeichen T und TK gelten für Dämmstoffe zur Trittschalldämmung unter Böden.

Im Bauwesen verwendete Dämmstoffe sollten mindestens schwerentflammbar sein (Baustoffklasse B1); die Kennzeichnung erfolgt mit den jeweiligen Kennbuchstaben (bauaufsichtliche Benennung) der Baustoffklasse (s. Abschn. 15.7).

Sonderkennzeichen z.B. bei gasdiffusionsdichten Oberflächen (M), für besonders weichfedernde Faserdämmstoffe des Typs WV (o), bei Faserdämmstoffen für Schallschutzzwecke (w) usw. sind möglich.

15.5.6 Wasserdampfdiffusion, Temperaturen an Bauteilen, Tauwasserbildung

Tauwassergefährdung. Der heute geforderte erhöhte Wärmeschutz wirkt sich bei richtiger Anwendung auch durch eine verringerte Gefahr von Tauwasserbildung (Kondensations-, Kondenswasser) an und in Außenbauteilen aus. Bei bestimmten Dämmethoden (z.B. Innen- und Kerndämmung) und besonders auch bei nachträglichen Wärmeschutzmaßnahmen (z.B. Fenstereinbau, Altbausanierung) kann es jedoch zu Tauwasserbildung besonders bei winterlichen Wetterverhältnissen kommen, wobei Folgeschäden, wie Schimmelpilzbildung und Korrosion nicht auszuschließen sind.

Tauwasser entsteht immer dann, wenn sich Wasserdampf, z.B. in feuchter Luft, aber auch in beliebigen porösen Stoffen, unter eine bestimmte Temperatur, den Taupunkt (Taupunkttemperatur) ϑ_s abkühlt. Die Taupunkttemperatur hängt von der Lufttemperatur ϑ_L und der Wasserdampfmenge, bei Luft also der Luftfeuchtigkeit, ab. Luft, die sich am Taupunkt befindet (Nebelbildung!) nennt man „gesättigt". Die sich in ihr befindende Wasserdampfmenge kann nicht weiter erhöht werden. Man mißt Wasserdampfmengen häufig über den von ihr erzeugten Anteil am gesamten Luftdruck („Wasserdampfteildruck" in Pascal, Pa). Der Teildruck des Wasserdampfes bei Taupunkttemperatur heißt „Wasserdampfsättigungsdruck" p_s. Er hängt nur von der Temperatur ab; diese Abhängigkeit ist der Tab. **15**.55 zu entnehmen, eine feiner gestufte Tabelle findet sich in DIN 4108-5, Tab. 2 und den üblichen bautechnischen Zahlentafeln [81].

Tabelle **15**.55 Wasserdampfsättigungsdruck p_s bei Temperaturen ϑ zwischen – 20 und + 30 °C in Pascal (Pa) (s. auch DIN 4108-5, Tab. 2)

ϑ in °C	p_s in Pa	ϑ in °C	p_s in Pa	ϑ in °C	p_s in Pa	ϑ in °C	p_s in Pa	ϑ in °C	p_s in Pa
30	4244	20	2340	10	1228	0	611	–10	260
29	4006	19	2197	9	1148	–1	562	–11	237
28	3781	18	2065	8	1073	–2	517	–12	217
27	3566	17	1937	7	1002	–3	476	–13	198
26	3362	16	1818	6	935	–4	437	–14	181
25	3169	15	1706	5	872	–5	401	–15	165
24	2985	14	1599	4	813	–6	368	–16	150
23	2810	13	1498	3	759	–7	337	–17	137
22	2645	12	1403	2	705	–8	310	–18	125
21	2487	11	1312	1	657	–9	284	–19	114
								–20	103

Es ist erkennbar, daß warme Luft erheblich mehr Wasserdampf aufnehmen kann als kalte. Z.B. können bei 20 °C bis 17,3 g Wasserdampf im Kubikmeter Luft (entsprechend einem Sättigungsdruck von 2340 Pa) enthalten sein. Das Vorhandensein von Wasserdampf ist jedoch nicht an Luft gebunden, auch in beliebigen Stoffen kann die Dampfmenge als Wasserdampfteildruck angegeben werden.

Typische Entstehungsorte von Tauwasser sind Wärmebrücken (auch „Kältebrücken" genannt, s. Abschn. 15.5.8) in Wänden und Decken (z.B. Fensterstürze, auskragende Betonteile, Gebäudeaußenecken), aber auch Räume in unzulänglich belüfteten (Neubau-) Wohnungen, Bäder, Küchen und Viehställe, besonders dann, wenn die Feuchteerzeugung relativ groß ist (Pflanzen!). Schlecht gedämmte Außenbauteile sind genauso gefährdet wie Außenwände, die z.B. durch davorstehende Schränke nicht von der Innenluft erwärmt werden.

Tauwasser schlägt sich besonders schnell auf den Oberflächen guter Wärmeleiter, wie Metalle, Glas, Naturstein, Normal- und Schwerbeton, Fliesen nieder, wenn sie sich unter dem Taupunkt der Innenluft abkühlen oder die Taupunkttemperatur durch hinzukommende Feuchte (Duschbäder!) über die Bauteiltemperatur ansteigt.

Dampfdiffusion. Wände sollen luftundurchlässig sein, sind aber in der Regel durchlässig für Wasserdampf. Eine Wasserdampfwanderung durch eine Trennwand hindurch nennt man Wasserdampfdiffusion. Sie erfolgt nach physikalischen Gesetzen immer dann, wenn der Wasserdampfteildruck auf beiden Seiten der Wand unterschiedlich ist.

Da im Winter (Tauwassergefährdung groß!) die Außentemperaturen erheblich geringer als die Innenlufttemperaturen sind, ist der Wasserdampfdruck außen geringer als im Rauminnern. Das Dampfdruckgefälle läßt den Wasserdampf durch die Außenbauteile von innen nach außen diffundieren. Die Wanderungsrichtung entspricht dann der Richtung des Wärmeflusses. Im Sommer kann es auch (vorübergehend) zu umgekehrt verlaufenden Diffusionsvorgängen kommen, der Wärmefluß ist dann in der Regel auch umgekehrt.

In üblichen, nicht beidseitig mit dampfundurchlässigen Schichten versehenen Bauteilen ist also immer Wasserdampf enthalten. Er kann kondensieren, wenn irgendwo der Taupunkt im Bauteil unterschritten wird. Meist stellt sich innerhalb der Außenwände – in Abhängigkeit von der Wasserdampfdurchlässigkeit der Wandmaterialien – ein niedrigerer Dampfdruck ein als im Innenraum, so daß bei genügend hohen Wandtemperaturen (z.B. durch äußere Wärmedämmung) nicht mit Tauwasserbildung im Wandinnern gerechnet werden muß. Viele Außenwandkonstruktionen lassen aber (etwas) Tauwasser in der Nähe des Außenputzes entstehen, ohne daß sich daraus eine größere Feuchtegefährdung der Wand ergeben muß (s. Rechenbeispiel Tab. **15**.59).

15.5.6.1 Temperaturverhältnisse an und in Bauteilen

Niedrige Bauteiltemperaturen können die Gefahr von Tauwasserbildung andeuten. Es ist deshalb vorteilhaft, sich bei der Konstruktion von bedenklichen Wänden oder anderen Außenbauteilen zuerst einen Überblick über die Temperaturverhältnisse an und im Bauteil zu verschaffen. Der Rechenvorgang nach DIN 4108 wird hier und im Rechenbeispiel Tabelle **15**.59 beschrieben:

Der Berechnung werden (vereinfachend) konstante Lufttemperaturen innen und außen zugrunde gelegt. Diese Temperaturen ϑ_{Li} und ϑ_{La} wählt man in der Regel so, daß ungünstige winterliche Verhältnisse damit beschrieben werden; nach DIN 4108-3, Abschn. 3.2.2.2 sind für Tauwasserberechnungen (s. Rechenbeispiel Tab. **15**.59) innen 20 °C und außen – 10 °C als Lufttemperaturen anzunehmen.

Natürlich können in Ausnahmefällen, in denen eine auch nur geringe Tauwasserbildung vermieden werden soll, strengere Klimabedingungen (z.B. niedrigere Außentemperaturen) angesetzt werden.

Aus den angenommenen Lufttemperaturen werden nacheinander zuerst die Oberflächentemperatur des Bauteils (beim nachstehenden Formelsatz wird von innen nach außen gerechnet) und dann die weiteren Temperaturen an den Trennflächen der Bauteilschichten der *n*-schichtigen Konstruktionen ermittelt (s. Bild **15**.56):

$$\vartheta_{0i} = \vartheta_{Li} - k(\vartheta_{Li} - \vartheta_{La})\,\frac{1}{\alpha_i}$$

(Oberflächentemperatur innen)

$$\vartheta_{12} = \vartheta_{0i} - k(\vartheta_{Li} - \vartheta_{La})\,\frac{s_1}{\lambda_1}$$

$$\vartheta_{23} = \vartheta_{12} - k(\vartheta_{Li} - \vartheta_{La})\,\frac{s_2}{\lambda_2}$$

bis

$$\vartheta_{0a} = \vartheta_{n-1,n} - k(\vartheta_{Li} - \vartheta_{La})\,\frac{s_n}{\lambda_n}$$

(Oberflächentemperatur außen)

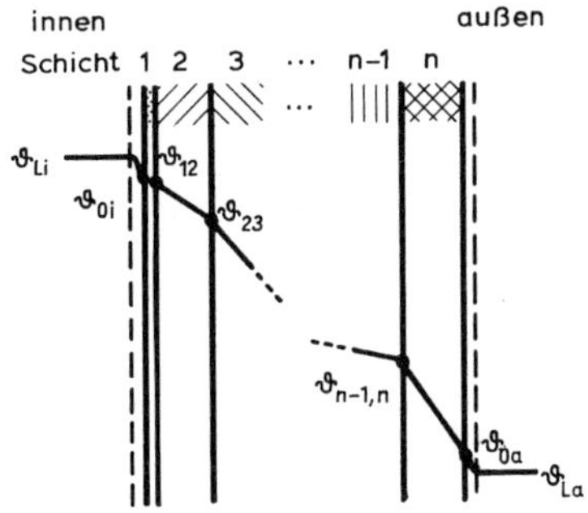

15.56 Temperaturverlauf in einer *n*-schichtigen Wand (Schema)

dabei sind:

k Wärmedurchgangskoeffizient in W/m²K (zu errechnen nach Abschn. 15.5.3)

$1/\alpha_i$ Wärmeübergangswiderstand in m²K/W (nach DIN 4108-4, Tab. 5)

s_i Schichtdicke der *i*-ten Bauteilschicht in m

λ_i Rechenwert der Wärmeleitfähigkeit der Schichtmaterialien in W/m · K (s. Tab. **15**.54)

Bei Luftschichten muß (s. Abschn. 15.5.3) statt des Quotienten s/λ (= Wärmedurchlaßwiderstand der Schicht) der Wärmedurchlaßwiderstand der Luftschicht nach DIN 4108-4, Tab. 2 eingesetzt werden.

Die errechneten Temperaturen können dann in den Wandquerschnitt (s. Bild **15**.57 oben) eingezeichnet werden. Die Temperaturen in den Bauteilschichten ergeben sich durch lineare (zeichnerische) Interpolation zwischen den Trennschichttemperaturen. Dem Wärmeübergangswiderstand an beiden Seiten des Außenbauteils wird (mehr symbolisch) eine Wärmeübergangsschicht im Temperaturdiagramm zugeordnet, die üblicherweise durch gestrichelte Linien parallel zu den Oberflächen angedeutet wird.

Die Ermittlung der Oberflächentemperatur auf der Bauteil-Innenseite (ϑ_{0i}) hat eine besondere Bedeutung, da diese Temperatur über ein Bauteil hinweg möglichst gleichmäßig sein sollte, um Schmutzstreifen (bei gemauerten Wänden z.B. als „Fugenabbildung" bekannt) nicht erst entstehen zu lassen. Außerdem tritt Oberflächenkondensat immer dann auf, wenn ϑ_{0i} niedriger als die Taupunkttemperatur der Innenluft ist.

Die Oberflächentemperatur außen (ϑ_{0a}) ist besonders hoch und die Innenoberflächentemperatur ϑ_{0i} besondes niedrig an Wärmebrücken. Thermographie-Verfahren können deshalb derartige Schwachstellen von außen und innen sichtbar machen.

15.5.6.2 Das Glaser-Verfahren zur Beurteilung von Bauteilen bezüglich ihrer Tauwassergefährdung

Tauwassergefahr. Die Tauwassergefährdung eines Bauteils kann mit einiger Erfahrung – zwar häufig aus dem Temperaturverlauf in einem Bauteil für eine gegebene Klimasituation abgeschätzt werden, eine genauere Analyse benötigt aber auch die Dampfdurchlässigkeit der Bauteilschichten, da erst mit diesen Angaben die Mengen der zu den unterkühlten (Kondensat-)Stellen gelangenden Wasserdampfes rechnerisch abgeschätzt werden können.

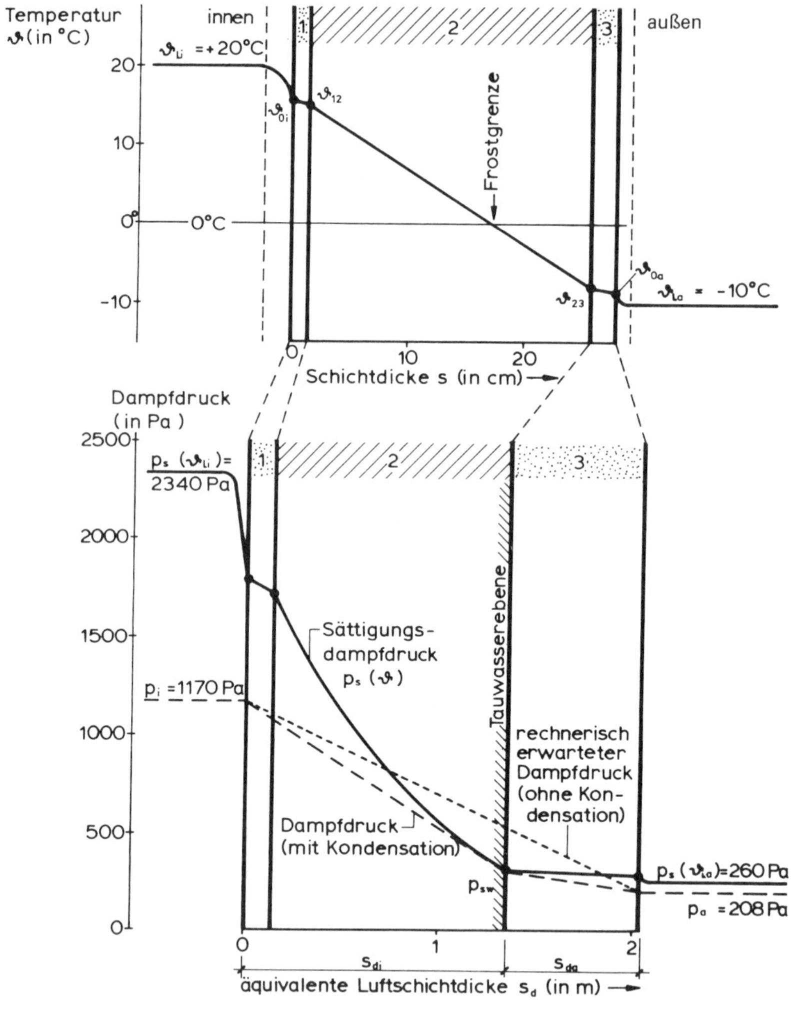

15.57 Temperaturverlauf (oben) und Dampfdruckverhältnisse (unten) zum Rechenbeispiel (s. Tab. **15**.59): Der Temperaturverlauf ist über der Schichtdicke, die Dampfdruckkurven sind über dem Diffusionswiderstand aufgetragen (Glaser-Diagramm). Es besteht Kondensationsgefahr im Schmiegungsbereich der p- und p_S-Kurven.

Nicht der Temperaturverlauf in einem Bauteil ist jedoch für die Tauwasserentstehung entscheidend, sondern der damit eng zusammenhängende Sättigungsdampfdruck-Verlauf, den man ebenfalls in den Bauteilquerschnitt einzeichnen kann, wenn man die Umrechnung mit Hilfe der Tabelle **15**.55 durchführt.

Die Dampfdruckwerte dieser Kurve werden von realen Dampfdrücken nie überschritten. Eine Ermittlung des Dampfdruckverlaufs, der rechnerisch (wegen des Dampfstroms – Diffusionsstroms – von innen nach außen) entstehen könnte, kann dann zeigen, wo eine Tendenz zur Taupunktunterschreitung im Bauteilquerschnitt besteht: Dort, wo der rechnerisch ermittelte Dampfdruck den Sättigungsdampfdruck überschreitet, ist Kondensat (unter den gegebenen Klimabedingungen) zu erwarten.

Dampfdruck. Die notwendige Dampfdruckberechnung kann in Analogie zur Temperaturberechnung durchgeführt werden, da Diffusionsstrom und Wärmestrom (trotz gänzlich unterschiedlicher physikalischer Vorgänge) ähnliche Gesetze befolgen:

Der Wärmefluß durch ein Bauteil wird durch eine Temperaturdifferenz zwischen Innen- und Außenseite veranlaßt. Analog dazu führt Dampfdruckdifferenz zwischen den Dampfdrücken der Innenluft und Außenluft (p_i und p_a) zu einem Dampfdiffusionsstrom.

So wie der Dampfdruck p in unserer Analogiebetrachtung also der Temperatur entspricht, entsprechen sich auch andere Größen: Statt der Wärmeleitfähigkeit ist für Wasserdampf eine Dampfleitfähigkeit δ eines Baustoffs wirksam, und es gibt analoge Größen für den Wärmedurchlaßwiderstand und den Wärmedurchgangskoeffizienten.

Glaser-Verfahren. Ein Formelsatz zur Ermittlung der benötigten rechnerischen p-Werte wäre also leicht aufzustellen, jedoch hat *Glaser* ein zeichnerisches Verfahren zur Ermittlung des Dampfdruckverlaufs in einem Bauteil angegeben, welches auch in DIN 4108 ausführlich beschrieben wird. Dazu wird der Wandquerschnitt nicht maßstabsgetreu (wie beim Temperaturdiagamm üblich, s. Bild **15**.57 oben) aufgetragen, sondern passend verzerrt. Dann kann der (rechnerisch erwartete) Dampfdruck als Gerade in dieses Diagramm eingetragen und mit dem ebenfalls aufgetragenen Sättigungsdampfdruck verglichen werden (Bild **15**.57 unten).

Eine Tauwassergefährdung ist im Querschnitt vorhanden, wenn die Gerade die (gekrümmten) Sättigungsdampfdruckkurven irgendwo schneidet.

Luftfeuchte

Für alle Wasserdampfdruckberechnungen ist die Kenntnis von Klimadaten notwendig. Neben den Lufttemperaturen ϑ_{Li} und ϑ_{La} (s. Abschnitt 15.5.6.1) sind das die Dampfdrücke p_i und p_a. Sie werden in der Regel nicht direkt gemessen und angegeben, sondern indirekt über die (leicht meßbaren) relativen Luftfeuchten.

$$\varphi_i = \frac{p_i}{p_s(\vartheta_{Li})} 100 \quad \text{und} \quad \varphi_a = \frac{p_a}{p_s(\vartheta_{La})} 100 \quad \text{in \%}$$

Diese sind also als Verhältnis des Dampfdrucks zum maximal möglichen Dampfdruck (bei gleicher Temperatur) definiert. Nach DIN 4108 kann für die Innenluft im Winter eine relative Feuchte von 50% (bei 20°C), für die Außenluft eine solche von 80% (bei −10°C) angenommen werden, so daß sich folgende Normwerte für p_i und p_a ergeben:

$$p_i = p_s(\vartheta_{Li}) \frac{\varphi_i}{100} = 2340 \cdot 0{,}5 = 1170 \text{ Pa} \qquad p_a = p_s(\vartheta_{La}) \frac{\varphi_a}{100} = 260 \cdot 0{,}8 = 208 \text{ Pa}$$

Diffusionswiderstandszahl μ, äquivalente Luftschichtdicke s_d

Wie in Bild **15**.57 unter Verwendung der Zahlenwerte des Rechenbeispiels **15**.59 gezeigt wird, ist für die zeichnerische Ermittlung der Dampfdrucke die Verwendung eines passend verzerrten Bauteilquerschnitts nötig. Es werden dabei nicht die wahren Dicken der Bauteilschichten auf der Abzisse eingetragen, sondern die Diffusionswiderstände dieser Schichten. Diese sind proportional zur Schichtdicke s und der Materialgröße μ (Diffusionswiderstandszahl), die angibt, wievielmal schlechter eine Baustoffschicht den Wasserdampf leitet als eine gleich dicke (ruhende) Luftschicht:

$$\mu = \frac{\delta_{Luft}}{\delta_{Baustoff}} \text{ (reine Zahl!)} \qquad \text{mit } \delta \text{ Wasserdampfleitfähigkeit}$$

Stoffe mit hohem μ-Wert sind also relativ dampfundurchlässig, die kleinsten Werte nahe 1 haben poröse, lufthaltige (Dämm-)Stoffe mit offenen Poren (s. Tab. **15**.54).

Wichtig ist für das Glaser-Diagramm nun das Produkt aus der Diffusionswiderstandszahl μ und der Schichtdicke s, das ein Maß für den Widerstand ist, den eine Materialschicht dem diffundierenden Wasserdampfstrom entgegensetzt! Da der μ-Wert aber auch der Faktor ist, um den die Wasserdampfleitung in Luft besser als im Baustoff ist, gibt er auch an, wieviel dicker eine Luftschicht sein muß als die Materialschicht, um dem Wasserdampf den gleichen Diffusionswiderstand entgegenzusetzen. Das Produkt $\mu \cdot s$ gibt also die Dicke einer Luftschicht an, die der Materialschicht diffusionsmäßig gleichwertig ist, man bezeichnet es daher auch als „äquivalente Luftschichtdicke".

Da die verschiedenen Bauteilschichten im Wasserdampfstrom hintereinander liegen, braucht nur die Summe dieser $\mu \cdot s$-Werte der Einzelschichten gebildet zu werden, um den gesamten Diffusionswiderstand des Bauteils in Form seiner äquivalenten Luftschichtdicke

$$s_d = \mu_1 \cdot s_1 + \mu_2 \cdot s_2 + \ldots + \mu_n \cdot s_n \quad \text{in m}$$

zu kennen, wenn n Bauteilschichten vorhanden sind.

Die äquivalente Luftschichtdicke wird – wie sich aus der Definition ergibt – in Metern gemessen. Wände mit geringer Wasserdampfdurchlässigkeit haben Werte etwa von $s_d > 15$ m, hohe Wasserdampfdiffusion ist bei $s_d \leq 3$ m gegeben. Zur Zeit gibt es keine verbindlichen Angaben darüber, welche Wasserdampfdurchlässigkeit Wände oder andere Außenbauteile haben sollten. Der Begriff „Atmungsfähigkeit" wird häufig mit Diffusionsfähigkeit gleichgesetzt (s. auch Abschn. 15.8.4). Eine hohe Diffusionsfähigkeit ist zur guten Austrocknung von Bauteilen vorteilhaft.

Es muß ausdrücklich betont werden, daß die dampfbremsende Wirkung einer Schicht durch den μ-Wert des Materials allein nicht beschrieben wird, erst das Produkt $\mu \cdot s$ ist ein Maß für den Dampfdiffusionswiderstand, den man analog zum Wärmedurchlaßwiderstand für eine Schicht definieren kann als

$$\frac{1}{\Delta} = \frac{s}{\delta} = \frac{\mu \cdot s}{\delta_{Luft}} \quad \text{in} \ \frac{\text{m}^2 \, \text{h Pa}}{\text{kg}}$$

bzw. für ein n-schichtiges Bauteil

$$\frac{1}{\Delta} = \frac{s_1}{\delta_1} + \frac{s_2}{\delta_2} + \ldots + \frac{s_n}{\delta_n} = \frac{1}{\delta_{Luft}} (\mu_1 \cdot s_1 + \mu_2 \cdot s_2 + \ldots \mu_n \cdot s_n)$$

Der Zahlenwert $1/\delta_{Luft}$ beträgt (bei Vernachlässigung seiner Temperaturabhängigkeit) etwa $1{,}5 \cdot 10^6$ m · h · Pa/kg, man kann also folgende Zahlenwertgleichung für den Diffusionswiderstand $1/\Delta$ verwenden:

$$\frac{1}{\Delta} = 1{,}5 \cdot 10^6 (\mu_1 \cdot s_1 + \mu_2 \cdot s_2 + \ldots + \mu_n \cdot s_n) \quad \text{in} \ \frac{\text{m}^2 \, \text{h Pa}}{\text{kg}}$$

Glaser-Diagramm

Im Glaser-Diagramm (s. Bild **15**.57) werden die Wasserdampfdrücke über die äquivalenten Luftschichtdicken des Außenbauteils aufgetragen. Bei Schichtmaterialien, für die nicht ein μ-Wert, sondern ein Bereich (z.B. 15/35) für die Diffusionswiderstandszahlen μ angegeben ist, ist nach DIN 4108-3, Abschn. 3.2.2.3 der für die Konstruktion „ungünstigere Wert" anzunehmen, d.h. der, bei dessen Anwendung in Rechnung und Diagramm sich (rechnerisch!) die größere Tauwassermenge in der Konstruktion ergibt (d.h. man liegt also auf der „sicheren Seite"!). In der Regel ist für Schichten, die sich in Diffusionsrichtung vor und in einer (bekannten oder vermuteten) Kondensationszone befinden, der niedrigere Wert, für Schichten hinter der Kondensatzone der höhere Wert anzusetzen (s. auch den anschließenden Abschn. „Tauwassermenge"). Die Befolgung der erwähnten Regel für die Auswahl der μ-Wertes kann daher – bei diffusionsmäßig unübersichtlichen (mehrschichtigen) Bauteilen – die mehrfache Anwendung des beschriebenen Rechnungsganges nach Glaser bedeuten!

Das Zeichnen des Glaser-Diagramms (s. Bild **15**.57) erfordert folgende Arbeitsschritte:

1. Errechnung der Schichtgrenztemperaturen (s. Abschn. 15.5.6.1),
2. Ablesen der zugehörigen Sättigungsdampfdrücke (s. Tab. **15**.55); (wegen des nichtlinearen Zusammenhangs zwischen p_s und der Temperatur können Zwischenwerte für p_s in den Schichtmitten benötigt werden!),
3. Zeichnen der Grundstruktur des Diagramms durch Auftragen des „verzerrten" Schnitts durch das Bauteil unter Verwendung der $\mu \cdot s$-Werte (s.o.),
4. Zeichnen einer Maßstabsskala für die Dampfdrücke,
5. Eintragen des Verlaufs des Sättigungsdampfdrucks (in der Regel gekrümmte – etwas durchhängende – Kurvenstücke! s. 2.),
6. Markierung der p_i- und p_a-Werte an den Bauteil-Oberflächen und Verbinden dieser Punkte durch eine Gerade (= rechnerischer Dampfdruckverlauf).

Falls sich Schnittpunkte zwischen dem p_s-Verlauf und der Geraden (s. 6.) ergeben, ist (nach Glaser) Kondensatentstehung möglich. Ist ein Schnittpunkt in der Nähe der Innenoberfläche, d.h. liegt die innere Oberflächentemperatur des Bauteils niedriger als die Taupunkttemperatur der Innenluft, so liegt der bei schlecht wärmegedämmten Bauteilen recht häufige Fall von Oberflächentauwasser vor. In einem solchen Fall sollte nach DIN 4108-3, Abschn. 3.1 eine Überprüfung und Vergrößerung des Wärmedurchlaßwiderstandes erfolgen. In den anderen Fällen können Wärmeschutzmaßnahmen oder/und Veränderungen der Schichtfolgen, aber auch der Einbau dampfbremsender Schichten notwendig werden (s. „Regeln zur Verringerung von Tauwasserniederschlag").

In ungefähr den Bereichen, in denen im Innern des Bauteils die in Bild **15**.57 eingezeichnete punktierte Gerade oberhalb der Sättigungskurve liegt, kann mit Kondensat gerechnet werden. Da jedoch der Wasserdampfdruck nicht höher als der Sättigungsdampfdruck sein darf, kann man nach Glaser in einem solchen Fall einen Dampfdruckverlauf p (gestrichelte Kurve in Bild **15**.57!) annehmen, der als Tangentenkurve so an die Sättigungskurve gelegt wird, wie sich ein elastisches Seil von p_i nach p_a unter die durchgezogene p_s-Kurve spannen würde. Diese „Seilzugkurve" beschreibt dann nach den Überlegungen von Glaser den Dampfdruckverlauf bei Kondensatbildung. Sie berührt an wenigstens einem (wie in unserem Rechenbeispiel) oder mehreren Punkten die Sättigungsdampfdruckkurve. Diese Berührungsstellen grenzen dann den Bereich des Tauwasseranfalls im Bauteilinneren ein.

Falls nicht ein Bauteil vorliegt, bei dem kein mengenmäßiger Nachweis des Tauwassers notwendig ist (s. DIN 4108-3, Abschn. 2.3.2 und weiter unten), muß nun als nächster Schritt eine Tauwasserberechnung und anschließend auch eine Ermittlung der evtl. im Sommer wieder verdunstenden Wassermenge erfolgen.

Tauwassermenge

Die Berechnungen erfolgen unter Berücksichtigung folgender Eigenschaften des Wasserdampf-Diffusionsvorgangs: Die Vorstellung, daß der Wasserdampf wegen der herrschenden Dampfdruckdifferenz (p_i-p_a) zwischen den Bauteiloberflächen durch das Bauteil „hindurchgedrückt" wird, ist analog dem Vorgang des elektrischen Stromflusses durch einen Widerstand zu sehen, der wegen der herrschenden Spannungsdifferenz am Widerstand erfolgt. Man kann dann analog zum Ohmschen Gesetz der Elektrotechnik: Strom gleich Spannung durch Widerstand für den Wasserdampf-Diffusionsstrom i (genauer: die Wasserdampf-Diffusionsstromdichte) schreiben:

$$i = \frac{p_i - p_a}{\frac{1}{\Delta}} \quad \text{in } \frac{\text{kg}}{\text{m}^2\,\text{h}}$$

Wie man aus Bild **15**.57 erkennt, ist *i* dann auch ein Maß für den Anstieg der *p*-Kurven, denn für große Druckdifferenzen und für kleine Diffusionswiderstände $1/\Delta$ sind *i* und der Kurvenanstieg groß.

Die gestrichelte „Seilzugkurve" wird im Kondensationsfall aber (wenigstens) eine Knickstelle und damit zwei verschiedene Anstiege haben: Vor dem Tauwasserbereich verläuft sie steiler als dahinter. Da man allgemeiner sagen kann, daß der Anstieg der *p*-Kurven proportional *i* ist, bedeutet das, daß der Wasserdampfstrom i_i von der Innenluft bis zum Kondensationsbereich größer ist als der Dampfstrom i_a von dort bis zur Bauteil-Außenseite. Der „fehlende" Wasserdampf, die Differenz, ist der kondensierende! Man kann die Kondensatmenge W_T für die ganze „Tauwasserperiode" (Winter) ermitteln als

$$W_T = (i_i - i_a) \cdot t_T \quad \text{in kg/m}^2$$

wobei t_T die in Stunden angegebene Dauer dieser Periode ist.

Nach DIN 4108 wird stark vereinfachend eine Zeitdauer der Tauwasserentstehung von 60 Tagen (entsprechend $t_T = 1440$ Stunden) angesetzt. Die auf diese Art (s. Rechenbeispiel Tab. **15**.59) ermittelte Tauwassermenge pro Wintersaison darf 1,0 kg pro m² Bauteilfläche nicht überschreiten, an Grenzflächen zwischen nicht wasseraufnahmefähigen Schichten und Luftschichten (oder wasserdurchlässigen Schichten) darf die Kondensatmenge sogar nur 0,5 kg/m² betragen. Bei Konstruktionen mit Holz oder Holzbaustoffen darf außerdem keine schädliche Erhöhung des Feuchtegehaltes erfolgen (s. DIN 4108-3, Abschn. 3.2.1). In allen Fällen muß darüber hinaus sichergestellt sein, daß (rechnerisch) die Tauwassermenge im Sommer (= Verdunstungsperiode) wieder ausdiffundieren (austrocknen) kann.

Große Tauwassermengen werden entstehen, wenn – wie aus dem Ausdruck für W_T ersichtlich – große Wasserdampfströme i_i in eine Konstruktion eindringen, aber nur kleine Dampfströme i_a sie wieder verlassen. Das heißt, kleine äquivalente Luftschichtdicken s_{di} innen vor dem Kondensationsgebiet sind für das Bauteil ebenso ungünstig wie große äquivalente Luftschichtdicken s_{da} hinter dem Tauwasserbereich, also außen (s. auch Rechenbeispiel). Daraus begründet sich dann die für Materialien mit einem μ-Wert-Bereich nach DIN 4108 notwendige Wahl der ungünstigeren Diffusionswiderstandszahl μ (für höheren Tauwasserausfall): Der niedrigere Wert muß in der Regel für innenliegende Schichtmaterialien, der höhere für außen befindliche Schichten gewählt werden. Im Zweifelsfall, z.B. bei Mittelschichten und unbekanntem Kondensationsbereich, müssen Proberechnungen nach Glaser die Richtigkeit der μ-Wahl bestätigen.

Verdunstungsmenge

Die Berechnung der Verdunstungsmenge erfolgt an einem weiteren Glaser-Diagramm gleichen Aufbaus, d.h. unter Verwendung der gleich $\mu \cdot s$-Werte, jedoch lauten die vorgeschlagenen Klimadaten nach DIN 4108) für die Verdunstungsperiode (bei Wänden)

$$\vartheta_{Li} = \vartheta_{La} = 12\,°C \quad \text{und} \quad \varphi_i = \varphi_a = 70\%$$

Damit ist der Sättigungsdampfdruck im gesamten Wandquerschnitt konstant

$$p_s = 1403 \text{ Pa}$$

und die Wasserdampfteildrücke betragen innen und außen

$$p_i = p_a = 982 \text{ Pa.}$$

Das Glaser-Diagramm für Bauteile mit nur einer Kondensatebene (wie in unserem Rechenbeispiel) verläuft in der Regel so, wie das Bild **15**.58 zeigt:

An Kondensationsebenen der Tauwasserperiode herrscht bis zur vollständigen Verdunstung Wasserdampfsättigung ($p = p_s$), der Dampfdruckverlauf wird also durch (mindestens) 2

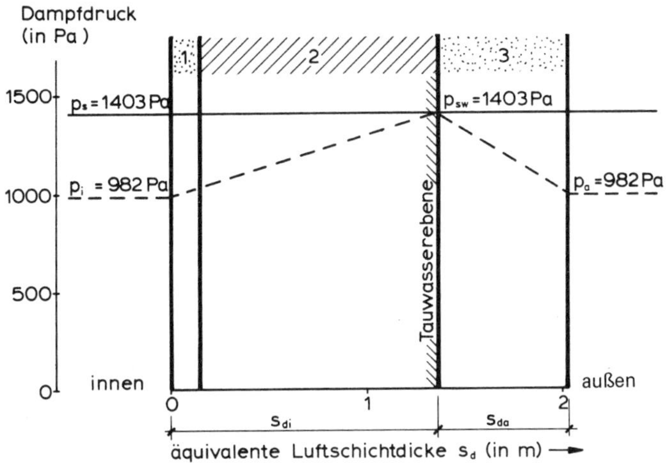

15.58
Glaser-Diagramm
(Verdunstungsperiode)

Geraden beschrieben, die entgegengesetzt gerichtete Steigungen haben. Da die Steigung ein Maß für den Diffusionsstrom ist, erkennt man, daß von der Kondensationsstelle Diffusionsströme nach innen und nach außen verlaufen: Die Wand trocknet nach beiden Seiten aus! Die Verdunstungsmenge W_V errechnet sich dann aus der Formel

$$W_V = (i_i - i_a)\, t_V \quad \text{in kg/m}^2$$

wobei sich W_V als negative Summe beider Diffusionsströme ergibt, wenn man die Diffusionsrichtung von i_i als negativ ansieht (s. Rechenbeispiel Tab. **15**.59). Die Dauer der Verdunstungsperiode wird nach DIN 4108 mit 90 Tagen (d.h. t_V = 2160 h) angesetzt.

In DIN 4108-5, Abschn. 11.2.2 sind alle auftretenden Sonderfälle und deren rechnerische Behandlung nach Glaser beschrieben:

Mehrere Kondensatbereiche, Verdunstungsberechnung bei Dachkonstruktionen, Einbeziehung von Dampfsperren usw. Der dortige Abschnitt enthält auch weitere Rechenbeispiele.

Regeln zur Verringerung von Tauwasserniederschlag

Das Glaser-Verfahren berücksichtigt nicht alle Feuchtetransportvorgänge, die in Baustoffen und Bauteilen auftreten können und kann deshalb auch nicht annähernd das reale Feuchtigkeitsverhalten von Bauteilen im jahreszeitlichen Verlauf beschreiben. Es ist nur als ein Verfahren zum Vergleich verschiedener Bauteile gedacht und deshalb in seiner Anwendung begrenzt!

Wenn die rechnerische Verdunstungsmenge größer oder gleich der Tauwassermenge ist und außerdem die oben angegebenen Maximalwerte von W_T nicht überschritten werden, gilt ein Bauteil nach DIN 4108 als nicht tauwassergefährdet. In allen anderen Fällen sollten Maßnahmen zur Verringerung winterlichen Kondensats getroffen werden:

- Erhöhung der Bauteiltemperatur durch (z.B. außenliegende) Wärmedämmung,
- Verwendung dampfbremsender Materialien (oder „Dampfsperren" mit sehr großen s_d-Werten) an der Bauteilinnenseite,
- Verwendung besser dampfdurchlässiger Materialien an der Bauteilaußenseite.

Eine bekannte Regel zur Tauwasserverhinderung lautet dementsprechend:

> Die Diffusionswiderstände der Einzelschichten (beschrieben durch die s_d- bzw. $\mu \cdot s$-Werte) sollten nach außen hin abnehmen, der Wärmedurchlaßwiderstand s/λ in der gleichen Richtung jedoch zunehmen.

Innenliegende Wärmedämmungen werden entgegen dieser Regel angebracht. Da sie aber häufig Vorteile bieten (Dämmung gegen klimatische Einflüsse geschützt, wirtschaftlich durch einfache Anbringung und bei nur vorübergehend beheizten Räumen durch geringe Anheizzeiten) sollten sie – notfalls nach Berechnung der Kondensationsgefährdung – nicht einfach verworfen werden. Sie ist besonders kritisch vor schweren, weniger dampfdurchlässigen Wandkonstruktionen (Normalbeton!). In schwierigen Fällen sollte dann entweder die Verwendung stark dampfbremsender Dämmaterialien oder die Anbringung einer lückenlosen (!) inneren Dampfsperre in Erwägung gezogen werden, die u.U. in Verbindung mit feuchtigkeitsspeicherndem Putz Kondensationsprobleme lösen kann (s. auch Abschn. 8 in Teil 2 dieses Werkes).

Man beachte auch die Gefahren, die durch Schichten mit hohem Dampfdiffusionswiderstand entstehen, wenn diese sich an der Außenseite der Konstruktion befinden: Die dampfbremsende Wirkung einer solchen Schicht kann zur Dampfdruckerhöhung („Dampfstau") und damit zur Tauwasserbildung führen.

Dieser Vorgang ist vielfach die Ursache für die Ablösung von Putzen und Anstrichen und für Bauschäden bei der Anwendung von Metallflächen an Gebäuden.

Dampfsperren können Austrocknungsvorgänge stark behindern und damit auch Feuchtigkeitsschäden fördern. In Holzbauten, auch Dachkonstruktionen, ist deshalb die Verwendung derartiger Schichten immer dann sehr kritisch zu betrachten, wenn die Austrocknung durch Belüftung nicht stattfinden kann [71]. Gänzlich vermeiden sollte man Dampfsperren in Fachwerkgebäuden bzw. bei deren Sanierung, obwohl das Verfahren nach *Glaser* (z.B. bei Lehmausfachungen) rechnerisch sehr hohe Tauwassermengen ergeben kann. Der dabei auch wirksame kapillare Wassertransport – der im genormten Verfahren nicht berücksichtigt wird – ist häufig Austrocknungsvorgängen sehr förderlich.

Der Nachweis des ausreichenden Schutzes eines Außenbauteils gegen Tauwasser ist bei den meisten erprobten Konstruktionen nicht erforderlich. In DIN 4108-3, Abschn. 3.2.3 sind ausführlich die Bauteile bzw. Bauteilkonstruktionen aufgeführt, bei denen sich eine Ermittlung der Wasserdampfverhältnisse (z.B. nach *Glaser*) erübrigt: Auch beim Rechenbeispiel (Tab. **15**.59) ist eine Diffusionsrechnung eigentlich nicht erforderlich, es soll jedoch zeigen, daß sogar übliche Wandkonstruktionen, wegen des normalerweise verwendeten relativ dampfdichten Außenputzes, Tauwasserbildung im Winter aufweisen können.

Bauteile, bei denen in der Regel eine rechnerische Untersuchung durchgeführt werden sollte, sind (laut DIN 4108) u.a.

- außengedämmte Wände mit relativ dampfdichtem Außenputz (s_d > 4 m),
- innengedämmte Wände mit gut wasserdampfdurchlässiger Dämmung (einschließlich Innenputz s_d < 0,5 m),
- Wände aus Leichtbeton (nach DIN 4219-1 und -2 oder nach DIN 4232) mit zusätzlicher Wärmedämmung,
- Wände mit Kerndämmung,
- Wände in Holzbauart, wenn die innere Dampfbremse eine äquivalente Luftschichtdicke von weniger als 10 m aufweist und die äußere Beplankung (aus Holz oder Holzwerkstoffen) relativ dampfundurchlässig ist (s_d > 10 m),
- nichtbelüftete Dächer („Warmdächer") mit weniger wirksamen dampfbremsenden Schichten bzw. Dampfsperren (s_d < 100 m), wenn sich oberhalb der Sperre weniger als 80% des Gesamtwärmedurchlaßwiderstandes des Daches befinden (Gefachbereich!),
- belüftete Dächer („Kaltdächer") mit ungenügender Lüftung und zu wenig wirksamen dampfbremsenden Schichten (Mindestwerte der äquivalenten Luftschichtdicken abhängig von der Sparrenlänge! Siehe DIN 4108-3, Abschn. 3.2.3.3.1),
- belüftete Dächer mit Neigungen unter 10° und zu geringer dampfbremsender Wirkung der Schichten unterhalb der Lüftung (s_d < 10 m) oder Dampfsperre ($s_d \geq$ 100 m), wenn sich oberhalb der Sperre weniger als 80% des Gesamtwärmedurchlaßwiderstandes befinden,
- Dächer mit massiven Deckenkonstruktionen, die nicht oberseitig gedämmt sind.

Die Untersuchungen von Bauschadensfällen haben ergeben, daß viele Tauwasserschäden nicht durch Wasserdampfdiffusionsvorgänge, sondern Konvektionsvorgänge ausgelöst

Tabelle **15.59** **Rechenbeispiel** zur Ermittlung des winterlichen Temperaturverlaufs und der Dampfdruckverhältnisse einer Außenwand (vgl. Bild **15.**57)

Klimabedingungen nach DIN 4108-5 (Anhang A): innen: Lufttemperatur: 20 °C, relative Luftfeuchte 50%; außen: Lufttemperatur: −10 °C, rel. Luftfeuchte 80%; Wärmedurchlaßwiderstand der Wand: $1/\Lambda = 1{,}183$ m^2K/W; Wärmedurchgangskoeffizient $k = 0{,}74$ W/m^2K

Schichtfolge	Schichtdicke s in m	Wärmeleitfähigkeit λ_R in W/mK	Temperatur ϑ in °C	Sättigungsdampfdruck p_s in Pa	Diffusionswiderstandszahl μ –	äquivalente Luftschichtdicke s_d in m	Dampfdruck p in Pa
Innenluft	–	–	$(\vartheta_{Li}=)20{,}0$	2340	–	–	$(p_i=)$ 1170
Wärmeübergang innen	–	–			–	–	
			$(\vartheta_{Oi}=)17{,}1$	1950			
1. Kalkzementputz	0,015	0,87			15/(35)	0,225(0,525)	
			$(\vartheta_{12}=)16{,}7$	1901			
2. Leichthochlochziegel-Mauerwerk	0,24	0,21			(5)/10	1,2(2,4)	
			$(\vartheta_{23}=)-8{,}6$	294			
3. Kalkzementputz	0,02	0,87			(15)/35	(0,3)0,7	
			$(\vartheta_{Oa}=)-9{,}1$	281			
Wärmeübergang außen	–	–			–	–	
Außenluft	–	–	$(\vartheta_{La}=)-10{,}0$	260	–	–	$(p_a=)208$

Bemerkungen: Nach DIN 4108-3 sollen die für die Tauwasserbildung im Winter ungünstigeren μ- bzw. s_d-Werte für die Berechnungen herangezogen werden: die nicht verwendeten sind in Klammern gesetzt worden. Die Dampfdrücke p im Innern des Bauteils sind für die Ermittlung der Tauwassermenge nach *Glaser* nicht notwendig und wurden deshalb nicht angegeben.

Berechnung der Tauwassermenge (s. DIN 4108-5, Abschn. 11.2.2 und Bild **15.**57)

Die Diffusionsstromdichte von der Innenseite zur Tauwasserebene ergibt sich zu

$$i_i = \frac{p_i - p_{sw}}{1{,}5 \cdot 10^6 \cdot s_{di}} = \frac{1170 - 294}{1{,}5 \cdot 10^6 \cdot 1{,}425} = 4{,}098 \cdot 10^{-4} \frac{\text{kg}}{\text{m}^2\,\text{h}}$$

Diffusionsstromdichte von der Tauwasserebene zur Außenluft:

$$i_a = \frac{p_{sw} - p_a}{1{,}5 \cdot 10^6 \cdot s_{da}} = \frac{294 - 208}{1{,}5 \cdot 10^6 \cdot 0{,}70} = 0{,}819 \cdot 10^{-4} \frac{\text{kg}}{\text{m}^2\,\text{h}}$$

Da die Differenz der Diffusionsstromdichten die pro Stunde und m^2 kondensierende Dampfmenge angibt, erhält man bei Annahme einer (winterlichen) Kondensationsdauer von 60 Tagen (1440 h) die Tauwassermenge von

$$W_T = 1440\,(i_i - i_a) = 0{,}472 \text{ kg/m}^2$$

Berechnung der Verdunstungsmenge (s. Bild **15.**58)

Diffusionsstrom(dichte) von der Tauwasserebene nach innen:

$$i_i = \frac{p_i - p_{sw}}{1{,}5 \cdot 10^6 \cdot s_{di}} = \frac{982 - 1403}{1{,}5 \cdot 10^6 \cdot 1{,}425} = -1{,}97 \cdot 10^{-4} \frac{\text{kg}}{\text{m}^2\,\text{h}}$$

und der Diffusionsstrom von der Tauwasserebene nach außen:

$$i_a = \frac{p_{sw} - p_a}{1{,}5 \cdot 10^6 \cdot s_{da}} = \frac{1403 - 982}{1{,}5 \cdot 10^6 \cdot 0{,}70} = 4{,}01 \cdot 10^{-4} \frac{\text{kg}}{\text{m}^2\,\text{h}}$$

Das negative Vorzeichen von i_i drückt aus, daß der Diffusionsstrom vom Tauwasserbereich zum Innenraum hin gerichtet ist, die gesamte Verdunstung ergibt sich aus beiden Diffusionsströmen und einer (angenommenen) Verdunstungsdauer von 90 Tagen (2160 h) zu

$$W_V = 2160\,(i_i - i_a) = -1{,}292 \text{ kg/m}^2$$

wobei das negative Vorzeichen hier Verdunstung anzeigt, im Gegensatz zu Kondensation mit positivem W_T (s.o.).

Die Wandkonstruktion ergibt sich also als nach DIN 4108 nicht tauwassergefährdet, da

- die maximal erlaubte Tauwassermenge von 1,0 kg/m^2 nicht überschritten wird und
- die Verdunstungsmenge (vom Betrag her) größer als die Tauwassermenge ist.

werden: In der kälteren Jahreszeit gelangt feuchtwarme Innenluft durch Undichtheiten der Innenverkleidungen (auch Fehler in Dampfsperren!) an kalte Bauwerksteile und der mitgeführte Wasserdampf kondensiert dort. Eine typische Schadensursache in (belüfteten) Kaltdächern sind z.B. Undichtheiten der Dampfsperren an Bauteildurchdringungen. Die dabei entstehenden Tauwassermengen können eine Größenordnung über den durch Diffusionsvorgänge erzeugten Tauwassermengen liegen. Auf hohe Luftdichtheit von Gebäuden sollte also nicht nur aus energietechnischen Gründen erhöhter Wert gelegt werden (s. Abschn. 1.8 in Teil 2 des Werkes).

Neuere Untersuchungen haben gezeigt, daß die Ausfüllung des Lüftungsraumes mit Dämmstoff („Sparrenvolldämmung") die eben beschriebene Kondensatbildung (wegen des Fehlens eines Einströmungsraumes für die hindurchtretende Luft) verhindern kann. Voraussetzung ist allerdings das Vorhandensein einer ausreichend dampfdurchlässigen Unterspannbahn oder eines entsprechenden Unterdaches oberhalb der Dämmung [39]. Auf erhöhte Luftdichtigkeit (Winddichtigkeit) der inneren Bauteilschichten muß dabei besonders geachtet werden.

Solange keine neuen Vorschriften zur Wasserdampfdiffusion und Tauwasserbildung vorliegen, sollte in kritischen Fällen eine Überprüfung durch Diffusionsrechnung nach DIN 4108 (Glaser-Verfahren oder modifiziertes Verfahren nach Jenisch) durchgeführt werden.

15.5.7 Erfüllung der gesetzlichen Anforderungen an den Wärmeschutz

Forderungen an den Wärmeschutz von Gebäuden werden in DIN 4108 „Wärmeschutz im Hochbau" und in der jeweils gültigen Wärmeschutzverordnung zum Energieeinsparungsgesetz formuliert. Die Norm soll zwar vorrangig der Vorbeugung gegen Bauschäden durch zu geringe Wärmedämmung dienen, darüber hinaus soll aber auch ein hygienisches Raumklima (Gesundheit der Bewohner) und geringerer Energieverbrauch bei Heizung und Kühlung bewirkt werden.

Das Energieeinsparungsgesetz selbst (EnEG vom 22. 7. 1976 mit Änderungen vom 20. 6. 1980) verlangt nur, daß bei neu zu errichtenden, aber auch bei an den Außenbauteilen wesentlich veränderten Gebäuden, der Wärmeschutz so zu gestalten ist, daß unnötige Heiz- und Kühlverluste (im Sommer bei raumlufttechnischen Anlagen zur Kühlung!) vermieden werden. Mit der Wärmeschutzverordnung (WSchV, ab 1. 1. 95 gültig ist die 3. Fassung vom 24. 8. 1994) und den zugehörigen Überwachungsvorschriften der Bundesländer sind dann auch – neben einer Zusammenstellung geforderter Werte – die Arten des Nachweises für einen ausreichenden Wärmeschutz festgelegt worden. Die Anforderungen der DIN 4108 gelten weiterhin und werden wirksam, wenn sie (z.B. bei Einzelbauteilen) über die der Wärmeschutzverordnung hinausgehen.

Die Wärmeschutzverordnung läßt zwei Möglichkeiten („Verfahren") zum Nachweis des gesetzlich ausreichenden Wärmeschutzes zu:

— Einhaltung bestimmter Werte des Jahres-Heizwärmebedarfs des Gebäudes in Abhängigkeit von A/V, dem Verhältnis der wärmeübertragenden Umfassungsfläche eines Gebäudes (A) zum hiervon eingeschlossenen Bauwerksvolumen (V) (Energiebilanzverfahren)

oder

— Einhaltung bestimmter Werte des Wärmedurchgangskoeffizienten k für einzelne Außenbauteile bei kleinen Wohngebäuden mit bis zu zwei Vollgeschossen und nicht mehr als drei Wohneinheiten (Vereinfachtes Verfahren oder „Kurzverfahren").

15.5.7.1 Energiebilanzverfahren

Dieses Verfahren verlangt die Einhaltung bestimmter Werte für den auf das beheizte Bauwerksvolumen V oder die Gebäudenutzfläche A_N bezogenen Jahresheizwärmebedarf Q_H, der aus einer vereinfachenden Rechnung hervorgeht. Der Heizwärmebedarf wird bei Gebäuden mit normalen Innentemperaturen wie folgt ermittelt:

$$Q_H = 0{,}9 \cdot (Q_T + Q_L) - (Q_I + Q_S) \quad \text{in kWh/a.}$$

Dabei bedeuten

Q_T der Transmissionswärmebedarf in kWh/a; den durch den Wärmedurchgang durch die Außenbauteile verursachten Anteil des Jahres-Heizwärmebedarfs.

Q_L der Lüftungsbedarf in kWh/a; den durch Erwärmung der gegen kalte Außenluft ausgetauschten Raumluft verursachten Anteil des Jahres-Heizwärmebedarfs.

Q_I die internen Wärmegewinne in kWh/a; die normalerweise innerhalb des Gebäudes auftretenden nutzbaren Wärmegewinne (z.B. durch elektrische Geräte, Beleuchtung, Kochen, Wärmeabgabe der Bewohner).

Q_S die solaren Wärmegewinne in kWh/a; die nutzbaren Wärmegewinne bei Sonnenenergieeinstrahlung durch Fenster und andere Glasflächen. Diese Wärmegewinne können schon im Transmissionswärmebedarf Berücksichtigung finden (s. „nutzbare solare Gewinne").

Der Faktor 0,9 berücksichtigt, daß Gebäude zeit- oder raumweise nicht beheizt werden („Teilbeheizungsfaktor"), z.B. durch Nachtabsenkung der Heiztemperaturen.

Transmissionswärme. Der Transmissionswärmebedarf Q_T (in kWh/a) wird wie folgt ermittelt:

$$Q_T = 84 \cdot (k_W A_W + k_F A_F + 0{,}8 \cdot k_D A_D + 0{,}5 \cdot k_G A_G + 0{,}5 \cdot k_{DL} A_{DL} + 0{,}5 \cdot k_{AB} A_{AB})$$

wobei k_W, k_F, k_D, k_G, k_{DL} und k_{AB} die zu wählenden Wärmedurchgangskoeffizienten folgender, das beheizte Volumen umschließender Flächenanteile sind:

A_W die Fläche der an die Außenluft grenzenden Wände, im ausgebauten Dachgeschoß auch die Fläche der Abseitenwände zum nicht wärmegedämmten Dachraum. Es gelten die Gebäudeaußenmaße. Gerechnet wird von der Oberkante Gelände oder, falls die unterste Decke über der Oberkante des Geländes liegt, von der Oberkante dieser Decke bis Oberkante der obersten Decke oder der Oberkante der wirksamen Dämmschicht.

A_F die Fläche der Fenster, Fenstertüren, Türen und Dachfenster. Sie wird aus den lichten Rohbaumaßen ermittelt.

A_D die wärmegedämmten Dach- oder Dachdeckenflächen.

A_G die Grundfläche des Gebäudes, sofern sie nicht an die Außenluft grenzt. Gerechnet wird die Bodenfläche auf dem Erdreich oder bei unbeheizten Kellern die Kellerdecke. Werden Keller beheizt, sind in der Gebäudegrundfläche A_G auch die erdberührten Wandflächenanteile zu berücksichtigen.

A_{DL} die Deckenfläche, die das Gebäude nach unten gegen die Außenluft abgrenzt.

A_{AB} die Flächen, die das Gebäude gegen Gebäudeteile mit wesentlich niedrigerer Raumtemperatur (z.B. Treppenräume, Lagerräume) abgrenzen. Diese besonderen Gebäudeteile werden bei der Ermittlung des Quotienten A/V nicht berücksichtigt.

Der Faktor

84 k h K/a = 3500 K · Tage/Jahr x 24 h/Tag · (1/1000)

enthält eine Heizgradtagszahl von 3500 Kd/a zur Beschreibung der mittleren heizklimatischen Verhältnisse in Deutschland (etwa dem Klima von Würzburg entsprechend) und Umrechnungsfaktoren, damit das Ergebnis in kWh/Jahr ausgegeben wird.

Wenn die solaren Wärmegewinne nicht getrennt (als Q_S), sondern schon im Transmissionswärmebedarf berücksichtigt werden sollen, muß der Wärmedurchgangskoeffizient k_F der Fenster durch den äquivalenten Wärmedurchgangskoeffizienten $k_{eq,F}$ ersetzt werden (s.u.).

Lüftungswärme. Der Lüftungswärmebedarf Q_L wird bei normalen Gebäuden ohne mechanisch betriebene Lüftungsanlage wie folgt ermittelt:

$$Q_L = 0{,}34 \cdot \beta \cdot 84 \cdot V_L = 22{,}85 \cdot V_L = 18{,}28 \cdot V \quad \text{in kWh/a}$$

dabei bedeuten

β die Luftwechselzahl im Gebäude, die als Rechenwert mit 0,8 h^{-1} eingesetzt wird,

V_L das anrechenbare Luftvolumen des Gebäudes, das näherungsweise mit 0,8 V angesetzt werden darf,

84 der oben erklärte Klimafaktor und

0,34 die spezifische Wärmekapazität der Luft, hier angegeben in Wh/m^3.

Bei Nutzung von mechanisch betriebenen Lüftungsanlagen sind veränderte Daten anzusetzen (s. WSchV Anlage 1).

Interne Wärmegewinne Q_I dürfen bis zu einem Höchstwert von

$Q_I = 8 \cdot V$ (in kWh/a) bei Wohngebäuden und

$Q_I = 10 \cdot V$ (in kWh/a) bei Büro- und Verwaltungsgebäuden (auch mit Lüftungsanlagen)

angerechnet werden.

Solare Wärmegewinne Q_S können, wenn sie nicht schon durch die Verwendung der äquivalenten *k*-Werte der Fenster ($k_{eq,F}$) berücksichtigt wurden, gesondert wie folgt berechnet werden:

$$Q_S = \sum_{i,j} 0{,}46\, I_j\, g_i\, A_{f,j,i} \quad \text{in } \frac{\text{kWh}}{\text{a}}$$

dabei bedeuten

I_j das himmelsrichtungsabhängige Strahlungsangebot:

I_{Nord} = 160 kWh/m²a

$I_{Ost/West}$ = 275 kWh/m²a

$I_{Süd}$ = 400 kWh/m²a,

Diese Werte gelten bis zu einer Richtungsabweichung von 45°, in den Grenzfällen (NO, NW, SO und SW) gilt der jeweils kleinere I-Wert.

g_i den Gesamtenergiedurchlaßgrad der Verglasung (s. Abschn. **15**.5.4) der *i* verschiedenen Fensterarten,

$A_{F,j,i}$ die Fensterflächen der verschiedenen Fensterarten *i* in den verschiedenen Orientierungen *j* (in m²).

Der Faktor 0,46 setzt sich aus einem Verschattungsfaktor (0,9), einem Rahmenanteil-Faktor (0,7), dem Ausnutzungsgrad und einem Abminderungsfaktor für den Energiedurchgang (von je 0,85) zusammen. Mit ihm wird versucht, die unter idealen Bedingungen bestimmten (Meß-)Werte der anderen Größen zum wirklich nutzbaren solaren Wärmegewinn umzuformen.

Solare Wärmegewinne dürfen nur bis zu einem Fensterflächenanteil von $^2/_3$ an einer Fassade berücksichtigt werden. Bei derartig großen Glasflächen müssen (außer bei Nordflächen oder ganztägig beschatteten Fenstern) jedoch schon ab 50% Fensterflächenanteil Sonnenschutzeinrichtungen zur Vermeidung einer sommerlichen Gebäudeüberhitzung vorgesehen werden.

Äquivalente *k*-Werte. Die solaren Wärmegewinne werden in gleicher Größe berücksichtigt, wenn statt der gesonderten Ermittlung von Q_S in den Transmissionswärmebedarf Q_T anstelle der üblichen k_F-Werte die entsprechenden äquivalenten *k*-Werte der Fenster eingesetzt werden:

$$k_{eq,F} = k_F - g \cdot S_F \quad \text{in W/m}^2\text{K}$$

Dabei ist S_F der Koeffizient für die himmelsrichtungsabhängigen Solargewinne mit den Werten

$S_{F,Nord}$ = 0,95 W/m²K

$S_{F,Ost/West}$ = 1,65 W/m²K

$S_{F,Süd}$ = 2,40 W/m²K

Die Regelungen für die Orientierungen (s.o.) gelten auch hier.

Die äquivalenten Wärmedurchgangskoeffizienten $k_{eq,F}$ können direkt in die Berechnungsformel für Q_T eingesetzt werden, bei verschiedenen Fensterarten oder -orientierungen ist es aber möglich, sie zu einem Mittelwert $k_{m,eq,F}$ wie folgt zusammenzufassen und erst diesen Wert einzusetzen:

$$k_{m,eq,F} = \frac{1}{A_F} \sum_{i,j} k_{eq,F,i,j}\, A_{F,i,j} \quad \text{in } \frac{\text{W}}{\text{m}^2\text{K}}$$

Der **Nachweis des ausreichenden Wärmeschutzes** erfolgt über die Ermittlung des volumenbezogenen Jahres-Heizwärmebedarfs

$Q'_H = Q_H/V$ (in kWh/m³a),

oder (nur bei Gebäuden bis 2,60 m lichte Raumhöhen) des nutzflächenbezogenen Jahres-Heizwärmebedarfs

$Q''_H = Q_H/A_N$ (in kWh/m²a) (mit $A_N = 0{,}32 \cdot V$)

der folgende A/V-abhängigen Werte nicht überschreiten darf:

Bei der Erfüllung der Anforderung der Wärmeschutzverordnung 1995 sind weitere Einzelheiten und Sonderregelungen zu beachten. In Abschn. 15.5.7.3 sind einige von ihnen aufgeführt.

Tabelle **15.60** Maximale Werte des auf das beheizte Bauwerksvolumen V oder die Gebäudenutzfläche A_N bezogenen Jahresheizwärmebedarfs in Abhängigkeit vom Verhältnis A/V

A/V in m⁻¹	Maximaler Jahres-Heizwärmebedarf Q'_H (bezogen auf V) in kWh/m³a	Q''_H (bezogen auf A_N) in kWh/m²a
≤0,2	17,3	54,0
0,3	19,0	59,4
0,4	20,7	64,8
0,5	22,5	70,2
0,6	24,2	75,6
0,7	35,9	81,1
0,8	27,7	86,5
0,9	29,4	91,9
1,0	31,1	97,3
≥1,05	32,0	100,0

Zwischenwerte sind nach folgenden Gleichungen zu ermitteln:

$Q'_H = 13{,}82 + 17{,}32 \cdot (A/V)$
bzw. $Q''_H = 43{,}19 + 54{,}13 \cdot (A/V)$

Tabelle **15.61** Anforderungen an den Wärmedurchgangskoeffizienten für einzelne Außenbauteile bei zu errichtenden kleinen Gebäuden (Vereinfachtes Verfahren)

Bauteil	max. Wärmedurchgangskoeffizient k_{max} in W/m²K
Außenwände	$k_W \leq 0{,}50$*)
Außenliegende Fenster und Fenstertüren und Dachfenster	$k_{m,eq,F} \leq 0{,}70$
Decken unter nicht ausgebauten Dachräumen und Decken (einschließlich Dachschrägen), die Räume nach oben und unten gegen die Außenluft abgrenzen	$k_D \leq 0{,}22$
Kellerdecken, Wände und Decken gegen unbeheizte Räume sowie Decken und Wände, die an das Erdreich grenzen	$k_G \leq 0{,}35$

*) Die Anforderung gilt als erfüllt, wenn Mauerwerk in einer Wandstärke von 36,5 cm mit Baustoffen mit einer Wärmeleitfähigkeit von $\lambda \leq 0{,}21$ W/mK ausgeführt wird.

15.5.7.2 Vereinfachtes Nachweisverfahren (Kurzverfahren)

Da der Nachweis des gesetzlich ausreichenden Wärmeschutzes nach dem Energiebilanzverfahren wegen der evtl. umfangreichen Flächenberechnungen etwas aufwendig sein kann, reicht – bei kleinen Gebäuden mit bis zu zwei Vollgeschossen und nicht mehr als drei Wohneinheiten – der Nachweis, daß die Außenbauteile ausreichend kleine Wärmedurchgangskoeffizienten k besitzen, aus (s. Tab. **15.61**).

15.5.7.3 Einige Sonderregelungen beim Nachweis eines ausreichenden Wärmeschutzes

Wegen der Vielzahl der Einzelregelungen in DIN 4108 und der Wärmeschutzverordnung kann hier nur auf einige besonders wichtige Einzelregelungen und Sonderfälle bei neu zu errichtenden Gebäude hingewiesen werden:

Gebäude mit niedrigen Innentemperaturen (12 bis 19 °C) und Gebäude für Sport- und Versammlungszwecke unterliegen besonderen Vorschriften (s. WSchV § 1, §§ bis 7 und Anlage 2).

Bei **aneinandergereihten Gebäuden** (Reihenhäuser, Doppelhäuser) muß der Nachweis des ausreichenden Wärmeschutzes für jedes Gebäude einzeln geführt werden. Die Gebäudetrennwände werden dabei als nicht wärmedurchlässig (d. h. mit $k = 0$) angenommen und daher auch bei der Ermittlung der Gesamtaußenfläche A nicht berücksichtigt. Bei Gebäuden mit zwei Trennwänden (Reihenmittelhaus!) darf beim Nachweis nach dem Energiebilanzverfahren der mittlere Wärmedurchgangskoeffizient $k_{m,W+F} = (k_W A_W + k_F A_F)/(A_W + A_F)$ den Wert 1,0 W/m²K nicht überschreiten. Das gilt auch für gegeneinander versetzte Gebäude, wenn die anteiligen gemeinsamen Trennflächen 50% oder mehr der Wandflächen betragen!

Außenliegende Türen mit Einfachverglasungen müssen mit einem Wärmedurchgangskoeffizienten von mindestens 5,2 W/m²K angesetzt werden.

Großflächige Verglasungen (z. B. Schaufenster) dürfen als Einfachverglasung ausgeführt werden (einzusetzender Mindestwert von k_F ebenfalls 5,2 W/m²K).

Bei **Flächenheizungen** darf der Wärmedurchgangskoeffizient der Bauteilschichten zwischen Heiz- und Außenfläche den Wert 0,35 W/m²K nicht überschreiten.

Heizkörpernischen dürfen keinen höheren k-Wert erhalten als die umgebenden Wandflächen.

Heizkörper vor Außenfenstern müssen nichtdemontierbare Abdeckungen an der Heizkörperrückseite mit einem k-Wert von höchstens 0,90 W/m²K erhalten. Bei den dahinterliegenden Fenstern muß $k_F \leqq 1{,}50$ W/m²K sein.

Gekühlte („klimatisierte") Gebäude benötigen einen funktionsfähigen Sonnenschutz mit $(g_F \cdot f) \leqq 0{,}25$.

Bei nichtbeheizten Glasvorbauten dürfen die k-Werte der dahinterliegenden Außenbauteile (Wände, Fenster, Türen) mit von der Verglasungsart abhängigen Faktoren abgemindert werden (WSchV Anl. 1.1.5.3).

15.5.7.4 Anforderungen bei der Altbausanierung

Beim erstmaligen Einbau oder Ersatz von Außenbauteilen schon bestehender Gebäude müssen nach der Wärmeschutzverordnung (Anlage 3, Tab. 1) bestimmte Wärmedurchgangskoeffizienten für die fertigen Bauteile eingehalten werden (Tab. **15**.62).

Als Ersatz von Flächen (im Sinne der A_D-, A_{DL}-, A_G- und A_{AB}-Flächen) wird schon angesehen, wenn z. B. die Dachhaut (einschließlich darunter liegender Schalungen) ersetzt wird, Plattenverkleidungen angebracht und Dämmschichten eingebaut werden. Diese Regelung muß schon angewandt werden, wenn 20% eines Außenbauteils (bei Wänden und Fenstern in der zugehörigen Fassade) ersetzt werden.

Ausnahmeregelungen sind möglich, besonders auch bei Fachwerkgebäuden und Baudenkmalen.

Tabelle **15**.62 Anforderungen an den Wärmedurchgangskoeffizienten für einzelne Außenbauteile bei erstmaligem Einbau, Ersatz und Erneuerung der Bauteile

Bauteil	max. Wärmedurchgangskoeffizient k in W/m²K
Außenwände (massiv oder mit zusätzlicher Innendämmung)	$k_W \leq 0{,}50$*)
Außenwände mit Außendämmung oder/und Bekleidungen, Verschalungen und Vorsatzschalen	$k_W \leq 0{,}40$
(außenliegende) Fenster, Fenstertüren, Dachfenster	$k_F \leq 1{,}80$
Decken unter nicht ausgebauten Dachräumen und Decken (einschließlich Dachschrägen), die Räume nach unten oder oben gegen die Außenluft abgrenzen	$k_{D,DL} \leq 0{,}30$
Kellerdecken, Wände und Decken gegen unbeheizte Räume sowie Decken und Wände, die an das Erdreich grenzen	$k_G \leq 0{,}50$

*) Die Anforderung gilt als erfüllt, wenn Mauerwerk in einer Wandstärke von 36,5 cm mit Baustoffen mit einer Wärmeleitfähigkeit von $\lambda \leq 0{,}21$ W/m²K ausgeführt wird.

Einfaches Rechenbeispiel zum Nachweis des ausreichenden Wärmeschutzes

Flachdach-Bungalow, voll unterkellert, Keller unbeheizt (s. Bild **15**.63)

Aus den Architektenzeichnungen zu entnehmende Werte:

A_{W+F} = 131,2 m²

$A_{F,Nord}$ = 2,86 m²; $A_{F,Ost}$ = 7,15 m²; $A_{F,West}$ = 10,01 m²
$A_{F,Süd}$ = 16,35 m²

A_F = 94,83 m²

A_G = A_D = 105,0 m²

A = 341,0 m²

V = 336,0 m²

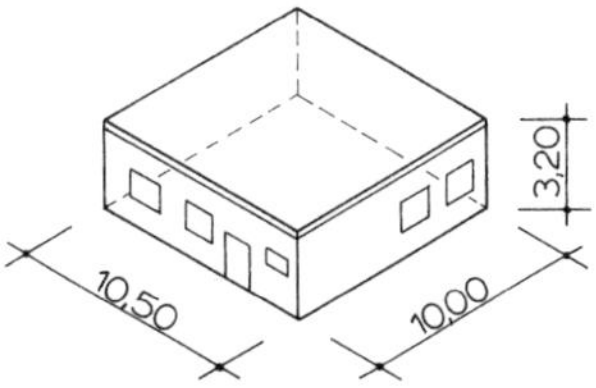

15.63 Bild zum Rechenbeispiel

gewählter Wandaufbau: Einschaliges Ziegelmauerwerk aus porosierten Leichthochlochziegeln, ρ = 800 kg/m³, 24 cm, λ_R = 0,21 W/mK, beidseitig mit Kalkzementputz versehen (s. Rechenbeispiel **15**.59). Der Wärmedurchgangskoeffizient dieser Konstruktion ergibt sich zu k_W = 0,74 W/m²K.

gewählte Fenster: Holzfenster mit Wärmeschutzverglasung (k_F = 1,70 W/m²K; g = 0,72)

Die äquivalenten k-Werte für die Himmelsrichtungen errechnen sich dann zu:

$k_{eq,F,Nord}$ = 1,70 – 0,95 0,72 = 1,016 W/m²K

$k_{eq,F,Ost/West}$ = 1,70 – 1,65 0,72 = 0,512 W/m²K

$k_{eq,F,Süd}$ = 1,70 – 2,40 0,72 = -0,028 W/m²K

der **Mittelwert** der äquivalenten k-Werte berechnet sich damit zu

$k_{m,eq,F}$ = (1,02 · 2,86 + 0,51 · 17,16 – 0,03 · 16,35)/36,37 = 0,31 W/m²K

gewählte Dachkonstruktion: Einschaliges Flachdach (Warmdach): Stahlbetondecke (16 cm) mit 12 cm Wärmedämmung aus PS-Extruderschaum (WLG 030) und Dachhaut, unterseitig mit Kalkzementputz versehen. Der Wärmedurchgangskoeffizient dieser Konstruktion ergibt sich zu k_D = 0,24 W/m²K.

gewählte Kellerdeckenkonstruktion: Stahlbetonplattendecke (16 cm) mit schwimmendem Estrich (3,5 cm Zementestrich auf Estrich-Dämmatte nach DIN 18175, $1/\Lambda$ = 0,86 m²K/W), unterseitig gedämmt mit 6 cm PS-Partikelschaumplatten (WLG 035). Der Wärmedurchgangskoeffizient ergibt sich zu 0,33 W/m²K.

Nachweis nach dem Energiebilanzverfahren

Q_T = 84(0,74 · 94,83 + 1,7 · 36,37 + 0,8 · 0,24 · 105 + 0,5 · 0,33 · 105) = 14236 kWh/a

Q_L = 22,85 · 0,8 · 336,0 = 6142 kWh/a

Q_I = 8 · 336,0 = 2688 kWh/a

Q_S = 0,46 (160 · 0,72 · 2,86 + 275 · 0,72 · 17,16 + 400 · 0,72 · 16,35) = 3881 kWh/a

Damit ergibt sich der Jahres-Heizwärmebedarf zu

Q_H = 0,9 (14234 + 6142) – (2688 + 3881) = 11769 kWh/a

Der volumenbezogene Jahres-Heizwärmebedarf Q'_H berechnet sich dann zu

Q'_H = 11769/336,0 = 35,03 kWh/m³a

und der bei diesem Gebäude (mit Raumhöhen nicht größer als 2,60 m) auch anwendbare nutzflächenbezogene Jahres-Heizwärmebedarf ergibt sich als

Q''_H = 11769/(0,32 · 336,0) = 109,46 kWh/m²a

Die zugehörigen Maximalwerte ergeben sich, da das Verhältnis A/V = 341,0/336,0 = 1,015 m⁻¹ ist, zu:

$Q'_{H.max}$ = 13,82 + 17,32 · 1,015 = 31,40 kWh/m³a

bzw.

$Q''_{H.max}$ = 43,19 + 54,13 · 1,015 = 98,12 kWh/m²a

Da die errechneten Heizwärmebedarfswerte oberhalb der nach der Wärmeschutzverordnung 1995 erlaubten liegen, müssen – um ausreichend niedrigen Heizwärmebedarf zu erreichen – Änderungen an der Gebäudekonstruktion vorgenommen werden. Da die Wand einen erheblich über den Anforderungen des Kurzverfahrens ($k_W \le$ 0,50 bzw. 0,51 W/m²K) liegenden k-Wert besitzen würde, wäre eine wärmedämmtechnische Verbesserung durch zusätzliche (Außen-)Dämmung oder Erhöhung der Wanddicke (z.B. auf 36,5 cm bei gleichbleibendem Wandbaustoff) angebracht. Letztere Verbesserung würde einen Wärmedurchgangskoeffizienten k_W = 0,51 W/m²K bedeuten. Damit würde sich der Transmissionswärmebedarf errechnen zu

Q_T = 84 (0,51 · 94,83 + 1,7 · 36,37 + 0,8 · 0,24 · 105 + 0,5 · 0,33 · 105) = 12405 kWh/a und es ergäbe sich damit der gesamte Heizwärmebedarf zu

Q_H = 0,9 (12405 + 6142) – (2688 + 3881) = 10123 kWh/a

Der volumenbezogene Jahres-Heizwärmebedarf Q'_H berechnet sich dann als

Q'_H = 10123/336,0 = 30,12 kWh/m³a

und der nutzflächenbezogene Wert ist dementsprechend

Q''_H = 10123/(0,32 · 336,0) = 94,15 kWh/m²a

Damit entsprächen die berechneten Werte des Heizwärmebedarfs den Anforderungen des Energiebilanzverfahrens der Wärmeschutzverordnung, da sie kleiner sind als die maximal erlaubten 31,40 kWh/m³a bzw. 98,12 kWh/m²a.

Würden die solaren Strahlungsgewinne nicht gesondert berechnet, sondern mit Hilfe der äquivalenten *k*-Werte der Fenster berücksichtigt, ergäben sich folgende Werte:

Q_T* = 84 (0,51 · 94,83 + 0,31 · 36,37 + 0,8 · 0,24 · 105 + 0,5 · 0,33 · 105) = 8158 kWh/a

und damit der Heizwärmebedarf zu

Q_H = 0,9 (81,58 + 6142) – 2688 = 10182 kWh/a

Die Abweichungen der 4. und 5. Ziffern gegenüber dem oben errechneten Wert von 10123 kWh/m³a ergeben sich durch Rundungsfehler.

Obwohl im berechneten Beispiel nun der Nachweis des ausreichenden Wärmeschutzes nach dem Energiebilanzverfahren der Wärmeschutzverordnung 1995 erbracht worden ist, soll zusätzlich eine Überprüfung durch das Kurzverfahren erfolgen (vgl. Tab. **15**.61):

Außenwand: k_W = 0,51 W/m²K ≤ 0,51 W/m²K, d. h. Teilanforderung erfüllt! (s. Fußnote in Tab. **15**.61)

Fenster: $k_{m,eq,F}$ = 0,31 W/m²K ≤ 0,70 W/m²K, d. h. Teilanforderung erfüllt!

Dach: k_D = 0,24 W/m²K **nicht** ≤ 0,22 W/m²K, d. h. Teilanforderung nicht erfüllt!

Kellerdecke: k_G = 0,33 W/m²K ≤ 0,35 W/m²K, d. h. Teilanforderung erfüllt!

Damit ergibt sich, daß die Anforderungen des Kurz- oder Bauteilverfahrens der Wärmeschutzverordnung nicht erfüllt sind. Da aber das Energiebilanzverfahren schon den ausreichenden Wärmeschutz nachgewiesen hat, entspricht das Gebäude der Wärmeschutzverordnung von 1995.

Kommentar: Das vereinfachte Verfahren (nur für kleinere Gebäude anwendbar!) stellt in der Regel die strengeren Anforderungen (Ausnahme: Außenwände!). Ein Ausgleich von immer noch relativ schlecht gedämmten Bauteilen (wie hier der Wandkonstruktion und das Dach) durch besonders gut gedämmte (hier: die Fenster) ist in diesem Verfahren nicht möglich. Eine knappe Erfüllung der Forderungen der Wärmeschutzverordnung nach dem Energiebilanzverfahren wird meist die wirtschaftlichste Lösung des Wärmeschutzes an einem Gebäude darstellen. Der Rechenaufwand bei Anwendung des vereinfachten Verfahrens ist dagegen meist weitaus geringer.

Anmerkung: Bei der Berechnung der zum Nachweis des ausreichenden Wärmeschutzes nach der Wärmeschutzverordnung 1995 notwendigen Teil-Heizwärmebedarfs *Q* werden sehr grob (mit 1 Ziffer) vorgegebene (multiplikative) Konstanten (wie bei Q_l) mit auf 4 Ziffern ‚genauen' Werte (wie bei Q_l) zusammen verwendet. Das Gesamtergebnis Q_H bzw. die daraus errechneten Größen Q'_H und Q''_H können natürlich nicht genauer sein als die ungenauesten in ihnen enthaltenen Größen. Bei allen vorliegenden Beispielrechnungen (auch der hier vorliegenden) sind also die Ergebnisse trotz der z. T. 5ziffrigen Zahlenwerte nur sehr grobe Abschätzungen des Heizwärmeverbrauchs.

Der Sinn einer solchen genauen Zahlenangabe liegt nur in der Möglichkeit des Vergleichs von verschiedenen Heizungswärmebedarfen, wie das auch beim Energiebilanzverfahren der Wärmeschutzverordnung 1995 durch den Vergleich mit vorgegebenen Maximalwerten geschieht.

Da die Umweltprobleme eng mit dem Energieverbrauch und damit auch dem Heizenergieverbrauch zusammenhängen, sollten Gebäude aus ökologischen Gründen heute noch erheblich stärker wärmegedämmt werden, als es die Wärmeschutzverordnung von 1995 vorschreibt. Zumindest die Anforderungen des vereinfachten Verfahrens sollten erfüllt werden, bei Wandkonstruktionen sollte aber darüber hinaus gegangen werden!

15.5.8 Wärmebrücken[1)]

15.5.8.1 Allgemeines

Wärmebrückendefinition. Als Wärmebrücken bezeichnet man (meist kleinflächige) Bereiche in Bauteilen, die einen schlechteren Wärmeschutz besitzen als die Umgebung (s. Bild **15**.46). Neben dem durch sie bewirkten höheren Wärmeabfluß aus einem beheizten Gebäude, können sie auch Bauschäden hervorrufen, da an ihnen meist eine lokale Temperaturabsenkung (z.B. auf der Innenoberfläche) oder eine schnelle transversale Temperaturänderung („Temperatursprung") zu beobachten ist; Tauwasser- und Rißbildung können die Folge sein.

Häufig unterscheidet man

— geometrische Wärmebrücken (z.B. Außenecken und -kanten in Massivbauten) und

— stoffbezogene („physikalische") Wärmebrücken, bei denen Stoffe hoher Wärmeleitfähigkeit neben solchen mit niedrigerer Leitfähigkeit in Bauteilen vorhanden sind.

Bei gut gedämmten Gebäuden muß man regelmäßig mit einem relativ großen Wärmeverlust durch die Wärmebrücken rechnen, d.h. die Verwendung des die Außenflächen beschreibenden Wärmedurchgangskoeffizienten k (in W/m^{2}K) bei der Errechnung des Wärmebedarfs (s. auch Abschn. 15.5.3 und 15.5.7) reicht dann nicht mehr aus. Die zusätzlichen Wärmeabflüsse können über modifizierte k-Werte beschrieben werden:

— längenbezogene Wärmedurchgangskoeffizienten k_l (auch Wärmebrückenverlust-Koeffizient WBV genannt) in W/(mK) geben bei relativ schmalen, linienhaften Wärmebrücken den Wärmeverlust (Wärmestrom) in W pro m Wärmebrückenlänge an;

— Wärmedurchgangskoeffizienten für lokale, kleinflächige Wärmebrücken k_P (auch als WBV_P bezeichnet; in W/K) beschreiben direkt den Wärmeverlust (Wärmestrom in Watt pro Grad Temperaturdifferenz) durch die Wärmebrücke.

Die Größe der Wärmebrücken-Wärmedurchgangskoeffizienten hängt davon ab, ob Außen- oder Innenmaße benutzt werden. Auf die Innenmaße bezogene Wärmedurchgangskoeffizienten sind zur detaillierteren Problembetrachtung geeignet [27], die Wärmeschutzverordnung verlangt jedoch überall die Verwendung von Außenmaßen. Eine Umrechnung von innenmaßbezogenen Wärmedurchgangskoeffizienten auf außenmaßbezogene ist möglich.

Zur Zeit gibt es noch keine deutsche Normen über Wärmebrücken. Die Internationale Norm ISO 10211 enthält jedoch Definitionen und Berechnungsverfahren. Sie benutzt in Deutschland (noch) unübliche Bezeichnungen.

Luftundichtheiten in den Außenbauteilen wirken sich ähnlich den beschriebenen Wärmebrücken aus, so daß sie auch dazu gezählt werden können: Der Wärmeverlust durch derartige Fehlstellen ist u. U. sehr groß und die Abkühlung in der Nähe der Undichtheiten führt häufig zu Tauwasserentstehung. Wegen der unterschiedlichen Wirkungsweise von Luftundichtheiten werden sie in Wärmebrückenkatalogen nicht aufgeführt (s. Abschn. 6.2.1.2 „Wärmebrücken" (in Wänden) und 15.5.8.2).

15.5.8.2 Einfluß der Wärmebrücken auf den Energiebedarf

Der gesamte Wärmebedarf eines Gebäudes läßt sich (s. auch Abschn. 15.5.7), unter Berücksichtigung des Wärmebrückeneinflusses, beschreiben durch

$$Q_H = (k_1 A_1 + \ldots + k_n A_n + k_{l1} l_1 + \ldots + k_{ln} l_n + k_{P1} + \ldots + k_{Pn})\ 0{,}024\ G_T$$

Dabei sind

k_i die üblichen, flächenbeschreibenden k-Werte der Außenbauteile (in W/m^{2}K),
k_{li} die k-Werte der linienhaften Wärmebrücken (in W/mK),
k_{Pi} die k-Werte der punktartigen Wärmebrücken (in W/K),
A_i die Außenbauteilflächen (in m^2),
l_i die Längen der linienhaften Wärmebrücken (in m).

---

1) vgl. auch Abschn. 6.2.1.2, 9.1.2, 9.5.2 und Abschn. 5.2 in Teil 2 des Werkes

Jede der punktartigen Wärmebrücken wird also einzeln mit ihrem k_P-Wert berücksichtigt! Bei den linienförmigen Wärmebrücken muß jede Wärmebrücke mit ihrer Länge Berücksichtigung finden.

Es ist zu vermuten, daß die zukünftige Wärmeschutzverordnung 1999 („Energiesparverordnung") die Berücksichtigung der Wärmebrücken vorschreiben wird. Bei den schlecht gedämmten Gebäuden der Vergangenheit war diese Berücksichtigung nicht notwendig, da eine Wärmebrücke in schlechtdämmender Umgebung nur mit einem vergleichsweise geringen Anteil zu den Wärmeverlusten beiträgt. Gut gedämmte Gebäude (besonders auch bei Niedrigenergiebauweise) mit gleichen Wärmebrücken würden dann – wegen der niedrigen flächenhaften k-Werte – einen relativ hohen Wärmeverlust über die Wärmebrücken erleiden, der den errechneten Q_H-Wert verfälschte. Bei Gebäuden, die nach den Bestimmungen der gültigen Wärmeschutzverordnung 1995 errichtet werden, können über 20% der Gesamtverluste über die Wärmebrücken abfließen und in gleichem Maße damit die Vorausberechnungen des Wärmebedarfs unsicher machen. Hauser [28] schlägt als Korrekturmöglichkeit einen Zuschlag zu den flächenhaften Wärmeverlusten von Gebäuden vor: Ein Wärmebrückenkorrekturwert Δk_{WB} (bauartabhängig zwischen 0,03 W/m²K – Holzbauart – und 0,14 W/m²K – Massivbauart –) wird mit den Bauteilflächen (Außenmaße) multipliziert und in die Wärmebilanz eingefügt.

Die k_l- und k_P-Werte können Wärmebrückenkatalogen [27, 45] entnommen werden oder mit kommerziell erhältlichen PC-Rechenprogrammen [54] bestimmt werden.

Genaue Wärmebrückenrechnungen sollten die Situation dreidimensional beschreiben, in vielen Fällen reicht ein zweidimensionaler Schnitt durch eine Wärmebrücke zum Verständnis der Wärmebrückenwirkung aus. Diese Computerprogramme errechnen die Temperaturverteilungen dann drei- oder zweidimensional und geben sie in Form von Isothermenverläufen (Flächen bzw. Linien gleicher Bauteiltemperatur) aus (s. Bilder **14**.64 bis **14**.66). Häufig werden auch die senkrecht zu den Isothermen verlaufenden Wärmeflußlinien mit ausgegeben, deren Dichte dann auf den lokalen Wärmeverlust schließen läßt.

15.5.8.3 Einfluß der Wärmebrücken auf die Bauteiltemperaturen

Häufig stellt sich zwar der zusätzliche Wärmeverlust durch Wärmebrücken als vernachlässigbar gering heraus, trotzdem kann die Wärmebrücke bauphysikalisch unzumutbar sein, wenn Bauschäden auf einer so starken lokalen Bauteiltemperatur-Absenkung beruhen, daß Tauwasser entsteht.

Vereinfachend kann man vielleicht sagen, daß Innenoberflächentemperaturen unter 13°C schon zur zeitweisen Kondenswasser- und evtl. Schimmelpilzbildung bei normalen Innenraumfeuchten führen können. Derart niedrige Temperaturen werden in normalen Wintern häufig auf Fensterrahmen, Fensterstürzen, in Fensterleibungen, in Gebäudeaußenkanten (-ecken), breiten Mauerwerksfugen und an ähnlichen typischen Wärmebrücken beobachtet.

Schwache Wärmebrücken können sich schon – ohne einen Bauschaden hervorzurufen – in Form von Schmutzablagerungen abzeichnen (z.B. „Fugenabbildung" bei älterem Hohlblockmauerwerk!).

Die erwähnten Wärmebrückenkataloge oder -programme geben neben den Wärmeflüssen auch die Bauteiltemperaturen, z.B. in Form der Flächen gleicher Temperaturen in der Wärmebrücke („Isothermen"), an. Eine auch nur kurzzeitige Beschäftigung mit diesen Hilfsmitteln gibt schon derartig viel Einsichten in die Wirkungsweise von Wärmebrücken, daß auf derartige Fehlstellen basierende Bauschäden fast immer vermieden werden können.

15.5.8.4 Wärmebrückenbeispiele

Folgende Beispiele von zweidimensionalen Wärmebrückenberechnungen zeigen die erhöhten Wärmeverluste und die Temperaturabsenkungen an derartigen Schwachstellen:

Massive Gebäudeaußenkanten (s. Bild **15**.64, meist etwas unglücklich als Gebäudeaußenecken bezeichnet) zeigen einen Isothermenverlauf, der erkennen läßt, daß die Temperatur innen schon bei 0°C Außenlufttemperatur (und 20°C Innenlufttemperatur) bis auf 12,1°C absinken kann, eine Tauwassergefährdung also vorhanden ist („Kanteneffekt"). Die Wärmestromerhöhung läßt sich durch die Dichte der Wärmestromlinien (die senkrecht zu den Isothermen verlaufen) abschätzen. Eine einfache Erklärung der Wärmebrückenwirkung einer solchen üblichen Gebäudeaußenkante ergibt sich aus der größeren äußeren Abkühlfläche im Kantenbereich, gegenüber der geringeren Fläche, die die Wärme aus dem beheizten Innenbereich eindringen, d.h. das Bauteil erwärmen läßt.

Ungedämmte Stahlbetonstützen (Bild **15**.65a; s. auch Bild **15**.46a) lassen das Zusammendrücken der Wärmeflußlinien (= erhöhter Wärmefluß, verringerte Wärmedämmung) in diesem Bereich deutlich erkennen. Die niedrigste Temperatur von 11,9°C auf der Innenseite läßt unvermeidlich auch bei normaler Innenraumnutzung Tauwasser entstehen.

Innenseitige Dämmung (Bild **15**.65b) läßt die Wärmeverluste auf vernachlässigbare Werte absinken, die Temperatur im vorher gefährdeten Bereich steigt stark an, als typischer Effekt von Zusatzdämmungen tritt jedoch auf, daß an den Kanten der Dämmung eine schmale relative Verschlechterung der lateralen Temperatursituation („Übergangseffekt") sichtbar ist: Diese Stelle kann sich durch Schmutzablagerungen bemerkbar machen!

Eine Abdeckung der inneren Wärmedämmschicht mit (besser wärmeleitendem) Putz oder Gipskartonplatten „entschärft" übrigens diesen Bereich durch einen transversalen Temperaturausgleich.

Bei gleichstarker außenseitiger Dämmung der Stahlbetonstütze (Bild **15**.65c, vgl. auch Bild **15**.46b) ist die minimale Oberflächentemperatur etwas niedriger als bei der Innendämmung. In den meisten Fällen von Wärmebrücken wird man jedoch die außenseitige Dämmung der inneren vorziehen, um die mittlere Stützentemperatur nicht zu stark absinken zu lassen (Rißgefahr).

Wärmebrücken der eben beschriebenen Art finden sich auch bei Holzbauten, also auch bei üblichen Dachkonstruktionen. Wegen der geringen Wärmeleitfähigkeit von Massivholz (gegenüber Stahlbeton) ist aber eine Tauwassergefährdung an entsprechenden Stellen nicht vorhanden, die relative Erhöhung des Wärmeabflusses kann jedoch Wärmebedarfsberechnungen, die z.B. die Sparren nicht berücksichtigen, merklich verfälschen.

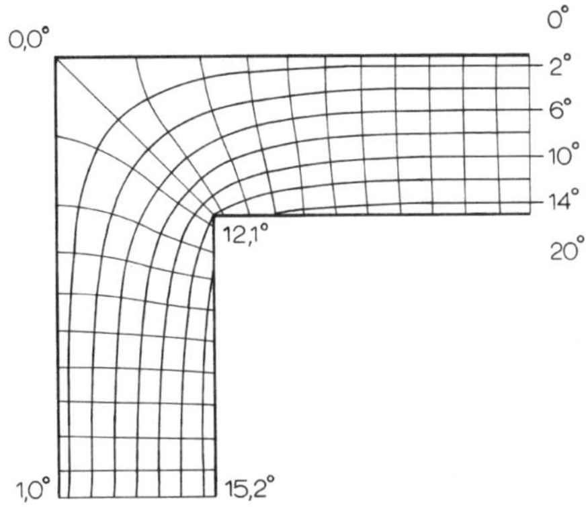

15.64 Linien gleicher Temperatur (Isothermen), Wärmeflußlinien und Oberflächentemperaturen an einer Gebäudeaußenkante (einschichtiges Mauerwerk, k_W = 1,21 W/m²K, Außenlufttemperatur 0°C, Innenlufttemperatur 20°C

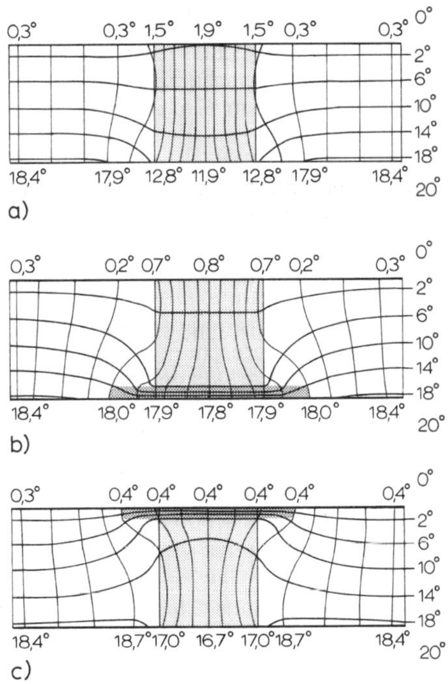

15.65 Isothermen, Wärmeflußlinien und Oberflächentemperaturen bei einer Wand mit eingebundener Stahlbetonstütze (k_W = 0,40 W/m²K)

a) ungedämmte Stahlbetonstütze
b) innengedämmte Stütze
c) außengedämmte Stütze (s. auch Bild **15**.46b)

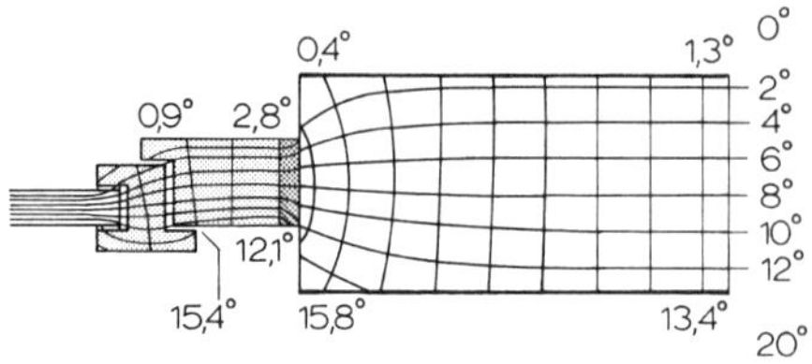

15.66
Isothermen, Wärmeflußlinien und Oberflächentemperaturen im Leibungsbereich bei mittigem Fenstereinbau

Der Bereich von Fensterleibungen (Bild **15**.66) stellt häufig eine Wärmebrücke dar. Für ein mittig eingebautes Fenster ist dort der Isothermen- und Wärmestromverlauf eingezeichnet.

Ohne Zweifel ist dabei der Verglasungsbereich der wirksamste Teil der Wärmebrücke. Dieser Bereich kann heute durch die Verwendung moderner hochgedämmter Verglasungen (mit k_V-Werten unter 1,0 W/m²K) entschärft werden. Übliche Rahmenkonstruktionen (aus Holz, PVC und wärmegedämmten Metallprofilen) haben etwas größere k-Werte (ca. 1,5 W/m²K), so daß zukünftig diese Rahmen und deren Anschlüsse die dämmtechnischen Schwachstellen darstellen werden. Die Abbildung läßt die übliche Unterkühlung (bis zur Taupunktunterschreitung) der rahmennahen Leibungsbereiche deutlich erkennen. Eine Verbesserung der Situation durch innere oder – bessere – äußere Dämmung der Leibungen sollte durchgeführt werden (s. Abschn. 6.2.5).

Besonders gefährdet ist der obere Fensteranschluß bei schlecht wärmegedämmten Stürzen. Eine weitere Verschärfung der Situation tritt dort regelmäßig bei häufig geöffneten („gekippten") Fenstern durch die zusätzliche Auskühlung der Leibung ein.

15.5.9 Weiterentwicklung der gesetzlichen Vorschriften zum Wärmeschutz

Die gültige Wärmeschutzverordnung stellt – besonders wegen der rasch fortschreitenden Entwicklung der Erkenntnisse über die Einflüsse auf den Heizenergieverbrauch – kaum mehr als eine Übergangslösung dar. Die schon erwähnte Anmerkung des Bundesrates zum Entwurf der gültigen Verordnung schlägt eine Senkung des Heizwärmebedarfs um bis zu 35% vor. An einer Verschärfung der Vorschriften wird seit Ende des Jahres 1996 gearbeitet, diese sollten etwa im Jahre 1999 vorliegen.

Es kann erwartet werden, daß nicht nur eine weitere Verringerung der Wärmedurchgangskoeffizienten vorgeschrieben, sondern auch eine Reduzierung der Lüftungswärmeverluste gefordert wird. Eine erste Grenze ist dabei durch den hygienisch erforderlichen Raumluftwechsel gegeben, der schon heute – das zeigt die steigende Anzahl von Tauwasser-Bauschäden – häufig nicht immer gesichert ist. Darüber hinaus führen wohl nur (teure, möglicherweise ökologisch nicht vertretbare) raumlufttechnische Anlagen mit Wärmerückgewinnung.

Neu errichtete Gebäude führen immer zu einem Mehrverbrauch an Heizenergie. Nur eine Verringerung der Heizenergieverbräuche schon bestehender Gebäude kann zu einer Energieeinsparung in der Größenordnung der von der Bundesregierung in Rio de Janeiro 1992 versprochenen CO_2-Reduktion von 25 bis 30% führen. Die Wärmeschutzverordnungen haben bisher nur Anweisungen zur verbesserten Wärmedämmung von Altbauten bei fälligen (Teil-)Erneuerungen enthalten. Eine stärkere Anregung zur freiwilligen Verbesserung des Wärmeschutzes derartiger Gebäude ist dringend erforderlich.

15.6 Schallschutz

15.6.1 Allgemeines

Durch die zunehmende Verkehrsdichte und Verkehrsgeschwindigkeit und durch das Zusammenwohnen vieler Menschen auf immer enger werdendem Raum und in Gebäuden, deren Wände und Decken häufig aus Gründen der Kosteneinsparung auf die statisch erforderliche Mindestdicke beschränkt werden, ist die Störung durch Verkehrs-, Arbeits- und Wohngeräusche so angewachsen, daß besondere Maßnahmen zur Lärmbekämpfung und zum baulichen Schallschutz getroffen werden müssen.

Lärm ist für mehr als 50% der Bevölkerung die Umweltbelastung, die das höchste Maß an persönlicher Betroffenheit nach sich zieht. Im Haus fühlen sich 30% der Bevölkerung gestört oder sogar stark lärmbelästigt.

Seit es gelungen ist, den störenden Schall objektiv zu messen und auch die Fähigkeit von Baustoffen und Bauteilen, den Schall weiterzuleiten oder zu dämmen mit wissenschaftlichen Methoden zu ermitteln, ist es möglich, Schallschutzmaßnahmen durchzuführen, die im Rahmen bestimmter Anforderungen (DIN 4109, DIN 18005, Schallschutz-Verordnung zum Fluglärmgesetz) wirkungsvoll und zugleich wirtschaftlich sind. Die Norm DIN 4109 (10.89) „Schallschutz im Hochbau" weist darauf hin, daß der notwendige Schallschutz nicht nur von den bautechnischen Gegebenheiten, sondern auch vom Hintergrundgeräusch (häufig Verkehrsgeräusch) abhängig ist. Außerdem können Störungen durch gleichen Lärm durchaus subjektiv verschieden empfunden werden; daraus werden Schallschutzforderungen abgeleitet, über die in DIN 4109 Angaben enthalten sind, die jedoch keine normativen Forderungen sein können.

Das Schalldämmaß eines Bauteils ergibt sich durch Vergleichsmessungen an fertigen Teilen. Schallschutzmaßnahmen beruhten bisher fast nur auf der Benutzung von Erfahrungswerten (Meßergebnissen) und weniger auf Vorausberechnungen. Die Schallschutznorm enthält Verfahren zur Ermittlung der notwendigen Schalldämmung von Bauteilen, die vom Rechenaufwand anspruchsvoll und deshalb erklärungsbedürftig sind (s. Abschn. 15.6.4).

Die Anforderungen an den Schallschutz richten sich nach der Gebäudenutzung. So wird z.B. in Krankenhäusern, Schulen, Hotels usw. ein quantitativ und qualitativ höherer Schallschutz nötig und wirtschaftlich tragbar sein, als in Wohnungen für durchschnittliche Wohnansprüche.

Ein Teil der Schallschutzmaßnahmen kommt gleichzeitig der Wärmedämmung zugute, jedoch hat keineswegs jede Wärmedämmung Schallschutzwirkung (s. [6]). Wenn Schallschutzmaßnahmen voll wirksam und preiswert sein sollen, müssen sie rechtzeitig geplant, d.h. mit dem Entwurf sorgfältig vorbereitet werden. Guter Schallschutz ist nicht wesentlich teurer als knapp ausreichender (s. VDI-Richtlinien 4100 [79]). Auch im Einfamilienhaus sollte heute zur Verbesserung des Zusammenlebens der Bewohner ein ausreichender Schallschutz vorgesehen werden.

Schallschutzmaßnahmen dürfen nicht für sich allein betrachtet werden. So wären z.B. Wände, die zwar schalldämmend, aber infolge der Biegeweichheit ihrer Schalen nicht hinreichend stoßfest sind oder keine Nägel, Haken oder Dübel halten können, praktisch unbrauchbar. Ebenso sollten nur solche Schallschutzmaßnahmen gewählt werden, die nicht nur im Laboratorium, sondern auch im rauheren Baustellenbetrieb fehlerlos ausgeführt werden können.

Der Schallschutz besitzt im Bewußtsein der am Bau beteiligten einen immer noch zu geringen Stellenwert. Die daraus resultierenden Planungs- und Ausführungsfehler bei Gebäuden führen zu akustischen Bauschäden, deren Beseitigung unverhältnismäßige Kosten verursacht.

15.6.2 Regeln und Erfahrungen

15.6.2.1 Luftschallschutz einschaliger Wände

Die Luftschalldämmung (s. Abschn. 15.6.3.1) einer einschaligen Wand oder Decke hängt in erster Linie von ihrer Masse ab (Bergersches Massengesetz 1911). Sie steigt stetig mit der flächenbezogenen Masse an (s. Tab. **15**.67), wenn auch bei geringer Flächenmasse (unter etwa 40 kg/m²) die Schalldämmung nur wenig von dieser abhängt und moderne hochwärmedämmende Außenwände eine geringere Schalldämmung zeigen können, als ihrer Masse entspricht (s. Abschn. 15.6.2.2).

Tabelle **15**.67 Bewertetes Schalldämm-Maß $R'_{w,R}$ von einschaligen, biegesteifen Wänden und Decken (Rechenwerte, aus Beiblatt 1 zu DIN 4109, Tabelle 1) bei einer mittleren flächenbezogenen Masse der flankierenden Bauteile von etwa 300 kg/m² (Ermittlung s. Abschn. 15.6.4.1)

flächenbezogene Masse m' in kg/m²	bewertetes Schalldämm-Maß $R'_{w,R}$ in dB	flächenbezogene Masse m' in kg/m²	bewertetes Schalldämm-Maß $R'_{w,R}$ in dB	
85	34	380	52	
90	35	410	53	
95	36	450	54	
105	37	490	55	
115	38	530	56	
125	39	580	57	
135	40			
150	41	630	58	Diese Werte sind für einschalige Wände unsicher und gelten deshalb nur für die Ermittlung des Schalldämm-Maßes zweischaliger Wände aus biegesteifen Schalen (z.B. Reihenhaustrennwände).
160	42	680	59	
175	43	740	60	
190	44	810	61	
210	45	880	62	
230	46	960	63	
250	47	1040	64	
270	48			
295	49			
320	50			
350	51			

Die Schalldämm-Maße einiger Wandkonstruktionen besitzen etwas andere Zahlenwerte. Einzelheiten dazu finden sich in Beiblatt 1 zu DIN 4109, Tab. 1 bis 3.

Daneben ist – besonders bei leichten Wänden – die Luftschalldämmung auch von der Biegesteifigkeit der Wand abhängig (Cremer 1942): Biegeweiche Wände sind in der Regel günstiger als gleichschwere biegesteife. Das gilt auch für ihre Verwendung als Vorsatzschalen bzw. Einzelschale bei mehrschaligen Konstruktionen. Bei schweren Wänden, z.B. 24 cm starkem Mauerwerk, ist die hohe Steifigkeit jedoch vorteilhaft und führt zu hohen Schalldämmaßen.

Homogene Wände sind fast immer schalldämmender als gleichschwere inhomogene: Hohlraumreiche Decken enthalten leichte Bereiche, die eine höhere Schallübertragung begünstigen. Resonanzerscheinungen führen besonders bei größeren, über einige Zentimeter messenden Hohlräume zu geringerer Schalldämmung der Gesamtkonstruktion.

Hohe innere Dämpfung (Materialdämpfung) wirkt sich, da dadurch schwingenden Bauteilen Schallenergie entzogen wird, positiv aus. Sandgefüllte Bauteile können daher eine höhere Schalldämmung als gleichschwere homogene aufweisen (z.B. Röhrenspanplatten bei schalldämmenden Türen).

15.6.2.2 Luftschallschutz mehrschaliger Bauteile

Die Luftschalldämmung mehrschaliger Bauteile wird maßgeblich durch die Flächenmasse der Schalen, deren Biegesteifigkeit, den Schalenabstand – und damit zusammenhängend – die dynamische Steifigkeit (Zusammendrückbarkeit) des zwischen den Schalen befindlichen Stoffes (Luft, Mineralfaser, Kunststoffschaum) bestimmt (s. Abschn. 15.6.3): Hohe Schalenmasse, porige Wandbaustoffe (dicht verputzt) sind ebenso von Vorteil, wie großer Schalenabstand und Schallschluckstoff (Mineralwollmatten) zwischen den Schalen. Sie führen zu einer niedrigen Eigenfrequenz (Resonanzfrequenz; s. Abschn. 15.6.3) der Bauteilkonstruktion, wobei bei Ausführung mit schweren biegesteifen Schalen und durchgehender Trennfuge das Schalldämmaß bis zu 12 dB höher sein kann als bei gleichschweren einschaligen Wänden.

Leichte Wände mit ausschließlich biegesteifen Schalen bieten keinen hinreichenden Schallschutz, die Verwendung einer biegeweichen Schale kann dabei schon eine erhebliche Verbesserung des Schalldämmaßes bewirken.

Die übliche Fußbodenkonstruktion mit schwimmendem Estrich stellt eine zweischalige Konstruktion aus einer schweren, biegesteifen und einer leichten biegesteifen Schale dar. Eine gute (auch trittschalldämmende) Decke wird dabei nur bei einem schallbrückenfreien Aufbau zu erzielen sein (s. anschließenden Abschnitt).

15.6.2.3 Schallbrücken

Luftschichten und Schichten aus Materialien geringerer dynamischer Steifigkeit beeinträchtigen in der Regel die Schallübertragung, sie wirken also schalldämmend.

Wesentlich bei der Konstruktion und Ausführung von mehrschaligen Bauteilen ist deshalb die sichere Verhinderung von starren (steifen) Verbindungen („Schallbrücken") zwischen den Wandschalen. Bei Leichtbauwänden (z.B. Ständerwerk mit aufgebrachten Gipskartonschalen) verschlechtert sich also das Schalldämmaß bei geringem Ständerabstand und Vergrößerung der Zahl der Befestigungsstellen (Schrauben) für die Schalen.

Bei getrennten Ständerreihen für jede Schale ist die Schallbrückenwirkung auf die notwendigen Verlaschungen und die angrenzenden, „flankierenden" Bauteile beschränkt (Wände, Boden, Decke); derartige Wandkonstruktionen nähern sich dem schalltechnischen Optimum!

Schwimmende Estriche und zweischalige Reihenhaustrennwände sind jeweils aus zwei biegesteifen Schalen aufgebaut. Solche Konstruktionen sind auf Schallbrücken besonders empfindlich. Bei Reihenhaustrennwänden (auch aus Ortbeton) kann eine sichere Verhinderung von Schallbrücken durch Verwendung von speziellen Trennfugenplatten aus dynamisch ausreichend weichem Material geschehen.

Ähnlich Schallbrücken wirken auch (kleinflächige) Öffnungen in Wänden und Decken oder Flächen geringerer Schalldämmung in besser dämmenden Konstruktionen (s. anschließenden Abschnitt).

15.6.2.4 Bereiche geringerer Schalldämmung in Trennbauteilen (s. auch Abschn. 15.6.3.3!)

Bei Wänden und Decken wird die Luftschalldämmung durch eingesetzte Bauteile geringerer Schalldämmung meist stark beeinträchtigt. Es hat keinen Sinn, eine Wand wesentlich schalldichter zu machen als z.B. die Tür in dieser Wand. Nach den Gesetzen der Bauakustik (s. Abschn. 15.6.3.3) wird in diesen Fällen die Schalldämmung des Gesamtbauteils meist nur knapp oberhalb der Schalldämmung des schwächsten Teils (Tür, Fenster, Nische) liegen.

Risse, Löcher, fehlerhafte Fugenvermörtelungen, auch flächenmäßig geringe Schwächungen der Trennkonstruktion verschlechtern ebenfalls die Schalldämmung.

Außenwände werden in ihrer Schalldämmung also wesentlich durch die Schalldämmaße der Fenster und Türen (s. Abschn. 5 und 6 in Teil 2 dieses Werkes) bestimmt. Nur bei sehr leichten Außenwänden kommt deren Schalldämmung in den Bereich der relativ geringen Schalldämmfähigkeit üblicher Fensterkonstruktionen und wirkt sich dämmindernd aus.

Wohnungstrennwände bieten wirksamen Schallschutz nach DIN 4109 erst, wenn sie – als Massivwände – aus den schwersten handelsüblichen Vollsteinen oder Vollziegeln, 24 cm stark, vollfugig vermauert und beidseitig dicht verputzt, an keiner Stelle durch Schornsteine, Rohrschlitze, Schächte oder Nischen geschwächt sind. Mauerwerk aus leichteren Steinen (Lochsteine u. ä.) bietet erst bei größerer Dicke gleichen Schutz.

15.6.2.5 Trittschallschutz

Nach dem heutigen Stand der Bautechnik wird optimaler Trittschallschutz durch „schwimmende Fußböden" bewirkt: Eine weichfedernde Dämmschicht zwischen Rohdecke und Fußboden verhindert bei richtiger Ausführung die Übertragung des Trittschalls auf die Rohdecke und die mit ihr in Verbindung stehenden Wände. Hohe Deckenmassen allein erhöhen den Trittschallschutz kaum, die Luftschalldämmung allerdings merklich.

Weichfedernde Gehbeläge können die Erzeugung von Trittschall vermindern. Dicke Teppichauflagen können also gut zur Trittschalldämmung beitragen, leisten aber umgekehrt keinen Beitrag zur Luftschalldämmung. Wegen der Auswechselbarkeit von Bodenbelägen darf die Trittschalldämmung dieser Schichten aber nicht in allen Fällen berücksichtigt werden (s. DIN 4109).

Stahlbetonplatten von mindestens 16 cm Dicke mit sorgfältig ausgeführtem, schallbrückenfreiem schwimmendem Estrich bieten einen ausreichenden Luft- und Trittschallschutz. Die tatsächliche Dämmwirkung von Stahlbeton-Rippendecken und anderen Decken mit Füllkörpern, Hohlräumen u. ä. ist nur gesichert, wenn die Ausführung genau nach den Angaben der DIN 4109 erfolgt.

Unterdecken können in begrenztem Umfang den Trittschallschutz (und den Luftschallschutz) verbessern, jedoch ist die schalldämmende Wirkung nur bei dichter Ausführung merklich. Unter Decken mit Verbundestrich können sie nahe an die Wirksamkeit eines schwimmenden Estrichs herankommen.

Holzbalkendecken bieten in ihrer herkömmlichen Form keinen ausreichenden Schallschutz. Sie lassen sich heute jedoch als zwei- und mehrschalige Konstruktionen ausbilden (s. Abschn. 10.3.4.3), erreichen gute Schalldämmaße jedoch erst durch eine zusätzliche Beschwerung (aufgelegte Betonsteine, schwimmende Zementestriche u. ä.) [71].

15.6.2.6 Schutz gegen Installationsgeräusche

Wenn niedrige Geräuschpegel in Räumen erreicht werden sollen, ist nicht nur eine gute Luft- und Trittschalldämmung notwendig, sondern die Aufmerksamkeit ist auch auf die Erschütterungsgeräusche zu richten, die durch Wasserrohrleitungen, Lüftungsanlagen, Aufzüge u. ä. hervorgerufen werden (s. DIN 4109, Beibl. 2, Abschn. 2).

Durch richtig geformte („geräuscharme") Armaturen (mit Prüfzeichen), Rohrstöße und Biegungen lassen sich Schallquellen im Sanitärbereich fast immer vermeiden. Wasserrohre aller Art (also auch Abwasserrohre) müssen bei Deckendurchführungen und Wandbefestigungen weichfedernd umkleidet werden (vgl. Bild **15**.47). Badewannen, Waschbecken usw. sollten auf elastische Lager gesetzt werden und elastische Wandanschlüsse aufweisen. Sogenannte Wasserschalldämpfer verringern die Schallfortleitung über die Wassersäule, die auch bei Heizungsanlagen störend sein kann.

Durch die Wahl geeigneter Wohnungsgrundrisse läßt sich die Störung durch Installationsgeräusche ebenfalls verringern. An Wänden zu Schlaf- und Kinderzimmern sollten Rohrleitungen nicht befestigt werden. Das gleiche gilt für Wohnungstrennwände. Vorwandinstallationen und die Verwendung vorgefertigter Installationswände führen fast immer zu geringerer Geräuschbelästigung.

Motoren, Pumpen und Schalter sind ebenfalls abzufedern. Rohrkanäle, Abgasrohre, Lüftungs-, Luftheizungs- und Müllabwurfschächte sind schallgedämmt zu montieren und schalldicht abzuschließen.

Die Anforderungen der DIN 4109 (11.89) sind gegenüber der Vorgängernorm bezüglich der Installationsgeräusche nicht verschärft, sondern in Teilbereichen sogar vermindert worden.

Es kann nur dringend empfohlen werden, die Konstruktionsvorschläge, die in der Norm enthalten sind, weitestgehend anzuwenden, um den hohen Ansprüchen an Störfreiheit in Wohnräumen gerecht werden zu können.

15.6.2.7 Schutz gegen Schallübertragung durch Kanäle und Schächte

Bei mehrgeschossigen Wohnbauten ist auf die Gefahr der Luftschallübertragung durch Lüftungsschächte u.ä. zu achten, da auch bei schalltechnisch guten Decken die Luftschalldämmung zwischen Küchen und Bädern übereinanderliegender Wohnungen gänzlich unzureichend sein kann, wenn eine unmittelbare Luftverbindung zwischen diesen Räumen (Luftschallbrücke) vorliegt.

Der Anschluß von übereinanderliegenden Räumen an einen Sammelschacht ist nur zulässig, wenn die Querschnittsfläche der Anschlußöffnungen nicht mehr als 60 cm^2 (bei Schachtquerschnitten von höchstens 270 cm^2) beträgt und die Schachtinnenwände offenporig sind, also aus unverputztem Mauerwerk, Bimsbeton o.ä. bestehen. Sonst ist die Verwendung von Einzelschächten oder (bei wiederum porigen Schachtinnenflächen) der Anschluß an einen Schacht nur in jedem zweiten Stockwerk unerläßlich.

Die Schallübertragung wird gemindert, wenn

- die Schachtquerschnitte klein sind,
- diese Querschnitte flach-rechteckig gewählt werden,
- die Schachtinnenoberflächen schallschluckend sind,
- die Zu- und Abluftöffnungen sich nicht zu nahe an Raumkanten bzw. Raumecken befinden. Zumindest 50 cm Abstand von wenigstens einer Raumkante sollten eingehalten werden.

Abgaskamine (z.B. von gasbetriebenen Durchlauferhitzern) müssen nach den gleichen Prinzipien geplant werden. Bei ihnen können die Schallübertragungen wegen auftretender Resonanzerscheinungen der angesetzten Trichter noch ungünstiger und damit die Verwendung von Einzelschächten angebracht sein.

Luftheizungssysteme müssen ebenfalls schalltechnisch gut geplant werden. Falls nebeneinanderliegende Räume an gleiche Warmluftkanäle angeschlossen werden sollen, sind im Rohrverlauf sog. „Telefonie-Schalldämpfer" [67] zur akustischen Trennung vorzusehen.

15.6.2.8 Schutz vor akustischen Bauschäden

Im Bereich des Schallschutzes kann mit weiteren Entwicklungen von preiswerten und praktisch verwendbaren schalldämmenden Baustoffen, Bauteilen und Konstruktionen gerechnet werden. Die richtige Auswahl und der richtige Einsatz neuer Mittel ist in diesem Bereich ohne fundierte bauphysikalische (akustische) Kenntnisse kaum möglich. Eher als in anderen Bereichen der Bauphysik muß daher empfohlen werden, bei schwierigeren Fällen die Sonderfachleute zu Rate zu ziehen.

Die Erfahrung zeigt, daß durch Fehleinschätzung schnell akustische Bauschäden eintreten können, deren Beseitigung unvorhersehbare Kosten verursacht.

Bei der Sanierung von bestehenden Gebäuden wird von den Bewohnern in der Regel eine Verbesserung des Schallschutzes gefordert, die besonders schwierig durchzuführen ist. Für die Plattenbauten in den neuen Bundesländern finden sich in der aktuellen Fachliteratur praxiserprobte Sanierungsvorschläge, die häufig auf andere Gebäude übertragbar sind.

15.6.3 Physikalische Erläuterungen

Schall ist eine in elastischen Medien sich fortpflanzende Schwingungs- oder Wellenbewegung und entsteht durch mechanische Schwingungen bzw. Bewegungen.

Nach der den Schall fortleitenden Stoffart unterscheidet man Luft- und Körperschall. Trittschall wird als Körperschall erzeugt, weitergeleitet und gelangt (nach Umwandlung) als Luftschall zum menschlichen Ohr. Da Schallwellen Energie (und Leistung) enthalten und übertragen können, wird bei der Schallerzeugung Energie bzw. Leistung benötigt, die an anderen Stellen (Empfänger [Ohr, Mikrofon] oder Schallschluckmaterial) wieder frei bzw. in andere Energieformen umgewandelt wird.

Schall. Jeder Schall und jedes Geräusch setzt sich aus einfachen Tönen verschiedener Frequenz f (Schwingungsanzahl der Schallwellen pro Sekunde) und Stärke (Amplitude) zusammen. Mit der Frequenz nimmt die Tonhöhe zu. Ihrer Verdopplung entspricht eine Oktave. Der Hörbereich des menschlichen Ohres liegt etwa zwischen 16 und 20000 Hz. Messungen und Untersuchungen in der Bauakustik erstrecken sich (zur Zeit noch) vorwiegend auf den 5 Oktaven umfassenden Bereich von etwa 100 bis 3200 Hz. Es wäre – wegen der zunehmenden akustischen Belästigung durch tiefere Töne – wünschenswert, den Bereich besonders zu niedrigeren Frequenzen hin auszudehnen.

Schallquellen (Saiten, Platten, schwingende Massen, auch Luftmassen) erzeugen durch das Hin- und Herschwingen Druckschwankungen, die sich in der Luft als Druckwellen fortpflanzen. Die Druckschwankungen (der Schallwechseldruck) überlagern sich dem konstanten, wesentlich größeren atmosphärischen Luftdruck.

Schalldruck. Als Schalldruck p (genauer: effektiven Schalldruck p_{eff}) bezeichnet man den quadratischen Mittelwert des Wechseldrucks. Er dient als ein Maß für die Stärke des Schalls. Da der menschliche Gehörsinn Lautstärke nicht proportional zum Schalldruck, sondern eher proportional zum Logarithmus des Schalldrucks empfindet (Gesetz von Weber und Fechner), hat man als ein weiteres Maß für die Stärke des Schalls den Schall(druck)pegel L eingeführt:

$$L = 20 \lg(p/p_o) \quad \text{mit } p_o = 2 \cdot 10^{-4}\ \mu\text{bar} \quad \text{in Dezibel (dB)}$$

dabei bedeuten

p jeweiliger Schalldruck in μbar oder Pascal (Pa) = N/m^2 = 10 μbar

p_o Bezugsschalldruck, der etwa dem Druck des leisesten noch hörbaren 1000-Hz-Tons entspricht.

Der Schallpegel wird in Dezibel (dB) angegeben. Schallpegel (und auch Schalldruck) können objektiv mit einem im wesentlichen aus Mikrofon, Verstärker und Anzeigeinstrument bestehenden Gerät („Schallpegelmesser") bestimmt werden.

Schallpegel, die wie der menschliche Gehörsinn die verschiedenen Frequenzen unterschiedlich stark berücksichtigen, nennt man bewertete Schallpegel. Der wichtigste dieser Pegel ist der A-bewertete Schallpegel, auch Lautstärkepegel genannt, dessen Zahlenwerte das Lautstärkeempfinden des Menschen berücksichtigen. Er wird in dB(A) gemessen. Ein Unterschied von 10 dB(A) bei Geräuschen bedeutet (bei mittleren Lautstärken) etwa eine Halbierung bzw. Verdopplung der empfundenen Lautstärke der verschiedenen Geräusche.

Pegeladdition. Schallpegel lassen sich nicht einfach addieren. Aufgrund ihrer Definition als Logarithmus (von Verhältnissen physikalischer Größen) kann man aber ein paar Faustregeln beim gleichzeitigen Wirken verschiedener Geräusche angeben: Sind die Pegel zweier Geräusche (± 1 dB) gleich, so ist bei gleichzeitigem Auftreten beider Geräusche der Gesamtpegel um etwa 3 dB höher als der der Einzelgeräusche. Bei 10 dB Pegel-Unterschied ist der Gesamtpegel kaum noch vom größten Einzelpegel zu unterscheiden. Zwischen 9 und 2 dB Unterschied wirken sich nur noch als Vergrößerung des höheren Pegels um 1 bis 2 dB aus!

Luft- und Trittschallübertragung

Die Luftschallübertragung von einem Raum zum anderen kann etwa wie folgt beschrieben werden (Bild **15**.68):

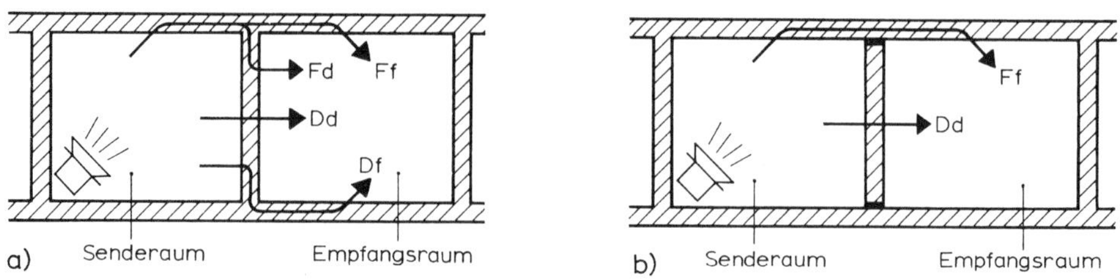

15.68 Übertragungswege des Luftschalls zwischen zwei Räumen (nach DIN 52217)
a) in einem Gebäude in Massivbauart
b) in einem Gebäude in Skelett- oder Holzbauart

Die Druckschwankungen der Luft in einem „Senderaum" (mit Schallquellen) gelangen an die raumbegrenzenden Bauteile (Wände, Decken, Boden) und regen diese zum Mitschwingen an. So kann der Schall dann – als Körperschall – zu den Bauteilen des „Empfangsraumes" (leiser, gestörter Raum) gelangen, die ihn als Luftschall zum Ohr des darin befindlichen Menschen abstrahlen.

Meist wird der größte Schallanteil über das eigentliche Trennbauteil (Wand, Decke) in den Nachbarraum gelangen. Die flankierenden Bauteile (Seitenwände, Decken, Außenwand, usw.) übertragen in der Regel nur geringere Schalleistungen. Dem Trennbauteil kommt somit die Hauptaufgabe der Schalldämmung, also die Verringerung der Schallpegel im Vergleich zum Pegel im Senderaum, zu.

Die Schallschutznorm DIN 4109 (11.89) unterscheidet bei den Nachweisverfahren für den ausreichenden Schallschutz zwischen Massiv- und Holz-/Skelettbauten. Bauakustisch besteht der Unterschied darin, daß bei Massivbauten alle vier in Bild **15**.68a eingezeichneten Schallwege vorhanden sind, bei Gebäuden in Holz- und Skelettbauart (s. Bild **15**.68b) dagegen nur die Wege *Dd* und *Ff* wesentliche Schalleistungen übertragen: Die biegeweiche, nichtsteife Anbindung der Trennbauteile (Wände, Decken) an die flankierenden Bauteile behindert die Schallübertragung.

Trittschall wird wie jeder andere Körperschall (z.B. Installationsschall) durch direkte mechanische Anregung („Klopfen") eines Bauteils erzeugt, von diesem Bauteil zu einem den Empfangsraum begrenzenden Bauteil weitergeleitet und dann als Luftschall in diesen Raum abgestrahlt (s. Bild **15**.69). Körperschall kann nur durch weiche, den Schall weniger gut weiterleitende Zwischenschichten (z.B. Trittschall-Dämmatten) gedämmt werden.

Massengesetz der Bauakustik

Schwere Bauteile lassen sich wegen ihrer Massenträgheit von den Schalldruckschwankungen der Schallwellen nur wenig zum Mitschwingen anregen. Das in Abschn. 15.6.2.1 erwähnte Massengesetz ist eine Auswirkung dieser Eigenschaft, die auch erklärt, daß hohe Frequenzen weniger gut in Nachbarräume gelangen als tiefe, da die zugehörigen schnellen Druckschwankungen eine träge Wandmasse weniger stark in Bewegung versetzen können als langsamere.

Grenzfrequenz. Biegesteife einschalige Bauteile mit nicht zu großer flächenbezogener Masse (d.h. Masse pro m^2) bis zu etwa 150 kg/m^2 durchbrechen das Massengesetz insofern, daß die nach dem einfachen Massengesetz zu erwartenden Schalldämmwerte mit ihnen nicht erreicht werden. Als Grund dafür fand Cremer (1942) eine resonanzartige Erscheinung bei der Schallübertragung durch plattenförmige Trennbauteile: Oberhalb einer „Grenzfrequenz" f_g können die Luftschallwellen und die sich im Bauteil ausbreitenden Biegewellen (Körperschallwellen) in ihren Wellenlängen übereinstimmen und diese ‚Koinzidenz' führt zu einer erhöhten Luftschallabstrahlung in den Empfangsraum: Die Schalldämmung ist geringer als bei gleichschweren biegeweichen Bauteilen.

Wenn die Grenzfrequenz, die sich z.B. nach der Formel (s. DIN 4109, Beibl. 1.A.9.3)

$$f_g = \frac{60}{d} \sqrt{\frac{\rho}{E_{dyn}}} \quad \text{in Hz}$$

mit

E_{dyn} dynamischer Elastizitätsmodul [5]; [67] des Baustoffs in MN/m^2

d Dicke der (homogenen) Platte in m

ρ Rohdichte des Baustoffs in kg/m^3

errechnet, oberhalb von 2000 Hz liegt, spricht man von biegeweichen Platten: Gipskartonplatten bis zu etwa 15 mm Dicke, Putzschalen auf Gewebe, Holzwolleleichtbauplatten bis (auch einseitig verputzt), Glasplatten bis 6 mm und Spanplatten bis 16 mm gelten als biegeweich. Sie strahlen Körperschallwellen schlecht ab (s.o.) und werden deshalb als Vorsatzschalen vor biegesteifen Massivwänden oder bei zweischaligen Bauteilen vorteilhaft verwendet.

Biegesteife Bauteile mit Grenzfrequenzen zwischen 200 und 2000 Hz sollten als alleinige Trennbauteile vermieden werden. Schwere biegesteife Massivbauteile mit Grenzfrequenzen unter 200 Hz gelten wieder als gut für Schalldämmaßnahmen einsetzbare Trennbauteile (vgl. auch Tab. **15**.63).

Doppelwandresonanz, Resonanzfrequenz

Für die Frequenzabhängigkeit der Schallausbreitung spielen, besonders bei mehrschaligen Bauteilen, Resonanzerscheinungen eine wesentliche Rolle. Solche Bauteile sind selbst schwingfähige Gebilde aus Massen (Schalen) und Federn (elastische Zwischenschichten, wie z.B. Mineralwolle oder auch Luft), die bei Stoßanregung bevorzugt eine Frequenz abstrahlen. Sie lassen den Schall im Bereich dieser Resonanzfrequenz (Eigenfrequenz) besonders stark durch, und das bedeutet eine Verringerung der Schalldämmung in diesem Frequenzbereich. Bei zweischaligen Konstruktionen ist die Eigenfrequenz einfach zu ermitteln:

$$f_0 = 160 \sqrt{s' \left(\frac{1}{m'_1} + \frac{1}{m'_2} \right)} \quad \text{in Hz}$$

Dabei bedeuten

m'_1, m'_2 flächenbezogene Massen (Flächengewichte, Flächenmassen) der Bauteilschalen in kg/m²

s' dynamische Steifigkeit der elastischen Zwischenschicht in N/cm³ = MN/m³

Die dynamische Steifigkeit s' von Materialien zur Schalldämmung ist ein Maß für ihre Zusammendrückbarkeit (Elastizität).

Für ausreichende Schalldämmung sollte die Resonanzfrequenz f_o einer zweischaligen Wand oder Decke unter 100 Hz (besser: 80 Hz) liegen. Oberhalb von f_o wächst die Schalldämmung stärker mit der Frequenz an als bei gleich schweren einschaligen Konstruktionen. Zweischalige Konstruktionen aus schweren, biegesteifen Schalen haben z.B. ein bis zu 12 dB höheres Schalldämmaß (s. Abschn. 15.6.3.1) als entsprechende einschalige. Auf der günstigen Zweischaligkeit beruht auch die Schalldämmwirkung schwimmender Estriche.

15.6.3.1 Messung der Luftschalldämmung, Schalldämmaße

Bei der Messung der Luftschalldämmung nach DIN 52210 (neu: EN 20140) werden im Senderaum Lautsprecher, die so angeordnet sind, daß sie ein möglichst gleichmäßiges Schallfeld aufbauen, über einen Verstärker mit Rauschen gespeist, das aus Frequenzen innerhalb einer Drittel-Oktave besteht („Terz-Rauschen"). Nacheinander werden diese Terzbänder bei Variation der Mittenfrequenzen von 100 bis 3150 Hz ausgestrahlt und mit einem Pegelmesser im Sende- und Empfangsraum die Pegel L_1 und L_2 in den beiden Räumen ermittelt (Bild **15**.69).

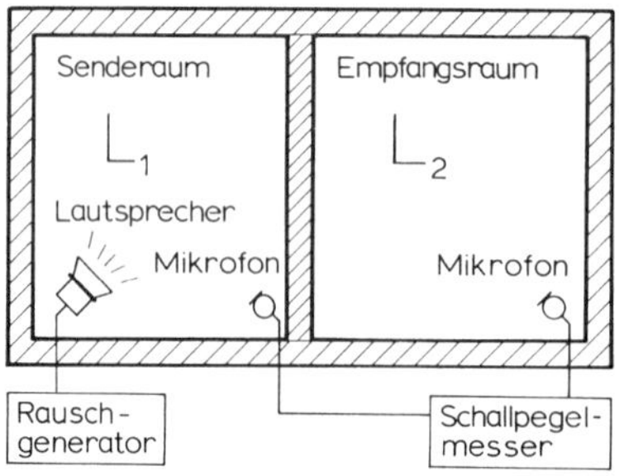

15.69
Messung der Luftschalldämmung eines Trennbauteils (hier: Wand)

Daraus bestimmt man für jede der 16 Meßfrequenzen die

Schallpegeldifferenz $D = L_1 - L_2$ in dB

und das

Schalldämmaß $R = D + 10 \lg (S/A)$ in dB

wobei das Korrekturglied mit S/A die Einflüsse der Größe der Trennbauteilfläche S (in m²) und der äquivalenten Schallschluckfläche A (ebenfalls in m²) im Empfangsraum berücksichtigen soll. Die äquivalente Schallabsorptionsfläche *A* eines Raumes ist dabei ein Maß für die Schallabsorption (etwa gleichbedeutend mit Schallschluckung, Schalldämpfung) in diesem Raum. Ein Schallereignis klingt bei starker Schallschluckung schneller, d.h. mit kürzerer Nachhallzeit *T* (in Sekunden s) ab als in „halligen" großen Räumen. Der Zusammenhang zwischen äquivalenter Schallschluckfläche und Nachhallzeit wird beschrieben durch die

Sabinesche Formel $A = 0{,}163\,(V/T)$ in m^2

mit V Raumvolumen in m^3
T Nachhallzeit in s

Für die Korrektur der gemessenen Schallpegeldifferenzen *D* wird also für jede Meßfrequenz *f* auch noch eine Nachhallzeitmessung benötigt. Da man bei allen Messungen Ungleichmäßigkeiten der Schallverteilung in den Räumen annehmen kann, muß die Pegelmessung an verschiedenen Stellen und bei verschiedener Stellung der Lautsprecher und Pegelmesser-Mikrofone durchgeführt werden. Daher gehen alle einzusetzenden Werte aus Mittelungen hervor. Die Messungen müssen unter Berücksichtigung aller in DIN 52210 angegebenen Vorschriften erfolgen. Die Zahl der Fehlermöglichkeiten ist groß: Allein der Aufenthalt von Personen im Empfangsraum kann z.B. schon merkliche Meßabweichungen bewirken.

Überprüfungen des Schalldämmverhaltens von Wänden oder Decken mit einfachen Schallpegelmessern (Lautstärkemessern) können dementsprechend auch nur sehr grob Auskunft über eingehaltene Dämmwerte liefern. Bei derartigen Güteprüfungen am Bau (Eignungsprüfungen) sollten deshalb die Teile 3 und 5 der DIN 52210 besonders beachtet werden.

Bei Schalldämmessungen am Bau wird der Schall vom Sende- zum Empfangsraum nicht nur über die gemeinsame Wand oder Decke, sondern im allgemeinen auch auf Nebenwegen, z.B. über flankierende Bauteile (s. Bild **15**.68 und **15**.73), übertragen. Das ermittelte Schalldämmaß wird dementsprechend kleiner als bei Labormessungen mit ausgeschalteten Nebenwegen ausfallen. Man bezeichnet am Bau gemessene oder in Prüfständen mit bauähnlichen Flankenübertragung bestimmte Schalldämmaße mit R' zur Unterscheidung von Labor-Schalldämmaßen R.

Bewertetes Schalldämm-Maß R_w

Zur vollständigen Beschreibung der Dämmeigenschaften von Bauteilen sind die Kurvenverläufe $R(f)$ bzw. $R'(f)$ notwendig. Es hat sich aber als für die Praxis in vielen Fällen wünschenswert herausgestellt, die Bauteile mit einem Zahlenwert zu beschreiben, um Mindestwerte zu formulieren, oder auch Vergleiche von Bauteilen zu vereinfachen. Ein arithmetischer Mittelwert R_m aus den gemessenen Schalldämmaßen bei verschiedenen Frequenzen hat sich jedoch als ungünstige Ein-Zahl-Angabe herausgestellt, da die Mittelwertbildung die unterschiedliche Empfindlichkeit des Ohres für die verschiedenen Frequenzen nicht berücksichtigt. Als dem Gehörsinn besser angepaßt hat sich folgendes Verfahren zur Ermittlung des bewerteten Schalldämmaßes R_w bzw. R'_w bewährt:

Man bestimmt – nach dem in der Beschreibung zur Tabelle **15**.66 angegebenen Verfahren – die mittlere Abweichung („Ablage") der gemessenen Schalldämmaß-Kurven $R(f)$ bzw. $R'(f)$ von einer vorgegebenen und genormten Bezugskurve $R_0(f)$ (nach DIN 52210-4). Da die Bezugskurve (stilisiert) das Schalldämmaß einer „Normalwand" von $R_w = 52$ dB repräsentiert, ergibt sich je nach Richtung und Größe der Ablage (in dB) das bewertete Schalldämmaß des geprüften Bauteils.

Luftschallschutzmaß. Die mittlere Abweichung der Meßkurve von der Bezugskurve wird als das Luftschallschutzmaß *LSM* (bzw. *LSM'*) des Bauteils bezeichnet, der Zusammenhang dieser – nicht mehr genormten – Ein-Zahl-Angabe mit dem bewerteten Schalldämmaß ist gegeben durch

$$R_w = LSM + 52\ \text{dB} \quad \text{bzw.} \quad R'_w = LSM' + 52\ \text{dB} \quad \text{in dB}$$

Das Bewertungsverfahren wird in Tabelle **15**.70 anhand eines Beispiels beschrieben.

Tabelle **15**.70 Ermittlung des bewerteten Schalldämmaßes (R'_w)

Zeile	Frequenz	Schalldämmaße		Abweichungen zwischen Meßkurve R' und verschobener Bezugskurve R_0 (im ungünstigen Sinn) bei ihrer Verschiebung um		
		Bezugswerte	Meßwerte			
	f in Hz	R_0 in dB	R' in dB	– 5 dB	– 6 dB	–
1	100	33	26	2	1	
2	125	36	26	5	4	
3	160	39	36	0	0	
4	200	42	38	0	0	
5	250	45	37	3	2	
6	315	48	37	6	5	
7	400	51	39	7	6	
8	500	52	43	4	3	
9	630	53	44	4	3	
10	800	54	45	4	3	
11	1000	55	46	4	3	
12	1250	56	48	3	2	
13	1600	56	51	0	0	
14	2000	56	54	0	0	
15	2500	56	56	0	0	
16	3150	56	57	0	0	
mittlere Abweichungen				$\frac{42}{16} = 2{,}63$	$\frac{32}{16} = 2{,}00$	
maßgebend				$2{,}0 \leq 2{,}0$		
Bewertetes Schalldämmaß $R'_w = 46$ dB			(Luftschallschutzmaß $LSM' = -6$ dB)			

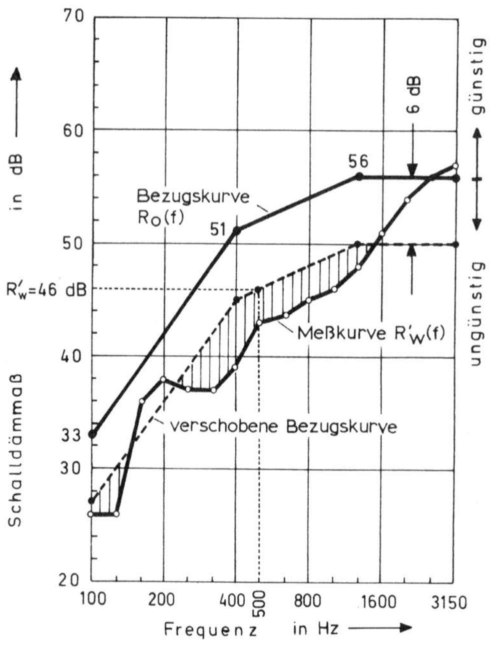

Rechnungsgang zur Ermittlung des bewerteten Schalldämmaßes R_w: Man schätzt die mittlere Abweichung von Meßkurve und Bezugskurve ab (hier z. B. – 5dB) und verschiebt „zur Probe" die Bezugskurve um diesen Wert (hier: nach unten). Nun bildet man in jeder Zeile die Wertedifferenz zwischen verschobener Bezugskurve und Meßkurve, wobei nur R-Werte, die ungünstiger als die Bezugskurve (also unterhalb!) liegen, berücksichtigt werden. Diese Abweichungen werden addiert und durch 16 dividiert. Die erhaltene mittlere Abweichung soll nicht über 2 dB, aber möglichst dicht an diesem Wert liegen. Hier ergibt sich als Mittelwert 2,63 > 2,00 dB, also muß eine weitere Probeverschiebung der Bezugskurve (also hier um – 6 dB) erfolgen, die eine mittlere Verschiebung von 2,00 dB ergibt. Die letztere Verschiebung ist also gültig und ergibt das bewertete Schalldämmaß der Meßkurve zu 46 dB. Dieser Wert läßt sich direkt aus der Lage des 500-Hz-Wertes der verschobenen Bezugskurve ablesen (s. graphische Darstellung).

Die Ablage der verschobenen Bezugskurve R_o von der Meßwertkurve $R(f)$ kann positiv (günstig, nach oben) oder negativ (ungünstig, nach unten) sein.

Das Luftschallschutzmaß *LSM* hat dementsprechende Vorzeichen. Man beachte aber den Unterschied zu Trittschalldämm-Angaben in Form des Trittschallschutzmaßes *TSM*, bei dem das Vorzeichen bei Verschiebung nach oben negativ (ungünstig) und entsprechend positiv bei Verschiebung nach unten ist (s. Abschn. 15.6.3.2).

In der Schallschutznorm DIN 4109 sind die Anforderungen an den Luftschallschutz für die verschiedenen Bauteile als Mindestwerte für das bewertete Schalldämmaß („erf.R'_w") zu finden.

15.6.3.2 Messung der Trittschalldämmung, Trittschalldämmaße

Bei der Messung der Trittschalldämmung wird im Senderaum Körperschall durch ein genormtes Hammerwerk (nach DIN 52210-4) auf der Trenndecke erzeugt und der Schallpegel im (auch schräg) darunterliegenden Empfangsraum gemessen (s. Bild **15**.71). Die Messung erfolgt wieder in 16 terzbreiten Frequenzbändern mit Mittenfrequenzen von 100 bis 3150 Hz. Die gemessenen Trittschallpegel L_T (bzw. L'_T) werden unter Berücksichtigung der äquivalenten Schallabsorptionsfläche A des Empfangsraums korrigiert; es ergibt sich dann der Normtrittschallpegel L_n:

$$L_n = L_T + 10 \lg(A/A_0) \quad \text{in dB}$$

wobei $A_o = 10\ m^2$ eine Bezugs-Schallschluckfläche (für Wohnräume) ist.

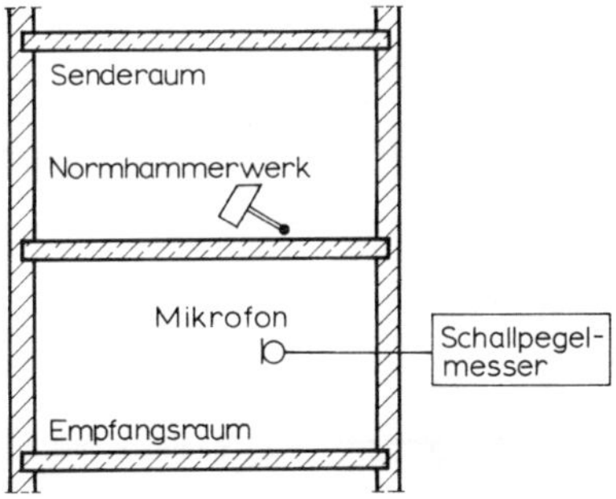

15.71
Trittschallmessung an einer Decke

Sind die Normtrittschallpegel unter den bauüblichen Bedingungen ermittelt worden, werden sie mit L'_n bezeichnet. Im Gegensatz zu den Luftschalldämmaßen *R* sind bei den Normtrittschallpegeln niedrige Werte günstig, da sie bei der Trittschallerzeugung ja nicht Pegelunterschiede sondern (durch das Normhammerwerk erzeugte) Pegel beschreiben.

Bewerteter Norm-Trittschallpegel $L_{n,w}$ (bzw. $L'_{n,w}$)

Die Ermittlung einer Ein-Zahl-Angabe zur Beschreibung der Trittschalldämmung geschieht ähnlich der Ermittlung von R_w: Eine Bezugskurve $L_{no}(f)$ (aus DIN 52210-4) wird mit der Meßwertkurve $L_n(f)$ bzw. $L'_n(f)$ verglichen. Die nach der in Tabelle **15**.72 beschriebenen Bewertungsverfahren ermittelte Größe heißt „bewerteter Norm-Trittschallpegel" $L_{n,w}$ bzw. $L'_{n,w}$. Der zahlenmäßige Zusammenhang mit der bisher als Ein-Zahl-Angabe verwendeten Trittschallschutzmaß *TSM* (bzw. *TSM'*) lautet:

$$TSM = 63 - L_{n,w} \quad \text{in dB}$$

Aus der graphischen Darstellung unter Tabelle **15**.72 ergibt sich, daß diese bewerteten Normtrittschallpegel zahlenmäßig gleich dem Wert der verschobenen Bezugskurve L_{no} bei 500 Hz sind. In DIN 4109 finden sich Zahlenwerte für die *TSM* noch in Klammern hinter den $L_{n,w}$-Werten!

Tabelle **15**.72 Ermittlung des bewerteten Normaltrittschallpegels ($L_{n,w}$) und des Trittschallschutzmaßes (*TSM*)

Zeile	Frequenz	Normtrittschallpegel Bezugswerte	Normtrittschallpegel Meßwerte der Fertigdecke	Abweichung zwischen Meßkurve L'_n und verschobener Bezugskurve L_{n0} (im ungünstigen Sinn) bei ihrer Verschiebung um		
	f in Hz	L_{n0} in dB	L'_n in dB	–15 dB	–16 dB	– dB
1	100	62	56	9	10	
2	125	62	54	7	8	
3	160	62	51	4	5	
4	200	62	50	3	4	
5	250	62	46	0	0	
6	315	62	44	0	0	
7	400	61	43	0	0	
8	500	60	45	0	1	
9	630	59	44	0	1	
10	800	58	41	0	0	
11	1000	57	40	0	0	
12	1250	54	38	0	0	
13	1600	51	35	0	0	
14	2000	48	33	0	1	
15	2500	45	32	2	3	
16	3150	42	31	4	5	
mittlere Abweichungen				$\frac{29}{16} = 1{,}81$	$\frac{38}{16} = 2{,}38$	
maßgebend				$1{,}81 \leq 2{,}0$		

bewerteter Normtrittschallpegel $L'_{n,w}$ = 45 dB (Trittschallschutzmaß *TSM* = + 18 dB)

Anmerkung Bei 100 Hz weicht die Meßkurve um 9 dB im ungünstigen Sinn von der verschobenen Bezugskurve ab

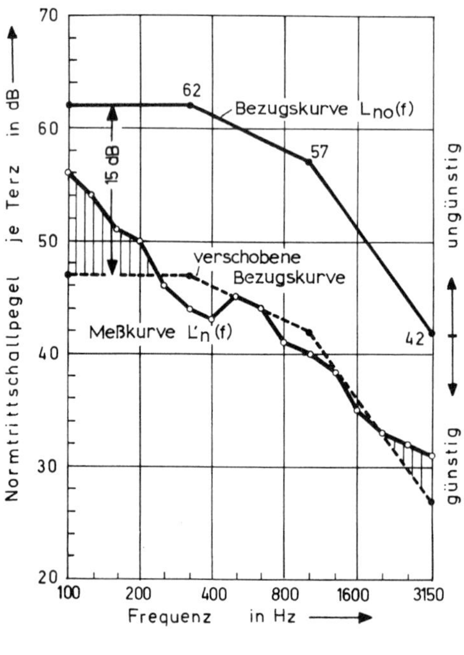

Rechnungsgang zur Ermittlung des bewerteten Normtrittschallpegels $L_{n,w}$: Man schätzt die mittlere Abweichung von Meßkurve und Bezugskurve ab (hier z. B. –15 dB) und verschiebt „zur Probe" die Bezugskurve um diesen Wert (hier: nach unten). Nun bildet man in jeder Zeile die Wertedifferenz zwischen verschobener Bezugskurve und Meßkurve, wobei nur L_n-Werte, die ungünstiger als die Bezugskurve (also oberhalb!) liegen, berücksichtigt werden. Diese Abweichungen werden addiert und durch 16 dividiert. Die erhaltene mittlere Abweichung soll nicht über 2 dB, aber möglichst dicht an diesem Wert liegen. Hier ergibt sich als Mittelwert 1,81 < 2,00 dB, also muß eine weitere Probeverschiebung der Bezugskurve (also hier um –16 dB) erfolgen, die allerdings schon eine mittlere Verschiebung von 2,38 > 2 dB ergibt. Die vorletzte Verschiebung um – 15 dB ist also gültig. Das Trittschallschutzmaß ist positiv, da Verschiebungen nach unten (–) eine Verbesserung der Trittschalldämmung bedeuten. Der Zahlenwert des bewerteten Normtrittschallpegels $L_{n,w}$ läßt sich direkt aus der Lage des 500-Hz-Wertes der verschobenen Bezugskurve ablesen, hier ergibt sich also $L'_{n,w}$ = 45 dB.

Man beachte den Unterschied der Berechnungsverfahren von R_w und $L_{n,w}$: Da bei der Trittschalldämmung hohe L_n-Werte ungünstig sind, führen notwendige Verschiebungen der Bezugskurve nach oben zu negativen Trittschallschutzmaßen, solche nach unten zu (günstigen) positiven. Dementsprechend werden bei dem im Text zu Tab. **15**.68 beschriebenen Wertevergleich zwischen Meßkurve $L_n(f)$ und verschobener Bezugskurve L_{no} nur die Wertedifferenzen in die Mittelwertbildung einbezogen, bei denen die Meßkurve oberhalb (also ungünstig) zur Bezugskurve liegt.

In der Schallschutznorm DIN 4109 sind die Anforderungen an den Trittschallschutz für die verschiedenen Bauteile als Höchstwerte für den bewerteten Normtrittschallpegel („erf.$L'_{n,w}$") zu finden.

Trittschallverbesserungsmaß $\Delta L_{w,R}$ (VM$_R$)

Die Trittschalldämmung kann durch Deckenauflagen (schwimmende Böden, weichfedernde Gehbeläge) verbessert werden (Tab. **15**.79). Die Trittschallminderung durch solche Maßnahmen wird durch das Trittschallverbesserungsmaß $\Delta L_{w,R}$ (VM$_R$) des Trittschallschutzes, ebenfalls einer Ein-Zahl-Angabe, gekennzeichnet. Nach DIN 52210-4 ist das Verbesserungsmaß die Differenz der bewerteten Normtrittschallpegel $L_{n,w}$ (bzw. Trittschallschutzmaße *TSM*) einer in ihrem Normtrittschallpegel festgelegten Bezugsdecke ohne und mit Deckenauflage. Es beschreibt also die Verbesserung der Trittschalldämmung durch die getroffene Maßnahme (in dB) bei einer bestimmten (gedachten!) Bezugs-Rohdecke, die etwa einer 12 cm dicken homogenen Stahlbetondecke entspricht. Man kann deshalb nicht davon ausgehen, daß eine Deckenauflage auf einer beliebigen Rohdecke eine Veränderung der Trittschalldämmung um den Wert des Verbesserungsmaßes erbringt. Deshalb wird zu jeder in DIN 4109 (Bbl 1) genannten Massivdecke und bei Decken mit schwimmenden Böden ein „äquivalenter bewerteter Norm-Trittschallpegel" $L_{n,w,eq,R}$ (!!!) angegeben, mit dem sich dann der bewertete Norm-Trittschallpegel in einem Raum unter der Decke wie folgt berechnen läßt (s. DIN 4109, Bbl 1, 4.1.1):

$$L'_{n,w,R} = L_{n,w,eq,R} - \Delta L_{w,R} \quad \text{in dB}$$

Dieser errechnete Wert wird dann mit den Anforderungen des Normblattes DIN 4109 verglichen.

Bei Holzbalkendecken wirken sich Deckenauflagen meist weit weniger günstig aus, so daß (s. Bbl 1 zur DIN 4109 (Tab. 19)) die Verwendung der Trittschallverbesserungsmaße bei weichfedernden Bodenbelägen nicht erlaubt ist, je nach Größe der Verbesserungsmaße sind zwei verschiedene Zuschlagwerte zum bewerteten Normtrittschallpegel (gemeint sind wohl: Abzüge!) anwendbar.

Zahlenwerte für die äquivalenten bewerteten Norm-Trittschallpegel $L_{n,w,eq,R}$ finden sich in DIN 4109 (Bbl. 1, Tab. 16) und für Trittschallverbesserungsmaße in DIN 4109 (Bbl 1, Tab. 17 bis 19).

Bei gleichzeitiger Anwendung mehrerer Verbesserungsmaßnahmen zur Trittschalldämmung (z.B. Teppichboden auf schwimmendem Estrich) ergibt sich in der Regel nur das Trittschallverbesserungsmaß der allein schon am stärksten wirksamen Maßnahme. Bei etwa gleich starken und gleichzeitig angewandten Verbesserungsmaßnahmen kann man meist eine Erhöhung der Wirkung der besten Maßnahme (um wenige dB) meßtechnisch feststellen, die DIN 4109 läßt aber keine rechnerische Berücksichtigung dieser zusätzlichen Verbesserung zu. Auf keinen Fall sind Verbesserungsmaße addierbar!

15.6.3.3 Zusammenwirken von Schalldämmaßen, Einfluß von Schallnebenwegen (Flankenübertragung)

Schall gelangt von einer Schallquelle im Senderaum zum Empfangsraum nicht allein über das flächenmäßig bedeutendste Trennbauteil (Wand, Decke), sondern meist auch über Nebenwege (s. Bild **15**.73).

Solche Nebenwege können manchmal relativ große Schalleistungen übertragen, z.B. wenn sich eine schlechter dämmende Tür- oder Fensterfläche im eigentlichen Trennbauteil befindet oder ein luftschallübertragender Schacht vorhanden ist.

Schalleistung (gemessen in Watt, W) bezeichnet dabei eine Energiegröße, die proportional dem Quadrat des Schalldrucks (p^2) und der Fläche ist, auf die der Schall auftrifft. Die Schalleistung, die in ein Ohr eintritt, ist der eigentliche physikalische Reiz, der die Hörempfindung hervorruft (s. [5]).

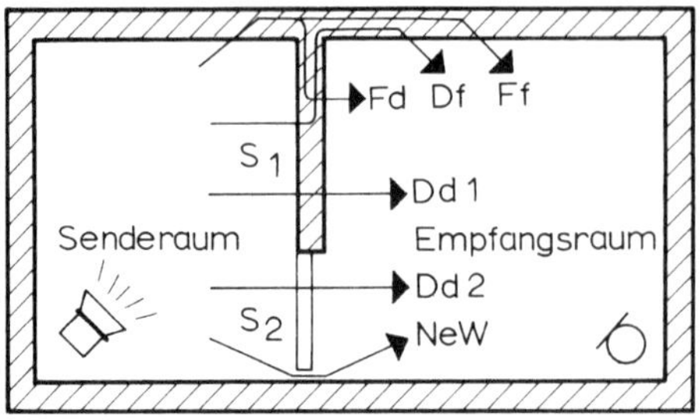

15.73 Übertragung des Luftschalls zwischen zwei Räumen

Fd, Df, Ff Flankenübertragung: Alle Wege Fd, Df und Ff treten in Massivbauten auf. Zur Angabe der Dämmung entlang des Weges Ff allein (bei Skelettbauten mit leichtem Aufbau und in Holzhäusern spielen Fd und Df keine Rolle) benutzt man das Schall-Längsdämm-Maß R_L.

Dd 1 Direkter Schallweg über das Trennbauteil mit der Fläche S_1; zugehöriges Dämmaß: R_1

Dd 2 Direkter Schallweg über das Trennbauteil mit der Fläche S_2; zugehöriges Dämmaß: R_2

NeW Nebenweg-Übertragung über Undichtheiten, Lüftungsanlagen, Deckenhohlräume, Rohrleitungen o.ä.
Die Schallübertragung über Undichtheiten kann rechnerisch noch nicht erfaßt werden.
Die Luftschallübertragung durch Kanäle und Schächte beschreibt die Schachtpegeldifferenz D_K.
Die Schallübertragung über Rohrleitungen, Elektrokabel o.ä. kann über ein Schall-Längsdämm-Maß R_L wie bei der reinen Flankenübertragung (Ff) beschrieben werden.

S_1, S_2 Trennbauteilflächen

Das Zusammenwirken der verschiedene Wege gehenden Schallanteile kann über die Errechnung der gesamten im Empfangsraum ankommenden Schalleistung beschrieben werden. Das kann durch einfache Addition der Einzelleistungen geschehen, die man rechnerisch bestimmen kann. Das ist aber meist unnötig, da man weiß, daß sie alle proportional zur Schallquellenleistung im Senderaum sind, und als Maß der Verminderung der im Empfangsraum ankommenden Leistung (gegenüber der Senderaumleistung) das in Abschn. 15.6.3.1 beschriebene Schalldämmaß Verwendung findet.

Dementsprechend kann durch Addition von Größen, die die Schalldämmaße (die ja eine Schalleistungsverminderung beschreiben) entlang der verschiedenen Schallwege enthalten, die Gesamtschalldämmung unter Einbeziehung der Dämmung der Schallnebenwege errechnet werden.

Bei *n* Schallnebenwegen ergibt sich die „Kombinationsformel für Schalldämmaße" zu

$$R_{res} = -10 \lg\left(\frac{S_1}{S_{ges}} 10^{-0,1\,R_1} + \frac{S_2}{S_{ges}} 10^{-0,1\,R_2} + \ldots + \frac{S_n}{S_{ges}} 10^{-0,1\,R_n}\right) \quad \text{in dB}$$

mit (s. Bild **15**.73)

$S_1 \ldots S_n$ Flächen der verschiedenen schallübertragenden Bauteile in m²

$R_1 \ldots R_n$ Schalldämmaße dieser Flächen in dB

$S_{ges} = S_1 + S_2 + \ldots + S_n$ die gesamte Trennbauteilfläche in m²

Flankenübertragung. Falls Flankenübertragung oder Übertragung des Schalls durch Kanäle, Schächte, Leitungen o.ä. stattfindet (s. z.B. Schallwege *Ff, NeW* in Bild **15**.73), die entsprechenden Schalleistungen also nicht über in m² ausdrückbare Flächen des Trennbauteils übertragen werden, sind die entsprechenden Flächenanteile in der Formel unwirksam (gleich 1 zu setzen) und dafür etwas anders definierte Schallnebenweg-Dämmaße R'_L (Flankendämm-Maß oder Schall-Längsdämm-Maß nach DIN 52217) statt der

R-Werte zu verwenden. Diese Dämmaße werden aus Labormessungen in Prüfständen, die allerdings bauübliche Maße haben, bestimmt. Die Bau-Dämmaße R'_L müssen nur dann aus diesen Labor-Dämmaßen R_L nach der unten angegebenen Formel errechnet werden, wenn die Maße am Bau (Höhe und Tiefe des Raumes) wesentlich (s. Abschn. 15.6.4.4) von den Labormaßen abweichen.

In der Regel wird das Gesamtschalldämmaß einer Schallübertragung vom Senderaum in den Empfangsraum nicht für jede Frequenz einzeln berechnet – wie es physikalisch richtig wäre – sondern es werden für die Schalldämmaße gleich die bewerteten Schalldämmaße R_w bzw. $R_{L,w}$ (Laborwerte!) eingesetzt.

Die dabei erzielte Genauigkeit der Ergebnisse ist im allgemeinen ausreichend. Die Umrechnung von Labor-Dämmaßen $R_{L,w}$ in Bau-Dämmaße $R'_{L,w}$ darf nach folgender Formel (s. DIN 52217 bzw. DIN 4109, Bbl 1, 5.4) geschehen:

$$R'_{L,w} = R_{L,w} + 10 \lg \frac{S_T}{S_0} - 10 \lg \frac{l}{l_0} \quad \text{in dB}$$

mit

$R_{L,w}$ bewertetes Labor-Schall-Längsdämm-Maß des flankierenden Bauteils in dB

S_T Fläche des trennenden Bauteils (Wand oder Decke), nicht des flankierenden Bauteils: S_T entspricht dem S_{ges} aus obigen Formeln

S_o Bezugsfläche (für Wände ist $S_o = 10\ m^2$)

l gemeinsame Kantenlänge zwischen dem trennenden und dem flankierenden Bauteil in m

l_o Bezugskantenlänge (für Wände ist $l_o = 2{,}80$ m, für Decken 4,50 m)

Ein ausführliches Rechenbeispiel zur Anwendung dieser Formeln findet sich in Abschn. 15.6.4.4.

Im Fall von nur zwei verschieden dämmenden Flächen im Trennbauteil – typisch beim Schalldurchgang durch die Bauteile Außenwand und Fenster – kann auch folgende in DIN 4109 (Bbl 1, 11) angegebene Formel (als Vereinfachung der Kombinationsformel für nur 2 Übertragungsflächen) Verwendung finden:

$$R'_{w,\,res} = R_{w,1} - 10 \lg \left[1 + \frac{S_2}{S_{ges}} \left(10^{0,1\,(R_{w,1} - R_{w,2})} - 1\right)\right] \quad \text{in dB}$$

hier z.B. mit

S_1 Fläche der Wand in m^2

S_2 Fläche der Fenster oder Türen in m^2

S_{ges} Fläche der Wand mit Fenster oder Tür in m^2

$R_{w,1}$ bewertetes Schalldämm-Maß der Wand allein in dB

$R_{w,2}$ bewertetes Schalldämm-Maß von Fenster oder Tür in dB

Bei der Verwendung dieser Formeln zeigt sich, daß (vgl. Abschn. 15.6.2.4) sogar eine geringe Fenster- oder Türfläche auch in einer gut schalldämmenden Wand das Gesamtschalldämmaß in der Nähe der Dämmaße von Fenster oder Tür bringt. Dabei ist noch zu berücksichtigen, daß die üblicherweise angegebenen Dämmaße von Fenstern oder Türen Labor-Schalldämm-Maße sind, die bei der Anwendung der Formel eigentlich durch am Bau erreichbare (wegen der Fugeneinflüsse bei undichtem Einbau also kleinere) ersetzt werden müßten. Ein am Bau bestimmtes resultierendes Schalldämm-Maß kann also noch niedriger liegen als das errechnete.

Rechenbeispiel (aus DIN 4109 Bbl 1, 11)

Wand mit Tür

Gegeben: Wand $S_1 = 20\ m^2$, $R_{w,1} = 50$ dB

Tür $S_2 = 2\ m^2$, $R_{w,2} = 35$ dB

Berechnung nach der vereinfachten Gleichung:

$$R'_{w,\,res} = 50 - 10 \lg \left[1 + \frac{2}{22} \left(10^{0,1(50-35)} - 1\right)\right] = 44{,}2 \approx 44 \text{ dB}$$

Erhöhte man das Schalldämmaß der Wand um 10 dB auf 60 dB, so stiege das resultierende Schalldämmaß nur auf 45,3 dB. Eine Erhöhung des Schalldämmaßes der Tür um ebenfalls 10 dB auf 45 dB ergäbe dagegen schon 49,2 dB als resultierendes Schalldämmaß.

Gut dämmende Trenn-Bauteile sind also auf spezielle Schallschutzfenster (bei Außenwänden) oder Türkonstruktionen (bei Innenwänden) unbedingt angewiesen.

15.6.3.4 Schallübertragung durch Kanäle und Schächte, Schachtpegeldifferenz

Die Schallübertragung von einem Raum zum anderen geschieht nicht immer über feste Bauteile (Wände, Decken, usw.), der Schall kann auch als reiner Luftschall durch Kanäle und Schächte von Lüftungen, Luftheizungen und Abgasanlagen gelangen.

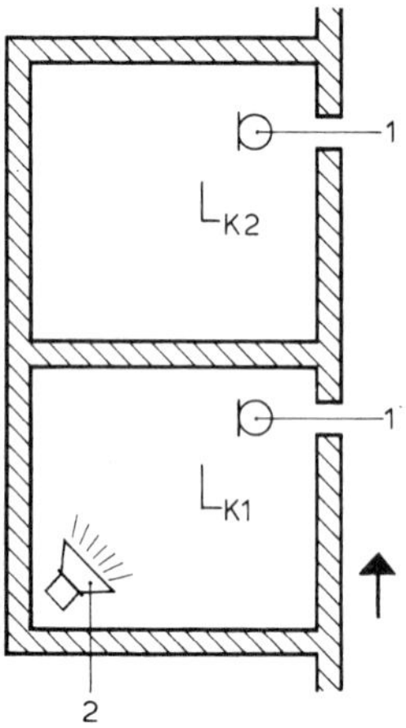

15.74
Beispiel für eine Schachtanordnung (aus DIN 4109, Abschn. 6.4)
L_{K1} mittlerer Schallpegel in der Nähe der Schachtöffnung (Kanalöffnung) im Senderaum
L_{K2} mittlerer Schallpegel in der Nähe der Schachtöffnung (Kanalöffnung) im Empfangsraum
1 Meßmikrofone der Schallpegelmesser
2 Schallerzeuger (Lautsprecher)

Beim augenblicklichen Stand der Normung beschreibt man die Schalldämmung über einen solchen Schallnebenweg nicht durch ein Schalldämmaß, sondern mit der bewerteten Schachtpegeldifferenz $D_{K,w}$ (nach DIN 52210, s. DIN 4109, A.6.4 und Bbl 1, 9.3.1).

Sie ergibt sich unter Verwendung der üblichen Bewertungstechnik (s. Tab. **15**.70) aus den für 16 Frequenzen gemessenen Schachtpegeldifferenzen (s. Bild **15**.74).

$$D_K = L_{K1} - L_{K2} \quad \text{in dB}$$

Die Schachtpegeldifferenz ist kein vollständiges Dämmaß, deshalb kann man sie nicht einfach in eine Kombinationsformel (s. Abschn. 15.6.3.3) zur Erlangung eines resultierenden Gesamt-Schalldämmaßes zwischen zwei Räumen einsetzen. In DIN 4109 (Bbl 1, 9.3.1) wird deshalb nur ein – vom erforderlichen R'_w-Wert abhängiger – Wert von $D_{K,w}$ gefordert:

$$D_{K,w} \geq \text{erf. } R'_w - 10 \lg (S/S_K) + 20 \quad \text{in dB}$$

mit

erf. R'_w das vom trennenden Bauteil (Wand oder Decke) geforderte bewertete Schalldämm-Maß in dB
S die Fläche des trennenden Bauteils in m^2
S_K die lichte Querschnittfläche der Anschlußöffnung (ohne Berücksichtigung einer Minderung durch etwa vorhandene Gitterstäbe oder Abdeckungen) in m^2

Allerdings gilt diese Gleichung nur für den Fall, daß die Anschlußöffnungen mindestens 0,5 m von einer Raumecke entfernt sind, im anderen Fall muß die Schachtpegeldifferenz um 6 dB höher gewählt werden.

15.6.4 Erfüllung der gesetzlichen Anforderungen an den Schallschutz

Forderungen zum Schallschutz werden in DIN 4109 „Schallschutz im Hochbau", E DIN 18005 „Schallschutz im Städtebau", dem Gesetz zum Schutz gegen Fluglärm (und der zugehörigen Lärmschutzverordnung), dem Bundesimmissionsschutzgesetz sowie der „Technischen Anleitung zum Schutz gegen Lärm" (TA Lärm) formuliert.

Tabelle **15**.75 Anforderungen an die Luft- und Trittschalldämmung verschiedener Bauteile (Auswahl aus DIN 4109, Tab. 3) und Vorschläge für einen erhöhten Schallschutz (Auswahl aus Bbl 2 zu DIN 4109) (für Decken s. auch Tab. **10**.8)

Bauwerk/Bauteil	Luftschalldämmung		Trittschalldämmung	
	Anforderungen erf. R'_w in dB	Vorschläge für erhöhten Schallschutz erf. R'_w in dB	Anforderungen erf. $L'_{n,w}$ in dB	Vorschläge für erhöhten Schallschutz erf. $L'_{n,w}$ in dB
Geschoßhäuser mit Wohnungen und Arbeitsräumen				
Decken	54	≧ 55	53	≦ 46
Wände	53	≧ 55	–	–
Treppen	–	–	58	≦ 46
Türen (Hausflur/Flur)	27	≧ 37	–	–
Eigengenutzte Wohngebäude (Empfehlungen!)				
Decken	50	≧ 55	56	≦ 46
Wände zwischen „lauten" und „leisen" Räumen (z.B. zwischen Wohn- und Kinderschlafzimmer)	40	≧ 47	–	–
Treppen und Treppenpodeste (Einfamilienhäuser)	–	–	–	≦ 53
Einfamilien-Doppel- und -Reihenhäuser				
Decken	–	–	48	≦ 38
Haustrennwände	57	≧ 67	–	–
Treppen	–	–	53	46
Beherbergungsstätten, Krankenanstalten, Sanatorien				
Decken	54	≧ 55	53	≦ 46
Wände	47	≧ 52	–	–
Treppen	–	–	58	≦ 46
Türen	32	≧ 37	–	–
Schulen				
Decken	55	–	53	–
Wände zwischen Unterrichtsräumen und Unterrichtsräumen und Fluren	47	–	–	–
Wände zwischen Unterrichtsräumen und Treppenhäusern	52	–	–	–
Türen	32	–	–	–
Büro- und Verwaltungsgebäude (eigener Arbeitsbereich, Empfehlungen!)				
Decken	52	≧ 55	53	≦ 46
Wände	37	≧ 42	–	–
Wände von Räumen, die besonderen Schallschutz erfordern	45	≧ 52	–	–
Türen zwischen Büroräumen bzw. Büroräumen und Fluren	27	≧ 32	–	–
Türen zwischen Räumen, die besonderen Schallschutz erfordern	37	–	–	–

Die Norm DIN 4109 soll dabei vorrangig dem Schutz der Bewohner oder Benutzer eines Gebäudes vor zu großer Belästigung durch Lärm von außen und durch Lärmquellen innerhalb und außerhalb des eigenen Wohn- und Arbeitsbereiches dienen.

Die Schallschutzverordnung zum Fluglärmgesetz enthält Mindestwerte für den Schallschutz von Außenbauteilen in der Nähe von zivilen Flughäfen. Auch in dieser Verordnung werden (wie in DIN 4109) Bauteile genannt, die die Anforderungen erfüllen.

Der Stand der Technik des baulichen Schallschutzes an und in Gebäuden spiegelt sich in den Forderungen des eigentlichen Normenblattes DIN 4109 leider nicht in allen Fällen wider (s. auch Abschn. 15.6.5). Z.B. stufen 25% der Bewohner von mehrgeschossigen Wohnbauten auch bei einem Luft-Schalldämm-Maß von $R'_w = 55$ dB ihr Haus noch als „hellhörig" ein, es werden in der Norm aber nur 54 dB gefordert!

Der Umfang des Normenwerkes DIN 4109 ist so groß, daß an dieser Stelle und in den entsprechenden Abschnitten über einzelne Bauteile nur die wesentlichsten Forderungen an den Schallschutz und einige Möglichkeiten zur Erfüllung dieser Forderungen erwähnt werden können.

Die Schallschutznorm enthält im Normblatt selbst Anforderungen an

- Luftschallschutz (auch gegen Außenlärm): Mindestforderungen für das bewertete Schalldämmaß (erf. R'_w) und evtl. die bewertete Schachtpegeldifferenz $D_{K,w}$ (bei Schallübertragungen durch Kanäle und Schächte),
- Trittschallschutz: Mindestforderungen für den bewerteten Normtrittschallpegel (erf. $L'_{n,w}$),
- haustechnische Anlagen: Werte für zulässige Schallpegel und Mindestwerte für die Luft- und Trittschalldämmung in diesen Fällen.

Der Norm sind zwei Beiblätter zugeordnet:

- Beiblatt 1 enthält Ausführungsbeispiele schalldämmender Bauteile oder Konstruktionen, die ohne bauakustische Prüfungen geeignet sind, Schallschutz-Anforderungen zu erfüllen. Außerdem sind geeignete Berechnungsverfahren zum Nachweis des ausreichenden Schallschutzes und Definitionen wichtiger schalltechnischer Größen enthalten.
- Die Vorschläge für einen erhöhten Schallschutz sind im Beiblatt 2 aufgeführt. Es enthält neben Empfehlungen zum Schallschutz im eigenen Wohn- und Arbeitsbereich auch wertvolle Hinweise zur Erfüllung hoher Schallschutzanforderungen, entsprechend dem Stand der Technik.

Als grundsätzlich neu in der Schallschutznorm (im Beiblatt 2) ist die Berücksichtigung und rechnerische Einbeziehung der Schall-Flankenübertragung aufgenommen worden (s. Abschn. 15.6.3.3), so daß exaktere Vorausberechnungen des Schallschutzes durchgeführt werden können.

15.6.4.1 Möglichkeiten zur Erfüllung der Anforderungen der Schallschutznorm

Die im Normblatt DIN 4109 und auszugsweise in Abschn. 15.6.4.2 genannten zahlenmäßigen (Mindest-)Anforderungen an den Schallschutz können erfüllt werden durch

- Verwendung von Bauteilen mit erfahrungsgemäß ausreichendem Schallschutz, wie sie im Beiblatt 1 zu DIN 4109 (2 bis 4, 6 bis 8 und 10) aufgeführt sind (s. auch Abschn. 15.6.4.2 und Tab. **15**.67, **15**.76 bis **15**.80),
- rechnerischen Nachweis nach Beiblatt 1 zu DIN 4109 (5), s. auch Abschn. 15.6.3.3 und 15.6.4.4.
- Eignungsprüfungen aufgrund von Messungen nach DIN 52210 in Prüfständen oder in ausgeführten Bauten.

Praktische Vorgehensweise zum Nachweis des ausreichenden Schallschutzes

Die Norm DIN 4109 ist bei den Anforderungen (außer beim Schutz gegen Außenlärm) recht übersichtlich zu handhaben. Leider trifft das nicht mehr zu

- bei der Auswahl von ausreichend schallschützenden Bauteilen aus den Vorschlägen des Beiblatts 1, da die Unzahl von Zusatzangaben und Korrekturwerten die Suche nach geeigneten, wirtschaftlichen Konstruktionen sehr erschwert;
- durch die Unterteilung der Gebäude in solche der Massivbauart und der Skelett- bzw. Holzbauart; diese Unterteilung beschreibt zwar den bauakustischen Sachverhalt recht gut, die Zahl der Tabellen wird aber dadurch stark erhöht;
- wegen der meist notwendigen bauakustischen Rechnungen, bei denen die zugrundeliegenden Formeln unerklärt bleiben, und die Durchführung der Berechnungen für den normalen Entwurfsverfasser nicht immer einfach genug ist.

Um die auftretenden Schwierigkeiten zu verringern, wird folgende Vorgehensweise empfohlen:

1. Aufsuchen der Anforderungen im Normblatt DIN 4109 (s. auch Tab. 15.75)

Das Inhaltsverzeichnis vereinfacht das Auffinden der Zahlenwerte für die erforderliche Schalldämmung. Es sind die Abschnitte

3: Anforderungen an die Luft- und Trittschalldämmung (gegen Schallübertragung aus einem fremden Wohn- und Arbeitsbereich)

4: Schutz gegen Geräusche aus haustechnischen Anlagen und Betrieben

5: Anforderungen an die Luftschalldämmung von Außenbauteilen (Schutz gegen Außenlärm)

durchzusehen.

Einige Anforderungen sind in Tab. **15**.75 aufgeführt.

2. Massivbauweise oder Holz-/Skelettbauweise?

Das zu errichtende Gebäude wird daraufhin untersucht, ob es als

Massivbau oder

Holz- oder Skelettbau (s. u.)

im Sinne der DIN 4109 angesehen werden muß. Entscheidend dafür ist, ob bei der Schallübertragung (s. auch Bild **15**.73) die Schallwege *Fd* und *Df* auftreten oder nicht. Wenn sie merkliche Schalleistungen übertragen, ist eine biegesteife Anbindung der flankierenden an das trennende Bauteil vorhanden und an den Stoßstellen kann Schall in alle Richtungen gelangen. Im anderen Fall der Holz- oder Skelettbauweise ist nur Direkt-(*Dd*) und reine Flankenübertragung (*Ff*) vorhanden, da eine gelenkige Knotenausbildung an den Stoßstellen vorliegt, die eine Schallwegverzweigung behindert.

Skelettbauten können Skelette aus Stahlbeton, Stahl oder Holz haben und besitzen einen leichten Ausbau, wobei Bauteile mit biegeweichen Schalen verwendet werden.

Holzbauten (im Sinne der Norm) besitzen trennende und flankierende Bauteile in Holzbauart.

Bei den Anforderungen (Normblatt DIN 4109) gibt es diese Bauart-Unterscheidung nicht, die Auswahl der Bauteile (s. Beiblatt 1) hängt jedoch davon entscheidend ab.

3. Nachweis des ausreichenden Schallschutzes durch Rechenverfahren

(Vorbemerkung: Zu verwendende Rechenwerte von Schallschutzgrößen werden in DIN 4109 meist mit dem Index R gekennzeichnet!)

Der Schallschutz gegen Außenlärm wird in Abschn. 15.6.4.3 gesondert behandelt!

Luftschallschutz in Massivbauten

Es wird nach der Berechnungsformel $R'_w = R'_{w300} + K_{L1} + K_{L2}$ in dB

das Schalldämmaß einer gewählten Wand oder Decke ermittelt, mit dem erf. R'_w verglichen und bei notwendigen Änderungen dieses Verfahren wiederholt. Werte für R'_{w300} finden sich in den Tabellen 1, 5, 8, 9, 10, 12 und 19 des Beiblatts 1 und in Tab. **15**.67, **15**.77 für verschiedene Wand- und Deckenausführungen. Die Tab. **15**.77 enthält Beispiele für Wandkonstruktionen, die geforderte Schalldämmaße erreichen.

Der Korrekturwert K_{L1} erfaßt die Längsleitung entlang der flankierenden Bauteile bei von 300 kg/m² abweichenden mittleren flächenbezogenen Massen dieser Bauteile.

Nun muß man unterscheiden:

Tabelle **15**.76 Bewertetes Schalldämmaß $R'_{w,R}$[1]) von Massivdecken (Rechenwerte) aus Beiblatt 1 zu DIN 4109, Tab. 12)

Flächenbezogene Masse der Decke[3]) in kg/m²	Bewertetes Schalldämmaß $R'_{w,R}$ in dB[2]) Einschalige Massivdecke, Estrich und Gehbelag unmittelbar aufgebracht	Einschalige Massivdecke mit schwimmendem Estrich[4])	Massivdecke mit Unterdecke[5]), Gehbelag und Estrich unmittelbar aufgebracht	Massivdecke mit schwimmendem Estrich und Unterdecke[5])
500	55	59	59	62
450	54	58	58	61
400	53	57	57	60
350	51	56	56	59
300	49	55	55	58
250	47	53	53	56
200	44	51	51	54
150	41	49	49	52

[1]) Zwischenwerte sind linear zu interpolieren

[2]) Gültig für flankierende Bauteile mit einer mittleren flächenbezogenen Masse $m'_{L,Mittel}$ von etwa 300 kg/m² und unter Berücksichtigung von Abschn. 3.1 des Bbl 1 zu DIN 4109.

[3]) Die Masse von aufgebrachten Verbundestrichen oder Estrichen auf Trennschicht und vom unterseitigen Putz ist zu berücksichtigen.

[4]) Und andere schwimmend verlegte Deckenauflagen, z. B. schwimmend verlegte Holzfußböden, sofern sie ein Trittschallverbesserungsmaß ΔL_w (*VM*) ≥ 24 dB haben.

[5]) Biegeweiche Unterdecke nach Bbl 1 zu DIN 4109, Tab. 11, Zeilen 7 + 8)

Tabelle **15**.77 Beispiele für Wandkonstruktionen, die in DIN 4109 geforderte Schalldämmaße erreichen (nach Beiblatt 1 zu DIN 4109, Tab. 5 und 6)

Erreichbares Schalldämmaß R'_w in dB	Massivwand-Bauarten (mit Angabe der Rohdichteklasse) Wände beidseitig verputzt, flächenbezogene Masse des Putzes 50 kg/m² (z. B. beidseitig 15 mm Kalk-, Kalkzement- oder Zementputz)	
≧ 53	17,5 cm	Kalksandsteinmauerwerk aus KS 2.2
	24 cm	Ziegelmauerwerk aus Mz 1.6
	30 cm	Betonsteinmauerwerk aus Vbl 1.2
≧ 55	20 cm	Wand aus Normalbeton mit geschlossenem Gefüge
	24 cm	Kalksandsteinmauerwerk aus KS 2.0
	30 cm	Kalksandsteinmauerwerk, Ziegelmauerwerk oder Betonsteinmauerwerk der Steinrohdichte 1.6
	36,5 cm	Betonsteinmauerwerk aus Vbl 1.2
≧ 57	25 cm	Wand aus Normalbeton mit geschlossenem Gefüge
	30 cm	Kalksandsteinmauerwerk aus KS 1.8
	36,5 cm	Ziegelmauerwerk aus Mz 1.6
≧ 67	2 x 17,5 cm	Zweischaliges Ziegelmauerwerk aus Mz 1.4 (mit durchgehender Gebäude-Trennfuge
	2 x 24 cm	Zweischaliges Betonsteinmauerwerk aus Hbl 0.9 (mit durchgehender Gebäude-Trennfuge)

Tabelle **15**.78 Äquivalenter bewerteter Norm-Trittschallpegel $L_{n,w,eq,R}$ von Massivdecken in Gebäuden in Massivbauart ohne/mit biegeweicher Unterdecke (Rechenwerte)

Deckenart	Flächenbezogene Masse[1]) der Massivdecke ohne Auflage in kg/m²	$L_{n,w,eq,R}$[2]) in dB ohne Unterdecke	mit Unterdecke[3])[4])
Massivdecken ohne Hohlräume (s. Abschn. 9.2.2.1): — Stahlbeton-Vollplatten aus Normalbeton nach DIN 1045 oder — Leichtbeton nach DIN 4219-1 — Porenbeton-Deckenplatten nach DIN 4223 Massivdecken mit Hohlräumen nach DIN 1045 (s. Abschn. 9.2.2.2 und 9.2.2.3): — Stahlsteindecken — Stahlbeton-Rippendecken — Stahlbeton-Hohldielen — Stahlbeton-Balkendecken	135	86	75
	160	85	74
	190	84	74
	225	82	73
	270	79	73
	320	77	72
	380	74	71
	450	71	69
	530	69	67

1) Flächenbezogene Masse einschließlich eines etwaigen Verbundestrichs oder Estrichs auf Trennschicht und eines unmittelbar aufgebrachten Putzes.

2) Zwischenwerte sind geradlinig zu interpolieren und auf ganze dB zu runden.

3) Biegeweiche Unterdecke nach Bbl 1 zu DIN 4109, Tab. 11, Zeilen 7 und 8 oder akustisch gleichwertige Ausführungen.

4) Bei Verwendung von schwimmenden Estrichen mit mineralischen Bindemitteln sind die Tabellenwerte für $L_{n,w,eq,R}$ um 2 dB zu erhöhen.

A. Einschalige (biegesteife) Wände und Decken

Dann muß die mittlere Masse der flankierenden Bauteile nach

$$m'_{L,\,\mathrm{Mittel}} = \frac{1}{n}\sum_{i=1}^{n} m'_{L,\,i} \quad \text{in kg/m}^2$$

mit

$m'_{L,i}$ flächenbezogene Masse des i-ten nicht verkleideten massiven flankierenden Bauteils

n Anzahl dieser Bauteile (maximal 4!)

ermittelt werden.

B. Wände aus biegeweichen Schalen und Holzbalkendecken

Hierbei wird die mittlere flächenbezogene Masse der flankierenden Bauteile nach

$$m'_{L,\,\mathrm{Mittel}} = \left[\frac{1}{n}\sum_{i=1}^{n}(m'_{L,\,i})^{-2{,}5}\right]^{-0{,}4} \quad \text{in kg/m}^2$$

berechnet.

Für beide Trennbauteilarten sind die Korrekturwerte K_{L1} aus den Tabellen 13 (Bauteile nach A) und 14 (Bauteile nach B) des Beiblatts 1 zu entnehmen.

Der Korrekturwert K_{L2} wird nur bei mehrschaligen Trennbauteilen benötigt und beträgt bei 1, 2 oder 3 flankierenden, biegeweichen Bauteilen oder Bauteilen mit biegeweichen Vorsatzschalen entsprechend +1, +3 oder +6 dB.

Die in Tabelle 6 aufgeführten Werte für zweischalige Gebäudetrennwände können ohne Korrekturen K_L verwendet werden.

Trittschallschutz in Massivbauten

A. Massivdecken

Die Berechnung geschieht mit Hilfe der Formel

$L'_{n,w} = L_{n,w,eq,R} - \Delta L_{w,R} + 2$ in dB

$(TSM = TSM_{eq,R} + VM_R - 2)$ in dB

wobei die Werte für $L_{n,w,eq,R}$ (bzw. $TSM_{eq,R}$) in der DIN 4109, Bbl 1, Tabelle 16 (bzw. Tab. **15**.77) zu finden sind, die Trittschallverbesserungsmaße sind in den Tabellen 17 und 18 aufgeführt (eine Auswahl findet sich in Tab. **15**.79!).

Die errechneten Werte sind wieder mit den Anforderungen erf. $L_{n,w}$ (bzw. erf. *TSM*) zu vergleichen und evtl. die Konstruktionen zu verändern.

In der Praxis wird sich eine exakte Berechnung der unter einer Estrichplatte notwendigen Dämmatte selten als notwendig erweisen, da

- die meistverwendeten Mineralfaser-Trittschalldämmatten (ab 25/20 mm Dicke) eine weit geringere dyn. Steifigkeit haben, d.h. „weicher" sind als der geringste Normwert angibt (10 MN/m³) und
- die geforderte Sicherheit des Trittschallschutzes eine zu knappe, „normmäßige" Dimensionierung der Dämmattendicke nicht als wünschenswert erscheinen läßt.

Tabelle **15**.79 Trittschallverbesserungsmaß $\Delta L_{w,R}$ (VM_R) von schwimmenden Estrichen, schwimmenden Holzfußböden und weichfedernden Bodenbelägen auf Massivdecken (Auszug aus Bbl 1 zu DIN 4109, Tab. 17 und 18)

Deckenauflagen; schwimmende Böden, weichfedernde Bodenbeläge	$\Delta L_{w,R}$ in dB
PVC-Verbundbelag mit genadeltem Jutefilz als Träger nach DIN 16 952-1	13
Nadelvlies, Dicke 5 mm	20
Polteppich, Unterseite ungeschäumt, Normdicke 6 mm	21
Polteppich, Unterseite geschäumt, Normdicke 8 mm	28

	mit hartem Bodenbelag	mit weichfederndem Bodenbelag ($\Delta L_{w,R} \geqq 20$ dB)
Gußasphaltestrich mit einer flächenbezogenen Masse $m' \geqq 45$ kg/m² auf Dämmschichten mit einer dynamischen Steifigkeit von s' von höchstens		
50 MN/m³	20	20
30 MN/m³	24	24
15 MN/m³	27	29
10 MN/m³	29	32
Estriche nach DIN 18560-2 mit einer flächenbezogenen Masse $m' \geqq 70$ kg/m² auf Dämmschichten mit einer dynamischen Steifigkeit s' von höchstens		
50 MN/m³	22	23
30 MN/m³	26	27
15 MN/m³	29	30
10 MN/m³	30	34
Schwimmender Holzfußboden, Unterboden nach DIN 68771 aus mind. 22 mm dicken Holzspanplatten, vollflächig verlegt auf Dämmstoffen mit einer dynamischen Steifigkeit s' von höchstens 10 MN/m³	25	–

Wegen der möglichen Austauschbarkeit von weichfedernden Bodenbelägen dürfen diese bei dem Nachweis der Anforderungen nach DIN 4109 nicht angerechnet werden!

B. Holzbalkendecken

Bewertete Norm-Trittschallpegel $L_{n,w,R}$ (Trittschallschutzmaße TSM_R) verschiedener Ausführungen sind in der Tabelle 19 des Beiblatts zu finden.

C. Massive Treppenläufe und Treppenpodeste

Die Tabelle 20 des Beiblatts gibt Zahlenwerte und Beispiele zum Trittschallschutz verschiedener Treppenkonstruktionen (s. Abschn. 4.1.2 in Teil 2 dieses Werkes).

Tabelle **15**.80 Schalldämmwerte ($L'_{n,w}$ und R'_w) einiger Deckenkonstruktionen (einschließlich Deckenauflage bzw. Unterdecke)

erreichbarer Norm-trittschallpegel $L'_{n,w}$ in dB	Deckenbauart	Luftschall-dämm-Maß R'_w in dB
≦ 53	Stahlbetonvollplatte (Dicke 14 cm) aus Normalbeton nach DIN 1045, unterseitig mit Kalkzementputz (flächenbezogene Masse = 27 kg/m²); Deckenauflage Zementestrich (flächenbezogene Masse = 70 kg/m²) auf Dämmschicht mit einer dynamischen Steifigkeit $s' \leqq 50$ MN/m³; harter Bodenbelag	56
	Holzbalkendecke (Balkenhöhe ≧ 18 cm, Balkenabstand ≧ 40 cm); unterseitig mit Federbügel befestigte Holzunterkonstruktion (Lattenabstand ≧ 40 cm) mit 2 x 12,5 mm Gipskarton-Bauplatten, im Gefach Faserdämmstoff Typ WZ-w oder W-w, seitlich an den Balken hochgezogen; oberseitig Spanplatte 16 mm mit aufgelegter Mineralfasermatte Typ T (dynamische Steifigkeit $s' \leqq 15$ MN/m³), weichfedernder Gehbelag ($\Delta L'_{w,R} \geqq 20$ dB) auf Spanplatte 25 mm als Trockenestrich	52
≦ 15	Stahlbetonvollplatte (Dicke 14 cm) aus Normalbeton nach DIN 1045, unverputzt, mit biegeweicher Unterdecke aus Gipskarton-Bauplatten 12,5 mm auf Grund- und Traglattung mit 40 mm Mineralfasereinlage Typ WZ-w; Deckenauflage: Zementestrich (flächenbezogene Masse ≧ 70 kg/m²) auf Dämmschicht mit einer dynamischen Steifigkeit $s' \leqq 30$ MN/m³; harter Bodenbelag	59
≦ 17	Porenbetondeckenplatte (Dicke 25 cm) nach DIN 4223 (GB 4.4; Rohdicke 700 kg/m³), unterseitig mit Kalkzementputz (flächenbezogene Masse 27 kg/m²); Deckenauflage: Zementestrich (flächenbezogene Masse ≧ 70 kg/m²) auf Dämmschicht mit einer dynamischen Steifigkeit $s' \leqq 10$ MN/m³; harter Bodenbelag	51
≦ 25	Stahlbetonvollplatte (Dicke 18 cm) aus Normalbeton nach DIN 1045, unverputzt, mit biegeweicher Unterdecke aus Gipskarton-Bauplatten 12,5 mm auf Grund- und Tragplatten mit 40 mm Mineralfasereinlage Typ WZ-w; Deckenauflage: Zementstrich (flächenbezogene Masse ≧ 70 kg/m²) auf Dämmschicht mit einer dynamischen Steifigkeit $s' \leqq 15$ MN/m³; weichfedernder Bodenbelag mit $D_{L,w,R} \leqq 20$ dB	60

Die Luftschalldämm-Maße R'_w gelten für eine mittlere flächenbezogene Masse der flankierenden Bauteile von etwa 300 kg/m². Über etwaige Korrekturen K_{L1} s.o.

Luftschallschutz in Holz- und Skelettbauten

Hier kann der Nachweis ausreichenden Schallschutzes alternativ mit
— dem Massivbau-Verfahren (s. dort),
— einem vereinfachten Nachweis,
— dem genaueren Rechenverfahren mit der Kombinationsformel (s. Abschn. 15.6.3.3)
erfolgen.

Vereinfachter Nachweis

Alle an der Schallübertragung beteiligten trennenden und flankierenden Bauteile müssen die Bedingung

$R_{w,R}$ bzw. $R_{L,w,R} \geq \text{erf.}R'_w + 5$ in dB

erfüllen. Schallschutzwerte für verschiedene Ausführungsbeispiele sind in den Tabellen 23 bis 34 des Beiblatts 1 enthalten.

Genaueres Rechenverfahren

Die resultierenden Luftschalldämmung (die dann mit dem Anforderungswert erf.R'_w verglichen werden muß) ergibt sich aus der (modifizierten) Kombinationsformel in Abschn. 15.6.3.3.

$$R'_{w,res} = -10 \lg \left(10^{-0,1\, R_{w,R}} + \sum_{i=l}^{n} 10^{-0,1\, R_{L,w,R,i}} \right) \text{ in dB}$$

mit

$R_{w,R}$ Rechenwert des bewerteten Schalldämm-Maßes des trennenden Bauteils ohne Längsleitung über flankierende Bauteile in dB
$R_{L,w,R,i}$ Rechenwert des bewerteten Bau-Schall-Längsdämm-Maßes des i-ten flankierenden Bauteils in dB
n Anzahl der flankierenden Bauteile (im Regelfall $n = 4$)

Die rechnerische Ermittlung des bewerteten Schall-Längsdämm-Maßes eines flankierenden Bauteils erfolgt nach:

$$R'_{L,w,R,i} = R_{L,w,R,i} + 10 \lg \frac{S_T}{S_0} - 10 \lg \frac{l_i}{l_0} \text{ in dB}$$

mit

$R_{L,w,R,i}$ Rechenwert des bewerteten Labor-Schall-Längsdämm-Maß des i-ten flankierenden Bauteils in dB (aus Abschnitt 6 des Beiblattes 1)
S_T Fläche des trennenden Bauteils (Wand oder Decke), nicht des flankierenden Bauteils: S_T entspricht dem S_{ges} aus obigen Formeln
S_0 Bezugsfläche (für Wände ist $S_0 = 10$ m²)
l_i gemeinsame Kantenlänge zwischen dem trennenden und dem flankierenden Bauteil in m
l_0 Bezugskantenlänge (für Wände ist $l_0 = 2{,}80$ m, für Decken, Unterdecken, Fußböden 4,50 m)

Für Räume mit Raumhöhen zwischen etwa 2,5 bis 3 m und Raumtiefen von etwa 4 bis 5 m kann $R'_{L,w,R,i} = R_{L,w,R,i}$ gesetzt werden, so daß die Anwendung der zuletzt angegebenen Formel entfällt!

Ein ausführliches Rechenbeispiel (Tab. **15**.81) zur Anwendung dieser Formeln findet sich unten (s. auch DIN 4109, Bbl 1, 5.6; Beispiel 2 und Tab. 22).

Trittschallschutz in Holz- und Skelettbauten

Auch in diesen Bauten wird beim Nachweis des Trittschallschutzes der Einfluß flankierender Bauteile nicht berücksichtigt.

Die Berechnung erfolgt wie bei der Massivbauart, wenn die Bauten Massivdecken enthalten.

Bei Holzbalkendecken sind Rechenwerte $L'_{n,w,R}$ (TSM_R) in Tabelle 34 des Beiblatts 1 zu DIN 4109 zu finden.

Tabelle **15**.81 **Rechenbeispiel** zur Ermittlung des bewerteten Schalldämm-Maßes $R'_{w,R}$ einer Trennwand (Höhe 3 m; Länge 7 m) zwischen zwei Klassenräumen einer Schule in einem Skelettbau.

Bauteil	$R_{w,R}$ bzw. $R_{L,w,R,i}$ in dB	$10 \lg \frac{S_T}{S_0}$ in dB	l_i in m	$-10 \lg \frac{l_i}{l_0}$ in dB	$R_{w,R}$ bzw. $R_{L,w,R,i}$ in dB
Trennwand zweischalig aus je 2 x 12,5 mm Gipskarton-Bauplatten auf C-Profil mit 100 mm Schalenabstand und 60 mm Mineralfasermatte im Wandhohlraum	55	–	–	–	55
Unterdecke aus GK-Platten (10 kg/m²) mit 50 mm Mineralfaserauflage, Abhängehöhe 400 mm, durchlaufende Decklage, keine Abschottung im Deckenhohlraum	51	3,2	7	–1,9	52,3
Untere Decke (260 kg/m²) mit Verbundestrich (90 kg/m²) flächenbezogene Masse also 350 kg/m²	58	3,2	7	–1,9	59,3
Außenwand in Holzbauart, Wandstoß im Bereich der Trennwand ($R_{L,w,R}$ ohne weiteren Nachweis nach DIN 4109, Bbl 1 Abschn. 6.8.3)	50	3,2	3	–0,3	52,9
Innenwand zweischalig aus je 1 x 12,5 mm GK-Bauplatten auf C-Profil mit Schalenabstand ≧ 50 mm und Mineralfasereinlage bei durchlaufender Beplankung	53	3,2	3	–0,3	55,9

Mit der Kombinationsformel (s. o.) errechnet man

$R'_{w,R} = -10 \lg (10^{-5,5} + 10^{-5,23} + 10^{-5,93} + 10^{-5,29} + 10^{-5,59}) = 47,4$ db ≈ 47 dB

Nach DIN 4109, Tab. 3, Zeile 41 wird ein bewertetes Schalldämmaß von erf.$R'_w = 47$ dB zwischen beiden Klassenräumen gefordert. Die Anforderung der Schallschutznorm sind also mit der gewählten Bauteil-Kombination zu erfüllen.

Der vereinfachte Nachweis hätte für jedes Einzelbauteil eine Schalldämmaß $R_{w,R}$ bzw. $R_{L,w,R} \geqq 47 + 5 = 52$ dB verlangt. Die Unterdecke und die Außenwand hätten diesen Wert ohne zusätzliche Verbesserungen nicht aufgewiesen; der ausführliche rechnerische Nachweis führt also hier zu einer wirtschaftlicheren Konstruktion.

15.6.4.2 Schallschutz bei haustechnischen Anlagen

Die Anforderungen der Tabelle 4 des Normblatts DIN 4109 werden dadurch erfüllt, daß – bei den die stärksten Belästigungen verursachenden Wasserinstallationen –

- nur geprüfte und in die Armaturengruppe I oder II eingeordnete Armaturen und Geräte verwendet werden,
- einschalige Wände, an denen Armaturen oder Wasserinstallationen angebracht werden, eine Flächenmasse von mindestens 220 kg/m² besitzen,
- Armaturen der Armaturengruppe II nicht an Wänden zu „schutzbedürftigen Räumen", (Wohnräume, Schlafräume, Unterrichtsräume, Büroräume; s. DIN 4109, 4.1) angebracht werden.

In diesem Zusammenhang muß auf die Begriffe „besonders laute", „laute" und „schutzbedürftige Räume" hingewiesen werden, die in DIN 4109, 4.1 definiert werden und bei denen besondere Anforderungen auftreten können (Tabelle 5 in DIN 4109).

15.6.4.3 Schutz gegen Außenlärm

Die DIN 4109 enthält im Abschn. 5 (Tab. 8 bis 10) Schallschutzanforderungen zum Schutz gegen den Außenlärm. Dieser wird in seiner Stärke jeweils durch den „maßgeblichen Außenlärmpegel" am Immissionsort (= Fassade des zu schützenden Raumes) beschrieben.

Dieser „maßgebliche Außenlärmpegel" wird in der Regel nicht gemessen, sondern berechnet. Das Normblatt enthält (in Abschn. 5.5) dazu Nomogramme, die – z.B. für den Fall des Straßenverkehrslärms – in Abhängigkeit von der Straßenart, der Verkehrsbelastung, der Straßenneigung, dem Abstand des Gebäudes von der Straßenmitte, der Bebauungsart, u.ä. diese Berechnung gestatten. Für die anderen Lärmarten werden ausführliche Hinweise zur Bestimmung der Pegel gegeben.

Der vorhandene „maßgebliche Außenlärmpegel" führt zu einer Einordnung des Immissionsortes in einen Lärmpegelbereich (I: geringe Lärmbelastung, bis VII: sehr hohe Belastung). Für jeden Lärmpegelbereich sind Mindestanforderungen an den Luftschallschutz in Form eines erf.$R'_{w,res}$ für das Außenbauteil (in der Regel Wand mit Fenstern oder Türen, aber auch Dächer und Decken) in den Tabellen zu finden, wobei die Raumnutzung berücksichtigt wird.

Diese Werte müssen u.U. in Abhängigkeit von der Form des lärmbelasteten Raumes noch mit Korrekturwerten versehen werden (Tabelle 9).

Nachweis. Für den Nachweis ist entweder

— eine Berechnung des resultierenden Schalldämmaßes für Außenbauteile einschließlich Fenster oder Türen mit Hilfe der Kombinationsformel aus Abschn. 15.6.3.3 notwendig, oder

— die Entnahme der erforderlichen Schalldämm-Maße für Wand und Fenster aus der Tabelle 8 des Normblatts bzw. dem Nomogramm des Beiblatts 1.

Im Beiblatt 1 sind auch Beispiele zum Schallschutz gegen Außenlärm enthalten.

Zu beachten ist bei Außenbauteilen, daß wegen der in Abschn. 15.6.3.3 erwähnten Eigenschaften des menschlichen Gehörsinns die akustischen Schwachstellen entscheidend für das resultierende Schalldämm-Maß $R'_{w,res}$ sind:

— Fenster und Türen (s. auch Abschn. 10.1.2 des Beiblatts 1),

— Rollädenkästen (s. Abschn. 10.1.3 des Beiblatts 1)

— Lüftungseinrichtungen (s. auch DIN 4109, 5.4).

Im Beiblatt 1 zur DIN 4109 sind Außenbauteile mit ihren Schalldämm-Maßen an verschiedenen Stellen (Abschn. 2.2 für einschalige Wände, Decken und Dächer; Tabellen 37 bis 39 für Außenbauteile mit biegeweichen Schalen; Tab. 40 für Fenster) aufgeführt.

Fenster. Bei den für den Schallschutz gegen Außenlärm besonders wichtigen Fenstern ist zu beachten, daß

— die angegebenen Schalldämmaße R_w für Fenster in der Regel Labor-Dämmaße sind,

— der Einbau von Schallschutzfenstern eine besondere Sorgfalt bezüglich der Dichtheit der Anschlußfugen erfordert,

— die Lüftungsmöglichkeiten bei Erhaltung der Schallschutzwerte gesichert sein sollten,

— wegen der Alterung der Fensterdichtungen diese in regelmäßigen Abständen überprüft und gegebenenfalls ausgewechselt werden sollten.

Außenwände, die ihrer Bauart nach die in Abschn. 15.6.4.3 genannten Schalldämm-Maße erreichen würden, können um 3 bis 6 dB schlechtere Dämmwerte haben, wenn sie mit einer zusätzlichen Wärmedämmschicht (Innendämmung oder – weniger dämmindernd – einem Wärmedämmverbundsystem auf der Außenseite) versehen sind. Diese durch Resonanzerscheinungen der Zusatzschale (Putzschale) auf Dämmschichten mit zu großer dynamischer Steifigkeit *s′* bedingten Dämmaß-Minderungen lassen sich durch Wahl geeigneter Dämmschichten (Mineralwolle oder Hartschaum mit niedrigeren *s′*-Werten) vermeiden.

15.6.5 Weiterentwicklung der Normung

Die gültige Norm DIN 4109 stellt nicht in allen Fällen (s. Abschn. 15.6.4) den Stand der Technik dar.

Eine Weiterentwicklung bzw. Ergänzung der Normung geschieht mit der VDI-Richtlinie 4100. Sie teilt Wohnungen in 3 Schallschutzklassen (SSK) ein, die die schalltechnische Güte einer Wohnung beschreiben sollen.

Dabei entsprechen die Kennwerte der Schallschutzklasse I weitgehend den Anforderungswerten der DIN 4109, die der SSK II etwa den Anforderungen an den erhöhten Schallschutz nach Beiblatt 2. Erst die Werte der SSK III gewährleisten dem Bewohner ein hohes Maß an Ruhe.

Da die VDI-Richtlinie auch Kostenunterschiede bei verschiedenen Schallschutzniveaus aufzeigt sowie wertvolle Hinweise zur bauakustisch vorteilhaften Ausführung von Bauteilen enthält, kann ihre Berücksichtigung bei bauakustischen Planungen empfohlen werden, obwohl – wegen der von manchen Seiten kritisierten Überschneidung von DIN 4109 und VDI 4100 – eine Übernahme in die Landesbauordnungen bisher noch nicht erfolgte.

Eine Novellierung der Schallschutznorm DIN 4109 wird z. Z. vorbereitet.

15.7 Baulicher Brandschutz[1)]

15.7.1 Allgemeines

Im Brandfalle müssen tragende Bauteile vor den heißen Brandgasen durch Ummantelung mit nicht brennbaren Stoffen, die sich im Feuer möglichst wenig verändern, rissefrei bleiben und einen hohen Wärmedurchlaßwiderstand besitzen, abgeschirmt werden, bis Löschhilfe eintrifft. So können Bauteile aus brennbaren oder entflammbaren Stoffen eine gewisse Zeit lang unterhalb ihrer Entflammungstemperatur gehalten werden. Bauteile aus nicht brennbaren Stoffen werden für eine bestimmte Zeit vor Temperaturerhöhungen geschützt, die zu Strukturveränderungen, Verminderungen der Festigkeit und Standsicherheit, Rißbildungen oder Verformungen führen würden.

In den Landesbauordnungen der einzelnen Bundesländer und den dazugehörigen Durchführungsverordnungen sind Bestimmungen über den vorbeugenden Brandschutz enthalten. Zwar bestehen zwischen den verschiedenen Bauordnungen Unterschiede in Einzelvorschriften, doch gilt allgemein der in der Musterbauordnung (MBO) § 19 formulierte Grundsatz:

„Bauliche Anlagen sind so anzuordnen, zu errichten und zu unterhalten, daß der Entstehung und der Ausbreitung von Schadenfeuer vorgebeugt wird und bei einem Brand wirksame Löscharbeiten und die Rettung von Menschen und Tieren möglich sind."

---

1) s. auch Abschnitte 12 und 13 sowie in Teil 2 des Werks Abschn. 6 und 8

Beim baulichen Brandschutz unterscheidet man:

- **Planerische Maßnahmen**, z.B. Planung von ausreichend bemessenen Fluchtwegen und von Zugängen und Zufahrten für die Feuerwehr sowie die Aufteilung von Gebäuden in vertikale und horizontale Brandabschnitte.
- **Technische Vorkehrungen**, z.B. Einbau von Feuerwarn- und Meldeeinrichtungen, von Feuerlöscheinrichtungen (Löschwasserleitungen, Hydranten, Feuerlöscher, automatische Feuerlöschanlagen, z.B. „Sprinkler-Anlagen"), Einbau von Qualm- und Rauchabzugsanlagen, Brandschutzklappen in Schächten o.ä.
- **Konstruktive Maßnahmen**, z.B. Auswahl geeigneter Baustoffe und Bausysteme, Schutzmaßnahmen für gefährdete Bauteile.

Neben den Einzelvorschriften der Landesbauordnungen gelten dabei besondere Bestimmungen u.a. für Hochhäuser, Versammlungsräume, Verkaufsstätten, Schulen und im Industriebau (DIN 18230).

Die technischen Vorschriften für den baulichen Brandschutz sind in DIN 4102 zusammengefaßt.

15.7.2 Begriffe

Die Grundlage für die Planung des baulichen Brandschutzes ist die Einordnung von Baustoffen und Bauteilen hinsichtlich ihres Brandverhaltens.

Baustoffe werden nach DIN 4102 unterteilt nach:

Brennbarkeitsklassen

A nichtbrennbare Baustoffe
- A1 (ohne oder fast ohne organische Bestandteile)
- A2 (oft mit organischen Bestandteilen)

B brennbare Baustoffe
- B1 schwer entflammbar
- B2 normal entflammbar
- B3 leicht entflammbar

Die Einreihung der Baustoffe erfolgt auf Grund genormter Prüfverfahren. Für alle am Bau verwendeten Baustoffe besteht Kennzeichnungspflicht hinsichtlich der Brennbarkeitsklasse gemäß DIN 4102.

Baustoffe der Klasse B3 müssen besonders als „leicht entflammbar" gekennzeichnet sein. Die Verwendung leicht entflammbarer Kunststoffe ist unzulässig.

Die Verwendung von Baustoffen und Bauteilen, insbesondere im Hinblick auf deren Brandschutz-Eigenschaften, ist durch bauaufsichtliche Zulassung in den Bauordnungen der einzelnen Bundesländer geregelt.

Für dabei nicht berücksichtigte nationale Produkte muß eine Zulassung des Deutschen Institutes für Bautechnik, ein allgemeines bauaufsichtliches Prüfzeugnis einer dafür anerkannten Materialprüfungsanstalt oder im Einzelfall die Zustimmung der Obersten Bauaufsichtsbehörde vorliegen.

Für Europäische Produkte muß die „Konformität" mit einer „harmonisierten" europäischen Norm oder technischen Zulassung bestehen und die CE-Kennzeichnung vorhanden sein (s. Abschn. 2.2.3).

Feuerwiderstandsklassen

Bauteile (wie z.B. Wände, Decken, Stützen, Unterzüge, Treppen usw.) werden nach DIN 4102-2, hinsichtlich ihres Brandverhaltens auf Grund genormter Brandversuche eingeteilt in Feuerwiderstandsklassen (Tab. **15**.82).

In DIN 4102-4 sind alle wichtigen Baustoffe und Bauteile in die jeweils zutreffenden Brennbarkeits- bzw. Feuerwiderstandsklassen eingeordnet. Für alle „klassifizierten" Baustoffe,

Bauteile und Sonderbauteile, die hier erfaßt sind, gilt der Nachweis des Brandverhaltens als erbracht.

Wenn eine günstigere Beurteilung im Einzelfall möglich erscheint, neuere Erkenntnisse vorliegen oder wenn nicht genormte Teile verwendet werden sollen, ist eine Prüfung des Brandverhaltens gemäß DIN 4102-1 bis -3 und DIN 4102-5 bis -7 erforderlich.

Prüfungen für die Einordnung von Bauteilen in bestimmte Feuerwiderstandsklassen erstrecken sich jeweils auf:

— Temperaturmessung an und hinter (auf der feuerabgewandten Seite) dem Prüfkörper,
— die Prüfung der Rauch- und Qualmdichtigkeit,
— die statische Standfestigkeit,
— das Verhalten beim Auftreffen von Löschwasser,
— die Entwicklung giftiger Gase.

Tabelle **15**.82 Feuerwiderstandsklassen F (allgemeine Festsetzung)

Feuerwiderstandsklasse	Feuerwiderstandsdauer in Minuten
F 30	≧ 30
F 60	≧ 60
F 90	≧ 90
F120	≧120
F180	≧180

Für nichttragende Wände, Türen und Verglasungen gelten die Feuerwiderstandsklassen W, T und G (Tabelle **15**.83).

Tabelle **15**.83 Feuerwiderstandsklassen W, T und G

Bauteil	Feuerwiderstandsklasse	vgl. DIN 4109
für nichttragende Wände, Brüstungen, Feuerschürzen o.ä.	W30 bis W180	Teil 2
Türen	T30 bis T180	Teil 5
Verglasungen	G30 bis G180	Teil 5

Bei der Kennzeichnung aller Bauteile ist die Angabe für die Bauteilklassen (Feuerwiderstandsklassen) und die Baustoffklassen (Brennbarkeitsklassen) zu koppeln.

Beispiel Ein Bauteil, das in allen Teilen aus Baustoffen der Klasse A besteht und der Feuerwiderstandsklasse F90 entspricht, wird z.B. mit F90-A bezeichnet. Die Bezeichnung z.B. F90 AB bedeutet, daß ein Bauteil die Feuerwiderstandsklasse F90 aufweist und in seinen wesentlichen, z.B. tragenden Teilen aus nicht brennbaren Baustoffen besteht.

Besondere Bestimmungen gelten für Lüftungsleitungen und -schächte (DIN 4102-6, L 30 bis L120), Maßnahmen gegen Brandübertragung in Rohrleitungen (R), für Installationsschächte und -kanäle (I) und für Brandschutzklappen (K 30 bis K 90).

In den einzelnen Bundesländern wird in den Erlassen zur Einführung der DIN 4102 in die bauaufsichtlichen Bestimmungen festgelegt, welche Feuerwiderstandsklassen den Begriffen (z.B. „feuerbeständig") entsprechen. Einheitlich ist dabei festgelegt, daß die Feuerwiderstandsklasse F 90 dem Begriff „feuerbeständig" entspricht. Es ist ferner festgelegt, daß Bauteile, bei denen statisch wesentliche Bestandteile aus brennbaren Baustoffen (Baustoffklasse B) bestehen, nicht als „feuerbeständig" angesehen werden.

Gebäudeklassen

Die in den Landesbauordnungen geregelten Anforderungen an den Brandschutz entsprechen den unterschiedlichen Gefährdungen bei den festgelegten Gebäudeklassen. Die auf der Musterbauordnung (MBO) beruhenden Landesbauordnungen können geringfügige Unterschiede aufweisen. Als Beispiel dienen die Bestimmungen der Landesbauordnung Hessen (Tabelle **15**.84).

Tabelle **15**.84 Gebäudeklassen (Landesbauordnung Hessen § 2, gekürzte Auszüge)

Gebäudeklasse A
Freistehende Wohnhäuser u.ä. mit höchstens 2 Wohnungen, höchstens 2 Geschosse; freistehende landwirtschaftliche Betriebsgebäude o.ä. bis 250 m².

Gebäudeklasse B
Wohngebäude u.ä. mit höchstens 3 Wohnungen, oberste Geschoßfläche höchstens 5,85 m über Gelände.

Gebäudeklasse C
Sonstige Gebäude, die nicht unter die Gebäudeklasse A fallen, oberste Geschoßfläche bei Aufenthaltsräumen höchstens 5,85 m über Gelände.

Gebäudeklasse D
Wohngebäude u.ä. mit höchstens 6 Wohnungen, oberste Geschoßfläche höchstens 7 m über Gelände.

Gebäudeklasse E
Sonstige Gebäude, die nicht unter die Gebäudeklassen A bis D fallen, oberste Geschoßfläche bei Aufenthaltsräumen höchstens 7 m über Gelände.

Gebäudeklasse F
Sonstige Gebäude, die nicht unter die Gebäudeklassen A bis E fallen, oberste Geschoßfläche bei Aufenthaltsräumen höchstens 14 m über Gelände.

Gebäudeklasse G
Sonstige Gebäude, die nicht unter die Gebäudeklassen A bis F fallen, oberste Geschoßfläche bei Aufenthaltsräumen höchstens 22 m über Gelände.

Hochhäuser
Gebäude, bei denen der Fußboden eines Geschosses, in dem Aufenthaltsräume liegen oder möglich sind, mehr als 22 m über Geländeoberfläche liegt.

15.7.3 Bauliche Brandschutzmaßnahmen

Mindestanforderungen an das Brandverhalten von tragenden Wänden, Unterstützungen, Außenwänden und Trennwänden sowie an Decken[1] sind in der Landesbauordnung Hessen gemäß Tabelle **15**.85 und **15**.86 festgelegt.

Mindestabmessungen nichttragender, tragender und raumabschließender Wände bzw. Pfeiler im Hinblick auf den erforderlichen Brandschutz für Ausführungen aus bewehrtem Normal- oder Leichtbeton und für Mauerwerk aus den verschiedenen in Frage kommenden Steinarten werden in DIN 4102-4 in ausführlichen Tabellen festgelegt.

Die mit den jeweiligen Wanddicken erreichbaren Feuerwiderstandsklassen F 30-A bis F 180-A sind dabei abhängig von dem Ausnutzungsfaktor α (Verhältnis der vorhandenen Beanspruchung zu zulässiger Beanspruchung nach DIN 1045).

Brandabschnitte

In ausgedehnten Bauwerken muß der Ausbreitung eines Brandes durch Unterteilung in horizontale und vertikale Brandabschnitte entgegengewirkt werden. Die Unterteilung ist in der Regel durch Massivdecken oder Wände der Feuerwiderstandsklasse F 90-A („Brandwände") vorzunehmen. Die Unterteilungen der Brandabschnitte müssen den Durchgang des Feuers verhindern und so wärmedämmend sein, daß sich Stoffe nicht entzünden können, die auf der dem Feuer abgekehrten Seite eingebaut sind oder lagern.

Horizontal ausgedehnte Gebäude müssen in Abständen von höchstens 40 m durch Brandabschnitte unterteilt werden.

Auch unmittelbar aneinander angrenzende Gebäude unterschiedlicher Höhe oder Nutzungsart sind durch Brandabschnitte zu sichern. Für die Ausführung sind in Bild **15**.87 einige Beispiele gezeigt.

[1] Unterdecken als Brandschutz s. Abschn. 13.2.3

Tabelle **15**.85 Mindestanforderungen an das Brandverhalten von Tragenden Wänden, Unterstützungen, Außenwänden und Trennwänden (Hess. Bauordnung § 29, Auszug)

Bauteile und Baustoffe	Gebäudeklasse nach § 2 Abs. 2 Satz 2					
	A/B	C	D	E	F	G
1. Tragende und aussteifende Wände sowie Unterstützungen	keine	keine	F 30-B	F 30-A oder F 60-B	F 90-AB	F 90-A
1.1 in Kellergeschossen	F 30-B	F 30-B	F 30-B	F 30-A oder F 60B	F 90-A	F 90-A
2. Tragende und aussteifende Wände, Unterstützungen und Dachtragwerke in ausgebauten Dachgeschossen sowie Abschlußwände gegen den nicht ausgebauten Dachraum	keine	keine	F 30-B	F 30-A[1] oder F 60-B[1]	F 90-B[1]	F 90-B
3. Nichttragende Außenwände und nichttragende Teile tragender Außenwände	B 2	B 2	B 2	B 1	A 2	W 30-A
4. Außenwandverkleidungen einschließlich Dämmstoffe und Unterkonstruktion	B 2	B 2	B 1[2][3]	B 1[2][3]	B 1[3]	A 2[3]
5. Trennwände zwischen Nutzungseinheiten	F 30-B	F 30-B	F 30-B	F 30-A[1] oder F 60-B[1]	F 90-AB[1]	F 90-A

Zusätzliche Regelungen

[1] Für das oberste, im Dachraum gelegene Geschoß, in dem Aufenthaltsräume vorhanden oder möglich sind, genügt F 30-B.

[2] Normalentflammbare Baustoffe (B 2) sind zulässig, wenn die Außenwand mindestens feuerhemmend (F 30-B) ist und durch geeignete Maßnahmen eine Brandausbreitung auf angrenzende Gebäude verhindert wird.

[3] Befestigungsteile der Unterkonstruktion und der Dämmstoffe können auch aus normalentflammbaren Baustoffen (B 2) bestehen.

Brandwände

Brandwände sind feuerbeständige Wände aus nichtbrennbaren Baustoffen (F 90-A). Sie sind vorgeschrieben:

- Als Gebäudeabschluß an Grundstücksgrenzen, bei Grenzabständen von weniger als 2,50 m oder wenn Gebäudeabstände von weniger als 5 m vorhanden oder möglich sind.
- Innerhalb ausgedehnter Gebäude in Abständen von höchstens 40 m (Ausnahmen sind möglich).
- Bei aneinandergebauten Gebäuden der Gebäudeklassen B und D in Abständen von höchstens 60 m, wenn die Gebäudetrennwände feuerbeständig sind.
- Zwischen Wohngebäuden und Betriebsgebäuden.
- Bei Gebäudeecken muß der Abstand von der inneren Ecke mindestens 5 m betragen (s. Bild **15**.87 b).

Tabelle **15**.86 Mindestanforderungen an das Brandverhalten von Decken (Hess. Bauordnung § 31, Auszug)

Bauteil	Gebäudeklasse nach § 2 Abs. 2 Satz 2					
	A/B	C	D	E	F	G
1. Decken	keine	keine	F 30-B	F 30-A oder F 60-B	F 90-AB	F 90-A
1.1 über Kellergeschossen	F 30-B	F 30-B	F 30-B	F 30-A oder F 60-B	F 90-A	F 90-A
2. Decken über ausgebauten Dachgeschossen	keine	keine	F 30-B	F 30-A[1] oder F 60-B[1]	F 90-B[1]	F 90-B
3. Decken zwischen Nutzungseinheiten	F 30-B	F 30-B	F 30-B	F 30 A[1] oder F 60 B[1]	F 90-AB	F 90-A
4. Verkleidungen unter Decken einschließlich Dämmschichten und Unterkonstruktion	B 2, nicht brennend abtropfen	B 2, nicht brennend abtropfen	B 2, nicht brennend abtropfen	B 2, nicht brennend abtropfen	B 2, nicht brennend abtropfen	B 2, nicht brennend abtropfen

[1] Öffnungen in Decken, für die eine feuerhemmende oder feuerbeständige Bauart vorgeschrieben ist, sind unzulässig. Sie können zugelassen werden, wenn die Nutzung des Gebäudes dies erfordert. Die Öffnungen müssen mit selbstschließenden Abschlüssen versehen sein, deren Feuerwiderstand dem der Decken entspricht; das gilt nicht für den Abschluß von Öffnungen innerhalb von Wohnungen. Ausnahmen können zugelassen werden, wenn der Brandschutz auf andere Weise gesichert ist. Satz 1 bis 4 gelten nicht für Gebäude der Gebäudeklassen A, B und D.

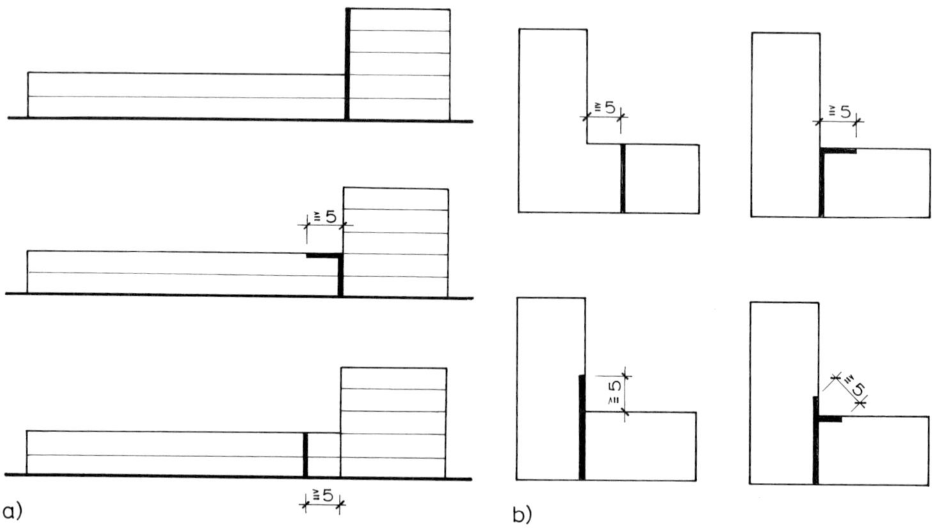

15.87 Brandabschnitte

a) Brandabschnitte zwischen verschieden hohen Gebäuden (Schnitte)
b) Brandwände an einspringenden Gebäudeecken (Grundrisse)

Brandwände sind in der Regel ohne Versatz durch alle Geschosse hochzuführen. Sie dürfen ausnahmsweise geschoßweise versetzt sein, wenn die verbindenden Geschoßdecken ohne Öffnungen in F 90-A ausgeführt werden (Bild **15**.88a).

Bei Gebäuden der Gebäudeklassen A bis E sind die Brandwände bis unmittelbar unter die Dachhaut zu führen. Bei Gebäuden der Gebäudeklassen F und G müssen Brandwände 30 cm über das Dach geführt werden.

Bauteile aus brennbaren Baustoffen (z.B. auch Dachlatten) dürfen Brandwände nicht überbrücken. Stahl- oder Holzträger und -stützen, Schornsteine und Schlitze dürfen in Brandwände nur so tief eingreifen, daß die Wände auch im verbleibenden Querschnitt den Anforderungen F 90 entsprechen.

Auf Nachbargrenzen dürfen auf Brandwänden Wärmeschutzschichten aus nichtbrennbaren Baustoffen (A 2) bis 15 cm Dicke ausgeführt werden.

Waagerechte und schräge Schlitze sind in Brandwänden unzulässig.

Öffnungen in Brandwänden sind im allgemeinen nicht zulässig. Sie können jedoch zugelassen werden, wenn selbstschließende feuerbeständige Abschlüsse (T 90) oder Brandschutzschleusen eingebaut werden (Bild **15**.88b).

15.88
Brandwände
a) versetzte Brandwand
b) Brandwand mit Schleuse
1 Decke F 90-A
2 Türen >T 30

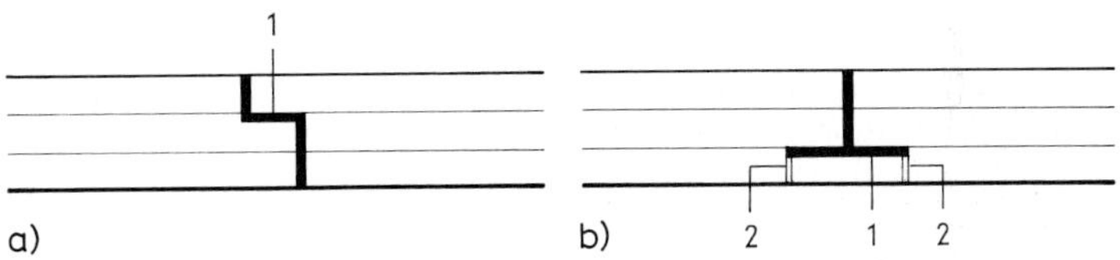

Kleinere Öffnungen aus nichtbrennbaren Baustoffen in Ausführung F 90-A (z.B. Glasbausteine) können zugelassen werden.

Leitungen dürfen nur dann durch Brandwände geführt werden, wenn besondere Vorkehrungen gegen Feuer- und Rauchübertragung getroffen werden (s. Bild **15**.97).

Nichttragende Brandwände können für Abschottungen von Versorgungsschächten u.ä. aus mehrlagig aufgeführten Brandschutzplatten (z.B. 2 x 20 mm Promatect H®) ausgeführt werden. Auch Montagewände mit C-Profilen, Bekleidungen mit Brandschutzplatten und Kernen aus nicht brennbaren Mineralwolleplatten können als F 90-A-Brandwände hergestellt werden (vgl. Abschn. 6.8.3.3).

Dächer

Die Dachhaut muß in der Regel gegen Flugfeuer und strahlende Wärme widerstandsfähig sein („Harte Bedachung"), doch sind insbesondere bei Gebäuden der Gebäudeklassen A bis D und für Teilflächen (z.B. Vordächer) Ausnahmen möglich.

Dachvorsprünge, -gesimse und -aufbauten, Glasdächer, Oberlichte und Öffnungen müssen von Brandwänden oder Trennwänden von Reihenhäusern o.ä. mindestens 1,25 m entfernt sein.

Dächer von Gebäudeteilen, die an Außenwände mit Fenstern anschließen, sind im Abstand von 5 m mindestens so feuerwiderstandsfähig auszuführen wie die Decken des anschließenden Gebäudes.

Flachdächer aus Trapezblechprofilen haben sich vielfach im Brandfall als sehr problematisch gezeigt. Durch die Hohlräume der Trapezbleche kommt es zu rascher Hitzeausbreitung, und aufliegende Wärmedämmungen aus Schaumstoffen zersetzen sich oder können ebenso wie die Dachabdichtungen in Brand geraten. Durch die damit verbundene enorme Hitzeentwicklung verliert das Trapezblech seine Tragfähigkeit, und das Dach stürzt ein. Ausreichender Feuerwiderstand war bislang nur durch aufwendige unterseitige Bekleidungen mit Gipskartonplatten (GFK) oder Brandschutzplatten zu erreichen.

Als interessante Alternative für Brandschutz F 30 wurde ein neuartiges Verfahren entwickelt, bei dem in die Hohlräume der Trapezbleche Schläuche mit einer Brandschutzmasse gelegt werden, in der Wasser gebunden ist. Im Brandfall schäumt die Masse auf und setzt das gebundene Wasser zur Kühlung der Bleche frei.

Zusätzlicher Brandschutz ergibt sich durch die Verwendung spezieller Wärmeschutz-Verbundplatten.

Treppen

Nicht ebenerdig gelegene Gebäudeteile bzw. alle Geschosse müssen über mindestens eine Treppe erreichbar sein („notwendige Treppe"; einschiebbare Treppen sind nur in Gebäuden der Gebäudeklasse A, B und D als Zugang zu Dachräumen oder sonstigen Räumen ohne Aufenthaltsräume zulässig).

Die tragenden Teile notwendiger Treppen müssen bei Gebäuden der Gebäudeklasse D und E aus nicht brennbaren Baustoffen (A) oder mindestens feuerhemmend (F 30-B) ausgeführt sein. Bei Gebäuden der Gebäudeklassen F und G müssen sie aus nicht brennbaren Baustoffen und feuerbeständig (F 90-A) hergestellt sein.

Notwendige Treppen müssen eine nutzbare Breite von mindestens 1,00 m und mindestens einen Handlauf aufweisen. In Gebäuden der Gebäudeklassen A, B und D ist eine Mindestbreite von 0,80 m zulässig.

Notwendige Treppen müssen auf kürzesten Wegen ($\leqq$ 35 m) erreichbar sein und müssen direkt ins Freie führen und gegen Verqualmen (z.B. durch fernbedienbare Abzugsöffnungen, Brandabschnitte) gesichert sein.

Die – insbesondere für Hochhäuser notwendigen – sog. „Sicherheitstreppen" dürfen nur über offene loggienartige Zugänge erreichbar sein, um dem Eindringen von Rauch und dem Feuerüberschlag zwischen den Geschossen entgegenzuwirken.

Treppenräume

Für Gebäude der Gebäudeklassen A, B und D sind die Wände von Treppenräumen mindestens feuerhemmend (F 30-B) auszuführen, bei den Gebäudeklassen C und E mindestens feuerhemmend und aus nichtbrennbaren Baustoffen und bei den Gebäudeklassen F und G in der Bauart von Brandwänden.

Jede notwendige Treppe muß in einem an der Außenwand liegenden Treppenraum liegen, der auf kürzestem Wege ins Freie führt (Ausnahme Gebäudeklassen A, B und C).

Übereinander liegende Kellergeschosse müssen mindestens je zwei getrennte Ausgänge haben, von denen einer direkt ins Freie führt.

Bei den Gebäudeklassen C, E, F und G müssen Öffnungen zum Kellergeschoß, zu Läden, Werkstätten, Lagern, allgemein zugänglichen Fluren u.a. selbstschließende feuerhemmende Abschlüsse haben (T30).

Bei innenliegenden Treppenräumen und Gebäuden der Gebäudeklasse G sind an den oberen Abschlüssen der Treppenräume Rauchabzugseinrichtungen vorzusehen, die vom Erdgeschoß und vom obersten Treppenabsatz aus bedient werden können (> 1 m^2 bzw. 5% der Grundfläche).

Besondere Vorschriften gelten für Aufzugsanlagen sowie für Flure, die als Rettungswege dienen. Hierfür muß auf Spezialliteratur verwiesen werden.

Decken

Decken aus Stahlbeton in allen in der Praxis gängigen Ausführungsarten sowie Stahlstein-, Kappendecken u.a.m. und auch Holzbalkendecken (vgl. Abschn. 9) sind hinsichtlich ihrer Feuerwiderstandsklassen in DIN 4102-4 klassifiziert.

Erforderliche Brandschutzmaßnahmen für Decken aus Trapezblechen sind jeweils auf den Einzelfall abzustimmen. Die Darstellung der zahlreichen Probleme und Lösungsmöglichkeiten würde jedoch den Rahmen dieses Werkes sprengen (vgl. Trapezbleche in Dächern).

Schornsteine

Schornsteine müssen gegenüber allen brennbaren Bauteilen einen ausreichenden Sicherheitsabstand haben. Der Mindestabstand hölzerner Bauteile wie Deckenbalken und Dachsparren von Rauchrohren und Abgasrohren ist durch bauaufsichtliche Bestimmungen vorgeschrieben (i.allg. $\geqq$ 5 cm). Die gleichen Abstände gelten für Holzwolle-Leichtbauplatten und vergleichbare Baustoffe (s. Abschn. 4.1 in Teil 2 des Werkes).

Besondere Anforderungen

Für Flure, die als Rettungswege dienen, für Heizungsräume, für Lüftungs- und Klimaanlagen, Installations- und Müllabwurfschächte u.ä. sind teilweise umfangreiche spezielle Vorschriften zu beachten.

Verschärfte Anforderungen an den Brandschutz gelten für Gebäude, die durch ihre Nutzung (z.B. Geschäftshäuser, Lager, Schulen, Altersheime) oder durch ihre Bauweise besondere Vorkehrungen für die Brandbekämpfung und für Rettungsmaßnahmen nötig machen.

In Hochhäusern (Hess. Hochhausrichtlinien: Bauwerke, bei denen der Fußboden mindestens eines Aufenthaltsraumes mehr als 22 m über der Geländeoberfläche liegt) müssen z.B. alle wesentlichen tragenden Bauteile die Feuerwiderstandsklasse F 90 aufweisen.

An den Außenwänden müssen zwischen den Geschossen feuerbeständige Brüstungen o.ä. so angeordnet sein, daß der Feuer-Überschlagsweg mindestens 1,00 m beträgt.

Innenliegende über 20 m lange Flure müssen in höchstens 15 m lange Brandabschnitte aufgeteilt werden, die selbstschließende Brandschutz-Türen (T90) haben.

Jedes Obergeschoß muß entweder durch 2 voneinander unabhängige Treppenhäuser, die über Dach miteinander verbunden sind, oder durch ein Sicherheitstreppenhaus verlassen werden können (Sicherheitstreppen dürfen nur über einen außenliegenden offenen Gang erreichbar sein).

Besondere Vorschriften bestehen für Rauchabzugsanlagen, Feuerlösch- und Rettungseinrichtungen usw.

Zusammenfassung

Im Hinblick auf den baulichen Brandschutz ist festzuhalten:

Die im Einzelfall erforderlichen baulichen Brandschutzmaßnahmen können auf die Gesamtplanung von Bauwerken erheblichen Einfluß haben. Sie müssen daher in jedem Falle bereits in frühen Planungsphasen mit den Brandschutzbehörden abgestimmt werden.

15.7.4 Brandschutzmaßnahmen für Bauteile

Bauteile aus Stahl

Stahlteile sind zwar nicht brennbar, verformen sich aber erheblich bei den Temperaturen, die bei Bränden auftreten können. Dabei verlieren sie nicht nur ihre Tragfähigkeit, sondern richten auch infolge von Verdrehungen und Verbiegungen an benachbarten Bauteilen durch Zug und Schub schwere Schäden an. Träger und Stützen aus Stahl (DIN 4102-4, Abschn. 6) müssen daher mit Beton, Mauerwerk, Wandbauplatten oder Putz (s. Abschn. 8 in Teil 2 dieses Werkes) ummantelt werden. Hohlprofile können in Sonderfällen durch Wasserfüllungen (Kühleffekt) geschützt werden.

Im Inneren von Gebäuden, offenen Hallen o.ä. können für Stahlbauteile aus offenen Profilen (U/A = 300 m^{-1}) durch Beschichtung mit speziellen Kunstharzdispersionen die Anforderungen entsprechend F 30-A bis F 60 erreicht werden.

Die Verwendung von zwar sehr gut für Brandschutzzwecke geeigneten asbesthaltigen Baustoffen bzw. Beschichtungen ist wegen der Gesundheitsgefährdung insbesondere bei der Herstellung und Verarbeitung nicht mehr erlaubt.

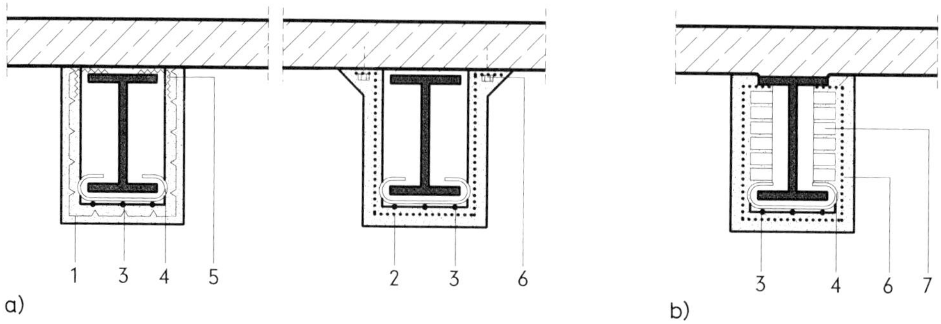

15.89 Brandschutz für Stahlunterzüge (DIN 4102-4, Tab. 90 und 91)
a) Bekleidung mit Putz
b) Ausmauerung mit Putzkleidung der Untergurte
1 Rippenstreckmetall mit Putz (MG P II oder IVa,c,b, Vermiculite- oder Perlite-Mörtel
2 Streckmetall oder Drahtgewebe
3 Abstandhalter (∅ >5, 2-3 Stück je Breite)
4 Bügel ∅ >5, $a < 500$)
5 Klemmbefestigung
6 Schraubbefestigung
7 Ausmauerung (Mauerziegel, Kalkstandstein, Porenbeton, Bauplatten DIN 4165, Wandbauplatten aus Leichtbeton oder Gips)

Vorhandene asbesthaltige Brandschutzbekleidungen müssen besonders geschützt sein, oder sie sind zu entfernen und speziell zu entsorgen, wenn von einer Gefährdung von Menschen durch Einatmen von nicht gebundenen Asbestfasern ausgegangen werden muß.

Für höhere Beanspruchungen bis F 180-A müssen Stahlprofile durch Ummantelung aus bewehrten Putzen, Gipskarton- oder speziellen Brandschutzplatten ggf. in Verbindung mit Ausmauerungen geschützt werden. Die für Ausführungen mit Putz in Frage kommenden Materialien und Mindestdicken ggf. in Verbindung mit Ausmauerungen sind in DIN 4102-4, Tabelle 90 festgelegt und für Unterzüge aus Stahlprofilen in Bild **15**.89 schematisch gezeigt.

Bekleidungen mit Gipskarton-Feuerschutzplatten (GFK, DIN 18180) zeigt Bild **15**.90a. Alternativ können vorgefertigte Bekleidungen aus speziellen Brandschutzplatten über Stahlprofile geschoben und an vorher eingepaßten Knaggen befestigt werden (Bild **15**.90b).

Die Dicke *d* der Ummantelungen ist abhängig von der zu erreichenden Feuerwiderstandsklasse und dem Verhältnis *U/A* (Umfang/Querschnittsfläche) des Bauteiles.

Berechnungsbeispiel: Vierseitig brandbeanspruchtes Profil HE-M 200 bzw. IPBv 200

Profilhöhe $h = 200$ mm; Profilbreite b = 206 mm; Profilfläche $A = 131$ cm^2

$U/A = (2h + 2b)/A = (2x220 + 2 \times 206)/131 = 65$ m^{-1}.

Die zur Erreichung der Feuersicherheitsklasse erforderliche Bekleidungsdicke ist den Tabellen aus DIN 4102-4, Abschn. 6 zu entnehmen. Dabei ergibt sich z.B. nach Tab. 90 für F 90-A: 2 x 15 mm Gipskarton-Feuerschutzplatten GFK (DIN 18180) oder (nach Unterlagen der Firma Promat, ermittelt auf Grund von Prüfungen gemäß DIN 4102) eine Bekleidung mit 15 mm Feuerschutzplatten Promatec®-H.

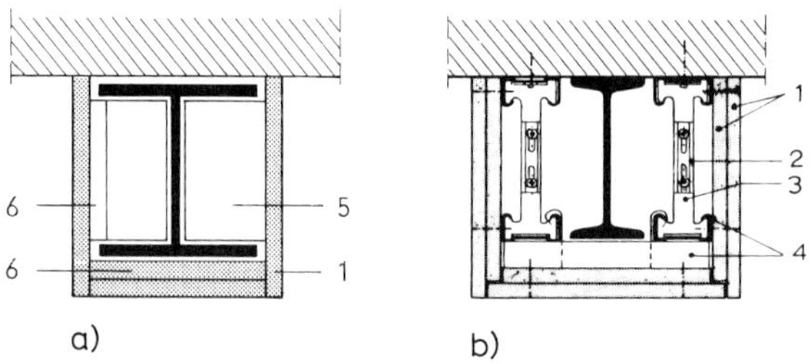

15.90
Feuerschutzummantelungen
a) Ausführung nach DIN 4102-4, Tab. 92
b) Ausführung nach Unterlagen der Firma Promat
1 Feuerschutzplatten
2 Schlitzbandeisen
3 Ankerhänger
4 verzinktes C-Blechprofil
5 Knagge
6 Stoßüberlappung

Für Stahlstützen kommen neben Bekleidungen mit GFK- oder Spezialbrandschutzplatten auch Ummantelungen mit Putz oder Beton in Frage (Bild **15**.91a und b).

Besondere Vorschriften enthält DIN 4102-4 für den Brandschutz bei Verbundträgern und -stützen mit ausbetonierten Kammern und für Stützen aus betongefüllten Profilen (Bild **15**.91 c und d).

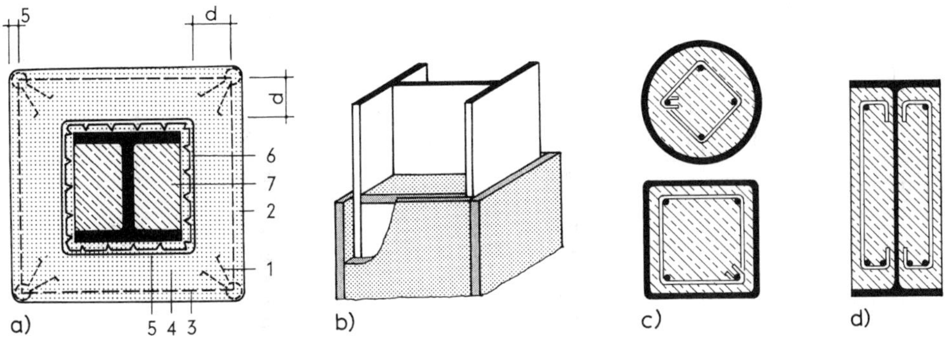

15.91 Brandschutz von Stahlstützen

a) Stützenummantelung mit Putz (DIN 4102-4, Tab. 94)

1 Kantenschutz
2 >5 mm geglätteter Putz
3 Drahtgewebe
4 Putz MG P II oder IV a,b,c oder Vermiculite bzw. Perlite
5 Bindedraht
6 Rippenstreckmetall
7 Kern ggf. ausgemauert

b) Ummantelung mit Brandschutzplatten
c) Verbundprofile, Brandschutz nach DIN 4102-4, Abschn. 7
d) betongefülltes Profil

Bauteile aus Stahlbeton

Stahlbetonbauteile sind im wesentlichen dadurch im Brandfall gefährdet, daß infolge der hohen Umgebungstemperaturen die überdeckenden Betonschichten abplatzen, dadurch die Stahlbewehrungen dem Feuer direkt ausgesetzt sind und diese ihre Tragkraft teilweise oder vollständig verlieren. So kann es zu schweren Verformungen der Bauteile oder zum Einsturz kommen.

Die bei Stahlbetonbauteilen erreichbaren Feuerwiderstandsklassen sind vor allem von der Dicke der Bauteile und von der Betondeckung abhängig. Ohne zusätzliche Schutzmaßnahmen können Stahlbetonbauteile in den Klassifizierungen F30 bis F180 ausgeführt werden.

Die umfangreichen Bestimmungen über den Brandschutz tragender und nichttragender Stahlbetonbauteile sind für Regelfälle in DIN 4102-4, Abschn. 3.13, 4.2 und 4.4 zusammengefaßt.

Als Anhalt für die Dimensionierung können die Tabellen **15**.92 und **15**.93 dienen. Im übrigen muß auf Spezialliteratur verwiesen werden.

Bauteile aus Holz

Brandgefährdete Bauteile aus Holz werden, soweit beaufsichtigt vorgeschrieben, durch dämmschichtbildende Dispersionsanstriche (DIN 68800) oder durch Verkleidung mit Brandschutzplatten gemäß DIN 4102-4, Abschn. 4.11 – 13 und 5.1 – 5.8 geschützt.

Unbekleidete Vollholzbalken oder Brettschichtträger werden – abhängig von den rechnerisch vorhandenen Druck- und Biegebeanspruchungen und dem Abstützungsabstand bzw. der Knicklänge – in ausführlichen Tabellen in die Feuerwiderstandsklassen F30-B bzw. F60-B eingeordnet.

Tabelle **15**.92 Mindestdicke von Stahlbetonstützen aus Normalbeton (Auszug aus Tab. 31 DIN 4102-4)

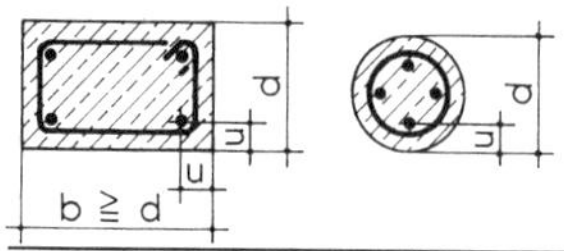

Konstruktionsmerkmale[1)]	Feuerwiderstandsklasse-Benennung				
	F 30-A	F 60-A	F 90-A	F 120-A	F 180-A
Mindestquerschnittsabmessungen unbekleideter Stahlbetonstützen bei mehrseitiger Brandbeanspruchung bei einem					
Ausnutzungsfaktor $\alpha_1 = 0{,}3$					
Mindestdicke *d* in mm	150	150	180	200	240
zugehöriger Mindestachsabstand *u* in mm	2)	2)	2)	40	50
Ausnutzungsfaktor $\alpha_1 = 0{,}7$					
Mindestdicke *d* in mm	150	180	210	250	320
zugehöriger Mindestachsabstand *u* in imm	2)	2)	2)	40	50
Ausnutzungsfaktor $\alpha_1 = 1{,}0$					
Mindestdicke *d* in mm	150	200	240	280	350
zugehöriger Mindestachsabstand *u* in mm	2)	2)	2)	40	50

1) Mindestabmessungen für umschnürte Druckglieder, soweit in der Tabelle keine höheren Werte angegeben sind:

F 30 $d = 240$ mm

F 60 bis F 180 $d = 300$ mm

2) Bezüglich *c*: Mindestwerte nach DIN 1045

Tabelle **15**.93 Mindestdicke von Beton- und Stahlbetonwänden aus Normalbeton (Auszug aus Tab. 35 DIN 4102-4)

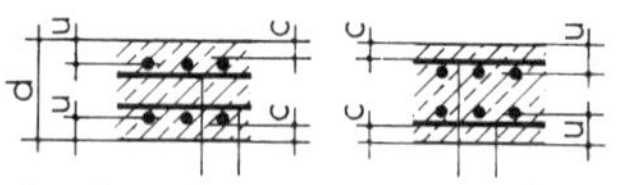

	Feuerwiderstandsklasse-Benennung				
Querbewehrung Querbewehrung	F 30-A	F 60-A	F 90-A	F 120-A	F 180-A
Unbekleidete Wände Zulässige Schlankheit = Geschoßhöhe/Wanddicke = h_s/d	nach DIN 1045				
Mindestwanddicke *d* in mm bei					
nichttragenden Wänden	80[1)]	90[1)]	100[1)]	120	150
tragenden Wänden					
Ausnutzungsfaktor $\alpha_1 = 0{,}1$	80[1)]	90[1)]	100[1)]	120	150
Ausnutzungsfaktor $\alpha_1 = 0{,}5$	100[1)]	110[1)]	120	150	180
Ausnutzungsfaktor $\alpha_1 = 1{,}0$	120	130	140	160	210
Mindestachsabstand *u* in mm der Längsbewehrung bei					
nichttragenden Wänden	10	10	10	10	35
tragenden Wänden bei einer Beanspruchung nach DIN 1045 von					
Ausnutzungsfaktor $\alpha_1 = 0{,}1$	10	10	10	10	35
Ausnutzungsfaktor $\alpha_1 = 0{,}5$	10	10	20	25	45
Ausnutzungsfaktor $\alpha_1 = 1{,}0$	10	10	25	35	55

1) Bei Betonfeuchtegehalten, angegeben als Massenanteil, > 4% (s. Abschn. 3.1.7) sowie bei Wänden mit sehr dichter Bewehrung (Stababstände < 100 mm) muß die Wanddicke mindestens 120 mm betragen.

Bekleidete Balken, Stützen aus Vollholz oder Brettschichtholz werden unabhängig von der Spannungsausnutzung und Holzart in ihrem Brandverhalten verbessert.

Die Einordnung in die Feuerwiderstandsklassen F30-B oder F60-B ist abhängig von der Dicke und Art der Bekleidung (Gipskarton-Feuerschutzplatten GFK, Spezial-Feuerschutzplatten, Sperrholz, Spanplatten u.a.).

Die Feuerwiderstandsklasse F60-B wird z.B. mit einer 2lagigen Bekleidung aus 12,5 mm dicken GFK-Platten erreicht.

Im übrigen enthält die Tabelle 84 in DIN 4102-4 alle erforderlichen weiteren Angaben.

Wärmedämmstoffe

Die meisten Wärmedämmstoffe aus Kunststoffen weisen ein sehr ungünstiges Brandverhalten auf und haben oft sehr starke Qualm- und Rauchentwicklung, verbunden mit der Entwicklung giftiger Gase. Sie verbrennen außerdem vielfach unter besonders großer Hitzeentwicklung. Die Verwendung leicht entflammbarer Kunststoffe (Baustoffklasse B3) ist daher verboten. Insbesondere bei Fassadenverkleidungen, im Innenausbau von Versammlungsräumen u.ä., werden Wärme- und Schallschutzdämmungen aus Materialien mindestens der Baustoffklasse B1 (schwerentflammbar) verlangt.

Anbetonierte Wärmedämmstoffe (z.B. Holzwolle-Leichtbauplatten an Deckenunterseiten) müssen durch Bekleidungen geschützt werden, die den jeweiligen Anforderungen (Feuerwiderstandsklassen) an die Bauteile entsprechen oder aus schwer entflammbaren bzw. aus nicht brennbaren Baustoffen bestehen.

Brandschutzverglasungen (DIN 4102-13)

Vielfach besteht die Aufgabe, Raumabschlüsse zu Rettungswegen oder auch Teile von Brandabschnitten bzw. Brandwänden mit verglasten Flächen herzustellen.

Hierfür kommen spezielle Gläser in Frage, die auf Grund besonderer Zulassungen in die Feuerwiderstandsklassen G30 bis G120 eingeordnet werden.

In Verbindung mit besonderen Rahmenkonstruktionen kann damit verhindert werden, daß an der dem Feuer abgekehrten Seite Flammen oder entzündbare Gase auftreten (Bild **15**.94).

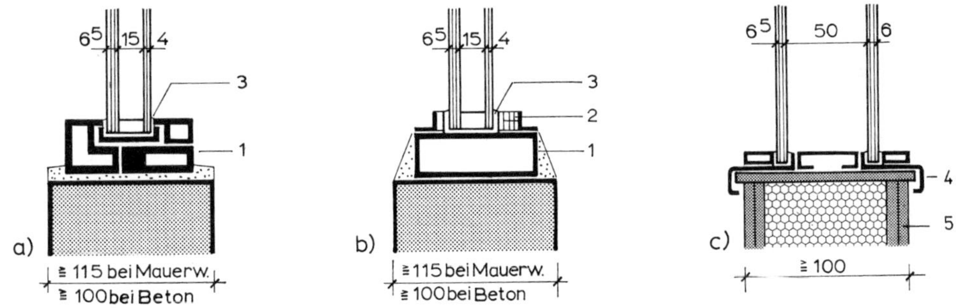

15.94 Schematische Beispiele für G-Verglasungen a) G 30, b) G 60, c) G 90
1 Stahlrohrprofilrahmen 2 Glashalteleiste 3 Dichtung 4 Stahlzarge 5 Gipskartonplatten

Transparent bleibende G-Gläser als Einscheibensicherheitsgläser oder Drahtgläser in üblicher Ausführung verhindern im allgemeinen jedoch nicht ausreichend den Durchgang von Strahlungswärme. Es kann dadurch zur Entflammung empfindlicher Gegenstände an der brandabgewandten Seite kommen. Sie dürfen nach den Erläuterungen zu DIN 4102-13 in feuerhemmende oder feuerbeständige Bauteile daher nur dann eingebaut werden, wenn zwar die raumabschließende Funktion gewährleistet sein muß, die durchtretende Wärmestrahlung im Einzelfall jedoch unkritisch ist.

Erheblich größeren Schutz bieten Spezialgläser (z.B. Pyrodur, Pyrostat, Contraflam, Contrafeu usw.), die in Verbindung mit entsprechenden Rahmenkonstruktionen der Baustoff-

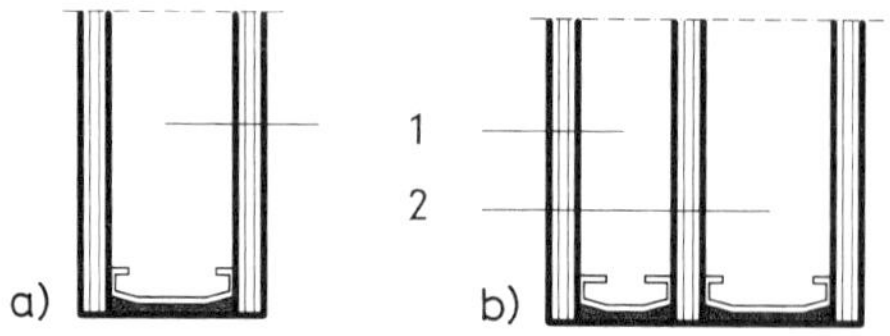

15.95
Brandschutzgläser (COTRAFLAM®, G/F 30 – 90)
a) Monoschaliger Typ für Innenanwendung
b) Isolierglastyp für Außenanwendung
1 Brandschutzfüllung
2 Normal-Isolierglas für brandabgewandte Seite bei 3-fach-Verglasung

klasse A den Anforderungen der Feuerwiderstandsklassen F bzw. T entsprechen. Bei diesen Gläsern mit mehrschichtigem Scheibenaufbau schäumen Brandschutzschichten zu einer nicht transparenten Masse auf, die den Strahlungsdurchgang erheblich mindert (Bild **15**.95).

Brandschutzverglasungen der F-Klassen kommen für Lichtöffnungen in Brandwänden, zur Abschottung von Treppenräumen und von Fluchtwegen, in Fluren oder bei Bauteilen in Frage, die feuerhemmend oder feuerbeständig ausgeführt werden müssen. Ferner können sie für Dach- und Schrägverglasungen von öffentlichen Passagen, Atrien oder bei verglasten Anbauten an höhere Gebäude zur Verhinderung von Feuerüberschlag eingesetzt werden (Bild **15**.95).

Neben den in DIN 4102 festgelegten Anforderungen müssen F-Verglasungen auch mechanischen Beanspruchungen gewachsen sein. Das läßt sich nur in Kombination mit besonderen Rahmenkonstruktionen erreichen, die auf Grund von Typprüfungen in die Feuerwiderstandsklasse F30 bis F180 eingeordnet sind. Ein Beispiel für eine solche Konstruktion aus Spezialbetonprofilen in Verbindung mit einer Dreifachverglasung zeigt Bild **15**.96.

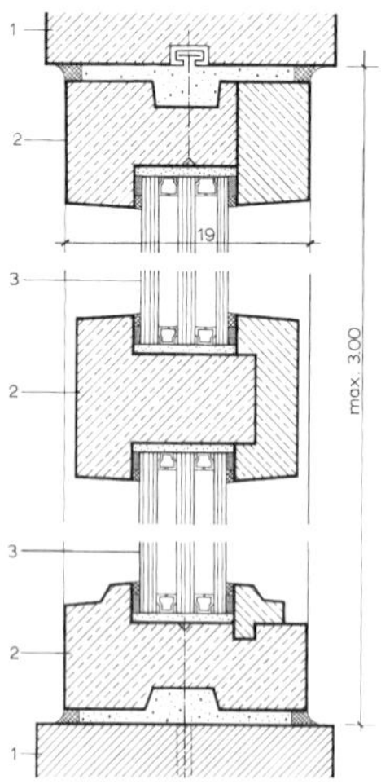

15.96 Fensterwand F 90 (bemopyrfenster®)
1 Sturz und Brüstung F 90
2 Profile aus Spezialbeton
3 3-fach-Verglasung Pyrostop G 90, voll versiegelt und mit Spezial-Vorlegeband eingebaut (lichtes Scheibenmaß max. 1400 x 1000, für untere Felder max. 1100 x 2000 bei Hochformat)

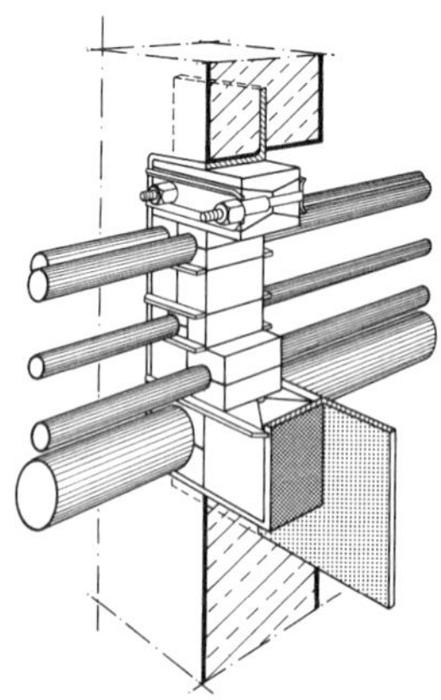

15.97 Rohr- und Kabeldurchführung in Brandwänden mit Spezial-Abdichtungselementen in Stahlrahmen (MCB Brattberg-System)

Elektrokabel

Der Schutz von Elektrokabeln ist im Brandfall außerordentlich wichtig, um den Betrieb stromabhängiger Rettungseinrichtungen (z.B. Notbeleuchtungen, Aufzüge) zu gewährleisten (DIN 4102-12). Bei Schutzmaßnahmen muß unterschieden werden zwischen Elektroleitungen, die beim Betrieb Eigenwärme entwickeln, die ständig abgeleitet werden muß, und solchen, bei denen diese Wärmeentwicklung vernachlässigbar gering ist (z.B. Schwachstrom-, Steuer- u.ä. Kabel).

Durch Versuche ist festgestellt worden, daß Kabelkästen aus Feuerschutzplatten ohne obere Abdeckung relativ guten Schutz bieten, ohne die Wärmeableitung zu behindern. Längere Feuerwiderstandszeiten lassen sich jedoch nur mit geschlossenen, auf den Einzelfall abgestimmten Verkleidungen erreichen.

Besondere Vorkehrungen müssen getroffen werden, wenn Kabel, Rohrleitungen oder Lüftungsschächte durch Brandwände, Decken oder andere Bauteile mit Brandschutzanforderungen hindurchgehen müssen. Neben der Verwendung von Spezialkabeln mit nichtbrennbaren Umhüllungen müssen die Kabeldurchlässe mit nichtbrennbaren Spezialmassen abgedichtet werden. Eine Ausführungsmöglichkeit für Kabel- und Rohrdurchführungen mit Hilfe von feuerfesten verschraubten Bauelementen zeigt Bild **15**.97.

Für Kabelbündel und Kabellagen auf Montagepritschen werden Wanddurchführungen mit speziellen Brandschutzmassen oder Brandschutzmörteln abgedichtet.

Für Deckendurchführungen einzelner Installationsleitungen gibt es verschiedene Manschettensysteme oder Dichtungsmassen (DIN 4102-9, -11 und -12).

In der Regel sind Abschottungsarbeiten für Installationen in Brandwänden nur durch besonders geschulte Fachkräfte auszuführen.

Eine erhebliche Minderung der Brandschutzprobleme bei Elektroinstallationen ergibt sich künftig voraussichtlich durch völlig neuartige Installationssysteme. So werden zunehmend Kabel für Informationssysteme durch die „Bus"-Technik ersetzt, für die europäische Standards in Arbeit sind.

Eine weitere Verbesserung kann sich durch die Anwendung von Schienenverteilern ergeben, bei denen in gekapselten Elementen (auch mit besonderen Brandabschottungen) sehr große Energiemengen übertragen werden können.

15.8 Schutz vor gesundheitlichen Gefahren

Neben dem Schutz eines Bauwerks oder einzelner Bauteile gegenüber Umwelteinflüssen haben die bisher beschriebenen Schutzmaßnahmen auch die Aufgabe, den Bewohner oder Nutzer vor gesundheitlichen Schäden zu bewahren.

Zunehmend wird dem Schutz des Menschen vor schädlichen Einwirkungen aus dem Baugrund und den Baustoffen, die bei der Errichtung und zur Ausgestaltung der Gebäude verwendet werden, mehr Aufmerksamkeit zugewandt. Dieser Themenkreis wird unter der nicht genau definierten (und umstrittenen) Bezeichnung „Baubiologie" auch in der Fachliteratur häufig auf nicht ausreichender wissenschaftlicher Grundlage behandelt.

Grundsätzlich kann jedoch der damit verbundene Versuch begrüßt werden, die von der gebauten Umwelt ausgehenden Belastungen auf den Menschen zu berücksichtigen und gewonnene Erfahrungen in die Baupraxis umzusetzen.

Auf das Wohlbefinden des Menschen haben – nach dem jetzigen Stand der Wissenschaft – folgende meßbaren physikalischen und chemischen Größen Einfluß:

- Lufttemperatur,
- Oberflächentemperatur der raumumschließenden Bauteile (Wärmestrahlungsanteil),
- Luftfeuchte (absolut, relativ),
- Luftbewegung (Zugerscheinungen),
- Frischluftanteil in der Raumluft (Lüftungsrate, O_2-Gehalt),
- Luftdruck

- Gehalt der Raumluft an CO_2 und anderen natürlichen gasförmigen Bestandteilen (CO, SO_2, NO_2 usw.),
- Gehalt der Raumluft an „fremden", durch die Tätigkeit des Menschen erzeugten Bestandteilen: Gase, Dämpfe, Stäube, Bakterien usw.,
- Schallpegel (Lautstärke),
- Frequenzverteilung im vorhandenen Schall (einschließlich Infraschall- und Ultraschallanteilen),
- Beleuchtungsstärke bzw. Leuchtdichte (Helligkeit, Blendung),
- spektrale Verteilung des Lichtes (Lichtfarbe, Infrarot- und Ultraviolettanteil),
- elektromagnetische Feldstärken (Gleichfelder, Wechselfelder verschiedener Frequenzbereiche),
- Ionenkonzentration,
- radioaktive Strahlung (alle Strahlungsarten).

Diese Größen müssen für gesunde Aufenthaltsräume in einem gewissen Wertebereich liegen, bzw. dürfen bestimmte (wenn auch manchmal nicht genau bekannte) Maximalwerte nicht überschreiten.

Die Wirkungen dieser Einflußgrößen („Reize") sind teilweise recht umfassend bekannt (Wärmegrößen, Feuchtigkeit, Luftbewegung, Schallgrößen, Helligkeit). Die Auswirkung vieler anderer Einflüsse (Infraschall mit Frequenzen unter 16 Hz, Wirkung vieler Substanzen in geringen Konzentrationen, elektromagnetische Felder, radioaktive Strahlung geringer Intensität) ist jedoch bisher zu wenig erforscht. Spekulationen über die Wirkung dieser Reize sind deshalb, insbesondere auch in der populären Literatur, überall zu finden.

Obwohl gesicherte Erfahrungen häufig fehlen, sollen hier einige Regeln zur Vermeidung gesundheitlicher Gefahren bei der Errichtung von Gebäuden gegeben werden.

15.8.1 Gefährliche Stoffe

Auf die Verwendung gefährlicher oder wahrscheinlich gefährlicher Stoffe beim Bau von Gebäuden sollte verzichtet werden. Dazu gehören nach dem Stand der Forschung unbedingt

- Formaldehyd (HCHO, in Leimen und anderen Bindemitteln, aber auch in natürlichen Stoffen enthalten),
- Polychlorierte Kohlenwasserstoffe (z.B. PCP) und verwandte Stoffe in Holzschutzmitteln und Fugenmassen,
- Isocyanate in Farben, Lacken, Epoxydharzen, Polyurethanen usw.,
- Dioxine/Furane aus Flammschutzmitteln,
- Asbest (die Krebsgefahr geht insbesondere bei der Verarbeitung von den Stäuben aus, s. auch Teil 2 des Werkes, Abschn. 1.5.5).

Lösungsmittel (z.B. Toluol, Xylol und Benzol in Farben, Beschichtungen, Polituren, Klebern, Reinigungsmitteln usw.) und viele andere Hilfsstoffe in Baumaterialien und Möbeln haben die Eigenschaft, kurz nach der Anwendung bzw. dem Einbau stark in die Raumluft überzugehen. Es ist bekannt, daß in den ersten Monaten nach Herstellung eines Gebäudes die Innenluft ein Vielfaches an Schadstoffen enthalten kann als städtische Außenluft. Allergische und andere toxische Reaktionen bei den Nutzern der Räume werden häufig beobachtet. Diese Gesundheitsgefährdung muß unbedingt verringert werden, jedoch ist mangels Deklarationspflicht der Inhaltsstoffe für den Anwender eine Erkennbarkeit der Gefahren vorerst nur selten möglich.

Auch aus natürlich vorkommenden Stoffen gewonnene Lösungsmittel können für den Menschen schädlich sein [74]; die weitverbreitete Aussage „natürlich" = „unbedenklich" gilt in dieser Form nicht!

Mineralwoll-Dämmstoffe aus künstlichen Mineralfasern sind im Jahre 1993 von der sog. MAK-Kommission „als (ob) im Tierversuch krebserregend" eingestuft worden. Obwohl die Mineralfasern erzeugende Industrie diese Einstufung als nicht gerechtfertigt bezeichnet hat, sind von den Herstellern danach Faserdämmstoffe mit verringertem krebserzeugenden Potential (mit Bezeichnungen wie „deutlich verbesserte Biolöslichkeit", „Kanzerogenitätsindex $KI \geq 40$", u.ä. [61], [77]) auf den Markt gebracht worden. Obwohl keine gesicherten

Erkenntnisse über die Krebsgefährdung durch den Staub künstlicher Mineralfasern (Ausnahme: Keramikfasern!) beim Menschen vorliegen, wird dringend die Einhaltung von Vorsichtsmaßnahmen (z.B. Atemschutzmaßnahmen, geschlossene Arbeitskleidung) beim Einbau und besonders bei der Entfernung alter Mineralwollschichten angeraten [18]. Im (vorschriftsmäßig) eingebauten Zustand werden derartige Schichten als nicht gesundheitsgefährdend angesehen.

Auch organische Fasern geben häufig bei der Verarbeitung staubartige Faserpartikel ab, die eine negative gesundheitliche Auswirkung haben können! Der Schutz gegen Pilze, Insekten und der Brandschutz erfordert bei natürlichen Fasern häufig die Anwendung von nicht gänzlich harmlosen Stoffen, so daß auch bei diesen Fasern eine bessere Deklarationspflicht gefordert werden müßte.

Wegen der hohen Zahl von Stoffen, deren gesundheitliche Schädlichkeit vermutet wird, der wissenschaftliche Nachweis darüber jedoch noch nicht ausreicht, kann nur geraten werden, entsprechende Publikationen in Fachzeitschriften zu beachten oder auf diese Stoffe von vornherein zu verzichten. Eine wertvolle Hilfe kann auch die Nutzung des Gefahrstoff-Informationssystems GISBAU der Berufsgenossenschaften der Bauwirtschaft sein. In dieser Datenbank werden für alle Materialien weitergehende Informationen, deren chemisch-physikalische Zusammensetzung, die toxikologische Wirkung, über Berufskrankheiten, Schutzmaßnahmen und Ersatzstoffe gesammelt.

15.8.2 Radioaktivität, Radon

Die radioaktive Belastung des Menschen sollte in Gebäuden möglichst gering gehalten werden. Als hauptsächliche Belastungsquelle wird z.Z. das Radon (ein radioaktives Edelgas, das beim Zerfall des Urans und Radiums entsteht) bzw. seine Zerfallsprodukte angesehen. Letztere gelangen durch die Atmung in den menschlichen Körper. Radon entweicht in erster Linie aus dem Baugrund und gelangt auf diesem Wege in Gebäude. In geringerem Maße geht Radon auch aus Baustoffen in die Luft über. Die Menge des in der Atemluft in Gebäuden entstehenden Radons ist wesentlich abhängig von der Bauausführung des unteren Gebäudeabschlusses, der Bodenbeschaffenheit, wobei kristalline Böden (alte Tiefengesteine) mehr Radon emittieren als die jüngeren Sedimentböden, und der Lüftungsrate.

Die Radonkonzentration in der Atemluft wird über seine Aktivität in Becquerel (Bq) pro m^3 angegeben. Durchschnittswerte liegen bei 50 Bq/m^3, in ca. 50000 deutschen Wohnungen sind über 250 Bq/m^3 meßbar, ein Wert, der nicht überschritten werden sollte.

Die Strahlenschutzkommission des Bundestages (SSK) hat in den letzten Jahren mehrfach Empfehlungen zur Vermeidung übermäßiger Radon-Gehalte in der Luft gegeben [76]. Sie empfiehlt eine höhere Belüftung stärker gefährdeter Bauten und eine bessere Abdichtung der unteren Gebäudeabschlüsse gegen eindringende Gase durch absolut rißfreie Bodenplatten, Fugenversiegelung und gasdichte Folien oder Beschichtungen [56].

Radon-belastete Gebiete finden sich im Hunsrück, dem Neuwieder Becken, im Fichtelgebirge, im Bayerischen Wald, im Oberpfälzer Wald und im Nordschwarzwald und in einigen südlichen Teilen von Sachsen und Thüringen. In den ehemaligen Uran-Abbaugebieten (Erzgebirge) sind sehr hohe Radon-Konzentrationen (über 6000 Bq/m^3) in Häusern gemessen worden.

Darüber hinaus sollten Kriterien für die Auffindung von Regionen, Bauplätzen und Häusern mit höheren Radon-Konzentrationen entwickelt werden.

Verschiedene Institute bieten die Messung des Radongehaltes der Raumluft in Gebäuden zu mäßigen Preisen an.

Verläßliche Daten über die gesundheitlichen Schäden (Krebsrisiko) bei geringerer radioaktiver Belastung liegen erstaunlicherweise nicht vor [57]; die internationale Strahlenschutzkommission (ICPR) hat jedoch in einer schon 1984 erschienenen Studie einen Anteil von 4 bis 12% der derzeitigen Lungenkrebsfälle auf die Inhalation von Radon-Zerfallsprodukten in Häusern zurückgeführt. Wenigstens dieser Anteil könnte durch die erwähnten Maßnahmen gesenkt werden. Die Radon-Belastung ist (nach dem aktiven und vor dem passiven Rauchen) die zweithäufigste Lungenkrebsursache. Nachgewiesen ist das übermäßig („synergistisch") verstärkte Auftreten von strahlenbedingtem Lungenkrebs bei Rauchern.

Der Vollständigkeit halber sei darauf hingewiesen, daß andererseits Radon-Kuren in Heilbädern z.B. zur Behandlung von rheumatischen Erkrankungen angewandt werden, es zumindest also Mediziner gibt, die (auch zeitlich?) gering dosierte radioaktive Strahlung als gesundheitsfördernd ansehen.

15.8.3 Elektromagnetische Felder

Als Beweis für eine etwaige Gefährdung des Menschen durch elektrische und magnetische Felder werden meistens zwei Tatsachen angeführt:

- Im menschlichen Körper sind derartige Felder vorhanden und (damit zusammenhängend) werden Vorgänge im Körper durch sie beeinflußt.
- Biologisches Gewebe wird durch hochfrequente Wechselfelder (z.B. Mikrowellen) wegen der erzeugten Wärme geschädigt.

Die Erkenntnisse über die biologische Wirkung solcher Felder sind nur oberhalb von Feldstärkewerten gesichert, die üblicherweise nicht in Gebäuden normaler Nutzung auftreten. Der Beweis für die nicht wärmebedingte Schädigung bei schwächeren Feldern konnte bisher nicht einwandfrei erbracht werden, Anzeichen deuten aber auf eine derartige Gefahr hin.

Als besonders unübersichtlich erweist sich dieses Problem deshalb, weil die Menschen seit jeher sehr unterschiedlichen natürlichen Feldern ausgesetzt sind (erdelektrisches Feld, erdmagnetisches Feld, elektrostatische Aufladungsfelder, elektromagnetische Wechselfelder in der Nähe von Gewitterentladungen und aus dem Weltall) und die Werte der technisch erzeugten Felder sich in den gleichen Größenordnungen bewegen, z.T. aber auch sehr unterschiedliche Daten besitzen (z.B. im Frequenzbereich).

Es ist zwar verständlich, daß manchmal durch konstruktive Maßnahmen (Leitungsabschirmung, „Netzfreischaltung") versucht wird, die – sowieso gegenüber dem freien Gelände geringen – elektromagnetischen Feldstärken in Gebäuden weiter zu vermindern, auf gesicherten wissenschaftlichen Erkenntnissen beruht eine solche Vorgehensweise jedoch nicht. Eine schädliche Wirkung schwacher Felder im Umkreis unserer Hausinstallationen wird nur von wenigen Wissenschaftlern angenommen.

In diesem Zusammenhang muß auf das ebenfalls recht ungesicherte Gebiet der Geobiologie (Einfluß von unterirdischen Wasserläufen, Verwerfungen, Lagerstätten usw. auf Mensch und Tier) hingewiesen werden. Ein Schutz vor derartigen Einflüssen ist zwar nach bisherigen Erkenntnissen nicht notwendig, es kann jedoch nicht vollkommen ausgeschlossen werden, daß sensible Menschen in ihrem Wohlbefinden durch geologische Faktoren beeinflußt werden.

Falls im Einzelfall solches vermutet wird, gibt die Radiästhesie (Wünschelrutenkunde, evtl. in Verbindung mit physikalischen Messungen) eine Möglichkeit, die subjektive Wohnsituation zu verbessern.

Die von den Geobiologen empfohlenen Schutzmaßnahmen laufen in der Regel hinaus auf

- Verlegung der Schlafstellen auf reaktionszonenfreie Orte (eine Vergrößerung der Schlafzimmer ist bei der Planung zur Erzielung einer gewissen Variabilität der Schlafplätze dabei zu bedenken);
- Verlegung des Bauorts,
- „Abschirmung" der Einflüsse.

Alle mit anerkannten wissenschaftlichen Methoden überprüften Effekte im Bereich der Wünschelrutenkunde und der „Erdstrahlen" erweisen sich immer wieder als nicht reproduzierbar oder falsch interpretiert. Da sich das Wohlbefinden eines Menschen aber als stark abhängig von psychischen Faktoren gezeigt hat (psychosomatische Erkrankungen!), können – wenn eine Erfolgsaussicht vermutet wird – notfalls auch ungesicherte Verfahren zur Verbesserung einer Wohnsituation in Erwägung gezogen werden. Man sollte sich aber darüber klar sein, daß auf diesem Gebiet der Scharlatanerie immer noch (oder gerade in den letzten Jahren wieder) Tür und Tor geöffnet sind und in manchen Fällen wohl weniger gesundheitliche als finanzielle Schäden erwartet werden können ...

15.8.4 Wasserdampfdurchlässigkeit („Atmungsfähigkeit") von Bauteilen

Eine gesundheitliche Gefahr für die Bewohner wird häufig in der mangelnden „Atmungsfähigkeit" von Gebäude-Außenbauteilen gesehen. Meist wird darunter (mißverständlich) die Fähigkeit der – praktisch luftundurchlässigen – Bauteile verstanden, Wasserdampf hindurchtreten zu lassen (s. Abschn. 15.5.6, Wasserdampfdiffusion). Es gibt jedoch keine wissenschaftlich begründeten Aussagen darüber, ob und wie viel Wasserdampf durch eine Außenwand gehen muß.

Die Wasserdampfdiffusion kann nicht durch einen die Überfeuchtung der Innenluft verhindernden notwendigen Wasserdampftransport nach außen begründet werden, da allein durch den hygienisch notwendigen Luftaustausch (z.B. durch Lüftungsmaßnahmen und durch Undichtigkeit von Fenstern und Türen) in bewohnten Räumen mindestens 95 % des ausgetauschten Wasserdampfes in die Außenluft überführt werden und höchstens 5% durch die flächenhaften Außenbauteile (Wände, Decken und Dächer) nach außen gelangen. Dieser Austausch ist allerdings in vielen (besonders auch sanierten) Gebäuden absolut viel zu gering, um Tauwasser und damit Bauschäden zu verhindern!

Beim Vorhandensein von dampfbremsenden Schichten (Folien aus Metall, Kunststoff o.ä.) in falscher Lage (im kälteren Teil des Außenbauteils) kann allerdings eine Gesundheitsgefährdung nicht ausgeschlossen werden, da evtl. auftretendes Kondensat (Tauwasser) Schimmelbildung zur Folge haben kann. Das ist natürlich auch schon bei dämmtechnisch zu schwach dimensionierten Außenbauteilen (mit zu großen Wärmedurchgangskoeffizienten k) oder ungünstiger Schichtenfolge (z.B. Innendämmung) möglich. Eine ziemlich sichere Vermeidung solcher – wegen der Verbreitung von Schimmelsporen gesundheitsgefährdenden – Tauwassermengen kann durch die Überprüfung der Bauteile nach dem Verfahren von Glaser (s. Abschn. 15.6.5.2) geschehen. Auf keinen Fall kann eine Aussage über die Schädlichkeit bestimmter Wärmedämmethoden (z.B. mit Kunststoff-Hartschaum) mit der zu geringen Atmungsfähigkeit einer derartig gedämmten Wand begründet werden. Ausdrücke wie „totgedämmt" o.ä. bedürfen einer physikalischen Begründung, wenn sie ernst genommen werden sollen.

Neuere Erkenntnisse über Tauwasserschäden an Gebäuden lassen es als wahrscheinlich erscheinen, daß viele derartige Schäden nicht durch Kondensation von diffundierendem Wasserdampf, sondern durch Abkühlung feuchtwarmer Innenluft an kalten Bauteilen erzeugt werden. Diese Luft gelangt dabei durch Undichtheiten der inneren Gebäudehülle (z.B. hölzerne Innenverkleidungen, undichte Fugen bei Bauteilanschlüssen usw.) nach außen und das eventuell entstehende Tauwasser kann an fäulnis- oder korrosionsgefährdeten Bauteilen dann Schäden hervorrufen. Nur eine erhöhte Dichtheit der Gebäudehülle kann derartige Schäden verhindern (vgl. Abschn. 2 in Teil 2 des Werkes). Eine diesbezügliche Überprüfung der Gebäude läßt sich heute mit verschiedenen, von bauphysikalischen Instituten angebotenen Verfahren durchführen.

Eine Verringerung der Gesundheitsgefährdung durch Kondensatfeuchte ist – besonders bei stoßweiser Feuchtigkeitserzeugung in einem Raum (Feuchtraum) – durch wasserspeichernde Schichten (z.B. gips- oder holzhaltige Baustoffe, Textilien) möglich, die aber die aufgenommenen Wassermengen auch wieder abgeben müssen. Als wirksam hat sich nach derartigen Feuchtebelastungen besonders aber auch eine stoßweise Lüftung bewährt. Die in heutigen Wohnungen erzeugten Wasserdampfmengen (z.T. über 10 Liter „flüssigem" Wasser pro Tag entsprechend!) sollten auf keinen Fall unterschätzt werden, sie können nur durch Lüftung abgeführt werden.

In neueren Publikationen wird als „Atmungsfähigkeit" von Bauteilen nur noch deren feuchtespeichernde Fähigkeit bezeichnet. Die Verwendung des umstrittenen Begriffs kann zwar hingenommen werden, führt aber zuweilen zu übertriebenen Forderungen an Bauteile bezüglich ihrer Feuchtigkeitsaufnahmefähigkeit, die naturwissenschaftlich nicht begründbar sind.

15.9 Normen

15.9.1 Abdichtungen[1])

Norm	Ausgabe-Datum	Titel
DIN 1108	11.71	Dränrohre aus Ton; Maße, Anforderungen, Prüfung
DIN 1187	11.82	Dränrohre aus weichmacherfreiem PVC hart (Polyvinylchlorid hart); Maße, Anforderungen, Prüfung
DIN 4095	6.90	Baugrund; Dränung zum Schutz baulicher Anlagen; Planung, Bemessung und Ausführung
DIN 7864-1	4.84	Elastomer-Bahnen für Abdichtungen; Anforderungen, Prüfung
DIN 16726	12.86	Kunststoff-Dachbahnen; Kunststoff-Dichtungsbahnen; Prüfungen
DIN 16729	9.84	Kunststoff-Dachbahnen und Kunststoff-Dichtungsbahnen aus Ethylencopolymerisat-Bitumen (ECB); Anforderungen
DIN 16736	12.86	Kunststoff-Dachbahnen und Kunststoff-Dichtungsbahnen aus chloriertem Polyethylen (PE-C), einseitig kaschiert; Anforderungen
DIN 16737	12.86	Kunststoff-Dachbahnen und Kunststoff-Dichtungsbahnen aus chloriertem Polyethylen (PE-C), mit einer Gewebeeinlage; Anforderungen
DIN 16935	12.86	Kunststoff-Dichtungsbahnen aus Polyisobutylen (PIB); Anforderungen
DIN 16937	12.86	Kunststoff-Dichtungsbahnen aus weichmacherhaltigem Polyvinylchlorid (PVC-P), bitumenverträglich; Anforderungen
DIN 16938	12.86	Kunststoff-Dichtungsbahnen aus weichmacherhaltigem Polyvinylchlorid (PVC-P), nicht bitumenverträglich; Anforderungen
DIN 18190-4	10.92	Dichtungsbahnen mit Metallbandeinlage, Begriff, Bezeichnung, Anforderungen
DIN 18195-1	8.83	Bauwerksabdichtungen; Allgemeines; Begriffe
DIN 18195-2	8.83	–; Stoffe
DIN 18195-3	8.83	–; Verarbeitung der Stoffe
DIN 18195-4	8.83	Bauwerksabdichtungen; Abdichtungen gegen Bodenfeuchtigkeit; Bemessung und Ausführung
DIN 18195-5	2.84	–; Abdichtungen gegen nichtdrückendes Wasser; Bemessung und Ausführung
DIN 18195-6	8.83	–; Abdichtungen gegen von außen drückendes Wasser; Bemessung und Ausführung
DIN 18195-7	6.89	–; Abdichtungen gegen von innen drückendes Wasser; Bemessung und Ausführung
DIN 18195-8	8.83	–; Abdichtungen über Bewegungsfugen
DIN 18195-9	12.86	–; Durchdringungen, Übergänge, Abschlüsse
DIN 18195-10	8.83	–; Schutzschichten und Schutzmaßnahmen
DIN 18336	12.92	VOB Verdingungsordnung für Bauleistungen; Teil C: Allgem. Technische Vertragsbedingungen für Bauleistungen (ATV), Abdichtungsarbeiten
DIN 18540	2.95	Abdichten von Außenwandfugen im Hochbau mit Fugendichtstoffen
DIN 18541-1	11.92	Fugenbänder aus thermoplastischen Kunststoffen zur Abdichtung von Fugen in Beton; Begriffe, Formen, Maße
DIN 18541-2	11.92	–; Anforderungen, Prüfung, Überwachung
DIN 52128	3.77	Bitumendachbahnen mit Rohfilzeinlage; Begriff, Bezeichnung, Anforderungen
DIN 52129	11.93	Nackte Bitumenbahnen; Begriff, Bezeichnung, Anforderungen
DIN 52130	11.95	Bitumen-Dachdichtungsbahnen; Begriffe, Bezeichnung, Anforderungen
DIN 52131	11.95	Bitumen-Schweißbahnen; Begriffe, Bezeichnung, Anforderungen
DIN 52132	11.95	Polymerbitumen-Dachdichtungsbahnen; Begriffe, Bezeichnung, Anforderungen
DIN 52133	11.95	Polymerbitumen-Schweißbahnen; Begriffe, Bezeichnung, Anforderungen

Fortsetzung s. nächste Seiten

Norm	Ausgabe-Datum	Titel
DIN 52141	12.80	Glasvlies als Einlage für Dach- und Dichtungsbahnen; Begriff, Bezeichnung, Anforderungen
DIN 52142	2.78	Glasvlies als Einlage für Dach- und Dichtungsbahnen; Prüfung
DIN 52143	8.85	Glasvlies-Bitumendachbahnen; Begriffe, Bezeichnung, Anforderungen

15.9.2 Wärmeschutz[1])

Norm	Ausgabe-Datum	Titel
DIN 4108 Bbl 1	4.82	Wärmeschutz im Hochbau; Inhalts-; Stichwortverzeichnis
DIN 4108-1	8.81	–; Größen und Einheiten
DIN 4108-2	8.81	–; Wärmedämmung und Wärmespeicherung, Anforderungen und Hinweise für Planung und Ausführung
DIN 4108-3	8.81	–; Klimabedingter Feuchteschutz; Anforderungen und Hinweise für Planung und Ausführung
DIN 4108-4	11.91	–; Wärme- und feuchteschutztechnische Kennwerte
E DIN 4108-4	11.95	–; Wärme- und feuchteschutztechnische Kennwerte
DIN 4108-5	8.81	–; Berechnungsverfahren
DIN EN ISO 7345	1.96	Wärmeschutz: Physikalische Größen und Definitionen
DIN EN ISO 1021	11.95	Wärmebrücken im Hochbau; Wärmeströme und Oberflächentemperaturen. Teil 1: Allgemeine Berechnungsverfahren

15.9.3 Schallschutz[1])

Norm	Ausgabe-Datum	Titel
DIN 4109	11.89	Schallschutz im Hochbau; Anforderungen und Nachweise
DIN 4109 Bbl 1	11.89	–; Ausführungsbeispiele und Rechenverfahren
DIN 4109 Bbl 2	11.89	–; Hinweise für Planung und Ausführung; Vorschläge für einen erhöhten Schallschutz; Empfehlungen für den Schallschutz im eigenen Wohn- oder Arbeitsbereich
DIN 18005-1	5.87	Schallschutz im Städtebau; Berechnungsverfahren
DIN 18005-1 Bbl 1	5.87	–; Berechnungsverfahren; Schalltechnische Orientierungswerte für die städtebauliche Planung
DIN 18005-2	9.91	–; Lärmkarten; Kartenmäßige Darstellung von Schallimmissionen
DIN 18041	10.68	Hörsamkeit in kleinen bis mittelgroßen Räumen
DIN 52210-1	8.84	Bauakust. Prüfungen; Luft- und Trittschalldämmung; Meßverfahren
DIN 52210-2	8.84	–; Luft- und Trittschalldämmung; Prüfstände für Schalldämm-Messungen an Bauteilen
DIN 52210-3	2.87	–; Luft- und Trittschalldämmung; Prüfung von Bauteilen in Prüfständen und zwischen Räumen am Bau
DIN 52210-4	8.84	–; Luft- und Trittschalldämmung; Ermittlung von Einzahl-Angaben
DIN 52210-5	7.85	–; Luft- und Trittschalldämmung; Messung der Luftschalldämmung von Außenbauteilen am Bau
DIN 52210-6	5.89	–; Luft- und Trittschalldämmung; Best. der Schachtpegeldifferenz
DIN 52210-7	5.89	–; Luft- und Trittschalldämmung; Best. des Schall-Längsdämm-Maßes
DIN 52217	8.84	Bauakustische Prüfungen; Flankenübertragung; Begriffe
DIN 52219	7.93	Bauakustische Prüfungen; Messung von Geräuschen der Wasserinstallation in Gebäuden
DIN 52221	5.80	Bauakustische Prüfungen; Körperschallmessungen bei haustechnischen Anlagen

15.9.4 Baulicher Brandschutz[1])

Norm	Ausgabe-Datum	Titel
DIN 4102-1	5.81	–; Baustoffe, Begriffe, Anforderungen und Prüfungen
E 4102-1	3.97	–; Baustoffe, Begriffe, Anforderungen und Prüfungen
DIN 4102-2	9.77	–; Bauteile, Begriffe, Anforderungen und Prüfungen
DIN 4102-3	9.77	–; Brandwände und nichttragende Außenwände, Begriffe, Anforderungen und Prüfungen
DIN 4102-4	3.94	–; Zusammenhänge und Anwendung klassifizierter Baustoffe, Bauteile und Sonderbauteile
DIN 4102-4 Ber	5.95	
DIN 4102-5	9.77	–; Feuerschutzabschlüsse, Abschlüsse in Fahrschachtwänden und gegen Feuer widerstandsfähige Verglasungen, Begriffe, Anforderungen und Prüfungen
DIN 4102-6	9.77	–; Lüftungsleitungen, Begriffe, Anforderungen und Prüfungen
DIN 4102-7	3.87	–; Bedachungen, Begriffe, Anforderungen und Prüfungen
DIN 4102-8	5.86	–; Kleinprüfstand
DIN 4102-9	5.90	–; Kabelabschottungen; Begriffe, Anforderungen und Prüfungen
DIN 4102-11	12.85	–; Rohrummantelungen, Rohrabschottungen, Installationsschächte und -kanäle sowie Abschlüsse ihrer Revisionsöffnungen; Begriffe, Anforderungen und Prüfungen
DIN 4102-12	1.91	–; Funktionserhalt von elektrischen Kabelanlagen; Begriffe, Anforderungen und Prüfungen
E DIN 4102-12	2.95	
DIN 4102-13	5.90	–; Brandschutzverglasungen; Begriffe, Anforderungen und Prüfungen
DIN 4102-14	5.90	–; Bodenbeläge und Bodenbeschichtungen; Bestimmung der Flammenausbreitung bei Beanspruchung mit einem Wärmestrahler
DIN 4102-18	3.91	–; Feuerschutzabschlüsse; Nachweis der Eigenschaft „selbstschließend" (Dauerfunktionsprüfung)
DIN 18082-1	12.91	Feuerschutzabschlüsse; Stahltüren-30-1; Bauart A
DIN 18082-3	1.84	Feuerschutzabschlüsse; Stahltüren-30-1; Bauart B
DIN 18093	6.87	Feuerschutzabschlüsse; Einbau von Feuerschutztüren in massive Wände aus Mauerwerk oder Beton; Ankerlagen, Ankerformen, Einbau
DIN 18095-1	10.88	Türen; Rauchschutztüren; Begriffe und Anforderungen
DIN 18095-2	3.91	Türen; Rauchschutztüren; Bauartprüfung der Dauerfunktionstüchtigkeit und Dichtheit
DIN V 18230-1	9.87	Baulicher Brandschutz im Industriebau; Rechnerisch erforderliche Feuerwiderstandsdauer
DIN V 18230-1 Bbl 1	11.89	–; Rechnerisch erforderliche Feuerwiderstandsdauer, Abbrandfaktoren *m* und Heizwerte
DIN 18230-2	9.87	–; Ermittlung des Abbrandfaktors
DIN 18232-1	9.81	Baulicher Brandschutz; Rauch- und Wärmeabzugsanlagen; Begriffe und Anwendung
DIN 18232-2	11.89	Baulicher Brandschutz im Industriebau; Rauch- und Wärmeabzugsanlagen; Rauchabzüge; Bemessung, Anforderungen und Einbau
DIN 18232-3	9.84	–; Rauch- und Wärmeabzugsanlagen; Rauchabzüge, Prüfungen
E DIN 18232-3	2.92	
DIN 18273	3.91	Baubeschläge; Türdrückergarnituren für Feuerschutztüren und Rauchschutztüren; Begriffe, Maße, Anforderungen und Prüfungen

[1]) Insbesondere für Baustoffe gibt es außer den aufgeführten DIN Normen zahlreiche Europäische und Internationale Normen. Eine Auflistung würde den Rahmen dieser Zusammenstellung überschreiten. Es wird auf die Veröffentlichungen des Normenausschusses Bauwesen (NABau) verwiesen (Führer durch die Baunormung 1996. Berlin 1996)

15.10 Literatur

[1] Ackermann, T.: Wärmeschutzverordnung 1995, Kommentar. Stuttgart 1995

[2] Aurand, K. u.a.: Luftqualität in Innenräumen. Stuttgart 1982

[3] Bauberatung Zement: Baulicher Brandschutz mit Beton. In: Beton 1/1996

[4] Becker, J. u.a.: Gesundes Bauen und Wohnen. Bundesministerium für Raumordnung, Bauwesen und Städtebau; Bonn 1986

[5] Berber, J.: Bauphysik. Hamburg: Handwerk und Technik 1994

[6] Bobran, H. W.: Handbuch der Bauphysik. Wiesbaden 1995

[7] Brandt, J., Moritz, H.: Bauphysik nach Maß. Düsseldorf 1995

[8] Braun, F. J.: Dränung erdberührter Bauteile. In: DAB 3/89

[9] Bundesanstalt für Arbeitsschutz; Formaldehyd, Verwendung, Gefahren, Schutzmaßnahmen. GA Nr. 15, Dortmund 1987

[10] Buss, H.: Aktuelles Tabellenhandbuch – Feuchte, Wärme, Schall –. Augsburg 1994

[11] Danielewski, G.: Geschäfte mit der Angst. Düsseldorf 1981

[12] Deutsche Forschungsgemeinschaft (Senatskommission): Maximale Arbeitsplatzkonzentrationen und biologische Arbeitsstofftoleranzwerte. Weinheim 1986

[13] Diem, P.: Bauphysik im Zusammenhang. Wiesbaden und Berlin 1996

[14] Drees, G.: Recycling von Baustoffen im Hochbau. Wiesbaden 1989

[15] Ehm, C.: Brand-, Schall- und Wärmeschutz in historischen Fachwerkhäusern. In: wksb 30/1992

[16] Eichler, F. u.a.: Bauphysikalische Entwurfslehre (5 Bde.). Köln 1972–1982

[17] Engelmann, H.: Schlämme gegen Wasser. In: Bausubstanz 5/1985

[18] Fachvereinigung Mineralfaserindustrie e.V.: Umgang mit Mineralwolle-Dämmstoffen – Handlungsanleitung –

[19] Glaser, H.: Graphisches Verfahren zur Untersuchung von Diffusionsvorgängen. In: Z. Kältetechn. (1959) S. 345ff.

[20] Göggel, M.: Bauphysik für Baupraktiker. Wiesbaden und Berlin 1987

[21] Gösele, K., Schüle, W.: Schall, Wärme, Feuchte. Wiesbaden und Berlin 1996

[22] Grassnick, A., Holzapfel, W.: Der schadenfreie Hochbau. Köln-Braunsfeld 1994/95

[23] Haeder, W., Gärtner, E.: Die gesetzlichen Einheiten der Technik. Berlin-Köln 1980

[24] Häupl, P. u.a.: Feuchte-Katalog für Außenwand-Konstruktionen. Köln 1990

[25] Hartmann, G.: Praktische Akustik. München 1968

[26] Hauri, H. H., Zürcher, C.: Moderne Bauphysik. Zürich – Stuttgart 1997

[27] Hauser G., Stiegel, H.: Wärmebrückenatlas. Wiesbaden und Berlin 1996

[28] Hauser G., Stiegel, H.: Pauschalierte Erfassung der Wirkung von Wärmebrücken. In: Bauphysik 3/1995

[29] Hebgen, H.: Sicheres Haus. Braunschweig 1980

[30] Holzbauhandbuch; Teil 4 Brandschutz. Düsseldorf 1996

[31] Horst, U.: Gesundes Bauen und Wohnen von A–Z. Taunusstein 1997

[32] Kerschberger, A.: Solares Bauen mit transparenter Wärmedämmung. Wiesbaden 1996

[33] Klopfer, H.: Wassertransport durch Diffusion in Feststoffen. Wiesbaden-Berlin 1974

[34] Knublauch, E.: Einführung in den Schallschutz im Hochbau. Düsseldorf 1981

[35] Kordina, K., Meyer-Ottens, C.: Holz-Brandschutzbuch. München 1983

[36] Kordina, K., Meyer-Ottens, C.: Feuerwiderstandsklassen von Bauteilen aus Holz und Holzwerkstoffen. In: Informationsdienst Holz (1977)

[37] Kranefeld, A., Linnig, J.: Radon. Köln: Katalyse-Institut 1990

[38] Künzel, H.: Dachdeckung und Dachbelüftung. Stuttgart 1996

[39] Künzel, H. M.: Kann bei voll gedämmten, nach außen offenen Steildachkonstruktionen auf eine Dampfsperre verzichtet werden? In: Bauphysik 1/1996

[40] Liersch, K. W.: Belüftete Dach- und Wandkonstruktionen, Bd. 1–4. Wiesbaden und Berlin 1984/90

[41] Lohmeyer, G.: Praktische Bauphysik. Stuttgart 1995

[42] –: Wasserundurchlässige Betonbauwerke. Gegenmaßnahmen bei Durchfeuchtungen. In: Beton 2/84

[43] Lufsky, K.: Bauwerksabdichtung. Stuttgart 1983

[44] Lutz, P., Jenisch, R. u.a.: Lehrbuch der Bauphysik. Stuttgart 1997
[45] Mayr, J.: Brandschutzverglasungen. In DAB 2/97
[46] Meyer-Ottens, S.: Brandverhalten von Porenbetonbauteilen. Hrsg. Bundesverband der Porenbetonindustrie. Wiesbaden: Bauverlag 1995
[47] Muth, W.: Dränung – Schutz baulicher Anlagen –. In: DBZ 6/89
[48] –: Bauwerksdränung nach DIN 4095. In: IBK-Informationen 188, 1994
[49] –: Sickerfähige Beläge aus Betonpflaster. In: Tiefbau 6/89
[50] –: Mischfilter aus Kiessand für die Bauwerksdränung. In: TIS 12/87
[51] Neck, U.: Internationale Erfahrungen mit Beton im Brandschutz. Wiesbaden 1979
[52] –: Baulicher Brandschutz mit Beton. Hrsg. Bundesverband der Deutschen Zementindustrie. Köln 1988
[53] Opitz, B., Reuter, M.: Abschottung von Installationsöffnungen in Brandwänden. In: BmK 1/97
[54] Physibel C., V.: B-9990 Maldegem; Programme zur Wärmebrückenberechnung
[55] Prokop, O., Wimmer, W.: Wünschelrute – Erdstrahlen – Radiästhesie. Stuttgart 1985
[56] Remmers GmbH, 49624 Löningen: Firmenunterlagen über Viscacid-Produkte
[57] Reiter, Reinhold: Natürliche Radioaktivität im Rauminnern, eine Gefahr? In: Bauphysik 4/1984
[58] Rheinzink, Anwendung in der Architektur. Datteln 1993
[59] –, (W. Pohl): Belüftete Dächer mit Metalldeckung. Datteln 1996
[60] Rose, W.-D.: Wohngifte. Frankfurt/M. 1986
[61] Royar, J., Gehardy, L.: Wärmedämmung der hinterlüfteten, vorgehängten Fassade. In: DBZ 8/96
[62] RWE Bau-Handbuch, Technischer Ausbau. Essen 1993
[63] Sälzer, E.: Städtebaulicher Schallschutz. Wiesbaden und Berlin 1982
[64] –, Gothe, U.: Bauphysik-Taschenbuch 1986/87. Wiesbaden und Berlin 1986
[65] –: Schallschutz im Massivbau. Wiesbaden und Berlin 1990
[66] Schild, E. u.a.: Schwachstellen; Schäden, Ursachen, Konstruktions- und Ausführungsempfehlungen. Wiesbaden und Berlin 1978–1987
[67] –: Bauphysik, Planung und Anwendung. Braunschweig-Wiesbaden 1990
[68] Schmitt, H.: Schalltechnisches Taschenbuch. Düsseldorf: VDI-Verlag
[69] Scholl, W., Brandstetter, W.: Schwimmende Estriche auf Holzbalkendecken: wie beschweren? In: Mitteilungen des Fraunhofer-Instituts für Bauphysik (IBP) Nr. 279 (1995)
[70] Schulz, P.: Schallschutz, Wärmeschutz, Feuchteschutz, Brandschutz im Innenausbau. Stuttgart 1996
[71] Schulze, H.: Holzbau – Wände, Decken, Dächer. Stuttgart 1996
[72] Seiffert, K.: Wasserdampfdiffusion im Bauwesen. Wiesbaden 1974
[73] Stanek, H.: Biologie des Wohnens. Stuttgart 1984
[74] Steffens, Werner: Innenraum-Schadstoffe und Umweltmedizin. In: das bauzentrum 2/1996
[75] Steinacher, P., Dartsch, B.: Brandschutzbekleidung. In: Trockenbau 6/89
[76] Strahlenschutzkommission: Empfehlung. In: Bundesanzeiger 38 (1996), Nr. 4 vom 8.1.1986, S. 141
[77] Technische Regeln für Gefahrstoffe (TRGS) 905 (6.1994)
[78] Tschegg, E. u.a.: Grundzüge der Bauphysik. Wien – New York 1984
[79] Verein Deutscher Ingenieure: Richtlinie VDI 4100, Schallschutz von Wohnungen. Düsseldorf 1994
[80] Wellpott, E.: Technischer Ausbau von Gebäuden. Stuttgart 1996
[81] Wendehorst: Bautechnische Zahlentafeln. 27. Aufl. Stuttgart 1996
[82] Wiese, G.: Wasserdampfdiffusion. Stuttgart 1985

16 Anhang: Gesetzliche Einheiten

Seit 1. 1. 1978 ist die *neue gesetzliche Krafteinheit* das *Newton* (N) mit der Beziehung:

1 kp = 1 kg · 9,81 m/s² = 9,81 N ≙ 10 N (bis 31. 12. 1977 galt 1 kp = 1 kg)

Im Anwendungsbereich der Normen wird für 1 kp = 0,01 kN, für 1 Mp = 10 kN (Tab. **16**.1) und für 1 kp/cm² = 0,1 MN/m² (Tab. **16**.2) gesetzt, wobei 1 MN/m² = 1 N/mm² ist.

Zur Erleichterung der Umrechnung auch in älteren Bauunterlagen für abgeleitete Einheiten sowie für frühere Bezeichnungen werden nachfolgend die wichtigsten Umrechnungstabellen abgedruckt.

Tabelle **16**.1 Umrechnungstafel für Kräfte und Einzellasten (entsprechend 1 kp = 9,80665 N n ~ gerundet [Abweichung 2%]: 1 kp = 10 N)

frühere Einheiten		gesetzliche Einheiten			
p	kp	Mp	N	kN	MN
1					
10			0,10		
100	0,1		1,0		
1000	1		10		
	10		100	0,10	
	100	0,1	1000	1,0	
	1000	1		10	
		10		100	0,10
		100		1000	1,0
		1000			10

Tabelle **16**.2 Umrechnungstafel für Kraft je Fläche (Flächenlasten, Spannungen, Festigkeiten, Druck)

frühere Einheiten				gesetzliche Einheiten		
				N/m²	kN/m²	MN/m²
kp/m²	Mp/m²	kp/cm²	kp/mm²			N/mm²
mm WS	m WS	at		Pa	kPa	MPa
0,1				1,0		
1				10		
10				100	0,10	
100				1000	1,0	
1000	1				10	
	10	1			100	0,10
	0,10	10	1		1000	1,0
	100	100	10			10
	1000	1000	100			100
						1000

Nach Nr. 2 der ETB-Ergänzung sind nicht mehr zulässige Einheiten mit den in Tabelle **16**.1 angegebenen Faktoren umzurechnen. Vielfache, Teile oder zusammengesetzte Einheiten, die in der Tabelle **16**.1 nicht enthalten sind, sind sinngemäß umzurechnen, s. DIN 1080-1, Ausg. Juni 1976, Erläuterungen zu Abschn. 5 (Tab. **16**.3).

Tabelle **16**.3 Umrechnungsfaktoren für Einheiten-Beispiele

1 kp	=	0,01	kN								
1 kp/cm²	=	0,1	MN/m²	=	0,1	N/mm²	1 kcal	=	4,2	kJ (Kilojoule)
1 at	=	0,1	MN/m²	=	1,0	bar	1 kcal/h	=	1,163	W (Watt)
1 atü	=	1,0	bar	=	0,01	MN/m²	1 PS	=	0,74	kW (Kilowatt)
1 m WS	=	0,1	bar	=	0,01	MN/m²	1 grd	=	1	K (Kelvin)
1 mm WS	=	10	N/m²	=	10	Pa (Pascal)	1 g	=	1	gon
1 kp m	=	0,01	kNm	=	10	J (Joule)	1 Torr	=	1,33	mbar = 133 Pa

Tabelle **16**.4 Beispiele für die Anwendung der gesetzlichen SI-Einheiten im Bauwesen (entspr. DIN 1080-1) mit den einschlägigen Umrechnungen, neu und bisher

Größe	Gegenüberstellung frühere Formelzeichen	Einheit	**neu** Formelzeichen	gesetzliche Einheit nach DIN 1080	Umrechnung
Länge	l	m	l	m	
Fläche	F	m^2	A	m^2	
Volumen	V	m^3	V	m^3	
Trägheitsmoment	I	m^4	I	m^4	
Widerstandsmoment	W	m^3	W	m^3	
Winkel	$\alpha; \beta; \gamma ...$	°	$\alpha; \beta; \gamma ...$	°	
Temperatur	t	°C	t	°C	
	t	°C	T	K	0 K = – 273°C; 0°C = 273 K
Temperaturdifferenz	Δt	°C	ΔT; Δt	K; °C	1 K = 1°C
Wärmeleitfähigkeit	λ	$\frac{\text{kcal}}{\text{m h °C}}$	λ	$\frac{\text{W}}{\text{m K}}$	$1 \frac{\text{W}}{\text{m K}} = 0{,}86 \frac{\text{kcal}}{\text{m h °C}}$ bzw. $1 \frac{\text{kcal}}{\text{m h °C}} = 1{,}163 \frac{\text{W}}{\text{m K}}$
Wärmedurchlaß-koeffizient	Λ	$\frac{\text{kcal}}{\text{m}^2\text{ h °C}}$	Λ	$\frac{\text{W}}{\text{m}^2\text{ K}}$	bzw. $1 \frac{\text{kcal}}{\text{m}^2\text{ h °C}} = 1{,}163 \frac{\text{W}}{\text{m}^2\text{ K}}$ (gilt für Wärmedurchlaß-, Wärmeübergangs- und Wärmedurchgangskoeffizient)
Wärmeübergangs-koeffizient	α	$\frac{\text{kcal}}{\text{m}^2\text{ h °C}}$	α	$\frac{\text{W}}{\text{m}^2\text{ K}}$	
Wärmedurchgangs-koeffizient	k	$\frac{\text{kcal}}{\text{m}^2\text{ h °C}}$	k	$\frac{\text{W}}{\text{m}^2\text{ K}}$	

Weitere mögliche Einheiten: [2]) 1 J = 1 Ws = 1 Nm

Tabelle **16**.5 Umrechnungstafel für Energie, Arbeit, Wärmemenge, Leistung usw.

Größe	frühere Einheit	gesetzliche Einheit genau	Abweichung < 2%
Wärmestrom	1 kcal/h	1,163 W	1,16 W
Wärmeübergangs-koeffizient	1 kcal/(m² · h · grd)	1,163 W/(m² · K)	1,16 W/(m² · K)
Wärmeleitfähigkeit	1 kcal/(m · h · grd)	1,163 W/(m · K)	1,16 W/(m · K)

Sachverzeichnis